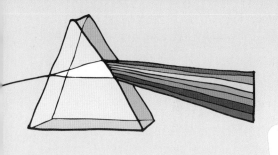

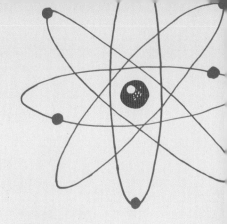

HOW THINGS WORK
THE PHYSICS OF EVERYDAY LIFE

6판

생활 속의
물리

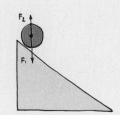
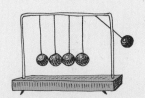

LOUIS A. BLOOMFIELD 지음

김영태 · 심경무 · 이지우 · 장영록 · 차명식 옮김

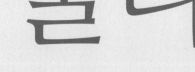

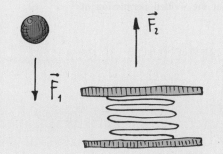

WILEY 청문각

늘날 우리는 과학과 그 과학에서 성장한 기술에 둘러싸여 있다. 기술이 점점 더 강력해짐에 따라 많은 사람들에게 세계는 점점 더 알 수 없게 되고 다소 불길하게 보이기까지 한다. 예를 들어, 우리는 온실가스의 위험이나 최선의 에너지원 선택과 같은 많은 지구 전체 환경 문제에 직면해 있다. 이 문제는 근본적으로 기술적인 질문이며, 이와 관련된 중요한 과학적 쟁점들에서 "진실"이 무엇인지에 대해서는 다양한 주장과 이견이 있다. 많은 사람들의 반응은 절망적인 좌절감에 손사래를 치면서 현대 세계는 이해할 수 없는 것으로 치부하는 것이다. 그리고 불가사의하고 설명할 수 없는 변화에 휘둘려 무력한 무지의 세계로 빠져들 수밖에 없다.

사실, 우리 주변 세계 상당 부분과 일상생활에 사용되는 기술은 몇 안 되는 기본 물리 원리가 지배하는데, 일단 이 원리를 알고 나면 일상의 삶과 방대한 분야의 기술을 이해하고 예측할 수 있다. 전자레인지는 어떻게 음식을 데울까? 왜 라디오 방송이 어떤 곳에서는 잘 잡히고, 어떤 곳에서는 잘 안 잡히는 걸까? 새들은 왜 고전압 송전선 위에 안전하게 앉을 수 있을까? 이와 같은 질문에 대한 답은 일단 관련 물리학을 알고 나면 명백해진다. 불행히도 표준 물리 과정이나 물리 교과서에서 이런 것을 배우지는 않을 것이다. 대부분 기초 물리학 교육과정은 일상생활을 더 잘 이해하도록 하기는 커녕, 오히려 그 정반대로 하고 있다는 것을 많은 연구가 보여주고 있다. 가르치는 분들의 의도와는 반대로, 대부분의 학생들은 물리학이 추상적이고, 재미없으며, 우리 주변 세계와는 무관하다는 것을 "배우고" 있다.

이 책은 새로운 방식으로 물리학을 소개함으로써 위와 같은 상황을 바꾸기 위한 첫 발을 크게 내딛는 것이다. 독자들에게 물리학이 인위적이고 재미없는 이론을 다루는 학문이라는 생각을 각인하는 추상적인 원칙으로 시작하는 방식을 지양하고, 이 책의 저자 Bloomfield는 우리가 일상생활에서 만나는 실제 대상과 장치부터 말하기 시작한다. 그리

고는 이 신기하게 보이는 장치가 기본 물리 원리로 어떻게 이해될 수 있는지 보여준다. 대부분의 물리 법칙이 이런 방식으로 발견되었다. 즉, 사람들은 주변 현상이 왜 그렇게 일어나는지 물었고, 그 결과 관찰한 것을 설명하고 예측하는 원리를 발견하였다.

나는 수년 간 이 책을 강의 교재로 사용해왔는데, 겉보기에는 매우 복잡한 장치로 시작하지만 저자가 이런 복잡성을 제거하고 핵심에는 단순한 물리학 원리가 있다는 것을 보여주는 방법에 깊은 인상을 받았다. 일단 이러한 원리가 이해되면 일상생활에서 만나는 많은 장치의 동작을 이해할 수 있고, 고장이 날 경우 종종 직접 고치는 데 응용할 수도 있다. 나 자신도 이 책으로 가르치는 동안 주변 세계에 숨어 있는 물리학에 대한 이해가 높아졌다. 실제로 이 책을 읽고 나서는 배관공과 에어컨 수리공이 배관과 에어컨 문제에 대해 진단을 잘못 내린 것을 알아내고 (나중에 사실로 밝혀짐) 문제를 해결하기 위해 뭔가 다른 조치를 취해야 한다고 말할 수 있는 자신감이 생겼다. 요즘도 계속 보지만 잘 훈련된 물리학자들도 일상생활에서 만나는 물리, 예를 들어 전자레인지는 어떻게 작동되며, 왜 전자레인지의 벽은 금속으로 만들지만 알루미늄 호일을 넣으면 안 될까하는 등의 문제에 대해 종종 오개념을 가지고 있다는 것 또한 재미있다. 그래서 나는 다른 과학 교과서들도 이 책과 같이 쉽고 일상인 접근법을 써야 한다고 확신한다.

물론, 수업시간에 이 책을 사용하는 학생들에 대한 영향이 가장 중요하다. 이들은 보통 연극영화과, 영문학과, 상경계 등의 비이공계 학생들인데, 종종 겁을 먹고 물리를 대한다. 그러나 이들 중 많은 학생들이 물리가 이전에 생각했던 것과 달리, 실제로 재미있고, 실용적이며, 일상의 신비를 설명해 준다는 것을 깨닫게 되고 놀라는 것을 보면 보람을 느낀다. 나는 이런 일들이 실제로 일어난 예를 많이 기억한다. 어떤 학생은 TV와 스피커가 어떻게 작동하는지를 배운 후, 큰 스피커를 TV 옆에 두면 왜 영상이 찌그러지는지 이해했

다. 이 현상은 마술이 아니라 바로 물리이며, 이제 그 학생은 TV 화면 찌그러짐을 어떻게 고치는지 알게 되었다. 스쿠버 다이빙을 즐겨하는 한 여학생은 빛과 색에 대해 배운 후, 바닷가재의 색깔을 보고 바다의 깊이를 알 수 있다고 강의를 중단시키며 알려주었다. 어떤 학생들은 기숙사 1층에 있는 샤워기가 왜 2층 샤워기보다 더 잘 작동하는지를 알 수 있게 되었다. 이에 더해, 물론 학생들은 누구나 전자레인지가 어떻게 작동하며, 여기에 넣을 수 있는 것과 넣어서는 안 될 것들을 어떻게 구분하는가에 흥미를 보인다. 이런 일들은 가르치는 사람에게 보람을 느끼게 해준다. 학생들이 수업시간에 준 자료를 수동적으로 배운 것이 아니라 강의 내용을 이해했고, 이를 새로운 상황에 적용할 수 있었다

는 것을 말해주기 때문이다. 과학 과목 강의에서는 이런 일이 아주 드물게 일어난다.

호기심 있는 문외한이든, 훈련된 물리학자든, 물리를 배우기 시작한 학생이든, 독자들은 이 책이 재미있고 계몽적인 책이라는 것을 알게 될 것이며, 결국 이 세계는 그다지 이상하지 않고, 설명하지 못할 것이 없다는 위안을 얻고 갈 것이다.

Carl Wieman
2001년 노벨물리학상 수상자
CASE/Carnegie US University 교수

물리학은 대단히 실용적인 과학이다. 그것은 어떤 현상이 왜 일어나는지 또는 왜 일어나지 않는지를 설명할 뿐만 아니라, 그러한 것들을 생성하고, 개선하고, 개선하는 방법에 대한 훌륭한 통찰력을 제공한다. 물리학과 실제 대상물 간에 이런 근본적인 관계가 있기 때문에 물리학 입문서는 본질적으로 우리가 살고 있는 세계에 대한 사용자 매뉴얼이다.

그러나 여느 사용자 매뉴얼과 마찬가지로 실제 물리학 입문서는 실제 세계의 사례를 기반으로 할 때 가장 쉽게 접근할 수 있다. 사용자 매뉴얼이나 물리학 교과서나, 참고문헌처럼 작성되고, 추상적인 전문 주제로 구성되며, 관련성에 무관심하고, 유용한 예제가 없는 경우, 학생들이 읽지 않는 경향이 있다. 대신 대부분의 독자는 실제 지침을 얻기 위해 "사용법"을 알려주는 책으로 바꾼다. 즉, "사례 연구" 식 접근 방식을 선호한다.

이 책은 물리학과 과학에 대한 입문서로, 전체 사물에서 시작하고 그 내부를 들여다보고, 이들이 어떻게 작동하는지 본다. 사례 연구 방법을 따르고, 일상적 사물의 맥락에서 꼭 알아야 할 기초에 대한 물리 개념을 탐구한다. 이 책은 학술 서적을 넘어서, 비이공계 학생들에게 재미있고, 적절하며, 쓸모 있도록 의도되었다.

대부분의 물리학 교과서는 원리 설명을 우선으로 하지만 이 원리의 실생활 예는 거의 없고, 있더라도 매우 빈약하다. 이런 방식은 추상적이고 접근하기 어렵기 때문에 익숙하지 않은 원칙을 이해하려고 애쓰고 있는 학생들에게 개념적 발판을 거의 주지 못한다. 결국 원리가 아니라 좋은 예에서 경험과 직관의 편안함을 얻을 수 있다. 과학 원리를 체계적이고 논리적으로 전개하는 것이 숙련된 과학자에게는 만족스럽지만, 전문용어조차 알지 못하는 사람들에게는 너무나 생소한 것이다.

이와는 대조적으로, 이 책은 독자를 과학으로 데려가지 않고 독자에게 과학을 가져다준다. 익숙한 일상에서 익숙한 대상 안에서 물리 개념과 원리를 찾음으로써 물리학에 대한 이해와 감상을 독자에게 전한다. 책의 구조는 실생활 사례를 중심으로 정해졌기 때문에 이 책은 필요할 때 개념을 논한 다음 다른 경우에 이 개념이 다시 나타날 때마다 되돌아본다. 자연법칙의 보편성을 보여주는 데 이보다 더 좋은 방법이 있을까?

이 책은 읽도록 썼지, 찾아보도록 쓰지 않았다. 그리고 비이공계 학생들을 위해 썼다. 나는 17년 동안 이 책을 가르치고 있는데, 수천 명의 학생들이 일상생활의 물리학에 대해 가지게 된 스스로의 관심에 놀라고, 통찰력 있는 질문을 던지고, 스스로 실험을 해보고, 친구들과 가족에게 주위 세계가 어떻게 작동하는지 설명하는 것을 보았다.

6판에서 변경된 사항

내용 변화

- **다시 쓰기 및 편집.** 거의 25년 동안 물리학을 가르쳤음에도 불구하고, 나는 일상생활의 물리학을 설명하는 방법을 여전히 배우고 있다. 이해를 주고 오해를 피하기 위한 더 선명한 접근법, 더 나은 비유, 그리고 보다 효과적인 기술을 계속 발견한다. 이 개정판에서는 책의 역할과 기능을 극대화하기 위해 책의 모든 단어를 검토하고, 수정하고, 다시 썼다.

- **물리 개념 논의의 개선.** 어떤 책도 물리학의 모든 분야를 다루는 것은 불가능하다. 그러나 어떤 물리 개념과 원리를 다루더라도 이것이 충분히 가치를 발휘하도록 조심스럽게 보여주어야 한다. 이번 개정판에서는 많은 물리 문제에 대한 내용을 개선하고 새로운 주제를 추가하였다. 몇 가지만 예를 들면, 궤도, 자기 유도, 그리고 안테나와 같은 개념을 새로 포함시켰다.

이 책의 목표

이 책을 읽으면서 학생들은 다음에 유의해야 한다.

1. **일상생활에서 과학을 보기 시작하라.** 과학은 어디에나 있다. 그것을 보기 위해 눈을 떠야 한다. 우리는 과학의 관점에서 이해할 수 있는 것들로 둘러싸여 있다. 그 중 많은 부분은 우리가 접근할 수 있는 범위에 있다. 과학을 본다는 것은 유화를 감상할 때 색소 분자에 의한 입사광의 선택적 반사로 인한 색만을 보는 것을 의미하지는 않는다. 오히려 이런 감성적인 미를 보완하는 과학에 아름다움이 있음을 깨달아야 한다. 일몰의 아름다운 광경을 그냥 보아도 되지만 이것이 왜 존재 하는지를 음미하면서 보는 것이다.

2. **과학은 두려운 것이 아니라는 것을 배우라.** 현대 기술이 더욱 복잡해짐에 따라 많은 사람들은 과학이 대단히 두려운 것이라고 인식하게 되었다. 기술을 만드는 사람들과 사용하는 사람들 사이의 간격이 커짐에 따라 서로 이해하고 소통하는 능력이 줄어든다. 일반인들은 더 이상 아무것도 손대려고 하지 않고, 많은 현대 장치는 간편하게 일회용이거나 수리하기에는 너무 복잡하다. 익숙하지 않아서 생기는 불안을 극복하기 위해 이 책은 학생들에게 이런 대상물 대부분은 잘 살펴보면 이해할 수 있으며, 그 기본이 되는 과학은 결국 무서운 것이 아니라는 것을 보여준다. 우리가 다른 사람들이 어떻게 생각하는지 더 이해할수록 우리 모두는 더 나아질 것이다.

3. **문제를 해결하기 위해 논리적으로 생각하는 법을 배우라.** 우주는 잘 정의된 규칙 체계를 따르기 때문에 만물의 거동은 논리적으로 이해할 수 있다. 수학이나 컴퓨터 과학과 마찬가지로 물리학도 논리가 지배하는 분야이다. 소수의 간단한 규칙을 배우고 나면 학생들은 이들을 논리적으로 조합하여 좀 더 복잡한 규칙을 얻고, 이 새로운 규칙이 사실임을 확신할 수 있다. 따라서 물리계에 대한 공부는 논리적 사고법을 연습할 수 있는 좋은 기회를 준다.

4. **물리적 직관을 개발하고 확장하라.** 자동차로 고속도로를 빠져나갈 때는 속도, 가속도, 관성 등을 생각하지 않고도 점차 브레이크를 걸어야 한다는 것을 알 수 있다. 이미 물리적 직관이 있어 브레이크를 밟지 않으면 어떤 결과가 초래될지 알려준다. 이러한 물리적 직관은 일상생활에서 필수적이지만 대개 습득하는 데 시간과 경험이 필요하다. 이 책은 보통은 회피하거나 아직 만나지 않은 상황에 대한 물리적 직관을 넓히는 것을 목표로 한다. 이는 결국 독서의 목적 중하나, 즉 다른 사람들의 경험을 통해 배우는 것이다.

5. **사물이 돌아가는 이치를 배우라.** 이 책은 일상생활에서 익숙한 대상을 탐구하면서 우주를 지배하는 물리 법칙을 점차 밝혀준다. 물리 법칙들은 원래 실제 대상물을 이해하려고 시도하면서 발견되었다. 이 책에서도 이와 같은 접근 방식을 사용한다. 이 책을 읽고 물리 법칙을 배우면서 여러 번 나오는 대상물들 사이의 유사성, 공통된 메커니즘, 그리고 반복되는 주제가 보여야 한다. 이 책은 학생들에게 이러한 연결을 일깨워주고, 앞에 나온 개념에 대한 이해를 바탕으로 뒤에 나오는 물리 내용을 배우도록 배열되었다.

6. **우주는 신비롭기보다는 예측 가능하다는 것을 이해하기 시작하라.** 과학의 토대 중 하나는 모든 현상에는 원인이 있으며 그냥 우연히 발생하지 않는다는 신념이다. 어떤 일이 생기더라도 우리는 시간을 거슬러 올라가서 그 원인을 찾아낼 수 있다. 또한 과거로부터 얻은 통찰과 현재의 지식을 바탕으로 미래를 어느 정도 예측할 수 있다. 예측 가능성이 제한적인 경우에도 우리는 이러한 한계를 이해할 수 있다. 물리학과 수학을 다른 분야와 구별하는 것은 종종 무일관성, 금기사항, 역설 등으로부터 자유로운 절대적인 답이 있다는 것이다. 학생들이 물리 법칙이 어떻게 우주를 지배하는가를 이해하면, 우주의 가장 마술적인 측면은 우주가 마법이 아니라는 점을 느끼기 시작할 수 있다. 즉, 우주는 질서정연하고, 구조가 있으며, 이해 가능한 것이다.

7. **과학과 기술의 역사에 대한 안목을 가지라.** 이 책에서 탐구하는 어떤 대상도 한 개인의 작업장에서 갑자기

그리고 자발적으로 튀어나오지 않았다. 이것은 자신이 하고 있는 일을 일반적으로 알고 있었고, 이미 존재하던 어떤 비슷한 것에 대해서도 잘 아는 사람들이 역사의 맥락에서 발견한 것이다. 거의 모든 것이 관련 활동으로 인해 발견이나 개발이 불가피하고, 적시에 이루어질 때 발견되거나 개발된다. 이런 역사적인 맥락을 확립하기 위해 이 책에서는 다루는 대상의 역사에 대해 설명한다.

시각 매체

이 책은 실제 대상물에 관한 내용이기 때문에 도해, 사진 등도 모두 실제 물체에 관한 것이다. 이러한 시각적 자료는 가능한 친숙한 대상물들을 중심으로 구성되므로 전달하려는 개념이 학생들이 이미 알고 있는 것과 연관된다. 많은 학생들은 눈으로 보고 배우는 시각적인 학습자이다. 따라서 물리학의 추상적 개념을 단순한 실제 외형과 겹쳐서 물리학과 일상생활을 연결하려고 시도한다. 이런 노력은 각 절 시작 부분에서 특히 뚜렷이 볼 수 있는데, 여기서 탐구할 대상을 조심스럽게 그린 그림에 나타내었다. 이 그림은 해당 절에 나타나는 보다 추상적인 물리 개념을 접할 때 학생들이 명심해야 할 구체적인 어떤 것을 제공한다. 이 책의 풍부한 시각 매체는 책에서 보는 것과 생활 주변에서 보는 것 사이의 경계를 낮춤으로써 과학을 우리 세계의 일부로 만든다.

구성

이 책에는 40개의 절이 있으며, 절마다 각각 다른 사물의 작동 원리를 설명한다. 이 절들은 주요 물리적 주제에 따라 15개의 장으로 그룹화 되었다. 설명 그 자체 외에도 이 책의 교육적 가치를 높이기 위한 여러 가지 기능이 절과 장에 포함되어 있다. 각 장 구성의 특징은 다음과 같다.

- **각 장 서론, 일상 속의 실험, 학습 일정.** 각 장은 다룰 주된 주제에 대한 간략한 소개로 시작된다. 그런 다음 학생들이 주변 물건으로 할 수 있는 실험을 통해 실제 주제와 관련된 일부 문제를 직접 관찰한다. 마지막으로 이 장의 전반적인 여정을 제시하고, 앞으로의 논의에서 발생할 물리적 문제 중 일부를 확인한다.

- **각 절 서론, 생각해 보기, 실험해 보기.** 40개의 절 각각은 어떤 사물의 작동 원리를 설명한다. 종종 이 '어떤 사물'은 특정 물체 또는 물체 그룹이지만, 때로는 더 일반적이다. 각 절은 이 사물을 소개하는 것으로 시작하여 사물에 대해 생각할 때 발생할 수 있는 질문을 한다. 이 질문에 대한 답은 해당 절에서 주어진다. 마지막으로 학생들이 이 사물에 포함된 물리적 개념의 일부를 관찰하기 위해 할 수 있는 몇 가지 간단한 실험을 제안한다.

- **개념 이해도 점검과 정량적 이해도 점검.** 절은 여러 소단원으로 나뉘며 각 소단원은 "개념 이해도 점검"이라는 질문으로 끝난다. 이 질문은 소단원의 물리를 새로운 상황에 적용한 개념 질문이며, 답과 설명이 뒤따른다. 중요한 방정식을 소개하는 소단원은 "정량적 이해도 점검" 질문으로 끝난다. 이 질문은 방정식이 어떻게 적용될 수 있는지 보여주며, 역시 답과 설명이 뒤따른다.

- **각 장 에필로그와 실험 설명.** 각 장은 학생들이 그 장에서 공부한 대상이 해당 물리 주제에 어떻게 들어맞는지를 상기시키는 에필로그로 끝난다. 그 다음에는 각 장의 시작 부분에서 제안한 '일상 속의 실험'을 해당 장에서 배운 물리 개념을 사용하여 간략히 설명하였다.

- **각 장 요약, 중요한 법칙, 수식.** 각 장에서 다루는 절의 내용을 다루었던 대상물이 작동하는 방법에 중점을 두어 장 마지막 부분에 간단히 요약하였다. 그 다음에는 각 장에서 만난 중요한 물리 법칙과 수식을 다시 정리하였다.

- **연습문제와 문제.** 요약 다음에는 해당 장의 물리 개념을 다루는 질문을 모아두었다. 연습문제는 배운 개념을 새로운 상황에 적용할 것을 요구한다. 문제는 그 장의 방정식을 적용하여 풀고, 정량적인 결과를 얻어야 한다.

- **물리학 방정식에 대한 세 가지 접근.** 물리 법칙과 방정식은 다른 모든 것의 기초이다. 그러나 학생 개개인은 방정식에 다르게 반응하기 때문에 이 책은 주의 깊게 그리고 상황에 맞게 방정식을 제시한다. 하나의 방식을 고수하지 않고 이 방정식을 세 가지 다른 형태로 나타낸다. 첫 번째는 언어 방정식으로 모호성을 피하기 위해 각 물리량을 이름으로 식별한다. 두 번째는 기호 형식이며 표준 형식과 표기법을 사용한다. 세 번째는 문장으로 쓴 것인데 방정식의 의미를 간단한 용어로, 그리고 종종 예를 들어 전달한다. 각 학생은 이 세 가지 형태 중 하나가 다른 것보다 더 편안하고, 의미 있고, 기억에 남을 것이다.

- **찾아보기.** 중요 물리 용어는 책 말미 찾아보기에 정리하였다. 또한 중요 용어가 본문 중 처음 정의가 되어 나올 때는 볼드체로 표시하였다.

- **역사적, 기술적, 전기적인 배경 설명.** 이 책에서 논의된 주제가 사람, 장소, 그리고 사물의 실제 세계에 어떻게 부합되는지 보여주기 위해 본문의 좌, 우측 여백에 짧은 배경 설명을 다수 배치하였다. 관련 부분은 본문에 ■ 기호로 표시했다.

장 배열 순서

이 책을 구성하는 40개의 절은 역학, 열과 열역학, 공진과 역학 파동, 전기와 자기, 빛, 광학, 전자, 현대 물리 등 물리학 책의 익숙한 길을 따르도록 배열되었다. 한 학기에 다룰 주제가 너무 많기 때문에 이 책은 장을 건너뛰어 배울 수 있도록 하였다. 일반적으로 각 장의 마지막 절은 내용에 심각한 영향을 주지 않고 생략할 수 있다. 이 규칙의 예외는 1장과 2장으로, 이 책에서 가르치는 모든 과정의 입문으로서 온전히 다뤄져야 한다. 이 책은 또한 반으로 깔끔하게 나누어서 두 개의 독립적인 한 학기 강좌(첫 학기; 1~9장, 둘째 학기; 1, 2장, 10~15장)로 사용할 수 있다. 나 자신도 두 강좌로 나누어 가르치고 있다.

감사의 글

많은 분들이 이 책에 다양한 방식으로 기여했으며, 나는 그분들의 도움에 대해 깊이 감사드립니다. 그 중 첫 번째는 이 책 편집자 Jessica Fiorillo와 Stuart Johnson으로, 이들은 함께 20년 동안 이 프로젝트를 인도하고 나를 지지해 주었습니다. Jennifer Yee는 엄청난 시간과 관심을 쏟아 제6판이 나오는 데 도움을 주었고, Sandra Dumas와 Jackie Henry는 전 출판 과정을 이끄는 일을 훌륭히 수행했습니다. Thomas Nery가 그래픽 디자인을, Billy Ray가 사진 작업을 하게 되어 기쁩니다. 인쇄본과 함께 제공되는 온라인 구성 요소는 John Duval과 Mallory Fryc의 도움 없이는 가능하지도 않았거나 상상할 수도 없었습니다. 그리고 Christine Kushner, Geraldine Osnato, Petra Recter의 지원, 지도, 격려가 없었더라면 이 모든 일은 일어날 수 없었습니다. John Wiley 출판사의 수많은 다른 친구들과 같이 일하신 분들에게 많은 감사를 드립니다.

How Things Work 개념을 지지하고, 저와 상의하고, 종종 이 책으로 직접 가르쳤던 여러 곳의 동료들로부터 엄청난 도움을 계속 받습니다. 현재 목록에 기록하지 못한 이들이 너무 많지만 나는 그들 모두를 고맙게 생각합니다. 그러나 내가 이 책을 쓰는 동안 줄어든 과학적 성과를 메워 주고 그 이상을 달성한 Virginia 대학 AMO 물리학 그룹의 동료 Tom Gallagher, Bob Johns, Olivier Pfister, Cass Sackett과, 물리 교육에 대한 비전으로 이 책의 추천 서문을 써 준 Carl Weiman에게 특별히 감사드립니다. 또한 물리학을 수업과 이 책의 비디오에 생생하게 가져오도록 도움을 주신 재능 있는 강연 시범 그룹 Al Tobias, Max Bychkov, Mike Timmins, Nikolay Sandev, Roger Staton에게 감사드립니다.

물론, 학생들이 어떻게 과학을 배우는지를 알아내는 가장 좋은 방법은 가르치는 것입니다. Virginia 대학의 학생들이 이 오랜 교육 실험에서 열렬하고, 열광적이며, 상호작용하는 참가자가 되어 주신 것에 너무 감사드립니다. 이 많은 사람들을 개인적으로 알게 된 것이 나에게는 기쁨과 특권이었으며, 이 일에 대한 그들의 영향력은 헤아릴 수 없습니다.

마지막으로, 많은 재능 있는 비평가들의 건설적인 비판은 이 책에 매우 유익했습니다. 그들의 솔직하고 통찰력 있는 의견은 때로는 읽거나 듣기가 고통스러웠지만, 이런 비판이 책을 끊임없이 개선되도록 했습니다. 이들의 평은 자료를 보다 효과적으로 제시하는 데 도움이 되었을 뿐만 아니라, 흥미로운 물리를 내게 가르쳐주기도 했습니다. 이 훌륭한 사람들 모두에게 진심으로 감사드립니다.

Brian DeMarco,
University of Illinois, Urbana Champaign

Dennis Duke,
Florida State University

Donald R. Francesschetti,
University of Memphis

Alejandro Garcia,
San Jose State University

Richard Gelderman,
Western Kentucky University

Robert B. Hallock,
University of Massachusetts, Amherst

Mark James,
Northern Arizona University

Tim Kidd,
University of Northern Iowa

Judah Levine,
University of Colorado, Boulder

Darryl J. Ozimek,
Duquesne University

Michael Roth,
University of Northern Iowa

Anna Solomey,
Wichita State University

Bonnie Wylo,
Eastern Michigan University

이 책과 이 책에서 가르치는 모든 과정의 실제 시험은 학업이 끝나고 오랜 시간이 지난 후 학생들의 삶에 미치는 영향입니다. 이들의 시간은 물리학이 점차 중요하고 다양한 역할을 하게 될 신나고 모험에 가득찬 시간입니다. 이 책과 만남으로써 학생들이 앞으로 나아갈 방향에 대해 더 잘 준비할 수 있고, 앞으로 다가올 세상을 더 나은 곳으로 만드는 데 도움이 되기를 진심으로 바랍니다.

Louis A. Bloomfield
Charlottesville, Virginia
bloomfield@virginia.edu

차 례

0| 책의 목적은 우리에게 친숙한 사물과 현상을 지배하는 과학을 이해하도록 도움으로써 물질 세계에 대한 시야를 넓히는 데 있다. 일상적으로 만나는 우리 주변의 세계와 사물에서 과학을 무시하거나 당연하게 여기는 대신 그 안에서 과학을 찾아볼 것이다. 바탕이 되는 물리 개념 몇 가지만 알면 "마법"처럼 보이는 현상도 이해할 수 있게 될 것이다. 요컨대, 이 책에서는 물질 세계와 그 거동을 지배하는 규칙을 연구하는 학문인 **물리학**(physics)에 대해 배운다.

원활한 시작을 위해 첫 두 장에서는 중요한 두 가지를 다룬다. 즉, 책 전체에서 사용할 물리 언어를 소개하고, 모든 것의 토대가 되는 기본 운동법칙을 살펴본다. 그 다음 3장부터는 현상 그 자체로 재미있고, 또한 이로부터 일어나는 과학적 쟁점 때문에 의미 있고 중요한 대상들을 탐구할 것이다. 대개 이 대상들은 물리학의 여러 다른 분야에 연관되므로 이들을 다루는 각 장과 절에서는 다양한 물리를 배울 수 있을 것이다. 그러나 첫 두 장은 순서상 물리학 분야 자체에 대한 소개이므로 특별히 중요하다.

일상 속의 실험 │ 테이블보 빼내기

식기를 깨뜨리지 않고 테이블보를 테이블에서 빼내는 "마술" 같은 재미있는 묘기가 있다. 이 묘기를 연출하는 사람은 번개 같이 단번에 테이블보를 빼낸다. 그러면 부드럽고 매끈한 테이블보는 접시를 거의 그대로 두고 접시 밑으로부터 미끄러져 나온다.

몇 번 연습하면 누구나 이 묘기를 할 수 있다. 먼저 매끄럽고 접시에 걸릴 만한 테두리가 없는 테이블보를 준비한다. 테이블 가장자리에서 천을 약간 아래쪽으로 당겨야 하기 때문에 실크와 같이 유연한 천이 좋다. 마지막으로 용기

를 갖고 묘기에 도전해 보자(물론 안 깨지는 접시로 먼저). 명심할 점은 갑자기 단번에 잡아당겨 접시 아래에서 천이 빠져나가는 데 걸리는 시간을 최소화해야 한다는 것이다. 천을 당기기 전 약간 천을 접히게 하여 여유를 둔 상태에서 당기면 천이 탁자에서 빠져나기 시작할 때부터 속력이 붙어 천이 순식간에 팽팽하게 당겨지게 된다. 천을 천천히 당기면 실패해서 접시를 떨어뜨릴 수 있다.

테이블보를 홱 잡아당겨 무슨 일이 일어나는지 지켜보자. 운이 좋으면 테이블 위 접시는 그대로 있을 것이다. 실

Courtesy Lou Bloomfield

패했다면 이번에는 더 빨리 당기거나, 천의 종류 또는 당기는 방법을 바꿔서 다시 해 보자.

이런 실험을 할 만한 적절한 테이블보나 접시가 없더라도 비슷한 실험은 많이 있다. 종이 위에 동전 여러 개를 놓고 종이를 빼내거나, 아니면 책상 위에 여러 권의 책을 쌓고 딱딱한 자로 가장 아래쪽 책을 쳐내는 실험을 해 보자. 유리병 입구에 얇은 원형 고리를 걸쳐놓고 그 위에 (지우개가 달려 있지 않은) 연필을 균형 있게 세운 다음 원형 고리를 빼는 실험은 특히 인상적이다. 고리를 충분히 빨리 빼내면 연필은 그대로 허공에 떠 있다가 곧바로 병 속으로 떨어진다.

이 실험의 목적은 다음의 간단한 질문으로 집약된다. 테이블보를 뺄 때 왜 접시가 그대로 있나? 이 질문은 이 장 마지막 부분에서 설명하겠지만, 그 전에 여기에 답할 수 있는 물리학 개념 몇 가지를 먼저 탐구해 보자.

1장 학습 일정

이 개념을 시험하기 위해 우리에게 익숙한 다음 세 가지 활동과 물체를 주의 깊게 살펴볼 것이다. (1) **스케이팅**, (2) **떨어지는 공**, (3) **경사면**. 스케이팅에서는 아무도 밀고 있지 않을 때 물체가 어떻게 움직이는지 살펴볼 것이다. 떨어지는 공에서는 중력에 의해 공의 움직임이 어떻게 영향을 받는지 알아본다. 경사면에서는 완만한 경사를 이용하면 왜 무거운 물건을 그렇게 힘들게 밀지 않고도 들어 올릴 수 있는지 탐구하고, 경사면의 역학적 장점을 알아본다. 이 장에서 살펴볼 상세 내용은 장 마지막 부분에 정리한 '요약, 중요한 법칙, 수식'에서 미리 볼 수 있다.

이러한 현상은 당연해 보일 수 있지만 기본 물리법칙의 관점에서 이해하려면 상당히 생각을 많이 해야 한다. 처음 두 장은 입문용이라 고원의 가장자리를 기어 올라가는 것과 같을 것이다. 올라가는 건 쉽지 않고, 목적지는 보이지 않을 것이다. 그러나 일단 정상에 도달하여 물리 언어와 기본 개념을 갖추고 나면 더 이상 큰 노력 없이도 다양한 사물과 현상을 설명할 수 있을 것이다. 이제 등반을 시작하자.

1.1 스케이팅

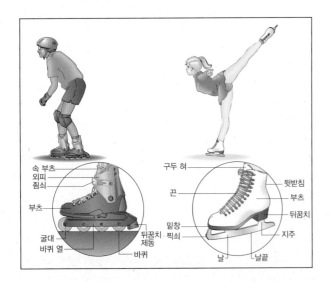

속 부츠
외피
죔쇠
부츠
굴대
바퀴 열
뒤꿈치 제동
바퀴

구두 혀
끈
밑창
찍쇠
날
뒷받침
부츠
뒤꿈치
지주
날끝

여느 스포츠가 그렇듯이 스케이팅도 보기보다는 까다롭다. 초보자는 스케이트를 신고서는 빙판 위에 서 있기조차 힘들며, 부드럽게 앞으로 나아가고 우아하게 멈추기 위해서는 많은 연습이 필요하다. 그러나 스케이트든 롤러스케이트든 그 운동에 적용되는 물리는 매우 간단하다. 편평한 빙판 위에서 스케이트를 앞으로 향하고 있으면 계속 순항한다!

순항(coasting)[1]은 가장 기초적인 물리 개념 중 하나이며 이 책의 출발점이기도 하다. 이와 관련하여 이 절에서는 출발, 정지, 방향 전환 등을 다루며, 이들은 모두 초보적인 운동법칙을 이해하는 데 도움이 될 것이다. 이 책은 경주에서 이기는 방법이나 제자리에서 빨리 회전하는 방법을 알려주지는 않는다. 하지만 스케이팅에 대한 탐구는 모든 운동을 지배하는 기본 원리를 이해하는 데 많은 도움이 되며, 나아가 이 책에서 앞으로 다룰 많은 현상을 탐구하는 준비 단계가 될 것이다.

생각해 보기: "움직임"이란 무엇을 의미하나? 스케이트 탄 사람을 움직이게 하는 것은 무엇이며, 일단 움직이고 있을 때에는 무엇이 그 운동을 유지하도록 하는가? 스케이트를 타고 움직이고 있는 사람을 정지시키거나 운동 방향을 바꾸기 위해서는 무엇이 필요한가?

실험해 보기: 아이스링크나 롤러스케이트장에 가는 것이 이상적이겠지만 이것이 여의치 않다면 스케이트보드나 바퀴 달린 의자로 실험해도 충분하다. 편평한 바닥에서 앞으로 움직인 후 순항을 경험해 보자. 당신은 왜 계속 움직일까? 당신을 앞쪽으로 밀고 있는 무엇인가가 있나? 순항하는 동안 방향이 바뀌는 일이 있나? 누군가에게 전화 통화로 당신의 운동에 대해 어떻게 상세히 전할까? 당신의 속력은 어떻게 측정할까?

나무나 벽에 부딪히기 전에 속력을 줄여 정지해 보라. 당신의 속력을 줄인 것은 무엇이었나? 멈출 때까지도 계속해서 순항하고 있었나? 속력을 줄였을 때, 무엇인가가 당신을 밀거나 끌어당겼나?

다시 움직여 보자. 무엇이 당신의 속력을 높이게 했나? 얼마나 빨리

---

1) 역자주: (동력을 쓰지 않고) 저절로 움직임을 뜻함.

속력을 높일 수 있으며, 속력을 더 빨리 높이기 위해 어떤 방법이 있을 까? 이제 방향을 틀어 보자. 방향을 틀 때 무엇인가가 당신을 밀었나?

속력은 어떻게 되었나? 진행 방향은 어떻게 되었나?

앞으로 미끄러지기: 관성과 순항

Courtesy Lou Bloomfield

미는 것이 전혀 없을 경우에는 스케이트 타는 사람(스케이터)에게 무슨 일이 일어날지에 대해 생각해 보자. 그림 1.1.1과 같이 주변으로부터 아무런 영향을 받지 않고, 밀거나 당기는 것이 전혀 없으면 스케이터는 서 있을까? 움직일까? 속력이 증가할까? 속력이 줄어들까? 스케이터는 어떤 운동을 할까?

매우 단순해 보이는 이 질문에 대해 인류는 수천 년 동안 옳은 답을 얻지 못했다. 심지어 Aristotle를 비롯한 많은 고대의 철학자들도 잘못 알고 있었다[1]. 이 문제가 그렇게 까다로운 것은 지구상의 어떠한 물체도 외부의 영향을 전혀 받지 않는 것은 없기 때문이다. 실제로 모든 물체는 서로 밀고 부딪치는 등 어떻게든 상호작용을 하고 있다.

위대한 천문학자, 수학자이자 물리학자인 Galileo Galilei는 수 년에 걸친 주의 깊은 관찰과 논리적인 분석을 통해 이 질문에 대해 옳은 답을 얻을 수 있었다[2]. 답은 이 문제처럼 간단하다. 만약 스케이터가 정지해 있다면 그 사람은 계속해서 정지한 채로 있을 것이고, 어떤 특정한 방향으로 움직이고 있다면 그 사람은 꾸준히 그 방향을 향해 직선으로 계속 움직일 것이다. 이렇듯 외부로부터의 영향이 없을 때 그 운동 상태를 그대로 유지하려고 하는 성질을 **관성**(inertia)이라 한다(그림 1.1.2).

그림 1.1.1 이 스케이터는 수평 방향으로는 아무런 외부 힘을 받지 않고 미끄러지고 있다. 만일 이 사람이 정지해 있다면 정지 상태를 유지하려 하고, 움직이고 있다면 계속 움직이려 할 것이다.

[1] Aristotle(고대 그리스 철학자, BC 384~322)는 물체의 속도는 그 물체에 가해지는 힘에 비례한다는 이론을 주장했다. 그의 이론은 미끄러지는 물체의 거동은 정확히 예측했지만, 무거운 물체가 가벼운 물체보다 더 빨리 떨어져야 한다고 예측하는 오류를 범했다. 그럼에도 불구하고 이 이론은 오랜 시간 동안 지지를 받았는데, 그것은 한편으로는 이보다 더 단순하고 완벽한 이론을 찾기가 어려웠기 때문이고, 다른 한편으로는 이론과 관측을 연결하는 과학적인 방법이 개발되기까지는 시간이 더 필요했기 때문이다.

> ◉ **관성**
> 운동하고 있는 물체는 그 운동 상태를 그대로 유지하려 하고, 정지해 있는 물체는 계속해서 정지 상태를 유지하려 한다.

[2] Pisa 대학에서 Galileo Galilei (이탈리아 과학자, 1564~1642)는 Aristotle의 자연철학을 가르치도록 강요받았다. 그는 Aristotle의 이론과 그가 관측한 결과가 상충함을 발견하고, 떨어지는 물체의 속력을 측정하는 실험을 고안하여 실행한 결과 모든 물체는 똑같이 떨어진다는 결론을 얻었다.

Aristotle가 관성을 발견하지 못했고, 우리들도 종종 관성을 간과하는 주된 이유는 바로 마찰 때문이다. 신발을 신고 복도 바닥에서 미끄럼을 탄다면 마찰로 인해 속력이 급격히 줄어들어 멈추게 된다. 즉, 마찰이 관성을 가리는 것이다. 관성이 뚜렷이 나타나게 하려면 마찰을 없애야 한다. 이것이 스케이트를 신는 이유이다.

스케이트는 적어도 한 방향으로는 거의 완벽하게 마찰을 없애주기 때문에 힘들이지 않고 빙판을 미끄러져 나아갈 수 있으며 스스로의 관성을 경험할 수 있다. 스케이트가 완벽해서 미끄러져 가는 동안 전혀 마찰을 느끼지 못한다고 단순하게 상상해 보자. 이 절과 다음 두 절에서는 마찰뿐만 아니라 공기의 저항 또한 무시하자. 공기가 잔잔하고 사람이 너무 빨리 움직이지 않는 한 공기 저항은 스케이팅에 전혀 영향을 주지 않는다.

이제 스케이트를 타면서 운동과 관련된 중요한 물리량 다섯 가지를 시험하고, 이들 사이의 관계를 조사해 보자. 이 양들은 바로 위치, 속도, 질량, 가속도, 그리고 힘이다. 내가 서 있는 곳을 표현하는 것으로부터 시작하자. 어떤 특정 순간에 당신은 한 **위치**(position)에 있다. 즉, 공간의 특정한 한 점에 말이다. 누군가에게 당신의 위치를 알려줄 때에는 항상 어떤 기준점에 대한 **거리**(distance)와 **방향**(direction)으로 말할 것이다. 식당 자판기 북쪽으로 몇 미터, 또는 어느 전철역 서쪽으로 몇 킬로미터라고 말이다. 여기서는 기준점으로 스케이트를 신었던 벤치를 선택하자.

위치는 벡터량의 한 예이다. **벡터량**(vector quantity)은 크기와 방향으로 구성되어 있다. 크기는 얼마나 많은 양이 있느냐를 알려주는 반면, 방향은 그 물리량이 향하는 방향을 말해준다. 벡터량은 자연계에 흔한 것이다. 벡터량을 접하게 되면 그 방향에 특히 주의를 기울여야 한다. 예를 들어 어떤 나무로부터 서른 걸음 떨어져 있는 장소에 묻혀 있는 보물을 찾고 있는데 그것이 그 나무의 어느 쪽에 묻혀 있다는 사실을 모르면 땅을 아주 많이 파야 할 것이기 때문이다.

이제 스케이트를 타기 시작하자. 만약 당신이 움직이고 있다면 당신의 위치는 변하고 있으며, 두 번째 벡터량인 속도를 도입할 필요성이 생긴다. **속도**(velocity)는 물체(당신)의 위치가 시간에 따라 변화하는 변화율의 척도이다. 속도의 크기는 **속력**(speed)이다.

$$\text{속력} = \frac{\text{거리}}{\text{시간}}$$

즉, 속력은 일정 시간 동안에 이동한 거리이다. 속도의 방향은 움직이는 물체가 향하는 방향이다. 예를 들어 내가 1초 동안 서쪽으로 2 m 움직였다면 당신의 속도는 서쪽을 향해 초당 2 m이다. 만약 이 속도를 계속 유지한다면 당신의 위치는 10초 후에는 서쪽으로 20 m, 100초 후에는 서쪽으로 200 m가 될 것이다. 당신이 움직이지 않더라도 속도는 존재하며, 영(0)이다. 속도 0은 특별하게도 방향이 없다.

자유롭게 미끄러질 때 수평으로 미는 것이 아무것도 없으면 속도를 설명하기 쉽다. 직선 경로를 따라 일정한 속력으로 나아가기 때문에 속도는 변하지 않고 일정하다. 한마디로 **순항한다**(coast). 그리고 만약 수평으로 미는 것이 없이 멈춰 있으면, 계속 서 있게 된다. 나의 속도는 0으로 일정하다.

스케이트의 예를 통해 앞에서 설명했던 관성을 이제 속도란 용어를 써서 재해석할 수 있다. 외부로부터 아무런 영향을 받지 않는 물체는 일정한 속도로 움직인다. 즉, 직선 경로를 따라서 일정 시간 동안에 같은 거리를 간다. 이 서술은 이 현상을 발견한 영국의 수학자이자 물리학자인 Isaac Newton의 이름을 따서 **Newton의 제1운동법칙**(Newton's first law of motion)이라 한다 **3**. 이 법칙에서 말하는 외부의 영향을 **힘**(force)이라 부르며, 이것은 미는 것과 당기는 것을 통칭하는 과학 용어이다. Newton의 제1법칙에 따라 움직이는 물체는 **관성적**(inertial)이라고 한다.

그림 1.1.2 이 야구공들은 우주 공간에 있으며 외부의 영향을 받지 않는다. 각 공은 일정한 속도로 직선 경로를 따라 관성만으로 움직인다.

3 1664년 Isaac Newton(영국의 과학자이자 수학자, 1642~1727) 경이 Cambridge 대학 학생시절 때 전염병으로 인해 18개월 동안 휴교령이 내려졌었다. 이때 Newton은 고향으로 돌아와서 운동법칙과 만유인력을 발견하였으며, 미적분학의 수학적 기초를 창안하였다. 달과 같은 천체도 사과와 같은 지구상의 물체에 적용되는 단순한 물리적 법칙을 따른다는 주장은 그 당시에는 새로운 사상이었으며, 1687년에 처음 출간된 프린키피아(*Philosophiae Naturalis Principia Mathematica*)에 실려 있다. 이 저서는 아마도 전 시대에 걸쳐 가장 중요하고 영향력 있는 과학적·수학적 업적일 것이다.

● **Newton의 제1운동법칙**
외부 힘의 영향을 받지 않는 물체는 일정한 속도로 움직이며, 직선 경로를 따라 일정 시간에 같은 거리를 이동한다.

> **직관에 위배: 순항**
>
> **직관** 아무것도 밀어주는 것이 없으면 물체는 느려져서 정지한다. 따라서 물체를 계속 나아가게 하려면 밀어주어야 한다.
>
> **물리** 물체를 밀지 않으면 그 물체는 일정한 속도로 순항한다.
>
> **해결** 물체에는 대개 마찰, 공기 저항 등과 같이 숨겨진 힘이 작용하여 운동을 방해한다. 이런 숨겨진 힘을 완전히 없애는 것은 어렵기 때문에 힘이 전혀 작용하지 않는 이상적인 순항 현상은 매우 드물다.

> **▶ 개념 이해도 점검 #1: 빙판 위의 하키 퍽**
>
> 아무도 밀어주지 않는데 왜 움직이는 하키 퍽은 아이스링크를 가로질러 계속 미끄러져 가나?
>
> **해답** 하키 퍽은 관성을 가지고 있으므로 빙판을 가로질러 순항한다.
>
> **왜?** 젖은 빙판 위에 놓인 하키 퍽은 거의 완벽하게 수평 방향의 영향을 받지 않는다. 누군가가 퍽을 밀면 수평 방향의 속도를 가지고 움직이기 시작하는데, 관성으로 인해 퍽은 일정한 속도로 미끄러진다.

순항이 아닌 운동 방법: 가속

빙판 위에서 수평 방향으로 밀어주는 것이 없이 미끄러져 나갈 때 물체의 속력과 방향이 변하지 않도록 하는 것은 무엇일까? 정답은 질량이다. **질량**(mass)은 물체의 관성, 즉 속도 변화에 대한 저항의 척도이다. 우주의 거의 모든 것이 질량을 가지고 있다. 질량은 방향을 가지고 있지 않으며, 따라서 벡터량이 아니다. 질량은 크기만 있는 **스칼라량**(scalar quantity)이다.

당신은 질량이 있기 때문에 무엇이 당신을 밀 때, 즉 당신이 힘을 느낄 때만 당신의 속도가 변한다. 그 무엇이 힘을 미쳐서 정지시키거나 다른 방향으로 밀 때까지 당신은 직선 경로를 따라 그대로 움직일 것이다. **힘**(force)은 여기서 소개하는 세 번째 벡터량이다. 즉, 크기와 방향이 있다. 왼쪽으로 미는 것과 오른쪽으로 미는 것이 다를 수밖에 없으니 방향이 중요하다.

무엇이 당신을 밀면 당신의 속도가 바뀐다. 다시 말해 당신은 가속(혹은 감속)된다. 이것이 네 번째 벡터량인 **가속도**(acceleration)이며, 속도가 시간에 따라 변하는 변화율의 척도이다(그림 1.1.3). 속도가 줄든, 늘든, 방향을 바꾸든 **어느** 경우라도 속도의 변화는 가속

그림 1.1.3 이 야구공은 오른쪽 방향 힘을 받아 오른쪽으로 가속된다. 공의 속력은 오른쪽 방향으로 증가하고, 따라서 시간이 갈수록 공은 더 빨리 이동한다.

도이다. 속력과 방향 중 하나만이라도 바뀐다면 가속을 하는 것이다!

가속도도 벡터량이므로 크기와 방향이 있다. 가속도의 크기와 방향이 모두 중요하다는 것을 보기 위해 스피드스케이트 경주가 시작되기 직전 당신이 출발선에 서서 기다리고 있다고 가정해 보자. 출발 신호가 떨어지면 스케이트 날로 빙판 표면을 힘껏 차며 가속을 시작한다. 즉, 속력이 증가하며 점점 더 빨리 가게 된다. 가속도의 크기는 빙판 표면이 얼마나 당신을 세게 앞으로 미는지에 달려 있다. 만약 장거리 경주라면 최고 속력에 도달하기 위해 전력 질주를 하지는 않을 것이다. 빙판 표면은 선수를 살짝 밀고, 가속도는 작다. 속력도 천천히 변한다. 이에 반해 단거리 경주라면 최고 속력에 가능한 빨리 도달해야 한다. 당신은 힘껏 앞으로 튀어나가며, 빙판 표면은 당신에게 큰 힘을 앞쪽으로 가한다. 가속도는 크고 속력은 빨리 변한다. 이 경우 당신의 몸의 관성이 당신의 속력 증가를 방해한다는 것을 실제로 느낄 수 있다.

그러나 가속도는 크기만 있는 것이 아니다. 경주를 시작할 때 가속도의 방향, 즉 시간에 따라 속도가 바뀌는 방향도 선택한다. 이 방향은 가속도를 일으키는 힘의 방향과 같다. 빙판으로부터 앞으로 가는 힘을 받으면, 당신은 앞으로 가속할 것이다. 즉, 당신의 속도는 점점 앞쪽으로 증가한다. 그러나 빙판으로부터 옆쪽으로 힘을 받으면 당신은 벽을 향해 돌진할 것이다. 이와 같이 가속도의 정의에서 방향의 중요성을 망각하면 결승점과는 멀어지는 우를 범한다.

일단 빨리 나아가기 시작하면, 관성을 이기려 애쓰지 않아도 미끄러지기 시작한다. 일정한 속도로 순항하는 것이다. 이제는 오히려 관성이 도와서 아무것도 당신을 앞으로 밀어주지 않아도 계속 일정 속도를 유지하게 해준다(여기서 마찰과 공기 저항은 고려하지 않는다. 하지만 실제로는 이들이 뒤로 당겨서 미끄러져 갈수록 느려질 것이다).

속력을 변화시키지 않더라도 가속이 가능하다. 스케이트로 방향을 바꾸거나 범퍼를 지나갈 때 좌우 혹은 상하 방향의 힘을 느끼는데, 이 힘이 당신이 나아가는 **방향**을 바꾸고 가속도를 일으키는 것이다.

스케이트 경주가 끝나면 당신은 결국 멈추어 선다. 이것 역시 가속도이지만, 이번에는 뒤쪽 방향의 가속도이다. 종종 이 과정을 **감속**(deceleration)이라고 부르지만 이 역시 가속도의 일종이다. 앞으로 가는 속도가 점점 줄어들어 결국은 정지하게 되는 것이다.

가속도를 더 잘 이해하기 위해 예를 들어 보았다.

1. 경주를 시작하는 순간 앞으로 뛰쳐나가는 육상 선수 — 속도는 0에서 앞으로 나가는 값이 되기 때문에 이 경우 선수는 **앞쪽으로** 가속하고 있다.

2. 횡단보도에서 정지하는 자동차 — 속도는 앞으로 가다가 0이 되기 때문에 자동차는 **뒤쪽으로** 가속하고 있다(즉, 감속).

3. 막 올라가기 시작하는 엘리베이터 — 속도는 0에서 위로 바뀌기 때문에 가속도는 **위쪽** 방향이다.

4. 1층에서 올라오던 엘리베이터가 5층에서 정지하는 순간 — 속도는 위쪽이다가 0이 되므로 가속도는 **아래쪽**이다.

5. 다른 자동차를 추월하기 위해 왼쪽으로 차선을 바꾸고 있는 차 — 이 차의 속도는

직진에서 왼쪽 직진으로 바뀌므로, 이 차는 거의 **왼쪽**으로 가속하고 있다.

6. 착륙하기 위해 하강하는 비행기 — 속도는 수평 직진에서 하방 직진으로 바뀌므로 가속도는 거의 **아래쪽**이다.

7. 회전목마를 타고 빙빙 돌고 있는 어린이들 — 속력은 일정하지만 움직이는 방향이 항상 바뀌고 있다. 이들이 어느 방향으로 가속하고 있는지는 3.3절에서 살펴볼 것이다.

반면에 가속하고 있지 **않는** 경우의 예를 들어 보자.

1. 주차해 있는 자동차 — 속도는 항상 0이다.

2. 일정한 속도로 수평 도로를 직진하고 있는 자동차 — 속력이나 운동 방향에 변화가 없다.

3. 완만하고 똑바른 언덕길을 일정한 속력으로 올라가고 있는 자전거 — 속력이나 운동 방향에 변화가 없다.

4. 계속 올라가고 있는 엘리베이터 — 속력이나 운동 방향에 변화가 없다.

가속도를 보는 것은 위치나 속도를 관찰하는 것보다 어렵다. 스케이트 선수의 위치는 한 번 봐서 알 수 있고, 속도는 두 번을 봐서 두 위치를 비교해 보면 알 수 있다. 하지만 가속도를 알기 위해서는 시간에 따라 속도가 바뀌는 것을 관찰해야 하므로 세 번 관측해야 한다. 선수의 속력이 일정하지 않거나 운동 방향이 직선이 아니면 가속을 하고 있는 것이다.

▶ 개념 이해도 점검 #2: 기차의 가속

기차는 많은 시간을 일정한 속도로 순항한다. 기차는 언제 전후좌우로 가속할까?

▷ **해답** 기차는 역을 출발할 때 앞으로 가속하고, 다음 역에 도착할 때 뒤로 가속한다. 그리고 왼쪽으로 방향을 틀 때는 왼쪽으로, 내리막 선로에 들어설 때는 아래쪽으로 가속한다.

▷ **왜?** 기차는 속력이나 방향을 바꿀 때마다 가속한다. 역을 떠나 가속할 때는 앞쪽으로 가속하고(앞쪽으로 속력 증가), 다음 역에서 느려질 때는 뒤쪽으로 가속한다(뒤쪽으로 속력 증가, 혹은 대등하게 앞쪽 방향으로는 속력 감소). 왼쪽으로 방향을 틀 때는 왼쪽으로 가속하고(왼쪽으로 속력 증가), 내리막 선로를 지나갈 때는 아래쪽으로 가속한다(아래쪽 방향으로 속력 증가).

스케이터에게 미치는 힘

경주가 끝나고 동료 스케이터들이 당신에게 와서 축하를 하며 등을 두드려 준다. 동료들은 등을 두드려 줌으로써 당신에게 힘을 가하고 있고, 따라서 당신은 가속된다. 그런데 당신은 어느 방향으로 얼마만큼 가속되고 있을까?

먼저 모든 동료들이 각각 힘을 당신에게 가하고 있지만 당신은 각각의 힘에 일일이 반응하지는 않는다. 결국 당신의 가속도는 하나뿐이고, 이 가속도는 당신이 느끼는 **알짜힘** (net force)에 대한 반응이다. 모든 동료들의 힘을 합하여 당신에게 가해지는 힘이 알짜힘이다. 물체가 여러 힘을 동시에 받을 때에는 알짜힘과 개별 힘을 구분하는 것이 중요하다. 만약 단 한 명의 동료 선수가 당신의 등을 두드린다면, 당신은 이 힘만 느낄 것이다. 이 힘이 알짜힘이고 당신은 이로 인해 가속된다.

당신의 가속도는 알짜힘의 크기에 비례한다. 알짜힘이 크면 가속도도 커지기 마련이다. 하지만 가속은 당신의 질량에도 관계가 있다. 당신의 질량이 클수록 가속은 작다. 예를 들면 추석 때 실컷 먹은 후에는 먹기 전보다 속도를 바꾸기가 어렵다.

알짜힘, 질량, 그리고 가속도 사이에는 간단한 관계가 있다. 당신의 가속도는 당신에게 가해지는 알짜힘을 당신의 질량으로 나눈 값이다. 즉, 다음과 같은 언어 식으로 표현된다.

$$가속도 = \frac{알짜힘}{질량} \tag{1.1.1}$$

이와 같이 가속도는 알짜힘과 같은 방향이다.

이 관계는 Newton이 운동을 관찰하여 이끌어내었으므로 **Newton의 제2운동법칙** (Newton's second law of motion)이라고 한다. 이렇게 정리함으로써 원인(알짜힘과 질량) 과 결과(가속도)로 뚜렷이 구분해 볼 수 있다. 그러나 위 식을 보통 다음과 같이 쓴다.

$$알짜힘 = 질량 \cdot 가속도 \tag{1.1.2}$$

이것이 전통적인 표기법이다. 이것을 기호로 쓰면 다음과 같다.

$$\mathbf{F}_{net} = m \cdot \mathbf{a}$$

이것을 일상 언어로 표현하면 다음과 같이 말할 수 있다.

야구공을 던지는 것이 볼링공을 던지는 것보다 훨씬 쉽다(그림 1.1.4).

식 1.1.2에서 가속도의 방향은 알짜힘의 방향과 같음을 기억하자.

> ◉ Newton의 제2운동법칙
> **물체에 가해진 알짜힘은 물체의 질량과 가속도의 곱과 같다. 가속도는 알짜힘과 같은 방향이다.**

식 1.1.1을 보면 당신의 가속도는 당신에게 가해진 알짜힘 나누기 당신의 질량이다. 질량은 과식을 하지 않는 이상 거의 일정하기 때문에 식 1.1.1에 따르면 알짜힘이 증가하면 그에 따라 가속도가 증가한다. 그래서 동료 선수가 당신을 더 세게 밀수록 당신의 속력은 그 미는 방향으로 더 빨리 바뀐다.

또한 힘이 같고 질량이 다른 경우를 비교해 볼 수 있다. 당신과 씨름 선수를 예로 생각해 보자. 당신이 씨름 선수보다 질량이 작다고 가정한다. 식 1.1.1에 의하면 질량이 커질수록 가속도는 작아져야 한다. 당신과 씨름 선수를 같은 힘으로 밀면, 당신의 속도가 씨름 선수보다 더 빨리 변할 것이다(그림 1.1.5).

여기까지 탐구한 다섯 가지 원리를 정리해 보자.

1. 위치는 물체가 정확히 어디에 있는지를 알려준다.
2. 속도는 시간에 따른 위치 변화율의 척도이다.

그림 1.1.4 야구공은 질량이 작아서 쉽게 가속된다. 볼링공은 질량이 커서 가속시키기가 더 어렵다.

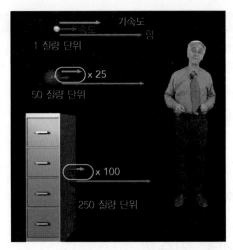

그림 1.1.5 야구공, 볼링공, 서류함은 각각 다른 질량을 가지며, 오른쪽 방향으로 작용하는 동일한 힘에 대해 상당히 다르게 가속한다. 서류함과 볼링공의 가속도와 속도를 나타내는 화살표는 잘 보이도록 확대한 것이다.

3. 가속도는 시간에 따른 속도 변화율의 척도이다.

4. 물체가 가속되기 위해서는 알짜힘이 가해져야 한다.

5. 알짜힘이 같으면 질량이 커질수록 가속도는 작아진다.

이제까지 질량, 힘, 가속도, 속도, 위치 등 다섯 가지 중요한 물리량과 이들 사이의 관계를 살펴보았다. 이러한 탐구는 물리학의 기초 준비 작업에서 많은 부분을 차지한다.

스케이트를 타는 일 역시 이 물리량들에 의존한다. 수평 방향으로 힘이 가해지지 않는 한 스케이터는 제자리에 가만히 있거나, 일정한 속도로 순항할 것이다. 출발, 정지, 방향 전환을 하기 위해서는 무언가가 스케이터를 수평 방향으로 밀어야 하는데, 이것이 빙판의 표면이다. 얼음의 표면에서 어떻게 수평 방향으로 힘을 얻을 수 있는지는 아직 말하지 않았는데, 이것은 다음 단원에서 살펴보도록 하자. 그러나 스케이트를 타면서 이 힘을 느낄 수 있고, 이 힘이 속력, 이동 방향, 혹은 이 둘 모두를 어떻게 바꾸는지 알아차릴 수 있을 것이다. 스케이트를 타면서 스스로 가속됨을 느껴보도록 노력하자.

🔿 개념 이해도 점검 #3: 정지하기 어려움

시속 5 km로 다가오는 자전거와 같은 속도로 다가오는 자동차가 있다. 왜 자전거를 정지시키기 훨씬 더 쉬울까? 무엇으로 이 차이를 설명할 수 있는가?

해답 자동차는 자전거보다 질량이 훨씬 크다.

왜? 움직이는 차량(자전거 포함)을 정지시키기 위해서는 속도의 반대 방향으로 힘을 가해주어야 한다. 그러면 차는 뒤로 가속하면서 결국은 멈출 것이다. 만일 차가 당신에게 다가오고 있다면 밀어야 한다. 차량의 질량이 더 크면 가해주는 일정한 힘에 대해 가속도가 더 작고, 완전히 정지시키기 위해서는 더 오래 밀어야 한다. 자전거를 정지시키기는 쉽지만, 느리게라도 움직이고 있는 자동차를 정지시키려면 큰 힘을 상당히 오래 가해줘야 한다.

볼링공은 다양한 질량으로 제작된다. 한 공이 다른 공보다 두 배 무겁다고 가정하자. 이 두 공을 같은 힘으로 굴렸을 때, 어느 공이 얼마나 더 빨리 가속하는가?

해답 질량이 덜 나가는 공이 두 배 더 빨리 가속한다.

왜? 식 1.1.1을 보면 물체의 가속도는 질량에 반비례한다는 것을 알 수 있다. 즉,

$$\text{가속도} = \frac{\text{힘}}{\text{질량}}$$

두 볼링공을 같은 힘으로 밀면 가속도는 두 공의 질량에만 의존한다. 위 식 우변의 질량이 두 배가 되면 좌변의 가속도는 절반이 된다. 따라서 질량이 두 배 되는 공은 다른 공에 비해 절반으로 가속된다.

여러 명의 스케이터: 기준계

혼자 조용히 스케이팅을 즐길 수도 있지만 다른 스케이터와 같이 하면 대개 스케이팅이 더 재미있다. 스포츠 열기를 느끼고 기량을 뽐내기 위해 관중들이 지켜보는 가운데 다른 스케이터들과 경기를 한다고 생각해 보자.

여러 명이 동시에 빙판 위를 순항하고 있는 경우 관점이 문제가 된다. 당신이 친구보다 빠른 속도로 순항하는 경우, 두 사람에게 세상은 좀 다르게 보인다. 당신의 관점에서는 당신이 움직이지 않지만 친구는 움직이고 있다. 친구의 관점에서 보면 그 자신은 가만히 있지만 당신은 움직이고 있다. 누가 옳을까?

답은 둘 다 옳다. 물리는 이 역설처럼 보이는 현상을 수용할 수 있는 방법이 있다. 두 사람이 각각 서로 다른 **관성 기준계**(inertial frame of reference)에서 세계를 관찰하고 있기 때문이다. 관성 기준계란 가속 없이 Newton의 제1법칙에 의해 움직이고 있는 물체, 즉 **관성 물체**(inertial object)의 관점이다. Galilei와 Newton의 놀라운 발견 중 하나는 물리법칙이 어떤 관성 기준계에서나 똑같이 적용된다는 것이다(그림 1.1.6). 관성계에서 보면 주

그림 1.1.6 가속 없이 상대적으로 움직이고 있는 두 스케이터는 서로 다른 관성 기준계를 갖는다. 각자가 다른 좌표계로 물리량을 측정하지만 물리법칙은 각자가 자신의 관성 기준계에서 관찰한 것을 제대로 서술한다.

변 세계에서 관찰하는 모든 것이 우리가 살펴보고 있는 운동법칙을 따르고 있다. 경치가 움직인다고 생각하는 것이 이상하게 보이겠지만 당신의 관성 기준계는 다른 어떤 기준계와도 대등하게 타당하며, 당신의 기준계에서 보면 움직이는 풍경 속에서 당신은 멈춰 있는 것이다.

둘 다 순항을 하고 있으니 각자는 세상을 자신의 관성 기준계에서 보며, 주변 물체들이 운동법칙에 어긋남이 없이 움직이고 있음을 본다. 어떤 물체는 일정한 속력으로 움직이고, 힘을 받아 가속하고 있는 물체도 있다. 하지만 두 사람이 각자의 관성 기준계에서 이 물체들을 관찰하고 있기 때문에, 어떤 물리량은 두 사람이 측정한 값이 서로 다를 것이다.

위 경우 당신은 당신의 관성 기준계에서 관찰하고 있기 때문에 당신 자신이 정지해 있는 것으로 보인다. 이 기준계에서는 친구가 서쪽으로 초속 2 m(2 m/s)로 순항하고 있는 것처럼 보인다. 그러나 친구는 세상을 다르게 본다. 그의 관성계에서는 그 자신은 서 있고 당신이 동쪽으로 2 m/s로 순항하는 것으로 보인다. 각자가 관찰하는 물체의 위치와 속도, 혹은 이들로부터 파생된 물리량을 비교하지 않는 한 불일치나 모순은 없을 것이다.

이 책에서는 물체를 관찰할 때마다 구체적인 관성 기준계를 선택할 것이다. 대개는 물체와 그 움직임이 가능한 한 간단히 나타나게 관성계를 하나 선택하고 계속 쓸 것이다. 가장 좋은 관성계가 너무 명확해서 이견 없이 선택할 경우도 있다. 하지만 관성계를 조심스럽게 선택해야 될 경우가 가끔 생긴다. 마지막으로 두 개 이상의 관성 기준계를 동시에 사용하는 이론적인 방법이 있지만, 그것은 다른 책에 쓸 예정이다.

> **개념 이해도 점검 #4: 두 관점**
>
> 당신은 역에 서서 일정한 속도로 동쪽으로 순항하는 기차를 쳐다본다. 친구가 기차에 타고 있고, 그 친구의 관성계에서는 무릎 위에 벗어놓은 스웨터가 정지해 있다. 이 스웨터의 운동을 당신의 관성 기준계에서 기술해 보라.
>
> 해답 스웨터는 일정 속도로 동쪽으로 순항한다.
>
> 왜? 두 사람은 스웨터가 가속하지 않으며 Newton의 제1법칙에 따라 운동한다는 것에는 의견이 일치하지만 속도 값은 다르게 측정한다. 즉, 친구는 스웨터가 정지해 있다고 보는 반면, 당신은 일정한 속도로 동쪽으로 순항한다고 본다. 두 사람의 관점은 똑같이 타당하다.

측정과 단위

식품점에 가서 "설탕 6개"를 달라고 하면 주인은 얼마나 설탕을 달라는지 이해하지 못할 것이다. 단순히 숫자 6은 충분한 정보를 주지 않으므로, 컵, 파운드, 그램 등의 단위를 명시해야 한다. 단위는 속도, 힘, 질량 등 거의 모든 물리량에 요구되며, 현대사회는 구성원이 모두 합의한 **표준단위**(standard units)를 개발하여 채택하고 있다.

예를 들어 스케이터의 속력이 시속 20마일이라고 말할 때는 **시속 마일**(miles per hour)을 속력의 표준단위로 선택했으며, 스케이터는 이 기본 단위에 비해 20배 빨리 움직이고 있다는 뜻이다. 스케이터의 속력을 나타낼 때는 다른 여러 가지 단위, 즉 하루에 몇 마일 또는 초속 몇 미터 등으로 쓸 수 있으며, 이들 단위 사이에는 항상 간단한 변환 관계가 있다. 예를 들어 이 스케이터의 속력을 시속 마일에서 시속 킬로미터로 바꾸려면 다음과 같이 단순히 1.609(킬로미터/마일)를 곱해주면 된다.

$$20 \frac{\text{mi}}{\text{h}} \cdot \frac{1.609 \text{ km}}{1 \text{ mi}} = 32.2 \frac{\text{km}}{\text{h}}$$

세계 대부분 국가에서는 **SI 단위계**(Systéme Internationale d'Unités)를 채택하고 있지만, 미국만은 아직 마일, 파운드 등을 쓰는 **영국식 단위계**(English system of units)를 유지하고 있으며 이로 인해 일상생활이 불편할 때가 있다.

SI 단위계는 다음과 같은 두 가지 중요한 특성이 있어 영국식 단위계에 비해 사용하기가 쉽다. 즉, SI 단위계에서는

1. 같은 물리량을 재는 다른 단위는 10의 배수로 연관된다.
2. 복잡한 단위도 대부분 미터, 킬로그램, 초 등 몇 개 안 되는 기본 단위로 구성된다.

첫째 특성부터 살펴보자. 같은 물리량을 재는 여러 가지 단위는 10의 배수로 연관된다. 부피를 잴 때 1,000밀리리터(mL)는 정확히 1리터(L)이고, 1,000리터는 정확히 1입방미터(m^3)다. 질량을 잴 때 1,000그램(g)은 정확히 1킬로그램(kg)이고 1,000킬로그램은 정확히 1톤(t)이다. 이런 일관성 때문에 SI 단위계에 바탕을 두면 위와 같이 확장이 매우 쉽다.

참고로 시간(h)은 SI 단위가 아니다. SI 단위계에서 시간(time)의 단위는 초(s)이지만 긴 시간을 측정할 때는 시간(h)을 사용하는 것이 관례이다. 따라서 시속 킬로미터(km/h)는 SI 단위와 관습이 뒤섞인 것이다.

SI 단위계의 두 번째 특징은 기본 단위가 몇 개밖에 되지 않는다는 것이다. 이제까지 SI 단위에는 질량(**킬로그램**, kg), 길이(**미터**, m), 그리고 시간(**초**, s)이 있다는 것을 알았다. 1 kg은 대략 물 1 L의 질량이고, 1 m는 큰 보폭으로 한 걸음 정도이며, 1초는 "맛있는 떡"이라고 말하는 데 걸리는 시간 정도이다. 이 세 가지 기본 단위에서 속도(초 당 미터, m/s), 가속도(초 제곱 당 미터, m/s^2) 등 여러 다른 물리량의 단위가 파생된다. 1 m/s는 보통으로 걷는 속도, 1 m/s^2은 엘리베이터 문이 닫힌 직후 위로 올라가기 시작할 때 가속도의 크기이다. SI 단위계가 지극히 간단한 것은 영국식 단위계와는 달리 많은 단위가 몇 개의 기본 단위로 구성되기 때문이다.

힘의 SI 단위도 질량, 길이, 그리고 시간이란 기본 단위로 구성된다. 질량 1 kg인 물체를 1 m/s^2으로 가속시키는 데 드는 힘이 얼마냐고 물으면 그 값은 1이며, 단위는 이들의 조합으로 정의된다. 즉, 1 kg은 질량 단위이며, 1 m/s^2은 가속도 단위이고, 둘 다 SI 단위이므로 이 가속을 일으키는 힘은 이 둘을 곱하여 $kg \cdot m/s^2$으로 SI 단위가 되는 것이 가장 타당하다. 이와 같이 합성 단위는 복잡해 보이므로 힘과 같이 중요한 물리량의 경우 별도로 단위 이름을 붙인다. Newton의 제2법칙이 질량, 길이, 그리고 시간을 관계식으로 엮는 중요한 역할을 하므로 그의 이름을 따서 힘의 단위는 **뉴턴**(Newton, 줄여서 N)이라고 한다. 1 N은 편리하게도 작은 사과의 무게와 비슷하다. 즉, 사과를 손바닥에 가만히 들고 있을 때 아래쪽 방향으로 약 1 N의 힘을 받는다.

➡️ **개념 이해도 점검 #5: 산책**

일정한 속도 1 m/s로 계속 걸으면 한 시간에 가는 거리는 몇 km인가?

해답 약 3.6 km

왜? 한 시간은 3,600초이므로 1 m/s 속도로 한 시간을 가면 3,600 m를 간다. 1 km는 1,000 m이므로 답은 3.6 km가 된다.

1.2 떨어지는 공

공을 허공에서 놓으면 곧장 떨어지고, 던지면 허공에서 우아하게 곡선을 그리며 떨어지는 것을 보았을 것이다. 이런 운동은 단순 그 자체이며, 두세 개의 보편적인 규칙만을 따른다는 것이 그리 놀랍지 않다. 앞 절에서 이러한 규칙을 여럿 봤지만 여기서는 힘, 그 중에서도 제일 먼저 중력을 살펴보자. 나무에서 떨어지는 사과를 보고 중력 연구를 시작했다

는 Newton처럼 여기서도 떨어지는 물체의 운동에 주는 영향을 살펴봄으로써 중력 탐구를 시작한다.

생각해 보기: "떨어진다"는 것은 무엇을 의미하며, 공은 왜 떨어지나? 무거운 공과 가벼운 공 중 어떤 것이 더 빨리 떨어질까? 위로 던져진 공도 떨어지고 있을까? 옆으로 던진 공에는 중력이 어떤 영향을 미칠까?

실험해 보기: 앞으로 탐구할 운동 몇 가지를 쉽게 통찰하기 위해 잠시 야구공으로 실험해 보자. 야구공을 다양한 높이로 위로 던져서 공이 떨어질 때 손으로 잡아보자. 친구에게 공의 체공 시간을 재도록 부탁한다. 공을 더 높이 던져 올리면 공의 체공 시간은 얼마나 더 늘어날까? 공을 손으로 잡을 때 어떻게 느껴지나? 손에 주는 충격에 차이가 있나? 공이 손을 떠나 최고점에 도달하는 과정과 최고점으로부터 다시 손에 들어오는 과정은 어느 쪽이 더 오래 걸리나?

이제 다른 두 종류의 공, 예를 들어 야구공과 골프공을 떨어뜨려 보자. 두 공을 위나 아래로 밀지 않고 가만히 동시에 놓으면 어느 공이 더 빨리 바닥에 닿나? 아니면 둘 다 동시에 바닥에 닿나? 그 다음에 한 공을 가만히 떨어뜨리면서 다른 공은 수평 방향으로 던져 보자. 이때 두 공이 동시에 손을 떠났고, 수평 방향으로 던진 공이 처음에 정확히 수평 방향으로 움직였는지가 중요하다. 이 경우 어떤 공이 바닥에 먼저 도달하나?

무게와 중력

주변 여느 물체와 마찬가지로 공도 무게가 있다. 예를 들어 골프공은 0.45 N 정도 무게가 나간다. 그럼 무게란 무엇일까? 뉴턴(N)은 힘의 단위이므로 무게가 힘인 것은 확실하다. 그러나 무게가 무엇이며, 특히 어디서 연유하는지를 이해하려면 중력을 살펴볼 필요가 있다.

중력(gravity)은 우주에 있는 어떤 물체라도 둘 사이에 서로 당기는 힘(인력)을 만들어내는 물리 현상이다. 그러나 일상에서 인간에게 확연히 중력 효과를 미칠 만큼 질량이 크고 가까이 있는 물체는 우리 행성인 지구뿐이다. 중력은 거리가 멀어지면 약해진다. 달과 태양은 우리와 너무 멀리 있어 이들의 중력은 밀물–썰물과 같이 미묘한 현상으로만 알아차릴 수 있다.

그림 1.2.1 떨어뜨린 공은 중력의 힘인 그 자체의 무게만을 느낀다. 따라서 아래쪽으로 가속한다.

지구는 지표면 근처에 있는 모든 물체에 아래쪽으로 힘을 미친다. 물체는 지구의 중심을 향해 끌어당기는 힘을 받는데 이 힘을 **무게**(weight)라고 한다(그림 1.2.1). 이 무게가 물체의 질량에 정확히 비례한다는 것은 주목할 만한 사실이다. 어떤 공의 질량이 다른 공의 두 배라면 그 공의 무게도 정확히 두 배이다. 무게와 질량은 속성이 매우 다르기 때문에 이들 사이의 정확한 비례 관계는 정말 놀라운 것이다. 무게는 중력이 공을 얼마나 세게 당기느냐를 나타내는 반면, 질량은 공을 가속하기 얼마나 어려운가를 나타낸다. 이러한 비례 관계 때문에 무게가 많이 나가는 공은 앞뒤로 흔들어대기도 어렵다!

물체의 무게는 지역적인 중력의 세기에도 비례하는데, 중력의 세기는 **중력가속도**(acceleration due to gravity)라고 부르는 아래쪽 방향 벡터로 측정된다. 지구 표면에서 중력가속도, 즉 중력으로 인한 가속도는 약 9.8 N/kg이다. 이 값은 질량 1 kg인 물체의 무게는 9.8 N임을 뜻한다. 더욱 일반화하면 물체의 무게는 질량에 중력가속도를 곱한 것과 같다. 이것을 언어 식으로 나타내면

$$\text{무게} = \text{질량} \cdot \text{중력가속도} \tag{1.2.1}$$

와 같이 쓸 수 있고, 기호로는

$$\mathbf{w} = m \cdot \mathbf{g}$$

로 쓸 수 있으며, 일상 언어로는 다음과 같이 말할 수 있다.

몸무게를 줄이려면 질량을 줄이거나 중력이 약한 작은 행성 같은 곳에 가면 된다.

그러나 중력으로 인해 왜 **가속도**가 생길까? 그리고 어떤 가속도를 뜻하는 것일까? 이 질문에 답하기 위해 공을 떨어뜨릴 때 공에 어떤 일이 일어나는지 살펴보자.

공 자체의 무게가 공에 작용하는 유일한 힘이라면 공은 아래쪽으로 가속된다. 즉, 공은 떨어진다. 실제로는 공이 대기 중으로 떨어지면서 공기 저항과 같은 또 다른 힘이 작용하지만 당분간은 이를 무시하자. 이렇게 하면 결과가 아주 조금 덜 정확해지긴 하지만 중력 효과에 집중할 수 있다. 공의 밀도가 크고 속력이 너무 크지 않는 한 공에 미치는 공기의 힘은 무시할 수 있다.

떨어지는 공은 얼마나 가속할까? 식 1.1.1에 의하면 공의 가속도는 알짜힘에 질량을 나눈 것과 같다. 그러나 공은 **떨어지고** 있으니 공이 느끼는 힘은 공 자체의 무게뿐이다. 이 무게는 식 1.2.1에 의해 공의 질량에 중력가속도를 곱한 것과 같다. 식으로 쓰면

$$\text{떨어지는 공의 가속도} = \frac{\text{공의 무게}}{\text{공의 질량}}$$

$$= \frac{\text{공의 질량} \cdot \text{중력가속도}}{\text{공의 질량}}$$

$$= \text{중력가속도}$$

가 된다. 여기서 보듯이 떨어지는 공의 가속도는 중력가속도와 같다. 그래서 중력가속도는 자유낙하하는 물체의 실제 가속도가 된다. 더욱이 중력가속도의 단위는 무게를 질량과 연관시키는 9.8 N/kg에서 자유낙하 가속도를 나타내는 9.8 m/s²으로 쉽게 변환하여 구할 수 있다.

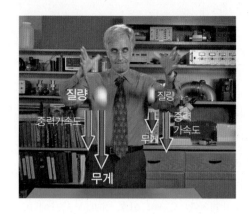

그림 1.2.2 야구공(좌)과 골프공(우)이 중력에 의해 아래쪽으로 가속된다. 이들 사이의 힘과 질량의 차이는 서로 완전히 상쇄하므로 이 둘의 가속도(중력가속도)는 동일하다.

그래서 지구 표면 근처에서 떨어지는 공은 질량에 관계없이 아래쪽 가속도 $9.8 \ m/s^2$을 느낀다(그림 1.2.2). 이 아래쪽 가속도 $9.8 \ m/s^2$은 엘리베이터가 내려가기 시작하는 가속도보다 상당히 크다. 공을 떨어뜨리면 공은 아래쪽 방향으로 매우 빨리 속력이 증가한다.

지구 표면에서 떨어지는 물체는 예외 없이 아래쪽으로 정확히 같은 가속도를 가지므로, 같은 높이에서 동시에 떨어뜨린 골프공과 야구공은 동시에 바닥에 닿는다(아직 공기 저항으로 인한 힘은 고려하지 않고 있다). 야구공은 골프공보다 더 무겁고 질량도 더 크다. 따라서 야구공이 더 큰 아래쪽 방향 힘을 받지만 더 큰 질량이 이것을 상쇄하여 가속도는 결국 가볍고 질량이 더 작은 골프공과 정확히 같다.

▶ 개념 이해도 점검 #1: 무게와 질량

모든 천체로부터 매우 멀리 떨어져서 중력이 거의 미치지 않는 심우주(deep space)에 있는 우주 비행사는 무게가 있을까? 질량은?

해답 우주 비행사의 무게는 0이다. 그러나 질량은 원래대로 가진다.

왜? 무게는 중력이 우주 비행사에게 미치는 힘의 척도이다. 지구 혹은 덩치가 큰 물체에서 매우 멀리 떨어지면 우주 비행사는 중력을 거의 느끼지 않고, 따라서 무게도 거의 0이 된다. 그러나 질량은 관성의 척도이므로 중력과 무관하다. 심우주에서도 우주선을 가속시키는 것이 야구공을 가속시키는 것보다 훨씬 더 어려운데, 이는 우주선이 야구공보다 질량이 더 크기 때문이다.

▶ 정량적 이해도 점검 #1: 달에서 몸무게 측정하기

달 표면에 착륙해서 몸무게를 달았더니 거의 정확히 지구에서 몸무게의 1/6이었다. 달의 중력가속도는 얼마인가?

해답 약 $1.6 \ m/s^2$

왜? 식 1.2.1을 다시 배열하면,

$$중력가속도 = \frac{무게}{질량}$$

즉, 중력가속도는 물체의 무게에 비례한다는 것을 알 수 있다. 우주 비행사의 질량은 달에 간다고 변하지 않으므로 변화가 있다면 그것은 중력가속도의 변화일 것이다. 달에서 잰 몸무게가 지구에서 잰 몸무게의 1/6이므로 달의 중력가속도는 지구의 중력가속도 $9.8 \ m/s^2 \times 1/6 = 1.6 \ m/s^2$이다.

떨어지는 공의 속도

이제 지구 표면 근처에서 떨어지고 있는 공의 운동을 관찰할 준비가 되었다. 떨어지고 있는 공은 앞에서 언급한 것처럼 중력으로 인한 힘인 그 자신의 무게만으로 가속한다. 중력은 떨어지는 물체는 어떤 것이라도 일정한 율로 아래쪽으로 가속시킨다. 그러나 대개는 떨어지는 물체의 가속도보다는 위치와 속도에 더 관심이 있다. 공은 3초 후에 어디 있을 것이고, 그때 공의 속도는 얼마일까? 높은 곳에서 다이빙을 하려고 마음먹을 때도 물에 닿을 때까지 얼마나 오래 걸리고, 얼마나 빠른 속도로 착수할지 알고 싶을 것이다.

이 질문에 답하는 첫 걸음은 공의 낙하 속도가 관찰을 시작한 이후 경과한 시간에 어떻게 관계되는지 살펴보아야 한다. 그러기 위해서는 관찰을 시작하는 순간 공의 속력과 방향, 즉 **초기 속도**(initial velocity)를 알아야 한다. 정지 상태에서 공을 떨어뜨리면 초기 속도는 0이다.

이제 공의 현재 속도를 초기 속도, 가속도, 그리고 관찰을 시작한 이후 경과한 시간을 써서 표현할 수 있다. 일정한 가속도로 인해 공의 속도는 매초마다 일정량 증가하기 때문에 공의 현재 속도는 가속도에 관찰 후 흐른 시간을 곱한 양만큼 초기 속도로부터 달라진다. 이 관계를 언어 식으로 나타내면

$$\text{현재 속도} = \text{초기 속도} + \text{가속도} \cdot \text{시간} \tag{1.2.2}$$

으로 쓸 수 있으며, 기호로는

$$\mathbf{v}_f = \mathbf{v}_i + \mathbf{a} \cdot t$$

로 표현된다. 일상 언어로는 다음과 같이 말할 수 있다.

**정지 상태에서 떨어뜨린 돌은 시간이 갈수록 더 빨리 떨어지지만,
돌을 가만히 놓는 대신 아래로 던지면 더욱 더 빨리 떨어진다.**

정지 상태로부터 떨어지는 공은 초기 속력이 0이며 가속도는 아래쪽 방향으로 9.8 m/s² 이다. 그리고 시간은 공이 떨어지기 시작한 순간부터 경과한 시간이다(그림 1.2.3). 1 s 후

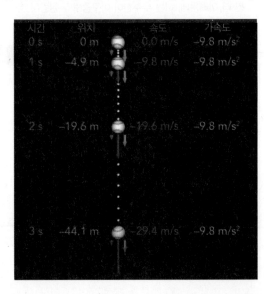

그림 1.2.3 손에 공을 쥐고 있다가 놓는 순간 공은 떨어지기 시작한다. 공 자체의 무게로 인해 공은 아래쪽으로 가속된다. 1 s 후 공은 4.9 m를 떨어졌고 이때 속도는 아래쪽 방향으로 9.8 m/s이다. 2 s 후 공은 19.6 m를 떨어졌으며, 속도는 아래쪽 방향으로 19.6 m/s이다. 공이 아래쪽으로 계속 가속함에 따라 속도는 아래쪽으로 계속 증가한다. 위치와 속도가 음(−)의 값을 가지는 것은 아래쪽 방향의 가속과 이로 인한 아래쪽 방향 운동을 의미한다.

공의 속도는 아래쪽 방향으로 9.8 m/s이다. 계속해서 속도는 2 s 후 19.6 m/s, 3 s 후 29.4 m/s 등으로 증가한다.

공은 3차원 공간에서 떨어지므로 식 1.2.2는 **벡터량**들 사이의 관계식이다. 그러나 공이 정지 상태로부터 떨어지면 공의 운동은 바로 수직이며 벡터량들은 모두 위 아니면 아래를 향한다. 이렇게 수직선을 따라 가는 특별한 운동인 경우 위를 향하는 벡터는 일반적인 양의 값으로, 아래쪽을 향하는 벡터는 음의 값으로 나타낼 수 있다. 그러면 중력가속도는 −9.8 m/s², 정지 상태로부터 2 s 동안 떨어진 공의 속도는 −19.6 m/s이다. 이 절 후반에서 보겠지만 이렇게 단순화된 값은 공의 가속도나 속도의 **위쪽 방향 성분**이다.

> ### ▶ 개념 이해도 점검 #2: 낙하의 절반 1
>
> 구슬을 정지 상태로부터 떨어뜨리면 1 s 후 속도는 아래쪽으로 9.8 m/s이다. 그럼 떨어지기 시작한 0.5 s 후 구슬의 속도는?
>
> **해답** 아래쪽으로 4.9 m/s
>
> **왜?** 자유낙하하는 물체는 아래쪽 방향으로 일정한 율로 가속한다. 속도는 매초 아래쪽 방향으로 9.8 m/s씩 변한다. 따라서 0.5 s가 지나면 구슬의 속도는 그 절반인 4.9 m/s가 변한다.

> ### ▶ 정량적 이해도 점검 #2: 다이빙
>
> 다이빙대에서 물에 도달할 때까지 약 1.4 s 걸렸다면 입수 직전 다이빙 선수의 속도는?
>
> **해답** 약 14 m/s² (또는 50 km/h)
>
> **왜?** 아래쪽 방향 중력가속도는 9.8 m/s²이다. 1.4 s 동안 떨어지는 동안 선수의 속도는 아래쪽 방향으로 일정하게 증가한다. 선수는 정지 상태에서 출발하므로 식 1.2.2를 써서 최종 속도는 다음과 같이 계산할 수 있다.
>
> $$최종 \ 속도 = 9.8 \ m/s^2 \cdot 1.4 \ s = 13.72 \ m/s$$
>
> 그러나 시간이 두 자리만 정확히 주어졌으므로(1.4 s는 1.403 s일 수도 있고, 1.385 s일 수도 있다), 위에서 계산한 최종 속도가 네 자리까지 정확하다고 주장할 수 없다. 따라서 위 결과를 반올림하여 14 m/s라고 하는 것이 옳다.

떨어지는 공의 위치

공이 떨어질수록 속도는 증가한다. 그러면 공의 위치는 정확히 어디일까? 이 질문에 답하려면 공의 **초기 위치**(initial position), 즉 관측을 시작한 순간 공이 어디에 있었나를 알아야 한다. 공을 정지 상태에서 손에서 떨어뜨렸다면 초기 위치는 손이며, 이 지점을 0으로 정의할 수 있다.

그렇게 해서 공의 현재 위치를 초기 위치, 초기 속도, 가속도, 그리고 관측 후 경과한 시간을 써서 표현할 수 있다. 그러나 공의 속도는 시시각각 변하므로 단순히 현재 속도에 시간을 곱해서 공의 현재 위치가 초기 위치로부터 얼마나 변했는지를 계산할 수는 없다. 그 대신 측정하는 시간 구간 동안의 평균 속도를 사용해야 한다. 공의 속도는 초기 속도로부터 현재 속도까지 균일하게 변했으므로 평균 속도는 정확히 이 두 속도의 중간이다. 즉,

$$\text{평균 속도} = \text{초기 속도} + \tfrac{1}{2} \cdot \text{가속도} \cdot \text{시간}$$

공의 현재 위치는 평균 속도에 관찰 시작부터 경과한 시간을 곱한 양만큼 초기 위치로부터 달라진다. 이 관계를 언어 식으로 나타내면

$$\text{현재 위치} = \text{초기 위치} + \text{초기 속도} \cdot \text{시간} + \tfrac{1}{2} \cdot \text{가속도} \cdot \text{시간}^2 \qquad (1.2.3)$$

으로 쓸 수 있고, 기호로는

$$\mathbf{x}_f = \mathbf{x}_i + \mathbf{v}_i \cdot t + \tfrac{1}{2} \cdot \mathbf{a} \cdot t^2$$

으로 표현된다. 그리고 일상 언어로는 다음과 같이 말할 수 있다.

돌멩이가 오래 떨어질수록 높이는 매 순간 더 많이 줄어든다.
그러나 바로 옆에서 조금 일찍 떨어진 돌이나 동시에 조금 더 아래에서
떨어진 돌을 따라잡지는 못한다.

정지 상태로부터 떨어지는 공은 초기 속력이 0이며 가속도는 아래쪽 방향으로 9.8 m/s^{2}이다. 그리고 시간은 공이 떨어지기 시작한 순간부터 경과한 시간이다(그림 1.2.3). 1 s 후 공은 아래쪽 방향으로 4.9 m 떨어졌다. 떨어진 거리는 2 s 후 19.6 m, 3 s 후 44.1 m 등으로 늘어난다.

식 1.2.2와 식 1.2.3은 **속도**가 얼마나 빨리 변하는지를 말하는 척도로서의 가속도의 정의와 **위치**가 얼마나 빨리 변하는지를 나타내는 척도로서의 속도의 정의에 바탕을 두고 있다. 공의 낙하 가속도가 시간에 따라 변하지 않기 때문에 이 두 식은 간단한 수학으로 유도할 수 있다. 그러나 가속도가 시간에 따라 변하는 더 복잡한 상황에서는 속도와 위치를 예측하려면 보통 미적분학 사용이 필수적이다. **미적분학**(calculus)은 변화를 다루는 수학인데, Newton이 이런 부류의 문제를 기술하기 위해 고안한 것이다.

떨어지는 공에 무슨 일이 일어나는지 살펴보았지만 공 대신 다른 물체를 택할 수도 있었다. 모든 물체는 동일한 방식으로 떨어진다. 공기의 영향을 받지 않을 만큼 밀도가 충분히 크면, 무게나 크기에 관계없이 모든 물체는 같은 거리를 떨어지는 데 같은 시간이 걸린다. 진공 중이라면 모든 물체에 대해 이는 정확히 사실이다. 깃털과 쇳덩어리를 동시에 떨어뜨리면 바닥에 같이 곤두박질칠 것이다.

중력가속도를 배웠으니 사다리 위에서 떨어지는 공이 의자에서 떨어지는 같은 공보다 왜 더 위험한지 이제 알 수 있을 것이다. 공이 높은 곳에서 떨어질수록 바닥에 도달하는 시간이 길고, 따라서 가속하는 시간도 길다. 사다리 위에서 떨어지는 긴 시간 동안 공은 아래쪽으로 큰 속도가 붙고, 멈추기 매우 어렵게 된다. 그 공을 잡으려면 공에 위쪽으로 큰 힘을 가해서 반대 방향으로 가속도를 주어 정지시켜야 할 것이다. 그렇게 큰 힘을 위로 가하면 손을 다칠 수도 있다.

떨어지는 물체가 사람이라도 똑같이 생각할 수 있다. 만약 사람이 높은 사다리 꼭대기에서 뛰어내린다면 바닥에 도달할 때까지 상당한 시간이 걸린다. 사람이 땅에 도달할 때는 이미 상당히 큰 속도가 붙는다. 그러면 땅은 매우 큰 위쪽 방향 힘으로 사람을 위로 가속시켜 사람을 다치게 할 것이다. (**4**는 흥미로운 긴 시간 낙하의 예이다.)

4 1782년 영국 Bristol의 배관공 William Watt는 산탄총용 납 총알을 이음새 없이 완벽한 구로 만드는 방법을 특허로 등록하였다. 그 비법은 물 위에 높이 설치된 체를 통해 녹은 납을 붓는 것이었다. 녹은 납은 공기 속에서 떨어지는 동안 작은 방울을 이루며 식고, 물에 도달하기 전에 완벽한 구가 된다. 이 방법을 쓰는 총알 제작탑은 곧 유럽 각지로 퍼져나갔으며 결국 미국에도 공장이 생겼다. 그러나 요즘은 납의 환경유해성이 알려지면서 납 총알은 모두 쇠 총알로 바뀌었다. 쇠 총알은 녹은 상태에서 고체로 식는 데 더 많은 시간이 걸리기 때문에 납 총알과 같이 녹은 납을 떨어뜨려 만들려면 엄청나게 높은 제작탑이 필요하다. 따라서 쇠 총알은 주조로 만든다.

> **⟶ 개념 이해도 점검 #3: 낙하의 절반 2**
>
> 구슬을 정지 상태로부터 떨어뜨려 1 s 후 아래쪽으로 4.9 m 떨어졌다. 그럼 떨어지기 시작한 0.5 s 후 구슬이 떨어진 거리는 얼마인가?
>
> **해답** 약 1.2 m
>
> **왜?** 자유낙하하는 물체의 속도는 아래쪽 방향으로 일정하게 변하지만, 높이는 좀 더 복잡하게 변한다. 구슬을 정지 상태에서 가만히 놓으면 처음에는 천천히 내려가다가 시간이 갈수록 속력이 늘어 점점 더 빨리 내려간다. 첫 0.5 s에는 첫 1 s 동안 간 거리의 1/4인 1.2 m를 간다.

> **⟶ 정량적 이해도 점검 #3: 극한 물리**
>
> 번지점프대를 설계해 보자. 고객에게 5 s 동안 자유낙하를 경험하게 하려면 점프대는 얼마나 높아야 할까? (떨어진 후 로프가 팽팽해지면서 사람을 정지시키는 데 필요한 여유 높이는 고려하지 말 것)
>
> **해답** 높이는 123 m 정도 되어야 한다(40층 건물 높이).
>
> **왜?** 번지점프를 하는 사람은 속도가 증가하면서 아래로 떨어진다. 정지 상태에서 시작하여 5 s 동안 떨어지므로 식 1.2.3을 써서 거리를 구할 수 있다.
>
> $$\text{최종 높이} = \text{초기 높이} - \tfrac{1}{2} \cdot 9.8 \text{ m/s}^2 \cdot (5 \text{ s})^2$$
> $$= \text{초기 높이} - 122.5 \text{ m}$$
>
> 위 식에서 음의 부호는 가속도가 아래쪽 방향임을 의미한다. 5 s가 지난 마지막 순간에 사람은 123 m 정도 떨어졌고, 50 m/s로 아래쪽으로 가고 있을 것이다. 이 속도를 줄이고 점퍼가 위로 다시 튀어오르게 하기 위해서는 점프대가 이보다 더 높아야 한다. 그러나 5 초 동안이나 자유낙하를 한다는 것은 상당히 비현실적이다. 보통은 2~3초 동안이 고작이다.

위로 던지기

물체에 작용하는 유일한 힘이 그 자체의 무게라면 그 물체는 떨어지고 있다. 지금까지 우리는 정지 상태에서 떨어뜨린 공에 한해 이 원리를 탐구했다. 그러나 던져서 공을 떨어뜨릴 수도 있다. 일단 공이 손을 떠나면 그 자체의 무게만 작용하여 아래쪽으로 9.8 m/s²으로 가속된다.

식 1.2.2로 여전히 공의 속도가 시간에 어떻게 의존하는지 예측할 수 있지만 이제는 초기 속도가 0이 아니다. 공을 똑바로 위로 던지면 공은 위쪽 방향의 속도를 가지고 손을 떠난다(그림 1.2.4). 공은 손을 떠나자마자 아래쪽으로 가속되기 시작한다. 만약 공의 초기 속도가 위쪽으로 29.4 m/s라면 1 s 후 속도는 위쪽으로 19.6 m/s이고, 2 s 후 속도는 위쪽으로 9.8 m/s이다. 3 s 후에는 속도가 0이 되면서 순간 공이 완전히 멈춘다. 그 다음에는 정지 상태에서 놓은 것처럼 이 최고점에서부터 내려간다.

최고점 전과 후 공의 운동은 대칭적이다. 위쪽 방향 초기 속도가 크면 처음에는 빨리 위로 올라간다. 위쪽 방향 속도가 줄어들면 공은 점점 더 느려져서 결국 멈추게 된다. 그리고는 내려가는데, 처음에는 천천히 내려가지만 아래쪽으로 계속 일정하게 가속하여 점점 더 빨라진다. 공이 초기 위치인 손을 떠나 최고점에 도달하는 데 걸리는 시간은 최고점으로부

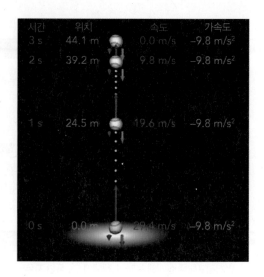

그림 1.2.4 위로 던질 때 공이 손을 떠나는 순간부터 아래쪽으로 9.8 m/s²으로 가속되기 시작한다. 공이 위로 올라가지만 위쪽 방향 속도는 일정하게 줄어들어 정지하는 순간까지 간다. 그 다음부터는 아래쪽으로 일정하게 속도가 증가하면서 공은 내려간다. 이 예에서 공은 3 s 동안 올라가서 멈춘다. 그리고 다시 3 s 동안 떨어져 손으로 돌아온다. 매우 대칭적인 비행이다.

터 내려가서 손으로 돌아오는 데 걸리는 시간과 정확히 같다. 식 1.2.3에서 초기 속도를 손을 떠날 때 공의 속도로 두면 낙하 시간에 따라 공의 위치를 예측할 수 있다.

위쪽 방향 초기 속도가 클수록 속도가 0이 될 때까지 공은 더 오랫동안 올라가고 더 높이 도달한다. 그리고 올라가는 데 소요된 시간만큼 걸려 내려온다. 공이 더 높이 올라가면 떨어져 되돌아오는 데도 더 긴 시간이 소요되고 착지할 때 속력도 더 크다. 이것이 높이 뜬 공을 맨손으로 잡으면 아픈 이유이다. 즉, 손에 도달할 때 속력이 매우 크기 때문에 공을 즉시 세우는 데 큰 힘이 든다.

> ### ▶ 개념 이해도 점검 #4: 위로 던지기
>
> 동전을 똑바로 위로 던지면 머리 위로 올라갔다가 내려온다. 최고점에 도달할 때 동전의 속도는 얼마인가? 동전의 속도는 일정한가 아니면 시간에 따라 변하는가? 가속도는 일정한가 아니면 시간에 따라 변하는가?
>
> 해답 최고점에서 동전의 속도는 순간적으로 0이다. 속도는 시간에 따라 변하지만, 가속도는 일정하다.
>
> 왜? 일단 손을 떠나면 동전은 낙하 물체이며 중력가속도로 아래쪽 방향으로 일정하게 가속된다. 위로 운동하면서 낙하를 시작하기 때문에 올라갈 때는 점점 속력이 줄어들어서 최고점에서 일시 정지한 다음 떨어지는데, 이때부터는 속력이 점점 커진다.

비스듬히 위로 던진 공: 포물체 운동

공을 위로 던지되 똑바로 위로 던지지 않으면 무슨 일이 일어날까? 공을 비스듬히 위로 던진다고 가정하자. 그래도 공은 최고점에 도달한 다음 내려오겠지만 수평 방향으로도 멀어져 가서 던진 곳과 거리를 두고 땅에 떨어진다. 이 수평 방향 운동이 떨어지는 공의 운동을 얼마나 헷갈리게 만들까?

답은 '별로'이다. 종종 수직 방향 운동을 수평 방향 운동과 독립적으로 다룰 수 있다. 이는 물리학의 아름다운 단순화 기법 중 하나이다. 이 방법의 핵심은 가속도, 속도, 위치 등 벡터량을 **성분**(components)으로 분리하는 것이다(그림 1.2.5). 예를 들어 물체 위치의 위쪽 방향 성분은 그 물체의 높이이다.

그러나 공의 높이는 위치 벡터의 한 부분일 뿐이다. 공이 수평 방향으로 전후좌우 어디에 있는지도 알아야 한다. 사실 공의 위치(혹은 어떤 벡터량)는 서로 수직인 세 방향의 성분으로 명시할 수 있다. 말하자면 당신으로부터 오른쪽으로, 앞으로, 그리고 위로 떨어진 거리를 주면 공의 위치가 확실히 정해진다. 만약 공이 오른쪽이 아니라 왼쪽, 앞이 아니라 뒤, 위가 아니라 아래에 있다면 해당 성분은 음의 값을 가진다. 예를 들어, 오른쪽으로 3 m, 앞쪽으로 −3 m(즉, 뒤로 3 m), 그리고 위로 2 m에 공이 있을 수 있다.

공을 살짝 놓거나 똑바로 위로 던질 때 공의 운동은 완전히 수직 방향이고 위치, 속도, 그리고 가속도 모두 위쪽 성분만 있다. 그러나 떨어지는 공이 수평 방향으로도 움직이면 이들 벡터량의 오른쪽과 앞쪽 성분도 고려해야 한다. 공을 앞으로 던지면 오른쪽 방향 성분을 모두 제거할 수 있어 문제를 간단하게 만드는 데 도움이 된다. 그러면 공은 앞쪽으로 곡선을 그리며 운동하는데, 매순간 그 위치는 높이(위쪽 성분)와 수평 거리(앞쪽 성분)로 명시된다.

식 1.2.2와 식 1.2.3은 공의 수직 방향 운동을 예측하기 위한 식이지만 수평 방향 운동도 설명한다. 더 일반적으로 이 두 식은 공의 위치, 속도, 일정한 가속도를 서로 관련짓고, 공이 어느 방향으로든 일정한 가속도를 받을 때 시간에 따라 위치와 속도가 어떻게 변하는지를 서술한다. 물론 여기서는 떨어지는 공을 다루고 있기 때문에 이 일정한 가속도는 아래쪽 방향 중력가속도이다.

이 두 식은 공의 위치, 속도, 그리고 일정한 가속도의 각 **성분**에도 적용된다. 식 1.2.2와 식 1.2.3에서 각 벡터량 뒤에 '위쪽 성분'이란 말을 첨가하면 이 두 식은 공의 수직 방향 운동을 서술한다. 반면에 '앞쪽 성분'이란 말을 첨가하면 수평 방향 운동을 설명한다.

공을 앞쪽으로 던지고 더 이상 손대지 않으면 공의 운동은 위쪽 운동과 앞쪽 운동 두 부분으로 분리할 수 있다(그림 1.2.5). 공의 초기 속도의 일부는 위쪽 방향이며, 이 성분이 물체의 상승과 하강을 결정한다. 초기 속도의 다른 일부는 앞쪽 방향이며, 이 성분은 수평 방향 운동을 결정한다.

공은 수직 하방으로 가속하고 있으므로 가속도의 앞쪽 성분은 0이고, 따라서 속도의 앞쪽 성분은 일정하게 유지된다. 따라서 공은 날아가는 동안 수평 방향으로는 일정한 율로 나아간다(그림 1.2.6). 초기 속도의 위쪽 성분은 공이 얼마나 상승하며 땅에 떨어질 때까지 얼마나 오래 공중에 머무르는지를 결정한다. 반면에 초기 속도의 앞쪽 성분은 이 체공 시간 동안 공이 얼마나 빨리 앞으로 나아가는지를 결정한다(그림 1.2.7).

착지 직전에 속도의 수평 성분은 처음 그대로이나, 위쪽 성분은 이제 음(−)이다. 즉, 공은 아래쪽으로 움직이고 있다. 공의 전체 속도는 이 두 성분으로 이루어진다. 공이 출발할 때 속도는 위−앞쪽 방향을 향하고, 착지할 때 속도는 아래−앞쪽 방향으로 향한다.

공을 던지거나 포탄을 쏘아서 가능한 멀리 착지하도록 하려면 그 물체의 체공 시간을 길게 하는 동시에 속도의 앞쪽 성분을 크게 해야 한다. 다시 말해 속도의 위쪽 성분과 앞쪽 성분 사이에 균형을 잘 맞추어야 한다(그림 1.2.8). 이 두 속도 성분이 공의 비행 경로, 즉 **궤적**(trajectory)을 결정한다. 공을 곧바로 위로 던지면 체공 시간은 길겠지만 앞으로는 전혀 나아가지 못할 것이다(이 경우 헬멧을 쓸 것). 반면에 앞쪽으로 던지면 공이 앞으로는 가

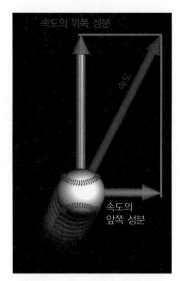

그림 1.2.5 공의 속도가 완전히 수평 방향이나 수직 방향이 아니라도 공의 속도가 위쪽 성분과 앞쪽 성분을 가지고 있는 것으로 볼 수 있다. 전체 속도의 일부는 공을 위로 운동하게 하고, 다른 일부분은 공을 앞으로 운동하게 한다.

그림 1.2.6 중력은 이 골프공 속도의 위쪽 성분에만 영향을 주므로 공이 던져진 후에는 오른쪽으로 꾸준히 이동해 간다.

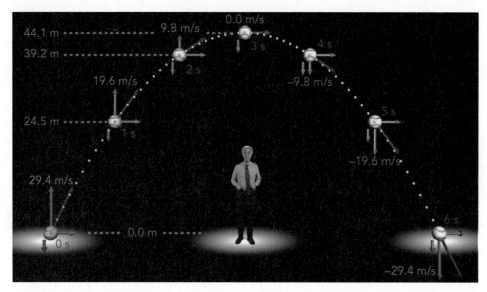

그림 1.2.7   공을 비스듬히 위로 던지면 속도의 일부는 위쪽 방향이고 다른 일부는 앞쪽 방향이다. 수평 방향과 수직 방향 운동은 서로 독립적으로 일어난다. 공은 그림 1.2.3과 그림 1.2.4에서처럼 올라갔다가 내려올 것이다. 그러나 동시에 앞쪽으로도 움직일 것이다. 가속도의 수평 성분이 없으므로(중력은 수직 방향으로 작용) 공의 체공 시간 6 s 동안 속도의 수평 방향 성분은 일정하게 유지된다.

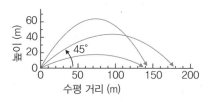

그림 1.2.8   주어진 초기 속도로 공을 던져 가능한 멀리 착지하도록 하려면 45° 위를 향해 던져라. 수직과 수평 중간 방향으로 던지는 이 각에서는 초기 속도의 위쪽 성분과 앞쪽 성분이 같다. 그러면 공은 꽤 오랜 시간을 날고, 이 체공 시간을 활용하여 앞으로 나아간다.

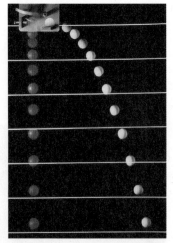

그림 1.2.9   이 두 공을 떨어뜨렸을 때 이들은 둘 다 아래쪽 9.8 m/s²으로 일정하게 가속되었고 속도는 아래쪽 방향으로 일정하게 증가하였다. 한 공이 처음부터 오른쪽으로 이동하고 있었으나 둘은 동시에 착지한다.

겠지만 던지자마자 착지할 것이다.

공기 저항과 던지는 팔과 땅 사이의 높이 차이를 무시하면 최선의 선택은 공을 수평으로부터 45° 위를 향해 던지는 것이다. 이 각에서는 초기 속도의 위쪽 성분과 앞쪽 성분이 같다. 공은 꽤 오랜 시간을 체공하고, 이 시간 동안 수평 이동 거리는 극대화된다. 다른 각으로 던지면 수평 거리를 늘이기 위해 초기 속도를 이보다 더 잘 활용할 수 없다.

이와 같은 생각은 두 야구공에도 적용된다. 하나는 절벽에서 놓고, 다른 공은 같은 곳에서 똑바로 앞쪽으로 던진다. 두 공을 동시에 놓고 던지면 이들은 동시에 땅에 도달할 것이다(그림 1.2.9). 공이 앞쪽 방향으로 초기 속도를 가지고 있다는 사실은 이 공이 땅까지 내려가는 시간에 전혀 영향을 미치지 않는다. 수평과 수직 운동은 독립적이기 때문이다. 당연히 앞쪽으로 던진 공은 절벽에서 멀리 떨어져 착지할 것이다. 반면에 놓은 공은 절벽 바로 아래에 착지할 것이다.

➡ **개념 이해도 점검 #5: 목표를 높이 잡자**

사격 선수나 궁수는 왜 과녁보다 조금 위를 겨냥해야 할까? 왜 과녁의 중심을 똑바로 겨냥하지 않을까?

▷ **해답** 총알이나 화살은 날아가는 동안 떨어지기 때문에 이 높이 손실을 보상해주어야 하기 때문이다.

▷ **왜?** 과녁의 중심을 맞히기 위해 사수는 중심 조금 위를 겨냥해야 한다. 왜냐하면 날아가는 동안 궤적이 떨어지기 때문이다. 과녁이 사수보다 높게 혹은 낮게 위치하더라도 궤적은 겨냥한 점보다 떨어진다. 총알이나 화살의 체공 시간이 길수록 더 높이 겨냥해야 한다. 과녁이 멀수록 체공 시간은 길어지고, 따라서 사수는 더 위를 조준해야 한다.

1.3 경사면

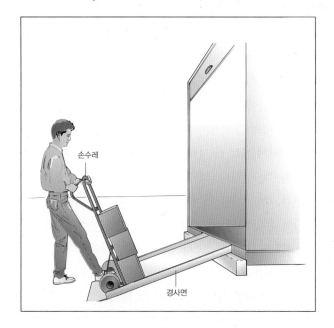

손수레

경사면

앞 절에서는 물체가 받는 유일한 힘이 자체 무게일 때 어떤 일이 일어나는지 살펴보았다. 그러나 둘 이상의 힘이 동시에 물체에 작용하면 어떻게 될까? 예를 들어 마루 위에 놓여 있는 물체를 생각해 보자. 이 물체는 아래로 무게를 받는 동시에 마루로부터 위로 힘을 받는다. 마루가 편평하면 물체는 가속하지 않지만, 마루가 기울어져 경사면을 만들

고 있으면 물체는 내리막을 향해 가속한다. 이 절에서는 경사면을 따라 움직이는 물체의 운동을 탐구한다. 경사면은 스케이트보드나 스키와 같은 스포츠에서 재미를 더해줄 뿐만 아니라 무거운 물체를 들어 올리는 데 흔히 쓰인다.

생각해 보기: 경사면은 어떻게 해서 무거운 물체를 들어 올리는 데 사용될까? 왜 무거운 물체를 올리는 것보다 내리는 것이 더 쉬울까? 물체를 올리면 물체에서 무엇이 변하나? 스키나 썰매를 탈 때 왜 가파른 비탈이 완만한 비탈보다 더 무섭게 느껴질까? 왜 가파른 비탈을 자전거로 올라가는 것이 훨씬 힘들까?

실험해 보기: 잘 깨지지 않는 물병을 편평한 식탁 위에 올려 두자. 병을 손으로 잡고 있다가 밀지 않고 가만히 놓아 보자. 왜 물병은 가만히 그 자리에 있을까?

이번에는 연필을 하나 준비하자. 친구에게 식탁을 약간 기울이게 하면 물병이 굴러 내려오기 시작한다. 이것을 연필로 정지시킬 수 있나? 병을 다시 식탁 위에 놓고 친구에게 식탁을 더 많이 기울이게 부탁한다. 식탁의 기울기는 굴러 내리는 병을 정지시키는 데 어떤 영향을 주나? 이번에는 (1) 식탁을 약간 기울였을 때와 (2) 많이 기울였을 때 연필로 병을 밀어 올려 보자. 어느 경우 힘이 더 드나? 왜 그런가?

경사면을 이용하면 작은 힘으로 밀어도 상당히 무거운 물체를 들어 올릴 수 있다. 왜 이런 일이 가능한지 이해하기 위해서는 몇 가지 물리 개념과 운동법칙을 살펴볼 필요가 있다.

노면 위의 피아노

재능은 있으나 아직 무명인 피아니스트 친구가 있다고 상상해 보자. 이 친구는 새로 아파트에 세를 얻어 들어가는데 이사 비용을 감당할 수 없어 소형 그랜드 피아노를 직접 옮기고자 도움을 요청해 왔다(그림 1.3.1). 다행히도 이사할 아파트는 2층이다. 아무리 2층이지만 이것은 두 사람이 해도 쉬운 일이 아니다. 어떻게 하면 무거운 피아노를 올려놓을 수 있을까? 더욱 더 중요한 것은 어떻게 하면 피아노를 옮기는 도중 사람에게 떨어지는 것을 방지할 수 있을까?

그림 1.3.1 경사면을 이용하면 이 작업이 더 쉬워진다.

문제는 한 번에 피아노를 들어 올릴 힘이 없다는 것이다. 물론 피아노를 분해해서 부품을 하나씩 가지고 올라가서 조립하면 문제는 해결된다. 그러나 이 방법에는 확실히 단점이 있는데, 피아니스트 친구는 아끼는 피아노가 장작처럼 옮겨지는 것을 바라지 않는다는 것이다. 그래서 위로 밀어 올리는 도구를 찾아보는 등 더 영리한 해결책이 필요한데 경사면이라고 부르는 간단한 기계가 최선의 선택일 것이다.

인류 역사에서 **경사면**(ramp)은 피아노 같이 무거운 물건을 옮기는 데 이용되었다. 경사면은 돌이나 철재 등을 들어 올리기 위해 필요한 엄청난 위쪽 방향의 힘을 줄 수 있으므로 피라미드 시대부터 필수적인 건설 장비였다. 경사면이 어떻게 해서 이런 힘을 내는지 이해하기 위해서 피아노의 예를 계속 살펴보자. 먼저 피아노가 바닥면에 닿을 때 받는 힘을 생각해 보자. 당분간 마찰과 공기 저항은 분석을 필요 이상으로 복잡하게 만들기 때문에 계속 무시한다. 더구나 피아노에 바퀴가 달려 있다면 마찰을 무시할 수 있다.

아파트 앞 노면 위에 가만히 서 있는 피아노에서 놀라운 사실을 발견한다. 피아노는 **떨어지지 않는다**는 것이다. 중력이 없어진 것일까? 피아노 바퀴 밑에 발을 넣어 보면 아프기 때문에 바로 답은 확실하다. 피아노의 무게, 즉 중력은 그대로 있다. 그러나 피아노가 떨어지지 않도록 땅바닥 표면에서 무엇인가가 일어나고 있다. 이 상황을 자세히 쳐다보자.

먼저 피아노는 명백히 바닥을 밑으로 세게 밀고 있다. 그래서 피아노 밑에 발가락이 들어가지 않도록 주의해야 한다. 그러나 **바닥에** 새로 더 가해지는 힘이 있더라도 이것이 **피아노가** 떨어지지 않고 있는 이유를 설명하지는 못한다. 그 대신에 피아노가 아래쪽으로 미는 데 대한 바닥의 반응을 살펴보아야 한다. 즉, 바닥은 피아노에 위쪽 방향으로 힘을 미친다! 엎드려 손으로 바닥을 밀어 보면 바닥이 손을 되미는 반응을 느낄 수 있다. 손이 바닥을 미는 힘과 바닥이 손을 미는 이 두 힘은 정확히 크기가 같으나 방향은 서로 반대이다. 두 물체가 서로에게 크기가 같고 방향이 반대인 힘을 미친다는 이 관측은 땅바닥, 피아노, 혹은 손에만 한정되지 않고, 항상 사실이다. 당신이 어떤 물체를 밀든지 그 물체는 당신을 똑같은 크기의 반대 방향 힘으로 되민다. 종종 "모든 작용에는 반대 방향으로 같은 크기의 반작용이 있다"라는 말로 표현되는 이 법칙은 Newton의 세 법칙 중 마지막인 **Newton의 제3운동법칙**(Newton's third law of motion)으로 알려져 있다.

⊙ Newton의 제3운동법칙
한 물체가 다른 물체에 어떤 힘을 가하고 있다면, 항상 두 번째 물체가 첫 번째 물체에 반대 방향으로 가하는 똑같은 크기의 힘이 존재한다.

이 법칙의 보편성은 놀랍다. 물체가 크거나 작거나, 딱딱하거나 물렁하거나, 서 있거나 빨리 움직이거나에 상관없이, 물체를 밀면 그 물체는 똑같은 힘으로 반대 방향으로 되밀어 올 것이다.

위 피아노의 경우 바닥과 피아노는 서로를 같은 크기의 힘으로 반대 방향으로 민다. 이 두 힘 중 하나만이, 즉 땅바닥이 위로 미는 힘이 **피아노에** 작용한다. 이 위쪽 방향으로 미는 힘이 피아노가 떨어지는 것을 막고 있다. 이제 이 수수께끼가 풀렸다.

직관에 위배: 작용과 반작용

직관 멀어지고 있는 물체를 밀면 미는 힘보다 더 약한 힘으로 물체가 되민다. 반대로 다가오고 있는 물체를 밀면 미는 힘보다 더 센 힘으로 물체가 되민다.

물리 물체를 밀면 물체는 항상 같은 힘으로 되밀어 온다.

해결 멀어지고 있는 물체를 밀기는 어렵다. 따라서 자연히 의도했던 것보다는 물체를 약한 힘으로 미는 것이다. 물체가 되미는 약한 힘은 단순히 물체를 민 실제의 약한 힘과 반대 방향이고 크기는 같다. 반면에 다가오는 물체를 세게 밀지 않기는 어렵다. 따라서 자연히 의도했던 것보다는 물체를 센 힘으로 미는 것이다. 물체가 되미는 센 힘은 물체를 민 실제의 센 힘과 반대 방향이고 크기는 같다.

◉ Newton의 운동법칙 요약

1. 외부 힘을 받지 않는 물체는 일정한 속도로 움직인다. 즉, 직선 경로로 일정 시간 동안 같은 거리를 간다.
2. 물체에 가해지는 알짜힘은 물체의 질량에 가속도를 곱한 것과 같다. 가속도는 힘과 같은 방향이다.
3. 한 물체가 다른 물체에 가하는 모든 힘에 대해, 항상 두 번째 물체가 첫 번째 물체에 반대 방향으로 가하는 똑같은 크기의 힘이 있다.

➡ 개념 이해도 점검 #1: 그네 밀기

아이가 탄 그네를 밀어 주고 있다. 그네가 멀어지고 있을 때 그네에 50 N의 힘을 가하면 그네는 얼마만한 힘을 당신에게 가하는가?

해답 50 N

왜? 물체가 움직이고 있든 정지해 있든 50 N의 힘을 가하면 그 물체는 항상 50 N의 힘을 반대로 가해 온다. 예외는 없다. 그 물체가 사람이라도 그가 정지해 있든, 움직이든, 스케이트를 타든, 잠자고 있든 상관없이 상대방은 50 N의 힘으로 되밀 것이다. 상대는 이 일에서 아무런 선택권이 없다. 마찬가지로 상대가 당신을 밀 때도 당신 스스로가 그를 되미는 것을 느낄 것이다. 이것은 Newton의 제3법칙의 결과이다.

지지력과 힘 더하기

이제 피아노가 왜 떨어지지 않는지는 알았지만 노면이 피아노를 지탱하기 위해 어떤 종류의 힘을 가하는지, 왜 이 위쪽 방향 힘이 피아노의 아래쪽 방향 무게와 그렇게 완벽하게 상쇄하는지는 아직 모른다.

먼저 힘의 종류를 생각해 보자. 두 물체가 같은 공간을 동시에 점유할 수 없으므로 이들의 표면은 닿을 때마다 서로 민다. 접촉하는 두 물체는 서로에게 **지지력**(support forces)을 가하는데, 이것은 표면으로부터 똑바로 멀어지는 방향으로 서로를 미는 힘이다. 정확히는 **법선**(normal) 방향, 즉 표면에 **수직**(perpendicular) 방향이다(**5** 참조). 바닥면이 수평이므로 지지력은 수직(똑바로 위) 방향이다(그림 1.3.2).[2]

5 표면으로부터 똑바로 멀어지는 방향의 힘을 수직항력 또는 **법선력**(normal force)이라고 한다. 수학에서 **법선**이란 용어는 표면으로부터 수직으로 똑바로 멀어지는 방향을 지칭하기 때문이다.

---

2) 역자주: 여기서 '수직'은 바로 앞 문장의 'perpendicular'와 달리 'vertical'을 뜻함.

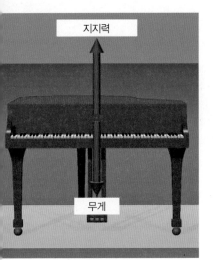

지지력

무게

그림 1.3.2 편평한 바닥에 서 있는 피아노. 바닥은 피아노의 아래쪽 방향 무게를 정확히 상쇄하는 지지력을 위쪽으로 가하고 있다. 피아노에 가해지는 알짜힘은 0이고, 따라서 피아노는 가속하지 않는다.

이 지지력은 얼마나 클까? 이 질문에 답하기 위해 바닥의 지지력이 피아노를 위로 가속시킬 만큼 충분히 크다고 가정해 보자. 그러면 피아노는 바닥 위로 떠오를 것이고 바닥과의 접촉이 약해지면서 바닥이 피아노에 미치는 지지력도 약해질 것이다. 반대로 지지력이 피아노를 아래로 가속시킬 만큼 충분히 작다고 가정해 보자. 그러면 피아노는 바닥으로 즉시 떨어지고 표면 접촉이 증가하여 피아노에 작용하는 지지력도 커질 것이다.

이런 식으로 바닥의 지지력은 피아노의 무게를 정확히 상쇄하도록 자동적으로 조절되어 피아노는 위로도 아래로도 가속되지 않는다. 피아노 위에 걸터앉으면 바닥의 지지력은 즉시 변하여 몸무게도 상쇄한다.

지지력이 피아노의 무게를 정확히 상쇄한다는 것을 다른 식으로 표현하면, 피아노에 가해지는 알짜힘, 즉 피아노에 가해지는 모든 힘의 합이 0이라는 말과 같다. 종종 물체는 동시에 여러 힘을 받는데, 이것이 질량과 함께 물체의 가속을 결정한다. 친구와 함께 같은 방향으로 피아노를 밀면 두 사람의 힘은 더해지고, 이 방향으로 가속을 하는 데 도움이 된다(그림 1.3.3a). 그러나 둘이 서로 다른 방향으로 밀면 당신의 힘이 친구의 힘 일부를 상쇄한다(그림 1.3.3b).

두 사람이 서로 각을 가지고 피아노를 민다면 알짜힘은 두 힘 사이 어딘가를 향한다. 예를 들어 피아노를 당신은 동쪽으로 밀고 친구는 북쪽으로 밀면 알짜힘은 북동쪽으로 향하고 피아노도 그쪽으로 가속할 것이다(그림 1.3.3c). 알짜힘과 가속도의 정확한 각(방향)은 각자가 피아노를 얼마나 세게 미는가에 달려 있다. 이후 논의에서 대개는 알짜힘의 크기와 방향을 상식선에서 대략으로만 산정한다.

방향과는 별개로 중력이 피아노에 미치는 힘과 바닥이 피아노에 미치는 지지력 사이에는 결정적으로 다른 점이 하나 있다. 피아노의 무게는 피아노 전체에 퍼져 있는 반면 바닥의 지지력은 피아노의 바퀴에만 작용한다. 피아노에 작용하는 알짜힘은 0이라도 각각의 힘이 다른 부분에 작용하므로 이것은 피아노에 상당한 변형력을 준다. 피아노가 튼튼하지 않으면 옮기는 도중에 피아노 다리를 한 두 개쯤 부러뜨릴 수도 있다.

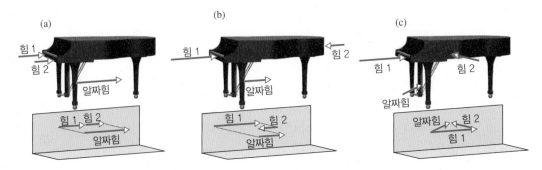

그림 1.3.3 여러 힘이 동시에 물체에 작용할 때, 물체는 이 힘들의 합에 반응한다. 이 합을 알짜힘이라고 하는데 이 역시 크기와 방향을 가지고 있다. 힘을 나타내는 화살표를 머리에 꼬리가 닿도록 나란히 배열하는 도표로 힘의 합을 구할 수 있다. 그러면 알짜힘의 화살표는 첫째 화살표의 꼬리에서 둘째 화살표의 머리로 향한다. 몇몇 화살표는 잘 보여주기 위해 약간 평행 이동해서 그렸는데, 이런 평행 이동은 합하는 과정에 아무런 영향을 주지 않는다.

흔한 오개념: Newton의 제3법칙과 상쇄하는 힘

오개념 당신이 물체를 밀고 물체가 당신을 되밀 때, 방향이 반대이고 크기가 같은 두 힘은 완벽히 서로 상쇄해서 당신이나 물체에 아무런 영향을 주지 않는다.

해결 Newton의 제3법칙으로 묘사되는 두 힘은 항상 서로 다른 두 물체에 작용한다. 당신이 물체를 미는 힘은 물체에 작용하고, 반면에 물체가 당신을 미는 힘은 당신에게 작용한다. 물체에 작용하는 알짜힘이 물체를 가속시키므로, 물체는 물체가 당신에게 가한 힘이 아닌, 당신이 물체에 가한 힘의 영향을 받는다. 만일 당신이 물체를 미는 유일한 존재라면 물체는 가속할 것이다. 그리고 이 물체가 당신을 미는 유일한 것이라면 당신도 가속할 것이다.

개념 이해도 점검 #2: 엘리베이터 타기

일정한 속도로 올라가고 있는 엘리베이터를 타고 있을 때 몸에 작용하는 두 힘은 무엇이며, 알짜힘은 무엇인가?

해답 두 힘은 아래쪽 방향의 몸무게와 바닥이 주는 위쪽 방향의 지지력이다. 이 두 힘은 상쇄하여 몸에 작용하는 알짜힘은 0이다.

왜? 어떤 물체라도 일정한 속도로 움직이고 있다는 것은 가속하지 않는다는 것이고, 따라서 알짜힘은 0이다. 엘리베이터가 위로 움직이고 있지만 안에 탄 사람의 가속도가 없다는 것은 엘리베이터가 몸무게를 정확히 상쇄하도록 위로 지지력을 주고 있음을 의미한다. 따라서 사람은 알짜힘을 느끼지 않는다.

피아노에 필요한 것: 에너지

막상 피아노를 친구의 새 아파트로 들어 올리려고 하면 안전이 걱정된다. 피아노가 노면 위에 놓여 있는 것과 아파트 2층 밖으로 내민 판자 위에 매달려 있는 것은 확연히 다르다. 누구도 그 밑을 지나가고 싶지 않을 것이다. 높은 곳에 있는 피아노는 땅바닥에 있는 피아노에는 없는 어떤 것을 가지고 있다. 즉, 판자를 부수고, 운동하고, 밑에 있는 것은 무엇이든지 찌부러뜨리는 능력이 그것이다. 이런 일이 일어나게 하는 능력을 **에너지**(energy)라 하고, 이런 일들이 일어나도록 만드는 과정을 **일**(work)이라고 한다.

에너지와 일은 둘 다 측정 가능한 중요한 물리량이다. 예를 들어 공중에 매달려 있는 피아노의 에너지와, 판자가 부러져 땅바닥으로 떨어질 때 피아노가 하는 일의 양을 측정할 수 있다. 의심이 갔겠지만 **에너지**와 **일**의 물리적인 정의는 일상 언어의 정의와는 좀 다르다. 물리적인 **에너지**(energy)는 놀이공원에서 노는 어린이의 넘치는 에너지나 "에너지 드링크"라고 부르는 음료에 들어 있는 것이 아니고, 일을 할 수 있는 능력으로 정의된다. 물리적인 **일**(work) 역시 사무실이나 밭에서 하는 활동이 아니라 에너지를 옮기는 과정을 뜻한다.

에너지는 옮겨지는 것이고, 일이 이 전달 과정을 담당한다. 가장 중요한 에너지의 특성은 보존된다는 것이다. 물리학에서는 창조되거나 소멸될 수 없고, 물체 사이에 옮겨 다닐 수만 있는 양을 **보존량**(conserved quantity)이라고 한다. 에너지의 경우 한 형태의 에너지에서 다른 형태로 전환되는 것이다. 보존량은 물리학에서 오직 몇 가지만 있어서 매우 특별하다. 에너지를 가진 물체는 에너지를 단순히 사라지게 할 수 없다. 다른 물체를 옮기는 것에 의해서만이 자신의 에너지를 없앨 수 있는데, 그 물체에 일을 해줌으로써 에너지를 전달한다.

에너지와 일의 관계는 돈과 지출의 관계와 비슷하다. 돈은 옮겨지는 것이며 지출이 옮기는 과정을 담당한다. 분별 있고 법을 잘 지키는 시민은 돈을 만들거나 없애지 않는다. 대신 사람들 사이에서 지출을 통해 돈을 이체한다. 돈은 지출하는 것이 가장 재미있는 것처럼, 에너지도 일을 하는 것이 역시 가장 재미있다. 에너지는 일을 할 수 있는 능력이라고 정의한 것처럼 돈은 지출할 수 있는 능력이라고 정의할 수도 있겠다.

이제까지 일은 에너지의 전달이고, 에너지는 일을 할 수 있는 능력이라는 서로 꼬리를 물고 빙빙 도는 정의를 써왔다. 그러나 물체에 일을 한다는 것은 무엇인가? 당신이 물체에 힘을 가해서 물체가 힘의 방향으로 움직임으로써 당신은 일을 한 것이다. 공을 던질 때 공에 앞쪽으로 힘을 가해 공이 앞쪽으로 움직이면 공에 일을 한 것이다. 또, 바위를 들어 올릴 때 바위를 위로 밀어 바위가 위로 움직이면 바위에 일을 한 것이다. 두 경우 모두 물체에 일을 함으로써 당신에게서 물체로 에너지를 전달한다.

이 전달된 에너지는 종종 물체에서 확연히 나타난다. 공을 던질 때 공은 속력을 얻어 **운동에너지**(kinetic energy)가 증가하는 과정을 겪는다. 운동에너지는 무엇이든 공이 부딪히는 것에 일을 하도록 하는 움직임의 에너지이다. 바위를 들어 올릴 때는 바위가 지면으로부터 올라가서 **중력 위치에너지**(gravitational potential energy)가 증가하는 과정을 겪는다. 중력 위치에너지는 지구와 바위 사이의 중력에 저장된 에너지인데 떨어지는 바위를 맞는 물체에 일을 하도록 한다. 일반적으로 **위치에너지**(potential energy)는 물체 사이 혹은 물체 내부에 저장된 에너지이다.

피아노를 옮기는 문제로 돌아가 보면, 피아노를 2층으로 올리면 피아노의 중력 위치에너지를 상당히 증가시킬 것이 이제 확실히 보인다. 에너지는 보존량이므로 이만큼의 에너지가 어디에선가 와야 한다. 여기서는 불운하게도 사람이 그 에너지를 줘야 한다! 피아노를 올리기 위해서는 피아노에 이 에너지와 정확히 같은 양의 일을 하여 중력 위치에너지를 주어야만 한다. 곧 보겠지만 이 일은 피아노를 사다리로 어렵게 들어 올릴 수도 있고, 경사면으로 밀어서 쉽게 하는 방법도 있다.

> **▶ 개념 이해도 점검 #3: 에너지 고갈은 없다**
>
> 다음 중 어떤 것이 쓸 수 있는 에너지를 가지고 있을까? 압축된 용수철, 팽팽하게 공기를 불어넣은 장난감 공, 다이너마이트, 떨어지는 공
>
> 해답 모두
>
> 왜? 위 네 가지 물체는 모두 다른 물체에 일을 해서 에너지를 일부 줄 수 있다. 즉, 다른 물체를 밀어서 일을 하고, 에너지를 받은 물체는 밀린 방향으로 움직인다.

피아노 들어 올리기: 일

물체에 일을 하려면 물체를 밀어야 하고 그 물체는 미는 방향으로 움직여야 한다. 물체에 한 일은 가한 힘에 이 힘의 방향으로 물체가 움직인 거리를 곱한 것이다. 언어 식으로 나타내면

$$일 = 힘 \cdot 거리 \qquad (1.3.1)$$

로 쓸 수 있고, 기호로는

$$W = \mathbf{F} \cdot \mathbf{d}$$

로 표현된다. 그리고 일상 언어로는 다음과 같이 말할 수 있다.

밀고 있지 않거나 물체가 움직이지 않으면 일을 하고 있지 않다.

이 간단한 관계식은 일을 하는 동안 힘이 일정하게 유지된다고 가정하고 있다. 힘이 변하면 일 계산에 이 변화를 고려해야 하는데 적분을 써야 할 수도 있다. 만약 물체가 일정한 힘으로 미는 방향으로 정확히 움직인다면 일을 계산하기가 쉽다. 즉, 물체가 움직인 거리를 힘에 단순히 곱하면 된다. 그러나 물체가 미는 방향으로 움직이지 않으면 물체의 운동 거리 중 힘과 같은 방향 **성분**만을 힘에 곱해야 한다.

가해준 힘과 물체 운동 사이의 각이 작다면 이런 복잡한 과정을 무시할 수 있다. 그러나 이 각이 커지면 같은 힘으로 물체에 한 일은 줄어든다. 물체가 힘에 수직 방향으로 움직이면 일은 0이 된다. 즉, 힘을 가해준 방향으로 전혀 움직이지 않고 있다. 그리고 각이 90°보다 더 크면 물체는 가해준 힘의 **반대** 방향으로 움직이고 일은 음의 값을 갖는다.

항상 서로 반대 방향이고 크기가 같은 두 힘이 짝을 이룬다는 것을 상기하면 이제 왜 에너지가 보존되는지 설명할 수 있다. 당신이 어떤 물체에 일을 할 때마다 그 물체는 동시에 같은 만큼 음(−)의 일을 당신에게 한다. 결국 내가 물체를 밀어 힘의 방향으로 움직이면, 그 물체는 당신을 되밀고 당신은 그 힘의 반대 방향으로 움직인다. 당신은 물체에 양(+)의 일을 하고, 물체는 당신에게 음(−)의 일을 한다.

예를 들어 피아노의 무게를 가늠하기 위해 들어 올릴 때 당신은 피아노를 위로 밀고 피아노도 위로 움직이므로 당신은 피아노에 일을 하는 것이다. 동시에 피아노는 당신의 손을 아래로 밀지만 손은 위로 움직이므로 피아노는 당신의 손에 음의 일을 하는 것이다. 전체적으로 피아노의 에너지는 당신의 에너지가 줄어드는 만큼 증가하는 완벽한 에너지 전달이 일어난다! 당신이 잃는 에너지는 대부분 음식 에너지인데 이것은 화학적인 위치에너지이다. 피아노가 얻는 에너지는 대개 중력 운동에너지이다.

피아노가 사다리로 올리지 못할 정도로 무겁다는 것을 알아차리고 나서 피아노를 다시 내릴 때 그 과정은 역전되어 피아노가 당신에게 에너지를 전달한다. 이제 피아노는 당신에게 일을 하고, 당신은 같은 만큼 음의 일을 피아노에게 한다. 피아노는 대개 중력 위치에너지를 잃고, 당신은 대부분 열에너지를 얻는다. 이것은 무질서한 에너지 형태로 2.2절에서 살펴볼 것이다. 고무 밴드와는 달리 인체는 받는 일을 제대로 저장하지 못하기 때문에 단순히 데워질 뿐이다. 그럼에도 불구하고 대개 일을 받는 편이 일을 하는 것보다 쉽다. 이것이 물체를 올리는 것보다 내리는 것이 더 쉬운 이유이다.

마지막으로 친구가 떨어져 나간 바퀴를 다시 끼우도록 위로 피아노를 들고 있으면 당신이나 피아노는 서로에게 일을 하지 않고 있다. 단순히 음식으로부터 얻은 화학적 위치에너지가 근육의 열에너지로 전환되어 과열될 뿐이다.

◉ 보존되는 양: 에너지　　　　　　　　　　　　　　　　　　　　　　　　　옮기는 방법: 일

　에너지(energy): 일을 할 수 있는 능력. 에너지는 방향이 없다. 에너지는 위치에너지 형태로 숨어 있
　을 수 있다.
　운동에너지(kinetic energy): 물체의 운동에 들어 있는 에너지 형태
　위치에너지(potential energy): 물체 사이나 내부의 힘에 저장된 에너지 형태
　일(work): 에너지를 전달하는 기계적인 방법; 일 = 힘·거리

▶ 개념 이해도 점검 #4: 공 던지기

야구공을 수평 방향으로 던질 때 중력을 거슬러 힘을 주는 것은 아니다. 공을 수평 방향으로 던지면 이 공
에 일을 한 것인가?

〉 **해답** 일을 한 것이다.

〉 **왜?** 물체에 힘을 가하여 물체가 그 힘의 방향으로 움직이면 그 물체에 일을 하고 있는 것이다. 중력이 수
평 방향 운동에는 영향을 주지 않으므로 야구공을 던질 때 한 일은 공의 수평 방향 운동에너지로 나타난다.

▶ 정량적 이해도 점검 #1: 가벼운 일, 무거운 일

바닥에 있는 책을 1.20 m 높이의 선반으로 옮기고 있다. 책 한 권의 무게는 10.0 N이며, 10권을 옮겨야
한다. 이들을 모두 옮기는 데 얼마의 일을 해야 하는가? 한 번에 몇 권씩 옮기는 것이 좋은가?

〉 **해답** 한 번에 몇 권씩 옮기는지에 관계없이 120 N·m의 일을 한다.

〉 **왜?** 책 한 권이 아래쪽으로 가속되는 것을 막기 위해서는 10.0 N의 힘을 위쪽으로 주어 지탱해야 한다. 그
리고서 책을 위로 1.20 m 옮긴다. 책이 위로 움직이므로 위쪽으로 힘을 주어 한 일은 식 1.3.1을 써서 다음
과 같이 계산한다.

$$일 = 힘 · 거리 = 10.0 \ N · 1.20 \ m = 12.0 \ N · m$$

책 한 권을 올려놓는 데 12.0 N·m의 일이 소요된다. 한 권씩 옮기나 여러 권을 같이 옮기나 한 권에 대해
서는 이만큼 일이 요구되므로 10권을 모두 옮기려면 120 N·m의 일을 해주어야 한다.

중력 위치에너지

피아노를 사다리를 통해 2층으로 직접 끌어올리는 데 얼마나 일을 해야 할까? 피아노를 위
로 움직이도록 하려면 처음에 별도로 약간 힘이 더 들기는 한다. 하지만 이것을 무시하면
피아노는 일정한 속도로 바닥에서 2층으로 이동하고, 들어 올리는 행위는 피아노의 무게를
지탱하는 것이다. 피아노를 무게와 같은 크기의 힘으로 위로 밀고 있으므로 피아노에 하는
일은 무게 곱하기 들어 올린 거리이다.

　이렇게 피아노를 들어 올리는 동안 피아노의 위치에너지는 사람이 해준 일과 동일한 양
만큼 증가한다. 피아노가 바닥에 있을 때의 위치에너지를 0이라고 약속하면 공중에 떠 있
는 피아노의 중력 위치에너지는 단순히 무게 곱하기 바닥으로부터의 높이가 된다. 피아노
의 무게는 질량 곱하기 중력가속도이므로 피아노의 중력 위치에너지는 질량 곱하기 중력가
속도 곱하기 바닥으로부터의 높이이다.

　이런 해석은 피아노에 국한되지 않는다. 어떤 물체라도 중력 위치에너지는 질량에 중력

가속도와 위치에너지가 0인 곳으로부터의 높이를 곱해서 결정할 수 있다. 이 관계를 언어식으로 나타내면

$$중력\ 위치에너지 = 질량 \cdot 중력가속도 \cdot 높이 \qquad (1.3.2)$$

로 쓸 수 있고, 기호로는

$$U = m \cdot g \cdot h$$

로 표현된다. 이것을 일상 언어로 말하면 다음과 같다.

물체가 높이 있을수록 떨어질 때 충격이 더 크다.

물론 물체의 무게를 알고 있다면 질량 곱하기 중력가속도 대신에 무게를 바로 쓰면 된다. 그러면 피아노를 2층까지 끌어올렸을 때 피아노의 중력 위치에너지는 얼마일까? 피아노의 무게를 2,000 N(질량 204 kg), 노면으로부터 2층의 높이를 5 m라고 가정하면, 피아노를 거기까지 들어 올리는 데 10,000 N·m의 일을 할 것이고, 피아노의 위치에너지도 10,000 N·m가 될 것이다. **뉴턴-미터**(N·m)는 에너지와 일의 SI 단위인데, 매우 중요해서 그 자체로 **줄**(joule, 줄여서 J)이란 이름을 가진다. 즉, 2층에서 피아노의 중력 위치에너지는 10,000 J이다.

1 J이 얼마쯤 되는 에너지인지는 다음 몇 가지 일상의 예에서 느낄 수 있을 것이다. 작은 물병을 10 cm 들어 올리는 데는 1 J의 일이 필요하다. 1,500와트 헤어드라이어는 매초 1,500 J을 소모한다. 체리파이 한 조각을 먹으면 몸은 약 2,000,000 J의 에너지를 얻는다. 자전거를 힘들게 탈 때 인체는 매초 약 1,000 J의 일을 한다. 보통 손전등용 건전지에는 약 10,000 J의 에너지가 저장되어 있다.

▶ 개념 이해도 점검 #5: 산악자전거 타기

자전거로 산 정상에 오르는 것은 내려가는 것보다 더 어렵다. 중력 위치에너지는 어디에서 가장 큰가?

⟩ **해답** 산 정상에서 가장 크다.

⟩ **왜?** 중력을 거슬러 일을 해야 하므로 자전거로 산을 오르는 것은 어렵다. 이 일은 자전거가 산을 올라감에 따라 증가하는 중력 위치에너지로 저장된다. 내려갈 때는 중력이 자전거에 일을 해주어 자전거의 중력 위치에너지는 줄어든다.

▶ 정량적 이해도 점검 #2: 아래를 조심하라

100원짜리 동전(0.0054 kg)을 에펠탑 꼭대기(300 m)로 가지고 올라간다. 이 동전이 가진 중력 위치에너지는 얼마인가?

⟩ **해답** 약 16 J

⟩ **왜?** 식 1.3.2를 써서

$$중력\ 위치에너지 = 0.0054\ kg \cdot 9.8\ N/kg \cdot 300\ m$$
$$= 16\ N \cdot m = 16\ J$$

동전을 떨어뜨려 보면 이 정도 에너지가 얼마나 큰지 확실히 알 수 있다. 이론적으로 동전은 약 280 km/h의 속력으로 가속되어 지상의 물체에 큰 타격을 줄 수 있다. 그러나 다행히 동전은 떨어지면서 공기 저항을 받아 시속 수십 km 정도로 속력이 제한된다.

경사면으로 피아노 올리기

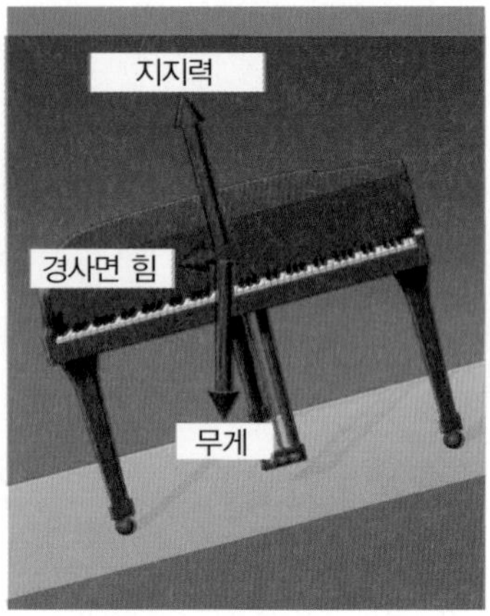

그림 1.3.4 피아노가 경사면 위에 있을 때 그 무게와 지지력은 상쇄하지 않는다. 대신, 이 두 힘을 더하면 비탈을 내려가는 방향의 힘이 된다. 피아노에 작용하는 다른 힘은 없으므로 이 경사면 힘이 알짜힘이 되며 피아노는 내리막 방향으로 가속된다.

불행히도 사다리로 그랜드 피아노를 끌어올리는 것은 아마 불가능할 것이다. 피아노를 지탱하도록 도와주고, 2층으로 끌어올리는 것을 쉽게 해주는 경사면이 필요하다.

노면과 마찬가지로 경사면도 피아노가 떨어지지 않도록 지지력을 가한다. 그러나 경사면은 정확히 수평이 아니기 때문에 그 지지력도 정확히 바닥에 수직이 아니다(그림 1.3.4). 피아노의 무게는 여전히 바로 아래쪽을 향하지만 경사면의 지지력은 바로 위쪽을 향하지 않기 때문에 이 두 힘은 서로 상쇄할 수 없다. 따라서 피아노에는 0이 아닌 알짜힘이 작용한다.

이 알짜힘이 경사면 안쪽이나 바깥쪽을 향할 수는 없다. 만약 그런 힘이 있다면 피아노는 경사면 안쪽이나 바깥쪽으로 가속될 것이고, 두 물체는 접촉하지 않고 떨어져 나가거나 아니면 서로에게 파고들 것이다. 대신, 알짜힘은 경사면에 **접선**(tangential) 방향, 즉 **평행한**(parallel) 방향으로 향한다. 더 구체적으로 말하면 이 힘은 바로 비탈 아래쪽을 향하며, 따라서 피아노는 경사로를 따라 아래쪽으로 가속된다.

그러나 이 알짜힘은 피아노의 무게보다 훨씬 작기 때문에 경사로를 내려오는 피아노의 가속도도 자유낙하 때보다 훨씬 작다. 이런 효과는 자전거로 비탈을 내려온다든지 기울어진 식탁에서 컵이 천천히 미끄러지는 것과 같으므로 누구에게나 친숙하다. 중력은 계속 작용하지만 경사면 위에 있으면 그냥 떨어질 때보다 더 천천히 가속되는 것이다.

여기에 경사면의 아름다움이 있다. 피아노를 경사면 위에 놓음으로써 피아노의 무게는 거의 대부분 경사면이 지탱한다. 피아노는 비탈 아래쪽 방향으로 여기서 경사면 힘이라고 부르는 아주 작은 힘만 받는다. 이제 이 경사 힘을 정확히 상쇄하는 힘으로 피아노를 비탈 위로 밀면 피아노에 작용하는 알짜힘은 0으로 떨어지고 피아노는 더 이상 가속하지 않는다. 더 큰 힘으로 비탈 위로 밀면 피아노는 경사면 위쪽으로 가속될 것이다.

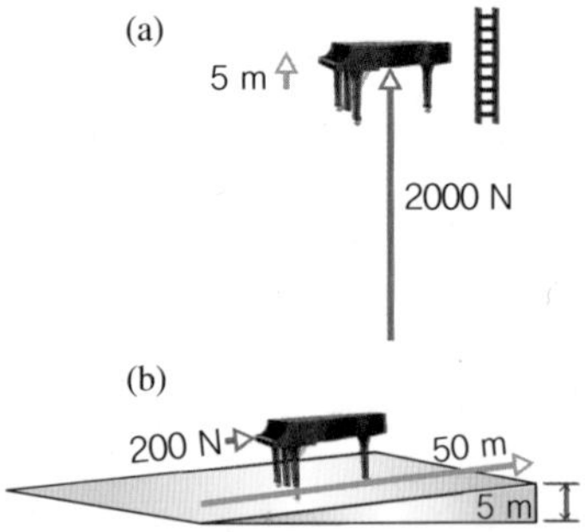

그림 1.3.5 무게가 2,000 N 나가는 피아노를 들어 올리기 위해서는 (a) 곧바로 들어 올리거나, (b) 경사면을 따라 밀어야 한다. 피아노가 일정한 속도로 계속 움직이게 하려면 알짜힘을 0으로 만들어야 한다. (a)와 같이 곧바로 들어 올리려면 피아노의 무게를 상쇄할 2,000 N의 힘을 위로 가해야 한다. (b)와 같이 경사면으로 민다면 피아노에 가해지는 알짜힘을 0으로 만들기 위해 200 N의 힘만 비탈을 따라 위로 가해주면 된다.

그러면 경사면이 피아노를 옮기는 작업을 얼마나 바꿔놓을까? 길이가 50 m이고, 높이가 5 m인 경사면을 사용한다고 가정하자. 이 경사면을 따라 50 m를 이동하면 피아노는 5 m 올라간다(그림 1.3.5). 경사면 표면을 따라 가는 길이와 높이 변화의 비가 10:1이므로, 무게 2,000 N인 피아노를 200 N의 힘만으로 밀어 일정한 속도로 움직이게 할 수 있다. 누구나 이 정도 힘은 낼 수 있고 피아노를 옮기는 일은 이제 실제로 가능한 일이 되었다. 아파트 2층에 도착하기 위해서는 200 N의 힘으로 이 경사로를 따라 50 m를 밀어야 하니, 총 10,000 J의 일을 해야 한다.

경사로를 이용하지 않으면 거의 불가능했던 일을 물리 원리를 써서 해결한 것이다. 그러나 이런 결과를 공짜로 얻은 것은 아니다. 경사면은 사다리보다 훨씬 길기 때문에 2층으로 피아노를 올리기 위해 더 먼 거리를 밀어야 했다. 물론 더 약한 힘으로 밀었다.

놀랍게도 어느 경우나 피아노에 하는 일은 10,000 J이다. 사다리로 피아노를 끌어올리는 경우 힘은 많이 요구되지만 이 힘을 가하면서 옮기는 거리가 짧다. 반면에 경사면으로 피아노를 미는 경우에는 힘은 얼마 들지 않지만 먼 거리를 밀고 가야 한다. 어느 경우나 최종 결과는 같다. 즉, 피아노는 10,000 J의 중력 위치에너지를 가지고 2층에 올라갔고 옮긴 사람은 10,000 J의 일을 했다. 이 관계를 시각적으로 표현하면 다음과 같다.

$$일 = 큰\ 힘 \cdot 짧은\ 거리 = 작은\ 힘 \cdot 긴\ 거리$$

마찰이 없을 때는 피아노를 2층으로 올리는 데 드는 일은 피아노를 어떻게 옮기는가에 무관하다. 어떻게 옮기든 피아노의 중력 운동에너지는 10,000 J만큼 증가하고, 따라서 피아노에 10,000 J의 일을 해야 한다. 피아노를 분해해서 부품을 계단으로 옮긴 다음 재조립하더라도 역시 10,000 J의 일을 해야 한다.

경험 많은 피아노 조율 전문가가 아니라면 경사면을 이용하는 것이 나을 것이다. 경사면을 이용하면 한 사람이 소형 그랜드 피아노를 거뜬히 옮길 수 있다. 경사면은 **역학적 장점**(mechanical advantage)을 주는데, 이는 기계 장치가 정해진 양의 역학적인 일을 수행하는 데 들어가는 일과 거리의 양을 재분배하는 과정이다. 피아노를 그냥 들어 올리면 큰 힘과 짧은 거리가 필요할 것을 경사면을 이용함으로써 작은 힘으로 긴 거리를 움직여 옮겼다. 혹시 경사면 자체가 피아노에 어떤 일을 하지는 않았는지 궁금해 할 수 있으나 그렇지 않다. 경사면이 피아노에 지지력을 가하고 피아노는 경사면 표면을 따라 움직이지만 이 힘과 이동한 거리는 서로 직각을 이룬다. 따라서 경사면은 피아노에 일을 하지 않는다.

역학적 장점은 경사면을 포함하여 많은 경우에 나타나는데, 예를 들어 자전거로 비탈을 올라갈 때도 나타난다. 완만한 비탈을 올라가는 것은 같은 높이의 더 가파른 언덕을 올라가는 것보다 훨씬 힘이 덜 든다. 결국은 페달을 밟아서 비탈을 올라가는 힘을 제공하므로 완만한 비탈을 올라가는 것이 더 쉬운 것이다. 물론 완만한 비탈은 가파른 비탈보다 더 긴 거리를 가야 한다. 따라서 해야 할 일은 어느 경우나 동일하다.

경사면은 여러 장치에 쓰이는데, 큰 힘이 들어 어려운 작업을 힘을 줄여 쉽게 만들어 준다. 그러나 경사면은 어떤 활동에서는 특성을 바꾸기도 한다. 스키 슬로프가 수평이거나 수직이라면 스키 타는 것은 그리 재미있지 않을 것이다. 슬로프를 몇 단계로 구분함으로써 원하는 경사면 힘을 선택하도록 할 수 있다. 초보자용 슬로프는 경사면 힘이 작고 가속도도 작다. 반면에 상급자용 슬로프는 경사면 힘이 크고 가속도도 크다.

끝으로 역학적 장점은 같은 일을 하되 큰 힘을 원하는지, 아니면 큰 거리를 원하는지를 선택할 수 있게 하는데, 필요에 따라 힘과 거리, 이 둘 사이의 균형을 맞추어야 한다. 이 둘의 곱은 언제나 같다.

▶ 개념 이해도 점검 #6: 장애인용 경사면

건물 입구 장애인용 경사로는 매우 길고 종종 커브가 있기도 하다. 더 짧고 똑바른 경사로가 더 편리해 보이는데 왜 경사로를 이렇게 길게 만들었을까?

해답 작은 힘으로도 휠체어를 밀고 올라갈 수 있어야 하기 때문이다. 경사면이 가파르면 더 큰 힘이 필요하다.

왜? 휠체어로 편평한 바닥을 지나갈 때면 수평 방향 힘을 거의 느끼지 않으므로 노력을 거의 들이지 않아도 일정한 속도로 이동할 수 있다. 그러나 경사면을 일정한 속도로 올라갈 때는 중력으로 인한 비탈 아래쪽 방향의 힘과 같은 위쪽 방향의 힘이 필요하다. 경사가 가파를수록 일정한 속도를 유지하기 위해 비탈 위쪽 방향의 힘은 더 필요하다. 대개 12 : 1 경사(높이 1 m 상승을 위해 12 m 경사로 길이)가 장애인용 경사로 설계의 기준이 되고 있다.

1장 에필로그

이 장에서는 일상에서 볼 수 있는 세 가지 예를 관찰하면서 이들의 거동을 지배하는 기본 물리법칙 몇 가지를 탐구하였다. '스케이팅'에서는 관성 개념을 알아보았고, 물체는 오직 힘에 반응하여 가속한다는 것을 관찰하였다. '떨어지는 공'에서는 무게라는 중요한 형태의 힘을 도입하였고, 무게가 서로 다른 자유 물체들이 왜 아래쪽 방향으로 동일한 가속도를 가지고 떨어지는지 살펴보았다.

'경사면'에서는 지지력이라는 다른 형태의 힘을 배웠다. 또한 일은 한 물체로부터 다른 물체로 에너지를 전달하는 역학적인 방법이며, 이 때문에 물체의 높이를 바꾸는 데 해 준 일은 물체를 옮기는 방법에 무관하게 일정하다는 것을 알았다. 에너지는 우주 만물의 운동을 지배하는 보존 물리량 중 하나란 것도 배웠다. 경사면의 예에서 공부한 특별한 에너지 형태는 중력으로 인한 위치에너지인 중력 위치에너지이다.

설명: 테이블보 빼내기

접시가 그 자리에 있는 것은 관성 때문이다. 움직이는 물체는 계속 움직이려 하고 정지해 있는 물체는 계속 정지해 있으려고 한다. 테이블보를 빼기 전에 접시는 움직이지 않고 그 위에 있었고 계속 그 상태를 유지하려고 한다. 테이블보를 순간적으로 매끄럽게 빼내면 테이블보는 접시에 매우 짧은 시간 동안만 힘을 미친다. 그 결과 접시에는 아주 작은 속도 변화만 일어나고 테이블 위의 있던 자리에 거의 그대로 남게 된다.

요약, 중요한 법칙, 수식

스케이팅의 물리: 마찰이 없는 스케이트를 타고 앞으로 미끄러져 갈 때는 힘을 느끼지 않으며 일정한 속도로 움직인다. 관성만이 작용하기 때문이다. 속도를 바꾸기 위해, 즉 가속하기 위해서는 어떤 것이 수평 방향의 힘을 가해주어야 한다. 힘을 앞쪽으로 가하면 가속되고 뒤쪽으로 가하면 느려진다. 옆 방향 힘은 방향을 바꾸어주는데, 이 또한 가속이다.

떨어지는 공의 물리: 떨어지는 공이란 중력으로 인한 자체의 무게만 힘으로 작용하는 공이다. 이런 공은 일정한 율로 아래쪽으로 가속된다. 중력은 공의 수직 운동에만 영향을 주어 공 속도의 수직 방향 성분은 아래쪽으로 일정하게 증가하게 한다. 공이 처음에 수평 방향으로 움직이고 있었다면 공이 떨어지는 동안에도 이 운동은 계속되어 앞으로 나아간다.

처음에 위로 올라가고 있는 공은 어느 순간 정지하고, 곧바로 아래로 떨어지기 시작한다. 속도의 위쪽 성분이 클수록 공의 체공 시간은 더 길고, 최고점도 더 높다. 공이 다시 떨어지기 시작할 때는 최고 높이가 공이 땅에 닿을 때까지 걸리는 시간을 결정한다.

공을 던질 때 초기 속도의 수직 방향 성분이 공의 체공 시간을 결정한다. 반면에 초기 속도의 수평 성분은 공이 앞으로 얼마나 빨리 나아갈지를 결정한다. 공을 던질 때는 공이 체공하는 동안 원하는 수평 거리를 가게끔 공의 초기 속력과 방향을 직관적으로 결정한다.

경사면의 물리: 편평한 바닥 위에 놓인 물체는 두 힘, 즉 아래쪽으로는 자체의 무게와 위쪽으로는 이 무

게를 정확히 상쇄하는 바닥으로부터의 지지력을 받는다. 따라서 물체에 가해지는 알짜힘은 0이다. 편평한 바닥을 경사면으로 바꾸면 지지력은 더 이상 바로 위쪽 방향이 아니며 알짜힘도 0이 되지 않는다. 대신 알짜힘은 경사면을 따라 아래를 향하고, 이 경사면 힘은 물체의 무게에 경사도(높이/경사로 길이)를 곱한 것과 같다.[3] 예를 들면 높이가 1 m, 빗면 길이가 10 m인 경사면의 경사도는 1 m를 10 m로 나누어 0.10이다. 따라서 경사면 힘은 물체 무게의 10%에 불과하다.

물체가 비탈을 따라 아래로 가속되는 것을 막기 위해서는 물체를 비탈 위로 밀어 이 경사면 힘을 상쇄해야 한다. 사실 경사면 힘보다 더 큰 힘을 위쪽으로 가하면 물체는 경사면을 따라 위로 가속될 것이다. 물체를 똑바로 위로 들어 올리는 것보다 경사면으로 밀어 올리는 것이 힘이 덜 들지만 경사면에서는 더 먼 거리를 밀어야 한다. 결국 물체를 일정한 높이로 올리는 데 해주어야 하는 일은 경사로를 쓰나 안 쓰나 같다. 그러나 경사면은 역학적 장점을 주어 아주 큰 힘이 요구되는 작업을 먼 거리를 움직이는 대신 작은 힘으로 쉽게 할 수 있게 해준다.

---

1. Newton의 제1운동법칙: 외부 힘이 전혀 미치지 않는 물체는 일정한 속도로 움직인다. 즉, 일정한 시간에 같은 거리를 직선 경로로 간다.

2. Newton의 제2운동법칙: 물체의 가속도는 그 물체에 가해지는 알짜힘을 질량으로 나눈 것과 같다.

$$\text{알짜힘} = \text{질량} \cdot \text{가속도} \qquad (1.1.2)$$

3. 질량과 무게 사이의 관계: 물체의 무게는 질량에 중력가속도를 곱한 것과 같다.

$$\text{무게} = \text{질량} \cdot \text{중력가속도} \qquad (1.2.1)$$

4. 일정하게 가속되고 있는 물체의 속도: 물체의 현재 속도는 가속도 곱하기 경과한 시간만큼 초기 속도로부터 달라진다.

$$\text{현재 속도} = \text{초기 속도} + \text{가속도} \cdot \text{시간} \qquad (1.2.2)$$

5. 일정하게 가속되고 있는 물체의 위치: 물체의 현재 위치는 평균 속도에 시간을 곱한 것만큼 초기 위치로부터 달라진다.

$$\text{현재 위치} = \text{초기 위치} + \text{초기 속도} \cdot \text{시간} + \tfrac{1}{2} \cdot \text{가속도} \cdot \text{시간}^2 \qquad (1.2.3)$$

6. Newton의 제3운동법칙: 한 물체가 다른 물체에 가하는 모든 힘에 대해 두 번째 물체가 첫 번째 물체에 가하는 크기가 같고 방향이 반대인 힘이 존재한다.

7. 일의 정의: 물체에 해준 일은 가해준 힘에 이 힘의 방향으로 물체가 이동한 거리를 곱한 것이다.

$$\text{일} = \text{힘} \cdot \text{거리} \qquad (1.3.1)$$

8. 중력 위치에너지: 물체의 중력 위치에너지는 질량 곱하기 중력가속도 곱하기 높이이다.

$$\text{중력 위치에너지} = \text{질량} \cdot \text{중력가속도} \cdot \text{높이} \qquad (1.3.2)$$

---

3) 역자주: 저자는 편의상 경사도를 경사각의 사인값(높이/경사로 길이)으로 정의하였지만, 도로 등 일상생활에서는 흔히 경사각의 탄젠트값(높이/밑변 길이)의 백분율(%)로 표시한다. 그러나 경사각이 작을 경우 이 두 값의 차이는 매우 작다.

연습문제

1. 돌고래는 해수면 위로 수 미터를 점프할 수 있다. 돌고래가 이렇게 중력을 이기고 솟아오를 수 있는 이유는 무엇인가?

2. 작은 개천을 뛰어 건널 때, 어떤 수평 방향 힘이 계속 앞으로 나아가도록 하는가?

3. 발을 바닥에 구르면 왜 신발에 묻어있던 눈이 떨어지는가?

4. 칫솔을 세면대에 톡톡 치면 왜 칫솔에서 물기가 제거되는가?

5. 자동차 시트에는 차가 충돌할 경우에 탑승자의 목을 보호하기 위한 머리 받침대가 있다. 탑승자의 머리가 머리 받침대 쪽으로 밀리는 경우는 어떤 형태의 충돌인가?

6. 안전띠를 매지 않은 운전자는 정면충돌 시 운전대에 부딪혀 큰 부상을 당할 수 있다. 차가 갑자기 섰을 때, 왜 운전자는 운전대에 부딪히는가?

7. 차가 갑자기 왼쪽으로 방향을 틀면 왜 차 안의 물건들이 오른쪽으로 쏠리는가?

8. 회전목마를 타고 있는 사람의 속도는 왜 일정하게 변하고 있는가?

9. 자전거를 타고 가다 브레이크를 밟으면 타고 있는 사람은 어느 방향으로 가속될까?

10. 가정용 커피분쇄기에는 작은 칼날이 있어, 이 칼날이 빠르게 회전하며 원두를 잘라 분말 형태로 만든다. 원두의 움직임을 방해하는 것은 없다. 그렇다면 왜 원두는 칼날이 밀기 시작할 때 칼날이 치는 방향으로 튀지 않는 것일까?

11. 대장장이는 무거운 강철 모루의 표면 위에 달군 금속을 놓고 망치질을 하여 모양을 만든다. 왜 얇은 금속판보다 무거운 강철 모루 위에 놓고 망치질을 하는 것이 더 효과적인가?

12. 200 m 경주를 할 때 처음 100 m보다 나중 100 m를 달리는 시간이 덜 걸리는 이유는 무엇인가?

13. 노트 패드의 맨 앞장을 천천히 잡아당기면 전체 패드는 같이 움직인다. 그러나 앞장을 갑자기 휙 잡아당기면 앞장 하나만 뜯겨 나온다. 무엇이 이 차이를 만드는가?

14. 공이 처음 정지 상태에서 5초 동안 떨어진다. 공기 저항을 무시하면 그 5초 동안에 공의 속력이 가장 많이 증가하는 때는 언제인가?

15. 4.9 m 높이에서 공을 떨어뜨리면 1초 후에 지표면에 도달한다. 만약 총알을 같은 높이에서 정확히 수평 방향으로 발사하면 이 역시 지표면에 1 초 후 도달하게 된다. 이를 설명하시오.

16. 지표면으로부터 9.8 m 높이에 있는 가지에서 도토리가 떨어진다. 낙하 후 1초가 지나면 도토리의 속도는 아래쪽으로 9.8 m/s이다. 그런데 왜 도토리는 아직 땅에 도달하지 않았는가?

17. 다이빙 선수가 50 m 높이의 절벽에서 수면으로 뛰어내린다. 절벽이 완벽하게 수직이 아니라서 선수는 아래의 바위를 피하기 위해 앞쪽으로 몇 미터 가야 한다. 사실 그는 위쪽이 아니고 앞쪽으로 뛰었다. 왜 앞쪽으로 뛰어야 바위를 피할 수 있는지 설명하시오.

18. 스포츠 경기에서 공을 차는 선수에게 공이 날아가는 거리만 중요한 것은 아니다. 때때로 공의 비행시간이 더 중요할 때가 있다. 만약 공을 공중에 가능한 오래 떠 있게 하고 싶다면 공을 어떻게 차야 하는가?

19. 골프공의 초기 속도를 달리 하기 위해 골프채의 머리 부분에 다양한 각을 준다. 그러면 공의 속력은 거의 비슷하지만 날아가는 각도는 골프채마다 다르다. 공기의 효과를 무시했을 때 초기 각도의 변화가 공이 날아가는 거리에 어떤 영향을 주는가?

20. 모터보트는 수상스키 선수를 줄에 매달아 당김으로써 선수에게 앞 방향으로 큰 힘을 준다. 선수는 일정한 속도로 앞으로 직진한다. 이 선수가 느끼는 알짜힘은 무엇인가?

21. 여행 가방의 무게는 50 N이다. 이 가방을 들고 2층으로 올라가는 에스컬레이터를 탄 사람이 일정한 속도로 움직이고 있다. 이 사람이 가방을 들고 같이 움직이기 위해 가방에 위쪽으로 얼마만큼의 힘을 가해야 할까?

22. 열차가 일정한 속도로 움직이고 있다면 (a) 첫째 차량, (b) 가운데 차량, (c) 마지막 차량이 느끼는 알짜힘은 각각 얼마인가?

23. 줄다리기를 하는데 두 팀 중 어느 팀도 움직이지 않아 무승부가 되었다면 왼쪽 팀에 가해진 알짜힘은 얼마인가?

24. 축구공을 찰 때 더 세게 미는 것은 발인가 아니면 축구공인가?

25. 우주비행사가 우주비행선 밖에서 작업을 하고 있는 동안 지구는 우주비행사에게 아래쪽 방향으로 850 N의 힘을 가하고 있다. 비행사가 지구에 가하는 힘은 (있다면) 얼마인가?

26. 당신의 좌측을 향해 자동차가 지나가고 있다. 이때 손을 뻗어 차의 왼쪽으로 50 N의 힘을 가해 민다면 이 움직이는 차는 당신을 밀까? 만약 민다면 그 힘은 얼마인가?

27. 지구가 당신에게 가하는 힘과 당신이 지구에게 가하는 힘 중 어느 것이 더 클까?

28. 만화에서 슈퍼맨은 가끔 떨어지는 사람을 땅에 떨어지기 직전 아슬아슬하게 구해내곤 한다. 그러나 실제로는 이렇게 구조하면 구조된 사람은 땅에 떨어지는 것만큼 큰 충격을 받는다. 왜 그럴까?

29. 출구를 착각하여 벽을 향해 뛰다가 부딪힌다면 갑자기 몸무게의 몇 배나 되는 큰 힘을 벽으로부터 받게 될 것이다. 이 힘의 근원은 무엇인가?

30. 연을 날릴 때는 연에 일을 해 주어야 할 때가 있다. 이것은 연을 풀 때인가 감을 때인가?

31. 쌀알 하나를 자신의 머리 위로 올린다면 개미와 사람 중 어느 쪽이 일을 더 많이 하는가? 이 결과를 이용하여 곤충이 어떻게 겉보기에는 불가능해 보이는 운반과 점프 등의 재주를 보이는지 설명하시오.

32. 빵을 반죽하는 동안 일을 하는 것일까? 만약 그렇다면 언제 일을 하는가?

33. 그림을 벽에 걸 때, 실수로 그만 망치로 벽에 움푹 들어간 자국을 내었다. 망치는 벽에 대해 일을 한 것인가?

34. 톱으로 나무를 자르고 있다. 톱에 힘을 주어 밀거나 당길 때, 톱에 일을 하는 때는 언제인가?

35. 핀볼게임에서 강철 공은 전체적으로 약간 경사진 반반한 표면 위를 구른다. 공을 빗면 위쪽으로 퉁겨 올리면 공은 서서히 느려지면서 결국 멈추고, 이내 경사로를 따라 아래로 굴러 내리기 시작한다. 이 중 언제가 공이 가속되는 순간인가? 위로 구를 때인가? 아래로 구를 때인가?

36. 눈이 편평한 지붕보다는 가파른 지붕 위에 덜 쌓이는 이유는 무엇인가?

37. 구슬을 미끄럼틀에서 굴린다. 미끄럼틀은 시작점과 도착점의 높이는 같고 올라갈 때의 경사는 매우 완만하다. 구슬이 이 미끄럼틀을 따라 움직일 때 어떤 지점에서 가장 큰 가속도를 가지는가? 그리고 어떤 지점에서 속력이 가장 큰가?

38. 편평한 보도에서 롤러스케이트를 타고 있을 때는 오랫동안 일정한 속력을 유지할 수 있다. 그러나 완만한 경사를 오르기 시작하면 느려지기 시작한다. 그 원인은 무엇인가?

39. 브레이크가 고장난 트럭이 길가의 비상 경사로로 올라갔다. 트럭은 경사로를 올라가며 속력이 줄어 정지하였다. 트럭의 운동에너지에는 어떤 변화가 있었을까?

문 제

1. 자동차의 질량이 800 kg이라면 이 차를 4 m/s²으로 가속하는 데 드는 일은 얼마인가?

2. 자동차가 정지 상태로부터 4 m/s²의 일정한 율로 가속하여 시속 88.6 km(24.6 m/s)의 속력에 이르는 데 얼마나 시간이 걸리는가?

3. 화성 표면에서 중력가속도는 3.71 m/s²이다. 화성에서 돌을 떨어뜨리고 3 s 후에 돌의 속력은 얼마인가?

4. 화성에서 돌을 떨어뜨리고 3 s 후에 돌은 얼마나 떨어졌는가? (문제 3 참조)

5. 화성에서의 몸무게와 지구에서의 몸무게를 비교하시오. (문제 3 참조)

6. 농구 선수가 0.5 m를 점프한다. 점프를 시작할 때의 초기 속도는 얼마인가?

7. 문제 6에서 농구 선수는 얼마 동안 공중에 떠 있는가?

8. 어떤 육상 선수는 1 s에 10 m/s의 속력에 도달할 수 있다. 이 시간 동안 육상 선수의 가속도가 일정하다면 이 선수의 가속도는 얼마인가?

9. 어떤 육상 선수의 질량이 60 kg이라면 이 선수가 0.8 m/s²으로 가속하기 위해서는 선수에게 앞 방향으로 힘이 얼마나 가해져야 하는가?

10. 60 kg인 사람의 지상에서의 무게는 얼마인가?

11. 2 m/s의 속력으로 위로 뛰어오르면 최고점에 도달하기까지 시간이 얼마나 걸리는가?

12. 문제 11에서 최고점에 도달했을 때 높이는 얼마인가?

13. 12,000 kg의 객차를 0.4 m/s^{2}으로 가속시키기 위해 기관차는 얼마나 큰 힘으로 객차를 끌어야 하는가?

14. 문제 13의 객차가 순항 속력인 시속 100 km(28 m/s)에 도달하는 데는 시간이 얼마나 걸리는가?

15. 피라미드를 만든 사람들은 한 개가 20,000 kg(20톤)이나 되는 거대한 벽돌을 운반하기 위해 긴 경사면을 사용하였다. 벽돌 하나를 20 m 길이의 경사면을 따라 이동시켜 1 m 끌어올렸다면, 벽돌을 일정한 속도로 경사면에서 밀어 올리기 위해 얼마만큼의 힘이 필요한가?

16. 문제 15에서 이 벽돌을 50 m 끌어올렸다면 얼마나 일을 했는가?

17. 문제 15의 벽돌이 땅에서 75 m 높이에 있다면 벽돌의 중력 위치에너지는 얼마인가?

18. 수력발전소 댐의 꼭대기로부터 물이 떨어질 때, 물의 중력 위치에너지는 전기에너지로 바뀐다. 1,000 kg의 물이 200 m 높이에서 발전기로 떨어진다면 얼마만큼의 중력 위치에너지가 방출되는가?

19. 자전거 바퀴에 바람이 빠지면 바퀴에 펌프를 연결하고 펌프의 손잡이를 눌러서 바퀴에 바람을 넣는다. 펌프 손잡이를 25 N의 힘으로 아래쪽으로 누르고, 이때 손잡이가 0.5 m 아래쪽으로 움직였다면 얼마만큼 일을 한 것인가?

20. 통나무를 쪼갤 때 먼저 쐐기를 큰 망치로 쳐서 박는다. 2,000 N의 힘을 주면서 쐐기를 통나무 속으로 0.2 m 밀어 넣었다면 쐐기에 얼마만큼 일을 하였는가?

21. 문제 20의 쐐기는 경사면과 같은 역할을 한다. 즉, 나무 속으로 파고들면서 천천히 쪼개는 것이다. 나무에 쐐기를 밀어 넣으면서 하는 일은 결국 쐐기가 나무를 두 조각으로 쪼개기 위해 나무에 해주는 일이다. 쐐기가 나무 속으로 0.2 m 파고들었을 때 쪼개진 두 조각 사이 틈새는 고작 0.05 m였다. 쐐기는 양쪽 조각에 얼마나 큰 힘을 가하고 있는가?

22. 테이블을 샌드페이퍼로 연마한다. 30 N의 힘을 가하여 테이블 표면을 따라 샌드페이퍼를 일정한 속도로 움직인다. 20분 동안 샌드페이퍼를 왔다 갔다 하면서 연마하여 총 1,000 m를 움직였다. 일을 얼마나 하였는가?

앞장에서는 물체가 어떻게 위치를 옮기는지 보았고, 중요한 보존량인 에너지를 알게 되었다. 그러나 위치를 옮기는 것만이 운동은 아니고, 에너지도 유일한 보존량이 아니다. 이 단원에서는 두 번째 종류의 운동인 회전에 대해 알아보고, 또 다른 보존량인 운동량과 각운동량을 탐구한다. 우리 주변에서는 회전하는 물체를 쉽게 볼 수 있는데, 이것들에 대해 깊이 공부하기 전에 기본 운동법칙을 먼저 살펴볼 것이다. 이런 사전 지식을 바탕으로 다양한 역학적 물체(운동)에 숨겨져 있는 물리를 탐구할 것이다.

일상 속의 실험 | 은박접시 돌리기

접시를 얇은 막대기 위에서 돌리는 것은 간단한 일 같다. 그러나 이 단순함에 속지 말아야 한다. 접시가 돌고, 느려지고, 막대기 위에서 떨어지지 않는 현상에는 많은 물리가 포함되어 있다.

접시 돌리기 실험은 다음과 같이 쉽게 해 볼 수 있다. 먼저 지우개가 달린 연필을 책상 옆에 수직으로 테이프로 붙인다. 이때 지우개가 책상 위로 한 뼘 정도 솟아오르게 높이를 맞춘다. 접시가 돌 때 비틀거림을 방지하기 위해 흔들리지 않는 책상 옆면에 연필을 테이프로 단단히 고정한다.

준비가 되면 은박접시를 지우개 위에서 균형을 잡고 핑 돌린다. 은박접시가 없다면 프리스비, 좀 깊은 플라스틱 접시, 좀 얕은 플라스틱 그릇 등을 대신 쓸 수 있다. 창의적으로 생각하면 주변에서 다른 대체품도 많이 발견할 수 있다. 단, 후환이 두렵다면 부모님이 아끼는 도자기를 사용할 생각은 하지 않는 것이 좋겠다.

처음 할 일은 접시를 지우개 위에 놓고 균형을 잡는 것이다. 왜 접시를 뒤집어 놓았을 때 균형 잡기가 쉬울까? 이제 접시를 돌려 보자. 처음 접시가 돌기 시작하기 위해 접시에 어떤 유형의 영향을 주어야 하나? 접시가 돌면서 비틀거리지 않고 연필이 움직이지 않는다면 접시는 한동안 돌다가 설 것이다. 손을 뗐는데도 무엇이 접시를 계속 돌게 하나? 반대로 왜 접시는 영구히 계속 돌지 않나?

이제 연필을 거꾸로 붙여 뾰족한 심이 위를 향하게 한다. 여기에 접시를 놓으면 어떤 일이 일어날까? 접시는 균형 잡기가 여전히 쉬운가? 여기서 접시를 돌리면 지우개 위에서 돌린 것보다 더 긴 시간을 도나? 아니면 더 짧은 시간을 도나? 만약 접시 표면이 물러서 연필심이 파고든다면 접시에 가운데 동전을 테이프로 붙여서 접시 표면을 보호하면

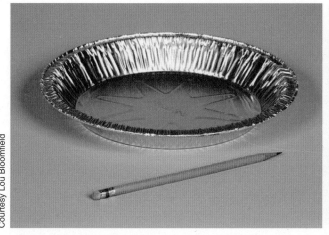

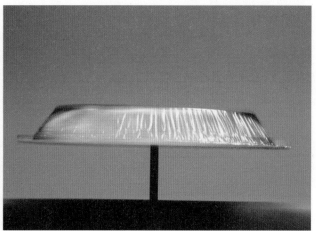

된다. 이렇게 회전축을 뾰족하게 하는 것이 접시의 회전에 어떤 영향을 주나? 접시 외곽을 따라 테이프로 무게가 나가는 물체를 붙이면 회전이 더 오래 지속되나? 접시에 바람을 불면 접시의 회전을 지속시킬 수 있을까? 이 접시의 운동을 제자리에서 회전하는 스케이터나 자전거 바퀴의 운동과 연관시켜 보자.

2장 학습 일정

회전 운동법칙과 새로운 두 보존량을 다음 세 가지 익숙한 예에서 살펴보자. (1) **시소**, (2) **바퀴**, (3) **범퍼카**. 시소에서는 여러 가지가 있겠지만 두 어린이가 어떻게 시소를 아래위로 구르는지 살펴볼 것이다. 바퀴에서는 마찰이 어떻게 운동에 영향을 미치는지 알아보고, 바퀴가 어떻게 차량을 움직이기 쉽게 만드는지 배울 것이다. 범퍼카에서는 충돌에 내재된 물리를 배우고, 겉으로는 복잡하게 보이는 운동을 지배하는 몇 가지 간단한 법칙을 소개한다. 이 장에서 탐구할 내용에 대해 미리 알아보고 싶다면 장 마지막 부분의 '요약, 중요한 법칙, 수식'을 참조하라.

2.1 | **시소**

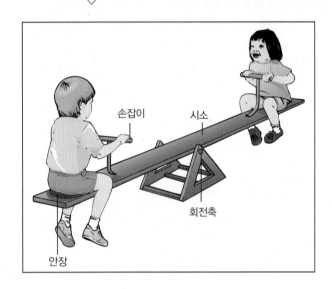

손잡이
시소
회전축
안장

1.3절에서 살펴본 경사면은 역학적 장점을 제공하는 도구 중 하나였다. 이 절에서도 이러한 장치를 하나 더 살펴볼 것인데, 바로 지레의 한 유형인 시소이다. 시소는 움직이지만 이 운동은 앞 장에서 본 물체의 운동과는 다르다. 시소는 이동하지 않고 제자리에서 회전만 한다. 이 절에서는 이전에 배웠던 운동법칙을 회전운동이란 새로운 주제 안에서 살펴볼 것이다.

생각해 보기: 놀이터의 시소는 타고 있는 어린이들이 알맞은 위치에 앉아야 균형을 이룬다. 균형을 이룬 시소란 무엇인가? 어린이들이 시소 위어디에 앉는가가 왜 중요할까? 시소 놀이를 시작하기 위해서는 어린이들이 무엇을 해야 할까? 시소를 계속 움직이게 하려면 어떻게 해야 하나? 오르내리는 동안 누가 누구에게 일을 할까?

실험해 보기: 회전운동에 대한 감을 잡기 위해 가운데 구멍이 있는 딱딱한 자를 준비하자(3고리 바인더에 끼워져 있는 플라스틱 자 같은 것). 그 중앙 구멍에 연필 끝을 끼워 똑바로 세워 지탱하고 있으면 자에 회전 관성이 있다는 것을 알게 될 것이다. 즉, 자는 그대로 가만히 있거나, 돌고 있다면 돌고 있던 방향으로 계속 꾸준히 돈다(결국 마찰 때문에 자는 서게 되겠지만 당분간은 마찰 효과를 무시한다). 이제 자를 밀어 보자. 자의 끝을 중앙 구멍을 향해 밀면 어떤 일이 일어나는가? 어떻게 밀면 자가 더 잘 돌아가나?

이번에는 연필을 책상 위에 놓고, 그 위에 자를 연필과 직각 방향으로 납작하게 포개어 놓자. 연필 위에 자의 중심을 잘 맞추어 놓으면 자는 균형을 이룬다. 이 균형은 앞서 본 자유로이 관성으로 회전하는 자의 경우와 비슷한가? 자의 균형을 이루는 데 중력은 어떤 역할을 하는가? 자의 균형을 유지하면서 양쪽 끝에 무게가 다른 동전을 각각 얹어 보자. 그리고 연필 위 다른 지점에 동전을 놓아보자. 한쪽 끝에 가벼운 동전을 얹었을 때 다른 쪽에 무거운 동전을 놓아 균형을 잡을 수 있는 방법이 있는가?

시소

덩치가 다른 친구들과 시소 놀이를 해 본 어린이라면 몸무게가 비슷한 친구끼리 시소를 타는 것이 가장 좋다는 것을 안다(그림 2.1.1a). 비슷한 몸무게를 가지면 균형을 맞추기 쉽고, 아래위로 구르는 것도 쉬워진다. 반면에 가벼운 아이가 무거운 친구와 시소를 탈 때는 무거운 쪽의 시소가 빨리 떨어지며 땅에 부딪힌다(그림 2.1.1b). 그러면 가벼운 아이는 공중에 붕 뜨게 된다.

이 문제에는 여러 가지 해결책이 있다. 물론 가벼운 아이 둘이 무거운 아이 한 명과 균형을 맞출 수 있다. 그러나 아이들은 무거운 친구가 시소의 중심에 가까이 앉으면 균형을 맞출 수 있다는 것을 알고 있다(그림 2.1.1c). 그러면 몸무게가 비슷한 두 아이가 시소 끝에 탄 것과 마찬가지로 시소를 아래위로 잘 구를 수 있다. 매우 실용적인 이 기법은 이 절에서 앞으로 좀 더 살펴볼 것이다. 그러나 먼저 회전운동의 본성에 대해 조심스럽게 알아볼 필요가 있다.

간단히 생각하기 위해 시소 자체의 질량과 무게는 무시하자. 그러면 시소에는 그림 2.1.1과 같이 세 힘만이 작용한다. 즉, 아래쪽 방향의 두 힘(두 어린이의 무게)과 위쪽 방향의 힘(회전축의 지지력)이다. 이 세 힘을 합한 알짜힘이 시소와 아이들의 가속도를 준다. 그러나 시소는 놀이터에 그대로 있으며 다른 어디로도 이동하지 않는다. 시소의 회전축이 항상 시소가 전체적으로 가속하지 않을 만큼 힘을 위로 주고 있기 때문에 시소는 언제나 0의 알짜힘을 받으며 결코 다른 곳으로 이동하지 않는다. 물체가 전체적으로 한 곳에서 다른 곳으로 이동하는 것을 **병진운동**(translational motion)이라고 한다. 시소는 결코 병진운동을 하지 않지만 회전축 주위로 돌 수 있다. 이것은 다른 형태의 운동으로, (병진운동을 막는) 고정된 점 주위를 도는 운동을 **회전운동**(rotational motion)이라고 한다.

이런 회전운동이 시소의 재미있는 점이다. 즉, 시소의 중요한 점은 한쪽이 올라가면 다른 쪽이 내려가도록 회전할 수 있다는 것이다(올라갔다 내려갔다 하는 것이 회전이 아니라고 생각할지 모르지만 땅이 없다면 시소는 크게 원을 그리면서 회전할 것이다). 그러나 무엇이 시소를 회전하게 하며, 회전 과정에서 어떤 관찰을 할 수 있을까?

이 질문에 답하기 위해서는 회전에 관련된 몇 개의 새로운 물리량들을 살펴보고, 이들 사이의 관계를 주는 회전운동의 법칙을 탐구할 필요가 있다. 이를 위해 시소와 다른 회전 물체의 운동을 공부하고, 병진운동과 회전운동 사이의 유사성을 찾아볼 것이다.

그림 2.1.1a와 같이 균형을 맞추고 있는 상태에서 왼쪽 아이가 시소 타기를 그만하고 내려온다고 상상해 보자. 왼쪽 아이가 시소를 놓자마자 시소는 시계 방향으로 회전하고 오른쪽 아이는 땅을 향해 내려간다. 시소의 운동은 처음에는 느리지만 내려갈수록 점점 빨라져서 땅에 꽝 부딪힌다. 이와 같이 시소가 정지 상태로부터 돌아가는 상황을 다음과 같이 서술할 수 있다.

"시소는 전혀 회전이 없는 상태에서 출발하고, 시소를 놓는 순간 시계 방향으로 돌기 시작한다. 회전하는 율은 시소가 땅을 칠 때까지 일정하게 증가한다."

이 서술은 정지 상태로부터 떨어지는 공의 운동에 대한 서술과 매우 비슷하다. 즉,

"공은 전혀 움직임이 없는 상태에서 출발하고, 공을 놓으면 아래쪽으로 떨어지기 시작한다. 공이 이동하는 율은 공이 땅을 칠 때까지 아래쪽으로 일정하게 증가한다."

공에 대한 서술은 병진운동을 말하는 반면, 시소에 대한 서술은 회전운동을 말한다. 이

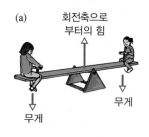

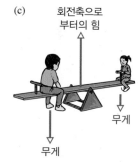

그림 2.1.1 (a) 몸무게가 같은 두 어린이가 시소 양 끝에 앉으면 시소는 균형을 이룬다. (b) 몸무게가 같지 않으면 무거운 아이가 내려간다. (c) 무거운 아이가 회전축 가까이로 옮기면 시소는 다시 균형을 이룬다.

들 사이의 유사성은 결코 우연이 아니다. 회전운동의 개념과 법칙은 병진운동의 그것과 많은 유사성을 가지고 있다. 따라서 병진운동을 공부하여 익숙해지는 것이 회전운동을 탐구하는 데도 도움이 될 것이다.

▶ 개념 이해도 점검 #1: 회전판

해답 회전목마는 회전운동을 하고, 컨베이어 벨트는 병진운동을 한다.

왜? 회전목마는 중심에 고정된 회전축이 있다. 이 중심은 회전목마를 어떻게 돌리더라도 움직이지 않는다. 반면에 컨베이어 벨트는 움직이며 이런 고정된 점이 없다.

매달린 시소의 운동

앞 장에서 우리는 병진 관성의 개념을 살펴보았다. 다시 말하면 운동을 하고 있는 물체는 계속 운동하려고 하고, 정지해 있는 물체는 계속 정지해있으려는 경향을 가진다. 이 개념은 Newton의 제1병진운동법칙으로 나타났다. 여기서 '병진'이란 단어를 추가해서 용어를 조금 수정하였다. 앞으로 회전운동에도 똑같은 용어를 쓸 것이기 때문에 이렇게 구분할 필요가 있다. 먼저 외부로부터 회전 영향력을 받지 않는 시소를 관찰하는 것으로 회전 관성을 탐구할 것이다. 그런 다음, 회전축이나 아이들과 같은 외부 영향에 시소가 어떻게 반응하는지 살펴본다. 회전운동과 병진운동의 유사성 때문에 이 절은 앞 장의 스케이팅과 떨어지는 공에 대한 논의와 밀접하게 비교가 된다.

그림 2.1.2 가운데에 줄을 묶어 매달아 놓은 시소. 외부의 영향이 없으므로 시소는 공간에 고정된 선 주위로 일정하게 회전한다.

놀이터에 새 시소를 설치하기 위해 이 시소를 그림 2.1.2처럼 줄에 매달아 둔다고 가정하자. 줄은 시소의 중심에 묶여 있어서 시소의 무게를 지탱하는 것 외에는 시소에 다른 어떤 영향도 주지 않는다. 더구나 매달린 이 시소는 완전히 자유롭게 돌 수 있으며, 이로 인해 줄이 꼬이거나 해서 운동을 방해하지 않는다고 가정하자. 이 시소는 어떤 방향으로도 돌 수 있으며 거꾸로 뒤집어지는 것도 가능하다. 관찰자는 시소 근처에 움직이지 않고 서 있다. 관찰자가 시소를 쳐다볼 때 시소의 어떤 운동을 볼 수 있을까?

시소가 멈춰 있다면 계속 정지 상태를 유지할 것이다. 그러나 회전하고 있다면 공간의 고정된 선을 축으로 해서 계속 돌 것이다. 무엇이 시소를 계속 돌게 할까? 답은 시소의 **회전 관성**(rotational inertia)이다. 회전하는 물체는 계속 회전하려고 하며, 회전하지 않는 물체는 계속 돌지 않으려고 한다. 우리 우주도 그렇다.

시소의 회전 관성과 회전운동을 좀 더 정확히 서술하려면 회전운동에 관련된 여러 물리량을 도입해야 한다. 그 첫째는 시소의 방향이다. 특정 순간에 시소는 어떤 방향을 가리키고 있는데, 이것이 **각위치**(angular position)이다. 각위치는 어떤 기준 방향에 대한 시소의 방향을 나타낸다. 각위치는 회전축, 즉 회전의 중심선과 기준 방향으로부터 시소가 얼마나 돌아갔는지를 결정함으로써 정해진다. 시소의 각위치는 회전각을 크기로 갖고 회전축 방향을 가리키는 벡터량이다(그림 2.1.3). 그러나 대개 방향 자체보다 방향의 **변화**가 더 중요하므로 각위치는 상대적으로 많이 사용되는 물리량은 아니다.

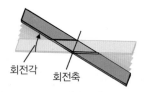

회전각   회전축

그림 2.1.3 이 시소의 각위치는 회전축과 더불어 기준 방향(여기서는 수평 방향)으로부터 시소가 회전한 각으로 정해진다.

각위치의 SI 단위는 각의 자연 단위인 **라디안**(radian)이다. 라디안은 대다수 다른 단위들과는 달리 인위적이거나 약속으로 정한 것이 아니라 기하학으로부터 직접 나오는 단위이므로 자연적인 단위이다. 기하학에서는 반지름이 1인 원의 원주 길이가 2π임을 알려준다. 이 반지름이 1인 원 주변을 따라가는 원호의 길이를 각도로 지정한 것이 라디안이다. 예를 들면 원을 한 바퀴 돌면 2π라디안(360°)이고, 직각은 π/2라디안(90°)이다. 라디안이 자연 단위이므로 종종 계산이나 유도된 단위에서 라디안을 생략한다.

시소가 회전하고 있다면 각위치는 바뀐다. 이것이 각속도라는 회전운동의 첫 번째 중요한 벡터량을 도입해야 하는 이유이다. **각속도**(angular velocity)는 시소의 각위치가 시간에 따라 변하는 율을 측정한다. 그 크기는 시소가 주어진 시간에 회전한 각인 **각속력**(angular speed)이다. 즉,

$$각속력 = \frac{각의\ 변화}{시간}$$

그리고 그 방향은 회전의 중심이 되는 축이다. 각속도의 SI 단위는 **초 당 라디안**(줄여서 1/s)이다.

시소의 **회전축**(axis of rotation)은 시소가 회전하는 중심선이다. 그러나 이 선을 안다는 것만으로는 부족하다. 시소의 회전이 시계 방향인지 반시계 방향인지 알아야 한다.

어떤 중심선이라도 방향은 둘 밖에 없으므로 이것을 이용한다. 회전축을 찾고 나면 이 축선을 따라 두 방향으로 시소를 내려다볼 수 있다. 한 방향으로 보면 시소는 시계 방향으로 돌고, 다른 방향으로 보면 반시계 방향으로 돈다. 시소가 시계 방향으로 도는 것으로 보이는 방향을 선택해서 시소를 보기로 약속하자. 그리고 시소의 회전축 방향은 눈으로부터 시소를 향한다고 하자. 이 규약을 **오른손 규칙**(right-hand rule)이라고 한다. 오른손에서 (엄지를 제외한) 손가락들로 시소가 회전하는 방향을 향하도록 회전축을 감으면 엄지손가락은 시소의 회전축 방향을 가리키기 때문이다(그림 2.1.4). 왼손잡이일지라도 이 규칙은 오른손이 필요하다(그림 2.1.5).

이 규약을 기억하는 것보다는 회전하는 물체의 각속도를 기록할 때 왜 그 방향을 명시해야 하는지를 이해하는 것이 더 중요하다. 병진속도가 병진운동의 병진속력과 방향으로 이루어지는 것과 마찬가지로 각속도도 회전속력과 방향으로 이루어진다.

이제 매달린 시소의 회전운동을 묘사할 준비가 되었다. 시소가 외부 영향을 받지 않고 회전관성을 가지므로 각속도는 일정하다. 시소가 회전하고 있으면 항상 같은 회전축을 중심으로, 항상 같은 각속도로 계속 회전한다. 그러나 시소가 회전하지 않으면 각속도는 0이고, 계속 0을 유지한다.

알아차렸겠지만 이런 관찰이 시소에만 적용되는 것은 아니다. 회전 시 비틀거리지 않고, 외부 영향을 받지 않는 단단한 물체는 일정한 각속도로 회전한다. 즉, 고정된 축을 중심으로 주어진 시간 동안 일정한 각을 유지하며 돈다. 이것이 **Newton의 제1회전운동법칙**(Newton's first law of rotational motion)이다. 이 법칙에서 외부 영향이라고 지칭한 것은 **회전력**(torque)인데, 이것은 힘을 주어 돌리는 행위의 과학용어이다. 항아리 뚜껑을 비틀어

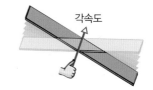

그림 2.1.4 이 시소는 그림에 보인 회전축 주위를 돈다. 각속도의 방향은 오른손 규칙으로 정의된다.

그림 2.1.5 오른손 규칙은 각속도 방향에 대한 합의와 같은 여러 물리 규약을 쉽게 기억하기 위해 만들어졌다. 이 규칙은 우리 모두가 익숙한 약속, 특히 오른손잡이에게 익숙한 규칙으로 시작하고, 이를 사용하여 물리 법칙과 관련된 규약을 정한다. 왼손잡이조차 이 규약에서는 오른손을 사용해야 한다는 것을 이해해야 한다.

열거나 손가락으로 팽이를 돌릴 때 회전력을 느낀다.

이 법칙은 회전하면서 비틀거리거나 모양을 바꿀 수 있는 물체는 예외로 한다. 이들의 운동은 더 복잡하기 때문이며, 이 운동은 2.3절에서 더 일반적인 원리인 각운동량 보존법칙으로 설명한다.

> ### ◉ Newton의 제1회전운동법칙
> **돌면서 비틀거리지 않고, 외부 회전력을 받지 않고 있는 단단한 물체는 일정한 각속도로 회전한다. 즉, 고정된 축을 중심으로 일정한 시간 동안 같은 각을 돈다.**

▶ 개념 이해도 점검 #2: 스핀

대로 두면 공은 어떻게 움직일까?

해답 공은 주어진 회전축을 중심으로 일정하게 계속 돌 것이다(물론 물과의 마찰로 회전이 느려져서 멈출 때까지).

왜? 농구공은 외부로부터 회전력을 받지 않으므로 일정한 각속도를 가진다. 공을 돌리면 어떤 축으로 돌렸든지 공은 계속 돌 것이다. 그러나 돌리지 않으면 각속도는 0이고 공은 정지상태를 유지할 것이다.

시소의 질량 중심

놀이터에 가보지 않고도 회전력을 받지 않는 물체를 많이 볼 수 있다. 예를 들면 지휘자가 던져 올린 지휘봉, 저글링 곡예사들이 주고받는 곤봉 등이 그것이다. 그러나 이런 운동은 자유로이 움직이는 물체이지만 회전과 병진운동을 동시에 하므로 복잡하다. 위로 던진 지휘봉은 위아래로 움직이며, 회전하는 곤봉은 공기 중에서 곡선을 그리며 이동한다. 또한 시소도 줄이 끊어지면 회전을 하면서 떨어질 것이다. 그럼 회전운동과 병진운동을 어떻게 분리할 수 있을까?

답은 물리학의 놀라운 단순화 속성을 다시 한 번 이용해야 한다. 자유 물체의 내부나 근처에는 **질량중심**(center of mass)이라는 특별한 점이 존재한다. 질량중심 주변으로 질량이 고르게 분포하고, 물체는 이 점을 중심으로 자연스럽게 돈다. 자유 물체가 도는 회전축은 이 점을 정확히 지나며, 전체적인 병진운동이 없으면 질량중심은 움직이지 않는다. 보통 공의 질량중심은 공의 기하학적인 중심이다. 반면에 대칭성이 공보다 떨어지는 물체의 질량중심은 그 물체에 질량이 어떻게 분포해 있느냐에 따라 결정된다. 작은 물체라면 책상 위에서 돌려봐 회전축을 관찰함으로써 질량중심을 알 수 있다(그림 2.1.6).

질량중심은 물체의 회전운동과 병진운동을 분리할 수 있게 해 준다. 저글링 곡예사의 곤봉이 곡선을 그리면서 날아갈 때 곤봉의 질량중심은 1.2절의 떨어지는 공에서 보았던 그 단순한 경로를 따라간다(그림 2.1.7). 동시에 곤봉은 질량중심을 중심으로 외부 회전력을 받지 않는 물체의 회전운동을 한다.

이 책에서 탐구할 물체는 병진과 동시에 회전하는 것이 많으므로 이 두 운동을 질량중

그림 2.1.6 곤봉은 움직이지 않는 질량중심 주변을 돈다.

그림 2.1.7 저글링 곡예사가 던진 곤봉은 질량중심이 떨어지는 물체가 그리는 곡선(포물선)을 따라 이동하며, 동시에 질량중심을 중심으로 돈다.

심을 이용하여 분리할 수 있다는 것을 기억하자. 예를 들어 위에서 본 시소도 질량중심이 회전축과 정확히 일치하도록 설계되었다. 그 결과 설치 완료된 시소의 회전축은 적어도 한 축을 중심으로는 거의 자유로운 회전운동을 허용하는 반면 병진운동은 막는다.

회전운동을 관찰할 때 모든 회전운동 물리량이 정의되는 기준점인 **회전중심**(center of rotation)을 지정할 필요가 있다. 자유 물체에서 회전중심은 자연히 질량중심이다. 묶여 있는 물체의 회전중심은 속박하고 있는 물체에 의해 결정된다. 예를 들어 문은 경첩을 중심으로 회전한다. 시소의 경우 설치하고 나서도 계속 질량중심 주변을 회전하도록 질량중심을 회전중심으로 하는 것이 가장 좋은 선택이 된다.

일단 회전중심을 선택하고 나면 이것을 기준으로 모든 물리량을 계산해야 한다. 회전 물리량을 언급할 때마다 매번 "경첩을 중심으로" 혹은 "질량중심 주변으로"라고 말하는 것은 귀찮으므로, 회전중심이 명확하거나 이미 지정된 경우에는 이 표현을 생략하기로 한다.

> ### ▶ 개념 이해도 점검 #3: 다이빙 관찰하기
>
> 다이빙 선수가 점프를 하여 내려오는 동안 보여주는 여러 가지 동작은 매우 복잡하게 보인다. 이것을 간단히 묘사할 수 있을까? 어떻게?
>
> **해답** 선수의 질량중심은 떨어지는 물체의 법칙대로 간단한 궤적을 그리며 떨어진다. 그리고 떨어지면서 몸은 질량중심 주위로 일정한 속도로 회전한다.
>
> **왜?** 던진 곤봉이나 지휘봉처럼 다이빙 선수는 딱딱하고 회전하는 물체이다[1]. 이 운동은 질량중심의 병진운동(떨어짐)과 질량중심 주변을 일정한 각속도로 도는 회전운동으로 분리할 수 있다. 선수가 절대로 이런 운동을 의식하면서 떨어지지는 않겠지만, 몸의 회전과 병진운동을 조심스럽게 다루어야 함을 직관적으로 알고 있다. 병진운동을 잘못 다루면 다이빙 보드에 부딪힐 수 있고, 회전운동에서 실수하면 가슴으로 착수하게 된다.

회전력이 가해진 시소

공중에 매달려 있는 시소를 다시 보자. 왜 이 시소는 회전속력이나 회전축을 바꿀 수 없을까? 답은 시소가 회전질량을 가지고 있기 때문이다[1]. **회전질량**(rotational mass)은 물체의 **각속도** 변화에 대한 저항인 **회전관성**(rotational inertia)의 척도이다. 물체의 회전질량은 일반 질량과 이 질량이 물체에 어떻게 분포되어 있는지에 따라 정해진다. 회전관성의 SI 단위는 $kg \cdot m^2$이다. 시소도 회전질량을 갖고 있으므로 어떤 힘이 돌려주어야 각속도가 변한다. 다시 말해 회전력이 가해져야 한다. 회전운동에서 두 번째 중요한 물리량인 회전력은 벡터량이므로, 크기와 방향이 있다. 큰 회전력을 가할수록 시소의 각속도는 더 빨리 변한다. 회전력의 방향에 따라 각속도를 늘릴 수도 있고 줄일 수도 있으며, 다른 회전축으로 돌게 할 수도 있다. 회전력의 방향은 어떻게 정할까? 그림 2.1.8a, b와 같이 물 위에 떠 있는 공에 회전력을 가한다고 상상해 보자. 그러면 이 공은 0이 아닌 각속도를 얻어 회전하기 시

[1] 간단명료함을 위해 이 책에서는 회전관성의 척도를 **회전질량**이라고 한다. 그러나 더욱 공식적인 용어는 **관성모멘트**(moment of inertia)이다.

---

1) 역자주: 선수가 자세를 유지하는 동안만 '딱딱한 물체'라 할 수 있다. 입수 직전 몸을 쭉 펴면 회전이 느려진다(2.3절 '각운동량 보존' 참조).

(a)

(b)

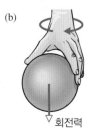

회전력

(c)

각속도

그림 2.1.8 애초에 (a) 회전하지 않는 공으로 출발하여, (b) 회전력을 가해 돌려주면, (c) 공은 가해준 회전력과 같은 방향의 각속도를 얻는다.

그림 2.1.9 회전놀이기구는 회전질량이 크기 때문에 돌리기 어렵다. 어린이가 애써 회전력을 가하고 있지만 회전놀이기구의 각속도는 서서히 증가한다.

© Chris Harvey/Stone/Getty Images

작할 것이다(그림 2.1.8c). 이 각속도의 방향이 바로 회전력의 방향이다. 회전력의 SI 단위는 N·m이다.

물체의 회전질량이 클수록 일정한 회전력에 반응하여 나타나는 각속도의 변화는 더 느리다(그림 2.1.9). 야구공은 손가락 끝으로 쉽게 돌릴 수 있지만 볼링공은 잘 돌지 않는다. 볼링공은 야구공보다 질량이 크므로 회전질량 또한 크다.

그러나 회전질량은 물체의 모양에도 의존한다. 특히 질량이 회전축으로부터 얼마나 떨어져 있느냐가 중요하다. 질량의 일부가 회전축으로부터 멀리 떨어져 있다면 물체 전체의 회전이 가속됨에 따라 이 부분은 더 가속되어야 하고, 또한 지렛대 효과로 인해 가속에 대한 저항이 더 커진다. 지렛대에 대해서는 곧 살펴보겠지만, 회전축으로부터 거리에 따른 이 두 가지 효과의 결과는 질량의 각 부분이 회전축으로부터의 거리의 제곱에 비례하여 물체의 회전질량에 기여한다는 것이다. 이것이 질량이 회전축 근처에 분포된 물체가 같은 질량이 회전축으로부터 멀리 배치된 물체에 비해 회전질량이 훨씬 작은 이유이다. 따라서 뭉쳐진 밀가루 반죽은 이것을 펴서 만든 피자 반죽보다 회전질량이 작다. 따라서 피자 반죽이 넓게 펴질수록 돌리기 시작하거나 도는 것을 정지시키는 것이 더 힘들어진다.

물체의 회전질량은 질량이 회전축으로부터 얼마나 멀리 분포되어 있는가에 의존하므로, 물체가 질량중심을 기준으로 회전하고 있을지라도 회전축이 바뀌면 회전질량도 변한다. 예를 들어 그림 2.1.10a와 같이 테니스 라켓을 손잡이를 축으로 하여 회전시키는 것이, 그림 2.1.10b와 같이 헤드와 손잡이를 가로지르는 축으로 회전시키는 것보다 회전력이 적게 든다. 손잡이를 축으로 테니스 라켓을 회전시킬 때는 회전축이 손잡이 중심을 꿰뚫고 지나가고, 따라서 라켓 질량의 대부분이 회전축에 꽤 가까이 있기 때문에 회전질량이 작다. 그러나 그림 2.1.10b와 같이 돌릴 때는 회전축이 손잡이를 가로질러 지나가고, 따라서 라켓 헤드와 손잡이가 둘 다 축으로부터 멀리 떨어져 있기 때문에 회전질량이 크다. 라켓의 질량중심을 지나는 축으로 회전하는 것보다 그림 2.1.10c와 같이 어깨를 중심으로 회전시키면 회전질량은 더욱 더 커진다.

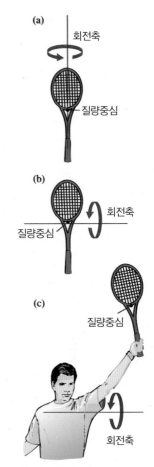

그림 2.1.10 테니스 라켓의 회전질량은 회전축에 따라 다르다. 회전질량은 라켓이 (a) 손잡이 주위를 회전할 때 작으며, (b) 헤드와 손잡이 사이를 가로지르는 축을 회전할 때 크다. (c) 라켓을 어깨를 중심축으로 회전시키면 회전질량은 더욱 커진다.

매달려 있는 시소에 회전력을 가하면 각속도가 변한다. 즉, 시소는 회전운동에서 세 번째 중요 벡터량인 각가속도를 가진다. **각가속도**(angular acceleration)는 시소의 각속도가 시간에 따라 변하는 율을 측정하며, 병진속도가 시간에 따라 변하는 율을 측정하는 가속도와 비슷하다. 가속도와 똑같이 각가속도도 크기와 방향을 가진다. 물체의 각속도가 커지거나 작아질 때, 혹은 각속도의 방향이 변할 때 물체는 각가속도를 가진다. 각가속도의 SI 단위는 **초 제곱 당 라디안**(줄여서 $1/s^2$)이다.

시소에 여러 회전력이 동시에 가해지면 시소는 각각에 반응하지 않고, 이들을 모두 합한 **알짜회전력**(net torque)에 반응하여 각가속도를 가진다. 시소에 작용하는 알짜회전력, 회전질량, 그리고 각가속도 사이에는 간단한 관계식이 성립한다. 즉, 시소의 각가속도는 알짜회전력을 회전질량으로 나눈 것과 같다. 언어 식으로는 다음과 같이 쓸 수 있다.

$$각가속도 = \frac{알짜회전력}{회전질량} \tag{2.1.1}$$

각가속도는 역시 알짜회전력과 같은 방향이다.

이 관계를 **Newton의 제2회전운동법칙**(Newton's second law of rotational motion)이라 한다. 위와 같이 쓰면 원인(알짜회전력과 회전질량)과 결과(각가속도)를 구분할 수 있다. 그럼에도 불구하고 나누기가 없도록 재배열하는 것이 통상적이다. 전통적인 형태로 쓴 언어 식은

$$알짜회전력 = 회전질량 \cdot 각가속도 \tag{2.1.2}$$

이고, 기호로는

$$\tau_{net} = I \cdot \alpha$$

이다. 일상 언어로는 다음과 같이 말할 수 있다.

구슬을 돌리는 것이 회전놀이기구를 돌리는 것보다 훨씬 쉽다.

이것은 Newton의 제2병진운동법칙(알짜힘 = 질량·가속도)에서 알짜힘을 알짜회전력으로, 질량을 회전질량으로, 가속도를 각가속도로 각각 바꾼 것과 같다. 그러나 이 새로운 법칙은 무르거나 비틀거리며 도는 물체에는 적용되지 않는다. 무른 물체는 회전질량이 변할 수 있고, 비틀거리는 회전체는 하나 이상의 회전질량을 가질 수 있기 때문이다(앞 테니스 라켓의 예를 참조할 것).

⊙ **Newton의 제2회전운동법칙**

비틀거리지 않는 단단한 물체에 가해진 알짜회전력은 물체의 회전질량에 각가속도를 곱한 것과 같다. 각가속도는 알짜회전력과 같은 방향을 가리킨다.

식 2.1.1을 보면 시소에 가하는 알짜회전력의 변화는 항상 각가속도의 변화를 동반해야 한다는 것을 알 수 있다. 그 결과 시소에 강한 회전력을 주면 각속도는 더 빨리 변한다. 또한 일정한 회전력이 회전질량이 다른 두 물체에 작용할 때 나타나는 효과를 비교할 수 있다. 역시 식 2.1.1에서 회전질량이 감소하면 각가속도가 증가한다는 것을 알 수 있다. 놀이터 시소가 아니라 장난감 시소라면 회전질량은 작고, 따라서 각가속도는 클 것이다. 즉, 같은 회전력이 가해졌을 때 장난감 시소의 각속도는 실제 시소보다 더 빨리 변한다.

요약하자면:

1. 각위치는 물체가 어떤 방향을 향하고 있는지를 나타낸다.
2. 각속도는 각위치가 시간에 따라 변하는 율을 측정한다.
3. 각가속도는 각속도가 시간에 따라 변하는 율을 측정한다.
4. 각가속을 위해서는 알짜회전력이 가해져야 한다.
5. 일정한 알짜회전력에 대해 회전질량이 클수록 각가속도는 작다.

회전운동 물리량들에 대한 이 요약은 1.1절의 병진운동에 대한 요약과 비슷하다. 둘을 잘 비교해 보라.

▶ **개념 이해도 점검 #4: 회전놀이기구**

회전놀이기구는 인기 있는 놀이기구이다(그림 2.1.9). 아무도 타지 않은 회전놀이기구를 돌리는 것도 힘들지만 어린이들이 많이 타고 있을 때 돌리기는 더욱 어렵다. 회전놀이기구의 각속도를 바꾸는 것이 왜 그렇게 어려운가?

해답 회전목마는 대단히 큰 회전질량을 가지고 있기 때문이다.

왜? 정지해 있는 회전목마를 돌리거나 돌고 있는 것을 정지시키는 데는 각가속도가 필요하다. 회전놀이기구에 회전력을 가하면 회전이 가속된다. 이 각가속도는 회전놀이기구의 회전질량에 반비례한다. 어린이들이 많이 타고 있으면 회전목마의 회전질량이 증가하고, 따라서 각가속도는 작아진다(물론 회전질량은 전체 질량이 크면 따라 커지지만, 질량의 분포에도 의존한다).

▶ **정량적 이해도 점검 #1: 돌리기 어려운 타이어**

자동차 타이어는 빈속에 공기가 채워져 있다. 만약에 타이어에 빈공간이 없고 고무로 꽉 차 있다면 회전질량은 10배 정도로 클 것이다. 이 통 고무타이어를 허공에서 돌린다면 속이 빈 타이어와 같은 각가속도를 얻기 위해서는 얼마나 큰 회전력을 가해야 하는가?

해답 10배

왜? 회전질량이 10배 증가하면 각가속도를 유지하기 위해서는 회전력도 10배 증가해야 한다(식 2.1.1). 통 고무타이어는 돌리거나 정지시키기가 아주 어려우므로 자동차에서는 속이 빈 타이어를 쓴다.

힘과 회전력

이제 시소가 설치되었다. 시소의 회전축이 질량중심을 바로 관통하므로 시소는 자연스럽게 회전축을 중심으로 회전한다. 더욱이 회전축은 Newton의 제1회전운동법칙을 따르도록 시소의 무게를 지탱하고 있다. 즉, 아무도 타지 않거나 다른 외부 영향이 없으면 시소는 움직이지 않거나 회전축을 중심으로 일정한 각속도로 회전한다.

시소의 각속도를 바꾸려면 회전력을 가해야 한다. 그러면 실제로 어떻게 회전력을 가할까? 그림 2.1.11a와 같이 시소 한쪽 끝에 손을 대고 밀어보자. 만일 시소가 정지해 있었다면 시소는 돌기 시작할 것이다. 만약 시소가 돌고 있었다면 각속도가 변할 것이다. 이것으로 시소가 회전력을 받았다는 것을 알 수 있다.

시소에 회전력을 주기 위해 **힘**을 가했다. 따라서 힘과 회전력은 어떤 식으로든 관계가 있어야 한다. 당연히 힘은 회전력을 만들 수 있고 회전력은 힘을 만들 수 있다. 이 관계를 살펴보기 위해 시소를 밀지만 회전력이 생기지 않는 경우를 생각해 보자.

그림 2.1.11b처럼 정확히 회전축에서 시소를 밀면 어떻게 될까? 아무 일도 일어나지 않는다. 즉, 각가속도가 없다. 회전축으로부터 조금 옮겨 밀면 시소를 회전시킬 수 있지만 힘껏 밀어야 한다. 시소의 끝을 밀면 아주 작은 힘으로도 시소를 회전시킬 수 있다. 회전축으로부터 힘을 가하는 지점까지의 최단거리와 방향을 **지레팔**(level arm)이라고 한다. 지레팔은 벡터량이다. 일반적으로 지레팔이 길면 작은 힘으로도 주어진 각가속도를 낼 수 있다. 힘으로 회전력을 생성하는 과정에 대해 다음과 같은 관찰을 할 수 있다. 회전축으로부터 멀리서 힘을 가하면 회전력이 크다. 즉, 회전력은 지레팔의 길이에 비례한다.

시소의 끝을 밀더라도 바로 회전축 쪽이나 반대쪽으로 밀면 역시 시소는 돌지 않는다(그림 2.1.11c). 이 경우와 같이 힘이 지레팔에 나란한 방향으로 가해지면 회전력이 생기지 않는다. 힘으로 회전력을 생성하는 과정에 대한 또 다른 관찰은 지레팔에 수직인 힘의 성분이 있어야 한다는 것이다. 이 수직 성분만이 회전력에 기여한다.

이 두 관찰을 요약하면 힘이 생성한 회전력은 지레팔에 힘을 곱한 것이다. 단, 지레팔에 수직인 힘 성분만 계산에 들어간다. 이 관계를 언어 식으로 나타내면

$$\text{회전력} = \text{지레팔} \cdot \text{지레팔에 수직인 힘} \tag{2.1.3}$$

으로 쓸 수 있고, 기호로는 다음과 같이 표현된다.

$$\tau = r \cdot F_\perp$$

그리고 일상 언어로는 다음과 같이 말할 수 있다.

잘 안 풀리는 나사를 돌릴 때는 긴 렌치를 쓰면 좋다.

힘과 지레팔의 방향은 회전력의 방향도 결정한다(그림 2.1.12). 오른쪽 집게손가락을 지레팔 방향으로, 구부린 가운뎃손가락을 힘 방향으로 향하면 엄지손가락은 회전력 방향을 가리킨다. 그림 2.1.12a의 경우 지레팔은 오른쪽으로, 힘은 아래쪽을 향하므로 결과인 회전력은 종이 안쪽을 향한다. 따라서 시소는 시계 방향으로 각가속도를 가진다. 그림 2.1.12b의 경우 지레팔 방향이 역전되었으므로 회전력의 방향도 역시 역전된다.

그림 2.1.11 (a) 지레팔에 수직으로 밀어 시소에 회전력을 가한다. (b) 회전축에 대고 밀거나, (c) 지레팔에 나란히 밀면 회전력은 없다.

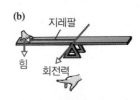

그림 2.1.12 시소에 작용하는 회전력은 오른손 규칙을 따른다. 집게손가락을 지레팔 방향으로, 가운뎃손가락을 힘 방향으로 향하면 엄지손가락은 회전력 방향을 가리킨다.

개념 이해도 점검 #5: 판지 자르기

가위로 판지를 자를 때는 판지를 가위의 회전축에 가능한 가까이 대어 자르는 것이 좋다. 왜 그런지 설명하시오.

▶ 해답 회전축에 판지를 가까이 댈수록 판지는 가위에 더 큰 힘을 가해야 한다. 이것은 가위가 회전해서 닫히는 것을 막는 회전력을 생성한다. 판지가 더 이상 회전력을 주지 못하면 가위에 잘리게 된다.

▶ 왜? 가위 회전축에 판지를 가까이 댈 때 판지는 가위에 매우 큰 힘을 가하여 가위가 회전해서 닫히는 것을 막는다. 회전은 회전력에 의해 촉발되거나 정지하는데, 회전축에 가까이 가해진 힘은 상대적으로 작은 회전력을 생성한다.

정량적 이해도 점검 #2: 나사 돌리기

조절이 가능한 0.2 m 손잡이가 달린 렌치로 냉장고에서 녹슨 나사를 빼내려고 한다. 손잡이를 아무리 세게 돌려도 나사는 풀리지 않는다. 그래서 1.0 m 길이의 파이프를 렌치 손잡이에 감싸서 실질적으로 1 m 길이의 렌치를 만들었다. 그러면 나사에 회전력을 얼마나 더 줄 수 있나?

▶ 해답 이전보다 5배 더 큰 회전력

▶ 왜? 파이프는 렌치의 지레팔을 0.2 m에서 1.0 m로 5배 증가시켰다. 식 2.1.3에 의하면 같은 힘이 회전축으로부터 5배 더 멀리 작용하면 회전력도 5배가 생성된다. 공구와 사용자에게 모두 위험할 수 있지만 지레와 비슷한 공구의 손잡이를 늘여서 사용하는 것은 회전력을 증가시키는 통상적인 기술이다. 이런 극한 용도로 설계된 공구는 가끔 탈착식 연장손잡이와 함께 판매된다.

시소 균형 맞추기와 균형 깨기

한 어린이가 시소 끝에 앉아 있을 때는 몸무게가 회전축을 중심으로 하는 회전력을 생성한다. 이 회전력의 궁극적인 원인은 중력이므로 이를 **중력** 회전력이라 한다. 이 회전력 역시 지레팔(회전축으로부터 어린이까지의 길이 벡터)에 의존하므로 어린이가 시소 반대편 끝으로 가서 앉으면 회전력의 방향도 역전된다.

두 어린이가 시소 양쪽 끝에 한 명씩 앉으면 어떻게 될까? 각 아이의 무게는 회전축을 중심으로 시소에 중력 회전력을 생성하지만 두 회전력은 서로 반대 방향이고, 따라서 적어도 부분적으로 상쇄된다. 두 아이의 몸무게가 같고 회전축으로부터 같은 거리에 앉아 있으면 두 중력 회전력은 정확히 상쇄되어 회전력의 합은 0이 된다. 그러면 시소는 전체적으로 아무런 회전력을 받지 않고 시소는 균형을 잡는다.

균형 잡힌(balanced) 시소는 회전축을 중심으로 전체적인 중력 회전력을 받지 않는다. 시소에 가해지는 회전력이 없으므로 균형 잡힌 시소는 관성적이다. 즉, 알짜회전력은 0이다. 아이들이 앉아서 움직이지 않으면 시소는 단단하고 비틀거리지 않는 물체이다. 따라서 시소는 Newton의 제1회전운동법칙에 따라 일정한 각속도로 회전한다. 만일 시소가 원래 정지해 있었다면 계속 정지해 있을 것이며, 원래 돌고 있었다면 같은 각속도로 계속 돌 것이다.

흔한 오개념: 균형 잡힌 물체는 움직이지 않는다

오개념 균형 잡힌 물체는 완벽히 수평이나 수직 방향이며 움직이지 않는다.

해결 균형 잡힌 물체는 회전축을 중심으로 가해진 중력 회전력이 0이지만 기울어져 있을 수도 있고 회전하고 있을 수도 있다. 외부 회전력으로부터 자유로우면 Newton의 제1회전운동법칙이 적용된다. 균형이 쉽게 깨지는 경우(예를 들어 수직으로 세운 연필)에만 방향(각위치)과 움직이지 않는다는 것이 의미가 있다. 그러면 아주 조금만 비틀어도 회전축을 중심으로 중력 회전력을 유발하고 결국 균형을 잃는 것으로 나타나기 때문이다.

두 어린이의 몸무게가 같지 않아도 두 사람이 회전축으로부터 다른 거리에 앉으면 시소의 균형을 맞출 수 있다. 식 2.1.3에 따르면 한 아이가 시소에 가하는 중력 회전력은 회전축으로부터 그 아이가 앉은 자리까지의 거리에 몸무게를 곱한 것이다. 따라서 시소 끝에 앉은 가벼운 아이와 균형을 맞추려면 무거운 아이는 회전축에 가까이 앉아야 한다.

이렇게 두 아이가 시소 위에 앉아 있으면 균형 잡힌 시소는 상당한 무게를 받지만 이 무게가 회전축을 중심으로 회전력을 발생하지는 않는다. 이것은 시소 전체 무게의 대표 점인 **무게중심**(center of gravity)이 회전축에 위치하기 때문이다. 중력이 어린이와 시소 판에 무게를 주지만 모든 개개 물체의 무게가 균형을 이루고 시소를 통째로 아래로만 잡아당기는 무게중심이란 특별한 점이 존재한다. 시소의 무게중심을 회전축에 위치시키면 지레팔이 없으므로 중력은 시소에 아무런 회전력을 가하지 못한다.

모든 물체 혹은 물체 집단에는 전체 무게가 유효하게 작용하는 점인 무게중심이 있다. 무게중심(중력 개념)과 질량중심(관성 개념)은 다르다. 하지만 이 둘은 편리하게도 일치한다. 시소에서도 무게중심과 질량중심은 같은 지점에 위치한다. 이들이 일치하는 것은 지표면 근처에서는 무게가 물체의 질량에 비례한다는 사실에 기인한다(1.2절 참조).

흔한 오개념: 질량중심은 무게중심이다

오개념 질량중심과 무게중심은 같은 개념이어서 혼동해서 사용해도 된다.

해결 질량중심은 관성 개념이다. 즉, 병진운동을 할 때는 물체의 질량을 대표하는 유효 지점이고, 회전의 자연스런 축이다. 반면 무게중심은 중력 개념이다. 즉, 물체의 무게를 대표하는 유효 지점이다. 지표면 근처의 물체에 대해서는 이 두 중심이 일치하지만, 이들을 혼동하는 것은 질량과 무게를 혼동하는 것만큼이나 옳지 않다.

두 아이가 시소에 앉아 균형을 잡고 있으면 이들은 관성적이다. 즉, 아무 움직임이 없거나 어느 한 방향으로 일정하게 돈다. 가만히 있는 것은 재미가 없으므로 시소는 돌아서 결국 한쪽 끝이 땅에 닿는다. 따라서 아이들은 시소가 오르락내리락하도록 각가속도를 준다.

아이들은 두 가지 방법으로 각가속을 일으킬 수 있다. 첫 번째 방법은 한 아이가 발로 땅을 밀어서 땅이 자신을 되밀게 하여 시소에 회전력을 주는 것이다. 그러면 시소는 균형이 잡혀 있지만 땅이 추가로 준 회전력이 각가속을 일으킨다. 이 아이가 땅을 더 이상 밀지 않으면 땅이 주는 회전력이 사라지고 시소는 일정한 각속도를 되찾는다.

두 번째 방법은 아이들이 지레팔을 변화시켜 시소의 균형을 깨는 것이다. 예를 들어 한 아이가 회전축에 더욱 가까이 몸을 숙이면 이 아이 쪽의 지레팔이 변하고, 따라서 중력 회전력도 변한다. 그러면 두 아이의 중력 회전력을 합하면 더 이상 0이 아니므로 시소의 균형이 깨진다. 즉, 시소는 알짜회전력을 받고 각가속도를 얻는다. 이 아이가 다시 몸을 펴서 제자리로 돌아와 시소가 균형을 되찾으면 시소의 각속도는 다시 일정해진다.

> ### ➡ 개념 이해도 점검 #6: 보트 흔들기
>
> 대형 컨테이너선에 화물을 실을 때는 균형을 맞추고 단단히 고정시키도록 주의해야 한다. 바다 위에서 배의 회전축은 선수에서 선미까지 가는 중심선에 대략 위치한다. 화물을 잘 고정시키지 않으면 폭풍우를 만났을 때 배가 뒤집어질 가능성이 있으므로 매우 위험하다. 왜 그런가?
>
> ▶ **해답** 폭풍우가 쳐서 화물이 많이 이동하면 중력 회전력이 발생하고 배는 자연 회전축을 중심으로 돌기 시작한다. 균형이 무너지면 배는 뒤집어진다.
>
> ▶ **왜?** 대개 큰 배는 화물 적재로 인한 웬만한 불균형을 보상할 수 있으나 화물이 쏠리면 매우 안정된 배도 쉽게 뒤집힐 수 있다. 이런 끔찍한 사고는 실제로 종종 일어난다. 카누나 경주용 보트는 특히 균형에 매우 민감하여 배에 탄 사람이 부주의하게 움직이면 쉽게 뒤집어진다.

지렛대와 역학적 장점

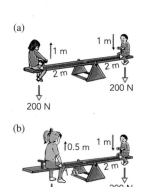

그림 2.1.13 두 어린이가 균형 잡힌 시소를 타고 있을 때 내려가는 아이가 판에 한 일은, 판이 올라가는 아이에게 한 일과 같다. (a) 두 아이의 몸무게가 같으면, 이 두 일은 같은 거리에 작용한 같은 힘에 의한 것이다. (b) 한 아이가 다른 아이보다 무거울 때는, 이 두 일은 다른 힘이 다른 거리에 작용한 결과이다.

시소의 균형을 논하면서 시소판과 사람을 중력 또는 다른 회전력을 받아 각가속하는 하나의 회전하는 시소로 보았다. 그러나 시소판을 회전하는 두 아이가 서로에게 일을 해주는 지렛대로 따로 떼어 생각할 수 있다. 무엇보다 흥미로운 것은 회전축에서 멀리 앉은 가벼운 아이가 회전축에 가까이 앉은 무거운 아이를 들어 올리는 일을 해주는 데 필요한 역학적 장점(1.3절)을 지렛대가 제공해주고 있다는 사실이다.

두 아이가 움직임이 없는 시소판 위에 앉아 있을 때(그림 2.1.13), 각자는 시소판을 자신의 무게와 같은 아래쪽 힘으로 밀고 있다. 이 힘은 지레팔에 수직 방향으로 향하고, 따라서 회전축을 중심으로 시소판에 회전력을 유발한다. 아이들이 판의 양쪽에 제대로 위치해 있다면 이들의 회전력은 서로 상쇄하고 시소판은 회전력을 받지 않는다. 그럼 시소는 균형을 이룬다.

만약 판이 거의 수평 상태에서 일정한 각속도로 회전하고 있다면 약간 복잡해지지만 여전히 위 논의는 유효하다. 두 아이는 여전히 판에 아래로 힘을 가하고 있고, 이들이 주는 회전력의 합은 0이다. 그러나 이 경우에는 내려가는 아이는 아래로 힘을 주면서 판이 아래로 움직였으므로 판에 일을 하였다. 그리고 올라가는 아이 쪽은 판이 올라가는 아이에게 위로 힘을 가하면서 위로 움직였으므로 이 아이에게 일을 해주었다. 시소는 균형을 잡고 있으므로 내려가는 아이가 판에 한 일은, 판이 올라가는 아이에게 한 일과 같다. 결과적으로 시소판이 내려가는 아이로부터 올라가는 아이에게 완벽하게 에너지를 전달한 것이다.

이 과정을 좀 더 자세히 보기 위해 각각 몸무게가 200 N인 5세 아동 두 명이 한쪽 팔 길이가 2 m인 시소 양 끝에 앉아 있는 상황을 가정해 보자(그림 2.1.13a). 아이는 각각 시소판에 200 N의 힘을 아래쪽으로 가하므로 판에 400 N · m의 회전력을 준다(200 N · 2 m = 400 N · m). 두 사람이 주는 회전력은 반대 방향이므로 그 합은 0이다.

이제 시소가 시계 방향으로 돈다고 가정하자. 시소가 돌아 여자아이는 1 m 올라갔고 남자아이는 1 m 내려갔다. 남자아이는 시소판에 200 N의 힘을 아래쪽으로 가하여 1 m 아래로 이동했으므로 판에 200 N · 1 m = 200 J의 일을 해주었다. 동시에 시소판은 200 N의 힘을 위로 가하여 여자아이를 위로 1 m 이동시켰으므로 판은 여자아이에게 역시 200 J의 일을 했다. 전체적으로 시소판은 남자아이로부터 여자아이에게 200 J의 에너지를 전달했다.

이제 5세 여자아이를 몸무게가 400 N인 누나로 바꿔 보자(그림 2.1.13b). 시소의 균형을 맞추기 위해 누나는 가운데 앉아야 한다. 그러면 누나는 회전축으로부터 1 m 떨어진 지점에서 400 N의 아래쪽 방향 힘을 시소판에 가하므로 회전력은 변함이 없다(400 N · 1 m = 400 N · m). 이전과 마찬가지로 이 두 사람의 회전력은 같고 방향이 반대이므로 합하면 0이 된다. 이것은 시소 끝에 앉은 가벼운 아이가 회전축에 가까이 앉은 무거운 누나와 균형을 맞출 수 있음을 보여준다.

다시 시소가 시계 방향으로 돌면 남자아이가 1 m 내려가는 동안 누나는 0.5 m만 올라간다. 남자아이는 앞에서와 같이 시소판에 200 J의 일을 했다. 시소판은 누나에게 400 N의 힘을 위로 가하여 0.5 m를 이동시켰으니 판이 누나에게 한 일은 400 N · 0.5 m = 200 J이다. 누나가 더 무거웠지만 시소판은 역시 200 J의 에너지를 남자아이로부터 누나에게 옮겼다.

시소의 역학적 장점은 아주 작은 아이일지라도 시소 끝에 앉으면 회전축 근처에 앉아 있는 무거운 어른을 들어 올릴 수 있게 한다. 아이가 어른보다 더 많은 거리(높이)를 이동하므로 아이가 시소에 한 일은 시소가 어른에게 한 일과 같다. 회전축에서 먼 부분에 작은 힘을 가해서 회전축에서 가까운 부분에 큰 힘을 미치는 효과는 지렛대가 가진 역학적 장점의 한 예이다.

> ### ▶ 개념 이해도 점검 #7: 못 빼기
>
> 장도리는 나무에 박힌 못을 빼는 노루발을 가지고 있다. 못 머리 밑에 노루발을 끼워 넣고 손잡이를 잡아당겨 망치를 회전시키면 나무에 박힌 못이 노루발에 걸려 뽑혀 나온다. 이때 장도리의 머리(망치 부분)는 나무에 닿아 있는데, 이곳이 곧 회전축이 된다. 이 회전축으로부터 손잡이까지 거리는 회전축에서 못까지 거리의 10배 정도이다. 손잡이에 회전력을 가해 한쪽 방향으로 장도리를 젖히면 못은 장도리에 그 반대 방향으로 회전력을 가한다. 장도리가 가속운동을 하지 않는다면 이 두 회전력은 균형을 이루고 있다. 만일 손잡이에 100 N의 힘을 가하면 못이 장도리의 노루발에 가하는 힘은 얼마인가?
>
> 해답 1,000 N
>
> 왜? 못은 회전축에 10배 가까이 있으므로 손잡이를 당길 때 같은 크기의 회전력을 생성하기 위해서는 10배의 힘을 장도리에 가해야 한다. 노루발이 못을 당김과 동시에 못도 노루발을 당긴다. 나무는 못이 움직이지 않도록 마찰력을 못에 가하고 있지만 뽑아내는 힘이 이 마찰을 이겨서 못은 나무로부터 서서히 뽑혀 나온다.

회전체의 작용과 반작용

시소판을 통해 에너지를 전달하면서 균형 잡힌 시소 위에 앉아 있는 두 아이를 별도의 물체로 보고 있지만 이 아이들을 또 다른 관점에서 볼 수 있다. 즉, 이들은 시소판으로 서로를 지지하고 있다. 다시 말해, 한 어린이는 회전축을 중심으로 시소판을 통하여 다른 아이에게 회전력을 가하고 있고, 이 회전력은 다른 아이의 중력 회전력을 상쇄하고 있다. 예를들어 그림 2.1.13a의 남자아이는 중력으로 인해 시계 방향의 회전력을 받으며, 동시에 다른쪽 끝에 앉아 있는 여자아이로부터 반시계 방향의 회전력을 받는다. 이 두 회전력의 합이 0이므로 남자아이는 일정한 각속도로 회전한다. 마찬가지로 남자아이는 여자아이에게 회전력을 주며, 여자아이도 일정한 각속도로 회전한다.

여자아이는 남자아이에게, 남자아이는 여자아이에게 회전력을 가하므로 두 회전력 사이에 어떤 관계가 있지 않나 궁금할 것이다. 실제로 이 두 회전력이 크기가 같고 방향이 반대라는 것이 크게 놀랍지는 않다. 병진운동에 대한 Newton의 제3법칙이 존재하는 것과 똑같이 **Newton의 제3회전운동법칙**(Newton's third law of rotational motion)이 존재한다. 즉, 어떤 물체가 두 번째 물체에 회전력을 가하면 두 번째 물체는 첫 번째 물체에 반대 방향으로 똑같은 크기의 회전력을 가한다. 여자아이가 남자아이에게 가한 회전력과 남자아이가 여자아이에게 가한 회전력은 이 Newton의 제3법칙의 짝인 것이다.

◉ Newton의 제3회전운동법칙
어떤 물체가 두 번째 물체에 가하는 모든 회전력에 대해, 두 번째 물체가 첫 번째 물체에 가하는 크기가 같고 반대 방향인 회전력이 존재한다.

그러나 크기가 같고 방향이 반대라고 해서 모든 회전력이 Newton의 제3법칙의 짝은 아니라는 것을 알아야 한다. 균형 잡힌 시소에 타고 있는 아이 각자는 **우연히** 크기가 같고 방향이 반대인 두 회전력을 받는다. 즉, 중력에 의한 회전력과 다른 아이가 준 회전력이 그것이다. 이 두 회전력이 짝을 이루는 이유는 Newton의 제3법칙 때문이 아니라 시소가 균형 잡혀 있기 때문이다. 시소가 균형 잡혀 있지 않다면 이 두 회전력은 반대로 향하긴 하지만 같지 않기 때문에 두 아이는 모두 각가속도를 가지고 회전할 것이다.

> **흔한 오개념: Newton의 제3법칙인가?**
>
> 오개념 크기가 같고 방향이 반대인 힘이나 회전력 짝은 모두 Newton의 제3법칙에 관련된다.
>
> 해결 Newton의 제3법칙은 두 물체가 서로에게 가하는 힘이나 회전력 짝에만 적용된다. 이런 경우에만 힘이나 회전력은 크기가 같고 방향이 반대이다. 하나의 물체에 작용하는 두 힘이나 회전력은 Newton의 제3법칙의 짝이 절대 아니며 어떤 값이라도 가질 수 있다. 물론 크기가 같고 방향이 반대인 경우도 포함한다.

◉ Newton의 회전운동법칙 요약
1. **외부 회전력을 받지 않으며 비틀거리지 않고 도는 단단한 물체는 일정한 각속도로 회전한다. 즉, 고정된 회전축을 중심으로 일정한 시간에 같은 각을 돈다.**
2. **비틀거리지 않고 도는 단단한 물체에 가해지는 알짜회전력은 이 물체의 회전질량에 각가속도를**

곱한 것과 같다. 각가속도의 방향은 회전력과 같은 방향이다.

3. 한 물체가 두 번째 물체에 가한 모든 회전력에 대해 두 번째 물체가 첫 번째 물체에 가하는 크 기가 같고 반대 방향인 회전력이 존재한다.

참고: 이 회전운동법칙은 1.3절의 병진운동법칙과 유사하다.

▶ 개념 이해도 점검 #8: 빙판 위의 돌리기

아이스링크 위에 달려 있는 전구를 교체하기 위해 미끄러운 빙판 위에 서서 전구를 빼내려고 돌린다. 전구 를 돌리면 몸도 도는데 왜 그럴까?

해답 전구가 몸에 회전력을 주었기 때문이다.

왜? 전구를 돌리기 위해서는 전구에 회전력을 주어야 한다. Newton의 제3회전운동법칙에 의하면 전구는 사람에게 크기가 같은 회전력을 반대 방향으로 가한다. 빙판은 너무 미끄러워 사람에게 회전력을 가할 수 없 으므로 사람은 각가속도를 얻어 회전하기 시작한다.

2.2 바퀴

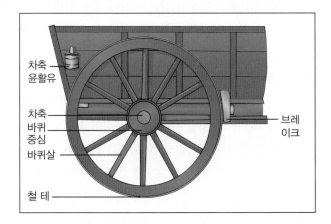

차축
윤활유

차축
바퀴
중심

바퀴살

철 테

브레이크

경사면이나 지렛대와 같이 바퀴도 일상생활에 사용되는 간단한 도구이 다. 그러나 바퀴의 주목적은 역학적 장점이 아니라 마찰을 극복하는 것 이다. 이제까지는 마찰을 무시하여 이상적인 상황에서만 운동법칙을 살 펴보았다. 그러나 실제 세계에는 마찰이 꼭 있으므로 운동하고 있는 물 체는 대부분 마찰 때문에 느려져서 결국 멈춘다. 따라서 이 절에서 첫

번째로 해야 할 일은 마찰을 이해하는 것이다. 그러나 공기 저항은 당분 간 계속 무시하기로 한다.

생각해 보기 운동하고 있는 물체는 계속 움직이려는 경향이 있다. 그렇 다면 무거운 상자를 마루 위에 끄는 것이 왜 그렇게 어려울까? 경사면 에 놓인 물체는 비탈 아래쪽으로 가속해야 한다지만 왜 조금 경사진 식 탁 위에 놓인 접시는 미끄러지지 않을까? 쇼핑 카트를 밀 때 무엇이 바 퀴를 돌게 하나? 자동차 바퀴가 돌면 어떻게 해서 차가 추진력을 얻나?

실험해 보기 바퀴가 마찰을 줄이는 현상을 관찰하기 위해 먼저 책을 편 평한 책상 위에서 미끄러뜨려 보자. 책을 툭 민 후, 책이 얼마나 시간 이 지난 후에 느려져서 정지하는지 관찰한다. 마찰은 어떤 방향으로 책 을 미는가? 책이 얼마나 빨리 움직이는가에 따라 마찰이 책에 가한 힘 이 달라지나? 책이 정지했을 때에도 마찰은 계속 책을 밀고 있나? 정지 해 있는 책을 살짝 밀면 마찰은 책에 어떤 힘을 가하나? 각이 없고 둥 근 연필 3~4개를 대략 5 cm 간격으로 평행하게 책상 위에 놓고 그 위 에 책을 얹는다. 연필이 구를 수 있는 방향으로 책을 툭 밀면 책이 어 떻게 움직이는지 설명해 보자. 무엇이 이 차이를 만들었다고 생각하나?

마찰: 서류보관함 옮기기

마찰은 아주 익숙한 힘이지만 1.3절 피아노를 옮기는 상황에서는 무시했다. 운 좋게도 그 피아노는 다리에 바퀴를 달고 있었고 이 때문에 마찰을 줄여 이동하기가 쉬웠다. 이 절에서 는 바퀴에 집중하자. 바퀴와 마찰 사이의 관계를 파악하기 위해 바퀴 달린 피아노가 아닌 무거운 서류보관함을 옮기는 것을 먼저 생각해 보자.

서류보관함은 편평하고 매끈하고 단단한 마루 위에 놓여 있고 무게는 1,000 N이다. 아무리 질량이 커도 수평 방향 힘을 가하면 이에 반응하여 가속해야 한다는 이론을 상기하여 서류보관함을 가볍게 밀어본다. 하지만 실제로 그래봤자 아무 일도 일어나지 않는다. 물론 서류보관함은 각각의 힘이 아니라 알짜힘에 반응하여 가속한다. 그러면 밀어주는 힘을 정확히 상쇄하여 가속을 못하도록 다른 무엇이 밀고 있는 것이 틀림없다. 그러나 이에 굴하지 않고 점점 더 세게 밀면 마침내 서류보관함은 마루 표면을 따라 밀린다. 그러나 계속 큰 힘으로 밀어도 서류보관함은 천천히 움직일 뿐이다. 다른 무엇인가가 서류보관함을 정지시키기 위해 밀고 있는 것이다.

이 '무엇'이 **마찰**(friction)이다. 마찰은 서로 접촉하고 있는 두 표면의 상대운동을 방해하는 현상이다. **상대운동**(relative motion)을 하고 있는 두 표면은 서로 다른 속도로 움직이고 있으며 한 표면에서 보면 다른 표면이 움직이고 있는 것으로 보인다. 이 상대운동을 방해하기 위해 마찰은 이들을 같은 속도로 움직이도록 두 표면 모두에 힘을 가한다.

예를 들어 서류보관함이 그림 2.2.1에서 보인 것처럼 왼쪽으로 움직이고 있을 때 마루는 오른쪽 방향으로 마찰력을 가한다. 서류보관함에 가해진 **오른쪽** 마찰력은 서류보관함의 **왼쪽** 속도와 정반대 방향이다. 가속도가 속도와 반대 방향이므로 서류보관함은 느려져서 결국 멈추게 된다.

Newton의 제3운동법칙에 의하면 서류보관함은 마루에 같은 크기의 힘을 반대 방향으로 주어야 한다. 물론 서류보관함은 마루에 왼쪽 방향의 마찰력을 가한다. 그러나 마루는 지구에 단단히 고정되어 있으므로 거의 가속되지 않는다. 가속은 거의 서류보관함이 하고, 곧 이 두 물체는 같은 속도를 유지하게 된다.

마찰력은 항상 상대운동을 방해하지만 그 크기는 (1) 두 표면이 얼마나 세게 밀착해 있나, (2) 표면이 얼마나 미끄러운가, 그리고 (3) 두 표면이 상대적으로 움직이고 있는가에 따라 달라진다. 첫째, 두 표면을 세게 맞대고 밀수록 마찰력은 커진다. 예를 들어 빈 서류보관함은 서류가 꽉 차있을 때보다 움직이기가 쉽다. 둘째, 대개 표면을 거칠게 만들면 마찰이 커지고, 표면을 매끈하게 하거나 윤활유를 치면 마찰이 줄어든다. 눈썰매는 아스팔트 위에서보다 눈길을 달릴 때 훨씬 더 잘 나간다. 세 번째 내용은 다음에 살펴볼 것이다.

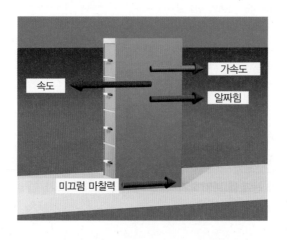

그림 2.2.1 마루 위에서 왼쪽으로 미끄러지고 있는 서류보관함은 마루로부터 오른쪽 방향의 마찰력을 받는다. 이 마찰력이 서류보관함에 작용하는 알짜힘이므로 서류보관함은 속도 반대 방향으로 가속하고 느려져서 결국 멈춘다.

> ➡️ **개념 이해도 점검 #1: 미끄러지는 컵**
>
> 식탁이 조금 기울어져서 컵이 천천히 미끄러지고 있다. 이때 마찰은 어느 방향으로 컵에 힘을 가하나?
>
> 해답 마찰은 경사 위쪽으로 컵을 민다.
>
> 왜? 컵이 식탁 위에서 경사를 따라 아래로 미끄러지고 있다. 마찰은 항상 상대운동을 방해하므로 컵을 운동의 반대 방향인 경사 위쪽으로 민다.

마찰: 미시적 관점

서류보관함은 마루 위를 미끄러져 가는 동안 수평 방향의 마찰력을 받아 곧 멈추게 된다. 이 마찰력은 어디서 오는 걸까? 서류보관함에는 수평과 수직 방향의 힘이 동시에 작용한다. 서류보관함 자체의 무게는 아래로 향하고, 마루가 가하는 지지력은 위로 향한다. 그러면 마루가 서류보관함에 어떻게 수평 방향의 힘을 가할 수 있을까?

그 답은 서류보관함의 바닥도 마루 표면도 완벽히 매끈하지 않다는 사실에서 찾을 수 있다. 이 두 표면은 여러 가지 크기의 미세한 골과 돌출부를 가지고 있다. 서류보관함은 실제로 수많은 작은 접점들이 받치고 있으며, 이 접점들과 마루가 직접 접촉하고 있다(그림 2.2.2). 미끄러지면서 서류보관함 바닥의 미세한 돌출부들이 마루 표면 위의 비슷한 미세 돌출부들을 쓸고 지나간다. 양쪽 돌출부는 충돌할 때마다 수평의 힘을 받는다. 이 작은 힘들이 합해져서 서류보관함과 마루가 받는 전체적인 마찰력이 되고, 상대운동을 방해한다. 겉보기에 매끄러운 면도 자세히 보면 미세 표면 구조가 있기 때문에 모든 표면은 서로 문지르면 마찰이 생긴다.

표면을 거칠게 하여 이런 미세 돌출부의 크기나 수를 늘이면 대개 마찰이 더 커진다. 서류보관함 바닥에 샌드페이퍼를 붙이면 서류보관함이 마루를 미끄러질 때 더 큰 마찰력을 받는다. 반면에 조리기구와 같이 미시적으로 매끈하게 만들어 눌어붙지 않는 표면을 쓰면 서류보관함은 더 쉽게 미끄러질 것이다.

두 면을 꽉 눌러 접점의 수를 늘여도 마찰이 커진다. 미세 돌출부들이 더 자주 충돌하기 때문이다. 이것이 서류보관함에 서류를 많이 넣으면 밀기가 더 힘들어지는 이유이다. 서류보관함의 무게가 두 배가 되면 접점 수도 대략 두 배가 되고, 따라서 미는 것도 두 배 정도 힘들어진다. 단단한 두 표면 사이의 마찰력은 두 면을 누르고 있는 힘에 비례한다는 것이 많이 쓰이는 경험법칙이다.

마찰 과정에서는 접점끼리 부딪혀 부서지기도 하는데, 이것이 마모이다. 오랫동안 마찰을 하면 이런 마모로 인해 물질이 많이 제거된다. 단단한 돌계단도 오랜 시간 많은 사람들이 밟고 지나가면 마모된 자국이 뚜렷이 보인다. 두 표면 사이의 마모를 줄일 수 있는 가장 좋은 방법은 (윤활유를 쓰는 것 외에) 양면을 연마하여 아주 매끈하게 만드는 것이다. 매끈한 표면도 서로 접촉하므로 문지를 때 마찰이 있지만, 이들의 접점은 넓고 둥글기 때문에 충돌해도 잘 부서지지 않는다.

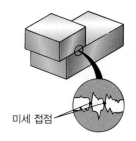

미세 접점

그림 2.2.2 두 표면을 누르면 미세한 접점들에서만 실제 접촉이 일어난다. 두 표면이 미끄러지면 이 접점들이 충돌하여 미끄럼 마찰과 마모를 일으킨다.

정지 마찰, 미끄럼 마찰, 견인력

마찰에는 미끄럼 마찰과 정지 마찰 두 종류가 있다. 두 표면이 접촉하여 미끄러질 때는 **미끄럼 마찰**(sliding friction)이 미끄러지는 것을 방해한다. 그러나 두 면 사이에 상대운동이 없어도 **정지 마찰**(static friction)이 두 면이 미끄러지기 시작하지 못하도록 작용한다.

정지해 있는 서류보관함을 마루 위에서 밀기 시작할 때가 특별히 더 어렵다는 것을 느낄 수 있다. 서류보관함과 마루 사이의 접점들이 서로 정착해 맞물려 있어서 웬만큼 밀어서는 꼼짝도 하지 않는다. 정지 마찰은 항상 외부의 미는 힘을 정확히 상쇄하는 수평 힘을 준다. 이 경우 서류보관함에 작용하는 알짜힘은 0이므로 가속은 없다.

그러나 정지 마찰력에는 한계가 있다. 최대 정지 마찰력보다 더 큰 힘으로 밀면 서류보관함은 움직이기 시작한다. 그러면 서류보관함에 작용하는 알짜힘은 더 이상 0이 아니고 서류보관함은 가속한다.

일단 서류보관함이 움직이면 미끄럼 마찰이 정지 마찰을 대신한다. 미끄럼 마찰은 움직이고 있는 서류보관함을 정지시키려는 작용이므로 운동을 유지하려면 계속 밀어주어야 한다. 그러나 서류보관함이 마루 위를 미끄러져 가는 동안은 두 표면 사이의 접점들은 정착해서 서로 맞물릴 시간이 없어서 수평 마찰력은 더 약해진다. 따라서 미끄럼 마찰력은 정지 마찰력보다 작으며, 이것이 정지해 있는 서류보관함을 움직이기 시작하는 것보다 움직이고 있는 서류보관함을 계속 움직이게 하는 것이 더 쉬운 이유이다.

이 두 형태의 마찰력은 **견인력**(traction)이란 개념으로 통합된다. 견인력은 어떤 주어진 순간에 서류보관함이 마루로부터 받는 마찰력의 최댓값이다. 서류보관함이 정지해 있을 때 견인력은 정지 마찰이 미치는 힘의 최댓값과 같다. 그러나 서류보관함이 마루 위를 미끄러지기 시작하면 견인력은 미끄럼 마찰력으로 줄어든다.

서류보관함의 견인력은 극복해야 할 성가신 것이지만 신발의 견인력은 꼭 필요하다. 벽을 짚을 수 없다면 서류보관함을 움직이는 데 드는 수평 힘은 신발의 견인력이 만든다. 농구화를 신으면 충분한 견인력을 낼 수 있을 것이다.

정지 마찰과 미끄럼 마찰 사이에는 또 다른 점이 있다. 미끄럼 마찰은 에너지를 소모한다. 미끄럼 마찰은 쉽게 일을 할 수 있는 **정돈된 에너지**(ordered energy)를 상대적으로 쓸모없고 온도와 관련된 무질서한 에너지인 **열에너지**(thermal energy)로 바꾼다. 즉, 미끄럼 마찰은 일을 열에너지로 바꿈으로써 물체를 데운다.

서류보관함을 마루 위에서 일정한 속도로 밀 때 일이 열에너지로 바뀌는 것을 관찰할 수 있다. 서류보관함은 가속하지 않으므로 사람과 마루는 같은 크기의 힘으로 서로 반대 방

향으로 밀고 있다. 사람이 서류보관함을 앞으로 밀어서 같은 방향으로 움직이므로 사람은
서류보관함에 양(+)의 일을 하고 있다. 그러나 마루의 미끄럼 마찰은 서류보관함을 움직이
는 반대쪽으로 밀고 있으므로 미끄럼 마찰은 서류보관함에 음(−)의 일을 하고 있다. 전체적
으로 보면 미끄럼 마찰은 사람이 서류보관함에 에너지를 주는 즉시 빼앗는다.

그러면 사람이 해주는 일은 어디로 가는 걸까? 서류보관함이 마루로 일을 전달하는 것
은 아니다. 왜냐하면 마루는 움직일 수 없으므로 여기서는 일을 할 수는 없기 때문이다. 미
끄럼 마찰은 미끄러지는 두 표면의 접점들 사이에 일어나는 무수히 많은 충돌을 통해 사람
이 해주는 일을 매우 작은 조각으로 나누고 있다. 사람이 주는 에너지는 표면을 구성하는
입자들에 무작위로 분포하고 따라서 열에너지가 된다. 서류보관함과 마루가 데워지는 것
이다.

반면에 정지 마찰력은 열에너지로 에너지를 낭비하지 않고, 단순히 두 물체가 서로에
게 일을 해주도록 할 뿐이다. 예를 들면 서류보관함을 밀다가 목이 말라서 물을 한 잔 마신
다고 하자. 유리잔을 손으로 잡고 들어 올리면 손가락 하나하나는 유리잔에 위쪽 방향으로
정지 마찰력을 가한다. 손가락으로 유리잔을 위로 밀 때 유리잔이 올라가므로 손가락은 유
리잔에 일을 한다. 동시에 유리잔은 손가락에 아래쪽 방향으로 정지 마찰력을 가한다. 그러
나 손가락은 위로 움직이므로 유리잔은 손가락에 음(−)의 일을 한다. 이런 방식으로 정지
마찰력은 에너지를 사람으로부터 유리잔으로 전달할 뿐이지 열에너지로 소모하지 않는다.

> ⏩ **개념 이해도 점검 #3: 미끄러지면서 멈추기**
>
> 잠김방지 제동장치(anti-lock brake; ABS)는 급제동할 때 자동차 바퀴가 잠겨 미끄러지는 것을 방지하기
> 위한 장치이다. 운전대 조작과는 별도로, 차바퀴가 도로면에 미끄러지지 않도록 하면 어떤 장점이 있을까?
>
> ▷ **해답** 바퀴가 계속 돌면 도로면과 바퀴 사이에는 정지 마찰이 작용한다. 그러나 바퀴가 잠겨 미끄러지기 시
> 작하면 바퀴는 미끄럼 마찰을 받는다. 정지 마찰이 미끄럼 마찰보다 더 큰 견인력을 주므로 바퀴가 미끄러
> 지지 않으면 더 빨리 감속한다.
>
> ▷ **왜?** 급제동할 때 자동차는 속도 반대 방향으로 가능한 큰 힘이 필요하다. 정지하는 데 필요한 힘을 얻는 가
> 장 효율적인 방법은 돌고 있는 바퀴와 도로면 사이의 정지 마찰력을 이용하는 것이다. 타이어가 미끄러지면
> 서 일어나는 미끄럼 마찰은 자동차를 세우는 데 덜 효율적이고 타이어의 마모를 일으키며, 미끄러지면 운전
> 자가 차에 대한 통제력을 잃을 수 있다.

마찰과 에너지

미끄럼 마찰이 일을 열에너지로 바꾼다는 것을 보았지만 열에너지는 정확히 무엇일까? 이
질문에 답을 구하기 위해 에너지 전반에 대해 다시 살펴보자.

에너지는 일을 할 수 있는 능력이며, 물체 사이에서 일을 통해 전달된다. 1.3절에서 강
조한 것처럼 에너지는 보존되는 물리량이다. 에너지는 창조되거나 소멸되지 않고, 한 물체
에서 다른 물체로 전달되거나 형태를 바꿀 뿐이다. 다음 절에서 배울 다른 두 보존량과 구
분하기 위해, 에너지를 **실행 보존량**(conserved quantity of doing)으로 생각할 수 있다. 마
치 숙련된 회계사가 회사 자금의 흐름을 파악하듯이, 우리는 연습을 통해 물질계에서 에너

표 2.2.1　**위치에너지의 다양한 형태와 예**

위치에너지의 형태	예
중력 위치에너지	산 정상에 놓인 공
탄성 위치에너지	압축된 용수철
정전기 위치에너지	번개치기 직전의 구름
화학 위치에너지	화약
핵 위치에너지	우라늄

지의 흐름을 추적할 수 있다.

에너지의 기본적인 두 형태는 운동에너지와 위치에너지다. 운동에너지는 물체의 운동에 포함되어 있고, 위치에너지는 이 물체들 사이에 저장되어 있다. 다양한 힘에 대해 각각 위치에너지의 특정 형태가 있으며, 몇 가지를 표 2.2.1에 요약하였다.

개별 에너지는 보존량이 **아니다.** 개별 에너지를 모두 합한 총 에너지만이 보존된다. 예를 들어 정지상태에서 공을 떨어뜨리면 공의 중력 위치에너지는 감소하고 운동에너지가 증가하지만 총 에너지는 변하지 않는다.

에너지는 여러 가지 통상적인 단위로 측정된다. 몇 가지만 예를 들면 줄(J), 칼로리, 식품 칼로리(킬로칼로리와 같음), 킬로와트 · 시 등이 있다. 이 모든 단위는 같은 물리량을 측정하며, 이들은 정해진 수치를 곱해 간단히 변환할 수 있다. 예를 들면 1식품 칼로리는 1,000칼로리, 4,187 J과 같다. 250식품 칼로리의 도넛에는 약 1,000,000 J의 에너지가 들어 있다. 1 J은 1 N · m이므로 1,000,000 J은 서류보관함을 아파트 2층으로 200번 옮기는 데 드는 에너지이다(한 번에 1,000 N × 5 m = 5,000 J이 든다). 도넛을 많이 먹으면 몸매 유지가 어려운 것은 당연하다!

이제 열에너지를 살펴보자. 사실 열에너지는 일반 운동에너지와 위치에너지가 혼합된 것이다. 그러나 움직이는 공의 운동에너지나 높이 위치한 피아노의 위치에너지와는 달리 열에너지는 모두 해당 물체 내부에 들어 있다. 모든 물체는 **내부 에너지**(internal energy)를 가지는데, 이것은 물체를 이루는 개개 입자들과 이들 사이의 힘의 형태로 저장되며 온전히 이 물체 안에 들어 있다. 즉, **열에너지**는 온도와 관련된 내부 에너지의 일부이다. 열에너지는 물체를 이루는 미세 입자들을 제멋대로, 그리고 독립적으로 분주히 움직이게 한다. 어떤 순간에도 입자 하나하나는 제몫의 위치에너지와 운동에너지를 공급받는데, 이런 무질서하고 흩어져있는 에너지를 통칭하여 열에너지라고 한다.

서류보관함을 마루 위에서 밀 때 일은 하지만 속력이 커지지는 않는다. 대신에 미끄럼 마찰은 사람이 해주는 일을 열에너지로 바꾸고, 전달된 에너지가 입자들에 퍼지면서 서류보관함과 마루는 데워진다. 그러나 미끄럼 마찰이 일을 열에너지로 쉽게 바꾸는 반면, 열에너지를 일로 바꾸려면 쉽지 않다. 무질서는 일을 어렵게 만들 뿐만 아니라 원래대로 되돌려놓기도 어렵다. 아끼는 찻잔을 바닥에 떨어뜨려 산산조각이 났다면 찻잔을 구성하는 물질은 여전히 존재하지만 무질서한 상태여서 쓸모가 별로 없다. 이 조각들을 다시 떨어뜨린다고 찻잔이 재조립되지 않는 것과 마찬가지로 열에너지로 바뀐 에너지는 쓸모 있고 정돈된 에너지로 쉽게 되돌아갈 수 없다.

개념 이해도 점검 #4: 불타는 고무

자동차가 정지해 있을 때 급히 출발하려고 가속 페달을 너무 세게 밟으면 바퀴가 헛돌면서 도로면에 검은 고무 자국을 남긴다. 이런 급발진은 정상 운행 50 km와 맞먹는 타이어 마모를 일으킨다. 왜 이런 미끄러짐 이 정상 운행보다 타이어에 훨씬 더 큰 손상을 줄까?

해답 정상 운전 시에는 타이어가 노면에서 미끄러지지 않기 때문에 대개 정지 마찰이 작용한다. 반면에 미 끄러질 때는 타이어 표면이 노면에서 따로 놀기 때문에 미끄럼 마찰이 작용한다. 이 미끄럼 마찰은 열에너 지를 만들고 타이어를 손상시킨다.

왜? "불타는 고무"라는 표현은 급발진 시 일어나는 타이어 손상에 적절한 표현이다. 상당한 열에너지가 만 들어지면서 뜨거워진 타이어 자국이 노면에 남는다. 드래그 레이싱[2]에서는 출발할 때 일어난 마찰 과열이 너무 심해서 실제로 타이어에 불이 붙기도 한다.

바퀴

이제 서류보관함을 노면 위로 끌어 옮겨 보자. 옮기는 내내 미끄럼 마찰에 대해 일을 하여 서류보관함 바닥과 노면에는 많은 양의 열에너지가 발생한다. 더구나 미끄럼 마찰이 표면 을 마모시키므로 서류보관함과 마루 표면에 모두 손상을 초래한다.

그러나 다행히도 물체끼리 마찰을 줄이면서 운송을 돕는 기계장치가 있다. 고전적인 장 치의 예로는 그림 2.2.3과 같은 굴림대(roller)가 있다. 굴림대 위에 서류보관함을 놓고 이동 시키면 굴림대가 회전하므로 서류보관함 바닥은 절대 노면을 미끄러지지 않는다. 굴림대의 작동 원리를 이해하기 위해 한 손을 주먹을 쥐고 다른 손바닥에 굴려 보라. 그러면 양 손의 피부는 서로 쓸리지 않는다. 이런 조용한 운동은 일을 열에너지로 바꾸지 않으므로 피부에 는 열이 나지 않는다. 이번에는 양쪽 손바닥을 펴고 비벼보자. 이 경우에는 미끄럼 마찰 때 문에 피부에는 열이 발생된다.

굴림대는 미끄럼 마찰을 받지는 않지만 정지 마찰을 받는다. 굴림대 각각의 윗부분은 서류보관함의 바닥을 접촉하고 있고, 서류보관함이 가속하더라도 정지 마찰 때문에 이 두 면은 같이 움직인다. 이 두 면은 굴림대가 회전해서 떨어지기 전에는 서로 단단히 붙잡고

그림 2.2.3 (a) 회전하는 굴림대로 받친 서류보관함에는 미끄럼 마찰이 작용하지 않는다. (b) 굴림대 윗부분 은 서류보관함과 함께 앞으로 나가 는 반면, 굴림대 아랫부분은 노면에 서 뒤로 가므로 굴림대는 서류보관 함이 가는 거리의 절반만 전진한다. 그 결과 굴림대는 곧 뒤로 처진다.

2) 역자주: Drag racing, 특수 개조된 자동차로 짧은 거리를 달리는 경주.

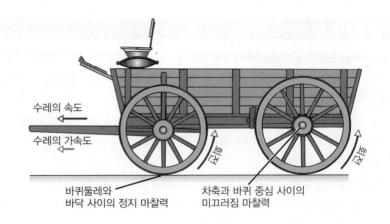

그림 2.2.4 수레가 왼쪽으로 가속함에 따라 바퀴는 반시계 방향으로 돈다. 바퀴둘레와 바닥 사이에는 정지 마찰력만 작용하지만 바퀴 중심은 차축 주변을 미끄러지며 수레의 운동에너지를 열에너지로 바꾼다. 이런 에너지 낭비를 줄이기 위해 수레의 차축은 얇게 하고, 윤활용 기름을 쳐 준다.

수레의 속도

수레의 가속도

바퀴둘레와
바닥 사이의 정지 마찰력

차축과 바퀴 중심 사이의
미끄러짐 마찰력

있다. 노면과 굴림대 사이에도 비슷한 과정이 일어난다. 먼저, 정지 마찰은 굴림대에 회전력을 가하여 회전시킬 수 있다. 이 현상은 다시 손으로 실험해 볼 수 있다. 주먹을 다른 손바닥 위로 끌어 보라. 주먹이 미끄러지기 직전에 회전력을 느낄 수 있을 것이다. 양손 피부 사이의 정지 마찰이 미끄러짐을 방지하므로 주먹이 굴림대처럼 회전하게 한다.

일단 굴림대가 돌면서 서류보관함이 움직이기 시작하면 편평한 노면 위로 계속 굴리며 나아갈 수 있다. 미끄럼 마찰이 없어서 서류보관함은 운동에너지를 잃지 않고, 따라서 밀어 주지 않아도 일정한 속도로 나아간다. 그러나 굴림대는 서류보관함이 나아감에 따라 뒤로 빠져나오며, 이들을 계속 서류보관함 앞쪽 바닥으로 옮겨주어야 한다. 굴림대가 뒤로 빠져나왔을 때 서류보관함이 바닥으로 떨어지는 것을 막기 위해서는 굴림대가 적어도 세 개는 있어야 한다. 굴림대가 미끄럼 마찰을 없앴지만 또 다른 문제를 만들었다. 이렇게 굴림대를 옮겨서는 먼 거리를 이송하기가 어렵다. 계속 관리해주지 않고 미끄럼 마찰을 줄여주는 장치는 없을까?

네 바퀴 수레가 대안이 될 수 있다. 가장 단순한 수레는 그림 2.2.4와 같이 바퀴 중심을 관통하는 차축 위에 짐칸을 둔 것이다. 땅바닥은 바퀴에 위쪽으로 지지력을 가하고, 바퀴는 차축에 지지력을 가하며, 차축은 다시 수레의 짐칸과 여기에 실린 화물을 받쳐준다. 수레가 앞으로 가면 바퀴가 돈다. 바퀴 아래쪽 표면은 땅바닥에서 미끄러지지 않는다. 대신 아주 작은 부분을 땅에 접촉하면서 돌기 때문에 정지 마찰력을 받으며 계속 바퀴 표면의 새로운 부분이 땅과 접촉하게 된다. 이와 같이 접촉—분리로 인해 바퀴와 땅바닥 사이에 미끄럼 마찰은 없다.

회전하는
바퀴 중심

회전

고정된
차축

회전하는
굴림대

그림 2.2.5 롤러 베어링에서 바퀴 중심은 차축에 직접 닿지 않는다. 바퀴 중심과 차축은 바퀴 중심과 같이 도는 굴림대에 의해 분리되어 있다. 아래쪽 몇 굴림대는 바퀴 중심이 위로 밀고 이들은 다시 차축을 위로 밀고 있으므로 무게의 대부분을 지탱한다. 바퀴가 회전함에 따라 굴림대는 따라 돌면서 차축 주위를 반시계 방향으로 순환한다. 굴림대, 바퀴, 차축에는 모두 미끄럼 마찰이 아니라 정지 마찰만 작용한다. 볼 베어링에서는 구형의 볼(ball)이 원통 모양의 굴림대를 대신한다.

그러나 바퀴가 회전하면서 바퀴 중심은 돌지 않는 차축 주변을 감싸고돌면서 미끄러진다. 이 미끄럼 마찰은 에너지를 낭비하고 바퀴 중심과 차축을 마모시킨다. 그러나 좁은 바퀴 중심은 차축 주변으로 상대적으로 느리게 움직이며, 따라서 에너지 낭비와 마모는 크지 않다. 그래도 이 미끄럼 마찰이 바람직하지 않기 때문에 차축과 바퀴 중심 사이에 기름(윤활유)을 치면 줄일 수 있다.

더 좋은 해결책은 차축과 바퀴 중심 사이에 작은 굴림대를 집어넣는 것이다. 미끄럼 마찰을 제거하는 기계장치로 롤러 베어링(roller bearing)이 있다(그림 2.2.5). 완전한 베어링은 두 고리와 다수의 굴림대로 구성되며, 굴림대는 두 고리 사이의 간격을 유지하고 두 고리가 서로 문지르는 것을 방지한다. 이 경우 베어링의 안쪽 고리는 고정된 차축에 장착되

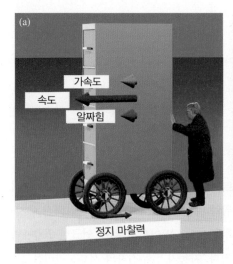

그림 2.2.6 (a) 수레를 밀어 앞으로 가속할 때 땅바닥으로부터의 정지 마찰은 바퀴가 미끄러지는 것을 막기 위해 바퀴 아래 부분을 뒤로 민다. 이 정지 마찰력이 바퀴를 앞으로 구르게 한다. (b) 엔진이 바퀴를 구동하는 경우에는 땅바닥으로부터의 정지 마찰은 바퀴가 미끄러지는 것을 막기 위해 바퀴 아래 부분을 앞으로 민다. 이 정지 마찰력이 차량을 앞으로 가속하게 한다.

고 바깥쪽 고리는 회전하는 바퀴 중심에 붙인다. 자동차의 비구동 바퀴는 차축에 고정된 롤러 베어링으로 지탱되고 있다. 자전거 등 좀 더 가벼운 차량의 바퀴도 비슷하게 지탱되지만 롤러 베어링 대신 볼 베어링(ball bearing)을 사용한다. 차량이 앞으로 출발할 때 땅바닥으로부터의 정지 마찰은 바퀴의 아래 부분을 뒤로 밀어 바퀴가 앞으로 미끄러지지 못하도록 한다. 이 마찰력은 또한 바퀴를 돌리기 시작하고 앞으로 구르도록 회전력을 생성한다 (그림 2.2.6a).

자동차 엔진의 동력을 받아 돌아가는 구동 바퀴도 역시 롤러 베어링으로 지탱되지만, 이 베어링은 좀 다르게 작용한다. 이 경우 엔진이 차축을 구동하고 차축은 여기에 고정된 바퀴를 회전시킨다(그림 2.2.6b). 베어링은 차축이 차체를 문지르는 것을 막아준다. 이 베어링의 바깥쪽 고리는 차체에 붙어 있고, 안쪽 고리는 회전하는 차축에 붙어 있다. 차량이 구동 바퀴를 돌리기 시작하면 뒤로 미끄러짐을 방지하기 위해 땅바닥으로부터의 정지 마찰이 구동 바퀴의 아래 부분을 앞으로 민다. 이 마찰력이 차량에 작용하는 유일한 수평 힘이므로 이 차량은 앞으로 가속되고 구동 바퀴도 앞으로 구른다.

이런 아이디어를 활용하여 서류보관함을 자동차의 뒷좌석에 실은 다음 시동을 건다. 자동차는 더해진 질량 때문에 평상시보다는 무겁게 반응하지만 가속은 가능하고, 서류보관함을 쉽게 목적지로 옮길 수 있다.

개념 이해도 점검 #5: 보석 운동

골동품 시계는 대개 "보석 운동"을 자랑스럽게 내세운다. 이 시계의 기어는 매우 단단하고 잘 연마된 보석의 뾰족한 끝 부분으로 지지되는 축을 중심으로 회전한다. 축을 바늘과 같이 뾰족한 끝을 갖도록 하고 그것을 매끈한 보석으로 지탱하면 어떤 장점이 있나?

해답 모든 지지력은 회전축에 매우 가까이 작용하므로 보석이 바퀴(기어)에 미치는 마찰에 의한 회전력은 거의 0이다. 따라서 바퀴는 거의 자유롭게 회전한다.

왜? 기계식 시계 부품은 시간을 정확히 맞추기 위해 마찰이 거의 없는 이상적인 운동을 할 필요가 있다. 자유로운 회전운동을 하게 하는 가장 좋은 방법 중 하나는 지지부의 마찰이 부품에 회전력을 주지 못하도록 부품을 정확한 회전축으로 지탱하는 것이다.

일률과 회전운동의 일

자동차의 엔진이 200마력을 낸다고 하자. 여기서 마력(horse power)은 말 한 마리가 내는 힘이나 일(에너지)이 아니라 **일률**(power)을 뜻한다. 여기서는 차의 엔진이 일을 하는 율을 측정하는 물리량이다. 즉, 일률은 일정 시간 동안 하는 일의 양이다.

$$일률 = \frac{일}{시간}$$

일률의 SI 단위는 **초 당 줄**(J/s)이며, **와트**(watt, 줄여서 W)라고도 한다. 다른 단위로는 시간 당 칼로리, 마력 등이 있다. 에너지 단위와 마찬가지로 이 단위들도 정해진 수치를 곱해 간단히 변환할 수 있다. 예를 들어 1마력은 745.7 W이므로 위에 언급한 200마력짜리 엔진은 약 150,000 W의 일률을 공급할 수 있다. 자동차가 운전자와 서류보관함을 싣고 무게가 15,000 N 정도 나간다고 가정하면 이 엔진은 자동차를 1초에 10 m씩 높일 수 있다. 자동차가 언덕을 그렇게 쉽게 올라가는 것이 당연하다!

지금까지는 일이 힘과 거리의 곱으로 결정되는 병진운동에 한해서 논했다. 예를 들어 서류보관함을 밀고 그 힘의 방향으로 움직이면 일을 한 것이다. 그러나 자동차의 엔진은 **회전운동**의 형태로 구동 바퀴에 일을 한다. 이 일은 힘과 거리 대신 회전력과 각에 대한 것이다. 구체적으로 엔진은 바퀴에 회전력을 가하고 바퀴는 회전력 방향으로 일정 각을 회전하여 일을 한다.

회전운동을 통해 물체에 일을 하려면 물체에 회전력을 가하여 이 방향으로 일정 각을 돌아야 한다. 일은 물체에 준 회전력에 이 방향으로 회전한 각도를 곱한 것과 같다. 각도는 자연 각도 단위인 라디안으로 측정한다. 이를 언어 식으로 나타내면

$$일 = 회전력 \cdot 각(라디안) \tag{2.2.1}$$

이고, 기호로 표시하면 아래와 같다.

$$W = \tau \cdot \theta$$

그리고 일상 언어로는 다음과 같이 말할 수 있다.

> **힘주어 돌리지 않거나 돌아가지 않으면 일을 하는 것이 아니다.**

이 간단한 관계식은 일을 하는 동안 회전력이 일정하다는 가정 하에 성립한다. 만약 회전력이 변하면 일을 계산할 때 이 변화를 고려해야 하는데 적분을 써야 할 수도 있다.

엔진은 회전운동을 통해 바퀴에 일을 하고, 바퀴는 차에 병진운동을 통해 일을 한다. 바퀴는 정지 마찰력으로 노면을 붙잡고 있기 때문에 땅과의 접점은 움직일 수 없다. 대신에 회전하는 바퀴는 차축과 차를 앞으로 밀고 차 전체는 앞으로 나아간다. 그래서 회전운동을 통해 바퀴로 흐르는 에너지는 병진운동을 통해 차로 전달되어 차가 언덕을 꾸준히 올라갈 수 있게 한다.

일과 같이 일률도 병진운동이나 회전운동에 의해 공급될 수 있다. 서류보관함을 마루 위에서 밀고 있을 때에는 병진운동으로 일률을 준다. 병진운동은 힘과 거리의 곱이고(식

1.3.1) 일률은 일을 시간으로 나눈 양이므로 병진 일률은 힘 곱하기 거리 나누기 시간이다. 즉,

$$일률 = 힘 \cdot 속력$$

따라서 서류보관함에 일률을 더 많이 공급하려면 더 세게 밀거나 미는 방향으로 더 빨리 움직이게 해야 한다.

자동차를 몰고 언덕을 올라갈 때 차의 엔진은 회전운동을 이용해서 바퀴에 일률을 공급한다. 회전운동의 일은 회전력과 각도의 곱이므로 회전 일률은 회전력 곱하기 각도 나누기 시간이다. 즉,

$$일률 = 회전력 \cdot 각속도$$

따라서 차량이 바퀴에 더 큰 일률을 공급하려면 바퀴를 더 큰 회전력으로 돌리거나 아니면 이 회전력 방향으로 바퀴가 더 빨리 돌게 하면 된다.

> **▶ 개념 이해도 점검 #6: 한 발로 페달 밟기**
>
> 한쪽 발로 운동용 자전거 페달을 밟으면 두 발로 밟는 것보다 절반의 회전력을 가한다. 페달이 여전히 이전처럼 빨리 돌아가고 있다면, 사람도 이전만큼 운동을 하고 있나?
>
> **해답** 아니다.
>
> **왜?** 페달에 절반의 회전력을 가함으로써 한 바퀴 돌 때 페달에 하는 일은 역시 절반이다.

> **▶ 정량적 이해도 점검 #1: 반죽 에너지**
>
> 주방용 믹서로 빵 반죽을 만든다. 믹서는 칼날에 20 N·m의 회전력을 가하면서 500회전을 하여 반죽을 완성하였다. 믹서는 칼날과 반죽에 에너지를 얼마나 공급하였나?
>
> **해답** 약 6,300 J
>
> **왜?** 식 2.2.1에 따르면 믹서가 칼날에 전달하는 에너지는 칼날에 주는 회전력에 칼날이 회전한 각도를 곱한 것과 같다. 한 번 회전하는 각도는 2π라디안이므로 500회전 후 칼날은 3,140라디안을 돌았다. 따라서 믹서가 한 일은 20 N·m × 3,140 = 63,000 J이다.

운동에너지

자동차가 목적지에 도착하면 제동을 하여 멈추어야 한다. 자동차는 정지할 때 운동에너지를 열에너지로 바꾸도록 설계되었다. 브레이크는 돌고 있는 금속 디스크에 브레이크 패드를 마찰시켜 이 일을 수행한다. 이런 일이 항상 일어난다는 것은 알지만 도대체 얼마나 많은 운동에너지가 열에너지로 바뀌는 것일까?

자동차의 운동에너지를 결정하는 방법 중 하나는 멈추어 있던 차를 현재 속력으로 가속시키기 위해 엔진이 해준 일을 계산하는 것이다. 계산 결과는 다음과 같다. 움직이는 차의 운동에너지는 질량의 절반에 속력 제곱을 곱한 것과 같다. 이 관계는 언어 식으로 나타내면

$$운동에너지 = \tfrac{1}{2} \cdot 질량 \cdot 속력^2 \tag{2.2.2}$$

으로 쓸 수 있고, 기호로는 다음과 같이 표현된다.

$$K = \tfrac{1}{2} \cdot m \cdot v^2$$

그리고 일상 언어로는 다음과 같이 말한다.

두 배의 속력으로 달리면 네 배의 에너지가 든다.

서류보관함을 싣고 달리는 자동차는 운전자를 포함해 전체 질량이 1,500 kg이라고 하자. 이 자동차가 100 km/h의 속력으로 달리면 운동에너지는 575,000 J 정도이다. 만약 속력이 시속 50 km로 그 절반이면 운동에너지는 1/4이 된다. 속력이 조금만 늘어나도 운동에너지는 크게 증가하므로 고속 충돌은 아주 위험하며, 이것이 경찰이 과속을 단속하는 이유이다.

제한 속도 이내로 운전하며 가다가 과속 단속에 걸려 멈춰 있는 자동차를 본다. 그 차 앞에 서 있는 경찰차의 경광등이 빙빙 돌고 있다. 회전하는 경광등도 운동에너지를 가진다. 병진 운동에너지와 같이 회전 운동에너지도 관성과 속력에 의존한다. 단, 회전관성과 회전속력이 쓰인다. 빙빙 도는 물체의 회전 운동에너지는 회전질량의 절반에 각속력의 제곱을 곱한 것과 같다. 이 관계는 언어 식으로 나타내면

운동에너지 = $\tfrac{1}{2}$ · 회전질량 · 각속력^2 (2.2.3)

으로 쓸 수 있고, 기호로는 다음과 같이 표현된다.

$$K = \tfrac{1}{2} \cdot I \cdot \omega^2$$

그리고 일상 언어로는 다음과 같이 말한다.

바퀴를 두 배 빠르게 돌리는 사람은 에너지가 대단히 많은 사람이다.

위반 딱지를 떼고 나서 경찰차는 도로로 재진입했는데 이때도 경광등은 계속 돌아가고 있다. 이제 경광등의 총 운동에너지는 병진 운동에너지와 회전 운동에너지의 합이다. 병진 운동에너지는 경광등 질량중심의 속력이 결정한다(경찰차의 속력과 같다). 회전 운동에너지는 이 질량중심을 회전축으로 도는 전등의 각속력이 결정한다.

이것을 보면서 당신이 몰고 있는 자동차 바퀴의 회전 운동에너지도 상대적으로 매우 작지만 자동차의 병진 운동에너지에 더해져서 자동차의 총 운동에너지를 만든다는 것을 알 수 있다. 몇 분 후 목적지에 도착하여 자동차를 제동하여 멈춘다. 평상시보다 제동이 느리게 되는 것으로 보아 더해진 짐의 질량을 느낄 수 있다. 브레이크는 차의 운동에너지를 성공적으로 열에너지로 바꾸었고, 당신은 목적지에 안전하게 도착하여 임무를 완수하였다.

▶ 개념 이해도 점검 #7: 빠른 공 던지기

일반인은 야구공을 80 km/h로 던질 수 있으나 극소수의 프로 야구선수들은 160 km/h의 속력으로 공을 던질 수 있다. 고작 두 배의 속력으로 던지는 것이 왜 그렇게 어려울까?

해답 공의 속력을 두 배로 하려면 공에 전달되는 에너지를 네 배로 해주어야 하기 때문이다.

> **왜?** 메이저리그 투수가 160 km/h의 빠른 공을 던지려면 80 km/h의 느린 공을 던질 때보다 네 배의 운동에너지를 팔을 통해 공에 전달해야 한다. 빠른 공은 던지는 시간이 느린 공의 절반이다. 전체적으로 투수는 네 배의 일을 절반의 시간 안에 해야 한다. 즉, 빠른 공을 던질 때 일률은 느린 공을 던질 때의 8배가 되는 셈이다. 아마추어가 따라 하기 어려운 것은 당연하다.

▶ 정량적 이해도 점검 #2: 바람 에너지

> 태풍의 최대 풍속은 가끔 200 km/h에 달한다. 이 공기 1 kg은 20 km/h의 산들바람 속 공기 1 kg이 가진 운동에너지보다 얼마나 많은가?

> **해답** 100배

> **왜?** 운동에너지는 속력 제곱에 비례하므로 10배 빨리 움직이는 태풍 속의 공기는 느리게 부는 바람 속의 공기에 비해 100배의 운동에너지를 가진다. 이 어마어마한 양의 에너지 때문에 태풍은 위험하다. 태풍은 많은 양의 공기를 이렇게 빠른 속력으로 옮기므로 그 위력은 압도적이다.

▶ 정량적 이해도 점검 #3: 회전목마의 운동에너지

> 아이들이 회전목마에 올라타면 회전관성이 증가한다. 만약 아이들이 회전목마의 회전질량을 3배로 증가시켰다면 회전목마가 일정하게 돌 때 회전 운동에너지는 얼마나 바뀌었나?

> **해답** 3배 증가했다.

> **왜?** 회전체의 운동에너지는 회전질량에 비례한다. 아이들이 타서 회전목마의 회전질량을 3배로 증가시켰기 때문에 회전목마의 운동에너지도 3배가 된다.

2.3 │ 범퍼카

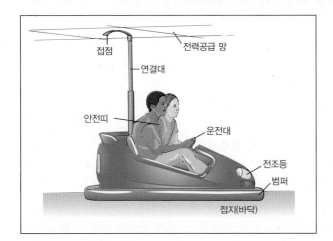

자동차 충돌은 영화에서나 재미있는 것이지 실제로는 그렇지 않다. 그러나 범퍼카는 예외이다. 놀이공원에서 범퍼카를 타고 질주하다가 고의로 충돌하는 것이 그렇게 즐거울 수가 없다. 그렇게 세게 부딪히고 충격 받고 빙빙 돌아도 아무도 목뼈 손상을 입지 않는다는 것이 놀라울 뿐이다. 그러나 이런 즐거움 속에는 테니스에서 당구까지 모든 것에 영향을 미치는 중요한 물리 개념 몇 개가 들어 있다.

생각해 볼 것 정지해 있던 차가 움직이는 차에 받히면 왜 굴러가기 시작할까? 충돌할 때 차들 사이에서는 운동의 어떤 것이 전달되는가? 왜 무거운 차에 받히면 가벼운 차에 받히는 것보다 차가 더 심하게 요동칠까? 범퍼카에 부드러운 고무 범퍼 대신 단단한 강철 범퍼가 달려있다면 어떤 일이 일어날까? 받힌 차는 종종 빙빙 도는 경우가 있는데 왜 그럴까? 무엇이 차를 돌게 할까?

실험해 볼 것 매끈한 책상 위에 동전을 하나 두고, 똑같은 다른 동전을 손가락으로 퉁겨 책상 위에서 미끄러뜨려 정지해 있던 동전과 정면충돌시켜 보자. 어떤 일이 일어나는가? 질량이 다른 동전을 써서 같은 실험을 반복해 보자. 충돌은 어떻게 달라지는가? 어떤 동전으로 실험을 하는지가 중요한가? 이번에는 여러 개의 같은 동전을 붙여서 한 줄로 놓고 이 줄의 한쪽 끝에서 다른 동전을 미끄러뜨려 충돌시켜 보자. 이 던진 동전은 충돌 후 어떻게 되었나? 한 줄로 서 있던 동전들은 어떻게 되었나? 충돌을 통해 이 동전들 사이에는 무엇이 전달되었나? 이번에는 동전을 세워놓고 손가락으로 퉁겨서 빠르게 돌린다. 동전이 계속 회전하도록 동전에 무엇을 주었나? 동전은 왜 결국 회전을 멈추는가?

순항: 선운동량

범퍼카는 조그만 전기 차이며 차 둘레를 고무 범퍼로 감싸고 있다. 범퍼카는 단 두 가지 장치만으로 운전되는데, 하나는 모터를 돌리는 페달이고 다른 하나는 방향을 트는 운전대이다. 차 자체가 작으므로 사람이 탄 후 차 전체의 질량과 회전질량이 많이 달라진다.

범퍼카에 타서 안전띠를 매고 앉아있다고 상상하자. 다른 차에도 대개는 한 명씩 타고 움직이기 시작한다. 차를 전진시키거나 빙빙 돌다보면 병진관성과 회전관성을 느낄 수 있다. 차의 병진관성은 출발하거나 정지하기 어렵게 하고, 회전관성은 돌기 시작하거나 돌고 있는 차를 멈추기 어렵게 한다. 이전에도 이 두 가지 관성을 보았지만 이들이 범퍼카에 어떻게 영향을 미치는지 다시 한 번 살펴보자. 여기서는 이 두 관성이 두 가지 보존량, 즉 선운동량과 각운동량에 관계된다는 것을 배울 것이다.

빠르게 움직이는 범퍼카가 서로 부딪칠 때는 에너지만 교환하는 것이 아니다. 에너지는 벡터량이 아니라 스칼라량이므로 방향이 없다. 두 범퍼카가 충돌한 후 속력뿐만 아니라 방향도 변하므로 충돌 시 어떤 벡터량을 교환하는 것이 확실한데, 에너지만으로는 이것을 설명할 수 없다. 예를 들어 내가 타고 있는 범퍼카가 오른쪽으로 돌진하는 다른 범퍼카에 똑바로 받혀서 오른쪽으로 운동 방향이 변했다. 이때 내 차가 다른 차로부터 받은 것은 선운동량으로 알려진 보존 벡터량의 오른쪽 방향 성분이다.

선운동량(linear momentum)은 흔히 그냥 **운동량**(momentum)이라고도 하는데, 이것은 물체가 병진운동할 때 현재의 방향과 속력을 계속 유지하려고 하는 경향의 척도이다. 대략 말하면, 달리는 자동차의 운동량은 차가 현재 방향과 속력에 도달하는 데 든 노력이라고 할 수 있다. 에너지나 각운동량과 구분하기 위해 운동량은 **이동의 보존량**(conserved quantity of moving)이라고 볼 수 있다.

차의 운동량은 질량에 속도를 곱한 것과 같다. 언어 식으로 나타내면

$$운동량 = 질량 \cdot 속도 \tag{2.3.1}$$

로 쓸 수 있고, 기호로는

$$\mathbf{p} = m \cdot \mathbf{v}$$

로 표현된다. 그리고 일상 언어로는 다음과 같이 말할 수 있다.

빨리 달리는 트럭을 멈추기는 어렵다.

운동량은 벡터량이며 속도와 같은 방향을 가진다. 자동차가 무겁거나 빨리 달리면 운동량은 차의 속도 방향으로 커진다. 운동량의 SI 단위는 **초 당 킬로그램 · 미터**(kg · m/s)이다.

물리학자에게 보존량은 복잡한 운동을 쉽게 이해할 수 있게 해주는 귀한 보물이다. 다른 보존량들처럼 운동량도 창조되거나 소멸되지 않고 물체 사이를 옮겨간다. 운동량은 범퍼카에서도 매우 중요한 역할을 한다. 서로 충돌하면서 즐기는 행위의 핵심에는 운동량 전달이 있다. 충돌할 때마다 한 차로부터 다른 차로 운동량이 이동하고, 차들은 속력과 방향이 갑자기 바뀐다. 이 운동량 전달이 너무 과하지 않는 한 모두에게 즐거운 시간이 된다.

내 차가 정지하여 속도와 운동량이 모두 0이라고 가정하자. 이 상태에서 다시 움직이려

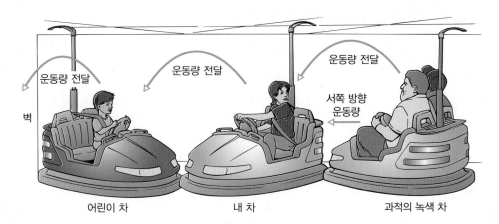

그림 2.3.1 내 차는 서쪽으로 빨리 달리는 녹색 차에 받힌다. 이 운동량의 상당부분이 내 차로 전달된다. 내 차는 다시 어린이 차를 받으면서 운동량을 그 차로 전달한다. 결국 어린이 차는 벽을 받으면서 운동량을 벽에 전달한다. 벽이 움직이지 않는 것 같지만 실제로 벽과 이 벽을 붙잡고 있는 지구는 전달된 운동량을 받아 서쪽으로 아주 조금 가속한다.

운동량 전달 / 운동량 전달 / 운동량 전달 / 서쪽 방향 운동량 / 벽 / 어린이 차 / 내 차 / 과적의 녹색 차

면 어디선가 내 차에 운동량을 공급해주어야 한다. 페달을 밟아서 땅바닥으로부터 차로 운동량을 서서히 전달할 수도 있지만 재미가 적다. 대신에 무거운 사람들이 탄 차가 엄청난 속력으로 내 차를 받아 쳐 줄 수도 있다(그림 2.3.1).

이 무거운 녹색 차가 서쪽으로 돌진해서 충돌하고 나면 내 차도 서쪽으로 갑자기 움직인다. 반면에 그 차는 상당히 느려졌다. 충격에서 벗어나기 전에 내 차가 서쪽에 있던 어린이가 탄 차를 받고 갑자기 느려진다. 마지막으로 어린이 차는 벽에 부딪히면서 멈춘다. 어린이의 부모는 못마땅하겠지만 아무도 다친 사람은 없다. 전체적으로 운동량은 뚱뚱한 차에서 내 차를 거쳐 어린이 차로, 그리고 벽에 전달되었다. 운동량이 생기거나 없어지지는 않았다. 단지 차들 사이에 운동량이 전달되면서 즐거운 시간을 보냈다.

▶ 개념 이해도 점검 #1: 빙판 탈출

얼어붙은 호수 위에 고립되어 있다고 가정하자. 빙판이 너무 미끄러워 전혀 견인력을 얻을 수 없다. 신발을 벗어 남쪽으로 던지면 몸은 북쪽으로 움직여 호수를 벗어날 수 있다. 어떻게 이것이 가능할까?

해답 신발에 남쪽 방향 운동량을 전달하면 몸은 반대 방향인 북쪽 방향의 운동량을 얻는다.

왜? 처음에는 몸과 신발 모두 운동량이 0이었다. 그러나 신발을 남쪽으로 던질 때 신발에 남쪽 방향의 운동량을 준다. 몸은 이만큼의 운동량을 잃었으나 전체 운동량은 보존되므로 변하지 않고 0이다. 따라서 몸은 반대 방향의 운동량을 얻어 전체 운동량을 0으로 만든다. 운동량은 재분배될 뿐이다.

▶ 정량적 이해도 점검 #1: 기차의 운동량

범인들이 기차를 타고 도망가고 있다. 이 기차의 질량은 20,000 kg이고 앞쪽으로 22 m/s(80 km/h)로 달리고 있다. 이 기차의 운동량은 얼마인가?

해답 앞쪽으로 440,000 kg · m/s

왜? 식 2.3.1을 쓴다. 기차의 질량과 속도로부터

$$선운동량 = 20,000 \text{ kg} \cdot 22 \text{ m/s}$$
$$= 440,000 \text{ kg} \cdot \text{m/s}$$

이 운동량의 방향은 앞쪽, 즉 기차가 움직이는 방향과 같다.

충돌 중 운동량 교환: 충격량

차가 충돌하면 **충격량**(impulse)을 줌으로써 운동량을 전달한다. 충격량은 일정 시간 동안 차에 가해진 힘이다. 모터와 바닥이 범퍼카를 몇 초 동안 밀 때 이들은 차에 충격량을 주며 운동량을 전달한다. 이 충격량은 차 운동량의 변화이며 차에 가해진 힘과 힘이 지속된 시간을 곱한 것과 같다. 이 관계를 언어 식으로 나타내면

$$충격량 = 힘 \cdot 시간 \tag{2.3.2}$$

이며, 기호로 표시하면

$$\Delta \mathbf{p} = \mathbf{F} \cdot t$$

가 된다. 그리고 일상 언어로는 다음과 같이 말할 수 있다.

> 출발할 때 썰매를 더 세게 그리고 더 오래 밀면 썰매는 더 큰 운동량을 갖는다.

더 큰 힘을 더 오래 가하면 충격량이 더 커지고 범퍼카의 운동량도 더 많이 변한다. 충격량도 운동량과 마찬가지로 벡터량이다. 그 방향은 힘의 방향과 같다. 바닥으로부터 충격량을 잘못된 방향으로 받으면 목표를 놓치고 벽에 부딪힐 수도 있으니 조심해야 한다.

가한 힘과 시간이 달라져도 차에는 같은 운동량을 전달할 수 있다.

$$충격량 = 큰 힘 \cdot 짧은 시간$$
$$= 작은 힘 \cdot 긴 시간 \tag{2.3.3}$$

따라서 일정한 운동량을 가지고 범퍼카가 움직이려면 모터와 바닥이 작은 힘으로 긴 시간 동안 밀어주거나 아니면 무거운 차가 큰 힘으로 짧은 시간 동안 밀어주면 된다.

충돌하는 두 물체가 운동량을 교환하면서 서로에게 가하는 힘을 종종 **충격력**(impact forces)이라고 하는데, 범퍼카가 왜 부드러운 고무 범퍼를 두르고 있는지 이 힘으로 설명할 수 있다. 만약 범퍼가 단단한 강철로 되어 있다면 범퍼카 사이의 충돌이 매우 짧은 시간 안에 일어나기 때문에 충격력은 엄청나게 커진다. 따라서 탑승자들이 다칠 수 있다. 놀이공원에서는 이런 일을 피하기 위해 충격력을 안전한 범위 이내로 제한한다. 이를 위해 고무 범퍼를 쓰고 차의 속력에도 제한을 둔다.

그럼에도 불구하고 다른 차와 정면으로 부딪칠 때는 상당한 충격을 느낀다. 그러면 두 차는 반대로 향하는 운동량을 가지게 되는데, 충돌할 때 대략 이와 비슷한 운동량을 교환한 것이다. 거의 순식간에 앞으로 가던 차가 뒤로 가게 된다. 운동 방향을 역진시키는 이와 같은 충격량이 특별히 큰 이유는 이것이 앞으로 가던 운동을 정지시킬 뿐만 아니라 반대 방향으로 되돌리기 때문이다. 정면충돌하는 동안 내 차는 다른 차에 내 차가 가지고 있던 운동량보다 더 큰 앞 방향의 운동량을 주었고, 충돌 후 음(−)의 운동량을 가지게 된다. 즉, 내 차가 뒤로 튕겨나간다는 뜻이다. 운동량은 Newton의 제3운동법칙 때문에 보존된다. 무거운 차가 일정 시간 동안 내 차에 힘을 가할 때 내 차도 같은 크기의 힘을 같은 시간 동안 반대 방향으로 상대 차에 가한다. 이 두 힘이 크기가 같고 방향이 반대이므로 두 차는 크기가 같고 방향이 반대인 충격량을 받는다. 한 차가 받는 운동량은 다른 차가 잃은 운동량과 정확

히 같으므로 운동량은 한 차에서 다른 차로 전달된다고 말한다.

질량이 큰 차는 운동량 전달 결과 나타나는 속도 변화가 더 작다. 내 차가 무거운 차에 받혔을 때 내 차는 갑자기 빨라지는 반면 무거운 차는 완전히 정지하지 않는 이유가 바로 이것이다. 무거운 차의 운동량 일부가 내 차에는 큰 속도 변화를 일으켰다. 자동차 유리창에 부딪치는 벌레처럼 내가 탄 범퍼카가 주로 가속된 것이다.

◉ 보존량: 운동량   전달자: 충격량

운동량: 물체의 병진운동의 척도이며 특정 방향으로 계속 이동하는 경향. 운동량은 벡터량으로 크기와 방향이 있다. 운동량은 위치에너지처럼 숨겨진 형태가 없다. 운동량 = 질량·속도

충격량: 운동량을 전달하는 역학적 방법. 충격량 = 힘·시간

흔한 오개념: 운동량과 힘

오개념 움직이는 물체는 "운동량의 힘"이란 힘을 가지고 움직인다.

해결 운동량을 전달하는 충격량은 힘을 포함하고 있지만 운동량 자체는 힘과 관련이 없다. 움직이는 물체는 운동량만 가지고 있을 뿐이지 힘을 가지고 있지는 않다. 가장 중요한 것은, 순항하는 물체는 어떤 알짜힘도 받지 않고 있다는 것이다. 그러나 이 물체가 다른 물체와 부딪히면 두 물체는 충격량을 통해 운동량을 교환하며, 이 충격량은 힘을 포함한다.

▶ 개념 이해도 점검 #2: 볼링핀 쓰러뜨리기

콩자루로 벽을 치면 가지고 있던 운동량을 모두 벽에 전달하고 정지한다. 그러나 고무공으로 벽을 치면 공은 앞쪽 방향의 운동량을 벽에 주고 순간적으로 정지하지만 곧 되튀어 나온다. 되튀어 나오는 동안 공은 벽에 앞쪽 방향 운동량을 더 준다. 물건을 던져 볼링핀 쓰러뜨리기 게임을 할 때 고무공과 콩자루 중 어떤 것이 유리할까? 단, 이 둘은 같은 질량을 가지며 같은 속도로 던진다고 가정한다.

⟩ **해답** 고무공

⟩ **왜?** 둘 다 볼링핀을 맞추면 원래 가지고 있던 운동량을 모두 전달한다. 하지만 고무공은 되튀어 나오면서 볼링핀에 추가로 힘을 가한다. 고무공이 준 충격량(힘·시간)은 콩자루가 준 충격량보다 크다. 왜냐하면 앞쪽 방향 힘을 더 오래(정지할 때와 되튀어 나올 때) 가하기 때문이다. 고무공은 운동량이 방향을 바꾸어 되튀어 나온다. 따라서 원래 운동량의 대략 두 배를 볼링핀에 전달한다.

▶ 정량적 이해도 점검 #2: 달리는 기차 세우기

'정량적 이해도 점검 #1'에서 달리던 기차의 엔진이 멈췄다. 그러나 기차는 관성으로 계속 앞으로 나아간다. 뒤에서 이 기차를 끌어 정지시키려고 200 N의 힘으로 당긴다. 기차가 멈출 때까지는 얼마나 시간이 걸리나?

⟩ **해답** 2,200초

⟩ **왜?** 기차를 세우려면 앞쪽 방향의 운동량을 완전히 상쇄할 충격량을 뒤쪽으로 주어야 한다. 기차의 운동량이 440,000 kg·m/s이므로 충격량도 같은 크기여야 한다. 200 N = 200 kg·m/s² 이므로 식 2.3.2를 써서 시간을 구할 수 있다.

$$\text{시간} = \frac{440{,}000 \text{ kg·m/s}}{200 \text{ kg·m/s}^2} = 2{,}200 \text{ s}$$

각운동량

범퍼카 둘이 충돌하는 동안 돈다면 이들은 또 다른 보존량을 교환한다. 이것은 운동량처럼 보존 벡터량이긴 하지만 특정 회전축을 중심으로 도는 회전운동의 각속도에 관계된다. 예를 들어 내 차가 시계 방향으로 빠르게 회전하고 있는 차에 비스듬히 받히면 내 차는 질량중심을 회전축으로 시계 방향의 회전을 더 얻는다. 내 차가 상대 차로부터 받는 것은 각운동량이라고 부르는 보존 벡터량의 시계 방향 성분이다.

각운동량(angular momentum)은 물체가 회전할 때 현재 돌고 있는 방향과 속력을 계속 유지하려고 하는 경향의 척도이다. 간단히 말하자면, 내 차의 각운동량은 차가 현재 회전축 주위로 현재 각속력으로 회전하도록 하는 데 든 노력이라고 할 수 있다. 에너지나 운동량과 구분하기 위해 각운동량은 **회전 보존량**(conserved quantity of turning)이라고 볼 수 있다.

차의 각운동량은 회전질량에 각속도를 곱한 것과 같다. 이 관계는 언어 식으로 나타내면

$$각운동량 = 회전질량 \cdot 각속도 \tag{2.3.4}$$

로 쓸 수 있고, 기호로는

$$\mathbf{L} = I \cdot \boldsymbol{\omega}$$

로 표현된다. 그리고 일상 언어로는 다음과 같이 말할 수 있다.

돌고 있는 회전목마를 세우기는 어렵다.

각운동량은 벡터량이며 각속도와 방향이 같다. 자동차가 빨리 돌고 있거나 회전질량이 크면 각운동량도 각속도 방향으로 커진다. 각운동량의 SI 단위는 **초 당 킬로그램 · 미터²**$(kg \cdot m^2/s)$이다.

각운동량은 또 다른 보존량이다. 즉, 각운동량은 창조되거나 소멸되지 않고 물체들 간에 전달될 뿐이다. 내 차가 돌기 위해서는 무엇인가가 각운동량을 전해주어야 한다. 그러면 내 차는 이 각운동량을 다른 곳에 전달하기 전까지 빙빙 돌 것이다. 그러나 각운동량을 제대로 공부하기 위해서는 모든 회전이 일어나는 축을 잡아야 한다. 지금은 내 차의 질량중심

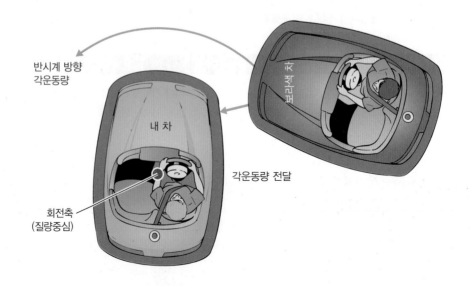

그림 2.3.2 보라색 차는 내 차 주변을 반시계 방향으로 돌고 있으므로 반시계 방향의 각운동량을 가지고 있다. 이 차가 내 차를 받으면 각운동량 일부를 내 차에 전달한다. 이 때문에 보라색 차는 느리게 돌고 내 차는 반시계 방향으로 돌기 시작한다.

반시계 방향 각운동량

보라색 차

내 차

각운동량 전달

회전축 (질량중심)

을 회전축으로 선택하면 좋다.

일단 내 범퍼카가 정지해 있다고 가정하자. 따라서 각속도와 각운동량은 0이다. 그런데 갑자기 보라색 차가 지나가면서 내 차 모서리를 쳤다(그림 2.3.2). 보라색 차는 내 차를 기준으로 반시계 방향으로 돌고 있었으므로 회전축에 대해 반시계 방향 각운동량을 갖고 있었다. 두 차가 부딪힘으로써 이 각운동량이 일부 내 차로 전달되어 내 차는 반시계 방향으로 돌기 시작한다. 보라색 차는 각운동량을 좀 내려놓았으므로 충돌 이후 내 차 주변을 도는 속력이 느려진다. 내 차는 바퀴의 마찰이 각운동량을 바닥과 지구에 전달하면서 서서히 회전을 멈춘다. 충돌하는 동안 전체적으로 각운동량은 창조되거나 소멸되지 않았다. 대신에 보라색 차에서 내 차를 통해 지구로 전달되었다.

> ### ▶ 개념 이해도 점검 #3: 오래 도는 인공위성
>
> 인공위성을 발사할 때 안정성을 높이기 위해 종종 위성을 회전시킨다. 우주비행사들이 몇 년 후에 이 인공위성을 찾아가 보면 이들이 아직도 자전하고 있는 것을 보게 된다. 왜 인공위성은 회전을 멈추지 않았나?
>
> **해답** 인공위성은 스스로 각운동량을 제거할 수 없다.
>
> **왜?** 위성들은 극단적으로 고립되어 지구를 공전하므로 각운동량을 교환할 대상이 없다. 따라서 출발 시 받은 각운동량은 없어지지 않으며 위성은 수십 년 동안 계속 돈다.

> ### ▶ 정량적 이해도 점검 #3: 각운동량과 각속도
>
> 회전하는 인공위성은 특히 안정적이다. 인공위성을 발사하면서 각속도를 5배로 늘린다. 그러면 이 인공위성의 각운동량은 얼마나 바뀌나?
>
> **해답** 각운동량도 5배 증가한다.
>
> **왜?** 각운동량은 각속도에 비례하므로 각속도를 5배로 늘이면 각운동량 역시 5배가 된다.

비스듬한 충돌: 각충격량

각운동량은 **각충격량**(angular impulse)을 줌으로써 범퍼카 사이에 전달된다. 각충격량은 정해진 시간 동안 가해진 회전력이다. 보라색 차가 내 차를 받을 때 짧은 순간 회전력을 가하는데 이것이 각충격량이며, 이를 통해 각운동량을 내 차에 전달하는 것이다. 이 각충격량은 내 차에서 각운동량의 변화이며, 차에 가해진 회전력에 이 회전력이 가해지는 시간을 곱한 것과 같다. 이 관계는 언어 식으로 나타내면

$$각충격량 = 회전력 \cdot 시간 \tag{2.3.5}$$

으로 쓸 수 있고, 기호로는

$$\Delta \mathbf{L} = \boldsymbol{\tau} \cdot t$$

로 표현된다. 그리고 일상 언어로는 다음과 같이 말할 수 있다.

회전목마를 빠르게 회전시키려면 세게 오랫동안 힘주어 돌려야 한다.

더 큰 회전력을 더 오랫동안 가하면 각충격량은 더 크고, 내 차에서 각운동량 변화도 더 크

다. 각충격량 역시 벡터량이며 회전력과 같은 방향을 가리킨다. 만약 보라색 차가 내 차를 비스듬히 받을 때 시계 방향으로 돌고 있었다면 각충격량은 앞과는 반대로 시계 방향이고 차도 시계 방향으로 회전할 것이다.

다른 회전력이 다른 시간 동안 가해지더라도 같은 각운동량을 전달할 수 있다. 즉,

$$각충격량 = 큰\ 회전력 \cdot 짧은\ 시간$$
$$= 작은\ 회전력 \cdot 긴\ 시간 \qquad (2.3.6)$$

따라서 일정한 각운동량을 가지고 범퍼카가 움직이려면 모터와 바닥이 작은 회전력으로 긴 시간 동안 돌려주거나, 아니면 보라색 차가 충돌하여 큰 회전력으로 짧은 시간 동안 돌려주면 된다. 선운동량과 같이 갑작스런 각운동량 전달은 손상을 줄 수 있으므로 범퍼카는 **충격 회전력**을 적정 수준 이내로 제한하도록 설계되었다. 그럼에도 불구하고 몇 번 충돌하여 여러 바퀴 돌고나면 멀미가 날 수도 있다.

각운동량은 Newton의 제3회전운동법칙 때문에 보존된다. 보라색 차가 일정 시간 동안 내 차에 회전력을 가할 때 내 차는 상대 차에게 같은 크기의 반대 방향 회전력을 같은 시간 동안 가한다. 두 회전력이 같고 방향이 반대이므로 두 차는 같은 크기의 반대 방향 각충격량을 받는다. 한 차가 받은 각운동량은 다른 차가 잃은 각운동량과 정확히 같으므로, 각운동량이 한 차로부터 다른 차로 전달된다고 말한다.

차의 각운동량은 회전질량에 의존하므로 두 차가 동일한 각운동량을 가지고 있더라도 충돌 후 두 차는 서로 다른 각속도를 가지고 회전할 수 있다. 예를 들어 보라색 차가 무거운 차를 받을 때는 큰 회전질량 때문에 무거운 차는 상대적으로 천천히 돈다. 비슷한 일은 선운동량의 경우에도 볼 수 있는데, 일정 선운동량을 가지고 운동하는 차는 질량이 작으면 더 빠르다. 그러나 질량을 바꿀 수는 없지만 회전질량은 바꿀 수 있다. 회전하는 동안 회전질량이 변하더라도 **각운동량**은 일정하다. 그러나 **각속도**는 변한다!

이 각속도 변화를 보기 위해 그림 2.3.1의 녹색 차를 생각해 보자. 이 무거운 차는 큰 질량과 회전질량 때문에 가벼운 차에 비해 급작스런 충격을 즐기지 못한다. 그러나 좋은 아이디어가 있다. 차가 천천히 회전할 때 한 사람이 다른 사람의 무릎 위에 앉아 두 사람은 차의 질량중심에 매우 가까이 앉는다. 이렇게 질량을 재배열하면 전체적인 회전질량이 줄어들어 차는 처음보다 더 빨리 회전하기 시작한다.

질량을 재배열하면 이것은 더 이상 Newton의 제1회전운동법칙으로 설명되는 단단한 물체가 아니다. 그러나 모양이 변할지라도 자유 회전체, 즉 외부 회전력을 받지 않는 물체에서는 각운동량이 보존된다는 보다 일반적인 법칙이 적용된다. 위와 같이 질량을 재배치한 경우가 여기에 해당한다. 이렇게 회전질량을 바꾸는 방법은 빙판 위에서 피겨스케이팅 선수가 돌면서 신체를 오므려 큰 각속도를 얻는 데 응용된다(그림 2.3.3).

© Brian Kersey/NewsCom

그림 2.3.3 피겨스케이팅 선수 Sarah Hecken은 두 팔과 다리를 회전축 가까이로 오므려 몸의 회전질량을 줄인다. 외부 회전력은 없으므로 각운동량은 일정하고, 따라서 각속도가 커져서 더 빨리 회전한다.

◉ 보존량: 각운동량   전달자: 각충격량

각운동량: 회전운동의 척도이며 물체가 특정 축을 중심으로 계속 회전하는 경향. 각운동량은 벡터량으로 방향이 있다. 각운동량은 위치에너지처럼 숨겨진 형태가 없다. 각운동량 = 회전질량 · 각속도

각충격량: 각운동량을 전달하는 역학적 방법. 각충격량 = 회전력 · 시간

▶ 개념 이해도 점검 #4: 회전목마 돌리기

원래 정지해 있던 사람이 회전목마를 돌리고 나서 다시 멈추었다. 각운동량이 정말 보존된다면 돌고 있는 회전목마의 운동량은 어디서 왔겠는가?

❯ **해답** 지구에서 왔다.

❯ **왜?** 회전목마를 돌리기 시작할 때 지구 위에 서 있었으므로 이 사람은 지구로부터 회전목마로 각운동량을 전달했다. 회전목마는 한쪽 방향으로 돌고 지구의 회전은 다른 방향으로 아주 조금 변한다. 지구는 엄청나게 크므로 회전질량도 대단히 크고, 따라서 회전 변화는 측정할 수 없을 만큼 작다.

▶ 정량적 이해도 점검 #4: 각충격량

'정량적 이해도 점검 #3'의 인공위성을 5배 빠른 각속도로 회전시키는 데는 얼마나 시간이 더 걸리는가? 단, 일정한 회전력을 사용한다고 가정하시오.

❯ **해답** 5배 더 걸린다.

❯ **왜?** 5배의 각속도에 도달하기 위해서는 처음과 비교해서 5배의 각충격량이 필요하다. 사용할 수 있는 회전력이 일정하므로 회전력을 가해주는 시간을 5배로 늘려야 한다.

세 가지 보존량

범퍼카를 운전해서 트랙을 도는 동안 차의 운동은 대부분 세 가지 보존량(에너지, 선운동량, 각운동량)의 지배를 받는다(표 2.3.1). 차의 모터 스위치를 켜거나 운전대를 조작함으로써 내 차는 전기회사나 지구와 이 보존량들을 교환하고, 또 충돌함으로써 가장 재미있는 보존량 교환이 일어난다.

내 차가 앞에 있는 다른 차를 받을 때마다 내 차는 상대 차에 일을 하고 에너지를 전달한다. 내 차가 상대 차를 북쪽으로 밀 때마다 북쪽 방향의 충격량을 상대 차에 주어 북쪽 방향의 운동량을 전달한다. 그리고 내 차가 상대 차를 질량중심에 대해 시계 방향으로 돌리면 시계 방향의 각충격량을 상대 차에 주어 시계 방향의 각운동량을 전달한다. 이와 같은 에너지, 운동량, 각운동량 교환은 빠르고 격렬하므로 범퍼카를 재밌게 만든다.

표 2.3.1 세 가지 운동 보존량과 전달 메커니즘

내용	보존량	전달 메커니즘
(무엇을) 하는 것	에너지	일
병진운동	선운동량	충격량
회전운동	각운동량	각충격량

> **◆ 개념 이해도 점검 #5: 주차장 사고**
>
> 주차장에서 차를 후진하여 빠져나오다가 실수로 콘크리트 벽을 받았다. 벽은 움직이지 않았고 차는 조금 찌그러졌다. 차는 벽에 에너지나 운동량을 전달하였나?
>
> **해답** 운동량은 전달했지만 에너지는 전달하지 않았다.
>
> **왜?** 벽에 운동량을 전달하기 위해서는 차가 벽에 충격량을 주어야 한다. 실제로 차는 벽을 일정 시간 동안 밀었고, 벽에 운동량을 전달하였다. 그러나 벽에 에너지를 전달하기 위해서는 차는 벽에 일을 해야 한다. 즉, 벽을 밀 때 벽이 미는 방향으로 움직여야 한다. 벽은 움직이지 않았으므로 차는 벽에 일을 하지 않았다. 이 경우 차의 에너지는 차에만 머물러 차에 손상을 주었다.

위치에너지, 가속, 그리고 힘

바닥이 편평하지 않고 약간 내리막이어서 차가 가속된다고 가정하자. 이때 차가 움푹 들어간 곳이나 튀어나온 곳을 지나갈 때 가속은 차가 아래위로 방향을 바꾸게 하며 범퍼카의 재미를 더해준다. 초기 속도에 따라 경사진 곳을 지나가는 차는 속도가 변할 수 있다. 즉, 속력이나 방향, 혹은 둘 다 변할 수 있다.

> **흔한 오개념: 가속도와 속도**
>
> **오개념** 물체의 가속도와 속도는 항상 같은 방향이다.
>
> **해결** 가속도가 속도 변화율의 척도이지만 어떤 순간에도 이 둘은 독립적인 양이며, 따라서 방향이 같지 않을 수 있다. 가속도가 속도와 방향이 다르면 물체 속도의 방향은 시간이 흐름에 따라 가속도의 방향을 향해 틀어진다. 따라서 물체가 진행하는 경로는 굽어진다.

이와 같이 내리막에서 가속이 되는 경향을 이전에 경사면에서 보았으나, 이제는 위치에너지 측면에서 살펴보자. 범퍼카가 내리막으로 가속될 때는 위치에너지를 가능한 빨리 줄이는 방향으로 가속된다. 이것은 우연이 아니고 차의 가속도와 위치에너지 변화 사이에는 직접적인 관계가 있기 때문이다. 여기서 탐구할 이 관계는 이 책 전체에서 쓸모가 많을 것이다.

더 깊이 들어가기 전에 기울기라고 하는 벡터량을 소개하고자 한다. **기울기**(gradient)는 어떤 물리량이 위치에 따라 어떻게 변하는가를 나타낸다. 기울기의 방향은 물리량이 가장 빠르게 증가하는 방향이며, 크기는 그 증가율이다. 이 증가율을 구하려면 물리량의 증가가 가장 빠르게 일어나는 방향으로 작은 구간을 선택한 다음 이 구간에서 증가량을 구간의 길이로 나누면 된다.

예를 들어 ▬▬▬▬는 빨간색 기울기를 가진다. 오른쪽으로 가면 빨간색이 가장 짙어지므로 이 기울기의 방향은 오른쪽이다. 그리고 거의 흰색인 왼쪽 끝에서 오른쪽 끝까지 3 cm를 가면 100% 빨간색이 되므로 이 기울기의 크기는 30%/cm이다. 이와 비슷하게 ▬▬▬ 는 왼쪽 방향으로 파란색 기울기를 가지며 길이가 2 cm이므로 그 크기는 50%/cm이다.

경사면은 고도(높이) 기울기를 가진다. 즉, 바닥으로부터 꼭대기까지 경사면을 따라가면 고도가 점차 높아진다. 이 고도 기울기는 오르막 방향, 즉 고도가 가장 빠르게 증가하는 방향이고, 크기는 오르막으로 작은 구간 갔을 때 증가한 고도를 이 구간의 길이로 나눈 것이다. 경사면이 더 가파르면 고도 기울기도 더 커진다.

경사면에서 범퍼카를 타면 위치에너지 기울기가 있다. 즉, 차가 바닥으로부터 꼭대기까지 경사면을 따라 이동함에 따라 차의 위치에너지는 점점 증가한다. 이 **위치에너지 기울기**(potential gradient)는 위치에너지가 가장 빠르게 증가하는 방향인 오르막을 향하며, 크기는 오르막으로 작은 구간을 갔을 때 증가한 위치에너지를 이 구간의 길이로 나눈 것이다. 경사면이 더 가파르면 위치에너지 기울기도 더 크다. 흥미롭게도 차의 위치에너지 기울기는 가속도와 정반대 방향이다. 차의 위치에너지 기울기는 위치에너지를 가장 빠르게 **증가**시키는 방향을 가리키는 반면, 차는 위치에너지를 가장 빨리 **감소**시키는 방향으로 가속한다.

이것은 우연이 아니다. 위치에너지는 힘에 저장된 에너지이며, 위치에너지 기울기 방향으로 범퍼카를 미는 행위는 차를 반대 방향으로 밀어야 할 힘에 위치에너지를 저장하는 것이다. 사실 차의 오르막 방향 위치에너지 기울기의 음(−)은 차에 가해지는 내리막 방향의 힘이다. 이 관계를 언어 식으로 나타내면

$$\text{힘} = -\text{위치에너지 기울기} \qquad (2.3.7)$$

로 쓸 수 있고, 기호로는

$$\mathbf{F} = -\mathbf{Gradient}\,(U)$$

로 표현된다. 그리고 일상 언어로는 다음과 같이 말할 수 있다.

물체는 위치에너지를 가장 빠르게 줄이는 방향으로 가속한다.

여기서 힘도 가속도와 같은 방향을 향한다.

비슷한 규칙은 회전운동과 회전력에도 적용된다. 여러 형태의 위치에너지가 있을 때는 이들을 모두 합하여 **총** 위치에너지를 구할 수 있다. 위치에너지 기울기의 음(−)의 값이 알짜힘이다. 이와 같은 규칙들은 용수철이 튀고, 의자가 기울어지며, 범퍼카가 회전하는 등의 운동이 어떻게 진행될지 예측하는 데 쓸모가 있다. 따라서 이 책에서도 앞으로 자주 쓰일 것이다.

◉ 위치에너지와 가속
물체는 위치에너지를 가장 빠르게 줄이는 방향으로 가속한다.

▶ 개념 이해도 점검 #6: 그네가 가는 방향

어린이를 그네에 태워 뒤쪽에서 당기고 있다가 놓으면 어린이는 어느 쪽으로 가속하는가?

해답 앞쪽, 즉 위치에너지를 가장 빠르게 줄이는 방향으로 가속한다.

왜? 어린이는 중력 위치에너지 하나만 가지고 있는데, 이 위치에너지는 그네가 지지대 바로 아래에 있을 때 가장 작다. 따라서 어린이는 이곳을 향해서 앞으로 가속된다.

> **▶ 정량적 이해도 점검 #5: 호박 던지기**
>
> 호박 던지기 대회에서 투석기가 등장했다. 투석기는 호박이 든 바구니를 휙 돌려 호박을 앞으로 날린다. 바구니가 호박을 싣고 가속하면서 1 m 진행한 후 호박이 바구니에서 떨어져 날아갔고, 투석기는 10,000 J의 위치에너지를 발산했다. 호박을 던지기 전 장전하는 데 바구니에 얼마의 힘을 가해야 하는가?
>
> **해답** 뒤쪽으로 10,000 N
>
> **왜?** 투석기가 호박을 던질 때 바구니는 위치에너지를 가장 빠르게 줄이는 방향인 앞쪽으로 가속한다. 바구니는 뒤로 1 m 가서 장전되면서 10,000 J을 얻으므로, 식 2.3.7을 써서 바구니에 작용하는 힘은
>
> $$\frac{10,000 \text{ J}}{1 \text{ m}} = 10,000 \text{ N}$$
>
> 이며 앞쪽을 향한다. 따라서 바구니를 잡고 있으려면 10,000 N의 힘을 뒤쪽으로 가해야 한다.

2장 에필로그

이 장에서는 회전운동과 충돌을 살펴보았고 이런 운동을 설명하는 물리법칙을 공부했다. '시소'에서는 회전관성을 배웠고 회전력이 각가속도를 어떻게 일으키는지 알아보았다. 또한 병진운동과 회전운동을 분리해서 해석하는 것이 좋다는 것도 알았다. '바퀴'에서는 중요한 힘인 마찰에 대해 논했고, 열과 온도에 관련된 새로운 형태의 에너지인 열에너지를 배웠다. '범퍼카'에서는 보존량으로 운동량과 각운동량을 소개하였다. 앞으로 보게 되겠지만 에너지, 운동량, 각운동량과 같은 보존량들의 전달 과정을 추적하는 것이 물체의 운동을 이해하는 데 큰 도움이 될 것이다.

설명: 은박접시 돌리기

접시는 회전관성을 가지고 있기 때문에 접시를 돌리기 시작할 때와 돌아가고 있는 접시를 멈출 때 회전력이 필요하다. 손으로 접시를 돌릴 때 가한 회전력은 접시에 각충격량을 주어 접시가 일정한 양의 각운동량을 가지고 계속 회전하도록 한다. 회전축에 마찰이 전혀 없고 공기 저항이 없다면 이 각운동량을 제거할 수 없기 때문에 접시는 영원히 돌 것이다. 그러나 회전축의 마찰력은 작지만 접시의 운동을 방해하는 회전력을 가하여 회전이 점점 느려진다. 마찰로 인한 회전력이 각운동량을 접시로부터 연필, 의자, 지구로 전달하여, 접시는 점점 더 느리게 돌다가 결국 정지한다. 회전축인 연필이 더 날카로우면 접시와 연필 사이의 접촉 면적이 더 작으므로, 마찰 회전력은 더 작고 접시는 더 오래 돈다.

접시를 뒤집어 엎으면 균형을 잡기가 더 쉽다. 접시의 가장자리가 아래로 향하면 중력 위치에너지가 상대적으로 작고 접시는 놀라울 정도로 안정된다. 한쪽으로 기울면 접시의 평균 높이가 올라가고 중력 위치에너지도 커진다. 물체는 어떻게든 자체의 위치에너지를 가능한 빠르게 낮추는 방향으로 가속하므로 뒤집어놓은 접시는 기울어진 즉시 평형 상태를 되찾아간다. 반면에 똑바로 엎어둔 접시는 어떻게 기울어지더라도 중력 위치에너지가 낮아지므로 한 점으로 받쳐 균형을 잡기가 거의 불가능하다. 이 안정-불안정 효과는 이후에 좀 더 자세히 살펴볼 것이다.

요약, 중요한 법칙, 수식

시소의 물리: 시소는 거의 완벽히 균형을 이루었을 때 가장 잘 작동하는 회전놀이기구이다. 이때 시소에는 회전축을 중심으로 중력으로 인한 회전력이 가해지지 않는다. 시소의 회전축은 보통 무게중심을 통과하므로 아무도 타지 않았을 때 시소는 균형을 이룬다. 시소를 타는 사람들은 중력 회전력이 상쇄되어 시소가 계속 균형을 유지하도록 자리를 잡고 앉는다. 그러면 시소의 회전력과 각가속도는 0이 되며, 시소는 일정한 각속도로 돈다. 즉, 시소는 움직이지 않거나 한쪽 방향으로 일정하게 돈다.

시소가 올라갔다 내려갔다 하려면 타고 있는 사람들이 이 관성운동을 순간적으로 뒤집어야 한다. 대개 한쪽에 탄 사람이 발로 땅을 밀어서 시소에 회전력을 주어 회전 방향을 뒤집는다. 이렇게 시소에 회전력을 주면 시소는 알짜회전력과 각가속도를 받는다. 시소에 작용하는 회전력을 주기적으로 바꿔주면 시소는 회전 방향을 바꾸면서 오르내림을 반복한다.

바퀴의 물리: 바퀴는 물체와 표면 사이의 미끄럼 마찰을 없애거나 줄임으로써 운동을 원활하게 한다. 바퀴는 물체를 받치는 데 필요한 지지력을 가지나 물체가 미끄러지지 않도록 한다. 자유롭게 돌 수 있는 바퀴를 가진 수레가 바닥을 지나갈 때 바퀴와 바닥면 사이의 정지 마찰이 바퀴에 회전력을 주어 구르게 한다. 그러나 바퀴의 중심과 차축이 서로 문지르면서 생기는 미끄럼 마찰이 에너지를 소모하고 마모를 유발한다. 이 미끄럼 마찰을 없애기 위해 롤러 베어링이나 볼 베어링을 사용한다.

엔진에서 주는 회전력은 차축을 통해 차량의 구동 바퀴를 돌린다. 이 경우 바퀴 테두리(타이어)와 노면 사이의 정지 마찰은 바퀴에 회전력을 주어 엔진에서 주는 회전력을 방해한다. 이 정지 마찰력도 차량에 가해지는 알짜힘에 기여하여 차를 움직이게 한다.

일단 바퀴와 베어링으로 지지되면 물체는 자유롭게 움직일 수 있으며 운동량, 각운동량, 그리고 에너지를 긴 시간 유지할 수 있다. 바퀴는 미끄럼 마찰을 제거함으로써 질서정연한 에너지가 열에너지로 변하는 것을 대폭 줄여준다. 바퀴는 차량이 이런 보존량들을 오랫동안 유지할 수 있게 해주어 도로운송이 실제로 가능해졌다.

범퍼카의 물리: 범퍼카가 정지 상태에서 출발할 때는 초기 운동량과 각운동량을 땅바닥으로부터, 초기 운동에너지를 전기회사로부터 얻어야 한다. 이것은 모터와 바퀴가 에너지, 운동량, 각운동량을 차에 전달하여 가능하다.

일단 여러 차가 움직이고 나서는 충돌을 통하여 이런 보존량들을 교환한다. 충돌할 때마다 각 차의 속력과 방향이 변하는데 이는 꽤 복잡해 보이는 과정이다. 그러나 운동량, 각운동량, 에너지 등의 보존량을 추적하면 이런 충돌을 더 쉽게 이해할 수 있다.

충돌해서 운동량과 각운동량을 전달받을 때 무거운 차는 가벼운 차에 비해 약하게 반응한다. 이는 큰 질량과 회전질량으로 인해 속도와 각속도의 변화가 작기 때문이다. 작은 아이가 탄 차는 질량이 작으므로 더 큰 충격을 받는다.

---

1. **Newton의 제1회전운동법칙:** 돌면서 비틀거리지 않고, 외부 회전력을 받지 않고 있는 단단한 물체는 일정한 각속도로 회전한다. 즉, 고정된 축을 중심으로 일정한 시간 동안 같은 각을 돈다.

2. **Newton의 제2회전운동법칙:** 돌면서 비틀거리지 않는 단단한 물체에 가해진 알짜회전력은 물체의 회전질량에 각가속도를 곱한 것과 같다.

$$\text{알짜회전력} = \text{회전질량} \cdot \text{각가속도} \qquad (2.1.2)$$

각가속도의 방향은 알짜회전력과 같은 방향이다. 이 법칙은 물렁하거나 비틀거리면서 도는 물체에는 적용되지 않는다.

3. **힘과 회전력 사이 관계:** 어떤 힘이 만들어낸 회전력은 지레팔 길이에 지레팔에 수직인 힘 성분을 곱한 것과 같다.

$$\text{회전력} = \text{지레팔} \cdot \text{지레팔에 수직인 힘} \qquad (2.1.3)$$

4. 회전운동의 일: 물체에 한 일은 가해준 회전력에 이 방향으로 회전한 각도를 곱한 것과 같다. 각도는 라디안 단위이다.

$$일 = 회전력 \cdot 각 \ (라디안) \tag{2.2.1}$$

5. 운동에너지: 병진 운동에너지는 질량의 절반에 속력 제곱을 곱한 것과 같다.

$$운동에너지 = \tfrac{1}{2} \cdot 질량 \cdot 속력^2 \tag{2.2.2}$$

6. 선운동량: 물체의 선운동량은 질량에 속도를 곱한 것이다.

$$운동량 = 질량 \cdot 속도 \tag{2.3.1}$$

7. 충격량의 정의: 물체에 가해진 충격량은 가해진 힘과 힘이 지속된 시간을 곱한 것과 같다.

$$충격량 = 힘 \cdot 시간 \tag{2.3.2}$$

8. 각운동량: 물체의 각운동량은 회전질량에 각속도를 곱한 것이다.

$$각운동량 = 회전질량 \cdot 각속도 \tag{2.3.4}$$

9. 각충격량의 정의: 물체에 주어진 각충격량은 가해진 회전력에 이 회전력이 가해지는 시간을 곱한 것과 같다.

$$각충격량 = 회전력 \cdot 시간 \tag{2.3.5}$$

10. Newton의 제3회전운동법칙: 어떤 물체가 두 번째 물체에 가하는 모든 회전력에 대해, 두 번째 물체가 첫 번째 물체에 가하는 크기가 같고 반대 방향인 회전력이 존재한다.

11. 위치에너지, 가속, 그리고 힘: 물체는 위치에너지를 가장 빠르게 줄이는 방향으로 힘을 받고 가속한다. 이 힘은 위치에너지 기울기와 크기가 같으나 방향은 반대이다.

$$힘 = -위치에너지 기울기 \tag{2.3.7}$$

연습문제

1. 강당 안의 좌석들은 모두 같은 방향을 향하고 있지 않다. 어떤 기준 방향과 그 방향으로부터의 회전각을 사용하여 그 좌석들의 각위치를 어떻게 나타낼 수 있는가?

2. 비행기가 프로펠러를 돌리기 시작할 때 처음에는 서서히 돌리다가 점점 속력을 올린다. 프로펠러가 최대 회전 속력에 이르는 데 왜 그렇게 긴 시간이 소요되는가?

3. 자동차 정비공은 차바퀴의 질량중심이 기하학적 중심과 정확하게 일치하도록 바퀴의 균형을 잡는다. 마찰과 공기 저항을 무시하면 제대로 균형을 잡지 않은 바퀴는 스스로 회전할 때 어떤 운동을 할까?

4. 물체를 돌려보면 질량중심이 항상 물체의 내부에 존재하는 것은 아니란 것을 알 수 있다. 부메랑이나 말굽편자의 질량중심은 어디에 있는가?

5. 왜 회전목마는 처음에는 돌리기가 어렵지만, 돌기 시작하면 무엇이 그것을 계속 돌아가게 하는가?

6. 문의 손잡이를 경첩 쪽으로나 그 반대쪽으로 밀면 왜 문을 열 수 없는가?

7. 문의 경첩이 붙어 있는 부분을 밀면 왜 문을 열 수 없는가?

8. 팔을 앞으로 펴서 손에 물건을 들고 나르는 것보다 팔을 옆구리에 붙이고 손에 쥔 물건을 나르면 훨씬 더 쉽다. 회전력 개념으로 이 효과를 설명하시오.

9. 물레방아는 커다란 바퀴 바깥쪽 가장자리에 붙은 물통에 떨어지는 물에서 동력을 얻는다. 즉, 물의 무게가 물레방아의 바퀴를 돌리는 것이다. 왜 물통을 바퀴 가장자리에 매다는 것이 좋은가?

10. 요요의 줄은 어떻게 요요를 돌아가게 하는가?

11. 호두를 까는 방법 중 하나는 문의 경첩 근처에 놓고 문을 닫으면 된다. 이렇듯 문에 가한 작은 힘이 호두껍질을 깨뜨릴 만큼 큰 힘을 주는 이유는 무엇인가?

12. 보통의 펜치에는 철사를 자르는 부분이 있다. 왜 자르는 부분이 펜치의 회전축에 가까이 있어야 하나?

13. 팔굽혀펴기를 할 때 발가락 끝이나 무릎을 몸이 회전하는 회전축으로 할 수 있다. 무릎을 바닥에 대고 팔굽혀펴기를 할 때는 발이 머리나 가슴을 들어 올리는 데 실제로 도움을 준다. 왜 그럴까?

14. 외줄 타는 곡예사는 균형을 잡기 위하여 가끔 긴 장대를 사용한다. 비록 장대가 그다지 무겁지는 않지만 곡예사가 기울어져 떨어지는 것을 막아줄 만큼 상당한 회전력을 줄 수 있다. 왜 장대가 그렇게 길어야 하는가?

15. 경주용 자동차는 무거운 엔진이 기하학적인 중심 부근에

위치하도록 설계된다. 왜 이러한 설계가 자동차의 급회전을 보다 용이하게 해주는가?

16. 병따개로 음료수 병을 딸 때 역학적 장점을 어떻게 이용하는가?

17. 깡통따개는 깡통의 뚜껑에 물리고 돌릴 수 있는 긴 손잡이가 있다. 손잡이가 길면 왜 깡통을 쉽게 딸 수 있는가?

18. 가느다란 나뭇가지에 기어오를 때 그 가지가 줄기 근처에서 부러질 가능성이 있다. 왜 줄기로부터 더 멀리 가면 가지가 부러질 가능성이 더 큰가?

19. 쇠지레를 이용하면 왜 무거운 상자를 지면에서 수 cm 들어 올리기 훨씬 쉬운가?

20. 외바퀴손수레의 짐칸은 그 바퀴와 손잡이의 사이에 있다. 이런 배치가 무거운 짐을 실은 짐칸을 들어 올리는 데 유리한 이유는 무엇인가?

21. 스키를 타고 가다가 멈추려면 스키를 비스듬히 세워서 미끄러지면 된다. 이 방법이 어떻게 스키 타는 사람의 에너지를 빼앗으며, 그 에너지는 어떻게 되는가?

22. 편평한 길에서 말이 마차를 끌고 직선을 따라 일정한 속도로 달리며 마차에 일을 한다. 말이 마차에 에너지를 전달하고 있음에도 왜 마차가 더욱 빨라지지 않는가? 말이 주는 에너지는 어디로 가는 것인가?

23. 방망이로 밀가루 반죽을 밀 때 대단히 큰 미끄럼 마찰이 작용하지 않음에도 불구하고 밀가루 반죽이 잘 펴지는 이유를 설명하시오.

24. 단거리 육상 선수들은 출발 시에 트랙에서 미끄러지지 않도록 운동화에 스파이크를 단다. 선수의 발이 트랙에서 뒤로 미끄러지면 왜 에너지가 낭비되는가?

25. 요요는 실에 매달려 돌아가는 실패 모양의 장난감이다. 정교한 요요에서는 그 실의 한 끝이 요요 중심 축 막대에 고리모양으로 묶여 있어서 요요는 실 끝에서 거의 자유롭게 돌아갈 수 있다. 축 막대가 매우 가늘고 미끄러우면 왜 요요가 오랫동안 돌 수 있는가?

26. 자전거의 페달을 밟기 시작하여 앞으로 가속시키고 있을 때, 자전거를 가속시키는 데 필요한 앞 방향으로의 힘을 가하는 것은 무엇인가?

27. 앞으로 걷기 시작할 때 걷는 사람이 가속하도록 힘을 가하는 것은 무엇인가?

28. 편평한 들판 위에서 일정한 속도로 썰매를 끌고 있다면 사람이 썰매에 가하는 힘은 썰매의 미끄럼 마찰력과 어떻게 비교되는가?

29. 빙판 도로 위에서 차의 뒷바퀴가 헛돌지 않게 하려고 차 트렁크에 모래주머니를 싣는 것이 왜 도움이 되는가?

30. 얼음이 얼어 있는 편평한 도로를 주행할 때 일정한 속도로 곧바로 직진을 하고 있는 동안에는 얼음이 얼었는지 거의 알아차리지 못한다. 방향을 틀거나 속력을 올리거나 낮출 때야 비로소 그 길이 얼마나 미끄러운지를 알아차리게 되는 이유는 무엇인가?

31. 분필로 칠판에 글을 쓰는 과정을 마찰과 마모로 설명하시오.

32. 맨 땅에 떨어지는 것보다 나뭇잎 더미 위로 떨어지는 것이 훨씬 덜 아프다. 이 두 경우 모두 완전히 정지시키는 것은 같은데 왜 나뭇잎 더미가 훨씬 더 안락하게 느껴지는 것인가?

33. 무수히 많은 영화와 TV 장면들에서 주인공이 근육질의 악당에게 주먹을 날리는데 악당은 맞아도 전혀 움찔하지 않는다. 움직이지 않는 악당은 왜 영화 속의 환상일까?

34. 곡예사는 공중에 매달려 있는 동안 왜 스스로 회전을 멈출 수가 없는가?

35. 체조 선수가 도약하여 공중에 떠 있을 때 속도, 운동량, 각속도, 각운동량 중 무엇이 일정하게 유지되는가?

36. 바닥에서 발을 뗀 채로 회전의자에 앉아 몸을 틀면 몸이 움직이는 대로 의자가 약간 돌아가지만 곧 멈출 것이다. 아무 것에도 닿지 않고서는 왜 의자를 돌아가게 할 수 없는가?

37. 별의 핵연료가 고갈되면 별은 자체 중력에 의해 찌부러져 지름이 약 20 km 정도인 중성자별이 된다. 이전에 이 별은 한 번 자전하는 데 1년 정도 걸렸으나, 중성자별은 1초에도 여러 번 자전한다. 각속도가 이렇게 급증하게 되는 이유는 무엇인가?

38. 뾰족한 축을 가진 팽이는 상당히 오랫동안 돌아간다. 마찰이 이 팽이의 회전을 느리게 하는 데 왜 그렇게 오랜 시간이 걸리는가?

39. 산을 오를 때보다 내려올 때 무릎이나 다리를 다치기 더 쉽다. 이 현상을 에너지 개념으로 설명하시오.

40. 볼링공을 던진 직후에는 공이 회전하지 않다가 바닥에 닿아 얼마간 미끄러진 다음 구르기 시작한다. 공이 회전하기 시작하면 그 진행 속도가 왜 감소하는지 에너지 개념을 써서 설명하시오.

41. 소방관은 비상 출동 시 대기실에서 소방차로 빨리 가기 위해 수직 철봉을 타고 미끄러져 내려온다. 이때 소방관의 중력 위치에너지는 어떻게 되며, 철봉 자체의 미끄러운 정도에 따라 어떻게 달라지는가?

문 제

1. 자전거를 탈 때 발로 회전축에서 17.5 cm 떨어진 페달을 아래로 밟는다. 그 밟는 힘은 페달에 부착된 크랭크에 회전력을 가한다. 사람의 몸무게가 700 N이고 크랭크가 지면과 나란한 상태로 회전축의 바로 앞쪽을 향할 때, 몸무게를 완전히 실어 페달을 밟는다면 크랭크에는 얼마의 회전력이 가해지는가?

2. 전기 모터로 동력을 공급하여 회전목마를 일정하게 가속시켜 정지 상태로부터 5초 후에 최대 회전 속력에 도달하였다. 계속 이 속력으로 돌다가 브레이크를 걸어 일정하게 감속시켜 10초 후에 정지하였다. 회전목마를 출발시킨 회전력과 정지시킨 회전력을 비교하시오.

3. 컴퓨터를 켜면 하드디스크가 돌아가기 시작한다. 일정한 각가속도로 최대 회전 속력에 도달하는 데 6초가 걸리며, 이때부터 컴퓨터는 하드디스크에 접속하기 시작한다. 만약 단 2초 만에 하드디스크가 최대 회전 속력에 도달하도록 하려면 시작할 때 디스크 드라이브의 모터가 디스크에 얼마나 더 큰 회전력을 주어야 하는가?

4. 전기톱은 회전하는 원형 톱날로 나무를 자른다. 전원을 켠 뒤 일정한 각가속도로 최대 각속도를 얻는 데 2초 걸린다. 관성질량이 이 톱날의 3배인 새 톱날로 교체하면 새 톱날은 최대 각속도에 이르게 되기까지 얼마나 시간이 걸리는가?

5. 문제 4의 톱이 나무를 자를 때 나무는 톱날의 회전축으로부터 0.125 m 떨어진 지점에 100 N의 힘을 가한다. 이 힘이 지레팔과 수직이라면 나무는 톱날에 얼마나 큰 회전력을 가하는가? 이 회전력은 톱날이 더 빨리 돌게 하는가 아니면 더 천천히 돌게 하는가?

6. 호두까기 인형의 손잡이를 누르면 인형의 아래턱이 위로 회전하여 호두껍질을 부순다. 손잡이에서 누르는 부분이 호두를 누르는 아래턱보다 회전축으로부터 5배 더 멀다고 하자. 손잡이에 20 N의 힘을 가해 누르면 아래턱은 호두에 얼마나 큰 힘을 가하는가? (모든 힘은 지레팔에 수직이라고 가정할 것)

7. 특수 차량 중에는 내리막을 굴러가는 동안 에너지를 저장하는 회전 디스크(플라이휠)를 가진 것이 있다. 이 저장된 에너지는 오르막을 오를 때 재사용된다. 이 플라이휠의 회전질량은 작지만 아주 빠른 각속도로 돈다. 만일 각속도가 5배 줄어든 대신 회전질량이 5배 늘어난다면 플라이휠의 운동에너지는 어떻게 변하는가?

8. 1 m/s 속력으로 날아가는 질량 0.0001 kg 파리의 운동량은 얼마인가?

9. 차가 고장이 나서 밀고 있다. 차의 질량이 800 kg이고 3 m/s로 앞으로 움직이고 있을 때 차의 운동량은 얼마인가?

10. 문제 9의 차를 정지 상태에서 앞으로 밀기 시작한다. 마찰은 무시하고, 바닥이 편평할 때 200 N의 일정한 힘을 가하면 차의 속력이 3 m/s에 이르는 데는 얼마나 시간이 걸리는가?

11. 문제 9와 10의 차가 3 m/s로 움직이고 있다면 이 차는 얼마나 큰 병진 운동에너지를 가지고 있는가?

12. 문제 9~11의 차가 3 m/s로 움직이다가 정지하고 있던 차에 부딪혀 0.1 s만에 정지했다. 정지해 있던 차는 이 차를 이렇게 짧은 시간 안에 멈추기 위해 얼마의 힘을 가했나?

13. 롤러스케이터 장에 가벼운 사람과 몸무게가 2배인 사람이 정지해 있다. 그러면 총 운동량은 0이다. 이때 두 사람이 서로 밀기 시작하여 멀어진다. 가벼운 사람의 운동량이 왼쪽으로 450 kg·m/s일 때 무거운 사람의 운동량을 구하시오.

14. 세발자전거가 경사면의 내리막으로 0.5 m를 굴러가면서 50 J의 중력 위치에너지를 방출했다. 이 세발자전거에 작용한 내리막 방향 힘은 얼마인가?

15. 압축된 용수철이 압축을 이기고 1 mm 팽창할 때 2 J의 탄성 위치에너지를 내놓는다. 이 용수철은 양단에 얼마나 큰 힘을 주는가?

16. 엘리베이터가 5 m 내려가면서 중력 위치에너지 10,000 J 을 내놓는다. 엘리베이터의 무게는 얼마인가?

17. 길이 10 m인 고무 밴드를 써서 장난감 글라이더를 날린다. 고무 밴드를 길이 30 m로 잡아당겼다 놓으면 0.1 m 줄어들 때마다 1 J의 탄성 위치에너지를 내놓는다. 고무 밴드가 글라이더에 가하는 힘을 구하시오.

역학적 물체 Mechanical Objects
1부

지금까지 운동법칙들을 조사하였으므로 이 법칙들을 통해 일상에서 일어나는 물체들의 운동을 설명할 수 있게 되었다. 그렇더라도 장난감 차, 운동 기구, 스키 리프트 등과 같은 몇몇 기구들의 기본 운동 특징은 설명할 수 있지만, 우리 주변에서 발생하는 중요한 역학 개념의 많은 부분은 여전히 놓치고 있다. 따라서 이번 장에서는 보충해야 할 몇몇 개념들을 더 살펴볼 것이다.

가장 중요한 새로운 개념 중 하나는 가속도일 것이다. 만일 가속도를 수동적으로 다루면 재미가 없다. 예를 들면, 카트를 밀면 카트는 가속된다. 그러나 이 개념을 보다 능동적으로 생각해 보면, 예를 들어 롤러코스터를 타고 가장 높은 꼭대기에서 떨어져 내린다고 상상해 보자. 이 경우 가속도는 훨씬 더 우리를 흥미롭게 만들 것이다. 실제 이 가속도 때문에 우리는 쓰고 있는 모자를 붙잡고 있어야 할지도 모른다.

일상 속의 실험 | 물을 쏟지 않고 머리 위로 돌리기

가속도로 인한 새로운 결과를 시험하기 위해 양동이에 담긴 물을 가지고 실험해 보자. 물을 쏟지 않고 조심스럽게 양동이를 거꾸로 해서 머리 위로 돌릴 수 있다. 이 과정에서 중요한 물리적 개념을 많이 보여줄 수 있다.

이 실험을 하려면 손잡이가 달린 양동이가 필요하다(플라스틱 컵 같은 다른 용기로도 대신해서 쓸 수 있다). 물을 양동이에 일부만 채우고 손잡이를 잡고 아래로 늘어뜨린다.

다음으로 양동이를 한 바퀴의 팔분의 일 만큼 뒤로 뺀 다음 다시 앞으로 빠르게 돌린다. 부드럽고 연속된 움직임으로 앞, 그 다음에 위, 그리고 머리 위까지 흔들어 올린다. 젖지 않으려면 빨리 해야 한다. 계속 빙글빙글 돌리다 보면 물이 안에 계속 있으려고 한다는 것을 눈치챌 것이다. 왜 물이 안 떨어질까?

아마 젖는 것이 상관없다면 다양한 속도로 양동이를 돌

Courtesy Lou Bloomfield

리면서 실험해 보자. 더 빨리 또는 더 느리게 양동이를 돌리면 어떤 일이 벌어질까?

양동이가 당신을 당기는 힘은 양동이를 느리게 돌릴 때와 빠르게 돌릴 때 중에 언제가 더 세고 언제가 더 약한가? 당신이 느끼는 거꾸로 된 양동이가 위로 당기는 힘과 물이 양동이 안에 그대로 있으려는 경향과 어떤 관계가 있는가?

당신은 여러 가지 방법으로 이 실험에 변화를 줄 수 있다. 플라스틱 컵을 손가락에 묶고 돌리기를 해 보거나, 양동이 바닥에 와인을 가득 채운 잔을 놓고 두 물체를 함께 돌려

보자. 후자의 경우, 양동이가 거꾸로 되어도 와인은 잔에 머물고 잔은 양동이의 바닥에 머물 것이다.

그런데 이런 실험에서 제일 어려운 일이 움직이는 양동이를 멈추는 것이다. 파국을 피하려면, 시작했을 때 했던 것과 똑같이 하되, 단 반대로 해야 할 것이다. 당신 앞쪽으로 1/8까지 부드럽고 점진적으로 멈춘 다음 양동이를 당신의 옆으로 부드럽게 떨어뜨린다. 움직이고 있는 양동이를 너무 갑작스럽게 멈춘다면, 물, 와인, 유리잔은 쏟아지고 박살날 것이다. 이런 일이 왜 일어난다고 생각하는가?

3장 학습 일정

이 장에서는 일상 용품 중 (1) **용수철저울**, (2) **구기 종목에서 쓰이는 통통 튀는 공**, (3) **회전목마와 롤러코스터**에 대해서 조사한다. 용수철저울로부터는 질량과 무게의 관계를 복습할 것이며, 용수철의 변형이 물체의 무게를 재는 데 사용되는 것을 관찰할 것이다. 튀는 공에서는 공이 에너지를 간직하고 내보내는 것과 그 튀는 정도가 공 자신의 특성과 공과 부딪히는 물체의 특성에 어떻게 의존하는지를 공부할 것이다. 회전목마와 롤러코스터의 경우, 가속도가 놀이공원에서 즐거운 비명을 지르게 하는 중력과 유사한 가짜 힘을 만들 수 있다는 것을 배울 것이다. 이 장에서 탐구할 내용에 대해 미리 알아보고 싶다면, 장의 마지막에 있는 '요약, 중요한 법칙, 수식'을 참조하라.

이런 물체들이 보여주는 개념들은 다른 현상들도 설명할 수 있다. 매트리스부터 다이빙 보드, 타이어까지 거의 모든 고체는 이들을 밀 때 용수철저울의 용수철과 유사한 행동을 보인다. 튀는 공은 두 자동차가 충돌할 때와 망치로 못을 칠 때의 현상을 이해하는 데 도움을 주는 충돌을 보는 관점을 제공해준다. 롤러코스터를 탈 때 느끼는 가속도와 연관된 감각은 역시 비행기, 지하철, 또는 흔들 기구를 탈 때도 존재한다. 매일 일어나는 물체들의 물리적 현상을 보면 정말 태양 아래 완전히 새로운 것은 없다.

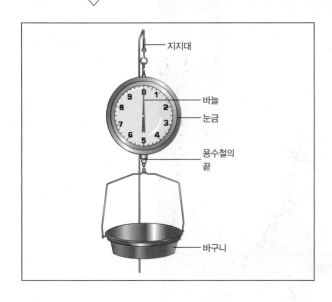

당신의 물리적 양은 얼마인가? 매일 매일 먹는 양에 따라 약간은 달라지겠지만 대부분은 근사적으로 같을 것이다. 하지만 당신의 물리적 양이 얼마인지 구별할 수 있는가? 이런 양에 대한 가장 좋은 측정은 질량이다. 즉, 금, 쇠고기, 곡물, 또는 우리 몸 등의 양을 킬로그램으로 잘 정의할 수 있다. 1.1절에서 배웠듯이 질량은 물체의 관성을 측정한 것인데 물체의 주변이나 중력에는 영향을 받지 않는다. 1킬로그램의 과자 봉지는 우주의 어디서든 항상 1킬로그램이다.

그러나 직접 질량을 측정하기는 어렵다. 더군다나 질량에 대한 정확한 이해는 불과 300년밖에 되지 않는다. 결국 사람들은 무게를 달아서 물체의 물질을 수량화하기 시작했다. 용수철저울은 이 작업을 위한 가장 간단하고 편리한 도구 중 하나가 되었고, 여전히 목욕탕이나 식품 가게에서 볼 수 있다. 겉으로는 보이지 않지만 그 안에는 용수철이 들어 있다.

생각해 보기: 당신의 무게와 질량은 어떤 관계가 있는가? 만일 지구의 중력이 두 배가 되면 당신의 질량은 어떤 영향을 받는가? 또 무게는?

공중으로 점프하고 내려올 때 당신의 질량 또는 무게는 변하는가? 만일 튼튼한 용수철 위에 서면 당신의 무게는 용수철의 모양에 어떤 영향을 주는가? 당신의 무게와 용수철이 변형되는 정도 사이에는 왜 밀접한 연관이 있는가?

실험해 보기: 물건을 매달아 재는 용수철저울을 식료품 가게에서 찾아보고 빈 바구니를 걸었을 때와 물건을 바구니에 담고 걸었을 때의 저울 눈금을 확인하여라. 바구니를 점점 채우면 어떻게 되는가? 바구니의 높이와 무게를 나타내는 눈금과의 관계를 발견할 수 있는가? 만일 물건을 바구니에 떨어뜨리면 살짝 올려놓을 때와 눈금이 어떻게 반응하는가? 왜 눈금이 리드미컬하게 오르락내리락 하는가? 떨어뜨린 물건의 중력

위치에너지는 어떠한가?

이제 목욕탕에서 사용하는 용수철저울을 찾아보자. 납작하고 회전하는 다이얼 눈금을 가지고 있다. 그 위에 서 보자. 계속 서 있으면 왜 눈금은 정확한 무게만 읽는가? 만일 위로 점프하면 눈금은 어떻게 변하는가? 내려오면 어떠한가? 살짝 반동을 주어 오르고 내리면 어떻게 되는가? 이때 눈금의 평균값은 정확한 무게와 비교하여 어떠한가? 튀어 오르면 당신의 무게는 정말 변하는가? 또 바닥, 벽, 또는 부근의 물체를 밀어서 눈금의 변화를 가져올 수 있다. 어떻게 밀면 눈금이 증가하는가? 감소시키려면? 이러한 방법으로 저울의 눈금을 변화시킨다면 실제 당신의 몸무게도 변한 것인가?

왜 저울 위에서는 가만히 서 있어야 하는가?

목욕탕 저울에 서 있을 때, 그 저울은 당신의 무게를 직접 재는 것이 아니다. 왜냐하면 당신의 무게는 지구가 작용하는 중력이 당신에게 작용하는 것이지 저울에 작용하는 것이 아니기 때문이다. 즉, 당신의 무게는 저울에 단지 간접적으로 영향을 미치는 것이다. 저울에 실제로 나오는 눈금은 저울이 당신이 밑으로 떨어지지 않게 하기 위해 저울이 당신에게 위쪽으로 작용하는 힘의 크기를 나타낸다. 당신이 떨어지지 않거나 다른 경우 가속하지 않거나 하는 경우, 저울은 당신의 무게가 당신을 아래로 당기는 것과 마찬가지 세기로 당신을 위로 민다. 그래서 저울이 당신에게 작용하는 힘을 안다는 것은 당신의 무게를 아는 것과 동등하다.

그러나 당신의 무게와 저울에 나타난 숫자와의 미묘한 차이는 중요한데, 무게를 재는 과정이 가속도에 의존하기 때문이다. 만약 당신이 저울 위에서 가속을 한다면, 당신의 정확한 무게를 잴 수 없을 것이다. 예를 들어 저울 위에서 점프를 하면, 저울의 바늘은 크게 움직인다. 이처럼 저울 위에서 점프 같은 가속을 하면, 당신에게 작용하는 두 개의 힘, 즉 당신의 무게와 저울이 당신을 위로 미는 힘은 더해서 0이 되지 않는다. 당신의 무게를 정확히 재고 싶다면, 당신은 가만히 서 있어야 한다.

비록 당신이 가만히 서 있다 할지라도, 무게를 재는 것은 당신의 몸에 있는 물질들의 양을 재는 완전한 방법은 아니다. 왜냐하면 당신의 무게는 당신의 주변 환경에 의존하기 때문이다. 만약 당신이 항상 같은 곳에서 무게를 잰다면, 매일 밥 열 그릇을 먹지 않는 한 저울의 눈금은 거의 일정할 것이다. 그러나 만약 중력이 지구보다 작은 달로 이사를 간다면, 당신의 무게는 지구의 6분의 1밖에 되지 않는다. 또 지구에서도 만약 다른 곳으로 이사한다면 무게는 영향을 받는다. 왜냐하면 지구는 적도 부근이 바깥쪽으로 부풀어 있기 때문에 적도 부근의 중력은 극지방보다 0.5% 정도 약하기 때문이다. 지구의 자전에 의한 작은 가속 효과까지 더한다면 저울을 극지방에서 적도로 가져간다면 눈금의 변화는 1% 적게 읽힌다. 그러나 남쪽으로 가는 것이 당신의 체중을 줄이는 효과적인 방법은 아니다.

지구에서 달로 고급 요리를 수출하는 사업을 하려고 한다. 당신은 패키지의 라벨이 두 곳에서 모두 정확하기를 원한다. 라벨에 음식의 양을 어떻게 표시해야 할까? 질량 혹은 무게?

해답 질량으로 표시해서 팔아야 한다. 예를 들면 킬로그램이나 파운드로.

왜? 만약 제품을 라벨에 무게로 표시한다면, 지구 표면 근처에서 제품에 작용하는 중력을 정하는 것이다. 제품이 달에 수출되었을 때, 그 제품은 지구의 1/6의 무게가 나간다. 따라서 당신 회사는 함량 미달의 식료품을 판 것으로 벌금을 물게 될지도 모른다. 만약 질량에 따라 패키지의 라벨을 표기한다면 그 패키지의 표기는 어디를 가져가도 상관없이 올바르다. 질량은 관성의 측정치이며 물체에만 의존하며 주변 환경과는 상관없다.

용수철 늘이기

식료품 가게에서 멜론을 용수철저울 바구니에 놓고 무게를 잰다. 목욕탕 저울과 마찬가지로 식료품 가게의 저울은 멜론의 무게를 직접 잴 수는 없다. 대신 저울은 위쪽 방향으로 얼마의 힘을 멜론에 미치는지를 알려준다. 멜론이 가속하지 않는 한, 저울이 멜론에 작용하는 위쪽 방향의 힘은 멜론의 무게와 크기는 같고 방향은 정반대이다. 여기서 어떻게 용수철저울은 멜론을 위로 얼마나 세게 밀고 있는지 정할 수 있을까?

이름이 말해주듯이, 용수철저울은 멜론을 위로 밀기 위해서 용수철을 사용한다. 즉 용수철의 길이와 용수철 끝에 미치는 힘 사이에 간단한 관계가 있다. 용수철저울은 그 안의 용수철의 길이를 재서 멜론에 작용하고 있는 위쪽 방향의 힘이 얼마인지를 정한다. 수레도 멜론을 잘 받치고 있지만 수레가 멜론에 미치는 위쪽 방향의 힘이 얼마인지를 알 수 있는 좋은 방법은 없다. 용수철에는 아름답고 유용함이 담겨있다. 즉, 용수철의 길이와 그 끝에 작용하는 힘 사이에 존재하는 관계는 단순하다. 그러므로 용수철저울은 멜론에 미치는 힘의 크기를 용수철의 길이를 측정함으로써 정할 수 있다.

그림 3.1.1에 나타낸 용수철은 용수철이 늘어났을 때는 용수철 끝을 안쪽으로 잡아당기고, 용수철이 줄어들었을 때는 용수철 끝을 바깥쪽으로 밀어내는 선코일로 구성되어 있다. 용수철이 늘어나지도 압축되지도 않을 때는(그림 3.1.1a) 용수철은 양끝에 힘을 작용하지 않는다. 이렇게 원래길이 상태의 용수철에 어떤 힘도 가해지고 있지 않다면 용수철의 양끝은 **평형 상태**(equilibrium)에 있다고 말한다. 즉, 양끝은 **0의 알짜힘**을 받고 있다. 0의 알짜힘이라는 문구가 말해주듯이, 평형은 어떤 물체에 작용하는 힘들의 합이 0이 되어 그 물체가 가속하지 않을 때마다 일어난다. 의자에 아무 움직임 없이 앉아 있다면 당신은 평형 상태에 있다. 당신이 용수철을 가만 내버려 두었을 때 용수철은 또한 **평형 길이**(equilibrium length)에 있다고 할 수 있고, 이때는 용수철의 자연 길이이다. 당신이 이 용수철을 얼마나 변형하든지 간에 용수철은 평형 길이로 되돌아가려고 한다.

용수철의 왼쪽 끝을 벽에 고정시키고(그림 3.1.1b) 오른쪽 끝에는 움직일 수 있는 막대를 달아 보자. 이 막대가 용수철의 오른쪽 끝을 당기거나 압축시키지 않는다면 이 오른쪽 끝은 특정한 위치, 즉 **평형 위치**(equilibrium position)에 있다. 용수철의 오른쪽 끝은 평형 위치로 되돌아오려는 성질이 있으므로 막대로 용수철을 움직였다 놓으면 그 끝은 **안정된 평형 상태**(stable equilibrium)에 놓이게 될 것이다.

그러나 막대를 용수철의 오른쪽으로 움직이면 무슨 일이 일어날까(그림 3.1.1c)? 늘어난 용수철은 원래의 평형 위치로 되돌아가려고 오른쪽 끝에 왼쪽 방향의 힘을 작용할 것이다. 이렇게 용수철 끝에서 평형 위치로 되돌리기 위해서 작용하는 힘을 **복원력**(restoring force)이라고 부른다. 실제로 용수철 양끝에서는 방향은 반대지만 세기는 같은 힘으로 당기는 복원력이 작용하고 있다. 용수철의 왼쪽 끝은 벽에 고정되어 있으므로, 움직일 수 있는 오른쪽 끝과 그곳에 작용하는 복원력에 집중해 보자.

막대로 용수철을 더 많이 늘어나게 할수록 오른쪽 끝에 작용하는 복원력은 커질 것이다(그림 3.1.1d). 놀랍게도 이 복원력은 막대가 원래의 평형 위치에서 얼마나 길게 용수철을 늘어뜨리느냐에 정확히 비례한다.

만약 막대가 방향을 바꾸어 용수철의 오른쪽 끝을 왼쪽으로 움직이면(그림 3.1.1e) 압축된 용수철은 오른쪽 끝에서 오른쪽 방향으로 힘을 작용한다. 마찬가지로 이 힘도 여전히 복원력이고, 용수철의 변형된 크기에 비례한다.

일반적으로 용수철이 평형 길이로부터 멀게 변형될 때마다 용수철은 움직일 수 있는 끝단에 변형의 크기에 비례하고 반대 방향을 가리키는 복원력이 작용한다. 이 관찰은 17세기 후반에 그것을 발견한 영국인 Robert Hooke의 이름을 따서 명명된 **Hooke의 법칙**(Hooke's law)으로 표현된다. 이 법칙을 언어 식으로 나타내면

$$\text{복원력} = -\text{용수철 상수} \cdot \text{변형된 크기} \tag{3.1.1}$$

이고, 기호로 쓰면

$$\mathbf{F} = -k \cdot \mathbf{x}$$

이다. 일상 언어로는 다음과 같이 말할 수 있다.

용수철을 많이 늘릴수록, 용수철은 변형에 더 저항이 커지고 더 세게 잡아당겨야 한다.

여기서 **용수철 상수**(spring constant) k는 용수철의 강성의 척도이다. 용수철 상수가 클수록, 다시 말하면 용수철이 변형이 잘 안 될수록 주어진 변형의 세기에 대해서 용수철이 더 큰 복원력을 작용한다. 이 식의 음수 기호는 복원력이 항상 변형의 반대 방향을 가리킨다는 것을 나타낸다.

⊙ Hooke의 법칙

탄성 물체가 가하는 복원력은 평형 상태에서 변형된 정도에 비례한다.

용수철은 용수철 상수로 측정되는 강성으로 구별된다. 일부 **부드러운** 용수철은 용수철 상수가 작다. 예를 들어, 똑딱이 볼펜의 용수철은 압축하기 위해 손가락 하나만 있으면 된다. 바퀴 위의 자동차 서스펜드처럼 대형 용수철은 매우 **뻣뻣하고** 큰 용수철 상수를 가지고 있다. 그러나 강성에 관계없이 거의 모든 용수철은 Hooke의 법칙을 따른다.

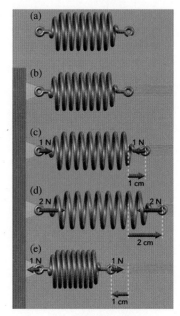

그림 3.1.1 다섯 개의 동일한 용수철. 용수철의 양끝(a)은 자유로우므로 저절로 평형 길이에 맞춘다. 다른 용수철의 왼쪽 끝은 고정되어 있으므로 오직 오른쪽 끝만 움직일 수 있다. 용수철의 자유로운 끝(b)은 원래의 평형 위치로부터 벗어나 움직일 때(c, d, 그리고 e) 용수철은 새로운 위치와 원래의 평형 위치와의 간격에 비례하는 복원력을 그 끝에 작용한다.

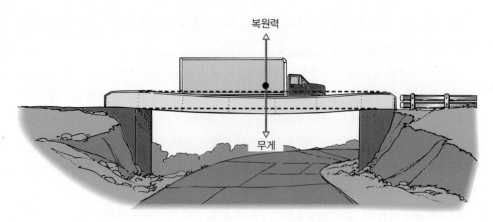

그림 3.1.2 강철 다리는 트럭의 무게 때문에 휜다. 트럭에 작용하는 위로 향하는 복원력이 정확히 트럭의 무게와 균형을 이룰 때까지 다리는 아래로 휜다.

복원력

무게

Hooke의 법칙은 매우 일반적이며 코일 모양의 용수철에만 국한되지 않는다. 많은 물체들은 평형 길이에서 멀어지는 정도에 비례하여 힘을 복원하거나, 또는 일부 복잡한 물체의 경우 평형 모양에 따라 변형에 응답한다. **평형 모양**은 외부 힘을 받지 않을 때 물체의 모양이다. 나뭇가지를 구부리면 구부러진 정도에 비례하여 미는 힘이 작용한다. 고무 밴드를 당기면 고무 밴드는 늘어난 지점까지의 거리에 비례하는 힘으로 당겨진다. 매트리스를 누르면 압축된 거리에 비례하여 바깥쪽으로 미는 힘이 작용한다. 무거운 트럭이 다리를 아래쪽으로 구부리면 다리는 구부러진 정도에 비례하는 힘으로 위쪽으로 밀 것이다(그림 3.1.2).

그러나 Hooke의 법칙에는 한계가 있다. 물체가 너무 많이 변형되면, 물체는 보통 Hooke의 법칙이 요구보다는 것보다 적게 힘을 작용하기 시작할 것이다. 이는 물체의 **탄성 한계**(elastic limit)를 초과하고 이 과정에서 물체가 영구적으로 변형되기 때문이다. 만약 용수철을 너무 많이 늘이면, 그것을 놓았을 때 원래의 평형 길이로 되돌아가지 않을 것이다. 또 나뭇가지를 너무 많이 구부리면, 그것은 부러질 것이다. 그러나 탄성 한계 내에서 머무는 한 많은 것들은 Hooke의 법칙을 따른다(로프, 자, 트램폴린 등).

용수철 변형은 일을 필요로 한다. 손으로 용수철을 당겨 양끝이 서로 멀어지면 당신은 당신의 에너지 일부를 용수철로 전달한 것이다. 용수철은 이 에너지를 **탄성 위치에너지**(elastic potential energy)로 저장한다. 이 과정을 거꾸로 하면 용수철은 이 에너지의 대부분을 손에 돌려준다. 나머지는 용수철 내부의 마찰로 인해 열에너지로 변한다. 일은 용수철을 압축, 즉 구부리거나 비틀기 위해 필요하다. 요컨대 평형 상태에서 변형된 용수철은 항상 탄성 위치에너지를 지닌다.

> ⟶ **개념 이해도 점검 #2: 누가 내려가는가?**

수영장 다이빙 보드에서 사람들이 걷는 것을 보면, 다이버의 무게에 비례하여 아래쪽으로 구부러짐을 알 수 있다. 이를 설명하시오.

⟩ 해답 다이빙 보드는 용수철처럼 동작한다. 즉, 각 다이버의 무게에 비례하여 아래로 구부러진다.

⟩ 왜? 다이버의 무게가 클수록 다이버의 무게를 균형 잡기 위해 보드가 아래로 구부려져 다이버에게 충분한 위쪽 방향 힘을 가한다.

➡ **정량적 이해도 점검 #1: 처지는 기분**

3층 아파트에서 파티를 열려고 한다. 먼저 온 10명의 손님이 거실에 서면 가운데 1 cm 정도 바닥이 처지는 것을 알았다. 20명의 손님이 거실에 서 있으면 바닥이 얼마나 처질까? 100명의 손님이 서 있을 때는 어떠한가?

> **해답** 20명 있을 때는 2 cm 처지고, 100명일 때는 10 cm 처질 것이다(바닥이 부서지지 않는다고 가정).

> **왜?** 대부분의 기둥에 걸쳐진 평면과 마찬가지로 바닥은 용수철처럼 작동한다. 바닥은 10명의 손님의 체중과 같은 위쪽 방향의 복원력을 발휘하기까지 1 cm 변형된다. 따라서 20명의 손님을 지지하기 위해서는 2 cm, 100명을 지지하기 위해서는 10 cm 변형된다. 이 변형은 바닥을 받치는 빔의 탄성 한계 내에 있어야 하지만 석고와 페인트가 깨지는 원인이 될 수 있다. 바닥을 받치는 빔이 부러지면 마루가 무너진다.

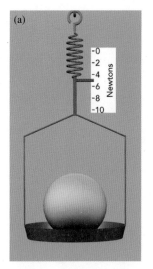

걸이형 식료품점 저울로 무게를 측정하는 방법

멜론의 무게를 재기 전에 식료품 점 저울을 살펴보자. 이 저울은 무게를 재는 과정을 담당하는 코일 용수철을 포함하고 있다. 그 용수철의 한쪽 끝은 천장에 매달려 있고 다른 끝은 계량 바구니를 지지한다(그림 3.1.3). 이해를 돕기 위해, 용수철과 바구니의 무게는 거의 없고 바구니는 용수철의 하단에 있다고 가정해 보자. 바구니가 비어 있는 상태에서 용수철은 평형 길이에 있으며, 바구니는 안정된 평형 상태에 있게 된다. 바구니를 위아래로 이동시킨 다음 놓아두면 용수철이 바구니를 원래 위치로 다시 돌아가게 할 것이다. 바구니에 멜론을 놓으면, 멜론의 무게는 바구니를 아래쪽으로 당기고 바구니는 평형을 잃어버린다. 바구니는 아래쪽으로 이동하고, 이때 용수철은 늘어나면서 위쪽 방향으로 바구니를 당긴다. 용수철이 늘어날수록 이 위쪽 방향 힘이 커지므로 결국 용수철이 충분히 늘어나서 위쪽 방향의 복원력이 멜론의 무게를 정확하게 지탱한다. 바구니는 이제 새로운 안정적인 평형 상태에 있게 된다. 다시 바구니에 작용하는 알짜힘은 0이다.

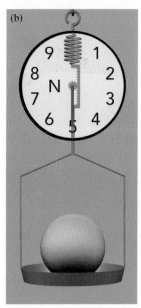

이때 저울은 멜론의 무게를 결정하기 위해서 Hooke의 법칙을 사용한다. 아래쪽 방향으로 작용하는 멜론의 무게가 용수철의 위쪽 방향 복원력에 의해 정확히 균형을 이루는 새로운 평형 위치에 바구니가 안착했을 때, 용수철이 늘어난 길이는 멜론 무게의 정확한 측정치가 된다.

그림 3.1.3의 용수철저울들은 용수철이 평형 길이를 넘어서 얼마나 많이 늘어났는가를 측정하는 방식만 다르다. 그림 3.1.3a의 저울은 용수철의 끝 부분에 부착된 포인터를 사용하는 반면, 그림 3.1.3b의 저울은 늘어난 용수철의 작은 직선운동을 눈에 더 잘 띄게 하기 위해 다이얼 형태의 가시적인 회전운동으로 변환시키는 랙과 피니언 기어 시스템을 사용한다. 랙은 용수철의 하단에 붙어 있는 간격이 일정한 톱니이고, 피니언은 다이얼 바늘에 부착된 톱니바퀴이다. 용수철이 늘어남에 따라 랙이 아래쪽으로 이동하고 톱니로 인해 피니언이 회전한다. 랙이 멀어질수록 피니언이 더 많이 회전하고 바늘로 가리키는 무게도 커진다.

이들 용수철저울은 바구니에 넣은 멜론의 무게에 대한 숫자를 가리킨다. 그 숫자가 무언가를 의미하기 위해서는 저울은 눈금을 조정해야 한다. **눈금 조정(calibration)**은 정확성을 보장하기 위해 가지고 있는 기구나 장비를 일반적으로 승인된 표준과 비교하는 과정을

그림 3.1.3 멜론 무게를 재는 두 개의 스프링 저울. 각 저울에서는 멜론의 아래쪽 무게와 용수철이 위쪽으로 작용하는 힘이 균형을 이루고 있는데, 멜론 무게와 균형을 맞추기까지 위쪽 방향 힘이 충분하도록 용수철이 늘어난다. 위쪽 그림의 저울에는 용수철이 얼마나 늘어났는지, 즉 멜론의 무게가 얼마인지를 나타내는 포인터가 있다. 아래 저울에는 다이얼의 바늘을 돌리는 랙과 피니언 기어가 있다. 빗살 모양의 랙이 위아래로 움직이면서 톱니 모양의 피니언 기어를 회전시킨다.

말한다. 용수철저울의 눈금을 조정하려면 장치의 기준을 표준 무게와 비교해야 한다. 누군가는 바구니에 표준 무게를 넣고 용수철이 얼마나 많이 늘어나는지 측정해야 한다. 용수철 제조업체는 모든 용수철을 가능한 동일하게 만들기 위해 노력하지만 완전히 동일한 용수철은 없다.

> **▶ 개념 이해도 점검 #3: 무게 줄이기**
>
> 걸이형 식료품점 저울의 바구니를 1 cm 아래로 당기면 저울은 바구니의 무게를 5 N으로 읽는다. 바구니를 3 cm 아래로 당기면 무게는 얼마로 읽힐까?
>
> **해답** 15 N
>
> **왜?** 저울의 숫자판은 단순히 바구니의 위치를 나타낸다. 숫자판은 바구니가 1 cm 내려가면 용수철이 5 N의 힘으로 위로 당기도록 조정되어 있다. 용수철의 복원력은 Hooke의 법칙에 의해 설명되기 때문에 바구니가 3 cm 내려간다면 용수철은 바구니에 15 N의 위쪽 방향 힘을 가한다.

목욕탕 저울의 반동

Courtesy Lou Bloomfield

그림 3.1.4 목욕탕 저울 위에 서면 그 표면은 약간 아래로 움직이고 뻣뻣한 용수철을 압박한다. 압박되는 양은 왼쪽에 있는 다이얼에서 표시되는 당신의 무게에 비례한다. 저울 내부의 평면 받침은 저울이 당신이 서 있는 정확한 위치에는 둔감하다.

앞에서 언급했듯이, 가장 일반적인 유형의 목욕탕 저울 또한 용수철저울이다(그림 3.1.4). 이 저울을 밟으면 저울의 표면이 움푹 들어가고 내부의 지레는 숨겨진 용수철을 당긴다. 그 용수철은 지레를 통해 체중과 같은 위쪽 방향의 힘이 작용할 때까지 늘어난다. 동시에 저울 내부의 랙과 피니언 기구가 숫자가 인쇄된 바퀴를 돌린다(그림 3.1.3b 참조). 바퀴가 정지하면 저울의 창을 통해 이 숫자 중 하나를 읽을 수 있다. 그 수는 용수철이 얼마나 많이 늘어나 있고 얼마나 정확하게 눈금 조정되었는지에 의존하며, 이를 통해 체중을 정확하게 표시한다.

그러나 바퀴가 멈추기 전에 저울의 바늘은 당신의 실제 무게 값을 중심으로 앞뒤로 움직인다. 저울이 점차적으로 여분의 에너지를 없앨 때 당신이 위아래로 움직이고 있기 때문에 바퀴가 움직인다. 저울의 표면에 처음 발을 올려놓을 때는 저울 안의 용수철이 늘어나지 않은 상태이고 그것은 당신을 전혀 위쪽 방향으로 밀지 않는다. 이제 당신이 밑으로 서서히 내려가면 용수철은 늘어나고, 저울은 당신의 발을 위로 밀기 시작한다. 저울이 당신의 체중과 똑같은 힘을 가하는 평형에 도달할 때까지 당신은 빠르게 아래로 움직이며 그 평형점을 지나치게 된다(순간적으로 관성운동이다.). 그 이후 저울은 당신의 무게보다 더 큰 값을 나타내기 시작한다.

저울은 이제 당신을 위쪽 방향으로 가속시킨다. 당신이 내려가는 속도가 느려지고 평형점으로 돌아가려고 위쪽 방향으로 움직이게 된다. 이렇게 위로 가다가 다시 평형점을 지나치게 되고, 이 경우에는 저울이 당신의 몸무게보다 작은 값을 가리킨다. 위치에너지와 운동에너지가 서로 전환하면서 여분의 에너지가 당신을 위아래로 움직이게 한다. 이렇게 위아래로 움직이는 것은 저울의 운동 마찰에 의해 그 여분의 에너지가 모두 열에너지로 전환될 때까지 계속된다. 이렇게 여분의 에너지가 모두 사라지면 저울의 눈금은 정확한 몸무게를 나타내며 정지한다.

이러한 안정된 평형을 경험하게 하는 진동 현상은 매우 놀라운 운동이다(그림 3.1.5).

이에 관해서는 9장에서 시계에 대해 연구할 때 더 자세하게 공부할 것이다. 당신은 결과적으로 용수철에 매달린 질량이 되고, 당신의 리드미컬한 상승과 하강은 **조화진동자**(harmonic oscillator)의 운동이 된다. 조화진동자는 자연에서 매우 흔하고 중요하므로 9장에서 다룰 것이다. 상세한 내용은 나중에 다루고, 지금은 당신의 현재 상황에 대해서 두 가지 특징을 지적하고자 한다.

첫째, 당신이 안정된 평형점에 있는 경우 위치에너지는 최솟값이다. 중력 위치에너지와 탄성 위치에너지 모두가 관련되어 있을 지라도, 당신이 평형점으로부터 벗어나면 이 둘의 합은 평형점일 때보다 커진다. 물체는 항상 가속되어 총 위치에너지를 가능한 한 빨리 줄이고 싶어 하기 때문에 당신은 항상 안정된 평형점을 향해 가속된다. 평형점에서 멀어질수록 당신이 경험하는 복원력이 증가하기 때문에 평형점에서 가장 멀리 떨어져 있는 순간 가속도와 위치에너지는 최댓값에 도달하고 균형을 향해 되돌아가려고 한다.

둘째, 안정된 평형점을 통과할 때 운동에너지는 최고점에 도달한다. 도착 순간까지 평형점을 향하여 가속되면서 그 점에 도달한 순간까지 빨리 움직이고 그 점을 지나쳐 나아간다. 그러나 평형점을 지나치면 다시 가속되기 시작한다. 그 가속은 당신의 속도에 반대로 뒤로 향하기 때문에 실제로는 감속이다. 따라서 당신이 평형점을 통과하는 순간 최고 속력과 최고 운동에너지에 도달한다. 이렇게 당신이 위아래로 왔다 갔다 하면서 저울이 당신의 여분의 에너지를 소비하기를 기다리면, 그 에너지는 운동에너지와 위치에너지 형태 사이를 리드미컬하게 왔다 갔다 한다.

그림 3.1.5 멜론을 용수철 저울의 바구니에 놓을 때, 저울이 바구니와 멜론의 여분의 에너지를 점차 제거하는 동안 이들은 수평선으로 표시한 평형점을 중심으로 잠깐 움직인다. 두 물체의 평형점을 중심으로 한 리드미컬한 움직임은 용수철에 물체를 매달았을 때의 운동이며, 조화진동자의 운동이다.

> **흔한 오개념: 평형과 정지**
>
> **오개념** 평형점에 놓인 물체는 항상 움직이지 않는다.
>
> **해결** 평형 상태의 물체는 가속되지 않지만 속도는 0이 아닐 수 있다. 만약 그렇다면 평형점에 도달하면 일정한 속도로 그 평형점을 지나칠 것이다.

> ➡ **개념 이해도 점검 #4: 무게 재기**
>
> 용수철 욕실 저울의 표면을 밟으면 약간 아래로 움직이는 것을 느낄 수 있다. 당신이 저울에 올라갔을 때, 저울의 표면이 아래로 내려간 거리는 저울이 나타내는 체중과 어떤 관계가 있을까?
>
> **해답** 저울 표면이 아래로 이동한 거리는 저울이 나타내는 무게에 비례한다.
>
> **왜?** 저울의 용수철이 지레에 의해 표면에 연결되어 있어 표면이 아래쪽으로 움직일 때 용수철은 그에 비례하는 양만큼 변형되고 용수철의 변형이 다이얼에 나타난다. 따라서 다이얼의 판독 값은 저울 표면의 아래쪽 방향의 움직임에 비례한다.

3.2 │ 구기: 튀는 공

장난감 가게나 스포츠용품점을 방문하면 많은 종류의 공을 볼 수 있다. 이 공들은 크기와 무게가 다르며, 어떤 것은 매우 단단하고 어떤 것은 아주 물렁하다. 또 표면이 부드러운 것도 있고 거칠거나 딱딱한 것도 있다.

이 절에서는 이와 같은 차이점 이외에 다른 차이점에 초점을 맞춘다. 예를 들어 탄성 있는 공은 매우 잘 튀고, 단단한 고무공은 거의 튀

지 않는다. 동일한 것으로 보이는 공조차도 다를 수 있다. 새 테니스공은 오래된 것보다 훨씬 더 잘 튀어 오른다. 이러한 차이점을 관찰하면서 이 절을 시작한다.

생각해 보기: 공이 떨어뜨린 높이보다 더 높이 튀는 것이 가능한가? 공이 튀는 순간 공의 운동에너지는 어디로 가는가? 튀어 오를 때 사라진 에너지는 어떻게 되는가? 공이 야구방망이와 같이 움직이는 물체에 부딪혀서 튀어 오를 때는 어떻게 되나? 야구방망이의 구조는 튀는 과정에서 어떤 역할을 하는가? 방망이의 어떤 특정 부위가 공이 튀어 나가는 데 중요한 역할을 하는가?

실험해 보기: 단단한 표면에 공을 떨어뜨리고 튀어 나오는 것을 지켜보자. 튀는 동안 공의 모양은 어떻게 되는가? 공을 손에 들고 손가락으로 안쪽으로 밀어 넣어 보라. 공이 손가락에 가하는 힘과 공이 얼마나 멀리 안쪽으로 움푹 들어갔는가의 관계는 무엇일까? 공을 변형할 때 일이 필요하다. 왜 그럴까? 움푹 들어간 공의 에너지는 어떻게 바뀌나? 모양이 정상으로(평형 상태로) 되돌아감에 따라 공의 에너지는 어떻게 될까?

다양한 높이에서 공을 떨어뜨리고 공의 초기 높이와 되튀어 오르는 높이 사이의 단순한 관계를 찾을 수 있는지 확인하라. 이제 공을 베개와 같은 부드러운 표면이나 팽창된 풍선과 같은 탄성이 좋은 표면에 떨어뜨려 보라. 공이 부딪히는 표면에 따라 공이 튀는 방식이 바뀌는 이유는 무엇일까?

공이 튀는 방식

농구, 야구, 테니스, 골프, 축구, 배구 등 공을 사용하는 스포츠는 대부분 공의 튀는 현상을 이용하여 경기를 한다. 대부분은 공이 튄다는 사실은 분명히 알지만 다른 미묘한 원리는 잘 모른다. 야구공이 방망이에 부딪치거나 축구 선수가 축구공을 차면 그 공들은 사실은 움직이는 물체로부터 튀어 오르는 것이다. 왜 공이 튀는지, 공의 특성과 부딪히는 상황이 공의 튐에 어떤 영향을 미치는지 알아보자.

공의 모양을 관찰하는 것부터 시작해 보자. 공을 누르지 않으면 공은 평형 모양, 일반적으로 구형의 모양을 가진다. **평형 상태의 모양**이라는 용어는 앞 절에서 용수철을 설명할 때 이미 배웠다. 공과 용수철은 몇 가지 중요한 공통점이 있기 때문에 이는 우연이 아니다. 이들의 유사성에서 중요한 것은 에너지를 저장하고 되돌릴 수 있는 능력이 있다는 것이다. 공과 용수철은 평형 상태의 모양에서 벗어나게 되면 에너지를 저장하고 평형 상태의 모양으로 되돌아올 때 저장된 에너지를 방출한다.

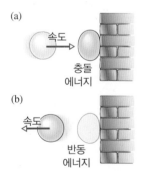

그림 3.2.1 공과 벽이 충돌하는 동안 그것들의 운동에너지는 다른 형태, 즉 충돌에너지라고 불리는 에너지로 전환된다. 되튀는 동안에는 저장된 에너지의 일부가 반동에너지라고 불리는 운동에너지로 방출된다. 충돌에너지의 일부가 열에너지로 바뀌어 사라지기 때문에 반동에너지는 항상 충돌에너지보다 작다. 그러나, "활기찬"(즉, 탄성이 좋은) 공의 경우 "죽은"(탄성이 좋지 않은) 공보다 잃어버리는 에너지가 적다.

이런 에너지 저장 및 반환은 공이 딱딱한 표면에서 튀는 경우에 분명하다. 두 물체가 충돌하면 공의 표면이 변형되고 탄성 위치에너지가 증가한다(그림 3.2.1a). 공의 변형을 야기한 에너지는 충돌하는 물체의 운동에너지이다. 두 물체가 충돌한 후 서로 튕겨져 나가면서 공의 표면은 평형 모양으로 되돌아가고 탄성 위치에너지는 감소한다(그림 3.2.1b). 평형 상태로 되돌아가는 것은 튕겨져 나가는 물체의 운동에너지에 더해지는 에너지를 방출시킨다.

충돌 중에 흡수된 운동에너지를 **충돌에너지**(collision energy)라고 하고, 튕겨져 나가는 동안에 방출되는 운동에너지를 **반동에너지**(rebound energy)라고 부를 것이다. 이 두 가지 에너지는 어떻게 비교되는가? 에너지가 보존되고 두 물체가 충돌 전후 모양이 같으므로 충돌에너지와 반동에너지는 서로 같아야 하지 않을까?

사실 두 에너지는 하나의 중요한 사실을 제외하면 동일하다. 충돌 전과 후의 두 물체는

그림 3.2.2 테니스공이 바닥에 닿으면 안쪽으로 변형이 일어나서 에너지를 저장한 다음 바닥에 부딪히기 전보다 좀 천천히 튀어 오른다. 이 이미지들은 공의 위치를 12개의 일정한 시간 간격 마다 나타낸 것이다. 공이 왼쪽이나 오른쪽 중 어느 쪽으로 튀고 있을까? 이를 어떻게 알 수 있을까?

Courtesy Lou Bloomfield

변하는데, 그들의 열에너지가 증가한다. 물체는 변형되었다가 다시 평형 상태로 돌아오는 중에 충돌에너지가 열에너지로 소비되기 때문에 반동에너지는 항상 충돌에너지보다 작다(그림 3.2.2). 총 에너지는 충돌 전과 후에 보존되지만 에너지의 개별적인 형태는 그렇지 않다. 어떤 물리적 법칙도 운동에너지가 열에너지가 되는 것을 막지 않으며, 이는 모든 충돌에서 일어난다.

어떤 공은 다른 공보다 더 잘 튄다. 탄력 있는 공을 "활기찬 공"이라 하고, 잘 튀지 않는 공을 "죽은 공"이라고 하기로 하자. 활기찬 공은 매우 탄성적이다. 활기찬 공은 충돌 과정에서 대부분의 충돌에너지를 탄성 위치에너지로 바꾸고, 튕겨져 나갈 때 탄성 위치에너지의 대부분을 다시 반동에너지로 바꾼다. 변환되고 되튀어 나오는 동안 그 탄성 위치에너지의 대부분을 반동에너지로 전환시킨다. 반면에 죽은 공은 거의 탄력적이지 않다. 충돌하는 동안 대부분의 충돌에너지를 열에너지로 변환하고 튕겨져 나갈 때 남은 에너지의 대부분을 열에너지로 전환한다.

충돌에너지에 대한 반동에너지의 율(표 3.2.1)은 정지한 공을 단단한 바닥에 떨어뜨렸을 때 공이 얼마나 높이 올라갈 것인가를 결정한다(그림 3.2.3). 떨어뜨리기 전에 공은 중력 위치에너지만을 가지며, 이는 바닥 위 높이에 비례한다(식 1.3.2). 그 위치에너지는 공이 떨어지는 동안 운동에너지로 전환되고 바닥과 충돌할 때 충돌에너지가 된다. 바닥과 충돌 후, 공의 반동에너지는 운동에너지가 되고 공이 높이 올라갈수록 중력 위치에너지가 증가한다. 공이 가장 높이 올라갔을 때, 물체는 중력 위치에너지만 가지며 이는 높이에 비례한다. 따라서 공에서 충돌에너지에 대한 반동에너지의 율은 초기 높이에 대한 최종 높이의 율과 같다.

이상적으로 완전 탄성인 공의 경우 이 율은 1.00이다. 충돌에너지 전부가 반동에너지로

표 3.2.1　공의 종류에 따른 에너지비와 반발 계수의 근사치

공의 종류	반동에너지/충돌에너지	반동 속력[†]/충돌 속력
슈퍼볼	0.81	0.90
정구공	0.72	0.85
골프공	0.67	0.82
농구공	0.64	0.80
테니스공	0.56	0.75
쇠공	0.42	0.65
야구공	0.30	0.55
스펀지 고무공	0.09	0.30
부풀지 않은 공	0.01	0.10
콩주머니	0.002	0.04

[†]이 율을 반발 계수라고 하는데, 이 속력비를 제곱하면 에너지율(반동에너지/충돌에너지)을 얻는다.

전환되어 공은 초기 높이까지 튀어 오른다. 탄성 충돌로 알려진 이 완벽한 되튐은 기체의 작은 분자들 사이에서는 공통적으로 일어나지만 일반적인 물체에서는 일어날 수 없다. 큰 물체의 경우에는 에너지가 소리, 진동 및 빛을 포함하여 다른 에너지로 변하거나 다른 물체로 전달되는 경우가 많기 때문이다.

실제 공은 **비탄성 충돌**(inelastic collision)을 경험한다. 충돌에너지 일부를 열에너지로 낭비하고 더 낮은 높이로 튀어 오른다. 예를 들어, 야구공의 반동에너지는 충돌에너지의 0.3배에 불과하므로 원래 높이의 30%까지만 튀어 오른다(그림 3.2.3a). 되튐 하는 동안 그 엄청난 에너지 손실이 없다면 야구 투수들은 갑옷을 입어야 할 것이다(주: 야구공이 타자의 정지한 방망이에 맞을 때, 즉 타자가 번트를 댈 때 야구공의 속력이 변함이 없다면 이 공에 맞으면 부상을 입게 된다).

이 **에너지율**(반동에너지/충돌에너지)은 유용하지만, 공은 전통적으로 충돌 전후의 **속력율**로 특징지어진다. 즉, 반동 속력을 충돌 속력으로 나눈 값이다. 여기서 충돌 속력은 두 물체가 충돌 전에 서로 얼마나 빨리 접근하는지, 그리고 반동 속력은 충돌 후에 물체가 얼마나 빨리 멀어지는가에 대한 속력이다. 이 속력율은 공의 **반발 계수**(coefficient of restitution)라고 한다(표 3.2.1 참조).

$$반발\ 계수 = \frac{반동\ 속력}{충돌\ 속력} \tag{3.2.1}$$

공의 반발 계수가 클수록 주어진 충돌 속력에 대해서 더 빠르게 튄다. 예를 들어, 농구의 반

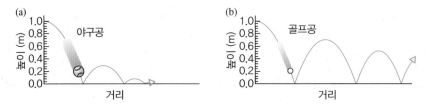

그림 3.2.3　(a) 야구는 충돌에너지의 70%를 열에너지로 낭비하고 약하게 튄다. (b) 상대적으로 골프공은 충돌에너지의 30%만 낭비하고 잘 튀어 오른다.

발 계수는 0.80이므로 자유투 중에 백보드에서 튀어 나오면 반동 속력은 충돌 속력의 0.80 배이다. 이런 속력의 감소는 공이 튀기 전보다 튄 후에 더 쉽게 바구니 안으로 떨어지도록 만든다.

공의 운동에너지는 속력의 제곱에 비례하기 때문에 그 에너지율은 단순히 속도율의 제곱이다. 그 율을 측정하는 것은 순수한 학문적 관심 이상으로 중요한데, 대부분 구기 종목 협회에서는 공정성과 안전성을 이유로 공의 반발 계수를 지정해 놓는다. 그렇게 하지 않으면, 예를 들어 야구에서는 모든 게임이 홈런더비가 되는 아주 격렬한 게임으로 쉽게 조작할 수 있게 된다.

공은 표면이 휠 때보다는 압축을 통해 에너지를 저장할 때 가장 잘 튄다. 그 이유는 가죽이나 플라스틱 같은 공의 재질은 구부리는 동안 많은 에너지를 소비해버리는 내부 마찰을 경험하기 때문이다. 속이 꽉 찬 딱딱한 공은 그것들이 고무, 목재, 플라스틱, 또는 금속으로 만들어졌는지에 상관없이 보통 잘 튄다. 그러나 공기로 채워진 공은 적절히 팽창된 경우에만 잘 튄다. 대부분의 에너지를 압축 공기에 저장하는 정상적인 농구공은 반발 계수가 크다. 반대로 공기가 덜 주입된 농구공은 충돌 시 표면의 굽힘이 많아지고 간신히 튄다. 마찬가지로, 테니스공은 새 것일 때 가장 잘 튄다. 시간이 흘러 내부의 압축 공기가 밖으로 새면 공의 반발 계수는 떨어지게 된다.

> ⏩ **개념 이해도 점검 #1: 구슬 놀이 1**
>
> 친구와 구슬 놀이를 하려고 공원에 가다가 가방에 구멍이 나서 구슬이 떨어졌다. 떨어진 구슬은 화강암 산책로에서 잘 튀어 오른다. 구슬은 어떻게 이렇게 잘 튀어 오를까?
>
> **해답** 구슬이 단단한 화강암 표면과 충돌할 때 안쪽으로 변형이 일어나서 대부분의 운동에너지를 탄성 위치에너지로 변환시킨다. 그런 다음 표면에서 튀어 오를 때 저장된 에너지를 다시 운동에너지로 변환시키면서 튄다.
>
> **왜?** 탄성이 있는 구슬은 반발 계수가 매우 크고 단단한 물체에 부딪힐 때 잘 튄다.

충돌 면은 튐에 어떤 영향을 주나

공이 부딪히는 표면이 완전히 단단하지 않다면 그 표면도 튀는 과정에 기여하는 바가 있다. 표면은 공이 표면을 때리고 튀어 나올 때 변형되면서 에너지를 저장하고, 이 저장한 에너지를 튀어 나가는 공에 돌려준다.

전반적으로 충돌에너지는 공과 표면이 나누어 갖고 각각은 반동에너지의 일부분을 제공한다. 충돌에너지가 표면과 공 사이에 어떻게 분포되어 있는지는 표면이 얼마나 딱딱한지에 따라 달라진다. 공이 튀어 오르는 동안, 그들은 크기는 같지만 방향은 반대인 힘을 서로에게 작용한다. 서로에게 작용하는 힘의 크기가 같기 때문에 각 물체를 변형시키는 동안한 일은 각 물체가 얼마나 멀리 안쪽으로 움푹 들어가는지에 비례한다. 더 멀리 변형된 물체가 대부분의 충돌에너지를 받는다.

공은 일반적으로 공이 친 표면보다 더 많이 변형되기 때문에 대부분의 충돌에너지는 일반적으로 공으로 들어간다. 따라서 공이 반동에너지의 대부분을 제공할 것으로 기대할 수 있다. 그러나 이는 항상 사실이 아니다. 몇몇 탄성이 좋은 탄성 표면들은 충돌에너지를 잘 저장하고, 반동에너지로 그 에너지를 거의 모두 효과적으로 돌려준다. 상대적으로 "죽은 공"은 충돌에너지의 대부분을 소비하므로 탄성이 좋은 표면의 반동에너지에 대한 기여는 되튐 과정에서 매우 중요할 수 있다.

예를 들어, 공이 라켓에서 튀어 나올 때 라켓의 줄이 많은 반동에너지를 제공하기 때문에 탄성이 좋은 라켓은 테니스 게임에서 결정적인 요인을 제공한다(그림 3.2.4). 라켓 줄이 공보다 탄성이 좋기 때문에 줄에 저장된 충돌에너지의 율을 높이는 것으로 실제 튀어나오는 공의 속력을 늘릴 수 있다. 공의 정확도를 희생하더라도 속력을 높이길 원한다면 라켓 줄을 상대적으로 느슨하게 묶으면 된다. 느슨한 줄은 충돌에너지를 더 많이 받고 그 받은 에너지를 거의 모두 반동에너지로 전환한다.

트램펄린과 스프링보드는 더욱 극단적인 예이다. 이것들은 표면의 탄성이 너무 커서 사람들까지도 튀게 만들 수 있다. 콩주머니 같이 사람은 반발 계수가 거의 0에 가깝다. 하지만 당신이 트램펄린에 떨어진다면 트램펄린은 충돌에너지의 대부분을 받고 저장한 후 반동에너지의 대부분을 제공한다.

또한 공과 표면의 딱딱한 정도는 각 물체가 서로에게 얼마나 큰 힘을 가하는지를 결정하고, 따라서 얼마나 빨리 충돌 과정이 진행되는지를 결정한다. 두 물체가 매우 단단하면, 관련된 힘이 크고 가속도가 빠르다. 따라서 쇠공은 콘크리트 바닥에 부딪힐 때 두 대상이 서로에게 엄청난 힘을 발휘하기 때문에 콘크리트 바닥에서 아주 빨리 튀어 나온다. 공 또는 표면이 비교적 부드러우면 힘이 약해지고 가속도가 느려진다.

공이 닿는 표면이 그다지 질량이 크지 않으면 어떨까? 이 경우, 표면은 "튀는 것"의 일부 또는 전부의 역할을 한다. 튀는 동안 공과 표면은 서로 반대 방향으로 가속하고 반동에너지를 공유한다. 바닥이나 벽 같은 거대한 표면은 거의 가속되지 않고 반동에너지를 거의 가져가지 않는다. 그러나 공이 부딪히는 표면이 아주 거대하지 않다면, 그 표면이 가속되는 것을 볼 수 있다. 예를 들어 공이 탁자 위의 램프를 치면 공이 가속하는 대부분을 차지하지만 램프도 넘어질 수 있다.

이와 유사하게 야구공이 야구방망이를 칠 때 공과 방망이는 반대 방향으로 가속한다. 방망이가 무거울수록 그것은 덜 가속된다. 대부분의 반동에너지를 공으로 가게 하기 위해

그림 3.2.4 테니스공이 움직이는 라켓으로부터 튈 때, 공과 라켓 둘 다 안으로 패인다. 공과 라켓은 충돌에너지를 거의 공평하게 나눈다.

🔵 개념 이해도 점검 #2: 구슬 놀이 2

당신은 부드러운 흙 위에서 구슬 놀이를 하고 있다. 목표는 유리구슬을 다른 구슬로 때려서 동그라미 바깥으로 내보내는 것이다. 처음 몇 개의 구슬은 바닥에 떨어졌는데 거의 튕겨 나가지 않았다. 튀는 것을 막은 것은 무엇일까?

해답 부드러운 흙은 단단한 구슬보다 더 많이 변형되어 대부분의 충돌에너지를 받아들이고, 그 에너지의 대부분을 열에너지로 바꾸기 때문에 구슬이 약하게 튄다.

왜? 구슬은 딱딱한 표면에서는 잘 튀는 반면, 단단한 구슬이 충돌할 때 흙은 부드럽고 사실상 모든 충돌에너지를 받아들인다. 충돌 중에는 흙이 변형되지만 탄성이 없기 때문에 에너지를 거의 저장하지 않는다. 따라서 구슬은 별로 튕겨 나가지 않는다.

서 20세기 초반의 전설적인 타자들은 무거운 방망이를 사용했다. 하지만 그런 방망이는 스윙하기가 어려워 더 이상 유행하지 않는다. 그러나 투수들의 숙련도가 지금보다 떨어졌던 야구 초창기에는 타자들이 무거운 방망이들로 홈런을 많이 때려냈다.

움직이는 표면은 튐에 어떤 영향을 주나

움직이는 공이 정지한 방망이에 닿으면 튕겨 나간다. 움직이는 방망이가 정지한 공을 칠 때에도 여전히 공은 튕겨 나간다. 사실 방망이와 공이 서로 접근하고 충돌할 때마다 우리가 튕기는 것에 관해 논의한 모든 것이 적용된다. 예를 들어, 공의 반발 계수는 여전히 공의 반동 속력과 충돌 속력의 비율이다. 그러나 방망이가 충돌 전후로 움직일 때, 우리는 분명히 충돌 속력과 반동 속력이 무엇을 의미하는지 주의 깊게 생각해야 한다.

충돌 속력은 공의 속도도 아니고 방망이의 속도도 아니다. 그것은 충돌 전에 두 물체가 서로에게 다가가는 속력이다. 마찬가지로, 반동 속력은 충돌 후에 물체가 서로 멀어져 가는 속력이다. 기술적으로 두 속력은 방망이의 속도에서 공의 속도를 빼는 것에서 비롯한다. 그러나 각 물체가 다른 물체를 향해 일직선상에서 다가가거나 혹은 멀어지는 한 충돌 및 반동 속력은 비교적 간단하게 계산할 수 있다. 방망이와 공이 반대 방향으로 향하고 있다면 두 속력을 더하면 되고, 그 둘이 같은 방향을 향하고 있다면 그 둘의 속력을 빼면 된다.

이 간단한 접근법은 고속도로에서 자동차를 관찰할 때 익숙하다. 두 대의 자동차가 좁은 길에서 반대 방향으로 60 mph로 움직이며 접근하고 있다면 그들은 서로에게 120 mph로 접근하고 있으므로 충돌하지 않기를 바랄 뿐이다. 60 mph로 가고 있는 자동차가 55 mph로 같은 방향으로 움직이고 있는 차에 바짝 다가가면, 이번에는 약 5 mph로 서로 접근하고 있는 셈이 되므로, 충돌하면 단지 펜더가 조금 휘는 정도의 사고가 날 것이다.

속력과 충돌에 대한 이러한 관찰을 사용하여 왜 당신이 지금 친 야구공이 중견수의 머리 위까지 날아가는지를 설명할 수 있다. 충돌 전에 투수가 던진 공이 100 km/h로 홈 플레이트에 접근하고 있고, 당신의 방망이도 공을 치기 위해 100 km/h의 속도로 스윙하고 있다고 하자(그림 3.2.5a). 각 물체가 서로를 향해서 이동하기 때문에 충돌 속력은 그들의 각각의 속력을 더한 200 km/h가 된다.

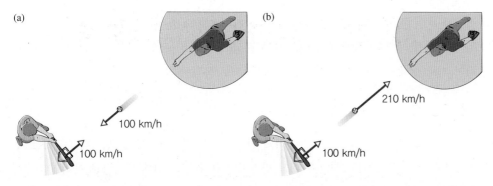

그림 3.2.5 (a) 방망이와 공이 충돌하기 전에 그들은 전체 200 km/h의 속도로 서로 접근하고 있다. (b) 충돌 후, 둘은 110 km/h의 속도로 서로 멀어져 간다. 그러나 방망이가 100 km/h로 투수를 향해 움직이기 때문에 나가는 공은 같은 방향으로 210 km/h로 날아간다.

야구공과 방망이의 반발 계수는 0.55이므로, 충돌 후 반동 속력은 충돌 속도의 0.55배, 즉 110 km/h에 불과하다(그림 3.2.5b). 나가는 공과 움직이는 방망이는 110 km/h로 서로 멀어진다. 방망이가 100 km/h로 투수를 향해서 움직이기 때문에 공은 투수 쪽으로 더 빨리 날아간다. 즉, 100 km/h + 110 km/h이므로 210 km/h의 속력으로 날아간다. 그래서 야구공이 외야수를 지나 관람석으로 향할 수 있는 것이다.

> ### ➡ 개념 이해도 점검 #3: 구슬의 기준계
>
> 두 사람이 각각 구슬을 동그라미 반대편에서 동시에 동그라미 안쪽으로 던졌더니, 구슬 두 개가 정면으로 충돌한다. 각 구슬은 1 m/s로 앞으로 나아갔다. 두 구슬은 부딪히기 전에 얼마나 빠른 속도로 서로를 향해 다가오고 있는가?
>
> **해답** 2 m/s로 접근하고 있었다.
>
> **왜?** 이 질문에서 보고된 속도는 원을 향해 정지해 있는 사람들에 의해 관측된 속도이다. 구슬이 서로를 향하고 있기 때문에 충돌 속력을 구하기 위해서는 두 구슬의 속력을 더해야 한다.

표면 역시 되튀고, 뒤틀리고, 휘어진다

공이 튀어 오를 때 표면이 공에 미치는 영향을 살펴보았다. 이제 공이 표면에 어떻게 영향을 미치는지 살펴보겠다. 당신이 투수가 던진 공을 향해 방망이를 휘두를 때, 충돌 후 방망이는 충돌 전과 정확히 똑같게 나아가지는 않는다. 충돌하는 동안 공이 방망이를 밀며 방망이는 매우 다양하고 흥미롭게 반응한다.

첫째, 충돌하는 동안 공의 충격력은 방망이를 뒤로 가속하게 하며, 그래서 투수 쪽으로 향하는 방망이의 속도는 약간 감소한다. 공은 느린 속도로 움직이는 방망이로부터 되튐이 되므로 공이 속력이 변하지 않고 계속 유지되었을 경우만큼 빠르게 투수 쪽으로 되튀어 나가지 않는다. 방망이의 질량을 늘리면 이렇게 속력이 줄어드는 효과를 감소시킬 수 있지만, 그것은 또한 방망이를 휘두르는 것을 어렵게 만든다.

둘째, 공의 충격력은 방망이의 질량중심에서 방망이에 회전력을 발생시켜 방망이는 각가속도가 생긴다(그림 3.2.6). 방망이의 가속과 각가속은 방망이의 손잡이 부분에 흥미로운 효과를 생성한다. 방망이의 가속은 손잡이를 투수로부터 떨어뜨리는 반면, 각가속은 손잡이를 투수 쪽으로 향하게 한다. 이 두 가지 반대 방향의 운동의 범위는 공이 방망이를 치는 위치에 달려 있다. 공이 방망이의 **타격 중심**(center of percussion)을 치면, 두 가지 동작이 서로 상쇄되고 손잡이는 안정적으로 앞으로 움직인다(그림 3.2.6c). 이 충돌은 방망이 끝에서부터 18 cm 정도 떨어져 있는 타격 중심점이 왜 "달콤한 자리"로 알려져 있는지를 설명해 준다.

셋째, 공의 충격은 방망이를 진동하게 만든다. 실로폰 채로 친 실로폰 바(그림 3.2.7a)처럼 방망이 끝은 앞뒤로 빠르게 휘고 방망이의 중앙은 그 반대 방향으로 움직인다(그림 3.2.7b). 이 진동은 손을 찌릿하게 하고, 심지어 나무 방망이를 부러뜨릴 수도 있다. 그러나 방망이의 양쪽 끝 가까이에 방망이가 이런 진동을 할 때에 움직이지 않는 지점이 있는데,

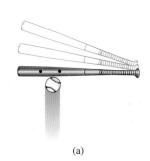

(a)

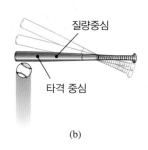

질량중심

타격 중심

(b)

(c)

그림 3.2.6 공이 방망이에 닿으면 방망이는 가속과 각가속을 경험한다. (a) 공이 방망이의 중심 근처에 닿으면 각가속도가 작아지고 방망이의 손잡이가 뒤로 가속된다. (b) 공이 방망이 끝 근처에 닿으면 각가속도가 커지고 방망이의 손잡이가 앞으로 가속된다. (c) 그러나 공이 방망이의 타격 중심에 부딪히면 각가속도가 손잡이가 가속하는 것을 막을 수 있다.

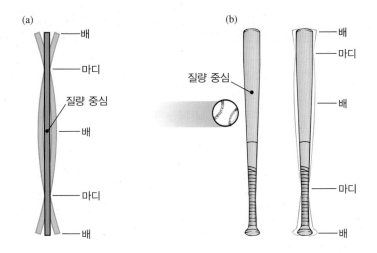

그림 3.2.7 (a) 실로폰을 채로 쳤을 때 실로폰 바는 가운데가 진동하고 반대 방향으로 앞뒤로 움직인다. 가장 멀리 움직이는 부분은 배이며, 전혀 움직이지 않는 점은 마디이다. (b) 공에 부딪칠 때 야구 방망이는 비슷한 방식으로 진동한다. 그러나 방망이의 마디 중 하나에 충격이 가해지면 진동이 발생하지 않는다.

이를 **진동 마디**(vibrational node)라고 한다. 공이 이 진동 마디에 맞으면 진동이 없다. 대신 방망이는 선명하고 깨끗한 "딱" 소리를 내며 공은 멀리 날아간다. 다행히 방망이의 진동 마디와 타격 중심이 거의 일치하므로 당신은 한 번에 두 "달콤한 지점"에 공을 맞출 수 있다.

이처럼 공의 과학과 공학은 놀라울 정도로 복잡하다. 이것이 방망이 제조업체가 더 나은 방망이를 끝없이 개발하고 있는 이유이다. 다중 벽 알루미늄, 티타늄 및 합성 방망이는 최근에 만들어진 방망이의 예이다. 이 속이 빈 방망이들은 각각 공과 충돌할 때 상당히 많이 변형되는 얇은 외벽을 가지고 있다. 벽 또한 매우 탄성이 크기 때문에 벽이 평형 모양으로 돌아오면서 모든 에너지가 반동에너지로 돌아온다. 보너스로, 방망이의 가벼운 외벽과 방대한 내벽은 충돌 후에 따라오는 방망이의 진동에 거의 에너지를 가지고 있지 않게 한다.

변형이 거의 되지 않아 에너지를 저장하는 과정에 관여하지 않는 나무방망이의 딱딱한 표면과 달리, 최근의 기술이 적용된 하이테크 방망이들은 트램펄린처럼 행동한다. 즉, 충돌 에너지를 많이 저장하고 돌려주어 방망이로 친 공의 나가는 속력을 증가시킨다. 마찬가지로 골프용품점이나 테니스용품점에서도 이런 하이테크 장비를 똑같이 찾을 수 있다. 우리는 과학적 분석과 디자인이 스포츠를 근본적으로 바꾸는 시대에 살고 있다.

▶ 개념 이해도 점검 #4: 질량과 구슬

가지고 놀고 있는 구슬이 모두 같은 크기와 질량은 아니다. 당신은 큰 구슬이 다른 구슬을 쳐서 원 밖으로 내보내는 데 특히 효과적인 것을 눈치 챌 것이다. 당신은 지름이 10 cm인 큰 유리 공 구슬을 사용하여 원 안의 전체 구슬들을 제거하려고 결심한다. 하지만 당신이 그것을 엄지손가락으로 치면 엄지손가락만 튕겨 나간다. 왜 유리 공은 앞으로 빨리 움직이지 않을까?

해답 유리 공이 엄지보다 질량이 더 커서 엄지손가락이 거의 모든 반동에너지를 받는다. 따라서 엄지손가락이 튀고 유리 공이 튀지 않는다.

왜? 모든 충돌에서는 가장 질량이 작은 물체가 가장 큰 가속을 경험하고 반동에너지는 크게 차지한다. 그 효과는 가벼운 알루미늄 야구방망이를 가지고 투수가 던진 볼링공을 향해 휘두를 때 일어나는 현상과 똑같다. 방망이는 격렬하게 튀어 나올 것이지만 볼링공은 포수를 향해 계속 나아갈 것이다. 이 같은 효과는 자동차 간의 충돌에서도 나타나는데, 질량이 큰 세단형 자동차가 작은 컴팩트형 자동차보다 훨씬 충돌에 영향을 받지 않는다.

3.3 회전목마와 롤러코스터

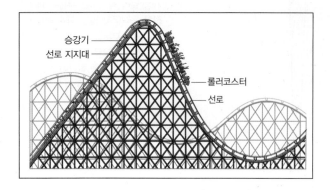

승강기
선로 지지대
롤러코스터
선로

녹색 신호등이 켜지고 스포츠카가 출발하면, 당신은 카시트에 단단히 밀착된다. 그것은 마치 어떻게든 당신을 아래와 뒤로 끌어당기는 중력처럼 느껴진다. 그래도 당신을 뒤로 끌어당기는 것은 중력이 아니다. 그것은 차와 함께 앞으로 가속하는 것을 막으려는 당신 자신의 관성이다.

이런 일이 발생하면 당신은 가속감을 느낀다. 자동차를 타거나 빠르게 올라가는 엘리베이터를 탈 때 등 우리는 자주 이런 느낌을 경험한다. 특히 놀이공원은 짜릿한 가속감을 느끼게 해준다. 우리는 위아래로 가속되고, 회전목마 위에서 돌고, 범퍼카에서 앞뒤로, 그리고 뒤죽박죽 도는 기구에서 좌우로 가속된다. 이 중에서 궁극의 거대하고 거친 가속의 경험을 할 수 있는 놀이기구가 롤러코스터다. 직선으로 난 고속도로에서 눈을 감고 달리면 자동차가 움직이고 있다는 것을 구분하기 어렵다.

그러나 롤러코스터에서는 눈을 감아도 선로가 꺾이는 것을 어렵지 않게 느낀다. 당신이 느끼는 것은 속도가 아니라 가속도이다. 흔히 멀미라고 불리는 것은 실제로는 가속도로 인한 병이라고 불러야 한다.

생각해 보기: 당신의 몸은 어떻게 자신의 체중을 느끼는가? 이 장의 시작에서 언급했던 것인데, 당신이 원 궤적을 따라 물이 가득한 양동이를 휘두르면 왜 양동이가 당신을 바깥으로 끌어당길까? 왜 양동이의 물을 쏟지 않고 그 양동이를 머리 위로 완전히 돌릴 수 있을까? 루프를 거꾸로 돌 때 당신이 롤러코스터에서 떨어지는 것을 막는 것은 무엇인가? 롤러코스터에서 어떤 위치의 차를 타야 최고의 주행을 경험할 수 있을까?

실험해 보기: 우리에게 익숙한 운동 감각과 가속도의 물리를 연관시키기 위해 많은 회전과 정지를 하는 차의 승객이 되어 보자. 눈을 감고 차량이 어느 방향으로 선회하고 있는지 알 수 있는지, 그리고 언제 차가 출발하거나 멈추는지 알아보아라. 차가 좌회전하면 어느 방향으로 당겨지는가? 우회전하면? 출발하면? 멈추면? 이 감각은 차의 가속 방향과 어떤 관련이 있는가? 이제 차량이 편평한 길에서 일정한 속도로 주행하는 동안 차가 어느 방향으로 나아가고 있는지 알려주는 감각이 느껴지는지 알아보아라. 그것이 앞으로 향하고 있다기보다 뒤나 옆으로 향하고 있다고 자신에게 확신시켜 보라. 어느 것이 더 느끼기 쉬운가? 속도인가 아니면 가속도인가?

회전목마와 가속도

롤러코스터는 흥미로운 시각적 효과, 거의 부딪힐 것만 같은 장애물, 거꾸로 진행하는 이상한 자세 등을 제공하지만 롤러코스터의 진정한 스릴은 롤러코스터가 가속되는 것으로부터 비롯한다. 놀이공원에 있는 놀이기구들은 당신을 옆쪽으로 밀치거나 거꾸로 매달아 평상시 아래로 느껴졌던 중력이 비정상적인 각도에서 당신을 당기는 것을 느낄 수 있다. 그러나 당신 스스로 물구나무서기도 할 수 있는데 왜 굳이 이런 것에 돈을 지불해야 하나? 진정한 스릴은 롤러코스터의 첫 번째 큰 언덕에서 휙 떨어지면서 무게감이 사라질 때나 급격하게 휘어진 구간에서 강한 무거운 느낌이 느껴질 때이다. 이런 느낌을 경험하고 싶다면 가속도가 필요하다. 왜 가속도는 이런 놀라운 감각을 불러일으키는가? 왜 롤러코스터의 마지막 칸에 앉아있을 때 이런 느낌이 최고조가 될까?

이 질문에 대답하려면 가속도를 다시 한 번 살펴볼 필요가 있다. 놀이공원에서 가장 큰 롤러코스터를 타보고 시작할 수도 있지만, 워밍업만으로도 이런 것을 이해하는 데 도움을 받을 수도 있다. 예를 들면 더 간단한 탈 것인 회전목마부터 시작해 보자.

회전목마에 타면 중앙 회전축을 중심으로 원형 경로를 따라 이동한다. 이것은 단순히 관성에 의한 등속운동이 아니다. 만약 당신이 받는 알짜힘이 없다면, Newton의 제1운동법칙에 따라 일정한 속도로 직선으로 나아갈 것이다. 그러나 회전목마에서는 경로가 직선이 아닌 원형이므로 이동 방향이 계속 바뀐다. 당신은 가속하고 있으며 0이 아닌 알짜힘을 경험하고 있어야 한다.

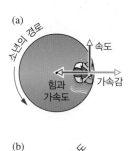

그렇다면 어느 방향으로 가속하고 있을까? 놀랍게도 당신은 항상 원의 중심 쪽으로 가속하고 있다. 그 이유를 알려면 시계 반대 방향으로 일정한 속도로 회전하는 간단한 회전목마를 살펴보자(그림 3.3.1). 먼저 회전목마를 탄 소년은 중앙 회전축의 바로 동쪽에 있고 북쪽으로 움직이고 있다(그림 3.3.1a). 소년을 당기고 있는 것이 없다면 그는 북쪽으로 계속 움직여 회전목마에서 벗어나게 될 것이다. 대신 그는 서쪽 방향의 회전축 쪽으로 가속함으로써 원형 경로를 따른다. 결과적으로 그의 속도는 북서쪽으로 돌고 그 방향으로 향한다. 회전목마를 벗어나지 않기 위해 그는 지금 남서쪽에 있는 회전축 쪽으로 가속을 계속해야 한다(그림 3.3.1b). 다음에는 그의 속도가 서쪽이 되고 그 방향으로 원을 따라 간다. 그리고 이런 식으로 계속 돌게 된다(그림 3.3.1c).

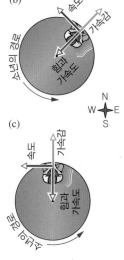

소년의 몸은 항상 직선으로 가려고 하지만, 회전목마는 계속 그를 안쪽으로 당겨서 중앙 회전축 쪽으로 가속한다. 소년은 **등속 원운동**(uniform circular motion)을 경험하고 있다. **등속**이란 소년의 방향이 계속 바뀌어도 항상 같은 속력으로 움직인다는 것을 의미한다. **원**은 소년이 움직이는 경로, 즉 궤적을 묘사한다.

등속 원운동을 하는 다른 물체들처럼, 소년은 원의 중심을 향해 항상 가속하고 있다. 이런 유형의 원 중심을 향한 가속도를 **구심 가속도**(centripetal acceleration)라고 하며, 중심으로 향하는 힘인 **구심력**(centripetal force)에 의해 발생한다. 구심력은 중력과 같이 새롭고 독립적인 유형의 힘이 아니라 물체에 작용하는 모든 힘의 알짜 결과이다. **구심**이란 뜻은 중심을 향한다는 것을 의미하고, 구심력은 물체를 그 중심 쪽으로 당긴다는 것을 의미한다. 회전목마는 소년에게 지지력과 마찰력을 사용하여 구심력을 작용하고 소년은 구심 가속도를 경험한다. 놀이동산의 탈 것은 종종 구심 가속도와 연관되어 있다(그림 3.3.2).

그림 3.3.1 회전목마를 타는 소년은 항상 중심 쪽으로 가속하고 있다. 그의 속도 벡터는 그가 원으로 움직이는 것을 보여주지만 그의 가속 벡터는 회전 중심 쪽을 향하는 것을 보여준다. (a) 그가 북쪽으로 향하면, 그는 서쪽으로 가속하고 있다. (b) 그의 속도는 북서쪽으로 향할 때까지 서서히 방향을 바꾼다. 이때 남서쪽 방향으로 가속하고 있다. (c) 그는 서쪽으로 향하고 남쪽으로 향할 때까지 더 나아간다(단 북쪽은 위쪽이다).

그림 3.3.2 이 놀이 기구에 타고 있는 사람들은 등지고 있는 벽이 안쪽으로 미는 힘을 받아 원운동을 한다. 즉, 원의 중심 방향으로 가속되고 있다.

소년이 경험하는 가속도는 속력과 회전목마의 반지름에 달려 있다. 소년의 속력이 빠를 수록 또한 원형 궤적의 반지름이 작을수록 소년은 더 가속된다. 그의 가속도는 그의 속력의 제곱을 그의 경로의 반지름으로 나눈 것과 같다.

우리는 회전목마의 각속도와 반지름으로부터 소년의 가속도를 결정할 수 있다. 회전목 마가 더 빨리 회전하고 소년의 원형 궤적의 반지름이 클수록 그는 더 많이 가속된다. 그의 가속도는 회전목마의 각속도와 그의 경로의 반지름을 곱한 것과 같다. 이 두 관계를 언어 식으로 나타내면

$$\text{가속도} = \frac{\text{속력}^2}{\text{반지름}} = \text{각속도}^2 \cdot \text{반지름} \tag{3.3.1}$$

이고, 기호로 표시하면 다음과 같다.

$$a = \frac{v^2}{r} = \omega^2 \cdot r$$

그리고 일상 언어로는 다음과 같이 말할 수 있다.

빡빡하고 빠른 회전은 큰 가속도를 동반한다.

흔한 오개념: 원심력

오개념 원을 그리면서 물체를 흔들면 그 물체는 "원심력"으로 인해 바깥쪽으로 당겨진다.

해결 물체에 힘이 작용하지 않으면 관성 때문에 물체는 직선을 따라 움직인다. 그러나 물체를 안쪽으로 당기는 힘이 작용하면 회전 원의 안쪽으로 가속되고 경로는 원모양으로 구부러진다. 당신이 물체에 안 쪽으로 당기는 힘을 작용하고 있기 때문에, 물체는 당신에게 Newton의 제3운동법칙에 따라 밖으로 당 기는 힘을 작용하고 있다. 그러나 밖으로 당기는 힘은 물체가 아니라 당신에게 작용한다. 물체 자체에 작용하는 원심력은 존재하지 않는다.

▶ **개념 이해도 점검 #1: 커브에서의 쏠림**

경주용 차가 좌회전할 때 길이 기울어져 있으면 이것을 쉽게 할 수 있다. 경주용 트랙이 회전중심 방향으로 내리막으로 경사지도록 설계하는 이유는 무엇일까?

해답 경주로가 차의 바퀴에 가하는 지지력이 회전할 때 자동차를 가속시키는 데 필요한 구심력의 일부를 적 어도 제공할 수 있도록 저장된 회전력이 필요하다.

왜? 자동차와 운전자가 원형 트랙을 따라 회전할 때 원의 중심을 향해 가속하고 있기 때문에 큰 구심력이 필요하다. 편평한 트랙에서 사용할 수 있는 유일한 수평 방향의 힘은 지면과 자동차 타이어 사이의 정지 마 찰이다. 정지 마찰로 인해 충분한 힘이 가해지지 않으면 차량은 직선 경로를 따라 트랙에서 미끄러질 것이 다. 이런 종류의 사고는 빙판이 생긴 고속도로 커브에서 일어나는 사고의 전형이며, 이것이 도로 설계자들 이 커브 길을 경사로로 만드는 이유이다. 이런 경사로는 트랙에 의해 차량의 바퀴에 가해지는 지지력의 수 평 성분이 차가 곡선 주위를 회전하도록 가속하는 것을 돕기 위해 추가로 원의 안쪽 방향으로 구심력을 제 공하도록 기울어진다.

어떤 아이들이 반지름 1.5 m의 놀이터 회전목마를 타고 있다. 이 기구는 2초마다 한 바퀴 돈다. 얼마나 빨리 아이들이 가속하고 있을까?

해답 약 15 m/s²으로 가속하고 있다.

왜? 아이들은 등속 원운동을 하기 때문에 가속도는 식 3.3.1에 따라 다음과 같이 구할 수 있다. 회전목마는 2초마다 한 번 회전하므로 각속도는 2π 라디안을 2초로 나눈 것이다. 라디안은 각도의 자연 단위이기 때문에 단위를 생략하면 회전목마의 각속도는 π 1/s이다. 반지름이 1.5 m이기 때문에 아이들의 가속도는 다음과 같다.

$$\text{아이들의 가속도} = (\pi \, 1/s)^2 \cdot 1.5 \, m = 14.8 \, m/s^2$$

회전목마의 반지름과 회전 시간 측정은 약 10%로 정확하기 때문에 아이들의 가속도 계산은 약 10%로 정확하다. 따라서 가속도는 15 m/s²으로 나타낼 수 있다.

가속 경험

힘의 법칙에서 힘과 가속도 관계보다 더 핵심적인 것은 없다. 지금까지 우리는 힘을 관찰했고, 그것이 가속을 일으킬 수 있다는 것을 알았다. 이제 반대 관점에서 가속도가 힘을 필요로 한다는 사실에 주목하자. 당신이 가속하기 위해서는 무언가가 당신을 밀거나 당겨야 한다. 그 힘이 어디서 어떻게 가해지는 지는 당신이 가속할 때 느끼게 될 것이다.

차가 앞으로 가속할 때 당신이 뒤로 가는 것 같은 느낌은 당신 몸의 관성, 즉 가속에 대한 저항에 기인한다(그림 3.3.3). 당신이 차에서 앞으로 가속할 수 있으려면 뭔가가 당신을 앞으로 밀어야 한다. 그렇지 않으면 당신 몸은 그대로 유지하려고 하고 자동차는 당신 아래에서 앞으로 나가버릴 것이다. 다행히 당신의 카시트가 당신을 앞으로 나아갈 수 있게 앞으로 민다. 그러나 좌석은 당신 몸 전체에 걸쳐 균일하게 힘을 작용할 수 없다. 대신 그것은 당신의 등을 밀고, 등은 그 다음에 당신의 뼈, 조직 및 내부 장기를 밀어 앞으로 가속시킨다. 조직 또는 뼈의 각 부분은 그 앞에 있는 조직을 앞으로 가속시키는 임무를 수행한다. 등에서 시작하여 몸의 앞쪽까지 앞으로 나아가는 작업은 당신의 몸 전체를 앞으로 가속하게 한다.

이 상황을 당신이 바닥에서 움직이지 않을 때 일어나는 상황과 비교해 보자. 중력은 몸 전체에 질량이 분산되어 있는 당신에게 아래쪽 방향 힘을 작용하기 때문에 신체의 각 부분마다 독자적인 무게가 있다. 이 독자적인 무게를 모두 더하면, 당신의 총 무게로 합산된다. 바닥은 자신에게 주어진 역할대로 당신이 중력에 의해 아래쪽으로 가속하지 못하도록 당신에게 위로 지지하는 힘을 작용하고 있다. 그러나 바닥은 몸 전체에 균일하게 힘을 가할 수 없고 단지 발만 민다. 그러면 발은 뼈, 조직 및 내부 장기를 밀어 올려 이들을 아래쪽으로 가속시키지 못하게 한다. 조직 또는 뼈의 각 부분은 자신의 위쪽에 있는 조직이 아래로 가속하지 못하도록 하는 데 필요한 위쪽 방향의 힘을 작용하는 역할을 한다. 발에서 시작하여 머리 쪽으로 계속 작용하는 전체 힘의 사슬은 몸 전체가 아래쪽으로 가속하는 것을 방지한다.

그림 3.3.3 차에서 앞쪽으로 가속할 때 가속과 반대 방향으로 중력과 같은 가속감을 느낀다. 이 가속감은 실제로 가속에 저항하는 몸의 질량(관성)이다.

이미 알아챘을지 모르겠지만, 앞의 두 단락은 매우 비슷하다. 중력이 주는 느낌과 가속도가 주는 느낌 역시 마찬가지다. 땅이 당신이 떨어지는 것을 막을 때 당신은 "무겁다"고 느낀다. 당신의 몸은 몸의 각 부분이 가속하지 못하도록 몸의 각 부분을 지지하는 데 필요한 모든 내부 힘을 감지하고, 당신은 이 감각을 체중으로 해석한다. 자동차 시트가 앞으로 나아갈 때, 당신은 또한 "무겁다"고 느낀다. 당신의 몸은 몸의 각 부분들을 앞으로 가속시키는 데 필요한 모든 내부 힘을 감지하고, 당신은 이 감각들을 체중으로 해석한다. 이번에는 당신이 차의 뒤쪽으로 무게와 같은 감각을 경험한다.

당신은 중력으로 인한 무게 감각과 가속할 때 경험하는 무게 감각을 구별할 수 없다. 가장 정교한 실험실 장비조차도 중력을 경험하고 있는지 가속을 경험하고 있는지 직접 판단할 수 없다. 그러나 설득력 있는 감각임에도 불구하고, 앞으로 가속할 때 당신의 배가 뒤로 가는 무거운 느낌이 오는 것은 관성의 결과이며 실제 뒤로 작용하는 힘 때문이 아니다.

우리는 이 경험을 **가속감**(feeling of acceleration)이라고 부를 것이다. 이는 항상 이것의 원인이 되는 가속과 반대 방향을 가리키며, 그 강도는 가속의 크기에 비례한다. 차를 왼쪽으로 돌리면 왼쪽으로 가속하고 오른쪽으로 가속감을 경험한다. 회전이 더 빡빡할수록 가속감이 강해진다. 만약 운전을 하면서도 안전하게 눈을 감을 수만 있다면 당신은 가속도의 방향과 크기를 감지할 수 있을 것이다.

회전목마를 타고 있는 소년은 무엇을 느낄까? 그는 원의 중심 쪽으로 가속하고 있기 때문에 원의 중심에서 바깥쪽으로 가속의 느낌을 받는다. 그 소년의 실제 체중은 변할 수 없지만 그의 가속감은 어떤 값도 가질 수 있다. 회전목마가 충분히 빠르게 회전하고 있다면, 그는 자신의 몸무게보다 훨씬 강한 가속감을 경험할 수 있다. 그래서 그는 꽉 잡고 있는 것이다!

흔히 가속 감각을 무게 감각과 자주 비교하기 때문에 가속감을 중력가속도의 단위로 재는 것이 보편적이다. 1 g(1중력)는 중력에 의한 당신의 실제 무게감이다. 이와 관련하여 가속도 중력가속도의 단위로 표현하는 것이 일반적인데, 1 g는 9.8 m/s^{2}에 해당한다. 이 두 가지 정의로부터 간단한 것을 알 수 있다. 1 g로 가속하는 것은 반대 방향으로 1 g의 가속 감각을 만든다. 예를 들어, 놀이터 회전목마에서 1 g로 안쪽으로 가속하면 바깥쪽으로 1 g의 가속감을 만든다. 스크램블러나 재빠르게 이동하는 비행기에서 이보다 다섯 배 빠르게 가속하면 바깥쪽으로 5 g의 가속감을 느끼게 될 것이다.

앞서 보았듯이 차가 앞으로 가속할 때 우리는 뒤로 향하는 가속 감각을 경험한다. 그러나 당신은 이 가속감만 경험하는 것은 아니다. 당신은 또한 중력에 의한 아래쪽 방향의 무게감을 경험한다. 이 두 가지 효과가 함께 발휘되면 차의 아래쪽과 뒤쪽 중간의 어느 각도쯤에서 강한 무게를 느낀다(그림 3.3.4a). 우리는 당신의 원래 체중과 가속감이 결합된 느낌을 당신의 **겉보기 무게**(apparent weight)라고 부를 것이다. 빠른 속도로 앞으로 나아갈수록 겉보기 무게는 커지고 점점 차의 뒤쪽 방향을 향하게 된다(그림 3.3.4b).

좌석이 당신을 밀고 있기 때문에 당신은 겉보기 무게를 느낀다. 사실은 겉보기 무게의 수평 방향은 좌석이 당신에게 작용하는 진짜 힘과 크기가 같고 방향이 반대이다. 당신이 차에서 앞으로 나아갈 때 좌석은 당신을 앞쪽과 위쪽으로 밀어 올리고, 당신의 겉보기 무게는

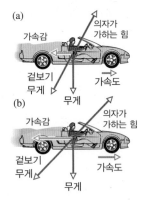

그림 3.3.4 (a) 당신이 앞으로 부드럽게 가속할 때, 뒤로 가속되는 느낌이 작고 당신의 겉보기 무게는 대부분 아래쪽 방향이다. 당신의 수평 방향의 겉보기 체중은 좌석이 당신에게 가하는 힘과 크기는 같고 방향은 반대이다. (b) 당신이 앞으로 빨리 가속 할 때, 뒤로 가속되는 느낌이 매우 강하고 당신의 겉보기 무게는 뒤쪽 방향과 아래쪽 방향 힘의 벡터 합이다.

아래와 뒤에 나타난다(그림 3.3.4).

가속 감각과 같이 겉보기 무게는 통상적으로 중력가속도(g) 단위로 측정한다. 당신 자동차의 액셀러레이터를 밀어 넣고 빠르게 앞으로 가속시키면 겉보기 무게가 2 g에 이를 수 있다. 이때 좌석은 실제 체중의 2배에 해당하는 힘으로 앞으로 그리고 위로 밀어 내고, 당신은 그만큼 좌석을 뒤로 밀게 된다. 좌석에 단단히 밀착되는 것은 당연하다!

> ### ▶ 개념 이해도 점검 #2: 빡빡한 회전의 느낌
>
> 당신은 편평한 트랙을 따라 빠르게 움직이는 경주용 차의 조수석에 앉아 있다. 트랙이 왼쪽으로 급히 휘어져서 당신은 오른쪽 문 쪽으로 던져지는 경험을 하게 된다. 어떤 수평력이 당신에게 작용하고 있으며, 어떤 가속감을 느끼게 될까?
>
> **해답** 자동차 좌석과 문은 당신에게 왼쪽 방향의 힘을 작용하고, 이것이 당신을 차와 함께 왼쪽으로 가속하게 한다. 왼쪽으로 가속되는 것을 방해하려고 관성이 작용하여 당신은 오른쪽으로 가속 감각을 느낀다.
>
> **왜?** 차가 좌회전을 함에 따라 왼쪽으로 가속된다. 당신을 놔두고 차만 빠져나가지 않기 위해 자동차 좌석과 오른쪽 문이 함께 당신에게 왼쪽으로 힘을 작용한다. 당신의 몸은 질량을 가지고 있으므로 당신의 몸은 이 왼쪽 방향의 가속에 저항하게 된다. 당신의 몸은 계속 직선 운동하려 하고 차는 왼쪽으로 가속하므로, 그동안 당신의 몸은 오른쪽 문 쪽으로 이동한다.

롤러코스터 가속

이제 우리는 롤러코스터를 보고 언덕을 넘어갈 때(그림 3.3.5)와 공중제비를 돌 때(그림 3.3.6)의 느낌을 이해할 준비가 되었다. 롤러코스터가 가속할 때마다 가속 반대 방향으로 가속감을 느끼게 된다. 그 가속감은 실제 체중과는 다른 겉보기 무게를 준다.

우리가 차에서 보았듯이, 빠른 수평 가속도는 가속도의 반대 방향으로 겉보기 무게를 야기한다. 그러나 롤러코스터는 자동차가 할 수 없는 것을 할 수 있다. 즉 그것은 아래쪽 방향으로 가속할 수 있다. 그 경우에 당신이 느끼는 가속 감각은 위쪽 방향이고 이는 당신의 아래쪽 방향의 무게감의 반대 방향이다. 두 감각이 적어도 부분적으로 상쇄된다면 겉보기 체중이 아래쪽을 가리키지만 원래 체중보다 줄거나 어쩌면 하향 가속도가 충분히 빠르면 겉보기 체중은 위쪽을 가리킬 것이다. 또 다른 가능성은 특정한 가속도로 아래쪽 방향으로 가속을 하면 위쪽 방향의 가속감이 아래쪽 방향의 무게감을 정확하게 상쇄시켜 0이 될 수도 있다. 그러면 겉보기 무게가 0이 되고 당신은 몸무게가 없는 것처럼 느낄 것이다. 몸무게가 1 g 아래쪽 방향으로 느껴지므로 가속 감각이 1 g로 위쪽 방향일 때 완벽한 상쇄가 발생한다. 당신은 1 g로 아래쪽 방향으로 가속해야 한다. 즉 당신은 자유낙하 상태에 있어야 한다!

당신이 떨어질 때, 당신은 완벽하게 무게감을 전혀 느끼지 못한다. 겉보기 몸무게는 0이고 아무것도 당신을 지지하지 않는다. 모자와 선글라스가 당신과 함께 떨어지고 있기 때문에 아무것도 그것들을 지지하지 않는다. 그것들이 당신의 머리에서 분리되면, 당신이 떨어지는 것처럼 그것들은 당신 주위에서 날아다닐 것이다.

마찬가지로 당신의 내부 장기들도 떨어질 때 서로를 지지할 필요가 없어지므로 내부 지지력이 없으면 자유낙하에 대한 상쾌한 감각이 생긴다. 우리 몸은 중력이 약간만 줄어도 매

그림 3.3.5 이 롤러코스터가 첫 번째 언덕을 돌진해 내려갈 때, 마지막 칸의 차는 그 앞에 있는 차들에 의해 당겨져, 타고 있는 사람들은 거의 중력을 느끼지 못한다.

그림 3.3.6 고리를 통과할 때 이 롤러코스터는 원의 중심으로 빠르게 가속된다. 고리의 꼭대기에 도달하면 선로는 롤러코스터를 밑으로 밀고 승객들은 시트 쪽으로 압력을 느낀다. 만일 눈을 감으면 그들은 거꾸로 매달려 있다는 것조차 알지 못한다.

우 민감하며, 이 떨어지는 느낌이 롤러코스터를 타는 재미를 준다. 우주에서 자유낙하하는 우주 비행사는 계속 며칠 동안 이 짜릿한 무중력감을 느낀다. 우주 비행사가 운동(또는 오히려 가속)에 의한 멀미를 자주 겪는 것은 당연하다.

한편, 롤러코스터가 트랙에 붙어 있기 때문에 아래쪽 방향의 가속도는 실제로 자유낙하하는 물체의 가속도를 초과할 수 있다. 이러한 특별한 상황에서 트랙은 중력을 도와 롤러코스터를 아래쪽으로 밀 것이다. 탑승자로서 당신은 아래쪽으로 또한 밀리고, 당신의 겉보기 무게는 위쪽을 향하게 될 것이다, 마치 세상이 거꾸로 된 것처럼!

> ▶ **개념 이해도 점검 #3: 떨어지는 타워의 패닉**
>
> 떨어지는 타워는 무서운 놀이기구로, 당신을 좌석에 끈으로 묶은 채 공중으로 높이 들어 올린 다음 떨어뜨린다. 당신이 자유낙하하는 동안 당신의 겉보기 체중은 얼마일까?
>
> ▷ **해답** 겉보기 무게는 0이다.
>
> ▷ **왜?** 당신이 자유낙하할 때 중력에 의해 꽉 찬 가속도인 1 g로 가속하고 있다. 당신이 경험하는 1 g 크기의 위쪽 방향의 가속 감각은 아래쪽 방향의 무게와 정확히 일치하므로 겉보기 무게는 0이 된다. 따라서 당신은 완벽하게 무중력이라고 느낀다.

롤러코스터 공중제비

그림 3.3.7은 언덕을 넘어 공중제비를 한 번 도는 간단한 트랙을 따라 다양한 지점을 통과하는 한 칸짜리 롤러코스터를 보여준다. 체중과 가속감, 겉보기 무게는 각 벡터량의 방향과

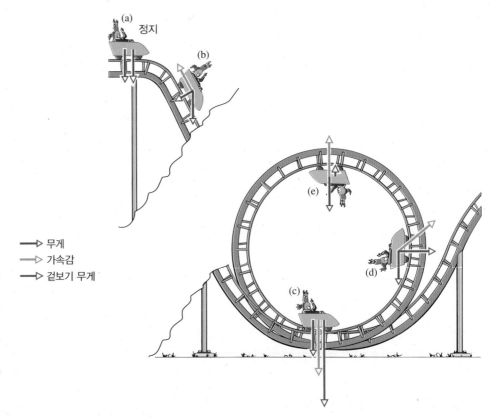

그림 3.3.7 한 칸짜리 롤러코스터가 첫 번째 언덕을 지나 공중제비 루프를 통과하고 있다. 트랙의 각 지점에서 롤러코스터는 실제 가속으로 인한 가속감을 느끼고, 무게와 가속감의 합인 겉보기 무게로 무게감을 느낀다. 겉보기 무게는 항상 트랙 방향으로 향하고, 롤러코스터는 트랙에서 떨어지지 않는다. .

크기를 보여주는 다양한 길이의 화살표로 표시된다. 화살표가 길수록 그것이 나타내는 양의 크기는 크다.

첫 번째 언덕 꼭대기(그림 3.3.7a)에서 롤러코스터는 거의 운동 상태의 변화가 없다. 당신은 아래쪽 방향으로 향하는 몸무게만 느끼며, 아직 흥분시키는 것은 없다. 그러나 차가 하강을 시작하자마자 궤도를 따라 가속하면서 가속 감각이 나타나 트랙의 위쪽 방향을 향한다(그림 3.3.7b). 당신의 무게감과 가속감은 함께 1 g보다 한참 작은 겉보기 무게를 주고 그 방향은 트랙의 진행 방향의 아래쪽이다. 대부분의 사람들은 이 갑작스런 몸무게의 감소를 무서운 것으로 느끼기 때문에 비명을 지르게 된다.

지표면에서는 무게 없는 느낌이 지속될 수 없다. 이런 무게 없는 현상은 아래쪽 방향으로 가속될 때에만 발생하고 당신이 탄 차가 언덕 아래의 편평한 길로 들어서면 사라진다. 다시 놀이 차가 루프로 상승하기 위해 이 차는 최대 속도로 주행하고 위쪽으로 가속하기 시작한다(그림 3.3.7c). 이러한 약 2 g의 상향 가속도는 약 2 g의 하향 가속도를 생성한다. 당신의 겉보기 무게는 약 3 g 아래쪽 방향이 되고 당신의 좌석을 단단히 누르게 된다.

롤러코스터 차가 중력에 반대로 한 루프의 오른쪽을 기어올라 가면서 속도가 다소 감소하고 경로가 루프의 중심을 향해 안쪽으로 구부러진다. 오른쪽에서 반 정도 올라갔을 때 안쪽과 아래쪽으로 가속되므로 가속감은 바깥쪽과 위쪽이 된다(그림 3.3.7d). 겉보기 무게는 바깥쪽으로 1 g 이상이며 루프의 중심에서 멀어지는 방향이고, 당신은 여전히 좌석을 누르게 된다(그림 3.3.8).

루프의 꼭대기(그림 3.3.7e)에서 차의 경로는 여전히 안쪽으로 구부러져 있으며, 루프의 중심을 향한다. 당신은 아래쪽으로 가속하고, 당신의 가속감은 하늘을 향한 반대 방향으로 향한다. 가속 감각은 위쪽 방향이고 중력에 의한 아래쪽 무게보다 더 크다. 그래서 당신의 무게는 위쪽 방향이 된다(그림 3.3.6).

© Digital Vision/Getty Images, Inc.

그림 3.3.8 롤러코스터가 공중제비를 돌 때 탑승객들을 안쪽으로 민다. 탑승객은 강한 바깥 방향의 가속 감각을 경험하기 때문에 자신들이 거꾸로 있다는 것을 알아채기 어렵다.

거꾸로 된 차는 궤도를 따라 갈 뿐 아니라 당신 역시 여전히 자리에 앉아 있다. 실제로 자동차는 중력이 당신이 원 궤도를 빠르게 돌게 하는 것을 돕기 위해 당신을 아래쪽으로 민다. 모자가 루프 꼭대기에서 만일 벗겨진다면 비록 어떤 종류의 위쪽 방향의 운동이 포함되어 있긴 하지만, 그 모자는 좌석을 향해 떨어질 것이다. 실제로 자동차는 1 g 이상으로 가속되지만, 반면 모자는 자유낙하하는 물체의 아래쪽 방향 가속도인 1 g의 중력 밖에 받고 있지 않다. 중력과 트랙은 함께 차를 매우 빨리 아래쪽 방향으로 내리기 때문에 차는 모자를 따라 잡는다. 즉 모자는 떨어지지만 자동차는 더 빨리 떨어진다.

사실, 일반적인 공중제비는 완벽한 원형이 아니다. 측면 또는 바닥보다 위쪽이 더 예리한 곡선으로 되어 있다. 클로소이드라고 하는 이 다양한 반지름의 곡선은 안전과 편안함을 위해 선택된 것이다. 커브를 위쪽에서 예리하게 함으로써 클로소이드 트랙은 트랙의 다른 지점에서는 가속도를 줄이면서 아래쪽 가속을 최대화한다. 큰 가속도는 롤러코스터가 거꾸로 된 경우에만 중요하다. 다른 곳에서, 특히 롤러코스터가 루프의 아래쪽에서 가장 빠르게 움직이면서 위쪽 방향으로 매우 빠르게 가속되고 있을 때에 가속도는 탑승객들이 무거움과 불편함을 느낄 수 있다.

대부분의 롤러코스터 트랙은 차가 거꾸로 되어도 탑승객은 항상 좌석에 밀착되도록 설계되었다. 예를 들어, 공중제비를 돌 때에도 탑승객들이 안전하게 좌석에 머무를 수 있도록 충분히 빠르게 안쪽으로 가속한다. 원칙적으로, 이러한 트랙을 주행하는 롤러코스터는 탑승객들이 떨어지는 것을 방지하기 위해 안전벨트가 필요하지 않다(안전벨트가 승객과 보험회사에게는 위안을 주겠지만). 탑승객들의 겉보기 무게는 항상 궤도 쪽 방향이므로 탑승객과 좌석은 타고 있는 내내 서로를 민다.

그러나 일부 롤러코스터 트랙은 탑승객들의 겉보기 무게를 트랙에서 멀리 떨어뜨리게 할 수 있는 특수한 차와 제한 조건을 사용한다. 그런 순간에 차는 탑승객들이 좌석에서 튀어 나오지 못하게 하기 위해 탑승객을 잡아 당겨야 한다. 이 롤러코스터는 탑승객을 자리로 밀어야 하는 큰 아래쪽 방향의 가속도 없이 거꾸로 움직일 수 있다. 탑승객은 거꾸로 된 차에 매달려 있으며, 그때 모자를 잃어버리면 차 안이 아닌 바닥으로 떨어진다.

두 개 이상의 놀이차가 있는 롤러코스터는 어떨까? 대부분 동일한 규칙이 적용된다. 그러나 새로운 힘은 이제 각 놀이차에 작용된다. 즉 열차 내의 다른 차에 의해 작용하는 힘들이 그것이다. 이 차들의 효과는 첫 번째로 등장하는 가장 큰 언덕 꼭대기에서 가장 두드러진다.

열차가 리프트 체인에서 연결 해제되고 하강하는 지점에 접근함에 따라 차들이 느리게 전진하며 첫 번째 차는 많은 속도가 생기기 전에 언덕 꼭대기를 어느 정도 넘어간다(그림 3.3.9a). 앞 차는 뒤에 있는 차를 강하게 당기고, 뒤에 있는 차는 앞 차의 하강을 늦춘다. 기차가 빠르게 움직일 무렵에는 첫 번째 차는 언덕 아래에서 올라가기 시작하고 트랙이 위로 휘기 시작한다. 첫 번째 차의 탑승객은 대부분 위쪽 방향의 가속을 하게 되고 아래쪽 방향의 가속 감각을 경험한다. 그래서 롤러코스터의 첫 번째 차에 탑승한 탑승객은 무중력을 잘 못 느끼는 것이다.

대조적으로, 마지막 차는 하강할 때 빠른 속도로 움직이고 있다. 앞에 있는 차에 의해

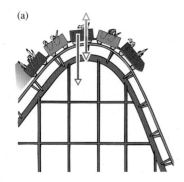

(a)

무게
가속감
겉보기 무게

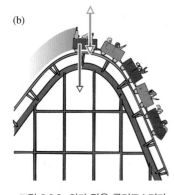

(b)

그림 3.3.9 차가 많은 롤러코스터가 첫 번째 언덕을 하강할 때, 첫 번째 차에서 경험한 주행은 마지막 차에서의 주행과 다르다. (a) 첫 번째 차는 언덕 꼭대기를 천천히 여행하며 언덕 아래에서만 고속으로 달린다. 그 뒤에 있는 차들이 차의 하강을 늦춘다. (b) 마지막 차는 정상 위를 휙 돌아 나가며 처음부터 매우 빠르게 나아간다. 마지막 차는 첫 번째 언덕을 지나갈 때 극적으로 아래로 가속되며 탑승객은 강하게 무중력 느낌을 경험한다.

첫 번째 언덕의 빗면을 내려갈 때 극적인 아래쪽 방향의 가속을 경험한다(그림 3.3.9b). 결과적으로 탑승객은 큰 위쪽 방향의 가속 감각과 극단적인 무중력을 경험한다. 실제로 트랙의 설계자는 아래쪽 방향의 가속을 너무 급하게 하지 않도록 주의해야 한다. 그렇지 않으면 롤러코스터가 마지막 차의 탑승객을 좌석 밖으로 튕겨 낼 것이다. 마지막 차가 언덕을 지날 때마다 롤러코스터의 다른 차는 그런 경험을 못할 정도로 아래쪽으로 가속된다.

분명, 당신이 롤러코스터 중 어느 차에 앉아 있는가는 별로 중요하지 않다. 첫 번째 차의 좌석은 가장 흥분되는 시야를 제공하지만 무게감이 없어지는 경이로운 감동은 덜 제공한다. 마지막 차의 좌석은 거의 가장 큰 무중력감을 제공한다. 아마 롤러코스터의 가장 재미없는 자리는 두 번째 차의 좌석일 것이다. 이 좌석은 상대적으로 편한 승차감과 앞좌석 사람들의 모습을 계속 봐야 되는 전망을 제공한다.

> ### ⏩ 개념 이해도 점검 #4: 공중으로 떠오르기
>
> 당신의 경주차가 궤도에 있는 턱을 지날 때 당신은 갑자기 공중에 떠 있게 된다. 당신을 공중에 뜨게 하는 것이 무엇인가? 중력이 사라진 걸까?
>
> **해답** 중력은 여전히 존재하지만 관성이 당신이 진행하고 있는 표면으로 급하게 내려갈 수 없도록 한다.
>
> **왜?** 진행하는 도로가 갑자기 아래쪽으로 향하는 경우, 그 표면과의 접촉을 유지하기 위해 아래쪽으로 가속해야 한다. 가파른 하강일수록 더 많이 가속된다. 당신이 경험하는 유일한 아래쪽 방향 힘은 당신의 무게이고, 이는 9.8 m/s^2을 넘지 않는다. 만약 그 표면이 당신 아래쪽으로 더 빨리 떨어지면, 당신은 공중에 뜨게 될 것이다. 그런 다음 당신은 자유낙하하고 중력만큼 가속된다. 결국, 당신은 그 표면에 떨어질 것이다. 스키, 오토바이 경주, 스케이트 보딩을 포함한 많은 스포츠에서 고르지 않은 표면을 따라 진행하는 사람은 턱을 지나갈 때 공중에 뜨게 된다.

3장 에필로그

이 장에서는 네 가지 유형의 단순한 기구에 관련된 물리적 개념을 살펴보았다. '용수철저울'에서 용수철에 작용하는 힘과 그 변형 사이의 관계를 탐구하고, 이 변형을 사용하여 물체의 무게를 측정하는 방법을 살펴보았다. '구기 스포츠의 공의 되튐'에서는 충돌하는 동안 운동에너지를 저장하고 방출하는 과정을 조사했다. 부딪히는 모든 물체 모두 이 되튐에 기여한다.

'회전목마 및 롤러코스터'에서는 우리가 가속할 때 느끼는 감각과 그 감각이 발생하는 이유를 탐구했다. 우리는 원 운동이 바깥쪽으로 가속 감각을 일으키는 중심 방향 가속을 포함한다는 것을 알게 되었다.

설명: 물을 머리 위로 돌리기

양동이를 머리 위로 돌리면 양동이가 아래쪽으로 당겨져 매우 빠르게 아래쪽으로 가속하게 된다. 양동이가 중력이 물을 가속하는 것보다 빠르게 아래쪽으로 가속하기 때문에 물은 거꾸로 된 양동이에 남아 있다. 물이 떨어지려고 하면 양동이가 떨어지는 물을 따라 잡

는다. 결과적으로, 물은 양동이의 바닥으로 눌린다. 손바닥으로 책을 빠르게 아래로 밀어서 책을 던지면 같은 효과가 발생한다. 책이 떨어지려고 할 때 손바닥이 그것을 따라 잡고, 손이 중력보다 빠르게 아래쪽으로 가속하기 때문에 손바닥에 책이 눌려 있게 된다. 마지막으로, 갑자기 돌리던 양동이를 멈추면 그 내용물들은 양동이처럼 감속되지 않고 결국 쏟아지거나 깨질 것이다.

요약, 중요한 법칙, 수식

용수철저울의 물리: 용수철저울은 용수철로 그 물체를 지탱함으로써 물체의 무게를 측정한다. 물체가 정지해 있을 때 용수철의 위로 가하는 힘은 물체의 아래쪽 무게와 균형을 정확하게 맞춘다. 그때 저울은 용수철이 물체에 가하는 위쪽 방향 복원력을 나타낸다. Hooke의 법칙이 설명하는 것처럼, 복원력은 용수철의 변형에 비례하므로 저울은 용수철이 얼마나 멀리 늘어나 있는지를 측정함으로써 무게를 결정할 수 있다. 이 측정은 종종 기계적으로 수행되며 바늘이나 다이얼을 사용하여 나타낸다.

튀는 공의 물리: 공은 구형 또는 타원형의 용수철처럼 동작한다. 공은 평형 모양으로부터 변형되면서 탄성 위치에너지를 저장하고 평형 상태로 되돌아가면서 에너지를 방출한다. 공이 표면에 부딪힐 때 일부 운동에너지는 공과 표면에서 사라지고, 나머지는 탄성 위치에너지로 저장되거나 열에너지로 손실된다. 물체가 반동함에 따라 저장된 에너지 중 일부는 다시 운동에너지가 된다. 반환된 운동에너지, 즉 반동 에너지는 물체에서 처음에 있었던 운동에너지, 즉 충돌에너지보다 항상 작다. 사라진 에너지는 열에너지로 변환되었다.

회전목마와 롤러코스터의 물리: 회전목마는 구심력 가속을 사용하여 각 탑승자에게 바깥쪽 방향의 가속 감각을 준다. 탑승자의 무게와 함께 이 중력과 같은 감각은 탑승자에게 아래쪽과 바깥쪽으로 향하는 겉보기 무게를 준다. 롤러코스터는 또한 빠른 가속을 사용하여 탑승자들을 위한 특별한 무게를 만든다. 롤러코스터가 언덕이나 방향을 바꿀 때마다 탑승객은 가속 반대 방향으로 가속 감각을 느끼게 된다. 이 가속 감각은 운전자의 체중과 결합하여 주행 중에 크기와 방향이 크게 달라지는 겉보기 무게를 생성한다. 롤러코스터를 매우 흥미롭게 만드는 것은 이 변하는 겉보기 무게, 특히 0에 근접하는 무게와 같은 것이다.

---

1. **Hooke 법칙:** 탄성 물체에 작용하는 복원력은 평형 모양에서 그 물체가 얼마나 변형되었는가에 비례한다. 즉,

$$\text{복원력} = -\text{용수철 상수} \cdot \text{변형된 크기} \qquad (3.1.1)$$

2. **등속 원운동하는 물체의 가속도:** 등속 원운동하는 물체는 그 물체의 속력의 제곱을 그 물체의 원 궤적의 반지름으로 나눈 것에 해당하는 구심 가속도를 가진다. 이 가속도는 각속도의 제곱과 반지름을 곱한 것과도 같다. 즉,

$$\text{가속도} = \frac{\text{속력}^2}{\text{반지름}} = \text{각속도}^2 \cdot \text{반지름} \qquad (3.3.1)$$

연습문제

1. 활과 화살의 줄은 어떤 면에서 용수철처럼 행동하는가?

2. 기계식 시계나 시계의 메인 태엽을 감을 때, 왜 손잡이를 돌리기가 점점 더 힘들어질까?

3. 곱슬머리는 자기 자신의 무게로 인해 늘어나는 약한 용수철처럼 행동한다. 끝 부분보다 위쪽의 머리카락 부분이 보다 펴지는 이유는 무엇일까?

4. 용수철 매트리스 위에 누워 있을 때 매트리스는 당신 몸에서 가장 많이 매트리스로 파고 든 부분을 가장 강하게 밀어낸다. 왜 몸 전체를 고르게 밀지 않는가?

5. 만약 매달려 있는 식료품점 저울의 바구니를 잡아 당겼더니 15 N이 되었다면, 당신은 바구니에 얼마나 많은 아래쪽 방향의 힘을 가하고 있는가?

6. 목욕탕 저울 위에서 몸무게를 재고 있는 동안 손을 내밀어 근처 탁자를 아래쪽 방향으로 민다. 저울에 나타나는 체중이 높은가, 낮은가, 아니면 정확한가?

7. 테이블 위에 체중계가 있고 당신의 친구가 거기에 올라가서 체중을 잰다고 하자. 테이블 다리 중 하나가 약해서 당신은 테이블의 구석을 잡는다. 당신이 100 N의 힘으로 모서리를 위로 밀 때 테이블은 수평을 유지한다. 체중계에 나타나는 체중은 높은가, 낮은가, 아니면 정확한가?

8. 목욕탕 저울을 경사로에 놓고 서 있을 때, 그 무게는 높은가, 낮은가, 아니면 정확한가?

9. 체중계에 올라가면 체중과 옷의 무게를 읽을 수 있다. 신발만 저울에 닿아 있는데, 어떻게 옷의 무게가 저울에 나타난 무게에 기여하는가?

10. 아기의 체중을 측정하려면 저울에 당신이 아기와 함께 올라가 재고, 그 다음에 아기 없이 다시 혼자 올라가 잰다. 왜 두 눈금의 차이가 아기의 무게와 같은가?

11. 단단한 바닥에서 충돌했을 때 충돌에너지의 30%를 열로 낭비하는 신축성 있는 공은 낙하한 높이의 70%까지 튕겨 올라온다. 높이의 30% 손실을 설명하시오.

12. 최고의 달리기 트랙은 견고하지만 탄력 있는 고무 표면을 가지고 있다. 탄성이 좋은 표면이 주자를 어떻게 돕는가?

13. 부드러운 모래 위에서 달리는 것이 왜 힘든가?

14. 가파른 산악 도로에는 종종 브레이크가 고장 난 트럭을 위한 비상 갓길이 있다. 이 갓길이 깊고 부드러운 모래로 덮여있을 때 왜 가장 효과적인가?

15. 한 야구 시즌에 홈런이 너무 많이 터지자, 사람들은 야구공에 문제가 있다고 의심하기 시작했다. 야구공의 어떤 변화가 평상시보다 더 먼 거리를 날게 하는 이유가 되었는가?

16. 손 수술 후 재활 기간 동안 환자는 종종 근육을 강화하기 위해 퍼티를 쥐었다 판판하게 되도록 누르도록 권유받는다. 퍼티를 쥘 때 에너지 전달은 고무공을 쥐어 변형시킬 때와 어떻게 다른가?

17. 당신의 차가 100 km/h로 남쪽으로 향하는 사람들로 붐비는 고속도로에 있다. 앞서 가는 차가 약간 느려져서 당신의 차가 그 차와 살짝 부딪혔다. 그 충격이 왜 그렇게 부드러울까?

18. 범퍼카는 사람들이 작은 전기 자동차를 링크 주위로 몰고 고의적으로 서로 부딪히면서 노는 놀이공원의 기구이다. 모든 차는 거의 같은 속도로 진행한다. 왜 정면충돌은 다른 유형의 충돌보다 충격이 더 심한가?

19. 두 대의 기차가 격렬한 속도로 나란히 움직일 때 사람들이 한 열차에서 다른 열차로 건너 뛸 수 있다. 이것이 왜 안전하게 행해질 수 있는지 설명하시오.

20. 나무 마루 위에 강철 구슬을 떨어뜨리면 왜 바닥이 대부분의 충돌에너지를 받고 반동에너지의 대부분에 기여하는가?

21. RIF(감소된 상해 인자) 야구는 충돌 중에 더 심하게 변형된다는 점을 제외하고는 일반적인 야구와 동일한 반발 계수를 가진다. 왜 변형성이 증가하면 튀어 오르는 동안 공에 가하는 힘을 줄이고 부상을 입힐 가능성을 줄이는가?

22. 운동화의 패드가 달린 밑창은 도로에 부딪히는 충격을 완화한다. 왜 패딩은 당신의 발이 정지하는 데 관여하는 힘들을 줄이는가?

23. 어떤 선수의 운동화 가운데에는 팽창식 공기 포켓이 있다. 이 공기 포켓은 공기압을 높이 올릴수록 더 강해지는 용수철과 같은 역할을 한다. 높은 압력은 또한 바닥에서 보다 빠르게 다시 튀어 오르게 한다. 왜 고압이 되튀는 시간을 단축할까?

24. 높은 점프를 마친 후 맨 콘크리트보다 부드러운 발포 패드

에 착지하는 것이 왜 덜 위험한가?

25. 망치의 표면은 목재에 못을 박아 넣기 위해 왜 매우 단단해야 하는가?

26. 놀이공원의 어떤 기구는 당신을 수평에서 앞뒤 방향으로 움직인다. 왜 이 운동은 제트 비행기에서 고속으로 나아가는 것보다 훨씬 더 몸을 괴롭히는가?

27. 당신은 일정한 속도로 직선 선로를 따라 지하철을 타고 진행하고 있다. 눈을 감는다면 어떤 방향으로 나아가고 있는지 알 수 없다. 왜 알 수 없는가?

28. 캔 스프레이 페인트를 앞뒤로 흔드는 것과 마찬가지로 한 방향으로 움직이는 것으로는 페인트를 골고루 섞지 못한다. 페인트를 섞을 때 방향을 바꾸는 것이 왜 중요한가?

29. 딸랑이는 꾸준히 한 방향으로만 움직이면 소리가 안 나고 앞뒤로 움직일 때만 소리가 난다. 그 이유는 무엇인가?

30. 일부 롤러코스터에서 차는 일련의 복잡한 방향으로 왼쪽과 오른쪽으로 구부러진 부드러운 곡선을 통과한다. 예리한 좌회전에서 항상 차가 오른쪽 벽으로 올라가는 이유는 무엇인가?

31. 철도 선로는 열차가 고속으로 탈선하는 것을 방지하기 위해 점진적인 곡선으로 만들어야 한다. 기차가 빨리 진행하는 동안 예리한 선회를 하는 경우 왜 기차가 탈선할 가능성이 있는가?

32. 경찰은 가끔 금속 배터링 램을 사용하여 문을 넘어뜨린다. 그들은 막대를 손에 들고 약 1 m 정도 떨어진 곳에서 휘둘러 문에 부딪힌다. 어떻게 이 배터링 램은 경찰이 문에 가할 수 있는 힘의 양을 증가시킬까?

33. 움직이는 해머가 못에 닿아 못을 나무에 박아 넣는 데에는

엄청난 힘이 작용한다. 이 힘은 해머의 무게보다 훨씬 크다. 이는 어떻게 만들어지는가?

34. 망치의 무게가 아래쪽 방향인데, 망치로 어떻게 못을 천장에 박아 넣을 수 있는가?

35. 놀이터 그네에서 앞뒤로 움직이면 겉보기 체중이 바뀐다. 어떤 지점에서 가장 무겁다고 느끼는가?

36. 일부 상점에는 고정식 받침대에서 앞뒤로 흔들리는 동전으로 작동하는 장난감 자동차가 있다. 왜 이 차는 당신에게 드래그 경주에서 실제로 운전한다는 느낌을 줄 수 없는가?

37. 샐러드 스피너는 씻은 후 샐러드를 말리는 회전 바구니이다. 스피너가 물을 어떻게 추출하는가?

38. 높은 다이빙 보드에서 떨어지는 사람들은 무중력을 느낀다. 중력이 그들에게 힘을 가하지 않는가? 그렇지 않다면 왜 중력을 느끼지 않는가?

39. 자동차가 길에서 범퍼를 급히 지나갈 때 갑자기 무중력 상태가 된다. 설명하시오.

40. 우주 비행사는 특이한 궤적을 따르는 비행기("구토 혜성"이라는 별명이 붙은 비행기)를 타면서 무중력을 참는 법을 배운다. 조종사는 탑승객을 무중력 상태로 만들기 위해 비행기를 어떻게 조종하는가?

41. 손에 큰 서류가방을 들고 엘리베이터를 탄다. 엘리베이터가 갑자기 위로 올라가기 시작하면 갑자기 서류가방이 무거워지는 이유는 무엇인가?

42. 부드럽게 돌고 있는 대관람차에서 당신의 차가 꼭대기에 도달했을 때 당신은 어느 방향으로 가속하는가?

문제

1. 새로 디자인된 의자에는 용수철처럼 작동하는 S자 모양의 금속 프레임이 있다. 무게가 600 N인 당신 친구가 이 의자에 앉을 때, 그것은 4 cm 아래로 굽는다. 이 의자의 용수철 상수는 얼마인가?

2. 당신은 1000 N의 무게를 가진 또 다른 친구가 있다. 이 친구가 문제 1의 의자에 앉았을 때, 그것은 얼마나 많이 구부러지는가?

3. 당신은 손에 탄력 있는 고무공을 쥐고 있다. 1 N의 힘으로 안쪽으로 밀면 안쪽으로 2 mm 들어간다. 그것이 5 N의 힘으로 바깥쪽을 밀게 하려면 얼마나 많이 안쪽으로 변형시켜야 하는가?

4. 특정 트램펄린에 서면 그 탄력 있는 표면은 0.12 m 아래로 이동한다. 그것의 표면이 0.30 m 아래로 이동할 만큼 당신이 그 위에서 튕겨 움직인다면, 그것은 당신을 얼마나 세게

밀어 올리는가?

5. 엔지니어는 원형 고리 모양의 우주 정거장에서 인공위성처럼 정거장을 회전시켜 인공 "중력"을 발생시키려고 노력하고 있다. 정거장은 반지름 100 m이다. 우주 정거장에서 우주 비행사가 지구의 실제 무게와 동등한 무게를 가지게 하려면 얼마나 빨리 회전해야 하는가?

6. 위성이 지표면 바로 위에서 지구 궤도를 돌고 있다. 인공위성이 원형 궤도를 따르게 하는 구심력은 그 무게일 뿐이므로 구심 가속도는 약 9.8 m/s^2(지구 표면 근처의 중력 가속도)이다. 지구의 반지름이 약 6,375 km인 경우 위성이 얼마나 빨리 움직여야 하는가? 인공위성이 지구를 1회전하는 데는 얼마나 걸리는가?

7. 부엌 믹서기에 물을 넣으면 1 m/s의 속도로 반지름 5 cm의 원을 그리며 돌기 시작한다. 얼마나 빨리 물이 가속되는가?

8. 문제 7에서 믹서기의 측면이 회전하는 물 0.001 kg을 얼마나 세게 안쪽으로 밀어야 하는가?

주 위에서 볼 수 있는 기계는 굉장히 정교해 보인다. 하지만 그렇다할지라도 대부분은 이미 우리가 접했던 간단한 원리에 크게 기초하고 있다. 이 장에서는 두 가지 더 매력적인 기계를 살펴보고, 무엇이 새로운지 살펴본다. 먼저 익숙한 문제를 재검토하고, 나아가 첨단 과학과 우주까지 연결되는 새로운 현상을 탐구할 것이다.

일상 속의 실험 | 높이 날아가는 공

이 장에서는 로켓을 추진하는 물리적 반응에 대해 논의할 것이다. 이러한 반응은 크기가 다른 농구공과 테니스공으로 간단히 실험해 볼 수 있는데, 만약 농구공이나 테니스공이 없다면 탄성이 좋은 다른 질량의 공도 괜찮다.

두 공을 따로 떨어뜨리고 얼마나 높이 튀어 오르는지 보아라. 두 공이 떨어뜨린 지점보다 더 높은 곳까지 튀지 못하는 것을 볼 수 있다. 만약 떨어뜨린 지점보다 더 높은 곳까지 올라간다면, 공은 이 반동으로 인해 원래 가지고 있던 에너지보다 더 많은 에너지를 가지게 될 것이다. 실제로 공의 에너지 중 일부는 열에너지로 손실되기 때문에 공은 원래 높이에 미치지 못한다.

하지만 큰 공 위에 작은 공을 쌓고 두 공을 함께 떨어뜨리면 어떻게 될까? 일어날 일련의 일들을 상상하면서 시도해 보자. 두 개의 공이 바닥에 떨어질 때 작은 공이 큰 공에 계속 붙어있는지 확인하라.

작은 공이 왜 그렇게 튕겨 나갈까? 공 순서가 이 효과에 어떻게 영향을 주는가? 작은 공을 아래쪽에 놓으면 결과가 바뀔까? 다른 높이에서 공을 떨어뜨리는 것은 어떨까? 일어나고 있는 일에 대해 더 많은 통찰력을 얻기 위해 다양한 크기의 공을 사용하여 동일한 실험을 시도해 보라.

Courtesy Lou Bloomfield

4장 학습 일정

이 장에서 설명할 물체는 (1) **자전거**와 (2) **로켓**으로, 앞에서 설명한 개념을 결합하고 새로운 개념을 추가하여 설명할 것이다. 자전거에서는 자전거의 운동 원리와 명백하게 불안정한 탈 것을 핸들에 손을 대지 않아도 쉽게 탈 수 있을 정도로 안정적으로 만들기 위해 어떻게 영리하게 디자인하는지를 본다. 로켓과 우주여행에서는 작용과 반작용 원리를 조사하고, 기본적인 아이디어로 우주선을 지구 표면에서 떠날 수 있게 하고 심지어 별을 향해 여행할 수 있게 하는 것을 본다. 이 장에서 탐구할 내용에 대해 좀 더 상세히 예습하려면 장 마지막 부분의 '요약, 중요한 법칙, 수식'을 참조하라.

이 장에서는 앞에서 살펴본 많은 이론들을 다시 살펴보고, 우리가 이용할 수 있는 또 다른 새로운 개념을 소개한다. 자전거의 원리를 통해 동적 안정성에 대해 배우고, 웨이터나 수상스키어 및 창고 직원이 처리해야 하는 문제를 탐색한다. 우리는 또한 자이로스코프와 그들의 회전력에 대한 반응을 만난다. 로켓과 우주여행에서는 어떻게 물체가 서로 궤도를 그리며, 행성, 위성 및 혜성의 복잡한 움직임을 일으키는 데 어떻게 중력이 역할을 하는지를 본다. 또한 극한의 속도와 중력에 접근할 때 나타나는 새로운 물리학을 살펴본다.

4.1 | 자전거

자전거는 훌륭한 에너지 효율적인 인력 운송 수단이다. 자전거의 바퀴는 운전자가 편평한 표면에서 앞으로 순항할 수 있게 해주며, 언덕 아래로 힘들지 않게 가속하게 한다. 자전거의 쉬운 운동과 발을 옮길 때마다 노력이 필요한 걷기를 비교해 보자. 자전거는 매우 단순한 기계이며, 움직이는 대부분이 매우 잘 보인다. 몇 가지 예를 든다면 페달, 톱니바퀴, 브레이크 및 스티어링 메커니즘 등이 있다. 이런 자전거의 단순성과 부품이 눈에 보이는 구조 때문에 비록 초보일지라도 자전거를 비교

적 쉽게 고칠 수 있다.

생각해 보기: 겉보기에도 더 안정되어 보이는 세발자전거보다 두발자전거를 왜 더 선호할까? 왜 자전거를 회전시키는 방향으로 자전거를 기울이는가? 핸들에서 손을 뗀 채로 자전거를 어떻게 탈 수 있을까? 자전거 페달을 밟으면 앞으로 어떻게 나아갈 수 있나? 왜 자전거는 페달과 뒷바퀴 사이에 복잡한 구동 시스템을 가지고 있는가?

실험해 보기: 자전거 타는 방법을 알고 있다면, 타면서 자전거의 안정성을 주의 깊게 살펴보자. 선회하고 있는 방향으로 자전거를 기울이는 방법과 당신이 자전거를 기울일 때 자전거가 자연스럽게 그 방향으로 움직이는 방식에 유의하라. 이 자동 핸들 조작은 자전거가 스스로 안정화하는 동작의 일부이다. 자전거를 타면서 페달이 얼마나 빨리 돌고 있는지 관찰하고, 페달을 그 속도로 돌리려면 페달을 얼마나 세게 밀어야 하는지를 관찰해 보라. 다양한 기어를 변화시켜 언덕을 오르내리고 각각의 기어가 페달링 속도 및 페달에 가하는 힘에 어떤 영향을 미치는지 보아라. 특정 상황에서 특정 기어를 선택하는 이유는 무엇인가? 어떤 페달링 속도가 가장 편안한가? 어떤 페달 밟기 힘이 가장 좋은가?

세발자전거와 정적 안정성

두발자전거에는 안정성의 문제가 있다. 두발자전거를 지지하는 것은 바퀴 두 개밖에 없기 때문에 자전거가 쉽게 넘어진다. 그렇다면 우리는 왜 두발 자전거를 교통수단으로 사용할까?

우리는 정지 상태에서의 물체의 안정성, 즉 **정적 안정성**(static stability)을 살펴봄으로써 이 질문에 답하려 한다. 물체가 정적 안정성을 가지려면, 물체는 안정된 평형을 필요로 한다. 이것은 3.1절에서 처음 등장한 개념이다. 평형은 알짜힘이 0이거나 알짜 회전력이 0임을 의미하지만, 안정된 평형 근처에서 물체는 복원력, 즉 원래 평형 상태로 되돌리려는 힘(회전력)을 경험한다. 그런 영향에 힘입어 정적으로 안정된 물체는 평형 상태에서 작게

벗어난 후 안정된 평형 상태로 되돌아간다.

그릇에 놓인 구슬은 정적인 **병진** 안정성을 보인다. 즉 구슬이 그릇의 바닥에서 평형 위치로부터 벗어나면 그릇의 바닥으로 되돌리려는 힘을 경험한다. 대조적으로, 의자는 정적인 **회전** 안정성을 나타낸다. 즉 수직 방향의 평형에서 벗어나면 직립으로 되돌려 놓는 복원성 회전력을 경험한다. 자전거가 정적인 **병진** 안정성을 보이지 않는다는 사실은 유리하다. 자전거를 타는 사람은 일정한 한 곳에 머물고 싶어하지 않는다. 한편 자전거는 정적 **회전** 안정성도 띠지도 않는다. 정적인 회전 안정성이 있는 페달 구동 운송수단을 원한다면 세발자전거를 이용하자(그림 4.1.1).

직립형 세발자전거는 기울어짐에 따라 회전력을 복원하기 때문에 정적인 회전 안정성이 있다(그림 4.1.2a). 그러나 직접적으로 그러한 회전력을 찾기보다는 훨씬 더 일반적인 접근법을 취해 보자. 물리학자들은 겉으로는 무관해 보이는 예들 뒤에 숨어있는 큰 그림 개념을 찾도록 훈련받았고, 때때로 그렇게 해야 한다.

물체는 총 위치에너지가 가능한 한 빨리 감소하는 방향으로 가속된다는 것을 기억하자. 세발자전거의 경우에는 가능한 한 빨리 총 위치에너지를 감소시키는 회전 방향으로 각가속도가 발생한다. 작은 기울어짐은 항상 세발자전거의 무게중심을 위로 올리고, 따라서 중력 위치에너지를 증가시키기 때문에, 기울어진 세발자전거는 회전하여 직립하는 방향으로 회전하여 총 위치에너지를 줄인다. 직립 세발자전거는 따라서 안정적인 **회전 평형**(rotational

그림 4.1.1 세발자전거는 정지하고 서 있을 때는 매우 안정하다. 그러나 타는 사람이 세발자전거를 트는 방향으로 기울 수 없기 때문에 빨리 달리는 동안은 쉽게 넘어질 수 있다. 또 제법 속도를 내기 위해서는 타는 사람이 맹렬히 페달을 밟아야 한다.

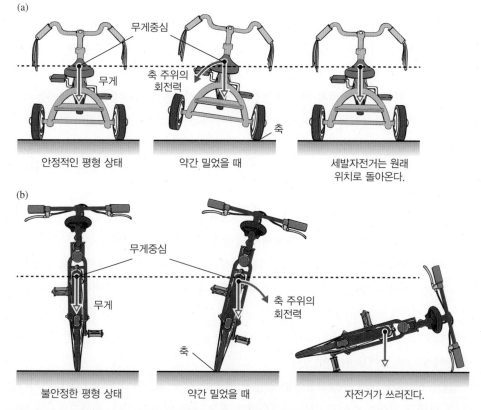

그림 4.1.2 (a) 세발자전거는 안정된 회전 균형에 있다. 기울어져 있을 때, 그것의 무게중심과 중력 위치에너지가 증가하고 똑바로 돌아가도록 하는 복원력을 경험한다. (b) 두발자전거는 불안정한 회전 평형에 있다. 기울어지면 자전거는 쓰러진다.

equilibrium)에 있다. 그것은 약간 기울어진 후에 자발적으로 똑바로 평형으로 돌아올 것이다. 아이들이 세발자전거를 좋아하는 것은 놀라울 것이 없다!

정적 안정성과 총 위치에너지 사이의 이런 관계는 보편적이다. 어쩌면 복잡할 수도 있는 복원 영향력을 직접 찾을 필요가 없다. 물체의 총 위치에너지가 위치가 변할 때마다 증가한다면 물체는 안정된 평형 상태에 있고, 물체의 위치를 변화시키면 다시 그곳으로 돌아오는 경향이 있다. 이 유용한 규칙은 정적 회전 안정성과 세발자전거뿐만 아니라 정적 병진 안정성과 카누부터 다리에 쏘는 빔, 장식용 모빌에 이르기까지 모두 적용된다. 물체가 정지했을 때 안정되기를 원한다면 작은 변위가 전체 위치에너지를 증가시키는지 확인해야한다.

> ⊙ 안정적인 평형과 위치에너지
> **어떤 작은 변위가 전체 위치에너지를 증가시킬 때 물체는 안정적인 평형 상태에 있다.**

그림 4.1.3 똑바로 서 있는 세발자전거는 무게중심을 지나는 수직선이 자전거가 지면과 맞닿는 세 점으로 이루어진 삼각형 지지기반의 내부를 통과하기 때문에 안정된 평형 상태에 있다.

일반적인 관찰은 간단하면서도 가장 중요한 법칙의 바탕이 된다. 표면에 놓여 있는 물체는 만약 무게중심을 통과하는 수직선이 표면과 맞대어 있는 다각형의 **지지기반**(base of support) **내부**를 통과하는 경우에는 안정적인 회전 평형에 있다. 이 규칙은 기하학에서 온다. 즉 물체의 무게중심을 지나는 수직선이 지지기반 안에서 벗어났을 때 자전거를 기울이면 항상 무게중심이 위로 올라가고 중력 위치에너지가 증가한다. 다른 위치에너지가 없다고 가정하면, 기울어진 물체는 원래의 방향으로 다시 각가속도를 받게 되어 그 방향이 안정적인 회전 균형을 이룬다. 예를 들어, 세발자전거는 무게중심이 삼각형 지지기반 위에 있다면 안정적인 회전 평형 상태에 있다(그림 4.1.3).

기하학은 또한 물체의 정적 회전 안정성의 한계를 설정한다. 무게중심을 통과하는 수직선이 지지기반 **가장자리**를 통과하는 경우 세 가지 가능성이 있다. 무게중심이 가장자리 아래에 있으면 물체는 안정된 회전 균형을 이룬다. 무게중심이 정확히 가장자리에 있다면, 그물체는 **중립적인 평형 상태**에 있게 된다. 즉, 그 가장자리 주위를 기울여도 평형 상태를 유지한다.

그러나 물체의 무게중심이 가장자리보다 높으면 **불안정한 평형 상태**에 놓인다. 즉, 특정 방향으로 약간 기울어지면 물체가 평형에서 벗어나도록 하는 각가속도가 유발되고 이를 복원하려는 방향에 반대로 작용하는 회전력을 경험한다. 이 방향으로 물체를 기울이면 무게중심이 낮아지고 중력 위치에너지가 감소하기 때문에 평형 상태에서 벗어나 평형으로부터 멀어지는 각가속도를 받아 쓰러지게 된다. 세발자전거의 탑승자가 몸을 너무 기울여 자전거와 탑승자 전체 무게중심이 삼각 지지기반의 가장자리를 벗어나면, 불안정한 평형 상태에 놓이게 되어 넘어갈 위험이 있다.

세발자전거와 달리 두발자전거는 안정된 평형을 갖지 않는다(그림 4.1.2b). 지지기반은 두 바퀴가 만드는 선이고 선은 가장자리만 있고 내부 면적이 없다. 두발자전거의 탑승자는 자전거와 탑승자의 전체 무게중심을 그 가장자리 위에 놓음으로써 회전 평형을 달성할 수 있지만, 그 평형은 불안정하고 좌우 측면에 대해 조금의 작은 위치 변화만 있어도 쓰러진다.

> ● 불안정한 평형과 위치에너지
> 위치를 조금만 바꾸어도 전체 위치에너지를 감소시킬 수 있는 경우 물체의 평형은 불안정하다.

> ▶ **개념 이해도 점검 #1: 커피 쏟지 않기**
>
> 일부 여행용 머그잔은 바닥 쪽으로 갈수록 바깥쪽으로 휘어져서 매우 넓은 아래 부분을 갖고 있다. 왜 이 모양이 머그컵을 특별히 더 안정적으로 만들어주고 들고 걸을 때 뒤집히지 않게 하는가?
>
> **해답** 머그잔의 넓은 아래 부분은 기울이면 위치에너지가 계속 증가하도록 한다. 기울임이 매우 심해지더라도 자연스럽게 안정된 평형으로 돌아간다.
>
> **왜?** 아래 부분이 좁은 머그잔은 평상시에는 안정적이지만 많이 기울이면 넘어진다. 그것의 무게중심이 지지기반을 넘어서자마자 넘어질 것이다. 그러나 넓은 아래 부분을 가진 머그잔은 넓은 지지기반을 가지고 있으며 심하게 기울여도 원래 상태로 복귀할 것이다.

두발자전거와 동적 안정성

정적 회전 안정성은 균형을 잘 못 잡는 사람들에게 매우 중요하다. 그래서 아이들은 먼저 세발자전거를 타는 법을 배운다(그림 4.1.4a). 그러나 세발자전거가 움직이는 경우 정적 회전 안정성이 안전을 보장하지는 않는다. 아이가 가파른 언덕을 굴러 갑자기 예리하게 방향을 틀면 그 아이는 아마 넘어질 것이다. 무엇이 잘못되었을까?

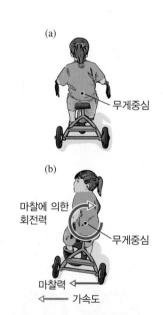

그림 4.1.4 (a) 앞을 향해 나아가는 세발자전거는 안정하다. 그 이유는 어떤 기울어짐도 그것의 무게중심을 위쪽 방향으로 움직이게 하기 때문이다. (b) 그러나 좌회전을 빠르게 하는 동안, 세발자전거는 왼쪽으로 가속하고 마찰은 바퀴에 큰 왼쪽으로 힘을 작용한다. 이 마찰력은 세발자전거와 탑승자의 합쳐진 무게중심에 대해 회전력을 일으키고 세발자전거를 넘어뜨리는 원인이 된다.

움직이는 세발자전거는 타고 있는 아이가 고속으로 좌회전하는 것과 같은 갑작스런 가속을 피할 때만 똑바로 유지된다. 아이가 방향을 돌리려면 세발자전거의 바퀴를 조종하여 포장도로와의 마찰로 자전거를 왼쪽으로 밀어야 한다(그림 4.1.4b). 바퀴의 마찰력은 자전거를 왼쪽으로 가속시켜 속도의 방향을 왼쪽으로 바꾼다. 물론, 아이도 돌아갈 필요가 있기 때문에 세발자전거는 아이가 자전거를 따라가게 한다. 방향 전환이 천천히 진행되는 동안에는 작은 미는 힘이 필요하며 자전거와 아이는 함께 안전하게 회전한다.

그러나 방향 전환이 너무 갑작스럽다면, 아이는 세발자전거와 함께 회전을 완료하지 못할 것이다. 대신 세발자전거가 아이의 밑에서 벗어나고 아이의 몸은 똑바로 간다. 바로 사고가 난다. 보다시피 세발자전거는 정적 안정성이 좋지만 움직일 때의 안정성인 **동적 안정성**(dynamic stability)이 낮다.

갑작스런 회전을 할 때 세발자전거는 마찰이 미치는 엄청난 회전력을 감당할 수 없기 때문에 뒤집힌다. 자전거를 돌리는 수평 마찰력이 세발자전거와 탑승자의 전체 무게중심(그림 4.1.4b)보다 훨씬 아래쪽에 있기 때문에 그 무게중심에 대한 회전력이 발생한다. 이 회전력이 작으면, 자전거의 정적 회전 안정성은 각 가속을 방지하기 위해 반대 방향으로 충분한 복원 회전력을 제공한다. 회전이 갑작스런 경우에는 거대한 마찰 회전력이 제한된 복원 회전력을 압도하기 때문에 자전거와 탑승자는 뒤집힌다. 고속 회전 중에 세발자전거는 동적으로 **불안정하다.**

바퀴 달린 차량의 목표는 어딘가로 이동하는 것이기 때문에 궁극적으로 정적 회전 안정성보다 동적 회전 안정성이 더 중요하다. 두발자전거가 정적 안정성이 부족한 반면, 움직이는 두발자전거는 훨씬 안정적이다. 그것의 동적인 안정성은 없애기 거의 어렵기 때문에 핸들에 손을 대지 않고도 달릴 수 있다. 이 묘기는 그것이 얼마나 쉬운지를 아직 깨닫지 못한 어린이들 사이에 인기 있는 모험이다.

영국의 물리학자 David Jones가 발견한 것처럼 두발자전거의 놀라운 동적 안정성은 그것이 기울고 있는 방향에 상관없이 자동으로 조향하는 경향에 기인한다. 예를 들어, 자전거가 왼쪽으로 기울기를 시작하면 두발자전거는 자동으로 왼쪽을 향해 조향하여 자전거를 똑바로 세울 수 있다. 고정된 자전거가 불안정한 평형 상태에서 벗어나면 넘어지는 데 반해, 전진하는 자전거는 자연스럽게 질량 중심을 따라 움직이고 그 불안정한 평형 상태로 돌아온다.

자동 조향 효과를 생성하기 위해 함께 작동하는 두 가지 물리적 메커니즘이 있다. 하나는 회전이고, 하나는 위치에너지이다. 첫 번째인 회전은 바퀴에만 의존한다. 바퀴들은 **자이로스코프**로 작동한다. 각 바퀴는 회전하기 때문에 각운동량을 가지며 공간의 고정된 축에 대해 일정한 각속도로 계속 회전하려는 경향이 있다. 바퀴의 각운동량은 회전력에 의해서만 변경될 수 있기 때문에 바퀴는 자연적으로 직립 방향을 유지하려는 경향이 있다.

그러나 각운동량만으로 세발자전거가 넘어지는 것을 방지할 수 없는 것과 마찬가지로 두발자전거가 넘어지는 것을 막을 수는 없다. 대신 자이로스코프의 **세차 운동**(precession), 즉 자이로스코프가 각운동량에 수직으로 작용하는 회전력에 의해 자이로스코프의 회전축을 돌아가게 하는 운동을 통해 자전거가 자동으로 조향하도록 유도한다. 자전거가 똑바로 세워져 있을 때, 바닥의 수직 항력은 자전거의 무게중심을 향하고 바퀴에 회전력을 작용하지 않는다. 그러나 자전거가 왼쪽으로 기울어질 때, 바닥의 수직 항력은 바퀴의 무게중심을 더 이상 가리키지 않으므로 바퀴에 회전력이 발생한다. 이 회전력은 바퀴의 각운동량에 수직이므로 바퀴는 세차운동을 한다. 회전축이 왼쪽을 향해 돌아가면서 자전거가 안전하게 움직인다.

이 자동 조향 과정에서 자이로스코프 세차운동을 돕는 것은 위치에너지에 기인한 두 번째 효과이다. 앞바퀴를 지지하고 있는 모양과 각도 때문에, 자전거가 기울고 있는 방향으로 앞바퀴를 조종하여 자전거의 무게중심을 낮추고 전체 위치에너지를 줄일 수 있다.

자전거가 왼쪽으로 기울어지면 앞바퀴를 왼쪽으로 돌려서 자전거의 총 위치에너지를 가능한 빨리 줄인다. 다시 한 번 자전거는 그것이 기울어지는 방향으로 자동으로 움직여 넘어지는 것을 피한다. 이러한 자가 교정 효과는 탑승자가 없는 자전거가 언덕을 올라가거나 내려갈 때 쓰러지지 않고 서 있는 이유를 설명한다.

자전거 설계자는 자이로스코프 효과의 변경을 위해 할 수 있는 일이 거의 없다. 그러나 포크의 모양과 각도에 따라 위치에너지 효과가 달라질 수 있다. 안정을 유지하려면 앞바퀴가 조향 축 뒤의 지면과 접촉해야 한다(그림 4.1.5). 포크를 잘못 만들어 바퀴가 조향 축의 앞쪽 지면에 닿으면 자전거가 기울어질 때 자전거가 잘못된 방향으로 움직이고, 따라서 사

휠 터치
조향 축의 접촉

그림 4.1.5 부분적으로 앞바퀴가 조향 축 뒤의 지면에 닿아 있기 때문에 자전거는 앞으로 나아갈 때 안정적이다. 결과적으로, 앞바퀴는 자연스럽게 자전거가 기울어지는 방향으로 조향하여 자전거를 똑바로 세워준다.

실상 탈 수 없게 된다.

　전형적인 성인 자전거의 앞 포크는 바퀴가 축 바로 뒤의 땅에 닿도록 앞쪽으로 뻗어 있다. 이 상황은 자전거를 기동성이 뛰어나도록 동적인 안정성을 확보한다. 대조적으로, 일반적인 어린이 자전거의 앞 포크는 비교적 직선이어서 바퀴가 조향 축보다 훨씬 뒤의 땅에 닿아 있다. 따라서 어린이의 자전거는 성인 자전거보다 동적으로 안정적이지만 회전하기가 쉽지 않다. 동적 안정성과 기동성 사이의 이익 교환은 일반적이며, 이는 페달 구동 운송 수단뿐만 아니라 자동차와 보트 및 항공기에서도 나타난다.

> ### 개념 이해도 점검 #2: 구르는 동전처럼
>
> 정지한 동전을 가장자리를 표면에 대어 세우는 것은 어렵지만, 굴러가는 동전은 쉽게 똑바로 서 있다. 움직이는 동전을 안정하게 하는 효과는 무엇인가?
>
> **해답** 이 효과는 자이로스코프 세차운동이다.
>
> **왜?** 가장자리로 서면 동전의 정적 안정성은 거의 혹은 전혀 없다. 그러나 동전이 빠르게 앞으로 굴러갈 때, 자전거가 무게중심 아래로 조향하게 하는 동일한 자이로스코프 세차 효과가 다른 경우라면 불안정한 평형이었을 것을 동적으로 안정시킨다.

선회하는 동안 기울이기

자전거 탑승자는 왜 선회하는 동안 몸을 기울일까? 대답은 기울이는 것이 마찰이 자전거에게 주는 회전력, 즉 세발자전거 탑승자를 넘어지게 한 마찰 회전력에 대해서 균형을 맞출 수 있기 때문이다. 적절하게 기울이면 자전거 운전자는 갑작스런 회전도 안전하게 완료할 수 있다.

　자전거 탑승자는 자전거를 타면서 자전거를 회전 평형 상태로 유지하려고 한다. 그들이 회전할 때마다 자전거와 탑승자의 합쳐진 무게중심에 대한 마찰력에 의한 회전력을 경험하기 때문에, 자전거 타는 사람은 회전하는 방향 안쪽으로 기울여 회전력의 균형을 맞춘다. 도로의 수직항력은 무게중심을 중심으로 마찰력에 의한 회전력의 반대 방향의 회전력을 발생시킨다. 이 두 회전력의 합이 0이 될 때, 자전거 타는 사람과 자전거는 안전하게 회전 평형을 이룬다.

　이 반대 방향의 두 회전력은 모두 도로가 바퀴에 작용하는 힘에 의해 생성되며, 그 합은 바퀴에 대한 도로가 생성하는 전체 회전력이다. 이 두 힘의 합력이 자전거와 탑승자 전체의 무게중심을 똑바로 가리킬 때 전체 회전력은 0으로 떨어진다. 2.1절에서 보았듯이, 회전 중심 쪽으로 직접 가해지는 힘은 그 회전 중심에 대해 0의 회전력을 발생시킨다. 타는 동안 회전 균형을 유지하기 위해 자전거 타는 사람은 항상 도로가 바퀴에 가하는 알짜힘의 방향과 일직선상에 무게중심을 똑바로 배치해야 한다.

　예를 들어, 자전거가 똑바로 앞을 향하고 있을 때 탑승자가 자전거를 똑바로 세우면 0의 알짜 회전력을 얻을 수 있다. 도로는 바퀴를 무게중심 쪽으로 똑바로 민다(그림 4.1.6a). 그러나 자전거가 좌회전하면 탑승자가 왼쪽으로 자전거를 기울여 회전 균형을 유지해야 한

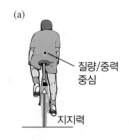

(a)
질량/중력 중심
지지력

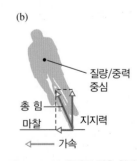

(b)
질량/중력 중심
총 힘
마찰
지지력
가속

그림 4.1.6 (a) 똑바로 앞을 향하고 있는 자전거는 그것이 완전히 바로 서 있을 때 회전 평형 상태에 있다. 도로의 수직 항력은 질량 중심에 대해 회전력을 발생시키지 않는다. (b) 왼쪽으로 돌고 있는 자전거는 왼쪽으로 기울어지면 회전 평형 상태에 있다. 도로의 수직 항력과 마찰력의 합력은 질량 중심에 회전력을 발생시키지 않는다.

© Bryn Lennon/Getty Images, Inc.

그림 4.1.7 경기가 진행되는 동안 방향을 선회할 때 이 사이클 선수들은 회전하는 방향으로 안쪽을 향해 기울인다. 이 기울기는 트랙이 그들에게 회전력을 작용하여 넘어뜨리는 것을 방지한다.

다. 왼쪽 방향으로 회전하는 동안 도로는 바퀴를 위쪽과 왼쪽으로 민다(그림 4.1.6b). 왼쪽으로 기울이면 도로가 작용하는 힘이 무게중심을 향하며 0의 회전력을 생성한다(그림 4.1.7).

잠시 후, 자전거가 선회하는 동안 자전거를 기울이는 것이 너무 자동적이고 습관적이어서 생각조차 하지 않게 된다. 선회할 때 기울이지 못한다면 자전거나 오토바이를 타는 것은 불가능하다. 이런 탈것들을 너무 예리하게 선회시켜 미끄러지더라도 기울어진 것은 여전히 회전 균형에 놓여 안전하다.

회전하는 동안 기울임에 대한 이러한 모든 논의는 다음과 같은 질문을 제기한다. 자전거를 회전시키기 전에 어떻게 기울여야 하는가? 실제로, 당신은 자전거 방향을 바꾸면서, 즉 선회하는 방향과 반대 방향으로 핸들을 조향하여 무의식적으로 기울일 수 있다! 그 다음 자전거가 당신 아래에서 비껴나고, 자전거와 당신은 올바른 방향으로 기울어진다. 그런 다음 올바른 방향으로 조향하고 선회하는 내내 회전 균형을 유지한다. 선회를 중지할 준비가 되면 선회 방향으로 짧은 시간 동안 세게 조향하면 자전거가 당신의 아래에서 움직이고, 둘은 똑바로 서게 된다. 이렇게 해서 선회가 끝난다.

정적으로 불안정한 차량만 기울어질 수 있기 때문에, 정적으로 안정된 차량은 회전 균형 근처에서 안전하게 유지하기 위해 복원하는 회전력에 의지해야 한다. 우리가 세발자전거에서 보았듯이 복원 회전력은 제한되어 있고, 차량은 빠른 가속 중에 회전 균형에서 벗어날 수 있다. 차량, 트럭, 또는 SUV가 너무 급격하게 회전하면 넘어질 것이며, 일부는 특히 이러한 재앙에 취약하다. 차량의 질량 중심이 높을수록, 지지기반이 좁아질수록 복원 회전력이 제한되고 선회하는 동안 쉽게 전복된다. SUV는 이러한 전복 사고에 놀라울 정도로 취약하며 트랙터 트레일러 차와 유사하게 개조된 소형 트럭도 정말 위험하다. 심지어 일부 일반 자동차조차도 이와 관련하여 안전하지 않은 것으로 판명되었다.

> **▶ 개념 이해도 점검 #3: 매우 예리한 커브**
>
> 왜 스키 선수는 내리막길에서 회전하는 방향으로 기울일까?
>
> ▶ **해답** 선수의 스키에 작용하는 힘이 선수의 질량 중심을 향하는 것을 확실히 하기 위해 회전하는 방향으로 기울인다.
>
> ▶ **왜?** 스포츠와 같은 상황에서 선회하는 방향으로 기울여야만 한다. 항상 선회는 수평 가속 및 수평 힘을 포함하기 때문에, 선수는 선회하는 안쪽을 향해 질량 중심을 이동해야 한다. 적당한 양만큼 기울일 때, 선수에게 작용하는 알짜힘은 선수의 질량 중심을 똑바로 가리키게 되어 질량 중심에 대한 회전력이 사라진다. 선수는 회전 평형을 유지하여 넘어지지 않는다.

자전거 구르기

지금까지 우리는 자전거의 안정성에 대해서만 논의했다. 일단 자전거가 유용한 개인 동력 운송수단이라고 본다면, 어떻게 사람이 자전거에 동력을 전달하는지 알아야 한다. 탑승자는 발로 땅을 밀 수 있지만, 고속에서는 꽤 불편하고 위험하다. 대신에 발로 페달을 밟는 방법을 이용하여 바퀴 중 하나에 회전력을 발생시킨다. 그러나 어느 바퀴에, 그리고 어떻게 그 회전력을 만들까?

그에 대한 답은 앞바퀴에 동력을 공급한다는 것이다. 크랭크를 축에 직접 부착하여 사용하면, 크랭크는 단순히 축에서 돌출되어 있는 지레로 바퀴의 끝부분을 원의 접선 방향으로 밀어 그 축에 대한 회전력이 발생시킨다. 자전거의 크랭크에는 끝부분에 페달이 설치되어 있어 발을 사용하여 페달을 밀 수 있다. 베어링에 축이 매달려 있는 상태에서 페달을 밟으면 앞바퀴가 회전한다. 회전하는 바퀴와 지면 사이의 마찰이 자전거를 앞으로 민다.

이 페달 밟기 방법은 어린이용 세발자전거에도 어김없이 이용되지만 세 가지 단점이 있다. 첫째로, 앞바퀴를 페달로 밟는 것은 앞바퀴가 맡은 다른 책임인 조향을 방해한다. 둘째, 페달을 구르는 것을 쉴 방법이 없다. 자전거가 움직이면 페달도 움직인다. 셋째, 앞바퀴에 충분한 회전력 이상을 발생시킬 수 있지만 다리를 빠르게 움직여 페달을 따라잡는 데 어려움을 겪을 수 있다. 평지에서 빠르게 탈 때, 페달을 격렬하게 밟으면서도 페달의 저항이 거의 없음을 느낄 수 있다.

빠르게 페달을 밟는 문제는 모든 페달을 이용한 운송수단, 즉 탑승자에게서 동력을 얻는 운송수단의 핵심이다. 매초마다 당신은 페달에 일정량의 일을 하여 그 동력을 제공해야 한다. 일이 힘 곱하기 거리이기 때문에 당신은 매초 같은 일을 할 수가 있다. 즉, 바퀴가 느리게 돌 때는 페달을 세게 밟음으로써, 또는 바퀴가 빠르게 돌 때는 페달을 부드럽게 밟음으로써 운송수단에 동일한 일률을 제공할 수 있다. 그러나 물리학보다 생리학을 더 중요하게 생각한다면, 바퀴가 중간 빠르기로 갈 때 페달을 중간 정도로 밟을 때가 일률을 제공하는 당신 다리로서는 최상이다.

불행하게도 일반적인 세발자전거의 페달은 페달링 파워를 잘 활용하기에는 너무 빨리 너무 쉽게 회전한다. 세발자전거가 평지에서 빠르게 움직일 때 당신은 페달에 일을 가하기는커녕 페달을 거의 따라 잡을 수 없다. 세발자전거가 당신의 동력 공급 능력을 잘 활용할 수 있는 유일한 때는 완만한 속도로 올라갈 때이다. 그때만이 당신이 중간 정도의 힘으로 페달을 밟는 것을 필요로 한다.

빠르게 페달을 밟아야 하는 문제에 대한 초기 해결책은 거대한 앞바퀴를 사용하는 것이었다. 이러한 구성에서는 바퀴를 한 바퀴 돌리면 상당한 거리를 갈 수 있으므로 편평한 도로에서 빠르게 달릴 때는 더 이상 페달을 밟지 않아도 되므로 결국 편평한 곳에서 최고의 성능을 발휘할 수 있다. 중간 정도의 속도로 바퀴가 돌면서 중간 정도의 세기로 페달을 구르면서 말이다. 19세기 중반의 페니파싱 자전거는 이런 종류의 자전거였다(그림 4.1.8). 그러나 페달 구르기는 여전히 조향 장치를 방해했으며 자전거가 움직이는 동안 페달 구르기를 멈출 수 없었다. 또한 이 자전거에는 새로운 문제가 있었다. 오르막길에서는 앞쪽 바퀴가 꾸준히 회전하도록 페달을 세게 밀 수 없었다.

이러한 문제는 앞바퀴의 축에서 크랭크를 제거하고 뒷바퀴에 동력을 전달하기 위한 간접 구동 방식을 사용하여 해결되었다(그림 4.1.9). 톱니바퀴와 체인 루프를 사용한 간접 구동으로 인해 페달과 바퀴가 다른 속도로 회전할 수 있게 되었다. 이 변화는 기계적 이점을 사용하여 자전거에 힘을 공급하는 방법을 선택할 수 있도록 해 준다. 천천히 움직이는 페달에 큰 힘을 가하거나, 빠르게 움직이는 페달에 작은 힘을 가하거나, 또는 이상적으로는 중

그림 4.1.8 페니파싱(pennyfarthing) 자전거는 탑승자가 페달을 빨리 밟을 필요 없이도 적당한 속력으로 주행할 수 있도록 직접 동력을 받는 대형 앞바퀴를 사용했다. 그것의 이름은 영국의 동전 이름인 작은 페니와 큰 파싱에서 따왔다.

그림 4.1.9 현대식 자전거 구동 시스템. 페달 구르기(pedaling)는 크랭크 톱니바퀴에 회전력을 발생시키고, 체인의 윗부분에 장력을 발생시킨다. 체인의 일부는 자유 회전 톱니바퀴에 회전력을 발생시키고, 이 회전력은 자전거의 뒷바퀴(나타나있지 않음)에 회전력을 전달한다. 유동 톱니바퀴는 남는 체인을 처리한다.

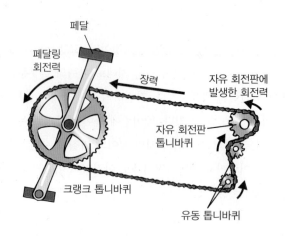

페달

페달링 회전력

장력

자유 회전판에 발생한 회전력

자유 회전판 톱니바퀴

크랭크 톱니바퀴

유동 톱니바퀴

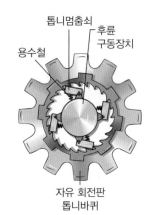

톱니멈춤쇠

후륜 구동장치

용수철

자유 회전판 톱니바퀴

그림 4.1.10 자전거의 자유 회전판 내부의 래칫(한쪽 방향으로만 회전하게 되어 있는 톱니바퀴). 내외부의 상대적인 회전이 올바른 방향이면, 톱니멈춤쇠는 외측부에서 내측부로 회전력을 전달한다. 상대적인 회전 방향이 바뀌면 톱니멈춤쇠는 스프링을 압축하고 바깥쪽 부분 안쪽의 톱니를 따라 미끄러진다. 전달되는 회전력은 없다.

간 속도로 움직이는 페달에 중간 정도 힘을 가하는 경우에 관계없이, 편평한 도로를 따라 가든 가파른 언덕을 천천히 주행하든 최대의 동력을 쉽게 당신이 공급할 수 있도록 드라이브 설정 기어를 항상 찾을 수 있다.

마지막으로, 페달 밟기 문제는 뒷바퀴의 허브에 단방향 드라이브 또는 자유 회전판을 통합하여 해결하였다. 이 자유 회전판 장치(그림 4.1.10)는 뒷바퀴가 한 방향으로 자유롭게 회전할 수 있게 하여 앞으로 순항하고 있을 때는 페달을 밟지 않아도 운동이 지속된다. 이러한 개선된 현대식 자전거를 그림 4.1.11에 나타내었다.

그림 4.1.11 현대식 자전거. 뒷바퀴는 탑승자가 페달과 뒷바퀴 사이의 기계적 이득을 변화시킬 수 있게 하는 체인에 의해 구동된다. 뒷바퀴의 허브에 있는 자유 회전판으로 바퀴는 한 방향으로 자유롭게 회전할 수 있다. 이 자유 회전판은 자전거 페달이 정지 상태일 때에도 자전거가 계속 앞으로 순항할 수 있게 한다.

🔷 개념 이해도 점검 #4: 큰 것이 항상 더 나은 것은 아니다

페니파싱 자전거로 언덕을 오르는 것이 왜 그렇게 어려울까?

해답 거대한 바퀴가 한 바퀴 돌 때마다 언덕 위로 많이 올라가고 이에 따라 많은 일을 하게 된다. 페달을 한 번 돌려서 많은 일을 하려면 페달을 아주 세게 밀어야 한다.

왜? 자전거 페달을 밟을 때 당신은 페달에 대해 일을 하고 있다. 페달이 어떤 방향으로 움직일 때 당신은 그 방향으로 페달을 민다. 페니파싱 자전거를 타고 위로 갈 때와 같이 너무 많은 일이 필요한 경우에 필요한 힘은 당신이 견딜 수 없을 정도로 커야 한다.

| 로켓과 우주여행

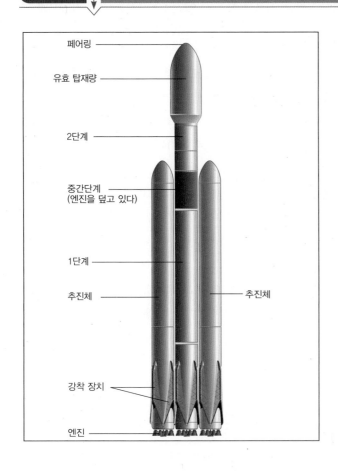

페어링

유효 탑재량

2단계

중간단계
(엔진을 덮고 있다)

1단계

추진체   추진체

강착 장치

엔진

현대 우주선의 복잡성에도 불구하고 로켓은 기계 중 가장 단순한 것에 속한다. 그것은 모든 작용에 반작용이 있다는 원칙에 근거한다. 로켓은 꼬리 밖으로 물질을 밀어내면서 앞으로 나아간다. 로켓만큼이나 단순한 사람들은 700년 이상 더 나은 로켓을 개발해 왔다. 그것들은 우주 탐사, 무기류, 재난 구조 작업, 오락 등의 목적으로 사용된다.

생각해 보기: 무엇이 로켓을 앞으로 나아가게 할까? 밀어낼 것이 전혀 없어 보이는 우주에서 로켓이 어떻게 작동할 수 있을까? 왜 현대식 로켓에는 멋진 배기 노즐이 있을까? 로켓이 도달할 수 있는 가장 빠른 속도는 무엇인가? 왜 인공위성은 지구 주위를 끝없이 도는가? 로켓이 행성에서 행성으로 가기 위해 취하는 경로는 어떤 종류가 있는가?

실험해 보기: 장난감 로켓을 발사해 볼 수 있지만 장난감 풍선으로도 족하다. 장난감 풍선을 불어 날려 보라. 그것은 방 안에서 돌아다닐 것이다. 풍선을 앞으로 밀어주는 것은 무엇인가? 방의 공기와 벽이 추진력에 관련되어 있는가? 아니면 풍선 입구를 통해 가스를 방출하여 추진되는 것인가? 질문에 대한 답이 진실인지 어떻게 확인할 수 있을까?

로켓 추진

로켓의 가장 인상적인 특징 중 하나는 우주에서 완전히 고립되어 있어도 추진력을 발휘할 수 있는 능력과 그 추진력을 사용하여 놀라운 속도에 도달하는 능력이다. 로켓은 어떻게든 외부의 도움 없이 스스로를 추진하고 그것을 이용해 겉으로 보기에 제한 없이 가속되어 앞으로 나아간다.

당신이 신고 있는 부츠가 스스로를 위로 들어 올릴 수 없는 것과 마찬가지로 로켓도 역시 스스로 나아갈 수 없고 영원히 가속될 수도 없다. 실제로, 그것은 자체에 저장된 제한된 연료를 밀어서 앞으로 나아가는 힘인 추력을 얻고, 연료가 다 떨어지면 가속을 멈춘다. 로켓이 연료로부터 추력을 얻는 방법을 이해하기 위해 Newton의 제3법칙, 즉 작용과 반작용 법칙이 로켓에 어떻게 적용되는지 살펴보자.

속도가 없고 운동량이 없는 당신이 얼어붙은 연못의 한가운데 서 있다고 상상해 보자. 따뜻한 날에 약간 녹은 얼음은 매우 미끄럽다. 마찰이 없기 때문에 벗어나려고 해도 전혀 움직일 수 없다. 어떻게 얼음에서 빠져 나올 수 있을까?

관성 때문에 움직일 수 있는 유일한 방법을 얻을 수 있는데 그것은 당신을 무언가가 밀

(a)

사람과 신발
(정지 상태)

(b)

사람의
속도

신발의
속도

사람과 신발
(던진 후)

그림 4.2.1　(a) 얼음 위에서 신발을 들고 서 있는 사람은 운동량이 없다. (b) 그가 신발을 오른쪽으로 던지면 신발은 오른쪽으로 운동량이 있고, 남자는 왼쪽으로 운동량이 있게 된다. 사람과 신발의 전체 운동량은 여전히 0이다. 사람은 신발보다 훨씬 거대하기 때문에 신발은 남자보다 훨씬 빨리 움직인다.

■ 스웨덴의 발명가이자 기술자인 Carl Gustaf de Laval(1845~1913)이 발명한 수렴-발산형 노즐은 현대적인 로켓이 발달되기 수십 년 전에 개발되었다. 그는 노즐을 증기 터빈의 효율을 높일 수 있는 방법으로 활용하고자 발명했고, 미래의 모든 터빈 기술의 토대를 마련하는 데 공을 세웠다. De Laval은 우유로부터 크림을 분리하는 분리기를 발명한 것으로도 유명하다.

어내는 것이다. 어떻게 하면 될까? 먼저 신발을 벗어 연못의 동쪽을 향하여 최대한 세게 던진다(그림 4.2.1). 신발을 던지면 손으로 신발에 힘을 작용하고 신발을 가속되어 얼음을 가로 질러 날아간다.

그럼 당신에게는 무슨 일이 일어날까? 당신은 연못의 서쪽으로 향해 움직일 것이다. 신발을 연못의 동쪽으로 밀 때 신발도 당신을 연못의 서쪽으로 같은 힘으로 밀기 때문에 당신은 움직이게 된 것이다. 이 과정에서 당신은 운동량을 신발에 전달하고 신발은 그 반대 방향으로 당신에게 운동량을 전달했다. 운동량은 생성되거나 파괴되지 않고 재분배될 뿐이다. 당신이 신발을 던진 후에도, 당신과 신발의 결합된 운동량은 0에 머물러 있다. 신발은 당신이 다른 방향으로 가지고 있는 운동량과 같은 양만큼 그 방향으로 운동량을 가지고 있다.

물론, 당신은 신발보다 훨씬 더 크다. 그래서 당신은 결국 더 느리게 나아간다. 운동량은 질량과 속도의 곱과 같다. 따라서 물체의 질량이 클수록 같은 양의 운동량을 가지려면 필요한 속도는 더 작다. 그래도 당신은 하려고 했던 일을 성취했다. 당신은 연못의 서쪽으로 천천히 미끄러져 가고 있다.

당신이 겨우 작은 운동량을 신발로 전달했고, 따라서 그 대가로 반대 방향으로 작은 운동량을 전달받았기 때문에 당신의 최종 속도는 제한적이다. 신발을 더 빨리 던지거나 신발을 포함한 포장 상자까지 던졌다면 더 많은 운동량이 전달되어 당신의 속력은 더 빨라질 것이다.

신발을 던지는 대신 매우 빠르게 움직이는 가스 분자를 내뿜었으면 더 좋았을 것이다. 실온에서도 공기 중의 분자는 약 1,800 km/h로 달린다. 기체 분자가 약 2800°C로 가열되면 로켓 엔진에서의 액체 연료와 같이 속도가 약 3배 빨라진다. 당신이 이러한 속도로 한 방향으로 무언가를 던지면, 당신은 반대 방향으로 꽤 많은 운동량을 얻는다.

이것이 전형적인 로켓 엔진의 작동 원리이다. 로켓은 자체 내에 포함된 연료로부터 매우 뜨거운 배기가스를 생성하기 위해 화학 반응을 사용한다. 연료의 화학 위치에너지가 반응 중에 열에너지로 변한 다음, 고온 가스가 로켓 엔진에서 아주 뜨거운 배기가스 뭉치로 방출되어 나감에 따라 대부분 운동에너지로 전환된다.

로켓 엔진은 가스에 엄청난 후진력을 가하여 초 당 킬로미터로 측정되는 속도로 배출되도록 가스를 가속한다. 가스는 로켓 엔진을 똑같이 세게 앞 방향으로 민다. 그러한 로켓 엔진에 의해 추진된 우주선은 놀랄만한 높이와 속도에 도달할 수 있다(그림 4.2.2).

놀라운 배출 속도를 달성하려면 신중하게 설계된 노즐이 필요하다. 대형 로켓의 발사를 본 적이 있다면 배기가스가 분출하는 종 모양의 노즐을 발견했을 것이다(그림 4.2.3). 각 노즐을 통해 로켓은 배기가스를 후방으로 유도하고 최대 속도로 가속함으로써 배기가스에서 가능한 한 많은 전진 운동량을 얻는다. 6장에서 보게 되겠지만 노즐을 사용하면 가스가 다양한 내부 에너지를 운동에너지로 변환할 수 있으며, 가스의 방향 전환 및 가속에 이상적으로 작용한다. 로켓 배출의 경우, 가장 효과적인 노즐 모양은 스웨덴의 발명가인 Carl Gustaf de Laval의 이름에서 따온 드 라발(de Laval) 노즐로, 수렴-발산형 노즐이다(■ 참조).

이 복잡한 노즐 구조가 로켓 엔진에서 왜 그렇게 잘 작동하는지를 완전히 이해하려면, 소리의 속도 이상으로 기체를 흘려보내는 물리 현상을 조사해야 한다. 우리는 이 책의 뒷부

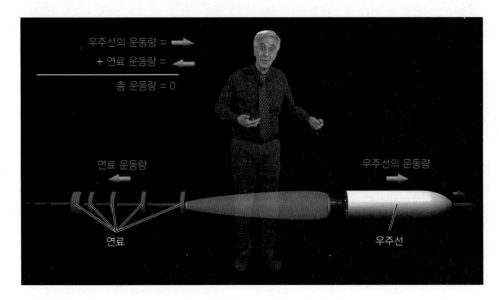

그림 4.2.2 이 우주선의 로켓 엔진은 고속으로 배출되는 배기가스 덩어리가 연료를 왼쪽으로 밀고 그 연료는 우주선을 오른쪽으로 민다. 즉 작용과 반작용이다. 우주선이 오른쪽으로 가속함에 따라, 오른쪽 속도가 증가하고 방출된 연료의 왼쪽 속도가 감소한다. 이 추진 과정에서 로켓의 총 운동량은 변하지 않는다. 운동량은 발사 이전에 0이었기 때문에 우주선과 연료가 서로 밀어도 0으로 남아 있다.

분에서 이 문제들 중 일부를 접할 것이므로 지금은 간략한 요약으로 충분할 것이다.

가스가 드 라발 노즐에 도착하기 이전에는 로켓 내부에 고온의 배기가스가 밀집되어 있어 압력이 엄청나다. 스프레이 병의 가스처럼 이 배기가스는 노즐을 통해 외부의 낮은 압력 환경으로 빠르게 가속된다. 노즐의 좁아진 구멍이 가속도를 높이는 데 어느 정도까지는 도움을 준다. 가스가 노즐의 가장 좁은 부분에 도달하면 음속으로 운동하고 고도로 압축된다. 초음속 배기가스를 더욱 가속시키기 위해, 노즐은 좁아지는 것을 멈추고 넓어지기 시작한다. 팽팽하게 채워진 배기가스는 팽창 벨을 통해 흐를 때 팽창하여 노즐 외부의 더 열린 환경으로 들어가기 위해 준비한다.

드 라발 노즐의 발산 부분이 배기가스에서 최대 추력을 얻는 데 얼마나 넓어야 하는지는 노즐의 주변 환경에 달려 있다. 해수면 근처에서는 배기가스가 노즐 바깥의 보통 공기로 흘러 들어가서 비교적 좁은 드 라발 노즐이 적당하다. 높은 고도 또는 공간에서는 배기가스는 더 옅은 공기로 들어가거나 전혀 공기가 없는 곳으로 들어가므로 넓은 드 라발 노즐이 더 이상적이다. 로켓은 일반적으로 노즐 모양을 적절하게 타협하여 모든 환경에서 적절하게 작동하도록 한다.

가스가 드 라발 노즐의 끝 부분에 도달할 즈음, 가스는 원래 에너지의 대부분을 운동에너지로 변환하고 그 속도는 노즐에서 멀어지는 방향으로 향하게 된다. 사실, 가스가 실제로 노즐을 통해 유출되더라도 계속 연소하기 때문에 운동에너지와 속도는 환상적인 수준에 도달할 때까지 계속 상승한다. 드 라발 노즐 덕분에 배기가스는 10,000~16,000 km/h의 **배기속도**(exhaust velocity) 또는 방향 흐름 속도로 로켓의 엔진을 떠나게 된다.

이렇게 배기가스 덩어리가 만들어짐에 따라 로켓은 가스를 뒤로 밀어서 후진 운동량을 준다. 그리고 가스는 로켓을 앞으로 밀어 운동량 전달을 완료한다. 배기가스를 배출하는 바로 그 행동이 전방 추진력을 얻는 데 필요한 것이다. 로켓은 추진을 위해 외부의 힘이 필요하지 않으며 아무 것도 없는 우주에서도 완벽하게 작동할 수 있다(**2** 참조). 배기가스를 세게 밀어낼 때, 로켓은 자체 무게를 지탱할 수 있을 뿐 아니라 위로도 가속할 수 있다.

그림 4.2.3 화학 로켓 엔진에서 일어나는 일의 분자 모식도. 엔진은 좁은 공간에서 연료를 연소시키고 배기가스는 노즐에서 흘러나온다. 노즐은 배기가스 분자의 무작위 열운동을 로켓 엔진에서 멀어지는 방향으로 변환한다.

2 1920년 1월 13일 뉴욕타임즈는 로켓이 우주여행에 사용될 수 있다고 제안한 Robert Goddard를 사설에서 공격했다. Goddard는 스미스소니언 재단(Smithsonian Institution)으로부터 적당한 재정 지원을 받아 액체 연료 로켓을 개발하였다. 편집자는 사설에서 다음과 같이 말했다. "클라크 대학에서 자신의 '의자(학장직)'를 갖고 있고 스미스소니언 재단의 이름을 쓰고 있는 Goddard 교수는 작용과 반작용 관계와 반작용을 이용하는 데 진공보다 더 좋은 것을 써야 한다는 필요성을 모른다. 말하자면 액체 연료 로켓은 어리석은 것이다. 당연히 그는 학교에서 가르칠 지식이 부족한 것 같다."

흔한 오개념: 로켓의 작용과 반작용

오개념 로켓이 앞으로 나아가기 위해 반작용하는 어떤 외부 물체가 필요하다.

해결 방법 로켓 추진에는 크기는 같지만 방향이 반대인 힘, 즉 작용과 반작용이 관여하는 동안 로켓은 배기가스를 뒤 방향으로 밀어내고(작용) 배기가스는 로켓을 앞으로 민다(반작용). 이 배기가스 흐름이 무엇을 치는지는 추진 효과에 아무런 영향을 미치지 않는다.

▶ **개념 이해도 점검 #1: 출발을 시작하는 로켓**

전투기의 날개 아래에서 미사일이 발사될 때, 미사일이 앞으로 가속되기 위해서 미사일은 무엇을 미는가?

해답 모든 로켓과 마찬가지로 자체 배기가스를 밀어낸다.

왜? 지상 발사 로켓 아래의 배기가스가 로켓을 띄우는 것처럼 보일 수도 있지만, 지면 자체는 추진에 기여하지 않는다. 가스를 노즐 밖으로 밀어내는 바로 그 행위가 로켓을 앞으로 추진시킨다.

우주선의 궁극적인 속도

발사대에 놓여 있는 로켓은 주로 우주선과 연료 공급 장치로 구성된다. 일단 로켓 엔진에 불이 붙게 되면, 태워진 연료의 배기가스가 뒤로 가속되고 우주선은 앞으로 가속된다. 연료는 점차적으로 소모되어 결국 남지 않아 우주선은 자체의 관성으로만 나아간다(즉, 순항한다). 무게와 공기 저항이 여기에 영향을 미치지만, 당분간 이들을 무시하고 우주선 최후의 속도를 결정하는 것을 알아보자.

놀랍게도 우주선의 최종 속도는 로켓의 배기 속도에 국한되지 않는다. 로켓이 배기가스를 계속 뒤로 밀어내는 한 앞으로 계속 가속할 것이다. 그러나 우주선이 배기 속도를 초과하는 속도에 도달하기 위해서는 로켓이 초기 질량의 대부분을 배기가스로 방출해야 한다. 결국, 뒤 방향을 향하는 배기가스의 큰 질량의 운동량은 배기가스의 속도보다 빠르게 앞으로 향하는 우주선의 작은 질량의 운동량을 상쇄한다. 발사 시 90% 연료와 10% 우주선으로 이루어진 로켓의 경우 우주선은 배기 속도의 9배 속도로 앞으로 나아갈 것으로 예상할 수 있다.

불행히도, 이 간단한 분석은 우주선의 속도를 과대평가한 것이다. 로켓은 엔진이 발화하고 있는 동안에만 앞으로 가속하기 때문에 배기가스의 첫 번째 부분만이 배기 속도로 후진한다(그림 4.2.2). 로켓이 앞 방향으로 속도가 더해질 때, 배기가스는 역방향으로 덜 빠르게 움직인다. 로켓의 전진 속력이 배기 속력을 초과하면 배기 장치가 실제로 앞으로 움직인다.

이러한 문제에도 불구하고, 우주선은 여전히 배기가스 속도보다 빨리 전진할 수 있다. 단지 더 많은 연료가 필요할 뿐이다. 공기 저항과 무게를 무시한다면, 우주선의 최종 속도는 로켓 방정식에 의해 주어진다.

$$\text{우주선 속도} = \text{배기 속도} \cdot \log_e \left(\frac{\text{우주선 질량} + \text{연료 질량}}{\text{우주선 질량}} \right) \tag{4.2.1}$$

발사 시 90% 연료와 10% 우주선인 로켓의 경우, 우주선은 배기가스 속도의 2.3배에 달할 수 있다. 연료가 90% 이상이면 더 빨리 갈 수 있다.

그러나 로켓의 원래 질량의 대부분을 배기로 태우고 밖으로 배출하는 것은 문제가 있다. 99.99%의 연료와 0.01%의 우주선으로 된 로켓을 만드는 것은 어렵다. 대신, 우주를 향해 발사하는 로켓은 일반적으로 여러 단의 로켓으로 구성되며 각 단은 이전 단계보다 훨씬 작다. 첫 번째 단계에서 모든 연료가 다 소모되면 첫 단계가 폐기되고, 다음 단의 로켓이 작동하기 시작한다. 이런 식으로, 로켓은 거의 모든 질량을 로켓 배기가스로 방출하는 것처럼 행동한다. 여러 단과 많은 연료의 도움으로 로켓은 배기 속도보다 훨씬 더 빨리 여행할 수 있으며 지구 궤도 또는 태양 시스템 밖에 도달할 수 있다

> ### ▶ 개념 이해도 점검 #2: 모든 것을 버릴 수는 없습니다
>
> 우주 왕복선은 다단분리형이 아니다. 질량의 대부분을 배기가스로 배출하는 방법은 무엇일까?
>
> ▷ 해답 실제로는 미묘하게 여러 단계로 나누어져 있었다. 첫 번째 단계에서 효력을 발휘한 것은 2개의 고체 연료통이었다. 외부 액체 연료 탱크가 두 번째 단계였고, 스스로 공전할 수 있는 왕복선 자체가 세 번째 단계였다.
>
> ▷ 왜? 우주 왕복선이 새턴이나 델타 로켓처럼 단계별로 쌓아 놓은 모양은 아니었지만, 그것은 단일 물체로서 지상에서 우주로 여행한 것이 아니다. 위쪽으로 가속되면서 빈 연료 용기는 버려졌다. 먼저 2개의 부스터가 버려졌고, 그 뒤에 외부 연료 탱크가 버려졌다. 마지막 왕복선 자체의 질량은 발사대를 떠난 처음 전체의 질량보다 훨씬 작다.

궤도를 도는 지구

만약 우주선이 연료가 다 떨어졌을 때 위쪽 방향으로 향하고 있었다면 땅으로 다시 떨어지거나 지구를 영원히 떠나거나 둘 중 하나일 것이다. 그러나 엔진이 꺼져 있을 때 주로 수평으로 향하고 있다면 어쩌면 지구를 끝없이 돌게 될 수도 있다. 대기가 없기 때문에 우주선은 관성과 중력에 의해서만 결정되는 경로를 따르고, 우주선의 무게로 인해 지구의 중심으로 가속되며, 따라서 우주선의 궤도가 지구 주위의 거대한 타원형 궤도로 휘어질 수 있다.

우주선은 지구 주위의 궤도를 따라 가고 있다. **궤도**(orbit)란 물체가 천체 주위로 자유롭게 떨어질 때 물체가 취하는 경로이다. 우주선은 매순간 지구의 중심을 향하여 직접 가속하지만, 우주선의 매우 큰 수평 속도로 인해 지구 표면에 실제로 충돌하지 않는다. 대신에, 지구의 곡면은 너무 빨리 급격하게 굽어서 빠르게 움직이는 우주선이 지구로 추락하는 것이 아니라 계속 지구로 떨어지는 상태이다(그림 4.2.4). 대기권 바로 위의 지구를 공전하기 위해서는 우주선이 7.9 km/s의 엄청난 수평 속도로 움직여야 하며 지구를 84분마다 한 번 돈다.

그러나 우주선의 궤도가 지구 표면에서 멀어질수록 궤도를 한 바퀴 도는 데 걸리는 **궤도 주기**(orbital period) 또한 길어진다. 그 길어진 기간은 부분적으로 우주선이 더 큰 궤도를 공전할 때 이동해야 하는 거리의 증가 때문이기도 하지만 중력의 중요한 특성 때문이기도 하다. 지구의 질량 중심으로부터의 거리가 멀어 질수록 지구의 중력은 약해진다.

1.2절에서는 물체의 무게는 질량 곱하기 중력에 의한 가속도(9.8 N/kg)라는 것을 관찰

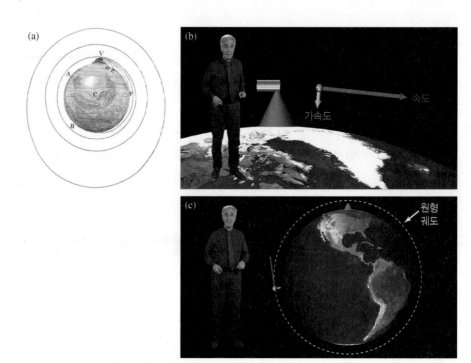

그림 4.2.4 (a) Newton은 높은 산꼭대기에서 수평으로 쏜 포탄을 그렸다. 포탄의 속도가 증가함에 따라, 그것은 지구로 추락하기 전에 산으로부터 더 멀리 이동한다. (b) 포탄이 충분히 빨리 움직일 때, 구부러진 지구는 포탄의 궤도 아래쪽으로 떨어져 포탄은 지구와 부딪히지 않는다. (c) 그리하여 포탄은 지구 궤도를 돈다.

[3] Henry Cavendish(1731~1810)는 영국의 물리학자로 지표면 상의 물체는 서로에게 중력을 작용한다는 것을 증명했다. 1798년에 수행된 그의 실험은 매우 민감한 비틀림 균형을 사용하여 두 개의 금속 구체가 서로 작용하는 작은 힘을 측정했다. 두 구체 사이의 힘을 지구와 같은 구체가 두 구체를 당기는 힘(무게)과 비교하여, Cavendish는 지구의 질량을 추론할 수 있었다. 결과적으로, Cavendish의 실험대 위에서의 실험은 그가 지구의 무게를 달 수 있도록 해주었다.

했다. 그러나 식 1.2.1은 지구 표면 근처의 물체에만 유효한 근삿값에 지나지 않는다. 물체의 고도가 올라감에 따라 중력 가속도와 물체 무게가 감소한다. 산골짜기보다 산꼭대기에서 정말로 무게가 작다진다. 또한 식 1.2.1은 우주에서는 중력이 물체가 다른 물체를 끌어당긴다는 사실을 완전히 무시한다(**[3]** 참조).

지구와 다른 천체 주위의 궤도를 결정하기 위해 과학자와 기술자들은 두 물체 사이의 중력을 질량과 거리로 구분하는 보다 일반적인 공식을 사용한다. 이 힘은 중력 상수와 두 질량의 곱을 거리의 제곱으로 나눈 값과 같다. Newton이 발견한 **만유인력 법칙**(law of universal gravitation)이라고 불리는 이 관계는 다음과 같은 언어 식으로 쓸 수 있다.

$$\text{힘} = \frac{\text{중력 상수} \cdot \text{질량}_1 \cdot \text{질량}_2}{(\text{질량 간 거리})^2} \tag{4.2.2}$$

기호로 나타내면

$$F = \frac{G \cdot m_1 \cdot m_2}{r^2}$$

라고 쓰고, 일상 언어로는 다음과 같이 말할 수 있다.

중력의 당김은 거대한 물건들 사이에서 굉장히 강하지만 거리가 멀어짐에 따라 급격히 줄어든다.

질량$_1$에 작용하는 힘은 질량$_2$를 향하고, 질량$_2$에 작용하는 힘은 질량$_1$을 향한다는 점에 유의하라. 그 두 힘은 크기는 같지만 방향은 반대이다. **중력 상수**(gravitational constant)의 측정

값은 6.6720×10^{-11} N · m^2/kg^{2}이고, 이는 자연의 기본 상수이다.

⊙ **만유인력 법칙**
우주의 모든 물체는 우주의 다른 모든 물체를 중력 상수 곱하기 두 질량의 곱을 두 물체가 떨어져
있는 거리의 제곱으로 나누는 힘으로 당긴다.

이 관계는 두 행성 사이에든 지구와 당신 사이에든 간에 중력의 인력을 나타낸다. 물체
의 질량의 유효한 위치는 질량 중심이므로 식 4.2.2는 두 질량 중심 사이의 거리이다. 대기
권 바로 바깥에서 지구를 도는 우주선의 경우 지구의 반지름은 대략 6,378 km이다. 그러나
대기권에서 멀리 떨어져 있는 우주선의 경우, 지구 중심으로부터 거리가 멀기에 중력이 약
하다. 그 우주선은 대기권 바로 바깥에 있는 우주선보다 중력이 작아서 더 작은 가속을 경
험한다. 원을 그리며 길을 가는 데 필요한 추가 시간이 들기 때문에 고도가 높은 우주선이
저고도 우주선보다 천천히 이동한다. 이 작아진 속도는 고도가 높은 우주선이 궤도 주기가
긴 것을 설명해 준다.

지구 표면 위의 35,900 km에서 궤도 주기는 24시간이다. 이러한 궤도에서 동쪽으로 이
동하는 위성은 지구와 **동기화된 위성**(geosynchronous)이라고 한다. 동기화된 위성이 적도
부근에서 지구를 도는 경우 **정지 위성**(geostationary)이다. 이 위성은 지구의 적도 위에서
항상 같은 지점에 위치한다. 이러한 고정된 위치는 통신 및 기상 위성에 유용하다.

모든 궤도가 원형이 되는 것은 아니다(그림 4.2.5). 일부 우주선의 궤도는 타원형이므로
한 번 돌아오는 동안에 고도가 위아래로 다양하게 변한다. 지구 중심으로부터 가장 먼 **원
지점**(apogee)에 우주선이 있을 때는 운동에너지의 일부를 중력 위치에너지로 전환했기 때
문에 상대적으로 천천히 움직인다. 지구 중심에서 가장 가까운 **근지점**(perigee)에서 우주
선은 중력에너지의 일부를 운동에너지로 변환하기 때문에 상대적으로 빠르게 이동한다. 물
론 근지점을 우주선을 지구의 대기 안쪽으로 가져가면 안 된다. 그렇게 하면 우주선은 지

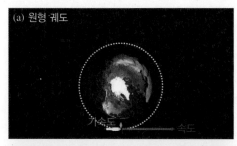

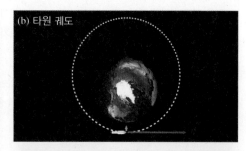

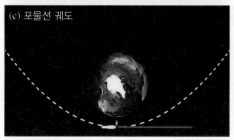

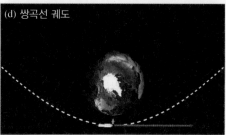

그림 4.2.5 우주선의 총 에너지가
증가함에 따라, 그것의 궤도는 원형
(a)에서 타원형(b), 포물선(c), 쌍곡
선(d)으로 진화한다. 원형 및 타원형
궤도는 폐곡선이므로 이 궤도 중 하
나를 따라가는 우주선은 이 궤도를
반복해서 돈다. 포물선 및 쌍곡선 궤
도는 열린 곡선이므로 우주선이 일
단 이 궤도들 중 하나를 택하면 지구
로 결코 돌아오지 않는다.

구와 충돌한다.

우주선의 총 에너지가 클수록 지구 궤도는 지구로부터 멀어진다. 우주선이 너무 많은 총 에너지를 가지고 있다면, 지구의 중력은 그 경로를 폐곡선으로 구부릴 수 없고, 우주선은 우주 공간으로 멀어질 것이다. 지구 근처의 우주선 경로는 포물선 또는 쌍곡선이다. 우주선은 이 포물선 또는 쌍곡선을 따라 한 번 돌기 시작하면 영원히 지구에서 떠나 표류한다.

우주선은 보통 로켓 엔진에 의해 포물선 또는 쌍곡선 궤도에 진입한다. 그것은 지구 주위의 타원형 궤도에서 시작하여 로켓 엔진을 사용하여 운동에너지를 증가시킨다. 우주선은 지구로부터 멀어지고, 그 운동에너지는 점차 중력 위치에너지로 변환된다. 그러나 지구의 중력은 거리에 따라 약해지고 우주선의 중력 위치에너지는 지구로부터의 거리가 무한대가 되더라도 천천히 최댓값에 접근한다. 우주선이 이 최대 중력 위치에너지에 도달하기에 충분한 운동에너지를 가지면 지구의 중력으로부터 완전히 벗어날 수 있다. 우주선이 빠져나올 때 운동에너지가 0에 가까워지면 그것은 포물선 궤도에 있게 된다. 탈출 후 이보다 더 큰 운동에너지를 유지하면 쌍곡선 궤도에 있게 된다.

우주선이 지구의 중력에서 벗어나는 데 필요한 속도를 **탈출 속도**(escape velocity)라고 한다. 이 탈출 속도는 우주선의 고도에 관련되어 있으며 지구 표면 근처에서는 약 11.2 km/s이다. 탈출 속도 이상으로 여행하는 우주선은 쌍곡선 궤도를 따라가며 다른 행성 또는 그 이상을 향한다.

흔한 오개념: 우주 비행사와 "무중력 상태"

오개념 지구를 도는 우주 비행사는 지구에서 너무 멀어 중력을 경험하지 못하므로 진정한 무중력 상태에 있다.

해결 우주 비행사는 실제로 지구 표면 가까이에 있기 때문에 지구에 의한 무게 전체를 경험한다. 그는 자유낙하 상태에 있기 때문에 무게가 없다고 느끼는 것이다.

개념 이해도 점검 #3: 달의 속도로 달리기

달은 지구의 질량 중심으로부터 384,400 km 떨어져 27.3일마다 지구를 공전한다. 달의 공전 주기를 줄이려면 지구와 달 사이의 거리가 어떻게 변해야 하는가?

> **해답** 지구와 달 사이의 거리를 줄여야 한다.

> **왜?** 달은 384,400 km의 거리에서 지구를 공전하는 우주선처럼 행동한다. 이 우주선의 궤도 주기는 27.3일이 된다. 이 궤도 주기를 줄이기 위해서는 지구의 중력이 달의 경로를 더 빨리 구부릴 수 있도록 지구 가까이로 이동해야 한다.

정량적 이해도 점검 #1: 당기는 자동차

1,000 m 떨어진 곳에 있는 질량이 1,000 kg인 동일한 자동차 두 대가 서로에게 얼마나 큰 중력을 작용하는가?

> **해답** 약 6.73×10^{-7} N

> **왜?** 힘의 크기를 알기 위해 식 4.2.2를 이용하여 계산한다.

$$\text{힘} = \frac{6.6720 \times 10^{-11}\,\text{N} \cdot \text{m}^2/\text{kg}^2 \cdot 1000\,\text{kg} \cdot 1000\,\text{kg}}{(10\,\text{m})^2}$$

$$= 6.6720 \times 10^{-7}\,\text{N}$$

이 힘은 모래알의 무게와 거의 같다. 지구 전체에 의한 중력을 제외하고 다른 중력을 느끼기가 어려운 것은 놀라운 일이 아니다.

태양 주위의 공전: Kepler의 법칙

일단 지구의 중력에서 벗어나 다시 로켓 엔진을 끄면, 우주선은 작은 행성처럼 행동하고 태양 주위를 공전한다. 그것의 나아갈 때 행성의 궤도 운동 움직임과 비교하면서 참을성 있게 관찰한다면, 당신은 태양 궤도의 세 가지 보편적인 특징에 주목하기 시작할 것이다. 덴마크 천문학자인 Tycho Brahe가 수집한 광범위한 관측 자료에 대한 세심한 분석을 통해 독일 천문학자 Johannes Kepler(1571~1630)는 최초로 궤도의 세 가지 법칙을 발견했고 이를 **Kepler의 법칙**(Kepler's law)이라 부른다.

Kepler의 제1법칙(Kepler's first law)은 지구 궤도를 검토하는 동안 이미 친숙해졌다. 이 법칙은 우주선이 태양 주위를 돌고 있는 궤도의 모양을 묘사한다. 그것은 타원이고, 태양은 그 타원의 한 초점에 있다(그림 4.2.6). 타원은 임의의 둥근 모양이 아니다. 이것은 두 초점을 가진 평면 곡선이고, 곡선의 각 점에서는 그 점과 두 초점 사이의 거리의 합이 동일하다는 규칙을 가진다. 이 경우 하나의 초점은 태양에 의해 점유되고 다른 초점은 일반적으로 비어 있다. 우주선에서 태양까지의 거리와 우주선에서 비어 있는 초점 거리까지의 거리의 합은 우주선이 태양을 도는 내내 일정하게 유지된다. 태양 주위의 원형 궤도는 특히 단순한 타원형 궤도이다. 그것의 두 개의 초점은 일치하고 태양은 거기에 있다.

Kepler는 태양을 도는 모든 물체가 타원형의 경로를 따른다는 것을 알아냈다. 행성은 거의 원형의 타원을 따라 움직이는 반면, 혜성은 매우 기다란 타원을 따라 이동한다. 우주선의 궤도는 엔진이 정지했을 때의 위치와 속도에 따라 원형이거나 길어진 타원이 된다. 다른 행성에 도달하기 위해서는 우주선의 태양 궤도와 목적지 행성의 궤도가 겹쳐져야 하며 두 궤도가 동시에 겹치는 점에 도달해야 한다. 행성에서 행성으로 여행하는 것은 분명히 까다로운 일이다.

Newton은 나중에 이 타원형 궤도가 만유인력 법칙(식 4.2.2), 즉 힘이 거리(힘 ∝ 1/

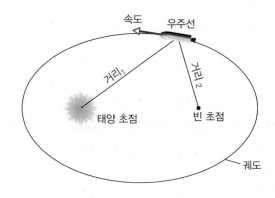

그림 4.2.6 태양 주위의 우주선의 궤도는 타원형이며, 하나의 초점은 태양에 의해 점유되고 다른 하나의 초점은 비어 있다. 거리$_1$과 거리$_2$의 합은 이 타원의 모든 점에서 동일하다.

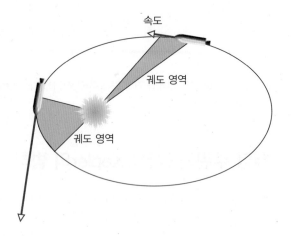

그림 4.2.7 궤도에 진입하는 우주선은 태양으로부터의 거리 변화에도 불구하고 매초 동일한 면적을 휩쓸고 지나간다. 이 일정한 면적은 우주선의 태양에 대한 각운동량이 일정한 것의 결과이다.

거리[2])의 역 제곱 관계의 직접적인 결과라고 인식했다. 역 제곱 관계가 아닌 힘과 거리 사이의 다른 관계는 타원을 형성하는 대신에 스스로 닫히지 않는 곡선 경로를 만든다. 태양 주위의 우주선 타원 궤도를 따라가면 만유인력 법칙이 우아하게 펼쳐지는 것을 목격하게 될 것이다.

◉ Kepler의 제1법칙: 궤도
모든 행성은 태양을 타원의 초점으로 하는 타원형 궤도를 따라 움직인다.

Kepler의 제2법칙(Kepler's second law)은 태양에서 우주선으로 뻗어 있는 선에 의해 휩쓸린 면적을 설명한다. 그 선은 동등한 시간에 동등한 면적을 쓸고 간다(그림 4.2.7). 우주선의 궤도가 원형이거나 길쭉하거나 또는 우주선이 그 궤도를 따라가는지에 관계없이, 그 움직이는 선에 의해 매초 표시된 면적은 항상 동일하다.

이 관찰은 또 다른 물리적 법칙인 각운동량의 보존을 보여준다. 태양의 중력은 우주선을 태양 쪽으로 똑바로 끌어당기므로 우주선에 아무런 회전력도 주지 않으며 태양에 대한 우주선의 각운동량은 일정하다. 놀랍게도 이 선이 면적을 쓸어가는 속도는 우주선의 각운동량에 비례하므로 이 쓸어감이 일정하다는 것은 우주선의 태양에 대한 각운동량이 일정하다는 것을 보여준다.

◉ Kepler의 제2법칙: 면적
태양에서 행성으로 뻗어 있는 선은 같은 시간에 같은 면적을 휩쓸고 지나간다.

Kepler의 제3법칙(Kepler's third law)은 태양 주위의 우주선의 궤도 주기에 대해 기술한다. 궤도 주기의 제곱은 우주선의 장반경(태양으로부터의 최대 거리와 최소 거리의 평균[2])의 세제곱에 비례한다(그림 4.2.8). 이 관계는 만유인력 법칙(식 4.2.2), 구심 가속도를 나타내는 방정식(예를 들어, 식 3.3.1) 및 Newton의 제2법칙(식 1.1.2)으로부터 얻을 수 있다.

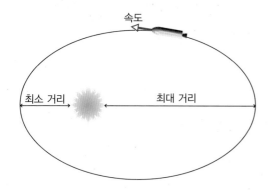

그림 4.2.8 우주선의 궤도 주기의 제곱은 우주선의 장반경의 세제곱에 비례한다.

$$\text{장반경} = \frac{\text{최대 거리} + \text{최소 거리}}{2}$$

◉ Kepler의 제3법칙: 주기

행성 공전 주기의 제곱은 그 행성의 궤도 장반경의 세제곱에 비례한다.

▶ 개념 이해도 점검 #4: 지구 궤도를 떠난 우주선

당신의 우주선은 이제 지구를 떠나 태양을 독립적으로 공전하고 있다. 길쭉한 궤도의 장반경은 지구 궤도의 반지름과 같지만, 태양으로부터의 최대 거리는 최소 거리의 두 배이다(지구는 원궤도를 움직인다고 가정한다). 우주선이 최대 거리 및 최소 거리에 있을 때 속력을 비교하라. 우주선은 다시 지구와 만날 수 있을까?

해답 태양으로부터 최대 거리에 있을 때는 최소 거리에 있을 때보다 속력이 반이다. 또한, 우주선은 정확히 1년 후 지구와 만날 것이다.

왜? Kepler의 제1법칙에 따라, 우주선은 타원 궤도를 돈다. Kepler의 제2법칙은 우주선이 쓸고 가는 면적의 속도가 항상 일정하다는 법칙이므로 태양으로부터 최대 거리가 최소 거리의 두 배라면, 우주선의 속력은 1/2배가 되어야 한다. 마지막으로, 우주선의 장반경이 지구 궤도의 반지름과 동일하므로 지구와 우주선의 공전 주기는 Kepler의 제3법칙에 의해 동일하다. 따라서 우주선과 지구는 1년이 지나면 각각 자신의 궤도를 한 바퀴 돌아 다시 만나게 된다.

별을 향한 여행: 특수 상대성 이론

엄청난 어려움에도 불구하고 언젠가는 인간이 우주선을 타고 태양계에서 멀리 떨어져 있는 별을 향해 여행하는 날이 올 수 있다. 거리가 굉장히 멀기 때문에 그 거리를 우주 비행사가 살아 있는 동안 가기 위한 유일한 방법은 빛 자체의 속도와 비슷한 환상적인 속도로 움직이는 것 뿐이다.

우주선이 언젠가 엄청난 속도를 낼 수 있다면, 지금까지 배웠던 Galilei와 Newton의 법칙이 불완전하다는 것을 알게 될 것이다. 보통 속도에서는 매우 정확하지만, 이 법칙은 **빛의 속도**(speed of light; 정확히 299,792,458 m/s) 근처에서는 흔들리게 된다. 그것들은 1905년에 Einstein이 찾아낸 보다 정확한 운동법칙으로 인해 속도가 느릴 때의 근사임이 밝혀졌다(**4** 참조). 관찰자의 관성 기준 틀에 관계없이 빛이 항상 같은 속도로 움직인다는 관측에 기초하여, 이러한 **상대론적 운동법칙**(relativistic laws of motion)은 어떤 속도에서도 정확하

4 1905년 Albert Einstein(독일 태생의 스위스 인, 당시 미국 물리학자, 1879~1955)은 베른의 특허 심사관으로 일하다가 물리학의 세 분야에서 4개의 혁명적인 논문을 발표했다. 독일에서 온 26세의 갓 박사를 취득한 이에게는 꽤 기쁜 해였다. Einstein은 종종 노인, 야생 머리를 한 신사로 떠올리지만, 과학에 대한 그의 가장 중요한 공헌은 불과 2년 전에 첫 부인과 결혼한 생동감 있는 청년이었을 때 만들어졌다.

다. 그것들은 Einstein의 **특수 상대성 이론**(special theory of relativity)의 일부이며, 중력이 없을 때의 공간, 시간, 움직임을 설명하는 개념적 틀이다.

1.1절에서 서로 다른 관성 좌표계의 관측자는 물체의 위치와 속도에 대해 의견이 다를 수 있음을 확인했다. 특수 상대성 이론은 관찰자가 두 사건을 분리하는 거리와 시간에 대해서도 의견이 다를 수 있음을 인정한다. 보다 광범위하게 이야기하자면, 상대적으로 운동하고 있는 두 명의 관측자는 공간과 시간을 꽤 다르게 인지한다. 그들이 일상의 속도로 움직이는 경우, 지각의 차이는 무시할 만하며 Newton의 운동법칙은 거의 완벽하다. 그러나 그들이 빛의 속도에 상당히 근접하면 그들은 공간과 시간을 매우 다르게 인지한다. 이 경우 Newton식 근사법은 실패하고 상대성 이론이 전적으로 필요하다.

특수 상대성 이론은 고속 우주여행에 많은 영향을 미친다. 그러나 우리는 상대성 이론이 두 가지 익숙한 보존량인 운동량과 에너지를 어떻게 바꾸는지에 집중할 것이다. 저속에서 우주선의 추진력은 보통의 Newton 값, 즉 질량 곱하기 속도(식 2.3.1)를 취한다. 그러나 속도가 증가함에 따라 새로운 상대론적 인수가 이 상황에 들어간다$(1 - 속도^2/광속^2)^{-1/2}$. **상대론적 운동량**(relativistic momentum)은 물체의 질량 곱하기 속도 곱하기 인수와 같다. 이 관계를 언어 식으로 나타내면

$$상대론적\ 운동량 = \frac{질량 \cdot 속도}{\sqrt{1 - 속도^2/광속^2}} \tag{4.2.3}$$

로 쓸 수 있고, 기호로는 다음과 같이 표현된다.

$$\mathbf{p} = \frac{m \cdot \mathbf{v}}{\sqrt{1 - v^2/c^2}}$$

그리고 일상 언어로는 다음과 같이 말한다.

빛의 속도에 도달한 우주선의 운동량은 무한대가 된다.

일상 속력에서 상대론적 인수는 1과 거의 같기 때문에 이 상대론적 관계는 Newton의 식으로 아름답게 근사된다. 그러나 우주선의 속도가 빛 자체의 속도에 접근하기 시작함에 따라 상대론적 인수는 운동량과 속도 사이의 단순한 비례를 망가뜨린다. 운동량은 속도보다 빠르게 증가한다. 이 변화의 하나의 결과는 빛의 속도에 도달하는 것이 불가능해지는 것이다. 우주선의 추진력이 앞으로의 운동량을 일정한 비율로 증가시킨다 할지라도, 속력은 점점 더 느리게 증가할 것이다. 그것은 빛의 속도에 접근하지만 결코 그 속도에는 도달하지 못한다.

비슷한 변화가 빛의 속도에 접근함에 따라 우주선의 에너지에도 발생한다. 저속에서는 격리된 우주선의 운동에너지는 보통 Newton의 값인 질량 곱하기 속도의 제곱의 반이다(식 2.2.1). 그러나 고속에서는 상대론적 에너지를 사용해야 한다. **상대론적 에너지** (relativistic energy)는 물체의 질량 곱하기 빛의 속도의 제곱 곱하기 상대론적 인수를 곱한 것과 같다. 이 관계는 언어 식으로 작성할 수 있다.

$$\text{상대론적 에너지} = \frac{\text{질량} \cdot \text{광속}^2}{\sqrt{1 - \text{속도}^2/\text{광속}^2}} \qquad (4.2.4)$$

기호로 나타내면,

$$E = \frac{m \cdot c^2}{\sqrt{1 - v^2/c^2}}$$

이고, 일상 언어로는 다음과 같이 말한다.

> 우주선의 에너지는 속력이 0일 때 정지에너지로부터 시작하고 그 에너지는
> 속도가 빛의 속도에 가까워짐에 따라 무한대로 커진다.

일상 속도에서, 우주선의 상대론적 에너지는 다음과 같이 근사될 수 있다.

$$\text{상대론적 에너지} \simeq \text{질량} \cdot \text{광속}^2 + \tfrac{1}{2} \cdot \text{질량} \cdot \text{속도}^2$$

일반적인 Newton의 운동에너지가 이 근사식에서 오른쪽에 나타나는데, 왼쪽은 전에 보지 못했던 새로운 에너지이다. 이를 정지에너지라고 부르며, 이는 우주선이 움직이지 않을 때조차도 존재한다. 정지에너지는 일정하기 때문에 저속 운동에 영향을 미치지 않으며 Newton의 법칙에서 간과되었다. 그러나 질량 자체와 관련된 에너지($E = mc^2$으로 상징적으로 표현됨)는 여러 물리적 결과를 가지며 확실히 상대성 이론의 가장 유명한 특징이다.

에너지의 상대론적 버전은 우주선에 두 가지 의미를 가지고 있다. 첫째, 우주선의 에너지는 빛의 속도에 가까워질수록 너무 빠르게 증가하여 결코 그 속도에 도달할 수 없다. 둘째, 발사 전 우주선의 초기 에너지 저장은 초기 질량과 관련이 있다. 질량과 에너지가 너무 밀접하게 관련되어 있다는 것은 15장에서 우리가 다시 다룰 것이다.

▶ 개념 이해도 점검 #5: 항성 예인선

항성 예인선은 이미 빛의 속도에 가까운 속도로 달리고 있는 우주선을 앞으로 당긴다. 예인선이 꾸준히 우주선의 운동량을 증가시키고는 있지만 우주선은 점점 더 속도의 증가가 느려지고 있다. 왜일까?

해답 우주선의 운동량은 꾸준히 증가하지만, 운동량과 속도 사이의 상대론적 관계에 따라 우주선의 속도는 점점 더 느리게 증가한다.

왜? 일상 속도에서는 물체에 일정한 운동량을 전달하면 물체의 속력을 일정하게 증가시킬 수 있다. 그러나 빛의 속도 근처에서 물체의 속도가 더 이상 운동량이 증가하는 속도를 따라가지 않는다.

▶ 정량적 이해도 점검 #2: 진정한 속도 제한

우주선은 빛의 속도의 반으로 행성 기지를 지나간다. 특수 장비를 사용하여 정확하게 그 우주선의 운동량이 두 배가 되도록 운동량을 전달하였다. 이제 우주선의 속도는 어떻게 되는가?

해답 빛의 속도의 $\sqrt{4/7}$배가 된다.

왜? 우주선이 빛의 속도의 1/2로 움직일 때, 식 4.2.3에 의해 운동량은 질량 곱하기 광속의 $\sqrt{1/3}$이다. 운동량을 두 배로 하여 식 4.2.3을 속도에 대해서 풀면 빛의 속도의 $\sqrt{4/7}$배가 나온다.

1 kg 미니 우주선의 속도가 광속의 $\sqrt{3/4}$배이다. 상대론적 에너지는 얼마이고 그 중 정지에너지의 율은 얼마인가?

해답 총 에너지는 1.8×10^{17} J이며, 이 중 절반이 정지에너지이다.

왜? 빛의 속도의 $\sqrt{3/4}$배로 움직이는 물체의 경우, 식 4.2.4에 의하면 총 에너지는 질량 곱하기 광속 제곱의 2배이다. 1 kg인 물체의 경우, 그 에너지는 1.8×10^{17} J이다. 물체의 정지에너지는 단순히 광속 제곱 곱하기 질량이므로 9.0×10^{16} J이다. 두 에너지 값 모두 놀랍게도 크다.

별을 방문하다: 일반 상대성 이론

별 근처나 다른 거대한 천체들 근처를 여행할 때 우주선은 또 다른 놀라움을 겪을 것이다. Newton의 중력에 대한 관점 또한 근사이다! 극도로 조밀하고 거대한 물체 근처에서 중력은 더 이상 Newton의 만유인력 법칙에 의해 정확하게 기술되지 않는다. 대신 중력을 이해하기 위해서는 1916년에 Einstein이 처음 발표한 새로운 개념적 틀, 즉 **일반 상대성 이론**(general theory of relativity)이 필요하다.

이 새로운 개념 틀은 아래쪽 방향의 중력과 방향의 가속을 구별할 수 없다는 관찰에 기초한다. 3.3절에서 보았듯이, 사람들은 두 경우에 똑같은 느낌을 갖는다. 예를 들어, 닫힌 우주선에 서서 무거운 느낌이 들 때, 당신은 이것이 아래쪽 방향의 중력 때문인지 아니면 위쪽 방향 가속으로 인한 가속감으로 인해 체중이 발생하는지 확신할 수 없다. 사실, 우주선의 과학 도구는 중력의 영향과 가속의 효과를 구별할 수 없기 때문에 이들은 당신의 판단을 도울 수 없다. 아무리 노력해도 그 차이를 알 수 없다.

이 문제의 핵심은 질량의 개념이다. 지금까지 보기에 중력은 **중력 질량**(gravitational mass)과 **관성 질량**(inertial mass)이라고 부르는 두 개의 다른 역할을 하는 것을 보았다. 무게를 경험할 때는 중력 질량이 중력과 함께 작동하여 몸이 무겁게 느껴진다. 가속감을 느낄 때는 관성 질량이 가속과 함께 작동하여 무거운 느낌을 준다. 그러나 서로 다른 역할에도 불구하고 이 두 질량은 서로 관련되어 있는 것처럼 보인다. 예외 없이, 큰 관성 질량을 가지고 있는, 따라서 앞뒤로 흔들기가 어려운 물체는 큰 중력 관성을 가지므로 중력에 반대하여 들고 있기가 어렵다. 사실, 두 질량은 같은 것처럼 보인다. 그러한 관찰은 Einstein에게 등가성의 원리를 제안하게 만들었는데, 이는 두 질량, 즉 중력 질량과 관성 질량은 완전히 동일하므로 우주선 내부에서 수행하는 실험으로는 자유 낙하의 무중력 상태와 중력이 원래 아예 없는 것을 서로 구분할 수 없다. 일반 상대성 이론은 **등가 원리**(principle of equivalence)에 기초한다.

우주선이 약한 중력 지역에 머물러있는 한, Newton의 만유인력 법칙은 그것의 움직임을 적절히 묘사한다. 그러나 극한 중력 상황에서는 일반 상대성 이론이 필요하다. 이 이론은 거대한 물체가 가까운 공간과 시간의 구조를 왜곡하고 그 안에 있는 극한의 질량이 극한의 왜곡을 만드는 것을 묘사한다. 이 이론의 가장 놀라운 예언 중 하나는 엄청난 중력이 주위 시공간을 극단적으로 뒤틀어 놓는 **블랙홀**(black hole)의 존재이다. 이는 구형 또는 거의 구형인 표면이며, 여기서는 빛조차도 탈출할 수 없다. 블랙홀은 우리 은하 중심에 거대히 존재하는 것을 포함하여 수많은 블랙홀이 발견되었다. 만약 우주여행 중이라면 블랙홀을 피하기를 원할지도 모른다.

> **▶ 개념 이해도 점검 #6: 립-밴-윙클(Rip-van-Winkle)[1]**
>
> 당신은 우주선에서 깨어나 거의 20년 동안 잠들어 있었고 다른 승무원들은 사라졌다는 것을 알았다. 창문은 닫혀 있고 우주선이 어디에 있는지, 우주선이 무엇을 하고 있는지도 알 수 없다. 당신은 당신이 우주선의 바닥 쪽으로 당겨지는 것을 느낀다. 당신은 당신의 무게를 느끼고 있는 걸까 아니면 가속감을 느끼고 있는 걸까?
>
> **해답** 당신은 대답을 결정할 수 없다!
>
> **왜?** 일반 상대성 이론의 핵심 원리는 우주선 내부에서 하는 어떤 실험으로도 중력의 결과와 가속의 결과를 구분할 수 없다는 것이다. 만약 질문에 답하고 싶다면 창문 밖을 보아야 할 것이다.

4장 에필로그

이 단원에서는 두 가지 유형의 기계에서 발견할 수 있는 물리적 개념에 대해 논의했다. '자전거'에서는 정지한 상태에서 넘어지는 물체가 움직일 때는 매우 안정적으로 되는 동적 안정성이라는 개념을 연구했다. 또한 페달과 바퀴 사이의 기계적 이점에 대한 필요성이 어떻게 현대의 다중 스피드 자전거의 개발을 이끌어냈는지 살펴보았다.

'로켓과 우주여행'에서는 반작용 힘으로 로켓을 추진하는 방법을 연구했다. 로켓은 배기가스의 속도에 제한받지 않고 지구 주위 궤도에 진입할 수 있음을 알아냈다. 또한 두 물체 사이의 거리가 멀어짐에 따라 중력이 약해짐을 알았고, 이것이 우주선이 지구의 중력으로부터 자유로워져서 태양 궤도를 도는 것을 가능하게 만든다는 것을 배웠다. 마지막으로 우리는 우주선이 빛의 속도에 접근하거나 일부 천체 근처의 극한 중력을 통과할 때 만나게 되는 이상한 물리학을 간단히 살펴보았다.

설명: 높게 나는 공

위에 놓인 공은 땅바닥에서 튀지 않는다. 그것은 아래 공으로부터 튀게 된다. 즉 아래 공이 위쪽으로 향할 때 위의 공이 실제로 튀어 오르게 된다. 충돌 후, 두 개의 공은 로켓이 배기를 밀어내는 것과 똑같은 방식으로 서로 밀어 낸다. 공은 서로 밀면서 운동량과 에너지를 교환하며, 질량이 작고 아래 공보다 훨씬 쉽게 가속되는 위의 작은 공이 위쪽으로 큰 운동량을 가지게 되고 공평하게 나눈 에너지보다 훨씬 더 많은 에너지를 갖게 된다. 그것은 마치 무거운 위로 움직이는 방망이에 맞은 것처럼 위쪽 방향으로 날아간다. 실제로 그것은 위쪽으로 움직이는 큰 공에 맞은 것이고, 빠른 속도로 튀고 있는 것이다.

---

1) 역자주: 립 밴 윙클은 1819년에 출판된 Washington Irving의 단편 소설 제목으로, 등장인물의 이름이기도 하다. 그가 잠을 자고 일어났는데 시간이 한참 지나 있었다.

만약 작은 공의 질량이 큰 공의 질량과 비교해 볼 때 무시할 만큼 작고 에너지를 낭비하지 않고 튀어 나온다면 작은 공은 도착했을 때보다 3배 빠르게 움직이는 큰 공에서 튀어 나온다. 그것의 운동에너지는 이전의 9배에 달할 것이고, 원래 높이보다 9배 높게 튀어 오를 것이다. 물론, 실제 공은 완벽하지 않으므로 테니스공은 그만큼 높이까지 튀지는 않는다. 하지만 여전히 그 효과는 꽤 인상적이다.

요약, 중요한 법칙, 수식

자전거의 물리: 정지한 두발자전거는 쉽게 쓰러지지만 움직이는 자전거는 눈에 띄게 안정적이다. 운동의 두 가지 안정화 효과, 즉 자이로스코프 세차 운동으로 인한 효과와 프론트 포크의 모양 및 각도로 인한 효과로 인해 직립 상태를 유지한다. 이러한 효과는 자전거가 기울고 있는 방향으로 자전거를 조종하기 위해 함께 작동한다. 쓰러질 때마다 자동으로 무게중심 아래로 움직이며 다시 똑바르게 선다. 기울이기 또한 선회의 필수적인 부분이다. 자전거 타는 사람은 자신의 몸과/또는 자전거를 올바르게 기울여서 자전거에 총 회전력을 없애고 넘어지지 않도록 한다. 탑승자는 페달을 원으로 그리며 자전거를 작동시킨다. 탑승자는 페달이 적당한 속도로 돌고 있고 적당한 힘으로 그들을 밀고 있을 때 최선의 페달 밟는 힘을 제공할 수 있기 때문에 현대의 다중 속력 자전거는 페달과 휠의 상대 회전 속도를 조절할 수 있게 해준다. 올바른 기어를 선택하면 자전거가 탑승자로 하여금 최고의 동력을 편안하게 제공할 수 있다.

로켓의 물리: 로켓은 엔진에서 가스를 방출하여 추진력을 얻는다. 로켓은 가스를 밀고 가스는 로켓을 민다. 이 가스는 일반적으로 로켓 자체 내부에 전적으로 포함된 화학 연료를 태우면서 발생하며 노즐을 통해 로켓의 엔진에서 방출된다. 신중하게 설계된 노즐은 가스가 가능한 최대 속도로 로켓을 떠나도록 보장함으로써 로켓이 연료에 저장된 에너지를 효율적으로 사용할 수 있게 한다. 로켓의 추력은 로켓을 중력에 대항하여 들어 올리고 위쪽 방향으로 가속시키는 데 사용된다. 일단 우주에 진입해서는 엔진을 작동하지 않고, 지구 또는 태양의 궤도를 돌거나 성간 공간으로 이동할 수도 있다.

1. **만유인력 법칙:** 우주의 모든 물체는 우주의 모든 다른 물체를 중력 상수 곱하기 두 질량의 곱을 두 물체가 떨어져 있는 거리의 제곱으로 나눈 힘으로 당긴다. 즉,

$$\text{힘} = \frac{\text{중력 상수} \cdot \text{질량}_1 \cdot \text{질량}_2}{(\text{질량 간 거리})^2} \qquad (4.2.2)$$

2. **Kepler의 제1법칙:** 모든 행성은 타원형 궤도를 따라 움직이며, 태양은 타원의 초점이다.

3. **Kepler의 제2법칙:** 태양에서 행성으로 뻗은 선은 같은 시간에 같은 영역을 쓸고 지나간다.

4. **Kepler의 제3법칙:** 행성의 궤도 주기의 제곱은 행성의 태양으로부터의 장반경의 세제곱에 비례한다.

5. **상대론적 운동량:** 물체의 상대론적 운동량은 질량 곱하기 속도 곱하기 상대론적 인수와 같다.

$$\text{상대론적 운동량} = \frac{\text{질량} \cdot \text{속도}}{\sqrt{1 - \text{속도}^2/\text{광속}^2}} \qquad (4.2.3)$$

6. **상대론적 에너지:** 물체의 상대론적 에너지는 질량 곱하기 빛의 속도의 제곱 곱하기 상대론적 인수이다. 즉,

$$\text{상대론적 에너지} = \frac{\text{질량} \cdot \text{광속}^2}{\sqrt{1 - \text{속도}^2/\text{광속}^2}} \qquad (4.2.4)$$

연습문제

1. 단거리 선수들은 자신의 몸이 발에서 앞쪽으로 떨어지게 한 채로 웅크린 자세에서 경주를 시작한다. 이 자세는 뒤쪽으로 기울지 않고 빠르게 가속할 수 있게 한다. 회전력과 질량 중심의 관점에서 이 효과를 설명하시오.

2. 자전거 앞바퀴의 아래쪽이 빗물 배수구에 걸릴 경우 자전거가 앞쪽으로 튀어 나와 당신이 앞바퀴 위로 넘어져 앞으로 고꾸라질 수도 있다. 회전, 회전력 및 질량 중심을 써서 이 효과를 설명하시오.

3. 달리기를 하면서 선회할 때 도는 방향으로 몸을 기울이지 않으면 넘어질 위험이 있다. 좌회전할 때 왼쪽으로 기울면 왼쪽으로 넘어가지 않는 이유는 무엇인가?

4. 오토바이가 너무 빨리 가속하면 앞바퀴가 도로에서 붕 떠서 올라간다. 이런 모험 동안, 도로는 뒷바퀴에 앞쪽으로 마찰력을 가하고 있다. 그 마찰력이 어떻게 앞바퀴를 뜨게 하는가?

5. 스케이트보드 타는 사람이 U자형 표면의 내부에서 스턴트를 수행할 때, 그는 종종 U의 중앙을 향하여 안쪽으로 기울어져 있다. 왜 기울어짐은 그가 넘어지지 않도록 하는가?

6. 대부분의 경주용 자동차는 지면에 바짝 붙도록 낮게 만들어진다. 이 디자인은 공기 저항을 줄이는 반면, 차가 선회할 때 더 나은 동적 안정성을 제공한다. 왜 이러한 낮은 차가 비슷한 윤거(바퀴 간 거리)를 가진 더 높은 차보다 안정적인가?

7. 수동식 주방 믹서의 크랭크는 큰 기어에 연결된다. 이 기어는 섞는 칼날에 부착된 더 작은 기어와 맞물린다. 크랭크의 한 바퀴 회전으로 칼날이 여러 번 회전하도록 하기 때문에 크랭크 핸들에 당신이 작용하는 힘과 믹싱 블레이드가 주위의 저을 것들에게 가하는 힘은 어떻게 관계를 맺는가?

8. 자동차의 시동 모터가 작은 기어에 연결되어 있다. 이 기어는 엔진의 크랭크샤프트에 부착된 대형 기어와 맞물린다. 크랭크축이 한 번 회전할 때 시동 모터는 여러 번 회전해야 한다. 이런 기어 작동은 시동 모터 내부의 적정한 힘으로 전체 크랭크샤프트를 어떻게 돌릴 수 있게 하는가?

9. 빵 제조 기계는 기어를 사용하여 섞는 칼날의 회전 속도를 줄인다. 모터가 초당 약 50회 회전하는 동안 칼날은 초 당 1회만 회전한다. 모터는 초 당 일정량의 일을 제공한다. 따라서 왜 이러한 기어의 배열이 빵 기계가 빵 반죽에 큰 힘을 작용하게 하는가?

10. 오토바이 체인은 아주 튼튼해야 한다. 오토바이는 뒷바퀴에 하나의 톱니바퀴가 있기 때문에 오토바이가 언덕을 오를 때 뒷바퀴가 회전하도록 체인의 윗부분을 앞으로 세게 당겨야 한다. 오토바이의 뒤쪽 톱니바퀴를 톱니 수가 더 많은 것으로 교체하면 체인이 뒷바퀴를 돌리는 것이 더 쉬운 이유는 무엇인가?

11. 나뭇잎 송풍기로 인도를 청소하면 송풍기가 당신을 나뭇잎으로부터 민다. 송풍기가 당신을 밀 수 있도록 무엇이 송풍기를 미는가?

12. 명사수가 표적에 권총을 발사하면 총은 갑자기 반동하여 표적으로부터 먼 쪽으로 튄다. 운동량의 전달 측면에서 이 반동 효과를 설명하시오.

13. 북쪽으로 더 많은 운동량을 줄 수 있는 행동은 다음 중 어느 것인가? 10 m/s로 한쪽 신발을 남쪽으로 던지는 것인가, 아니면 5 m/s로 남쪽으로 두 개의 신발을 던지는 것인가?

14. 문제 13의 두 가지 행동 모두 같은 양의 에너지를 가지는가? 그렇지 않다면 어느 것이 더 많은 에너지를 필요로 하는가?

15. 당신은 남쪽 가장자리 쪽으로 테니스공을 쳐서 얼어붙은 호수 표면을 가로 질러 몸을 움직인다. 당신의 관점에서, 당신이 쳤던 공은 160 km/h로 남쪽으로 향한다. 당신은 거대한 공 가방을 가지고 있으며 이미 160 km/h의 속도로 북쪽 해안으로 접근하고 있다. 다음 공을 남쪽으로 치면 여전히 북쪽으로 가속하는가?

16. 문제 15의 테니스공 치는 것을 사용하여 어떤 속도로도 몸을 움직일 수 있는가? 아니면 테니스공을 칠 수 있는 속도까지 당신의 속도는 제한되어 있는가?

17. 당신과 친구는 각각 롤러스케이트를 신고 매끄러운 수평 표면에 서로 마주하고 서서 무거운 공을 던지고 받기를 시작했다. 왜 당신과 친구는 점점 멀어지는가?

18. 상대적으로 작은 물체를 궤도에 올리는 데 걸리는 시간은 작은 물체의 질량에 의존하지 않는다. 우주 비행장 근처의

우주 비행을 하는 우주 비행사를 사용하여 그 요점을 설명하시오.

19. 달이 지구를 도는 동안, 달은 어느 방향으로 가속하는가?

20. 지구와 달 중 어떤 물체가 서로에게 더 큰 중력을 작용하는가? 혹시 그 힘들은 크기가 서로 같은가?

21. 지구의 중력으로부터 아폴로 우주선을 해방시키기 위해 거대한 새턴(Saturn) V 로켓의 성능이 필요했다. 달의 중력으로부터 달 모듈을 해방시키는 것은 달 착륙 모듈의 작은 로켓을 이용했다. 달의 중력에서 벗어나는 것이 지구의 중력에서 벗어나는 것보다 왜 그렇게 쉬운가?

22. 낮은 지구 궤도를 도는 우주선은 지구를 도는 데 약 90분이 걸린다. 이것의 절반의 시간에 지구의 궤도를 한 바퀴 돌릴 수 없는 이유는 무엇인가?

23. 혜성이 태양에 접근함에 따라, 그것은 태양 주위를 더욱 빠르게 돈다. 이를 설명하시오.

24. 화성은 지구보다 큰 궤도 반지름을 가지고 있다. 이 두 행성의 태양년을 비교하시오.

문제

1. 마찰 없는 롤러스케이트를 타고 있는 80 kg짜리 야구 투수가 0.145 kg 야구공을 들고 42 m/s의 속력으로 남쪽으로 던지면 북쪽으로 얼마나 빨리 움직일 것인가?

2. 체중이 현재 값의 절반에 불과하려면 지구 표면에서 얼마나 높아야 하는가?

3. 달을 걸으면 지구의 중력이 여전히 약하게 당신을 당기고 당신의 지구의 무게는 여전히 남아 있을 것이다. 지구 무게와 비교할 때 지구의 무게는 얼마나 큰가? (참고: 지구의 반경은 6,378 km이고 지구의 중심과 달의 중심 사이의 거리는 384,400 km이다.)

4. 당신과 친구가 각각 10 m 떨어진 곳에 있고 각각 70 kg의 질량이라면 당신은 얼마나 많은 중력을 당신의 친구에게 가하고 있는가?

5. 블랙홀의 중력은 너무 강해서 빛조차도 그 표면이나 지평선에서 벗어날 수 없다. 그 표면 밖에서조차도 엄청난 에너지가 필요하다. 10^{31} kg의 질량을 지닌 블랙홀의 중심으로부터 10 km 떨어져 있다고 가정해 보자. 당신의 질량이 70 kg이라면 당신의 무게는 얼마인가?

6. 문제 5에서, 당신을 1 m 더 블랙홀로부터 멀리 들어 올리려면 얼마의 일이 필요한가?

7. 1,000 kg 우주선이 빛의 1/2 속도로 앞으로 나아간다. 상대론적 운동량은 얼마인가?

8. 우주선은 빛의 1/3 속도로 앞으로 나아가고 있다. 속도가 두 배가 되면 어떤 요소에 의해 상대론적 운동량이 증가하는가?

9. 10,000 m/s의 속도로 움직이는 로켓의 경우, 상대론적 운동량이 일반적인 운동량의 몇 배인가?

10. 우라늄 1 kg의 정지에너지는 얼마인가?

11. 얼마나 많은 질량이 1,000 J의 정지에너지를 가지는가?

12. 1,000 kg 우주선은 빛의 1/3의 속도로 당신을 지나간다. 상대론적 에너지는 얼마인가?

13. 우주선이 빛의 속도의 1/2로 당신을 지나친다. 속도가 두 배가 되면 상대론적 에너지는 몇 배가 되는가?

14. 일정한 정지에너지를 빼면 문제 13에서 상대론적 에너지는 몇 배인가?

5 유체 Fluids

지금까지 탐구한 일상의 물체들은 고체였다. 그러나 고체뿐만 아니라 기체와 액체도 우리 주변에서
중요한 부분이다. 숨 쉬는 공기, 수영하는 물, 우리의 혈관을 통해 뿜어내는 혈액조차도 고체와 달
리 명확하지 않은 형태를 가지고 있으며, 이러한 물체를 유체라고 한다. 유체의 성질과 운동에 대
한 연구는 과학과 공학 전반에 걸친 광범위한 분야이다. 유체 역학은 동물 생리학자 또는 천체 물리학자만큼
석유 공학자에게도 중요하다. 유체 자체가 고체보다 좀 더 복잡하기 때문에 유체를 분석하는 데 사용되는 도
구들은 고체보다 다소 난해하다. 유체에 힘을 직접 가하는 것은 어렵고, 그렇게 할 수 있다 하더라도 유체는
하나의 단단한 물체로 움직이지 않는다. 우리는 이 장에서 유체의 복잡한 동작을 이해하는 데 필요한 몇 가지
개념과 도구를 살펴볼 것이다.

일상 속의 실험 │ 데카르트의 다이버

이러한 개념들 중 하나는 부력이다. 유체에 담긴 물체는 유
체로부터 위로 향하는 힘을 받는다. 이 부력이 곧 하늘로 헬
륨 풍선을 들어 올리고, 물 표면에 있는 보트를 띄우는 것
이다. 물체가 부력에 반응하는 방식은 물체와 물체를 둘러
싼 유체의 상대 밀도에 따라 달라지며, 여기서 밀도는 질량
대 부피의 율이다. 이 장에서 앞으로 학습하겠지만, 주변 유
체보다 밀도가 높은 물체는 가라앉지만 밀도가 낮은 물체

는 뜨게 된다.

물체가 가라앉거나 떠다니는지를 결정하는 데 있어 밀
도의 중요성을 확인하려면 데카르트의 다이버라고 불리는
간단한 장난감을 만들어 볼 수 있다. 한때 인기있던 이 도
구는 유리병이 밀폐된 용기 안에 든 물에 떠 있는 구조로 되
어 있다. 보통은 유리병 안의 공기 방울이 물 표면에 떠 있게
끔 하지만, 용기를 쥐어짤 때마다 유리병은 가라앉게 된다.

Courtesy Lou Bloomfield

데카르트 다이버를 만들려면 플라스틱 소다병과 한쪽 끝이 열린 작은 유리병이 필요하다. 유리병은 물에 가라앉을 정도로 밀도가 높은 플라스틱, 금속, 또는 유리 등 어떤 걸로 만들어도 상관없다. 플라스틱 소다병을 물로 채우고 안에 유리병을 거꾸로 뒤집어 놓으면, 유리병 내부의 공기가 유리병을 뜨게 할 것이다. 이제 유리병이 간신히 뜰 때까지 천천히 유리병 내부의 공기 방울 크기를 줄여라. 유리병을 기울이거나, 소다병에서 꺼낸 뒤 물을 채워 넣어 조정을 할 수 있다. 소다병의 꼭짓점에서 수 밀리미터 정도 유리병이 떠 있게 되면, 병을 막고 다이버를 시험할 준비를 하라.

소다병을 누르기 전에 이 행위가 공기 방울에 어떻게 영향을 미치는지 생각해 보아라. 이제 병을 살짝 쥐고 공기 방울을 관찰하자. 병을 쥐는 세기에 따라 공기 방울의 크기가 어떻게 변하는가? 둘 사이에 연관성이 있어야 하는 이유는 무엇인가? 유리병이 가라앉을 만큼 충분히 병을 꽉 쥐어라. 공기 방울의 크기와 물 속 다이버의 키 사이의 관계가 있는 이유는 무엇인가?

병에 가해지는 압력을 줄이면 다이버는 다시 표면으로 돌아온다. 가라앉았던 다이버가 갑자기 다시 뜨는 이유는 무엇인가? 조심스럽게 병을 누르는 것으로, 다이버가 중간에 떠 있게 할 수도 있다. 눈을 감은 상태에서 다이버를 움직여 보아라. 떠 있는 상태를 유지하기가 왜 어려울까? 왜 다이버를 보아야만 뜨게 할 수 있을까?

5장 학습 일정

이 장의 끝에서 다시 설명하겠지만, 먼저 주변에서 다음의 두 가지를 관찰하게 될 것이다. (1) **풍선**과 (2) **물 분배**이다. 풍선에서는, 어떻게 지구의 대기가 열기구와 헬륨 풍선을 땅에 떨어지지 않게 하는지 살펴볼 것이다. 물 분배에서는, 어떻게 압력이 물을 수관 사이로 움직이게 하고 물이 어떤 방식으로 에너지를 저장하는지 살펴본다. 이 장에서 탐구할 내용에 대해 좀 더 상세히 예습하고 싶다면 장 마지막 부분의 '요약, 중요한 법칙, 수식'을 참조하라.

지금부터 관찰할 현상들은 일상에서 자주 벌어지는 것들이다. 압력은 에어로졸 캔, 증기 기관, 폭죽, 그리고 날씨에서도 중요한 역할을 담당한다. 부력은 배를 물 위에 뜨게 하고, 샐러드드레싱에서 기름을 식초 위에 있게 한다. 이런 개념들은 움직임이 유체의 성질에 영향을 미치는 물체들을 관찰할 6장의 초석이 될 것이다.

5.1 ▽ 풍선

바람막이
바구니 지지 케이블
연소기
패널
가죽 끈
바구니

중력은 지구 표면에 있는 모든 물체의 질량에 비례하는 무게를 주기 때문에, 당신이 물건을 놓으면 그대로 떨어진다. 그런데 헬륨으로 충전한 풍선은 무게와 질량을 가진 물체이지만 왜 놓으면 하늘로 날아가는 걸까? 풍선은 음의 무게와 음의 질량을 갖고 있을까, 아니면 우리가 무언가 잊어버린 것이 있는 걸까?

우리는 공기를 깔고 있다. 구체적으로 말하자면, 지구 표면에 있으면서 중력에 의해 제자리에 존재하는 공기 말이다. 이 공기는 보기도 어렵고 우리 앞에서 너무나 잘 이동하기 때문에, 우리는 자주 공기가 거기에 있다는 사실을 잊어버린다. 하지만 때론 공기가 그 자신을 인식할 수 있게끔 한다. 자전거를 탈 때 그 힘을 느낄 수 있고, 비치볼에 바람을 불어넣을 때 공기가 공간을 차지한다는 것을 알 수 있다. 그리고 당신이 헬륨 풍선을 놓을 때, 공기가 풍선을 위로 뜨게 한다.

생각해 보기: 대부분의 물체가 공기를 통과해 바닥으로 떨어지는데, 왜 대기 자체는 아래쪽으로 안 떨어질까? 왜 해수면보다 높은 산에서 공기가 더 '얇은' 걸까? 비닐봉지에서 공기를 다 빼내고 나면, 무엇이 봉지를 납작하게 누르는 걸까? 왜 봉지에 바람을 불어넣으면 봉지를 팽창시킬까? 봉지를 공기로 꽉 채우면 봉지의 총 질량에는 무슨 일이 일어날까?

만약 뜨거운 공기라면? 헬륨이라면? 당신이 견고한 헬륨 풍선을 달로 가져가 날린다면 어느 방향으로 움직일까?

실험해 보기: 헬륨 풍선이 어떻게 움직이는지 느낌을 알고 싶다면 풍선 끈을 당겨보라. 만약 그게 손가락을 위쪽으로 잡아당긴다면, 그건 풍선의 무게(그리고 질량이) 음(−)이라는 것을 의미할까? 음의 질량을 가진 물체는 힘에 어떻게 반응할까? 풍선을 흔들어 보고 풍선의 질량이 양이라는 것을 확신해 보라. 음인 질량을 가진 물체가 존재할 수 있다고 생각하는가?

풍선의 질량과 무게가 둘 다 양이기 때문에, 중력은 풍선을 아래로 잡아당기고 있는 것이 틀림없어 보인다. 그렇다면 어떻게 정지된 풍선은 당신의 손가락을 위쪽 방향으로 잡아당길 수 있는 걸까? 또 다른 어떤 힘이 풍선을 밀어 올리는 것일까? 당신은 이런 위쪽 방향의 힘들을 물통 속에 풍선을 담금으로써 눈에 더 잘 띄게 할 수 있다. 또 일상에서 이런 위쪽으로 밀어 올리는 비슷한 힘들을 발견할 수 있을까?

헬륨 풍선과 함께 차를 타 보라. 갑자기 출발할 때 풍선은 어느 방향으로 움직이는가? 갑자기 멈출 때는? 다시 한 번 풍선의 질량이 음(−)인 것처럼 보인다. 대체 무엇이 풍선을 밀기에 이렇게 반(反) 직관적으로 움직이는 것일까?

공기와 기압

열기구와 헬륨 풍선들이 정말로 중력에 저항하는 것은 아니다. 실제로 그것들은 무게가 없는 것도 아니다. 하지만 이런 풍선들의 무게가 수 백 킬로그램이라 할지라도 무언가는 그들의 무게를 지탱해 주고 공중에 뜨게 한다. 그것이 바로 주변 공기이다. 풍선을 이해하기 위해서는, 먼저 공기를 이해함으로써 시작해야 한다.

우리가 이미 공부한 물체들과 같이, 공기는 무게와 질량을 가진다. 만약 이것을 믿지 못하겠다면 하나는 비어 있고 다른 하나는 방금 공기를 가득 채운 두 개의 동일한 스쿠버 통을 비교해 보라. 각 통의 무게를 정밀하게 재어보면, 공기로 가득 찬 통이 빈 통보다 더 무겁다는 것을 발견할 것이다. 즉, 공기가 무게를 가진다는 것을 의미한다. 만약 각 통을 흔들어 본다면, 당신은 공기가 가득 찬 통이 빈 통보다 가속하기 어렵다는 것을 알게 될 것이다. 이는 질량 또한 가지고 있다는 의미이다. 따라서 공기는 정말 다른 물체들과 같거나 거의 비슷하다.

앞에서 공부한 물체들과 공기의 다른 점은 공기는 고정된 모양이나 형태가 없다는 것이다. 당신은 공기 1 kg으로 아무 모양이나 만들 수 있고, 광범위한 **부피**(volum)를 채울 수 있다. 또한 공기는 **압축성**(compressible)이 있다. 즉, 특정한 질량을 거의 어떤 공간으로든지 축소할 수 있다. 예를 들면, 1 kg의 공기는 스쿠버 통 하나를 채울 수도 있고 농구장 하나를 채울 수도 있다.

이 크기와 모양의 유동성은 공기의 초정밀적 성질에 기인한다. 공기는 개별적, 독립적으로 떠다니는 조그만 입자들로 구성된 물질인 **기체**(gas)에 해당한다. 이 조그만 입자들은 원자와 분자이다. **원자**(atom)는 특정 원소의 모든 화학적 성질을 보유하고 있는 원소의 가장 작은 단위이다. **분자**(molecule)는 원자 두 개 혹은 그 이상의 결합체로 해당 화합물의 모든 성질을 보유하는 화합물의 가장 작은 단위이다. 분자의 원자들은 원자 사이의 전자기적 힘들로 합쳐진 **화학적 결합**(chemical bond)으로 붙어 있다.

공기 입자는 배율로는 1밀리미터의 백만분의 1보다 작을 만큼 매우 작다. 대부분은 질소와 산소 분자들로 구성되고, 나머지는 이산화탄소, 물, 메탄, 수소 분자들을 포함하며, 또 아르곤, 네온, 헬륨, 크립톤, 제논 원자들도 포함한다. 이 특별한 원자들은 특히 분자를 거의 구성하지 않고 강한 화학적 결합을 하지 않아 그들의 화학적 비활동성 때문에 **비활성 기체**(inert gas)라고 불린다.

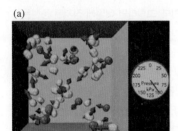

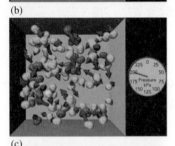

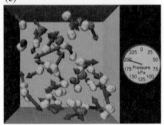

그림 5.1.1 (a) 공기 입자가 이 상자 안의 표면에 튕겨나감으로써 이들 표면에 압력을 작용하게 된다. (b) 공기 입자들을 더 고밀도로 채워 넣는 것은 표면에 단위 시간 당 힘을 가하는 입자의 숫자를 늘리고 공기의 압력을 증가시키게 된다. (c) 공기의 온도를 높이는 것은 공기 입자들의 속도를 증가시키고(화살표로 나타내어) 그들이 상자의 표면에 더 강하고 자주 부딪히게 해 공기의 압력을 증가시킨다.

작은 구슬들처럼 이들 공기 입자들은 크기, 질량, 그리고 무게를 가진다. 하지만 백색 구슬을 봉지에서 쏟으면 재빨리 땅에 떨어지는 것과 다르게, 공기 입자들은 전혀 떨어지지 않는 것처럼 보인다. 왜 그것들은 지구 표면에 쌓이지 않을까?

답은 공기의 열에너지, 즉 공기의 내부 에너지 중 온도와 관련이 있는 부분과 연관이 있다. 공기의 개별적 입자들은 정말로 초미세 질량을 가지고 있기 때문에, 겨우 방 온도 정도로도 그들은 부산한 **열운동**(thermal motion)을 보인다(그림 5.1.1a). 열에너지가 약 초속 500 m/s의 속도로 공기들을 움직이고, 돌고, 서로 튕겨나가도록 지속시킨다. 입자들의 빈번한 충돌은 어느 특정 방향으로 많이 날아가지 못하게 막고, 충돌하는 동안 입자 사이에 중력이 작용하여 서로가 떨어질 시간이 충분치 않아 그들은 거의 일자 방향으로 움직이게 된다. 이 격동적인 열운동은 공기 입자들을 떨어뜨려 놓기 때문에 바닥에 쌓이지 않게 한다. 반면, 실제 구슬들은 가시적인 열운동을 보이기에는 너무 무겁기 때문에 뭉쳐져서 바닥에 떨어지게 된다.

트럭 타이어 안에 1 kg의 공기가 중력을 무시하고 들어 있다면 무슨 일이 벌어질까 생각해 보자. 공기 입자는 타이어 안에서 쌩쌩 날아다니고, 타이어 벽에 입자가 부딪힐 때마다 그 벽에 힘을 가할 것이다. 개별적인 힘은 매우 적겠지만, 입자 수가 매우 많기 때문에 합하면 큰 평균적인 힘을 가하게 될 것이다. 이 힘의 총 합은 벽의 **표면적**(surface area)에 달려 있다. 표면적이 클수록 그것이 받는 평균적인 힘도 커진다. 하지만 공기를 알아보기 위해서 사실 우리가 벽의 표면적을 알 필요는 없다. 대신 일정 단위의 표면적에 공기가 작용하는 평균적인 힘, 즉 **압력**(pressure)이라 불리는 양으로 나타낼 수 있다.

$$압력 = \frac{힘}{표면적}$$

압력은 단위 면적 당 힘으로 측정된다. 표면적에 대한 국제단위는 **미터²**(보통 m²로 많이 쓰며 **제곱미터**라고도 자주 불린다)이므로, 압력의 국제단위는 **제곱미터 당 뉴턴**이다. 이 단위는 또 프랑스의 수학자이자 물리학자인 Blaise Pascal의 이름을 따 **파스칼**(Pa로 축약한다)로도 불린다. 1파스칼은 작은 압력이다. 당신 주변의 공기는 대략 100,000 Pa 정도의 압력을 갖고 있으므로, 1 m²에 100,000 N의 힘을 가하는 것이다. 100,000 N은 시내버스 무게 정도에 해당하므로 기압은 큰 표면적에는 어마어마한 힘을 가할 수 있다.

공기는 타이어 벽을 미는 것 외에도, 그 안에 들어 있는 어떤 물체라도 민다. 입자들은 물체의 표면에서 튕겨져 나가 안쪽으로 민다. 물체가 이런 압력의 성질을 띠는 힘들을 견딜 수 있는 한, 균일한 공기의 압력이 물체의 모든 방향에서의 힘을 같은 세기로 밀어 서로 상쇄되도록 하므로 별 영향을 미치지는 않는다. 종이 한 장을 예로 들면, 그 양 면에 가해지는 힘의 총합은 0이 될 것이기 때문에 0의 알짜힘을 받게 된다.

공기 입자들은 서로로부터 튕겨나가기도 하므로, 공기 압력은 공기에도 그 힘을 작용시킨다. 타이어 안으로 공기 큐브를 밀어 넣으면 금속 큐브는 안쪽으로 향하는 힘들을 똑같이 받는다. 큐브 주변의 공기가 그것들을 안쪽으로 밀고, 큐브는 주변의 공기를 바깥쪽으로 민다. 공기 큐브의 알짜힘이 0이 되기 때문에 큐브는 가속하지 않게 된다.

흡입 컵을 매끄러운 벽에 대고 누르면 탄성력 있는 컵은 뒤로 다시 나오고 컵과 벽 사이에 빈 공간이 생긴다. 무엇이 컵을 벽에 붙어 있게 하나?

해답 공기 압력이 벽에 붙어 있게 한다.

왜? 컵과 벽 사이의 공간이 비어 있기 때문에 그곳의 압력은 0이 된다. 주변 공기의 압력은 컵과 벽의 외부에 안쪽으로 작용하는 힘을 가하기 때문에 둘이 붙어 있게 누른다. 그들을 바깥쪽으로 다시 밀어낼 공기가 없는 한, 벽과 컵은 강하게 붙어 있게 된다. 흡입 컵에 공기가 들어가게 되면, 다시 벽으로부터 쉽게 떼어낼 수 있게 된다.

압력, 밀도, 온도

공기 압력은 튕기는 공기 입자들로부터 만들어지기 때문에, 그 입자들이 특정 표면에 얼마나 자주, 얼마나 강하게 부딪히느냐에 따라 결정된다. 더 자주 혹은 더 강하게 부딪히게 되면, 공기 압력은 더 커지게 된다.

공기를 특정 표면에 더 많이 부딪히게 하고 싶다면, 공기 입자들을 더 꾹꾹 눌러 담으면 된다. 에어 펌프를 사용해 타이어에 방 온도의 공기를 1 kg 더 넣는다고 가정해 보자. 트럭 타이어가 견고하고 두껍기 때문에, 그 부피는 안에 든 공기 분자가 두 배로 는다고 해서 크게 변하지 않는다. 그러나 같은 부피에 공기 입자의 수를 두 배로 늘리는 것은 각 표면적에 부딪히는 횟수를 두 배로 늘리는 것이고, 이로써 압력 또한 두 배로 늘어나게 된다(그림 5.1.1b). 공기의 압력은 이렇듯 **밀도**(density), 즉 부피 당 질량에 비례한다.

$$\text{밀도} = \frac{\text{질량}}{\text{부피}}$$

부피의 국제단위는 **세제곱미터**(m^3으로 축약되며, **입방 미터**라고도 불린다)이므로, 밀도의 국제단위는 **세제곱미터 당 킬로그램**(kg/m^3으로 축약됨)이다. 당신 주변의 공기는 보통 1.25 kg/m^3의 밀도를 가지고 있다. 물은 대조적으로 1000 kg/m^3이라는 훨씬 큰 밀도를 가지고 있다.

입자들이 표면에 부딪히는 속도는 입자들을 가속시킴으로써 증가시킬 수도 있다(그림 5.1.1c). 공기가 뜨거울수록 더 많은 열에너지를 보유하게 되고, 입자들은 더 빨리 움직이게 된다. 열에너지는 입자들의 무작위적인 열운동의 **내부 운동에너지**(internal kinetic energy)와 그 열운동의 일부분이 축적된 **내부 위치에너지**(internal potential energy)의 합이 된다. 본질적으로 입자들은 충돌을 제외하고는 독립적이기 때문에 공기의 거의 모든 열에너지는 내부 운동에너지가 된다.

타이어 안의 잠잠한 공기의 내부 운동에너지를 두 배로 늘리면, 각 입자의 평균 운동에너지는 두 배로 늘어난다. 입자의 운동에너지는 속도의 제곱에 비례하므로, 운동에너지를 두 배로 늘리는 것은 그 속도를 $\sqrt{2}$만큼 증가시키게 된다. 결과적으로, 각 입자는 표면에 $\sqrt{2}$배 더 자주 부딪히게 되고 $\sqrt{2}$배 더 큰 평균적 힘을 작용하게 된다. 각 입자가 $\sqrt{2} \times \sqrt{2}$배, 즉 평균적으로 두 배의 힘이 더 작용하게 되므로 압력도 배로 늘어난다. 따라서 잠잠한 공기의 압력은 그 입자들의 평균적 운동에너지에 비례하게 된다. 공기가 바람처럼 움직이고 그 전체 움직임에 내부 운동에너지가 없을 때에도 그 압력은 입자들의 평균적인 **내부** 운동에너지에 비례한다.

온도(temperature)는 입자 당 평균적 내부 운동에너지를 나타낸다. 즉 공기가 뜨거울수록 입자 당 평균 운동에너지는 커지고 공기의 압력은 증가하게 된다. 이것이 뜨거운 날이나 고속도로 운행 시 타이어가 달궈질 때 타이어의 공기 압력이 증가하는 이유이다.

공기의 압력에 공기의 온도를 연관 짓는 가장 편리한 단위는 우리가 흔히 쓰는 **섭씨**(Celsius; ℃)나 **화씨**(Fahrenheit; ℉)가 아니라 **절대온도 단위**(absolute temperature scale)이다. 절대온도 단위에서는 0이 **절대 0**(absolute zero), 즉 물체가 0의 열에너지를 갖고 있을 때를 나타낸다. 절대 0(−273.15℃ 또는 −459.67℉)에서 공기는 내부 운동에너지를 전혀 가지지 않고 압력도 없게 된다. 당신이 절대온도 단위를 사용할 때는, 공기의 압력이 그 온도에 비례하게 된다.

절대온도의 국제단위는 **켈빈**(Kelvin; K)이다. 켈빈 단위는 섭씨 단위와 똑같지만 자리만 옮겨져 0 K가 −273.15℃를 가리킨다. 온도가 0 K일 때 내부 운동이 0이 된다는 연관성 외에도, 켈빈 단위는 음(−)의 온도를 가리킬 필요성을 없앤다. 방 온도는 보통 293 K 정도이다.

기압이 공기의 밀도와 절대온도에 비례하기 때문에, 우리는 다음의 형태로 이 양들 사이의 관계를 나타낼 수 있다.

$$압력 \propto 밀도 \cdot 절대온도 \tag{5.1.1}$$

이 관계식은 우리가 공기와 같은 특정 기체의 온도나 밀도를 바꿀 때 어떤 일이 일어날지 예측하기 쉽게 해주기 때문에 용이하다. 이 관계식도 한계가 있기는 하다. 세부적으로, 공기와 헬륨 같이 서로 다른 두 개의 화학적 구성물의 압력을 비교할 때는 사용할 수 없다. 그런 비교를 하려면 식 5.1.1을 개선해야 한다. 나중에 헬륨 풍선을 분석할 때 하게 될 것이다.

단일한 특정 기체를 설명할 때에도 식 5.1.1은 다른 한계점들을 지닌다. 주요 문제는 실제 공기 입자들은 완전히 독립적이지 않다는 데 있다. 온도가 너무 떨어지면, 입자들은 서로 결합해 액체를 형성하기 시작하고 식 5.1.1은 의미가 없게 된다. 그 한계점에도 불구하고, 압력, 밀도, 온도 사이의 이 간단한 관계식은 열기구가 어떻게 떠 있는지를 이해하는 데 도움이 된다. 그것은 지구 대기의 기본 구조를 이해하고 열기구를 뜨게 하는 위쪽 힘의 기원과 뜨거운 공기가 상승하는 이유를 알려주는 데 도움을 줄 것이다.

(a)

(b)

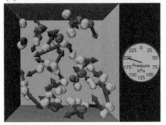

(c)

그림 5.1.1 (반복)
(a) 공기 입자가 이 상자 안의 표면에 튕겨나감으로써 이들 표면에 압력을 작용하게 된다. (b) 공기 입자들을 더 고밀도로 채워 넣는 것은 표면에 단위 시간 당 힘을 가하는 입자의 숫자를 늘리고 공기의 압력을 증가시키게 된다. (c) 공기의 온도를 높이는 것은 공기 입자들의 속도를 증가시키고(화살표로 나타내어) 그들이 상자의 표면에 더 강하고 자주 부딪히게 해 공기의 압력을 증가시킨다.

▶ **개념 이해도 점검 #2: 밤에 펑펑 터지는 간식**

냉장고에서 일부분만 채워진 음식물 용기를 꺼내 방 온도까지 데워지도록 놔두면, 보통 뚜껑이 팽창하거나 펑 하고 튕겨져 나올 수도 있다. 무슨 일이 일어난 것일까?

▷ **해답** 온도가 증가하면서 용기 안에 든 공기의 압력이 증가해 뚜껑이 튀어나온다.

▷ **왜?** 밀폐된 기체의 온도가 바뀌면, 그 부피나 압력, 혹은 둘 다 바뀌게 된다. 이 경우에는 용기 안에 든 공기의 온도가 높아져 압력을 상승시킨 것이다. 안쪽과 바깥쪽의 불균형적인 기압이 뚜껑을 바깥쪽으로 팽창하게 하거나 심지어는 펑 하고 튕겨져 나오게 한다.

지구의 대기

지구 대기 질량의 대부분은 6 km도 안 되는 층에 담겨 있다. 지구의 지름이 12,700 km이기 때문에, 이 층은 상대적으로 얇다고 할 수 있다. 만약 지구가 농구공이라면, 이 층은 종이 한 장보다도 얇다.

대기는 중력 때문에 지구 표면에 자리한다. 앞에서 살펴본 대로, 공기 입자는 무게를 가진다. 위로 던져 올린 구슬이 결국 땅으로 떨어지듯이, 공기의 입자들은 계속 지구 표면으로 돌아온다. 입자들은 짧은 시간 안에 무척 빨리 움직이기 때문에 중력이 그들의 움직임에 눈에 띌 정도로 영향을 미치기엔 어렵다. 하지만 중력은 서서히 입자들이 상대적으로 지구 표면 가까이에 있게끔 작용한다. 공기 입자는 마치 빠르게 움직이는 구슬처럼 처음에는 일자로 움직이는 것처럼 보이지만 결국 활 모양을 그리며 밑으로 떨어지게 된다. 대기 중 가장 가볍고 빠른 입자들(수소와 헬륨 입자들)만이 가끔 지구의 중력을 벗어나 우주로 떠내려간다.

중력이 대기를 밑으로 잡아당기는 동안, 기압은 대기를 위쪽으로 끌어올린다(그림 5.1.2a). 공기 입자들이 지구 표면으로 떨어지려 하면, 그들의 밀도는 증가하고 그들의 압력 또한 증가하게 된다. 이 압력이 바로 대기를 지탱하고 대기가 땅에 무더기처럼 쌓이는 것을 방지하는 것이다.

중력과 기압이 어떻게 대기를 구성하는지 이해하려면, 대기가 1 kg짜리 공기 블록을 쌓아올린 것이라고 가정해 보자(그림 5.1.2b). 이 블록들은 공기 압력으로 서로를 지탱해 10,000개 정도의 블록 더미를 만든다. 가장 밑에 있는 블록은 위에 있는 모든 블록을 지탱해야 하고 꽉 압축되어 있다. 높이는 0.8 m 정도이고, 밀도는 약 1.25 kg/m³, 그리고 대략 100,000 Pa의 기압을 가진다. 더미 위쪽에 있는 블록일수록 지탱해야 하는 무게가 적고 덜 압축되어 있다. 따라서 더미가 점점 올라갈수록 공기의 밀도는 낮고 기압 역시 낮아진다.

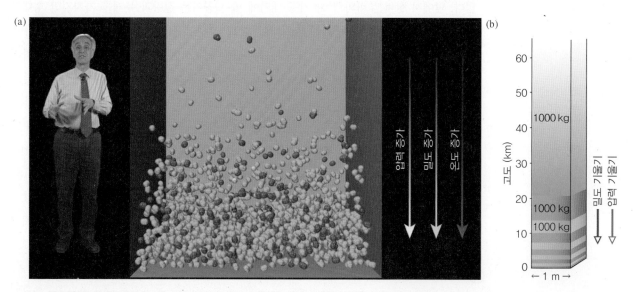

그림 5.1.2 (a) 고도가 낮아짐으로써 대기의 압력과 밀도, 온도가 증가하는 것을 보여주며, 중력과 열에너지 사이의 경쟁이 지구 대기의 구조를 상승시킨다는 것을 보여주는 모형. (b) 1 m² 밑면을 가진 공기 더미는 10,000 kg 정도의 무게를 지닌다. 가장 아래의 1,000 kg은 가장 많은 무게를 지탱해야 하기 때문에 제일 압축되어 있다. 더 높은 고도에서는 그 위의 무게가 적으므로 공기가 덜 압축되어 있다.

대기는 블록 더미와 본질적으로 같은 구조를 지닌다. 지면 근처의 공기는 수 킬로미터 위의 공기도 지탱해야 하기 때문에 약 1.25 kg/m³의 밀도를 가지고 100,000 Pa의 압력을 지닌다. 그러나 더 높은 고도에서는 공기가 그만큼의 무게를 지탱할 필요가 없기 때문에 공기의 밀도와 압력이 감소한다. 그래서 고지대의 공기는 저지대의 공기보다 '옅은' 것이다.

대기의 밀도와 압력은 아래쪽으로 향할수록 점진적으로 증가하기 때문에, 대기는 아래쪽 방향으로 하강하는 **밀도 기울기**(density gradient)와 **압력 기울기**(pressure gradient)를 가진다. 곧 보겠지만, 그 압력 기울기가 풍선을 뜨게 하는 것이다. 하지만 고도에 관계없이 주변 공기의 압력은 항상 **기압**(atmospheric pressure)이라고 불린다. 대기는 또한 하강하는 온도 기울기를 가져서 높은 곳에서는 춥게 느껴진다. 온도 기울기에 대해서는 7.3절에서 좀 더 학습해 볼 것이다.

▶ 개념 이해도 점검 #3: 고산 지대를 여행할 때는 귀가 아프다

만약 당신이 산에서 오르락내리락 운전을 하고 있다면, 안과 밖의 압력을 일정하게 유지하기 위해 귀에서 퐁 하고 공기가 움직이는 것을 느낄 수 있을 것이다. 무엇이 압력 변화를 일으키는 것일까?

해답 당신이 고도를 바꾸면서 기압 또한 바뀌기 때문이다.

왜? 당신의 귀 속의 공기는 갇혀 있기 때문에 온도, 밀도, 압력은 보통 일정하다. 고도가 변하면서 귀 바깥의 압력이 바뀌고, 고막이 알짜힘을 느끼게 된다. 압력이 바깥쪽이나 안쪽으로 기울어지면 당신의 소리를 막거나 불편함을 느끼게 한다. 이런 불편함은 무언가를 삼켜 중이(가운데 귀)로 공기를 통하게 하면 해결된다.

풍선에 작용하는 '뜨는 힘': 부력

지금까지 우리는 공기, 기압, 대기를 살펴보았다. 우리가 풍선을 분석하는 것을 피했다고 생각할 수도 있지만, 그런 주제들은 실제로 열기구와 헬륨 풍선을 뜨게 하는 것과 관련이 있다. 앞에서 살펴본 바와 같이 지구 대기에 있는 공기는 질량과 무게를 가지지만 형태가 없는 **유체**(fluid)이다. 이 공기에는 압력이 있고, 그것이 접촉하는 곳에 힘을 작용시키며, 그 압력은 지면에서 가장 강하고 고도가 올라갈수록 감소한다. 기압과 그것이 고도에 따라 달라지는 성질은 부력이라고 불리는 작용에 의해 열기구와 헬륨 풍선을 뜰 수 있게 한다.

부력은 2000년 전에 그리스의 수학자 Archimedes(B.C. 287~212)로부터 발견되었다. Archimedes는 유체에 부분 혹은 전체적으로 담겨 있는 물체는 그것이 밀어내는 유체의 양과 같은 크기의 위쪽으로 작용하는 **부력**(buoyant force)의 영향을 받는다는 것을 깨달았다. **Archimedes의 원리**(Archimedes's principle)는 사실 일반적인 것으로, 공기이든, 물이든, 기름이든 유체에 떠 있거나 잠겨 있는 물체라면 어떤 것이든 적용된다. 부력은 물체의 표면에 유체가 작용하는 힘이 그 근원이다. 우리는 그런 힘들이 클 수는 있지만 서로 상쇄시키

◉ Archimedes의 원리

유체에 부분적으로나 완전히 잠겨 있는 물체는 그것이 밀어내는 유체의 무게만큼 위쪽으로 향하는 부력을 받는다.

는 경향이 있다는 것을 배웠다. 그렇다면 어떻게 압력의 총합이 0이 아닌 힘을 물체에 작용할 수 있으며, 그리고 왜 그 힘이 위쪽 방향이어야 할까?

중력 없이 정지된 유체 안에서의 압력은 일정할 것이므로 그 힘들은 서로 완벽히 상쇄될 것이다. 하지만 유체는 하강하는 압력 벡터 기울기를 가지고 있기 때문에, 중력은 유체의 압력이 아래쪽으로 향할수록 강하게 만든다. 아무것도 움직이지 않을 때 물체의 아래쪽 기압은 항상 그 위의 기압보다 높다. 따라서 공기가 물체의 바닥을 들어 올리는 힘이 위에서 아래로 작용하는 힘보다 크게 되고, 이로 인해 물체는 공기로부터 위로 작용하는 힘을 받게 된다. 이 힘이 곧 부력이다.

그래서 이 물체의 부력은 얼마나 클까? 그것은 물체가 밀어내는 유체의 무게 규모와 일치한다. 이 주목할 만한 결과를 이해하기 위해서는, 물체를 비슷하게 생긴 유체로 대체한다고 가정해 보자(그림 5.1.3a). 부력이 물체가 아니라 물체 주변의 유체에 의해 작용하는 것이기 때문에, 물체 자체의 구성 물질과는 상관이 없다. 헬륨으로 가득 차 있는 풍선이든지 물, 납, 심지어 공기로 차 있는 풍선이어도 똑같은 부력을 받게 되는 것이다. 따라서 물체를 같은 비슷하게 생긴 모양의 유체로 대체한다고 해도 부력은 변하지 않다.

그러나 비슷하게 생긴 모양의 유체가 같은 유체 안에 잠겨 있으면 가속하지 않는다. 그것은 그냥 제자리에 있으므로, 작용하는 알짜힘이 0인 것을 명백하게 알 수 있다. 비슷한 모양의 유체는 아래쪽으로 향하는 무게는 있지만 그 무게는 오직 주변만이 그 작용 원인이 될 수 있는, 무언가 위쪽으로 작용하는 힘에 의해 상쇄될 것이라고 유추할 수 있다. 이 위쪽으로 작용하는 힘이 곧 부력이고, 그것은 언제나 물체처럼 생긴 유체에 의해 밀려난 유체의 무게와 일치하게 되는 것이다.

이 부력에 대한 원리는 왜 몇몇 물체들은 가라앉고 다른 어떤 물체들은 떠오르는지 설명해 준다. 유체 속에 놓인 물체는 두 가지 힘을 받는다. 아래쪽으로 작용하는 무게와 위쪽으로 작용하는 부력이다. 만약 그 무게가 부력보다 크다면, 그것은 아래쪽으로 가속할 것이다(그림 5.1.3b). 만약 그 무게가 부력보다 작다면, 그것은 위쪽으로 가속할 것이다(그림 5.1.3c). 만약 두 힘이 일치한다면, 그것은 전혀 가속하지 않고 일정한 속력을 유지할 것이다. 이 경우 풍선이 움직이지 않는 채로 유체에 있다면 계속 움직이지 않는 채 0의 속력을

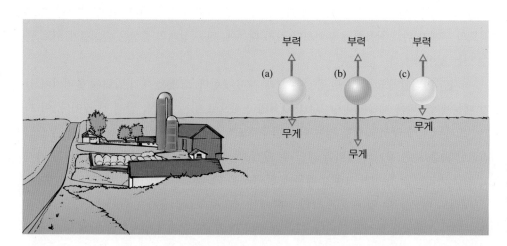

그림 5.1.3 (a) 똑같은 기체에 떠 있는 기체는 그 무게와 일치하는 부력을 받고 가속하지 않는다. (b) 공기보다 무거운 물체는 가라앉지만, (c) 공기보다 가벼운 물체는 뜬다.

유지하며 붕 떠 있을 것이다.

물체가 뜰지 말지에 대한 문제는 밀도에 대한 관점으로도 볼 수 있다. 담긴 유체보다 평균 밀도가 더 큰 물체는 가라앉지만, 더 적은 평균 밀도를 가진 물체는 뜬다. 물풍선을 예로 들면, 공기에서는 물과 고무가 공기보다 밀도가 높기 때문에 가라앉는다. 풍선의 부피를 두 배로 한다면 그 무게와 부력 역시 각각 두 배가 되므로 여전히 가라앉게 된다. 어떤 물체의 총 부피는 그 밀도가 그 물체를 둘러싼 유체가 맺는 관계에 비해서는 덜 중요하다.

> ### ▶ 개념 이해도 점검 #4: 수면 위에는 눈만
>
> 악어는 가끔 자신의 소화를 돕기 위해서이기도 하지만 물속에 잠수하려고 돌을 삼킨다. 눈만 물 위에 있는 채로 뜨려면, 악어는 대략 어느 정도의 평균 밀도를 필요로 할까?
>
> **해답** 물의 밀도보다 살짝 작은 밀도를 필요로 한다.
>
> **왜?** 악어가 완전히 물속에 잠길 때, 그것이 밀어낸 물의 양보다는 조금 적게 무게가 나가야 한다. 그래야 악어가 위로 작용하는 힘을 받고 물 표면으로 떠오를 수 있다. 눈만 물 위에 있고 물을 더 이상 밀어내지 않는 상태가 되면, 악어에 작용하는 알짜힘은 0으로 떨어지고 붕 떠 있게 될 것이다. 악어의 질량이 동일한 부피의 물보다 살짝 적게 나가기 때문에, 그 평균 밀도 역시 물보다 살짝 작다.

> ### ▶ 정량적 이해도 점검 #1: 왜 사람들은 공중에 뜨지 않을까?
>
> 어떤 사람이 0.08 m³의 공기를 밀어내면, 그가 느끼는 부력은 얼마일까?
>
> **해답** 대략 1 N 정도
>
> **왜?** 공기는 사람이 밀어내는 공기의 무게만큼 부력을 민다. 해수면 근처의 공기의 밀도는 대략 1.25 kg/m³ 이므로 0.08 m³의 공기는 대략 0.1 kg의 질량(1.25 kg/m³에 0.08 m³를 곱한 값)과 1 N 정도의 무게를 지닌다. 따라서 이 사람에게 작용하는 부력은 1 N 정도 된다. 공기로 인한 이 부력은 실제로 존재하고 저울에서 무게를 대략 0.125% 가량 줄여준다.

열풍선

공기는 매우 가볍고 겨우 1.25 kg/m³의 밀도를 가지므로 그 안에서 뜰 수 있는 물체는 거의 없다. 그런 몇 안 되는 물체들 중 하나가 진공 상태의 풍선이다. 풍선이 매우 얇은 막을 지닌다고 가정하면, 그것은 거의 0에 가까운 밀도를 가지게 될 것이다. 그 무시할 수 있는 정도의 무게가 위로 작용하는 부력보다 작기 때문에, 진공 상태의 풍선은 순조롭게 위로 뜰 수 있는 것이다.

하지만 안타깝게도 이 텅 빈 풍선은 오래 가지 못한다. 그것은 대기 압력에 둘러싸여 있기 때문에, 그 막은 제곱미터 당 100,000 N의 안쪽으로 미는 기압을 받게 될 것이다. 이 찌그러뜨리는 힘에 맞서 지탱할 것이 안에 아무것도 없는 풍선은 납작하게 될 것이다. 두껍고 견고한 막은 주변 공기의 압력을 견딜 수 있겠지만, 그렇게 되면 풍선의 평균 밀도가 커지고 결국 가라앉을 것이다. 그렇기 때문에 빈 풍선은 안 된다.

제대로 떠오를 수 있는 것은 막의 안쪽에서 바깥쪽으로 작용하는 힘이 주변 기압과 같은 무언가로 채워진 풍선일 것이다. 그러면 막의 각 부분들은 0의 알짜힘을 받게 되고 풍선

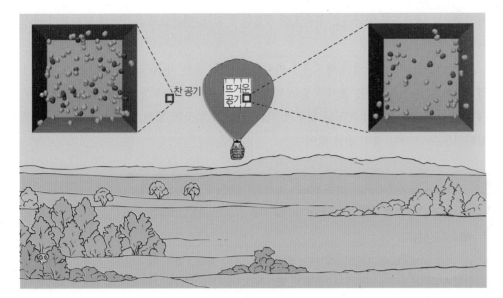

그림 5.1.4 뜨거운 공기가 들어 있는 정육면체는 찬 공기가 들어 있는 정육면체보다 적은 수의 공기 입자들을 포함하게 된다. 찬 공기 대신 뜨거운 공기로 채워진 풍선은 무게가 적게 나가기 때문에, 풍선 안의 뜨거운 공기는 아래쪽으로 작용하는 무게보다 더 큰 부력을 받게 된다.

은 찌그러지지 않을 것이다. 우리는 바깥 공기로 풍선을 채워 넣을 수도 있지만, 그렇게 하면 풍선의 평균 밀도가 너무 높아지게 된다. 대신, 우리는 주변 공기와 같은 압력을 지니지만 밀도는 더 낮은 기체가 필요하다.

대기압보다 낮은 밀도를 지닌 기체 중 하나가 뜨거운 기체이다. 뜨거운 공기 입자는 빠르게 움직여 찬 공기 입자보다 전체 압력에 더 기여하기 때문에, 풍선을 뜨거운 기체로 채우면 찬 기체로 채울 때보다 적은 수의 입자를 필요로 한다. 따라서 열풍선은 적은 수의 입자와 적은 질량, 찬 공기를 넣었을 때보다 무게도 적게 나간다(그림 5.1.4). 이제 우리는 주변 공기보다 평균 밀도가 낮은 쓸모 있는 풍선을 갖게 되었다. 이것은 풍선의 무게보다 부력이 더 크게 작용하여 위로 떠오르게 될 것이다.

열풍선 안의 기압은 풍선 바깥의 기압과 똑같기 때문에, 공기는 안쪽이나 바깥으로 이동할 이유가 없어(다음에 다룰 문제) 풍선을 밀봉할 필요가 없다(그림 5.1.5). 풍선 아래쪽의 열린 입구에 프로판 버너를 놓고 막을 채우는 공기를 덥힌다. 뜨거운 공기는 같은 압력에 더 많은 부피를 채우게 되고 조금은 열린 바닥 사이로 빠져나가게 된다.

안에 든 공기가 뜨거울수록 밀도가 낮아지고 풍선이 가벼워지게 된다. 열풍선의 조종사는 풍선의 무게가 풍선에 작용하는 부력과 거의 똑같도록 불을 조절한다. 조종사가 공기의 온도를 높일 경우, 풍선의 무게는 감소하고 떠오르게 된다. 조종사가 공기가 식게 놔둘 경우, 입자들이 풍선 안에 들어가게 되고 무게가 증가해 하강하게 된다.

설령 조종사가 풍선을 아주 뜨거워질 때까지 가열한다 하더라도, 풍선이 영원히 상승하지는 않는다. 풍선이 상승할수록 공기는 희박해지고 풍선의 안쪽과 바깥쪽에서 압력이 모두 감소한다. 공기가 희박해지면 풍선의 무게도 감소하게 되겠지만, 그 부력이 더 급격하게 감소하며 탑승물을 실어 올리는 데 덜 효율적으로 작용한다.

그림 5.1.5 열풍선의 아래 부분은 뜨거운 공기가 안쪽으로 유입되고 찬 공기가 바깥쪽으로 빠져나갈 수 있도록 열린 구조로 되어 있다. 뜨거운 공기는 찬 공기보다 더 많은 무게를 밀어내고 풍선을 더 가볍게 한다.

열풍선을 더 들어 올릴 수 없을 정도로 공기가 희박해지면, 풍선은 더 떠오를 수 없는 '비행 천장'에 도달하게 된다. 각 열풍선마다 풍선이 제자리에 떠 있을 적절한 고도가 있다. 풍선이 그 고도에 도달하게 되면 안정적인 평형 상태를 유지하게 된다. 풍선이 어떤 이유로 아래쪽으로 내려가면 알짜힘은 위쪽으로 작용하게 되고, 위쪽으로 움직이면 알짜힘이 아래쪽으로 작용하게 된다.

풍선 막이 높은 온도에서 빠르게 노화되기 때문에, 풍선 속 공기는 120℃ 이상으로 가열되어서는 안 된다. 낮은 공기 온도는 막의 수명을 늘리므로, 보통 조종사는 탑승물의 무게를 줄임으로써 공기의 온도를 낮추려 한다. 당신이 친구와 함께 열기구를 타고 싶다면, 샴페인은 두고 가는 것이 좋을 것이다.

> **➡ 개념 이해도 점검 #5: 열풍선 탈만한 날씨**
>
> 추운 날과 더운 날 중 열풍선에 더 많은 승객을 실을 수 있는 날은 언제일까?
>
> 해답 추운 날이다.
>
> 왜? 추운 날에는 바깥 공기가 상대적으로 밀도가 크고 더운 날보다 열풍선에 작용하는 부력이 더 크다. 열풍선 속 뜨거운 공기는 날씨가 차가울 때 더 빨리 식긴 하겠지만, 열풍선은 더 많은 짐을 실을 수 있게 된다. 비행기도 추운 날에 더 잘 날 수 있다.

헬륨 풍선

추운 날과 더운 날의 입자들은 서로 비슷하지만, 입방미터 당 입자 수는 더운 날이 더 적다. 단위 부피 당 입자의 수를 **입자 밀도**(particle density)라고 부른다.

$$입자 밀도 = \frac{입자 수}{부피}$$

그리고 뜨거운 공기는 찬 공기보다 낮은 입자 밀도를 가진다(그림 5.1.4). 그들이 비슷한 입자들을 가지기 때문에, 뜨거운 공기는 찬 공기보다 밀도도 낮고 부력에 의해 상승하게 된다.

이 외에도 한 기체가 다른 기체 속에서 떠오르게 하는 또 다른 방법이 있다. 아주 가벼운 입자들로 구성된 기체를 이용하는 것이다. 예를 들면 헬륨 입자는 공기 입자보다 훨씬 가볍다. 그들이 동일한 압력과 온도를 가진다면, 헬륨 기체와 공기는 입자 밀도 또한 같다.

헬륨 입자는 평균적으로 공기 입자의 14% 정도의 무게 밖에 나가지 않기 때문에, 헬륨 기체 1 m³는 1 m³ 공기의 14% 정도 밖에 무게가 나가지 않는다. 그렇기 때문에 헬륨을 넣은 풍선은 그것이 밀어내는 공기 무게의 일부분 밖에 되지 않기 때문에 부력은 그걸 쉽게 위쪽으로 밀어 올릴 수 있다.

왜 압력과 온도가 같을 때 헬륨 기체와 공기가 같은 입자 밀도를 지니게 될까? 왜냐하면 기체 입자의 압력에 대한 기여도는 질량(또는 무게)과 상관이 없기 때문이다. 특정 온도에서는 질량에 관계없이 기체의 각 입자는 병진 운동으로 똑같은 내부 운동에너지를 가진다. 헬륨 원자가 일반적인 공기 입자보다 훨씬 질량이 적다고 해도, 일반적인 헬륨 원자는 그만큼 빨리 움직이고 자주 튕겨나간다. 그 결과로 가볍지만 더 빠르게 움직이는 헬륨 원자들은 무겁지만 천천히 움직이는 공기 입자들만큼 압력을 가하게 된다.

즉, 풍선 안의 헬륨 원자들이 풍선 안과 바깥의 온도와 압력이 같아질 때까지 퍼진다면, 풍선 안팎의 입자 밀도 또한 같아질 것이다(그림 5.1.6). 풍선 안의 헬륨 원자들이 바깥의

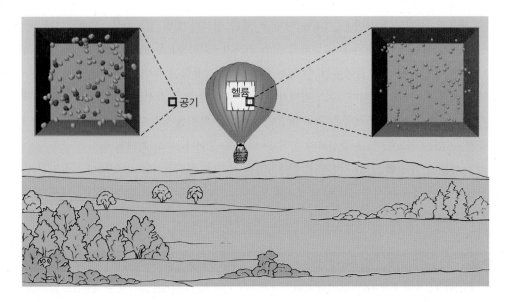

그림 5.1.6 같은 압력, 같은 온도, 같은 부피의 공기와 헬륨은 분자 수가 같다. 헬륨 원자는 공기 입자 평균보다 무거우므로 풍선 안에 헬륨은 아래쪽 방향의 무게보다 위쪽 방향으로 더 큰 부력을 받는다.

공기 입자보다 가볍기 때문에 풍선은 그것이 밀어내는 공기보다 더 가볍게 되고, 부력에 의해 위로 상승하게 되는 것이다.

기체의 압력은 입자 밀도와 절대온도의 곱에 비례한다. 이를 다음과 같은 공식으로 쓸 수 있다.

$$\text{압력} \propto \text{입자 밀도} \cdot \text{절대온도} \qquad (5.1.2)$$

이 비례식은 기체의 화학적 구성과는 관계없이 성립한다. 우리가 앞서 보았던 식 5.1.1은 기체의 구성이 바뀌지 않을 때만 유효했기 때문에, 밀도와 입자 밀도는 서로 비례 관계에 있었다. 하지만 이제 우리는 더 넓은 활용성을 가진 관계식을 도출했다.

비례 상수를 가진 식 5.1.2는 **이상 기체 법칙**(ideal gas law)이라 부른다. 이 법칙은 특정 기체에서 입자와는 독립적으로 압력, 입자 밀도, 그리고 절대온도 사이의 관계를 나타낸다. 또한 입자들이 서로 상호 작용하는 실제 기체에도 상당히 정확하게 작용한다. 이 비례 상수를 **Boltzmann 상수**(Boltzmann constant)라고 부르는데, 1.381×10^{-23} Pa$\cdot$m³/(입자$\cdot$K)로 측정된다. Boltzmann 상수를 이용해 이상 기체 법칙을 언어 식으로 나타내면 다음과 같다.

$$\text{압력} = \text{Boltzmann 상수} \cdot \text{입자 밀도} \cdot \text{절대온도} \qquad (5.1.3)$$

그리고 기호로 나타내면

$$p = k \cdot \rho_{\text{입자}} \cdot T$$

라고 쓰고, 일상 언어로는 다음과 같이 말할 수 있다.

> 스프레이 캔을 가열하지 마라. 밀도가 뜨거운 기체는
> 그것이 들어 있는 용기를 터뜨릴 것이다.

🔘 **이상 기체 법칙**
기체의 압력은 Boltzmann 상수에 입자 밀도에 절대온도를 곱한 값이다.

1 헬륨 기체는 우라늄과 다른 불안정한 원소들의 서서히 진행되는 방사능 붕괴로 형성된 미국의 지하자원에서 석출되는 천연가스 부산물로 얻어지는 것이다. 이 기체의 일부는 공업적, 상업적 용도를 위해 보존하지만, 대부분은 대기 중으로 방출된다. 헬륨을 가져올 수 있는 다른 곳은 대기인데, 여기서 헬륨은 100만 개의 입자 당 5개 정도 밖에 존재하지 않는다. 지하자원이 다 소비된 후에는 헬륨은 상대적으로 희귀하고 비싼 기체가 될 것이다.

2 심지어 헬륨으로 가득 채운 비행기들조차 악천후에서 쉽게 좌초되었다. 독일인의 설계를 기초로 하여 제작된 두 대의 비행기 중 하나인 셰난도아(Shenandoah)는 난기류에 의해 1925년 9월 3일에 오하이오 주의 아바 근처에서 추락했다. 근처 축제에 있던 사람들이 곧바로 비행기에 달려들어 기념품을 챙겼다고 한다. 스프레이 캔을 가열하지 마라. 뜨겁고 압축된 기체는 그 용기를 터지게 할 수 있다.

헬륨만 '공기보다 가벼운' 기체는 아니다. 헬륨 밀도의 절반 정도 되는 수소 기체도 풍선을 뜨게 하는 데 이용된다. 그렇다고 수소 기체가 헬륨보다 두 배 더 많이 띄울 거라 생각하지는 마라. 풍선이 끌어올릴 수 있는 양은 위로 작용하는 부력과 아래로 작용하는 무게 사이의 차이에 해당한다. 수소 기체가 부피가 비슷한 헬륨 풍선보다 반 정도 밖에 무게가 안 나간다고 해도, 풍선들은 위로 똑같이 작용하는 부력을 받는다. 즉, 수소 풍선이 끌어올릴 수 있는 정도는 헬륨 풍선보다 살짝 더 나은 수준이다. 수소 기체의 장점은 구하기 어려운 헬륨에 비해(**1** 참조) 저렴하고 풍부하다는 것이다. 하지만 수소는 인화성 물질이기 때문에 안전이 중요한 상황에서는 잘 쓰이지 않는다. 반면 헬륨이 들어간 비행선도 문제가 생길 수는 있다(**2** 참조).

> **개념 이해도 점검 #6: 풍선에 넣어선 안 되는 것**

이산화탄소 분자는 평균적인 공기 분자보다 더 무겁다. 컵에 이산화탄소를 따라 붓는다면 어느 방향으로 이동할까? 위 혹은 아래?

해답 아래쪽 방향이다.

왜? 음료, 드라이아이스, 소화기 등에 사용되는 이산화탄소는 분자가 공기 입자보다 무겁기 때문에 그 기체도 공기보다 더 무겁다. 당신이 컵에서 붓는 이산화탄소는 그 주변 공기와 같은 압력과 온도를 가지고, 따라서 같은 입자 밀도를 지닌다. 하지만 이산화탄소 분자가 무게가 더 많이 나가므로, 이산화탄소가 더 집중된 기체에 해당하고(질량 밀도가 더 높다) 공기 중에 하강한다. 이렇게 바닥으로 흐르려 하는 이산화탄소의 성질은 산소를 제거함으로써 바닥에 인접한 불을 끄는 데 아주 유용하게 작용하게 한다.

> **정량적 이해도 점검 #2: 냉장고에서 꺼낸 병**

공기로 찬 플라스틱 용기를 냉장고에서 꺼내 놓으면, 그 온도는 2℃에서 25℃로 변한다. 그 안의 공기의 압력은 얼마나 변하는가?

해답 8.4% 증가한다.

왜? 식 5.1.3을 이용해 압력 변화를 측정하려면, 켈빈처럼 절대 단위로 측정된 온도가 필요하다. 0℃가 대략 273 K이므로 2℃는 275 K 정도이고 25℃는 298 K쯤에 해당한다. 우리는 식 5.1.3을 두 번 사용해 각 온도마다 한 번씩 다음과 같이 쓸 수 있다.

$$\text{압력}_{298\,K} = \text{Boltzmann 상수} \cdot \text{입자 밀도} \cdot 298\,K$$
$$\text{압력}_{275\,K} = \text{Boltzmann 상수} \cdot \text{입자 밀도} \cdot 275\,K$$

부피가 일정하기 때문에 온도가 올라도 용기 속 입자 밀도는 증가할 수 없다. 따라서 위 공식을 아래 공식으로 나누어 Boltzmann 상수와 입자 밀도를 약분시키면

$$\frac{\text{압력}_{298\,K}}{\text{압력}_{275\,K}} = \frac{298\,K}{275\,K} = 1.084$$

로 쓸 수 있다. 따라서 용기 안의 압력은 1.084배, 혹은 대략 8.4% 정도 증가하게 된다. 이 증가한 압력은 당신이 용기를 열 때 펑 하는 소리가 나게 만든다.

5.2 물 분배

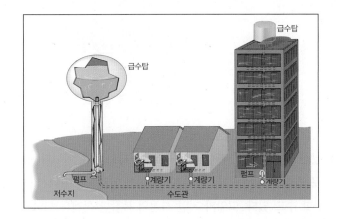

이제 우리가 유체에서 물체들의 운동을 관찰했으니, 물체들에서 유체의 운동을 관찰해 보자. 이 절에서는 배관이 어떻게 물을 분배하는지에 대해 알아보고, 또 풍선만큼이나 배관 공사에서도 압력, 밀도, 그리고 무게가 중요하다는 것을 보게 될 것이다. 배관에서 물의 움직임에 대해 주목하기 위해 다른 조건들은 간단히 하였으며 그 움직임 자체에 관한 복잡한 운동은 다음 장에서 다루기로 한다. 앞으로는 마찰력과 같은 효과는 무시할 것이다.

생각해 보기: 왜 수압이 옥탑방보다 지하에서 더 높을까? 왜 깊은 우물은 바닥에 펌프를 설치하는 것이 필요할까? 물탱크가 그저 저장소에 불과하다면 왜 그렇게 높게 지을까? 왜 고층 빌딩들은 복잡한 수관 시스템으로 다양한 층에 저장소를 지어 놓을까? 빨대를 통해 물이 당신 입으로 들어오게 하는 것은 무엇인가?

실험해 보기: 물에서 압력과 무게의 효과를 보려면 빨대로 다음과 같은 간단한 실험들을 해 보라. 먼저 물 잔에서 입으로 물을 빨아들여 보라. 당신은 물에 인력을 작용시키는 것인가 아니면 다른 어떤 힘이 물을 당신 입까지 밀려오게 하는 것인가? 빨대가 물로 가득 찼을 때, 꼭대기를 막고 꽉 잡은 채로 잔에서 빨대를 빼 보라. 빨대 안의 물에는 어떤 일이 일어나는가? 이제 다른 쪽은 막은 채로 물이 꽉 찬 빨대의 열린 쪽으로 바람을 불어넣어 보라. 잡은 빨대를 놓았을 때 물에는 어떤 일이 일어나는가? 이 효과를 일으키는 힘들은 무엇인가?

수압

물 분배 시스템은 두 가지를 필요로 한다. 배관과 수압이 그것이다. 배관은 물을 전송하는 것이고, 수압은 물을 흐르게 시작하는 것이다. 수압이 중요한 이유는 물 또한 다른 모든 것과 마찬가지로 질량을 가지고 밀릴 때만 가속하기 때문이다. 당신이 수도꼭지를 열었을 때 아무것도 물을 밀지 않는다면, 그 물은 움직이지 않을 것이다. 수관에서 물을 보내는 근본적인 힘은 수압 차에 의해 생기기 때문에, 우리는 이 압력이 어떻게 생겨나고 조절되는지 주의 깊게 살펴보아야 할 필요가 있다.

우리는 중력을 무시함으로써 물 분배에 대해 학습을 시작할 것이다. 대기에서 보았듯이, 중력은 정지한 유체에 대해 아래쪽 방향의 압력 기울기를 만든다. 그들의 압력은 깊을수록 증가하고 고도가 낮을수록 증가한다. 이 아래쪽 방향의 압력 기울기들은 산골짜기에 위치한 도시와 고층 건물들의 배관을 복잡하게 만든다. 하지만 모든 배관이 편평한 곳에 있다면, 예를 들어 아주 편평한 도시의 1층짜리 집에 있는 배관 작업은 훨씬 간단해진다. 높이에 큰 차이가 없다면 중력에 의한 압력 기울기는 무시할 수도 있다. 따라서 중력 자체를 무시해버릴 수 있다.

이 단순화된 상황에서 물은 오직 불균형한 압력 작용에 대한 반응으로 가속한다. 불균형한 힘들이 고체를 가속시키는 것처럼 불균형한 압력은 유체를 가속시킨다. 수관 속 수압이 균일하다면 물의 각 부분은 알짜힘을 받지 못하고 가속되지 않는다. 따라서 정지해 있거나 일정한 속력으로 움직인다(그림 5.2.1a). 하지만 압력이 불균일하다면 물의 각 부분은 알짜힘을 받게 되고 가장 낮은 압력이 가해진 지점으로 움직인다(그림 5.2.1b, c).

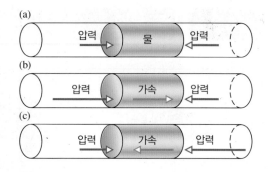

그림 5.2.1 (a) 수평으로 놓인 수관의 물이 균일한 압력을 받으면 가속하지 않는다. (b, c) 그러나 수관 속의 압력이 균일하지 않으면 그 불균형은 물에 알짜힘을 작용하게 되고 물은 수압이 낮은 쪽으로 가속할 것이다.

이 가속은 물이 곧바로 가장 낮은 압력을 가진 지점을 향해 움직인다는 것은 아니다. 관성 때문에 물의 속력은 점진적으로 변화된다. 압력이 가장 낮은 지점이 어디냐에 따라서 속도가 올라가거나 낮아지거나 회전할 수도 있다. 고압과 저압 지점의 복잡한 설계는 뒤얽힌 수로로 물을 견인할 수 있고, 바로 이 방식으로 도시 펌프장으로부터 물이 당신 집까지 도달된다. 배관 속 물의 모든 속력 변화는 압력 불균형 때문에 일어난다.

당신은 그저 물의 한쪽 부분을 쥐어짬으로써 압력 불균형을 만들 수도 있다. 쥐어짜진 부분의 압력은 증가할 것이고 압력이 더 낮은 어딘가를 향해 가속할 것이다. 이런 압력 변화는 물의 운동에 의해 생기는 것이 아니기 때문에, 압력에 대한 정지된 변화이다. 물의 운동 또한 그 압력에 영향을 미치고 압력에 대한 역학적 변화들은 복잡하고 흥미로울 수 있다. 다음 장에서 보겠지만 그것들은 정원 호스 꼭지의 스프레이부터 비행기 날개의 양력, 그리고 투수의 커브의 휘어짐까지 다양한 효과들을 일으킨다.

> ### 개념 이해도 점검 #1: 막힌 호스
>
> 정원 호스의 수도꼭지를 틀고 당신이 한쪽 끝을 완전히 막아 놓으면, 호스 안은 고압의 물로 가득 찬 상태가 된다. 왜 이 물은 가속하지 않을까?
>
> 해답 호스 안의 수압(단위 면적에 가해지는 힘)이 전체적으로 균일하므로, 물은 아무런 알짜힘을 받지 않고 가속하지 않는다.
>
> 왜? 호스 속 물은 같은 압력에 노출되어 있으므로 압력 불균형이 없고 가속 또한 일어나지 않는다. 당신이 끝을 놓아버리면 끝의 압력이 떨어지고 물은 그 방향으로 가속한다.

물 펌프로 수압 만들기

높이가 일정한 집이나 도시에 물을 배관을 통해 공급하려면, 압력이 있는 물을 전송하는 물리적인 일을 하는 물 펌프가 필요하다. 가장 기본적인 단계에서, 물 펌프는 물의 특정 부분에 압력을 가해 저압 지대로 물이 가속하게끔 한다. 물이 배관 속을 흐르도록 펌프는 계속 물에 압력을 넣게 된다.

펌프가 어떻게 작동하는지 알아보기 위해, 물로 가득 찬 플라스틱 소다병을 상상해 보자. 당신이 병을 누르지 않으면 그 안의 압력은 대기와 동일하고 균일하다(중력을 무시한다는 사실을 상기하라). 하지만 당신이 병의 옆면을 눌러 물에 압력을 가하면 Newton의 제3

법칙에 의해 물은 당신 쪽으로 반동한다. 당신이 더 세게 누를수록 물 역시 더 세게 반작용하며 그 압력은 더 강해진다.

물은, 다른 모든 액체와 마찬가지로 **비압축적**(incompressible)이다. 그 이유는 압력이 증가해도 부피에는 거의 변화가 없기 때문이다. 당신이 누른다고 해서 병이 더 작아지지는 않겠지만, 그 안의 수압은 크게 증가할 수 있다. 당신의 엄지로 병을 누르면 대기압의 압력에서 두 배 혹은 그 이상까지 올리는 데 많은 힘이 필요치 않다.

압력은 병 안에서 균일하게 증가한다는 관찰은 **Pascal의 원리**(Pascal's principle)으로 알려져 있다. 갇힌 비압축적 유체의 압력은 감소하지 않은 채 유체의 전역과 용기 표면으로 퍼진다. 이 균일한 압력은 병뚜껑에 큰 힘을 작용한다. 뚜껑이 좀 더 폭이 넓고 표면적이 컸다면, 압력은 뚜껑을 병 바깥으로 튕길 수도 있다. 이는 유체 용기의 작은 부분에 가해진 힘이 넓은 표면적에 큰 힘을 불러일으키는 유압 시스템과 리프트 작동의 기초가 된다는 것을 보여준다(그림 5.2.2). 또한 왜 플라스틱 소다병은 작은 뚜껑을 사용하고, 보통 사탕이나 과자, 견과류를 담는 플라스틱 용기는 넓은 뚜껑을 사용하는지도 설명해 준다.

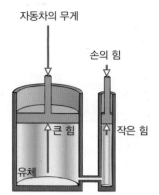

그림 5.2.2 피스톤이 유체에 작용하는 힘은 그 피스톤의 표면적에 비례한다. 이 사실은 유압 시스템을 이루는 기저가 된다. 유압 시스템에서는 작은 피스톤에 가해진 작은 힘이 갇힌 액체에 힘을 가해 그것이 큰 피스톤에 큰 힘을 작용할 수 있게 한다. 이 그림에서 작은 피스톤에 대한 아래쪽으로 작용하는 작은 힘은 가압된 유체가 위쪽으로 작용하는 작은 힘에 의해 평형을 이룬다. 동시에 승용차의 큰 피스톤에 대한 강한 힘은 압력을 받은 물이 위쪽으로 피스톤에 작용하는 힘에 의해 평형을 이룬다. 일정한 속력으로 작은 피스톤이 빠르게 하강한다면, 일정한 속력으로 큰 피스톤이 서서히 올라오게 될 것이고 당신은 작은 피스톤을 많이 눌러 무거운 차를 조금 들어 올릴 수 있는 일을 하게 되는 것이다. 이 유압 시스템은 혼자 들어 올릴 수 없는 물체를 역학적으로 유리하게 들어 올릴 수 있게끔 한다.

◉ Pascal의 원리

갇힌 비압축적 유체의 압력 변화는 감소하지 않고 그 유체의 전역과 용기 표면으로 퍼진다.

이제 물병으로부터 뚜껑을 뺄 차례다. 당신이 병을 누르고 수압을 늘린다면 물이 움직일 수 있다. 병 안의 압력이 증가하면서 물은 가장 낮은 압력을 가진 병의 열린 꼭대기로 가속하기 시작하고 결과적으로 분수를 만든다. 당신이 물을 펌프하고 있는 것이다! 당신은 일을 하고 있는 것이기도 하다. 병 밖으로 물이 흘러나오면, 당신의 손은 안쪽으로 이동한다.

당신이 물을 안쪽으로 누르고 물이 안쪽으로 이동하기 때문에 당신은 물에 일을 하는 것이다. 펌프 역시 그들이 압력을 받는 물을 전달할 때 일을 하는 것이며, 압력을 받는 물은 그 일로 인해 생긴 에너지를 가지게 되는 것이다.

물병이 잠깐 동안 물 펌프의 역할을 할 수 있겠지만, 곧 물이 떨어지고 만다. 좀 더 실용적인 펌프는 그림 5.2.3에 있다. 이 펌프에서 피스톤은 빈 실린더 안을 위아래로 움직이며 물이 새지 않도록 봉쇄한다. 피스톤을 안쪽으로 밀면 실린더 안의 물에 압력이 가해지고 수압이 증가되면서 물이 흐르기 시작한다.

간단한 물병과는 달리, 펌프의 실린더에는 물을 다시 채워 넣기 쉽다. 그 실린더는 사실 한쪽으로만 물을 흐르게 하는 밸브가 달린 두 개의 입구가 있다. 물은 오직 위쪽 입구로만 나갈 수 있고 아래쪽 입구로만 들어올 수 있다. 펌프의 피스톤을 물로 가득 찬 실린더에 밀어 넣으면, 실린더 안의 수압이 증가하고 물이 가속해 위쪽 밸브로 나오게 된다. 펌프의 피스톤을 물로 찬 실린더에서 빼면, 그 안의 수압은 떨어지고 물이 가속해 밑바닥 밸브로 유입된다. 실제로, 당신이 피스톤을 잡아당길 때 실린더 안의 기압은 대기압 아래로 떨어져, 근처 열린 물 저장고에서 물이 진공 상태의 실린더로 가속해 다시 채워질 것이다.

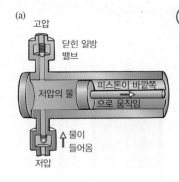

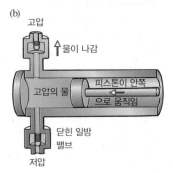

그림 5.2.3 물은 왕복 운동하는 피스톤 펌프에 의해 저압 지대에서 고압 지대로 이동한다. (a) 피스톤을 바깥쪽으로 당기면 물은 낮은 압력에서 피스톤 안으로 유입된다. (b) 피스톤을 안쪽으로 밀면 일방 밸브는 닫히고 물은 실린더 밖에서 고압지대로 이동한다.

➡ 개념 이해도 점검 #2: 물 펌프 돌리기

일반적으로 실린더 바깥쪽으로 물 펌프의 피스톤을 잡아당기는 것과 다시 밀어넣는 것 중 일반적으로 무엇이 더 큰 일을 필요로 하는가?

▷ **해답** 다시 밀어넣는것이 보통 더 많은 일을 필요로 한다.

▷ **왜?** 피스톤을 실린더 바깥쪽으로 잡아당기면 공기가 빠져 실린더 안이 부분 진공 상태가 된다. 이 일은 공기가 피스톤을 강하게 잡아당기지도 않을 뿐더러 실린더 안으로 유입되는 물이 도움을 주기 때문에 별로 힘들지 않다. 하지만 피스톤을 실린더 안으로 다시 밀어넣을 때는 물에 압력을 주게 되어, 출력의 압력에 따라 실린더 안의 물은 피스톤에 매우 강한 힘으로 작용할 수도 있다. 그 경우 피스톤을 안쪽으로 밀어 물을 빼내는 일은 힘든 일이 될 것이다.

물 움직이기: 압력과 에너지

그림 5.2.3의 펌프는 연못으로부터 물을 끌어와 호스를 고압의 물로 채울 수 있다. 호스의 다른 쪽 끝이 열려 있다면 노즐 바깥으로 물이 가속할 것이고, 상당한 운동에너지를 가진 채 정원으로 뿜어져 나올 것이다. 어디서 이 운동에너지가 나오는가?

당신과 펌프로부터 온다. 당신이 실린더로 피스톤을 밀어넣을 때, 물에 압력을 가하고 위쪽 밸브 바깥쪽으로 물이 나가도록 일을 하고 있는 것이다. 즉 당신은 물에 안쪽으로 미는 힘을 작용하고, 물은 힘이 작용하는 방향대로 일정 거리를 이동한다. 당신이 물에 작용하는 힘은 피스톤의 표면적과 수압을 곱한 값, 즉

$$\text{힘} = \text{압력} \cdot \text{표면적}$$

이고, 물이 움직이는 거리는 펌프된 물의 부피를 피스톤의 표면적으로 나눈 것이다. 즉

$$\text{거리} = \frac{\text{부피}}{\text{표면적}}$$

이다. 일은 **힘**에 **거리**를 곱한 값이므로, 당신이 물을 펌프할 때 한 일은 물의 압력에 펌프한 물의 부피를 곱한 값, 즉

$$\text{일} = \text{압력} \cdot \text{부피}$$

가 된다. 당신이 호스로 고압의 물을 펌프하면 노즐 바깥으로 물이 빠른 속도로 뿜어져 나온다. 물은 비압축적이기 때문에 물이 들어갈 때와 나갈 때의 수치는 똑같고, 당신이 호스에 1리터의 물을 펌프할 때의 일은 그대로 운동에너지가 되어 나간다. 그 에너지는 펌프로부터 노즐까지 직행하고, 물은 그 과정에서 에너지를 축적하지 않는다. 그럼에도 불구하고, 노즐에 도달한 뒤 물의 운동에너지는 노즐에 도달하기 전에 물의 압력으로 축적되었다고 가정할 수 있다. 여기서 유용한 가상 개념인 **압력 위치에너지**(pressure potential energy)를 만들어낼 수 있다. 즉 압력을 받은 물은 물의 부피에 압력을 곱한 값의 압력 위치에너지를 가지고 있는 것이다.

압력 위치에너지는 실제로 펌프로부터 오기 때문에 펌프와 가압수 사이의 연결을 없애는 순간 사라지게 된다. 만약 고압수 한 병을 가져다가 놓고 그것에 에너지가 보존되어 있

을 것을 기대할 수는 없다. 압력 위치에너지의 개념은 물이 잔잔히 흐르고 있을 때, 즉 배관으로 배출된 물의 자리에 또 펌프로부터 배출된 물이 보충될 때 혹은 그 비슷한 상황이 일어날 때만 의미가 있다. 압력 위치에너지의 개념을 사용할 가장 이상적인 상황은 가장 간단하게 물이 흐를 때, 즉 아무것도 변하지 않고 물이 흐를 때이다. 그 일정함을 유지할 때, 이 흐름을 **정상 상태 흐름**이라 부른다.

　정상 상태 흐름(steady-state flow)에서는 정지된 환경 속에 유체가 지속적이고 안정적으로 흐른다. 이런 흐름을 관찰해 보면 유체 또는 그 주변 환경은 시간이 멈춘 것처럼 보이며 동영상으로 찍어도 사진처럼 보인다. 집의 배관을 잔잔히 흐르는 물이나 움직이지 않는 볼에 잔잔히 부는 바람, 평온한 강의 미동 없는 둑들 사이로 잔잔히 흐르는 물결은 모두 유체의 정상 상태 흐름의 예이다.

　정상 상태 흐름에서 움직이는 펌프나 도구는 허용되지 않지만, 그들이 안정적으로 작동하는 한 연결되어 있을 수는 있다. 예를 들어, 움직이지 않은 호스와 노즐처럼 잔잔히 물을 펌프하면 물은 호스에 들어올 때부터 나갈 때까지 정상 상태 흐름을 보일 것이다.

　정상 상태 흐름의 아름다움은 층류에서 어떻게 에너지를 다루는가로 잘 드러난다. **층류**(streamline)는 물이 흐르는 길의 가장 작은 부분으로, 여기서는 '방울(drop)'이라 표현한다. 정상 상태 흐름에서는 마치 무한히 늘어진 열차가 똑같은 선로를 달리듯이 무한히 똑같은 방울들이 똑같은 층류를 따라 움직인다. 마찰력이 없는 정상 상태 흐름에서 방울의 정돈된 에너지는 층류를 따라 흐르는 한 일정하다. 또한 그 층류를 흐르는 모든 방울들은 똑같기 때문에, 방울 당 정돈된 에너지는 그 층류 어디서든 똑같다. 곧 보게 되겠지만 이런 관찰들은 놀라울 정도로 유용하다.

　방울의 정돈된 에너지는 운동에너지, 압력 위치에너지, 그리고 중력 위치에너지의 세 형태를 띨 수 있다. 여전히 우리는 수평 지대에서의 배관을 논의하고 있으므로, 중력 위치에너지는 일단 제외시키도록 하자. 방울의 압력 위치에너지는 압력 곱하기 부피라는 것을 이미 배웠다. 방울의 운동에너지는 식 2.2.2에 의해 질량의 반에 속도의 제곱을 곱한 값이다. 방울의 질량은 밀도에 부피를 곱한 값이므로, 질량의 정돈된 에너지는

$$\text{정돈된 에너지} = \text{압력 위치에너지} + \text{운동에너지}$$
$$= \text{압력} \cdot \text{부피} + \tfrac{1}{2} \cdot \text{밀도} \cdot \text{부피} \cdot \text{속도}^2$$
$$= \text{일정 (층류를 따라)} \tag{5.2.1}$$

방울의 부피로 이 식의 양변을 나누면, 이 관계식에서 유용한 식을 하나 더 도출할 수 있다.

$$\frac{\text{정돈된 에너지}}{\text{부피}} = \frac{\text{압력 위치에너지}}{\text{부피}} + \frac{\text{운동에너지}}{\text{부피}}$$
$$= \text{압력} + \tfrac{1}{2} \cdot \text{밀도} \cdot \text{속도}^2$$
$$= \text{일정 (층류를 따라)} \tag{5.2.2}$$

식 5.2.2는 스위스의 Daniel Bernoulli [3]의 이름을 따 **Bernoulli 방정식**(Bernoulli's equation)이라 불린다. Bernoulli가 이 공식을 최초로 만들었지만 실질적으로 완성시킨 것은 스위스의 수학자 Leonhard Euler(1707~1783)였다. 이 공식은 물과 같이 비압축적인

[3] Daniel Bernoulli(스위스의 수학자, 1700~1782)는 Basel 대학교의 교수로 물리뿐만 아니라 식물학, 해부학, 생리학도 가르쳤다. 그는 용기 벽에 기체가 작용하는 압력은 그 기체를 이루는 수많은 작은 입자들의 부딪힘으로 생겨난다고 정확히 예측했다. 또한 그는 Bernoulli의 방정식이라 불리는 유체의 압력, 운동, 그리고 높이에 관한 중요한 관계를 도출해냈다.

유체에만 적용되고 마찰과 같은 효과로 인해 정돈된 에너지에 손실이 발생하지는 않는다고 본다.

식 5.2.2에 의하면 정상 상태로 흘러가는 물은 층류를 따라 흘러가며 압력과 속도를 맞교환할 수 있다. 예를 들어 노즐 밖으로 물이 가속할 때 그 압력은 감소하지만 위치에너지를 운동에너지로 변환시키고 있기 때문에 속도는 증가하게 된다. 그리고 움직이는 물은 차에 뿌려지게 된다.

> #### ▶ 개념 이해도 점검 #3: 정원 가꾸기
>
> 정원용 호스에 물은 상당한 압력으로 정원 식물에 물을 주는데, 이때 공기 중으로 수 미터 높이의 호를 그리며 떨어진다. 호스 끝으로 물이 떨어질 때 수압은 어떻게 작용하는가?
>
> 해답 대기압으로 작용한다.
>
> 왜? 물이 노즐 밖으로 가속하며 나올 때 그 압력은 감소한다. 그래서 압력 위치에너지를 운동에너지로 바꾼다. 수압은 대기압과 같아질 때까지 감소하게 되는 것이다.

중력과 수압

중력은 물에 아래쪽 방향의 압력 기울기를 만든다. 물이 깊을수록 그 물을 지탱할 무게가 더 많고 압력이 증가하게 된다. 물이 공기보다 훨씬 밀도가 크기 때문에 깊이에 따라 물의 압력은 빠르게 증가한다. 위가 열린 수직 파이프에서 물의 표면은 대기압 정도의 압력을 가진다(대략 100,000 Pa). 그러나 물 표면 아래로 겨우 10 m만 내려가더라도 압력은 200,000 Pa로 두 배 증가한다. 별로 깊지 않은데도 그 물의 양은 위로 수 킬로미터에 걸친 대기의 압력과 맞먹는 것이다.

파이프의 모양은 압력과 깊이의 관계에 영향을 주지 않는다. 배관이 아무리 복잡하다고 해도 그 안에 정지된 물의 압력은 미터 당 10,000 Pa, 즉 10,000 Pa/m씩 증가한다(그림 5.2.4). 이 균일한 아래쪽 방향 압력 기울기는 물 안에 있는 어떤 것에도 부력을 일으킨다. 사실, 물 자체를 지탱하는 것도 바로 이 부력이다(그림 5.2.5).

깊이에 따른 물의 압력은 물 분배에 몇 가지 중요한 시사점을 안긴다. 첫째, 큰 파이프의 바닥의 수압은 같은 파이프 위쪽의 수압보다 훨씬 크다. 만약 고층 빌딩에 파이프 한 개로 물을 공급하고자 한다면 아래층의 수압은 위험할 정도로 높은 반면에 펜트하우스의 수압은 샤워를 겨우 할 정도일 것이다. 따라서 고층 빌딩은 매우 조심스럽게 수압을 다뤄야 한다. 단순히 같은 파이프에서 직접 모든 층에 물을 공급할 수는 없는 것이다.

둘째로, 도시 수로는 샤워 용수만을 공급하는 것이 아니다. 그것은 또한 다층 빌딩의 파이프에 있는 물도 지탱해야 한다. 중력에 거슬러 3층까지 물을 끌어올리는 것은 위쪽 방향의 강한 힘을 필요로 하며, 그 힘은 수압에 의해 제공된다. 물을 더 높이 끌어올리고 싶을수록 펌프 바닥의 수압은 더 강해야 한다. 물을 끌어올리는 것도 주로 펌프를 통해 에너지를 끌어온다.

셋째로, 산등성이 도시에서 물은 도시를 오르내리면서 높이에 따라 압력이 변화한다. 골

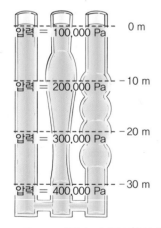

그림 5.2.4 배관 속 정지된 물의 압력은 밑으로 1 m 내려갈수록 약 10,000 Pa의 압력이 증가한다. 배관의 모양은 별로 중요치 않다. 위가 열려 있고 바닥 근처에 연결된 배관은 여기서 보듯 배관 속 물 높이가 일정해질 때까지 흘러가려고 하는 성질이 있다.

짜기에서는 압력이 매우 클 수 있지만 산꼭대기의 압력은 매우 작을 수도 있다. 따라서 골짜기의 수로는 터지지 않으려면 매우 견고해야 한다. 골짜기의 강한 수압은 골짜기 위로 다시 물을 밀어올리기 때문에 꽤나 유용하다(그림 5.2.6). 그럼에도 불구하고 산등성이 도시에서도 펌프장이 필요하고, 고도와 관계없이 일정한 수압을 주민들에게 제공하기 위한 수압 조정 장치들도 필요하다.

그런 압력 조정 장치를 제외하고도, 산등성이 도시의 배관은 종종 정상 상태 흐름을 보이고 중력을 포함한 Bernoulli 방정식으로 설명될 수 있다. 그걸 분석하기 전에, 시간의 흐름을 관찰할 수 있도록 물이 위아래로 움직일 수 있는 수로의 한 부분을 관찰함으로써 정상 상태가 아닌 물은 어떻게 흐르는지 관찰해 보자.

모든 자유 수면이 대기압에 있을 때 압력 불균형은 없고, 따라서 물은 중력에 의해서만 가속된다. 물의 위치에너지는 중력 밖에 없고 다른 모든 물체와 마찬가지로 가능한 한 빠르게 그 중력 에너지를 감소시키는 방향으로 가속한다. 물의 자유 수면이 한쪽이 다른 쪽보다 더 높다면, 그것은 그 평균 높이와 중력 위치에너지가 높은 쪽 물에서 낮은 쪽으로 물을 채움으로써 감소시키게 된다. 몇 번 이리저리 첨벙거리다 보면, 물은 자유 수면이 모두 매끄럽고 동일한 높이에서 안정적인 평형 상태를 이루게 된다. 배관이 얼마나 복잡하든지 간에 공기와 맞닿아 있는 물은 언제나 '자기 분수를 지킨다'. 이런 층 효과와 관련된 자연적인 흐름은 물 공급에서 종종 사용된다(**4** 참조).

놀랍게도 이 평준화 효과는 물로 찬 배관 일부가 물의 자유 수면 위쪽으로 위치해도 이루어진다. 예를 들면, 물은 사이펀이라 불리는 올린 파이프의 두 열린 관 사이에서 제자리를 찾아간다(그림 5.2.7). 그런 경우 배관 속 상승된 부분의 수압은 대기압보다 낮다.

고립된 배관의 일부를 막아버리고 자유 수면 한쪽의 수압을 줄인다면, 그 부분은 다른 곳보다 높이 상승할 것이다. 그것은 높아진 물로부터 나오는 변화된 압력이 물의 자유 수면 위 빈 압력을 채워 넣을 때까지 상승할 것이다. 표면 위의 압력이 적을수록, 적은 압력을 채워 넣기 위해 물이 더 높이 상승해야 한다. 이 효과는 빨대로 물을 끌어올리고 사이펀으로 두 개의 열린 관 사이로 물을 이동할 수 있게끔 한다.

하지만 빨대나 사이펀 속 자유 수면 위의 모든 기압을 없애도 다른 열린 용기에서의 높

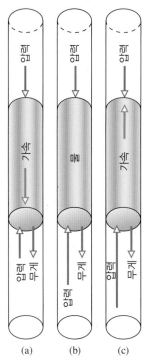

그림 5.2.5 파이프가 수직으로 놓여있을 때, 중력은 파이프 속 물의 움직임에 영향을 미친다. (a) 물의 압력이 깊이에 따라 변하지 않는다면, 물은 그 무게 때문에 아래로 가속(낙하)할 것이다. (b) 물의 압력이 10,000 Pa/m로 깊이에 따라 증가한다면, 물은 가속하지 않을 것이다. (c) 깊이에 따라 그 이상으로 증가한다면 물은 위쪽으로 가속할 것이다.

4 로마인들은 로마로부터 90 km 떨어진 곳에까지 물을 전달하는 데 중력을 이용했다. 수로의 아주 미세한 경사가 물의 진행을 방해하는 마찰에도 불구하고 물을 움직이게 만들었다. 일부 납 수로 독이 로마 제국의 멸망을 불러일으켰다는 견해도 있다.

그림 5.2.6 로스앤젤레스는 북쪽으로 300 km 떨어진 오웬스 골짜기에서 물을 받는다. 물은 두 도시 사이의 산과 산등성이를 넘으며 중력에 의해서만 이동한다. 커다란 파이프는 압력이 경사로를 내려갈 때 증가해 다시 위쪽으로 밀어올릴 수 있게끔 한다. 1913년 매설된 수로관 중 일부분은 워낙 강력한 압력을 지탱해야 해서 강철 파이프 철판의 두께가 1인치보다 더 두꺼운 것도 있었다.

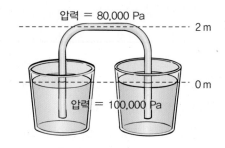

그림 5.2.7 두 열린 물 용기가 사이펀으로 연결되어 있다. 이 U자형 튜브는 두 용기에서 물의 높이가 같아질 때까지 물을 흐르게끔 한다. 이 견고한 튜브는 대기압 밑으로 수압이 떨어지도록 만든다.

이를 대략 10 m 밖에는 끌어올리지 못한다. 위의 압력이 없는데도 불구하고, 이 10 m 높이의 상승된 물은 빈 기압을 모두 채우고, 따라서 배관 속의 물이 더 이상 높이 올라가는 것을 막는다. 따라서 단순히 우물 속에 파이프를 꽂아 넣고 파이프 안의 공기를 빨아들이는 것으로는 단지 10 m 밖에는 물을 끌어올릴 수 없다. 대신, 파이프 밑에 펌프로 수압을 공급해 위쪽으로 끌어올려야 한다.

> ### ⬢➡ 개념 이해도 점검 #4: 수압은 무엇일까?
>
> 400 m짜리 고층건물에 파이프 하나로 물을 전부 공급한다고 하면, 바닥 층의 수압은 꼭대기 층의 수압보다 얼마나 높을까?
>
> **해답** 약 4,000,000 Pa(40기압) 정도 더 높다.
>
> **왜?** 파이프 안의 물의 무게는 빌딩 바닥에 엄청난 압력을 가할 것이다. 이 엄청난 수압 상태에서 수도꼭지를 틀면 물은 거의 319 km/h로 뿜어져 나올 것이다. 이건 고압 제트기 세척이나 수절단 기계에서 사용하는 정도가 된다.

다시 물 움직이기: 중력

앞에서 보았듯이 건물 3층까지 물을 끌어올리려면 압력과 에너지가 필요하다. 이제 정상 상태 흐름을 보이는 유체들에 대한 설명을 중력과 중력 위치에너지의 개념을 포함해 설명할 수 있다.

방울의 중력 위치에너지는 식 1.3.2에 의해 질량에 중력 가속도에 높이를 곱한 값이다. 따라서 부피 당 중력 위치에너지는 밀도에 중력 가속도에 높이를 곱한 값이다. 중력 위치에너지를 식 5.2.2에 대입하고 층류 속 정상 흐름 상태를 보이는 유체의 부피 당 에너지가 일정하다고 가정하면 다음과 같은 언어 식을 도출할 수 있다.

$$\frac{\text{정돈된 에너지}}{\text{부피}} = \frac{\text{압력 위치에너지}}{\text{부피}} + \frac{\text{운동에너지}}{\text{부피}}$$

$$+ \frac{\text{중력 위치에너지}}{\text{부피}}$$

$$= 압력 + \tfrac{1}{2} \cdot 밀도 \cdot 속도^2$$

$$+ 밀도 \cdot 중력 가속도 \cdot 높이$$

$$= 일정 \text{ (층류를 따라)} \tag{5.2.3}$$

기호로 나태내면

$$p + \frac{1}{2} \cdot \rho \cdot v^2 + \rho \cdot g \cdot h = \text{일정 (층류를 따라)}$$

이고, 일상 언어로는 다음과 같이 말한다.

물줄기가 노즐 속에서 가속하거나 파이프에서 위쪽으로 움직이면 압력이 떨어진다.

위 공식은 중력을 포함해 Bernoulli 방정식을 수정한 것으로, 높이가 변하는 층류의 정상 상태 흐름을 명확히 나타낸다. 앞에서와 같이, 그것은 물과 같이 비압축적인 유체에만 적용되고 마찰력 등으로 인해 손실된 에너지는 없다고 가정한다.

⊚ **Bernoulli의 공식**

정상 상태의 흐름을 보이는 비압축적, 비마찰적 유체는 층류에서 압력 위치에너지와 운동에너지, 중력 위치에너지의 합은 일정하다. 식 5.2.3은 이를 공식으로 나타낸 것이다.

에너지가 보존되기 때문에 정상 상태 흐름을 하는 물은 속도, 압력, 그리고 높이를 서로 맞교환할 수 있다. 즉 물이 아래로 흘러갈 때, 그 속도와 압력은 각기 혹은 함께 증가한다. 열린 수도꼭지에서 낙하하면 속도가 증가하고, 균일한 파이프 안에서 하강하면 압력이 증가한다. 물이 위쪽으로 움직이면 반대의 일이 일어난다. 분수에서 뿜어져 나오는 물은 올라가며 속도가 줄어들고, 균일한 파이프에서 서서히 상승하는 물은 오르는 동안 압력이 감소한다.

이 높이, 압력, 속도의 상호 교환성은 파이프에 높은 물기둥을 연결시킴으로써 배관을 가능하게 해 준다. 그게 도시, 지역, 심지어는 개별 빌딩에까지 급수탑이 있는 이유이다(그림 5.2.8). 급수탑은 그 지역 내 상대적으로 높은 지대에 지어진다. 펌프가 급수탑을 물로 채워 넣고, 그 다음에는 중력이 거기에 연결된 배관에 일정하게 강한 압력을 유지시킨다(그림 5.2.9). 물은 급수탑 꼭대기에서는 대기압 상태로 있지만, 밑에서는 압력이 훨씬 크다. 가령 50 m 높이의 급수탑에서 바닥에 있는 물의 압력은 600,000 Pa으로 대기압의 6배이다.

그림 5.2.8 뉴욕 시의 많은 건물들은 지붕에 급수탑이 있다. 이 탑들은 배관 속 압력을 유지하고 소방 진화 작업에 도움을 준다.

공기

낮은
수압

수원지
에서

펌프

높은
수압

가정으로

그림 5.2.9 급수탑은 물의 무게를 이용해 지면 근처에 강한 수압을 만든다. 급수탑이 높을수록 지면 근처 수압 또한 높아진다. 급수는 수압을 잠재적 형태로 보존할 수 있고 지속적 펌프를 할 필요도 없다. 가장 물 수요가 많을 때에도 상당히 안정적인 수압을 유지한다. 급수탑의 수위가 임의의 지점 아래로 내려가면 펌프가 탑을 물로 다시 채워 넣는다.

수로에 안정적인 압력을 공급하는 것 외에도, 급수탑은 에너지를 효율적으로 저장하고 그 에너지를 빠르게 공급할 수 있다. 급수탑에서 물을 끌어올 때, 상층부의 중력 위치에너지는 하층부의 압력 위치에너지로 변한다. 급수탑은 펌프를 대신해 거의 일정하게 높은 압력으로 물을 안정적으로 공급한다. 그러나 펌프와는 달리 물은 엄청난 양의 고압수를 계속 공급할 수 있다. 수위가 너무 낮아지지 않는 한 고압수는 계속 흘러나오게 된다.

개념 이해도 점검 #5: 수력 발전

수력 발전소는 파이프 안 상층부의 물에서 하강한 물로부터 에너지를 추출한다. 저수지에서 물은 중력 위치에너지를 가진다. 발전소에 도달하기 직전에 에너지는 어떤 형태를 띠는가?

해답 압력 위치에너지의 형태를 띤다(운동에너지 약간에).

왜? 물이 파이프 안에서 하강할 때, 중력 위치에너지는 압력 위치에너지로 바뀐다. 발전소에 도달하는 물은 고압수이고, 이 압력은 발전기를 작동시키는 데 필요한 터빈을 돌린다. 터빈을 돌리려면 일이 필요하므로 물은 발전소에 많은 에너지를 공급하고, 이 에너지는 전기로 변환되어 전선을 통해 발전소 밖으로 이동하게 된다.

정량적 이해도 점검 #1: 위일까, 바깥일까?

건물 안으로 들어가는 수압이 1,000,000 Pa이라면, 물은 빌딩 내 얼마나 상승할 수 있고 입구에 있는 수도꼭지로는 얼마나 빨리 나올까? (파이프 안의 1 L의 물은 대략 1 kg의 질량을 가진다.)

해답 100 m 가량으로 상승할 수 있고, 수도꼭지에서는 45 m/s로 뿜어져 나온다.

왜? 물이 파이프 안으로 흘러 들어가면(층류) 그 압력 위치에너지는 중력 위치에너지 혹은 운동에너지로 변환될 수 있다. 시작 지점에서 물의 에너지는 전부 압력 위치에너지이므로 식 5.2.3에 의해 부피 당 물의 에너지는 1,000,000 Pa이다. 물이 파이프 위로 흐르면, 그 에너지는 중력 위치에너지가 된다. 식 5.2.3을 이용해 어느 높이까지 도달할 것인지 알 수 있다.

$$\text{높이} = \frac{\text{에너지}}{\text{부피}} \cdot \frac{1}{\text{밀도} \cdot \text{중력에 의한 가속도}}$$

$$= 1,000,000 \text{ Pa} \cdot \frac{1}{1000 \text{ kg/m}^3 \cdot 9.8 \text{ m/s}^2} = 102 \text{ m}$$

만약 물이 수도꼭지로 흘러 나온다면, 그 에너지는 운동에너지가 된다. 식 5.2.3을 잘 이용하면, 물이 갖는 속력은 다음과 같음을 알 수 있다.

$$\text{속도} = \sqrt{\frac{\text{에너지}}{\text{부피}} \cdot \frac{2}{\text{밀도}}}$$

$$= \sqrt{\frac{2,000,000 \text{ Pa}}{1000 \text{ kg/m}^3}} = 45 \text{ m/s}$$

5장 에필로그

이 장에서는 유체와 관련한 몇몇 기본 개념들을 조사해 보았다. '풍선'에서는 압력의 개념과 대기압이 지구의 대기를 형성하는 원리에 대해 알아보았다. 물체 밑의 기압이 증가하면 물체에 부력을 발생시키고 부력이 물체들을 뜨게 할 수 있다는 것을 보았다. 주변 공기보다 밀도가 낮은 열풍선이나 헬륨 풍선은 뜬다.

'물 분배'에서는 어떻게 압력이 배관 사이로 고압에서 저압으로 물을 가속시키는지 살펴보았다. 그 다음에는 펌프 혹은 중력을 이용해 수압을 만드는 방법에 대해 집중적으로 고찰하였다. 물 속 에너지의 형태를 공부함으로써 압력 위치에너지, 운동에너지, 그리고 중력 위치에너지의 상호 교환성으로 설명하는 Bernoulli의 공식을 도출할 수 있었다. Bernoulli 공식의 가장 멋진 활용법은 아직 배우지 않았지만, 우리는 벌써 물이 파이프와 분수에서 오르내리면서 압력과 속도가 변환되는 현상을 이해하는 데 그 공식을 사용하였다.

설명: 데카르트 다이버

잠수부는 그 평균 밀도(유리병의 질량과 그 내용물을 그것들이 차지하는 부피로 나눈 값)가 물의 밀도보다 낮기 때문에 뜨게 된다. 잠수부에 대한 부력이 무게보다 크기 때문에 잠수부가 병 꼭대기로 떠오르게 된다. 잠수부가 물 바깥으로 나오기 시작하면, 그것은 물과 공기를 더 적게 밀어내 부력을 덜 받게 된다. 결국 0의 알짜힘을 받아 물 표면에서 가속하지 않고 떠 있게 된다.

플라스틱 소다병을 누르면 그 안의 압력이 증가한다. 물이 비압축적이기 때문에 압력이 증가한다고 해서 밀도가 증가하지는 않는다. 그러나 유리병 속 공기 방울은 압축이 되고, 유리병 안의 공간을 덜 차지하게 된다. 유리병 안으로 물이 흘러 들어가 유리병과 그 내용물의 밀도를 높이게 된다. 잠수부의 평균 밀도가 물의 밀도를 초과하게 되면 가라앉는다.

잠수부가 물 안에 계속 뜨게끔 하려면 잠수부의 평균 밀도를 물의 평균 밀도와 똑같게 맞춰야 한다. 이 조정은 잠수부를 보지 않고는 할 수 없다. 아주 살짝만 압력이 달라져도 잠수부는 위로 떠오르거나 가라앉게 된다.

요약, 중요한 법칙, 수식

풍선의 물리: 열풍선은 그 총 무게(바구니, 막, 그리고 열풍)가 밀어내는 찬 공기의 무게보다 작기 때문에 떠오른다. 막을 불로 가열함으로써 조종사는 밀도를 줄이게 된다. 공기가 뜨거워지면 막을 채우는 데 필요한 입자 수가 더 적어지므로 막의 열린 구멍으로 남는 입자들이 빠져나가서 풍선은 더욱 가벼워지게 된다.

헬륨 풍선 역시 밀어내는 공기의 양보다 무게가 적게 나간다. 각 헬륨 입자는 그것들이 밀어내는 공기 입자보다 더 가볍기 때문에 헬륨으로 풍선을 채워 넣으면 풍선의 무게는 상당히 감소하게 된다. 풍선에 작용하는 부력이 그 무게보다 크기 때문에 풍선은 상승하게 된다.

물 분배의 물리: 물 분배는 저수지 속 저압의 물을 펌프가 고압의 배관으로 이동시키면서 시작한다. 편평한 수로를 따라 물은 열린 호스라든지 샤워기 등의 저압 지대로 이동한다. 압력 불균형은 또한 물이 수로의 굽은 길을 따라 진행할 수 있도록 한다. 이동 과정에서 물은 높이가 오르거나 감소할 수 있다. 그러면서 그 압력이 변화하는데, 위로 움직이면 감소하고 아래로 움직이면 증가하게 된다. 저지대의 수압이 너무 센 곳에서는 수압 조정기가 배관에 추가되어야 할 수도 있다. 고지대의 수압이 실용적으로 쓰기에는 너무 낮을 경우 펌프가 추가되어 압력을 증가시켜야 할 수도 있다.

1. **Archimedes의 원리**: 유체 속에 부분적 혹은 전체적으로 잠겨 있는 물체는 그것이 밀어내는 유체의 무게만큼의 부력을 받는다.

2. **이상 기체 법칙**: 기체의 압력은 Boltzmann 상수에 절대온도와 입자 밀도를 곱한 것, 혹은

$$압력 = Boltzmann\ 상수 \cdot 입자\ 밀도 \cdot 절대온도 \quad (5.1.3)$$

3. **Pascal의 원리**: 비압축적 유체에 작용하는 힘은 감소하지 않고 용기 표면과 모든 부분에 균일하게 전달된다.

4. **Bernoulli 방정식**: 정상 상태 흐름을 보이는 비압축적 유체는 층류에서 그 압력 위치에너지, 운동에너지, 그리고 중력 위치에너지의 합이 일정하다.

$$\frac{정돈된\ 에너지}{부피} = \frac{압력\ 위치에너지}{부피} + \frac{운동에너지}{부피}$$

$$+ \frac{중력\ 위치에너지}{부피}$$

$$= 압력 + \frac{1}{2} \cdot 밀도 \cdot 속도^2$$

$$+ 밀도 \cdot 중력\ 가속도 \cdot 높이$$

$$= 일정\ (층류를\ 따라) \quad (5.2.3)$$

연습문제

1. 헬륨으로 채워진 풍선은 공기 중에 떠다닌다. 공기를 채운 풍선이 헬륨 속에 있으면 어떻게 되는가? 또 왜 그렇게 되는가?

2. 통나무는 지팡이보다 훨씬 무겁지만 둘 다 모두 물 위에 뜬다. 통나무의 무게가 무거운 데도 왜 가라앉지 않는가?

3. 자동차 내부로 물이 새어 들어 가지 않는 한 자동차는 물 위에서 떠 있을 것이다. 자동차 내부로 물이 들어가면 자동차가 가라앉는 이유를 밀도를 이용하여 설명하시오.

4. 많은 식료품점은 냉동식품을 상단이 열린 통에 전시한다. 따뜻한 실내 공기가 통에 들어가서 음식을 녹이지 않는 이유는 무엇인가?

5. 투명한 장난감에 두 가지 색의 액체가 들어 있다. 아무리 당신이 장난감을 기울여도, 한 액체가 다른 색 액체 위에 있다. 위에 있는 액체를 아래 있는 액체 위로 유지시키는 것은 무엇인가?

6. 타고 있는 차가 갑자기 멈추면 무거운 물체가 차 앞쪽으로 움직인다. 헬륨으로 가득 찬 풍선의 경우 왜 차 뒤쪽으로 움직이는지 설명하시오.

7. 물이 가솔린 탱크 바닥에 들어와 있다. 어느 쪽이 더 많은 공간을 차지하는가? 1 kg의 물 또는 1 kg의 휘발유?

8. 오일과 식초 샐러드드레싱의 경우 식초 위에 기름이 떠 있다. 이 현상을 밀도로 설명하시오.

9. 물고기가 호수 표면 아래에서 움직이지 않을 때, 물이 물고기에 작용하는 힘의 크기와 방향은 무엇인가?

10. 일부 물고기는 매우 천천히 움직여서 살아 있는지도 알 수 없다. 그러나 물고기가 수족관의 중간 높이에서 떠 다녀서 물의 상단이나 하단에 있지 않은 경우에는 살아 있다고 확신할 수 있다. 왜 그런가?

11. 날씨를 모니터하기 위해 종종 사용되는 기압계는 기압을 측정하는 장치이다. 산에 올랐을 때 고도를 측정하기 위해 기압계를 어떻게 사용할 수 있나?

12. 산에서 하이킹을 할 때 부드러운 플라스틱병이나 주스 용기를 밀봉한 다음 다시 계곡으로 돌아오면 용기가 안쪽으로 움푹 들어간다. 이 압축의 원인은 무엇인가?

13. 많은 항아리에는 뚜껑에 들어간 부분이 있어 항아리를 열면 이것이 튀어 나오게 된다. 항아리가 봉인되어 있는 동안 무엇이 이 들어간 부분을 유지하고 항아리를 열었을 때 이 부분은 왜 갑자기 튀어 나오는가?

14. 뜨겁고 젖은 컵을 매끄러운 카운터에 거꾸로 몇 초 동안 놓으면 다시 들어 올리는 것이 어려울 수도 있다. 그 컵을 카운터에서 떨어지지 않게 한 것은 무엇인가?

15. 뜨거운 음식으로 가득 찬 용기를 단단히 봉인하고 냉장고에 넣은 후 나중에 보면 용기의 뚜껑이 안쪽으로 휘어있다. 그 이유가 무엇인가?

16. −300°C까지 온도를 읽는 온도계가 없는 이유는 무엇인가?

17. 큰 고무 튜브를 불어서 눈 덮인 언덕에서 그것을 타고 내려와 보라. 눈 속에서 몇 분이 지나면 튜브는 바람이 빠진 것처럼 보인다. 튜브 안의 공기에 무슨 일이 일어난 것인가?

18. 마시멜로는 기포로 가득 차 있다. 왜 마시멜로를 구우면 마시멜로는 부풀어 오르는가?

19. 말벌과 호박벌 스프레이는 살충제를 얼마나 멀리 보낼 수 있는지 자랑스럽게 광고한다. 스프레이 내부의 압력이 그 거리에 어떤 영향을 줄 수 있으며, 왜 스프레이 하는 방향이 중요한가(수직이나 수평)?

20. 아이스티는 바닥 근처에 수도꼭지가 있는 큰 주전자에 담는 경우가 종종 있다. 주전자가 점점 비워질수록 왜 수도꼭지 밖으로 흘러내리는 차의 속도는 줄어드는가?

21. 높은 댐에서 꼭대기보다 바닥의 두께가 두꺼운 이유는 무엇인가?

22. 방수 시계는 수영하는 동안 안전하게 가지고 갈 수 있는 최대 깊이를 가지고 있다. 왜 그런가?

23. 당신이 목까지 잠겨서 수영장에 서 있을 때, 물에서 나와 있을 때보다 호흡이 다소 어렵다는 것을 알게 된다. 왜 그런가?

24. 주사기의 피스톤 막대를 밀면 어떻게 피하 주사 바늘을 통해 환자에게 약물이 투입되는가?

25. 소리가 나는 주전자에서 소리가 나기 시작하기 전에 왜 주전자 안의 압력이 대기압을 초과해야 하는가?

26. 숨을 들이쉴 때마다 공기가 코와 폐 쪽으로 가속한다. 숨을 들이쉴 때 폐의 압력과 주위 공기의 압력을 비교하면 어떠한가?

27. 비닐봉지를 들어 올려 바람을 잡아 그것을 팽창시킬 수 있다. Bernoulli의 방정식을 사용하여 이 효과를 설명하시오.

28. 누군가가 고층 빌딩에서 화재경보기를 작동시킬 때, 펌프는 경보 상자와 가장 가까운 건물 구역에서 수압을 높인다. 이 압력 변화는 화재와 싸워야 하는 소방관을 어떻게 도울까?

문 제

1. 273.15 K(0 ℃)에서 표준 대기 공기의 입자 밀도는 2.687×10^{25}입자/m³이다. 이상 기체 법칙을 사용하여 이 공기의 압력을 계산하시오.

2. 이 책의 전면에 공기가 얼마나 많은 힘을 가하고 있는가?

3. 실온(300 K)에서 공기로 용기를 채우고 용기를 밀봉한 다음 용기를 900 K로 가열하면 용기 안의 압력은 어떻게 되는가?

4. 공기 압축기는 공기 입자를 탱크로 펌핑하는 장치이다. 특정 공기 압축기는 내부 공기의 입자 밀도가 외부 공기의 입자 밀도의 30배가 될 때까지 공기 입자를 탱크에 추가한다. 만약 탱크 내부의 온도가 외부와 같으면 탱크 내부의 압력이 외부의 압력과 비교할 때 어떤가?

5. 실내 온도(20 ℃)에서 공기의 용기를 밀봉한 다음 냉장고에 넣으면(2 ℃), 용기의 공기 압력은 얼마나 변하는가?

6. 8 kg의 통나무를 물속에 잠기게 했더니 그것이 10 kg의 물이 차지한 공간을 차지했다, 통나무를 놓았을 때 통나무에 작용하는 알짜힘은 얼마인가?

7. 보트의 무게가 1,200 N이고 호수 표면에서 움직이지 않을 때, 얼마나 많은 물의 양을 차지하는가?

8. 금의 밀도는 물의 19배이다. 당신이 30 N의 무게를 가진 금관을 가져 와서 물에 담그면 왕관에 작용하는 부력은 얼마인가?

9. 문제 8의 침수된 왕관에 얼마나 많은 힘을 위로 가해야 왕관이 가속되지 않겠는가?

10. 문제 8과 9의 결과를 사용하여 금관이 진짜 금관인지 여부를 판별할 수 있겠는가? (구리의 밀도는 물의 9배이다.)

11. 당신 마을은 주 광장에 분수대를 설치하고 있다. 물이 분수 위로 25 m 올라갈 경우 물을 공기 중으로 분사하는 노즐 쪽으로 천천히 이동했을 때 물이 얼마만큼의 압력을 가져야 하는가?

12. 분수에 펌프를 설치하는 대신(문제 11 참조) 마을 기술자는 근처의 고층 사무실 건물 중 하나에 물 저장 탱크를 설치한다. 분수에서 물을 분사할 때 물이 25 m까지 상승해야 하는 경우 건물 높이가 얼마여야 되는가? (마찰은 무시함)

13. 집 밖을 청소하려면 작은 고압 물 분무기를 임대해야 한다. 분무기의 펌프는 10,000,000 Pa(약 150기압)의 압력에서 느리게 움직이는 물을 전달한다. 모든 압력 위치에너지가 분무기의 노즐을 통과하면서 운동에너지가 되면 얼마나 빨리 이 물을 움직일 수 있나?

14. 문제 13의 분무기에서 나온 물이 집의 옆면을 치면 멈춘다. 분무기를 떠난 후 물이 에너지를 손실하지 않았다면 물이 완전히 멈추는 순간 물의 압력은 얼마인가?

15. 물의 표면 아래로 깊이 잠수하기 위해서 잠수함은 엄청난 압력에 견딜 수 있어야 한다. 300 m 깊이에서 잠수함의 선체에 물이 가하는 압력은 얼마인가?

유체와 운동 Fluids and Motion

유체는 흐를 때 매력적이다. 정지한 물과 공기는 생명에 필수적일 수 있지만, 그들은 또한 매우 단순하다. 물과 공기의 압력은 중력에 의해 주로 결정되며 장소에 따라 다르다. 휘몰아치는 강이나 거센 바람은 유체의 단순하고도 복잡한 다양한 운동들에 의해 훨씬 더 흥미로운 대상이 된다. 유체의 움직임은 흥미롭기만 한 것이 아니라 중요하기도 하다. 즉 세상에는 움직이는 유체들과 전체 또는 부분적인 상호 작용을 하는 기계들이 많이 있다. 이 장에서는 유체의 흐름이 일에 기여하는 방법을 살펴볼 것이다.

일상 속의 실험 | 소용돌이 대포

유체는 실재한다. 즉 그 안에서 움직이는 고체들과는 독립적으로 존재한다. 물과 관련지어 생각하면 이해하기 쉬운데, 물이 흥미롭게 움직이지 않고서는 배가 지나갈 수 없다. 공기는 이런 방식으로 생각하기 좀 더 어려운데, 빌딩이나 비행기 혹은 피부에 미치는 공기의 영향이 눈에는 잘 보이지 않기 때문이다.

공기를 만질 수 있고 어떻게 움직이는지에 대한 여러 가능성을 시험해 보려면, 방 안으로 링 모양의 공기를 쏘는 소용돌이 대포를 만들어 보자. 진짜 소용돌이 대포는 큰 드럼이나 대형 나무상자로 만들지만, 간단하게 빈 시리얼 상자로 만들어 볼 수도 있다.

상자의 모든 모서리를 테이프로 막고, 면 한쪽에 지름 약 5 cm 정도의 둥근 구멍을 뚫는다. 대포를 쏘려면 반대편 면을 세게 치기만 하면 된다. 구멍으로부터 고리 모양의 공기가 약 5 m/s의 속도로 튀어나올 것이다.

당신이 이 공기의 고리들을 볼 수 없다고 해도, 그것들

이 마주치는 물체에 미치는 영향을 통해 움직임을 파악할 수 있다. 그 고리들은 촛불을 끄거나 좁은 방에서 창문 빗장을 흔들거리게 할 수 있다. 친구로 하여금 대포를 당신에게 쏘게 하면, 얼굴이나 옷 어디에 부딪혔는지 정확히 짚어낼 수 있다. 이 공기 고리들을 육안으로 직접 관찰하기 위해서 시리얼 상자를 연기나 안개 혹은 먼지로 채워 보라. 고리들이 구멍 밖으로 나올 때 어떤 모양일 것 같은가? 나선을 그리면서 나올까, 아니면 연기가 고리 모양으로 일정할까? 구멍의 크기에 따라 고리의 크기와 속도는 어떻게 변할까? 당신이 얼마나 시리얼 상자를 세게 치는지에 달려 있는가? 고리의 크기와 속도는 튀어나와서는 달라질까?

이제 상자를 치고 연기 고리들을 관찰해 보라. 어떤 움직임들이 보이는가? 구멍의 크기를 바꾸고 연기가 고리의 모양과 움직임을 어떻게 변화시키는지 관찰하라. 당신이 보듯, 공기는 그 자체만으로도 매우 복잡한 움직임을 보일 수 있다. 이 단원에서는 움직이는 공기, 물을 비롯해 유체들이 우리의 일상에 어떻게 영향을 미치는지 관찰할 것이다.

6장 학습 일정

특히 (1) **정원에 물주기**, (2) **구기 운동: 공기**, (3) **비행기**에 대해 알아볼 것이다. '정원에 물주기'에서는 물의 속도와 압력이 수도꼭지나 호스, 노즐을 흐르며 어떻게 변화하는지 살펴볼 것이다. '구기 운동: 공기'에서는 공기가 공에 미치는 영향을 알아본다. '비행기'에서는 움직이는 공기가 비행기를 지지하고 나아가게 하는 방식들을 살펴볼 것이다. 이 장에서 탐구할 내용에 대해 좀 더 상세히 예습하고 싶다면 이 장 끝 부분에 있는 '요약, 중요한 법칙, 수식'을 참조하라.

이 장에서는 5장에서 소개되었던 층류에서 에너지 보존의 개념을 더 발전시킬 것이다. 유체가 서로를 스쳐 지나갈 때나 고체를 지나칠 때 존재하는 새로운 힘의 종류들을 보게 될 것이다. 이런 아이디어들은 유리창 닦기나 풍차에서 호스까지 물을 펌프하는 것 등 일상적인 곳에서 쓰인다.

6.1 정원에 물주기

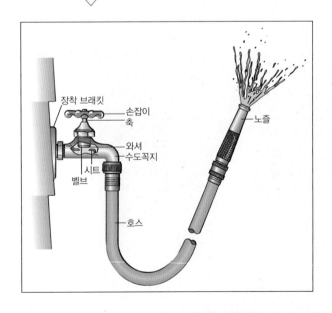

정원에서 꽃을 기르다보면 종종 물을 주어야 할 때가 있다. 과거에는 정원에 물을 주기 위해서 물통을 들고 정원을 걸어 다녀야 했지만, 현대는 수도 설비가 발달해서 이러한 수고는 덜게 되었다. 이제는 노즐이 달린 호스를 수도꼭지에 연결하여 정원에 물을 주면 된다. 수도꼭지, 호스, 노즐은 정교하진 않고 단순하지만, 그 안에 내재하는 원리들은 그렇지 않다. 세 개 모두 유체 흐름의 법칙들을 이용해 앞에서 무시했던 난류(亂流)와 마찰력 같은 복잡다난한 세계로 우리를 인도할 것이다.

생각해 보기: 무엇이 호스 속 물이 흐르는 양을 결정하는가? 만약 호스에 물 대신 꿀이 흐른다면, 그건 어떻게 흐름에 영향을 미칠까? 왜 정원에 물이 뿌려질 때 소리가 날까? 왜 노즐은 물이 빠르고 멀리 뿜어져 나가게 할까? 왜 당신이 수도꼭지를 갑자기 잠글 때 쨍 하는 소리가 날까?

실험해 보기: 수도꼭지를 천천히 열고 물이 흐르는 것을 관찰해라. 무엇이 수도꼭지 밖으로 물을 밀어내는가? 수도꼭지를 더 많이 틀수록 물의 속도와 흐르는 양에는 무슨 변화가 생기는가? 수도꼭지 밑이나 뒤를 보고 어떻게 물이 수도꼭지 안으로 들어가고 나오는지 생각해 보라. 언제 당신이 물이 흐르는 것을 듣는가? 수도꼭지에 호스를 연결해 보라. 호스 끝으로 수도꼭지만 있었을 때와 똑같이 물이 빠르게 흐르는가? 엄지로 호스 끝 부분을 약간만 열어두고 물이 공기 중으로 뿜어져 나오는 것을 관찰해라. 왜 호스 끝을 거의 다 막았을 때 그렇게 물이 더 멀리 뿜어나가는가? 당신은 엄지로 물의 압력을 느낄 수 있는가? 호스에 노즐을 달고 흐르는 양이 어떻게 스프레이 강도에 영향을 미치는지 보라. 열린 호스로 양동이에 물을 채워놓고 노즐을 이용해 다시 채워 넣어보아라. 어떤 방법이 양동이를 더 빨리 채우는가?

물의 점성

앞 단원에서 당신 집으로 물을 끌어왔으니, 이제 정원에 물을 줄 차례이다. 하지만 정원까지 가기 위해서 물은 먼저 편평한 바닥에 누운 긴 호스 속을 지나가야 한다. 이 호스의 길이가 물을 전달하는 과정에 영향을 미치는가?

답은 '그렇다'이다. 긴 호스는 물을 더 적게 전달한다. 하지만 우리가 5장에서 배운 바에 의하면 물은 일정한 속력과 압력으로 진행해야 하며, 호스의 길이는 무관해야 한다. 그렇다면 뭔가 중요한 것을 빠뜨렸음에 틀림없다. 그렇다, 마찰력이다. 움직이는 물은 자유롭게 정지된 호스 안을 지나가지 않는다. 실제로는 그 움직임을 방해하는 마찰력의 영향을 받게 된다.

하지만 이 마찰은 다소 이해가 가지 않는 부분이 있는데, 호스 안 대부분의 물은 호스 표면에 직접 접촉하지 않기 때문이다. 호스 안쪽의 물도 그 상대적인 움직임으로 힘을 받는다면, 물의 **내부**에서 작용하는 어떤 힘이 있는 것임에 틀림없다. 물이 자기 자신에 마찰력을 작용하는 것이다!

실제로, 물은 내부적 마찰력을 받는다. 그 내부적 마찰력은 **점성력**(viscous force)이라 부르는데, 한 겹의 물이 다른 겹의 물 위를 지나려 할 때 상대적 움직임을 방해한다. 이 힘의 효과는 단지에서 꿀을 꺼낼 때 관찰할 수 있다. 단지 표면 근처의 꿀은 화학적 힘들에 의해 고정되어 있다. 하지만 단지 내부의 꿀도 잘 움직이지는 못한다. 옆으로 이동하려고 하면 점성력이 작용하기 때문이다. 꿀은 '진한' 혹은 점성이 많은 유체이므로, 점성력은 꿀 전체가 거의 비슷한 속력으로 이동하게 작용한다.

물은 꿀만큼 '진하지' 않다(표 6.1.1). 따라서 상대적 움직임에 대한 저항성이 더 낮다. 이처럼 액체 속 상대적 움직임에 대한 저항성을 **점도**(viscosity)라고 부르는데, 물의 점도는 꿀의 점도보다 낮다. 실제로 물을 가열해 보면 점성은 더 떨어져 더 잘 흐르게 된다. 많은 액체에서 볼 수 있듯이 온도가 상승하면 점도가 감소하는 현상은 분자상의 점성력 발생 원인과 관련이 있다. 액체 속 분자들은 서로 엉겨 붙어 약한 화학적 결합을 형성하는데, 이를 끊으려면 에너지를 필요로 한다. 뜨거운 액체에서는 분자들이 열에너지를 많이 가지고 있기 때문에 이 결합을 쉽게 끊고 이동할 수 있다(**1** 참조).

1 자동차의 엔진은 적당한 점성을 갖는 엔진 오일로 보호된다. 엔진 오일의 점성이 너무 적으면 피스톤 사이로 흘러나와 피스톤과 실린더의 마찰이 커질 것이다. 반대로 엔진 오일의 점성이 너무 크면 피스톤이 움직이기 위해 많은 힘을 낭비할 것이다. 수년 전에는 계절의 변화에 따라 엔진 오일을 교환하였다. 여름에는 점성도가 묽어지기 때문에 점성도 40을 사용했고, 추운 겨울에는 점성도가 커지므로 점성도 10을 사용해야 했다. 현재의 다중 엔진 오일은 대부분의 온도에서 점도가 일정하므로 계절에 따라 바꿀 필요가 없다. 이 엔진 오일은 작은 분자 연결 구조를 가져, 추울 때는 뭉치지만 더울 때는 펴진다. 이런 연결 구조들은 뜨거운 오일을 두껍게 해 10W-40 오일이 겨울에는 10W 오일처럼 보이고 여름에는 40W 오일처럼 작동하게 한다.

표 6.1.1 여러 액체들의 대략적 점도

유체	점도 [†]
헬륨(2 K)	0 Pa · s
공기(20℃)	0.0000183 Pa · s
물(20℃)	0.00100 Pa · s
올리브유(20℃)	0.084 Pa · s
샴푸(20℃)	100 Pa · s
꿀(20℃)	1000 Pa · s
유리(540℃)	1012 Pa · s

[†]파스칼–초(Pa · s로 축약되며, 의미상 kg/m · s와 같다)는 점도의 국제단위이다. 초유동체인 초저온의 액체 헬륨만이 0의 점도를 가진다.

다소 헐겁게 짠 모로 만든 스웨터는 모 섬유 사이에 많은 구멍들이 있어 공기 통로 또한 많다. 하지만 바람이 불 때 공기가 당신 피부로 스며드는 속도는 상당히 많이 줄어든다. 왜 섬유 사이의 틈으로 공기가 쉽게 흐르지 못할까?

해답 섬유 표면의 공기는 정지해 있고, 공기의 점성이 섬유 부근 공기의 움직임을 느려지게 하기 때문이다.

왜? 틈 사이로 통과하려는 공기가 섬유에 직접 닿지는 않더라도, 점성력은 공기가 덩어리째 같은 속력으로 움직이게 작용한다. 공기 흐름이 섬유 일부에 의해 지연되면 주변 공기도 점성력에 의해 느려진다. 스웨터의 섬유는 그것을 통과하려는 공기 전체를 감속시킬 정도로 촘촘히 배열되어 있다. 스웨터에 꿀을 붓는다고 생각해 보라.

똑바로 놓은 호스에서의 흐름: 점성의 효과

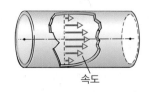

속도

그림 6.1.1 파이프 안을 흐르는 물의 속도는 균일하지 않다. 파이프 중앙의 물은 가장 빨리 흐르지만 표면 근처의 물은 정지해 있다. 속력의 이 같은 차이는 점성력이 작용한 결과이다.

점도는 호스 속 물의 흐름을 늦춘다. 호스와 물 최외곽층 사이의 화학적 힘은 그 층의 물을 정지 상태로 만들고 이 움직이지 않는 층은 그 안의 물에 점성력을 작용한다. 이 두 번째 층이 느려지면, 다시 다른 층이 점성력을 받는다. 층층이 내려가다 보면 가장 안쪽의 물조차도 점도에 의해 느려지는 효과를 받는다(그림 6.1.1). 가운데 층의 물이 다른 어떤 층에 있는 물보다도 빠르게 움직이기는 하지만, 정지된 호스의 영향은 여전히 받는다.

이 점성력은 물의 수송을 방해한다. 편평하고 똑바로 놓인 호스에서 물은 아무런 노력 없이는 움직이지 않는다. 실제 물이 순항하기 위해서는 압력 기울기를 필요로 한다. 2.2절에서 본 도보에서 미끄러지는 파일 캐비닛처럼, 물도 지속적인 흐름을 유지하려면 호스 안에서 계속 밀어주어야 한다. 또 그 파일 캐비닛처럼, 물은 그 미는 힘이 소모되고 열에너지로 전환되며 온도가 오른다. 하지만 상대적 속력들에 좌우되지 않는 일반적인 마찰력과 다르게 점성력은 유체 속 상대적 속력이 증가하면 커진다.

그 이유는 두 층의 물이 더 빠르게 지나칠수록 그 분자들은 더 강하고 자주 부딪히게 되기 때문이다. 점성력을 더 크게 받기 때문에 미터 당 에너지를 더 많이 소모하게 되고 천천히 이동하는 물에 비해 더 강한 압력 기울기를 필요로 한다.

점성력 때문에 호스 속을 흐르는 물의 양에는 다음과 같이 네 가지 성질이 나타난다.

1. 물의 점도와 반비례한다. 물의 점도가 클수록, 호스 속으로 물이 흐르기 어려워진다.
2. 호스의 길이와 반비례한다. 호스가 길수록 점성력이 물의 속도를 줄일 여지가 많다.
3. 물이 들어가는 부분과 나오는 부분의 압력 차에 비례한다. 이 압력 차는 물의 압력 기울기를 결정한다. 즉, 얼마나 물이 호스 속으로 강하게 움직이는지 잴 수 있다.
4. 물은 호스 지름의 네제곱에 비례한다. 호스의 지름을 세 배로 늘리면 흐르는 물의 양을 아홉 배로 늘릴 수 있고 호스 중앙 근처의 물도 아홉 배 더 빨리 이동시킨다.

우리는 이 네 가지 비례 관계를 알맞은 상수($\pi/128$)를 대입하여 공식으로 변환할 수 있다. 이 최종 관계는 **Poiseuille의 법칙**(Poiseuille's law)이라 부르고 다음과 같이 쓸 수 있다.

$$\text{부피} = \frac{\pi \cdot \text{압력 변화} \cdot \text{파이프의 지름}^4}{128 \cdot \text{파이프 길이} \cdot \text{유체의 점도}} \qquad (6.1.1)$$

기호로 나타내면

$$\frac{\Delta V}{\Delta t} = \frac{\pi \cdot \Delta p \cdot D^4}{128 \cdot L \cdot \eta}$$

이고, 일상적으로 다음과 같이 말할 수 있다.

길고 가느다란 튜브 안에 꿀을 흐르게 하는 것은 어렵다.

◉ Poiseuille의 법칙

원통형의 파이프를 흐르는 초 당 유체의 부피는 $\pi/128$에 압력 변화(Δp)에 파이프의 반지름의 네 제곱을 곱한 값을 파이프의 길이와 유체의 점도(η)의 곱으로 나눈 값이다.

이런 점을 고려해 볼 때 유량이 압력 변화, 파이프 길이, 점도에 의존한다는 것은 놀랄 일도 아니다. 낮은 압력의 물이나 긴 호스는 물 양동이를 채우는 데 시간이 많이 걸리고, 끈 끈한 시럽은 병에서 천천히 쏟아지는 것을 보았다. 하지만 유량이 파이프 지름의 네제곱에 영향을 받는다는 것은 예상치 못했을 것이다. 호스 지름의 작은 변화조차도 초 당 전달하는 물의 양에 상당한 영향을 미친다. 미국에서 가장 흔한 정원 호스는 58인치와 34인치짜리가 있는데, 이 두 호스의 지름은 많지 않아 보이는 20% 혹은 1.2배 차이 밖에 나지 않지만, 58 인치 호스는 2.14배, 대략 2배 정도의 물을 더 수송할 수 있다(**2**와 **3** 참조).

우리는 정돈된 에너지의 관점에서도 점성력을 조명할 수 있다. 호스 속 물의 흐름을 저 항하는 형태로 점성력은 음(−)의 일을 하고 정돈된 에너지를 감소시킨다. 여기서 정돈된 에 너지는 Bernoulli 공식에서 고려되는 에너지, 즉 열에너지를 포함하지 않은 에너지를 말한 다. 물이 보존하는 에너지의 양은 호스 안에서 물이 얼마나 빨리 움직이느냐에 달려 있다.

많은 양의 물이 호스로부터 방출되도록 하면, 물은 그 안을 빨리 움직이고 동시에 큰 점 성력을 받을 것이다. 이 과정에서 물의 정돈된 에너지의 대부분은 열에너지로 방출되고, 물 은 호스 끝으로 천천히 흘러나올 것이다. 하지만 호스의 입구를 엄지로 막고 유량을 줄인다 면, 물은 호스 속을 천천히 이동해 작은 점성력을 받게 된다. 결과적으로 물은 그 정돈된 에 너지를 대부분 보존한 채로, 즉 높은 압력의 상태로 엄지에 도달하게 된다. 이 높은 압력의 물은 그 다음에 빠르게 가속하여 좁은 입구로 뿜어져 나오게 되는 것이다.

이제 왜 물 수송 시스템들이 가장 실용적이고 비용 면에서도 저렴한 넓은 파이프를 쓰 는지 설명할 수 있다. 좁은 파이프와는 대조적으로 넓은 파이프는 많은 양의 물을 느리게 흐르게 함으로써 점성력을 덜 받고 정돈된 에너지를 덜 소모하게 한다. 이처럼 에너지 효 율이 좋은 물 수송 시스템에서는 마찰력이 큰 영향을 미치지 않고 Bernoulli의 방정식(식 5.2.4)은 물이 이동하는 동안 그 성질을 정확하게 예측할 수 있다.

2 많은 양의 물을 높은 압력과 빠른 속도로 전달하기 위해서 소방 호스는 큰 지름을 가져야 한다. 높은 압력의 물로 이 넓은 호스를 채우면 뻣뻣하고 무거워져서 다루기 어려워진다. 따라서 물에 점성을 줄이는 화학 첨가물을 넣어 소방 관들이 보다 좁고, 가볍고, 유연한 호스를 사용할 수 있도록 돕는다.

3 알래스카 초원을 가로질러 원 유를 전송하기 위해서는 아주 큰 지름을 가진 파이프가 필요하다. 거리는 멀고 원유는 점성을 줄이 기 위해 가열한 상태인데도 점성 이 높다.

▶ 개념 이해도 점검 #2: 통풍관

집과 사무실을 환기하는 데 쓰이는 긴 통풍관은 보통 아주 큰 지름을 가진다. 창고형 가게들과 식당의 천장 근처에서 종종 보이는데, 지름이 0.5 m인 경우도 있다. 왜 통풍관의 지름은 이렇게 커야 할까?

해답 공기의 점성은 통풍 도중 그 속도를 늦춘다. 안과 밖에서 많은 압력 차 없이도 많은 양의 공기를 빠르게 전송하는 데는 넓은 지름을 가진 파이프가 필요하다.

왜? 긴 통풍관 속의 공기 흐름은 점성의 영향을 많이 받는다. 통풍관으로 이동하는 공기의 양은 보통 아주 많고, 입구와 출구 사이의 압력 변화는 보통 대기압의 극히 일부에 불과하다. 공기가 통풍관 사이로 빠르게 이동하게 하기 위해서 이들 관의 지름은 아주 커야 한다.

▶ 정량적 이해도 점검 #1: 오래된 배관

새 집일 때 부엌 수도꼭지는 초 당 0.5 L의 물을 전송할 수 있었다(0.50 L/s). 해가 지나면서 파이프 안에 부산물이 끼면서 그 지름은 실질적으로 20 % 가량 줄였다. 이제는 수도꼭지가 초 당 얼마만큼의 물을 전송할 수 있는가?

해답 대략 20 L/s 정도 전송할 수 있다.

왜? 파이프를 흐르는 물은 Poiseuille의 법칙을 따르고(식 6.1.1) 파이프 지름의 네제곱에 비례한다. 파이프 길이와 압력, 점성이 변하지 않은 채로 지름만 20 %, 0.8만큼 감소하면 유량은 0.8^4만큼 혹은 0.41배만큼 감소한다. 이제 파이프는 대략 0.20 L/s(0.50에 0.41을 곱한 값) 정도의 물을 공급한다. 확실히 파이프 속 부산물이 많이 끼면 유량이 상당량 줄어든다.

굽은 호스에서의 흐름: 동압력의 변화

정원의 호스가 오른쪽으로 굽어 있어 흐르는 물이 그 방향대로 굽는다고 가정하자. 물이 굽으면서 가속하므로, 5장에서 관찰한 대로 물은 불균일한 압력에 대응해서만 수평으로 가속한다. 호스는 가만히 있었기 때문에 불균일한 압력은 물 자체에서 일어난 것임에 틀림없다. 즉 물은 동압력 변화를 받고 있는 것이다.

이 동압력 변화들을 이해하기 위해, 물이 이 굽이를 지날 때 층류들을 관찰해 보자. 우리가 방금 점성력을 배웠지만, 여기서는 단순함을 위해 일단 배제하도록 한다. 점성력은 길고 좁은 호스에서 분명히 중요하긴 하다. 하지만 굽이는 워낙 짧기 때문에 굽이를 지나치는 물에는 점성력이 미미한 영향밖에 못 미친다.

점성력을 무시하면 각 층류마다 물의 정돈된 에너지는 일정하고 Bernoulli 공식에 따라 에너지의 상호 교환성을 관찰할 수 있다(식 5.2.4). 하지만 호스가 편평한 땅에 놓여있기 때문에 물의 중력 위치에너지에는 차이가 있을 수 없고, 우리는 압력 위치에너지와 운동에너지 사이의 교환성 밖에는 보지 못한다.

그림 6.1.2는 굽이 근처에서 물의 잠잠한 흐름을 보여주고 있다. 이 계산된 그림에서 호스 아래쪽의 검은 층류가 나타내듯이 원래 직선으로 흐르던 물이 굽이에 이르러서는 오른쪽으로 호를 그리다가 결국 오른쪽으로 곧게 직진한다.

물은 층류가 곧고 평행한 직진하는 호스 부분을 통해 굽이에 접근한다. 물은 이 층류들을 따라 일정한 속력으로 흐른다. 물의 방향은 고정되어 있고 그 속도를 바꿀 수는 없다. 만

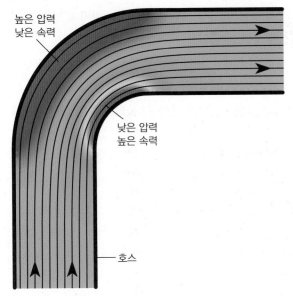

높은 압력
낮은 속력

낮은 압력
높은 속력

호스

그림 6.1.2 굽어진 호스의 물은 그 속도와 압력에 변화를 받는다. 검은 층류선은 물이 굽으며 택하는 경로를 나타낸다. 층류선 사이의 간격은 유속을 나타낸다(넓은 간격은 느린 흐름을 나타낸다). 그리고 배경색은 압력을 나타낸다(보라색은 높은 압력, 빨간색은 낮은 압력).

약 속도를 내려면 그 뒤로 틈을 남길 것이고, 감속한다면 '정체'를 일으킬 것이다. 물의 압력이 불균일하다면 물이 가속할 것이므로 직선 부분에서는 물의 압력이 균일해야 한다.

물의 일정한 속력과 균등한 압력은 그림 6.1.2에 시각적으로 표현되어 있다. 부분별 물의 속력은 층류선의 방향과 분리로 나타나 있다. 물의 속력은 항상 층류선을 따라가는 방향이며, 그 속도는 층류의 간격과 반비례한다. 넓은 간격의 층류선은 감속을 나타낸다. 감속하는 물은 옆으로 퍼져 그 층류선이 분리된다. 좁은 간격의 층류선은 가속을 나타내고, 속도가 빨라지는 물은 확장하며 층류선이 서로 가까워진다. 굽이까지 이르는 동안 층류선은 직선이고 간격이 같으므로, 물은 각 층류선을 일정한 속력을 따라 움직인다는 것을 알 수 있다.

부분별 물의 압력은 그림 6.1.2에 무지개 색깔로 나타나 있다. 보라색 쪽으로 갈수록 높은 압력을 나타내는 반면, 빨간색 쪽으로 갈수록 낮은 압력을 가리킨다. 직선 부분은 모두 같은 청록색 색깔을 가지므로, 그곳의 물은 균일한 압력을 가지는 것이다.

그러나 물이 오른쪽으로 굽는 시점부터 그 속력과 압력에는 차이가 생기기 시작한다. 굽이 안쪽으로 물이 가속하고 있으므로, 그쪽 방향으로 이동하게 하는 압력 불균일이 있음에 틀림없다. 실제로 보면 굽이의 바깥쪽 물은 높은 압력을 나타내는 반면(보라색) 안쪽의 물은 낮은 압력을 나타낸다(빨간색). 비슷한 압력 불균일이 유체의 굽은 경로에 항상 작용된다. 즉 굽이 바깥쪽은 안쪽보다 항상 압력이 높다. 하기야, 바로 그 압력 불균형이 유체를 휘게 하는 것이니까.

◉ 굽이와 압력 불균형
정상 상태 흐름을 보이는 유체가 굽을 때, 굽이 바깥쪽의 압력은 압력보다 항상 크다.

층류선에서 정돈된 에너지를 일정하게 유지하려면, 물의 부분적 압력에 대한 감소는 물의 부분적 속도의 증가로 이어지고, 그 역도 성립한다. 굽이 바깥쪽으로 호를 그리는 물은 압력이 높아지며 느려지고(층류선의 간격이 넓어지고), 안쪽에서 호를 그리며 굽는 물은 압력이 감소하며 속도가 증가한다(층류선의 간격이 좁아진다).

호스의 굽이를 지나 다시 호스가 직선형이 되면, 물의 압력과 속도는 굽이 이전의 상태로 돌아간다. 굽이 바깥쪽의 물의 속도는 증가하고 압력은 감소하며, 굽이 안쪽의 물은 느려지지만 압력은 증가한다. 굽이를 따르는 직선 구간에서 층류 간 물의 속력은 다시 일정해지고 압력도 균일해진다.

이 압력과 속도의 변화들이 이상하게 보일지도 모르지만, 그것들은 실재하고 또 실제 효과들을 일으킨다. 호스가 투명하고 물에 옅게 도료를 풀 수 있다면, 색깔을 입은 층류들이 굽이 부근에서 그림 6.1.2와 똑같은 움직임을 한다는 것을 볼 수 있을 것이다. 호스가 약하고 과도한 압력을 견딜 수 없다면 압력이 가장 높은 굽이 바깥쪽에서 터질 가능성이 높다.

아마 무엇이 무엇을 일으키는지 궁금할 수도 있을 것이다. 각 압력 변화가 속도 변화를 만드는가, 아니면 각 속도 변화가 압력 변화를 만드는가? 답은 그것들이 같이 일어나고 모두가 원인과 결과라는 것이다. 정상 상태 흐름의 패턴이 성립하고 나면, 특정 층류의 물의 압력 변화는 속도 변화와 동시에 일어난다. 그 두 효과, 즉 압력 변화와 속도 변화는 그저 손을 맞잡고 일어날 따름이다.

> **▶ 개념 이해도 점검 #3: 숟가락으로 셔츠 빨래하기**
>
> 부엌 설거지를 하고 있는데 수도꼭지에서 숟가락으로 물이 떨어져 당신의 셔츠로 곡선을 그리며 물이 튀었다. 물이 위쪽으로 굽을 때, 어디에서 가장 압력이 강했겠는가?
>
> **❯ 해답** 숟가락의 표면에서 가장 강했다.
>
> **❯ 왜?** 물의 흐름에서 압력은 굽이의 가장 바깥쪽이 안쪽보다 강하므로 숟가락 표면에서 가장 압력이 강했던 것이다.

노즐 속의 흐름: 압력에서 속도까지

물이 드디어 당신 호스 끝으로 흘러나올 때, 그 안에 남아있는 압력 위치에너지를 운동에너지로 바꾸어 정원으로 뿜어져 나온다. 노즐의 좁아지는 경로는 이 에너지 변화를 발생시켜 물이 노즐 안으로 들어올 때는 저속이고 점차 압력이 높아지면서 고속으로 노즐 밖으로 나가 대기압 상태의 물이 된다.

그림 6.1.3은 물이 노즐을 통과하며 좁아지는 경로가 모든 층류를 끌어모아 물의 속도가 증가한다는 것을 보여준다. 각 층류를 따라가는 물은 가속하여 뒤로 이동하는 일 없이 좁은 통로로 뿜어져 나온다.

빨간색 스펙트럼으로의 색 이동이 나타내는 바와 같이 물의 국부 속도의 증가는 물의 국부 압력의 감소를 동반한다. 물이 호스 노즐을 떠날 때쯤 압력은 대기압까지 떨어진 상태이며, 모든 압력 위치에너지를 운동에너지로 바꾼 뒤이다. 그것은 좁은 물줄기로 나와 공기 중으로 우아하게 떨어진다. 당신이 노즐로 정원의 가장 먼 곳까지 물을 줄 수 있다는 것은 놀랄 일도 아니다.

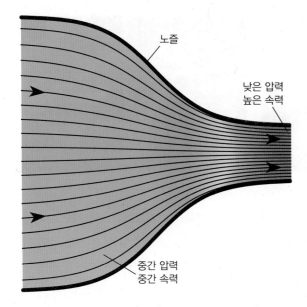

그림 6.1.3 노즐 안을 흐르는 물은 가속하고 그 압력은 감소한다. 층류선 사이의 좁은 간격은 유속이 증가한다는 것을 나타내는 한편, 보라색에서 빨간색으로 색의 이동은 압력이 감소한다는 것을 나타낸다.

노즐

낮은 압력
높은 속력

중간 압력
중간 속력

흔한 오개념: 유체에서의 속도와 압력

오개념 빠르게 이동하는 유체는 항상 낮은 압력이다.

해결 유체의 특정 부분의 압력은 그 환경에 달려 있고 높거나 낮거나 어떤 값이든 취할 수 있다. 하지만 정상 상태 흐름에서 유체가 층류선을 따라 떨어짐 없이 가속한다면 그 압력은 감소할 것이다. 그런 특별한 상황에서는 빠르게 움직이는 유체가 낮은 압력이다.

개념 이해도 점검 #4: 집 청소하기

공기가 진공청소기의 흡입부로 빨려 들어갈 때, 고속으로 가속하고 대기압 아래로 압력이 떨어진다. 이 기체의 새로운 운동에너지는 어디에서 온 것인가?

해답 대기압 상태에서도 공기는 압력 위치에너지를 가지고 있다. 그것이 흡착부 부분의 보다 낮은 압력인 상태로 가속하면, 공기는 그 압력 위치에너지 일부를 운동에너지로 변환시킨다.

왜? 진공청소기는 공기를 아주 빠르게 움직이게 노즐을 사용한다. 안으로 고속으로 빨려 들어가는 공기는 먼지를 함께 끌어당기고 집을 청소한다.

난류의 시작

정원의 식물에 물을 뿌릴 때, 두 가지 흥미로운 현상을 관찰할 수 있다. 첫째, 물은 그것을 느리게 만드는 어떤 표면이든지 눌러버리고, 둘째로, 장애물 사이를 흐르면서 나뉜다는 특징이 있다. 누르는 효과는 또 다른 Bernoulli 효과이다. 물결이 표면과 부딪혀 휘어지면, 표면에서의 압력이 휘어짐을 만들고 상승한 압력이 표면을 앞쪽으로 누르는 것이다.

하지만 물이 나누어지는 효과는 보지 못했던 것이다. 장애물을 돌아가려는 과정에서, 물은 그 정돈된 구조를 잃어버리고 휘몰아치는 거품으로 분해된다. 사실 물의 스스거리는 소리는 친숙하다. 당신이 호스에 물을 틀기 시작할 때 들은 소리이다. 꼭지는 호스 안의 유량

그림 6.1.4 왼쪽 사진에서는 물이 물결을 따라 느리게 흐르고 점성력에 의해 잔잔히 돌을 지나친다. 오른쪽 사진에서는 물결을 따라 돌을 빠르게 지나쳐 관성이 휘몰아치는 난류로 바뀐다.

Courtesy Lou Bloomfield

을 조절하기 위해 유동적인 제어기를 사용한다. 즉 꼭지를 틀면 제어기가 점진적으로 제거되면서 호스 안으로 유입되는 유량을 늘리고 꼭지가 스스하는 소리를 내는 것이다. 물이 식물이나 제어기에 부딪혔는지 여부에 상관없이 잔잔히 흐르는 유체를 교란시키는 것에는 높은 속도와 장애물에 대한 무언가가 있다.

지금까지 우리는 간단한 층류로 대표되는 잔잔한 **층류**(laminar flow)만을 다뤘다. 잔잔한 층류에서는 유체의 인접한 부분은 계속 인접하게 된다. 예를 들면, 잔잔한 층류에 염료 두 방울을 떨어뜨리면 영원히 인접하면서 흘러갈 것이다(그림 6.1.4 좌측). 잠잠한 층류는 점성력 때문으로, 인접한 흐름은 같은 속도로 흐르게 한다. 점성력이 유체의 움직임을 지배하면 흐름은 보통 잠잠하게 된다.

하지만 물줄기가 돌들과 장애물을 빠르게 지나칠 때는, 그 층류선이 물방울로 분해되고 부서져서 래프팅을 신나게 할 수 있는 '하얀 물보라'로 변하게 된다(그림 6.1.4 우측). 이 거친 난류에서는 염료가 빠르게 흩어진다. 물줄기가 **난류**(turbulence flow), 즉 유체의 인접한 부분이 예측할 수 없는 방향으로 독립적으로 움직이며 분리되는 시끄러운 흐름으로 바뀐 것이다. 난류는 관성이 불안정해진 결과로, 운동량에 따라 유체의 각 부분을 밀어버린다. 관성이 유체의 움직임을 지배하면 흐름은 보통 난류가 된다.

식물들과 수도꼭지는 잠잠한 흐름이었던 것에 분명히 난류를 일으키고 있다. 점성력으로 지배받던 흐름이 갑자기 관성의 지배를 받게 된 것이다. 흐름이 층류인지 난류인지는 유체와 그 환경의 특징의 영향을 받는다.

1. 유체의 점성력. 점성력은 유체의 각 부분들이 같이 움직이게 하기 때문에 높은 점성력은 층류가 될 가능성이 높다(그림 6.1.5).
2. 정지된 장애물을 지나가는 유체의 속도. 유체가 빠르게 움직일수록 유체의 인접한 두 흐름이 더 빨리 나뉘며 점성력이 그 두 흐름을 붙잡고 있기가 어려워진다.
3. 유체가 부딪히는 장애물의 크기. 장애물이 클수록 점성력이 긴 거리에 걸쳐 유체를 정돈된 상태로 유지하기 더 어려워진다.
4. 유체의 밀도. 유체의 밀도가 높을수록 점성력의 영향을 적게 받으며 난류가 될 가능성이 높아진다.

위의 네 변수는 모두 독립적으로 유지되기보다는 여러 흐름들을 비교할 수 있는 하나의 수로 결합될 수 있음을 영국의 수학자이자 공학자인 Osborne Reynolds(1842~1912)가 발

© Courtesy Lou Bloomfield

그림 6.1.5 꿀의 큰 점성력은 그것을 부을 때 잔잔히 흐르도록(층류로 흐르도록) 유지시킨다. 물의 작은 점성력은 그것이 분수대에서 첨벙거릴 수 있게 한다. 두 사례 모두에서, 장애물의 효과적인 길이는 흐르는 유체의 너비, 곧 1 cm 정도이다.

견하였다. 이를 **Reynolds 수**(Reynolds number)라 하고 다음과 같이 정의된다.

$$\text{Reynolds 수} = \frac{\text{밀도} \cdot \text{장애물의 길이} \cdot \text{유속}}{\text{점도}} \tag{6.1.2}$$

식 6.1.2의 우변에 있는 수들은 서로를 상쇄하기 때문에 Reynolds 수에는 차원이 없다. 즉 10이나 25,000과 같이 단순한 수로 떨어진다. Reynolds 수가 증가하면 흐름은 점성력으로 지배되는 것에서 관성으로 지배되는 흐름으로 바뀌어 층류에서 난류로 변한다. Reynolds는 그의 실험에서 Reynolds 수가 대략 2300이 넘을 때 난류가 일어난다는 것을 발견했다. 이 변화는 1 cm 두께의 막대를 잠잠한 물에 넣어서 만들 수 있다. 막대를 약 10 cm/s로 느리게 움직이면 Reynolds 수는 1000 정도가 되어 흐름은 여전히 층류를 유지할 것이다. 하지만 그 막대의 속도를 대략 50 cm/s로 높이면 Reynolds 수는 5000으로 상승해 난류가 된다.

난류의 가장 흔한 특징 중 하나는 **소용돌이**(vortex), 즉 중심부 구멍 주위로 원 모양을 그리며 회전하는 유체의 부분이다. 소용돌이는 작은 토네이도를 닮았는데, 중심부 구멍은 유체가 회전하며 관성에 의해 생긴다. 소용돌이들은 카누 노젓기나 믹싱 볼 또는 빠르게 저은 커피 잔 속에서 쉽게 관측된다. 난류를 형성할 정도로 유체 안의 물체가 빠르게 움직이면 이 소용돌이들이 형성되기 시작한다. 각 소용돌이는 물체 뒤에 생기지만 곧 여러 개의 소용돌이들로 분화되어 그를 만든 물체의 영향을 벗어난다.

층류가 완전히 예측 가능한 데 반해, 난류는 **카오스**(chaos)나 혼돈의 형태를 띤다. 이젠 더 이상 물방울이 어디로 튈지 예측할 수 없는 것이다. 카오스에 대한 연구는 과학의 새로운 분야이다. **카오스 시스템**(chaotic system), 즉 카오스의 특질을 보이는 시스템에서는 최초의 상태에 크게 영향을 받기 때문에 이런 초기 상황에 대한 아주 약간의 변화만으로도 추후에 상당한 변화를 일으킬 수 있다.

당신이 난류의 물의 흐름을 볼 수 없더라도, 일반적으로는 들을 수 있다. 난류의 첨벙거리는 움직임은 물의 정돈된 에너지를 열에너지와 소리로 변환시킨다. 꼭지 근처의 난류는 호스 안으로 들어가는 물의 정돈된 에너지를 조금 감소시키고, 따라서 노즐에서 나와서 정원으로 뿌려질 때 그 속도는 증가한다.

당신이 노즐을 갑자기 잠그고 물의 흐름을 멈추게 할 때는 다른 소리가 난다. 움직이는 물에는 운동량이 있고, 갑자기 멈추는 것은 엄청난 반작용을 필요로 한다. 느려지는 흐름이 정상 상태에 있지 않기 때문에 Bernoulli의 공식은 적용되지 않고, 압력은 움직이는 물 앞쪽에서 천문학적 수치까지 치솟을 수도 있다. 이 압력 증가는 물이 느려지는 쪽으로 가속해서 물을 멈출 때 '펑'하는 소리가 나게 한다. 물 망치라고 불리는 물이 멈추는 앞쪽에서 갑자기 증가한 압력은 노즐을 잡아당기고, 호스를 부풀게 하며, 파이프를 덜컹거리게 할 수도 있다.

▶ 개념 이해도 점검 #5: 도시 폭풍

고층 건물이 많은 도시의 바람 많이 부는 날에는 거리의 낙엽과 종이가 공기 중에서 회전하며 떠도는 것을 볼 수 있다. 이런 휘몰아치는 공기의 흐름은 무엇이 만드는 것일까?

> 해답 빌딩들이 만들어낸 '협곡' 사이로 흐르는 공기는 난류로 변하고 낙엽과 종이들을 빙빙 돌리는 소용돌이를 만들어낸다.

> 왜? 물체가 유체 안을 움직이거나 유체가 물체를 지나칠 때, 그 상황에는 Reynolds 수가 관련된다. 유체의 점성력이 유체가 정돈된 상태로 흐르지 못할 정도로 Reynolds 수가 커지면 난류가 생긴다. 대도시를 지나는 바람의 경우 그 소용돌이들과 난류는 어디에나 있다.

▶ 정량적 이해도 점검 #2: 고속도로의 바람

자동차가 고속도로에서 달릴 때 그 주변의 공기는 난류인가 층류인가? (공기의 점성력은 표 6.1.1에 주어져 있다.)

> 해답 난류이다.

> 왜? 차 주변의 공기 흐름의 Reynolds 수를 계산하기 위해서는 표 6.1.1로부터 공기의 점성력 수치 (0.0000183 Pa · s 혹은 0.0000183 kg/m · s), 4.1절에서 공기의 밀도(1.25 kg/m^3), 차의 크기(대략 3 m), 그리고 공기 속 차의 속도(대략 25 m/s)가 필요하다. 그 다음에는 식 6.1.2를 이용해 Reynolds 수를 추정할 수 있다.

$$\text{Reynolds 수} = \frac{1.25 \text{ kg/m}^3 \cdot 3 \text{ m} \cdot 25 \text{ m/s}}{0.0000183 \text{ kg/m} \cdot \text{s}} = 5.1\text{백만}$$

자동차 주변의 Reynolds 수가 난류 기준(2300)을 크게 초과하므로 공기는 카오스적으로 차 주변을 선회한다. 이것이 당신 머리카락이 어지럽게 날리는 현상을 설명해준다.

6.2 | 구기 스포츠: 공기

야구나 골프와 같은 스포츠에서 정교함과 미묘함의 대부분은 공이 공기와 상호 작용하는 방식에 달려 있다. 달에서 야구를 한다고 가정하면, 던질 수 있는 공은 직구와 별로 빠르지 않은 직구 밖에 없을 것이다.

생각해 보기: 왜 당신은 진짜 야구공을 텅 빈 플라스틱 공보다 훨씬 빠르게 던질 수 있는가? 왜 기다란 플라이 볼이 중앙 필드에서 잡으려고 하면 수직낙하하는 것처럼 보이는가? 어떤 힘들이 커브 공을 휘게 만드는가? 왜 잘 맞은 골프공은 떨어지기 전에 공기 중에 붕 떠 있는가? 너클볼이나 스피트볼이 공기 중을 진행할 때 어떻게 떨리는가?

실험해 보기: 공기의 효과를 가장 눈에 띄게 하기 위해서는, 무게는 적게 나가지만 표면적은 넓은 공이 필요하다. 비치볼이 제일 좋겠지만, 휘플볼이나 속이 빈 플라스틱 공 정도면 족하다. 당신이 얼마나 멀리 던질 수 있는지 보라. 어떻게 그것이 멈추는가? 느려지고 높이가 점진적으로 내려가는가, 아니면 갑자기 멈추고 땅으로 떨어지는가? 이제 당신이 던지면서 공이 회전하게 해 보자. 왜 공이 도중에 휘는가? 더 빠른 회전은 공을 더 휘게 하는가, 덜 휘게 하는가? 어느 방향으로 공이 돌고, 어떻게 그 커브 방향과 연관되는가? 도는 방향을 바꿔 보자. 이제는 어느 방향으로 도는가?

공이 천천히 움직일 때: 공기의 층흐름

당신이 달에 있는 야구팀에 가입하면 가장 처음 눈치 챌 것 중 하나는 던진 공이 지구에서보다 홈플레이트에 더 빨리 도착한다는 것이다. 달에는 대기가 없기 때문에, 공을 느려지게 하는 공기 저항이 전혀 없다. 앞 단원에서 우리는 물체가 움직이는 유체에 어떻게 영향을 미치는지를 보았다. 이제 공기의 운동적인 변화의 과학, **공기역학**(aerodynamic)을 공부하면서 어떻게 유체가 움직이는 물체에 영향을 미치는지 보게 될 것이다.

공기 중에서 움직이는 공은 **공기역학적 힘**(aerodynamic force)을 경험한다. 그러니까 공의 움직임 때문에 공기에 의해 상대적으로 작용하는 힘 말이다. 이들은 공을 아래쪽으로 밀거나 공을 한쪽이나 다른 쪽으로 미는 **양력**(lift force)을 포함한 **항력**(drag force)으로 이루어진다(그림 6.2.1). 일반적으로 **공기 저항**이라 불리는 항력으로부터 공기역학의 공부를 시작해 보고, 일단은 느리게 움직이는 공으로 출발할 것이다. 저속으로 시작하는 이유는 저속에서는 점성력이 공 주변으로 흐르는 공기를 제어할 수 있고, 점성력이 관성을 지배하기 때문이다. 느리게 움직이는 공 주변의 공기는 층류이다.

그림 6.2.2는 느리게 움직이는 공 주변에서의 층류 패턴을 보여준다. 사실, 그 패턴은 공이 공기 중으로 천천히 움직이거나 공기가 공 주변으로 천천히 움직이거나 서로 같다. 단순성을 위해 공과 함께 움직이고 공의 초기 관성의 프레임에서 공기 흐름을 관찰해 보자. 그 관성의 프레임에서는, 공이 가만히 있고 공기가 그것을 지나쳐 흐르는 것처럼 보인다.

이 느리게 움직이는 공기는 공 앞에서 정돈되게 분리되며 그 뒤에서 다시 합쳐진다. 그것은 난류에서 벗어나 공 안으로 공기 흔적을 만든다. 그러나 공기의 속도와 압력은 공을 지나칠 때 계속 균일하게 유지되는 것은 아니다. 공 주변을 지나는 동안 공기 흐름은 몇 번

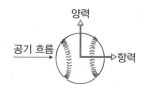

그림 6.2.1 물체들에 작용하는 공기역학적 힘은 항력과 양력이다. 항력은 공기 흐름에 평행하게 작용하고 공기 중으로 이동하는 물체의 움직임을 느리게 만든다. 양력은 공기 흐름과 수직으로 작용해 물체를 한쪽 혹은 다른 쪽으로 밀어버린다. 양력은 항상 위쪽으로만 작용하는 것은 아니다.

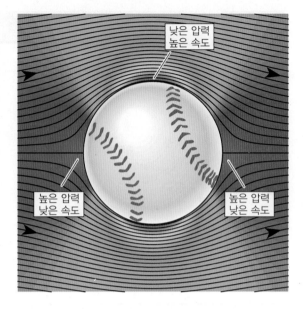

그림 6.2.2 느리게 움직이는 공 주변은 층류이다. 공기는 공 뒤와 앞에서 느려지고(넓게 배치된 층류선), 압력이 증가하고(스펙트럼의 보라색 끝으로 이동한다), 공의 옆면에서 공기는 빨라지고(좁게 배치된 층류선), 그리고 그 압력은 감소한다(스펙트럼의 적색 끝으로 이동). 그러나 이런 공 주변의 압력은 서로를 완벽히 상쇄하기 때문에 공은 아무런 압력 항력도 받지 않게 된다. 오직 점성 항력만이 공에 영향을 미치게 된다.

그림 안 레이블: 낮은 압력 / 높은 속도, 높은 압력 / 낮은 속도, 높은 압력 / 낮은 속도

휘어지고, 그런 휘어짐은 항상 압력 불균형을 수반한다. 공기에서 먼 공기 압력은 대기압이므로, 그 압력 불균형은 항상 공의 표면 주변의 압력 변화에 의해 벌어진다. 공기가 공기 바깥쪽으로 휘어질 때, 그래서 공이 바깥쪽에 있을 때, 공기 근처의 압력은 대기압보다 높음에 분명하다. 공기가 공 쪽으로 휘어질 때, 그래서 공이 휘어짐의 한가운데에 있을 때, 공 주변의 압력은 대기압보다 낮음에 틀림없다.

소개는 이만 하고 이제 공 주변의 느리게 움직이는 공기를 관찰해 보자. 공의 앞쪽으로 향하는 공기는 그로부터 바깥쪽으로 휘기 때문에 공기 앞쪽 근처의 압력은 대기보다 압력이 높아야 할 것이다. 이 압력의 증가는 공에 상대적으로 **공기 속도**(airspeed)의 감소를 동반한다. 그림 6.2.2는 보라색 스펙트럼으로 치우치는 색 변화에 의해 압력 증가를 나타내며, 층류의 간격이 넓어짐으로 인해 공기 속도가 감소함을 나타낸다.

공의 옆면을 두르는 공기는 공 쪽으로 휘므로, 공 옆면 쪽의 압력은 대기압보다 낮을 것이다. 이 대기압의 감소는 공의 속도 증가를 수반한다. 그림 6.2.2는 스펙트럼의 적색 끝으로의 색의 이동으로 압력 감소를 나타내며, 층류선의 좁아진 간격으로 속도 증가를 표현하고 있다.

이 층류는 공 뒤쪽으로까지 쭉 이어지며 끝난다. 공을 떠나는 공기는 공으로부터 바깥쪽으로 휘어지므로, 공 뒤쪽의 공기의 압력은 대기압보다 높을 것이다. 앞의 경우와 같이 그림 6.2.2에서 보라색으로의 색의 이동은 압력 증가를 나타내고, 층류선의 넓어진 간격은 공기 속도의 감소를 수반함을 나타낸다.

공기 압력이 공의 각 부분별로 다를 수 있다는 점이 이상하게 생각될지도 모르지만, 공기 흐름에 있어서는 그것이 실제로 일어나는 일이다. 측면의 낮은 압력 공기가 공 뒤쪽으로, 압력이 더 높은 곳으로 흐를 수 있다는 것은 특히 주목할 만하다. 이 공기는 압력 불균형을 경험하고 있는데, 이 불균형은 공을 뒤쪽으로, 즉 이동 방향의 반대 방향으로 민다. 하지만 압력 변화는 속력이 아닌 가속을 일으키고, 공의 측면을 지나가는 낮은 압력의 공기는 공 뒤쪽으로 도달할 만큼의 정돈된 에너지와 전방 운동량을 가지고 있다. 압력이 높아지며

공기가 느려지기는 하지만, 그 여정은 무사히 끝마칠 수 있는 것이다.

공을 두르는 공기 흐름은 대칭적이고, 공기 압력이 공에 작용하는 힘 역시 대칭적이다. 이 압력 힘들은 서로를 완벽히 상쇄하여 공은 압력에 의한 힘을 받지 않게 된다. 가장 중요하게 공 앞쪽의 강한 압력은 공 뒤쪽의 강한 압력에 의해 평형을 이룬다. 이 대칭적 구조의 결과로, 공에 작용하는 유일한 공기역학적 힘은 점성 항력, 즉 공의 표면을 지나면서 겹겹의 점성 공기에 의한 아래쪽으로의 마찰력이다(**4** 참조).

우리는 이제 곧 점성 항력은 스포츠 공이 받는 공기 저항 중 일부분에 불과하다는 것을 보게 될 것이다. 그것은 공기 중에 먼지를 몇 시간이나 떠 있게 하고, 비행기 날개에 있어서는 중요한 문제이기도 하다. 또한 우리가 전에 본 힘이기도 하다. 점성력은 앞 단원에서 당신 정원 호스의 물을 느리게 흐르게 했다!

> ### 개념 이해도 점검 #1: 시냇물
>
> 물줄기가 작은 돌을 지날 때 돌의 앞쪽 물은 속도가 감소하고 증가한 압력은 수면을 조금 상승시킨다. 돌 뒤의 수면도 살짝 상승한다. 이 현상을 설명하라.
>
> 해답 돌 주변의 물의 느린 흐름은 층류이기 때문에 물의 압력은 돌의 앞과 뒤에서 가장 강하다. 돌 뒤의 증가한 압력은 그곳에서의 수면을 상승시킨다.
>
> 왜? 장애물 주변의 층류 흐름은 앞과 뒤의 강한 압력이 작용하는 곳과 옆면의 약한 압력이 작용하는 곳을 만든다. 작은 돌을 예로 들면, 압력 변화는 수면의 변화로 관측할 수 있다. 돌의 앞과 뒤에서는 상대적으로 높은 압력이 작용해 수면을 상승시키고, 돌의 옆면에서는 수면이 하강하게 된다.

공이 빠르게 움직일 때: 난류 공기 흐름

공들이 항상 층류를 경험하는 것은 아니다. 특히 스포츠에서 난류가 흔하고, 그것은 새로운 종류의 항력을 수반한다. 공 주변을 흐르는 공기가 난류성일 때는 공기 압력 분배가 더 이상 대칭적이지 않고 공은 **압력 항력**(pressure drag), 즉 움직이는 공기의 불균형한 압력에 의해 아래쪽으로 작용하는 힘을 받게 된다. 이런 압력 불균형들은 공기 중에서 공의 속도를 느려지게 하는 알짜힘을 작용한다.

공은 Reynolds 수가 대략 2000을 넘을 때 난류성 기체와 압력 항력을 받게 된다. 앞부분에서 소개된 Reynolds 수는 공의 크기와 속도를 공기의 밀도와 점성력과 결합해 공기 흐름이 점성과 관성 중 어느 것에 의해 지배당하는지 나타낸다. 낮은 Reynolds 수에서는 점성이 관성을 지배해 공기가 층류 흐름을 가진다. 그러나 높은 Reynolds 수에서는 공기의 관성이 점성을 지배하고 공기 흐름은 난류 흐름이 되는 경향이 있다. 하지만 이 난류는 무언가 원인이 있기 전에는 형성되지 않는데, 점성이 그 원인이 된다.

점성의 역할을 이해하기 위해, 먼저 공의 표면을 관찰해야 한다. 강풍 속에서도 점성력은 공 표면 근처의 얇은 **경계층**(boundary layer)을 느리게 만든다(그림 6.2.3). Gustave Eiffel(그림 6.2.4)의 도움을 받아 Ludwig Prandtl **5**가 발견한 이 경계층은 더 느리게 움직이고 표면에서 멀리 떨어져 자유롭게 흘러가는 공기보다는 정돈된 에너지가 더 적다.

4 물체 주변의 공기 흐름이 층류적일 때는, 그의 압력 힘은 완벽히 상쇄되며 압력 불균형에 의해 아무런 항력을 느끼지 않는다. 이를 **무압력 항력**이라 부른다. 압력 항력의 부재는 초기에 먼지 주변의 공기 흐름이 층류적이고 항력을 받는다는 것을 아는 공기역학자들에게 상당한 의문이었다. 이 의문을 가장 처음 발견한 프랑스의 수학자 Jean Le Rond d'Alembert(1717~1783)의 이름을 따 d'Alembert의 역설이라 불렸다. d'Alembert와 동시대 연구가들은 실제로 공기 속 먼지의 움직임을 느리게 만드는 점성 항력에 대해서는 모르고 있었다.

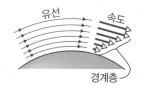

그림 6.2.3 공기가 표면 근처를 흐를 때 공기의 얇은 한 겹이 점성 항력들에 의해 느려진다. 이 경계면은 낮은 Reynolds 수에서는 층류이고, Reynolds 수가 100,000 이상으로 솟구치지 않는 한 난류로 변하지 않는다.

5 Ludwig Prandtl(독일의 공학자, 1875~1953)은 공기역학 이론에 중요한 기여를 많이 하였다. 그중 가장 중요한 것은 유체 움직임에서 경계층의 개념이다. Prandtl은 괴팅겐을 세계 제일의 공기역학 연구소로 만드는 데 너무나 집중해서 아내를 맞을 시간도 없었다. 결혼해야 한다고 느낀 그는 그의 전 지도 교수의 부인에게 두 딸 중 한 명을 아내로 달라고 편지를 썼는데 누구를 결정하진 않았다. 그 가족은 장녀를 택했고 결혼식이 진행되었다.

그림 6.2.4 공기역학에서의 초기 실험들은 자신의 이름을 딴 탑을 가지고 있는 Gustave Eiffel(프랑스의 공학자, 1832~1923)에 의해 이루어졌다. 1890년대에 Eiffel은 그의 탑에서 다양한 크기와 모양을 가진 물체들을 떨어뜨리고 그것들이 받는 항력을 측정했다. 그의 연구는 Prandtl에게 영향을 미쳐 난류성 경계층의 출현을 수반하는 항력의 감소를 설명하는 기초가 되었다.

공기가 공 뒤로 흘러가면서, 그것은 상승하는 압력으로 인해 공기를 뒤로 밀도 감속하게 하는 **반대의 압력 기울기**(adverse pressure gradient)를 거친다. 경계층 바깥쪽의 자유롭게 흘러가는 공기 흐름은 공의 뒤쪽으로 독자적으로 갈 수 있을 정도로 에너지와 전방 운동량이 충분하지만, 경계층의 공기는 그렇지 않다. 앞쪽으로 미는 힘을 필요로 한다.

낮은 Reynolds 수들에서는 공기 흐름 전체가 경계층을 공 뒤쪽으로 밀고, 공기 흐름은 층류 상태를 유지한다. 그러나 높은 Reynolds 수에서는 자유로이 흐르는 공기 흐름과 경계층 사이의 점성력은 경계층을 공 뒤쪽의 상승하는 압력으로 계속 움직이게 하는 데 충분치 않게 된다.

적절한 도움 없이는 경계층은 결국 질질 끌리게 된다. 즉, 정지 상태에 이르고 정상 상태 흐름을 방해하는 것이다. 더 큰 문제는 이 경계층은 반대 압력 기울기에 의해 뒤로 밀려 공의 측면으로 되돌아오게 되는 것이다. 그렇게 되면서 그것은 마치 쐐기처럼 공과 자유로이 흐르는 공기 흐름 사이를 나누게 된다. 공기 흐름은 공으로부터 분리되어 공 뒤쪽에 엄청난 난류성 공기나 에어 포켓을 남긴다(그림 6.2.5).

이 난류의 항적 때문에, 공기는 더 이상 공 뒤쪽에서 부드럽게 휘어지지 않고 압력 상승 역시 없게 된다. 대신에 공 뒤편의 압력은 대략 대기압과 비슷해진다. 공 뒤편의 높은 압력의 부재는 공에게 가해지는 압력의 대칭성을 무너뜨리고 이 힘들은 더 이상 서로 상쇄하지 않는다. 따라서 공은 전체적으로 아래쪽 방향으로 작용하는 힘, 즉 압력 항력의 힘을 받게 된다. 실제로 공은 난류의 항적을 그리며 운동량을 공기로 전달하고 그 항적을 같이 끌고 가는 것이다.

압력 항력은 달팽이보다 빠르게 움직이는 공이라면 무엇이든 더 느리게 만든다. 압력 항력은 난류의 에어 포켓의 단면적과 공기 중 공의 속도의 제곱에 대략적으로 비례한다. 속도의 제곱은 공이 공기를 에어 포켓으로 끌고 가면서 얼마나 공기의 속력이 변화되는지를 나타낸다. 보통의 속도로 움직이는 공에서 에어 포켓은 공 정도의 폭을 가지고 공은 큰 압력 저항력을 받게 된다.

그림 6.2.5 공의 속도가 Reynolds 수 2000에서 100,000 사이이면, 층류면이 공 뒤쪽의 상승하는 압력 속에 지연 운동한다. 결과로 발생되는 반대의 흐름은 주 공기의 흐름이 공의 표면에서 떠나 큰 난류성 흔적을 남기게 한다. 공 뒤의 평균 압력은 낮게 유지되고 공은 큰 압력 항력을 받게 되는 것이다.

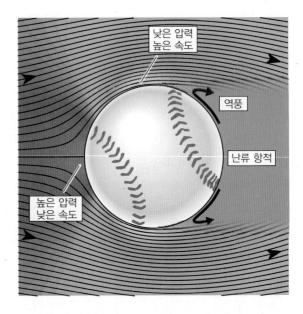

▶ 개념 이해도 점검 #2: 흔적도 없이

카누가 잠잠한 호수에서 매우 천천히 순항할 때는 그것이 쓸고 가는 물에는 거의 변화가 없다. 그러나 빠르게 노를 젓기 시작하면 카누는 빙빙 도는 흔적을 남긴다. 차이를 설명하시오.

해답 느리게 움직이는 카누는 물에서 층류를 경험하지만 빠르게 움직이는 카누는 난류를 경험한다.

왜? 카누의 속도가 약 1 cm/s보다 느리면 Reynolds 수는 2000보다 작을 것이고 그 주위의 물의 흐름은 층류의 형태를 띨 것이다. 물은 카누의 옆면을 부드럽게 지나가 뒷면에서 다시 합쳐진다. 하지만 카누가 Reynolds 수가 2000이 넘어갈 정도로 빠르게 움직이면, 물의 흐름이 난류로 변하고 카누는 그 뒤로 거친 흔적을 남기게 된다. 이 흔적은 카누에 압력 항력을 작용하고 에너지를 추출한다. 카누의 노를 저어본 사람이면 이 압력 항력을 거스르기가 힘들다는 것을 알 것이다.

골프공의 움푹 들어간 곳

앞에 설명한 것이 전부라면, 당신은 야구 경기에서 홈런을 치거나 골프공을 200미터까지 보낼 수 없을 것이다. 하지만 관성의 작용은 여기서 끝나지 않는다.

아주 큰 Reynolds 수에서는 경계층 자체가 난류로 변한다(그림 6.2.6). 그것은 층류선을 잃고 그 자신과 옆의 자유롭게 흐르는 공기와 빠르게 뒤엉키기 시작한다. 이 섞어짐은 추가적으로 정돈된 에너지와 전방 운동량을 경계층에 더해 멈추기 어려워지고 반대 흐름에 보다 많은 저항을 가지게 만든다. 이 난류성 경계면이 여전히 공 뒤쪽으로 가기 전에 지연되지만, 그 지연된 공기는 위쪽으로 짧은 거리만을 이동한다. 자유롭게 흐르는 공기는 여전히 공으로부터 분리되기는 한다. 하지만 그 분리는 공의 꽤나 뒤편에서 진행되어 결과적으로 난류 흔적이 상대적으로 작게 된다(그림 6.2.7).

이보다 작은 에어 포켓의 결과로, 압력 항력은 난류성이 없을 때보다 감소한다. 층류 경계층을 난류 경계면으로 대체하는 효과는 엄청나다. 골프공을 60미터만큼 보내는 것과 200미터만큼 보내는 것의 차이이다! 공기 흐름에서 Reynolds 수의 영향은 표 6.2.1에 요약되

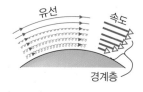

그림 6.2.6 Reynolds 수가 100,000을 넘어가게 되면, 표면을 지나는 공기의 경계층은 난류 상태가 된다. 이 빙빙 도는 유체는 자유롭게 흐르는 공기로부터 초과로 정돈된 에너지와 전방 에너지를 공급받아 압력이 증가하는 영역까지 깊게 파고들 수 있다.

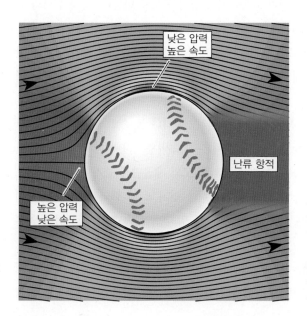

낮은 압력
높은 속도

난류 항적

높은 압력
낮은 속도

그림 6.2.7 Reynolds 수가 100,000을 넘을 정도로 공이 빠르게 이동하면, 그 경계층이 난류로 변한다. 이 난류층은 표면과 분리되기 전에 뒤쪽으로 제법 많이 이동한다. 자유롭게 흐르는 공기가 그것을 따라가 둘은 상대적으로 작은 난류 흔적을 남긴다. 공은 약간의 압력 항력만 받게 되는 것이다.

그림 6.2.8 초기의 골프공은 가죽으로 깃털을 채워 넣어 만들었다. 골프는 구타-페르차라는 강한 고무로 만들어진 공들이 상용화되면서 유명해졌다. 하지만 새로 만들어진 부드러운 '거티'(왼쪽 위)는 별로 멀리 날아가지 않고 오히려 오래 사용했을 때 더 잘 날아갔다. 생산자들은 곧 여러 가지 그루브(오른쪽 위)나 불룩불룩 튀어나온(왼쪽 아래) 공들을 생산하기 시작했고, 이들은 부드러운 것보다 훨씬 멀리 날아가게 되었다. 현대의 골프공(오른쪽 아래)은 그루브를 가지거나 불룩불룩 튀어나온 대신 패여 있다.

Courtesy Lou Bloomfield

표 6.2.1　공이나 다른 물체 주위에 흐르는 공기에 대한 Reynolds 수

Reynolds 수	경계층	흔적의 형태	저항력의 주된 힘
<2000	층경계	작은 층	점성
2000~100,000	층경계	큰 교란	압력
>100,000	난류경계	작은 교란	압력

유선

경계층

그림 6.2.9 경계층은 100,000 아래의 Reynolds 수에서도 울퉁불퉁함이나 패임으로 난류로 바꿀 수 있다.

어 있다.

공기 흐름의 분리가 공 뒤편에서 일어나도록 하는 것은 거리와 속도에 너무나도 중요하기 때문에 몇몇 스포츠에서 쓰는 공은 난류성 경계층을 더 잘 만들 수 있게 설계되어 있다(그림 6.2.8). Reynolds 수가 100,000, 즉 경계층이 난류성이 되는 임계점보다 커지기를 기다리는 대신, 이런 공들은 '고의적으로' 경계층을 넘게 만든다(그림 6.2.9). 그들은 층류에 몇 가지 변화를 가해 공 표면의 공기가 요동치고 난류가 되도록 만든다. 압력 항력의 감소는 점성력의 약한 상쇄를 견디고도 남으므로 골프공을 움푹 들어가게 설계하는 이유이다. 그러나 테니스공의 까슬까슬한 표면은 그것이 제거하는 항력보다 훨씬 많은 항력을 만들어낸다. 테니스공을 전부 매끄럽게 깎아버리는 것이 실제로 그 속도를 보존하는 데는 더 도움이 될 것이다.

각종 스포츠에서 항력이 얼마나 공에 영향을 미칠까? 공기나 물 속의 빠른 움직임과 관련된 스포츠에서는 상당하다는 것이 정답이다. 항력은 속도가 증가하면 함께 많이 상승한다. 난류 흔적과 압력 항력이 발생하면, 항력은 공의 속도의 제곱만큼 증가한다. 결과적으로 야구의 투구는 홈플레이트에 도달하는 동안 상당히 느려지고, 더 빨리 던지면 더 많이 느려진다. 시속 90마일로 던진 공은 시속 8마일 정도를 잃지만, 시속 70마일로 던진 공은 시속 6마일 정도밖에 잃지 않는다.

맞은 공은 경계층이 난류성이 될 수 있을 정도로 대략 160 km/h에서 충분히 빨리 움직이기 때문에 상대적으로 영향을 덜 받는다. 항력의 감소가 홈런을 왜 칠 수 있는지는 설명

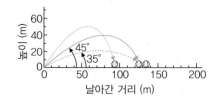

그림 6.2.10 공기 항력은 치는 공이 날아가는 것을 더 느리게 만들어 그림 1.2.7에서 도출한 이론적인 45°로 공을 치는 것이 최적이 아니게 만든다. 대략 수평 위로 35° 정도의 각으로 치는 것이 최대 거리를 가져올 것이다.

하지만, 공기 항력의 존재는 여전히 공이 이동할 수 있는 거리를 최대 50%까지 줄인다. 공기 항력이 없다면 일반적인 플라이 볼이 구장을 넘어가는 홈런이 될 수도 있다. 공기 저항을 감안할 때, 가장 많은 거리를 날아가기 위해 날릴 수 있는 최적의 각도는 1.2절에서 다루었던 이론적인 각도 수평 위로 45°가 아니다. 공이 아래쪽 방향 속력을 잃는 경향을 생각하면, 살짝 낮은 각도인 수평 위로 35°에서 치는 것이 최적이다(그림 6.2.10).

장외로 날아가는 동안 공이 속력의 수평 구성 부분을 대부분 잃기 때문에 수비수가 잡으려 할 때 거의 수직낙하하는 경향이 있다. 중력이 아래쪽으로 공을 움직이게 하지만, 항력이 홈플레이트에서 그 수평적인 움직임을 거의 멈추게 만드는 것이다.

항력은 떨어지는 공의 아래쪽 방향 속력도 약 160 km/h로 제한한다. 그것은 공의 한계 속력으로, 한계 속력은 위쪽으로 작용하는 항력이 아래쪽 방향 무게와 정확히 균형을 이루어 더 이상 가속하지 않는 속력을 가리킨다. 설령 공이 비행기에서 떨어진다고 하더라도 그 속력은 이 값을 넘지는 못한다.

> **▶ 개념 이해도 점검 #3: 훌륭한 스포츠카를 디자인하는 법**
>
> 자동차 공학자로서 당신은 당신이 디자인하는 차의 공기역학적 항력을 최소화하도록 하는 것이 목표이다. 그렇다면 공기의 흐름이 차의 어느 부분에서 분리되게 해야 하겠는가?
>
> **해답** 가능한 차의 뒤편에 위치해야 한다.
>
> **왜?** 공기 중에서 가장 크고 빨리 움직이는 모든 물체에서와 같이, 압력 항력은 공기 저항의 가장 중요한 요인이다. 당신은 공기가 차 후방에서 작은 난류 흔적을 남기고 벗어날 때까지 차에 부드럽게 흘러갈 수 있기를 원할 것이다. 차 뒤의 에어 포켓이 작을수록 더 좋다. 공기역학적으로 설계된 차들은 차의 가장 두꺼운 부분의 3분의 1정도 밖에 안 되는 면적의 난류 흔적을 남긴다. 아직도 개선의 여지는 있지만 이들 차는 예전의 상자 모양 차들보다는 훨씬 낮은 항력을 받는다.

커브볼과 너클볼

공에서의 항력들은 공을 밑으로 끌어내려 몰려오는 바람에 평행하게 만든다. 하지만 몇몇의 경우에서는 공이 양력, 즉 공기의 흐름에 수직으로 작용하는 힘을 느낄 수 있다(그림 6.2.1). 항력을 받으려면, 공은 공기의 흐름을 느리게 가게만 하면 된다. 양력을 받으려면, 공은 공기의 흐름을 다른 쪽으로 변경시켜야 한다. 그 이름이 위쪽으로 작용하는 힘을 떠올리게 만들지만, 양력은 물체를 옆면 또는 아래쪽 방향으로도 밀 수 있다.

커브볼과 너클볼은 둘 다 양력을 이용한다. 야구에서 투수가 던지는 공은 공기의 흐름을 한쪽으로 쏠리게 하여 공이 다른 쪽으로 가속하게 만든다. 다시금 우리는 작용·반작용

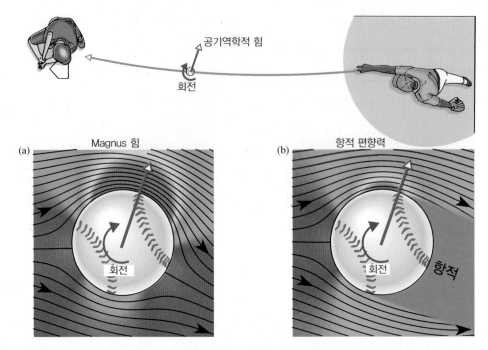

그림 6.2.11 빠르게 회전하는 야구공은 그 항로에서 휘게 하는 두 가지 양력을 받는다. (a) Magnus 힘은 공이 회전하는 방향으로 흐르는 공기가 보통 공 쪽으로 휘어지고, 그 반대 방향으로 흐르는 공기는 바깥쪽으로 휘어지기 때문에 발생한다. (b) 항적 편향력은 공이 회전하는 방향으로 흐르는 공기가 공에 더 오랫동안 인접하게 되어 그 항적을 휘도록 하기 때문에 생긴다.

의 법칙을 볼 수 있는데, 여기서는 공기와 공이 서로를 밀어버리는 것이다. 공기가 공을 옆면으로 밀게 하는 건 결코 쉽지 않다. 설명하는 것도 쉽지 않겠지만, 한번 해보도록 하자.

커브볼은 공을 그 움직임에 수직인 방향의 축으로 회전시켜 던진다. 이 축을 무엇으로 할 것인지 정하는 것이 공을 어느 방향으로 휘게 할 것인지를 정하는 것이다. 그림 6.2.11에서는 공이 위쪽에서 보듯이 시계 방향으로 돌고 있다. 이 회전축을 골랐으면, 공은 오른쪽으로 향하는 두 양력을 받기 때문에 투수의 오른쪽으로 휜다. 두 양력 중 하나는 그것을 발견한 독일의 물리학자 H. G. Magnus(1802~1870)의 이름을 따 Magnus 힘이라고 부른다. 다른 하나는 우리가 항적 편향력이라고 부를 힘이다.

Magnus 힘(Magnus force)은 공이 회전하면서 점성이 있는 공기의 일부를 같이 데려가기 때문에 발생한다(그림 6.2.11a). 공 주변으로 형성되는 정상 상태 흐름은 비대칭적이다. 회전하는 표면과 움직이는 기류는 표면의 반대쪽으로 움직이는 기류보다 훨씬 길다. 더 긴 기류가 야구공 쪽으로 대부분 휘어지기 때문에, 그쪽 측면에서 공의 압력은 대기압보다 낮을 것이다. 더 짧은 기류는 공 바깥쪽으로 보통 휘기 때문에 그쪽 측면의 평균 압력은 대기압보다 높을 것이다. 공의 측면에 있는 압력들이 서로 균형을 이루지 않기 때문에 공은 낮은 압력 측면, 즉 투수 쪽으로 굽는 측면으로 Magnus 힘을 받게 되어 그 방향으로 휜다. 공기 흐름은 반대 방향으로 휜다.

층류에서는 Magnus 힘이 회전하는 물체에 작용하는 유일한 양력이다. 하지만 던진 야구공은 그 뒤에 난류성 흐름이 있고, 또한 **항적 편향력**(wake deflection force)에 의해 힘을 받는다. 이 힘은 공의 빠른 회전이 높은 Reynolds 수에서 뒤편의 항적을 교란시킬 때 일어난다. 공이 회전하지 않을 때, 자유롭게 흐르는 기류는 그 측면에서 완전히 똑같이 나누어 지고 그 분리는 공의 중앙부까지 계속 대칭적이다(그림 6.2.5). 그러나 공이 회전할 때는(그림 6.2.11b) 움직이는 표면이 기류를 점성력으로 민다. 결과적으로, 기류의 분리는 한쪽에서는 더 빠르고 다른 쪽에서는 더 느리게 진행된다. 따라서 공 뒤의 항적도 한쪽 면에 치우치게 되며, 공은 반대 측면, 즉 투수 쪽을 향하는 측면으로 항적 편향력을 받게 된다. 항적 편향력과 Magnus 힘은 둘 다 공을 같은 방향으로 미는 것이다.

이 두 힘 중 커브볼에서는 항적 편향력이 더 중요하겠지만 Magnus 힘이 보통 주목을 받게 된다. 잘 훈련받은 투수가 던진 공이 홈플레이트에 당도할 때까지 야구공을 약 0.3 m 정도 휘게 할 수 있다. 회전이 많을수록 공은 더 많이 휜다. 투수는 방향의 변화에 의존해 타자를 속이려고 한다. 투수는 공의 회전축을 정함으로써 공이 어느 방향으로 휠지도 정할 수 있다. 공은 항상 투수 쪽을 향하는 공의 면의 방향으로 휜다. 우완 투수가 공을 던질 때, 제대로 던진 커브볼은 왼쪽 아래쪽 방향으로 휘고, 슬라이더는 왼쪽 대각선으로 휘며, 스크류볼은 오른쪽 아래쪽 방향으로 휜다.

투수가 역회전을 걸어 야구공을 던져 공의 위쪽이 투수를 마주보게 던지면 공은 양력을 받는다. 야구에서 이 힘은 중력을 이길 정도로 강하지는 않지만, 공을 공중에 '붕 뜨게' 해 비정상적으로 오랜 시간 허공에 머물게 할 수는 있다. 이처럼 강하게 역회전을 하며 날아가는 공은 '공중 직구'라고 불린다. 적은 회전을 걸어 던진 직구는 자연스럽게 떨어져 싱커볼이라고 불린다. 골프에서 골프채는 공에게 엄청난 역회전을 걸어 장기간 글라이더처럼 날아가게 만든다.

하지만 공의 움직임이 회전을 걸지 않아서 흥미로운 경우도 있다. 야구에서의 예를 들어보면 너클볼은 거의 무회전으로 날아가는 공이다. 이때는 공의 이음매 부분이 매우 중요해진다. 공기가 이음매를 통과하면서, 흐름이 방해되어 공이 옆으로 작용하는 공기역학적 힘, 곧 양력을 받아 공은 상당히 무작위적으로 떨게 된다. 회전 없이 공을 던지는 것은 어렵고 높은 숙련도를 요구한다. 정상적인 방법으로 너클볼을 던질 수 없는 투수들은 손에 기름을 발라 회전 없이 공이 손으로부터 미끄러져 나갈 수 있게 한다. 마치 너클볼처럼 이 직구 역시 흔들려 치기 어려운 공이다. 패인 공의 경우에도 마찬가지이다.

▶ 개념 이해도 점검 #4: 테니스 공의 톱 스핀

테니스에서 가장 어렵고 효과적인 스트로크 중 하나가 톱 스핀 스트로크인데, 친 선수의 공의 윗부분이 회전하며 떠나가는 것이다. 이 공의 양력은 어느 방향으로 작용하는가?

해답 양력이 아래쪽 방향으로 작용해, 중력만 작용했을 때보다 공이 아래쪽으로 빠르게 가속한다.

왜? 톱스핀을 가진 공은 무회전 공보다 빨리 떨어진다. 테니스에서 톱스핀 스트로크는 네트를 넘는 순간 빠르게 떨어지는 것처럼 보인다. 아래쪽으로 휜다는 것은 공이 아주 빨리 날아가고 코트 안으로 떨어진다는 것을 의미하므로 받아치기 매우 어렵다.

6.3 ▎비행기

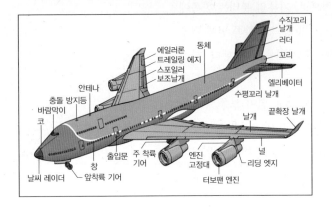

이제 마지막으로 공기역학 기계를 만날 준비를 다 해 놓았다. 비행기 말이다. 지면에서 떨어진 채로 비행기는 공기역학적 힘과 중력의 영향을 받는다. 복잡해 보이는 외관과는 다르게, 항공기는 우리가 벌써 배운 물리학의 원리들을 이용한다. 이 부분에서는 이미 많이 친숙한 개념들을 다시 접하겠지만, 또한 새로운 부분도 살펴볼 것이다. 예를 들면, 당신은 이미 어떤 공기역학적 힘이 비행기를 부양하는지는 알고 있겠지만, 어떤 공기역학적 힘이 그것을 계속 나아가게 하는 것인지에 대해서 알아보자.

생각해 보기: 왜 프로펠러로 만든 항공기는 제트기에 비해 날개가 크고 굽어 있을까? 왜 이착륙 시 상업용 비행기는 날개에서 널과 덮개를 꺼낼까? 어떤 힘들이 운행 도중 비행기를 앞으로 나아가게 할까?

실험해 보기: 이 부분에서 해 볼 수 있는 최선의 실험은 항공기에 직접 타보거나 최소 공항을 방문해서 비행기를 보는 것이다.

이륙 시 비행기에 앉아 있는 동안, 비행기가 앞쪽으로 가속하는 것을 느껴보라. 당신이 상업용 제트기에 앉았다면, 이륙 시 비행기 날개의 덮개와 널이 더 뻗어 나와 비행기 날개를 더 넓고 휘게 만든다는 것에 주목해라. 어떻게 이 증가된 너비와 곡률이 비행기를 이륙하게 할 수 있는가? 조종사는 비행기가 정상 속도에 도달할 때까지 비행기를 땅에 잡아두었다가 갑자기 공기 중으로 날아가게 올린다. 날개 밑에서 보이지 않는 공기 소용돌이가 떠나가며 비행기는 이륙한다.

공중에 뜨게 되면, 비행기는 착륙 기어, 널, 그리고 덮개를 다시 집어넣는다. 비행기가 회전하거나 고도를 바꿀 때, 날개 뒷전의 표면들이 나뉘어 위쪽 혹은 아래쪽으로 움직이고 있는 것을 볼 수 있을 것이다. 꼬리 부분에도 비슷한 일들이 일어난다. 어떻게 이 표면들이 비행기의 운항을 조정할 수 있다는 말인가?

도착지 근처에서 비행기는 착륙할 준비를 한다. 다시 한 번 널과 덮개가 뻗어 나온다. 날개 꼭대기의 가동판이 위아래로 시끄럽게 튕기는 것을 지켜보라. 어떻게 이 표면들이 비행기의 항력들에 영향을 미치는가? 착륙 기어 역시 뻗어 나오고, 활주로에 닿는다. 프로펠러나 제트 엔진이 날개의 가동판의 보조를 받아 급격하게 느려지기 시작한다. 또 다른 공기의 투명한 소용돌이가 날개에서 떨어져 나가 처음 소용돌이와 반대 방향으로 돌고 여정은 끝난다.

비행기 날개: 층류

지금쯤이면 비행기는 날개에 가해지는 상방의 양력에 의해 지탱되고, 이 양력은 흐르는 공기를 아래로 굽게 함으로써 생긴다는 것을 눈치챘을 것이다. 각 날개는 흘러가는 공기로부터 특정 양력과 항력들을 끌어낼 수 있도록 공기역학적으로 설계된 **에어포일**(airfoil)이다. 좀 더 구체적으로, 각 날개는 위쪽으로 흐르는 공기는 위쪽 표면을 향해 아래쪽으로 굽게 하고, 아래쪽으로 흐르는 공기는 아래쪽 표면으로부터 아래쪽 방향으로 굽어지게 설계되어 있다. 이 휘어짐들은 날개 자체 근처의 압력 변화와 관련을 갖고 비행기를 하늘에 떠 있게 하는 위쪽 방향 양력의 근원이 된다.

하지만 어떻게 날개가 이 양력을 가져오는지 보다 잘 이해하기 위해 직접 여정을 떠나 보도록 하자. 활주로를 막 달리고 있는 비행기에 당신이 앉아 있다고 상상해 보라. 당신의 관점에서 공기는 각 날개를 통과하여 흐르기 시작한다. 이 움직이는 공기가 **리딩 엣지(날개 끝부분)**에 닿으면 위쪽으로 흐르는 공기와 아래쪽으로 흐르는 공기로 나뉜다(그림 6.3.1). 이 기류들은 날개의 다른 쪽 끝을 떠날 때까지 계속 진행한다. 비행기의 앞부분은 여전히 땅에 있기 때문에 날개는 기본적으로 수평이고, 그 주변의 공기 흐름은 간단하고 대칭적이다.

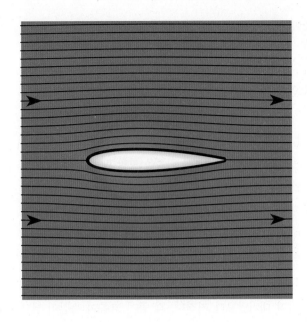

그림 6.3.1 비행기의 날개는 유선형이고 주위의 공기 흐름은 층류이다. 이 수평 날개는 위아래로 대칭이어서 공기 흐름은 위아래로 균등하게 나누어진다. 날개가 공기 흐름을 휘어지지 않게 하므로 날개는 양력을 받지 않는다.

날개가 아직 공기 흐름을 휘게 만들지 않고 있으므로, 비행기는 양력은 받지 않고 항력만 받는 상태이다. 하지만 활주로에서 항력의 효과는 미미하다. 날개는 난류 항적을 거의 생산하지 않고 압력 항력 역시 거의 받지 않게 된다. 그나마 받는 항력의 대부분은 거의 점성 항력이고, 본질적으로 지나치는 공기가 표면과 일으키는 마찰력이다. 비행기의 날개는 층류선이 형성된 에어 포일이고, 이 수평의 날개는 위아래로 대칭적이기 때문에 기류가 위쪽의 기류와 아래쪽의 기류로 나뉜다. 아직 기류를 휘게 하지는 않기에 양력을 받지는 않는다.

날개에서 공기 저항의 부재가 당신을 놀라게 할지도 모르지만, 아마 당신은 그냥 주어진 대로 받아들일 것이다. 그것은 당신이 그런 '유선형의' 물체들이 공기에서 꽤 잘 이동한다는 것을 많이 관찰해 왔기 때문일 것이다. 길고 폭이 점점 가늘어지는 꼬리를 가진 것은 날개가 공 뒤에서 일어나는 난류성 항적과 공기 흐름의 분리를 피하게 해 준다.

수평의 날개를 **유선형**(streamlined)으로 만들어주는 것은 가장 넓은 지점 뒤에서 공기 압력의 굉장히 점진적인 상승이다. 이 부드럽게 오르는 압력이 날개의 경계층을 공기의 흐름 반대인 뒤쪽으로 미는데도, 그 힘이 너무나 약해서 공기층이 지연되지는 않는다. 자유롭게 흐르는 기류는 점성력에 의해 계속 앞쪽으로 나아가고, 날개의 경계층은 날개의 끝부분까지 계속 이동해 흐름의 분리를 일으키지 않는다. 날개는 난류 항적을 거의 일으키지 않고 압력 항력도 거의 받지 않게 되는 것이다.

> ### 🔹 개념 이해도 점검 #1: 공기 자르기
>
> 가장 빠른 자전거는 유선형이다. 유선형 모양의 구조는 공기 저항을 크게 줄인다. 어떻게 그럴 수 있을까?
>
> **해답** 유선형은 자전거 주위의 공기 흐름의 분리를 지연시켜 압력 항력을 감소시킨다.
>
> **왜?** 유선형 없이는 사이클 선수는 심한 압력 항력을 거슬러 달려야 한다. 선수 몸의 넓은 부분에서 급격하게 증가하는 압력 기울기는 흐름의 분리를 촉진시켜 커다란 난류 항적을 만들게 된다. 유선형의 몸체는 압력 기울기가 천천히 증가하게 해 가장 넓은 부분을 따라가도 흐름 분리가 일어나지 않게 만든다.

비행기 날개: 양력 만들기

극소화된 공기 저항으로, 비행기는 앞으로 급격하게 가속하여 금방 이륙 속도에 도달하게 된다. 그 다음에 조종사는 비행기의 앞을 들어 날개가 더 이상 수평이 아니도록 만들고, 그것들은 위쪽으로 작용하는 양력을 받기 시작한다. 그 뒤 비행기의 총 양력이 곧 무게를 넘어섬에 따라 위쪽으로 가속하게 된다. 비행기가 나는 것이다! 이륙 순간을 좀 더 자세히 들여다 보자. 공기 흐름을 보면서 주의를 기울였다면, 날개가 위쪽을 향할 때 주목할 만한 일련의 사건들이 있었다는 것을 알게 될 것이다.

처음에는, 기울어진 날개 주변의 공기 흐름은 나중에 특이한 모양을 취함에도 불구하고 (그림 6.3.2a) 평균적으로 수평의 상태로 이동한다. 위쪽과 아래쪽으로 작용하는 두 공기의 흐름은 위쪽으로 한 번, 아래쪽으로 한 번 휘어진다. 앞에서 공을 연구할 때 보았듯이, 공기의 흐름이 날개 안쪽으로 휘면 날개 근처의 압력이 대기압보다 낮아지고, 공기의 흐름이 날개 바깥쪽으로 휘면 날개 근처의 압력이 대기압보다 커진다. 각 공기 흐름이 똑같이 날개 안쪽과 바깥쪽으로 휘므로, 날개 위아래의 평균 압력이 같아져 날개는 양력을 받지 않는다.

그러나 밑의 공기 흐름은 날개의 후면 끝부분에서 심하게 돌아서 실질적으로 위쪽으로 굽는다. 공기의 관성은 그런 급격한 회전을 불안정하게 만들고, 곧 날개의 후면 끝부분에서 공기의 수평적 소용돌이로 떠나가게 된다(그림 6.3.2b). 그 소용돌이를 분쇄한 뒤, 날개는 두 공기 흐름이 날개의 후면 끝부분으로부터 부드럽게 떠나는 새로운 공기 흐름 패턴을 만들어낸다(그림 6.3.2c). 이 상황은 독일의 수학자 M. Wilhelm Kutta(1867~1944)의 이름을 따 **Kutta 상태**라고 부른다.

이 새로운 패턴에서는 날개 위쪽을 흐르는 공기가 아래쪽으로 흐르는 공기 흐름보다 더 길게 되고 두 공기 흐름은 모두 아래쪽으로 꺾인다(그림 6.3.3). 위쪽의 공기 흐름은 날개 쪽으로 우선 굽기 때문에 날개 바로 위의 기압은 대기압보다 작고(적색 편향) 그 속도는 증가한다(좁게 배치된 층류선). 이와는 대조적으로 밑을 지나는 공기 흐름은 우선적으로 날개에서 바깥쪽으로 꺾여 날개 바로 밑의 압력은 대기압보다 강해져서(자주색으로의 이동) 속도는 감소한다(넓게 배치된 층류선). 이제 공기 압력이 위에서보다 밑에서 더 강하므로, 이

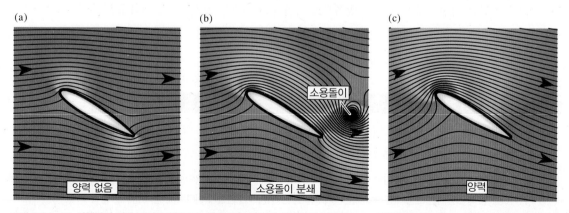

(a) 양력 없음　　(b) 소용돌이　소용돌이 분쇄　　(c) 양력

그림 6.3.2 (a) 비행기의 전면 날개가 위쪽으로 쏠려 양의 각도를 이룸에도 불구하고, 그 주변의 공기 흐름은 대칭적이고 아무런 양력을 주지 않는다. (b) 후면 날개 끝의 뒤틀림은 안정적이지 않아 수평적인 소용돌이로 날아가거나 분쇄된다. (c) 결과로 초래되는 공기 흐름은 아래쪽으로 휘어져 날개가 위쪽으로 작용하는 양력을 받게 된다.

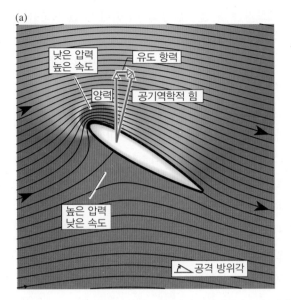

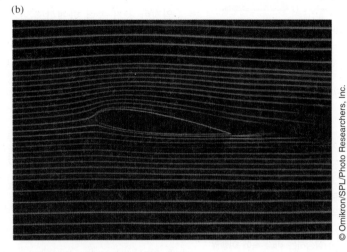

그림 6.3.3 (a) 이 비행기 날개는 위아래의 공기 흐름이 모두 아래쪽으로 휘어지도록 모양과 방향을 갖추고 있다. 날개는 위쪽, 그리고 살짝 아래쪽으로 향하는 강한 공기역학적 힘을 받는다. 위쪽으로 작용하는 힘은 양력이고, 아래쪽으로 작용하는 힘은 유도 항력이다. (b) 날개를 건너 바람 터널에서의 공기 흐름을 나타내고 있다.

새로운 흐름 패턴은 양력을 수반한다. 이제 공기가 비행기를 지탱하고 날게 되는 것이다.

　이 흐름에 대해 생각해 보는 다른 방법은 공기 흐름의 휘어짐이다. 공기는 날개에 수평으로 접근하지만 다소 아래쪽 방향을 향하며 벗어난다. 이 휘어짐을 만들기 위해서 날개는 공기 흐름을 아래쪽으로 밀어야 한다. 반작용으로 공기 흐름은 날개를 위쪽으로 밀어 올려 양력을 만든다. 다른 말로, 날개는 공기에 아래쪽 방향 운동량을 부여하고 위쪽 방향 운동량을 받는 것이다. 양력에 대한 이 두 설명, 즉 날개 위아래로의 압력 변화에 의해 생긴다는 Bernoulli의 관점과 공기의 운동량의 전환을 통해 생긴다는 Newton의 관점은 완전히 똑같고 둘 다 참이다.

　하지만 날개에 대한 전체적인 공기역학적 힘은 다가오는 공기에 정확히 수직은 아니고, 살짝 아래쪽 방향으로 쏠려 있다. 이 공기역학적 힘의 수직을 형성하는 힘은 양력이지만, 아래쪽 방향으로 작용하는 요인은 새로운 항력, 유도 항력이다. **유도 항력**(induced drag)은 에너지 보존의 한 과정이다. 지나가는 공기에 운동량을 부여하는 것과는 별도로 날개는 에너지 또한 부여한다. 공기의 에너지는 날개를 유도 항력을 이용해 아래쪽으로 끌어내리고 음(−)의 일을 함으로써 추출된다. 유도 항력은 불필요하기 때문에 비행기는 그 양력을 끌어내는 데 최대한 많은 양의 공기를 이용해 최소화한다. 많은 양의 공기는 비행기의 원치 않는 하강 동력을 떨어뜨리고 적은 운동에너지를 사용하여 느리게 아래쪽 방향으로 이동시킨다. 큰 날개들은 보다 큰 공기 덩어리로부터 양력을 받기 때문에 유도 항력을 덜 받을 수 있다.

　큰 날개는 표면적이 더 넓고 점성 항력을 더 많이 받기 때문에 크다고 꼭 좋은 것은 아니다. 또한 비행기 모양과 날개가 공기 항력에 영향을 미치기 때문에 날개는 비행기에 잘 맞아야 한다. 공기 중에서 느리게 움직이는 작은 프로펠러 비행기는 크고, 곡률이 심한 날개로 지탱되어야 한다. 이런 비행기의 날개는 보통 비대칭적으로 아래쪽보다 위쪽의 곡률

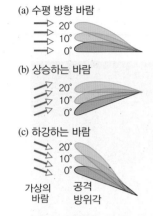

(a) 수평 방향 바람
20°
10°
0°

(b) 상승하는 바람
20°
10°
0°

(c) 하강하는 바람
20°
10°
0°

가상의   공격
바람   방위각

그림 6.3.4 (a) 잔잔한 공기에서 수평으로 나는 동안, 비행기의 날개는 수평의 바람과 마주친다. 날개의 영각은 그 바람에 상대적으로 측정된다. (b) 상승하는 바람 속에 여행할 때에는, 날개의 영각은 수평 위의 각도보다 크다. (c) 하강하는 바람 속을 여행할 때에는, 날개의 영각은 수평선 위의 각보다 더 작다.

이 크게 설계되어 있다. 상업용과 군용 제트기는 더 빨리 날고 초 당 훨씬 더 많은 고속의 공기와 맞닥뜨리기 때문에 작고 보다 조금 휘어진 날개로도 충분하다.

일정한 공기 속력 하에서도 날개의 양력은 영각, 즉 날개가 다가오는 바람을 어느 각도에서 받느냐에 따라 조정될 수 있다. 영각이 크면 클수록 두 기류가 더 심하게 굽어 날개의 양력이 강해진다. 날개가 비행기에 단단히 부착되어 있기 때문에, 조종사는 양력을 조율하기 위해 비행기 전체를 기울이는 것 외에 손 쓸 도리가 없다. 조종사는 비행기 앞부분을 위쪽으로 기울여 양력을 증가시키고 아래쪽으로 기울여 양력을 감소시킨다. 이것이 이륙 시 최종적으로 비행기의 앞부분을 위쪽으로 기울이는 이유이다.

양력이 영각에 워낙 의존하고 있기 때문에 몇몇 비행기는 거꾸로도 날 수 있다. 거꾸로 된 날개가 제대로 각도를 맞춰주기만 하면, 위쪽으로 작용하는 양력을 받아 비행기를 지탱할 수 있다. 이 일은 비행기의 날개가 위아래로 똑같을 때 가장 하기 쉽다. 따라서 대칭적이거나 거의 대칭인 날개를 가진 스포츠 비행기를 이용하면 스턴트 조종사들은 거꾸로 날 수 있다.

비행기가 잠잠한 공기에서 수평으로 난다면, 날개의 영각은 수평 위의 각도로만 해 주면 된다(그림 6.3.4a). 공기의 관성계에서 보았듯이, 공기의 속력은 비행기에 수평으로 날아와 날개에 도달할 때 수평 바람으로 작용하게 된다. 영각은 그 수평 바람에 상대적으로 측정된다.

그러나 비행기가 수평 항해를 하고 있지 않거나 공기 자체가 위아래로 이동하는 경우에는 바람이 더 이상 수평이 되지 않는다. 상승 기류 속에서 올라가거나 내려갈 때, 비행기는 오르는 바람과 맞닥뜨리게 된다. 다가오는 공기의 속력은 상방을 향한다(그림 6.3.4b). 영각은 여전히 마주치는 바람에 상대적으로 측정되는데, 수평 위의 각도보다 더 커지고 양력 역시 함께 커진다. 아래쪽 방향으로 부는 바람과 마주치면, 다가오는 공기의 속력은 아래쪽 방향으로 작용하고(그림 6.3.4c) 날개의 영각은 수평선 위의 각도보다 작아져 양력은 감소하게 된다. 비행기가 악천후 속을 날게 되어, 기류가 위아래로 심하게 흔들리게 되면 마주치는 공기의 급격한 기류 변화가 양력의 변동성을 가져오고 급격한 가속을 유발한다. 좌석에 멀미에 대비한 봉지가 구비되어 있는 것은 놀랄 일도 아니다.

> ### ⬛ 개념 이해도 점검 #2: 돛단배

작은 돛단배의 돛은 앞쪽과 바깥쪽으로 구부러져 돛의 바깥쪽 표면 주변을 맴도는 공기가 돛을 향해 휘어지도록 만들고, 안쪽 표면을 맴도는 공기는 돛의 바깥쪽을 향해 휘어지도록 만든다. 이렇게 설계된 배는 어떻게 물 위에서 이동할까?

> 해답 돛 바깥쪽을 맴도는 공기는 안쪽을 맴도는 공기보다 압력이 낮다. 돛은 자신과 배를 수면에서 이동할 수 있게 하는 양력을 받는다.

> 왜? 돛은 양력과 항력을 모두 받는다. 돛은 그것을 바깥쪽으로 이끄는 공기역학적 힘(양력)과 살짝 아래쪽 방향으로 작용하는 힘(항력)을 비행기가 위쪽으로 작용하는 공기역학적 힘(양력)과 살짝 아래쪽 방향으로 작용하는 힘(항력)을 받듯이 똑같이 받는다. 돛단배의 키나 용골판(혹은 센터보드)이 추가적으로 힘을 작용해 배의 알짜힘이 조정되어 다양한 방향으로 나아가게 한다.

양력의 한계: 날개 지연시키기

조종사가 날개의 영각을 증가시켜 얻을 수 있는 양력에는 한계가 있다. 왜냐 하면 날개를 기울이는 것은 점점 유선형에서 **뭉툭한 형태**(blunt), 즉 가장 넓은 지점 이후에 기압에 급격한 상승을 수반하게 만든다. 우리가 공에서 본 것과 같이, 뭉툭한 형태들은 보통 공기 흐름의 분리와 압력 항력을 경험한다. 실제로 특정 영각을 넘어서면 날개 위쪽의 공기 흐름이 표면으로부터 분리되고 날개는 지연된다. 이 분리는 위쪽 경계층이 날개의 가장 넓은 부분을 넘어서면서 급격히 상승하는 압력에 의해 정지될 때 시작된다. 이 경계면이 지연될 때, 날개의 윗면으로부터 공기 흐름의 대부분을 제거한다.

지연된 날개 위의 분리된 공기 흐름은 밑에 엄청난 난류를 남겨 놓는다(그림 6.3.5). 이 기류 분리는 공기역학적 재앙이다.

비행기 설계사는 항공기에 특별한 경계층 제어 장치들을 넣어 지연의 위험을 막을 수 있다. 폭이 좁은 쇠막대기는 소용돌이 발생기로 불리는데, 날개 표면에서 수직으로 서 경계층 너머 날개에 난류를 전달한다. 이 난류는 고에너지의 공기가 경계면과 섞여 그들이 계속 압력을 상승시킬 수 있게 돕는다. 이 과정은 비행기를 위해 공기 흐름이 표면에 달라붙어 있도록 돕는다. 날개의 평균 압력이 증가하기 때문에, 날개는 양력의 상당 부분을 잃는다. 또한 난류 항적은 심한 압력 항력이 도래한다는 징조이다. 비행기는 금방 속도를 잃고 떨어지기 시작한다.

지연을 방지하기 위해, 조종사들은 영각을 안전한 범위 내에 둔다. 지연의 가능성은 또한 비행기가 날아야 하는 최소 속도도 규정한다. 비행기가 느려지면, 조종사는 영각의 크기를 높여 적절한 양력을 유지해야 한다. 특정 속도 밑으로는 비행기가 날개를 지연될 때까지 기울이지 않고서는 그 양력을 얻을 수 없다. 더 이상 날 수 없게 되는 것이다.

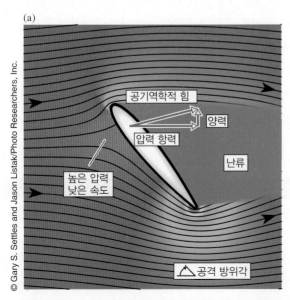
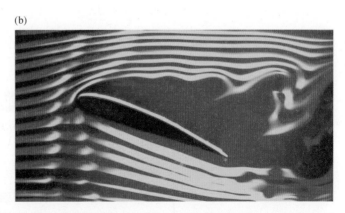

그림 6.3.5 (a) 날개는 표면으로부터 날개 위쪽의 공기 흐름이 분리될 때 지연된다. 날개 위쪽으로 난류 에어 포켓이 만들어져 훨씬 덜 효율적으로 변한다. 가장 두꺼운 날개 부분의 위쪽의 평균 압력이 증가하면서 날개의 양력이 감소하며, 날개 후면 가장자리 위의 평균 압력이 증가하기 때문에 항력도 증가한다. (b) 바람 터널에서의 연기가 공기가 지연된 날개 위를 날며 표면에서 분리되고 난류로 바뀌는 것을 보여준다.

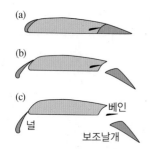

그림 6.3.6 순항속도에서 비행기의 날개는 보통의 휘어진 에어 포일이다(a). 이륙할 때(b)와 착륙할 때(c)에 널과 덮개가 날개 끝 부분에서 연장되어 나온다. 에어 포일의 곡률이 커지면서 낮은 속도에도 더 많은 양력을 받게 된다. 착륙할 때 베인이 추가로 확장되어 경계층을 제어해 지연되는 것을 막는다.

6 비행기 설계자는 특별한 경계층 조정장치를 더해 지연의 위험을 줄일 수 있다. 소용돌이 생성기라고 불리는(날개 표면에 붙어 있는) 좁은 금속띠는 날개의 경계면에 난류를 만든다. 이 난류는 경계면의 공기와 높은 에너지를 가진 공기를 섞어서 앞으로 나아가 상승 압력이 된다. 이 과정은 공기의 흐름을 표면에 밀착하도록 한다.

지연을 막기 위해서는, 비행기는 특히나 이착륙 시에 이 최소 속도 이하로는 달릴 수 없다. 작고 곡면이 심한 날개를 가진 프로펠러 비행기에는 이 최소 속도가 느린 것이 문제가 되지 않는다. 그러나 상업적인 제트기는 최소 공기 속도가 대략 220 km/h 정도이다. 이 정도 속도로 이착륙하는 비행기는 속도를 가속하거나 제거하기 위해 매우 긴 활주로를 필요로 할 것이다. 대신에, 상업용 제트기는 도중에 모양을 바꿀 수 있는 날개들을 가지고 있다. 덮개가 날개의 앞뒤 끝으로 연장하고 널이 날개 후면 끝에서 위아래로 움직인다(그림 6.3.6). 덮개와 널이 모두 연장된 상태에서 날개는 작은 프로펠러 비행기와 같이 더 커지고 곡률도 커져, 최소한의 속도는 안정적인 150 km/h 수준으로 떨어진다. 덮개 근처의 베인 역시 착륙 도중에 나와 날개에서 널로 고에너지의 공기를 보낸다. 이 공기 줄기들은 경계층을 아래쪽 방향으로 계속 이동하게 하여 지연을 방지한다(지연을 방지하기 위한 다른 방식을 보려면 **6**을 참조하라).

상업용 비행기가 착륙하고 나면, 날개 위쪽의 납작한 패널들은 상방으로 이동하고 공기의 흐름을 날개 위쪽에서 분리되게 만든다. 이런 스포일러에 의해 결과적으로 초래되는 난류는 날개의 양력을 감소시키고, 항력을 증가시켜 비행기가 실수로 다시 날게 되는 것을 막는다. 심지어 착륙 이전에도 스포일러는 비행기를 감속시키고 공항을 향해 급속히 내려올 수 있도록 돕기도 한다.

항해 도중 날개는 공기를 아래쪽 방향으로 미는 것 외에도 일을 더 하는데, 꼭짓점 주변의 공기를 비틀기도 한다. 날개 밑의 압력이 위쪽보다 크기 때문에, 공기는 날개의 꼭짓점에서 아래에서 위로 흐르려는 경향이 있다. 비행기는 곧 이 공기를 뒤로 하고 떠나지만, 공기가 각운동량과 운동에너지를 충분히 흡수한 뒤이다.

따라서 각 날개 끝에서 소용돌이가 등장하고 비행기 뒤편에서 수 킬로미터에 걸쳐 투명한 토네이도처럼 따라온다. 습기가 높은 날에 이착륙하는 비행기 앞이나 뒤에서 확인할 수 있다. 점보제트에서의 소용돌이는 작은 항공기를 뒤집거나 훨씬 큰 비행기 안의 승객들을 깜짝 놀라게 할 수도 있다. 뒤로부터 들어온 이런 소용돌이는 수평의 혼합체처럼 보인다. 측면에서는 당신이 차 안에서 그냥 넘어갈지 모르는 '속도 덩어리'처럼 생겼다.

안전을 위해 관제사들은 비행기가 서로의 항적 속에서 나는 것을 방지하기 위해 주의를 기울이고 활주로 내에서 최소 90초 정도의 시간 간격을 둔다. 많은 근대의 비행기는 수직의 날개 확장들이 있어 이런 소용돌이로 인한 에너지를 절감하고 충격을 완화한다(그림 6.3.7).

▶ **개념 이해도 점검 #3: 스턴트 비행**

조종사는 보통 고도를 얻기 위해 비행기의 코 부분을 앞을 기울인다. 조종사가 비행기를 너무 빨리 상승시키려고 하면 비행기는 갑자기 멈출 것이다. 무엇이 일어나고 있는가?

해답 비행기의 날개가 지연되고 있는 것이다.

왜? 비행기의 앞부분을 기울이는 것은 영각을 증가시킨다. 이 행동이 임계점을 넘으면, 공기 흐름을 날개 위 표면에서 분리되게 만들 수 있다. 양력의 급작스러운 감소와 지연에서 비롯되는 항력의 상승은 비행기를 추락시킬 수 있다. 이착륙 시의 지연은 매우 위험하다.

그림 6.3.7 이 수직의 날개촉은 공기가 날개 끝 방향으로 오지 않게 막아, 비행기 뒤의 거센 소용돌이가 생기지 않게 한다. 그런 소용돌이는 다른 비행기의 에너지를 낭비하고 위험을 초래할 수도 있다.

프로펠러

비행기가 양력을 얻기 위해서 공기의 속도가 필요하다. 공기는 날개 사이로 이동해야만 한다. 그리고 항력이 아래쪽으로 밀고 있기 때문에, 수평으로 운항하는 비행기는 무언가가 위쪽으로 작용하는 힘 없이는 속도를 유지할 수 없다. 그것이 비행기가 프로펠러나 제트 엔진으로 공기를 뒤로 밀고 공기는 비행기를 앞쪽으로 밀게 하는, 곧 작용과 반작용 현상을 일으키는 이유이다.

프로펠러는 돌아가는 날개로 조립되어 있다. 중심으로부터 두 개 이상의 날개가 정교한 선풍기 모양을 갖게 된다(그림 6.3.8). 이 날개들은 에어 포일 교차점들을 가지며 프로펠러가 돌고 날이 공기 중으로 움직일 때 양력을 만들게 설계되어 있다.

프로펠러의 날개가 공기를 자르면, 그 날 주위로 굽는 기류는 압력 변화를 받는다(그림 6.3.9). 앞쪽의 기류는 날의 앞면을 향해 휘어져 날개 앞면의 압력은 대기압 아래로 떨어진다. 후면의 기류는 날의 뒷면으로부터 바깥쪽으로 휘어져 날개 뒷면의 압력은 대기압보다 크게 증가한다. 결과로 초래되는 압력의 차이는 날과 프로펠러 사이의 전방으로 작용하는 힘을 만든다. 곧, **추진력**(thrust force) 말이다.

프로펠러 날개는 비행기 날개의 장점과 단점을 모두 포함하고 있다. 그 밀치는 힘은 크기와, 앞면의 곡률과, 영각과 공기의 속도에 의해 좌우된다. 다른 말로, 프로펠러가 크고, 더 빨리 돌고, 날이 공기를 향해 각지면 각질수록 더 밀치는 힘이 강하다. 날 자체가 중심으로

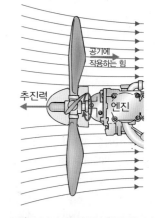

그림 6.3.8 프로펠러는 회전하는 날개처럼 행동한다. 프로펠러가 회전하면서 그 날개는 앞쪽으로 양력을 만든다. 이 양력이 프로펠러와 비행기를 공기 중에서 앞으로 나가게 하므로 추진력이라고 부른다.

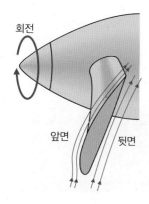

그림 6.3.9 프로펠러 날개가 돌면서 그 주변의 공기 흐름을 앞면에 낮은 압력을 형성하고(좌측), 뒷면에 높은 압력을 형성한다(우측). 날은 프로펠러와 비행기를 앞쪽으로(왼쪽을 향해) 미는 양력을 받게 된다. 유도 항력은 프로펠러의 회전을 느리게 하려는 경향이 있다.

그림 6.3.10 Wright 형제는 숙련된 공기역학 연구가들로, 바람 터널을 이용해 그들의 비행기를 위한 완벽한 날개와 프로펠러를 연구했다.

The Granger Collection, New York

[7] 잠수함에서의 소음의 첫 번째 원인 중 하나가 프로펠러에 의해 생기는 난류 때문에 발생한다. 이 난류를 줄이기 위해 현대의 핵잠수함의 프로펠러는 물의 흐름 분리와 지연을 피하도록 설계되었다.

[8] Orville(1871~1948)과 Wilbur (1867~1912) Wright(미국의 조종사)는 1903년 최초로 자동 프로펠러 비행기를 띄웠다. 그들은 상당히 통달한 공기역학도들이었는데, 1902년에 Wilbur는 처음으로 프로펠러가 실제로는 돌아가는 날개라는 것을 알아차렸다. 그 시대까지의 프로펠러는 돌아가는 패들 이상의 것은 아니었고, 비행기를 날리기보다는 공기를 휘젓는데 더 효과적인 것이었다. Wilbur의 공기역학적으로 재디자인된 프로펠러는 나는 것을 가능케 했고, 10년간 항공기 디자인을 지배했다.

부터 끝까지 비틀려진 모양을 하여 공기 속도의 변동성을 감안할 수 있도록 만들어져 있다.

날개처럼 프로펠러도 날의 앞면에서 공기의 흐름이 분리될 때 지연된다. 그것은 갑자기 프로펠러보다는 공기 믹서로 변해버린다. 이렇게 실속있는 날개의 거동은 1902년 Wilbur Wright의 업적 이전에는 공기용 프로펠러와 수중 프로펠러([7] 참조)에 있어서 표준 작동 조건이었다([8] 참조). Wright 형제는 처음으로 바람 터널을 이용해 공기역학을 연구한 사람들이었고(그림 6.3.10), 항공학에 대한 그들의 조직적이고 과학적인 접근은 최초의 전력을 이용한 항공을 가능케 했다(그림 6.3.11). Wright 형제 이후, 프로펠러들은 거의 압력 항력을 받지 않게 설계되었다.

그러나 프로펠러도 유도 항력을 받기는 한다. 프로펠러의 밀침으로 비행기를 공기 중으로 진행하게 할 때 유도 항력은 프로펠러로부터 에너지를 빼간다. 프로펠러가 계속 안정적으로 돌기 위해서는 엔진이 프로펠러를 돌려야 한다. 프로펠러는 고성능의 왕복 운동을 하는 (피스톤 기반의) 차에서 발견되거나 추후 얘기할 터보 제트 엔진에서 사용하는 것과 같은 엔진들로 운행된다.

프로펠러는 완벽하지 않으며, 세 가지 한계점이 있다. 첫째, 프로펠러는 지나치는 공기에 회전력을 가하기 때문에 공기 역시 프로펠러에 회전력을 가한다. 이 반작용 회전력은 작은 비행기를 뒤집을 수도 있다. 회전력 문제를 최소화하기 위해 몇몇 비행기들은 반대 방향

그림 6.3.11 1903년 12월 17일 10시 35분, Orville Wright가 노스캐롤라이나의 키티 호크에서 최초의 비행을 시작하면서 전력으로 비행하는 시대를 열었다. 그의 동생인 Wilbur Wright는 이 유일한 사진에서 최초의 비행기 옆에 서 있다.

The Granger Collection, New York

으로 도는 프로펠러 쌍들을 사용하고, 단일 프로펠러로 작동하는 비행기들은 돌아가는 공기가 날개를 지나치며 각운동량을 돌려줄 수 있도록 프로펠러를 전방에 배치한다.

두 번째 문제는 비행기의 전방 속도가 증가하면서 추진력이 약해진다는 것이다. 비행기가 정지해 있을 때 프로펠러의 날은 움직이지 않은 공기 안에서 움직인다(그림 6.3.12a). 그러나 비행기가 빠르게 움직이고 있을 때는 공기가 비행기 앞쪽에서 똑같은 프로펠러 날에 접근한다(그림 6.3.12b). 더 높은 공기 속도에서 추진력을 유지하기 위해서는 프로펠러 날은 그 피치각(영각)을 크게 해야 한다. 접근하는 공기를 맞기 위해 나선형으로 전진해야 하는 것이다.

하지만 프로펠러에서 세 번째이자 가장 실망스럽게 하는 문제는, 특히나 고속 비행선이라면 더 심각한 문제는 항력이다. 고속의 공기 속도의 접근을 따라잡기 위해 프로펠러는 엄청난 속도로 돌아야 한다. 날의 끝부분은 공기와 같은 유체가 한쪽에서 다른 쪽으로 힘을 전달할 수 있는 가장 빠른 속도인 **초음속**(speed of sound)을 초월해야 한다. 날의 끝부분이 이 속도를 초과하면, 꼭짓점 근처의 공기는 꼭짓점이 실제로 그것에 부딪히기 전까지는 가속하지 않는다. 끝 부분 주변으로 부드럽게 나는 대신, 공기는 초음속의 충격에 의해 생기는 좁은 영역의 높은 압력과 고온 지대인 **충격파**(shock wave)를 만들어 프로펠러가 지연되도록 만든다. 그것이 고속의 비행선에서는 프로펠러가 별 쓸모가 없는 이유이다.

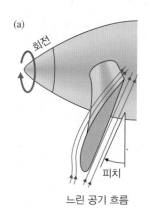

(a) 회전 / 피치 / 느린 공기 흐름

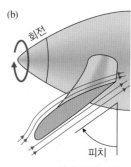

(b) 회전 / 피치 / 빠른 공기 흐름

그림 6.3.12 (a) 느린 공기 흐름에서는 프로펠러의 날은 돌면서 거의 정지한 공기와 마주한다. (b) 고속의 공기 흐름에서는 공기가 프로펠러를 급히 통과해 날이 그를 만나기 위해서는 휘어져 나가야 한다. 날의 영각을 피치라고 부른다.

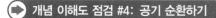

개념 이해도 점검 #4: 공기 순환하기

선풍기와 프로펠러의 유일한 차이는 무엇이 움직이느냐의 차이일 뿐이다. 즉 물체냐 공기냐이다. 선풍기 날개의 어느 부분이 가장 낮은 압력을 느낄까? 안쪽일까, 바깥쪽일까?

해답 날개의 안쪽이 가장 낮은 공기 압력을 받는다.

왜? 선풍기로부터 당신에게 부는 바람은 프로펠러에서 뒤로 부는 바람과 같다. 프로펠러의 가장 낮은 압력 부분은 전방 표면에서이다. 비슷하게, 선풍기에서 가장 낮은 압력인 지점은 안쪽의 표면이다. 이 압력 불균형은 선풍기가 당신을 향해 공기를 부는 동안 선풍기를 당신으로부터 밀리게 한다.

제트 엔진

프로펠러와 다르게 제트 엔진은 고속에서도 잘 작동한다. 프로펠러는 직접적으로 비행기에 접근하는 고속의 공기에 일을 하려는 데 반해, 제트 엔진은 우선 이 공기의 속도를 줄여 조정할 수 있는 속도로 만든다. 이 속도의 변화를 이끌어내기 위해 제트 엔진은 Bernoulli의 공식에서 허용된 에너지 변화들을 정말 잘 이용한다. 엄격하게 말해, Bernoulli의 방정식은 물과 같이 비압축적인 유체에만 적용된다. 그럼에도 불구하고 그것은 특히나 속도와 압력 변화가 상대적으로 작을 때 공기와 같은 압축적 기체에도 사용 가능하다.

그림 6.3.13에 터보 제트 엔진이 나와 있다. 운행 도중 공기는 엔진의 입구 혹은 공기 **확산기**에 800 km/h의 속도로 들어간다. 확산기 안에서 공기는 느려지고 압력이 증가해 정돈된 에너지를 변화되지 않은 상태로 놔둔다. 공기는 그 다음에 선풍기와 같은 압축 날을 지나 엔진 내부로 더 깊숙이 들어가 일을 하며 압력과 정돈된 에너지를 증가시킨다. 연소실에

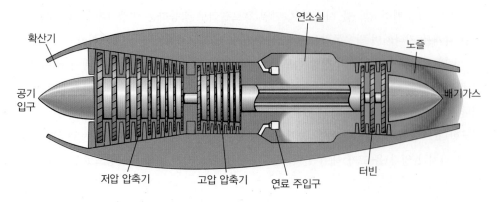

그림 6.3.13 터보 제트 엔진은 선풍기와 같은 날을 이용해 들어오는 공기를 압축시켜 작동한다. 연료는 이 높은 압력의 공기와 섞이고, 이 공기에 불을 지핀다. 이 고에너지와 높은 압력의 공기는 제트 후방으로 가속해 나와 터빈에 일을 하고 도착했을 때보다 더 빠른 속도로 방출된다. 엔진은 공기를 뒤로 가속시켰으니, 앞쪽으로 밀치는 힘을 받게 된다.

도달했을 때, 그 압력은 대기압의 몇 배에 달한다.

이제 연료가 공기에 첨가되었고 혼합물이 점화되었다. 이 가스성의 혼합물은 타면서 압력이 증가하지는 않는다. 대신에 더 많은 부피를 차지하기 위해 확장한다. 추가로 연소는 연료 분자들을 더 많은 부피를 차지하는 작은 부분들로 나누어버린다. 이 아주 뜨겁고 높은 압력의 연소 가스는 연소실 속을 그것이 들어간 것보다 더 넓은 통로로 나온다.

연소 가스는 뒤에 풍차처럼 생긴 터빈 속으로 들어가 터빈에 일을 하고 들어오는 공기를 위해 압축기에 전력을 공급한다. 터빈 이후에 높은 압력의 가스는 드디어 가속하여 엔진의 출력 노즐 속에서 확장하여 대기압, 높은 온도, 그리고 굉장히 빠른 속도를 가진 상태로 하늘을 향해 뻗는다.

전체적으로 엔진은 공기의 속도를 줄이고, 에너지를 첨가하고, 다시 고속으로 재가속하도록 만든다. 엔진이 공기에 에너지를 부여했기 때문에, 공기는 그것이 도달한 것보다 더 빨리 방출된다. 공기의 증가된 반대 방향 속력은 제트 엔진이 그것을 반대쪽으로 밀고 공기는 제트 엔진에 앞쪽으로 작용하는 밀치는 힘을 작용시킴으로써 반응했다는 것을 보여준다. 다른 말로 바꾸면, 비행기는 나가는 공기에 뒤로 가는 운동량을 줌으로써 앞으로 가는 운동량을 얻었다.

터보 제트는 그것이 가능한 것보다 덜 에너지 효율적이다. 상대적으로 적은 질량의 공기에 뒤로 가는 운동량을 주므로, 공기는 지나치게 빠르고 필요보다 많은 운동에너지를 가진 채로 운동하게 된다. 엔진을 더 효율적으로 만들기 위해서는, 보다 많은 질량의 공기에 반대 방향 운동량을 주어야 한다.

터보 팬 엔진은 터보 제트 엔진 앞에 커다란 선풍기를 덧붙임으로써 이 문제를 해결한다(그림 6.3.14). 선풍기가 엔진의 입구에 위치해 있기 때문에, 선풍기에 들어가기 전에 공기의 속력은 감소하고 그 압력은 증가한다. 그 다음에 선풍기는 공기에 일을 하고 압력을 더욱 증가시킨다. 이 공기의 5% 정도가 터보 제트 엔진에 들어가는 데 반해, 대부분은 풍관의 반대편으로 다시 가속해 대기압과 높은 속력으로 공기 중으로 날아간다. 전체적으로, 선풍기는 공기를 뒤로 밀고 공기는 선풍기를 밀어 앞쪽으로 밀치는 힘을 창조해낸다.

터보 제트와 같이 터보 팬은 공기를 감속시키고, 에너지를 추가하고, 다시 고속으로 가속시킨다. 터보 팬 엔진이 터보 제트 엔진보다 많은 공기를 움직이기 때문에, 공기에 더 적은 에너지를 주고 연료도 보다 적게 사용한다. 그들의 증가된 효율성 때문에, 터보 팬은 모

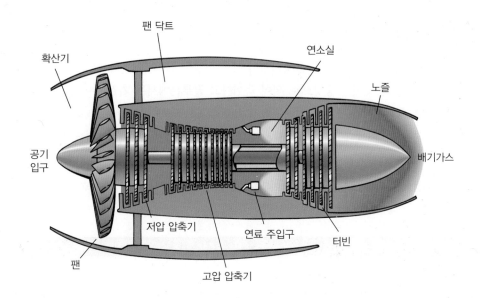

확산기

팬 닥트

연소실

노즐

공기
입구

배기가스

저압 압축기

연료 주입구

터빈

팬

고압 압축기

그림 6.3.14 터보 팬 엔진은 보통 터보 제트 엔진의 축에 거대한 선풍기를 추가한다. 선풍기를 통과하는 대부분의 공기는 터보 제트를 넘어가 엔진 주변의 공기 흐름으로 곧바로 돌아온다. 선풍기가 이 공기에 일을 하기 때문에 왔을 때보다 더 높은 속도로 엔진을 떠난다. 공기가 엔진과 비행기에 전방 운동량을 준 것이다.

든 근대의 상업용 제트에 사용된다(또 다른 제트 엔진을 보기 위해서는 **9**를 참조하라).

> **▶ 개념 이해도 점검 #5: 에너지와 제트 엔진**
>
> 제트 에너지는 어떻게든 공기를 감속시키고, 저속에서 에너지를 추가하고, 다시 고속으로 공기를 돌려놓는다. 왜 공기를 감속시키는 데 많은 에너지가 낭비되지 않을까?
>
> **해답** 공기가 느려지며, 압력이 증가한다. 공기의 정돈된 에너지는 그대로이다.
>
> **왜?** Bernoulli 공식의 주목할 만한 결과는 공기를 운동에너지를 제거하지 않고도 느리게 만들 수 있다는 것이다. 그 에너지는 압력 위치에너지로 변환되고, 제트 엔진을 그 형태로 통과한다. 공기가 제트 엔진을 떠날 때 그 압력 위치에너지는 다시 한 번 운동에너지로 변환되므로, 낭비되는 에너지는 없게 되는 것이다.

6장 에필로그

이 장에서는 움직이는 유체를 이용해 사용 목적을 이루는 물체들을 분석했다. '정원에 물 주기'에서는 물이 어떻게 호스의 입구와 통로들 사이로 이동하는지 배웠다. 점성력의 효과와 압력 위치에너지를 운동에너지로 바꾸고, 또 그 역의 과정에서 Bernoulli 공식의 중요성을 배웠다. 두 형태의 유체 흐름, 즉 층류와 난류가 등장했다. 층류가 부드럽고 예측 가능한 데 비해, 난류는 우주에서는 흔한 현상인 예측 불가성과 카오스성을 띤다.

'구기 스포츠: 공기' 부분에서는, 움직이는 공기가 보다 커다란 물체에 항력의 아래쪽 방향과 양력의 수직 방향으로 영향을 미치는 것을 확인했다. 두 종류의 항력을 배웠고, 이들이 공의 모양이나 움직임을 정하여 조정하거나 감소시키는 방법 또한 배웠다.

마지막으로, '비행기' 부분에서는 주목할 만한 기계들의 공기역학을 탐색했다. 그것들이 어떻게 공기를 이용해 자신을 앞으로 나아가게 하는지 배웠다. 또한 날개의 한계점들을 관찰하고, 이 한계점들을 초과할 경우 어떤 일이 일어날 수 있는지도 관찰했다. 프로펠러와 제트 항공기에서 추진력을 알아보았고, 이 시스템들이 Bernoulli 공식과 공기를 뒤로 밀어 발생하는 전방 힘과 관련을 맺는다는 것을 배웠다.

9 램제트는 움직이는 부품이 없는 제트 엔진이다. 초음속으로 엔진에 접근하는 공기는 조심스럽게 포장된 표면들을 마주쳐 그 스스로의 전방 운동량이 높은 압력으로 압축되도록 한다. 엔진은 그 뒤에 이 압축된 공기에 연료를 더하고 연소하여 뜨겁게 달구어진 가스가 노즐 밖으로 터져 나오도록 한다. 엔진은 이 배기가스를 뒤쪽으로 밀고, 배기가스는 엔진과 비행기를 앞쪽으로 민다. 공기가 엔진에 초음속으로 들어왔더라도, 연소실은 훨씬 더 느린 속도로 통과한다. 초음속 연소 램제트 혹은 '스크램 제트'에서는 연료와 공기 혼합물이 연소실을 초음속으로 통과한다. 이 움직임은 화염이 아래쪽 방향으로 엔진 밖으로 흐르도록 하는 경향이 있어 연료를 계속 태우기가 힘들다. 화염은 음속보다 빠르게 혼합물 속에서 확산될 수 없으므로, 엔진에 스스로 남을 수 있을 정도로 빠르게 위쪽으로 이동할 수 없다.

설명: 소용돌이 대포

소용돌이 대포는 고리 모양의 소용돌이이며 아무 시작도 끝도 없는 작은 토네이도를 만들어낸다. 공기는 각 고리의 중앙으로 휘어 들어가고 끝부분에서는 거꾸로 간다. 이 원형의 토네이도 구조는 공기가 소용돌이 대포의 구멍으로 통과할 때 만들어진다. 공기는 구멍 중앙에서 앞쪽으로 흐르는데, 구멍의 가장자리는 고리 바깥쪽으로 역류를 만들어낸다. 대포를 떠난 뒤, 각 고리 소용돌이는 그 운동에너지를 다 소비하고 느려져 정지할 때까지 주변 공기에서 뻗어 나간다. 그것은 점성력이 멈추게 할 때까지 제자리에서 돌다가 없어진다.

요약, 중요한 법칙, 수식

정원 물주기에 관련된 물리: 물이 호스를 통과하면서 호스 내의 점성력이 특히 호스 벽면 근처의 속도를 제한시킨다. 호스가 굽을 때마다 수압은 굽이 바깥쪽에서 증가하고 안쪽에서 감소한다. 물이 노즐에 도달할 때 좁은 입구 사이로 가속하여 속도가 증가하고 압력이 감소해 대기압에서 정원으로 곡선을 그리며 떨어진다. 물이 빠르게 장애물 사이로 돌 때 호스 앞쪽의 수도꼭지에서 흐름은 난류가 되고 시끄러워진다.

공과 공기의 물리: 공기 중에서 이동하는 공은 두 가지 대표적인 공기역학적 힘, 즉 항력과 양력을 받게 된다. 아주 느리게 움직이는 무회전의 공에 작용하는 항력은 점성 항력뿐이고 아무런 양력도 받지 않는다. 공기 내 공의 속도가 증가하며, 공 뒤쪽의 커다란 난류 항적과 공은 압력 항력을 받게 된다. 더 높은 속도에서 공 표면 근처의 공기의 경계층은 난류성으로 변하고, 공 뒤쪽의 항적의 크기는 감소한다. 난류성 경계층을 가진 공은 층류성 경계층을 가진 공보다 항력을 덜 받아 몇몇 공은 난류성 경계층을 가지게 설계되었다.

회전하는 공은 양력을 받는다. 이 힘들은 휘고 튕겨져 나가는 기류가 이런 공들에 비대칭적으로 작용하기 때문이다. 양력은 공이 도중에 휘거나 떨어지는 데 상당히 오랜 시간이 걸리게 할 수도 있다.

비행기의 물리: 비행기는 날개를 통과하는 공기에 의해 지탱된다. 날개의 위 표면을 향해 휘는 공기는 압력 감소를 받지만, 밑 표면에서 바깥쪽으로 휘는 공기는 압력 상승을 받는다. 이 압력 변화의 결과로, 날개는 위쪽으로 작용하는 양력을 받는다. 기체는 또한 항력도 받는데, 그것은 비행기를 느려지게 한다. 비행기가 계속 앞쪽으로 진행하기 위해서 비행기는 엔진이나 프로펠러를 사용한다. 이런 기구들은 공기를 뒤쪽으로 밀어서 공기가 반작용으로 비행기를 밀도록 만든다. 프로펠러는 접근하는 공기에 바로 일을 하여 공기의 에너지를 증가시키고 회전하는 날로 거꾸로 밀어버린다. 제트 엔진은 우선 공기를 느리게 만든 뒤, 연료를 넣어 에너지를 증가시키고, 최종적으로 고속으로 다시 방출한다.

1. Poiseuille의 법칙: 파이프 속을 흐르는 유체의 부피는 ($\pi/128$)에 압력 변화에 파이프의 지름의 4승을 곱한 것을 파이프의 길이와 유체의 점도로 나눈 값이다. 간단하게

$$부피 = \frac{\pi \cdot 압력\ 변화 \cdot 파이프의\ 지름^4}{128 \cdot 파이프\ 길이 \cdot 유체의\ 점도} \quad (6.1.1)$$

2. 굽이와 압력 불균형: 정상 상태 흐름을 보이는 유체가 굽으면, 굽이 바깥쪽의 압력은 안쪽보다 항상 크다.

3. Reynolds 수: 장애물을 선회하는 유체에서의 관성과 점성의 상대적인 중요성을 나타내는 수이다.

$$Reynolds\ 수 = \frac{밀도 \cdot 장애물의\ 길이 \cdot 유속}{점도} \quad (6.1.2)$$

연습문제

1. 기숙사에서 누군가가 샤워를 하는 동안 여러 개의 화장실 물을 동시에 내리는 장난을 쳤다. 샤워기의 찬물의 압력이 떨어지면 샤워기의 물이 매우 뜨거워진다. 찬물의 압력이 갑자기 떨어지는 이유는 무엇인가?

2. 도시의 더운 날에는 사람들이 때때로 소화전을 열고 물에서 노는 경우가 있다. 이 활동이 인근의 소화전 수압을 감소시키는 이유는 무엇인가?

3. 심장에 혈액을 공급하는 혈관인 관상 동맥이 상대적으로 조금 좁아지면 왜 혈류량이 급격히 감소하는가?

4. 뜨거운 단풍나무 시럽이 차가운 단풍나무 시럽보다 왜 쉽게 부어지는가?

5. 북반구에서 "1월의 당밀"이 "7월의 당밀"보다 흐르는 속도가 느린 이유는 무엇인가?

6. 포장의 아주 작은 구멍을 통해 케첩을 짜내는 것이 왜 그렇게 어려운가?

7. 제빵사는 끝이 잘린 봉인된 원뿔 모양의 종이로 장식용 프로스트를 짜내서 케이크를 꾸민다. 제빵사가 원뿔의 끝 부분에 구멍을 너무 작게 만들면 장식용 프로스트가 나오는 것이 굉장히 어렵다. 왜 그런가?

8. 지면에서의 바람보다 지면 몇 미터 위의 바람이 더 센 이유는 무엇인가?

9. 바람이 부는 다리의 표면에 있는 보행자는 공기가 다리의 표면 근처에서 상대적으로 천천히 움직이기 때문에 바람의 강도를 완전히 느끼지 못한다. 이 효과를 경계층으로 설명하시오.

10. 전기 밸브가 뒤뜰에 있는 잔디 스프링클러의 물을 제어한다. 이 밸브를 잠가 갑자기 물을 멈출 때마다 집 안의 파이프는 흔들린다. 그런데 왜 갑자기 밸브를 열어 물을 틀 때는 안 흔들리는가?

11. 사과 소스 깡통을 바닥에 떨어뜨려서 시멘트 바닥을 치면, 깡통 위쪽과 아래쪽의 압력은 어떻게 되는가?

12. 우유나 설탕을 커피에 넣어 섞을 때 숟가락 주위로 난류를 생성할 수 있을 만큼 빨리 숟가락을 움직여야 한다. 이 난류가 왜 섞이는 것을 돕는가?

13. 같은 지점에서 두 개의 동일한 종이 보트를 출발시키면 같은 경로를 따라 조용한 물줄기를 따라갈 수 있다. 와류나 소용돌이가 있는 시냇물에서는 왜 똑같이 할 수 없는가?

14. 막대기를 공중에서 천천히 휘두르면 조용하다. 그러나 빨리 휘두르면 '획획' 소리가 난다. 공기의 어떤 행동이 그 소음을 만들어내는가?

15. 폭포수 물을 양동이로 버텨 채우려 하면 양동이가 엄청난 힘으로 아래쪽으로 밀려나는 것을 알 수 있다. 낙하하는 물이 어떻게 양동이에 거대한 아래쪽 방향 힘을 작용하는가?

16. 움직이는 자동차의 앞쪽에 종이가 밀착된 경우가 있다. 종이를 그 자리에 머물게 하는 것은 무엇인가?

17. 물고기는 종종 다리를 지지하는 기둥의 상류 또는 하류에서 수영한다. 이 지역의 물의 속도는 열린 물 흐름에서 또 기둥 측면에서의 속도와 어떻게 다른가?

18. 파리채에는 왜 많은 구멍이 뚫려 있는가?

19. 당신은 표면만 다른 두 개의 골프공을 가지고 있다. 하나에는 패인 곳이 있고, 다른 하나는 매끈하다. 당신이 높은 타워에서 이 두 공을 동시에 떨어뜨리면 어느 것이 먼저 땅에 떨어지는가?

20. 대형 트럭 뒤에서 직접 자전거를 타면 앞으로 나아갈 수 있도록 매우 세게 페달을 밟을 필요가 없다는 것을 알게 된다. 왜 그런가?

21. 다른 주자 뒤에서 달리면 당신이 경험하는 바람의 저항은 어떻게 줄어드는가?

22. 자동차가 정지해 있을 때 유연한 라디오 안테나는 똑바로 서 있다. 그러나 자동차가 고속도로를 따라 빠르게 움직일 때 안테나는 자동차의 후방을 향하여 호를 그리며 휘어진다. 어떤 힘이 안테나를 구부리고 있는가?

23. 일정한 속도로 평탄한 도로를 따라 주행하려면 자동차의 엔진이 작동해야 하며 지면과의 마찰로 인해 차가 앞으로 밀려야 한다. 일정 속도의 물체에 작용하는 힘이 0인데 왜 지면으로부터의 힘이 필요한가?

24. 경주용 자전거는 종종 바퀴 휠의 스포크 위에 부드러운 디스크 모양의 덮개를 가지고 있다. 왜 이렇게 얇은 와이어 스포크가 빠르게 움직이는 자전거에서 문제가 되는가?

25. 총알은 물속에서 매우 빨리 감속하지만 창은 그렇지 않다.

어떤 힘이 이 두 물체를 늦추는 역할을 하는가? 왜 그 창은 멈추는 데 더 오래 걸리는가?

26. 끈에 테니스공을 걸어 놓으면 강한 바람에 바람이 불어오는 방향으로 휘어진다. 그러나 공을 적셔서 표면의 솜털을 평평하게 만들면 공이 이전보다 더 많이 휜다. 왜 공을 부드럽게 하는 것이 휘어짐을 증가시키는가?

27. 비행기에서 뛰어 내릴 때 낙하산이 왜 내려가는 것을 늦추는지를 설명하시오.

28. 자전거 경주를 할 때 선수들은 때로 머리 뒤쪽으로 가늘어지는 눈물 모양의 헬멧을 착용한다. 이렇게 매끄럽고 가늘어지는 모양의 헬멧을 사용하면 경험하는 저항력은 왜 줄어드는가?

29. 경주를 하는 동안 가능한 한 작은 마찰을 경험하려면 자전거의 금속 몸체는 원통형일 때가 가장 좋은가? 몸체는 어떤 모양이어야 하는가?

30. 1971년 우주 비행사 Alan Shepard는 달에서 골프공을 쳤다. 공기가 없으면 공의 비행에 어떤 영향을 미치는가?

31. 수상 스키어가 호수 표면을 따라 나아가고 있다. 스키어에게 물이 미치는 힘은 무엇이며, 이 힘의 효과는 무엇인가?

32. 프리스비는 공기가 없는 달에서 어떻게 날까?

33. 공을 뒤에서 감싸는 특수 골프 티(Tee)를 구입하여 공을 칠 때 회전을 주지 못하게 할 수 있다. 이 티는 갈고리와 조각(곡선 비행)을 방지한다. 이 티가 공의 이동 거리에 어떤 영향을 주는가? 또 왜 그런가?

34. 허리케인이나 강풍은 지붕에 처마가 없더라도 지붕을 들어 올릴 수 있다. 지붕을 가로지르는 바람이 어떻게 위쪽 방향의 힘을 낼 수 있는가?

35. 숙련된 배구 선수가 공을 서브하면 거의 회전하지 않도록 할 수 있다. 공은 네트 위로 넘어가면서 좌우로 조금씩 떨리고 있다. 공이 옆으로 가속되는 원인은 무엇인가?

36. 왜 비행기에는 아래쪽 방향의 중력과 균형을 맞추기에 충분한 양력을 얻을 수 없는 최대 고도인 "비행 천장"이 있는가?

37. 수도꼭지에서 나오는 물줄기를 숟가락의 구부러진 바닥 위로 빠르게 흐르게 하면 숟가락이 물줄기로 끌리게 된다. 이 효과를 설명하시오.

38. 움직이는 자동차의 창밖으로 손을 뻗어 손바닥이 앞으로 향하게 하면 손에 가해지는 힘은 뒤쪽이다. 위아래로 지나가는 공기층의 두 부분이 왜 손에 위 또는 아래쪽 방향의 힘을 주지는 못하는지 설명하시오.

39. 손바닥을 앞쪽으로 잡아당기지 않고(문제 38 참조) 손바닥을 약간 아래쪽으로 기울이면 손의 힘은 뒤쪽과 위쪽으로 향하게 된다. 공기 흐름이 당신의 손에 위쪽 방향의 힘을 가하는 방법은 무엇인가?

40. 벌새가 꽃 앞에 있을 때 어떤 힘이 그것에 작용하고 있으며 그것이 경험하는 알짜힘은 무엇인가?

41. 잘못 설계된 가정용 팬이 멈추어 움직이는 공기에 대해 비효율적이게 된다. 블레이드가 멈출 때 팬을 통과하는 공기 흐름을 설명하시오.

42. 비행기가 급하강할 때 공기가 아래로부터 비행기에 달려든다. 이때 조종사가 갑자기 위로 당기면 비행기가 수평을 이루고 있더라도 날개가 갑자기 멈출 수 있다. 날개가 멈춘 이유를 설명하시오.

문제

1. 작은 물고기는 몸 주위에서 격렬한 흐름을 경험하기 전에 얼마나 빨리 헤엄칠 수 있는가?

2. 혈관이 5% 가량 줄어들면 혈압은 어느 정도 높아지는가? (혈관의 압력 차는 근본적으로 혈압과 같다.)

3. 누군가가 집에 있는 배수관의 물을 올리브기름으로 바꾼다면, 욕조를 채우기까지 얼마나 더 걸릴까?

4. 조용한 호수를 가로질러 카누를 저어 조용히 움직이고자 하는데, 난류가 소음을 일으킨다는 것을 알았다. 카누와 노가 난류를 일으키지 않고 물을 통과하려면 어느 정도의 빠르기로 저어야 할까?

5. 라커룸의 샤워실로 이어지는 파이프가 오래되고 적당하지 않다. 도시의 수압이 700,000 Pa이지만, 샤워기 한 개가 켜져 있을 때 라커룸 샤워실의 압력은 600,000 Pa에 불과

하다. 식 6.1.1을 이용하여 세 개의 샤워기가 켜져 있는 경우 대략적인 압력을 계산하시오.

6. 기숙사의 배관에 물 대신 꿀이 들어 있는 경우 이를 닦으려고 컵을 채우려면 잠시 시간이 걸릴 수 있다. 수도꼭지가 컵을 물로 채우는 데 5초가 걸릴 경우, 컵을 꿀로 채우려면 얼마나 걸리겠는가? 모든 압력과 파이프는 변하지 않은 것으로 가정하시오.

7. 지름이 1 cm인 막대기를 올리브기름 속에서 얼마나 빨리 움직여야 막대기 주변에서 난류를 관측하기 시작할 정도인 Reynolds 수 2000에 이를 수 있겠는가? (올리브기름의 밀도는 918 kg/m³이다.)

8. 비행선(Blimp)의 유효 장애물 길이는 비행선의 폭과 같다. 즉, 공기가 비행선 주위를 흘러나갈 때, 공기가 서로 멀어지는 거리이다. 비행선 주위의 공기가 층류가 되도록 유지하기 위해서 15 m의 폭을 가진 비행선은 얼마나 느리게 움직여야 하는가? (단, 공기의 밀도는 1.25 kg/m²이다.)

열과 상전이 Heat and Phase Transitions

우리는 주위에서 일어나는 운동을 모두 볼 수 없다. 일부 운동은 물체 내부에 숨겨져 있는데, 열에너지는 물체에 속한 원자와 분자들을 앞뒤로 끊임없이 흔들어대고 있다. 이런 열에너지는 보통 물체의 온도를 통해 인식하게 된다. 물체가 가진 열에너지가 클수록 물체의 온도가 높고 물체는 뜨겁게 느껴지기 때문이다.

게다가 열에너지는 일상생활에서도 중요한 역할을 담당하고 있다. 열에너지는 한 장소에서 다른 장소로 이동할 뿐 아니라 물체를 고체에서 액체나 기체로 변화시킬 수 있다. 뜨거운 물체를 만질 때의 느낌은 차가운 손으로 열에너지가 흘러 피부의 온도가 올라가는 것과 관련이 있다. 열에너지는 이처럼 뜨거운 물체로부터 차가운 물체로 흐르며, 우리는 이것을 열이라고 부른다. 이 단원에서는 뜨거운 것과 차가운 것을 더 이해하기 위하여 온도, 열 및 물체의 상(phase)을 살펴보려고 한다.

일상 속의 실험 │ 자 온도계

온도 변화가 일반 물체에 미치는 영향으로는 물체 크기의 변화를 들 수 있다. 크기 변화가 미소하여 쉽게 드러나지는 않지만 도구를 사용하여 이 변화를 쉽게 관찰할 수 있다. 투명한 플라스틱 자, 핀, 작은 추, 빳빳한 종이 한 장과 테이프를 사용하여 크기 변화를 알려주는 온도계를 만들어 보자.

플라스틱 자를 탁자 가장자리를 따라 놓은 후 테이프를 사용해 자의 한쪽 끝을 탁자에 단단히 고정한다. 빳빳한 종이를 폭이 3 mm, 길이가 15 cm인 가는 띠 모양으로 자르고, 이 띠의 한쪽 끝에 조심스럽게 핀을 꽂는다. 원형으로 자른 테이프로 핀 머리를 종이에 고정한다. 이 작업이 끝나면 종이 띠가 핀에 단단히 부착되어 핀을 돌리면 종이도 같이 돌아야 한다. 이 종이 띠가 온도계의 눈금 구실을 하게 된다.

이제 핀을 자의 자유로운 반대쪽 끝 아래로 밀어 넣고 작은 추를 그 위에 놓는다. 추는 자와 핀을 함께 밀게 되므로 자와 핀은 정지마찰력을 느끼게 된다. 자의 자유로운 쪽 끝이 좌우로 움직이게 되면 핀이 회전하게 되어 눈금이 변한다.

이제 온도계가 만들어졌다. 핀과 눈금을 손으로 조심스럽게 회전시켜 눈금이 수평이 되게 하면 온도는 탁자 면에 대한 눈금의 각도가 된다. 플라스틱 자에 입김을 불거나, 손을 올려놓거나, 헤어드라이어를 사용해 자를 조금 가열하면 자의 길이가 늘어난다. 그러면 자의 자유로운 끝이 고정된 끝으로부터 멀어지게 되어 핀이 회전하게 된다. 온도계가 새 온도로 맞춰질 때 눈금 방향의 작은 변화를 눈으로 볼 수 있다.

자를 식히면 눈금이 반대 방향으로 회전한다. 자에 작은 얼음덩어리를 올려놓으면 자의 길이가 줄어들면서 눈금이 반대 방향으로 회전한다. 알고 있듯이 더운 날에 비해 추운 날 자의 길이가 줄어드는데, 이것 때문에 길이 측정에 대한 자의 정확성이 제약을 받는다.

Courtesy Lou Bloomfield

7장 학습 일정

이 장에서는 열에너지, 온도 및 열에 대해 세 종류의 일반적인 물체인 (1) **장작난로**, (2) **물, 수증기, 얼음**, (3) **옷, 단열, 기후**의 관점에서 살펴보고자 한다. 장작난로에서는 열에너지를 만드는 방법과 열이 뜨거운 물체로부터 차가운 물체로 전달되는 세 가지 주요 수단인 전도, 대류 및 복사에 대해 살펴본다. 물, 수증기, 얼음에서는 물의 세 가지 상에 열과

온도가 미치는 영향과 상전이가 일어나는 방법에 대해 살펴본다. 옷, 단열, 기후에서는 열전달에 대해 더 깊이 살펴보고, 이를 제어할 방법을 찾아보려고 한다. 더 자세히 알고 싶다면 이 장의 끝 부분에 있는 '요약, 중요한 법칙, 수식'을 미리 보면 된다.

7.1 │ 장작난로

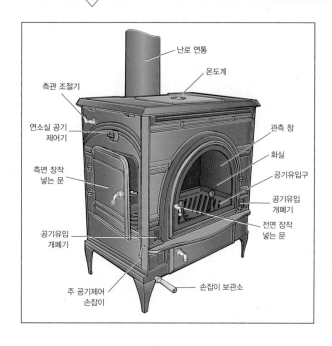

난로 연통
온도계
측관 조절기
연소실 공기 제어기
관측 창
측면 장작 넣는 문
화실
공기유입구
공기유입 개폐기
공기유입 개폐기
전면 장작 넣는 문
주 공기제어 손잡이
손잡이 보관소

생길까? 뜨거운 물체를 만지면 왜 화상을 입을까? 뜨거운 표면을 손으로 만질 때가 뜨거운 표면 근처를 만질 때보다 더 뜨겁게 느껴지는 이유는 무엇일까? 바깥 공기가 차가운데도 불구하고 캠프파이어를 향하고 있으면 왜 피부가 덥게 느껴질까? 왜 차가운 물체를 덥게 하려면 시간이 걸릴까?

실험해 보기: 타고 있는 초는 열에너지를 만들어 작은 방에 빛과 열기를 제공한다. 이 열에너지는 어디서 나오며 어떻게 주위로 흘러갈까?

작은 초에 불을 붙이고 초가 어떻게 열에너지를 방출하는지 관찰하라. 촛불은 서서히 초의 왁스와 공기를 소비한다. 촛불에 닿거나 촛불에 상하지 않을 큰 유리잔으로 초를 덮는다. 이 잔은 방안 공기가 초에 도달하는 것을 막는다. 새로 초를 밀봉한 환경은 촛불에 어떤 영향을 줄까? 그 이유를 설명해 보라.

초에 다시 불을 붙이고 촛불로부터 열이 나에게 흐르게 할 방법을 생각해 보라. 화상을 입지 않도록 안전한 거리를 유지하면서 조심스럽게 손을 촛불 위로 지나게 하라. 손이 촛불 바로 위에 있으면 왜 피부가 즉시 뜨겁게 느껴질까? 이제 손을 촛불 옆에 안전한 거리 떨어진 곳에 위치시킨다. 다시 촛불에 의해 온기를 느낄 것이다. 지금은 어떻게 촛불로부터 열이 손으로 흐를까?

나무연필을 꺼내 촛불 위 수 cm 떨어진 곳에 2초 이상 두도록 하라. 손가락으로 조심해서 연필 표면을 만진다. 손가락에 온기가 느껴질 것이다. 이 경우 어떻게 연필로부터 손가락으로 열이 흐르는 것일까? 왜 금속연필로 이 실험을 반복하면 고통을 느끼는 실수를 하게 될까? 왜 연필을 촛불 위에서 2초 동안만 놓는 것일까?

난방을 하지 못한다면 겨울 동안 지내기가 상당히 힘들 것이다. 난방은 외부 기온이 낮더라도 방을 따뜻하게 한다. 가장 유행하는 난방 도구 가운데 하나가 장작을 화실에서 태워 열에너지를 방 안에 공급하는 장작난로이다. 이 절에서는 장작난로가 열에너지를 생산하는 방법과 난로로부터 이 열에너지를 흘려 난방을 하는 방법에 대해 살펴볼 것이다.

생각해 보기: 장작을 태울 때 장작의 화학적 위치에너지에 어떤 일이

불타는 장작: 열에너지

장작난로는 열에너지를 만들고 이 열에너지를 열로 방에 분산시킨다(그림 7.1.1). 우리는 앞에서도 열에너지를 만난 적이 있다. 보도에서 파일서랍을 미끄러뜨릴 때, 마루에서 낡은 테니스공을 비효율적으로 튕길 때, 그릇에 든 꿀을 천천히 따를 때 그러했다. 각각의 경우 질서 있는 에너지, 즉 일을 하는 데 손쉽게 사용할 수 있는 에너지가 무질서한 열에너지로

변환되고 물체의 온도가 증가했다. 이제 열을 공급하는 장치를 공부하려고 한다. 열에너지가 한 물체로부터 다른 물체로 이동하는 방법을 이해하기 위해 열에너지와 온도를 다시 살펴보도록 하자.

화덕이나 장작난로에서 장작을 태울 때 장작의 질서 있는 화학 위치에너지를 무질서한 열에너지, 즉 개별 원자와 분자의 운동에너지와 위치에너지에 담겨 있는 에너지로 바꾸게 된다. 장작, 장작난로, 또는 방안 공기가 열에너지를 가지고 있기 때문에 온도를 갖게 된다. 물체가 열에너지를 많이 가질수록 물체의 온도가 높아진다.

열에너지의 본질은 물체 내부에 무엇이 있느냐에 의존한다. 불붙은 뜨거운 장작의 경우 열에너지는 주로 장작의 원자와 분자 속에 들어 있다. 원자와 분자들은 서로 빠르게 앞뒤로 진동을 한다. 각 입자들이 움직일 때 입자는 운동에너지를 가진다. 입자가 주위 입자들을 밀거나 당길 때 위치에너지를 갖게 된다.

불타는 장작 주위의 공기의 경우 이 역시 열에너지는 원자와 분자 속에 있다. 그러나 이들 입자들은 본질적으로 자유롭고 독립적이기 때문에 대부분의 열에너지는 운동에너지이다. 공기 입자들은 서로가 충돌하는 짧은 순간에만 위치에너지를 가진다.

불붙은 장작을 뒤적일 때 사용하는 금속 부지깽이의 경우 열에너지는 원자와 분자뿐만 아니라 금속 내에서 움직이며 전기를 통하게 하는 전자 속에도 들어 있다. 2장에서 지적한 것처럼 열에너지는 온도와 관련된 내부 에너지의 일부이다. 내부 에너지는 외부 힘이나 종합적인 운동에 의한 에너지를 제외한 에너지이다. 따라서 부지깽이를 들어 중력 위치에너지를 증가시키거나 부지깽이를 흔들어 운동에너지를 증가시키는 것은 내부 에너지나 열에너지에 영향을 주지 않는다. 더욱이 대부분의 화학 위치에너지와 핵 위치에너지를 포함한 부지깽이의 내부 에너지 가운데 일부는 온도와 관계가 없고 열에너지의 한 부분도 아니다.

© Peter Anderson/Dorling Kindersley/Getty Images, Inc.

그림 7.1.1 이 장작난로는 금속 벽을 통한 전도, 난로 표면을 지나는 공기에 의한 대류, 검은색 외관을 통한 복사에 의해 방에 열을 전달한다.

> ⏩ **개념 이해도 점검 #1: 워밍업 투구**
>
> 공을 떨어뜨리면 공의 열에너지가 증가할까? (공기의 저항은 무시하라.)
>
> **해답** 아니다. 공의 열에너지는 변하지 않고 일정하다.
>
> **왜?** 공이 떨어질 때 공의 중력 위치에너지는 운동에너지로 변환된다. 그러나 두 에너지 모두 공이 일을 하도록 하는 에너지이므로 열에너지에 포함시키지 않아야 한다.

원자 사이의 힘: 화학결합

불타는 장작이 열에너지를 만드는 방법을 이해하기 위해 원자 사이의 결합과 이 결합에 저장된 화학 위치에너지에 대해 살펴보자. 두 가지 모두 원자 사이의 힘에 의한 결과이기 때문에 이 힘으로부터 이야기를 시작해 보자.

두 원자를 서로 가까이 하면 서로 인력이 작용한다(그림 7.1.2a). 이런 화학적인 힘의 본질은 주로 전자기력이며 원자들이 접근할수록 더 강해진다. 그러나 원자들이 서로 접촉하기 시작하면 인력이 감소하다가 원자들이 너무 가까워지면 마침내 척력으로 바뀐다(그림 7.1.2b). 인력이 사라지고 척력이 생기는 원자 사이의 간격을 **평형 간격**(equilibrium

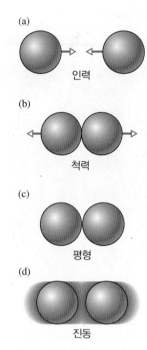

그림 7.1.2 (a) 두 원자가 적당한 거리에서 서로 끌어당기고 있다. 그러나 (b) 둘이 너무 가까워지면 서로를 밀친다. (c) 두 거리 사이에 끌어당기거나 밀지지 않아 평형에 있는 평형 간격이 존재한다. (d) 여분의 에너지를 가진 원자쌍은 평형 간격 주위로 진동하려는 경향을 가진다.

separation), 즉 원자들이 서로 힘을 가하지 않는 거리이다(그림 7.1.2c). 원자는 매우 작기 때문에 평형 간격 역시 매우 짧으며 보통 수백억 분의 1미터 정도이다.

두 원자를 핀셋으로 잡아 접근시킨다고 가정해 보자. 원자가 접근할 때 서로 당기기 때문에 원자에 일을 하여 에너지를 증가시킨다. 에너지는 보존되기 때문에 원자들이 가진 에너지가 감소해야 하므로 두 원자는 원자 사이의 화학적인 힘에 저장된 **화학 위치에너지**(chemical potential energy)를 방출하게 된다.

원자들이 평형 간격에 도달하면 원자들을 놓아주어도 원자들이 떨어지지 않는다. 화학 위치에너지의 일부를 방출했기 때문에 에너지가 공급되지 않는 한 두 원자는 분리될 수 없다. 원자들을 떼어놓으려면 일을 해 주어야 한다. 이 에너지 없이 원자들은 화학결합이라고 알려진 에너지에 의해 서로 결합되어 있다.

결합된 원자들은 분자를 이룬다. 결합 강도는 원자들이 서로 접근할 때 원자들이 한 일의 양, 또는 원자들을 분리시키는 데 필요한 일의 양과 같다. 결합 강도는 두 질소 원자의 경우처럼 매우 강한 것부터 두 네온 원자의 경우처럼 매우 약한 것까지 다양하다.

원자들이 여분의 에너지를 조금 가지게 되면 구속 원자들이 평형 간격 주위로 진동을 할 수 있다(그림 7.1.2d). 원자가 반환점 근처에서 속도가 느려질 때 에너지의 대부분은 화학 위치에너지이다. 일반적으로 분자의 전체 에너지는 일정하므로 여분의 에너지를 다른 곳으로 전달할 때까지 원자가 앞뒤로 진동을 한다.

많은 분자들은 두 개 이상의 원자를 가지고 있다. 거대 분자의 경우 많은 원자쌍이 평형 간격에서 화학결합을 하고 있다. 이 분자에 여분의 에너지를 공급하면 다양한 원자와 화학결합 사이에서 에너지가 이동하면서 복잡한 패턴의 진동을 하게 된다. 여분의 에너지가 제거될 때까지 분자 내의 원자들은 계속해서 진동한다.

모든 액체와 고체처럼 불타는 장작 역시 엄청난 수의 원자와 분자들로 이루어져 있으며 이들은 다양한 강도의 화학결합에 의해 묶여져 있다. 이들 입자들은 서로 밀거나 당기면서 평형 간격 주위로 진동한다. 이런 운동이 **열운동**(thermal motion)이며, 이런 무질서한 진동과 관련된 에너지가 열에너지이다. 열에너지는 원자 사이에 분포하며 원자들끼리 열에너지를 불규칙하게 주고받는다. 열에너지는 직접 일을 하는 데 사용할 수 없다.

▶ 개념 이해도 점검 #2: 원자가 충돌할 때

두 개의 독립적인 질소 원자가 서로 충돌할 때 어떤 힘들이 작용할까?

▷ 해답 첫째로 원자들은 인력을 받는다. 원자들이 너무 가까워지면 척력이 생기면서 결합한다. 그 후 서로 멀어지면 힘은 다시 인력이 된다.

▷ 왜? 두 질소 원자들이 서로 접근할 때 인력이 작용해 화학결합이 둘 사이에 만들어진다. 둘이 가속적으로 접근하면서 화학 위치에너지가 운동에너지로 바뀐다. 그러나 두 원자가 너무 가까워지면 힘이 척력이 되어 서로 멀어지려 한다. 둘이 서로 멀어지면 힘이 다시 인력이 되지만 운동에너지가 화학결합을 깨게 되어 원자들이 영원히 분리된다.

열과 온도

뜨거운 불타는 장작부터 불을 뒤적일 때 사용하는 차가운 금속 부지깽이까지 모든 물체는 열에너지를 갖고 있다. 그러나 이 말이 열에너지가 공평하게 분포되어 있음을 의미하지는 않는다. 장작을 부지깽이로 밀어 넣을 때 열에너지에는 어떤 일이 생길까?

장작과 부지깽이가 접촉할 때 둘은 열에너지를 교환하기 시작한다. 사실 두 물체는 더 큰 한 물체라 볼 수 있으며 개별 물체의 입자들 사이에서 불규칙하게 이동하던 열에너지가 두 물체의 입자들 사이에서 불규칙하게 이동하기 시작한다. 그렇다고 아주 불규칙하게 이동하는 것은 아니다. 열에너지의 작은 부분들이 두 물체 사이에서 양방향으로 움직이지만 교환이 상쇄되지 않는다. 일반적으로 뜨거운 장작으로부터 차가운 부지깽이로 흐르는 알짜 열에너지가 존재한다.

열에너지 흐름의 방향을 예측하기 위해 각 물체의 온도를 정의한다. 물체의 온도는 두 물체 사이에서 열에너지가 자연스럽게 흐르는 방향을 알려준다. 접촉하고 있는 두 물체 사이에서 열에너지의 흐름이 없다면 두 물체는 **열적 평형**(thermal equilibrium)에 있으며 온도가 동일하다. 그러나 처음 물체로부터 두 번째 물체로 열에너지가 흐르면 처음 물체가 두 번째 물체보다 뜨겁다.

온도 단위는 임의의 쌍 사이에서 열에너지가 흐르는 방식에 따라 물체를 분류한다. 고온의 물체는 항상 열에너지를 저온의 물체로 흘리며 같은 온도의 두 물체는 항상 열적 평형에 있다. 따라서 뜨거운 불타는 장작은 열에너지를 차가운 부지깽이로 전달한다. 불타는 장작이 열에너지를 대부분의 물체에 전달하기 때문에 장작의 온도가 높다고 말한다. 반면 부지깽이는 대부분의 물체로부터 열에너지를 전달받기 때문에 온도가 낮다.

온도의 차이 때문에 한 물체에서 다른 물체로 흐르는 에너지를 **열**(heat)이라고 부른다. 열은 이동 중인 열에너지이다. 엄밀하게 말해 불타는 장작이 열을 **갖**고 있지는 않다. 장작은 열에너지를 갖고 있다. 그러나 장작이 온도 차이 때문에 에너지를 찬 부지깽이로 전달할 때 장작으로부터 부지깽이로 열이 **흐르는** 것이다(열을 이해하게 된 역사를 알려면 **1**을 보라).

지금까지의 온도 정의는 우리 주위의 물체를 가장 뜨거운 것으로부터 가장 차가운 것까지 순서를 매길 수 있게 하지만 온도를 정량적으로 알려주지는 않는다. 모든 물체 쌍에 대해 두 물체 사이에서 어느 방향으로 열이 흐르는지 관찰하고 비교함으로써 스스로 온도 단위를 만들 수 있다. 하지만 이런 일은 즐겁지 않다. 섭씨(Celsius), 화씨(Fahrenheit), 또는 절대온도(Kelvin)처럼 표준적인 온도 단위를 사용하는 것이 더 나을 것이다.

표준 온도 단위는 물체의 원자 하나가 가진 평균 열에너지에 근거를 두고 있다. 각 원자의 운동에너지가 클수록 물체의 열운동이 더 격렬해지고 더 많은 열에너지가 미시적인 일을 통해 두 번째 물체의 원자들에게 전달된다. 실제로 열이 물체 사이에서 전달되게 하는 것은 미시적인 일이다. 작게 밀치고 당기는 일이 모두 원자 스케일에서 일어난다. 더 많은 원자 당 평균 열에너지를 가진 물체가 열을 더 작은 평균 열에너지를 가진 물체로 전달하기 때문에 원자 당 평균 열에너지에 따라 온도를 부여하는 것은 합리적이다.

1 Benjamin Thomson, Rumford 백작(미국 태생의 영국 물리학자이자 정치가, 1753~1814) 시대 이전에 열은 물체 속에 담긴 열소(caloric)라고 불리던 유체라고 믿었다. Thomson은 대포에 포신을 뚫을 때 열이 끊임없이 발생하는 것을 보임으로써 열소 이론이 잘못이라는 것을 증명했다. Thomson의 과학기술에 대한 기여로 요리법과 가열 방법이 개선되었다. 그는 화로를 개량하고 연기가 생기는 것을 줄여주는 조절기를 만들었으며, 방 안으로 열이 잘 전달되도록 개량했다. 그는 세상을 떠들썩하게 만든 기이한 삶을 살았고 큰 재산을 모았다가 망하기도 했다. 영국 왕당파였기 때문에 1775년에는 미국 뉴햄프셔로 도망갔다가 프랑스의 스파이로 몰려 1782년에는 런던으로 피신하였다. 열을 공부할 당시 그는 바이에른 지방에서 가장 센 권력자이기도 했다.

표 7.1.1 섭씨, 화씨, 절대온도의 세 가지 온도 단위로 측정한 여러 표준 조건의 온도

표준 조건	섭씨(°C)	절대온도(K)	화씨(°F)
절대 0도	−273.15	0	−459.67
물이 어는 온도	0	273.15	32
물이 끓는 온도	100	373.15	212

온도는 섭씨, 화씨와 절대온도 단위로 측정한다. 각 온도 단위에서 1도 또는 단위 온도의 온도 증가는 특정한 원자 당 평균 열에너지를 나타낸다. 원자 당 평균 열에너지와 부여된 온도 사이의 관계는 절대 0도, 물이 어는 온도와 물이 끓는 온도와 같은 몇 가지 표준 조건에 근거하고 있다(5.1절에서 절대 0도는 물체로부터 모든 열에너지를 제거한 온도라고 배웠다). 두 개의 표준 조건에 특정 온도를 부여하면 전체 온도 단위가 정해진다. 예를 들어 섭씨온도 단위는 물이 어는 온도를 0°C로, 물이 끓는 온도를 100°C로 하여 만들어졌다. 세 가지 표준 온도 단위로 표시한 온도들이 표 7.1.1에 나와 있다.

> **▶ 개념 이해도 점검 #3: 언 손가락**
>
> 얼음 덩어리를 집으면 갑자기 손이 차가워진다. 어느 쪽으로 열이 흐를까?
>
> **해답** 뜨거운 손으로부터 차가운 얼음으로 열이 흐른다.
>
> **왜?** 열은 자연히 뜨거운 물체로부터 차가운 물체로 흐른다. 얼음 덩어리가 손보다 차기 때문에 열이 손에서 얼음 덩어리로 흐르게 된다. 손이 열에너지를 잃기 때문에 손의 온도가 떨어지고 차가움을 느끼게 된다. 차가움을 얼음 덩어리로부터 흘러나오는 어떤 것으로 생각하기 쉬우나 실제로 이동하는 유일한 것은 열이다. 얼음 덩어리는 열을 흡수하는 최상의 물체이고 음료의 열에너지를 감소시켜 음료를 차갑게 한다.

모닥불과 장작난로

방을 난방하는 쉬운 방법을 찾는다고 해 보자. 가장 오래되고 가장 간단한 방법은 방바닥 중앙에 불을 피우는 것이다. 장작을 태우면 열에너지가 발생하고 이 열이 차가운 방 안으로 흐를 것이다. 그러나 어떻게 장작이 열에너지를 발생할까?

이 열에너지는 장작에 있는 분자들과 공기 중의 산소 분자들 사이의 **화학반응**(chemical reaction)에 의해 방출된다. 화학결합에 의해 원자들이 결합할 때 원자들이 일을 한다는 것과 한 일의 양이 어느 원자들이 결합하는지에 의존한다는 것을 상기하라. 예를 들어 탄소와 수소 원자들은 서로 결합하여 **탄화수소**(hydrocarbon) 분자가 되고, 이들 원자들은 산소 원자들과는 훨씬 더 강한 결합을 한다. 그러므로 탄화수소 분자를 해체하려면 일을 해야 하지만 수소와 탄소 원자들이 산소 원자들과 결합할 때 하는 일은 이런 투자를 보상하고도 남는다. 탄화수소 분자를 산소 속에서 태우면 새로운 더 단단히 결합된 분자들이 형성되면서 화학 위치에너지가 열에너지로 방출된다. 탄화수소를 공기 속에서 태울 때 만들어지는 **반응물**(reaction product)은 주로 물과 이산화탄소이다.

나무는 주로 긴 탄수화물 분자인 셀룰로스(cellulose)로 구성되어 있다. **탄수화물**

(carbohydrate)은 탄소, 수소, 산소 원자를 포함하고 있다. 산소 원자들이 약간 있지만 탄수화물은 여전히 불에 잘 타서 물과 이산화탄소로 바뀐다. 성냥으로 나무에 불을 붙이면 낡은 화학결합을 부수는 데 필요한 에너지를 공급하는 셈이 된다. 따라서 새로운 결합이 생겨난다. 이런 초기 에너지를 **활성화 에너지**(activation energy)라고 부른다. 이 에너지는 화학반응을 시작하는 데 필요한 에너지이다. 성냥 불꽃에서 나온 열이 나무의 여러 원자들 사이의 화학결합을 부수는 데 충분한 열에너지를 나무에 공급하여 화학반응이 시작된다.

불행하게도 나무는 순수한 셀룰로스가 아니다. 나무는 또한 잘 타지 않고 연기를 발생시키는 많은 복잡한 수지(resin)를 포함하고 있다. 연료를 태울 때 편하게 숨을 쉬려면 나무를 선택하는 것은 아주 좋지 않다. 등유나 천연가스를 선택하는 것이 낫다. 두 가지 모두 거의 순수한 탄화수소로 이루어져 있기 때문에 깨끗하게 연소한다. 실제로 나무의 휘발성 수지를 모두 제거하기 위해 공기가 통하지 않는 오븐에서 나무를 구우면 나무를 더 깨끗한 연료로 바꿀 수 있다. 이 과정에서 나무가 숯으로 변하는데 숯을 태우면 거의 순수한 이산화탄소와 수증기 그리고 재로 변한다.

그러나 깨끗하게 타는 연료라 할지라도 직접 불을 피워 난방하는 방식에는 단점이 있는데, 방 안의 산소를 소모하므로 안전에 위협을 준다. 그럼에도 불구하고 불은 수천 년간 난방에 사용되었다. 토탄이나 장작을 태우는 벽난로는 인체에 해로운 연기를 빨아들이는 굴뚝을 가지고 있는 반면, 연기 역시 불의 열에너지의 상당량과 방안 공기의 일부를 빼앗아간다. 이 때문에 벽난로로 난방하는 방에서 종종 벽난로에서 바람이 들어오는 것처럼 느끼게 된다. 이는 굴뚝으로 빠져나간 공기를 채우기 위해 차가운 외부 공기가 틈새로 들어오는 것이다. 굴뚝 없이 깨끗하게 연소하는 연료를 사용할지라도 산소 소모나 안전 문제를 해결할 간단한 방법은 없다.

벽난로처럼 장작난로도 타는 장작의 연기를 굴뚝을 통해 내보낸다. 그러나 나무의 열에너지가 연기와 함께 외부로 나가기 전에 잘 디자인된 장작난로는 이 에너지의 대부분을 방에 전달한다. 장작난로는 **열교환기**(heat exchanger)의 한 예이다. 열교환기는 열을 자신의 뜨거운 분자들에 전달하지 않으면서 열을 전달하는 장치이다. 절대 연기가 방으로 들어올 수 없지만 연기의 열은 가능하다. 천연가스, 프로판 가스, 석유와 석탄을 연료로 사용하는 대부분의 연소기관 역시 열교환기로 볼 수 있다.

장작난로 안에서 타고 있는 석탄과 뜨거운 가스는 많은 열에너지를 포함하고 있으며 방안 공기보다 훨씬 뜨겁다. 이 온도 차이 때문에 열이 불로부터 방으로 흐른다. 아직 불분명한 것은 열이 어떻게 전달되느냐 하는 것이다.

열이 불로부터 방으로 이동하는 주요 메커니즘은 전도, 대류, 복사의 세 가지 방법이 존재한다. 장작난로는 세 가지 모두를 훌륭한 방식으로 이용하기 때문에 타는 장작이 방출하는 열에너지의 대부분을 방으로 전달할 수 있다. 이 세 가지 열전달 메커니즘 가운데 전도부터 살펴보도록 하자.

> **개념 이해도 점검 #4: 열 느끼기**
>
> 뜨거운 젖은 수건을 비닐팩으로 둘러싸면 찜질팩이 만들어진다. 이 팩으로 다친 근육을 덥힐 수 있지만 근육을 젖게 할 수는 없다. 이 경우 열에너지가 이동한 걸까?
>
> **해답** 그렇다. 열에너지가 뜨거운 수건으로부터 플라스틱을 지나 근육으로 흐른다.
>
> **왜?** 비닐팩은 열교환기 구실을 하므로 열이 뜨거운 수건으로부터 차가운 근육으로 흐르게 만든다. 그러나 비닐팩이 뜨거운 물 자체가 이동하는 것을 막아준다.

금속을 통해 이동하는 열: 전도

전도(conduction)는 열이 정지한 물체를 통과해 흐를 때 일어난다. 이 열은 뜨거운 지역에서 차가운 지역으로 흐르지만 원자와 분자들이 이동하지는 않는다. 예를 들어 금속 부지깽이의 끝 부분을 불에 넣으면 금속이 열을 전달하기 때문에 부지깽이 손잡이가 서서히 뜨거워진다.

이 열의 일부는 인접한 원자 사이의 상호작용에 의해 전달된다. 진동하는 원자들은 흔히 서로 밀치게 되고, 이 과정에서 미시적인 일을 하게 되며, 아주 미소한 양의 열에너지를 교환한다. 이런 방식으로 열에너지가 불규칙하게 한 원자에서 인접한 원자로 흐르게 된다.

그러나 부지깽이 끝이 손잡이보다 더 뜨겁기 때문에 열에너지의 흐름이 완전히 불규칙하지는 않다. 뜨거운 끝부분의 원자들은 차가운 손잡이의 원자들과 교환할 더 많은 열 운동에너지를 가지고 있다. 부지깽이를 통해 뜨거운 데서 차가운 데로 흐르는 이런 열에너지의 흐름이 전도이다(그림 7.1.3).

물질이 열을 전도하는 방법은 원자−원자 집단 접촉이 유일한 방법이 아니다. 금속에서 가장 주된 열 운반자는 사실 이동성이 큰 **전자**(electron)이다. 전자는 음전하를 가진 작은 입자로 원자의 외곽을 구성하고 있다. 원자들이 결합해 금속이 될 때 전자의 일부는 특정 원자에 속하지 않고 거의 자유롭게 금속 내를 이동할 수 있다. 이런 이동성이 큰 전자들은 전기를 통하게 하며(10장에서 다루게 된다) 아울러 열을 전달하는 데도 유용하다.

이동성이 큰 전자들은 진동하는 원자들을 밀며 이들과 열 운동에너지를 교환할 수 있기 때문에 열전도를 일으키는 원자 집단에도 영향을 준다. 그러나 원자들은 인접한 원자로부터 다음 인접한 원자로 열에너지를 전달하는 반면 이동성이 큰 전자는 교환할 상대방과의 거리가 멀더라도 이동할 수 있어 열에너지를 신속히 한 장소에서 다른 장소로 이동시킬 수 있다.

전자가 금속에서 열을 쉽게 이동시키기 때문에 금속은 일반적으로 비금속에 비해 더 큰 열전도율을 가진다. **열전도도**(thermal conductivity)는 물질을 온도 차이에 노출시켰을 때 물질을 통해 열이 얼마나 신속히 흐르는지를 알려주는 척도이다. 최상의 전기전도체, 예를 들어 구리, 은, 알루미늄과 금은 최상의 열전도체이기도 하다. 나쁜 전기전도체, 예를 들어 스테인리스 스틸과 플라스틱이나 유리와 같은 절연체는 또한 나쁜 열전도체이다. 이 규칙에는 약간의 예외가 존재한다. 예를 들면 다이아몬드는 최악의 전기전도체이지만 우수한 열전도체이다.

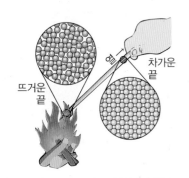

그림 7.1.3 금속 부지깽이의 한쪽 끝이 다른 쪽 끝보다 더 뜨거울 때 뜨거운 끝의 원자들이 차가운 끝의 원자들보다 더 격렬하게 진동한다. 그러면 부지깽이가 열을 뜨거운 끝에서 차가운 끝으로 전달한다. 이 열의 일부는 인접한 원자들 사이의 상호작용에 의해 전달된다. 하지만 금속 부지깽이에서 대부분의 열은 이동성이 큰 전자들에 의해 전달된다. 전자는 한 원자로부터 다른 원자로 먼 거리 전달할 수 있다.

전도는 열에너지가 장작난로 내부에서 외부로 이동하는 것이다. 어떤 원자도 난로의 금속 벽을 통과해 이동하지 않으며 단지 열만이 이동한다. 따라서 전도는 원하는 열에너지를 굴뚝으로 올라가는 원하지 않는 연기와 유독가스로부터 분리하는 필터의 구실을 한다.

그러므로 전도는 난로의 바깥쪽 표면을 뜨겁게 만들어 열이 여기서 차가운 방으로 흐르게 한다. 무엇이 이 열을 방 안으로 이동하게 만들까? 난로를 만지면 전도로 인해 금방 엄청난 양의 열이 피부에 전달되어 화상을 입게 된다. 난로를 만지지 않더라도 난로의 높은 온도를 느낄 수 있다. 열이 대류와 복사에 의해 방 안에 전달되기 때문이다.

> **개념 이해도 점검 #1: 다루기에 너무 뜨거워**
>
> 일부 주전자 손잡이는 요리하는 동안 차갑지만 어떤 주전자 손잡이는 불편할 정도로 뜨겁다. 무엇이 어떤 손잡이는 차갑고 어떤 손잡이는 뜨거운지를 결정할까?
>
> **해답** 손잡이의 열전도율에 의해 결정된다.
>
> **왜?** 일부 손잡이는 나쁜 전기전도체이면서 나쁜 열전도체인 플라스틱이나 스테인리스 스틸로 만들어졌다. 난로의 뜨거운 기체가 직접 이런 손잡이를 가열하지 않는 한 손잡이는 보통 차가운 상태로 남는다. 또 다른 손잡이는 알루미늄이나 주철과 같이 좋은 전기전도체이자 열전도체로 만들어져 있다. 이런 손잡이는 종종 잡을 수 없을 정도로 뜨겁다.

공기와 함께 이동하는 열: 대류

대류(convection)는 움직이는 유체가 뜨거운 물체로부터 차가운 물체로 열을 운반할 때 일어난다. 유체 내에서 열이 열에너지로 이동하기 때문에 열과 유체가 같이 이동한다. 유체는 보통 두 물체 사이에서 원형 궤도를 따라 이동하면서 뜨거운 물체로부터 열을 받아 차가운 물체로 열을 보내고 뜨거운 물체로 돌아옴으로써 다시 주기를 반복한다.

이런 순환은 흔히 자연적으로 발생한다. 유체가 뜨거운 물체 부근에서 더워지면서 유체 밀도가 감소하므로 유체가 부력에 의해 위로 떠오른다. 유체가 차가운 물체 부근에서 식게 되면 밀도가 증가해 아래로 가라앉는다.

그러므로 장작난로와 접촉하여 뜨거워진 공기는 천장으로 올라가고 이를 바닥에서 온 차가운 공기가 채운다(그림 7.1.4). 그리고 가열된 공기가 식으면서 내려간다. 공기가 바닥에 도달하면 뜨거운 장작난로를 향해 이동하여 순환이 반복된다. 이런 움직이는 공기가 **대류 전류**(convection current)이며 공기가 이동하는 곡선 경로가 **대류 세포**(convection cell)이다. 방 안에서 대류 전류는 열을 위로, 장작난로 외부로, 천장과 벽으로 전달한다. 손을 난로 위에 놓으면 대류 전류가 상승해 열을 손에 전달하는 것을 느낄 수 있다.

천연의 대류는 장작난로 위 공기를 가열하는 데 유용하지만 뜨거운 공기의 대부분은 천장에서 끝난다. 공기의 일부가 사람들이 서 있는 아래쪽으로 이동하기는 하지만 때때로 대류는 도움을 필요로 한다. 천장에 선풍기를 다는 것은 뜨거운 공기를 방으로 이동시켜 장작난로의 효율을 높이는 데 도움이 된다. 이런 강제적인 대류를 통해 열을 뜨거운 난로로부터 차가운 방안 사람들에게 전달할 수 있다. 하지만 이 방식은 공기를 순환시키는 부력

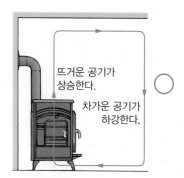

그림 7.1.4 장작난로가 뜨거울 때 난로의 표면으로부터 방의 천장과 벽으로 대류에 의해 열이 전달된다. 덥혀진 공기가 부력에 의해 위로 올라가고 바닥의 차가운 공기가 이를 대신한다. 덥혀진 공기는 식으면서 다시 내려온다. 공기가 난로를 향해 돌아오면서 순환과정이 반복된다.

에 의존하고 있지 않다. 공기가 더 빨리 이동할수록 더 많은 열이 뜨거운 물체로부터 차가운 물체로 이동한다.

🔹 개념 이해도 점검 #6: 열과 바람

햇빛이 차가운 물가의 지면을 덥힐 때 물로부터 지면으로 미풍이 불기 시작한다. 이유를 설명하시오.

해답 대류가 일어나 덥혀진 공기가 지면에서 위로 올라가고 물 위 차가운 공기가 채워지면서 물 위에서 지면 위로 이동하는 공기가 미풍을 만든다.

왜? 바람은 태양열이 만드는 거대한 대류 전류이다. 지표면의 더운 장소로부터 공기가 상승하고 이 사라진 공기를 채우기 위해 더운 장소 쪽으로 지상풍(surface wind)이 분다.

빛으로 이동하는 열: 복사

중요한 열전달 메커니즘이 하나 더 있는데, 바로 복사이다. 물질 내부의 입자들은 열에너지에 의해 진동하면서 전자기 복사를 방출하기도 하고 흡수하기도 한다. 이 복사는 **전자기파**(electromagnetic wave)로 구성되어 있다. 전자기파는 라디오파, 마이크로파, 적외선, 가시광선 및 자외선을 포함한다.

전자기 복사는 이 책의 뒤에서 더 공부할 것이다. 지금 가장 중요한 것은 복사가 열에너지를 전달한다는 것이다. 열이 복사 형태로 뜨거운 물체로부터 차가운 물체로 흐를 때 열이 열복사 또는 단순히 **복사**(radiation)로 전달된다고 말한다. 원자, 분자나 전자에 의존해 열을 전달하는 전도나 대류와 달리 복사는 직접 공간을 통해 일어난다. 두 물체 사이에 아무것도 없어도 복사열의 전달이 일어난다.

물체 열복사가 내놓는 전자기파의 종류는 물체의 온도에 달려 있다. 차가운 물체는 라디오파, 마이크로파와 적외선만을 방출하는 반면, 뜨거운 물체는 가시광선, 심지어는 자외선까지 추가로 방출한다. 장작난로 속 뜨거운 석탄이 붉게 빛나는 것은 석탄의 열복사 때문이다.

우리 눈은 가시광선에만 예민하기 때문에 물체가 뜨겁더라도 물체가 방출하는 모든 열복사를 볼 수 없다. 그러나 우리가 볼 수 있든 없든 상관없이 전자기 복사는 흡수하는 모든 것에 에너지와 열을 전달한다. 모든 물체가 열복사를 방출하지만 방출량은 온도에 의존한다. 물체가 뜨거울수록 방출되는 열복사의 양도 증가한다. 두 물체를 서로 마주보게 하면 열복사가 양방향으로 이동한다. 그러나 뜨거운 물체가 열에너지를 복사 형태로 교환하는 것을 지배하므로 차가운 물체 쪽으로 전달되는 알짜 열에너지가 생긴다. 복사를 통한 열에너지의 교환은 열을 항상 뜨거운 물체로부터 차가운 물체로 전달한다.

복사는 많은 양의 열을 장작난로 표면으로부터 주변 물체로 전달한다. 난로는 방을 적외선 빛으로 목욕시켜 빛이 닿는 모든 것을 덥힌다. 이런 복사에 의한 열전달을 증가시키기 위해 금속 장작난로와 굴뚝을 흔히 검은색으로 칠한다. 검은색은 빛을 잘 흡수할 뿐만 아니라 특히 적외선을 잘 방출한다(그림 7.1.5). 가열하여 붉게 빛나는 검은색 부지깽이는 흰색, 은색, 또는 투명한 부지깽이보다 훨씬 더 밝게 빛난다.

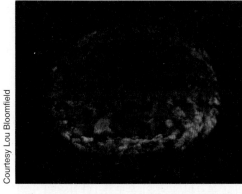

그림 7.1.5 뜨거운 숯덩어리가 어둠 속에서 밝게 빛난다(왼쪽). 그러나 플래시 사진을 찍으면 숯의 표면이 실제로는 회색이며 따라서 빛을 일부 흡수하는 것을 알 수 있다(오른쪽). 흰색 재가 없다면 숯덩어리의 검은 탄소는 거의 이상적인 흑체복사 방사체이자 빛의 흡수체 구실을 하게 된다.

흔한 오개념: 검은색 물체와 빛

오개념 검은색 물체는 절대 빛을 방출하지 않는다.

해답 검은색 물체가 들어오는 모든 빛을 흡수하기는 하지만 여전히 열복사를 방출하며 검은색 물체라도 충분히 뜨거울 경우 밝게 빛날 수 있다.

방안 공기가 차가울지라도 보통 눈에 보이지 않는 적외선이 장작난로로부터 얼굴에 닿는 것을 느낄 수 있다. 손으로 적외선을 막으면 열이 피부에 덜 도달하기 때문에 얼굴에 갑자기 차가움이 느껴진다. 이런 열복사 효과는 벽난로나 모닥불에서 더 잘 경험할 수 있다. 이 경우 뜨거운 석탄과 불꽃에서 나오는 열복사가 주위로 열을 전달하는 주요 메커니즘이기 때문이다.

종합적으로 현대식 장작난로는 우수한 열교환기이다. 대류에 의해 연기는 긴 검은 굴뚝 파이프를 통해 올라가고 연기가 난로와 파이프를 가열한다. 이런 금속 부품들이 열을 외부 표면으로 전도하고 나면 대류와 복사에 의해 열이 방안에 퍼진다. 난로가 방안 공기를 일부 소비하지만 공기 제어기로 공기 흐름을 조절하기 때문에 나무를 완전히 태우기에 필요한 충분한 공기를 끌어올 수 있다. 전체적으로 난로는 효율적으로 그리고 깨끗하면서 안전하게 장작을 태워 열을 뽑아낸다.

▶ 개념 이해도 점검 #7: 전구의 복사열

열전구(heat lamp) 아래 서 있으면 전구가 가시광선을 거의 방출하지 않지만 열기를 느낄 수 있다. 어떻게 열이 피부에 닿는 걸까?

해답 복사에 의해 전구 필라멘트로부터 피부로 열이 전달된다.

왜? 열전구는 눈에 보이지 않는 많은 양의 적외선 복사를 방출한다. 이 복사는 눈에 안 보이지만 피부로는 느낄 수 있다.

난방

장작난로에 불을 붙이면 열이 찬 방으로 흘러나가기 시작한다. 열은 항상 뜨거운 물체로부터 차가운 물체로 이동하여 열이 방안 모든 물체에 도달하고 서서히 온도가 높아진다. 예를 들어 한때 아주 차가웠던 난로 근처의 황동 그릇은 곧 만져서 기분 좋을 정도로 따뜻해진다.

이 그릇에 추가된 열과 온도 증가 사이의 관계를 살펴보자. 열이 꾸준히 그릇으로 흘러들어오면서 그릇의 온도가 꾸준히 증가하고 전체적인 온도 증가는 추가된 열에 비례한다. 이 비례상수를 그릇의 **열용량**(heat capacity)이라고 부르며, 그릇의 온도를 1단위 올리기 위해 그릇에 추가해야 할 열의 양과 같다. 사실 그릇의 열용량은 열적 게으름, 즉 온도 변화에 대한 저항의 척도이다.

이제 장작난로 주위에 다른 물질로 만든 여러 종류의 그릇이 있다고 가정하자. 이들의 온도를 측정해 보면 어떤 그릇이 다른 그릇보다 더 빨리 덥혀지는 것을 알 수 있다. 각 그릇의 질량 차이와 장작난로로부터 얼마의 열을 받는지를 고려한다고 하더라도 다른 물질로 만들어진 그릇이 추가된 열에 다르게 반응한다는 것을 발견하게 된다. 어떤 물질은 다른 물질보다 열적으로 느리게 반응한다.

각 물질을 **비열**(specific heat)이라 알려진 단위질량 당 열용량으로 특정지을 수 있다. 특정한 그릇을 구성하고 있는 물질의 비열을 알기 위해서 그릇의 열용량을 질량으로 나눈다. 즉

$$\text{비열} = \frac{\text{열용량}}{\text{질량}}$$

비열의 SI 단위는 **줄 당 킬로그램 · 캘빈**(줄여서 J/kg · K)이다.

표 7.1.2는 흔한 여러 물질의 비열을 보여준다. 비열 값의 범위가 넓다는 것은 물질마다 추가된 열에 아주 다르게 반응한다는 것을 의미한다. 각 물질의 비열은 주로 킬로그램

표 7.1.2 실온(293 K)과 대기압 근처에서 측정한 비열

물질	비열
납	128 J/kg · K
황동	380 J/kg · K
구리	386 J/kg · K
공기(일정 부피에서)	715 J/kg · K
유리	840 J/kg · K
알루미늄	900 J/kg · K
공기(일정 압력에서)	1001 J/kg · K
나무	~1100 J/kg · K
플렉시글라스 또는 루싸이트	1349 J/kg · K
수증기(일정 압력에서)	2027 J/kg · K
얼음	2220 J/kg · K
물	4190 J/kg · K

당 열에너지를 저장하는 미시적인 가짓수에 달려 있다. 열에너지를 다루는 각각의 독립적인 방법은 **자유도**(degree of freedom)라고 알려져 있으며, 각 자유도는 Boltzmann 상수와 절대온도의 곱의 절반(1/2 kT)과 같은 평균 열에너지를 가진다. 5.1절에서 처음 본 Boltzmann 상수는 1.381×10^{-23} J/K의 값을 가지며 이 단위는 5.1절에 나온 단위와 동일하다.

황동은 상대적으로 작은 비열을 가지고 있기 때문에 황동 그릇을 장작난로 위에 놓으면 아주 빠르게 가열된다. 이 그릇은 상대적으로 적은 수의 열에너지를 저장할 수 있는 자유도를 가지고 있다. 그러나 그릇에 적당한 양의 물을 담으면 물이 가진 놀랄 만큼 큰 비열에 의해 그릇의 온도가 현저하게 느리게 증가한다. 물은 놀라운 열에너지 저장 능력을 가지고 있다.

황동이나 물처럼 공기 역시 비열을 가진다. 그러나 공기의 비열은 이를 어떻게 측정하느냐에 의존한다. 기체를 덥히면 기체가 팽창하기 때문이다. 공기를 병에 담아 밀봉하여 부피가 변화하지 않게 하면 비교적 쉽게 온도를 높일 수 있다. 일정한 부피에서 공기의 비열은 715 J/kg · K이다. 그러나 온도가 올라갈 때 공기가 팽창하는 것을 허용하면 압력은 변화하지 않아 공기를 덥히기가 더 어렵다. 공기는 팽창할 때 주위의 공기를 밀어내는 데 에너지가 필요하기 때문이다. 따라서 일정한 압력에서 공기의 비열은 1001 J/kg · K이 된다.

방을 완벽하게 밀봉하기는 어렵기 때문에 내부 공기를 덥힐 때 공기가 팽창하게 되어 더 큰 비열이 필요하다. 보통의 거실 부피를 대략 40 m³라 하면 대략 50 kg의 공기를 담고 있다. 이 공기를 가열하는 데 필요한 열은 온도를 얼마나 올리느냐에 비례하고 공기의 비열에 질량을 곱한 값, 대략 50,000 J/K이 된다. 공기 온도를 1켈빈 또는 섭씨 1도 올리기 위해 장작난로가 대략 50,000 J의 열을 공급해야 한다!

외부 온도가 0°C일 때 방안 공기를 20°C로 덥히기 위해서 대략 1,000,000 J이 필요하다. 이것은 대략 0.07 kg의 장작의 열에너지와 같다. 앞문을 열고 방안을 외부 공기로 채울 때마다 방안 온도를 20°C로 올리기 위해 장작난로에서 이만한 양의 나무를 태워야 한다. 방안 공기를 외부보다 덥게(또는 차갑게) 하려 할 때마다 단순히 문과 창문을 닫음으로써 에너지를 절약하고 환경을 보호할 수 있다.

▶ 개념 이해도 점검 #8: 뜨거운 물체

오븐에서 촉촉한 과자가 담긴 금속 용기를 꺼낼 때 이 용기는 과자보다 훨씬 더 뜨겁다. 그러나 조금 뒤 과자가 용기보다 훨씬 뜨겁게 느껴진다. 설명하시오.

해답 처음에는 용기와 과자 모두 뜨겁다. 용기의 금속이 열을 더 잘 전도하고 피부로 열을 더 잘 전달하기 때문에 용기가 더 뜨겁게 느껴진다. 그러나 용기는 상대적으로 작은 열용량을 가지고 있어 차가운 방안 공기에서 온도가 급격히 떨어진다. 촉촉한 과자는 더 큰 열용량을 가지고 있어 비교적 느리게 식는다.

왜? 금속은 흔히 절연체에 비해 만졌을 때 더 뜨겁거나 차게 느껴진다. 왜냐하면 금속은 열을 어느 한 방향으로 더 잘 전달하기 때문이다. 그러나 물을 포함하고 있는 물질은 금속에 비해 훨씬 큰 비열을 가지고 있어 온도를 더 잘 유지한다.

7.2 ▎ 물, 수증기, 얼음

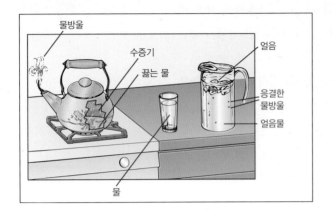

물방울
수증기
끓는 물
물
얼음
응결한
물방울
얼음물

물은 우리 일상생활에서 가장 중요한 화학물질이라 해도 과언이 아니다. 물은 생물학, 기후, 상업, 산업 및 오락 분야에서 너무 중요하기 때문에 자신의 독특한 영역을 가지고 있다. 더욱이 물은 세 가지 전형적인 물질 상인 고체, 액체, 기체로 존재하며, 열이 한 상에서 다른 상으로 변환시키는 데 역할을 담당한다. 물에 대해 배운 대부분의 것을 다른 물질에도 적용할 수 있지만 자연에서 물만이 유일하게 가진 약간의 성질이 존재한다. 물은 사실 놀라운 물질이다.

생각해 보기: 음료에 얼음을 넣으면 왜 음료가 차가워질까? 왜 빙산은 물 위에 뜰까? 왜 땀을 흘리면 체온이 낮아질까? 왜 습도가 높은 날은 후덥지근할까? 증발과 끓는 것의 차이는 무엇일까? 밖이 매우 추운데도 눈이 지면에서 사라지는 이유는 무엇일까?

실험해 보기: 물을 가지고 실험하기는 쉽다. 젖은 손으로 얼음덩어리를 잡는다. 얼음덩어리를 막 냉장고에서 꺼냈다면 어떤 일이 일어날까? 수분 동안 탁자 위에서 얼음덩어리를 녹게 하면 어떤 일이 일어날까? 왜 차이가 생길까? 얼음덩어리를 물에 넣어라. 왜 얼음덩어리는 물에 뜰까?

이제 주전자의 수돗물을 가열하라. 물이 끓기 바로 전 수증기가 생기는 것을 볼 수 있다. 이 수증기는 무엇이며 왜 수증기가 생기는 것일까? 데지 않도록 조심스럽게 수증기를 느껴보라. 수증기가 물을 포함하고 있기 때문에 축축한 느낌이 들 것이다. 물이 끓기 전에 어떻게 물이 주전자를 떠날 수 있을까? 주전자 벽에 있는 작은 기체방울들에 주목하라. 이들은 수증기가 아니다! 이 기체는 어디서 오는 것일까?

물이 일단 끓기 시작하면 눈에 보이지 않는 수증기(기체 형태의 물)가 수증기 층을 위로 민다. 수증기가 화상을 입힐 수 있기 때문에 수증기를 만지지 말라. 왜 수증기가 피부에 닿을 때 이런 많은 열에너지를 방출할까?

고체, 액체, 기체: 물질의 상

대부분의 물질들처럼 물 역시 세 가지 다른 형태의 **상**(phase), 즉 고체 얼음, 액체 물, 기체 수증기를 가진다(그림 7.2.1). 이런 상들은 얼마나 용이하게 형태와 부피를 바꾸는지가 다르다. 얼음은 **고체**(solid)이며 단단하고 압축이 되지 않는다. 얼음덩어리의 모양이나 부피를 바꾸기는 어렵다. 물은 **액체**(liquid)이며 유체이지만 압축이 되지 않는다. 물을 항아리에 담아 형태를 바꿀 수 있지만 부피를 변화시킬 수는 없다. 수증기는 **기체**(gas)이며 유체이고 압

그림 7.2.1 물의 세 가지 상인 고체(얼음), 액체(물), 기체(수증기)

Courtesy Lou Bloomfield

축이 가능하다. 차 주전자 안의 수증기의 모양과 부피를 바꿀 수 있다.

이런 다른 특성들은 수증기, 물, 얼음의 다른 미시적인 구조를 반영하고 있다. **수증기** (steam), 즉 **물의 증기**(water vapor)는 기체로 열에너지에 의해 계속해서 움직이는 독립적인 분자들의 집단이다. 이 물 분자들은 주기적으로 서로 충돌하거나 용기 벽과 충돌하면서 용기 안을 떠돈다. 물 분자들은 용기를 균일하게 채우며 모양과 크기의 변화를 받아들인다. 용기를 크게 하면 단지 수증기의 밀도가 감소하여 압력을 낮춘다.

물 분자들이 기체 수증기로서 서로 독립적일 때는 상당량의 화학 위치에너지를 가진다. 물 분자들이 서로 결합하여 보통의 물이 될 때 이 에너지의 일부를 방출한다. **물**(water)은 화학결합에 의해 서로 들러붙은 분자들의 무질서한 집단인 액체이다. 이 결합은 아주 강하지 않기 때문에 물 속의 분자들은 일시적으로 결합을 깨기 위해 열에너지를 사용할 수 있어 결합 상대를 바꿀 수 있다. 이런 재결합 과정에 의해 물은 모양을 바꿀 수 있으므로 유체라 할 수 있다. 그러나 이런 유연성에도 불구하고 이 결합은 물 분자들을 적당히 묶어 둘 수 있어 물을 압축하더라도 부피를 더 줄일 수는 없다. 이것이 물이 비압축성인 이유이다.

물 속 분자들은 얼음처럼 더 단단히 연결됨으로써 여전히 더 많은 화학 위치에너지를 가질 수 있다. **얼음**(ice)은 화학적으로 결합된 분자들의 단단한 집단인 고체이다. 대부분의 고체처럼 얼음 역시 **결정**(crystal)이다. 물 분자들이 먼 거리에 걸쳐 질서 있는 격자 형태로 배열되어 있어 눈송이와 서리에서 볼 수 있는 아름다운 결정면을 만든다. 얼음의 결정 구조는 너무 구속력이 커서 물 분자들은 결합 상대를 바꾸는 데 열에너지를 사용할 수 없으며, 그 결과 얼음은 모양을 변화시킬 수 없다.

과일가게의 질서 있게 쌓아올린 오렌지가 무질서하게 쌓아올린 오렌지보다 부피를 덜 차지하는 것처럼 결정 구조의 고체는 무질서한 액체에 비해 항상 부피를 덜 차지한다. 일반적인 물질의 고체 상은 따라서 동일한 물질의 액체 상에 비해 밀도가 크다. 따라서 고체 상은 액체 상에서 가라앉는다.

이 규칙에 위배되는 단 한 가지 물질이 있는데, 그것이 물이다. 얼음의 고체 구조는 예외적으로 열린 구조이며 밀도가 놀랄 만큼 작다. 자연에서 유일하게도 고체 얼음은 액체 물보다 밀도가 약간 작다. 때문에 얼음이 물 위에 뜬다. 빙산이 대양에서 뜨는 이유와 얼음덩어리가 음료수에서 뜨는 이유가 바로 이것이다. 사실은 물은 대략 4℃ 액체 상태일 때 최대 밀도를 가진다.

▶ **개념 이해도 점검 #1: 연못이 얼 때**

▷ 연못이 얼 때 어디서부터 얼음이 생기기 시작할까?

▷ **해답** 얼음은 연못가에서 생기기 시작한다.

▷ **왜?** 얼음의 밀도가 물보다 작기 때문에 얼음은 연못 표면으로 떠오른다. 따라서 연못은 위에서 아래로 언다. 연못 위 얼음의 단열층이 나머지 물이 어는 것을 막기 때문에 연못이 얼어 고체가 되기는 불가능하다. 이런 성질 때문에 겨울에 동물들이 연못에서 살 수 있다. 만약 얼음이 가라앉는다면 연못이 얼어 동물은 죽을 것이다. 그러므로 얼음이 뜨려는 성질은 지구 생명체에 중대한 영향을 주고 있다.

얼음 녹이기와 물 끓이기

냉동실의 얼음은 보통 −18℃로 매우 차갑다. 이런 얼음을 더운 조리대 위에 놓으면 열이 얼음으로 흘러가 온도가 높아진다. 얼음은 온도가 0℃가 될 때까지 고체로 남아 있다. 이 온도에서 얼음은 더 이상 더워지지 않고 녹기 시작한다. **녹음**(melting)은 질서 있는 고체 상으로부터 무질서한 액체 상의 변환되는 **상전이**(phase transition)이다. 이런 상전이는 열이 물 분자들 사이의 일부 화학결합을 부수고 물 분자들이 서로에 대해 이동할 수 있도록 허락할 때 일어난다. 얼음이 녹아 물로 바뀌면서 단단한 모양과 결정 구조를 잃는다.

얼음의 **녹는점**(melting temperature)은 0℃이다. 이 온도에서 열은 얼음의 온도를 높이기보다 결합을 깨고 얼음을 물로 바꾸는 데 사용된다. 얼음−물 혼합물은 얼음이 모두 녹을 때까지 0℃에 머문다. 물만 남으면 열이 다시 물의 온도를 증가시키기 시작한다.

온도 변화 없이 특정한 질량의 고체를 액체로 변환하는 데 사용되는 열을 **녹음의 숨은 열**(latent heat of melting) 또는 **용융의 숨은열**(latent heat of fusion)이라고 부른다. 얼음의 물 분자 사이의 결합은 엄청난 얼음의 녹음의 숨은열을 줄 정도로 강하다. 0℃의 1 kg의 얼음을 0℃의 1 kg의 물로 바꾸기 위해서는 333,000 J의 열이 필요하다. 물의 비열이 4190 J/kg · K이므로 동일한 양의 열로는 액체 물 1 kg의 온도로 대략 80℃ 올릴 수 있다. 그러므로 얼음을 녹이는 데 필요한 열로 동일한 양의 물을 거의 끓을 때까지 덥힐 수 있다.

녹음의 숨은열은 물을 다시 녹는점까지 냉각하여 물이 얼기 시작할 때 다시 등장한다. **얼음**(freezing)은 불규칙한 액체 상이 질서 있는 고체 상으로 변환되는 또 다른 상전이이다. 0℃의 물에서 열을 빼앗으면 물의 온도가 더 낮아지지 않고 물이 얼어 얼음이 된다. 물 분자들이 결합하여 얼음 결정을 형성하면서 물 분자들이 에너지를 방출하기 때문에 물은 얼면서 열을 방출한다. 온도 변화 없이 특정 질량의 액체가 고체로 변환되면서 방출하는 열 역시 녹음의 숨은열이라고 부른다. 얼음을 녹이려면 특정 양의 열을 얼음에 주어야 하고 물을 얼음으로 만들려면 동일한 양의 열을 물에서 빼앗아야 한다.

> **▶ 개념 이해도 점검 #2: 과일 덥히기**
>
> 과일 재배자들은 유별나게 추운 날 과일이 어는 것을 막기 위해 흔히 물을 뿌린다. 어떻게 액체인 물이 과일이 어는 것을 막아줄까?
>
> 해답 액체 물은 얼면서 많은 양의 열을 방출하고 이 열이 과일이 어는 것을 막아준다.
>
> 왜? 과일은 0℃보다 조금 낮은 온도에서 언다. 찬 공기가 물로 코팅한 과일로부터 열을 빼앗아 물이 얼기 시작한다. 액체 물은 얼면서 많은 양의 열을 방출하여 물이 완전히 얼 때까지 과일의 온도가 0℃ 이하로 떨어지는 것을 막는다. 이때 얼음의 낮은 열전도도가 과일의 단열재 구실을 하여 과일이 찬 공기에게 열을 빼앗기는 것을 느리게 한다.

상평형: 이륙과 착륙

얼음이 녹는점을 갖는다는 것을 배웠다. 이제 얼음이 **왜** 녹는점을 갖는지 알아보자. 그러기 위해 고체 얼음과 액체 물 사이의 경계면을 살펴보자. 두 상이 접촉하고 있을 때마다 둘은 경계면에서 물 분자를 교환한다. 물 분자들은 흔히 얼음으로부터 규칙적으로 해방되어 물로 들어갔다가 물에서 떨어져 나와 얼음에 들러붙는다. 달리 말해서 물 분자들은 바쁜 공항에 있는 비행기처럼 항상 얼음을 떠났다가 다시 얼음에 내려앉는다.

개별 분자들이 이륙했다가 착륙하는 것을 볼 수는 없지만 이들의 알짜 효과는 관찰할 수 있다. 얼음에서 이륙하는 분자 수가 착륙하는 분자 수보다 많으면 얼음이 서서히 물로 변한다. 착륙 분자가 이륙 분자보다 많아지면 물이 서서히 얼음으로 변한다. 두 과정이 서로 균형을 이루면 얼음과 물이 영원히 공존하게 된다. 이 상황이 **상평형**(phase equilibrium)이다.

이 평형에서는 온도가 결정적인 역할을 담당한다. 왜냐하면 온도가 물 분자가 얼음을 떠나는 율(rate)에 영향을 주기 때문이다. 얼음의 온도가 높을수록 얼음 표면의 물 분자들이 열에너지를 받아 더 자주 자유롭게 되어 얼음에서 떠난다. 얼음의 녹는점 이하에서는 물 분자들의 이륙 과정이 착륙 과정과 균형을 이룰 수 없을 만큼 너무 드물게 일어나기 때문에 물은 완전히 얼음으로 변한다. 얼음의 녹는점 이상에서는 물 분자들이 너무 자주 얼음을 떠나기 때문에 착륙 과정을 무시할 수 있어 얼음이 완전히 물로 변한다. 녹는점에서만 이륙과 착륙의 시간률이 균형을 이루어 얼음과 물이 상평형을 이루며 공존한다.

얼음의 엄청난 녹음의 숨은열은 얼음과 물 사이의 상평형을 안정시키는 효과를 가진다. 얼음과 물이 섞여 있을 때는 항상 혼합물의 온도가 빠르게 0°C로 바뀐다. 혼합물의 온도가 0°C 이상이면 얼음이 녹기 때문이다. 이 상전이는 녹음 열을 흡수하여 혼합물의 온도를 0°C로 낮춰준다. 혼합물의 온도가 0°C 이하가 되면 물이 언다. 이 상전이는 녹음 열을 방출하여 혼합물의 온도를 0°C가 되도록 높여준다.

혼합물의 얼음이나 물이 모두 사라지지 않는 한 온도가 곧 0°C가 되고 혼합물에 열을 가하거나 빼앗더라도 이 온도가 유지된다. 혼합물에 준 열은 더 많은 얼음을 녹이는 데 사용되지 온도를 높이는 데 사용되지 않는다. 혼합물에서 빼앗은 열은 더 많은 물을 얼리는 데서 나온 것이지 온도를 낮추는 데서 나온 것이 아니다. 이 때문에 얼음물이 담긴 잔의 온도는 기온이 아주 높거나 낮더라도 0°C로 유지된다(그림 7.2.2).

Courtesy Lou Bloomfield

그림 7.2.2 얼음과 물은 얼음의 녹는점인 0°C에서만 공존한다.

▶ **개념 이해도 점검 #3: 얼음물**

식당에서 당신의 물 잔에는 얼음이 25% 들어 있고 친구의 물 잔에는 얼음이 75% 들어 있다. 누구의 물이 더 차가울까? 아니면 온도가 같을까?

〉 해답 두 잔의 온도는 같다.

〉 왜? 두 잔 모두 0°C 온도의 얼음과 물의 혼합물이 담겨 있다. 어느 한 혼합물의 온도가 다른 혼합물의 온도보다 낮다면 그 물이 곧바로 얼어 얼음이 되어야 한다. 또 어느 한 혼합물의 온도가 다른 혼합물의 온도보다 높으면 그 얼음이 곧바로 녹아 물이 되어야 한다.

물의 증발과 수증기의 응축

물의 열린 표면은 활동적인 상 경계면이지만 액체의 물이 기체의 수증기와 분자를 교환하는 면이기도 하다. 물 분자들은 열심히 물의 떠나 수증기가 되고 수증기로부터 물로 돌아가므로 흡사 바쁜 공항의 비행기들과 같다.

이런 미친 듯한 분자의 교환이 흥미롭긴 하지만 가장 중요한 것은 알짜 효과이다. 물로 돌아오는 것보다 더 많은 분자들이 물을 떠나게 되면 물이 서서히 수증기로 증발한다. **증발**(evaporation)은 액체가 기체로 되는 상전이다. 반면 물을 떠나는 분자보다 더 많은 분자들이 물로 돌아오면 수증기가 서서히 물로 응축한다. **응축**(condensation)은 기체가 액체로 되는 상전이다. 돌아오는 것과 떠나는 것이 균형을 이루면 물과 수증기가 상평형을 이루며 공존한다.

이런 두 가지 상전이는 엄청난 열적 결과를 가져온다. 물의 분자들은 화학결합에 의해 서로 달라붙어 있기 때문에 이들을 떼어놓으려면 에너지가 필요하다. 물 분자들 **사이의** 결합이 물 분자 **내부의** 결합보다 약하긴 하지만 물을 수증기로 변환하기 위해서는 여전히 엄청난 에너지가 필요하다.

온도 변화 없이 특정 질량의 액체를 기체로 변환하는 데 필요한 열을 **증발의 숨은열**(latent heat of evaporation) 또는 **기화의 숨은열**(latent heat of vaporization)이라고 부른다. 물의 증발의 숨은열은 실제로 엄청난데, 이유는 물 분자가 놀랄 정도로 분리하기 어렵기 때문이다. 100°C의 1 kg의 물을 100°C의 1 kg의 수증기로 바꾸기 위해서는 대략 2,300,000 J의 열이 필요하다. 동일한 양의 열로는 물 1 kg의 온도를 500°C 이상 올릴 수 있다!

더운 여름날 피부에서 증발되는 땀이 열을 빼앗아 체온을 낮춘다는 사실로부터 대부분의 사람들은 증발의 숨은열이 존재한다는 것을 알고 있다. 각각의 물 분자들이 수증기가 되기 위해 피부를 떠나면서 주위로부터 빼앗은 상당 부분의 열에너지를 화학 위치에너지로 운반한다. 물 분자들이 떠나면서 몸에서 열에너지를 빼앗아 체온을 낮춘다.

수증기가 응축할 때 증발의 숨은열이 다시 등장한다. 모인 물 분자들은 화학 위치에너지를 열로 방출한다. 온도 변화 없이 특정 질량의 기체가 액체로 변환되면서 방출하는 열 역시 증발의 숨은열이다. 물을 증발시키려면 특정한 양의 열을 물에 가해야 하고 수증기를 응축시키려면 동일한 양의 열을 빼앗아야 한다.

수증기가 응축될 때 방출되는 엄청난 양의 열은 흔히 음식을 요리하거나 낡은 건물을 라디에이터로 난방하는 데 사용한다. 채소에 수증기를 쪼이면 수증기가 채소에서 응축되면서 열을 채소로 전달한다. 이중 보일러는 버너로부터 요리실로 열을 전달하는 데 응축 수증기를 잘 조절하여 사용한다.

▶ 개념 이해도 점검 #4: 차 마시는 시간

주전자에 채운 물을 스토브 위에서 급속히 가열해 보지만 물이 끓으려면 상당한 시간이 걸린다. 왜 물이 수증기가 되는 데 시간이 오래 걸릴까?

해답 물에 엄청난 증발의 숨은열을 공급하기 위해서는 스토브를 오래 작동시켜야 한다.

왜? 주전자의 뜨거운 물을 수증기로 바꾸려면 엄청난 양의 열이 필요하다. 이 열은 물의 온도를 높이지 않으면서 물 분자들을 분리시킨다. 스토브는 단지 매초 특정한 양의 열을 공급할 수 있기 때문에 물이 끓기까지 수분이 걸린다.

상대습도

증발과 응축의 결과를 살펴보았지만 아직 어떤 조건에서 이런 현상이 일어나는지 살펴보지 않았다. 이들 모두 물 분자들이 떠나고 돌아오는 과정에 의해 일어나기 때문에 한 과정이 다른 과정을 압도하는 이유에 대해 살펴보자.

물이 증발하는지 수증기가 응축하는지를 알려주는 기본적인 지표는 상대습도이다. **상대습도**(relative humidity)는 물 분자가 떠나는 시간률에 대한 돌아오는 시간률을 퍼센트로 나타낸 척도이다. 상대습도가 100%일 때 두 시간률이 동일하므로 물과 수증기는 공존한다. 즉 상평형에 있다. 상대습도가 100% 이하이면 돌아오는 시간률이 떠나는 시간률보다 작아 물이 증발한다. 즉 수증기만이 평형 상태에 있게 된다. 끝으로 상대습도가 100% 이상이면 돌아오는 시간률이 떠나는 시간률보다 커서 수증기가 응축한다. 상대습도가 100%로 떨어질 때까지 평형은 불가능하다.

상대습도는 온도와 수증기의 밀도에 의존한다. 온도는 떠나는 시간률에 영향을 미친다. 물이 더울수록 물은 더 많은 열에너지를 담고 있으며, 물 분자들이 더 자주 표면을 떠나 수증기가 된다. 저절로 온도 증가에 의해 떠나는 시간률이 증가하고, 따라서 상대습도가 감소한다. 온도 증가는 따라서 증발을 선호한다.

수증기 속의 물 분자의 밀도는 돌아오는 시간률에 영향을 미친다. 수증기 밀도가 높을수록 물 분자들이 더 자주 물로 돌아와 액체가 된다. 저절로 수증기의 밀도 증가는 돌아오는 시간률을 증가시키게 되고 상대습도를 증가시킨다. 따라서 수증기 밀도의 증가는 응축을 선호한다. 수증기가 공기와 혼합되어 있더라도 흔히 공기 분자는 수동적인 구경꾼 역할을 한다. 물 분자 밀도만으로 공기의 상대습도가 결정된다.

상대습도는 수많은 일상생활의 경험에서 중요한 역할을 담당한다. 상대습도가 낮을 때 물이 잘 증발되고 공기가 건조하게 느껴진다. 땀이 체온을 효과적으로 낮춘다. 상대습도가 높을 때(거의 100%) 물이 거의 증발되지 않으며 공기가 습하게 느껴진다. 땀이 피부에 달라붙어 체온이 잘 내려가지 않는다.

상대습도가 100% 이상이 되면 아마 갑작스런 온도 저하 때문에 수증기가 모든 곳에서 응축되기 시작한다. 물방울들이 이슬로 표면에 생겨나거나 안개, 연무나 구름으로 공기 중에 직접 나타나기도 한다. 습도가 높게 유지되면 물방울들이 더 커져 비로 떨어진다.

증발에 따른 냉각을 관측함으로써 상대습도를 측정할 수 있다. 가장 흔한 방법은 두 개의 온도계를 사용하는 것이다(그림 7.2.3). 한 온도계는 젖은 천으로 둘러싼다(오른쪽). 물이 젖은 천에서 증발하여 공기 중의 수증기와 물이 상평형을 이뤄 증발이 멈출 때까지 온도계가 냉각된다. 공기가 건조할수록 온도계의 온도가 더 내려간다. 그런 뒤 도표의 도움을 받아 두 온도계의 온도를 상대습도를 결정하는 데 사용할 수 있다.

Courtesy Lou Bloomfield

그림 7.2.3 두 개의 온도계를 사용하여 공기의 상대습도를 결정할 수 있다. 한 온도계는 젖은 천으로 둘러싸여 있다(오른쪽). 증발에 의해 젖은 온도계의 온도가 공기의 상대습도와 관계된 양만큼 낮아진다. 공기가 건조하면 할수록 젖은 온도계의 온도가 더 낮아진다.

얼음의 승화와 수증기의 증착

얼음과 물, 그리고 물과 수증기 사이의 상전이에 대해 살펴보았다. 이 사실로부터 얼음과 수증기 사이의 상전이도 생각해 볼 수 있다. 이상하게 들리겠지만 물 분자들이 얼음을 떠나 수증기가 되고 수증기가 얼음으로 되돌아 갈 수 있다. 실제로 액체 물이 전혀 존재하지 않더라도 얼음과 수증기가 규칙적으로 물 분자들을 교환하고 있다.

일상적으로 이런 물 분자의 교환은 얼음과 수증기 사이의 경계면인 모든 얼음 표면에서 일어난다. 얼음 표면에서 일어나는 일에 가장 관심이 있기 때문에 얼음 위를 떠나는 시간률과 돌아오는 시간률의 문제로 볼 수 있다. 분자들이 얼음으로 돌아오는 것보다 얼음을 떠나는 것이 더 빈번하면 얼음이 승화된다. **승화**(sublimation)는 고체가 기체로 되는 상전이다. 얼음으로 돌아오는 분자들이 떠나는 분자보다 더 많게 되면 수증기가 쌓인다. **증착**(deposition)은 기체가 고체로 되는 상전이다. 다시 한 번 상대습도는 떠나는 시간률에 대한 돌아오는 시간률을 퍼센트로 나타낸 척도이다. 100%의 상대습도에서 얼음과 수증기는 상평형에 있다.

상대습도가 100% 이하일 때 얼음이 승화한다. 수많은 익숙한 현상들이 이 효과 때문에 생긴다. 날이 추워 눈이 녹지 않는데 지상에 있는 눈은 서서히 사라진다. 성애가 끼지 않는 냉동고의 낮은 상대습도에서 얼음덩어리의 크기는 서서히 줄어든다. 동일한 성애가 끼지 않는 냉동고에 음식물을 그대로 놓아두면 결국 음식물이 건조하게 된다. 이런 "냉동고 상해 (freezer burn)"는 가정에서 일어나는 사소한 일인 반면 얼린 음식물의 승화는 상업적으로 냉동건조 음식물을 만드는 데 이용된다.

상대습도가 100% 이상일 때 수증기가 증착된다. 이 과정에서 몇 가지 다른 친숙한 현상들이 일어난다. 서리는 차고 습한 공기에 노출된 유리창과 잔디에 생긴다. 성애가 끼는 냉동고에서처럼 상대습도가 높을 경우 서리와 얼음이 벽에 쌓이기 때문에 정기적으로 제거해 주어야 한다. 눈송이가 구름 속에서 자라 우아하게 지상으로 내려오는 것도 같은 이유이다.

> 왜? 나프탈렌은 실온에서 녹지 않지만 서서히 승화한다. 주위 공기가 신속하게 기체 나프탈렌 분자로 포화가 되는데 이것이 강한 냄새를 풍기는 이유이다.

끓는 물

세 가지의 상과 여섯 가지의 상전이만 알면 설명 못할 일이 없을 것처럼 보인다. 끓음은 이 가운데 어디에 속할까? 끓음은 단순히 순수한 수증기 거품이 물 내부에서 일어나는 증발에 의해 커져서 증발을 가속시킨 것이다. 끓음을 이해하기 위해 물과 수증기 사이의 상호작용을 살펴보자.

물을 공기가 없는 용기에 넣어 밀봉하고 일정한 온도로 유지한다. 용기 안의 상대습도가 100%가 될 때까지 물이 수증기로 증발할 것이다. 이 점에서 물과 수증기가 상평형에 도달한다. 수증기는 적당한 밀도를 갖고 있어 물 분자들이 물로 돌아가는 것이나 물에서 떠나는 것이 동일하다. 상평형에 있는 수증기를 **포화되었다**(saturated)고 한다.

물론 포화 수증기의 밀도는 용기의 온도에 의존한다. 용기를 가열하면 물 분자들이 더 자주 물에서 떠나게 되어 떠나는 시간률과 들어오는 시간률이 균형을 맞추기 위해 수증기의 밀도가 증가하게 된다. 포화 수증기의 밀도는 따라서 온도에 따라 증가한다.

포화 수증기의 밀도는 온도와 함께 포화 수증기의 압력, 즉 용기 내부의 압력을 결정한다. 실온 근처에서 포화 수증기의 압력은 대기압의 수 퍼센트에 지나지 않는다. 그러나 압력이 온도에 따라 증가하므로 온도가 100°C에 가까워지면 포화 수증기의 압력이 대기압과 같아진다.

이런 배경지식을 가지고 순수한 포화 수증기의 거품이 대기압에서 실온의 물속에 들어 있다고 가정해 보자. 거품 내부의 압력이 대기압보다 훨씬 작기 때문에 주위에 있는 물이 거품 내부로 들어와 거품을 압축할 것이다. 수증기 거품의 부피가 줄어들면서 수증기가 포화 밀도를 초과하게 되어 응축이 일어나기 시작한다. 눈 깜빡할 사이에 거품이 사라지게 된다.

이제 스토브 위에서 물을 덥힌다고 생각해 보자. 물의 온도가 증가하면서 수증기의 포화 밀도와 압력 모두 증가한다. 처음에 포화 수증기 거품은 불안정하다. 거품이 대기압에 의해 신속하게 부서진다. 그러나 물 온도가 거의 100°C가 되면 놀랄만한 일이 생긴다. 포화 수증기 거품이 갑자기 안정하게 되어 물이 **끓기**(boiling) 시작한다(그림 7.2.4). 물의 **끓는점**(boiling temperature)라 부르는 이 온도에서 포화 수증기의 압력이 대기압이 되어 포화 수증기 거품이 물속에서 오래 살아남게 된다. 더 놀랄 일은 이런 거품들이 증발에 의해 성장한다는 것이다. 각 거품의 표면이 물과 수증기의 경계면이 되기 때문에 물에 열을 가하면 물이 수증기로 변환되고 거품 크기가 커진다. 거품은 신속하게 수면으로 떠올라 터지지만 새로운 거품이 곧바로 생겨 자리를 채운다.

끓음은 물을 수증기로 아주 빠르게 변환하기 때문에 물에 가하는 열을 거의 전부 소비한다. 끓는점 이상으로 물을 덥히기가 어려운 것이 바로 이 때문이다. 스토브 위에 있는 열린 주전자 속의 물은 물의 끓는점까지 가열된 후 물이 모두 수증기로 변환될 때까지 이 온

Courtesy Lou Bloomfield

그림 7.2.4 대기압이 더 이상 수증기 거품을 터뜨리지 않을 때 물이 100°C에서 끓는다.

도를 유지한다. 이후 주전자의 온도가 다시 증가하기 시작한다.

끓는 물의 온도가 일정하면서도 잘 정의되어 있어 채소나 달걀을 특정 시간률로 조리
할 수 있다. 달걀을 끓는 물에 넣으면 달걀이 끓는점에서 물과 접촉하기 때문에 3분 이내
에 익는다.

> ▶ **개념 이해도 점검 #7: 거품 없애기**
>
> 스토브 위에서 주전자의 물을 가열하고 있다. 물이 끓기 직전에 수증기 거품이 주전자 바닥에서 떠오르기
> 시작하지만 수면에 도달하기 전에 거품이 사라진다. 이 거품에 어떤 일이 일어난 것일까?
>
> **해답** 상승 중인 수증기 거품이 끓는점 아래의 물을 지나면서 거품이 응축된다.
>
> **왜?** 주전자 바닥의 물이 먼저 끓는점에 도달하므로 수증기 거품이 바닥에서 올라오기 시작한다. 그러나 주
> 전자 표면에 더 가까운 물의 온도는 이 거품을 지속시켜 줄 정도로 높지 않다. 대신 거품 내부의 수증기가
> 응축되어 거품이 완전히 사라진다.

물의 끓는점 바꾸기

물의 끓는점은 주변 기체의 압력에 의존한다. 보통 이 압력은 대기압이다. 그러나 대기압
은 고도에 따라 감소하고 기후에도 의존한다. 해수면 근처의 물은 $100\,°C$에서 끓지만 고도
$3000\,m$에서는 $90\,°C$에서 끓는다. 고도에 따른 물의 끓는점의 감소는 왜 높은 곳에서 조리
할 때 변화를 주어야 하는지 설명한다. $3000\,m$에서 달걀은 끓는 물에서 느리게 익는다. 왜
냐하면 $100\,°C$가 아닌 $90\,°C$의 끓는 물로 달걀을 익히기 때문이다. 동일한 문제 때문에 쌀
이나 콩을 비롯한 음식들을 높은 곳에서 조리할 때는 시간이 오래 걸린다.

충분히 낮은 압력에서 물은 실온 또는 그 이하의 온도에서 끓는다. 어떤 극단적인 높
은 압력의 경우에는 물이 아주 뜨겁더라도 끓지 않을 수 있다. 증기기관과 발전소의 보일
러는 흔히 이런 높은 압력에서 작동시키기 때문에 보일러 내부의 물의 끓는점이 $300\,°C$를
넘는다.

조리시간을 줄이는 유일한 방법은 압력솥을 사용하는 것이다. 압력솥은 수증기를 가둬
두는 튼튼한 솥으로, 내부 압력이 대기압보다 크다. 증가된 압력은 물 온도가 $100\,°C$보다
충분히 높기 전까지 끓지 않게 해준다. 해수면의 대기압의 2배인 곳에서 물은 $121\,°C$가 될
때까지 끓지 않는다. 이 온도에서는 채소, 달걀뿐 아니라 다른 음식물들을 아주 빨리 익힐
수 있다.

그러나 단지 물이 끓을 수 **있다는** 것이 물이 끓어야 **한다는** 것을 의미하지는 않는다. 끓
으려면 증발에 의해 성장한 작은 씨앗 거품(seed bubble)이 필요하다. 씨앗 거품 없이는 물
이 끓지 않는다. **핵형성**(nucleation), 즉 씨앗 거품의 형성이 $300\,°C$ 이하의 물에서는 거의
자발적으로 일어나지 않기 때문에 다른 무언가가 씨앗 거품을 만들어 주어야 한다. 대부분
의 핵형성은 용기의 결함이나 열점, 또는 액체의 불순물에 의해 만들어진다. 이런 핵형성
지점들은 보통 공기나 다른 영구기체를 가둬두고 있어 수증기의 씨앗 거품의 보육원 구실
을 한다. 특정 핵형성 지점에 대한 의존성 때문에 음료수나 샴페인의 거품처럼 끓는 물의

거품은 흔히 용기 내의 특정 지점에서만 생겨 수직 상승하게 된다.

깨끗한 유리 용기에서 물을 균일하게 가열할 때 물이 끓는점에서 끓지 않을 수도 있다. 유리는 원자 수준에서 볼 때 액체처럼 매끄럽기 때문에 씨앗 거품이 만들어지는 것을 어렵게 한다. 수명이 긴 핵형성 지점이 존재하지 않는다면 물이 씨앗 거품을 만들지 못해 끓음이 멈춘다. 끓음이 멈추면 물의 온도가 끓는점 이상으로 증가하여 **과가열된다**(superheated).

마이크로웨이브 오븐에서 쉽고 편하게 얻을 수 있는 과가열된 물은 매우 위험하다. 설탕이나 소금을 넣으면서 포크로 물을 건드리거나 용기를 약간 두드리면 격렬하게, 때로는 폭발적으로 물이 끓어오르기 시작한다(그림 7.2.5). 물의 온도가 끓는점보다 더 높을수록 물이 갑자기 끓어오르면서 방출하는 에너지가 더 커진다. 그러므로 마이크로웨이브 오븐으로 특히 유리나 유약을 바른 용기 속 물을 가열할 때는 조심해야 한다. 물이 매우 뜨거워도 물이 끓고 있는 듯이 보이지 않으면 물이 과가열된 것이라 생각하라. 가장 안전한 방법은 물이 식을 때까지 멀리 떨어져 있는 것이다.

물의 끓는점을 변화시키는 또 다른 흥미로운 방법이 있다. 화학물질을 물에 녹이는 것이다. 녹은 화학물질은 물 분자들을 바쁘게 만들면서 수증기 또는 얼음이 되게 만들어 물에서 덜 떨어져 나가게 한다. 녹은 화학물질은 물 분자들이 액체상의 물에서 떨어져 나가는 것을 방해하기 때문에 액체상의 물의 양을 감소시키는 상전이를 억제한다. 이것이 설탕이나 소금을 물에 녹이면 증발이 느려지고 끓는점이 높아지는 이유이다. 또한 소금물이 민물보다 더 낮은 온도에서 얼고 소금이 얼음을 녹이는 이유이기도 하다. 대조적으로 모래는 물에 녹지 않기 때문에 얼음을 녹일 수 없다.

Courtesy Lou Bloomfield

그림 7.2.5 이 유리 측정컵 안의 물을 마이크로웨이브 오븐 안에서 과가열시킨 후 포크로 휘젓는다. 1초도 안 되어 물이 폭발적으로 끓어 물이 컵 밖으로 튀어나온다.

개념 이해도 점검 #8: 행운의 사고

뜨거운 물이 담긴 도자기 컵을 마이크로웨이브 오븐에서 꺼내어 인스턴트커피 한 숟가락을 물에 탄다. 흥미롭게도 물에 거품이 생기면서 탁자 위에 조금 튄다. 무슨 일이 생긴 것일까?

해답 잔 속의 물은 조금 과가열되어 있고 인스턴트커피가 핵형성을 일으켜 끓기 시작한다.

왜? 유리처럼 유약을 바른 도자기 컵은 씨앗 거품을 형성해 물을 끓게 할 영구적인 핵형성 지점들을 갖고 있지 않다. 다행히도 물이 약간 과가열되어 있어 분말을 추가함으로써 끓게 할 수 있다. 끓음은 상대적으로 온화하게 일어나며 신속히 정상적인 끓는점으로 냉각된다. 물이 더 심하게 과가열되어 있다면 심한 화상을 입을 수도 있다.

7.3 | 옷, 단열과 기후

추운 겨울날 불 앞에 앉아있으면 열이 작열하는 석탄으로부터 피부로 흘러 따뜻하게 느끼게 된다. 그러나 눈 위를 걷는다면 열을 간절히 필요로 할 것이다. 몸이 주위에서 가장 뜨거운 물체이기 때문에 몸이 따뜻해지지 않고 추워진다. 그러므로 몸을 새 다운코트로 감싸게 된다. 코트가 열을 단열하므로 혹독하게 추운 환경에서도 몸을 따뜻하게 유지할 수 있다. 이 절에서는 열을 단열하는 방법을 살펴보고 어떻게 하면 열이 물체들 사이에서 쉽게 이동하는 것을 막을 수 있는지 알아볼 것이다.

생각해 보기: 추운 날 두터운 코트를 입으면 무엇이 몸을 따뜻하게 하는 열을 공급할까? 어떻게 코트가 몸에서 열이 떠나는 것을 막을까? 왜 좋은 조리도구는 흔히 여러 다른 물질들로 구성되어 있을까? 왜 알루미늄 포일로 음식물을 싸면 음식물을 뜨겁거나 차게 유지할 수 있을까? 왜 대부분의 현대식 창문은 여러 장의 유리판으로 구성되어 있을까? 왜 대기 중의 온실효과 기체의 율이 증가하면 지표면의 평균 온도가 올라갈까?

아크릴 섬유로 짠 모자

나일론 외피의 누빈 옷

섬유 단면과 같은 공기

폐공 기포를 이용한 단열

실험해 보기: 손을 단열시킨 채 아니면 단열시키지 않은 채 손으로 물체를 집으면서 열 단열 효과를 느껴보라. 맨손으로 뜨거운 토스트 한 조각을 집으면 왜 피부가 아주 뜨겁게 느껴질까? 이제 수건이나 냅킨을 피부와 토스트 조각 사이에 넣고 실험을 다시 해 보라. 어떤 변화가 있을까? 동일한 실험을 얼음덩어리를 가지고 해 보라. 뜨겁거나 찬 물체를 집을 때 수건이나 냅킨을 사용하면 피부가 편하다. 어떻게 이런 일이 가능할까? 수건이나 냅킨 대신 알루미늄 포일을 사용하면 어떤 일이 생길까?

동일한 실험을 두터운 코트를 사용해 할 수도 있다. 코트는 분명히 추운 날 몸을 따뜻하게 해주지만 더운 날에는 (적어도 잠시) 몸을 차게 해준다. 두터운 코트를 입고 벽난로 앞에 앉는다. 코트로 감싼 몸의 일부는 불이 있는 것을 거의 느낄 수 없다. 이제 코트의 바깥쪽을 손가락으로 조심스럽게 만져보라. 왜 바깥쪽은 아주 뜨거울까? 알 수 있듯이 불가에서 단열이 된 옷을 입고 있을 때는 조심해야 한다. 왜냐하면 열을 느끼지 못한 채 옷을 그을리거나 태울 수 있기 때문이다. 소방관들은 건물의 화재와 싸우기 위해 두꺼운 내화성 코트를 입어 몸을 차게 한다.

단열의 중요성

열의 단열은 열이 뜨거운 물체로부터 차가운 물체로 흐르는 것을 느리게 하고 몸을 따뜻하게, 냉장고를 차게, 집을 일 년 내내 편안한 온도로 유지되도록 도와준다. 질서 있는 에너지가 아주 비싸지고 있는 이 세계에서 양질의 단열은 편리함 그 이상이며 필수이다. 이유는 뜨거워야 할 물체에서 열이 빠져나오거나 차가워야 할 물체로 열이 들어가며 이 열에너지를 대체하거나 제거하는 일이 질서 있는 에너지를 소모하기 때문에 그렇다. 단지 열에너지를 원래 있던 곳에 유지하기 위해 양질의 단열을 사용함으로써 질서 있는 에너지를 절약하고 환경에 도움이 될 수 있다.

열 단열의 가장 중요한 예 가운데 하나는 옷이다. 피부와 함께 옷은 열이 우리 몸에서 빠져 나가는 시간률을 낮춰주며 체온을 일정하게 유지하도록 해준다.

왜 체온이 일정하게 유지될까? 파충류, 양서류와 물고기와 같은 냉온동물들은 체온을 조절할 필요가 없다. 대신 이들은 주변 환경과 열을 자유롭게 교환하므로 주변과 일반적으로 열평형에 있다. 일정한 체온을 유지하는 것이 포유류와 조류만의 독특한 목표이다. 왜 그럴까?

생명 유지와 관련된 화학 과정은 온도에 매우 예민하다. 이런 예민성은 부분적으로 화학반응을 개시하는 열에너지의 역할 때문이다. 열에너지는 많은 화학반응들이 진행되는 데 필요한 활성화 에너지를 공급한다. 냉온동물들의 온도가 감소하면 분자 당 열에너지가 줄어들고 화학반응이 덜 일어난다. 동물의 전체 신진대사가 느려지고 행동이 둔해지며 멍청해져 포식자에게 취약해진다.

대조적으로 온도동물은 온도를 적정 체온으로 일정하게 유지하는 온도조절 시스템을 가지고 있다. 환경에 무관하게 포유류나 조류는 몸의 주요 부위를 특정 온도로 유지하기 때문에 겨울에나 여름에나 동일하게 작동한다. 일정한 온도가 가지는 장점은 엄청나다. 추운 날 온열 포식자는 쉽게 느리게 움직이는 냉온 먹이를 잡아먹을 수 있다.

그러나 온열동물로 남는 대신 대가가 있다. 동물의 체온과 관계된 열에너지가 어디선가 나와야 하며 동물은 체온을 유지하기 위해 환경과 싸워야 한다. 이런 사실을 알지 못하면서 우리는 체온을 유지하기 위해 많은 행동을 한다. 우리 몸은 많은 열에너지를 만들어내는 데 민감하며 환경과 열을 교환하는 시간률을 제어하기 위해 노력한다.

휴식 중인 사람은 시간 당 대략 80칼로리의 시간률로 화학 위치에너지를 열에너지로 바꾼다. 시간 당 80칼로리는 전력 단위로 대략 100 W가 된다. 따라서 휴식 중인 사람은 대략 100 W의 열 일률을 만들어내며 활동적인 사람은 더 많이 생산한다. 이런 꾸준한 열에너지의 생산이 사람들로 가득 찬 방이 매우 더워지는 이유이다. 100 W가 크지는 않아 보이지만 백 명이 좁은 공간에 밀집해 있으면 사람들은 10,000 W의 전열기처럼 행동하여 방 전체가 불쾌할 정도로 더워진다.

이런 대사에 의한 열에너지를 제거할 방법이 없다면 몸은 더욱 더 더워진다. 그러므로 일정한 체온을 유지하기 위해 열을 주변으로 방출해야 한다. 열은 더운 물체로부터 찬 물체로 자연스럽게 흐르기 때문에 체온이 일반적으로 주위보다 높아야 한다. 이런 필요조건이 인간이 체온이 대략 37°C인 이유이다. 이 온도는 지구상의 가장 뜨거운 곳을 제외하고 주변보다 높은 온도이다. 따라서 열은 우리 몸에서 주변으로 흐른다. 열에너지는 우리 활동의 부산물로 생기며 이 열에너지를 보다 차가운 주변으로 전달한다.

휴식 중인 몸이 열에너지를 생산하는 시간률은 거의 일정하므로 체온을 안정화시키는 주요 방법은 열 손실을 조절하는 것이다. 모든 온열동물처럼 우리는 이런 일에 적합한 수많은 생리적이고 행동적인 기술을 갖고 있다. 더운 날 또는 심한 운동을 하고 있을 때 체온이 너무 높아지지 않도록 열 손실을 촉진한다. 추운 날에는 몸이 따뜻하도록 열 손실을 제한한다. 이 절은 옷에 대한 것이므로 주로 추운 날 열 손실에 대해 집중할 것이다. 세 가지 열전달 메커니즘 모두 이 열 손실과 관계되어 있기 때문에 몸을 따뜻하게 하기 위해 이들을 제어해야 한다.

> **▶ 개념 이해도 점검 #1: 토스터기를 전열기로 사용**
>
> 토스터기는 500 J/s 또는 500 W의 시간률로 전기에너지를 열에너지로 바꿔준다. 토스터기의 온도가 일정하다면 토스터기는 어떤 시간률로 주위에 열을 전달할까?
>
> 해답 500 W의 시간률로 열을 전달한다.
>
> 왜? 토스터기의 온도가 일정하므로 전체 열에너지는 변하지 않는다. 토스터기가 500 W의 열 일률을 발생하기 때문에 동일한 양의 열 일률을 주위에 전달해야 한다. 토스터기는 500 W의 전열기처럼 행동한다.

열전도를 제한해 따뜻함을 유지하기

추운 날 몸의 열을 보존하는 한 가지 방법은 전도에 의한 열 손실을 막는 것이다. 물질에 온도 차이가 생길 때마다, 다시 말해 물질의 한쪽이 다른 쪽보다 뜨거울 때마다 전도로 인해 물질을 통해 열이 흐른다. 그러나 열의 흐름률은 전반적인 온도 차이, 뜨거운 쪽과 차가운 쪽의 거리, 열이 흐르는 면적과 물질의 종류와 같은 몇 가지 요소에 의존한다.

　　놀랍게도 열은 온도 차이와 열이 흐르는 단면적에 직접 비례해 흐른다. 따라서 손가락을 체온보다 20℃와 40℃ 차가운 두 다른 온도 표면에 대면 더 차가운 표면으로 대략 두 배의 열을 빼앗긴다. 두 손가락을 동시에 대면 열이 흐르는 면적이 두 배가 되므로 두 배 빨리 열을 빼앗기게 된다.

　　반면 뜨거운 쪽과 차가운 쪽의 거리를 더 멀리 하면 열 흐름이 느려진다. 열 흐름률은 거리에 반비례한다. 예를 들어 눈사람을 만들 때 장갑의 두께를 두 배로 하면 뜨거운 면과 차가운 면의 거리가 두 배가 되어 절반의 열이 흐른다.

　　마지막으로 일부 물질들은 다른 물질들에 비해 우수한 전도체이다. 이들은 다른 **열전도도**(thermal conductivity)를 가지고 있다. 피부는 특히 낮은 열전도도를 갖고 있는데 이것은 피부가 유리나 구리와 같은 물질들에 비해 상대적으로 적은 열을 전도한다는 것을 의미한다. 열전도도는 물질 자체의 특성이며, 열전도도의 SI 단위는 W/m · K이다. 표 7.3.1에는 흔히 보는 여러 물질들의 열전도도를 나열하였다.

　　열 흐름과 네 가지 양 사이의 전반적인 관계를 다음 식으로 나타낼 수 있다.

$$\text{열 흐름} = \frac{\text{열전도도} \cdot \text{온도 차이} \cdot \text{면적}}{\text{간격}} \tag{7.3.1}$$

기호로는

$$H = \frac{k \cdot \Delta T \cdot A}{d}$$

로 나타내고, 일상적인 언어로는 다음과 같이 말할 수 있다.

　　뜨거운 프라이팬을 쥘 때는 두꺼운 장갑을 끼고 덜 뜨거운 손잡이 끝부분을 잡으시오.

식 7.3.1은 피부를 통해 흐르는 열의 양이 피부의 열전도도, 표면적, 두께 및 온도 차이에

표 7.3.1　여러 물질들의 대략적인 열전도도

물질	열전도도[†]
아르곤	0.016 W/m · K
공기	0.025 W/m · K
참나무	0.17 W/m · K
지방	0.2 W/m · K
피부	0.21 W/m · K
모발	0.37 W/m · K
벽돌	0.6 W/m · K
물	0.6 W/m · K
유리	0.8 W/m · K
대리석	2.5 W/m · K
스테인리스 스틸	16 W/m · K
철	50 W/m · K
알루미늄	210 W/m · K
구리	380 W/m · K
은	429 W/m · K
다이아몬드	1000 W/m · K

[†] W/m · K는 열전도도의 SI 단위이다.

의존한다는 것을 말해준다. 놀랍게도 우리 몸은 열 손실을 최소화하기 위해 이런 요소들을 최적화한다. 옷을 입지 않더라도 전도에 의한 열 손실을 막기 위해 놀랄 정도로 잘 단열되어 있다.

피부와 피부 바로 아래에 있는 층들은 지방과 다른 열 단열재를 가지고 있다. 지방의 열 전도도는 물의 열전도도의 1/3 정도로 아주 작아 피부 속과 피부 바로 아래에 지방이 있으면 열의 보존 능력이 개선된다. 더욱이 피부 아래에 있는 지방층은 피부 두께를 효과적으로 증가시켜 뜨거운 곳과 차가운 곳 사이의 거리를 증가시킨다. "두꺼운 피부"를 가진 사람들은 "얇은 피부"를 가진 사람들보다 열 보존 능력이 우수하다.

표면적을 줄인다는 것은 우리 몸이 상대적으로 판 모양보다 공 모양처럼 작게 밀집되어 있음을 의미한다. 다른 적응에 의해 전체 표면적을 늘리는 팔, 다리와 손가락이 생겨났지만 열을 잃는 이런 피상적인 면적이 넓지 않다.

끝으로 우리 몸은 피부와 주위 공기 사이의 온도 차이를 줄여 전도에 의한 열 손실을 줄이려 한다. 손과 발을 몸의 중심 체온보다 훨씬 차게 함으로써 이런 일이 가능하다. 피의 순환만 문제되지 않는다면 이런 배열은 아무 것도 아니다. 피가 차가운 손가락으로 흐르면 피가 냉각되고 피가 심장으로 되돌아오면 피가 중심 체온으로 따뜻해져야 한다. 이런 피의 온도 변화는 역류(countercurrent) 교환이라 부르는 메커니즘을 통해 일어난다. 더운 피가 차가운 손가락으로 동맥을 통해 흐를 때 피는 주위의 정맥을 통해 심장으로 되돌아가는 피에 열을 전달한다(그림 7.3.1). 손가락으로 가는 피가 차가운 반면 심장으로 되돌아가는 피는 따뜻하다.

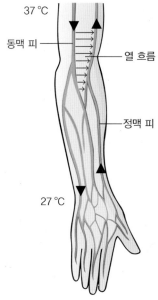

그림 7.3.1 동맥을 따라 손으로 흐르는 피가 정맥을 따라 심장으로 되돌아가는 피와 열을 교환한다. 이런 방식으로 피가 산소와 영양분의 온도를 체온까지 덥히지 않으면서 이들을 손가락으로 전달할 수 있다. 이런 적응을 통해 추운 날 몸이 열을 빼앗기는 시간률을 낮출 수 있다.

▶ 개념 이해도 점검 #2: 뜨거운 감자

물이 끓는 솥에서 감자를 익힌 후 집게를 사용해 감자를 꺼낸다. 구리 집게와 스테인리스 스틸 집게 중 어느 것을 사용하는 것이 손을 델 확률이 낮을까?

▶ 해답 스테인리스 스틸 집게를 사용하는 것이 손을 델 확률이 낮다.

▶ 왜? 뜨거운 물에서 차가운 손으로 흐르는 열의 시간률은 집게의 열전도도에 비례하는데 스테인리스 스틸이 구리에 비해 훨씬 낮은 열전도도를 가지고 있다.

▶ 정량적 이해도 점검 #1: 차갑고 단단한 벽돌

벽돌만으로 지은 작은 15세기 집을 방문하였다. 벽의 표면적은 20 m²이고 벽돌의 두께는 9.2 cm이다. 겨울 날 외부 공기의 온도가 −20℃이고 난방한 집안 공기 온도는 20℃라면 벽을 통해 흘러나가는 열의 시간률은 얼마일까?

▶ 해답 5200 W

▶ 왜? 표 7.3.1을 보면 벽돌의 열전도도가 0.6 W/m · K이다. 벽돌 안쪽과 바깥쪽 온도 차이는 40℃ 또는 40 K이다. 식 7.3.1로부터

$$열 흐름 = \frac{0.6 \text{ W/m} \cdot \text{K} \cdot 40 \text{ K} \cdot 20 \text{ m}^2}{0.092 \text{ m}} = 5217 \text{ W}$$

출발한 값의 정확도를 따라 반올림하면 5200 W의 결과가 나온다. 지붕을 통한 열손실을 고려하지 않았는데도 이것은 엄청난 열 손실률이다. 이 집은 단열이 필요하다.

대류를 막아 따뜻하게 하기

단열 능력이 우수하기는 하지만 피부만으로는 모든 상황에서 몸을 따뜻하게 하기에는 충분하지 않다. 우리 몸의 열의 일부는 필연적으로 피부 표면으로 흐르고 다시 피부에서 밖으로 흘러나갈 수밖에 없다. 열 흐름의 이 두 번째 과정을 제한하는 것이 옷이 하는 역할이다.

추운 날 피부에서 떠난 열은 주위 공기를 덥힌다. 그러나 공기는 매우 나쁜 열전도체이므로 피부는 단지 얇은 공기층만을 덥힌다. 이 따뜻한 공기가 움직이지 않는다면 단 한 번만 공기를 덥히면 된다. 이런 공기 단열층이 보호하기 때문에 피부는 더 이상 많은 열을 전달할 필요가 없으며 피부와 공기 사이의 온도 차이도 줄어들게 된다. 그리고 몸이 따뜻함을 느낀다.

그러나 공기는 너무 쉽게 이동한다. 사실 피부가 주위 공기를 덥힐 때마다 자연스럽게 대류가 일어난다. 강제적인 대류를 이용한 오븐이 음식물을 더 빠르게 조리하는 것처럼 강제적인 대류를 이용하는 에어컨 역시 (춥고 바람이 많이 부는 날처럼) 사람들을 더 빨리 춥게 만든다. 공기를 이동시켜 얻은 증강된 열 손실을 풍속 냉각(wind chill)이라고 부른다. 바람 부는 날 더 춥게 느껴지는 이유이기도 하다.

대류에 의한 열 손실, 풍속 냉각과 싸우기 위해 대부분의 온열동물들은 털이나 깃털로 몸을 덮는다. 이런 미세구조 물질들은 나쁜 열전도체이지만 이들의 주목적은 사실 더 좋은 단열재를 품고 있는 것이다. 촘촘히 뭉친 양털에서 공기는 아주 심한 항력(drag force)을 받아 공기는 전혀 이동할 수가 없다. 대류는 공기 흐름을 필요로 하기 때문에 양은 갇힌 공기와 양털을 통한 전도에 의해서만 열을 잃는다. 이런 물질들을 조합하면 아주 나쁜 열전도체가 되므로 양은 따뜻하게 지낼 수 있다.

사람은 상대적으로 털이 적기 때문에 춥고 바람이 센 기후에서 살도록 잘 적응이 되어 있지 않다. 천연의 단열이 안 되기 때문에 우리는 옷을 입는다. 털이나 깃털처럼 우리가 입는 옷이 공기를 가두고 대류를 감소시킨다. 최상의 단열 옷을 털(천연 또는 인공)과 깃털(역시 천연 또는 합성)로 만든다는 것은 그리 놀랍지 않다. 움직이지 않는 공기는 공기를 가두는 다른 어떤 물질들보다 더 낮은 열전도도를 갖고 있기 때문에 이상적인 코트는 두꺼운 공기층이 움직이지 않도록 하는 물질만을 사용한다.

이런 논리는 차가운 물에서 수영할 때도 적용된다. 피부 주위의 물이 정지해 있으면 몸이 물의 층을 덥혀 상대적으로 따뜻하게 느껴진다. 몇몇 잠수부들이 젖은 잠수복을 입는 것은 이 때문이다. 젖은 잠수복의 스폰지 물질은 잠수부 피부 주위의 물층이 이동하는 것을 방해한다. 물이 이동하지 않는 한 물은 좋은 열 단열재 구실을 한다.

> ▶ **개념 이해도 점검 #3: 찬 바람이 불 때**
>
> ❭ 왜 얇은 나일론 바람막이 자켓을 입으면 춥고 바람이 많이 부는 날 따뜻함의 차이가 크게 날까?
>
> ❭ **해답** 공기 단열층을 피부 주위에 가두기 때문이다.
>
> ❭ **왜?** 바람막이 자켓이 너무 얇아 단열에 큰 도움이 되지 않지만 자켓이 피부 주위에 공기를 가둘 수 있다. 찬 공기가 피부를 통해 순환되는 것이 훨씬 줄어들기 때문에 열을 훨씬 느리게 빼앗기게 되어 상대적으로 따뜻하게 느낀다.

열복사 더 알아보기

불 앞에 앉아 있을 때 피부를 따뜻하게 하는 열복사를 느낄 수 있다. 그러나 피부 역시 열복사를 하므로 실제로는 피부가 외부로 방출하는 것보다 불로부터 피부가 흡수하는 열복사가 더 많은 것을 느끼고 있는 셈이다. 몸이 열을 얻는다. 대조적으로 얼음 조각으로 만든 성안에 있다면 피부가 방출하는 것보다 더 작은 열복사를 얼음으로부터 받으므로 열을 빼앗기게 되어 추위를 느낀다.

불과 얼음 사이를 왔다 갔다 할 경우 얼마나 많은 열을 열복사를 통해 얻거나 빼앗길지 어떻게 조절할 수 있을까? 더 확장해 얼마나 많은 열복사를 몸에서 주위 환경으로 방출하고 또 얼마나 많이 환경으로부터 흡수하는지 무엇이 결정을 할까? 이 질문에 답하기 위해서는 열복사 자체를 더 자세히 살펴봐야 한다.

이미 알고 있었겠지만 우리는 흔히 뜨거운 물체의 온도를 물체가 방출하는 빛의 색을 보고 판단한다. 붉게 발광하는 물체는 너무 뜨거워 만질 수 없으며 백열하는 물체는 심각한 화재 위험을 안고 있다. 온도와 색 사이의 연관성은 우연이 아니다. 뜨거운 물체가 방출하는 빛은 물체의 열복사의 일부이다. 말 그대로 우리는 열을 보고 있는 셈이다.

그러나 물체가 내는 열의 모든 것을 볼 수 있는 것은 아니다. 열복사는 전자기파로 구성되어 있으며, 일부 전자기파는 눈으로 볼 수 있지만 대부분의 전자기파는 눈으로 볼 수 없다. 눈에 보이는 전자기파인 **가시광선**(visible light)은 한쪽 끝에 있는 라디오파로부터 다른 쪽 끝에 있는 감마선까지의 전자기복사의 연속 스펙트럼의 일부이다(그림 7.3.2).

전자기파는 **파장**(wavelength), 즉 파동의 마루 사이의 거리로 구분한다. 호수나 바다에서 쉽게 파동의 파장을 알 수 있다. 여기서는 마루를 눈으로 볼 수 있어 직접 마루와 다음 마루 사이의 거리를 측정할 수 있다. 전자기파의 마루는 쉽게 관찰할 수 없지만 분명 존재하며 마루 사이의 거리를 측정할 수 있다. 더욱이 **전자기 스펙트럼**(electromagnetic spectrum)의 가시광선 영역 안에서는 다른 파장을 가진 빛이 다른 색으로 인식된다(그림 7.3.3). 630나노미터(10억분의 1미터, 약자로 nm)의 파장을 가진 빛은 붉게 보이는 반면

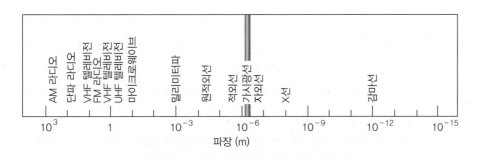

그림 7.3.2 파장의 역순으로 배열한 전자기복사 스펙트럼. 로그 눈금을 사용하여 오른쪽으로 한 눈금 커질 때마다 파장이 10배 감소한다.

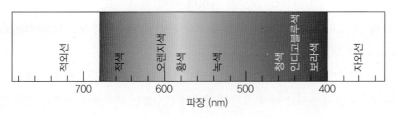

그림 7.3.3 가시광선 주위의 전자기복사 스펙트럼의 일부. 파장의 단위는 nm(10억분의 1미터)이다.

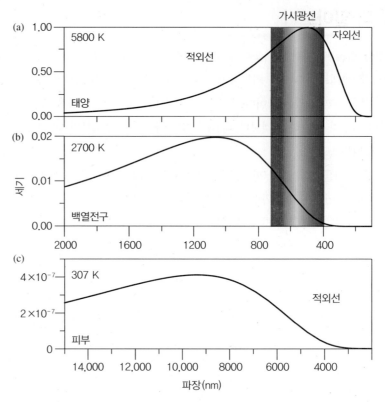

그림 7.3.4 (a) 5800 K, (b) 2700 K, (c) 307 K의 흑체가 방출하는 빛의 분포. 가시광선이 많은 율을 차지하고 여기에 추가해 5800 K의 물체는 2700 K의 물체에 비해 훨씬 밝다(세기의 눈금이 다르다는 것에 주목하라). 307 K의 물체는 긴 파장의 적외선을 약하게 방출한다.

420 nm의 빛은 푸르게 보인다.

그러나 물체의 열복사는 특정 파장을 가진 단일 전자기파가 아니다. 대신 넓은 영역의 파장대를 가진 많은 개별 파동들로 이루어져 있다. 파장의 분포는 물체의 온도와 표면의 성질, 특히 물체가 열복사를 방출하고 흡수하는 효율인 **방출률**(emissivity)에 의존한다. 방출률은 0에서 1까지의 크기를 가지며, 1은 이상적인 효율을 의미한다. 완전히 검은 물체는 1의 방출률을 가지며 물체에 닿는 모든 빛을 흡수하고 가장 효율적으로 열복사로 방출한다.

검은 물체가 방출하는 파장의 분포는 온도만으로 결정되며, 이를 **흑체 스펙트럼** (blackbody spectrum)이라고 부른다. 그림 7.3.4에 있듯이 이 스펙트럼은 물체의 온도가 증가할수록 더 밝고 짧은 파장 쪽으로 이동되어 있다. 흑체 온도가 400 ℃ 이하이면 열복사는 완전히 스펙트럼의 눈에 보이지 않는 긴 파장 영역에 놓이게 되어 열복사를 전혀 볼 수 없다. 400 ℃에서조차 야시경을 사용해야 색이 없는 어두운 이미지로 겨우 열복사를 감지할 수 있다. 대략 500 ℃에서는 색을 감지할 수 있으며 눈으로 평균적인 파장 분포를 볼 수 있는데, 어두운 붉은색으로 보인다. 온도를 높이면 적색, 오렌지색, 황색, 백색, 마침내는 청색 빛을 보게 된다(표 7.3.2). 특정한 파장 분포와 관련된 열복사 온도를 빛의 **색온도**(color temperature)라고 부른다.

가시광선이든 아니든 열복사의 전체 스펙트럼은 물체의 열을 유지하는 데 중요하다. 우리 몸이 열복사를 방출하고 이 복사가 주변에서 흡수하는 복사보다 커지면 몸이 열을 복

표 7.3.2 온도와 뜨거운 물체가 방출하는 빛의 색

물체	온도	색
피부	34 ℃	눈에 안 보임
열전구	500 ℃	어두운 적색
촛불	1700 ℃	흐린 오렌지색
백열전구	2500 ℃	밝은 황백색
태양 표면	5525 ℃	눈부신 백색
청색 별	6000 ℃	아주 눈부신 청백색

사로 잃게 된다.

열복사 일률(thermal power)은 주로 온도에 의존한다. 그림 7.3.4로부터 흑체의 온도가 높아질수록 더 많은 복사를 방출한다는 것을 알 수 있다. 그러나 놀라운 사실은 온도에 따라 복사가 현저하게 증가한다는 것이다. 열복사율은 절대온도의 4승에 비례한다! 그러므로 끓는 물이 가득 찬 검은 솥(373 K)과 얼음물이 가득 찬 동일한 검은 솥(273 K)은 절대온도의 비가 1.37에 지나지 않지만 뜨거운 솥은 찬 솥에 비해 1.37^4, 즉 3.5배나 많은 열복사를 방출한다.

열복사 일률은 또한 표면적과 방출률에 의존하며 각 물리량에 비례한다. 온도와 복사 일률의 정확한 관계를 언어 방정식으로 쓸 수 있다.

$$\text{복사 일률} = \text{방출률} \cdot \text{Stefan-Boltzmann 상수} \cdot \text{온도}^4 \cdot \text{표면적} \tag{7.3.2}$$

기호로는

$$P = e \cdot \sigma \cdot T^4 \cdot A$$

가 되고, 일상생활의 언어로는

> 뜨거운 음식은 많은 열을 방출하기 때문에 따뜻하게 유지하려면
> 알루미늄 포일로 잘 감싸야 한다.

로 표현할 수 있다. 이 관계식을 **Stefan-Boltzmann 법칙**이라고 부르고, 법칙 속의 **Stefan-Boltzmann 상수**(σ)는 5.67×10^{-8} J/(s · m² · K⁴)의 측정값을 가진다. 온도 단위가 절대온도 켈빈인 것을 기억하라.

피부의 온도와 표면적은 측정하기 어렵지만 피부가 방출하는 열 방출률은 얼마일까? 놀랄 준비를 하라. 표면을 눈으로 보면 단지 고온에서의 방출률만을 알 수 있다. 즉 매우 뜨거운 물체(5800 K의 태양과 같은)로부터 방출되는 가시광선의 열복사를 얼마나 잘 흡수하느냐와 표면을 붉게, 노랗게, 또는 백열하게 가열했을 때 얼마나 잘 가시광선의 열복사를 방출하느냐만 알 수 있다. 그러나 피부 온도는 307 K에 지나지 않기 때문에 열복사는 저온 방출률에 의존한다. 즉 눈에 보이지 않는 긴 파장의 적외선을 얼마나 잘 흡수하느냐이다.

이제 놀랄 것이다. 가시광선에서의 모습에 상관없이 피부는 피부 온도의 열복사가 내는 적외선 파장에서 거의 완벽한 흑체 구실을 한다! 피부의 낮은 온도에서의 방출률은 대략 0.97이다! 실제로 대부분의 비금속 물질들은 0.95보다 더 큰 저온 방출률을 갖는다. 가시광선보다는 적외선을 볼 수 있다면 모든 사람들과 주위에 있는 대부분의 물질들은 검게 보일

것이다. 이들에 부딪치는 거의 모든 적외선을 흡수하고 자신의 적외선 열복사에 의해 밝게 빛나는 것을 알 수 있다.

▶ 개념 이해도 점검 #4: 인체의 후광

수동 적외선 센서는 사람이 옆을 걸어갈 때 전등을 켜는 데 사용한다. 이 센서는 긴 파장의 적외선의 변화를 감지한다. 어떻게 완전한 암흑 속에서 센서가 사람을 인식할 수 있을까?

해답 사람과 주변 환경 모두 적외선을 방출하지만 사람의 온도가 주변 물체의 온도와 다르기 때문에 사람의 적외선 밝기 역시 달라진다.

왜? 센서는 앞에 있는 물체가 방출하는 열복사에 반응한다. 사람이 옆을 걸어가면 이 열복사의 패턴이 변화하므로 센서가 전등을 켠다.

▶ 정량적 이해도 점검 #2: 빛을 잃는 철

대장장이가 황색 빛의 뜨거운 철을 화로에서 꺼낼 때 철의 온도가 급속히 떨어지며 곧바로 빛이 어두워진다. 그러나 철은 수분 동안 너무 뜨거워서 만질 수 없다. 철이 800°C일 때 복사는 철이 400°C에 있을 때에 비해 얼마나 빨리 냉각될까? (철의 방출률은 온도에 의존하지 않는다고 가정하시오.)

해답 철이 800°C일 때 6.46배 빨리 냉각된다.

왜? 우선 두 온도를 켈빈으로 변환하면 각각 1073 K와 673 K가 된다. 이 두 온도에서의 복사 일률 비를 식 7.3.2에 1073 K와 673 K를 대입한 후 나누면 얻을 수 있다.

$$\frac{1073 \text{ K에서의 일률}}{673 \text{ K에서의 일률}} = \frac{(1073 \text{ K})^4}{(673 \text{ K})^4} = 6.46$$

열복사를 조절해 따뜻하게 유지하기

인체 피부의 평균 온도는 대략 307 K(34°C)이며, 사람들은 보통 1.8 m² 정도의 표면적을 가진다. 방출률을 0.97로 가정하면 Stefan-Boltzmann 법칙에 의해 한 사람이 대략 850 W를 열복사로 방출하는 것을 예측할 수 있다. 실제로 이처럼 빨리 열을 잃으면 너무 빨리 체온이 떨어져 불편해진다. 그러므로 복사로 인한 열손실을 줄이는 것이 체온을 유지하는 데 있어 중요하다.

다행히 몸과 주변 환경과의 온도 차이가 있을 때마다 복사를 포함한 모든 수단을 동원해 열이 뜨거운 데서 차가운 데로 흐른다. 전도와 대류가 온도 차이에 비례해서 열을 전달하는 반면 복사는 절대온도 **4승**의 차이에 비례해서 열을 전달한다. 온도와 열전달 사이의 이런 특이한 관계 때문에 우리가 이상적으로 뜨겁거나 찬 물체에 노출되었을 때 피부로부터 또는 피부에 전달되는 열을 가장 잘 느낄 수 있다.

예를 들어 태양은 주변 물체가 내놓는 열을 합친 것보다 더 많은 열을 방출하기 때문에 피부를 신속히 덥힐 수 있다. 절대온도 단위로 측정한 태양 표면의 온도(5800 K)는 피부 온도(307 K)의 대략 20배나 된다. 태양이 아주 멀리 있고 눈에 작게 보이지만 태양은 몸의 복사열보다 대략 20⁴, 즉 160,000배나 많은 열을 우리 몸에 준다.

대조적으로 어두운 저녁 하늘은 우리 몸을 신속하게 냉각시킨다. 왜냐하면 하늘이 주변보다 더 차갑기 때문이다. 지구 대기권 밖의 거의 진공 상태인 우주공간은 절대온도로 단지 몇 도 정도이므로 대기의 도움을 충분히 받는다고 하더라도 하늘의 유효 복사온도는 여전히 대략 20°C로 주위 공기 온도보다 낮다. 열린 공간에서 눈 위에 누워 맑은 저녁 하늘을 바라보면 307 K의 우리 몸은 대략 250 K인 하늘보다 대략 2배 많은 열복사를 한다. 따라서 열을 급격히 잃게 되어 추위를 느끼게 된다.

이런 상황을 개선하려면 소나무 아래로 이동하면 된다. 나무가 눈보다 더 따뜻하진 않지만 하늘보다는 대략 20°C 따뜻하므로 우리 몸에 더 많은 열복사를 방출한다. 나무를 모닥불에 비교할 수는 없지만 몸을 따스하게 하는 데 도움이 된다.

이 말은 몸을 따스하게 하기 위해 뜨거운 물질과 차가운 물질 사이를 오가면 된다는 것이다. 한 장소에 머물 때 어떻게 열복사를 조절할 수 있는지 알아보자.

우선 두꺼운 코트를 입을 수 있다. 코트의 내부 단열재가 바깥쪽 면의 온도를 주위 온도까지 내린다. 따라서 코트는 흡수하는 복사열보다 약간 많은 복사열을 방출하여 열을 많이 빼앗기지 않는다. 조류와 포유류는 이런 전략을 사용한다. 펭귄과 북극곰은 단열 깃털과 모피의 바깥쪽을 얼어붙은 바깥 세계의 온도까지 떨어뜨리기 때문에 복사로 인한 열손실이 거의 없다.

또 복사로 인한 열전달을 제어하기 위해 방출률을 변화시킬 수 있다. 다른 물체와 열복사를 교환하고자 할 때마다 검은색 표면이 이상적임을 보았다. 그러나 열에너지를 교환하고 싶지 않으면 어떻게 해야 할까? 반짝이는 하얀 투명한 면이 관여할 때가 이런 상황이다.

완벽하게 반짝이거나 하얀 면의 방출률은 0이다. 즉 면에 닿는 모든 빛을 반사하고 전혀 흡수하지 않으며 어떠한 열복사도 방출하지 못한다. 나와 눈사람 사이에 반짝이거나 하얀 면을 놓으면 각 물체의 열복사가 다시 자신에게 돌아오는 것을 보게 되어 열을 전혀 교환하지 못한다. 우리 가운데 한 사람이 반짝이거나 하얀 면의 옷을 입고 있더라도 이런 단열 효과가 일어난다. 누가 이런 옷을 입고 있든지 열복사를 전혀 방출할 수 없어 다른 사람들은 자신의 열복사만이 이 옷에 의해 되돌아오는 것을 보게 된다.

불행하게도 진짜 흰 옷은 복사열 전달과 무관하지만 이런 옷은 존재할 수 없다. 옷은 높은 온도 방출률과 낮은 온도 방출률의 차이를 보여준다. 가시광선의 색과는 상관없이 거의 모든 옷의 재질은 적외선에 대해 검으며 1에 가까운 저온 방출률을 가지고 있다. 다른 말로 하자면 대부분의 옷은 낮은 온도의 열복사를 거의 완벽하게 방출하거나 흡수한다. 그러므로 찌는 더운 날 흰 가운을 입더라도 가운의 고온 방출률이 거의 0이기 때문에 태양으로부터 직접 흡수하는 열복사의 양을 줄일 수 있지만, 저온 방출률이 거의 1이기 때문에 태양으로 덥혀진 몸 주위의 물체로부터 몸을 보호하지 못한다.

대조적으로 반짝이는 옷은 금속을 포함하고 있을 때만 태양으로 덥혀진 물체로부터 몸을 보호할 수 있다. 금속은 전기를 통하기 때문에 작은 낮은 온도 방출률을 가진다. 전도성은 금속이 전자기파를 아주 잘 반사하게 하는 성질이다. 음식을 알루미늄 포일로 싸면 방출률이 대략 0.05로 떨어지기 때문에 복사로 열을 거의 전달하지 않는다(그림 7.3.5). 금속 옷을 입는 것은 사람에게 동일한 효과를 준다. 금속 실로 짠 천인 Lame 천은 옷을 부실하게 입은 사람들을 따뜻하게 하는 데 도움을 준다. 잘 드러나지 않는 금속 옷 사용의 예로 응급

Courtesy Lou Bloomfield

그림 7.3.5 은으로 만든 커피 단지는 단열이 안 된 것처럼 보이지만 단열이 되어 있다. 연마된 은 표면이 너무 반짝이기 때문에 이 표면은 적외선과 가시광선에 대해 거의 완벽한 거울 구실을 한다. 그 결과 실온의 열복사를 잘 방출하지도 않고 흡수하지도 않는다. 더욱이 단지의 수직면은 주위의 공기가 단지로부터 열을 빼앗아 가는 데 별로 효율적이지 않은 커다란 대류 세포를 형성한다. 전반적으로 이 단지는 색이 검고 수직면이 적을 때에 비해 열을 훨씬 느리게 빼앗긴다.

■ 산불과 싸우는 소방관들은 때로 불에 갇혀 불이 다가올 때 생존하기 위한 노력을 해야 한다. 반짝이는 금속 표면을 가진 작은 개인용 생존 대피기구를 사용하면 생존 가능성을 크게 높일 수 있다. 텐트 모양의 대피기구 아래 찬 땅에 들어감으로써 소방관들은 머리 위의 불로부터 비교적 단열될 수 있다. 소방관들이 주위에 탈 것이 없는 낮은 장소에서 대피기구만 만지지 않는다면 전도와 대류가 많은 열을 소방관에게 전달할 수 없게 된다. 그리고 대피기구의 반짝이고 낮은 방출률 표면이 불의 열복사 대부분을 반사하기 때문에 복사에 의한 열전달 역시 크게 감소한다. 1985년 8월 29일 73명의 소방관들이 아이다호 주 살몬 근처의 살몬 국유림에 일어난 화재에서 수 시간 동안 갇혀 있었다. 개인용 화재 대피기구 덕분에 모두 생존할 수 있었다.

구조용 키트의 일부인 금속을 코팅한 플라스틱 담요를 들 수 있다. 반짝이는 면을 바깥쪽으로 하여 이런 담요로 몸을 감싸면 주변과 열복사 교환이 차단된다(■ 참조).

투명한 물질 역시 거의 0인 방출률을 가지며 열복사를 잘 흡수하거나 방출하지 않는다. 그러나 반짝이거나 흰 표면과 달리 투명한 물질은 통과를 시킴으로써 대부분의 열복사를 흡수하지 않는다. 예를 들어 창문을 통해 들어온 태양빛이 피부를 뜨겁게 하는 것은 유리가 태양의 열복사 대부분을 흡수하지 않는다는 것을 증명하는 것이다. 방출의 경우 녹은 유리를 조각하는 예술가들의 고통스런 경험을 통해 유리가 매우 뜨거워도 눈에 보이는 경고는 거의 하지 않는다는 것을 알고 있다.

그러나 방출률은 역시 온도에 따라 변한다. 유리를 포함해 높은 온도의 열복사가 내는 가시광선에 대해 투명한 거의 모든 물질들은 낮은 온도의 열복사가 내는 적외선에 대해서는 검다. 아마 옷의 경우와 비슷할 것이다. 왜냐하면 열복사에 대해 투명한 옷은 단열이 잘 되지 않기 때문이다.

> ### ▶ 개념 이해도 점검 #5: 포일로 감싸기
>
> 뜨거운 요리 한 접시를 반짝이는 알루미늄 포일로 싸면 투명한 플라스틱 필름으로 쌀 때보다 음식을 더 오래 따뜻하게 유지할 수 있는 것처럼 보인다. 알루미늄은 플라스틱에 비해 훨씬 우수한 열전도체인데 왜 열흐름을 그렇게 잘 방해할 수 있을까?
>
> 해답 알루미늄 포일은 음식이 열복사에 의해 주변에 잃는 것을 막아준다.
>
> 왜? 둘 모두 열이 감싼 물질을 통해 전도되는 것을 막는 것이 아니라 공기를 가둬 단열을 한다. 큰 열전도도의 차이에도 불구하고 안쪽 면과 바깥쪽 면의 온도 차이가 크기에는 둘 모두 두께가 너무 얇다. 그러나 알루미늄 포일의 경우 알루미늄의 낮은 방출률 역시 음식이나 주변과의 열복사를 교환하는 것을 막아준다.

주택의 단열

주택을 단열하는 목적은 열이 집으로 들어오거나 나가는 것을 제한하여 주택 내부의 온도가 외부 온도와 거의 무관하게 하는 것이다. 주택 단열 역시 사람과 동물을 따뜻하게 하는 단열과 동일한 개념에 근거를 두고 있지만 주택과 내부 부속물들은 거의 움직이지 않기 때문에 무겁고 크며 단단하거나 부서지기 쉬운 단열 물질과 방법을 사용할 수 있다.

유리, 플라스틱, 목재, 모래 및 벽돌을 포함한 낮은 열전도도를 가진 많은 고체 물질들이 존재하지만 이들의 단열 효과는 공기보다 떨어진다. 물론 공기는 대류를 일으키기 쉽기 때문에 유리솜(glass wool), 톱밥, 플라스틱 폼이나 좁은 채널과 같은 기공성의 또는 섬유질의 물질들을 고정시켜 사용할 필요가 있다. 대부분의 건물에서 갇힌 공기가 주 단열재가 된다.

유리솜이나 유리섬유(fiberglass)는 녹인 유리를 길고 가는 섬유로 뽑아 솜사탕처럼 얽어 만든다. 고체 유리는 이미 나쁜 열전도체이지만 유리를 섬유로 만들면 단열 효과가 더 커진다. 열이 얽힌 섬유를 통해 전도되기 위해 취해야 할 경로가 너무 길고 구불거려 열이 거의 통과되지 않는다. 유리솜의 부피 대부분은 갇힌 공기가 차지한다. 유리 섬유는 공기가 대류를 일으키는 것을 막아주어 공기는 전도에 의해서만 열을 전달할 수 있다.

이와 함께 유리솜과 유리솜에 갇힌 공기는 탁월한 단열 효과를 가진다. 이들은 불에 타지 않기 때문에 보통 오븐, 뜨거운 물을 끓이는 히터 및 다른 고온 기구에 사용된다. 현대식 주택의 대부분은 외벽에 10~20 cm 두께의 유리솜 단열재를 가지고 있으며, 동시에 바람이 단열재를 통과해 직접 공기를 들어오게 할 수 없도록 증기 장벽(vapor barrier)을 가지고 있다(오래된 단열 기술에 대해 알고 싶다면 그림 7.3.6을 보라).

뜨거운 공기는 올라가고 차가운 공기는 가라앉기 때문에 꼭대기 층 천장 아래의 뜨거운 공기와 이 천장 위의 차가운 공기 사이의 온도 차이가 겨울에 아주 커질 수 있다. 이 천장은 따라서 원치 않는 열전달이 일어나는 매우 중요한 장소가 되며 두꺼운 단열재가 필요하다. 현대식 주택의 꼭대기 층 천장 위에 삽입한 유리솜은 두께가 30 cm 이상이다(그림 7.3.7).

유리솜이 탁월한 단열재인 반면 다른 물질들은 특정한 상황에 사용된다. 우레탄 폼과 폴리스틸렌 폼은 방수, 방풍의 성질을 가져 유리솜보다 훨씬 우수한 단열재이다. 불행히도 이들은 불이 잘 붙고 잘 부서진다. 그럼에도 불구하고 건물과 냉장고 및 냉동고에 많이 사용되는데 응축 때문에 방수성의 단열재가 필수적이기 때문이다. 폴리스틸렌 폼 역시 뜨거운 커피를 뜨겁게 유지하고 찬 음료수를 차게 유지하는 단열컵을 만드는 데 사용된다. 불행히도 폴리스틸렌 폼은 재활용하기 어려워 지금 많은 커피숍에서는 단열은 덜 되지만 환경 친화적인 대용품을 사용하고 있다.

그림 7.3.6 돌은 좋은 열전도체가 아니지만 카펫에 갇힌 공기처럼 좋은 단열재도 아니다. 중세시대 돌로 지은 성은 겨울에 추위로 악명이 높았다. 이유는 돌벽 사이로 열이 너무 쉽게 빠져나갈 수 있었기 때문이다. 이 카펫은 열이 외부 공기로 흐르는 것을 늦추고 방을 따뜻하게 하는 데 도움을 준다.

그림 7.3.7 이 건물의 경사진 천장과 실제 지붕 사이의 공간은 두꺼운 매트형의 유리섬유 단열재로 단열을 한다(왼쪽). 이런 단열재의 중요성은 눈 온 날 확실히 드러난다. 빔에 의해 유리섬유 단열재가 눌린 곳은 단열재 두께가 가장 얇기 때문에 눈이 먼저 녹는다(오른쪽).

▶ 개념 이해도 점검 #6: 다다익선?

유리솜 단열재는 쉽게 압축되기 때문에 한 장만 들어갈 공간에 두세 장을 넣을 수도 있다. 건물의 단열을 개선시키기 위해 왜 더 많은 유리솜 단열재를 벽에 사용하지 않는 것일까?

해답 유리솜의 목적은 공기를 가둬 공기가 단열재 구실을 하게 하는 것이다. 유리는 공기보다 좋은 열전도체이다. 따라서 더 많은 유리솜을 추가하면 실제로는 단열 효과가 줄어든다.

왜? 상업용 유리솜은 공기의 대류를 막는 반면 유리를 통한 전도를 최소화하도록 설계되어 있다. 유리솜의 밀도는 공기를 한 자리에 가둬둘 정도이다. 유리솜을 과도하게 채우면 단열이 줄어들고 무게와 건축비가 추가된다.

현대식 단열 창문

창문은 투명해야 하기 때문에 유리섬유나 폼으로 채울 수 없고 고체 유리로 만들어진 창문은 아주 두껍게 만들지 않는 한 나쁜 단열재이다. 단열 창문은 다른 접근 방식을 필요로 한다.

단열 창문을 만드는 가장 흔한 방법은 1 cm 또는 2 cm쯤 떨어진 두 장의 얇은 유리를 사용하는 것이다. 수직 간극에는 보통 공기보다 나쁜 열전도체인 아르곤 기체를 채운다(표 7.3.1을 보라). 간극 내부에서 대류가 일어나지만 만들어진 대류 세포가 크고 얇기 때문에 한 유리판에서 다른 유리판으로 열을 전달하는 데 있어 비교적 비효율적이다. 잘 설계하고 조립하고 설치한다면 이중 유리판 창문은 비교적 전도나 대류에 의해 열을 거의 전달하지 않는다.

복사에 의한 열전달은 어떨까? 안타깝게도 이것이 큰 문제로 밝혀졌다. 보통 유리는 가시광선에 대해 투명하지만 낮은 온도 방출률이 0.92이고 긴 파장의 적외선에 대해서는 거의 검다. 따라서 보통의 이중 창문의 유리판은 거의 완벽한 효율로 열복사를 교환한다. 유리판 내부와 외부 사이에 큰 온도 차이가 있다면 열이 열복사에 의해 뜨거운 유리판에서 차가운 유리판으로 흐르게 되어 창문의 단열성이 깨진다.

이런 복사 열흐름을 줄이기 위해 에너지 효율적인 낮은 방출률(Low-E) 창문을 유리판 하나의 안쪽 면에 얇게 코팅한다. 이런 코팅은 유리판 면을 적외선에 대해 반짝이는 거울 표면처럼 작용하게 하여 아주 작은 열복사만 방출하고 다른 유리판에서 받은 대부분의 것을 도로 반사한다. 그러나 코팅은 가시광선을 반사하지 않기 때문에 창문은 여전히 투명하다. 낮은 온도 열복사만을 반사하기 때문에 '열거울(haet mirror)'이라고 알려진 이런 코팅은 창문을 통한 복사열의 흐름을 놀랄 정도로 감소시킨다.

가장 일반적인 Low-E 코팅은 인듐–주석–산화물로, 시계와 컴퓨터에서 폭넓게 사용되고 있는 투명 전도체이기도 하다. 금속처럼 인듐–주석–산화물은 전자기파를 반사하는 데 전기전도성을 이용한다. 이 물질은 낮은 온도 방출률이 대략 0.10이기 때문에 알루미늄 포일처럼 거의 모두를 반사시킨다. 그러나 인듐–주석–산화물의 전도성이 크지 않기 때문에 긴 파장의 전자기파에만 반응한다. 이 물질은 낮은 온도 열복사만 반사하고 가시광선은 통과시킨다.

세 가지 열전달 메커니즘을 모두 억제함으로써 Low-E 창문은 또 놀랄만한 좋은 단열재로 사용된다. 외부 유리판의 온도가 외부 온도와 유사하고 내부 유리판의 온도는 실내 온도와 유사하지만 두 판 사이의 공간을 통해 열이 거의 흐르지 않는다.

Low-E 창문이 가진 잠재적인 문제로는 누출을 들 수 있다. 아르곤 기체가 두 판 사이에서 빠져나가고 습기를 머금은 공기로 대체되면 열거울 코팅이 상하게 되어 창문에 안개가 서린다. 특히 큰 온도 변화에 노출되는 창문을 수십 년 동안 완벽하게 밀폐되도록 하는 일은 도전적인 문제이다. 창문이 더워질 때 창문에 사용되는 금속, 플라스틱과 유리가 동일하게 팽창하지 않기 때문에 말 그대로 창문이 서로 분리될 수 있다.

물질의 열팽창은 원자 진동에 의해 생긴다. 열에너지에 의해 인접한 원자들이 평형 간격에 대해 앞뒤로 진동한다(그림 7.3.8). 이 진동운동은 대칭적이지 않다. 즉 원자들이 너무

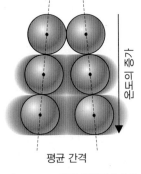

온도의 증가

평균 간격

그림 7.3.8 고체의 열운동에너지는 온도에 따라 증가하므로 원자들이 다른 원자들에 대해 더 격렬하게 충돌한다. 원자들이 진동하면서 원자들이 끌어당기는 것보다 더 강하게 밀친다. 그러므로 원자 사이의 평균 간격이 조금 증가한다.

가까울 때 받는 척력이 원자들이 너무 멀리 떨어져 있을 때 받는 인력보다 강하다. 이런 비대칭 때문에 원자들이 가까워지는 것보다 더 빨리 멀어지고, 따라서 평형 간격이 아닌 곳에서 대부분의 시간을 머물게 된다. 평균해서 원자 사이의 실제 간격은 평형 간격보다 크고 원자들을 포함하고 있는 물질들은 열에너지가 없을 때에 비해 부피가 크다.

물체의 온도가 증가하면 물체 크기가 모든 방향에서 늘어난다. 온도 증가에 따라 물체가 팽창하는 정도를 보통 **부피팽창계수**(coefficient of volume expansion)로 기술하는데, 이 계수는 온도가 1단위 증가할 때 물체 부피의 변화율을 말한다. 부피의 변화율은 부피의 알짜 변화를 전체 부피로 나눈 것이다. 대부분의 물질은 1°C(또는 1 K) 뜨거워질 때 조금 팽창하기 때문에 부피팽창계수는 보통 작다. 유리의 경우 대략 2.5×10^{-5} K^{-1}이고, 금속의 경우 대략 5×10^{-5} K^{-1}이며, 플라스틱의 경우 대략 2×10^{-4} K^{-1} 정도이다.

창문을 가열하면 창문의 플라스틱이 금속보다 더 팽창하고 금속은 유리보다 더 팽창한다. 이런 팽창의 차이가 창문 부품들에 힘을 주게 되어 창문이 분리되거나 깨질 수 있다. 수천 번의 온냉 사이클을 견딜 수 있는 새지 않는 창문을 만드는 일은 결코 쉬운 일이 아니다.

> **개념 이해도 점검 #7: 찬 빛**
>
> 밝은 백색광을 공급하고 불필요한 열을 거의 통과시키지 않기 위하여 특수 전구는 열거울을 사용한다. 열거울이 하는 일은 무엇일까?
>
> **해답** 열거울은 적외선을 실제 광원 쪽으로 반사시키는 반면 가시광선은 목적지로 계속 가도록 해 준다.
>
> **왜?** 열거울은 단지 가시광선만을 전달하고 전구에서 나온 불필요한 열인 적외선을 반사시킨다.

지구 온도와 온실효과

시간, 장소 및 계절에 따른 온도 변화에도 불구하고 지구의 전반적인 표면 온도는 대략 15°C로 거의 일정한 평균값을 유지한다. 이런 일정한 평균 온도를 유지하기 위해 지구는 열을 얻거나 잃는 것을 피해야 한다. 지구로 향하는 열의 알짜 흐름은 지구의 평균 온도를 증가시키는 반면 지구에서 나가는 알짜 열 흐름은 평균 온도를 감소시킨다. 짧게 말해 지구는 받아들이는 열이 방출하는 열과 동일한 값에서 균형을 이루어야 한다.

지구가 받는 열의 주공급원은 태양이며, 이 열은 거의 전적으로 전자기복사를 통해 도달한다. 태양의 표면온도가 대략 5800 K이므로 태양 복사는 주로 가시광선이지만 상당한 양의 적외선과 자외선을 포함하고 있다(그림 7.3.4). 지구에 도달하는 전체 태양에너지는 대략 1.74×10^{17} W이다. 비교를 위해 세계 전체 발전용량은 대충 3×10^{12} W이다.

태양빛의 대략 30%는 지구 표면과 대기에서 반사되거나 산란되고, 나머지 1.21×10^{17} W가 지구 표면과 대기에 의해 흡수된다. 지구는 이 열을 차갑고 어두운 우주 공간에 흑체복사로서 방출하여 제거해야 한다. 1.21×10^{17} W의 일률로 열에너지를 복사하려면 지구의 복사 표면, 즉 흑체복사의 유효 공급원이 대략 −18°C의 온도를 가져야 한다. 그러므로 지구는 주로 가시광선의 햇빛을 받아들이고 이 열을 눈에 안 보이는 적외선으로 다시 방출하게 된다.

3 중력과 열에너지 사이의 경쟁에 의해 지구 대기의 구조가 결정되고 대기 압력, 밀도 및 온도의 하향 구배가 정해진다(5.1절 참조). 고도에 따라 대기 온도가 낮아지는 것은 상승하는 대기 분자들이 열에너지를 중력 위치에너지로 전환하고 따라서 분자들이 상승하면서 온도 낮아지는 것으로 설명할 수 있다. 동일한 또 다른 설명은 주위의 대기압이 감소하면서 상승하는 대기가 팽창하고 팽창에 의해 대기 온도가 낮아지는 것이다. 대기 속 습기의 존재가 이 효과를 약화시키지만 대기는 여전히 산을 넘어가면서 현저하게 차가워진다.

대기가 없다면 지구의 복사 표면은 지표면 자체가 되고 지표면의 평균 온도는 대략 −18°C일 것이다. 그러나 지구는 대기를 가지고 있으며, 대기가 가시광선에 대해 거의 투명할지라도 대기는 적외선을 아주 잘 흡수하고 방출한다. 따라서 지구 열복사의 주공급원은 지구 표면이 아니고 대기이다. 사실 지구의 복사 표면은 지상으로부터 대략 5 km 떨어져 있으며 이 고도에서 대기의 평균온도는 −18°C이다!

지구 복사 표면이 지표면으로부터 위쪽 대기층으로 이동한 것 때문에 **온실효과**(green-house effect)가 나타난다. 지표면은 지구가 가진 초과 열을 복사하는 데 관계가 없으며 지표면의 온도가 −18°C일 필요도 없다. 또한 대기는 자연히 고도 1 km 당 대략 −6.6°C의 온도 구배(gradient)를 가지고 있기 때문에(**3** 참조) 지구 복사 표면으로부터 5 km 아래에 있는 지표면은 대략 33°C 더 뜨거워 대충 15°C의 온도를 가진다.

−18°C에서 생명체가 생존하기 어렵기 때문에 온실효과가 우리에게는 다행이다. 그러나 온실효과가 너무 커지면 재앙이 된다. 대기가 더 효율적으로 적외선을 흡수하고 방출하게 되면 지구 복사표면의 고도가 증가하므로 지구 표면의 온도 역시 증가한다. 이 고도가 대략 5 km에서 머물러야지 6 km나 그 이상 높아지게 된다면 기후에 결정적인 영향을 주게 된다.

지구 대기가 얼마나 효율적으로 적외선을 흡수하고 방출하는지는 대기의 화학적 구성에 달려 있다. 질소와 산소 분자들은 대기에서 아주 흔한 것이지만 적외선과 가시광선에 대해 놀랄 만큼 투명하다. 이보다 덜 흔하고 더 복잡한 기체 분자들 때문에 대기가 적외선을 흡수하고 방출하며, 따라서 이들을 온실효과 기체라 부른다.

주요 온실효과 기체는 수증기지만 이산화탄소, 메탄, 질소산화물과 같은 기체 역시 대단히 중요하다. 각 기체는 적외선 스펙트럼에서 자신의 특정 영역만을 흡수하며 수채화 물감을 혼합하여 캔버스에 바르면 가시광선에 대해 검어지는 것처럼 적외선에 대해 대기를 어둡게 한다. 대기에 온실효과 기체들이 많이 있으면 있을수록 지구 복사 표면의 고도가 더 높아지고 지구 표면의 온도가 더 뜨거워진다.

이제 인간에 의한 온실효과 기체, 특히 이산화탄소의 생산이 지구 표면의 온도를 급격히 증가시키며 기후 변화를 일으킨다는 과학적인 증거가 아주 많다. 온실효과 기체 방출을 이제 현저하게 감소시키지 않는다면 이 기후 변화가 더 심해질 것이다. 화석 연료를 태우면 이산화탄소가 발생하기 때문에 화석 연료를 사용하는 현재 방식은 변해야 한다. 대기 중 메탄은 주로 소의 소화기관 속 박테리아에 의해 발생하므로 육우 및 낙농 산업의 변화가 필요

⊙ 개념 이해도 점검 #8: 깡통에 갇힌 열

스프레이 페인트를 사용할 때 추진제(보통 프로판과 부탄 가스)는 즉시 대기 속으로 사라진다. 페인트가 마르면서 용매 역시 대기 속으로 사라진다. 이들 기체는 어떻게 적외선에 대한 대기의 투명도에 영향을 미칠까?

해답 이들 기체의 분자 모두 적외선 영역에서 대기를 어둡게 한다.

왜? 스프레이 속 대부분의 화학물질들은 대기 속으로 퍼진다. 이들은 대기 중에서 적외선을 흡수하고 방출하는 효율을 증가시키기 때문에 온실효과에 기여한다.

하다. 냉매와 에어로졸처럼 우리가 수년 동안 의식 없이 대기 중으로 방출해 온 또 다른 기체들도 존재한다. 이 기체들이 대기에는 속하지 않는 특히 잠재적인 온실효과 기체임이 판명되었다. 슬프게도 환경을 유지하는 일이 산업혁명 초기에 사람들이 생각했던 것보다 훨씬 힘들다는 것이 밝혀졌다. 뿌린 대로 거둔다는 것을 명심하라.

7장 에필로그

이 단원에서 열에너지와 열의 역할을 여러 일상적인 물체를 통해 살펴보았다. '장작난로'에서는 어떻게 연소에 의해 질서 있는 화학 위치에너지가 무질서한 열에너지로 변환되는지를 보았고, 이 열에너지가 장작난로 주변으로 흐르는 방법인 전도, 대류, 복사에 대해 공부했다. '물, 수증기, 얼음'에서는 물질의 세 가지 상을 살펴보았고, 상전이가 어떻게 온도, 열 및 다른 주위 환경의 특성들에 의해 영향을 받는지 배웠다. '옷, 단열과 기후'에서는 열흐름을 지배하는 법칙들을 살펴보았고, 이 흐름을 제한하는 방법을 알아보았다. 그리고 나서 온실효과와 인류가 기후 변화에 기여하는 방법을 설명하는 데 이런 지식을 사용하였다.

설명: 자 온도계

대부분의 물체들처럼 투명한 플라스틱 자를 가열하면 자가 팽창한다. 길이가 온도 증가에 비례하여 증가한다. 자에 입김을 불거나 손으로 만지거나 헤어드라이어에 노출하여 열을 전달하면 자의 온도가 증가하여 자가 팽창한다. 그리고 자의 자유로운 끝이 바늘과 눈금을 돌린다. 눈금의 운동이 자의 길이 변화에 비례하기 때문에 눈금은 또한 온도계의 온도 변화에 비례한다.

요약, 중요한 법칙, 수식

장작난로의 물리: 장작난로는 뜨거운 기체를 얻기 위해 장작을 태운다. 연소 과정은 실제로 장작 속 분자들과 공기가 조각으로 분리되었다가 새롭고 더 단단하게 구속된 물과 이산화탄소와 같은 분자들로 재조합되는 화학반응이다. 이런 재조합 과정에서 원래 장작과 산소 분자들을 분리하는 데 든 에너지보다 더 많은 에너지를 방출한다. 이런 여분의 에너지는 반응 산물 내부의 열에너지로 나타나기 때문에 온도가 높다. 장작은 뜨거운 연소 기체를 직접 방에 분산시키기보다 연소기체의 열을 공기나 물을 정화하는 데 전달한다. 열은 장작난로의 벽을 통해 전도된 후 대류와 복사를 통해 방안으로 흐른다.

물, 수증기, 얼음의 물리: 물, 수증기, 얼음은 물이라고 부르는 화학물질의 액체, 기체, 고체상이다. 액체 물의 물 분자들은 물의 부피를 일정하게 할 만큼 강하게 결합되어 있지만 물이 단단한 형태를 가질 정도로 강하지는 않다. 수증기에서 물 분자들은 서로 독립적이며, 기체는 정해진 모양이나 정해진 부피를 갖지 않는다. 얼음 속 분자들은 고체 결정을 이루며 단단하게 결합되어 있어 얼음은 고체이고 부피가 일정하다.

얼음은 녹는점에서 물로 변환되며 반대도 가능하다. 이 온도에서 얼음에 열을 가하면 얼음의 온도가 높아지지 않으면서 녹는다. 이 온도에서 물에서 열을 제거하면 물이 온도 변화 없이 언다. 동일하게 물과 얼음은 증발, 응축, 기화와 증착을 통해 수증기로 변환될 수 있으며 그 반대도 가능하다. 물을 수증기로 변환하려면 열이 필요하고 수증기가 도로 물로 변환될 때 이 열이 방출된다. 끓음은 증발이 물 내부에서 일어나는 증발의 특수한 경우이다. 끓기 시작하려면 물의 증기압이 보통 대기압인 물에 작용하는 주위 공기의 압력과 같아야 한다.

옷, 단열과 기후의 물리: 옷은 사람들에게 단열재 구실을 하여 불편한 환경으로부터 체온을 유지시켜준다. 대부분의 옷은 천과 나쁜 열전도체이자 공기를 잘 가둬 주단열재 구실을 하는 다른 섬유물질로 만든다. 두꺼운 옷의 외피는 외부와 거의 같은 온도를 가지므로 복사에 의한 열 교환이 거의 없다.

건물의 단열은 내부와 외부의 열 흐름을 감소시킨다. 벽과 천장의 단열은 주로 유리솜과 우레탄 폼과 같은 섬유질이거나 기공성 물질로 이루어지지만 창문의 단열은 필히 달라진다. 현대식 창문의 이중 유리판 사이에 있는 좁고 기체를 채운 간극은 전도와 대류에 의한 열 흐름을 제한하는 반면 한 유리판에 낮은 방출률을 가진 코팅을 하여 복사에 의한 열전달을 줄인다.

지구의 기후는 주로 태양으로 받는 열을 어떻게 줄이는가에 의해 결정된다. 대부분 지구 대기에 의해 적외선 열복사로 우주 공간으로 열을 방출한다. 지구 표면의 평균 온도가 열복사를 방출하는 유효 고도에 비례하여 증가한다. 온실효과 기체들이 적외선에 대해 대기를 어둡게 하고 이 고도를 증가시키기 때문에 이들 기체가 지구 표면의 온도를 뜨겁게 한다. 이런 기체들을 인간이 만들어내면서 지구 기후가 변화하고 있다.

---

1. 열의 전도: 물체의 한쪽 면에서 다른 쪽 면으로 전도하는 열률은 열전도도에 두 면의 온도 차이와 표면적을 곱한 값을 면 사이의 간격으로 나눈 것이다.

$$열 \; 흐름 = \frac{열전도도 \cdot 온도 \; 차이 \cdot 면적}{간격} \qquad (7.3.1)$$

2. Stefan-Boltzmann 법칙: 물체의 복사율은 물체의 방출률에 온도의 4승과 표면적을 곱한 것이다. 또는

$$복사 \; 일률 = 방출률 \cdot Stefan\text{-}Boltzmann \; 상수 \cdot 온도^4 \cdot 표면적 \qquad (7.3.2)$$

연습문제

1. 몸이 대략 100 J/s 또는 100 W의 시간율로 음식물의 화학 위치에너지를 열에너지로 전환하고 있다. 열이 대략 200 W의 시간율로 몸에서 흘러나간다면 체온에 어떤 변화가 생길까?

2. 얼음덩어리를 부수기 위해 블렌더를 사용하지만 얼음을 너무 오래 부수면 얼음이 녹는다. 무엇이 얼음을 녹이는 데 필요한 에너지를 공급할까?

3. 빵을 반죽할 때 반죽이 더워진다. 어디서 열에너지가 나오는 것일까?

4. 공을 상자에 던진 뒤 상자 뚜껑을 닫는다. 공의 에너지가 중력 위치에너지에서 운동에너지로, 다시 탄성 위치에너지 순으로 변화하면서 공이 상자 안에서 튕기는 소리를 듣는

다. 1분 또는 2분 정도 기다리면 공의 에너지에 어떤 일이 일어날까?

5. 고기와 야채를 함께 금속 꼬챙이에 꿰면 왜 훨씬 더 빨리 조리가 될까?

6. 왜 오븐 위에서 조리할 때 알루미늄 팬이 스테인리스 스틸 팬보다 훨씬 더 균일하게 음식물을 가열할까?

7. 벽난로 바닥에 장작을 올려 쌓으면 왜 장작에 불이 더 잘 붙는지 대류의 개념을 사용해 설명하시오.

8. 어떻게 대류가 촛불의 모양에 영향을 주는지 설명하시오.

9. 불이 붙은 성냥의 머리가 몸통보다 아래에 오도록 잡고 있으면 불꽃이 빠르게 몸통을 따라 올라온다. 왜일까?

10. 흔히 전기오븐의 뜨거운 전열선 주위에서 음식물을 굽기 전에 음식물을 알루미늄 포일로 싸주는 것은 좋은 생각이다. 왜 포일로 싼 음식물이 더 균일하게 요리가 될까?

11. 난방을 할 때 왜 검은색 스팀 라디에이터가 흰색이나 은색으로 칠한 라디에이터보다 더 난방이 잘 될까?

12. 우주선이 지구 궤도를 돌면서 열에너지를 발생한다. 어떻게 우주선은 공기가 없는 환경에서 열에너지를 열로 방출할 수 있을까?

13. 일부 공기청정제는 강한 향을 내는 고체 물질이다. 공기청정제를 바깥에 놓아두면 서서히 사라진다. 무슨 일이 고체 물질에 일어난 것일까?

14. 냉동 야채를 차고 건조한 공기에 내놓으면 야채가 냉동건조된다. 어떻게 물 분자들이 냉동 야채를 떠날 수 있을까?

15. 젖은 손으로 얼음덩어리를 냉동고에서 꺼내면 종종 얼음이 손가락에 들러붙는다. 어떻게 얼음이 손에 있는 물기를 얼게 할 수 있을까? 대신 얼음이 녹지 않을까?

16. 매섭게 추운 날에는 가벼운 가루눈이 내린다. 이 눈을 더운 방안으로 가져와도 즉시 녹지 않는다. 왜일까?

17. 빵 한 덩어리를 플라스틱 백에 넣을 때 빵 주위의 공기도 함께 들어간다. 백을 사용하지 않을 때보다 빵이 백 안에서 더 빨리 건조되지 않는 것은 왜일까?

18. 매우 습도가 높은 날조차 헤어드라이어의 뜨거운 공기가 모발의 습기를 빼앗아간다. 주위 공기가 습기를 제거하지 못할 때에도 왜 가열된 공기는 모발을 건조시킬 수 있을까?

19. 약간의 뜨거운 차를 0°C의 얼음물에 넣으면 얼음이 약간 남아있는 한 혼합물의 온도는 여전히 0°C이다. 차의 추가 열에너지는 어디로 간 것일까?

20. 더운 와인 병을 얼음물 용기에 담그면 와인이 식지만 얼음물은 더 더워지지 않는다. 와인의 열에너지가 어디로 간 것일까?

21. 작열하는 전기스토브 버너 위에 물이 든 금속 냄비를 놓아도 냄비가 손상되지 않는 것은 왜일까?

22. 왜 물이 든 금속 냄비에 뚜껑을 덮고 가열하면 더 빨리 끓기 시작할까?

23. 건조한 날 투명한 플라스틱판을 수영장 위에 덮으면 수영장 물을 덥히는 데 도움이 된다. 설명하시오.

24. 야채를 100°C 공기 중에서 요리하려 하면 시간이 오래 걸린다. 그러나 동일한 야채를 100°C 수증기로 요리하면 요리가 빨리 된다. 왜 수증기가 야채에 훨씬 더 많은 열을 전달할까?

25. 파스타를 끓는 물에 조리할 때에 왜 뉴욕 시에 비해 덴버(일명 '1마일 고도의 도시')에서 시간이 더 오래 걸릴까?

26. 당신이 우주정류장 밖에서 유영하고 있을 때 동료 우주인이 차가운 미네랄워터 물병을 당신에게 던져준다. 우주복 밖에 있는 물병을 열자 물이 즉시 끓기 시작한다. 왜일까?

27. 부동액의 분자들은 쉽게 물에 용해된다. 왜 자동차 라디에이터의 물에 부동액을 첨가하면 겨울에는 물이 어는 것을 막고 여름에는 물이 끓는 것을 막아줄까?

28. 외부 온도가 -2°C일 때 얼음에 소금을 뿌려 집 앞 보도에 있는 얼음을 녹일 수 있다. 소금이 떨어졌을 경우 베이킹소다로도 가능할까?

29. 고급 향수는 에센셜오일들의 혼합물이며 피부 온도와 시간에 따라 변하는 향기를 가지고 있다. 향수의 향기가 시간에 따라 서서히 변화하는 이유를 증발로 설명하시오.

30. 날이 여전히 춥지만 얼음이 덮인 보도의 얼음이 서서히 사라진다. 이 얼음은 어디로 가는 것일까??

31. 벽난로 속 백열하는 석탄의 온도를 추정해 보시오.

32. 의사들은 염증을 들여다보기 위해 적외선 카메라를 사용한다. 염증은 차가운 피부 위에 놓인 뜨거운 조각처럼 보인다. 이 뜨거운 조각에서 카메라는 어떤 차이를 관찰하고 있을까?

33. 우주 기원에 관한 빅뱅 이론(Big Bang theory)의 가장 강력한 증거는 이 폭발이 방출한 열복사이다. 이 복사는 시간이 지나면서 단지 3 K로 냉각되었고, 이제는 거의 마이크로파이다. 왜 3 K의 열복사는 마이크로파일까?

34. 한쪽 면은 윤이 나고 다른 쪽 면은 검은 종이인 포일 한 롤을 가지고 있다. 뜨거운 감자를 이 포일로 싼다. 이 감자를 가장 오래 뜨겁게 유지하려면 어느 쪽 면이 바깥을 향해야 할까?

35. 한쪽 면은 윤이 나고 다른 쪽 면은 검은 종이인 포일 한 롤을 가지고 있다. 차가운 감자 샐러드를 이 포일로 싼다. 이 감자 샐러드를 가장 오래 차갑게 유지하려면 어느 쪽 면이 바깥을 향하게 해야 할까?

36. 우주인들은 먼 별을 방문하지 않고서도 별의 표면 온도를 이야기할 수 있다. 어떻게 이런 일이 가능할까?

37. 의사가 환자 피부가 방출하는 적외선 영상을 가지고 환자의 순환계통을 연구한다. 혈액 흐름이 나쁜 조직은 상대적으로 차갑다. 적외선 방출의 어떤 변화로 인해 이런 차가운 곳을 알려줄 수 있을까?

38. 대장장이가 작은 철 조각을 담금질하고 있다. 화로에서 나온 철 조각은 노란색으로 작열하며(1000℃) 우리 몸 전체가 방출하는 열복사보다 더 많은 열복사를 방출한다. 어떻게 이런 작은 물체가 이런 많은 열복사를 방출할 수 있을까?

39. 왜 콘크리트 보도를 연속적인 띠로 만들지 않고 개별적인 사각형들로 나눠 놓았을까?

40. 철도의 철로를 놓을 때 열팽창은 인부가 하는 작업에 어떤 영향을 줄 수 있을까?

41. 열기 힘든 병을 뜨거운 물에 잠시 담가두었다가 꺼내어 열면 쉽게 열 수 있다. 설명하시오.

42. 왜 다리에는 양 끝에 길이 변화가 가능하도록 특수한 간극을 둘까?

문제

1. 불붙은 장작을 표면적이 0.25m²이고 온도가 800℃인 흑체라고 하면 이 장작이 열복사로 방출하는 일률은 얼마일까?

2. 문제 1의 장작에 공기를 주입하면 온도가 900℃로 증가한다. 이제 이 장작이 열복사로 방출하는 일률은 얼마일까? 왜 100℃의 온도 증가가 이처럼 큰 차이를 만들까?

3. 태양의 방출률이 1이고 표면 온도가 6000 K라면 태양의 1 m²의 면적에서 열복사로 방출하는 일률은 얼마일까?

4. 뜨거운 음식 한 접시의 방출률이 0.4이고 열복사로 20 W를 방출한다. 이 접시를 방출률이 0.08인 알루미늄 포일로 감싸면 매초 얼마의 열을 방출할까?

5. 우주선이 남는 열을 복사로 버리기 위해 거대한 흑체 표면을 사용한다. 복사로 방출되는 열의 양은 복사 표면의 면적에 어떤 의존도를 가질까? 표면적을 두 배로 하면 복사로 얼마나 많은 열ㅈ이 방출될까?

열역학 Thermodynamics

열은 보통 뜨거운 물체로부터 차가운 물체로 흐르는데, 이것이 해변가에 앉아 있을 때 뜨거운 태양이 우리 피부를 덥게 하고 추운 겨울날 산에서 스키를 타고 내려올 때 찬바람이 피부를 차갑게 하는 이유이다. 그러나 자연의 모든 것이 수동적으로 열을 흐르게 하지는 않는다. 우리 기술세계에는 열을 차가운 물체에서 뜨거운 물체로 능동적으로 전달하거나 유용한 일을 하는 데 열흐름을 사용하는 많은 장치들이 존재한다. 이 단원에서는 열의 운동을 주관하는 규칙들, 즉 열역학이라고 알려진 물리학 분야를 살펴보고자 한다.

일상 속의 실험 | 통 속에 안개 만들기

습기를 머금은 공기의 온도가 갑작스레 낮아지면 자연스럽게 안개가 발생한다. 통 속에서 안개를 만들려면 동일한 일을 해주면 된다. 습기가 있는 공기를 빠르게 냉각하면 된다. 모든 것이 같은 온도에 있는 방 안에서 공기를 냉각시키는 것은 불가능해 보인다. 하지만 그렇지 않다.

통 속에서 안개를 만들려면 1리터나 2리터짜리 깨끗한 플라스틱 음료수 통을 준비하고 몇 숟가락 분량의 물을 안에 넣는다. 통 뚜껑을 단단히 닫은 후 물이 공기 속으로 증발하도록 세게 흔들어준다. 1분이나 2분 후 통 안의 상대습도가 거의 100%가 되면 실험 준비가 끝난다.

통을 바닥에 옆으로 눕히고 신발로 통을 밟는다. 통이 크게 찌그러지도록 세게 밟아야 하지만 통이 부서지거나 뚜껑이 튀어나가면 안 된다. 이 상태로 20에서 30초 기다린다. 열이 통에서 흘러나오는 데 시간이 걸린다. 이제 통에서 발을 떼고 즉시 밝은 빛을 통 속 내용물에 비춘다. 작은 물방울의 안개를 볼 수 있을 것이다. 갑작스레 압축을 멈추면 공기 온도가 급강하여 안개가 통 속에 만들어진다.

신발로 세게 밟고 인내심을 가지고 열이 통에서 빠져나가기를 충분히 기다렸음에도 안개가 생기지 않으면 뚜껑을 잠그기 전에 연기가 나는 성냥을 하나 통 안에 떨어뜨리면 안개가 생기는 데 도움이 된다. 안개 방울이 형성될 만큼의 적은 양의 연기 입자들이 필요하지 연기로 인해 안개를 관찰하기 힘들게 되면 안 된다. 그러기 위해 연기의 양이 많이 필요하지 않다. 통에 뚜껑을 닫은 후 통을 세게 밟으면서 기다렸다 갑자기 발을 떼고 나서 안개를 찾아보라.

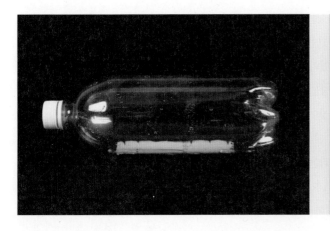

8장 학습 일정

이 장에서는 일상생활의 기계인 (1) **에어컨**과 (2) **자동차**에서의 열운동에 대해 살펴본다. 에어컨에서는, 열에너지의 운동을 주관하는 규칙들, 즉 열역학 법칙들을 살펴보고 이 규칙들이 어떻게 에어컨이 질서 있는 전기에너지를 사용하여 열을 차가운 실내 공기로부터 뜨거운 실외 공기로 전달하는지 알아본다. 자동차에서는, 열에너지를 일을 하는 데 사용하는 방법을 조사하고 열이 뜨거운 연료로부터 차가운 실외 공기로 흐를 때 열기관이 어떻게 열에너지를 일로 전환할 수 있는지 알아본다. 미리 추가적인 지식을 얻고자 한다면 이 장의 뒤에 있는 '요약, 중요한 법칙, 수식'으로 건너뛰면 된다.

이 두 가지 기계를 통해 보여준 원리들은 또한 많은 다른 곳에서도 찾아볼 수 있다. 냉장고와 가정용 열펌프는 열을 차가운 물체에서 뜨거운 물체로 전달하는 데 질서 있는 에너지를 사용한다. 증기기관과 에어벌룬은 이들을 움직이게 하는 데 자연적인 열흐름을 사용한다. 이런 **열펌프**와 **열기관**에 숨겨진 개념들을 이해하면 이런 것들이 우리를 둘러싼 세상에서 아주 흔하다는 것을 알게 될 것이다.

8.1 에어컨

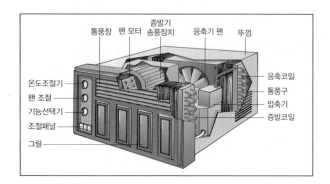

여름날, 문제는 난방이 아니라 냉방을 유지하는 것이다. 장작난로에서 태울 무언가를 찾는 대신 에어컨을 켠다. 에어컨은 방안 공기로부터 열에너지를 제거하여 방안 공기를 차갑게 하는 장치이다. 그러나 에어컨은 열에너지를 사라지게 하거나 질서 있는 에너지로 바꾸지 못한다. 대신 에어컨은 열에너지를 차가운 방안 공기에서 더운 외부 공기로 전달한다. 에어컨은 이렇게 자연의 열흐름 방향과 반대로 열을 전달하기 때문에 에어컨은 열펌프이다. 또한 에어컨은 열역학 법칙이 작용한다는 것을 보여주는 고전적인 예이다.

생각해 보기: 왜 열은 차가운 물체에서 뜨거운 물체로 흐를 수 없을까? 에어컨은 방안 공기로부터 열에너지를 제거한다. 그러면 왜 에어컨이 작동하려면 전기에너지가 필요할까? 이 전기에너지는 어디로 갈까? 왜 에어컨은 항상 실내기와 실외기로 구성되어 있을까? 창문형 에어컨을 방안 가운데 놓고 전원을 켜면 방의 온도에 어떤 일이 생길까?

실험해 보기: 창문형 에어컨을 들여다보라. 이런 에어컨을 구할 수 없다면 대신 냉장고를 살펴보라. 왜냐하면 냉장고는 기본적으로 음식물 저장용 밀폐상자를 냉각시키는 강력한 에어컨이기 때문이다. 에어컨(또는 냉장고)을 작동시키고 실내 통풍구(또는 냉장고 내부)에서 나오는 공기를 느껴보고 이 공기의 온도를 실외 통풍구(또는 냉장고 뒷면의 금속 코일 근처)에서 나오는 공기의 온도와 비교해 보라. 냉각 메커니즘은 어느 방향으로 열을 이동할까? 이런 메커니즘이 존재하지 않는다면 열이 어느 방향으로 흐를까? 에어컨이나 냉장고를 끄고 열흐름을 관찰하라. 예측한 것을 확인하였나?

열의 이동: 열역학

어느 찌는 여름날 집안 공기가 불쾌할 정도로 덥다. 열이 밖에서 집안으로 들어와 집안과 바깥 온도가 같아질 때까지 열흐름이 멈추지 않는다. 열에너지의 일부를 제거함으로써 집안을 좀 더 안락하게 만들 수 있다. 열에너지를 실내 공기에 **추가**하는 방법은 이미 살펴보았지만, 열에너지를 **제거**하는 방법은 아직 배우지 않았다. 지금까지 거론된 유일한 냉각방법은 차가운 물체와 접촉하는 것이다. 근처에 얼음 창고가 없다면 열에너지를 제거할 다른 방안인 에어컨이 필요하다.

에어컨은 자연적인 열흐름과는 반대 방향으로 열을 전달한다. 열이 집안의 차가운 공기로부터 바깥의 뜨거운 공기로 이동하여 집안은 더 시원해지는 반면 바깥 공기는 더 뜨거워진다. 이 방식으로 열을 전달하려면 대가가 따른다. 에어컨은 작동하는 데 질서 있는 에너지를 필요로 하며 보통 많은 양의 전기에너지를 소비한다. 에어컨은 일종의 **열펌프**(heat pump)이다. 열펌프는 차가운 물체로부터 뜨거운 물체로 자연적인 열흐름 방향과 반대로 열을 전달하기 위해 질서 있는 에너지를 사용하는 장치이다.

에어컨이 어떻게 열을 펌프하는지 공부하기 전에 먼저 펌핑이 필요하다는 것을 보일 필요가 있다. 에어컨 작동을 다루기 전에 의심해 볼 필요가 있는 세 가지 무식한 냉각에 관한 대안들이 존재한다.

1. 열이 내 집에서 이웃집으로 흐르게 한다.
2. 내 집의 열에너지 일부를 없앤다.
3. 내 집의 열에너지의 일부를 전기에너지로 변환한다.

이런 대안의 각각을 살펴보는 것이 유용하다는 것을 알게 될 것이다. 왜냐하면 그러는 과정에서 열에너지의 운동을 주관하는 법칙들, 즉 **열역학 법칙들**(laws of thermodynamics)을 배울 것이기 때문이다.

첫 번째 대안은 흥미로운 문제를 제시한다. 내 집이 외부 공기와 열평형을 이루고 있다. 이 말은 한 곳에서 다른 곳으로 열이 흐르지 않고 둘이 같은 온도에 있음을 의미한다. 이웃집 역시 외부 공기와 열평형을 이루고 있다. 내 집과 이웃집 사이에서 열이 흐를 수 있도록 한다면 어떤 일이 생길까? 아무 일도 안 생긴다. 두 집 모두 동시에 외부 공기와 열평형을 이루고 있기 때문에 두 집 역시 서로 열평형을 이루고 있다. 세 대상 모두 동일한 온도에 있다.

이런 관측 결과가 **열평형 법칙**(law of thermal equilibrium) 또는 **열역학 제0법칙**(zeroth law of thermodynamics)의 한 예이다. 이 법칙은 두 물체가 세 번째 물체와 열평형에 있을 때 두 물체 역시 열평형에 있다는 것이다(그림 8.1.1). 이런 분명해 보이는 법칙이 의미 있는 온도 단위의 기초가 된다. 35 °C의 많은 물체들을 가지고 있고 이들 가운데 일부가 서로 열평형을 이루고 있으며 다른 것들은 그렇지 않다면 "35 °C에 있다"는 것이 무의미하다. 그러나 35 °C의 온도를 가진 모든 물체들은 다른 물체들과 35 °C에서 열평형을 이루고 있다. 열평형 법칙은 관측을 통해 자연에서 옳다는 것이 밝혀졌기 때문에 온도가 의미를 가진다. 이웃집이 내 집처럼 덥다면 여분의 열을 이웃집에 보낼 수 없다.

그림 8.1.1 병들이 닿아있지만 적색 병과 청색 병 사이에서 열이 흐르지 않는다. 동일하게 적색 병과 녹색 병 사이에서도 열이 흐르지 않는다. 이런 두 가지 관측 결과에 기초해 열평형 법칙은 청색 병과 녹색 병이 접촉하고 있을 때 두 병 사이에 열이 흐르지 않는다고 주장한다.

◉ **열평형 법칙**

각자 제3의 물체와 열평형에 있는 두 물체는 또한 서로 열평형에 있다.

두 번째 대안은 우선 불가능해 보인다. 1장부터 에너지는 특수하고 보존되는 양이라는 것을 알고 있다. 에너지를 파괴할 수 없기 때문에 열에너지를 없애서 내 집을 냉각할 수는 없다. 열에너지를 제거하려면 열에너지를 다른 형태의 에너지로 변환하거나 다른 곳으로 전달해야 한다.

에너지 보존의 개념이 **에너지 보존법칙**(law of conservation of energy) 또는 **열역학 제**

그림 8.1.2 에너지 보존법칙을 따르면 물체에 열을 가하거나 물체에 일을 해줌으로써 물체의 내부에너지(즉 열에너지)를 증가시킬 수 있다. 여기서는 공기를 압축하여 공기에 일을 해줌으로써 공기의 온도가 목화 조각에 불을 붙일 정도로 높아지는 것을 볼 수 있다.

1법칙(first law of thermodynamics)의 기초이다. 이 법칙은 공식적으로 에너지를 전달하는 방법이 실제로는 두 가지가 있음을 인정하고 있다. 즉 일이라 알고 있는 역학적 방법과 열로 알고 있는 열역학적 방법이다. 열에너지를 포함하고 있는 물체의 내부에너지는 물체에 일을 하거나 열을 전달함으로써만 증가시킬 수 있다(그림 8.1.2).

전통적인 형태로 에너지 보존법칙은 정지한 물체의 내부에너지가 물체에 전달된 열에너지에서 물체가 주위에 한 일을 뺀 것과 같다고 말해준다. 달리 말하자면 물체에 가한 열은 내부에너지를 증가시키는 반면 물체가 한 일은 내부에너지를 감소시킨다. 에너지 보존법칙은 언어 방정식으로 다음처럼 적을 수 있다.

$$\text{물체의 내부에너지 변화} = \text{물체가 받은 열} - \text{물체가 한 일} \qquad (8.1.1)$$

기호로 나타내면

$$\Delta U = Q - W$$

이고, 일상 언어로는 다음과 같이 나타낼 수 있다.

공의 에너지를 증가시키려면 공을 요리하여 열을 가하거나
공을 압축시켜 공에 일을 해주어야 한다.

◎ 에너지 보존법칙

정지한 물체의 내부에너지 변화는 물체에 전달된 열에서 물체가 주위에 한 일을 뺀 것과 같다.

▶ **개념 이해도 점검 #1: 휘젓기**

차가운 물을 블렌더에 붓고 수분 동안 빠르게 혼합하면 물이 따뜻해진다. 이런 열에너지는 어디서 나오는 것일까?

▷ **해답** 블렌더의 날이 물에 일을 하고 이 일이 열에너지가 된다.

▷ **왜?** 에너지 보존법칙은 물의 내부에너지 변화가 물체에 전달된 열에서 물체가 주위에 한 일을 뺀 것과 같다는 것을 말해준다. 이 경우 물 주위의 물체가 물을 휘저어 일을 해주기 때문에 물의 내부에너지가 증가한다. 물은 이 새로운 내부에너지를 질서 있는 위치에너지로 저장할 수 없기 때문에 에너지가 열에너지로 전환되어 물이 따뜻해진다.

▶ **정량적 이해도 점검 #1: 힘센 나**

20분 동안 200 W의 일률로 자전거 페달을 열심히 밟았다. 자전거가 방에 방출하는 열 일률은 얼마일까?

▷ **해답** 200 W

▷ **왜?** 자전거의 내부에너지는 영원히 증가하거나 감소할 수 없기 때문에 자전거는 당신이 한 역학적 일로부터 얻은 열률 만큼 방출해야 한다. 식 8.1.1이 요구하는 것처럼 당신이 자전거에 공급한 200 W의 역학적 일률이 200 W의 열률로 방으로 흐르게 된다.

무질서도와 엔트로피

세 번째 대안이 처음 두 대안들보다 훨씬 더 가능성이 커 보인다. 열에너지를 전기에너지(또는 다른 질서 있는 에너지 형태)로 변환할 수 있을 것처럼 보인다. 그럼 전기에너지를 전기회사에 팔아 돈을 벌 수 있을 것이다. 멋지지 않은가?

이 아이디어에는 문제가 있다. 질서 있는 에너지와 열에너지는 동등하지 않다. 질서 있는 에너지를 열에너지로 바꾸기는 쉽지만 그 반대는 훨씬 힘들다. 예를 들어 장작을 태워 장작의 화학 위치에너지를 열에너지로 변환할 수 있다. 그러나 열에너지를 다시 화학 위치에너지로 변환해 장작을 재생산하는 것은 어렵다.

기초적인 운동법칙들은 이 주제에 대해 할 말이 없다. 장작이 가진 원래 에너지와 구성 입자들은 여전히 존재하며 원칙적으로 장작을 재조립하는 데 참여할 수 있다. 장작의 재조립을 막는 것은 통계법칙들이다. 이런 재조립 과정은 기나긴 놀랄 정도의 불가능한 사건들의 연속을 필요로 한다. 연소 기체가 다시 장작과 산소로 변하려면 구성 입자들 모두가 아주 정확한 방식으로 움직여야 한다. 이런 엄청난 우연은 절대 일어날 수 없다. 동일하게 집안의 모든 공기분자들도 열에너지를 전기에너지로 변환하기 위해 협동해야 한다. 이런 일사분란한 행동은 절대 불가능하므로 조만간 열에너지를 전기에너지로 변환해 팔 수는 없다.

질서 있는 에너지가 개별 공기입자들 속으로 무질서하게 분산되면 이 에너지를 다시 회수할 수 없다. 질서로부터 무질서를 창조하는 것은 쉽지만 무질서로부터 질서를 회복하는 것은 거의 불가능하다. 그 결과 약간의 질서를 가지고 출발한 계가 서서히 점점 더 무질서해지며 그 반대로는 절대 될 수 없다(그림 8.1.3). 우리가 할 수 있는 최선은 잠시 동일한 상

Courtesy Lou Bloomfield

그림 8.1.3 이 세 개의 사진을 올바른 시간 순서대로 놓는 일은 쉽다. 각 사진에서 무질서한 정도를 보고 가장 덜 무질서한 것에서 가장 무질서한 것 순으로 배열하면 된다. 이 방법은 열적으로 고립된 계의 엔트로피(무질서도)는 절대로 감소하지 않는다는 엔트로피 법칙을 응용한 것이다.

태에 머무르는 것이기 때문에 무질서는 변할 수 없다. 이런 관측 결과로부터 우리는 고립계의 무질서가 **절대 감소하지 않는다**고 주장할 수 있다.

절대 감소하지 않는 무질서라는 개념은 열물리학의 중심 개념 가운데 하나이다. 심지어 물체의 전제 무질서도의 공식적인 척도가 존재하는데 그것이 바로 **엔트로피**(entropy)다. 열에너지와 구조적 결함을 포함한 모든 무질서도는 물체의 엔트로피에 기여한다. 창문을 깨는 것과 창문을 가열하는 것 모두 엔트로피를 증가시킨다. 엔트로피라는 이름이 **에너지**와 유사하게 들리지만 에너지와 엔트로피를 혼동하지 말아야 한다. 에너지는 보존되는 양이지만 엔트로피는 증가할 수 있고 일반적으로 증가하는 양이다. 더 많은 엔트로피를 생산하는 것은 쉽다.

무질서도는 절대 감소하지 않기 때문에 세 번째 냉각 대안은 불가능하다. 가정의 열에너지를 전기에너지로 바꾸면 무질서도가 줄어들고 엔트로피가 감소한다. 하지만 엔트로피에 대한 관측은 아직 완전하지 않다. 실제로 쓰레기를 버릴 때마다 엔트로피를 내보내는 셈이지만 또 이런 행동은 집의 내용물도 변화시킨다. 열을 다른 곳으로 전달함으로써 집의 내용물을 변화시키지 않으면서 엔트로피를 내보낼 수 있다. 열은 무질서와 엔트로피를 전달하므로 열을 제거하는 것은 또한 엔트로피를 제거하는 것이 된다.

엔트로피가 절대 줄지 않는다는 규칙은 물체 사이에서 열과 엔트로피를 교환할 수 있을 때 약화된다. 한 물체 또는 한 물체계의 엔트로피가 줄어들 수 없다고 주장하기 전에 물체가 주위로부터 열적으로 고립되어 있어 엔트로피를 내보낼 수 없다는 것을 확인해야 한다. 이 점을 마음에 둘 때 엔트로피에 대해 우리가 할 수 있는 가장 강한 주장은 열적으로 고립된 물체계의 엔트로피는 절대로 감소하지 않는다는 것이다. 이런 사실을 **엔트로피 법칙**(law of entropy), 흔히 **열역학 제2법칙**(second law of thermodynamics)이라고 부른다.

◉ 엔트로피 법칙

열적으로 고립된 물체계의 엔트로피는 절대로 감소하지 않는다.

엔트로피 법칙 때문에 집을 냉각하는 유일한 방법은 열에너지와 엔트로피를 다른 곳으로 보내는 것이다. 이런 전달은 열을 받을 차가운 물체가 근처에 있을 경우 쉽다. 차가운 물체가 없다면 에어컨을 사용해야 한다. 모든 열펌프처럼 에어컨은 엔트로피 법칙을 위배하지 않고 각 열적으로 고립된 물체계의 엔트로피가 절대 감소하지 않는 방식으로 열과 엔트로피를 전달한다. 알고 있듯이 에어컨은 집의 엔트로피를 낮추지만 외부 공기의 엔트로피는 더 많이 증가시킨다. 그러므로 전체적으로 세상의 엔트로피는 사실 증가한다.

▶ **개념 이해도 점검 #2: 무익한 시도**

인류는 수세기 동안 질서 있는 에너지를 투입하지 않더라도 유용한 질서 있는 에너지를 무한정 공급할 수 있는 기계를 만들려고 노력해왔다. 불행히도 이런 영구운동 기계는 열역학 법칙을 위배한다. 이런 기계가 열적으로 고립되어 있다면 이 기계는 어떤 법칙을 위배할까? 열적으로 고립되어 있지 않다면 어떨까?

▷ 해답 열적으로 고립된 영구운동 기계는 에너지 보존법칙을 위배하는 반면 열적으로 고립되지 않은 기계는 엔트로피 법칙을 위배한다.

▷ 왜? 열적으로 고립된 영구운동 기계는 분명히 에너지 보존법칙을 위배한다. 이런 고립된 기계는 영원히 에너지를 만들어낼 수 없다. 왜냐하면 기계가 결국 정지하기 때문이다. 열적으로 고립되어 있지 않은 영구운동 기계는 주위로부터 열에너지를 흡수할 수 있기 때문에 에너지 보존법칙을 위배하지 않는다. 대신 이 기계는 엔트로피 법칙을 위배한다. 이 기계는 영구히 열에너지를 흡수하고 열에너지를 질서 있는 에너지로 내보낼 수 없다. 그렇게 하려면 기계가 결국 우주의 엔트로피를 감소하기 시작하여 엔트로피 법칙을 위배하게 된다. 슬프지만 영구운동 기계는 존재할 수 없는 것 같다.

자연적인 흐름에 역행하는 열펌핑

엔트로피 법칙이 열적으로 고립된 계의 엔트로피가 감소하는 것을 허용하지 않지만 이 계에 속한 물체들이 개별 엔트로피를 재분배하는 것은 허용한다. 계의 나머지 물체들의 엔트로피가 증가하는 한 한 물체의 엔트로피가 적어도 증가한 만큼 감소할 수 있다. 이런 엔트로피의 재분배는 계의 나머지가 뜨거워질 때 계의 일부가 더 차가워지는 것을 허용한다.

예를 들어 집 뒤에 차가운 물이 담긴 연못이 있다고 가정해 보자. 펌프로 물을 퍼서 욕조로 보내 방안 공기의 열을 빼앗는다. 연못은 뜨거워지지만 집은 시원해진다. 집안의 뜨거운 공기로부터 연못의 차가운 물로 열이 전달되는 것은 엔트로피 법칙을 만족한다. 결합계, 예를 들어 집과 연못물의 엔트로피는 감소하지 않는다. 실제로 엔트로피는 증가한다!

열이 뜨거운 물체를 무질서하게 만드는 것보다 차가운 물체를 더 무질서하게 하기 때문에 엔트로피가 증가한다. 집에서 연못으로 흐르는 1 J의 열은 집에 질서를 만드는 것보다 연못에 무질서를 만드는 것이 더 크다.

이 효과에 대한 좋은 비유로 동시에 열리는 두 파티, 정원협회의 연례 다과파티와 4살 생일파티를 들 수 있다. 질서 있는 다과파티는 차가운 연못을 대표하는 반면 무질서한 생일파티는 뜨거운 집을 대표한다. 열이 뜨거운 집에서 차가운 연못으로 흐르는 비유는 무질서한 생일파티에 참석한 활동적인 4살짜리 한 명을 질서 있는 다과파티에 참석한 조용한 80대 노인 한 명과 교환하는 것이다. 이 교환은 생일파티의 무질서를 조금 줄일 수 있지만 다과파티의 무질서는 현저하게 증가시킨다. 각 파티의 참석자 수는 변하지 않지만 전체 무질서도는 증가한다.

열이 집에서 연못으로 흐를 때 전체 엔트로피는 증가하고 엔트로피 법칙은 만족 그 이상이다. 열이 뜨거운 물체로부터 차가운 물체로 흐를 때도 유사한 엔트로피 증가가 일어난다. 이것이 열이 보통 이런 방향으로 흐르는 이유이다.

그러나 에어컨은 불가능해 보인다. 에어컨이 차가운 물체인 집에서 뜨거운 물체인 외부 공기로 열을 전달한다. 열이 잘못된 방향으로 흐르고 뜨거운 외부 공기로 흘러가 생성된 무질서는 차가운 실내공기를 떠나면서 제거한 무질서보다 작다. 이것은 다과파티의 유일한 4살짜리를 나이든 사람과 교환하여 생일파티로 돌려보내는 것과 같다. 생일파티는 아주 조금 더 무질서해지는 반면 다과파티는 훨씬 더 질서가 있게 된다. 따라서 두 파티 전체의 알짜 무질서도는 크게 감소한다. 같은 식으로 에어컨이 열을 차가운 실내공기로부터 뜨거운 실외공기로 이동할 때 아무 일도 일어나지 않는다면 결합계의 엔트로피가 감소하게 되어 엔트로피 법칙에 위배된다!

그러나 에어컨 작동의 중요한 성질 하나를 빼놓았다. 에어컨은 전기에너지를 소비한다. 에어컨은 질서 있는 에너지를 열에너지로 변환하고 이를 실외공기에 추가적인 열로 공급한다(그림 8.1.4). 그렇게 하기 위해 에어컨은 결합계의 전체 엔트로피가 증가할 수 있기에 충분한 여분의 엔트로피를 생성한다. 결국 엔트로피 법칙이 만족된다.

에어컨이 소비하는 질서 있는 에너지의 양은 실내 공기와 실외 공기의 온도에 의존한다. 두 온도가 비슷하면 열전달이 엔트로피를 조금 감소시키므로 에어컨은 많은 질서 있는 에너지를 열에너지로 변환할 필요가 없다. 그러나 두 온도가 크게 차이가 나면 에어컨은 열전달로 인해 잃은 엔트로피를 보상하기 위해 많은 여분의 엔트로피를 만들어야 한다.

엔트로피가 감소하지 않아야 한다는 필요조건은 왜 집을 최소로 냉각할 때 에어컨이 최고 성능을 내는지를 설명해준다. 실내 공기와 실외 공기 사이의 온도 차이가 클수록 열을 전달하기 위해 에어컨이 소비해야 할 전기에너지나 다른 형태의 일이 늘어난다. 이상적인 효율을 가진 에어컨이나 열펌프의 경우 소비한 일, 차가운 물체에서 빼앗은 열과 뜨거운 물체에 준 열 사이의 관계를 다음 두 개의 언어 방정식으로 적을 수 있다.

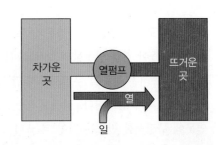

그림 8.1.4 열펌프가 열을 차가운 곳으로부터 뜨거운 곳으로 전달한다. 그렇게 하기 위해 일(질서 있는 에너지)의 일부를 열(뜨거운 곳의 열에너지)로 변환한다. 두 곳의 온도 차이가 크면 클수록 열을 전달하는 데 더 많은 일이 필요하다.

$$차가운\ 물체에서\ 빼앗은\ 열 = 소비한\ 일 \cdot \frac{온도_{차가운}}{온도_{뜨거운} - 온도_{차가운}}$$

뜨거운 물체에 전달된 열 = 차가운 물체로부터 받은 열 + 소비한 일　(8.1.2)

기호로는

$$-Q_c = W\frac{T_c}{T_h - T_c},$$
$$Q_h = -Q_c + W$$

로 표시되고, 일상 언어로는 다음과 같이 말할 수 있다.

　　두 온도가 가까울수록 열을 차가운 데서 뜨거운 데로 이동하기 쉬워진다.

여기서 온도는 절대온도 단위로 측정한 것이다. 뜨거운 물체는 차가운 물체로부터 빼앗은 열을 받을 뿐만 아니라 열전달하는 데 소비한 일과 같은 양의 열 또한 받는다. 또 집의 온도가 절대온도 0도에 접근할 때 집에서 열을 빼앗는 데 필요한 일이 무한대가 된다는 것에 주목하라. 이것이 절대 0도를 얻을 수 없는 이유이다.

　슬프게도 실용적인 에어컨은 절대 이상적인 효율에 도달할 수 없다. 따라서 식 8.1.2가 약속한 것보다 작은 양의 열을 이동시킬 수 있다. 더욱이 벽을 통해 열이 다시 집으로 대략 온도 차이에 비례하는 시간률로 침투한다. 열대기후에서 집을 극지방 온도로 냉각하려면 전기요금이 치솟는 것은 당연하다!

▶ 개념 이해도 점검 #3: 추운 날의 열펌프

온화한 기후지역에 있는 집들은 흔히 겨울에 열펌프로 난방을 한다. 가정용 열펌프는 본질적으로 에어컨을 역으로 작동시킨 것이다. 열펌프는 차가운 실외 공기로부터 열을 빼앗아 더운 실내 공기에 열을 공급한다. 실외 공기가 그리 차갑지 않은 온화한 기후에서 왜 열펌프가 더 효율적일까?

해답 둘 사이의 온도 차이가 클 때 열펌프는 차가운 물체에서 뜨거운 물체로 열을 펌핑하기 위해 더 많은 질서 있는 에너지를 필요로 한다.

왜? 열원(heat's source)의 온도가 열의 목적지 온도보다 훨씬 더 낮을 때 열을 펌핑하는 열펌프의 효율이 떨어진다. 외부 온도가 낮을수록 열펌프가 열을 이동시키는 데 드는 질서 있는 에너지가 더 많아진다. 매우 추운 날 열펌프는 집을 따뜻하게 하기 위한 충분한 열을 이동시킬 수 없다. 비정상적으로 추운 날 난방을 돕기 위해 대부분의 가정용 열펌프에 전기난로나 가스난로가 함께 붙어있는 이유가 이 때문이다.

▶ 정량적 이해도 점검 #2: 싼 난방비

차가운 실외 공기로부터 더운 실내 공기로 열을 펌핑하기 위해 질서 있는 에너지를 사용하는 이상적인 효율을 가진 열펌프로 집을 난방한다. 겨울날 외부 온도가 270 K이고 실내 온도는 300 K이다. 1000 J의 열을 실내 공기로 전달하기 위해 열펌프는 얼마나 많은 전기에너지를 소비해야 할까?

해답 열펌프가 100 J을 소비해야 한다.

왜? 실내 공기와 실외 공기의 온도 차이가 30 K이고 식 8.1.2에 의해 열펌프는 실외 공기로부터 9배나 많은 열을 빼앗아야 한다. 열펌프가 일을 소비하고 10배의 열을 실내 공기로 전달하기 때문이다. 따라서 900 J의 열을 실외 공기로부터 빼앗아 1000 J을 열로 실내 공기로 전달하기 위해 단지 100 J의 전기에너지만이 필요하다. 얼마나 싼 셈인가!

에어컨의 실내 공기 냉각

에어컨의 목적을 결정하였으므로 이제 어떻게 실제 에어컨이 이 목적을 달성하는지 살펴보자. 대부분의 경우 에어컨은 차가운 실내 공기로부터 뜨거운 실외 공기로 열을 전달하기 위해 유체를 사용한다. **작동 유체**(working fluid)라고 알려진 물질이 열을 실내 공기로부터 흡수하여 이 열을 실외 공기로 방출한다.

작동 유체는 에어컨의 세 가지 주요 부품인 증발기, 응축기, 압축기를 지나는 닫힌 경로를 따라 흐른다(그림 8.1.5). 증발기는 실내에 위치하여 열을 실내 공기로부터 작동 유체에 전달한다(그림 8.1.6). 응축기는 실외에 위치하며 작동 유체로부터 실외 공기로 열을 전달한다. 압축기 역시 실외에 위치하며 작동 유체를 압축하여 열이 자연스런 열흐름에 역행하는 데 필요한 일을 해준다. 어떻게 이런 세 가지 부품들이 열을 집으로부터 펌프할 수 있는지 알아보기 위해 이들을 각각 살펴보자.

얇은 금속판이 달린 긴 금속관인 증발기부터 시작해 보자. 증발기는 열이 주위의 더운 실내 공기로부터 내부에 있는 차가운 작동 유체로 흐르도록 하는 열교환기이다. 금속판은 열이 흐를 수 있는 면적을 추가하여 팬으로 바람을 불어 실내 공기가 빠르게 판을 지나 열흐름이 잘 일어나도록 해준다.

이름에 걸맞게 증발기는 작동 유체가 액체에서 기체로 증발되는 곳이다. 증발이 일어나려면 액체의 작동 유체가 액체 분자들이 분리되어 기체가 되는 데 필요한 에너지인 증발의 숨은열을 필요로 한다. 작동 유체는 이 에너지의 일부를 자신의 열에너지로부터 얻고 그 결과 온도가 감소한다. 실내 공기로부터 온 열은 냉각된 작동 유체로 흘러 증발이 완성된다.

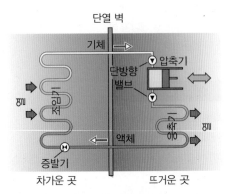

그림 8.1.5 전형적인 에어컨은 기체를 뜨거운 곳에서 액체로 응축시키고 차가운 곳에서는 액체를 기체로 증발시킴으로써 열을 차가운 공기로부터 뜨거운 공기로 전달한다. 압축기가 필수적으로 필요한 질서 있는 에너지를 공급한다.

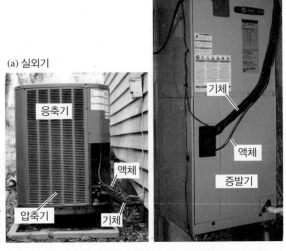

그림 8.1.6 중앙 에어컨 시스템의 두 부품. (a) 실외기에서는 기체의 작동 유체가 압축되고 응축되어 액체가 되면서 열을 실외 공기로 방출한다. (b) 실내기에서는 액체인 작동 유체가 기체로 증발되면서 실내 공기로부터 열을 빼앗는다. 사실 이 시스템은 열펌프이다. 즉 응축기와 증발기의 역할을 반대로 할 수 있어 겨울에 이 시스템으로 실내 공기를 덥힐 수 있음을 의미한다.

작동 유체가 기체가 되어 증발기를 떠날 때 이 기체는 실내 공기의 열에너지의 상당량을 흡수하고 이 에너지를 기체와 함께 화학 위치에너지로 가지고 간다.

작동 유체를 증발시키기 위해 에어컨은 갑자기 압력을 감소시킨다. 7장에서 증발과 같은 상전이가 분자의 착륙과 이륙 시간율에 의존한다는 것과 이 시간율들이 압력과 온도에 민감하다는 것을 배웠다. 작동 유체는 덥고 높은 압력의 액체가 되어 증발기로 향하지만 이 액체가 관에 있는 좁은 조임기(constriction)를 지나 증발기로 흐를 때 압력이 현저하게 떨어진다. 이런 압력 감소는 작동 유체 분자들이 기체로부터 액체로 돌아가는 시간율을 낮추기 때문에 기체가 되려고 액체를 떠나는 분자들의 수가 우세하여 액체가 증발되기 시작한다.

작동 유체가 증발함에 따라 온도가 급격히 떨어지고 증발이 느려진다. 분자들이 차가운 액체로부터 충분한 열에너지를 거의 얻을 수 없어 기체가 되기 위해 액체를 떠날 수 없게 된다. 그러나 이제 더운 실내 공기로부터 열이 차가운 작동 유체로 몰려와 증발을 부추긴다. 작동 유체가 증발기를 빠져나올 때가 되면 모두 증발되고 실내 공기로부터 상당한 열에너지를 흡수하게 된다. 유체는 낮은 압력의 기체가 되어 증발기를 떠나 관을 따라 압축기로 이동한다.

실내 공기로부터 열을 빼앗는 것으로 에어컨이 하는 일의 절반이 끝났다. 나머지 절반의 일은 더 도전적이다. 결합계의 전체 엔트로피가 감소하지 않도록 하면서 실외 공기에 열을 가해야 한다. 결국에는 엔트로피 법칙을 피해갈 수 없다.

▶ 개념 이해도 점검 #4: 가스 그릴 냉각하기

프로판 그릴 통 속에서 액체 프로판을 기체로 증발시킬 때 이 액체 프로판을 담은 통의 온도가 차다. 왜 그럴까?

해답 통 속의 액체 프로판이 증발하여 기체가 되려면 열을 필요로 하며 액체 프로판은 이 열을 주위로부터 빼앗는다.

왜? 에어컨의 증발기에서처럼 증발하는 액체 프로판은 열을 흡수한다.

에어컨이 실외 공기를 덥히는 방법

엔트로피 법칙을 만족하는 것이 기체를 더 작은 부피로 압축하는 전기로 움직이는 장치인 압축기가 하는 일이다. 압축기는 증발기로부터 낮은 압력의 기체 작동 유체를 받아 이 기체를 훨씬 큰 밀도를 갖도록 압축하여 높은 압력의 기체로 바꾸어 응축기에 전달한다. 압축기는 그림 5.2.3에 있는 물펌프처럼 피스톤과 단방향 밸브를 사용하거나 로터리 펌핑 메커니즘을 사용한다. 작동 방식에 상관없이 결과는 동일하다. 기체 작동 유체가 압축기를 통과할 때 작동 유체의 밀도와 압력이 현저하게 증가한다.

압축기는 기체를 압축하면서 기체에 일을 해준다. 기체가 안으로 이동할 때 기체를 안으로 민다. 에너지 보존법칙에 따라 이 일은 작동 유체의 내부에너지를 증가시킨다. 기체가 추가된 에너지를 저장할 수 있는 유일한 방법은 열에너지로 저장하는 것이므로 작동 유체는 압축기에 도착했을 때보다 훨씬 뜨거워져 압축기를 떠난다. 온도가 높아지는 것을 피할

도리가 없다. 기체를 압축하면 어쩔 수 없이 온도가 증가한다.

뜨겁고 압력이 높은 작동 유체가 이제는 응축기로 흐른다. 증발기처럼 응축기는 금속판이 달린 긴 금속관이다. 응축기는 열교환기로 작용하며, 뜨거운 작동 유체 내부로부터 덜 뜨거운 실외 공기로 열을 빨리 흐르도록 하기 위해 금속판은 추가적인 면적을 제공한다. 또한 금속판은 실외 공기가 응축기를 지나 빠르게 이동할 수 있게 하며 열전달의 속도를 높인다.

이름이 암시하는 것처럼 응축기는 작동 유체가 기체로부터 액체로 응축되는 곳이다. 기체가 압축을 거쳐 냉각되기 시작하면서 이런 응축이 일어난다. 관을 통과해 압축기로 흐를 때 낮은 압력의 작동 유체는 안정한 기체 상태에 있다. 그러나 높은 압력, 높은 밀도로 압축기에서 나오며 응축기에서 냉각되기 시작하는 작동 유체에서는 돌아오는 율(rate)이 떠나는 율보다 커져 기체가 응축되기 시작한다.

분자들이 액체가 되기 위해 서로 결합하면서 뜨거운 기체 상태의 작동 유체가 증발의 숨은열을 방출한다. 이 화학 위치에너지가 작동 유체의 열에너지가 되어 유체를 뜨겁게 유지하므로 열이 응축기의 벽을 통해 차가운 실외 공기로 계속해서 흘러나간다.

작동 유체가 액체가 되어 응축기를 떠나게 될 때 화학 위치에너지의 많은 부분이 열에너지로 변환되며 이 에너지를 실외 공기로 방출한다. 실내 공기로부터 빼앗은 열에너지뿐만 아니라 압축기가 소비한 전기에너지까지 실외 공기가 열로서 받게 된다. 작동 유체는 덥고 높은 압력의 액체가 되어 응축기를 떠나서 증발기를 향해 관을 따라 이동한다.

에어컨이 하는 일의 두 번째 절반이 이제 끝났다. 에어컨은 열을 실외 공기로 방출하였고 이 과정에서 질서 있는 에너지를 열에너지로 변환했다. 여기서부터 작동 유체가 증발기로 되돌아가 순환 과정을 다시 시작한다. 작동 유체는 끝없이 이 닫힌 경로를 지나면서 증발기에서 실내 공기로부터 열을 빼앗아 응축기에서 실외 공기에게 열을 방출한다. 압축기는 전체 과정이 일어나게 하며 따라서 엔트로피 법칙을 만족시킨다.

사실 이런 종류의 열펌프가 많은 흔한 기계장치에서도 나타난다. 냉장고는 음식물로부터 열을 빼앗아 실내 공기에 열을 방출하는 데 열펌프를 사용한다(그림 8.1.7). 식수대는 물로부터 실내 공기로 열을 전달하기 위해 열펌프를 사용한다(그림 8.1.8). 모든 열펌프들처

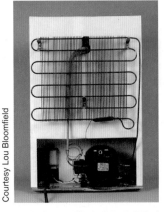

그림 8.1.7 압축기(아래)와 응축기 코일(위)을 냉장고의 뒷면에서 볼 수 있다. 압축기는 작동 유체를 뜨겁고 밀도가 큰 기체로 압축하여 응축기로 보낸다. 거기서 유체는 열을 실내 공기에 주고 액체로 응축된다. 작동 유체가 냉장고 내부에서 증발되면서 음식물에서 열을 빼앗는다.

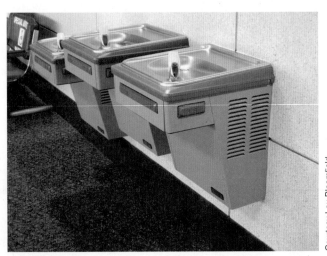

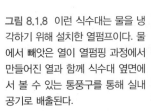

그림 8.1.8 이런 식수대는 물을 냉각하기 위해 설치한 열펌프이다. 물에서 빼앗은 열이 열펌핑 과정에서 만들어진 열과 함께 식수대 옆면에서 볼 수 있는 통풍구를 통해 실내 공기로 배출된다.

럼 이런 냉각장치들은 차가운 물체(음식물이나 물)로부터 빼앗은 열보다 더 많은 열을 뜨거운 물체(실내 공기)로 방출한다. 냉장고 문을 열어 놓은 채 실내 공기의 한 영역에서 다른 영역으로 열을 펌핑할 때 방안 온도가 전체적으로 높아지는 것은 이 때문이다. 냉장고가 작동하면서 소비한 전기에너지가 방안에 열에너지로 낭비된다. 에너지를 절약하기 위해 가능한 한 냉장고 문을 닫도록 하자.

온화한 기후의 많은 가정에서 효율이 높은 에어컨을 역으로 작동시켜 난방을 할 수 있다. 에어컨이 아닌 열펌프라 불리는 이 시스템은 여름은 물론 겨울에도 자연적인 열흐름에 역행하여 열을 펌핑할 수 있다.

여름에 열펌프가 실내 공기로부터 실외 공기로 열을 이동시켜 집을 시원하게 한다. 그러나 겨울에는 실외 공기로부터 실내 공기로 열을 이동시켜 집을 난방한다. 난방하기 위해 전기에너지를 직접 열에너지로 바꾸기보다 열펌프는 외부로부터 많은 열에너지를 모으고 실내로 들여오기 위해 전기에너지를 투입한다.

에어컨을 끝내기에 앞서 작동 유체 자체를 잠시 살펴봐야 한다. 이 유체는 에어컨의 작동 온도 범위에서 낮은 압력에서는 기체가 되고 높은 압력에서는 액체가 되어야 한다. 수십 년 동안 표준 작동 유체는 여러 종류의 프레온 가스와 같은 **염화불화탄소**(chlorofluorocarbon) 였다. 이들 화합물은 초기 냉장고에서 사용되었던 독성과 부식성을 가진 기체인 암모니아를 대체한 것이었다.

염화불화탄소는 넓은 온도 영역에서 쉽게 기체로부터 액체로, 다시 그 반대로 되기 때문에 에어컨에 이상적이었다. 또한 이 화합물은 화학적으로 불활성을 가졌고 가격이 쌌다. 불행하게도 염화불화탄소 분자들은 염소 원자들을 가지고 있어 공기 중에 방출되면 염소 원자들이 고층 대기로 간다. 거기서 염소 원자들이 태양의 자외선 복사를 일부 흡수하는 대기의 필수 구성원인 오존 분자들의 파괴를 증가시킨다. 최근 대부분의 에어컨에서 작동 유체로 염화불화탄소 대신 염소 원자가 없는 **수소불화탄소**(hydrofluorocarbons)를 사용하고 있다. 염화불화탄소보다 에너지 효율과 화학적 불활성이 떨어지지만 수소불화탄소는 오존층에 피해를 주지 않는다. 그러나 이 역시 온실가스의 가능성이 남아 있어(7.3절 참조) 대기 중에 방출되어서는 안 된다.

▶ 개념 이해도 점검 #5: 에어컨 틀기 아니면 난방하기

방 한가운데 창문형 에어컨을 놓고 전원을 켜면 방안의 평균 공기온도에 어떤 일이 생길까?

해답 평균적으로 방안 공기가 더워진다.

왜? 에어컨은 앞면에서 뒷면으로 열을 펌핑하기 시작한다. 에어컨 바로 앞 공기는 차가워지지만 바로 뒤 공기는 더 뜨거워진다. 에어컨이 차가운 쪽에서 흡수한 열보다 더 많은 열을 뜨거운 쪽으로 전달하기 때문에 방안 전체의 열에너지가 증가한다. 평균적으로 방이 더 더워진다.

8.2 자동차

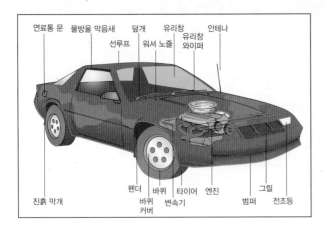

연료통 문　물방울 막음새　덮개　유리창　안테나
선루프　워서 노즐　유리창 와이퍼
펜더　바퀴　타이어　엔진　그릴
진흙 막개　바퀴 커버　변속기　범퍼　전조등

생각해 보기: 자동차를 추진하려고 연료를 태워 얻은 열에너지를 사용하는 데 있어 장애물은 무엇일까? 열에너지를 유용한 일로 바꾸려면 왜 두 물체, 즉 뜨거운 물체와 차가운 물체가 필요할까? 자동차는 어떤 뜨거운 물체와 차가운 물체를 가지고 있을까? 왜 자동차는 폐열(waste heat) 전부를 유용한 일로 바꾸기보다 이 열을 없애기 위해 냉각시스템을 가지고 있을까? 고급, 고옥탄가의 휘발유는 일반, 저옥탄가의 휘발유와 어떻게 다를까? 휘발유와 디젤유는 왜 서로 호환되지 않을까?

실험해 보기: 최근 자동차 기술의 발전과 오염제어장치의 수요 증가는 자동차 산업을 아주 복잡하게 만들었다. 당신 혹은 친구 차의 후드 아래를 잠시 들여다보라. 엔진과 전기시스템을 확인할 수 있어야 한다. 엔진 실린더로 네 개 이상의 스파크 플러그선이 향하고 있는 것을 볼 수 있어야 한다. 이런 실린더가 연료를 태워 얻은 열에너지를 자동차를 추진하는 일로 변환시킨다. 왜 엔진은 한 개의 큰 실린더가 아닌 이처럼 많은 수의 실린더를 필요로 할까?

엔진 블록의 앞쪽에서는 라디에이터를 볼 수 있을 것이다. 어떻게 이 장치는 엔진에서 나온 폐열을 뽑아낼 수 있을까? 열은 자연적으로 라디에이터로 흐른 뒤 외부 공기로 흐를까, 아니면 이 흐름을 위해 열펌프가 필요할까?

자동차보다 더 자유와 개인의 독립을 상징하는 것은 없다. 자동차 키를 손에 가지고 있으면 즉시 거의 모든 곳에 갈 수 있다. 이런 간편 운송수단을 가능하게 한 메커니즘은 내연기관이다. 100여 년 전 내연기관이 발명된 이후 오랫동안 내연기관이 개량되어 왔지만 내연기관의 기본 설계는 거의 달라진 게 없다. 자동차를 전진시키는 데 필요한 일을 해주기 위하여 연료를 태워 나온 열에너지를 이용한다. 이 열에너지가 일을 한다는 것이 열물리학의 기적 중 하나이며 이 절의 주제이다.

열에너지의 활용: 열기관

녹색 신호등이 켜지고 가속페달을 밟는다. 자동차의 엔진이 힘찬 소리를 내며 곧바로 분당 수 킬로미터의 속도로 질주한다. 엔진 소리가 잦아들며 라디오와 바람 소리에 묻힌다.

엔진은 신호등에서 자동차를 앞으로 달리게 하며 중력, 마찰력과 공기 저항에 대항해 자동차를 계속 움직이게 하는 자동차의 심장이다. 이것은 단순히 공학의 기적이 아니다. 엔진은 열에너지를 질서 있는 에너지로 변환하는 불가능해 보이는 작업을 수행하기 때문에 이것은 또한 열물리학의 신비이기도 하다. 그러나 엔트로피 법칙이 열에너지를 직접 질서 있는 에너지로 변환하는 것을 금지하고 있음에도 어떻게 자동차 엔진은 연료를 태워 자동차를 전진시킬 수 있을까?

자동차 엔진은 **열기관**(heat engine)처럼 행동하여 엔트로피 법칙과의 갈등을 피한다. 열기관은 열이 뜨거운 물체로부터 차가운 물체로 흐를 때 열에너지를 질서 있는 에너지로 변환하는 장치이다(그림 8.2.1). 한 물체의 열에너지를 일로 변환할 수 없지만 **다른 온도를 가진** 두 물체계에는 이런 제약이 적용되지 않는다. 뜨거운 물체로부터 차가운 물체로 흐르는 열이 계의 전체 엔트로피를 증가시키기 때문에 계의 전체 엔트로피를 감소시키지 않고 엔트로피 법칙을 위배하지 않으면서 작은 양의 열에너지를 일로 변환할 수 있다.

두 물체의 기여도를 통해 열기관을 살펴보는 또 다른 방법이 있다. 뜨거운 물체는 일로

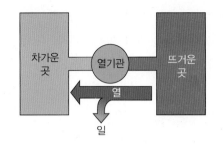

그림 8.2.1 열기관은 열(뜨거운 곳에서 나온 열에너지)이 뜨거운 곳에서 차가운 곳으로 흐를 때 일(질서 있는 에너지)로 변환된다. 두 곳의 온도 차이가 클수록 일로 변환할 수 있는 열의 율이 커진다.

변환되는 열에너지를 공급한다. 차가운 물체는 이 변환을 수행하는 데 필요한 질서를 공급한다. 열기관이 작동하면 뜨거운 물체는 열에너지의 일부를 잃고 차가운 물체는 질서를 일부분 잃는다. 열기관은 질서 있는 에너지를 생산하기 위해 이들을 사용한다. 열기관은 열에너지와 질서 모두 필요로 하기 때문에 뜨거운 물체 또는 차가운 물체 어느 하나만 없어도 작동되지 않는다.

자동차 엔진에서 뜨거운 물체는 타는 연료이고 차가운 물체는 외부 공기이다. 타는 연료로부터 외부 공기로 이동하는 열의 일부가 자동차를 추진하는 질서 있는 에너지로 바뀐다. 그러나 엔진이 질서 있는 에너지로 변환하는 열에너지의 양을 제약하는 것은 무엇일까?

이 질문에 답하기 위해 단순화된 자동차 엔진을 살펴보자. 타는 연료와 외부 공기를 단일 열적으로 고립된 계로 생각하고 엔진이 작동할 때 계의 전체 엔트로피에 어떤 일이 생기는지 살펴보자. 엔트로피 법칙에 따라 계의 전체 엔트로피가 감소할 수 없는 반면 엔진은 열에너지의 일부를 질서 있는 에너지로 전환할 수 있다.

자동차가 정지신호에 멈춰 공회전하고 있을 때 엔진은 아무 일도 하지 않고, 열은 단지 뜨거운 연료로부터 차가운 외부 공기로 흘러갈 뿐이다. 열이 뜨거운 연료에서 빠져나올 때보다 차가운 공기로 들어갈 때 더 무질서를 만들기 때문에 계의 전체 엔트로피는 증가한다. 사실 타는 연료의 온도가 차가운 외부 공기의 온도에 비해 아주 높기 때문에 계의 엔트로피는 아주 크게 증가한다.

이런 계의 엔트로피 증가는 불필요하며 낭비적이다. 엔트로피 법칙은 단지 엔진이 뜨거운 연료로부터 빼앗는 만큼의 엔트로피를 차가운 외부 공기의 엔트로피에 추가하는 것을 요구한다. 작은 양의 열이 차가운 공기를 크게 무질서하게 하기 때문에 자동차 엔진은 연료로부터 빼앗은 것보다 훨씬 작은 양의 열을 외부 공기로 전달할 수 있지 계의 전체 엔트로피가 감소하기 때문은 아니다. 엔진이 전체 엔트로피를 감소시키는 데 충분한 열을 외부 공기로 전달하는 한 남은 열을 질서 있는 에너지로 변환하는 것을 막을 수는 없다!

발을 브레이크에서 떼고 앞으로 가속하자마자 이런 변환이 시작된다. 타는 연료가 가진 모든 열에너지를 외부 공기로 전달하는 대신 자동차는 일부 열에너지를 질서 있는 에너지로 빼내어 바퀴의 동력으로 사용한다. 자동차 엔진은 엔트로피 법칙을 만족하기에 충분한 열을 뜨거운 물체로부터 차가운 물체로 전달하는 한 열에너지를 질서 있는 에너지로 변환할 수 있다.

엔트로피 법칙을 만족하는 것은 두 물체의 온도 차이가 클수록 더 쉬워진다. 자동차 엔진에서처럼 온도 차이가 아주 크면 적어도 이론적으로는 뜨거운 물체를 떠나는 열에너지의 많은 양이 질서 있는 에너지로 변환될 수 있다. 이상적인 효율을 가진 자동차 엔진이나 다른 열기관의 경우 뜨거운 물체로부터 빼앗은 열, 차가운 물체에 추가된 열과 공급된 일 사이의 관계는 다음 두 가지 방정식으로 적을 수 있다.

$$\text{공급한 일} = \text{뜨거운 물체로부터 받은 열} \cdot \frac{\text{온도}_{뜨거운} - \text{온도}_{차가운}}{\text{온도}_{뜨거운}}$$

$$\text{차가운 물체에 전달된 열} = \text{뜨거운 물체로부터 받은 열} - \text{공급한 일} \qquad (8.2.1)$$

기호로는

$$W = -Q_h \frac{T_h - T_c}{T_h}$$
$$Q_c = -Q_h - W$$

가 되고, 일상 언어로는 다음과 같이 말할 수 있다.

뜨거운 것과 차가운 것의 온도 차이가 클수록 일로 전환할 수
있는 열의 율이 커진다.

여기서 온도는 절대온도 단위로 측정한 값이다.

불행히도 이론적 한계는 흔히 실제 기계에서 실현하기 어려우며 최고의 자동차 엔진은 식 8.2.1로 주어진 질서 있는 에너지의 대략 절반만을 얻을 수 있다. 여전히 이 양을 얻는 것조차 놀라운 성과이며 최근에 자동차 엔진의 효율을 높이기 위해 노력하고 있는 과학자와 공학자들에게 찬사를 보낸다.

개념 이해도 점검 #1: 열펌프와 열기관

에어컨은 집안 공기를 외부 공기보다 차게 하기 위해 전기에너지를 사용한다. 열기관을 작동시키고 전기에너지를 얻기 위해 이 온도 차이를 이용할 수 있을까?

해답 가능하다.

왜? 열기관은 본질적으로 열펌프를 반대로 작동시킨 것이다. 에어컨(열펌프)은 집안의 차가운 공기에서 외부의 뜨거운 공기로 열을 펌핑하기 위해 질서 있는 전기에너지를 사용한다. 우리가 이야기하고 있는 열기관은 뜨거운 외부 공기로부터 집안의 차가운 공기로 열을 흐르게 하여 질서 있는 전기에너지기를 얻기 위해 사용할 수 있다.

정량적 이해도 점검 #1: 증기기관 시대로 되돌아가기

기관차가 이상적인 증기기관으로 움직인다. 증기 보일러가 450 K에서 작동하고 외부 온도가 300 K라면 이 증기기관은 보일러로부터 1200 J의 열을 빼앗아 얼마나 많은 일을 할 수 있을까?

해답 400 J의 일을 할 수 있다.

왜? 뜨거운 물체의 온도가 450 K이고 온도 차이가 150 K이므로 식 8.2.1에 의해 보일러에서 빼앗은 열의 1/3이 일로 변환될 수 있다. 나머지 800 J의 열은 외부 공기로 흘러가야 한다.

내연기관

독일 공학자 Nickolaus Otto가 1867년에 발명한 내연기관은 엔진에서 직접 연료를 태운다. 휘발유와 공기를 혼합해 밀폐된 방에서 점화시킨다. 그 결과로 생긴 온도 증가가 기체의 압력을 증가시켜 움직일 수 있는 표면에 일을 해준다.

연료로부터 일을 얻기 위해 내연기관은 네 가지 작업을 순차적으로 수행해야 한다.

1. 연료−공기 혼합물을 밀폐된 곳에 넣어주어야 한다.
2. 혼합물을 점화해야 한다.
3. 뜨거운 연소 기체가 자동차에 일을 해주어야 한다.
4. 배기 기체를 제거해야 한다.

현대식 휘발유 자동차에서 볼 수 있는 표준 4행정 연료분사형 엔진에서 이런 일련의 사건들이 빈 실린더 내부에서 일어난다(그림 8.2.2). 이것을 **4행정**(four-stroke) 엔진이라고 부르는 이유는 흡입, 압축, 폭발, 배기의 네 가지 다른 단계 또는 행정을 거쳐 작동하기 때문이다. **연료분사**(fuel-injection)란 연료와 공기가 실린더로 흡입될 때 두 가지를 혼합하는 데 사용되는 기술을 의미한다.

자동차 엔진은 보통 네 개 또는 그 이상의 실린더를 가지고 있다. 각 실린더는 한쪽 끝은 막혀있고 움직이는 피스톤, 몇 개의 밸브, 연료분사기와 스파크 플러그가 장착된 분리된 에너지원이다. 피스톤은 실린더 속에서 위아래로 움직여 내부 공간을 줄이거나 넓힌다. 실린더의 막힌 쪽에 위치한 밸브는 연료와 공기를 흡입하거나 타고 남은 배기 기체를 배출하기 위해 열린다. 연료분사기는 공기가 실린더로 들어올 때 연료를 공기에 추가한다. 스파크 플러그 역시 실린더의 막힌 쪽에 위치하는데 연료−공기 혼합물의 화학 위치에너지를 열에너지로 방출하도록 혼합물을 점화시킨다.

흡입 행정 동안 연료−공기 혼합물이 각 실린더 속으로 주입된다. 이 행정에서 엔진은 피스톤을 당겨 실린더의 막힌 쪽으로 멀어지게 하여 빈 공간이 늘어나면서 부분적인 진공이 만들어진다. 동시에 실린더의 흡입 밸브가 열려 대기압이 신선한 공기를 실린더 안으로

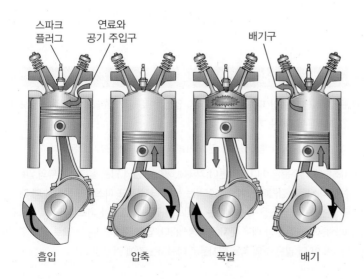

스파크
플러그

연료와
공기 주입구

배기구

흡입 압축 폭발 배기

그림 8.2.2 4행정 엔진의 실린더. 흡입 행정 동안 연료와 공기가 실린더로 들어온다. 입축 행정은 이 혼합물을 작은 부피로 압축시킨다. 스파크 플러그는 혼합물을 점화하여 폭발 행정 동안 뜨거운 기체가 자동차에 일을 하도록 해준다. 마지막으로 배기 행정은 배기 기체를 실린더에서 방출한다.

밀어준다. 실린더의 연료분사기는 미세 연료 방울들을 이 공기와 합쳐 실린더를 불이 붙는 연료–공기 혼합물로 채운다. 공기를 이동시키고 부분 진공을 생성하는 데 일이 필요하기 때문에 엔진은 흡입 행정 동안 실린더에 일을 해준다.

흡입 행정의 마지막에 흡입 밸브가 닫혀 연료–공기 혼합물이 실린더로부터 거꾸로 흐르는 것을 막아준다. 이제 압축 행정이 시작된다. 엔진은 피스톤을 실린더의 막힌 쪽으로 밀어 빈 공간이 줄어들고 연료–공기 혼합물의 밀도가 커진다. 엔진은 혼합물을 압축하기 위해 일을 한다. 기체가 안으로 움직일 때 피스톤이 기체를 안으로 밀기 때문에 혼합물의 내부에너지가 증가한다. 기체가 이 추가적인 에너지를 저장하는 유일한 방법은 열에너지로 저장하는 것이기 때문에 혼합물이 압축되면서 혼합물의 온도가 증가한다. 기체의 밀도와 온도의 증가 모두 압력을 증가시키기 때문에 피스톤이 스파크 플러그로 접근할 때 실린더 내부의 압력이 급격히 증가한다.

압축 행정의 마지막에 엔진이 고압의 펄스를 스파크 플러그에 가하여 연료–공기 혼합물을 점화한다. 혼합물이 빠르게 연소하면서 뜨겁고 높은 압력의 연소 기체를 만든다. 이 기체는 실린더의 폭발 행정 동안 자동차에 일을 해준다. 이 행정에서 기체가 피스톤을 실린더의 막힌 쪽으로부터 멀어지도록 밀기 때문에 빈 공간이 팽창하고 연소 기체의 밀도가 작아진다. 뜨거운 기체가 바깥으로 이동하면서 엄청난 힘을 피스톤에 가하기 때문에 이 기체가 피스톤에 일을 해주게 되고 궁극적으로 차를 추진하게 된다. 에너지 보존법칙에 따라 연소 기체는 일을 하고 열에너지를 방출하면서 냉각이 된다. 기체의 밀도와 압력 역시 감소한다. 폭발 행정의 마지막에 배기 기체가 현저하게 냉각되고 압력은 대기압의 수 배 정도에 지나지 않는다. 실린더는 연료가 가진 화학 위치에너지의 대부분을 일로 뽑아낸다.

배기 행정 동안 실린더는 배기 기체를 제거한다. 이 행정에서 실린더의 배기 밸브가 열려 있는 동안 엔진은 피스톤을 실린더의 막힌 쪽으로 민다. 폭발 행정의 마지막에 실린더에 갇혀 있던 연소 기체의 압력이 대기압보다 아주 크기 때문에 배기 밸브가 열려 있는 동안 기체가 실린더 밖으로 가속되어 나온다. 실린더를 떠나는 이런 갑작스런 기체의 폭발이 작동 중인 엔진의 '푸푸푸'하는 소리를 만든다. 배기 파이프에 머플러가 없다면 엔진은 크고 불쾌한 소리를 내게 된다.

배기 밸브를 열어주는 것만으로도 대부분의 배기 기체를 방출할 수 있지만 나머지 기체

⏩ 개념 이해도 점검 #2: 넣은 것보다 많이 뽑아내기

왜 연소 기체는 압축 행정 동안 피스톤이 연소되지 않는 연료–공기 혼합물에 해주는 일보다 더 많은 일을 폭발 행정 동안 피스톤에 해주는가?

▸ 해답 연소되지 않는 연료–공기 혼합물보다 연소 기체의 압력이 훨씬 크기 때문이다.

▸ 왜? 기체가 피스톤에 해주는 일이나 피스톤이 기체에 해주는 일의 양은 실린더 내부의 압력에 의존한다. 이 압력이 높을수록 피스톤이 경험하는 밖으로 향하는 힘이 더 커지고 피스톤이 움직일 때 더 많은 일을 하게 된다. 연료–공기 혼합물이 언소될 때 일어나는 갑작스런 압력의 증가가 피스톤이 바깥쪽으로 이동할 때 왜 연소 기체가 피스톤에 해준 일이 매우 큰지를 설명해준다. 압력 증가는 부분적으로 온도 증가에, 또 일부는 연료와 산소 분자들이 더 많은 수의 작은 분자들로 나눠지는 것에 기인한다.

는 피스톤을 실린더의 막힌 쪽으로 밀어주어야 배출된다. 배기 기체를 밀어낼 때 엔진은 또 다시 실린더에 일을 하게 된다. 배기 행정의 마지막에 실린더가 비고 배기 밸브가 닫힌다. 실린더는 이제 새로운 흡입 행정을 시작할 준비가 되었다.

열기관의 효율

내연기관의 목표는 주어진 양의 연료로부터 가능한 최대로 일을 뽑아내는 데 있다. 원리상 연료의 화학 위치에너지와 일은 모두 질서 있는 에너지이기 때문에 연료의 화학 위치에너지가 완전히 일로 바뀔 수 있다. 그러나 화학 위치에너지를 직접 일로 바꾸는 것은 불가능하기 때문에 엔진이 대신 연료를 태운다. 이 단계가 문제인데 연료를 태우면 엔진이 연료의 화학 위치에너지가 직접 열에너지로 변환되어 불필요한 엔트로피가 많이 만들어지기 때문이다.

그러나 모두가 사라지는 것은 아니다. 연소된 연료가 매우 뜨겁기 때문에 태운 연료로부터 외부 공기로 흐르는 열의 일부를 우회시켜 열에너지의 많은 부분을 질서 있는 에너지로 변환시킬 수 있다. 앞서 보았던 것처럼 연소된 연료의 온도가 높을수록, 그리고 외부 공기가 차가울수록 엔진이 뽑아낼 수 있는 질서 있는 에너지가 더 많아진다. 연료 효율을 최대로 하기 위해 내연기관은 가장 높은 온도의 연소 연료를 얻어 이 기체가 피스톤에 가능한 최대로 일을 하도록 해주며 가장 차가운 온도에서 이 기체를 방출한다.

폭발 행정 동안 연소 기체가 팽창하여 외부 공기의 온도에 도달할 때까지 냉각된다면 가장 멋질 것이다. 그러면 배기 기체가 도달했을 때 가졌던 열에너지와 같은 양의 열에너지를 가지고 엔진을 떠나게 되며, 엔진은 연료가 가진 모든 화학 위치에너지를 일로 뽑아낼 수 있게 된다. 불행히도 이것은 열에너지를 완전히 질서 있는 에너지로 변환하는 것이 되어 엔트로피 법칙을 위배하게 된다. 식 8.2.1이 가리키는 것처럼 작동하는 열기관은 항상 열의 일부를 차가운 물체에 주어야 한다. 이 경우 열기관은 연소 기체가 외부 공기의 온도로 냉각되기 전에 이 기체를 방출한다. 엔진의 배기 기체가 뜨거운 것밖에 다른 선택이 없다!

그러나 보통의 내연기관은 엔트로피 법칙이 요구하는 것보다 낮은 효율을 가진다. 엔진은 연소 기체가 아직 대기압보다 아주 높고 피스톤에 일을 할 능력이 있지만 이 기체를 방출한다. 방출하기 전 이 기체가 팽창하도록 함으로써 개선된 엔진은 더 많은 일을 뽑아낼 수 있어 연료 효율이 높아진다. Atkinson 순환기관은 이런 장치로써 압축 행정보다 폭발 행정이 더 길다. 그러나 연소 기체의 압력이 대기압이 될 때까지 엔진이 기체를 팽창시킨다고 하더라도 배기 온도는 여전히 외부 공기의 온도에 비해 높다. 1882년에 발명된 Atkinson 순환기관은 연료 효율이 높은 운송수단을 만들려는 노력의 일환으로 최근에 와서야 유행하기 시작했다.

이런 개선과는 상관없이 실제 내연기관은 항상 일부 에너지를 낭비하며 엔트로피 법칙이 허용하는 것보다 작은 일을 뽑아낸다. 예를 들어 열의 일부가 연소 기체로부터 실린더 벽으로 빠져나가고 자동차의 냉각 시스템에 의해 제거된다. 이런 폐열은 일을 만드는 데 사용할 수 없다. 동일하게 엔진의 미끄러짐 마찰력은 역학적 에너지를 낭비하며 오일을 채운

윤활 시스템을 필요로 한다. 전체적으로 실제 내연기관은 연료가 가진 화학 위치에너지의 20~30% 정도만 일로 변환시킨다.

▶ 개념 이해도 점검 #3: 좋은 일도 한두 번이지

연소 기체가 냉각되어 외부 온도와 같아질 때까지 내연기관이 연소 기체를 팽창시키려고 한다면 연소 기체의 압력은 어떻게 될까?

해답 연소 기체의 압력이 대기압 이하로 떨어질 것이다.

왜? 엔진이 연소 기체가 팽창하도록 놔두면 이 기체는 피스톤에 일을 하여 온도와 압력이 낮아진다. 기체 압력이 대기압에 도달하면 기체가 크게 냉각되지만 여전히 외부 공기보다는 뜨겁다. 연소 기체를 더 냉각하기 위해 엔진은 기체를 더 팽창시켜야 하고, 따라서 압력이 대기압 이하로 떨어진다. 그러고 나면 엔진이 부분 진공을 만들기 위해 피스톤에 일을 해주게 된다.

열효율의 개선

가장 뜨거운 연소 기체를 얻기 위해 압축 행정 동안 연료-공기 혼합물을 가능한 한 최대로 압축해야 한다. 피스톤으로 혼합물을 더 세게 압축할수록 발화가 일어나기 전 기체의 밀도와 압력, 온도가 커지고 발화 후에는 연소 기체의 온도가 더 뜨거워진다. 모든 열기관의 효율은 뜨거운 물체의 온도가 증가할수록 증가한다. 뜨거운 연소 기체가 자동차 엔진의 '뜨거운 물체'이기 때문에 발화 후 연소 기체의 높은 온도는 효율에도 좋다.

압축 행정 동안 실린더 부피가 감소하는 정도를 압축비로 측정한다. 압축비는 압축 행정이 시작될 때의 부피를 압축 행정이 끝날 때의 부피로 나눈 값이다. 이 압축비가 클수록 연소 기체가 더 뜨겁고 엔진의 에너지 효율이 더 커진다. 보통 압축비는 8:1에서 12:1 사이이며, 고압축 엔진의 압축비는 15:1이나 된다.

불행하게도 압축비를 마음대로 크게 할 수가 없다. 엔진이 연료-공기 혼합물을 너무 압축하면 가연성 혼합물이 너무 뜨거워져 스스로 발화될 수 있기 때문이다. 과압축에 의한 자발적인 발화를 전발화(preignition) 또는 노킹(knocking)이라고 부른다. 자동차가 노킹을 할 때 엔진이 휘발유로부터 일을 뽑아내기도 전에 휘발유가 타서 많은 에너지가 낭비된다.

노킹을 줄이는 방법은 두 가지가 있다. 첫 번째는 연료와 공기를 더 균일하게 혼합하는 것이다. 불균일한 혼합물에는 더 뜨거운 작은 지역들이 기체에 생겨 다른 지역보다 발화하기 쉽다. 현대의 모든 자동차에서 사용하는 연료분사 기술은 탁월한 혼합을 가능케 하고 또 자동차의 컴퓨터가 연료-공기 혼합물이 완전 연소와 최소 오염을 하도록 조정한다. 따라서 자동차의 조율이 심각하게 잘못되어 있지 않은 한 혼합물의 균일성에 관한 한 개선의 여지가 거의 없다.

두 번째는 가장 적합한 연료를 사용하는 것이다. 모든 연료가 동일한 온도에서 발화하지 않기 때문에 자발적인 발화가 일어나지 않으면서 자동차의 압축 과정을 견딜 수 있는 연료를 선택해야 한다. 적절한 등급의 휘발유를 구매해야 하는 이유가 바로 이 때문이다. 일반 휘발유는 비교적 낮은 온도에서 발화하며 가장 노킹을 잘 일으킨다. 최고급 휘발유는 비

표 8.2.1 압축하는 동안 세 가지 표준 등급의 휘발유의
대략적인 발화 온도

옥탄가	대략적인 발화 온도
87(일반)	750 ℃
90(고급)	800 ℃
93(최고급)	850 ℃

교적 높은 온도에서 발화하고 가장 노킹이 안 일어난다.

발화하기 어렵고 노킹이 안 일어나는 연료들은 높은 옥탄가를 가진다. 일반 휘발유의 옥탄가는 대략 87이지만 최고급 휘발유의 옥탄가는 대략 93이다(표 8.2.1). 적절한 연료를 선택하는 일은 노킹이 너무 많이 일어나지 않으면서 자동차가 사용할 수 있는 가장 낮은 옥탄가의 휘발유를 발견하는 것이다. 혹독한 환경 대부분에서 약간의 노킹이 일어나는 것은 받아들일 수 있다. 대부분 현대의 잘 조율된 자동차들은 일반 휘발유로도 잘 작동한다. 단지 높은 압축비의 엔진을 가진 고성능 자동차만이 최고급 휘발유를 필요로 한다. 일반 자동차에 일반 휘발유 이외의 다른 휘발유를 넣는 것은 보통 돈 낭비이다.

> **개념 이해도 점검 #4: 가격만 프리미엄**
>
> 공격적인 홍보 캠페인의 일환으로 한 정유회사가 옥탄가 93 휘발유를 '자동차 보약'이라고 부르기 시작했다. 일반 자동차를 모는 대부분의 사람들이 최고급 휘발유를 채우려 주유소에 몰려들었다. 이 대열에 끼어야 할까 아니면 웃어 넘겨야 할까?
>
> 해답 웃어넘기시오.
>
> 왜? 다른 고옥탄가 휘발유처럼 이 보약은 발화가 어렵도록 세심하게 조제된 비싼 연료이다. 이 보약을 사용하지 않으면 연료-공기 혼합물이 과열되어 노킹을 일으키는 고압축 엔진의 경우 놀라움을 선사하겠지만 대부분의 일반 엔진에게는 이런 발화에 대한 저항성이 낭비에 지나지 않는다.

디젤기관과 터보차저

노킹이 압축비를 제약하기 때문에 노킹은 가솔린 엔진의 효율도 제약한다. 그러나 디젤 엔진은 압축 행정 동안 연료와 공기를 분리함으로써 노킹 문제를 피할 수 있다(그림 8.2.3). 독일 공학자 Rudolph Christian Karl Diesel(1858~1913)이 1896년에 발명한 디젤 엔진은 연료를 점화하기 위한 스파크 플러그가 없다. 대신 디젤 엔진은 순수 공기를 극단적으로 높은 압축비인 대략 20:1 정도로 압축하여 폭발 행정이 시작될 때 디젤 연료를 직접 실린더 안에 분사한다. 연료가 뜨거운 압축 공기와 만나면서 자발적으로 발화한다. 발화하기 어려운 연료를 사용하는 내연기관과는 달리 디젤 엔진은 쉽게 발화하는 연료를 사용한다.

높은 압축비 때문에 디젤 엔진은 표준 가솔린 엔진보다 더 높은 온도에서 연료를 태우고 따라서 에너지 효율이 더 높다. 사실상 더 '뜨거운 물체'를 가지고 있어 더 많은 열을 일로 변환할 수 있다.

일부 가솔린 엔진이나 디젤 엔진은 터보차저를 연료분사와 함께 사용한다. **터보차저**

(turbocharger)는 본질적으로 흡입 행정 동안 공기를 실린더 안으로 불어넣는 송풍기이다. 더 많은 연료-공기 혼합물을 실린더 안에 압축하여 넣어줌으로써 터보차저는 엔진의 출력을 증가시킨다. 엔진이 폭발 행정 동안 더 많은 연료를 태우면 더 큰 엔진처럼 행동하게 된다. 터보차저의 송풍기는 엔진 배기시스템의 압력에 의해 작동한다. **수퍼차저**(supercharger)라고 부르는 거의 동일한 장치는 직접 엔진의 출력을 사용해 작동한다.

내연기관의 경우 터보차저는 단점을 가지고 있다. 노킹이 잘 일어난다. 터보차저가 공기를 실린더 안으로 압축하면 공기에 일을 하게 되어 공기가 뜨거워진다. 연료-공기 혼합물이 뜨거운 상태로 엔진에 들어오면 압축 행정 동안 자발적인 발화를 일으킬 수 있다. 터보차저가 장착된 차에서 노킹을 피하려면 최고급 휘발유가 필요하다. 일부 터보차저 자동차에는 터보차저를 통과하는 공기로부터 열을 빼앗는 장치인 **인터쿨러**(intercooler)가 달려 있다. 차고 밀도가 높은 공기를 실린더에 공급함으로써 인터쿨러는 압축 행정의 최고 온도를 낮춰 노킹을 방지해 준다.

디젤 엔진의 경우 노킹은 큰 문제가 아니다. 사실 터보차저는 디젤 엔진을 저성능에서 고성능으로 전환하여 디젤 엔진에 혁신을 일으켰다. 높은 압축비와 매우 뜨거운 연소온도 때문에 디젤 엔진은 실린더 내부에 엄청난 압력을, 피스톤에는 엄청난 힘을 가한다. 그 결과 디젤 엔진은 낮은 엔진 속도에서도 큰 회전력과 엄청난 출력을 낼 수 있다.

높은 연료 효율과 보강된 성능을 가진 현대식 디젤 엔진은 가솔린 엔진에 비해 분명 환경적인 장점을 가지고 있다. 그러나 여전히 오랫동안 지속된 디젤 엔진의 문제들, 특히 공기 오염을 해결해야 한다. 디젤 엔진은 대략 1/1000초 이내에 지방 성분의 액체 연료를 태워야 하기 때문에 연료를 완전히 연소시키기 어렵고 연료의 일부가 탄소 매연이 된다. 매연을 제거하기 위해 연료와 공기의 소용돌이를 만들어 연소가 더 잘 되도록 디젤 엔진을 재설계하였다. 지금은 배기시스템으로 들어가는 매연을 포획하고 태우는 필터도 부착하여 사용한다. 그 결과 하이브리드 자동차와 겨룰 정도로 비교적 효율이 높고 환경 규격을 만족하는 디젤 자동차가 나오고 있다.

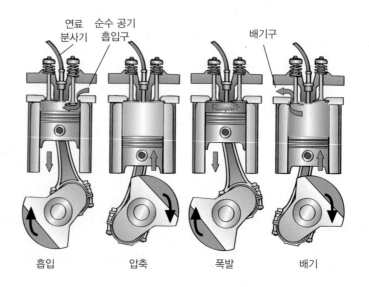

그림 8.2.3 디젤 엔진 실린더는 압축 행정 동안 순수 공기를 담고 있다. 피스톤이 이 공기에 일을 할 때 공기가 매우 뜨거워진다. 폭발 행정이 시작될 때 디젤 연료가 실린더로 분사된다. 연료가 자발적으로 발화하고 뜨거운 연소 기체가 폭발 행정 동안 피스톤과 엔진에 일을 한다.

연료 분사기 순수 공기 흡입구 배기구

흡입 압축 폭발 배기

흔한 오개념: 수소 경제

오개념 머지않아 수소가 다른 에너지원들을 불필요하게 만들 것이다.

해결 수소는 지구에 천연으로 존재하지 않기 때문에 주 에너지원이 아니다. 수소는 2차 에너지원이다. 즉 수소가 주 에너지원을 사용해 생산된다는 의미이다. 태양광, 풍력이나 수력을 이용한 전기에너지로 수소를 생산할 수 있지만 대부분의 수소는 천연가스나 석탄을 사용해 만든다. 수소 자체는 재활용이나 비재활용 에너지가 아니지만 수소를 만들기 위해 어떤 에너지원을 사용할 것이냐가 중요하다.

개념 이해도 점검 #5: 증기열

왜 증기기관을 320℃ 증기로 작동할 때보다 325℃ 증기로 작동할 때 효율이 더 높아질까?

해답 모든 열기관처럼 증기기관 역시 뜨거운 물체(증기)의 온도가 증가할수록 더 많은 열을 일로 변환할 수 있다.

왜? 증기기관은 열이 뜨거운 물체로부터 외부 공기로 흘러갈 때 열에너지를 일로 변환시킨다. 두 물체의 온도 차이가 클수록 증기기관이 열에너지를 일로 변화하는 효율이 높아진다. 이것이 대부분의 증기기관들이 아주 뜨거운 증기를 이용하는 이유이다.

다중 실린더 기관

엔진의 목적은 연료-공기 혼합물로부터 일을 뽑아내는 것이기 때문에 각 실린더가 소비하는 것보다 더 많은 일을 하는 것이 중요하다. 세 가지 행정 동안 엔진은 여러 기체에 일을 하며 한 행정에서만 연소 기체로부터 일을 뽑아낼 수 있다. 흡입 행정 동안 엔진은 연료-공기 혼합물을 실린더 안으로 넣어주기 위해 일을 한다. 압축 행정 동안 엔진은 연료-공기 혼합물을 압축하기 위해 일을 해준다. 배기 행정 동안 엔진은 배기 기체를 실린더에서 뽑아내기 위해 일을 한다. 다행하게도 뜨거운 연소 기체가 폭발 행정 동안 엔진에 해준 일이 엔진이 다른 세 가지 행정 동안 한 일을 보충하고도 남는다.

여전히 엔진은 폭발 행정 이전에 실린더에 많은 에너지를 투자해야 한다. 이런 초기 에너지를 공급하기 위해 대부분의 4행정 엔진은 네 개 또는 그 이상의 실린더를 가지고 있으며 항상 한 개의 실린더가 폭발 행정을 하고 있도록 시간을 조정한다. 폭발 행정을 하고 있는 실린더는 다른 실린더들이 세 개의 비폭발 행정을 거치는 데 필요한 일을 공급하며 자동차를 추진하고 남을 정도의 많은 일을 얻게 된다.

피스톤은 앞뒤로 움직이지만 엔진은 자동차 바퀴를 돌리기 위해 회전 운동이 필요하다. 엔진은 연결막대를 가진 크랭크축에 피스톤을 결합함으로써 각 피스톤의 상하운동을 회전 운동으로 변환한다. 크랭크축은 베어링에 의해 떠있는 두꺼운 강철 막대로 각 실린더를 위한 일련의 페달 모양의 확장기를 가지고 있다. 피스톤이 폭발 행정 동안 실린더 바깥쪽으로 이동하면 피스톤이 연결막대를 밀고 이 막대가 크랭크축 페달을 민다. 그 결과 연결막대가 크랭크축에 회전력을 가한다. 크랭크축이 베어링 사이에서 회전하고 엔진으로부터 회전력을 전달하기 때문에 이 회전력을 자동차를 추진하는 데 사용할 수 있다. 그러므로 처음에 각 실린더가 힘을 가하지만 크랭크축은 이 힘을 회전력을 얻는 데 사용한다.

회전하는 크랭크축은 회전력을 자동차 트랜스미션에 전달하고 거기서부터 동역이 바퀴를 이동시킨다. 전체적으로 연소시킨 연료-공기 혼합물로부터 흘러나온 열의 상당 부분이 일로 변환되고 자동차 바퀴를 회전시키는 데 사용된다. 도로와의 마찰력에 도움을 받아 바퀴가 자동차를 앞으로 밀어 목적지를 향해 고속도로를 달릴 수 있게 해준다.

> **▶ 개념 이해도 점검 #6: 출발의 어려움**
>
> 현대식 자동차들은 엔진의 시동을 거는 데 전기모터를 사용한다. 그러나 초기 자동차들은 손 크랭크로 시동을 걸었다. 크랭크를 돌리는 게 왜 그렇게 힘들었을까?
>
> **해답** 크랭크를 돌리는 사람이 세 가지 비폭발 행정을 거치는 동안 엔진의 피스톤을 움직이기 위해 해야 할 모든 일을 제공했기 때문이다.
>
> **왜?** 엔진에 시동이 걸리기 전에 엔진은 흡입, 압축, 배기 행정 동안 실린더가 필요로 하는 어떠한 에너지도 공급하지 못한다. 크랭크를 돌리는 사람은 이 에너지를 공급해주어야 한다. 연료가 연소되기 시작하면 폭발 행정이 이 일을 담당하지만 이 시점까지 크랭크를 돌리는 일은 힘든 일이다.

8장 에필로그

이 장에서 도전적인 작업을 수행하기 위해 열흐름을 제어하는 두 가지 장치에 대해 살펴보았다. '에어컨'에서는 열펌프가 어떻게 질서 있는 에너지를 사용해 자연적인 흐름에 역행하여 열을 펌핑하는지 배웠고, 열에너지를 다른 곳으로 전달하는 것만이 열에너지를 제거하는 유일한 방법임을 보았다. '자동차'에서는 열기관이 뜨거운 물체로부터 차가운 물체로 흐르는 열의 일부를 돌려 유용한 일로 변환하는 것을 보았다. 또한 열기관에서 뜨겁고 차가운 두 물체의 역할에 대해 살펴보았고, 뜨거운 물체가 일을 하는 데 필요한 에너지를 공급하는 반면 차가운 물체는 열에너지를 질서 있는 에너지로 변환 가능하도록 질서를 공급한다는 것을 알게 되었다.

설명: 통 속에 안개 만들기

방안 모든 것의 온도가 같음에도 불구하고 열역학을 이용해 통 속의 공기를 실온 아래로 냉각시킬 수 있다. 통을 발로 밟으면 내부 공기가 압축되고 공기에 일을 해주게 된다. 공기가 열에너지로만 에너지를 더 얻게 되기 때문에 온도가 올라간다. 통 안의 공기가 뜨거워지면서 열이 더운 통에서 차가운 방안으로 흐른다. 30초 정도 지나면 통 안의 공기 온도가 다시 실온으로 돌아간다.

통에서 발을 뗄 때 통 안의 공기가 팽창하면서 나에게 일을 해주게 된다. 공기는 열에너지로부터 일을 얻을 수 있기 때문에 온도가 떨어진다. 통 안의 공기가 차가워지면 상대 습도가 갑자기 100%를 넘게 된다. 그 결과 통 속의 습기가 물방울이 되어 안개가 생긴다.

연기 입자들이 물방울의 씨앗 구실을 하여 물방울 형성을 돕는다. 7장에서 보았듯이 물은 씨앗 거품이 없으면 끓지 않는다. 동일하게 수증기 역시 씨앗 물방울이 없이는 공기 속에서 응축되지 않는다. 씨앗 물방울이 자발적으로 형성되지 않을 때 연기 입자들이 약간의 도움을 줄 수 있다.

요약, 중요한 법칙, 수식

에어컨의 물리: 에어컨은 증발기, 압축기와 응축기를 거쳐 끊임없이 이동하는 작동 유체를 사용해 자연적인 열흐름 방향을 거슬러 열을 이동시킨다. 작동 유체는 안정한 높은 압력의 액체로 증발기를 향해 흐른다. 증발기로 뿜어지기 직전에 이 액체는 관의 조임기를 통과하면서 압력이 크게 떨어진다. 작동 유체가 낮은 압력의 액체로는 불안정하기 때문에 증발기에서 빠르게 증발하고 실내 공기로부터 많은 양의 열을 흡수한다.

그 후 작동 유체는 안정한 낮은 압력의 기체 상태로 압축기로 흐른다. 압축기는 이 기체를 뜨겁고 높은 밀도, 높은 압력의 기체로 압축하여 응축기로 보낸다. 작동 유체가 높은 압력의 기체 상태로는 불안정하기 때문에 이 기체는 응축기에서 빠르게 응축되면서 많은 양의 열을 외부 공기로 방출한다. 그 결과 액체 작동 유체가 순환과정을 다시 시작하기 위해 증발기로 되돌아간다.

이 과정을 유지하기 위해 압축기는 질서 있는 에너지를 소비하고 이 에너지를 열로 외부 공기에 전달한다. 이런 질서 있는 에너지의 공급이 없이 에어컨은 자연적인 열흐름에 역행하여 열을 이동시킬 수 없다.

자동차의 물리: 자동차 엔진은 실린더 내부에서 화학 연료를 태우고 그 결과 생긴 연소 기체로 엔진에 일을 해줌으로써 연료로부터 일을 뽑아낸다. 대부분의 엔진은 적어도 네 개의 실린더를 가지고 있으며 각 실린더는 연료로부터 일을 뽑아내기 위해 네 가지 행정을 필요로 한다. 흡입 행정 동안 피스톤이 실린더 바깥쪽으로 움직여 연료–공기 혼합물을 빈 공간으로 빨아들인다. 압축 행정 동안 피스톤이 실린더 안쪽으로 움직여 이 연료–공기 혼합물을 높은 밀도, 압력과 온도를 가지도록 압축한다. 그 후 전기 스파크가 혼합물을 발화시켜 아주 뜨거운 연소 기체가 되도록 태운다. 폭발 행정 동안 피스톤이 다시 실린더 바깥쪽으로 움직이는 반면 뜨거운 기체가 피스톤에 일을 해준다. 끝으로 배기 행정 동안 피스톤이 실린더 안으로 이동하여 연소 기체를 밀어낸다. 실린더는 다시 신선한 연료와 공기를 가지고 앞서 과정을 되풀이한다.

---

1. **열평형 법칙:** 제3의 물체와 각각 열평형에 있는 두 물체 역시 서로 열평형에 있다.

2. **에너지 보존법칙:** 정지한 물체의 내부에너지의 변화는 이 물체에 전달된 열에서 이 물체가 주위에 한 일을 뺀 것이다.

$$\text{내부에너지 변화} = \text{가한 열} - \text{한 일} \qquad (8.1.1)$$

3. **엔트로피 법칙:** 열적으로 고립된 물체계의 엔트로피는 절대로 감소하지 않는다.

4. **열펌프의 효율:** 열펌프의 이상적인 효율은 뜨거운 물체와 차가운 물체의 온도에 의존한다.

$$\text{차가운 물체에서 빼앗은 열} = \text{일} \cdot \frac{\text{온도}_{\text{차가운}}}{\text{온도}_{\text{뜨거운}} - \text{온도}_{\text{차가운}}}$$

$$\text{뜨거운 물체에 준 열} = \text{차가운 물체로부터 받은 열} + \text{일} \qquad (8.1.2)$$

5. **열기관의 효율:** 열기관의 이상적인 효율은 뜨거운 물체와 차가운 물체의 온도에 의존한다.

$$\text{일} = \text{뜨거운 물체로부터 받은 열} \cdot \frac{\text{온도}_{\text{뜨거운}} - \text{온도}_{\text{차가운}}}{\text{온도}_{\text{뜨거운}}}$$

$$\text{차가운 물체에 전달된 열} = \text{뜨거운 물체로부터 받은 열} - \text{일} \qquad (8.2.1)$$

연습문제

1. 물을 차게 하는 음료대는 통풍기 없이는 작동하지 않는다. 음료대에는 보통 한쪽에 송풍구가 있어 공기가 안으로 흐를 수 있다. 왜 음료대는 이런 공기 흐름을 필요로 할까?

2. 방을 식히기 위해 냉장고 문을 열면 방안 온도가 실제로는 조금 올라간다. 왜 냉장고가 방에서 열을 빼앗지 못할까?

3. 중앙 에어컨 시스템의 실외 부분은 응축기 코일로 바람을 불어넣는 송풍기를 가지고 있다. 이 송풍기가 고장이 나면 왜 에어컨이 집을 적절하게 냉방할 수 없을까?

4. 자전거 손펌프의 출구를 막고 펌프 내부의 공기를 압축하기 위해 손잡이를 밀면 펌프가 뜨거워진다. 왜일까?

5. 현재 태양을 구성하고 있는 기체가 중력에 의해 압축된다면 이 기체의 온도에 어떤 일이 생길까?

6. 왜 자동차는 추운 날보다 더운 날 더 노킹을 잘 일으킬까?

7. 음료수 빨대로 이산화탄소 기체를 물에 불어넣어 탄산수를 만든다. 이 기체는 작은 강철 용기에 압축되어 있다. 기체가 용기에서 나와 물로 들어갈 때 왜 용기가 차가워질까?

8. 높이 나는 비행기는 차갑고 밀도가 낮은 외부 공기를 기내에 공급하기 전에 공기를 압축해야 한다. 압축 후 왜 이 공기를 에어컨으로 냉각해야 할까?

9. 유리 꽃병을 바닥에 떨어뜨리면 산산조각이 난다. 그러나 이 조각들을 바닥에 떨어뜨리면 유리 꽃병이 되지 못한다. 왜 그럴까?

10. 뜨거운 돌을 차가운 진흙에 던질 때 이 계의 전체 엔트로피에 어떤 일이 생길까?

11. 물이 든 유리잔의 위쪽 절반이 물이 끓을 정도로 뜨거운 반면 아래쪽 절반이 자발적으로 어는 일이 일어나지 않는 것은 무엇 때문일까?

12. 누군가가 방의 열을 전기로 계속해서 변환할 수 있는 장치를 가지고 있다고 주장한다고 가정해 보자. 열역학 제2법칙을 위배하기 때문에 이 장치가 사기임을 알 수 있을 것이다. 설명하시오.

13. 왜 눈은 어떤 곳에 높게 쌓이고 다른 곳에는 덜 쌓이지 않고 지면에 거의 균일하게 쌓이는 것일까?

14. 유리 구이접시를 뜨거운 오븐에서 꺼내 차가운 물에 담글 경우 접시가 깨진다. 무엇이 유리를 깨는 데 필요한 질서 있는 역학적 에너지를 제공하는 것일까?

15. 겨울 동안 결빙과 해빙의 순환과정이 도로를 파괴하고 깊은 구멍을 만든다. 무엇이 도로를 파괴하는 역학적 에너지를 공급할까?

16. 장작난로 주위의 공기가 방 전체를 순환한다. 무엇이 공기가 순환하는 에너지를 공급할까?

17. 바람은 지구 표면의 온도 차이에 의해 생긴다. 뜨거운 지점에서 공기가 상승해 차가운 지점으로 하강하여 순환하는 공기의 거대한 대류 세포를 형성한다. 지면 근처에서 바람은 차가운 지점에서 뜨거운 지점으로 분다. 어떻게 대기가 열기관처럼 행동하는지 설명하시오.

18. 허리케인은 더운 대양 지역의 열에너지와 차가운 주위 지역의 질서에 의해 움직이는 거대한 열기관이다. 여름이 끝나갈 때 비정상적으로 더운 물을 가진 지역에서 형성되는 허리케인이 왜 가장 파괴적일까?

19. 어느 청명하고 태양빛이 비추는 날 지면이 균일하게 가열되어 있고 바람이 거의 불지 않는다. 바람이 없는 것을 설명하기 위해 열역학 제2법칙을 사용하시오.

20. 식물은 뜨거운 태양으로부터 차가운 지구로 흐르는 태양빛에 의해 작동하는 열기관이다. 식물은 비교적 낮은 엔트로피를 가진 고도의 질서를 가진 계이다. 왜 식물의 성장은 열역학 제2법칙을 위배하지 않을까?

21. 디젤 엔진은 가솔린 엔진보다 높은 온도에서 연료를 태운다. 왜 이런 차이가 디젤 엔진이 연료의 에너지를 일로 바꾸는 효율을 가지도록 할 수 있을까?

22. 화학 로켓은 뜨거운 배기가스에 의해 추진되는 열기관이다. 화학 로켓 내부의 불의 온도가 높을수록 로켓의 효율이 높아진다. 이 사실을 열역학 제2법칙을 사용해 설명하시오.

23. 친구가 주위에 열을 방출하지 않는 가솔린 자동차를 만들었다고 주장한다. 열역학 제2법칙을 사용하여 이 주장이 불가능하다는 것을 보이시오.

문 제

1. 1 kg의 물을 온도가 1℃ 더 증가할 때까지 휘젓는다. 이 물에 얼마나 많은 일을 해주어야 할까?

2. 1 kg의 황동 동상을 닦으면서 미끄럼 마찰력에 대해 760 J의 일을 해준다. 열에너지가 모두 동상으로 흘러갔다고 가정할 때 동상의 온도가 얼마나 올라갔을까?

3. 납으로 된 공을 10 m 높이에서 시멘트 바닥에 떨어뜨린다. 공이 튀기를 멈췄을 때 이 공의 온도가 얼마나 올라갔을까?

4. 300 K의 구리공의 열에너지를 모두 일로 전환한다면 이 공을 얼마나 높이 들어 올릴 수 있을까?

5. 나무 조각에 구멍을 뚫는 데 1000 J의 일이 든다. 이 작업의 결과 나무와 드릴의 전체 내부에너지는 얼마나 증가할까?

6. 이상적인 열효율을 가진 냉동고가 음식물의 온도를 260 K로 낮춘다. 실온이 300 K라면 음식물로부터 100 J의 열을 빼앗기 위해 냉동고는 얼마의 일을 해주어야 할까?

7. 이상적인 열효율을 가진 냉장고가 270 K의 음식물로부터 900 J의 열을 빼앗는다. 이 냉장고는 얼마나 많은 열을 300 K의 실내공기로 전달해야 할까?

8. 이상적인 열효율을 가진 열펌프가 1000 J의 열을 300 K의 실내 공기로 전달한다. 이 열펌프는 열을 260 K의 실외 공기로부터 뽑아낸다면 전달된 열의 얼마가 원래 이 전달 과정에서 소비한 일이었을까?

9. 외부 공기의 온도가 310 K일 때 이상적인 열효율을 가진 에어컨이 실내 공기 온도를 300 K로 유지한다. 1240 J의 열을 외부로 전달하려면 에어컨은 일을 얼마나 해주어야 할까?

10. 열이 1500 K의 연소 기체로부터 300 K의 공기로 흐를 때 이상적인 열효율을 가진 비행기가 일을 공급한다. 연소 기체를 떠나 일로 변환되는 열의 율은 얼마일까?

11. 이상적인 열효율을 가진 증기선이 300 K 기온에서 500 K의 증기로 작동한다. 증기로부터 1000 J의 열이 빠져나갈 때 증기선은 얼마나 많은 일을 얻을 수 있을까?

12. 해변에 부는 바닷바람은 뜨거운 육지(310 K)로부터 차가운 바닷물(290 K)로 열이 흐르기 때문에 생긴다. 이상적인 효율을 가정할 때 이 바닷바람은 육지로부터 1000 J의 열을 빼앗기 위해 얼마나 많은 일을 해주어야 할까?

13. 이상적인 효율을 가진 태양에너지 시스템은 열이 6100 K의 태양표면으로부터 300 K의 실내 공기로 열을 흐르게 하여 일을 생산한다. 태양열이 일로 변환되는 율은 얼마인가?

공명과 역학적 파동
Resonance and Mechanical Waves

우리 주위에서 볼 수 있는 많은 멋진 운동들은 주기운동이다. 우리 삶은 태양의 자전부터 비 오는 날 연못에 이는 잔물결까지 여러 순환과정들로 가득 차 있다. 이런 주기운동들은 물리법칙의 지배를 받으며 우리 여행의 흔적을 시간과 공간에 꾸준히 남기고 있다. 이런 순환과정의 일부는 필연적으로 우리 삶을 결정하지만 다른 순환과정들은 단순히 관측을 위해 존재한다. 여전히 다른 순환과정들은 유용하고 흥미롭기 때문에 우리 일상 세계의 일부가 되어왔다. 이 단원에서는 순환과정을 세 가지 대상, 즉 시계, 악기, 해변에 대해 살펴봄으로써 주기운동의 세 가지 가능성을 다룰 것이다.

일상 속의 실험 | 노래하는 와인잔

크리스털 와인잔과 약간의 물 그리고 미묘한 손가락 운동으로 주기운동에 관한 간단한 실험을 할 수 있다. 크리스털 와인잔은 단단하고 얇아 진동이라고 부르는 역학적 반복운동을 쉽게 보일 수 있다. 유리의 강도가 이 진동운동의 에너지를 오랫동안 유지시켜 주기 때문에 숟가락으로 와인잔을 살짝 두드리면 소리가 잘 난다. 또 유리의 강도는 다음에 기술할 방식으로 느리게 에너지를 얻게 해준다.

이 실험 자체는 멋진 식당에서 탁자 위에 놓인 식기들이 유일한 오락거리이고 오래 앉아있어 무척 지루한 청소년들에 의해 발견되었다. 손가락을 약간 물에 적셔 와인잔의 주둥아리를 부드럽게 느리지만 꾸준히 문지르면 와인잔이 크게 노래하게 할 수 있다. 와인잔은 유리벽이 앞뒤로 진동하면서 맑은 소리를 방출한다.

크리스털 와인잔을 구할 수 없다면 운이 없는 것이다. 보통의 유리잔은 손가락이 준 에너지를 급속히 열에너지로 전환할 수 없어 큰 소리를 방출할 수 없기 때문에 보통의 유리잔으로는 잘 되지 않는다. 어떤 경우에나 손가락을 베지 않도록 유리잔의 주둥아리에 날카로운 가장자리가 없어야 한다.

물을 유리잔에 더 부으면 어떤 일이 일어날까? 실험을 통해 무슨 일이 일어나는지 확인해 보자. 유리잔이 진동할 때 수면에 눈으로 볼 수 있는 어떤 것이 나타날까?

Courtesy Lou Bloomfield

9장 학습 일정

와인잔의 진동은 유리잔 자체의 주기운동인 자연 공명의 한 예이다. 유리잔을 숟가락으로 살짝 두드리든 아니면 손가락으로 문지르든 상관없이 유리잔이 이런 특징적인 운동을 하도록 만든다. 이 장에서는 자연 공명을 보여주는 몇 가지 다른 물체들, (1) **시계**, (2) **악기**, (3) **바다**를 살펴볼 것이다.

시계의 경우 진자, 평형 고리 및 수정 결정을 공부하여 시간 경과를

측정하는 데 어떻게 이들의 자연 공명을 사용하는지 알아본다. 악기의 경우 현악기, 관악기 및 타악기의 진동을 살펴보고 어떻게 이 악기들이 소리를 만들고 어떻게 이 소리가 우리 귀에 전달되는지 배운다. 마지막으로 바다의 경우 수면파의 본질을 살펴보고 조석, 쓰나미와 파도타기와 같은 주제를 다룬다. 미리 더 자세히 살펴보기 원한다면 이 장의 뒤에 있는 '요약, 중요한 법칙, 수식'을 참조하라.

9.1 │ 시계

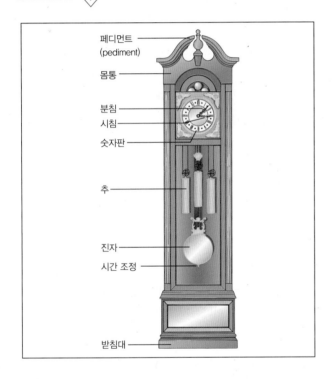

페디먼트
(pediment)

몸통

분침

시침

숫자판

추

진자

시간 조정

받침대

한적이었고 늘 주의를 기울여야 했다. 더 나은 시계들은 흔들림이나 요동과 같은 주기적인 운동으로 시간을 측정한다. 이 절에서는 주기운동에 기초한 현대식 시계의 작동에 대해 살펴볼 것이다. 그렇게 함으로써 주기운동 그 자체로도 흥미로우며 시계를 포함해 수없이 많은 물체에서 이런 운동이 나타나는 것을 볼 것이다.

생각해 보기: 시간이란 정확히 무엇일까? 왜 어떤 물체들은 앞뒤로 주기적으로 흔들리거나 요동칠까? 시간을 측정하는 데 주기운동을 어떻게 사용할까? 물체가 흔들리거나 요동치는 시간율을 어떻게 변화시킬 수 있을까? 주기운동은 보통 영원히 지속되지 않기 때문에 시간기록 능력을 방해하지 않으면서 어떻게 주기운동을 지속시킬 수 있을까?

실험해 보기: 작고 밀도가 큰 물체를 줄의 한 끝에 달고 줄을 탁자나 문에 매달은 진자시계로 시간기록 장치를 만들 수 있다. 물체를 살짝 밀면 물체가 앞뒤로 흔들린다. 물체가 이 주기운동을 아주 규칙적으로 반복하는 것을 볼 수 있다. 이 규칙성을 제한하는 것은 무엇일까?

줄의 길이가 대략 25 cm이면 한 번 (앞뒤로) 흔들리는 데 거의 정확히 1초가 걸릴 것이다. 줄의 길이를 변화시키고 흔들림에 미치는 효과를 관찰하시오. 물체의 무게가 흔들림에 영향을 미친다고 생각하나? 다른 물체를 매달고 당신의 생각이 맞는지 확인하시오.

이제 흔들리는 정도를 바꾸고 이것이 흔들리는 데 걸리는 시간에 영향을 주는지 확인해 보시오. 어떻게 작게 흔들어도 크게 흔든 것과 같은 시간이 걸릴까? 물체를 리드미컬하게 밀어도 물체가 흔들리는 것에 주목하라. 불규칙하게 물체를 밀면 흔들림이 안 생긴다. 물체를 운동에 맞춰 밀어주어야 한다. 흔들리는 정도를 크게 하려면 물체를 언제 밀어야 할까? 흔들림을 작게 하려면 어떻게 해야 할까? 리드미컬하게 밀면 시계 속의 시간기록기가 계속해서 움직인다.

사람들은 자신들의 삶을 하늘에 따라 측정한다. 태양, 달과 별의 운동에 따라 날, 달, 년으로 시간을 나눈다. 일상의 최소 로맨틱한 단위의 경우에는 거의 도움을 주지 못한다. 하늘이 짧은 시간을 측정하는 쉬운 방법을 제공하지 못하기 때문에 사람들은 시계를 발명했다.

초기 시계는 단순한 과정을 완료하는 데 걸리는 시간, 즉 모래나 물의 흐름 또는 초의 연소에 기초했다. 그러나 이들 시계의 정확성은 제

시간

시계를 살펴보기 전에 간단히 시간 자체를 들여다봐야 한다. 과학자들은 **시간**(time)을 하나의 차원으로 취급했다. 그러나 이 차원은 우리 주위의 세상에서 의식할 수 있는 세 개의 공간 차원과 동일하지 않다. 합해서 우리 우주는 네 개의 차원을 가지고 있다. 세 개는 공간

차원이고, 한 개는 시간 차원이다. 그러므로 사건이 언제 어디서 일어났는지 완전하게 이야기하려면 네 개의 숫자가 필요하다. 세 개의 숫자는 사건이 일어난 장소를, 한 숫자는 시간의 순간을 알려준다.

공간(space)과 시간의 분명한 차이는, 공간은 우리 주위에 펼쳐져 있는 것이고 이와는 달리 시간은 단지 **경과**(passage)만을 관찰할 수 있는 것이라는 점이다. 우리는 주어진 순간에 공간의 한 장소에만 있을 수 있지만 어쨌든 우리 주위에 공간이 펼쳐져 있는 것을 더 잘 알고 있다. 과거로부터 미래로 시간의 전체 틀이 펼쳐져 있는 것을 감지하기는 훨씬 더 어렵다. 우리는 상상력을 동원해야 한다.

시간과 공간의 또 다른 차이는, 우리는 되돌아서서 왔던 길을 걸어갈 수 있는 반면 젊어질 수는 없다는 것이다. 공간여행은 가역적이지만 시간여행은 일방향이다. 시간의 비가역성은 엔트로피 및 엔트로피 법칙(8장 참조), 특히 항상 증가하는 우주의 무질서와 관련이 있다. 무질서가 증가하고, 나이를 먹으며, 잡초가 집 주위에서 자라고, 심지어는 시계가 고장난다.

공간 의식은 궁극적으로 한 장소에서 다른 장소로 여행하기 위한 힘, 가속도 및 속도에 기초를 두고 있다. 적당한 힘, 가속도 및 속도로 도시 여행을 하려면 긴 시간이 걸리기 때문에 도시가 멀리 있는 것처럼 보인다. 시간 의식은 동일한 역학적 원리에 기초를 두고 있다. 두 순간이 긴 시간 떨어져 있다면 두 순간 사이에 적당한 힘, 가속도 및 속도로 먼 거리를 여행할 수 있다고 생각한다. 짧게 말해 공간과 시간에 대한 우리의 의식은 서로 교차되어 있으며 시간과 공간의 측정 역시 연결되어 있다.

공간은 자로 측정하고 시간은 시계로 측정한다. 어떻게 자를 만들까? 자동차를 일정한 속도로 몰면서 도로에 매초마다 한번 페인트칠을 함으로써 거대한 자를 만들 수 있다. 이 자는 그리 실용적이지 않지만 일정한 간격으로 공간 표시를 함으로써 자의 정의를 만족한다. 시간 속 운동을 공간을 측정하는 데 사용할 수 있다.

어떻게 시계를 만들까? 거대한 자를 따라 자동차를 일정한 속도로 몰면서 표시 하나를 지날 때마다 수를 셈으로써 조금 이상한 시계를 만들 수 있다. 그 후 공간적 운동을 사용해 시간을 측정할 수 있을 것이다. 대부분의 시계는 실제로 시간을 측정하기 위해 운동을 사용한다. 하지만 곧 알 수 있듯이 시계는 자동차의 운동보다는 간편한 운동을 사용한다.

개념 이해도 점검 #1: 달에서의 반사

지구에서 달까지의 거리를 측정하기 위해 과학자들은 아폴로 우주인들이 달에 설치한 반사판에 빛을 반사시킨다. 빛은 일정한 속도로 이동한다. 어떻게 달까지 빛이 왕복하는 시간을 측정하여 지구로부터 달까지의 거리를 결정할 수 있을까?

해답 빛은 일정한 속도로 이동하기 때문에 빛이 이동한 거리는 빛의 속도에 빛의 여행시간을 곱한 것이 된다. 여행시간과 빛 속도를 알면 거리를 결정할 수 있다.

왜? 많은 거리 측정은 시간을 측정하여 얻는다. 측량사들은 통상적으로 거리를 측정하는 데 빛의 여행시간을 사용한다. 장식가와 건축가들은 흔히 벽 사이의 거리를 측정하는 데 소리의 여행속도를 사용한다. 일반적으로 물체가 일정한 속도로 이동할 때 경과된 시간을 알면 여행한 거리를 측정할 수 있다. 또는 여행한 거리를 알면 경과시간을 측정할 수 있다.

자연 공명

이상적인 시간기록 운동은 정확성과 편리함을 모두 제공해야 한다. 이것으로 분명한 선택의 일부를 배제할 수 있다. 태양, 달, 별들은 시간을 아주 잘 지키지만 편리함에서 낙제점을 받는다. 에너지, 운동량과 각운동량의 보존이 이들의 운동을 지배하기 때문에 천체는 꾸준히 그리고 예측가능토록 하늘에서 여러 세기를 거쳐 움직이고 있다. 그러나 구름이 낀 날에는 어떻게 해야 하나? 그리고 모래시계와 타는 양초와 같은 간단한 시간 간격 타이머는 제작과 사용이 쉬운 반면 그리 정확하지 않다. 게다가 '시계'가 서지 않도록 누가 하루 종일 자지 않고 새 양초에 불을 붙이겠는가? (흥미로운 천문시계에 대해 알고 싶다면 **1**을 보시오.)

대신 실용적인 시계는 **자연 공명**(natural resonance)이라고 부르는 특별한 종류의 주기 운동에 기초하고 있다. 자연 공명에서 고립된 물체나 물체계의 에너지가 특정한 운동을 계속해서 반복하게 한다. 흔들의자의 흔들림부터 수면의 물 튀김과 깃대의 진동까지 우리 세상의 많은 물체들은 자연 공명을 보여준다. 그리고 이런 자연 공명들은 보통 안정 평형점 주위의 운동과 관련이 있다. 3.1절에 있는 용수철저울의 진동처럼 안정 평형점으로부터 변위된 물체는 이 평형점을 향해 가속되지만 멈추지 못하고 지나치게 된다. 물체가 평형점을 지나 움직이다가 다시 되돌아온다. 물체가 초과 에너지를 가지고 있는 한 물체는 계속해서 평형점 주위에서 앞뒤로 움직이기 때문에 자연 공명이 일어난다.

튀는 공과 비튼 병의 운동처럼 일부 공명은 꾸준히 진동하지 않아 시계에는 부적합하다. 그러나 우리는 아주 규칙적이어서 시간 경과를 아주 정확하게 측정하는 데 사용할 수 있는 최고의 공명을 곧 만날 것이다. 이런 공명들은 **조화진동자**라고 알려진 중요한 역학계 그룹에 속한다.

▶ 개념 이해도 점검 #2: 모래시계

모래시계에서 모래가 다 떨어질 때마다 시계를 뒤집음으로써 시간을 반복해서 측정할 수 있지만 이런 수동 방식에는 시간측정의 오차가 뒤따른다. 3분짜리 모래시계를 모래가 다 떨어진 뒤 10초 이내에 항상 뒤집어준다면 하루 동안 시간을 측정할 때 얼마나 정확하게 시간을 측정할 수 있을까?

해답 24시간 뒤 80분의 시간을 잃게 된다.

왜? 모래시계를 조작하는 사람이 모래가 떨어진 뒤 10초를 기다려 시계를 뒤집는다면 이 시계는 3분마다 10초, 1시간마다 200초, 하루마다 4800초를 잃게 된다. 조작하는 사람이 항상 10초를 기다리는 것이 분명하다면 이것을 시계를 설계하는 데 포함시킬 수 있다. 그러나 이 사람이 느리거나 빠르게 뒤집을 수 있으므로 이런 불확실성에 의해 시계의 신뢰성과 정확성이 떨어진다. 정확한 시간을 유지하기 위한 반복적인 시계는 거의 완벽한 규칙성을 가지고 운동을 반복해야 한다.

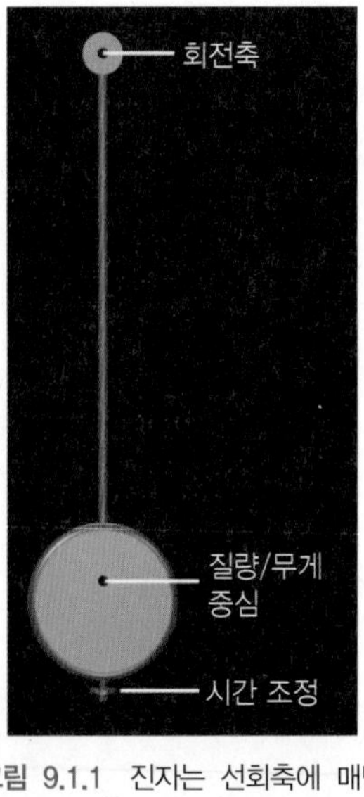

진자와 조화진동자

시계에 응용된 자연 공명 중 하나가 진자의 흔들림이다. 진자는 선회축에 매단 추이다(그림 9.1.1). 진자의 무게중심이 선회축 바로 아래에 있으면 진자는 안정 평형에 있다. 진자의 무게중심이 가장 낮기 때문에 진자를 이동시키면 중력 위치에너지가 증가하고 복원력이 진자

— 회전축 / 질량/무게 중심 / 시간 조정

그림 9.1.1 진자는 선회축에 매단 추로 구성되어 있다. 진자의 무게중심이 선회축 바로 아래에 있으면 진자는 안정 평형에 있게 된다.

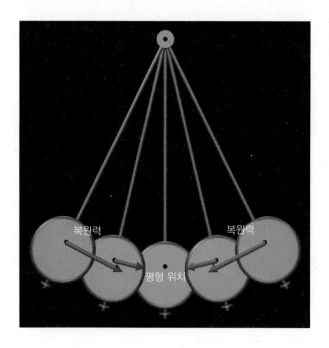

그림 9.1.2 진자의 무게중심을 평형위치로부터 멀어지도록 기울이면 진자는 평형위치로부터의 거리에 비례하는 복원력을 받는다.

를 평형위치를 향하도록 민다(그림 9.1.2). 기하학적 이유 때문에 이 복원력은 진자가 평형으로부터 얼마나 멀리 떨어져 있는지에 거의 정확히 비례한다. 진자를 평형위치로부터 꾸준히 멀리한다면 진자에 작용하는 복원력도 꾸준히 증가한다.

이동한 진자를 놓으면 복원력에 의해 진자가 평형위치를 향해 가속된다. 그러나 정지하는 대신 진자는 평형위치 주위에서 앞뒤로 흔들려 **진동**(oscillation)이라고 부르는 주기운동을 한다. 진자가 흔들리는 동안 진자의 에너지가 위치에너지와 운동에너지 사이를 오간다. 진동의 중앙에 있는 평형위치를 지날 때 진자의 흔들림이 가장 빨라지고, 이때 진자의 에너지는 모두 운동에너지이다. 진동의 끝에서 진자가 잠시 멈추며, 에너지는 모두 중력 위치에너지이다. 과잉 에너지가 한 형태에서 다른 형태로 반복적으로 전환되는 것이 모든 진동의 일부 속성이며 과잉 에너지가 열에너지로 전환되거나 다른 곳으로 전달될 때까지 진동자, 즉 진동하는 계는 계속해서 앞뒤로 움직인다.

그러나 진자는 다른 진동자와는 다르다. 복원력이 평형으로부터의 변위에 비례하기 때문에 진자는 **조화진동자**(harmonic oscillator; 자연에서 가장 간단하고 가장 잘 이해된 역학계)이다. 진자는 조화진동자로서 **단조화운동**(simple harmonic motion)을 한다. 이 운동은 멋진 시간기록기로 사용할 수 있는 규칙적이고 예측 가능한 진동이다.

모든 조화진동자의 **주기**(period; 한 번의 완전한 순환운동을 끝내는 데 걸리는 시간)는 복원력이 얼마의 경직도로 진동자를 앞뒤로 미는지와 진동자의 관성이 이 운동의 가속도에 저항하는지에만 의존한다. **경직도**(stiffness)는 진동자를 평형으로부터 변위시켰을 때 복원력이 얼마나 급격히 증가하는지를 나타내는 척도이다. 경직도가 큰 복원력은 단단한 물체와 관련이 있는 반면 덜 경직된 복원력은 부드러운 물체와 관련이 있다. 복원력의 경직도가 클수록 진동자를 더 세게 앞뒤로 밀며 진동자의 주기가 짧아진다. 반면 진동자의 질량이 클수록 가속도가 작아지고 주기는 늘어난다.

그러나 조화진동자의 가장 놀랍고 중요한 특성은 주기가 경직도와 질량에 의존한다는 것이 아니라 주기가 평형으로부터 가장 먼 변위인 **진폭**(amplitude)에 의존하지 **않는다**는 것이다. 진폭이 크던 작던 상관없이 조화진동자의 주기는 정확히 같다. 진폭에 관계없음은 특수한 복원력, 즉 평형으로부터의 변위에 비례하는 복원력의 결과이다. 큰 진폭에서 진동자는 매 순환 때마다 더 멀리 움직이지만 진동자를 가속하는 힘 역시 강하다. 전체적으로 조화진동자는 더 큰 순환운동을 할 때 주기가 작은 순환운동을 할 때 주기와 같아지도록 빨리 움직인다.

모든 조화진동자는 앞뒤 운동을 하게 하는 복원력 성분과 이 운동에 저항하는 관성 성분을 가진 것으로 생각할 수 있다. 이들의 경쟁에 의해 진동자의 주기가 결정된다. 경직된 복원력과 작은 관성을 가진 조화진동자는 짧은 주기를 가진다. 반면 부드러운 복원력과 큰 관성을 가진 조화진동자는 긴 주기를 가진다. 이들의 진동 진폭은 주기에 영향을 주지 않으며 이것이 조화진동자가 시간기록에 아주 이상적인 이유이다. 실용적인 시계는 시간기록용 진동자의 진폭을 완벽하게 조절할 수 없기 때문에 거의 모든 시계는 조화진동자에 기초를 두고 있다.

◉ 조화진동자
조화진동자는 평형으로부터의 변위에 비례하는 복원력을 받는 진동자이다. 조화진동자의 주기는 복원력의 경직도와 질량에만 의존하지 진동의 진폭에는 의존하지 않는다.

사실 진자는 질량을 증가시켜도 주기가 증가하지 않기 때문에 이상한 조화진동자이다. 진자의 질량을 증가시키는 것 역시 무게를 증가시키고 따라서 복원력을 증가시키기 때문에 그렇다. 이런 두 변화가 서로 완벽히 상쇄되어 진자의 주기가 불변한다.

그러나 진자의 주기는 진자의 길이와 중력에 의존한다. 선회축과 질량중심 사이의 거리인 진자의 길이를 줄이면 복원력이 커져 주기가 짧아진다. 동일하게 중력을 크게 하면(목성으로 여행을 가서) 진자의 무게가 증가하여 복원력이 커지고 주기가 짧아진다. 증명하지는 않겠지만 진자의 주기는

$$진자의\ 주기 = 2\pi\sqrt{\frac{진자의\ 길이}{중력가속도}}$$

이다. 그러므로 짧은 진자는 긴 진자보다 더 자주 흔들리고 모든 진자는 달에서보다 지구에서 더 자주 흔들린다.

지구 표면에서 0.248 m의 진자는 1초의 주기를 가지므로(그림 9.1.3) 진자가 한 번 진동할 때마다 초침이 1초씩 이동하는 벽시계를 만드는 데 적합하다. 진자의 주기가 진자 길이의 제곱근에 비례하기 때문에 0.992 m의 진자(0.248 m 진자의 4배)가 한 번 진동하는 데는 2초가 걸리므로 초침이 한 번에 2초씩 이동하는 거실 시계에 적합하다.

진자의 주기가 진자의 길이와 중력에 의존하기 때문에 어느 하나라도 변화하면 문제가 생긴다. 7장에서 배운 것처럼 물질들은 온도가 증가하면 팽창하므로 단진자가 열을 받으면 느려진다. 더 정확한 진자는 다른 열팽창 계수를 가진 여러 다른 물질을 사용해 진자의 질

그림 9.1.3 흔들리는 진자가 시계 침의 운동을 제어한다. 회전축에서 질량/무게중심까지의 거리가 0.248 m인 진자이므로 진동을 한 번 하는 데 1초가 걸리고 침을 1초마다 전진하게 한다.

량중심이 항상 회전축으로부터 고정된 거리에 있도록 열적 보상을 하고 있다.

중력이 시간에 따라 변하지 않지만 중력은 장소에 따라 조금 변한다. 공장과 시계의 최종 목적지 사이의 중력 차이를 교정하기 위해 진자에 눈금이 파진 조정 손잡이가 달려있다. 이 손잡이로 진자의 길이를 변화시키면 진자의 주기를 미세 조정할 수 있다.

> **▶ 개념 이해도 점검 #3: 그네 타는 시간**
>
> 그네에 탄 한 아이가 일정한 리듬으로 앞뒤로 흔들린다. 무엇이 이 아이의 운동 주기를 결정할까?
>
> ▷ 해답 지구 중력의 세기와 그네 줄의 길이
>
> ▷ 왜? 아이가 탄 그네는 일종의 진자이다. 모든 진자들처럼 아이 운동의 주기는 중력 세기와 진자의 길이에 의해서만 결정된다. 이 경우 진자의 길이는 대략 그네를 지지하는 줄의 길이다. 따라서 긴 그네는 짧은 그네에 비해 주기가 길다.

진자시계

진자가 일정한 박자를 유지할 수 있지만 완전한 시계라 할 수 없다. 진자의 흔들림을 유지하고 이 흔들림을 시간을 결정하는 데 사용할 어떤 것이 필요하다. 진자시계는 이 둘을 다 가지고 있다. 진자시계는 살짝 밀어줌으로써 진자의 운동을 유지시키고, 이 운동을 일정하게 시계 침을 이동시키는 데 사용한다.

진자의 위쪽에 두 팔이 달린 앵커(anchor)가 있다. 앵커는 톱니바퀴의 회전을 제어한

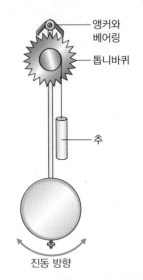

앵커와
베어링

톱니바퀴

추

진동 방향

그림 9.1.4 진자시계는 톱니바퀴를 얼마나 빨리 돌리며 시계 침을 제어하는 일련의 기어들을 전진시키는지를 결정하는 흔들림 진자를 사용한다. 앵커는 매번 진자가 진동을 마칠 때마다 톱니바퀴가 한 톱니 전진하도록 해준다.

다(그림 9.1.4). 이 메커니즘을 **지동**(escapement)이라고 부른다. 톱니바퀴 축 주위에 감긴 무거운 줄이 톱니바퀴에 회전력을 작용하기 때문에 앵커가 제 자리에서 톱니바퀴를 붙잡고 있지 않으면 바퀴가 회전하게 된다. 진자가 흔들림의 끝에 도달할 때마다 앵커의 한 팔이 톱니바퀴를 자유롭게 해주는 반면 다른 팔이 바퀴를 붙잡는다. 진자가 앞뒤로 흔들리는 동안 바퀴가 천천히 회전하여 진자가 한 번 진동할 때마다 한 톱니씩 이동한다. 이 바퀴가 일련의 기어를 거쳐 시계 침을 느리게 전진하게 한다. 시계 침이 사실 진자가 흔들린 수를 세고 있지만 시계 침의 위치가 현재 시간을 가리키도록 시계 침의 운동을 눈금 조정한다.

톱니바퀴는 또한 매번 진자가 진동을 마칠 때마다 앵커가 조금씩 앞으로 이동하도록 밀어줌으로써 진자가 계속해서 움직이도록 해준다. 앵커는 미는 방향 쪽으로 움직이므로 톱니바퀴가 앵커와 진자에 일을 해주게 되어 마찰과 공기 저항에 의해 사라진 에너지를 보충한다. 이 에너지는 추가 달린 줄로부터 나오며 추가 내려가면서 중력 위치에너지를 방출한다. 시계를 감을 때 줄이 선회축 주위로 감기며 추를 들어 올려 위치에너지를 보충한다.

톱니바퀴의 미는 힘이 가장 느린 진자조차도 진동할 수 있게 하지만 진자가 완벽히 자유롭게 흔들릴 때 시계가 가장 잘 작동한다. 이유는 다른 외부 힘(톱니바퀴의 미는 힘을 포함해)이 진자의 주기에 영향을 주기 때문이다. 가장 정확한 시간기록기는 어떤 저항도 받지 않고 진동하거나 에너지 보충 없이 수천 또는 수백만 번을 진동하는 물체이다. 이런 정확한 시간기록기는 계속 움직이기 위한 최소한의 미는 힘만 필요로 하며, 따라서 아주 정확한 주기를 가진다. 이것이 좋은 진자시계가 공기역학적 진자와 낮은 저항의 베어링을 사용하는 이유이다.

마지막으로 시계는 진자의 진폭이 비교적 일정해야 한다. 실용성 면에서 진폭이 크게 변하면 톱니바퀴가 불규칙하게 회전하게 된다. 그러나 진자의 진폭을 일정하게 해야 할 더 근본적인 이유가 있다. 실제로 진자는 완전한 조화진동자가 아니다. 진자를 너무 멀리 변위시키면 진자는 **비조화진동자**(anharmonic oscillator), 즉 복원력이 평형으로부터의 변위에 비례하지 않게 되어 주기가 진폭에 의존하기 시작하게 된다. 주기 변화는 시계의 정확성을 해치기 때문에 진자의 진폭을 작고 일정하게 만들어야 한다. 이런 방법으로 진폭은 진자의 주기에 거의 영향을 주지 않게 된다.

▶ 개념 이해도 점검 #4: 그네 밀어주기

놀이터 그네에 앉은 어린아이를 밀 때 보통 아이가 나에게서 멀어질 때 아이를 앞으로 민다. 아이가 나를 향해 올 때마다 아이를 앞으로 밀어준다면 어떤 일이 생길까?

해답 아이 운동의 진폭이 점차적으로 감소하여 결국 멈추게 된다.

왜? 아이가 진동을 하려면 아이가 마찰과 공기 저항으로 잃은 에너지를 보충해 주어야 한다. 아이가 나에게서 멀어질 때마다 아이를 앞으로 밀어줌으로써 아이에게 일을 해주어 아이의 에너지를 증가시킬 수 있다. 그러나 아이가 나를 향해 올 때 아이를 밀면 아이가 나에게 일을 하게 되어 아이 에너지의 일부를 내가 빼앗는 셈이 된다. 따라서 아이의 운동을 지속시키기보다 아이의 운동을 멈추게 된다.

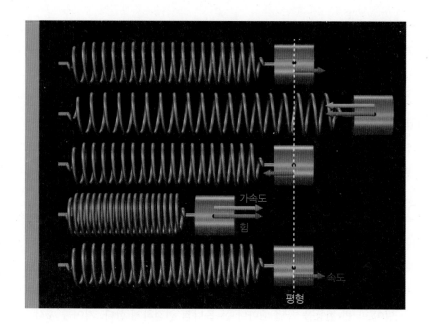

그림 9.1.5 스프링에 매달린 금속 실린더는 조화진동자로, 여기서는 시간 순서대로(위에서 아래로) 진동자의 운동을 보여주고 있다. 진동자의 주기는 스프링의 경직도와 실린더의 질량에 의해서만 결정된다.

밸런스시계

흔들리는 진자는 복원력을 중력에 의존하기 때문에 진자를 기울이거나 이동하면 안 된다. 이것이 진자에 기초한 손목시계가 거의 없는 이유이다. 조화진동자의 우수한 시간기록 특성을 이용하기 위해 휴대용 시계는 변위에 비례하지만 중력과 무관한 다른 복원력을 필요로 한다. 즉, 이 시계는 스프링을 필요로 한다!

3.1절에서 보았듯이 스프링에 작용하는 힘은 변형(distortion)에 비례한다. 스프링을 많이 당기거나, 압축하거나, 휘게 할수록 평형 형태를 향해 스프링이 더 세게 되돌아가려고 한다. 스프링의 자유로운 끝에 나무토막을 매달고 나무토막을 살짝 당겼다가 놓으면 스프링의 경직도와 나무토막의 질량에 의해서만 결정되는 주기를 가진 조화진동자가 된다(그림 9.1.5). 조화진동자는 운동의 진폭과 무관하기 때문에 나무토막은 평형 위치 주위로 꾸준히 진동하여 훌륭한 시간기록기가 된다.

불행하게도 중력이 이 단순한 계를 복잡하게 만든다. 중력이 나무토막의 주기를 바꾸지는 않지만 나무토막의 평형 위치를 아래로 내려가게 한다. 이 이동이 때때로 시계를 기울일 때 문제가 된다. 그러나 어느 방향, 어느 위치에서도 정확한 시간을 알려주는 또 다른 스프링에 기초한 시간기록기가 있다. 대부분의 기계식 시계와 손목시계에서 사용되는 이런 정교한 장치를 밸런스 링(balance ring) 또는 단순히 밸런스라고 부른다.

밸런스 링은 작은 금속 자전거 바퀴를 닮았다. 밸런스의 질량/무게중심을 축과 한 쌍의 베어링이 지지하고 있다(그림 9.1.6). 베어링의 마찰력이 링의 회전축에 아주 가까이 작용하기 때문에 회전력이 거의 작용하지 않아 링이 아주 잘 회전할 수 있다. 더욱이 링의 축이 자신의 중력중심이므로 링의 무게에 의한 회전력이 없다. 이름처럼 밸런스는 균형이 잡혀 있다.

밸런스 링에 회전력을 작용하는 유일한 것은 작은 코일 스프링이다. 이 스프링의 한 끝

그림 9.1.6 코일 스프링에 달린 작은 바퀴가 밸런스 링이라고 알려진 조화진동자이다. 여기서는 시간 순서대로(위에서 아래로) 진동자의 운동을 보여주고 있다. 진동자의 주기는 코일 스프링의 경직도와 바퀴의 회전질량에 의해서만 결정된다.

에 링이 달려있는 반면 다른 끝은 시계 몸통에 고정되어 있다. 스프링을 비틀지 않으면 링에 회전력이 작용하지 않아 링이 평형에 있다. 그러나 링을 어느 쪽으로든 회전시키면 비틀린 스프링에 의한 회전력이 링을 평형 방향으로 복원하고자 한다. 이 복원 회전력은 안정한 평형으로부터 얼마나 많이 링이 회전했는가에 비례하므로 밸런스 링과 코일 스프링이 조화 진동자를 형성하게 된다!

이 조화진동자의 회전 특성 때문에 주기는 코일 스프링의 회전 경직도, 즉 스프링을 비틀었을 때 얼마나 빨리 스프링의 회전력이 증가하는가와 밸런스 링의 **회전**질량에 의존한다. 밸런스 링의 주기는 운동의 진폭과 무관하므로 밸런스 링은 훌륭한 시간기록기이다. 또한 중력이 밸런스 링에 회전력을 작용하지 않기 때문에 이 시간기록기는 어느 곳, 어느 방향에서나 작동한다.

밸런스시계의 나머지는 진자시계와 유사하다(그림 9.1.7). 밸런스 링이 앞뒤로 진동하면서 톱니바퀴의 회전을 제어하는 레버를 기울인다. 레버에 달린 앵커가 톱니바퀴로 하여금 밸런스 링이 한 번 진동을 끝낼 때마다 한 톱니씩 전진하게 한다. 기어를 써서 톱니바퀴를 시계 침에 연결하여 톱니바퀴가 회전할 때 느리게 침이 전진하게 한다.

밸런스시계는 휴대용이므로 추가 달린 줄에서 에너지를 끄집어낼 수 없다. 대신 톱니바퀴에 회전력을 작용하는 주 스프링을 가지고 있다. 이 주 스프링은 시계를 감을 때 에너지를 저장하는 탄성을 가진 금속 코일이다. 이 에너지가 밸런스 링을 꾸준히 앞뒤로 회전하게 하며 시계 침을 회전시킨다. 톱니바퀴가 회전하면서 주 스프링이 풀리기 때문에 때때로 시계를 감아주어야 한다(밸런스시계의 두 가지 흥미로운 이야기를 알고 싶으면 **2**와 **3**을 보라).

2 해방된 흑인 노예의 아들인 Benjamin Banneker(흑인 수학자, 천문학자 겸 작가. 1731~1806)는 Maryland 담배농장에서 성장했고 빌린 책으로 학교 공부를 대신했다. 그는 천문학과 여섯 권의 연감을 편찬한 것으로 가장 유명하지만, 또한 미국 최초의 시계를 제작한 사람이다. 빌린 포켓 시계에 기초해 Banneker는 손으로 부품을 칼로 깎아 나무 밸런스시계를 만들었다. 시계는 50년 동안 정확한 시간을 가리켰고 매시 시간을 알려주었다.

3 태양과 별의 각도를 측정함으로써 선박 항해자들은 위도(남-북)를 결정할 수 있었지만 지구 자전 때문에 정확한 시계 없이는 경도(동-서)를 결정할 수는 없었다. 경도의 불확실성은 수많은 난파로 이어졌고, 1714년 영국 정부가 경도를 주어진 정확도 이내로 측정할 수 있는 사람에게 경도 상을 주겠다고 선언하였다. 이 엄청난 상을 수상한 사람 가운데 한 명이 영국의 시계 제작공 John Harrison(1693~1776)이었다. Harrison은 점점 더 정확한 네 대의 시계를 제작하는 데 30년 이상의 시간을 바쳤다. 그의 최종 시제품은 H4로 알려진 작은 밸런스 링 시계로 첫 대서양 횡단 항해 동안 단 5초만 틀렸으며, 이로 인해 경도를 대략 1.6 km 이내로 결정할 수 있었다. H4의 반복된 성공에도 불구하고 영국 정부가 Harrison의 업적에 충분한 보상을 하는 데까지는 10년 이상이 걸렸다.

그림 9.1.7 프랑스 골동품인 이 이동식 시계의 밸런스 링은 중앙부에 있는 나선형 스프링의 영향으로 앞뒤로 리드미컬하게 비틀린다. 링을 지지하고 있는 작은 루비 베어링이 마찰을 최소화하여 시계가 매우 정확한 시간을 알려주도록 한다.

우연히 빗자루가 샹들리에에 닿으면 이 천장에 매달린 거대한 등이 일정한 주기를 가지고 앞뒤로 뒤틀리기 시작한다. 진동 주기를 결정하는 것은 무엇일까?

해답 샹들리에를 지탱하는 줄의 회전 경직도와 샹들리에의 회전 질량에 의해 주기가 결정된다.

왜? 매달린 샹들리에는 조화진동자이다. 지탱하는 줄이 샹들리에에 복원력을 작용함으로써 비틀림에 저항한다. 한 번 샹들리에를 평형 방향으로부터 멀리 비틀면 샹들리에는 줄의 비틀림 경직도(비틀림에 대한 경직도)와 샹들리에의 회전 질량에 의해서만 결정되는 주기를 가지고 앞뒤로 진동한다. 여느 조화진동자처럼 샹들리에 운동의 진폭은 주기에 영향을 주지 않는다.

전자시계

진자시계와 밸런스시계의 잠재적인 정확성은 마찰, 공기저항과 열팽창에 의해 대략 1년에 10초 정도의 제약을 받는다. 더 정확하기 위하여 시계의 시간기록기들은 이런 역학적 단점을 피해야 한다. 이것이 수많은 현대식 시계가 시간기록기로 수정 진동자(quartz oscillator)를 사용하는 이유이다.

수정 진동자는 석영 단결정으로 만든다. 석영은 대부분의 흰 모래에서 발견되는 것과 동일한 물질이다. 단단하고 잘 부서지는 많은 물체들처럼 석영 결정도 때리면 앞뒤로 강하게 진동한다. 실제로 석영 결정이 양 끝에 금속 실린더를 매단 스프링처럼 행동하기 때문에 석영 결정은 조화진동자이다(그림 9.1.8의 왼쪽). 두 개의 실린더가 결합 질량중심 주위에서 대칭적으로 들어왔다 나갔다 하며 진동하고 주기는 실린더의 질량과 스프링의 경직도에 의해서만 결정된다. 석영 결정에서 스프링은 결정 자체이며 실린더는 결정의 두 절반이다(그림 9.1.8의 오른쪽). 복원력이 평형으로부터의 변위에 비례하기 때문에 두 계 모두 조화진동자이다.

예외적인 단단함 때문에 석영 결정의 복원력은 엄청나게 크다. 작은 비틀림조차 엄청난 복원력을 가져온다. 스프링의 경직도가 클수록 조화진동자의 주기가 작아지므로 전형적인 수정 진동자는 아주 짧은 주기를 가진다. 이 운동을 보통 진동보다는 **떨림**(vibration)이

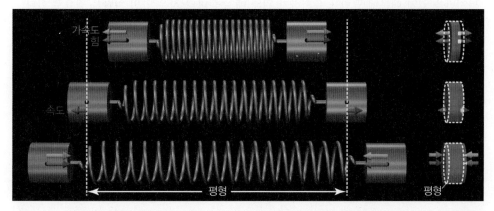

그림 9.1.8 석영 결정 원판(오른쪽)이 양 끝에 금속 실린더가 달린 스프링처럼 행동한다(왼쪽). 시간 순서대로(위에서 아래로) 두 계가 모두 평형 주위로 진동하고 있는 것을 보여 준다. 이들을 압축하면 밖으로, 잡아당기면 안으로 가속된다.

라 부른다. 역학계에서 떨림은 빠른 진동을 의미하기 때문이다. **진동**(oscillation) 자체는 모든 반복 과정을 일컫는 좀 더 일반적인 용어이며 전기진동자나 열진동자와 같은 비역학적 과정에도 적용될 수 있다.

빠른 떨림 때문에 수정 진동자의 주기는 1초보다 훨씬 짧다. 보통 이런 빠른 진동자는 **진동수**(frequency), 즉 특정 시간 동안 움직인 순환 과정의 수로 규정짓는다. 진동수의 SI 단위는 독일 물리학자 Heinrich Rudolph Hertz를 기념해 **헤르츠**(hertz, 약자로 Hz)라고 하며, 이는 **1초 당 순환횟수**(cycle per second)을 말한다. 또한 주기와 진동수는 서로의 역수이다.

$$진동수 = \frac{1}{주기}$$

그러므로 0.001초의 주기를 가진 진동자는 1000 Hz의 진동수를 가진다.

떨리는 결정은 어떤 것을 가로질러 미끄러지거나 공기 속에서 빨리 움직이지 않기 때문에 에너지를 느리게 잃어 아주 오래 동안 떨 수 있다. 또한 석영의 열팽창계수는 아주 작기 때문에 결정의 주기가 거의 결정의 온도와 무관하다. 이런 예외적으로 일정한 주기를 가지고 있어 수정 진동자는 1년에 1/10초에서 1초 이내의 오차를 갖는 고도로 정확한 시계의 시간기록기 구실을 할 수 있다.

물론 석영 결정도 완전한 시계는 아니다. 진자와 밸런스처럼 결정을 계속해서 떨게 해주고 이 진동으로 시간을 결정하는 데 사용할 어떤 것이 필요하다. 이런 작업을 기계식으로 할 수 있을 것 같지만 수정시계는 보통 전자식이다. 이 선택의 이유는 두 가지이다. 첫째 결정의 떨림은 너무 빠르고 작아 대부분의 역학적 장치가 이를 따라가지 못한다. 두 번째로 석영 결정은 태생적으로 전자적이다. 결정은 전기적 변형력에 기계적으로 반응하고 기계적 변형력에 전기적으로 반응한다. 역학적 행동과 전기적 행동이 결합되어 있기 때문에 석영 결정은 **압전**(piezoelectric) 물질로 알려져 있으며 전자시계에 이상적이다.

시계의 회로는 석영 결정을 떨게 하는 데 전기 변형력을 사용한다(그림 9.1.9). 세심하게 시간을 맞춰 밀면 놀이터에서 어린아이의 그네가 끝없이 흔들리듯이 시간을 잘 맞춘 전기적 변형력이 시계 안의 석영 결정을 끝없이 떨게 한다. 결정은 매 떨림마다 아주 작은 에너지만을 잃기 때문에 떨림을 유지하기 위해 매 순환마다 작은 양의 일만을 필요로 한다.

시계는 또한 결정의 떨림을 전기적으로 감지한다. 결정의 절반이 들어왔다 나갔다 할 때마다 결정은 기계적 변형력을 받아 전기 펄스를 방출한다. 이 펄스가 시계 침을 전진시키는 전기 모터를 제어하거나 펄스의 수를 세어 시간을 측정하는 전자 칩의 입력 구실을 한다.

시계와 손목시계에 사용되는 석영 결정은 특정 진동수로 떨도록 세심하게 잘라지고 연마된다. 실제로 이 결정들은 시계의 요구조건을 충족하도록 악기처럼 조율된다. 결정의 각 떨림을 세는 일은 에너지를 소비하기 때문에 비교적 떨리는 결정을 사용해 시계 배터리의 수명을 연장시킬 수 있다. 작은 결정을 느리게 떨리게 하기 위해 제작자들은 결정 중심부의 대부분을 잘라내 복원력을 약화시켜 진동을 느리게 한다. 그 결과로 만들어진 수정 "소리 굽쇠" 진동자(그림 9.1.10)에 금속을 입혀 시계가 전기적으로 상호작용하도록 한 후 조율을 한다. 레이저 빔으로 굽쇠의 뾰족한 부분의 금속을 느리게 증발시켜 원하는 진동수에 도달

수정 소리굽쇠

그림 9.1.9 이 손목시계는 석영 결정이 아래쪽 은 실린더 내부에 위치해 있다. 정확한 진동수로 진동하도록 결정을 세심하게 연마했기 때문에 시계는 한 달에 수 초 이내로 정확하다.

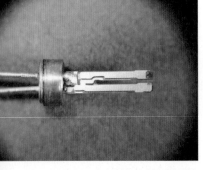

그림 9.1.10 작은 소리굽쇠와 같은 모양을 가진 시계의 결정은 매초 거의 정확히 32,768번 떨린다. 뾰족한 부분의 탄 자국은 레이저 빔으로 떨림 진동수를 조율할 때 만들어진 것이다.

할 때까지 질량을 감소시켜 진동수가 증가하게 한다.

> ### 개념 이해도 점검 #6: 헤비메탈 음악
>
> 금속막대 끝이 먼저 닿도록 막대를 바닥에 떨어뜨리면 높은 음의 소리를 듣게 된다. 어떤 일이 생긴 것일까?
>
> **해답** 막대가 조화진동자처럼 진동한다. 처음에는 막대의 두 절반이 서로 접근하다가 나중에는 멀어진다.
>
> **왜?** 금속막대가 석영 결정과 같은 방식으로 떨린다. 막대 몸통이 두 절반에 복원력을 작용한다. 마루에 부딪친 후 두 절반은 빠르게 서로 가까워졌다 멀어졌다 하면서 소리를 방출한다. 이것은 조화진동자이기 때문에 음의 진동수(와 높이)가 운동의 진폭이 줄어들더라도 변하지 않는다.

9.2 | 악기

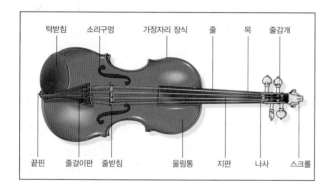

음악은 인간 표현의 중요한 부분이다. 무엇이 음악인지는 취향의 문제이지만 음악은 항상 소리와 흔히 악기를 포함하고 있다. 이 절에서 소리, 음악과 몇 가지 악기인 바이올린, 파이프 오르간과 드럼에 대해 살펴본다. 예로 든 세 가지의 가장 흔한 현악기, 관악기, 타악기들은 많은 다른 악기들을 이해하는 데 도움을 줄 것이다.

생각해 보기: 바이올린에서 왜 낮은 음의 줄은 높은 음의 줄보다 두꺼운가? 왜 바이올린의 줄을 지판에 대고 누르면 음높이가 달라질까? 줄을 활로 켤 때와 줄을 당겼다 놓을 때 왜 바이올린 음이 다를까? 바이올린 몸통이 하는 역할은 무엇인가? 파이프 오르간 내부에서 진동하는 것은 무엇일까? 왜 오르간 파이프들의 길이가 다를까? 왜 대부분의 드럼 소리는 음높이가 없이 음높이보다는 리듬감만을 줄까?

실험해 보기: 바이올린이나 기타, 또는 두 개의 단단한 지지대에 연결된 줄을 찾아보시오. 잡아당길 수 있는 고무줄도 가능하다. 줄을 손가락으로 당겼다가 놓으며 줄이 내는 소리에 귀 기울이시오. 줄이 특정한 진동수로 앞뒤로 진동하다가 서서히 운동의 진폭이 줄어든다. 이런 행동을 가진 진동자는 무엇일까?

줄의 장력이나 길이를 바꿔 떨림의 진동수를 변화시키시오. 줄을 짧게 하거나 줄의 일부를 움직이지 못하게 하면 어떤 일이 생길까? 줄을 팽팽하게 해서 장력을 증가시키면 어떤 일이 생길까? 줄을 테이프로 감싸 줄의 질량을 증가시킬 수 있다. 이것이 음높이에 어떤 영향을 줄까?

병 주둥이나 음료수 빨대에 약하게 바람을 불어 파이프 오르간을 흉내 낼 수 있다. 잘 되었으면 병 내부의 공기를 위아래로 리드미컬하게 떨게 해서 소리를 들을 수 있다. 병에 물을 넣거나 빨대의 여러 지점을 누르면 음높이에 어떤 일이 생길까? 왜 이 음은 같은 음높이를 가졌어도 줄의 음과는 다를까?

마지막으로 탁자나 접시를 두드리면 드럼과 같이 행동한다. 앞서 두 '악기'가 내는 소리와 이 소리를 비교하시오. 이 소리가 음높이를 가지고 있는가? 무엇이 다른 탁자나 접시의 소리와 구별되게 할까?

소리와 음악

악기의 작동 방식을 이해하기 위해 소리와 음악에 대해 좀 더 알 필요가 있다. 공기 중에서 **소리**(sound)는 파원으로부터 빠르게 외부로 이동하는 압축과 희박함의 패턴인 밀도파로 구성되어 있다. 소리가 지나갈 때 귀의 공기 압력이 정상 대기압 주위에서 위아래로 요동친다. 이런 요동의 진폭이 대기압의 백만 분의 일에 지나지 않더라도 귀는 이를 소리로 인식한다.

요동이 반복되면 요동의 진동수와 동일한 음높이를 가진 **음**(tune)으로 들린다. **음높이**(pitch)는 음의 진동수이다. 베이스 성악가의 음높이는 80에서 300 Hz에 이르는 반면 소프라노 성악가는 300에서 1100 Hz에 이른다. 악기는 훨씬 넓은 영역의 음높이를 가진 음을 낼 수 있지만 우리는 대략 30에서 20,000 Hz 사이의 음만을 들을 수 있고 늙을수록 이 영역이 좁아진다.

대부분의 음악은 두 개의 다른 음의 진동수 비인 **음정**(interval)을 중심으로 만든다. 이 비는 한 음의 진동수를 다른 음의 진동수로 나누면 알 수 있다. 우리 귀는 특히 음정에 민감하다. 동일한 음정을 가진 쌍들은 아주 유사하게 들린다. 예를 들어 440 Hz와 660 Hz 음의 쌍은 330 Hz와 495 Hz 음의 쌍과 유사하게 들린다. 왜냐하면 모두 음정이 3/2이기 때문이다.

3/2 음정은 대부분의 귀를 즐겁게 하고 서양음악에서 흔하게 나타나는데, 이를 **5도**(fifth) 음정이라고 부른다. 5도 음정은 노래 '반짝 반짝 작은 별'에서 처음과 두 번째 '반짝' 사이의 음정이다. 당신의 귀가 좋다면 처음 반짝을 어떤 음으로든 시작할 수 있고 처음 진동수의 3/2에 위치한 두 번째 음을 쉽게 찾을 수 있다. 두 진동수 사이의 인수 3/2를 귀로 들을 수 있다.

거의 모든 음악에서 가장 중요한 음정은 2/1 또는 **옥타브**(octave)이다. 진동수가 2배 다른 음은 우리 귀에 거의 유사하게 들리기 때문에 흔히 이들을 동일한 것으로 생각한다. 남성과 여성이 함께 '제창'을 할 때 흔히 한두 옥타브 떨어진 음으로 노래한다. 진동수로 항상 2 또는 4배 차이가 나는 음의 경우 거의 차이를 알 수 없다.

옥타브가 너무 중요하기 때문에 옥타브로 전체 가청 음높이 영역을 구성하고 있다. 음악에서 미묘한 음의 상호작용은 한 옥타브, 즉 진동수로 2배 이내인 음정에서 일어난다. 따라서 대부분의 전통적인 음악은 5/4와 3/2와 같이 한 옥타브 이내에 있는 음정을 가지고 만든다. 특별한 표준 음높이를 고른 후 이 표준 음높이로부터 특정 음정이 되는 곳에 음표를 부여한다. 이런 배열을 표준 음높이의 위와 아래로 옥타브 떨어진 곳에서 반복하여 완전한 음계를 만든다(악보에 대한 역사를 알고 싶다면 **4**를 보시오).

서양음악에서 사용하는 음계는 440 Hz의 표준 음높이를 가진 A_4라고 부르는 음표를 중심으로 만든다. A_4 위로 9/8, 5/4, 4/3, 3/2, 5/3과 15/8 음정이 되는 곳에 여섯 개의 음표 B_4, $C^\#_5$, D_5, E_5, $F^\#_5$와 $G^\#_5$가 있다. A_4보다 2배 큰 진동수를 가진 A_5(880 Hz) 위와 A_4의 절반의 진동수를 가진 A_3(220 Hz) 위로도 동일한 6개의 음표 집합이 있다. 사실 이런 패턴이 A_1(55 Hz)에서 A_8(7040 Hz)까지 반복된다.

실제로 서양음악은 한 옥타브 안에 있는 12개 음표와 11개 음정을 사용해 만든다. 5개의 추가 음정들은 5개의 추가된 음표 B^b_4, C_5, $D^\#_5$, F_5 및 G_5와 관련이 있다. 모든 음표가 전적으로 A_4에서 나온 음정에 기초를 두고 있지는 않다. A_4가 440 Hz에 머무는 반면 다른 11개 음표의 음높이는 약간 수정되어 A_4와는 물론이고 다른 것들과도 서로 흥미로우면서 듣기 좋은 음정을 이룬다. 이런 음높이의 조정에 의해 지난 수백 년 동안 서양음악의 기초가 된 **평균율 음계**(well-tempered scale)가 만들어졌다.

4 그리스 수학자 Pythagoras(기원전 580~500)는 수학, 기하학과 천문학에 기여했을 뿐만 아니라 수학을 사용하여 음정, 음높이와 떨리는 줄의 길이를 연관 지은 최초의 인물일 것이다. 그와 그의 제자들은 대부분의 서양음악에서 사용하는 음계의 기초를 놓았다.

> ➡️ **개념 이해도 점검 #1: 한 밤의 오페라 관람**
>
> 보통 가수의 목소리는 대략 두 옥타브 영역을 오르내린다. 예를 들면 C_4에서 C_6까지. 진동수로는 얼마의 영역이 되는가?
>
> **해답** 보통 목소리로 낼 수 있는 가장 낮은 음표와 가장 높은 음표 사이의 진동수의 비는 4이다.
>
> **왜?** 진동수가 2배 차이 나는 한 옥타브로 음표들이 떨어져 있기 때문에 두 옥타브 떨어진 음표는 진동수로 4배 떨어져 있다.

바이올린의 진동하는 현

바이올린이 만드는 음은 줄의 진동으로 시작한다. 줄은 자기 힘만으로는 형태를 가질 수 없기 때문에 바이올린의 몸통과 목에 의존한다. 바이올린은 줄에 **장력**(tension), 즉 줄을 늘이기 위해 작용하는 바깥 방향의 힘을 가하고 이 장력이 각 줄의 평형 형태(직선)를 결정하게 된다.

직선의 바이올린 줄이 평형에 있다는 것을 알려면 줄이 서로 사슬로 연결된 많은 개별 조각들로 이루어져 있다고 생각하라(그림 9.2.1). 장력은 줄의 각 조각에 바깥으로 향하는 한 쌍의 힘을 작용한다. 이웃한 조각들이 이 조각을 자신들을 향해 끌어당긴다. 줄의 장력이 균일하기 때문에 두 바깥쪽 힘을 합하면 0이 된다. 두 힘은 크기가 같지만 반대 방향을 향하기 때문이다. 각 조각에 작용하는 알짜힘이 0이므로 직선 줄은 평형에 있다.

하지만 줄이 굽어지면 바깥쪽 힘의 쌍의 합이 더 이상 0이 되지 않는다(그림 9.2.2). 바깥쪽 힘의 크기는 여전히 같지만 방향이 약간 다르다. 그 결과 각 조각은 작은 알짜힘을 받게 된다.

조각에 작용하는 알짜힘은 복원력이다. 왜냐하면 조각들이 줄을 직선으로 되돌리려 하기 때문이다. 줄을 당겼다가 놓으면 이 복원력에 의해 줄이 직선 평형 형태 주위로 자연 공명의 진동을 한다. 줄의 복원력은 특별하다. 줄이 많이 휠수록 조각에 작용하는 복원력이 더 커진다. 사실 복원력은 **스프링 닮은 힘**(springlike force), 즉 줄의 변형에 비례해 증가한다. 따라서 줄은 일종의 조화진동자이다!

실제로 줄은 진자나 밸런스 링에 비해 훨씬 더 복잡하다. 줄은 많은 독특한 **모드**(mode) 또는 변형의 기본 패턴으로 휘어지고 진동할 수 있으며, 각 모드는 자신의 진동 주기를 가지고 있다. 그럼에도 불구하고 줄은 조화진동자의 중요한 성질 대부분을 가지고 있다. 즉 각 진동 모드의 주기는 진폭과 무관하다. 따라서 바이올린 줄의 음높이가 얼마나 세게 줄을 진동시키느냐와 무관하다. 만약 음높이가 소리 크기에 의존한다면 얼마나 바이올린을 연주하기 힘들까?

바이올린 줄은 가장 단순한 진동, 즉 **기본 진동 모드**(fundamental vibrational mode)를 가지고 있다. 이 모드에서 전체 줄의 호는 한 방향에서 반대 방향으로 교대로 변한다(그림 9.2.3). 직선의 평형 형태를 통과해 움직일 때 운동에너지가 최대가 되고 위치에너지(줄의 탄성 위치에너지)는 줄이 되돌아가기 위해 멈출 때 최대가 된다. 줄의 중앙점[**진동의 배**(vibrational antinode)]은 가장 멀리 이동하는 반면 줄의 양끝[**진동의 마디**(vibrational

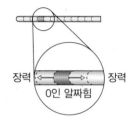

그림 9.2.1 팽팽한 바이올린 줄이 많은 개별 조각들로 구성되어 있다고 볼 수 있다. 줄이 직선일 때 주어진 조각에 이웃한 조각들이 작용하는 두 힘은 완벽하게 상쇄된다.

그림 9.2.2 바이올린 줄이 휘면 이웃한 조각들이 주어진 조각에 작용하는 두 힘이 정확히 반대방향을 향하고 있지 않다. 조각이 알짜힘을 경험하게 된다.

그림 9.2.3 고정된 양끝이 바깥쪽으로 잡아당기기 때문에 장력이 줄을 직선 평형 형태에 있게 하며 줄은 이 평형 주위로 진동한다. 여기 줄이 기본 진동 모드로 진동하는 것을 보여주고 있다. 줄 전체가 단일 조화진동자처럼 위아래로 움직인다.

node)]은 고정된 채로 남아있다. 각각의 순간에 줄의 모양은 삼각함수인 사인함수의 점진적인 곡선을 따른다.

바이올린은 4줄을 가지고 있으며, 각 줄은 자신의 경직도와 질량을 가지고 있으므로 자신만의 기본 음높이를 가지고 있다. 조율된 바이올린에서 이 줄들이 만드는 음은 G_3(196 Hz), D_4(294 Hz), A_4(440 Hz)와 E_5(660 Hz)이다. 비교적 느리게 움직이는 G_3 줄은 가장 무겁다. 이 줄은 흔히 동물의 창자로 만들며 무거운 금속선 코일이 둘러싸고 있다. 반면 E_5 줄은 아주 빨리 진동하므로 질량이 작아야 한다. 이 줄은 보통 가는 강철선을 사용한다.

바이올린의 목에 있는 지판과 줄걸이판에 있는 장력 조절기를 사용하여 줄의 장력을 조절함으로써 바이올린을 조율한다. 줄을 팽팽하게 하면 변형이 일어나는 동안 줄의 조각들에 작용하는 바깥쪽 힘 모두와 이들이 받는 알짜힘이 증가하여 줄이 경직된다. 온도와 시간이 줄의 장력을 변화시킬 수 있기 때문에 연주 직전에 항상 바이올린을 조율해야 한다.

줄의 기본 음높이는 또한 줄의 길이에 의존한다. 줄을 짧게 하면 줄이 경직되고 질량이 줄어들기 때문에 음높이가 증가한다. 줄을 평형으로부터 변위시켰을 때 짧은 줄의 곡선이 더 급하게 변하므로 줄이 더 경직되고 따라서 조각들에 더 큰 알짜힘이 작용한다. 이런 길이 의존도 때문에 바이올린 목의 지판에 대고 줄을 누르면 결과적으로 줄의 길이가 짧아져서 음높이가 증가한다. 바이올린 연주자의 기술 가운데 하나는 특정한 음을 내기 위해 줄의 어느 곳을 지판에 대고 눌러야 하는지 정확히 아는 것이다.

기본 진동 모드로 진동하는 줄의 호가 파동을 연상시킨다면 이유는 두 가지가 같기 때문이다. 이들은 모두 안정된 평형 형태 또는 상황 주위로 퍼져있는 물체의 자연스런 운동인 **역학적 파동**(mechanical wave)이다. **퍼져있는**(extended) 물체는 제한적인 독립성을 가지고 움직이는 많은 부분들로 이루어진 줄이나 막대 혹은 호수 표면과 같은 것이다. 이 부분들이 서로 영향을 주기 때문에 안정한 평형을 가진 퍼져있는 물체는 많은 부분들이 한 번에 움직

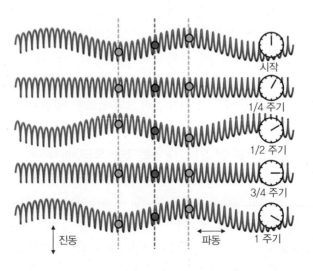

그림 9.2.4 횡파의 경우 진동이 파동 자체에 수직하다. 이 경우 스프링이 수직으로 진동하지만 수평 파동을 만든다. 배와 마디가 고정되어 있어 또한 횡파는 정상파이다.

이는 멋진 자연스런 운동인 역학적 파동을 보여준다.

바이올린 줄은 수없이 많은 연결된 조각들과 안정한 평형 형태를 가지고 있으므로 이런 파동을 보여준다. 줄의 기본 모드는 특히 단순한 파동인 **정상파**(standing wave)를 보여준다. 정상파는 배와 마디가 고정된 파동이다. 정상파의 기본 형태는 시간에 따라 변하지 않는다. 형태는 단지 특정 진동수와 진폭(운동의 최대 변위)을 가지고 리드미컬하게 위아래로 크기만 달라진다. 가장 중요한 점은 정상파는 줄을 따라 이동하지 않는다는 것이다.

이 파동이 줄을 따라 퍼져있지는 않지만 이와 관련된 진동은 줄에 **수직**(perpendicular)하고 따라서 파동 자체도 **수직하다**(perpendicular). 진동이 파동 자체에 수직한 파동을 **횡파**(transverse wave)라고 부른다(그림 9.2.4). 줄, 드럼과 수면파의 파동은 모두 횡파이다.

▶ 개념 이해도 점검 #2: 긴장되나요?

줄의 장력을 결정하는 흔한 방법은 줄을 당겼다 놓으면서 줄이 얼마나 빠르게 진동하는지 듣는 것이다. 왜 이 기술로 장력을 측정할 수 있을까?

해답 줄의 기본 진동 모드의 진동수는 장력에 따라 증가하기 때문이다.

왜? 양끝을 팽팽하게 당긴 줄은 바이올린 줄처럼 모두 자연 공명을 보인다. 줄이 팽팽할수록 자연 공명의 진동수가 커진다.

바이올린 현의 배음

기본 진동 모드는 바이올린 줄이 진동할 수 있는 유일한 방식이 아니다. 줄은 방향이 교대로 변하는 곡선 모양의 짧은 줄의 사슬처럼 진동하는 **고차 진동 모드**(higher-order vibrational mode)도 가지고 있다(그림 9.2.5). 각 고차 진동 모드는 자신만의 진동수와 진폭을 가진 리드미컬하게 위아래로 크기가 변하는 고정된 형태를 지닌 또 다른 정상파이다.

예를 들어 줄이 정지한 진동의 마디만큼 떨어진 두 개의 반대 방향의 호를 그리는 절반의 줄처럼 진동할 수 있다. 이 모드에서 바이올린 줄은 절반의 줄처럼 진동할 뿐 아니라 절반 줄의 음높이를 가진다. 놀랍게도 이 절반 줄의 음높이는 전체 줄(기본) 음높이의 정확히

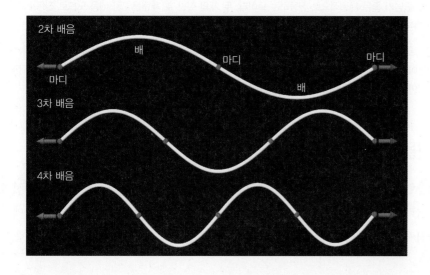

그림 9.2.5 두 고정점 사이에서 진동하는 팽팽한 줄이 2차, 3차와 4차 진동 모드에 있다. 줄은 각각 두 개, 세 개 또는 네 개의 조각들처럼 진동하여 두 번, 세 번 또는 네 번 기본 진동수로 운동을 반복한다.

두 배이다! 일반적으로 줄의 진동수는 길이에 반비례하기 때문에 길이가 절반이 되면 진동수는 두 배가 된다. 기본 음높이의 정수배가 되는 진동수들을 **배음**(harmonics)이라고 부르며, 따라서 절반 줄의 진동은 두 번째 배음의 음높이에서 일어나게 되고 이것을 **2차 배음 모드**라고 부른다.

바이올린 줄은 기본음의 세 배의 진동수를 가진 세 개의 1/3 줄처럼 진동할 수 있다. 이 3차 배음의 음높이와 기본 음높이 사이의 간격은 한 옥타브로 5도(2/1 곱하기 3/2) 음정을 이룬다. 전체적으로 기본, 2차와 3차 배음을 함께 울리면 듣기에 매우 즐겁다.

바이올린 줄은 훨씬 고차의 배음에서 진동할 수 있지만 중요한 것은 줄이 흔히 동시에 하나 이상의 모드로 진동한다는 것이다. 예를 들어 기본 모드로 진동하는 바이올린 줄은 2차 배음으로도 진동할 수 있으며 두 음을 동시에 방출한다.

바이올린을 연주하면 많은 진동 모드들이 여기가 되기 때문에 배음이 중요하다. 바이올린 음은 따라서 기본음과 배음들이 풍성하게 혼합된 소리이다. **음색**(timber)으로 알려진 이런 음의 혼합은 바이올린의 특성을 결정하며, 다른 혼합음을 만들어내는 악기들이 바이올린처럼 소리를 내지 못하는 것도 음색 때문이다.

바이올린 줄이 동시에 여러 모드로 진동할 때 줄의 형태와 운동은 복잡하다. 개별 정상파들이 겹쳐져 더해지는 것을 **중첩**(superposition)이라고 한다. 각 진동 모드는 자신의 진폭을 가지며 따라서 줄의 음색에 자신의 소리 크기만큼 기여한다.

이런 개별 파동들이 서로에게 전혀 영향을 미치지 않으면서 줄에서 아름답게 공존하는 반면 전체적인 줄의 변형된 형태는 이제 개별 파동의 형태를 중첩시킨 것이다. 전체 형태가 매우 복잡할 뿐만 아니라 실제로 시간에 따라 크게 변한다. 다른 조화파들이 다른 진동수로 진동하는 것과 이들이 변할 때 중첩된 형태가 변화하는 것이 이 때문이다. 전체적인 줄의 파동은 정상파가 아니며 파동이 심지어는 줄을 따라 이동하기도 한다!

> ### 개념 이해도 점검 #3: 크고 작게 같이 흔들기
>
> 두 사람이 긴 줄넘기 줄을 흔들 때 줄이 한 개의 호 또는 서로 반대 방향인 두 개의 절반 호를 만들도록 할 수 있다. 두 개의 절반 호를 만들기 위해서는 더 작은 장력으로 더 빠르게 줄을 흔들어야 한다. 왜?
>
> 해답 줄넘기 줄은 본질적으로 진동하는 줄이다. 두 개의 절반 호 패턴은 2차 배음 모드로 진동수가 정상적인 기본 모드 진동수의 2배이다.
>
> 왜? 줄이 원을 그리며 흔들리지만 줄넘기 줄은 사실 앞뒤로 진동하면서 동시에 위아래로 진동한다. 이런 두 진동이 결합해 원운동을 만든다. 장력을 변화시키지 않고 줄이 2차 배음 모드(두 개의 절반 호)로 진동하게 하려면 정상보다 두 배 빨리 흔들어 주어야 한다.

바이올린 현의 운궁과 플러킹

바이올린은 줄을 활로 그어 연주를 한다. 활은 나무막대로 팽팽하게 당기고 송진에서 얻은 끈적거리는 물질인 로진(rosin)으로 코팅한 말총으로 만든다. 이 코팅된 말총을 줄에 대고 이동시키면 줄에 마찰력을 가한다. 그러나 가장 중요한 것은 활이 미끄러질 때보다 훨씬 큰

정지 마찰력이 작용한다는 것이다.

끈적거리는 활의 말총이 줄을 가로질러 갈 때 말총이 줄을 잡아 정지 마찰력으로 앞으로 민다. 결국 줄의 복원력이 정지 마찰력을 이겨 줄이 갑자기 말총을 가로질러 뒤로 미끄러지기 시작한다. 말총은 미끄러짐 마찰력을 거의 작용하지 못하기 때문에 줄이 진동 주기의 절반을 쉽게 끝낼 수 있다. 그러나 줄이 멈췄다가 반대 방향으로 이동하면 말총이 다시 줄을 잡아 앞으로 밀기 시작한다. 이 과정이 연속해서 반복된다.

활이 줄을 앞으로 밀 때마다 활이 줄에 일을 하여 줄의 진동 모드에 에너지를 추가한다. 이 과정은 **공명에너지 전달**(resonant energy transfer)의 한 예로, 자연 공명과 동기화되어 일을 해주는 가장 적당한 힘이 이 공명에 큰 양의 에너지를 전달해 주게 된다. 약하지만 세심하게 시간을 맞춰 밀면 놀이터의 어린아이가 탄 그네를 높이 흔들리게 할 수 있는 것처럼 바이올린 줄의 진동을 격렬하게 만들 수 있다. 비슷하게도 물체를 리드미컬하게 밀면 크리스털 와인잔(그림 9.2.6)과 시애틀 근처의 Tacoma Narrow Bridge(그림 9.2.7)에서처럼 물체의 진동이 강해진다. 특정한 음에 대한 와인잔의 반응은 공통의 진동수를 가진 두 계 사이에서 진동에너지가 전달되는 현상인 **공감 진동**(sympathetic vibration)의 한 예이다.

활이 각 진동 모드에 추가하는 에너지의 양은 바이올린 줄의 어디를 미느냐에 의존한다. 활로 보통의 지점을 밀면 강한 기본 진동과 적당량의 배음을 만든다. 줄의 중앙에 가깝게 활로 밀면 줄의 곡률이 줄어들어 배음 진동이 약해져 더 감미로운 소리가 난다. 줄의 끝쪽을 밀면 줄의 곡률이 증가하여 배음 진동이 세져 밝은 소리가 난다.

튕긴 바이올린 줄의 소리는 또한 배음의 양, 따라서 어디를 미느냐에 의존한다. 그러나 이 소리는 활로 민 줄의 소리와는 아주 다르다. 이 차이는 소리의 시간에 따라 소리가 진화하는 방식인 **싸개선**(envelope)과 관련이 있다. 이 싸개선은 초기 공격, 중간 유지와 말기 감쇠의 세 가지 시간 주기를 가진 것으로 볼 수 있다. 튕긴 줄의 싸개선은 갑작스런 공격 뒤에

그림 9.2.6 공명에너지 전달에 의해 소리가 크리스털 와인잔을 부술 수 있다. 소리가 유리를 리드미컬하게 밀 때 소리의 에너지가 느리게 유리에 전달되며 마침내 유리를 부수게 된다. 소리가 엄청나게 커야 하며 정확히 유리의 공명 진동수와 일치해야 하기 때문에 아주 비범한 오페라 가수들만이 크리스털 와인잔을 부술 수 있다.

그림 9.2.7 1940년 11월 바람과 다리 표면 사이의 공명에너지 전달에 의해 Tacoma Narrow Bridge가 붕괴되었다. 다리 건설 직후 이 자동차용 다리의 표면이 느리게 앞뒤로 비틀리면서 한 차선은 솟아오르고 다른 차선은 내려가는 이상한 자연 공명을 보이기 시작했다. 폭풍우가 치는 동안 바람이 느리게 이 공명에 에너지를 더해주어 마침내 다리가 끊어졌다.

즉시 점진적인 감쇠가 뒤따른다. 대조적으로 활로 민 줄의 싸개선은 점진적인 공격, 일정한 유지와 점진적인 감쇠를 보인다. 개별 악기들을 배음의 양뿐만 아니라 소리의 싸개선으로도 인지할 수 있도록 공부해야 한다.

> **▶ 개념 이해도 점검 #4: 웬 소동이야?**
>
> 때때로 악기나 음향시스템의 음이 방안에 있는 물체가 크게 진동하게 만든다. 왜 이런 일이 생길까?
>
> 해답 물체는 음의 진동수에서 자연 공명을 일으킬 수 있으며 공감 진동에 의해 에너지가 물체에 전달된다.
>
> 왜? 같은 진동수로 진동하면 에너지가 쉽게 두 물체 사이에서 이동할 수 있다. 한 악기가 연주한 음이 연주가 시작된 다른 악기에 동일한 음을 유도할 수 있다. 공기 중에 적당한 음이 존재하면 심지어 모든 물체가 이에 공감 진동을 하게 된다.

파이프 오르간의 공기 진동

바이올린처럼 파이프 오르간도 소리를 만드는 데 진동을 사용한다. 그러나 이 진동은 공기 자체에서 일어난다. 오르간의 관은 본질적으로 양끝이 열려있고 공기가 가득 찬 빈 원통이다. 관의 단단한 벽이 공기를 보호하고 있기 때문에 관의 압력이 대기압에 대해 위아래로 요동치면서 자연 공명을 보여주게 된다.

기본 진동 모드에서 공기는 스프링에 매달린 두 개의 토막처럼 관의 중앙으로부터 멀어지거나 중앙을 향해 교대로 움직인다(그림 9.2.8). 공기가 관의 중앙으로 다가올 때 그곳의 밀도가 증가하여 압력의 불균형이 생긴다. 관의 중앙의 압력이 양끝의 압력보다 높기 때문에 공기가 중앙으로부터 **멀어지도록** 가속된다. 결국 공기가 안쪽으로 이동하기를 멈추고 바깥쪽으로 이동하기 시작한다. 공기가 관의 중앙에서 멀어지면서 중앙의 밀도가 양끝보다 낮아지고 공기가 중앙을 **향해** 가속된다. 결국 바깥쪽으로 이동하기를 멈추고 안쪽으

그림 9.2.8 양끝이 열린 관 안에서 진동하는 공기기둥을 시간 순서(왼쪽에서 오른쪽으로)대로 보여준다. 여기서 기둥은 기본 진동 모드로 진동한다. 전체 기둥이 단일한 조화진동자처럼 안쪽과 바깥쪽으로 움직인다.

로 이동하기 시작하면서 순환과정이 반복된다. 공기의 운동에너지는 공기가 평형을 통과해 갈 때마다 최대가 되고 위치에너지(공기의 압력 위치에너지)는 되돌아가기 위해 정지할 때마다 최대가 된다.

공기가 균일한 대기의 밀도와 압력의 안정된 평형 주위로 진동하며 복원력을 받는 것이 분명하다. 이 복원력이 스프링과 유사하고 공기기둥이 또 다른 조화진동자라는 사실이 그리 놀랍지 않아야 한다. 이처럼 공기의 진동수는 복원력의 경직도와 공기의 관성에만 의존한다. 공기기둥의 경직도를 높이거나 공기 질량을 줄이면 진동이 빨라지고 음높이가 증가한다.

이런 특성들은 오르간 관의 길이에 의존한다. 관의 길이가 짧을수록 긴 관에 비해 공기 질량이 줄어들 뿐만 아니라 공기가 관에서 들고 날 때 저항을 증가시킨다. 관이 짧으면 공간이 줄어들어 관 내부의 압력이 증가하고 더 급격하게 떨어지기 때문에 공기 이동의 경직도로를 높인다. 이런 효과들이 합쳐져 짧은 관 안의 공기를 긴 관 안의 공기에 비해 빨리 진동하게 한다. 일반적으로 파이프 오르간의 진동수는 관의 길이에 반비례한다.

불행하게도 관 안의 진동하는 공기의 질량 역시 공기의 평균 밀도에 따라 증가하므로 약간의 온도나 기후 변화조차 관의 음높이를 바꿀 수 있다. 그러나 모든 관이 함께 변하기 때문에 오르간은 계속해서 조율된 소리를 내게 된다. 그럼에도 불구하고 오르간이 오케스트라의 일부일 때는 이런 변화를 느낄 수 있다.

눈치챘겠지만 오르간 관 속의 공기의 기본 진동 모드는 또 다른 정상파이다. 관 속의 공기는 안정된 평형을 가진 펼쳐진 물체이며 기본 진동 모드와 관련된 요동은 시간에 따라 변하지 않는 기본 형태를 가지고 있다. 단지 리드미컬하게 크기만 위아래로 변한다.

그러나 관 속의 공기의 파동 형태는 이제 앞뒤 압축과 희박함과 관계되지 바이올린 줄에서 보는 것 같은 옆에서 옆으로의 변위와는 관계가 없다. 실제로 모든 파동과 관련된 진동은 관을 **따라** 일어나며 따라서 파동 자체를 **따라** 진동한다. 진동이 파동 자신과 평행한 파동을 **종파**(longitudinal wave)라고 부른다(그림 9.2.9). 파이프 오르간과 다른 관악기의 관 내부 및 열린 공기 속에서의 파동을 포함한 공기 속에서의 파동은 모두 종파이다.

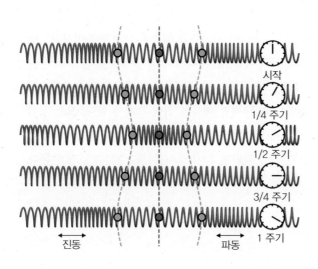

그림 9.2.9 종파에서 진동은 파동과 평행하다. 이 경우 스프링이 파동과 같은 방향인 수평으로 진동한다. 고정된 마디와 배를 갖고 있어 이 종파는 또한 정상파이기도 하다.

> ▶ **개념 이해도 점검 #5: 간이 오르간**
>
> 음료수 병에 바람을 불면 음이 발생한다. 왜 병에 물을 넣으면 음높이가 높아질까?
>
> **해답** 물이 병 안에서 이동한 공기기둥을 짧게 하므로 기본 진동 모드의 진동수가 증가한다.
>
> **왜?** 물병은 본질적으로 한 끝만 열린 관이다. 이 병의 기본 진동 모드는 동일한 길이의 열린 관의 진동수의 절반인 진동수를 가진다. 병에 물을 넣으면 관의 유효 길이가 짧아져 음높이가 증가한다.

파이프 오르간 연주

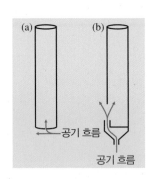

그림 9.2.10 (a) 열린 관의 바닥이 관 속으로 이동하는 다른 공기를 따른다. 관 속의 공기가 진동하면 이 효과가 진동에 에너지를 추가한다. (b) 오르간 관의 더 아래쪽 구멍은 실용적인 이유에서 경사지게 잘려 있다.

오르간은 관 속에서 공기가 진동하도록 하기 위해 공명에너지 전달을 사용한다. 오르간은 관의 아래쪽 입구에 공기를 불어넣음으로써 이 전달을 시작하지만(그림 9.2.10a) 실용적인 이유로 아래쪽 입구는 보통 관의 옆에 붙어있다(그림 9.2.10b). 공기가 입구로 흘러들어오면 공기는 쉽게 한쪽 또는 다른 벽에서 휘어져 관 속에서 이미 안쪽과 바깥쪽으로 진동 중인 공기를 따르게 된다. 관 내부의 공기가 진동하고 있으면 새로운 공기가 이 공기와 완벽하게 동기화를 이루어 진동을 강화시킨다.

뒤따르는 과정이 진동을 증진시키는 데 너무 효율적이어서 관 속에 항상 존재하는 잡음으로부터도 진동이 시작될 수 있다. 이것이 오르간의 펌프로 처음에 바람을 관에 불어넣을 때 소리가 나기 시작하는 방식이다. 한 번 진동이 시작되면 빠르게 진동의 진폭이 커진다. 에너지가 압축 공기로서 관에 도달해 소리와 열로 빠르게 관을 떠날 때까지 진폭이 증가한다. 오르간이 매초 더 많은 공기를 관에 불어넣을수록 더 많은 에너지가 관에 전달되어 더 큰 진동이 만들어진다.

바이올린 줄처럼 오르간 관은 한 가지 이상의 진동 모드를 가질 수 있다. 기본 진동 모드에서 관의 전체 공기기둥은 함께 진동한다. 고차 진동 모드에서 공기기둥은 방향이 교대로 바뀌면서 이동하는 짧은 공기기둥의 사슬처럼 진동한다. 관이 일정한 폭을 가지고 있다면 이들 진동은 기본 진동의 배음에서 일어난다. 공기기둥이 두 개의 절반 기둥처럼 진동하면 이 음높이는 정확히 기본 진동 모드의 두 배가 된다. 공기기둥이 세 개의 1/3 기둥처럼 진동하면 이 음높이는 정확히 기본 진동 모드의 세 배가 된다.

또한 관 속의 공기기둥은 동시에 한 가지 이상의 모드로 진동할 수 있다. 바이올린 줄에서처럼 정상파들이 중첩되어 기본음과 배음이 함께 만들어진다. 공기를 불어넣는 오르간 관의 모양과 위치가 관의 배음 양, 따라서 관의 음색을 결정한다. 다른 관은 다른 악기를 흉내 낸다. 플루트처럼 소리 내려면 관이 대부분 기본음을 방출해야 하고 배음은 아주 약해야 한다. 클라리넷처럼 소리 내려면 배음이 훨씬 강해야 한다. 오르간 관의 소리 크기는 공격하는 동안 항상 느리게 만들어져야 하므로 튕긴 줄을 흉내 낼 수 없다. 그러나 똑똑한 설계자는 오르간이 놀랄 만큼 다양한 악기 소리를 흉내 낼 수 있게 만든다.

> 음료수 병 속의 공기를 진동시키기 위해 병 주둥이 위로 공기를 분다. 왜 병 주둥이 속으로 공기를 불어넣으면 안 될까?

> **해답** 주둥이 위로 공기를 불면 병 속에서 이미 진동하고 있던 공기를 숨의 방향을 바꿔 진동을 증가시킨다. 병의 주둥이 속으로 바람을 불면 단지 병 안의 공기를 압축하게 된다.

> **왜?** 바이올린 줄을 가로질러 활을 이동시키는 것처럼 병의 주둥이 위로 지나는 숨이 공명에너지 전달을 통해 공기의 진동을 증가시킨다. 병의 주둥이 위로 바람을 불 때 숨의 자발적인 방향 수정이 공기 진동과 완벽한 동기화를 이루어 리드미컬하게 공기를 밀어주게 된다.

타악기의 진동면

바이올린 줄과 오르간 관을 살펴본 후 드럼이 우리에게 보여줄 새로운 물리학 개념이 없다고 생각할지 모르겠다. 그러나 북의 가죽은 안정된 평형과 스프링 같은 복원력을 가진 또 다른 펼쳐진 물체인 반면 북 가죽의 상음(overtone) 진동은 중요한 차이를 가지고 있다. 드럼의 소리는 배음이 **아니다.**

바이올린 줄과 오르간 관은 거의 1차원 또는 직선과 같은 물체라 할 수 있어 쉽게 2차 또는 3차 배음 음높이로 진동하는 절반 물체 또는 1/3 물체들로 나눌 수 있다. 오케스트라나 밴드의 많은 다른 1차원 악기들과 함께 이들이 동일한 기본 음높이로 연주를 하면 흠 없이 소리가 섞인다.

그러나 북 가죽은 거의 2차원 또는 표면과 같으므로 전체 북 가죽 모양을 닮은 조각들로 쉽게 나눌 수 없다. 그 결과 상음 진동이 기본 음높이와 단순한 관계로 표현되지 않는다. 팀파니는 다른 악기와 비교해 독특한데 부분적으로는 독특한 상음 음높이 때문이다.

그림 9.2.11은 북 가죽의 기본 음높이(그림 9.2.11a)와 5개의 가장 낮은 상음(그림

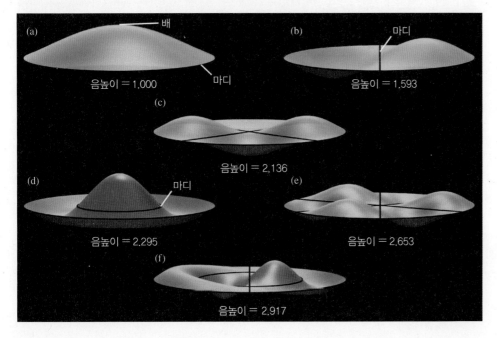

그림 9.2.11 북 가죽의 가장 낮은 6개 음높이의 진동 모드. (a) 기본 진동 모드와 (b~f) 상음 모드. 기본 음높이에 대한 음높이들을 보여주고 있다.

5 1809년 French Academy of Sciences가 진동면의 복잡한 패턴을 설명하는 대회를 공고했다. 프랑스 수학자 Sophie Germain (1776~1831)만이 유일하게 참가하였다. 여성인 Germain에게는 정규 수학교육이 금지되어 있었기 때문에, 그녀는 책과 저명한 수학자들과의 편지를 통해서만 이 주제에 대해 배울 수 있었다. 편지도 Antoine-August Le Blanc이란 가명을 사용하였다. 세 번의 시도 끝에 1816년 이 상을 수상하였다. 그러나 여성이기 때문에 시상식에 참석하지 않았다. 불완전했지만 표면 진동에 대한 그녀의 분석은 미래를 내다본 시도였으며 그녀가 처한 상황으로 볼 때 대단한 업적이었다. 그의 멘토였던 Carl Friedrich Gauss가 Gottingen 대학을 설득해 그녀에게 명예 학위를 수여하도록 설득하였지만 학위를 받기 전에 유방암으로 사망하였다.

9.2.11b~f)의 진동 모드를 보여준다. 각 진동 모드는 정상파이지만 진동의 마디가 점이라기보다 곡선 또는 선이다. 기본 모드(그림 9.2.11a)는 단지 하나의 마디를 외부 가장자리에 가지고 있는 반면 상음 모드들은 표면에 마디를 추가로 가지고 있다. 각 진동 모드에서 나머지 표면들이 위아래로 진동하면서 정상과 계곡이 교대로 바뀌는 동안 이들 노드들은 움직이지 않는다. 상음 진동의 음높이가 기본 진동의 음높이와 비교해 표시되어 있다(표면 모드의 이해에 관한 역사적 사실을 알려면 **5**를 보라).

북 가죽을 치면 한 번에 여러 모드로 진동하기 때문에 드럼은 동시에 여러 음높이를 방출한다. 각 모드의 진폭, 따라서 모드의 소리 세기는 북 가죽을 **얼마나 세게** 두드리느냐는 물론 **어디를** 두드리느냐에 의존한다. 중앙을 두드리면 원래 원형 모드(그림 9.2.11a, d)로 진동해야 한다. 가장자리 근처를 두드리면 비원형 모드(그림 9.2.11b, c, e, f)에서도 진동하게 된다.

기본 진동 모드의 진폭이 거의 0이 되고, 특히 그림 9.2.11b의 상음이 우세하도록 팀파니의 중앙에서 벗어난 곳을 두드리면 팀파니의 소리가 가장 음악적으로 들린다. 이유는 기본 진동 모드가 아주 효율적으로 소리를 방출하여 팀파니가 식별 가능한 음을 만들기 전에 진동에너지가 흩어지기 때문이다. 원하는 것이 단지 큰 쿵 소리가 아니라면 팀파니의 중앙을 벗어난 곳을 두드려 오래 지속되는 상음 진동이 대부분의 에너지를 받아 소리의 대부분을 내게 해야 한다. 잘 연주된 팀파니가 내는 가장 우세한 음높이는 첫 상음 진동의 음높이이며, 이 음높이를 마음에 두고 팀파니를 조율한다.

그림 9.2.11에 나와 있는 음높이들은 사실 북 가죽 진동의 공기 관성 효과를 무시한 것이다. 공기가 북 가죽에 관성을 추가하기 때문에 모든 진동 모드의 음높이가 낮아지고 일부 모드는 다른 모드보다 더 많이 낮아진다. 공기가 음높이에 미치는 영향 때문에 드럼은 온도와 기후 변화에 맞춰 조율해야 한다.

➡ 개념 이해도 점검 #7: 우주소년

트램펄린은 일부 어린아이들에게 위험이 될 수 있다. 트램펄린 표면의 가장자리로 떨어지는 어린아이가 표면의 다른 가장자리에 정지한 어린아이를 하늘로 치솟게 할 수 있기 때문이다. 어떻게 트램펄린 한쪽 가장자리에 가한 아래쪽 방향의 충격이 다른 가장자리를 갑자기 솟아오르게 할 수 있을까?

해답 중앙을 벗어난 충격이 표면을 비원형 상음 모드로 진동하게 한다. 그림 9.2.11b에 있는 이런 가장 단순한 모드는 반대 방향으로 움직이는 두 가장자리를 만들어낸다.

왜? 트램펄린은 본질적으로 북 가죽과 같으며 어린아이들은 이 진동 모드를 즐기는 셈이다. 중앙을 벗어난 충격이 표면을 상음 모드로 진동하게 하며, 이 모드들이 어린아이들을 예측할 수 없는 방향으로 튀어 오르게 한다.

공기 속의 소리

우리가 소리를 들을 수 없다면 모든 진동은 아무 의미가 없다. 그러므로 어떻게 악기가 음을 만들어내는지 살펴볼 때가 되었다. 소리 자체를 살펴보는 것으로부터 시작해 보자.

이 절의 시작부터 공기 중의 소리가 밀도파, 즉 음원으로부터 외부로 빠르게 이동하는 압축과 희박의 패턴으로 구성되어 있다는 점에 주목했다. 앞서 이런 관찰이 신비하게 보였지만 이제 이런 파동들을 안정된 평형을 가진 퍼진 물체에서의 진동으로 이해할 수 있게 되었다. 이런 공간에 퍼진 물체가 공기이다.

중력을 무시할 때 공기의 밀도가 균일하면 공기는 안정된 평형에 있다. 공기를 평형에서 벗어나게 하면 압력의 불균형이 스프링과 같은 복원력을 만든다. 공기의 관성과 함께 이 힘이 리드미컬한 진동, 즉 조화진동자의 진동을 일으킨다. 열린 공기에서 가장 기본적인 진동은 특별한 방향으로 일정하게 움직이는 파동이고, 따라서 이것을 **진행파**(traveling wave)라고 부른다. 오르간 관 속의 정상파처럼 열린 공기 속의 진행파 역시 종파이다. 공기가 음파가 진행하는 방향과 같은 방향으로 진동한다.

파동이 열린 공기 속에서 이동할 때 기본적인 진행 음파는 **마루**(crest)라고 부르는 높은 밀도 지역과 **골**(trough)이라고 부르는 낮은 밀도 지역이 교대로 나타나는 패턴으로 구성되어 있다(그림 9.2.12). 다음 절에서 수면파에 대해 알아볼 때 이 이름들이 더 적당해 보이지만 모든 파동에서 교대로 나타나는 높고 낮은 곳을 통상적으로 마루와 골이라고 부른다. 파동이 정상파이든 진행파이든 두 인접한 마루 사이의 가장 짧은 거리를 **파장**(wavelength)이라고 부른다.

정상파의 마루와 골은 단지 같은 장소에서 역할만 뒤바뀐다. 즉 마루가 골로, 골이 마루가 된다. 그러나 진행파의 마루와 골은 특정한 속력과 방향을 가지고 일정하게 이동한다. 함께 이동하는 속력과 방향이 진행파의 **파동 속도**(wave velocity), 즉 **파속**을 결정한다.

그림 9.2.13은 오른쪽으로 이동하는 단순한 음파를 찍은 다섯 장의 순간 사진을 보여준다. 공간의 동일한 곳(녹색 선)에서 공기의 밀도를 관찰한다면 한 주기 동안 마루부터 시작해(a) 감소하여(b) 골(c)이 되었다가 증가해(d) 다시 마루(e)가 된다. 그러나 시간에 따라 동일한 마루(적색 선)를 따라가 보면 한 번 진동하는 동안 마루가 한 파장 오른쪽으로 이동한다(a~e). 매진동 마다 마루가 한 파장 이동하고 진동수는 매초 진동하는 횟수이기 때문에 마루가 이동하는 속력은 파장에 진동수를 곱한 것과 같다. 이 관계를 언어 방정식으로 적으면

$$\text{파동 속력} = \text{파장} \cdot \text{진동수} \tag{9.2.1}$$

가 되고, 기호로는

$$s = \lambda \nu$$

그리고 일상 언어로는 다음과 같이 말할 수 있다.

빠르게 진동하는 넓은 파동이 빨리 진행한다.

놀라운 사실은 모든 음파가 파장이나 진동수와 무관하게 공기 속에서 같은 속력으로 진행한다는 것이다. 두 변화가 서로 균형을 이루기 때문에 마루들이 같은 속력으로 이동한다. 음파에서 압력 변화가 넓어지면 복원력이 약화되기 때문에 긴 파장은 느린 진동을 유발한다. 복원력이 작아지고 관성(즉, 밀도)이 같으면 파장이 증가할수록 공기가 더 느리게 진동하게 된다.

그림 9.2.12 공기 속에서의 진행파는 높은 밀도(청색) 지역과 낮은 밀도(백색) 지역의 빨래판 패턴으로 구성되어 있다. 인접한 마루들 사이의 거리가 파장이고, 마루 운동의 속력과 방향이 파동의 속도가 된다.

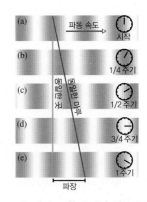

그림 9.2.13 한 주기의 진동 동안 다섯 개의 동일한 시간 간격(a~e)으로 떨어진 음파의 모습. 이 주기 동안 공간의 특정 점에서의 압력이 최고로부터 최저로, 다시 최고(녹색 선)로 변하고 특정 마루(적색 선)가 1파장 오른쪽으로 이동한다.

따라서 식 9.2.1은 모든 음파에 대해 동일한 파동 속도를 주게 된다. 공기 중의 **음속**(speed of sound)은 해수면에서 표준상태(0 °C, 101,325 Pa의 압력)일 때 대략 331 m/s이다. 음속이 매우 빠르긴 하지만 타악기 주자가 심벌즈를 두드릴 때와 콘서트홀에서 이 소리를 들을 때 사이에 시간 지연이 있는 것을 알아차릴 수 있다. 대행하게도 음속이 진동수에 의존하지 않기 때문에 오케스트라가 조화를 이뤄 연주를 할 때 모든 다른 음높이들을 동시에 들을 수 있다.

소리에 대해 논의할 때 오케스트라 연주회에서처럼 악기와 듣는 사람이 일정한 거리를 유지하고 있다고 가정한다. 그러나 퍼레이드 악단이 빠른 속력으로 듣는 사람을 향해 다가오거나 또는 멀어져 가면 이상한 일이 생긴다. 듣는 사람은 음악의 음높이가 높아지거나 낮아지는 것을 경험하게 된다. 듣는 사람이 음파의 마루가 만들어질 때의 시간율과는 다른 시간율로 음파의 마루를 만나기 때문에 **Doppler 효과**(Doppler effect)로 알려진 이런 진동수의 이동이 일어난다. 악기와 듣는 사람이 서로 접근하고 있다면 듣는 사람은 마루를 증가된 시간율로 만나게 되어 음높이가 높아진다. 둘이 서로 멀어져 가면 듣는 사람은 마루를 감소된 시간율로 만나게 되어 음높이가 낮아진다. 다행히 Doppler 효과는 음속보다 낮은 속력에 대해 크지 않기 때문에 퍼레이드 연주를 들을 때 음높이의 변화는 거의 없다.

▶ 개념 이해도 점검 #8: 빠른 소리

장난감 풍선 안의 헬륨은 정상적인 공기와 같은 경직도를 가지고 있지만 헬륨의 밀도와 관성은 더 작다. 어떻게 이런 차이가 헬륨 속에서의 음속에 영향을 줄까?

해답 소리가 정상적인 공기 속에서보다 헬륨 속에서 더 빨리 진행한다.

왜? 헬륨과 공기 두 기체가 동일한 파장의 음파를 실어 나를 때 헬륨의 밀도와 관성이 작으므로 헬륨은 공기보다 빨리 진동한다. 특정 파장의 소리가 진행하는 속력은 이 소리의 진동수에 비례하기 때문에 헬륨 속에서의 파동 속력이 공기 속에서보다 더 크다.

▶ 정량적 이해도 점검 #1: 수중 음파

물의 밀도는 정상적인 공기 밀도보다 대략 800배 크지만 물은 또한 대략 15,000배나 경직도가 크고 따라서 소리 진동도 공기 속에서보다 진동수가 증가한다. 두 음파가 동일한 파장을 가지고 있을 때 물 속에서의 파동은 공기 속에서의 파동보다 진동수가 4.31배 크다. 물 속에서의 음속은 얼마인가?

해답 물 속에서의 음속은 대략 1420 m/s이다.

왜? 식 9.2.1로부터 물 속에서의 파동 속력은 공기 속에서의 파동 속력보다 4.3배 커야 한다. 음파의 파동 속력이 공기 속에서 대략 331 m/s이므로 물 속에서의 파동 속력은 331 m/s의 4.3배, 즉 1420 m/s가 되어야 한다.

진동을 소리로 변환하기

균일한 밀도의 공기를 요동시키는 어떤 것도 진행하는 음파를 만들 수 있다. 악기는 주변 공기의 압축과 희박을 자신의 진동과 동기화시켜 소리를 방출한다. 악기마다 다르지만 어떻게 악기가 이런 일을 해낼 수 있을까? 악기를 개별적으로 살펴보도록 하자. 알게 되겠지만 일부 악기들은 다른 악기들보다 소리를 내기가 더 쉬워 보인다.

드럼은 진동하는 북 가죽이 주위 공기를 교대로 압축하고 희박화하여 소리를 낸다. 북 가죽의 일부가 솟아오르고 내려가면서 공기의 균일한 밀도에 혼란을 가져와 음파를 만든 다. 그러나 공기가 단순히 소리 없이 북 가죽으로부터 흘러나올 때 밀도 요동이 작아지고 소리 크기도 작아진다. 예를 들어 북 가죽이 그림 9.2.11에 나온 5가지 상음 진동 가운데 하나로 진동할 때마다 공기가 진동하는 면의 솟아오른 각각의 최고점들로부터 흘러나오거나 아래로 들어간 각각의 계곡들로 흘러 들어간다. 상음 진동은 여전히 소리를 만들 수 있지만 소리가 강하지 않고 북 가죽의 진동에너지가 비교적 비효율적으로 소리에너지로 변환된다.

공기가 북 가죽의 상음 진동을 피하는 데 부분적으로 성공하면 이 상음들의 진동에너지 가 사라질 때까지 상음 진동은 많은 진동 모드를 유도하게 된다. 그러므로 이들 진동이 오래 지속되며 다른 음높이들을 가지게 된다. 대조적으로 공기는 북 가죽의 기본 진동 모드를 피하기 어렵다. 이 모드에서 공기가 아주 효율적으로 교대로 압축과 희박화되기 때문에 수 주기 동안에 모든 진동에너지를 공기에게 전달한다. 이것이 북 가죽의 기본 진동 모드가 강하면서 음높이를 가지지 않은 드럼과 연관짓는 "쿵" 소리를 만드는 이유이다.

공기가 진동판을 피해가면 분명 진동하는 줄도 피할 수 있다. 바이올린 소리는 직접 진동하는 줄에서 거의 나오지 않는다. 공기는 단지 줄 주위를 감싸고 지나간다. 대신 바이올린은 위 판, 즉 **배**(belly)를 통해 소리를 만든다(그림 9.2.14). 줄이 진동 운동을 배로 전달하고 배는 소리를 만들기 위해 공기를 밀어낸다.

이 진동에너지의 대부분이 바이올린 줄이 몸통에 닿지 않도록 해주는 바이올린의 **줄받침**(bridge)을 통해 배로 흐른다(그림 9.2.15). 줄받침의 G_3 줄 쪽 아래에 **베이스 바**(base bar)가 있다. 베이스 바는 긴 나무 띠로 배를 강화시키는 역할을 한다. 줄받침의 E_3 줄 쪽에 바이올린의 배로부터 뒷면으로 연장된 축인 **소리 버팀대**(sound post)가 있다.

활로 그은 줄이 바이올린 배 위에서 진동하면 줄이 소리 버팀대 주위로 회전하게 하는 회전력을 줄받침에 작용한다. 줄받침이 앞뒤로 회전하면 베이스 바와 배가 들어왔다 나갔다 한다. 배의 운동이 바이올린 소리의 대부분을 만든다. 이 소리의 일부가 직접 배의 바깥쪽 면에서 나오고 나머지 소리는 안쪽 면에서 나오며 $S-$모양의 구멍을 통해 방출되어야 한다.

소리가 이미 존재하기 때문에 오르간 관은 소리를 만들 필요가 없다. 실제로 관의 진동하는 공기기둥은 진행파가 되어 점진적으로 관 밖으로 빠져나가는 정상파이다. 갇힌 소리가 용기로부터 탈출하고 있다.

두 종류의 파동이 밀접하게 연관되어 있으므로 정상파를 진행파로 변환하는 일은 그리 잘 드러나지 않는다. 관의 정상파를 반사된 진행파, 즉 관의 양끝에서 되튀는 진행파로 생각할 수 있다. 반사 때문에 진행파가 반대 방향으로 진행하는 자기 자신과 중첩되고, 동일하지만 반대로 움직이는 이 두 파동의 합이 바로 정상파이다.

소리가 오르간 관의 열린 끝에서 반사된다는 사실이 조금 놀랍다. 이 끝이 막혀있다면 반사를 예상할 수 있을 것이다. 결국 소리는 절벽과 다른 단단한 벽에서 메아리친다. 그러나 관의 내부로부터 바깥으로 전이될 때를 포함해 놀랄 만큼 다양한 범위의 전이에 대해서

그림 9.2.14 바이올린의 줄받침은 진동하는 줄로부터 배로 에너지를 전달하게 한다. 배가 나왔다 들어갔다 하면서 소리를 방출한다. 이 소리의 일부는 몸통에 있는 S-구멍을 통해 바이올린을 떠난다.

그림 9.2.15 줄받침을 베이스 바와 소리 버팀대가 각각 양쪽에서 지탱하고 있다. 줄이 앞뒤로 진동할 때 줄받침에 회전력이 작용하여 바이올린의 배가 들어왔다 나갔다 하여 소리를 방출하게 된다.

도 소리가 부분적으로 반사된다. 이것을 믿지 못한다면 긴 관의 내부에서 박수를 치고 메아리가 사라지는 것에 귀를 기울여 보라.

오르간 관의 열린 끝에서 완벽하게 반사되지 않기 때문에 갇힌 음파가 점진적으로 밖으로 빠져나와 소리를 들을 수 있다. 정상파가 진행파가 되어 느리게 방출되는 이런 과정이 관악기와 브라스 악기에서 흔히 일어난다. 열린 관 끝에서의 반사는 끝의 모양에 의존한다. 브라스 악기에서 흔히 볼 수 있듯이 끝을 혼 형태로 평평하게 하면 반사가 줄어들어 정상파로부터 진행파로의 전이가 쉬워진다. 이것이 혼이 소리를 더 잘 밖으로 보낼 수 있는 이유이다.

> ### ➡ 개념 이해도 점검 #9: 공기 기타
>
> 왜 통기타는 소리상자를 가지고 있을까?
>
> **해답** 소리상자는 줄의 진동에너지를 공기로 전달한다.
>
> **왜?** 기타 줄은 너무 가늘어 효율적으로 공기를 밀어내고 소리를 방출할 수 없다. 줄이 에너지를 통기타의 몸통에 전달함으로써 효율을 높일 수 있기 때문에 기타의 평면이 공기를 밀어내도록 한다. 전기기타는 줄의 진동을 직접 전류로 변환시키고 이를 오디오 스피커의 운동으로 바꿔줌으로써 소리상자의 필요성을 피해간다.

9.3 | 바다

바다는 절대 멈추지 않는다. 해안가에 가보면 바다의 가장 중요한 두 가지 운동인 조석과 수면파를 볼 수 있을 것이다. 이 절에서는 조석의 순환과정을 조사해 보고 어떻게 수면파가 물에서 진행하는지 살펴보고자 한다. 물의 파동은 빛과 관계된 전자기파와 소리의 기본이 되는 밀도 파동을 포함한 다른 파동 현상들을 이해하는 데 도움이 될 수 있다.

생각해 보기: 왜 조석의 높이가 장소에 따라 변할까? 왜 호수나 수영장에서는 조석이 잘 나타나지 않을까? 왜 만조는 대략 12시간마다 일어날까? 무엇이 파도를 이동시킬까? 모든 파동이 같은 속력으로 이동할까? 파동은 얼마나 깊을까? 왜 파도가 해안가 근처에서 부서질까? 왜 파도

는 거의 직접 해안가를 향해 다가오는 것처럼 보일까? 왜 밀려드는 파도에 리듬이 있을까?

실험해 보기: 대야나 욕조에서 물의 파동을 만들 수 있지만 파동이 너무 빠르게 이동하므로 파동을 잘 볼 수 없다. 해변에서 파도를 보는 것이 좋을 것이다. 잔잔한 날 바다는 수평의 평형 상태에 있게 된다. 그러나 바람이 불 때 보라. 바람이 얼마나 바다의 표면에 영향을 주는가? 파도가 에너지를 가지고 있다면 이 에너지가 어디로부터 오는 것이며 물속에서 어떤 모양을 하고 있을까?

파도가 지날 때 부표가 움직이는 것을 관찰하라. 부표가 파도와 함께 이동할까? 파도 자체가 파동과 함께 이동할까? 요동이 일정하게 앞으로 움직이지만 요동이 운반하는 물질은 뒤에 남는 다른 경우를 생각할 수 있는가?

이제 파도가 해안가 근처에서 부서지는 것을 관찰하라. 다른 해변들을 둘러보면 파도가 두 가지 다른 방식으로 부서지는 것을 발견할 수 있다. 일부의 경우 파도가 단순히 흰 거품이 되어 사라지는 반면 다른 경우 파도 꼭대기가 앞선 파도를 타고 넘는다. 해변이나 물의 어떤 특징이 이런 차이를 설명해줄 수 있을까?

조석

바다를 수 일 동안 관찰하면 조석을 알 수 있다. 대양 자체처럼 오래된 순환과정 속에서 대략 6¼시간 만에 **만조**(high tide)에 도달하도록 수면이 증가하고, 대략 6¼시간 만에 **간조**(low tide)가 오도록 수면이 낮아지며, 그 후 수면이 다시 높아지기 시작한다. 조석은 한때 놀라운 신비였지만 이제는 조석이 지구 자전, 달의 중력 및 약하지만 태양의 중력에 의해 생긴다는 것을 알고 있다.

지구에서 달의 중력은 너무 약해서 보통 이를 알아차리지 못한다. 달은 멀리 떨어져 있고 4.2절에서 배운 것처럼 중력이 거리에 따라 감소한다. 그러나 이런 거리 의존도 역시 지구 한쪽에서의 달의 중력이 다른 쪽에서보다 강하다는 것을 의미한다. 지구에서 달에 가장 가까운 쪽에 있을 때가 반대편에 있을 때보다 달의 끌림을 강하게 느낀다(그림 9.3.1). 이런 달의 중력 변화를 느낄 수는 없지만 지구 대양은 이 변화에 반응한다. 대양이 달의 중력에 의해 변형되고(그림 9.3.2), 이 변형이 조석을 일으킨다.

지구의 특정 위치에서의 달의 중력과 지구 전체에서의 달의 중력의 평균 세기 차이에 의해 **조력**(tidal force)이 생긴다. 조력은 지구 전체에 대해 이들 장소들을 변위시키려는 잔여 중력을 말한다. 달과 가까운 쪽 지구는 달을 향해 평균보다 더 강하게 끌리기 때문에 달을 향한 조력을 경험하게 된다. 지구의 먼 쪽은 평균보다 덜 끌리기 때문에 달로부터 멀어지는 조력을 받는다.

지구가 덜 단단했다면 조력이 지구를 달걀 모양으로 잡아 늘였을 것이다. 지구의 달과 가까운 쪽이 달을 향해 바깥으로 불거지는 반면 지구의 먼 쪽은 달로부터 멀어지도록 불거졌을 것이다. 그러나 지구 자체가 너무 단단해서 그런 변형은 일어나지 않지만 대양은 그렇지 않아 조력 때문에 바깥쪽으로 불거진다. 대양은 **조력에 의한 불거짐**(tidal bulge)이 두 번 나타난다. 하나는 달에 가장 가까운 쪽에, 다른 하나는 달로부터 가장 먼 쪽에 생긴다(그림 9.3.2). 가까운 쪽 불거짐은 지구 전체보다 그곳의 물이 달을 향해 더 빠르게 이동하기 때문에 나타난다. 먼 쪽 불거짐은 지구 전체보다 그곳의 물이 달을 향해 더 느리게 이동하기 때문에 나타난다. 조력에 의한 불거짐이 나타나는 어느 한 곳에 위치한 해변에서는 만조를 경험하는 반면 불거짐 사이의 반지 모양의 대양이 위치한 곳에 있는 해변에서는 간조를 경험하게 된다.

지구가 자전하기 때문에 두 불거짐의 위치가 적도 주위로 서쪽으로 이동한다. 특정한 해변이 달로부터 가장 가깝거나 가장 멀 때마다 만조를 경험하기 때문에 만조에서 간조, 다시 만조로 되돌아오는 주기는 대략 12시간 24.2분이 된다. 여분의 24.4분은 달이 정지하고

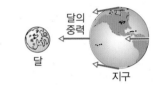

그림 9.3.1 지구 표면에서의 달의 중력은 다르다. 달에 가까운 곳에서는 느끼는 중력이 더 커진다. 이런 달의 중력 변화가 조석을 만든다.

그림 9.3.2 달의 중력 변화가 지구 표면에 조력을 만들고 지구 대양들이 두 곳에서 밖으로 불거지게 만든다. 지구가 자전할 때 달로부터 가장 가까운 곳과 가장 먼 곳에서의 이런 불거짐이 지구 표면에서 이동한다.

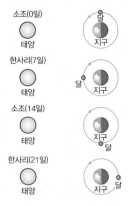

그림 9.3.3 조석이 음력 달에 따라 변한다. 태양과 달이 일렬로 늘어설 때 조석이 가장 강하고(한사리), 90°를 이룰 때 가장 약하다(소조).

있지 않다는 사실을 반영한다. 달은 지구 주위를 돌며, 음력 1달(달이 지구를 한 번 공전하는 데 걸리는 시간)은 29.53일이다. 따라서 달은 24시간이 아닌 24시간 48.8분마다 한 번씩 머리 위를 지난다.

달은 지구 대양에 조력을 주는 유일한 원천이 아니다. 지구로부터 태양은 달보다 훨씬 멀리 있지만 태양의 질량이 아주 크기 때문에 태양의 조력은 달의 조력의 거의 절반이 된다. 태양의 주요 영향은 달에 의한 조석의 세기를 증가시키거나 감소시키는 것이다(그림 9.3.3). 달과 태양이 일렬로 늘어서면 조력이 더해져 더 큰 조력 불거짐을 만든다. 달과 태양이 서로 90°를 이루면 조력이 부분적으로 상쇄되어 비정상적으로 작은 조력 불거짐을 만든다. 음력으로 한 달마다 두 번 조석이 특별히 강해진다. 이런 날을 **한사리**(spring tide)라 하는데, 달과 태양이 일렬로 늘어설 때마다 생긴다(보름달과 초승달). 또 음력으로 한 달마다 두 번 조석이 특별히 약해진다. 이런 날을 **소조**(neap tide)라고 하는데, 달과 태양이 90°를 이룰 때마다 생긴다(반달).

달과 태양 사이의 조석 효과의 상호작용 때문에 조석의 주기가 매일매일 조금씩 달라진다. 평균 주기는 12시간 24.4분이지만 음력 달에 따라 주기의 요동이 있다. 더욱이 특정한 장소에서의 만조와 간조의 정확한 순간은 물의 관성과 지구 자전 그리고 물이 흐르는 환경에 따라 조력 불거짐은 영향을 받는다. 이런 변화가 해안지역에서 흔히 지역 조석표를 발간하는 이유가 된다.

> ### ▶ 개념 이해도 점검 #1: 만조 때 해안가에서 휴가
>
> 대서양과 태평양은 중앙아메리카에서 매우 가까이 있다. 이 지협(isthmus)의 대서양 쪽이 만조 때라면 태평양 쪽의 조석은 무엇일까?
>
> **해답** 이곳 역시 만조를 경험한다.
>
> **왜?** 중앙아메리카 지협의 대서양 쪽이 만조를 경험하고 있을 때 중앙아메리카 전체에 조력 불거짐이 있게 된다. 지협의 양쪽 모두 동일한 조석인 만조를 경험하게 된다.

조석 공명

조석의 크기는 위치가 어디냐에 의존하지만 만조는 보통 간조보다 1 m 또는 2 m 정도 높다. 조력에 의한 불거짐이 적도 부근에 위치하기 때문에 북쪽이나 남쪽으로 멀리 떨어진 곳에서 조석은 적도에서보다 작다. 고립된 호수나 바다에서는 물이 불거짐을 만들기 위해 흘러들어오지 못하기 때문에 조석이 작다. 그러나 엄청난 조석을 가진 소수의 특별한 장소가 있다. 예를 들어 뉴브런즈윅(New Brunswick)과 노바스코셔(Nova Scotia) 사이에 있는 펀디 만(Bay of Fundy)의 조석은 수면 수준을 15 m나 변화시킨다. 조석이 어떻게 이렇게 커질 수 있을까?

거대한 조석은 해협과 만에서 자연 공명 때문에 생긴다. 오르간 관 속의 공기가 펌프로부터 나온 일련의 세심하게 시간 배열된 미는 힘에 의해 강하게 진동하는 것처럼 해협이나 내포의 물이 조석에 의한 일련의 세심하게 시간 배열된 미는 힘에 의해 강하게 진동할 수

있다. 이 해협의 물은 안정한 평형을 가진 또 다른 퍼진 물체이기 때문에 교란시키면 평형 주위로 진동하게 된다. 조석의 순환과정이 점차적으로 해협의 적절한 정상파의 진폭을 축적할 때 공명에너지 전달에 의해 거대한 조석이 발생한다.

그러나 오르간 관의 정상파가 공기기둥 전체와 관련이 있는 반면 해협의 정상파는 주로 물의 열린 표면과만 관련이 있다. 물의 표면이 평평하고 수평일 때 물은 평형에 있으며 표면을 교란시킬 때 스프링과 같은 복원력을 받는다. 이 절에서 고려하고 있는 넓은 파동의 경우 이런 복원력이 중력에 의해 생기기 때문에 **중력파**(gravity wave)로 알려져 있다. 그러나 작은 식수 잔에 생기는 미니 파동의 경우 물의 스프링 같은 탄성 표면이 복원력에 아주 큰 기여를 한다. 이런 **표면장력**(surface tension)과 관련된 파동을 **모세관 파**(capillary wave)라고 부른다.

큰 커피 컵의 표면에서 정상 중력파를 관측할 수 있다. 손에 컵을 들고 걸으며 컵을 앞뒤로 리드미컬하게 흔들게 되면 커피 표면에 중력파가 생긴다. 특정한 정상파의 천연 리듬과 동기화되도록 걸음걸이를 조정하면 공명에너지 전달에 의해 이 파동의 진폭을 점점 크게 할 수 있고 옷을 바꿔 입어야 할지 모른다. 유사한 중력파 공명이 세면대와 욕조에서도 일어나며 어린아이들은 이 현상을 매우 재미있어 한다. 이 현상은 부모들에게는 실망을, 물의 피해를 입은 마루와 천장을 수리하는 사람들에게는 기쁨을 준다.

바이올린 줄과 북 가죽의 정상파처럼 물 위의 정상 **표면파**(surface wave)는 횡파, 즉 물의 수직 표면 진동이 수평 파동 자체에 수직하다. 대야에서 기본 진동 모드(그림 9.3.4)는 대야의 중앙선을 따라 마디를 가지고, 양끝에는 배를 가지고 있다. 한 배에서 물이 마루(평형으로부터 위로 최대로 변위된 곳)까지 휘어져 있다. 다른 배에서는 물이 골(평형으로부터 아래로 최대로 변위된 곳)로 휘어진다. 시간이 흐르면 마루가 골이 되고 반면 골이 마루가 된다. 밀려오는 물이 모든 진동에너지를 열에너지로 바꾸거나 다른 곳으로 전달할 때까지 이 과정이 반대가 되며 계속해서 반복된다.

하구 끝에서 생기는 거대한 조석은 단순히 마루와 골 사이에서 위아래로 요동치는 정상파의 배에 지나지 않는다. 정상적인 세면대에서 생기는 정상파는 초나 그 이하의 주기를 가지는 반면 물이 많이 담긴 물체는 주기가 분 또는 시간이 되는 **정진**(seiches)이라 알려진 정상파를 유지시킬 수 있다. 이 정상파는 대양 전체에서 나타나며 지구 상 거의 모든 곳에서 조석의 높이와 시간에 큰 영향을 미친다.

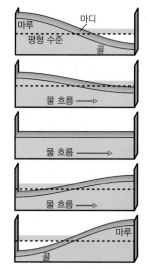

그림 9.3.4 대야 속으로 밀려들어 오는 물이 기본 모드에 있다. 물의 표면이 위아래로 진동하면서 파동의 마루가 골이 되고, 골이 마루가 되는 일이 계속해서 일어난다.

그림 9.3.5 펀디 만의 거대한 조석에 의해 만조와 간조 사이에 물의 수준이 15 m나 변화된다.

펀디 만의 물은 주기가 대략 13.3시간인 기본 정진 모드를 가지고 있다. 이 주기가 12.5 시간의 조석 주기와 거의 일치하기 때문에 달로부터 내포의 물의 진동으로 공명에너지 전 달이 일어난다. 많은 순환과정이 끝난 후 이 내포 안의 물이 너무 강하게 이동해 물의 높이 가 시간에 따라 극적으로 변할 때까지 조석이 물을 앞뒤로 뒤흔든다(그림 9.3.5).

> **🔵 개념 이해도 점검 #2: 잠재적인 이익**
>
> 사람들은 때때로 거대한 조석을 이용해 발전하는 것을 제안하지만 이 아이디어에는 문제가 있다. 펀디 만 에서 만조 때 물로부터 모든 중력 위치에너지를 뽑아내고 난 후 거대한 조석이 다시 나타나려면 얼마의 시 간이 걸릴까?
>
> **해답** 여러 날이 지나야 할 것이다.
>
> **왜?** 펀디 만에서 밀려오는 물은 에너지를 공명에너지 전달에 의해 얻는다. 조석이 물에 일을 하며 주기운동 의 많은 순환과정을 거쳐 서서히 에너지를 증가시킨다. 각 순환과정이 반나절 걸리기 때문에 거대한 조석에 필요한 에너지를 축적하는 데 많은 날이 필요하다. 모든 저장된 에너지를 단번에 뽑아낸다면 펀디 만에 다 시 물이 밀려오기 시작할 것이다. 그러나 저장된 에너지의 작은 양만을 뽑아내는 작은 발전소가 가능하고 이 런 발전소가 실제로 가동되고 있다.

수면 위의 진행파

구름이 없는 날 해안가에 앉아 따뜻한 미풍을 즐기고 있다면 앞쪽 바다가 파고들로 덮인 것 에 주목하지 않을 수 없다. 파고가 꾸준히 육지로 몰려와서 마침내 해변에 부딪쳐 부서진 다. 각각의 부서지는 파도를 분리된 파동으로 흔히 생각하지만 균일하게 떨어져 있는 파고 들이 움직이는 전체 패턴을 단일 파동, 즉 물 위의 진행 표면파로 보는 것이 유익함을 알 게 될 것이다.

진행 표면파는 열린 대양의 기본 진동 모드로 사실상 **제한이 없는** 표면에서의 가장 단 순한 파동이다. 물을 가로지르는 이런 꾸준한 과정에도 불구하고 이 진행파는 사실 진동을 포함하고 있다. 수면 위 고정된 점을 주시하면 이 진동을 볼 수 있다. 진행파의 마루와 골이 이 점을 통과해 갈 때 점이 위아래로 요동친다. 이 진동은 상승과 하강의 순환을 한 번 마치 는 데 필요한 시간이고, 주기는 마루가 매초 이 고정점을 통과해가는 횟수이다.

대양의 표면은 믿기 힘들 정도로 다양한 진행파를 만들 수 있으며, 각 진행파는 자신의 주기와 진동수를 가지고 자신의 방향으로 움직인다. 더욱이 이런 기본 파동들은 공존할 수 있으며 더 많은 복잡한 패턴을 만들어내기 위해 대양의 표면에서 서로 더해지기도 한다. 적 당한 율로 서로 섞이면 오보에와 바이올린의 풍부한 음색을 흉내 낼 수 있는, 그리고 더 많 이 섞이면 모든 가능한 소리의 패턴을 흉내 낼 수 있는 많은 플루트의 순수음처럼 진행파도 적당한 율로 중첩하면 어떤 표면파의 패턴이라도 만들 수 있다. 대양이 거칠고 표면이 넓은 진동 위에 부풀어오른 층이 있고 다시 잔물결의 층이 쌓인 모습일 때 "순수음" 진행파의 중 첩이 최고조에 있음을 볼 수 있다.

대조적으로 해협이나 호수 위에서의 기본 진동 모드는 정상 표면파, 즉 **제한된** 표면 위 에서 가장 단순한 파동이다. 정상파에서 수면이 수직으로 위아래로 진동하며 마루와 골이 주기적으로 상호 교체된다. 즉 마루가 골이 되고 골이 마루가 된다. 마루와 골의 정상파 패턴은 전혀 움직이지 않는다. 단순히 특정 진동수로 자리에서 위아래로 뒤집어질 뿐이다.

제한된 표면에서 이런 정상파들의 중첩을 통해 어떠한 표면파의 패턴이라도 만들 수 있다. 따라서 이들 역시 중심 색과 같다. 전체적으로 진행파가 제한이 없는 대양에 대해 파동의 중심 팔레트 구실을 한다면 정상파는 제한된 해협이나 호수에 대해 파동의 중심 팔레트 구실을 한다.

> ◉ **정상파와 진행파**
>
> 제한된 크기를 가진 퍼진 물체의 가장 기본적인 파동은 정상파이다. 다른 주기와/또는 다른 패턴을 가진 이런 정상파들은 이런 제한된 물체에 어떠한 파동이라도 만들기 위해 중첩이 가능하다. 제한이 없는 퍼진 물체의 가장 기본적인 파동은 진행파이다. 다른 주기와/또는 다른 진행 방향을 가진 이런 진행파들은 제한이 없는 물체에 어떠한 파동이라도 만들기 위해 중첩이 가능하다.

실제로 이런 아이디어는 악기와 소리를 다루기 전에 이미 보았다. 악기는 제한된 물체이기 때문에 기본 진동이 상음 진동인 정상파이다. 그리고 공기는 사실상 제한이 없는 물체이기 때문에 기본 진동이 공기가 운반하는 음파 진행파이다. 악기의 음색은 많은 정상파의 중첩을 보여주는 반면 오케스트라나 밴드의 전체 소리는 많은 진행파의 중첩을 보여준다.

정상 표면파와 진행 표면파 모두 에너지, 즉 보통 바람이나 조석 또는 때때로 지진 활동으로 얻은 에너지를 실어 나른다. 각 파동의 에너지는 물과 함께 이동하는 운동에너지와 평형 수면으로부터 변위된 물의 중력 위치에너지로 구성된다.

정상파에서 전체 파동의 에너지가 운동에너지와 중력 위치에너지 사이에서 요동친다. 수면이 평형 수준을 지나 밀려오면 파동의 운동에너지가 최대가 되고 수면이 평형으로부터 최대 변위를 지나 되돌아가기 위해 정지할 때 중력 위치에너지가 최대가 된다.

진행파의 마루와 골은 일정하게 앞으로 이동하므로 물은 절대 평평하거나 멈춰 있을 수 없다. 진행파의 에너지는 따라서 항상 운동에너지와 위치에너지가 균일하게 혼합되어 있다. 또한 운동의 방향성 때문에 진행파는 파동 속도와 같은 방향을 향하는 운동량을 운반한다.

> ▶ **개념 이해도 점검 #3: 배 멀미의 진동수**
>
> 열린 대양에서 작은 보트에 타고 있다. 보트는 파도의 마루를 통과할 때마다 솟아올랐다 떨어졌다 한다. 보트 아래를 지나는 파동의 진동수를 어떻게 측정할 수 있을까?
>
> ❯ **해답** 특정한 시간 동안 보트가 위와 아래로 운동하는 횟수를 세면 된다.
>
> ❯ **왜?** 보트의 위아래 운동은 대양 표면의 진동에 의해 생긴다. 보트를 지나는 파도의 진동수에 따라 보트가 위와 아래로 솟아올랐다 떨어졌다 한다.

수파의 구조

진행파가 열린 대양에서 특정 속도, 파장, 진동수로 움직이는 것을 보았다. 그러나 파동이 지날 때 물 자체는 무슨 일을 할까?

파동(마루) 속도 ⟶

  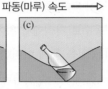

그림 9.3.6 물 위에 떠 있는 병을 관찰하면 물이 파동과 함께 움직이지 않는다는 것을 알 수 있다. 병은 각 마루가 지날 때 원형으로 움직인다. (a) 마루에서 출발하여 병이 (b) 아래와 오른쪽, (c) 아래와 왼쪽, (d) 위와 왼쪽, (e) 위와 오른쪽으로 움직인다. 다음 마루가 도착하자마자 물이 원래 위치로 되돌아온다.

수면에 떠 있는 병을 관찰함으로써 이 질문에 답을 할 수 있다(그림 9.3.6). 파동이 지날 때 병은 마루와 골과 같이 솟아올랐다 떨어졌다 하지만, 병이 어떤 방향으로도 전체적인 이동을 하지는 않는다. 대신 병은 원형으로 움직인다. 병처럼 물 자체도 실제로 진행하는 파동과 같이 움직이지 않는다. 물이 각 마루를 만들기 위해 부풀어 오르고 골을 만들기 위해 퍼지긴 하지만 파동이 떠나고 나면 출발점으로 원위치한다.

그림 9.3.6에 있는 병처럼 진행파가 통과할 때 대양의 표면에 있는 물의 일부가 원형 패턴을 따라 이동한다(그림 9.3.7). 마루의 꼭대기에서 출발한 물이 마루가 떠날 때 아래와 앞으로 전진한다. 골이 도착하면 물은 아래와 뒤로 이동하였다가 골이 떠날 때 위와 뒤로 이동한다. 마지막으로 다음 마루가 도착하면 물은 위와 앞으로 이동한다. 도착하는 마루의 꼭대기에 물이 도달하게 되면 물은 다시 출발한 대양 표면으로 되돌아가게 된다. 어느 방향으로 물이 회전하는지는 파동 속도의 방향, 즉 파동의 진행 방향에 의존한다. 마루 꼭대기에 있는 물은 항상 파동과 동일한 방향으로 이동한다.

움직이는 것은 표면의 물만이 아니다. 표면 아래의 물 역시 원형으로 움직인다. 그러나 원의 반지름이 깊이에 따라 점차적으로 감소하여 대략 파동의 파장의 절반이 되는 깊이에서 원의 크기가 거의 무시할 정도가 된다. 그러므로 **표면**파라고 부르지만, 이 파동은 **깊이**를 가지며 따라서 곧 알게 되듯이 얕은 물에 민감하다.

그림 9.3.7 표면의 물은 파동이 지날 때 원운동을 한다. 시간이 지나면 현재 각 어두운 점에 위치한 물이 점 주위의 원형 곡선 경로를 따라 움직인다. 표면에서 원이 가장 크고, 표면 아래로 파장의 절반 이상이 되는 곳을 살펴보면 원의 크기를 무시할 수 있다. 원운동의 방향(시계 또는 반시계 방향)이 파동이 진행하는 방향을 결정한다. 이 파동은 오른쪽으로 진행한다.

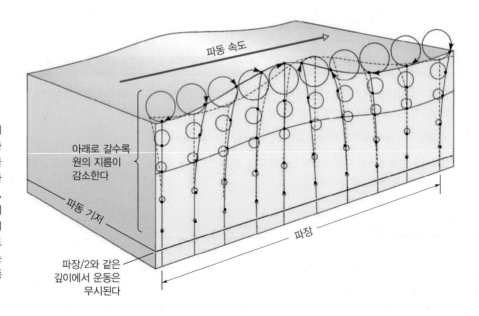

파동 속도

아래로 갈수록 원의 지름이 감소한다

파동 기저

파장/2와 같은 깊이에서 운동은 무시된다

파장

이런 표면파들은 또 다른 흥미로운 특성을 가진다. 파동 속도가 파장에 따라 증가한다. 알아차렸겠지만 긴 파장을 가진 파도는 짧은 파장의 파도보다 빨리 이동한다. 이것은 음파와 아주 다른 성질로 음파는 파장에 무관하게 모두 동일한 파동 속도를 가진다.

파동 속도의 파장 의존도를 **분산**(dispersion)이라고 한다. 이 경우 긴 파장의 파동을 운반할 때 수면이 놀랄 만큼 단단하기 때문에 분산이 일어난다. 짧은 파장의 변형에 대해 긴 파장의 변형보다 훨씬 더 강하게 저항하는 팽팽한 바이올린 줄과 달리, 수면은 짧은 파장의 교란에 대해 저항하는 만큼 긴 파장의 교란에 대해 저항하기 위해 물의 무게를 이용한다. 긴 파장의 파동에 대한 경직도가 커지면 진동수가 증가하게 되고 따라서 파동 속도를 증가시킨다(식 9.2.1을 보라).

잔물결은 짧은 파장을 가지고 있어 느리게 진행하는 반면, 큰 대양의 파도는 긴 파장을 가지고 있어 훨씬 빠르게 움직인다. 해일(tsunami)로 알려진 지진과 화산 폭발이 만든 거대한 파도는 매우 긴 파장을 가지며 시간 당 수백 킬로미터를 진행할 수 있다. 거대한 파도가 너무 빨리 그리고 대양의 물 속에서 너무 깊이 이동하기 때문에 엄청난 양의 에너지와 운동량을 운반하여 해안가 지역에 잠재적인 재난을 가져올 수 있다(그림 9.3.8).

> ### 개념 이해도 점검 #4: 파도 아래
>
> 수영을 해서 파도 아래로 잠수한다고 할 때 물의 운동을 별로 느끼지 않으려면 얼마나 깊이 잠수해야 할까?
>
> **해답** 수면 아래로 대략 파장의 절반 깊이로 잠수해야 한다.
>
> **왜?** 파도는 대략 파장의 절반 깊이까지 물의 운동을 유발한다. 보통의 파도는 대략 5 m의 파장을 가지므로 물이 거의 정지한 곳으로 가려면 2.5 m를 잠수해야 한다.

© Reuters/Corbis Images

그림 9.3.8 2004년 12월 26일에 일어난 인도양의 해일은 수마트라 북쪽 해안의 대양 바닥이 갑자기 솟아오르면서 시작되었다. 이 긴 파장의 파도가 너무 빨리 주변 인도양을 통과했기 때문에 해안가 주민 대부분은 경보를 받지 못해 대비를 하지 못했다. 더욱이 해일의 경이적인 골이 광활한 해저를 노출시키면서 호기심 많은 사람들이 앞바다로 몰려들었다. 그때 파괴적인 마루가 뒤따르며 사람들이 무방비 상태가 되었다. 대략 25만 명이 사망했다.

해변가의 파도

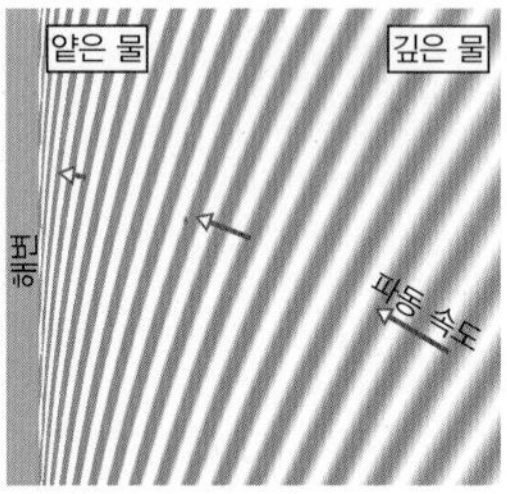

그림 9.3.9 진행하는 수면파가 얕은 물을 만나면 속력이 느려지고 진행 방향이 변한다. 이런 굴절 과정이 파동 방향을 휘게 하므로 파도가 더욱 더 해변 쪽을 향하게 된다.

파도가 해안에 접근하면 파도가 얕은 물을 지나 이동하게 된다. 물의 원운동이 수면 아래로 확장되기 때문에 파도가 해저와 만나는 점이 생긴다. 물이 파도의 파장의 절반보다 얕아지면 해저가 파도의 원운동을 왜곡시켜 타원운동을 하게 한다.

이 변화는 파도에 여러 흥미로운 효과를 가져온다. 첫 번째로 파동 속도가 점차적으로 감소하여 마루가 서로 뭉치게 된다. 두 번째로 파도의 속력 감소에도 불구하고 파도의 전체적인 전진 운동량을 일정하게 유지하기 위해 파도의 진폭(마루의 높이와 골의 깊이)이 증가한다. 이런 두 가지 효과로 왜 열린 대양에서 넓고 점진적으로 보이는 파도가 해변 근처에서 아주 가파르고 위험하게 보이는지 설명할 수 있다. 파도의 마루들이 서로 뭉쳐 높이가 높아지기 때문에 마루와 골 사이의 경사가 실제로 더 가파르게 된다.

얕은 물의 세 번째 효과는 파도 진행 방향의 점진적인 변화이다. **굴절**(refraction)로 알려진 이런 휨은 파도가 한 환경에서 다른 환경으로 진행하면서 파동 속력이 바뀔 때마다 일어난다. 수면파가 해안에 접근할 때 수면파가 느려지기 때문에 파도가 굴절(휜다)을 일으켜 좀 더 해안을 향해 이동한다(그림 9.3.9). 해안에서 멀리 떨어져 파도가 비스듬하게 진행한다고 하더라도 굴절 때문에 파도는 해변에 거의 수직하게 접근한다.

네 번째이자 마지막 효과는 파도의 파괴이다. 결국 파도의 물은 사라지고 해변과 부딪친다. 파도는 지역의 물을 사용해 마루를 만든다. 마루가 매우 얕은 물로 들어오면 마루의 앞쪽에 앞쪽 마루를 만들 만큼 충분한 물이 없기 때문에 마루가 불완전해져 "부서지기" 시작한다.

파도가 소멸하는 형태는 해저의 경사에 의존한다. 경사가 점진적이라면 파도가 부드럽게 구르는 "끓는" 파도를 형성하며 느리게 부서진다(그림 9.3.10). 그러나 해저의 경사가 가파르다면 마루의 꼭대기가 앞에 있는 골을 덮치게 되어 파도가 신속하게 부서진다(그림 9.3.11). 가파른 경사는 본질적으로 마루의 앞쪽 절반이 형성되는 것을 막는다. 뒤쪽 절반은 정상적인 원운동을 계속하여 앞에 있는 사라진 절반의 마루 위로 잠수한다.

파도는 해변 대신 안벽이나 절벽과 충돌함으로써 이런 격렬한 최후를 피할 수 있다. 파도가 부서지기보다 벽에서 되튀어 새로운 방향으로 이동한다. 파도가 경계면을 통과하기 위해 크게 변해야 할 때마다 반사라고 알려진 이런 되튐 효과가 일어난다. 이 경우 물은 사실상 단단한 벽에서 끝나기 때문에 파도는 단순히 경계면을 통과할 수 없고 대신 반사되어야 한다. 반사파가 자기 위로 통과하면 진행파였던 것이 정상파 성격을 가진 파동을 만들게 된다. 벽이 바다 표면을 제한한 결과이다.

파도가 경계면의 반대 방향으로 진행하는 것이 크게 다르지 않다면 경계면에서 이 파도는 부분적으로만 반사된다. 따라서 수면파가 모래톱이나 산호초 위를 통과하면서 파도의 속력이 변화할 때 파도는 부분적인 반사와 굴절을 모두 경험하게 된다. 이런 효과들이 해안가 파도의 복잡한 역학에 기여를 한다.

Courtesy Lou Bloomfield

그림 9.3.10 바다 바닥의 경사가 매우 느리게 변하면 파도의 마루가 부드럽게 부서지는 파도로 변한다.

© Sean Davey/Aurora Photos, Inc.

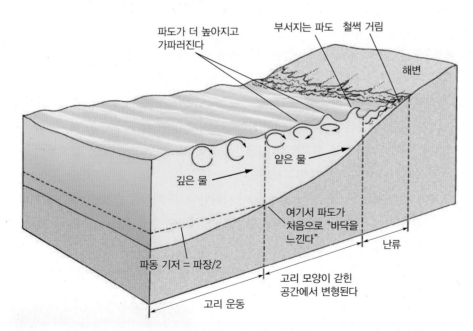

그림 9.3.11 물이 너무 얕아져 완전한 파도 마루를 형성할 수 없으면 파도가 "부서진다." 해안의 경사가 충분히 가파르다면 마루가 해안가에서 아주 불완전하게 되어 마루의 앞에 있는 골 위를 덮친다.

> ➡ **개념 이해도 점검 #5: 부서지는 파도를 지나 밖으로**
>
> 해안에서 대양으로 수영을 하면 파도의 마루가 부서지는 지역을 지나 파도가 부서지지 않는 더 먼 지역에 이르게 된다. 두 지역을 구별하는 것은 무엇인가?
>
> **해답** 부서지는 지역은 너무 물이 얕아 마루가 완전히 형성되지 않는다. 부서지지 않는 지역은 물이 충분히 깊어 완전한 마루가 형성된다.
>
> **왜?** 완전한 마루가 형성되지 못하는 얕은 지역에서는 파도의 마루가 부서진다. 물이 충분히 깊은 한 파도가 온전히 진행한다. 그러나 모래톱과 같은 얕은 지역이 있으면 해안에서 멀리 떨어져 있다고 하더라도 파도가 그곳을 통과하면서 마루가 부서진다.

파도의 리듬: 파동의 간섭

대양이 해안 쪽으로 단 하나의 순수 진행파만을 보낸다면 모든 부서지는 파도는 동일하게 보이고 소리도 동일할 것이다. 그러나 흔히 부서지는 파도는 복잡한 리듬을 가지고 있다. 파도의 세기는 **부서지는 파도 맥놀이**(surf beat)로 알려진 패턴을 가지고 요동친다. 부서지는 파도 맥놀이는 대양의 표면이 바쁜 곳임을 알려주는 신호이다. 대양은 실제로 한 번에 하나 이상의 진행파를 운반하며 이런 여러 파동들이 부서지는 파도에 모두 기여한다.

여러 진행파가 부서지는 파도의 맥놀이를 만드는 것을 이해하기 위하여 간단한 경우를 생각해 보자. 두 진행파가 해안 쪽으로 향하고 있으며 두 파동의 진폭은 같지만 파장은 다르다고 가정하자(그림 9.3.12). 대양의 두 지역에 부는 바람이 두 가지 다른 진행파를 만들고 이들이 나중에 중첩될 때 이런 상황이 쉽게 발생한다. 이 진행파들은 대양을 서로 공유하기 때문에 서로 중첩이 될 수 있다.

이런 진행파들은 다르기 때문에 마루와 골의 패턴이 모든 곳에서 일치할 수 없다. 대신 이 파동들은 **간섭**(interference)을 경험한다. 어떤 위치에서는 서로 겹치는 패턴이 보강되고, 다른 위치에서는 패턴이 상쇄되는 현상이 간섭이다. 두 파동이 **같은 위상**(in phase)일 때, 즉 마루 또는 골이 일치할 때 **보강간섭**(constructive interference), 즉 파동이 협력하여 엄청난 마루나 골을 만든다. 두 파동이 **위상이 일치하지 않을**(out of phase) 때, 즉 한 파동의 마루가 다른 파동의 골과 일치할 때 **상쇄간섭**(destructive interference), 즉 파동이 서로 저항하므로 마루나 골이 약화되거나 사라진다.

그 결과 **간섭 패턴**(interference pattern)이 나타난다. 두 파동이 중첩될 때 간섭 패턴은 시간과 공간에 걸쳐 퍼져있는 복잡한 구조를 가진다. 대양의 표면 위에서 진행파가 해안 쪽

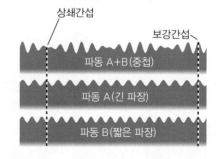

그림 9.3.12 두 진행파 A와 B가 대양의 표면에서 중첩될 때 간섭 패턴 A+B가 만들어진다. 이 이동하는 패턴이 해안과 만나면서 마루의 높이가 변하게 되어 부서지는 파도의 맥놀이가 만들어진다.

으로 이동할 때 간섭 패턴이 이동하고 진화하여 마침내는 해변에서 부서지는 마루에 흔적을 남긴다. 마루들의 높이가 더 이상 같지 않기 때문에 복잡한 리듬을 가진 부서지는 파도의 맥놀이를 보이게 된다. 이 맥놀이를 들으면 파동의 중첩과 간섭의 결과를 듣고 있는 셈이 된다.

물론 실제 대양은 많은 진행파를 운반하며 각 진행파는 자신의 진폭, 파장과 진행 방향을 가지고 있다. 그러나 대양 표면이 아무리 복잡하고 표면의 맥놀이가 아무리 복잡하다고 하더라도 여전히 파동의 간섭만을 관찰하고 있다고 볼 수 있다.

⊙ **중요한 파동 현상들의 요약**

반사: 파동이 한 환경에서 다른 환경으로 들어가면서 특히 파동 속력과 같은 특정한 역학적 성질이 갑자기 변할 때 일어나는 거울에서와 같은 완전 또는 부분적인 방향 수정

굴절: 파동이 한 환경에서 다른 환경으로 들어가면서 파동 속력이 변할 때 일어나는 파동의 휨

분산: 파동 속력의 파장 의존성

간섭: 둘 이상의 파동이 중첩될 때 일어나는 파동 사이의 상호작용. 마루와 골이 서로 보강되거나(보강간섭) 서로 상쇄되어(상쇄간섭) 간섭 패턴을 만든다.

▶ **개념 이해도 점검 #6: 소리 맥놀이**

피아노의 많은 음들은 분리된 두 줄 또는 세 줄로 연주한다. 이 줄들을 정확히 같은 음높이로 조율하지 않는다면 그 결과로 만들어지는 소리는 펄스의 특성을 가진다. 즉 리드미컬하게 더 큰 그리고 더 약한 소리를 낸다. 무엇이 이런 강한 펄스 또는 맥놀이를 만들까?

▷ **해답** 분리된 줄이 만드는 약간 다른 음파는 간섭을 일으킨다.

▷ **왜?** 약간 다른 물의 파동들처럼 약간 다른 음파들은 간섭 효과를 보인다. 그 결과 생기는 펄스는 약간 다른 음높이를 가진 음파들 사이에서 보강간섭과 상쇄간섭이 교대로 일어난다는 것을 알려준다.

9장 에필로그

이 장에서 여러 물체에서 일어나는 자연 공명에 대해 살펴보았다. '시계'에서는 진자, 밸런스 링과 수정 결정에서의 공명을 살펴보았고, 이들 물체들이 조화진동자라는 것을 발견하였다. 따라서 이들의 복원력은 변위에 비례한다. 이처럼 이 시간기록기들은 운동 진폭과는 무관한 주기를 가진다.

'악기'에서는 줄과 공기 관의 진동을 탐구하였고, 이들 역시 조화진동자처럼 행동하는 것을 발견하였다. 하지만 이들은 많은 진동 모드를 가지고 있어 복잡한 행동을 한다. 이런 운동을 파동으로 볼 수 있음을 알게 되었다.

'바다'에서는 정상파와 진행파의 두 종류의 파동에 대해 더 탐구하였다. 두 종류의 파동 모두 물에서 발견되는데, 정상파는 조석의 공명에서 나타나고 진행파는 열린 대양에서 나타난다.

설명: 노래하는 와인잔

유리잔의 테두리를 문지르는 것은 바이올린 줄을 켜는 것과 유사하다. 모두 공명에너지를 전달한다. 손가락이 교대로 유리와 테두리를 밀어 유리가 손가락 밑에서 앞뒤로 기본 진동 모드로 진동하게 돕는다. 유리가 진동하기 시작하면 유리가 손가락과 같은 방향으로 움직일 때마다 손가락이 유리에 약간의 일을 해준다. 유리가 크게 울리기 시작하면 손가락을 유리잔 주위로 꾸준히 돌려줌으로써 유리가 계속 울리게 할 수 있다. 유리가 에너지를 소리로 계속해서 방출하지만 손가락으로 유리에 일을 해줌으로써 더 많은 에너지를 유리에 공급하게 된다. 유리에 물을 더 추가하면 질량이 증가해서 진동이 느려진다.

요약, 중요한 법칙, 수식

시계의 물리: 시계는 보통 조화진동자가 가진 아주 일정한 주기를 갖기 때문에 조화진동자에 기초를 두고 있다. 가장 중요한 조화진동자의 주기는 운동의 진폭과는 무관하다. 흔한 조화진동자 시간기록기로는 진자, 밸런스 링과 수정 결정이 있다.

진자시계에서 흔들리는 진자가 톱니바퀴의 회전을 제어하고 톱니바퀴는 시계 침의 회전을 제어한다. 진자의 진동을 유지하고 시계 침을 전진시키는 데 필요한 에너지는 추가 달린 줄의 낙하로부터 나온다. 밸런스시계에서 흔들림 밸런스 링은 톱니바퀴를 제어한다. 시계 작동의 에너지는 감은 코일 스프링에서 나온다. 수정 결정 시계는 결정의 진동을 전자적으로 감지하고 이 진동을 시계 침을 전진시키는 모터나 결정의 진동을 계수하여 시간을 측정하는 전자회로를 제어하는 데 사용한다. 시계에서 나오는 작고 세심하게 시간 조정된 전기 펄스가 결정이 진동하는 데 필요한 에너지를 공급한다.

악기의 물리: 바이올린 줄은 평형 형태인 직선에 대해 앞뒤로 진동하는 자연 공명을 보여준다. 활로 줄을 켜면 줄은 평형 형태로부터 멀어졌다가 다시 돌아오게 되어 진동이 일어난다. 줄이 활의 방향으로 움직일 때마다 활이 줄을 밀게 되어 진동하는 줄에 에너지를 전달하게 된다. 줄의 기본 음높이는 줄의 질량, 장력과 길이에 의해 결정되고 음높이는 줄의 정상파와 일치한다. 올바른 질량의 줄을 고른 뒤 장력을 조정하여 줄을 조율할 수 있다. 연주하는 동안 줄이 지판에 닿도록 눌러 줄의 길이와 음높이를 바꿀 수 있다. 바이올린의 배는 줄이 진동할 때 앞뒤로 움직여 줄의 진동을 소리로 바꿔주는 역할을 한다.

오르간의 파이프 안에 있는 공기 역시 자연 공명을 보여준다. 오르간이 파이프 아래에 있는 구멍으로 공기를 불어넣으면 파이프 내부의 공기가 정상파를 이루면 진동하기 시작한다. 이 진동의 주기는 주로 파이프의 길이에 의해 결정되기 때문에 짧은 파이프의 음높이가 긴 파이프의 음높이보다 높다. 다른 모양을 가진 파이프는 다른 배음을 만들기 때문에 다른 음이 난다.

드럼의 표면도 자연 공명을 보이지만 차이가 있다. 이것은 기본음의 배음들이 아니다. 드럼 면의 복잡한 정상파가 특이한 소리에 기여를 한다.

바다의 물리: 바다는 조석과 파동의 두 가지 흥미로운 운동을 보인다. 조석은 지구 대양이 달과 태양의 중력에 의한 조력 때문에 불거지기 때문에 생긴다. 달이 지구로부터 가장 가깝거나 먼 지역에서 불거짐이 나타나기 때문에 달이 조석을 압도한다. 지구가 자전하기 때문에 이런 불거짐이 육지에 대해 이동하므로 조석은 $12\frac{1}{2}$시간의 주기를 가진다.

수면은 안정한 평형 상태이므로 파동이 생긴다. 편평한 평형에 요동을 주면 수면이 진동한다. 가장 기본적인 진동은 물의 특정 부위에 나타나는 정상파와 열린 대양에서 나타나는 진행파이다.

대양 표면에서 친숙하게 볼 수 있는 파문은 파장에 따라 증가하는 속력으로 해안을 향해 나가는 진행파이다. 이 파동이 해안에 접근하면 불완전한 마루를 형성하였다가 이내 사라진다. 좁은 물 역시 파도를 늦추기 때문에 파도가 해안 쪽으로 휘어진다. 여러 진행파 사이의 간섭에 의해 수면에 복잡한 패턴과 부서지는 파도의 복잡한 리듬이 만들어진다.

---

1. 조화진동자: 변위에 비례하는 복원력을 가진 진동자. 진동의 주기는 단지 진동자의 복원력의 경직도와 질량에 비례하지 진동이 진폭과는 무관하다.

2. 파동의 속력, 파장 및 진동수 사이의 관계: 파동의 속력은 파장과 진동수를 곱한 것이다.

$$\text{파동의 속력} = \text{파장} \cdot \text{진동수} \qquad (9.2.1)$$

연습문제

1. 달 표면에서의 중력가속도는 지구 표면에서의 중력가속도의 대략 1/6 밖에 되지 않는다. 진자시계를 달로 가져가면 이 시계가 빠르게 또는 늦게 아니면 똑같이 갈까?

2. 상점 천장에 걸린 옷걸이가 앞뒤로 흔들린다. 왜 이 운동의 주기가 옷걸이에 걸린 옷의 수에 의존할까? (옷걸이의 질량은 무시하시오.)

3. 어린아이가 놀이터 그네의 의자에 서 있다면 그네의 주기에 어떤 영향을 줄까?

4. 작은 나무를 잡아당겼다가 갑자기 놓으면 나무가 앞뒤로 수차례 흔들린다. 이 운동의 주기는 나무를 얼마나 휘게 했는지에 의존하지 않는다. 어떻게 나무를 곧게 선 위치로 되돌리는 복원력이 얼마나 멀리 나무를 휘게 했는지에 의존할까?

5. 깃대는 일정한 주기로 앞뒤로 휘는 조화진동자이다. 깃대를 받침대 쪽으로 밀어 운동의 진폭을 증가시키려면 언제 밀기를 해야 할까? 깃대가 내 쪽으로 올 때인가 아니면 나에게서 멀어질 때인가?

6. 흔들의자 받침의 모양을 어떻게 만드느냐에 따라 운동 주기가 얼마나 세게 의자를 미는가에 의존할 수도, 의존하지 않을 수도 있다. 이 두 경우에 작용하는 복원력에 대해 어떤 이야기를 할 수 있을까?

7. 전자 자는 소리를 반사시켜 벽까지의 거리를 측정한다. 소리 방출기, 소리 수신기와 타이머를 사용한 이 자로 어떻게 벽이 얼마나 멀리 떨어져 있는지 측정할 수 있을까?

8. 진자시계, 밸런스 시계, 수정시계 중 어느 시계가 달로 가져갔을 때 정확한 시간을 알려줄 수 있을까? 왜일까?

9. 기타 줄의 음높이를 바꾸기 위해 줄의 질량, 장력이나 길이를 변화시킬 수 있다. 음을 높이려면 이런 세 가지 특성을 각각 어떻게 바꿔야 할까?

10. 바이올린 줄감개를 돌려 한 줄의 장력을 줄인다. 이 변화가 줄의 음높이에 어떤 영향을 미칠까?

11. 피아노의 가장 낮은 음을 연주하는 줄은 강철선을 무거운 구리선으로 나선형으로 감싸 두껍게 만든다. 구리선은 줄의 장력에 기여하지 않는데 그러면 구리선을 사용하는 목적은 무엇일까?

12. 왜 기타, 바이올린과 피아노를 포함한 악기에서 가장 높은 음의 줄은 가장 끊어지기 쉬울까?

13. 종소리를 내는 일부 타악기들은 한 세트의 금속 막대로 구성되어 있다. 두드리개로 이 금속 막대를 치면 종소리가 난다. 이 막대들은 그림 3.2.7의 야구 방망이처럼 진동한다. 왜 길이가 긴 막대가 길이가 짧은 막대보다 더 낮은 음을 낼까?

14. 왜 오르간 파이프 안의 공기를 헬륨으로 바꾸면 음의 높이가 높아질까?

15. 사실상 플루트와 피콜로 모두 양끝이 열린 관이다. 옆에 있는 구멍은 더 많은 음을 연주할 수 있게 해준다. 피콜로의 길이는 플루트 길이의 거의 절반이다. 이 사실로부터 피콜로의 음이 플루트의 음보다 한 옥타브 높은 이유를 설명하시오.

16. 트럼펫과 튜바의 가장 중요한 차이는 관의 길이이다. 튜바의 관이 트럼펫의 관보다 훨씬 길다. 어떻게 이런 차이가 두 악기의 음의 높이에 영향을 줄까?

17. 지중해에서 만조와 간조의 차이는 30 cm에 지나지 않는다. 왜일까?

18. 왜 조석은 북극과 남극 근처에서 상대적으로 약할까?

19. 커피가 가득 찬 컵을 들고 잘못된 진동수로 걸으면 커피가 컵 안에서 격렬하게 요동친다. 왜 이런 에너지 넘치는 운동이 생기는 것일까?

20. 돌을 잔잔한 물에 던지면 작은 원형의 파문이 적당한 속도로 바깥으로 퍼져나간다. 왜 이 파문은 대양의 파도보다 훨씬 느린 속도로 이동할까?

21. 돌멩이를 잔잔한 물에 던지면 파문이 몇 개의 동심원을 그리며 바깥쪽으로 퍼져나간다. 이 원의 원주가 더 크게 자랄 때 파동의 높이는 더 작아진다. 이 효과를 에너지 보존법칙으로 설명하시오.

22. 트램펄린의 중앙을 아래로 당겼다 놓으면 표면이 서너 차례 위아래로 움직인다. 왜 이 운동이 정상파의 예가 될까?

23. 왜 기본 진동 모드로 위아래로 진동하는 바이올린 줄이 진행파가 아닌 정상파의 예로 볼 수 있을까?

24. 연줄의 끝을 당겼다 놓으면 파문이 줄을 따라 위로 연을 향해 올라간다. 왜 이 운동을 정상파가 아닌 진행파의 예로 볼 수 있을까?

25. 파도가 좁은 모래톱 위를 지나면 가장 큰 파도들은 부서진다. 무엇이 파도를 이렇게 부서지게 할까? 또 왜 가장 큰 파도들만 부서질까?

26. 파도가 모래톱 위를 지나도 부서지지 않는다고 할지라도 (연습문제 25) 파도 마루 사이의 간격이 작아지는 것을 볼 수 있기 때문에 모래톱이 있는 것을 알 수 있다. 이처럼 파도 마루 사이의 간격이 좁아지는 이유는 무엇일까?

27. 소리는 컵의 바닥에 연결된 길고 팽팽한 줄을 통해 한 종이컵에서 다른 종이컵으로 전달될 수 있다. 줄을 통해 전달되는 파동은 종파인가 횡파인가?

28. 나무 바닥을 발로 쿵쿵거리면 근처 탁자 위에 놓인 물체들이 조금 튀어 오르는 것을 볼 수 있다. 바닥을 통해 전달되는 파동은 종파인가 횡파인가?

29. 황동 심벌즈 소리는 기본음의 배음이 아닌 풍성한 상음(overtone)을 가지고 있다. 왜 상음은 배음이 아닐까?

30. 중국 징은 배음이 아닌 상음을 가진 큰 울림소리를 만든다. 왜 상음은 배음이 아닐까?

31. 하프는 큰 소리를 내는 악기가 아니지만 줄을 넓은 나무 대좌(base)에 매지 않을 경우 더 부드러운 소리를 낼 수 있다. 나무 표면은 무슨 구실을 하는 것일까?

32. 콘트라베이스는 갖고 다니기에 너무 큰 악기이다. 왜 네 개의 줄을 튼튼한 금속 막대로 지탱하고 전체 나무 구조를 없애지 않을까?

33. 두 번 박수를 쳐서 두 개의 음파를 보낸다. 두 번째는 다른 음의 높이(pitch) 또는 음 부피로 박수를 쳐서 두 번째 음파가 첫 번째 음파를 따라잡게 할 수 있을까?

34. 두 개의 돌멩이를 연이어 호수 중앙에 떨어뜨려 두 개의 수면파가 퍼져나가게 한다. 다른 파장을 가진 파동을 만들기 위해 다른 크기의 돌멩이를 사용함으로써 두 번째 파동이 첫 번째 파동을 따라잡게 할 수 있을까?

35. 돌로 지은 건물 앞에 서서 박수를 치면 메아리를 들을 수 있다. 음파에 어떤 일이 생기면 이런 메아리가 생길까?

36. 거대한 돌 벽 뒤에 서 있으면 벽 뒤에 있는 사람이 박수치는 것을 들을 수 없다. 박수 소리를 듣기 어려운 이유는 무엇일까?

37. 항구의 방파제는 파도가 항구로 들어오는 것을 막아주는 물 속에 있는 돌 벽이다. 파도가 방파제에 부닥친 후 파도의 에너지는 어디로 가는 것일까?

38. 파도는 육지가 바다로 삐져나간 지점에서 휘어지면서 이 지점을 침식시킨다. 무엇이 이 지점에서 파도를 휘게 할까?

39. 서퍼들은 파도가 산호초를 지날 때 파도가 휘어진다는 것을 잘 알고 있다. 무엇 때문에 파도가 휠까?

40. 돌로 지은 성당에서는 소리가 오래 울릴 수 있다. 왜일까?

41. 두 명의 바이올린 연주자들이 동시에 약간 다른 음을 연주하면 조합된 소리는 맥놀이 특성을 가진다. 무엇이 이런 맥놀이를 만드는 것일까?

42. 비행기의 두 프로펠러가 거의 동일한 속도로 회전하고 있을 때 이들이 조합해 만드는 소리는 맥놀이 특성을 보인다. 이 맥놀이를 설명하시오.

문 제

1. 표준상태의 공기 중에서 튜바의 A_2음(110 Hz)의 파장은 얼마인가?

2. 피콜로로 A_6음(1760 Hz)을 연주하고 있다. 표준상태의 공기 중에서 이 음의 파장은 얼마인가?

3. 조금 이상한 기체 혼합물이 든 방안에서 피아노로 C_4음 (264 Hz)을 연주할 때 이 기체 속에서의 음의 파장이 1.00 m 이다. 이 기체 속에의 음속은 얼마일까?

4. 3000 m의 고도와 표준 온도(0 ℃)에서 바이올린의 A_4음 (440 Hz)의 파장이 0.725 m이다. 이곳에서의 음속은 얼마일까?

5. 0.3 Hz의 진동수를 가진 수면파의 파장이 17.3 m이다. 이 파동의 속력은 알미인가?

6. 수면파가 15.6 m/s의 파동 속력과 0.1 Hz의 진동수를 가진다. 이 수면파의 파장은 얼마인가?

전 기 Electricity

전 기의 원인이 되는 전하를 알아보기는 어렵지만 그 효과를 알아보기는 쉽다. 건조한 겨울철의 정전기 충격에서, 복사기의 화상 처리 과정에서, 손전등에 스위치를 넣을 때 그 조명에서 전하들은 도처에 있다. 전기는 흔히 당연하게 여겨지지만, 많은 측면에서 명확히 현대 세계의 기초를 이룬다.

전하와 전기가 없다면 삶이 어떻게 될 것인지 한 번 상상해 보라. 우리는 아마도 밤에 모닥불 주위에 둘러앉아서 텔레비전, 휴대전화, 컴퓨터 게임 없이 할 수 있는 일들을 생각해내려고 애를 쓰고 있을 것이다. 그러나 그러한 전기 문명 이전의 생활이 얼마나 평화로울지 언급하기 전에 한 마디 덧붙이고 싶다. 냉정히 말하자면, 우리도 마찬가지로 존재하지 않았을 것이다. 정적인 전하로서 멈춰 있든지, 전류로서 움직이고 있든지 상관없이 전기는 정말로 세상을 돌아가게 만든다.

일상 속의 실험 │ 접촉 없이 물줄기 움직이기

물체들이 항상 서로 끌어당기는 중력과는 달리 전기력은 끌어당기거나 밀어낼 수 있다. 가느다란 물줄기와 대전된 빗을 사용하여 전기력을 실험해 볼 수 있다. 먼저, 수도꼭지를 살짝 열어서 꼭지 입구 아래로 가늘지만 연속적인 물줄기를 형성시키자. 다음으로 플라스틱 빗을 머리카락 속으로 빠르게 통과시키거나 울 스웨터에 힘껏 비벼서 대전시키자. 마지막으로, 수도꼭지 조금 아래 물줄기 가까이에 빗을 쥐고 있으면서 물줄기에 발생하는 일을 관찰해 보자. 관찰하

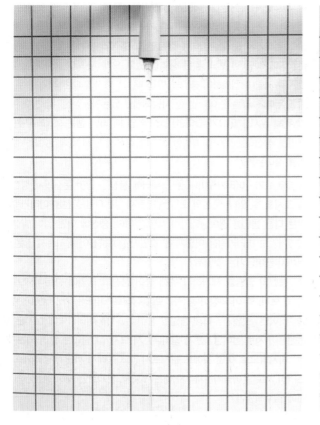
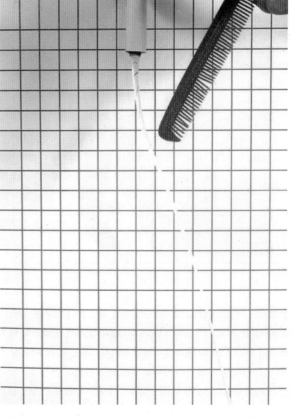

고 있는 전기력은 인력인가, 척력인가? 왜 이 힘이 낙하하는 물의 경로를 바꾸는가?

빗을 머리카락에 비비면 빗이 대전된다. 머리카락이나 모직물에 비빌 때 대전될 수 있는 다른 물체로는 어떤 것이 있을까? 금속과 부도체 중 어느 쪽이 더 잘 될까? 왜 그런가?

10장 학습 일정

전기력과 전류를 신기함이나 불쾌함으로 흔히 경험하지만 그것들에 의존하는 기구도 또한 많이 있다. 이 장에서는 (1) 정전기의 수수께끼를 조사하고, 전기에 기반을 둔 현대적인 도구인 (2) 복사기와 (3) 손전등을 살펴본다. 정전기에 관한 절에서는 의복과 다른 물체들이 어떻게 전하를 얻고 그 결과로 어떻게 서로에게 힘을 발휘하는지 볼 것이다. 복사기에 관한 절에서는 종이에 화상을 재생하기 위해 똑같은 이 전기력이 어떻게 빛과 함께 작용하여 검은 분말의 위치를 제어하는지 배울 것이다. 손

전등에 관한 절에서는 전류가 어떻게 건전지에서 전구로 전력을 전달하는지 볼 것이다. 이 장의 끝에 있는 '요약, 중요한 법칙, 수식'에 관한 절을 먼저 공부하면 좀 더 완벽한 개괄을 볼 수 있다.

이 장에서는 전기와 전하에 집중한다. 그러나 11장에서 알게 되겠지만 전기는 자기와 자극에 밀접하게 관련되어 있다. 다음 장에서 전기와 자기 사이의 관계를 다루겠지만, 10장을 읽으면서 겉보기에 분리된 두 현상 사이의 유사성을 이미 보게 될 것이다.

10.1 ▽ 정전기

에 문의 손잡이나 친구의 손을 잡을 때 아마도 경험해봤겠지만 정전기는 단순히 물건을 밀어내는 것 이상의 일을 한다. 이 절에서 그 복잡한 힘과 흔히 고통스러운 충격 배후에 있는 정전기와 물리에 대해 조사할 것이다.

생각해 보기: 건조기가 어떻게 정전기를 생성하고, 왜 어떤 옷들은 들러붙고 다른 옷들은 서로 밀어내는가? 춥고 건조한 날에 카펫을 가로질러 걸어가서 문의 손잡이를 잡으면 왜 충격의 위험이 있는가? 왜 그 손잡이에서 단 한 번의 짧은 충격만 있고 오래 지속되는 충격은 없는가? 두 사람이 접촉하여 충격을 받을 때, 그 충격에 대한 책임은 두 사람 모두에게 있는가, 아니면 한 사람에게만 있는가? 정전기를 발현시키기 위해 문지를 필요가 있다면, 포장을 열 때 비닐 랩은 왜 그 많은 정전기를 생성하는가? 왜 촉촉한 공기와 정전기 방지 화학 물질은 정전기를 줄이는가?

실험해 보기: 머리카락이나 울 스웨터에 풍선을 힘껏 문질러서 정전기를 조사할 수 있다. 풍선의 모양은 변하지 않겠지만 풍선은 머리카락과 같은 다른 물건을 끌어당기기 시작할 것이다. 풍선에 어떤 일이 발생한 것인가? 또 머리카락은 어떻게 된 것인가? 왜 풍선이 문지르지 않은 물건까지 끌어당기는 것일까?

풍선의 끌림을 제거하기 위해 물이 풍선의 표면에 충분히 흐르도록 해 보자. 왜 이 과정이 풍선을 보통 상태로 되돌리는가? 무엇이 풍선을 "씻어낸" 것인가? 이제 동일한 풍선 두 개를 머리카락에 문지른 후 풍선들이 서로 끌어당기는지 밀어내는지 보자. 그 결과는 말이 되는가?

마지막으로, 어떤 것에도 문지르지 않고 통에서 꺼낸 투명테이프 두 조각이 서로 끌어당기는지 밀어내는지 보자. 문지르는 것이 정전기의 발현에 필수적인가?

전기를 보기는 어렵겠지만 그 효과를 관찰하는 것은 쉽다. 뜨거운 건조기에서 세탁물을 꺼낼 때 양말이 셔츠에 달라붙어 있거나, 플라스틱 포장재 조각이 손이나 쓰레기통에 달라붙어 떨어지지 않는 것을 자주 보았을 것이다. 친숙한 이 효과의 배후에 있는 힘은 본성이 전기이고 보통 **정전기**(static electricity)라 부르는 것에서 유래한다. 춥고 건조한 날

전하와 깨끗하게 세탁된 옷

항상 습한 기후에 살면서 합성 물질을 멀리 하지 않는 한 정전기를 경험할 수밖에 없다. 보기에 일상적인 물체들이 신비롭게 서로 밀거나 당기고, 조명 스위치, 자동차 문, 친구의 손을 잡을 때 깜짝 놀라기도 한다. 그렇지만 정전기는 흥미로운 골칫덩이 그 이상이다. 정전기는 우리 우주의 내적 작용을 보여주는 창문이므로 진지하게 살펴볼 가치가 있다. 기초를 닦는 데 약간의 시간이 소요되겠지만, 곧 대부분의 정전기 효과를 설명하고 어느 정도는 정전기를 제어까지 할 수 있게 될 것이다.

정전기의 존재는 수천 년 전부터 알려져 있었다. 기원전 600년경에 밀레투스(Miletus) 출신의 그리스 철학자 Thales(BC 624~536 경)는 호박(amber)을 털로 힘껏 문지르면 호박이 지푸라기와 깃털과 같은 가벼운 물체를 끌어당긴다는 것을 관찰했다. 그리스어로 **엘렉트론**($\eta\lambda\epsilon\kappa\tau\rho o\nu$)으로 알려진 호박은 현대의 플라스틱과 유사한 성질을 가진 화석 수지이다. **정전기**는 이 장의 다른 많은 용어처럼 그리스어로부터 유래되었다.

정전기는 물질의 본질적 성질인 **전하**(electric charge)와 더불어 시작된다. 전하는 물질을 구성하는 많은 **아원자 입자**(subatomic particle)에 존재하고, 이 입자들은 거의 모든 것에 전하를 부여한다. 전하가 왜 존재하는지는 아무도 모른다. 전하는 그냥 우리 우주의 기본 특성 중 하나이고 관찰과 실험을 통해 발견된 것이다. 전하는 전하를 띤 물체에 대단한 영향을 미치기 때문에 그러한 물체를 **전하**(electric charge, 또는 간단히 charge)라고 언급하기도 한다.

전하는 서로 간에 힘을 발휘하고 이 힘이 정전기와 관련하여 관찰되는 것이다. 다음에 세탁을 할 때 건조기에서 옷이 나오면 그 옷으로 실험을 해보라. 대전된 어떤 옷들은 서로 끌어당기고, 또 어떤 옷들은 서로 밀어낸다. 확실히 전하에는 서로 다른 두 가지 종류가 있다. 프랑스 화학자 Charles-François de Cisternay du Fay(1698~1739)가 1733년에 이러한 이분법을 발견한 이래 이것은 잘 알려져 있었지만, 결국 두 전하에 현재의 이름을 부여한 것은 Benjamin Franklin **1**이었다. Franklin은 비단으로 유리를 문지를 때 유리에 발현되는 것을 "양전하"라고 부르고, 털로 경질 고무를 문지를 때 고무에 발현되는 것을 "음전하"라고 불렀다.

같은 종류의 두 전하(둘 다 양이거나 둘 다 음)는 밀어내는데, 각각은 서로에게 똑바로 멀어지는 방향으로 밀어내는 척력을 받는다(그림 10.1.1a, b). 반대되는 두 전하(하나는 양이고 다른 하나는 음)는 서로 끌어당기는데, 각각은 상대를 향해 똑바로 끌려지는 인력을 받는다(그림 10.1.1c). 정적인 전하 사이의 이 힘들을 **정전기력**(electrostatic force)이라고 부른다.

깨끗하게 세탁된 두 양말들이 서로 밀어낸다면, 이것은 두 양말이 같은 종류의 전하를 가지고 있기 때문이다. 그 전하가 양인지 음인지는 관련된 모직에 달려 있으므로, 그냥 건조기가 각 양말에 음전하를 주었다고 가정해 보자. 같은 종류의 전하들은 밀어내므로 양말들은 서로 밀어낸다. 건조기가 각 양말에 음전하를 준다는 것은 무슨 뜻일까?

그 질문에 대한 답은 여러 부분으로 되어 있다. 첫째, 건조기는 양말에 주었던 음전하를

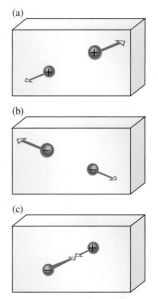

그림 10.1.1 (a) 양의 두 전하는 크기는 같고 정확히 서로에게 멀어지는 방향의 반대 힘을 겪는다. (b) 동일한 효과가 음의 두 전하에 발생한다. (c) 반대되는 두 전하는 크기가 같고 정확히 서로에게 향하는 방향의 반대 힘을 겪는다.

1 미국 정치가이자 철학자인 Benjamin Franklin(1706~1790)은 비록 그의 정치적 업적으로 더 유명하지만, 그는 1700년대 중반 미국 식민지 시대에 탁월한 과학자이기도 했다. 고국과 유럽에서의 그의 실험은 전기와 전하의 이해에 중대한 공헌을 했다. Franklin은 번개가 전하 방전의 일종이라는 것을 보여주었을 뿐만 아니라 Franklin 스토브, 피뢰침, 이중 초점 렌즈를 포함해 다수의 유용한 기구를 발명했다.

창조하지 않았다. 운동량, 각운동량, 에너지처럼 전하는 보존되는 물리량이다. 즉, 전하를 창조하거나 파괴할 수 없으며 오직 전달할 뿐이다. 건조기가 양말에 주었던 음전하는 다른 것, 아마도 셔츠로부터 올 수밖에 없다.

둘째, 양전하와 음전하는 실제로 별개의 실체가 아니다. 그들은 그저 동일한 물리량인 전하의 양과 음의 값에 불과하다. 양전하는 양의 전하량을 가진 것이고 음전하는 음의 전하량을 가진 것이다. 대부분의 물리량처럼 전하를 표준 단위로 측정한다. 전하의 SI 단위는 **쿨롬**(coulomb, 줄여서 C)이다. 작은 물체가 1쿨롬을 갖는 경우는 거의 없다. 양말의 전하는 겨우 약 −0.0000001 C이다.

셋째, 양말의 음전하는 양말의 내부 부분들이 아니라 그 전체를 가리키는 것이다. 모든 일반 물질처럼 양말에는 엄청난 수의 양전하 입자와 음전하 입자들이 있다. 양말의 원자 각각은 조밀한 중핵, 즉 양전하인 **양성자**(proton)와 전하가 없는 **중성자**(neutron)로 구성된 **핵**(nucleus), 그리고 그것을 에워싸고 있는 음전하인 **전자**(electron)의 퍼진 구름으로 구성되어 있다. 이 작은 대전 입자 사이의 정전기력이 원자들뿐만 아니라 양말 전체를 붙잡고 있다. 그렇지만 건조기가 양말에 음전하를 줄 때 양말의 **알짜 전하**(net electric charge), 즉 모든 양전하량과 음전하량의 합이 음이 되도록 해야 한다. 음의 알짜 전하를 가진 양말은 음으로 대전된 단일한 물체처럼 행동한다.

마지막으로, 양말은 양성자보다 전자를 더 많이 간직하고 있을 때 음으로 대전된다. 그처럼 간단해 보이는 진술 기저에는 고심한 많은 과학적 연구가 있다. 우선, 실험에 따르면 전하는 **양자화**(quantized)되어 있다. 말하자면, 전하는 항상 **전하 기본 단위**(elementary unit of electric charge)의 정수배로만 나타난다. 이 전하 기본 단위는 극도로 작아서 겨우 약 1.6×10^{-19} C이고, 대부분의 아원자 입자에서 발견된 전하의 크기이다. 전자는 −1 전하 기본 단위를 가지며 양성자는 +1 전하 기본 단위를 가진다. 정상 물질에서 유일하게 대전된 아원자 입자는 전자와 양성자이므로 양말은 단지 양성자보다 전자를 더 많이 가지고 있어서 음으로 대전된다.

원래의 질문으로 되돌아가서, 이제 우리는 건조기가 어떻게 양말에 음전하를 준 것인지 안다. 양말이 전기적으로 **중성**(neutral), 즉 양말이 0의 알짜 전하를 가졌다고 가정하면, 건조기는 양말에 전자를 추가했거나 양말로부터 양성자를 제거했거나 또는 둘 다임이 틀림없다. 이 전하 전달이 양말의 전하 균형을 어지럽혀서 양말에 음의 알짜 전하를 주었다.

보존 양에 관한 규약에 따라서 앞으로는 부호를 언급하지 않은 전하는 양전하를 의미할 것이다. 예를 들어, 건조기가 조끼에 전하를 주었다면, 이것은 건조기가 조끼에 양전하를 주었다는 것을 의미한다. 이것은 돈에 관한 규약을 똑같이 따르는 것이다. 즉, 자선단체에 돈을 주었다고 말할 때, 양의 액수를 주었다고 가정한다.

마지막으로, Franklin의 전하 명명법은 개념적으로는 뛰어났지만 실행에서는 성공적이지 못했다. 그것은 알짜 전하의 계산을 단순한 덧셈 문제로 줄였지만 어느 전하 종류를 '양전하'와 '음전하'로 부를지 선택할 필요가 있었다. 불행히도 그가 임의로 한 선택 때문에 도선에 흐르는 전류의 기본적인 구성 요소인 전자가 음전하가 되었다. 물리학자들이 그 실수를 인식했을 때는 고치기에는 너무 늦어버렸다. 그 이후로 과학자와 공학자는 도선을 통해 흐르는 음의 전하량을 다루어야만 했다. 음의 화폐 단위로만 인쇄된 화폐를 사용하여 상거래를 해야만 하는 어색함을 상상해 보라!

▶ 개념 이해도 점검 #1: 선물 개봉의 전하

아직 포장을 벗기지 않은 선물은 전기적으로 중성이다. 접착성의 포장지를 떼어내고 난 후 포장지가 음전하를 많이 가지고 있다는 것을 발견하게 된다. 선물 자체가 가지고 있는 전하가 있기라도 한다면, 그것은 어떤 전하인가?

해답 선물은 포장지의 음전하와 양이 동일한 양전하를 가지고 있다.

왜? 전하는 보존되는 물리량이기 때문에 포장지와 선물은 서로 분리된 뒤에도 전체적으로는 중성으로 남아 있어야 한다. 포장지의 음전하와 선물의 양전하는 반드시 균형을 이루어야 한다.

Coulomb의 법칙과 정전기 달라붙음

양말과 셔츠는 겨우 몇 cm 떨어져 있을 때 강하게 들어붙지만, 셔츠를 걸치고 외출하면서 멀리 떨어져 있는 양말에 습격당할 것이라고 걱정할 필요는 없다. 확실히 전하 사이의 힘은 거리에 따라 약해진다.

2세기 전에 프랑스 물리학자 Charles-Augustin de Coulomb[2]은 실험적으로 정전기력을 연구했고, 두 전하 사이의 힘은 둘의 분리 거리의 제곱에 반비례한다고 결론을 내렸다 (그림 10.1.2). 예를 들어서 셔츠와 양말 사이의 거리를 두 배로 하면 둘의 인력은 네 배로 줄어든다. 이것이 그 외출이 무사했던 것을 설명해준다.

또 Coulomb의 실험은 두 전하 사이의 힘은 각 전하의 양에 비례한다는 것을 보여준다. 셔츠와 양말 중 어느 한쪽의 전하를 두 배로 하면 둘 사이에 작용하는 힘은 두 배가 된다. 마지막으로, 어느 한쪽의 전하의 부호를 바꾸면 인력은 척력으로 바뀌고 척력은 인력으로 바뀐다. 둘 다 양전하이거나 음전하이면 둘은 끌어당기는 대신 밀어낸다.

두 전하에 작용하는 힘을 기술하기 위해 이들 개념을 결합하여 다음과 같이 언어 식으로 표현할 수 있다.

$$힘 = \frac{Coulomb\ 상수 \cdot 전하_1 \cdot 전하_2}{(전하\ 사이의\ 거리)^2} \tag{10.1.1}$$

이것을 기호로 나타내면

$$F = \frac{k \cdot q_1 \cdot q_2}{r^2}$$

가 되고, 일상 언어로 표현하면 다음과 같다.

> 머리카락에 같은 종류의 전하가 충분히 꽉 들어차면, 머리카락이 곤두설 것이다.

전하$_1$에 작용하는 힘은 전하$_2$를 향하거나 그로부터 멀어지는 방향이고, 전하$_2$에 작용하는 힘은 전하$_1$을 향하거나 그로부터 멀어지는 방향이다.

발견한 사람의 이름을 따서 이 관계를 **Coulomb의 법칙**이라고 한다. **Coulomb 상수**는

2 프랑스 물리학자 Coulomb (1736~1806)은 서인도에서 공병대 근무를 마친 후 1781년에 건강이 나빠진 상태로 고향인 파리로 돌아왔다. 그는 전하 사이의 힘의 성질에 관한 과학적 연구를 수행하여 그 주제에 대한 일련의 연구논문집을 1785년과 1789년 사이에 발표하였다. 그의 연구는 프랑스 혁명 때문에 파리에서 쫓겨난 1789년에 종료되었다.

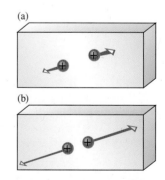

그림 10.1.2 두 전하가 가까워지면 그들 사이의 정전기력은 극적으로 증가한다. 두 양전하가 분리된 거리가 (a)와 (b) 사이에서 두 배 감소하면 두 전하가 겪는 힘은 네 배로 증가한다.

약 8.988×10^9 N · m²/C²이고 자연에서 발견되는 물리 상수 중 하나이다. Newton의 제3 법칙과 일관되게 전하₁이 전하₂에 작용하는 힘은 전하₂가 전하₁에 작용하는 힘과 크기는 같지만 방향은 서로 반대이다.

> ◉ Coulomb의 법칙
>
> 두 물체 사이의 정전기력의 크기는 Coulomb 상수에 두 전하의 곱을 곱하고 다시 둘 사이의 거리의 곱으로 나눈 것과 같다. 두 전하가 같은 종류이면 그 힘은 척력이 되고, 반대이면 인력이 된다.

정전기력과 거리 사이의 이러한 관계는 멀리 떨어져 있는 대전된 양말을 걱정하지 않아도 되는 것 외에도 세탁물의 정전기에서 또 다른 흥미로운 특성을 일으킨다. 대전된 옷감은 전기적으로 중성인 물체에 달라붙을 수 있다! 예를 들어 음으로 대전된 양말은 중성의 벽에 달라붙을 수 있다.

이 인력의 근원은 벽 내부의 전하의 미묘한 재배열에 있다. 비록 벽의 알짜 전하는 0이지만 그래도 벽은 양전하 입자와 음전하 입자를 포함하고 있다. 음으로 대전된 양말이 벽가까이 있으면 양말은 벽의 양전하를 조금 더 가까이 끌어당기고 벽의 음전하는 조금 멀리 밀어낸다(그림 10.1.3). 비록 각 개별 전하가 움직인 거리는 아주 작지만 벽에는 전하가 아주 많아서 전체적으로 극적인 결과를 낳는다. 벽은 **전기 편극**(electric polarization)을 발현시킨 것이다. 즉, 벽은 전체적으로 중성으로 남지만 양말에 가장 가까운 영역은 양으로 대전되고 가장 먼 영역은 음으로 대전된다.

벽의 양전하 영역은 양말을 끌어당기고 음전하 영역은 양말을 밀어낸다. 서로 반대되는 이 두 힘이 상쇄될 것이라고 생각할지도 모르지만, Coulomb의 법칙에 따르면 그렇지 않다. 정전기력은 거리에 따라 약해지므로 더 멀리 있는 음전하 영역이 양말을 밀어내는 힘보다 더 가까이 있는 양전하 영역이 양말을 끌어당기는 힘이 더 크다. 전체적으로 대전된 양말과 편극된 벽 사이에 알짜 정전기 인력이 존재하므로 양말은 벽에 달라붙는다!

그림 10.1.3 (a) 중성의 벽에는 셀 수 없이 많은 양전하와 음전하가 들어 있다. (b) 음으로 대전된 양말이 벽에 접근하면 양전하는 양말을 향해 움직이고 음전하는 양말에서 멀어지는 쪽으로 움직인다. (c) 편극된 벽은 양말을 계속 끌어당겨서 그 자리에 붙잡고 있다.

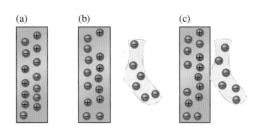

> ➡ **개념 이해도 점검 #2: 포장지 재활용**
>
> 선물을 연 후에 음으로 대전된 포장지를 던져버리려 하지만 포장지는 계속 손에 들러붙는다. 포장지가 전기적으로 중성인 손에 끌리는 이유는 무엇인가?
>
> **해답** 포장지의 음전하가 손을 편극시키고 나서 근처의 양전하로 끌려온다.
>
> **왜?** 손은 비록 중성이지만 그 전하들은 근처에 있는 포장지의 음전하에 반응하여 재배열된다.

전하 전달: 미끄럼 마찰이냐, 접촉이냐?

건조기가 옷 사이에서 전하를 전달한 것은 확실하지만 그 전하가 왜 움직이고, 옷감이 전하를 얻거나 잃는 것을 결정하는 것은 무엇일까?

건조기가 옷들을 함께 문질러서 한 옷감에서 다른 옷감으로 전하를 닦아내는 식으로 미끄럼 마찰이 그 전달의 원인이 될 수 있을까? 어쨌든 풍선을 머리카락이나 울 스웨터에 문질러서 대전시킬 때 마찰이 도움이 되는 것으로 보인다. 그렇지만 주의하자. 문지름이 전혀 수반되지 않는 전하 전달의 경우도 있다. 예를 들어, 생활용품에서 비닐 랩을 벗겨낼 때 랩이나 그 내용물을 문지르지 않도록 아무리 주의해도 벗겨낸 랩이 전하를 얻을 수 있다. 그리고 고물차는 낡은 고무 타이어가 포장도로에서 미끄러지지 않을 때조차 전하를 충분히 축적하여 불쾌한 충격을 줄 수 있다.

전하 전달은 문지름의 결과라기보다는 성질이 다른 표면 사이의 접촉의 결과이다. 서로 다른 두 물질이 접촉할 때 보통 약간의 전자가 한쪽 표면에서 다른 쪽 표면으로 이동한다. 접촉한 두 표면 사이의 화학적 차이, 그리고 전자가 이동할 때 관련된 전자의 위치에너지의 변화로부터 그 전달이 유래한다. 요컨대 어떤 표면은 다른 표면보다 전자를 "더 갈망한다." 성질이 다른 두 표면이 접촉하면 더 갈망하는 표면이 "덜 갈망하는" 표면으로부터 약간의 전자를 훔쳐온다.

이 도둑질 배후의 물리학은 물질의 구성 원자와 전자를 함께 결합하는 화학적 힘에 저장된 에너지인 **화학 위치에너지**(chemical potential energy)와 관련이 있다. 전자를 붙잡아두기 위해서 표면은 화학 에너지를 0보다 작게 줄인다. 다시 말해 표면으로부터 전자를 해방시키기 위해서는 여분의 에너지가 필요하다. 그렇지만 어떤 표면은 다른 표면보다 전자의 화학 위치에너지를 더 많이 줄이므로 전자를 더 단단히 붙잡아둔다. 만약 한 표면의 전자를 다른 표면으로 이동함으로써 그 화학적 위치에너지를 줄일 수 있다면, 전자는 "더 갈망하는" 표면을 향해 이동할 것이고 결국에는 그곳에 붙을 것이다. 한 표면의 화학적 "골짜기"에서 다른 표면의 더 깊은 계곡으로 "굴러 내려가는" 전자를 그려볼 수 있다.

이 전자의 전달은 자기 제한적이다. 더 낮은 에너지 표면에 전자들이 축적되면서 뒤따르는 전자가 밀려나기 시작하므로 전달 과정은 이내 서서히 멈추게 된다. 전자들이 평형에 도달하면, 즉 전자가 경험하는 순방향 화학적 힘이 역방향 정전기력과 정확히 균형을 이루면 모두 멈춘다. 대전되지 않은 새로운 표면 영역을 접촉시키지 않는 한 그 전달은 재개되지 않을 것이다.

이쯤에서 문지름을 따져 보자. 문지름은 수많은 표면 접촉과 그 표면 사이에 전하를 전달할 거의 끝없는 기회를 제공한다. 건조기에서 옷이 뒹굴고 서로 접촉하고 비벼지면서 일부 옷감은 전자를 훔쳐 음으로 대전되고 또 일부 옷감은 전자를 잃고 양으로 대전된다.

그건 그렇다 치고, 접촉에 의한 대전의 세부 사항은 혼란스럽다는 것을 깨달아야 한다. 먼저, 서로 접촉하는 표면은 화학적으로 순수하지도 않고 미시적 결함으로부터 자유롭지도 않다. 전자를 더 단단히 결합시키는 모직 쪽이 음의 알짜 전하를 발현시킬 가능성이 크다는 것은 일반적으로 사실이지만, 표면 오염과 결함은 그 결과를 근본적으로 바꿀 수 있다. 세탁세제의 선택은 모직의 표면 화학과 대전되는 방식에 영향을 끼칠 수 있다. 더구나 물 분자는 대부분의 표면에 붙어서 접촉에 의한 대전 과정에 영향을 준다. 마지막으로 지금까지 전자의 교환에만 집중했지만, **이온**(ion), 다시 말해 대전된 원자, 분자, 작은 입자는 전자와 더불어 교환되고 그 결과로 알짜 전하를 획득하는 표면도 가능하다.

> **▶ 개념 이해도 점검 #3: 접착테이프**
>
> 유리창에서 접착테이프를 벗겨 낼 때, 테이프는 떨어져 나온 지점으로 끌려간다. 테이프와 유리는 어떻게 전하를 획득했는가?
>
> **해답** 테이프와 유리가 접촉해 있었던 동안 전하는 두 표면 사이에서 불균일하게 분포되어 있었다. 테이프를 떼어내는 것은 단지 그 불균형을 더 명백하게 만들었을 뿐이다.
>
> **왜?** 테이프와 유리는 전자에 대한 화학적 친화성이 다르므로 둘이 접촉할 때마다 서로 반대로 대전된다. 사실, 테이프의 접착성 자체는 정전기적 인력에서 나온다.

옷 떼어내기: 고전압 생성

건조기가 멈추고 셔츠를 꺼내는데, 양말 여러 개가 셔츠에 달라붙어 있다. 양말을 떼어내면 탁탁 소리가 나고 스파크가 생긴다. 양말이 달라붙은 것은 명백하게 반대 전하 때문이지만, 왜 양말을 떼어내면 스파크가 생기는가?

이 질문에 답을 하기 위해 어떤 사람이 양으로 대전된 셔츠로부터 음으로 대전된 양말을 서서히 잡아당길 때의 에너지에 대해 생각해 보자. 양말을 놓으면 양말은 셔츠를 향해 가속할 것이기 때문에 확실히 그는 양말에 힘을 작용하고 있다. 그리고 그 힘과 양말의 운동이 같은 방향이기 때문에 그는 양말에 일을 하고 있다. 즉 양말에 에너지를 전달하고 있는 것이다.

그 에너지는 정전기력에 저장된다. 셔츠와 양말은 **정전기 위치에너지**(electrostatic potential energy)를 축적한다. 서로 반대되는 전하들을 떼어내거나 같은 종류의 전하들을 합칠 때마다 정전기 위치에너지가 존재한다. 음으로 대전된 양말이 양으로 대전된 셔츠로부터 멀리 있으면, 인력과 척력 모두 정전기 위치에너지에 기여한다. 반대되는 전하들은 셔츠와 양말로 분리되어 있고, 같은 종류의 전하들은 각각에 함께 모여 있다.

셔츠와 양말에 있는 총 정전기 위치에너지는 둘을 분리하기 위해 했던 일이다. 그렇지만 위치에너지는 셔츠와 양말의 개별 전하 사이에 균등하게 분배되지 않는다. 위치에 따라서 어떤 전하는 다른 전하보다 더 많은 정전기 위치에너지를 가지므로 스파크가 생길 때 더 중요하다. 이 차이를 인식하면, 특정 위치에 있는 전하가 이용할 수 있는 정전기 위치에너지를 적절히 규정할 필요가 있다. 적절한 측정량은 **전압**(voltage)으로, 단위 전하 당 이용 가능한 정전기 위치에너지이다. 즉,

$$전압 = \frac{정전기\ 위치에너지}{전하}$$

이다.

전하나 저장된 에너지를 볼 수 없기 때문에 전압은 개념화하기 어려운 양이다. 전압에 대한 이해를 돕기 위해 간단한 비유를 사용하자. 이 비유에서 물이 전하의 역할을 할 것이고 압력이 전압의 역할을 할 것이다. 전압이 높은 곳을 높은 압력의 물로 가시화하자. 전압이 낮은 곳은 낮은 압력의 물로 나타낸다. 물이 높은 압력에서 낮은 압력으로 흐르는 경향이 있듯이 전하는 높은 전압에서 낮은 전압으로 흐르려는 경향이 있다.

전압과 압력은 어떤 단위량 당 에너지를 측정하기 때문에 이 비유는 잘 작동한다. 전압은 단위 전하 당 정전기 위치에너지이고, 압력은 단위 부피 당 압력 위치에너지이다(5.2절 참고). 높은 압력의 물과 높은 전압의 전하 모두 단위 당 에너지가 공급되고, 놀라운 일을 할 가능성이 있다!

에너지의 SI 단위는 줄이고, 전하의 SI 단위는 쿨롬이기 때문에 전압의 SI 단위는 쿨롬 당 줄로, 보통 **볼트**(volt, 줄여서 V)라고 부른다. 전압이 양이면 (양의) 전하는 멀리 떨어진 중성 지대, 즉 전압이 0인 곳까지 탈출하면서 정전기 위치에너지를 방출할 수 있다. 가압된 물은 노출된 대기로 흘러가면서 압력 위치에너지를 방출할 수 있는데, 이것은 양의 전압에 있는 전하와 유사하다. 전압이 음인 곳에서 전하가 전압이 0인 먼 중성 지대까지 탈출하기 위해서는 에너지가 필요하다. 대기압보다 작은 압력을 받는 물이 노출된 대기로 흘러나가기 위해서는 에너지가 필요한데, 이것은 음의 전압에 있는 전하와 유사하다.

전압 ↔ 압력 비유에 덧붙여 전압 ↔ 고도 비유를 만들 수도 있다. 이 두 번째 비유에서는 높은 전압의 전하는 높은 고도에서 자전거를 타는 사람과 유사하다. 전하가 더 높은 전압에서 더 낮은 전압으로 흐르려는 경향이 있는 것처럼 자전거를 타는 사람도 더 높은 고도에서 더 낮은 고도로 굴러 내려가려는 경향이 있다. 이 비유에서 고도는 전압의 역할을 하고 중력 위치에너지는 정전기 위치에너지의 역할을 한다. 자전거를 타는 사람이 산에서 아래쪽으로 굴러 내려오면서 중력 위치에너지를 방출하고, 골짜기에서 오르막길을 기어오르려면 에너지가 필요하다.

셔츠와 양말 문제를 되돌아보면, 그것들의 각 점은 고유의 전압을 가지고 있음을 알게 될 것이다. 그 점에 극소량의 양전하를 잡아서 전압이 0인 먼 중성 지대까지 이동시켜 그 전압을 결정할 수 있다. 전하가 이동 중 방출한 정전기 위치에너지를 그 전하의 양으로 나눈 값이 바로 그 점의 전압이다. 조사하는 점이 양으로 대전된 셔츠에 있다면 아마도 수천 볼트의 양의 큰 전압이 측정될 것이다. 음으로 대전된 양말인 경우에는 그 점에서 양전하를 끌고 가려면 상당한 일이 필요할 것이므로, 아마도 수천 볼트의 음의 큰 전압이 측정될 것

이다. 양이든지 음이든지 이 큰 또는 '높은' 전압은 스파크를 일으킬 가능성이 크다.

곧 스파크와 방전의 물리학을 살펴보겠지만, 반대로 대전된 옷들을 분리시킬 때 왜 스파크가 발생하는지 이미 짐작이 될 것이다. 그것은 높은 전압이 발현될 때이다. 양말이 셔츠에 단단히 붙잡혀 있는 한 사용할 수 있는 정전기 위치에너지는 많지 않다. 그러나 그것들이 분리되기 시작하자마자 조심하라!

> ### ▶ 개념 이해도 점검 #4: 높은 고도의 전압
>
> 어떠한 구름도 반대 전하들을 포함하고 있겠지만, 적란운 안의 격렬한 상승 기류만이 그 전하들을 분리시켜서 번개를 일으킬 수 있다. 왜 그런 분리가 번개로 이어지는가?
>
> **해답** 그 분리로 얻은 일은 분리된 전하의 정전기 위치에너지로 나타난다. 적란운의 양으로 대전된 영역은 거대한 양의 전압을 획득하고 음으로 대전된 영역은 거대한 음의 전압을 획득한다.
>
> **왜?** 반대의 전하들이 서로 가까이 있을 때, 단위 전하 당 정전기 위치에너지가 반드시 많지는 않으므로 전압이 작을 수도 있다. 그러한 전하들을 큰 간격으로 분리시키면 저장된 에너지가 증가하고 높은 전압이 생성된다.

막대한 정전하 축적

서로 다른 두 물질을 접촉시키면 약간의 전하가 한쪽 표면에서 다른 쪽 표면으로 전달되고, 반대로 대전된 그 표면들을 분리시키면 전압이 상승하여 스파크가 생성될 수 있다는 것을 보았다. 그렇지만 세탁물의 조용한 딱딱거림과 번쩍거림은 건조한 겨울날에 카펫을 가로질러 걷거나 고물차 밖으로 나오거나 정전기 발생기와 놀고 난 후에 방출되는 작은 번갯불과는 비교가 안 된다. 정말로 큰 스파크를 얻으려면 많은 전하를 분리시킬 필요가 있는데, 그러려면 보통 반복적인 노력이 필요하다.

카펫을 가로질러 걷는 것은 바로 그러한 반복적인 과정이다. 고무창을 댄 구두로 섬유 카펫을 내딛을 때마다 약간의 (양의) 전하가 카펫에서 구두로 이동한다. 비록 그 전달은 짧고 자기 제한적이지만 이제 구두에는 여분의 전하가 조금 있다. 구두가 카펫에서 떨어져 나올 때마다 새로 얻은 전하에 일을 하게 되고 구두의 전압은 양의 큰 값으로 급증한다. 고전압의 전하는 여기저기로 새기 마련이고 구두의 전하는 빠르게 다른 신체 부위로 퍼져나간다. 카펫의 새로운 부분에 발을 다시 내딛을 쯤에는 구두는 대부분의 전하를 내줬고 그 과정을 전부 다시 시작할 준비가 되어 있다.

발이 카펫에 닿을 때마다 약간의 전하를 모으고, 카펫에서 떨어질 때마다 그 전하는 온몸으로 퍼져나간다. 마침내 문의 손잡이를 잡을 때쯤에는 몸은 전하로 둘러싸여 거대한 양의 전압이 생성된다. 손을 손잡이에 가까이 가져가면 손은 손잡이의 전하에 영향을 주어서 손잡이의 음전하를 더 가까이 끌어당기고 양전하는 밀어낸다. 손이 문의 손잡이를 편극시킨 것이다.

깨끗하게 세탁된 양말을 셔츠에서 떼어내는 동안에 보았듯이, 가깝지만 접촉되지 않은 반대로 대전된 물체들에는 큰 정전기 위치에너지와 강한 정전기력이 있을 수 있다. 그것이

지금의 상황이다. 손이 손잡이에 가까이 다가갈수록 정전기력이 더 강해져서 마침내 공기 자체가 그 힘을 견디지 못하고 스파크가 형성된다. 축전된 정전기 위치에너지 대부분은 순식간에 빛, 열, 소리로 방출된다. 비명 소리는 그것에 포함되지 않는다.

전하를 형성시키기에는 걷기도 좋지만, 고물차는 더욱 좋다. 낡은 고무 타이어가 포장도로와 접촉할 때 음전하를 모으고, 타이어가 굴러가면서 커다란 음의 전압이 발현된다. 이 전하가 차체로 이동하므로 몇 초간 운행된 차에 전하가 충분히 축적되어서 차를 만지는 사람에게 괴로운 충격을 준다. 과거에 통행료 징수는 위험스런 일이었다. 다행히 현대의 타이어는 이 음전하가 안전하게 포장도로로 되돌아가도록 고안되어 있어서 이제는 많은 전하가 차에 거의 축적되지 않는다. 대신에 이제는 차와 관련된 대부분의 충격은 차에 타거나 내릴 때 좌석을 스치면서 발생한다.

자동차는 정전기 충전을 피하는 것이 좋지만 어떤 기구는 의도적으로 분리된 전하를 축적하여 매우 높은 전압을 생성한다. 그 중 가장 유명한 정전기 기구는 van de Graff 발전기이다(그림 10.1.4). 금속 구의 전압이 수십만 또는 수백만 볼트에 도달할 때까지 고무벨트를 사용하여 양전하나 음전하를 금속 구로 옮긴다.

교실에서 보통 사용하는 Van de Graff 발전기는 모터로 구동하는 고무벨트를 사용하여 기저에서 구형 금속 상단까지 음전하를 전달한다. 벨트의 음전하가 구 안쪽에 도달한 후에는 구면으로 흘러 나와 가능한 멀리 떨어지게 된다. 거기에서 음전하는 뭔가가 방출시켜 줄 때까지 그대로 있게 된다.

절연되어 있는 긴 기둥의 맨 위에 걸려있는 Van de Graff 발전기의 구체는 엄청난 음전하를 축적할 수 있다. 모터가 벨트의 음전하를 구체로 밀어 넣을 때 모터가 힘쓰면서 내는 소리를 들을 수 있는데, 이것은 구체에 얼마나 많은 음의 전압이 발현되는지를 나타낸다. 결국 구체는 엄청난 스파크를 통해 음전하를 방출한다.

스파크가 없을 때조차 Van de Graff 발전기는 흥미롭고 신기하다. 음전하를 축적하고 있는 금속 구를 바닥에서 떨어진 상태에서 만지면, 음전하의 일부가 만진 사람에게도 퍼질 것이다. 머리카락이 길고 유연하며 음전하가 머리카락을 따라 퍼질 수 있다면, 음전하 사이의 격렬한 반발에 의해 머리카락이 곤두설 것이다.

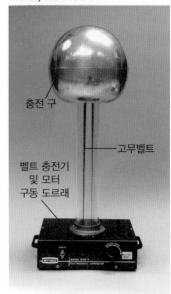

충전 구

고무벨트

벨트 충전기 및 모터 구동 도르래

그림 10.1.4 기계적 공정으로 정전기를 발생시킬 수 있다. 이 Van de Graff 발전기에서는 움직이는 고무벨트가 기저에서 광택이 나는 금속 구로 음전하를 전달한다. 이 음전하는 공기를 통해 뒤에 남겨진 양전하로 되돌아가면서 극적인 스파크를 생성한다.

> ### 개념 이해도 점검 #5: 인쇄 중단!

종이는 일부 인쇄기에서 분당 500미터의 속력으로 롤러를 통과한다. 주의를 기울이지 않으면 인쇄기의 일부에 정전기가 위험할 정도로 축적될 수 있다. 움직이는 종이가 어떻게 그 충전 과정에 기여하는가?

▷ **해답** 서로 다른 물질들 간의 접촉으로 종이에 전하가 쌓이고, 종이는 그 전하를 인쇄기의 고립된 부분으로 운반한다. 그곳에 전하가 충분히 축적되어 위험해질 수 있다.

▷ **왜?** 비전도성 종이는 뛰어난 전하 수송 장치이다. 종이가 성질이 다른 물질과 접촉하여 정전기를 모으고 나면, 종이가 전하를 동반한 채 인쇄기를 통과할 수 있다. 당연히 인쇄기는 이 정전기 축적을 억제하기 위해 다양한 도구를 사용한다.

정전기 제어: 섬유 유연제와 모발 영양제

이제 정전기가 무엇이며 어떻게 생성되는지 알았으니, 그것을 어떻게 이용하는지 알아볼 차례이다. 정전기 달라붙음, 춤추는 머리카락, 감전시키는 악수는 모두 좋아하지 않는 것이다. 정전기에 대한 기본적인 해법은 이동성이다. 전하가 자유롭게 움직일 수 있다면, 전하가 스스로 정전기를 없앨 것이다. 반대의 전하들은 서로 끌어당기므로, 떨어져 있는 양전하와 음전하가 움직일 수만 있다면 순식간에 결합할 것이다.

자유로운 전하 이동을 허용하는 금속과 같은 물질을 **전기 도체**(electrical conductor)라고 한다. 자유로운 전하 이동을 방해하는 플라스틱, 머리카락, 고무와 같은 물질은 **전기 절연체**(electrical insulator)라고 불린다. 전하 이동으로 정전기가 제거되므로 정전기와 관련된 문제는 주로 절연체로 인해 발생한다. 금속 옷을 입는다면, 세탁 때문에 정전기 문제가 생기지는 않을 것이다.

정전기를 줄이는 가장 간단한 방법은 절연체를 도체로 바꾸는 것이다. 전하가 간신히 움직일 수 있는 미약한 도체조차 축적된 어떠한 전하라도 서서히 제거할 것이다. 그것은 섬유 유연제, 종이형 유연제, 모발 영양제의 주목표 중 하나이다. 그것들은 모두 절연재(옷감과 머리카락)를 미약한 전기 도체로 바꾼다. 그 결과 정전기와 옷의 불편함이 거의 사라진다.

이 세 가지 물질이 어떻게 작동하는지는 흥미로운 이야기이다. 그것들은 모두 거의 같은 화합물인 양으로 대전된 세제 분자를 활용한다. 세제 분자는 한쪽 끝은 대전되어 있고 다른 쪽 끝은 전기적으로 중성인 긴 분자이다. 대전된 끝은 반대 전하에 정전기적으로 붙으므로 물이 화학적으로 "편하다". 중성인 끝은 기름 같고 미끄럽기 때문에 기름이 "편하다". 이런 이중성 때문에 세제가 세탁에 효과적인 것이다.

양전하나 음전하를 띤 세제 분자가 똑같이 세탁을 잘 할 것 같지만, 그렇지 않다. 세척제가 세탁물에 달라붙지 않아야 하므로 세척제와 세탁물이 반대 전하를 가지지 않는 것이 중요하다. 직물과 머리카락이 물에 젖으면 일반적으로 음으로 대전되므로(서로 다른 물질이 접촉할 때 전하 이동의 좋은 예이다) 음전하를 띤 세제 분자는 양전하를 띤 세제 분자보다 세탁을 훨씬 잘한다.

그러나 양전하를 띤 세제도 유용하다. 다만, 옷을 세탁하기 전이나 머리를 감기 전에 그 세제를 사용하면 안 된다. 이 미끄러운 세제 분자는 젖은 섬유에 아주 잘 붙어 있기 때문에 그 분자는 세척 후에도 오랫동안 사라지지 않고 직물과 머리카락에 부드럽고 매끄러운 느낌을 준다. 또한 그 분자들은 약간이나마 전기가 그 물질들에 통하게 하므로 사실상 정전기를 제거한다!

이 전도성은 주로 습기를 끌어들이는 경향 때문에 생긴다. 물은 미약한 전도체이므로 젖은 표면에서는 전하가 이동할 수 있다. 그래서 습한 공기가 정전기를 감소시킨다. 직물과 머리카락이 알아보기 힘들 정도로 조금 축축하면, 양전하를 띤 세제는 분리된 전하를 결합시켜 정전기 머리카락 문제와 세탁물 걸림을 없앤다. 그래서 섬유 유연제, 종이형 유연제, 모발 영양제, 심지어는 많은 정전기 방지 스프레이의 주요 성분이 양의 전하를 띤다.

⬤ **개념 이해도 점검 #6: 공장의 불꽃 방지**

가연성 물질을 이동시키는 데 사용되는 컨베이어 벨트는 종종 금속 실을 직물에 짜 넣는다. 왜 이런 전도성 벨트가 소방 안전에 중요한가?

해답 절연 컨베이어 벨트는 엄청난 양의 전하를 분리시켜 고전압, 스파크, 화재를 일으킬 수 있다. 전도성 벨트는 움직일 때 전하를 운반할 수 없으므로 어떠한 전하도 축적되지 않는다.

왜? 전하가 절연 벨트의 표면에 있을 때, 그 전하는 벨트와 함께 움직여야 한다. 그러나 전하는 전도성 벨트에서 이동 가능하고 일반적으로 벨트와 같이 이동하지 않는다.

10.2 복사기

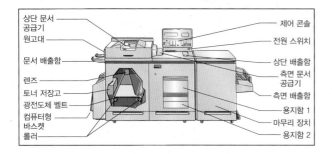

상단 문서 공급기
원고대
문서 배출함
렌즈
토너 저장고
광전도체 벨트
컴퓨터형 바스켓
롤러

제어 콘솔
전원 스위치
상단 배출함
측면 문서 공급기
측면 배출함
용지함 1
마무리 장치
용지함 2

생각해 보기: 어떻게 정전기를 사용하여 검은색 분말을 종이에 놓을 수 있는가? 어떻게 종이가 정전기를 띠게 할 수 있는가? 글자가 종이에 나타나도록 하려면 어떻게 정전기를 분배해야 하는가? 복사기에서 원본을 복사하려면 빛이 정전기에 어떤 일을 해야 하는가? 어떻게 표면에 정전기를 뿌릴 수 있는가?

실험해 보기: 복사기 작동 방식에 대한 느낌을 얻기 위해 작은 종이 한 장을 한 변이 약 1 mm 정도의 작은 정사각형 크기로 자른다. 정사각형 종잇조각들을 테이블 위에 놓고 그 위로 수 밀리미터 떨어진 곳에 얇은 투명 플라스틱 판을 매단다. 투명 플라스틱 상자의 뚜껑이 적합할 것이다. 이제 플라스틱 빗을 머리카락이나 스웨터에 여러 번 문지르고 나서 플라스틱 판 위에 접촉시킨다. 종잇조각이 테이블에서 떨어져 나와 플라스틱 판에 달라붙을 것이다. 무엇이 종잇조각을 플라스틱에 붙들어두고 있는가? 종이가 검은색이라면 어떻게 플라스틱 표면에 글자를 형성할 수 있겠는가?

카본지와 등사판 인쇄기의 시대는 오래 전에 사라졌다. 건식 복사기 없이 현대 사무실이 어떻게 가능하겠는가? 복사기 광고는 어디에나 있고, 각 제조사가 최고의 복사기를 만든다고 주장하지만 그것은 상술에 불과하다. 실제로, 모든 건식 복사기는 똑같이 1938년에 Chester Carlson이 발견한 원리를 기반으로 한다. 이 절에서는 건식 복사기와 이를 가능케 한 개념을 살펴본다.

건식 복사: 빛을 사용하는 복사

건식 복사기가 종이에 인쇄하는 이미지는 매끄럽고 빛에 민감한 표면에 있는 작은 검은색 입자인 **토너**(toner)의 무늬로부터 시작된다. 복사기는 정전기 및 원본 문서에서 반사된 빛을 사용하여 이 토너를 표면에 배열한 다음에 조심스럽게 토너를 종이로 옮긴다(그림 10.2.1). Carlson❸이 1938년에 발명한 이 공정은 기본적으로 정전기가 유용한 일을 하는 것이다.

건식 복사기의 중심에는 **광전도체**(photoconductor)로 만든 빛에 민감하고 얇은 표면이 있다. 광전도체는 일반적으로 빛에 노출되는 동안 도체가 되는 절연 물질이다. 어두운 상태의 광전도체는 양전하와 음전하를 분리하여 유지할 수 있지만, 빛이 광전도체에 닿으면 이 전하들이 빠르게 한데 모인다(그림 10.2.2). 이러한 유연성 때문에 원본 문서에 나온 빛이 광전도체 표면의 정전기 무늬를 결정하고, 결과적으로 종이에서 토너의 위치도 결정한다.

각 복사 과정은 복사기가 어둠 속에서 광전도체에 음전하를 분사하는 것으로 시작된다.

[3] 청소년기에 가난했던 미국의 발명가 Chester F. Carlson(1906~1968)은 방과 후에 창문을 닦고 사무실을 청소하여 가족을 부양했다. 십대에 인쇄 공장에서 일한 경험으로 그는 복사에 대해 생각하게 되었고, 전자 사진 기술로 실험을 시작했다. California 공과대학에 다닌 후 Bell 연구소에서 근무했지만 대공황 동안에 해고당했다. 로스쿨에 다니는 동안 그는 실험을 계속해서 1937~1938년에 건식 인쇄 복사 공정을 개발했다. 상업용 복사기의 개발은 느렸지만 결국 1960년에 Haloid Xerox 사가 최초의 성공적인 복사기인 모델 914를 생산했다. Carlson은 매우 부유하게 되었지만 대부분의 돈을 익명으로 기부했다.

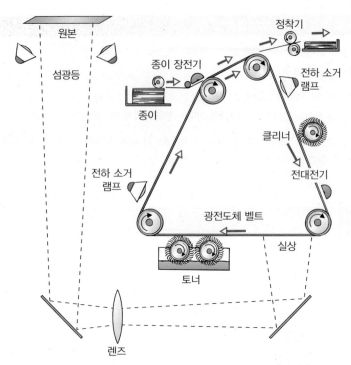

그림 10.2.1 이 건식 복사기는 광전도체 벨트를 사용하여 원본 문서의 흑백 이미지를 형성한다. 복사 공정은 광전도체를 전하로 도포하는 전대전기로 시작한다. 다음으로 광학 시스템은 광전도체 벨트의 편평한 영역에 실제 이미지를 형성함으로써 전하 이미지를 생성한다. 전하 이미지가 토너 입자들을 집어올린 뒤에, 첫 번째 전하 소거 램프가 전하 이미지를 제거하고 벨트에 대한 토너의 부착성을 약화시킨다. 이제 토너가 전사되어 용지에 융합된다.

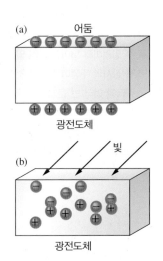

그림 10.2.2 (a) 어둠 속에서 광전도체는 전기 절연체이므로 그 표면의 분리된 전하는 제자리에 계속 그대로 있다. (b) 광전도체가 빛에 노출되면 전기 전도체가 되고 정반대의 전하들이 곧 서로 결합한다.

광전도체의 다른 쪽에는 접지된 금속 표면이 있다. 접지되어 있다는 뜻은 지면과 전기적으로 연결되어 있어서 전하가 둘 사이에 자유롭게 흐를 수 있다는 것이다. 음전하가 광전도체의 노출된 표면에 도착하면 그 아래 하부 금속 표면으로 양전하가 끌려온다. 전하 분무 공정이 완료되면, 광전도체의 노출된 표면은 음전하로 균일하게 도포되고, 하부 금속 표면은 양전하로 균일하게 도포된다(그림 10.2.3a).

이렇게 전대전이 된 후에 복사기는 렌즈를 사용하여 원본 문서의 선명한 이미지를 광전도체 표면으로 전송한다. 14장에서 카메라를 공부할 때 렌즈와 상맺음에 대해 탐구할 것이다. 현재 중요한 점은 원본 문서의 흰색 부분에 해당하는 특정 장소에서만 빛이 광전도체에 닿는다는 것이다.

광전도체를 빛에 노출시키는 데는 두 가지 표준 기술이 있다. 어떤 복사기는 원본 문서 전체를 섬광등의 밝은 빛으로 비추고 광전도체 벨트의 일부분에 완전한 이미지를 투사한다. 또 어떤 복사기에서는 움직이는 등이나 거울이 원본을 한 번에 조금씩 비추고, 그 이미지는 회전하는 광전도체 드럼에 움직이는 띠처럼 투사된다. 어느 쪽이든 빛에 노출된 광전도체의 영역을 통해 전하가 이동하여 이 영역을 전기적으로 중성으로 만든다(그림 10.2.3b). 그 결과가 **전하 이미지**(charge image)로서, 이는 원본 이미지의 잉크 패턴과 정확하게 일치하는 광전도체 표면의 전하 패턴이다(그림 10.2.3c).

이러한 전하 이미지를 가시적인 것으로 현상하기 위해, 건식 복사기는 광전도체를 양으로 대전된 토너 입자들에 노출시킨다(그림 10.2.3d). 이 토너는 착색된 안료가 포함된 미세

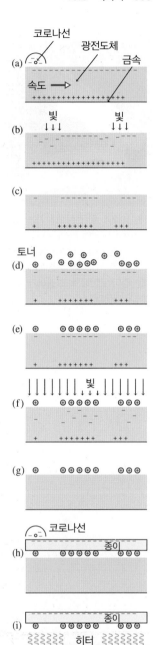

하고 절연성인 플라스틱 분말이다. 토너를 광전도체에 살며시 도포해야 하므로, 보통 테플론으로 코팅된 쇠구슬의 도움을 받는다. 이 작은 구슬들은 회전하는 자기 샤프트에 의해 긴 실 모양으로 붙잡혀 있어, 샤프트는 매우 부드러운 강모를 가진 회전 솔과 유사하다. 이 강모는 토너 입자를 저장함에서 광전도체로 쓸어낸다. 테플론과 접촉한 토너 입자는 양으로 대전되어서 광전도체의 음으로 대전된 부분에 달라붙는다(그림 10.2.3e).

광전도체에는 원본 문서의 검은색 이미지가 있는데, 복사기는 이 이미지를 종이로 전송해야 한다. 복사를 하기 전에 복사기는 광전도체를 전하 소거 램프의 빛에 노출시켜서 광전도체의 토너 부착성을 약화시킨다. 이 빛은 광전도체의 전하를 제거하여(그림 10.2.3f), 양전하를 띤 토너 입자가 그 표면에 느슨하게 붙어 있도록 한다(그림 10.2.3g).

그러면 복사기는 용지 뒷면에 음전하를 분무하는 동안 광전도체에 깨끗한 종이를 가볍게 눌러 토너 이미지를 종이로 전사한다(그림 10.2.3h). 양으로 대전된 토너는 음으로 대전된 종이로 끌려가고, 둘은 함께 광전도체에서 분리된다. 그러면 복사기가 복사물을 가열하고 가압하여 토너를 종이에 영구히 정착시킨다(그림 10.2.3i). 이미지가 종이로 전사되고 나면 복사기는 다음 복사를 준비하기 위해 광전도체 표면을 청소한다. 즉, 두 번째 전하 소거 램프가 잔류 전하를 제거하고, 솔이나 롤러가 잔류 토너를 닦아낸다.

건식 복사기에 대한 소개로 이제 복사기에 대해 많은 것을 설명할 수 있다. 예를 들어 복사기 걸림을 해결하는 동안 마무리되지 못한 복사물, 즉 토너가 종이에 녹아들지 않은 것을 발견할 수도 있다. 정착되지 않은 복사물의 토너는 정전기적 힘만으로 붙잡혀 있기 때문에 쉽게 손에 묻어난다. 개인용 복사기에서 토너 카트리지를 교체할 때는 새 토너뿐만 아니라 새로운 전대전 장치, 광전도체 드럼, 토너 도포기도 설치하는 셈이다(그림 10.2.4).

그러나 위에서는 세 가지 중요한 물리 문제를 대충 얼버무렸다. 다음 두 가지는 나중에 다룰 것이다. 첫째, 광전도체는 빛에 노출되었을 때 왜 전도체가 되는가?(13장) 둘째, 렌즈가 어떻게 문서의 이미지를 광전도체로 투사하는가?(14장) 지금 당장 주의 깊게 살펴볼 세 번째 문제는 어떻게 복사기가 표면에 전하를 뿌리는가이다.

그림 10.2.3 광전도체는 먼저 균일한 음전하 층으로 도포된다(a). 빛에 노출시키면(b) 일부 전하가 소거되어 전하 이미지가 형성된다(c). 양으로 대전된 토너 입자가(d) 전하 이미지로 끌려온다(e). 전하 이미지를 지워서(f) 토너 입자를 방출할 준비를 한다(g). 토너를 음으로 대전된 종이로 전사한 후(h) 가열하여 종이에 융합시킨다(i).

> **개념 이해도 점검 #1: 달라붙는 복사본**
>
> 복사본이 건식 복사기에서 나올 때, 물건에 붙고 보풀을 끌어들이는 경향이 있다. 이 효과의 원인은 무엇인가?
>
> **해답** 토너를 끌어당기기 위해 종이에 배치한 전하가 항상 완전하게 제거되는 것은 아니다. 더구나 토너 자체도 대전되어 있다.
>
> **왜?** 토너 입자를 광전도체에서 종이로 옮기는 마지막 전사 과정은 종이를 대전시키고, 이 전하의 일부가 그대로 종이 위에 남아 복사기에서 빠져나온다. 플라스틱은 전하를 아주 잘 유지하기 때문에 복사용 투명 필름은 특히 잘 달라붙는다.

방전과 전기장

복사를 시작할 때, 건식 복사기는 광전도체 표면을 전하로 균일하게 도포한다. 이 전대전

그림 10.2.4 이 건식 복사기는 일회용 카트리지 안에 광전도체 드럼, 토너 공급 장치 및 코로나선을 배치한다. 종이가 카트리지를 통과하면 토너는 종이 표면에 녹고 종이가 복사기에서 나온다.

공정은 어둠 속에서 이루어지기 때문에 표면이 전기 절연체인 동안에 전하를 페인트처럼 그 표면에 도포해야 한다. 복사기의 전하 도포기는 **코로나 방전**(corona discharge)으로서 고전압으로 유지되는 바늘이나 미세 도선 근처의 공기에서 형성되는 부드럽고 지속적인 스파크다.

이것은 기체를 통한 전하의 흐름으로, 일종의 **방전**(discharge)이다. 보통 공기 분자가 중성이고 전하를 이리저리 옮길 수 없으므로 공기는 절연체이다. 그러나 개개의 대전된 입자를 풍부하게 공기에 공급함으로써 복사기는 그 공기를 도체로 바꾸고 그 안에 방전을 일으킨다. 복사기는 어떻게 공기에 전하를 공급하고 방전을 일으킬까? 그리고 복사기는 방전을 어떻게 이용하여 광전도체 표면을 도포할까? 이러한 질문에 답하려면 정전기력과 전압, 그리고 관련 개념인 전기장에 대해 더 많이 알 필요가 있다.

공기 중에서 자유 전하를 얻기 어렵기 때문에 복사기는 약간의 대전 입자로 시작할 수밖에 없고 그것을 이용해 더 많이 생성한다. 방법은 간단하다. 복사기는 정전기력을 사용하여 그 초기 전하를 엄청난 속력이 될 때까지 가속시킨 후 공기의 중성 입자와 충돌시킨다. 충분히 강하게 충돌하면 중성인 공기 입자는 반대 전하를 띠는 조각으로 나눠져서 자유 전하 두 개를 공기에 더 내놓는다. 새로운 전하가 추가되어 가속되고, 충돌하고, 더욱 더 많은 공기 입자를 쪼갠다. 연쇄충돌이 일어나고, 공기는 (절연) '파괴되어' 절연체에서 전도체로 변한다. 복사기는 이 전도 공기를 사용하여 광전도체에 전하를 도포한다.

초기의 전하는 어디에서 온 것인가? 놀랍게도, 그 전하는 바로 우주선과 자연 방사능의 산물로서 이미 거기에 있었다! 입방 센티미터의 보통 공기에는 거의 2000개의 대전 입자가 포함되어 있는데, 대략 반은 양전하이고 반은 음전하이다. 이 같은 부피의 공기에 거의 3×10^{19}개의 중성 입자가 포함되어 있다고 고려하면 전하가 많은 것은 아니다. 그러나 방전이 시작되기에는 충분하다.

그 초기 전하를 복사기가 필요로 하는 방대한 수로 늘리기 위해 복사기는 적극적으로 그 전하들을 가속시켜야 한다. 중성인 공기 입자는 매우 밀집해 있기 때문에 대전된 입자가 무언가에 부딪쳐서 느려지기 전에 빠른 속력을 얻기가 힘들다. 초기 전하 각각이 처음 부딪치는 중성 입자를 잘 쪼갤 수 있도록 복사기는 매우 빠르게 그 전하를 가속시켜야 한다.

복사기는 강한 정전기력을 사용하여 전하를 가속시킨다. 지금까지는 정전기력을 한 쌍의 전하와 관련시켜 왔다. 각 전하는 다른 쪽을 밀거나 당긴다. 소수의 전하만 있는 상황에서는 특정 전하에 대한 개별 정전기력을 합쳐서 그 전하에 작용하는 총 정전기력을 얻을 수 있다. 그러나 복사기의 도선과 방전에는 수많은 개별 전하가 있어서 그 힘들을 합산하는 것은 사실상 불가능하다. 특정 전하에 작용하는 총 정전기력을 규정하려면 다른 방법이 필요하다.

특정 전하와 그 주위의 다른 모든 전하들 사이의 수많은 상호작용을 생각하는 대신에, 특정 전하에 작용하는 정전기력을 그 전하와 국지적인 어떤 것과의 상호 작용의 결과로 볼 수 있다. 그 어떤 것은 전하에 정전기력을 작용하는 공간의 속성인 **전기장**(electric field)이다. 주변의 전하들이 전기장을 만들고 그 전기장이 특정 전하를 밀어낸다. 그 전하에 작용하는 정전기력은 공간과 시간에서 그 입자의 위치에 의존하기 때문에 전기장의 값도 공간

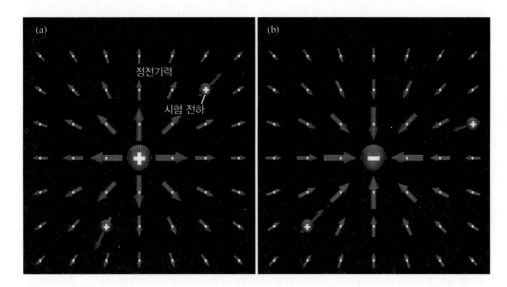

그림 10.2.5 (a) 정지한 양전하의 전기장. 장이 하얀 점으로 표시된 위치에 빨간 화살표로 나타나 있다. 각 장 벡터는 양전하에서 멀어지는 방향을 가리키고 있고 그 크기는 전하로부터 거리의 제곱에 반비례한다. 두 시험 전하 각각은 시험 전하의 전하와 그 위치의 전기장의 곱과 같은 정전기력을 겪는다. (b) 정지한 음전하의 전기장.

과 시간에 의존한다.

전기장은 공간과 시간의 각 지점과 물리량을 연관시키는 구조인 **장**(field)의 한 예이다. **장**이라는 용어는 공간과 시간에 걸쳐서 확장되는 또 다른 구조, 즉 밀을 재배하는 들판(field)을 시사한다. 밀 줄기의 길이는 언제 어디서 보느냐에 의존하므로 줄기 길이는 **장**이다. 더구나 바람이 부는 날에는 밀 줄기의 방향도 언제 어디서 보느냐에 의존하므로 줄기는 실제로 벡터이며 공간과 시간의 각 지점에 **벡터**인 양을 연관시키는 구조인 **벡터장**(vector field)을 형성한다. 전기장도 벡터장으로서 각 점에서 그 크기는 전하 단위 당 작용하는 정전기력의 양이며, 그 방향은 그 힘이 양전하를 미는 방향이다.

그림 10.2.5a는 정지한 양전하의 전기장을 나타낸다. 각각의 흰 점은 공간과 시간의 한 지점을 나타내고, 그 점을 통과하는 빨간색 화살표는 그 지점의 전기장을 나타낸다. 화살표의 방향은 장의 방향을 나타내고 그 덩치는 장의 크기에 비례한다. 또한 **시험 전하**(test charge) 두 개에 작용하는 장의 효과가 나타나 있다. 시험 전하는 그 자신의 전기장이 없어서 주변에 영향을 주지 않는 이상화된 양전하이다.

시험 전하는 실제로는 존재하지 않지만 전기장을 검사하는 데 유용한 개념 도구이다. 이 경우에 중심의 양전하의 전기장은 양전하로부터의 거리의 제곱에 반비례하는 정전기력으로 각 시험 전하를 양전하로부터 멀리 밀어낸다. 중심의 전하가 음이면(그림 10.2.5b), 그 전기장의 방향이 거꾸로 되고 그 장은 각 시험 전하를 중심의 전하를 향해 민다.

이 새로운 관점에서는 전하에 작용하는 정전기력은 전기장의 근원이 아니라 전기장 자체에 의해 작용된다. 그 정전기력은 전하가 있는 위치의 전기장과 전하의 곱과 같다. 이 관계를 다음과 같이 언어 식으로 쓸 수 있다.

$$\text{정전기력} = \text{전하} \cdot \text{전기장} \tag{10.2.1}$$

이것을 기호로 나타내면

$$\mathbf{F} = q\mathbf{E}$$

가 되고, 일상 언어로 표현하면 다음과 같다.

대전된 보풀은 정전기가 가득한 영역에서 빠르게 가속된다.

여기서 정전기력은 전기장 방향이다. 음의 전하를 띠는 입자(전자)는 전기장의 방향과 반대되는 힘을 겪는다. 전기장의 SI 단위는 **단위 쿨롬 당 뉴턴(N/C)**이다.

지금으로서는 전기장이 불필요한 허구처럼 보일 수 있다. 그러나 다음 절에서 전기장이 단지 전하 사이의 힘에 관한 새로운 사고방식 이상의 것임을 알 수 있다. 왜냐하면 전기장은 그것을 생성하는 전하와는 독립적으로 공간에 정말로 존재하기 때문이다. 사실, 종종 전하 이외의 것들이 전기장을 생성하며 전기장의 영향을 받을 수도 있다.

복사기는 매우 강한 전기장을 사용하여 공기를 (절연) '파괴해' 방전을 일으킬 수 있다. 그 장은 전하를 아주 급격하게 가속시켜 연쇄 충돌을 발생시키고 자유 전하로 공기를 채운다. 불행히도 전기장을 직접 감지할 수 없으므로 강한 전기장을 시각화하는 것은 어렵다. 다음에 그 문제를 해결하겠지만 지금은 그저 강한 전기장이 공기 중에 방전을 일으킬 수 있다는 것을 기억하라. 그것이 뇌우가 번개를 생성하는 방법이다!

▶ 개념 이해도 점검 #2: 의료용 전자

의료용 선형 가속기는 강한 전기장을 사용하여 전자를 가속시키고 거대한 운동에너지를 전자에 부여한다. 이 고에너지 전자는 환자에게 들어가 암세포를 죽인다. 가속기의 전기장은 어느 방향을 향하는가?

> 해답 환자에게서 멀어지는 뒤쪽으로 향한다.

> 왜? 전자는 음으로 대전되어 있기 때문에 장의 반대 방향으로 가속된다. 가속기가 전자를 환자가 있는 앞쪽으로 밀어야 하기 때문에 그 장은 환자로부터 멀어지는 쪽을 가리킨다.

▶ 정량적 이해도 점검 #1: 떠다니는 보풀

대전된 보풀은 전기장이 정확하게 그 무게를 지탱하기 때문에 떨어지지 않는다. 보풀이 무게가 10^{-8} N이고 10^{-11} C의 양전하를 띠고 있는 경우에 보풀을 지탱하고 있는 전기장은 얼마인가?

> 해답 위쪽 방향, 1000 N/C의 전기장이 보풀을 지탱하고 있다.

> 왜? 전기장은 작용하는 힘을 전하로 나눈 값, 즉 10^{-8} N을 10^{-11} C으로 나눈 값과 같다. 아래로 끌어당기는 중력에 대항하여 양으로 대전된 보풀을 지탱하려면 전기장은 위쪽을 가리켜야 한다.

전도체와 전압 기울기

복사기의 전대전기는 고압 도선 바로 외부에 있는 강한 전기장에서 발생하는 약한 코로나 방전을 사용한다. 이 방전은 광전도체 표면으로 전하를 수송하여 균일하게 도포한다. 고압 도선 외부에 강한 전기장이 존재하는 이유와 그로 인한 방전이 '약한' 이유를 이해하려면 몇 가지 배경 지식이 필요하다. 먼저 전기 전도체 내부와 외부의 전기장을 살펴보자.

가장 단순한 전도성 물질인 속이 찬 쇠공(그림 10.2.6a) 안에 동일한 양전하를 방출하면 어떻게 될까? 양전하들은 서로 밀어내기 때문에 바깥으로 가속되어 멀어진다. 사실, 양

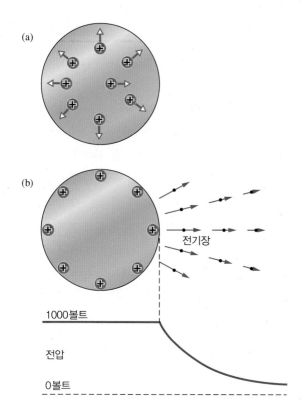

전하들이 금속에 화학적으로 속박되어 있지 않다면 모두 쇠공에서 벗어날 것이다. 전하들은 한두 번 여분의 정전기 위치에너지를 주로 열에너지로 소모한 후에 공의 표면에서 안정된 평형 상태를 이룬다(그림 10.2.6b). 평형 점에서 각 전하가 주위 전하로부터 겪는 정전기력은 금속으로부터 유래하는 화학적 힘과 완벽하게 균형을 이룬다. 각 전하에 작용하는 알짜 힘은 0이다.

평형에서 각 전하는 또한 총 위치에너지를 최소화한다. 결국 위치에너지를 더 낮추기 위해 움직일 방향이 없을 때까지 가속을 멈출 수 없다. 전하가 공의 표면에 어떻게 배열되는지에 관한 놀라운 점은 각자가 결국은 **동일한** 총 위치에너지를 가지게 되는 것이다. 왜 그러냐 하면 그 중 하나가 다른 전하보다 총 위치에너지를 적게 가지면 다른 전하들도 총 위치에너지를 낮추기 위해 그 전하를 향해 가속될 것이기 때문이다!

균질한 작은 공의 전하에 큰 영향을 미치는 유일한 위치에너지는 정전기 위치에너지이므로 공의 모든 전하가 본질적으로 동일한 정전기 위치에너지를 가지고 있다. 전압은 단위 전하 당 정전기 위치에너지이기 때문에 동일한 전하에서 동일한 위치에너지는 동일한 전압을 의미한다. 즉, 공 전체가 균일하고 단일한 전압을 가진다! 전압 ↔ 고도 비유에서, 이 사실은 평형에서 수영장의 수위의 고도가 일정하다는 것과 유사하다.

공의 완벽한 대칭 때문에 평형 상태의 전하가 표면에 고르게 퍼진다. 복사기의 금속 도선과 같이 덜 대칭적인 전도성 물체를 선택한다면, 평형 상태의 전하가 고르게 퍼지지는 않을 것이다. 그럼에도 불구하고 그 전하들은 여전히 대상의 바깥 면에 있을 것이며, 여전히 균일한 단일 전압을 가질 것이다.

⊙ 전도성 물질의 전압과 전하

전하가 평형 상태인 경우에 균일한 전도성 물체는 균일하고 단일한 전압을 가지며 그 내부의 어느 곳에서나 알짜 전하는 0이다.

전도성 물체의 전하가 그 표면에서 평형 상태일 때, 한 가지 더 놀라운 관찰을 할 수 있다. 물체 내부의 전기장은 0이다! 왜 그런지 알기 위해 물체 내부에 시험 전하를 놓아보자. 물체 내부에 실제 전하를 두면 평형이 깨질 것이며, 그 전하가 표면을 향해 밀려날 것이다. 그러나 시험 전하는 자체 전기장이 없으며 주위 환경에 영향을 주지 않는다. 그것은 다른 전하를 평형 상태로 그대로 두고 단지 기존의 전기장에 반응한다. 전압은 물체 전체에 걸쳐 균일하기 때문에 시험 전하의 정전기 위치에너지는 위치에 의존하지 않고, 따라서 이동에 의해 자신의 정전기 위치에너지를 감소시킬 수 없다. 시험 전하가 가속되지 않으므로 정전 기력이 0이고 전기장이 0이어야 한다.

⊙ 전도성 물질의 전기장

전하가 평형 상태이면 균일한 전도성 물체의 내부에서 전기장은 0이다.

전압은 복사기의 미세 도체 도선의 **내부**와 **표면**에서 균일하지만, 도선 **외부**의 위치에 따라 급격히 변한다(그림 10.2.6b). 이와 같이 전압의 급격한 공간적 변화에 동반되는 것은 강한 전기장이며, 일반적으로 **전압 기울기**(voltage gradient)라 불린다. 전압의 공간적 변화를 전압의 '기울기'로 생각할 수 있다. 전압↔고도 비유에서 전압 기울기는 일반적인 언덕의 기울기인 고도 기울기와 유사하다. 물이 낮은 고도를 향해 가파른 경사로를 따라 신속하게 가속되는 것처럼, (양의) 전하는 더 낮은 전압 쪽으로 큰 전압 기울기를 따라 신속하게 가속된다. 두 가지 모두 2장에서 처음 살펴본 낮은 위치에너지를 향한 가속의 예이다. 전압 ↔ 압력 비유에서 전압 기울기는 압력 기울기와 유사하고 물이 낮은 압력 쪽으로 가속되는 것과 같은 방식으로 전하는 더 낮은 전압 쪽으로 가속된다.

전기장이나 전압 기울기나 모두 전하를 가속시키기 때문에 전압 기울기가 **정말로** 전기장이라는 것을 알게 된다고 해도 놀랄 일이 아니다. 다음 장에서 전기장의 두 번째 근원을 발견하더라도 전압 기울기와 전기장을 현재와 같이 동등한 것으로 취급할 것이다. 그들의 관계는 다음과 같이 언어 식으로 표현할 수 있다.

$$전기장 = 전압\ 기울기 = \frac{전압\ 강하}{거리} \tag{10.2.2}$$

이것을 기호로 나타내면

$$\mathbf{E} = \mathbf{Gradient}(V)$$

가 되고, 일상 언어로 표현하면 다음과 같다.

> 자전거가 높이가 급격히 변하는 언덕을 빠르게 달려 내려가는 것처럼
> 전하는 급격히 떨어지는 전압을 따라 빠르게 움직인다.

여기서 전기장은 전압이 가장 빨리 감소하는 방향을 가리킨다.

이 관계는 우리에게 전기장을 바라보는 두 번째 방법을 제공한다. 전기장은 단위 전하 당 작용되는 정전기력 이외에도 단위 거리 당 전압 강하이다. 따라서 전기장 단위의 두 번째 형식은 **미터 당 볼트**(V/m)이다. 미터 당 볼트는 쿨롬 당 뉴턴과 정확히 같은 단위이다. 전압 강하로 인해 생성되는 전기장의 예로서 일반적인 9 V 전지의 윗부분을 고려해 보자. 2개의 단자가 겨우 0.005 m만큼 분리되어 있고 그 사이에 9 V의 전압 강하가 있는 경우, 이들 단자 사이의 공간에는 음의 단자를 가리키는 약 1800 V/m의 전기장이 있다.

▶ 개념 이해도 점검 #3: 뜨거운 자동차에서 나오지 마라!

폭풍우 속에서 자동차에 번개가 쳐서 엄청난 정전기가 발생했다. 운전자가 차 안에 머물러 있는 동안 이 전하를 알아차리지 못하는 이유는 무엇인가?

❯ **해답** 누적된 전하는 모두 전도체인 자동차의 외부 표면에 있으므로 운전자가 외부로 나가서 지면으로 연결되는 전도 경로를 제공하는 경우에만 영향을 미친다.

❯ **왜?** 차체는 전기 전도체이고 그 전하가 평형 상태에 있기 때문에 자동차는 균일한 전압을 가지며 차 내부에는 전기장이 없다. 그러나 차 밖에는 상당한 전기장이 있다. 운전자의 몸이 지면에 대한 전도 경로를 제공하면, 그 전기장은 몸을 통해 전하를 밀어 내고 운전자는 충격을 받게 된다. 마찬가지로 전력선이 자동차에 떨어지면 치명적 충격을 받을 수 있으므로 차안에 머물러 있어야 한다.

▶ 정량적 이해도 점검 #2: 전기장 걸기

전기장은 형광등의 관을 통해 대전된 입자를 밀어내어 빛을 생성한다. 제대로 작동하려면 일반적인 형광관에 약 100 V/m의 전기장이 필요하다. 관의 양 끝 사이의 평균 전압 차가 120 V인 경우, 그 형관 관의 길이는 얼마인가?

❯ **해답** 약 1.2 m이다.

❯ **왜?** 양단 사이의 전압 차가 120 V이고 길이가 1.2 m인 경우, 관의 전기장은 120 V를 1.2 m로 나눈 값, 즉 약 100 V/m이다. 이 결과는 사용되는 수많은 형광등의 길이가 약 1.2 m인 이유를 설명한다.

미세 도선과 고전압: 코로나 방전

일반적인 공기는 약 3×10^6 V/m의 전기장 또는 통상적인 단위로 센티미터 당 약 30,000 V에서 절연 파괴된다. 그 전기장에서 자유 전하가 급속하게 가속되어 다단계 전하 자유 충돌로 공기가 거의 완벽한 절연체에서 갑자기 꽤 좋은 전도체로 변형된다.

여러분은 그러한 강력한 장을 모두 직접 만들어 낼 수 있다. 건조한 겨울에 고무창을 댄 구두를 신고서 아크릴 카펫에서 발을 끌고 가면 몸이 양전하로 뒤덮여서 전압을 약 30,000 V까지 올릴 수 있다. 그 다음에 0 V로 접지된 손잡이에 가까이 가면 손잡이와 손 사이의 전압 차가 30,000 V가 된다. 손이 손잡이에서 약 1 cm 떨어져 있으면 전기장은 센티미터 당 30,000 V에 도달하고 공기는 화려한 불꽃을 내며 절연 파괴된다(그림 10.2.7).

그림 10.2.7 이 두 금속 구체는 서로 1 cm 떨어져 있다. 그들의 전압 차이가 약 30,000 V일 때, 둘 사이의 공기는 절연 파괴되어 불꽃을 형성한다.

그림 10.2.8 30,000 V인 사람이 0 V인 문의 손잡이에 손을 내밀고 있다. (a) 손과 손잡이가 크기가 비슷하기 때문에 전압은 일정하게 감소하며 전기장은 균일하다. (b) 바늘을 잡으면 날카로운 점 근처에서 전압이 급격히 떨어지고 전기장은 극도로 강해진다.

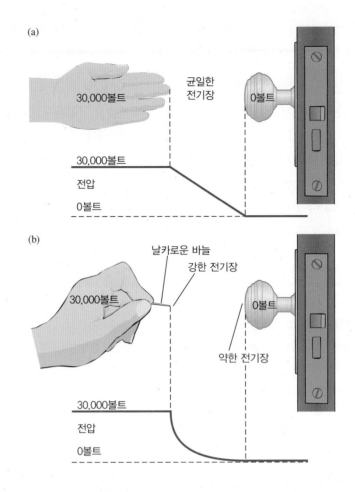

손과 문손잡이가 크기와 모양이 비슷하기 때문에 그 사이에서 전압이 부드럽게 변하고 (그림 10.2.8a) 손잡이의 0 V에서 손의 30,000 V까지 거의 균일하게 변한다. 그러므로 전압 기울기 또는 전기장이 거의 균일하다. 그러나 두 물체의 크기가 크게 다른 경우 큰 물체가 물체 사이의 공간에서 전압을 주도한다. 예를 들어 문손잡이에 접근할 때 손으로 긴 바늘을 잡으면 문손잡이가 바늘까지의 대부분의 영역에서 전압을 주도하고 거의 모든 전압 증가가 바늘의 끝 바로 바깥에서 발생한다(그림 10.2.8b). 전압 기울기 또는 전기장이 균일하지 않고, 그 지점 근처에서 가장 강하다.

복사기는 이 불균일한 영역을 잘 활용한다. 이 제품의 미세 고압 도선은 훨씬 더 큰 금속 덮개로 둘러싸여 있다. 도선이 아주 얇아서 그 영향이 표면에서 털끝만큼 떨어져도 사라지고 접지된 덮개가 도선까지의 거의 모든 영역에서 전압을 주도한다. 도선은 음의 전압이 겨우 −3000 V이고 덮개에서 약 1 cm 떨어져 있지만 이 도선 바로 외부에서 전압이 매우 빠르게 변하기 때문에 전기장이 쉽게 30,000 V/cm를 초과하여 공기가 절연 파괴된다.

도선 근처에서 형성되는 방전은 자체 조절되는 특수 방전인 코로나 방전이다(그림 10.2.9). 대부분의 방전은 생산되는 자유 전하량을 제어할 수 없지만 코로나 방전은 자동으로 안정적인 생산을 유지한다. 자유 전하는 얇은 도체 근처의 강한 전기장에서만 형성되기 때문에, 그 생성 속도는 그 도체의 유효 두께의 변화에 매우 민감하다. 도체 근처의 공기 중에 너무 많은 자유 전하가 있는 경우에 전기를 효율적으로 전도할 수 있는 능력이 도체를 두껍게 만들고, 전기장을 약화시키고, 자유 전하의 생산을 늦추게 된다. 이 방전은 그 자신의 실수를 바로잡는다.

이러한 안정화 효과로 인해 코로나 방전에서 공기는 일정한 전기 전도도를 유지하므로 복사기의 광전도체를 대전시키는 데 이상적이다. 그러나 코로나 방전은 복사기가 생기기 오래 전에도 흔했다. 이들은 종종 고압의 날카로운 끝이나 미세 도선 근처에서 자연적으로 발생하여 송전선로의 누출로 이어지게 되며 때로는 St. Elmo의 불이라 불리는 섬광이 돛대에서 발생한다(**4** 참조).

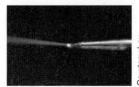

그림 10.2.9 이 날카로운 고압 바늘 근처의 전기장은 너무 강해서 공기를 절연 파괴하여 코로나 방전을 형성한다. 그 결과로 나오는 광선은 방전으로부터 에너지를 받는 공기 입자에 의해 생성된다.

> **▶ 개념 이해도 점검 #4: 안전핀**
>
> **▌** 금속 손잡이나 벽에 다가설 때 날카로운 바늘을 내밀면 정전기의 충격을 피할 수 있다. 이 바늘은 정전기로부터 인체를 어떻게 보호하는가?
>
> **▌** 해답 바늘은 코로나 방전을 통해 공기 중으로 전하를 방출한다.
>
> **▌** 왜? 바늘은 개인 피뢰침 역할을 한다. 사람이 알짜 전하를 지니고 있으면 그 일부가 바늘에 들어가게 된다. 바늘 끝 근처의 강한 전기장은 코로나 방전을 시작하고 누적된 많은 양의 전기가 그것을 통해 빠져 나간다. 이 방전은 인체의 알짜 전하와 그에 따른 충격의 크기를 제한한다.

복사 준비: 유도 충전

코로나 방전은 공기를 도체로 바꾸는 것 이상의 역할을 한다. 그것은 또한 전하를 외부로 분사한다. 코로나 도선을 감싸는 전기장이 그 전하들을 바깥쪽으로 밀어낸다. 복사기의 코로나 도선은 음의 전압을 가지므로 주위의 전기장은 그 도선을 향한다. 음전하는 전기장의 반대 방향으로 가속되기 때문에 복사기의 코로나는 음전하를 분사한다. 음전하는 코로나를 지나서 계속 움직이므로 광전도체 표면에 뿌려져서 광전도체에는 음전하가 균일하게 도포된다.

각각의 음전하가 안착하면 광전도체 아래의 접지된 금속 표면에 있는 양전하를 끌어당기는데, 반대 전하 사이의 인력 때문에 그 두 전하들은 제자리를 유지한다. 광전도체의 노출된 표면이 균일한 음전하를 얻는 동안, 아래의 금속 층은 동일한 양전하를 얻는다(그림 10.2.3a). 접지된 도체가 근처의 반대 전하의 끌어당김을 통해 전하를 얻는 이 과정을 "유도 충전"이라고 한다.

광전도체의 금속면에 유도된 양전하는 여러 가지 이유로 건식 인쇄 공정에 중요하다. 첫째, 음전하의 정전기 위치에너지를 낮추어 표면에서 음의 전압이 그렇게 크지 않게 한다. 둘째, 인접한 양전하 층이 없다면 유사한 전하들 사이의 반발력 때문에 노출된 표면의 음전하가 광전도체의 모서리를 향해 밀려가서 이미지를 왜곡시키는 경향이 발생한다.

그러나 대부분의 경우 양전하 층은 광전도체가 빛에 노출되었을 때 음전하 층이 어딘가로 사라지게 한다! 원본 문서에서 나온 빛이 광전도체 일부를 도체로 바꿀 때마다 음극 및 양극 전하 층이 함께 돌진하여 상쇄된다. 결과적으로 광전도체의 대전되지 않은 부분은 토너를 끌어당기지 않고 복사본에 흰색 영역을 생성한다.

4 대중적인 믿음과는 달리 피뢰침은 단순히 벼락을 끌어들여 주변의 지붕을 보호하는 것이 아니다. 대신에 피뢰침은 국지적으로 축적된 전하를 줄이는 코로나 방전을 일으킨다. 국소적인 전하를 중화함으로써 번개 막대는 번개가 집에 부딪힐 가능성을 줄인다. 정전기 방출이라고 불리는 유사한 장치를 비행기 날개 끝 부분에 쓰고 있는데, 이는 벼락으로부터 비행기를 보호한다.

일주하여 원점으로 돌아오면, 이제 어떻게 복사기가 목표를 달성하는지 알 수 있다. 이 장치는 코로나 방전을 사용하여 광전도 표면을 음전하로 도포한 다음 원본 문서에서 나온 빛으로 그 전하 층의 일부를 선택적으로 제거한다. 광전도체에 남아있는 대전된 부분은 양으로 대전된 검정 토너를 끌어들여 종이에 영구히 전사된다.

일부 복사기는 기술적인 이유로 광전도체를 음전하가 아닌 양전하로 미리 도포한 다음 그 전하를 사용하여 음전하를 띤 토너를 끌어당긴다. 이 복사기는 미세 도선에 높은 양의 전압을 가하므로 코로나는 양전하를 분사한다.

> ### 🔵 개념 이해도 점검 #5: 뜨거운 피뢰침
>
> 건물 꼭대기에 있는 피뢰침은 두꺼운 도선으로 땅에 연결되어 통상 피뢰침이 전기적으로 중성임을 보장한다. 그러나 음으로 대전된 구름이 상공에 흐르면, 피뢰침은 어떤 전하를 얻는가?
>
> 〉해답 피로침은 양으로 대전된다.
>
> 〉왜? 피뢰침은 유도에 의해 대전된다. 구름의 음전하가 도선을 따라 막대로 양전하를 끌어당긴다. 피뢰침의 날카로운 끝은 코로나 방전을 시작하여 구름 쪽으로 양전하를 분사하고 점차적으로 구름의 전하를 감소시킨다. 그런 식으로 피뢰침은 벼락을 억제하는 역할을 한다.

축전기

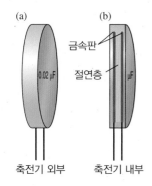

그림 10.2.10 (a) 축전기는 보통 돌출된 도선이 있는 두 개의 판이나 실린더이다. 전기 용량은 그 표면에 인쇄되어 있다. (b) 내부에서, 도선은 얇은 절연 층으로 분리된 두 개의 전도 판에 연결된다. (c) 전기 장치 개략도에서 평행한 두 선으로 축전기를 나타낸다.

어두운 곳에서 복사기의 광전도체 장치는 분리된 양전하 및 음전하를 저장하는 장치인 축전기의 한 예이다. 축전기는 현대 기술에서 흔하며 대부분은 얇은 절연 층으로 분리되어 있고 반대 전하를 띤 두 개의 표면으로 구성된다. 전하를 추가하거나 제거하기 쉽도록 하기 위해 그 표면은 일반적으로 금속이나 다른 전기 전도체로 만들어진다(그림 10.2.10). 그러나 복사기의 축전기에는 절연 광전도체 층에 금속 표면이 하나만 있고, 다른 표면은 노출되어 있고 비전도성이다(그림 10.2.3a). 복사기는 코로나 방전을 사용하여 노출된 표면에 전하를 놓고 빛을 사용하여 전하를 제거한다.

일반 축전기의 두 도체 표면을 종종 **극판**(plate)이라고 부른다. 한 극판이 양으로 대전되고 다른 극판은 음으로 대전될 때, 이들 극판의 반대 전하 사이의 인력으로 각 극판의 동일한 전하 사이의 반발을 상쇄시킨다. 따라서 극판은 대량의 분리된 전하를 저장하는 한편 전체 축전기는 전기적으로 중성으로 남게 된다.

음극판에서 양극판으로 (양의) 전하를 전달하여 축전기의 극판을 '충전'할 수 있다. 이동시키는 각 전하는 반대 방향으로 정전기력을 겪기 때문에 음극판에서 양극판으로 전하를 밀어 넣을 때 일을 해야 한다. 해준 일은 정전기 위치에너지로 축전기에 저장되며, 분리된 전하가 다시 합쳐질 때 저장된 에너지가 방출된다. (양의) 전하는 음극판보다 양극판에서 정전기 에너지가 더 크기 때문에 양극판의 전압은 음극판의 전압보다 높다. 극판 사이의 전압 차는 분리된 전하에 비례한다. 축전기에 분리된 전하가 더 많을수록 전압 차가 커진다.

이 전압 차는 또한 축전기의 물리적 구조에 의존한다. 각 극판의 표면적을 증가시키면 유사한 전하의 반발이 감소한다. 극판 사이의 절연 층을 얇게 하면 반대 전하의 인력이 증가한다. 두 가지 변화 모두 분리된 전하의 정전기 위치에너지를 낮추고 결과적으로 극판 사이의 전압 차를 낮춘다. 극판이 크고 가까울수록 분리된 전하를 저장하는 데 필요한 에너지가 적어진다.

분리된 전하의 저장을 더 쉽게 만드는 축전기의 변화는 축전기의 **전기 용량**(capacitance)을 증가시킨다. 전기 용량은 축전기가 가지고 있는 분리된 전하의 양을 극판 사이의 전압 차로 나눈 값이다. 전기 용량의 SI 단위는 볼트 당 쿨롬이며, **패럿**(farad, 줄여서 F)이라고도 불린다. 전기 용량이 1패럿인 축전기는 낮은 전압 차이에서도 엄청난 양의 분리된 전하를 저장하지만 전기 용량이 10억분의 1패럿인 축전기가 훨씬 더 일반적이다. 축전기의 전기 용량은 포장에 대개 간략한 형태로 표시된다. F 앞에 나타나는 그리스 문자 μ는 백만분의 1패럿(μF 또는 마이크로패럿)를 의미하고, F 앞에 나타나는 문자 n은 10억분의 1패럿(nF 또는 나노패럿)을 의미하며, F 앞에 나타나는 문자 p는 1조분의 1패럿(pF 또는 피코패럿)을 의미한다.

⏩ 개념 이해도 점검 #6: 전하 재활용

오래된 컴퓨터 부품을 재활용할 때 축전기를 우연히 찾아내고서 분리된 전하가 있는지 궁금해 한다. 어떻게 알 수 있나?

▷ **해답** 분리된 전하가 있으면 두 극판 사이에 전압 차가 있을 것이다.

▷ **왜?** 축전기에 분리된 전하가 없는 경우 두 개의 극판은 동일한 전압을 갖게 된다. 즉, 두 극판의 전하 당 에너지는 동일하다. 그러나 극판 덮개가 분리된 전하를 저장하는 경우에 그들의 전압은 다를 것이다. 여분의 양전하를 포함하는 극판은 전하 당 더 많은 에너지를 가지므로 여분의 음전하를 포함하는 극판보다 더 큰 전압을 갖는다.

10.3 손전등

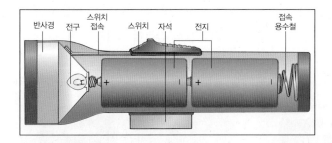

전형적인 손전등은 복잡하지 않다. 손전등을 열어 전지를 교체할 때 몇 가지 부품을 볼 수 있다. 손전등은 기계적 장치가 아니라 전기 장치이다. 여기에는 전기 회로가 포함되어 있으며 대부분의 구성 요소는 전기 흐름에 관여된다. 손전등의 작동 원리를 이해하려면 전기 회로가 어떻게 작동하는지, 전기가 어떻게 전지에서 전구 또는 LED로 전력을 전달하는지 이해해야 한다. 손전등은 겉보기처럼 간단하지 않다.

생각해 보기: 왜 어떤 손전등은 다른 것보다 밝은가? 모든 전지가 같은 방향을 가리키는 것이 중요한 이유는 무엇인가? 오래된 전지와 새로운 전지의 차이점은 무엇인가? 손전등을 흔들어 대면 갑자기 어둑해지거나 밝아지는 것은 무엇 때문인가?

실험해 보기: 두 개 이상의 이동식 전지를 사용하는 손전등을 찾아보자. 전원을 켜보자. 손전등이 빛을 내도록 스위치가 한 일은 무엇인가? 손전등을 켠 상태에서 천천히 전지 통을 열어보자. 빛이 아마도 어두워질 것이다. 전지 통을 열고 닫아서 손전등을 켜고 끌 수 있어야 한다. 왜 이 방법이 효과가 있는가?

손전등의 전지를 이전 전지 또는 최신 전지로 교체하고 밝기를 비교하자. 하나 이상의 전지를 뒤쪽으로 돌려보고 손전등이 어떤 영향을 받는지 확인해 보자. 두 개의 전지 사이에 종이 또는 테이프를 넣으면 어떻게 되는가? 전지를 손전등에 넣기 전에 연필 지우개로 각 전지의 금속 표면을 조심스럽게 닦으면 어떻게 되는가? 손전등이 전구 또는 LED를 사용하는지 여부가 중요한가?

전기 및 손전등의 전기 회로

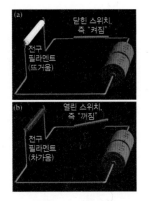

그림 10.3.1 손전등에는 하나 이상의 전지, 전구, 스위치 및 이들을 모두 연결하는 여러 금속 띠가 들어 있다. 스위치가 켜지면(그림에 있듯이), 손전등의 구성 요소는 전도성 물질의 연속적인 고리를 형성한다. 전자들은 이 고리를 따라서 반시계 방향으로 흐른다.

기본적이고 고전적인 손전등에는 전지, 전구, 스위치가 금속 띠로 연결된 세 가지 구성 요소만 있다. 스위치가 켜지면 띠는 전지에서 전구로 에너지를 전달한다. 에너지는 띠를 통해 어떻게 이동하며, 스위치가 에너지 이동을 시작하거나 중지하는 이유는 무엇인가? 이러한 질문에 답하기 위해서는 먼저 전기와 전기 회로에 대해 이해해야 한다. 그래서 여기에서 시작하겠다.

손전등을 켜면 전기가 전지에서 전구로 에너지를 전달한다. 전하의 흐름인 **전류**(electric current)는 이들 구성 요소를 통해 흐르면서 에너지를 운반한다. 이 전류의 정확한 특성을 곧 검토할 것이지만, 여기서는 전류는 전지를 통과하고 전구를 통과해서 다시 이동을 위해 전지로 돌아오는 순환 경로를 따르는 조그만 양의 전하 흐름으로 간주할 수 있다(그림 10.3.1). 손전등이 켜져 있는 한, 이 고리를 따라 전하가 흐르면서 전지로부터 에너지를 받아 전구에 반복해서 전달한다. 이동 중에 전하는 에너지를 대부분 정전기 위치에너지로 운반한다.

손전등에서 전하가 택하는 고리로 만들어진 경로를 **전기 회로**(electric circuit)라고 한다. 회로에는 시작이나 끝이 없기 때문에 하나의 장소에 전하가 누적될 수 없다. 왜냐하면 서로의 반발로 인해 결국에는 이들이 멈추게 되기 때문이다. 회로는 거의 모든 전기 장치에 들어 있으며, 가전제품의 전원 코드에 적어도 두 개의 도선이 필요한 이유를 설명한다. 하나의 도선은 기기에 에너지를 전달하기 위해 전하를 운반하고, 다른 도선은 에너지를 더 받을 수 있도록 해당 전하를 전력회사로 도로 운반한다.

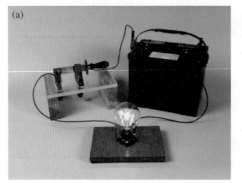

그림 10.3.2 (a) 손전등의 스위치가 켜지면 스위치가 회로를 닫아서 전류가 전지로부터 계속 흘러서 전구의 필라멘트를 통과하고 전지로 되돌아간다. 전류는 이 회로를 계속 반복해서 돈다. (b) 손전등의 스위치가 꺼지면 회로가 열리므로 전류가 흐르지 않는다.

그러면 스위치가 이 모든 면에서 어떤 역할을 하는가? 스위치는 전지와 전구 사이의 한 경로의 일부로서 손전등의 회로를 만들거나 끊을 수 있다(그림 10.3.2). 손전등이 켜지면 스위치가 고리를 완성하여 전하가 **닫힌 회로**(closed circuit)를 따라서 계속 흐를 수 있다(그림 10.3.2a). 실제 닫힌 회로를 그림 10.3.3a에 보였다.

그러나 손전등을 끄면 스위치가 고리를 차단하여 **열린 회로**(open circuit)를 형성한다(그림 10.3.2b). 하나의 전도 경로가 여전히 전지와 전구를 연결하지만, 고리에는 이제 간격이 있어서 더 이상 연속적인 전류를 전달할 수 없다. 대신 간격에 전하가 축적되고 전류

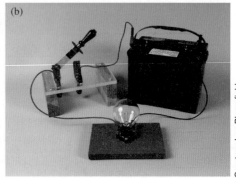

그림 10.3.3 스위치가 켜지면(a), 닫힌 회로를 따라 전류가 흐르고 전지에서 전구로 전원이 공급된다. 스위치가 꺼지면(b), 열린 회로를 통해 전류가 흐르지 않는다.

는 손전등을 통해서 흐르지 않는다. 에너지가 더 이상 전구에 도달할 수 없기 때문에 전구가 어두워진다. 실제 열린 회로를 그림 10.3.3b에 보였다.

언급할 가치가 있는 또 다른 유형의 회로가 있다. 건전지를 전구에 연결하는 두 개의 분리된 경로가 실수로 서로 닿으면 합선 회로가 형성된다(그림 10.3.4). 이런 의도하지 않은 접촉은 전하가 흐를 수 있는 새로운 짧은 고리를 만든다. 전하로부터 에너지를 추출할 것으로 기대되는 전구는 전하의 흐름을 방해하여 정전기 위치에너지를 열에너지와 빛으로 변환하도록 설계되어 있다. 전기 흐름에 대한 이러한 저항을 **전기 저항**(electric resistance)이라고 한다. 합선 고리는 저항을 거의 제공하지 않기 때문에 대부분의 전하는 전구를 우회하여 이를 통해 흐르고, 전구가 희미해지거나 완전히 꺼진다.

그림 10.3.4 원치 않는 전도 경로로 인해 전류가 손전등의 필라멘트를 우회하면 합선 회로가 형성된다. 전자가 에너지를 내보내는 적절한 장소가 없기 때문에 합선 회로가 뜨거워진다.

손전등에서 전구가 전기 에너지를 소비하도록 설계된 유일한 부분이기 때문에, 합선 회로는 정전기 위치에너지를 제거할 수 있는 안전한 장소가 없는 상태로 전하를 방치한다. 전하들은 에너지를 전지와 금속 경로에 위험할 정도로 축적하여 뜨겁게 만든다. 합선 회로가 화재를 일으킬 수 있으므로 손전등 및 기타 전기 장비는 이를 방지하도록 설계되어 있다.

현대의 많은 손전등은 구형 전구 대신 하나 이상의 발광 다이오드(light-emitting diode, LED)를 사용한다. 그러나 LED는 전구보다 복잡하며 한 번에 여러 개의 LED를 조작하면 손전등의 전기 회로가 복잡해진다. 설명을 간단하게 하기 위해, 손전등에서 하나의 전구로 시작하여 나중에는 하나 이상의 LED로 대체할 것이다.

> **▶ 개념 이해도 점검 #1: 전원 차단**
>
> 자동차 납축전지에서 도선 중 하나만 제거하면 차량이 전혀 시동되지 않는다. 아직 연결되어 있는 도선이 에너지를 공급하지 않는 이유는 무엇인가?
>
> 해답 축전지에서 단 하나라도 도선을 제거하면 회로가 손상되고 자동차의 전기계에 전류가 지속적으로 흐르지 못하게 한다.
>
> 왜? 축전지뿐만 아니라 자동차의 나머지 부분도 개별적으로 전하를 무한정 축적할 수 없다. 축전지에서 자동차로 전하를 운반하는 도선과 자동차에서 축전지로 전하를 되돌려주는 두 번째 도선이 없으면 전하가 쌓이고 결국 이동을 멈추게 된다.

손전등의 전류

손전등의 회로를 통해 흐르는 조그만 대전 입자 각각은 단 하나의 기본 전하량과 아주 작은 양의 정전기 위치에너지를 운반한다. 그러나 이 전하는 놀라운 개수로 흐르기 때문에 초 당 에너지양을 상당량 전달한다. 이 양은 우리가 전력(2.2절 참조)으로 알고 있는 양으로, 측정 단위는 와트(watt, 줄여서 W)이다. 전구는 필라멘트가 계속 빛날 수 있도록 일정량의 전력을 필요로 하며, 매초마다 전구를 통과하는 기본 전하의 수에 각각의 에너지양을 곱하여 전구에 도달하는 전력량을 결정할 수 있다.

하지만 숫자를 세기에는 기본 전하가 너무 많다. 회로의 전류, 즉 단위 시간 당 회로의 특정 지점을 통과하는 전하량을 측정하는 것이 훨씬 좋다. 전류의 SI 단위는 초 당 쿨롬이며, 일반적으로 **암페어**(ampere, 줄여서 A)로 불린다. 1암페어는 매초 지정된 지점을 지나가는 1 C의 전하량에 해당한다. 1 C은 대략 6.25×10^{18}, 즉 6,250,000,000,000,000,000개의 기본 전하이므로, 1 A 전류조차도 엄청난 양의 기본 전하의 흐름이 수반된다.

전하를 세는 대신에 전류를 사용하면, 그 전류에 쿨롬 당 정전기 에너지, 즉 우리가 전압으로 이미 알고 있는 양을 곱함으로써 전구에 도달하는 전력량을 결정할 수 있다. 예를 들어, 3 V(3 J/C)의 전압에서 2 A(2 C/s)의 전류는 전구에 6 W의 전력(6 J/s)을 가져온다. 더 밝은 손전등은 더 큰 전류, 더 큰 전압, 또는 둘 다와 관련된다.

전류에는 양의 전하 흐름의 경로를 가리키는 방향이 있다. 그림 10.3.1에서, 손전등을 켜면 전하는 회로를 시계 방향으로 흘러서 전지 회로의 양극 단자로부터 시작하여 전구 필라멘트를 통과하고, 스위치를 통과하고, 전지 회로의 음극 단자로 들어간다. 그러나 이제는 어색한 문제를 다루어야 할 때이다. 이 회로를 따라 시계 방향으로 흐르는 양의 전하는 허구이다. 실제로 전류는 반대 방향으로 이동하는 음으로 대전된 전자에 의해 운반된다!

앞서 언급했듯이, 이 문제는 어느 전하가 양이고 어느 전하가 음인지 결정한 Franklin의 불행한 선택까지 거슬러 올라간다. 과학자들이 전자를 발견하고 음으로 대전된 이 입자가 도선의 전류를 운반한다는 것을 깨달았을 때, 전류는 이미 양전하 흐름의 방향을 가리키는 것으로 정의되었다. 전류와 전자 흐름을 같은 방향으로 만들기에는 너무 늦었기 때문에 과학자와 공학자들은 전류가 전류의 방향으로 이동하는 허구의 양전하에 의해 운반되는 것처럼 간단히 가장한다.

이 간단한 예제에서 볼 수 있듯이 이 허구는 실제로 아주 잘 작동한다. 음으로 대전된 전자가 중성인 도선을 통해 오른쪽으로 흐르면 도선의 오른쪽 끝이 음으로 대전되고 왼쪽 끝이 양으로 대전된다(그림 10.3.5a). 그러나 만약 양으로 대전된 허구의 전하로 된 전류가 똑같은 도선을 통하여 왼쪽으로 흐른다면 똑같은 일이 일어날 것이다(그림 10.3.5b). 정교한 장비가 없다면, 음전하가 오른쪽으로 흐르는지 양전하가 왼쪽으로 흐르는지 말할 수 없다. 왜냐하면 최종 결과를 본질적으로 구별할 수 없기 때문이다.

우리 역시 이 허구를 채택하고 전류가 양으로 대전된 입자의 흐름인 것처럼 가장한다. 이 장과 이어지는 장에서 전자에 대해 생각하는 것을 멈추고 전기가 전류의 방향으로 움직이는 양전하에 의해 운반된다고 상상할 것이다. 전자 자체가 중요해지는 몇 가지 특별한 경우가 있지만, 그러한 상황이 발생할 때는 별도로 고려할 것이다.

(a)

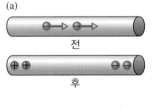

(b)

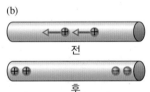

그림 10.3.5 도선을 통해 오른쪽으로 흐르는 음전하를 띤 입자의 전류 (a)는 왼쪽으로 흐르는 양전하를 띤 입자의 전류(b)와 쉽게 구별되지 않는다. 두 과정의 최종 결과는 도선의 왼쪽 끝에 양전하가 축적되고 오른쪽 끝에 음전하가 축적된다.

▶ 개념 이해도 점검 #2: 금속을 만지지 마라

고무창을 댄 구두를 신고 양모 카펫을 걸으면 음전하로 뒤덮인다. 금속 조각 가까이에 손을 가져가면 음전하가 스파크로 공기를 건너뛰어 금속에 도달할 것이다. 이 스파크에서 전류는 어느 쪽으로 흐르는가?

해답 전류는 금속에서 손으로 흐른다.

왜? 전류는 양의 전하의 흐름으로 정의되기 때문에 음의 전하의 흐름 방향과 반대 방향을 가리킨다. 따라서 전류는 금속에서 손을 향해 흐른다. 회로가 없기 때문에 이러한 전하는 짧게만 이동한다. 전하가 지속적으로 이동하려면 전하를 재활용해야 하고 회로가 필수적이다.

전지

전지는 기본적으로 휴대 가능한 전력원이지만 여기에는 생각해 볼만한 두 가지 흥미로운 방법이 있다. 첫 번째는 다소 추상적이다. 전지는 일종의 펌프이다. 물 펌프가 낮은 고도에서 높은 고도로 물을 퍼올리거나 저압에서 고압으로 물을 퍼올리는 것과 마찬가지로, 전지는 저전압에서 고전압으로 전하를 퍼올린다. 다시 한 번 전압 ↔ 고도 및 전압 ↔ 압력 비유가 도움이 된다. 각 펌프는 흐름의 자연스러운 방향에 대항하여 무언가를 움직이며, 앞으로 밀어내고 그 과정에서 그것에 일을 한다. 전지는 전압 기울기에서 전하를 밀어 올려서 전하의 정전기 위치에너지를 증가시킨다. 물 펌프는 고도 기울기에서 물을 밀어 올려 물의 중력 위치에너지를 증가시키거나 압력 기울기에서 물을 밀어 올려 물의 압력 위치에너지를 증가시킨다.

전지에 대한 두 번째 관점은 보다 기계적이다. 전지는 화학적으로 구동되는 기계이다. 그것은 화학적 힘을 사용하여 음극 단자에서 양극 단자로 전하를 전달한다. 양의 전하가 전지의 양극 단자에 축적됨에 따라 그 단자의 전압이 상승하고, 음전하가 전지의 음극 단자에 누적되면서 그 단자의 전압이 떨어진다. 전지가 저전압에서 고전압으로 전하를 이동시키므로, 이렇게 분리된 전하에서 화학 위치에너지가 정전기 위치에너지로 변환된다.

전지의 정격 전압은 화학적 성질을 나타내는데, 특히 각 전하 이동에 사용할 수 있는 화학 위치에너지의 양을 구체적으로 나타낸다. 단자 사이의 전압 차가 증가하면 각 전하 전달에 필요한 에너지도 증가한다. 결국 화학물질은 음극 단자에서 전하를 끌어당겨 양극 단자에 밀어넣는 일을 충분히 할 수 없으므로 전달이 중단된다. 그러면 전지는 평형 상태에 있게 된다. 다음 전하 이동을 반대하는 정전기력은 이를 촉진하는 화학적 힘과 균형을 정확하게 맞추고 있다. 전형적인 알칼리 전지는 양극 단자의 전압이 음극 단자의 전압보다 1.5 V 높을 때 이 평형에 도달한다. 리튬 전지는 보다 정교한 화학 작용으로 3 V 이상의 전압 차이를 얻을 수 있다.

손전등을 켜면 전지의 양극 단자에서 음극 단자를 향해 전하가 흐를 수 있게 되어서 평형 상태가 뒤집어진다. 단자에 분리된 전하가 줄어들면 전지의 전압 차이가 약간 줄어들고 전하를 다시 퍼올린다. 이 새로운 전하 전달로 단자의 분리된 전하를 보충하고 전지 전압의 추가 감소를 억제한다. 이러한 방식으로 1.5 V 알칼리 전지는 손전등이 켜져 있든 꺼져 있든 관계없이 단자 사이에 거의 안정한 1.5 V의 전압 차를 유지한다.

그 알칼리 전지는 음극 단자의 분말 아연이 양극 단자의 이산화망간 전해질과 반응하는 전기 화학 반응에 의해 구동된다. 이 반응은 제어된 연소와 유사하다. 실제로, 전지는 음극 단자에서 양극 단자로 전하를 퍼올리는 데 필요한 에너지를 얻기 위해 아연을 "태운다." 그러나 전지가 화학 위치에너지를 소비함에 따라 전하를 퍼올리는 능력이 감소한다. 화학 물질이 거의 고갈되면 전지의 무질서가 증가하여 전압이 낮아진다. 노화된 전지는 새로운 것보다 적은 양의 전류를 퍼올릴 수 있으며, 더 적은 전압으로 그 전류를 공급한다. 궁극적으로, 더 적은 전력이 손전등의 전구에 도달하고 전구는 희미해진다.

대부분의 손전등은 하나 이상의 전지를 사용한다. 2개의 알칼리 전지가 연달아 함께 연

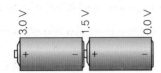

그림 10.3.6 1.5 V 전지 두 개가 하나로 연결될 때, 외부 양극 단자가 외부 음극 단자보다 3.0 V 높은 전압이 되도록 전압이 더해진다. 외부 음극 단자가 0 V이면 외부 양극 단자는 3.0 V이다.

그림 10.3.7 9 V 전지에는 실제로 하나로 연결된 여섯 개의 1.5 V 전지가 들어 있다. 전지의 외부 음극 단자에서 연결된 전지로 들어가는 양전하는 전지의 외부 양극 단자에 도달하기까지 여섯 개의 모든 전지를 통과한다.

그림 10.3.8 연결된 세 개의 전지 중 한 전지가 뒤집어지면, 뒤집어진 전지의 전압은 다른 전지의 전압의 합에서 차감된다. 외부 양극 단자는 외부 음극 단자보다 전압이 1.5 V 높다. 뒤집어진 전지가 충전된다.

결되어서 한 전지의 양극 단자가 다른 전지의 음극 단자에 닿으면 두 전지가 함께 작동하여 외부 음극 단자에서 외부 양극 단자로 전하를 퍼올린다(그림 10.3.6). 각 전지는 양극 단자가 음극 단자보다 1.5 V 높아질 때까지 전하를 퍼올리므로 외부 양극 단자는 외부 음극 단자보다 3.0 V 높다. 전하가 손전등의 회로를 결코 떠나지 않으므로 회로에서 상대 전압만 중요하다. 손전등의 절대 전압을 무시하고 전지 외부 음극 단자의 전압을 0 V로 정의하는 것이 편리하다(그림 10.3.6). 이렇게 선택하면 외부 양극 단자의 전압은 3.0 V가 된다.

손전등 회로에 전지가 많을수록 전하가 전체적으로 더 많은 에너지를 받고 더 많은 전압이 회로의 음극 단자에서 양극 단자로 증가한다. 여섯 개의 알칼리 전지를 사용하는 손전등에서 양극 단자는 음극 단자보다 9 V 높다. 전형적인 9 V 전지는 실제로 전압이 9 V가 되도록 배열된 여섯 개의 소형 1.5 V 전지 연결로 되어 있다(그림 10.3.7).

연결된 전지 중 하나를 뒤집으면, 뒤집어진 전지는 통과한 모든 전하로부터 에너지를 추출한다(그림 10.3.8). 연결된 전지는 여전히 음극 단자에서 양극 단자로 전하를 퍼올릴 수 있지만 전지의 전체 전압에 1.5 V를 더하는 대신 뒤집어진 전지가 그 양을 빼기 때문에 전체 전압이 감소한다. 세 개의 전지가 연결된 경우 두 개는 전하에 에너지를 추가하고 세 번째 전지는 이를 빼서 회로의 전체 전압은 1.5 V에 불과하다.

뒤집어진 전지가 통과하는 전하로부터 에너지를 추출하면 추출된 에너지 중 적어도 일부가 화학 위치에너지로 변환된다. 뒤집어진 전지가 재충전 중인 것이다! 전지 충전기는 이 구상을 따라서 전지를 통하여 전류를 양극 단자에서 음극 단자로 역방향으로 밀어넣어서 재충전식 전지의 화학 위치에너지를 복원한다. 그러나 정상적인 알칼리 전지는 "비재충전식"이다. 즉, 알칼리 전지는 재충전 전류의 에너지 대부분을 화학 위치에너지가 아닌 열에너지로 변환시킨다. 비재충전식 전지는 재충전 중에 과열되어 폭발할 수 있다.

> ### 개념 이해도 점검 #3: 자동차 축전지
>
> 자동차 납축전지는 음극 단자와 양극 단자 사이에 12 V를 제공한다. 자동차 축전지에는 실제로 하나로 연결된 여섯 개의 개별 축전지가 들어 있다. 개별 축전지가 제공하는 전압은 얼마인가?
>
> 해답 각 개별 축전지는 2 V를 제공한다.
>
> 왜? 개별 축전지의 전압이 추가되므로 12 V를 생성하려면 2 V 축전지 여섯 개가 필요하다. 축전지 중 하나가 약해지거나, 손상되거나, 유체가 손실되거나, 화학 위치에너지가 소모되면 전체 축전지의 전압이 12 V 아래로 떨어진다. 납축전지를 통해 전류를 반대 방향으로 밀면 축전지가 재충전된다.

전구 금속 띠

전지는 전압 기울기에서 전하를 밀어**올려** 정전기 위치에너지를 주는 반면에 전구는 또 다른 전압 기울기에서 전하를 **아래로** 미끄러지게 해 정전기 위치에너지를 방출한다. 이 두 장치는 완벽한 쌍을 이룬다. 전지가 전력을 공급하고 전구가 그것을 소비한다. 전구는 텅스텐 필라멘트를 매우 뜨겁게 가열하여 황백색으로 빛나게 한다. 그러나 전기가 어떻게 필라멘트를 가열하는가?

알칼리 전지 두 개가 든 손전등을 고려하자(그림 10.3.9a). 전구의 필라멘트는 가는 선이며 그 두 끝은 하나로 연결된 전지의 외부 단자에 전기적으로 연결되어 있다. 한쪽 끝은 3.0 V이고 다른 쪽 끝이 0.0 V일 때, 필라멘트에는 전압 기울기가 있으므로 전기장도 있다. 어떻게 그것이 가능한가? 복사기에 대해 논할 때 도체는 전체적으로 균일한 전압을 가진다는 것을 관찰했다. 필라멘트가 그 규칙을 어기는 것이 아닌가?

아니, 그렇지 않다. 도체의 전하가 **평형** 상태일 때 도체가 균일한 전압을 가지지만 전구의 전하는 손전등이 꺼져있을 때만 평형을 이룬다. 손전등을 켜면 필라멘트의 두 끝 사이에 3.0 V의 차이가 생기고 필라멘트의 전하는 전압 기울기를 따라 0.0 V인 끝을 향해 가속하여 내려가기 시작한다.

전압 ↔ 고도 비유에서, 마치 갑자기 평지를 기울여 언덕을 만들고, 평지에 정지해 있었던 물이 내리막길로 가속되고 있는 것과 같다. 그러나 현재 고려 중인 개별 전하에 대한 비유로 더 좋은 것은 자전거를 탄 사람이다. 수백 명의 사람이 평지에서 자전거를 타고 있는데 갑자기 평지가 아래로 기울어져 경사면이 된다고 상상해 보라. 평지에서 평형 상태에 있던 모든 자전거 운전자가 내리막길에서 가속된다.

필라멘트가 완벽한 전도체라면, 각 전하는 전압 기울기에서 꾸준히 가속해 내려가서 정전기 위치에너지를 운동에너지로 변환한다. 그러나 필라멘트는 전기 저항이 크므로 전류의

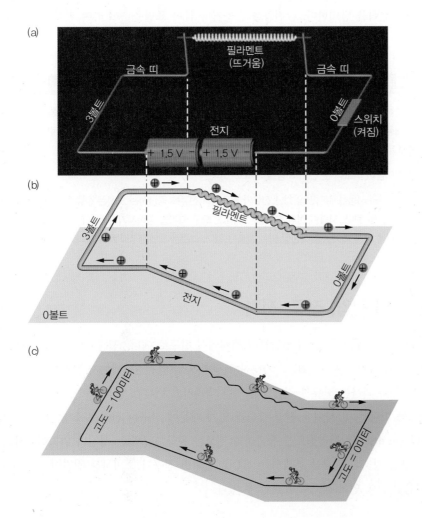

그림 10.3.9 (a) 손전등 회로의 전류는 전지에서 필라멘트로 전력을 전달한다. (b) 전압은 전지에서 상승하고 필라멘트에서 감소한다. 필라멘트의 전압 강하로 생긴 전기장은 전하가 필라멘트에서의 많은 충돌에도 불구하고 일정 속도로 계속 움직이게 한다. (c) 이런 반응은 자전거를 탄 사람이 부드러운 언덕에서 페달을 밟아 올라간 다음에 일정한 속도로 거친 언덕을 굴러 내려가는 것과 비슷하다.

흐름을 상당히 방해할 수 있다. 필라멘트의 한쪽 끝에서 다른쪽 끝까지 부드럽게 가속되는 대신, 각 전하가 전압 기울기를 따라 내려가면서 필라멘트의 텅스텐 원자와 자주 충돌하고 그때마다 운동에너지를 내준다(그림 10.3.9b). 전하의 정전기 위치에너지로 시작되었던 것은 텅스텐 원자의 열에너지가 되고, 필라멘트는 밝게 빛난다. 전압 ↔ 고도 비유를 다시 한 번 사용하자면, 바위와 나무가 흩어져있는 거친 언덕을 자전거를 타고 내려가는 사람을 상상해 보라(그림 10.3.9c). 그들은 속력 대신에 멍이 든다.

손전등의 전지와 전구를 연결하는 금속 띠는 어떨까? 이 띠는 우수한 도체이지만 모든 일반 전기 도선과 마찬가지로 완전하지는 않다. 각 띠에는 작은 전기 저항이 있기 때문에 관성만으로는 전하가 계속 흐를 수 없다. 대신, 전하를 계속 움직여 주는 작은 전압 기울기가 필요하며 전하는 들어간 곳보다 약간 낮은 전압으로 띠에서 나온다. 사라진 에너지는 열에너지가 되어 금속 띠를 약간 가열한다. 일반적으로 전구에 들어가고 나오는 전류를 운반하는 띠의 전기 저항이 적을수록 경로에서 낭비되는 전력이 적어지고 전구에 더 많은 전력이 도달한다. 그래서 두꺼운 금속 띠, 또는 심지어 손전등의 금속 통을 연결에 사용하는 것이 중요하다.

회로의 어느 곳에서든지 연결이 좋지 않으면 효율적인 전력 전달을 망칠 수 있다. 전지 단자에 먼지나 기름이 묻어 있거나 스위치에 마모된 물질이 있으면 전류가 큰 전기 저항을 통과하여 전력을 낭비한다. 손전등을 흔들거나 금속 표면을 청소하여 연결을 개선하면 회로를 통한 전류 흐름이 증가하고 낭비되는 전력이 줄어들고 손전등이 밝아진다.

> **⊙▶ 개념 이해도 점검 #4: 제값을 한다**
>
> 자동차 축전지가 방전되어 있으므로 저렴한 점퍼 케이블을 사용하여 자동차의 전기 계통을 친구 자동차의 전기 계통과 연결했다. 그러나 시동을 걸려고 할 때 엔진을 시동하기에는 도달하는 전력이 너무 적다. 케이블에 무슨 문제가 있는가?
>
> 해답 케이블이 비교적 큰 전기 저항을 가지고 있다.
>
> 왜? 자동차의 시동을 걸려면 엄청난 전류가 필요하며 전류를 공급하는 도선은 전류를 제한하거나 에너지를 낭비해서는 안 된다. 저렴한 점퍼 케이블은 이러한 요구 사항을 충족시키기에는 전기 저항이 너무 크다. 질 좋고 두꺼운 점퍼 케이블을 대신할 만한 제품은 없다. 그것은 그만한 값어치가 있다.

손전등의 전압, 전류, 전력

손전등을 켜면 전류가 두 개의 알칼리 전지에서 전구로 에너지를 운반한다. 손전등의 회로에 1 A의 전류가 흐르고 있다고 가정하고 전력이 얼마나 전달되는지 살펴보자.

전구를 통과하는 전류가 전압 기울기를 내려가고 전류가 필라멘트에 도달하는 곳과 필라멘트를 떠나는 곳 사이에 전압 강하가 있기 때문에 전구는 전력을 소비한다. 이 **전압 강하**(voltage drop)는 필라멘트를 통과하려 애쓰는 동안 고갈되는 정전기 위치에너지를 나타낸다. 전압 강하와 전구를 통과하는 전류를 곱하면 전구가 소비하는 전력이 나온다. 이 점을 다음과 같이 언어 식으로 표현할 수 있다.

$$\text{소모된 전력} = \text{전압 강하} \cdot \text{전류} \tag{10.3.1}$$

이것을 기호로 나타내면

$$P = V \cdot I$$

가 되고, 일상 언어로 표현하면 다음과 같다.

> 고전압에서 저전압으로 떨어지는 큰 전류는 나이아가라 폭포 위에서
> 아래로 떨어지는 급류와 같다. 둘 다 많은 일률을 방출한다.

전구에 걸친 전압 강하가 3.0 V이고 그것을 통과하는 전류가 1.0 A이기 때문에 전구는 3.0 W의 전력을 소모한다.

하나로 연결된 전지가 전력을 생산하는 것은 전지를 통과하는 전류를 전압 기울기 위로 밀어 올리고 전류가 연결된 전지에 도달하는 곳과 떠나는 곳 사이에서 전압이 상승하기 때문이다. 이 **전압 상승**(voltage rise)은 전지를 통해 전하를 퍼 올리는 동안 각 단위 전하가 얻는 정전기 위치에너지를 나타낸다. 전압 상승과 전지를 통과하는 전류를 곱하면 전지가 제공하는 전력이 나온다. 이 점을 다음과 같이 언어 식으로 표현할 수 있다.

$$\text{제공한 전력} = \text{전압 상승} \cdot \text{전류} \tag{10.3.2}$$

이것을 기호로 나타내면

$$P = V \cdot I$$

가 되고, 일상 언어로 표현하면 다음과 같다.

> 큰 전류를 저전압에서 고전압으로 올리는 것은 고층빌딩 꼭대기의 화재를
> 진압하기 위해 아래에서 위까지 거대한 물줄기를 퍼올리는 것과 같다.
> 둘 다 많은 일률이 필요하다.

연결된 전지를 통한 전압 상승은 3.0 V이고, 통과하는 전류는 1.0 A이므로, 3.0 W의 전력을 공급한다.

▶ 개념 이해도 점검 #5: 라디오의 전류

대형 전지로 휴대용 라디오를 구동한다. 전류는 한 도선을 통해 라디오에 들어가서 다른 도선으로 빠져나온다. 어떤 도선이 더 높은 전압을 가지고 있는가?

해답 전류가 라디오로 들어오는 도선

왜? 라디오는 전력을 소모하므로 라디오를 통과하는 전류가 전압 강하를 겪는다. 전류는 라디오에서 빠져나올 때보다 들어갈 때 전압이 더 높다.

▶ 정량적 이해도 점검 #1: 시동을 걸 때

차에 시동을 처음 걸면 차가운 엔진이 돌아가기 힘들어서 200 A의 전류가 시동 모터를 통해 흐른다. 전류가 시동기로 들어가는 곳과 나가는 곳 사이에 12 V의 전압 강하가 있는 경우 얼마나 많은 전력이 소비되는가?

해답 2400 W의 전력이 소모된다.

> **왜?** 시동 모터의 전압 강하는 12 V이다(매 1 C의 전하가 통과하면서 12 J의 에너지를 잃는다). 전류는 200 A이다(매초마다 200 C의 전하가 통과한다). 식 10.3.1을 사용하여 모터가 소비하는 전력을 결정하면 다음과 같다.

$$\text{소모된 전력} = \text{전압 강하} \cdot \text{전류}$$
$$= 12 \text{ V} \cdot 200 \text{ A} = 2400 \text{ W}$$

▶ 정량적 이해도 점검 #2: 재시동을 걸 때

자동차를 재시동하면 따뜻한 엔진이 돌아가기 쉬워서 150 A의 작은 전류가 자동차의 시동 모터를 통해 흐른다. 전지가 이 전류에 전력을 공급하고 있으며 전류가 전지에 도달하는 곳과 떠나는 곳 사이에 12 V의 전압 상승이 있다. 전지가 얼마나 많은 전력을 공급하는가?

> **해답** 1800 W의 전력을 공급한다.

> **왜?** 전지에 걸친 전압 상승은 12 V이다(매 1 C의 전하가 통과하면서 12 J의 에너지를 얻는다). 전류는 150 A(매초 150 C의 전하가 통과한다)이다. 식 10.3.2를 사용하여 전지가 제공하는 전원을 결정하면 다음과 같다.

$$\text{제공한 전력} = \text{전압 상승} \cdot \text{전류}$$
$$= 12 \text{ V} \cdot 150 \text{ A} = 1800 \text{ W}$$

전구 선택: 옴의 법칙

손전등의 전구는 3.0 V의 전압 강하에서 제대로 작동하도록 설계되어 있다. 이 전압 강하를 받으면 1 A의 전류를 운반하고 3 W의 전력을 소비한다. 이것은 제대로 빛을 내기에 충분하다. 다른 전압 강하로 작동하는 전구를 이 손전등에 사용한다면, 필라멘트는 잘못된 양의 전류를 전달하고 잘못된 양의 전력을 받게 된다. 전력이 너무 많으면 필라멘트가 빨리 소멸되는 반면, 전력이 너무 적으면 필라멘트가 빛을 어렴풋이 낸다.

전구의 필라멘트는 손전등, 특히 손전등 전지 회로의 전압과 명확하게 일치해야 한다. 예를 들어 많은 전지를 사용하는 손전등에는 큰 전압 강하로 작동하도록 설계된 전구 필라멘트가 필요하다. 왜 특정 전구 필라멘트가 운반하는 전류가 그 전압 강하와 관련이 있으며, 왜 다른 전구가 특정 전압 강하에 대해 다르게 반응하는가?

전류와 전압 강하 간의 관계는 충돌의 결과이다. 전하가 금속 원자에 충돌할 때마다 사실상 멈추기 때문에 앞으로 계속 이동하려면 전기장의 밀기가 필요하다(그림 10.3.10). 이 전기장을 두 배로 하면 각 전하의 평균 속력이 두 배가 되고 필라멘트에서 움직일 수 있는 전하의 수가 고정되어 있으므로 필라멘트를 통해 흐르는 전체 전류도 배가 된다. 이 전류를 밀어주는 전기장은 필라멘트의 전압 기울기이기 때문에 필라멘트를 통한 전압 강하를 두 배로 늘리면 전류도 두 배가 된다.

전압 ↔ 고도 비유로 돌아가서, 극도로 암석이 많은 지대에서 페달을 밟지 않고 자전거를 타고 있는 사람을 상상해 보자. 이 게으른 사람은 바위에 충돌할 때마다 사실상 멈추므로, 계속 앞으로 움직이려면 경사로의 밀기가 필요하다. 경사로의 고도 기울기, 즉 언덕의 미터당 고도 강하를 두 배로 늘리면 자전거를 탄 사람의 평균 속력이 두 배가 되며, 동시에

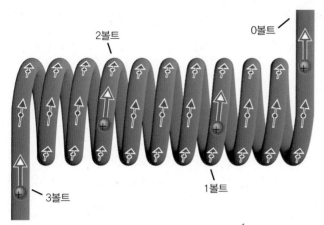

2볼트

0볼트

3볼트

1볼트

전기장:

그림 10.3.10 이 필라멘트의 양 끝 사이에는 3 V의 전압 강하가 있다. 그로 인한 전기장이 이 필라멘트를 통해 움직이는 전하를 앞으로 밀어낸다. 전하들은 텅스텐 원자와의 충돌에도 불구하고 일정한 속력을 유지한다.

언덕에 있을 수 있는 자전거의 수는 고정되어 있으므로 언덕을 굴러 내려가는 자전거를 탄 사람의 전반적인 흐름이 두 배가 된다. 이 자전거를 탄 사람의 흐름을 추진하는 경사가 언덕의 고도 기울기이기 때문에, 언덕 높이를 두 배로 하면 자전거를 탄 사람의 흐름도 두 배가 된다.

전류 흐름에 대한 필라멘트 선택의 영향은 필라멘트의 서로 다른 전기 저항을 반영한다. 필라멘트의 너비에 걸쳐 움직일 수 있는 전하의 수를 증가시키거나 주어진 전압 강하에 대한 전하들의 평균 속력을 더 높게 유지시키는 어떤 것도 필라멘트의 전기 저항을 감소시키고 이를 통해 흐르는 전류를 증가시킨다. 사실, 필라멘트에 걸린 전압 강하를 그 결과로 발생하는 전류로 나눈 값을 전기 저항으로 정의한다. 필라멘트를 더 두껍게 또는 더 짧게 만들면 충돌 저항을 낮추고, 충돌이 덜 자주 발생하도록 구성을 변경하는 것도 저항을 낮춘다.

다시 언덕 위에서 자전거를 타는 사람과의 전압 ↔ 고도 비유가 도움이 된다. 언덕의 너비에 걸쳐 자전거를 타는 사람의 수를 늘리거나 그 자전거를 타는 사람이 주어진 언덕 높이에 대해 더 높은 평균 속력을 유지하게 하면 언덕의 '자전거 저항'이 감소하고 자전거를 타는 사람이 굴러 내려가는 흐름이 증가한다. 사실, 언덕 높이를 언덕에서 자전거를 타는 사람의 흐름으로 나눈 것을 '자전거 저항'으로 정의한다. 언덕을 더 넓게 또는 짧게 만들면 자전거 저항이 낮아지고, 충돌이 덜 자주 발생하도록 바위를 바꾸는 것도 저항을 낮춘다.

이러한 점들을 결합하여 필라멘트를 통해 흐르는 전류는 필라멘트에 걸린 전압 강하에 비례하고 필라멘트의 전기 저항에 반비례한다는 것을 알 수 있다. 이것을 다음과 같이 표현할 수 있다.

$$\text{전류} = \frac{\text{전압 강하}}{\text{전기 저항}} \tag{10.3.3}$$

이 관계는 발견자인 Georg Simon Ohm[5]을 기려서 **Ohm의 법칙**이라고 불린다. 이러한 방식으로 관계를 구성하면 원인(전압 강하 및 전기 저항)과 그 효과(전류 흐름)가 분리된다. 그러나 이 방정식은 종종 나누기로 표현하지 않기 위해 다시 정렬된다. 그 관계는 관습적인

[5] 독일 물리학자 Georg Simon Ohm(1787~1854)은 처음에는 예수회의 Köln 대학에서, 그 다음에 Nürnberg의 폴리테크닉 학교에서 수학 교수로 재직했다. 그의 수많은 출판물은 전류와 전압 사이의 관계에 관한 하나의 팸플릿을 제외하고는 평범했다. 1827년에 작성된 이 특별한 문서는 좋은 실험적 증거에 근거했고 이전에 다른 사람들이 수행한 많은 관찰을 설명했음에도 불구하고 처음에는 다른 물리학자들에게 무시당했다. 절망에서 Ohm은 Köln에서 자신의 지위를 사임했고, 1840년대 후에야 그의 연구가 받아들여졌다. 그가 죽기 2년 전에야 겨우 München에서 물리학 교수로 임명되었다.

형태가 되어서, 다음과 같이 언어 식으로 표현할 수 있다.

$$전압 \ 강하 = 전류 \cdot 전기 \ 저항 \tag{10.3.4}$$

이것을 기호로 나타내면

$$V = I \cdot R$$

가 되고, 일상 언어로 표현하면 다음과 같다.

> 길고 가는 점퍼 케이블의 저항은 크다. 이를 축전지에 연결하여 자동차의 시동을
> 걸면 비교적 작은 전류가 흐르게 되고 차의 시동은 걸리지 않을 것이다.

그림 10.3.11 (a) 저항기는 두 개의 도선이 불완전 전도체로 연결되어 있는 것이다. (b) 대개 원통형 껍데기에 감겨져 있으며 저항이 있음을 나타내는 색 줄무늬가 있다. (c) 전기 장치의 회로도에서 저항은 지그재그 선으로 표시된다.

암페어 당 볼트인 전기 저항의 SI 단위는 **옴**(ohm, Ω로 약칭, 그리스 문자 오메가)이라고 한다. 그 단순함에도 불구하고 옴의 법칙은 물리학 및 전기 공학에 매우 유용하다. 이는 아주 많은 계에 적용되어서 **거의** 모든 것이 **옴식**(ohmic), 즉 전기 저항으로 그 전기적 특성이 규정된다. 물체의 전기 저항이 알려지면 전압 강하로부터 물체를 통과하는 전류를 계산하거나 물체를 통해 흐르는 전류로부터 전압 강하를 계산할 수 있다. 옴의 법칙을 따르는 소자는 현대 기술에서 흔하며 보통 **저항기**(resistor) 또는 저항으로 알려진 간단한 전자 부품으로 사용된다(그림 10.3.11). 저항기에는 전압 강하를 저항으로 나눈 값과 같은 전류가 흐르며, 저항기는 그것에 흐르는 전류와 저항의 곱과 같은 전압 강하를 겪는다.

◉ Ohm의 법칙

도선을 통한 전압 강하는 도선을 통해 흐르는 전류와 도선의 전기 저항을 곱한 값과 같다.

마지막으로 물체의 전기 저항은 일반적으로 온도에 따라 다르다. 온도가 상승하면 물체에서 움직일 수 있는 전하 개수는 증가하지만 마구잡이로 움직이는 원자와 더 자주 충돌하게 된다. 금속에서처럼 증가하는 충돌 빈도수가 우세하면 물체의 저항은 온도에 따라 증가한다. 예를 들어, 필라멘트는 작동 온도에 가까워질수록 운반하는 전류가 점점 적어지는데, 그것은 과열을 방지하는 데 도움이 된다. 그러나 반도체에서 볼 수 있는 것처럼 움직일 수 있는 전하의 증가가 지배적인 경우 온도가 올라가면 물체의 저항이 감소한다. 이런 이유로 반도체 기반 컴퓨터 칩은 더 뜨거워지면서 점점 더 많은 전류를 전달하고 온도가 너무 높아져서 스스로 파괴될 수 있다.

➡ 개념 이해도 점검 #6: 피부 보호

피부는 조직보다 훨씬 더 큰 전기 저항을 가지고 있다. 손가락으로 전지의 두 단자를 만지면 전압이 더 크게 떨어지는 곳은 피부인가, 조직인가?

> **해답** 피부에 더 큰 전압 강하가 있다.

> **왜?** 전압에 노출될 때 몸에 흐르는 액체는 바닷물과 비슷하다. 그것은 전류를 비교적 잘 전도한다. 피부의 전기 저항이 크지 않으면 전지 전압만으로도 몸을 통해 큰 전류가 흐를 수 있으며 심장과 다른 기능을 방해할 수 있다. 그러나 피부의 저항이 높으면 전지 전압으로부터 몸이 보호된다. 피부가 건조하고 건강하면 손상을 입히기에 충분한 전류를 가하기 위해서는 일반적으로 더 높은 전압이 필요하다.

> **정량적 이해도 점검 #3: 손전등 저항**
>
> 3 W짜리 손전등 전구 두 개의 저항이 3 Ω과 12 Ω으로 서로 다르다. 1.5 V 알칼리 전지 두 개로 작동해야 더 좋은 전구는 어느 것인가?
>
> **해답** 3 Ω 전구이다.
>
> **왜?** 방정식 10.3.3에 따르면 알칼리 전지 두 개가 공급하는 3 V의 전압 강하로 3 Ω 전구에 흐르는 전류는 다음과 같다.

$$\text{전류} = \frac{\text{전압 강하}}{\text{전기 저항}}$$

$$= \frac{3 \text{ V}}{3 \text{ Ω}} = 1 \text{ A}$$

> 그 다음으로 방정식 10.3.1은 이 전구가 지정된 3 W를 소모한다는 것을 다음과 같이 보여준다.

$$\text{소모된 전력} = \text{전압 강하} \cdot \text{전류}$$

$$= 3 \text{ V} \cdot 1 \text{ A} = 3 \text{ W}$$

LED 손전등: 직렬 및 병렬 회로

불행히도 전구는 손전등을 빨리 방전시킨다. LED가 전구보다 훨씬 더 에너지 효율적이고 거의 영원히 지속되므로 LED 손전등이 전구 손전등을 빠르게 대체하는 것은 놀라운 일이 아니다.

LED는 정교한 반도체 소자로 13장에서 살펴볼 것이다. LED가 **비옴식**(nonohmic), 즉 옴의 법칙을 따르지 않으며 그것을 저항으로 특징지을 수 없기 때문에 지금까지 무시해왔다. 대신, LED는 전압 강하가 색상에 따라 약 2~4 V의 임계 전압보다 작을 때 전도하는 전류가 0이며, 전압 강하가 이 임계값보다 상당히 클 때 잠재적으로 위험스러운 큰 전류를 전도한다. LED에 걸린 전압 강하가 조금만 변해도 그것을 통과하는 전류가 극적으로 변하기 때문에 LED를 자체적으로 제어하기가 어렵다. 그래서 LED는 종종 저항과 쌍을 이룬다.

간단한 LED 손전등에서 전지의 양극 단자를 떠나는 전류는 저항기와 LED를 순차적으로 흘러서 전지의 음극 단자로 되돌아간다(그림 10.3.12a). 동일한 전류가 각 구성 요소를 순차적으로 흘러가는 이러한 배열을 **직렬 회로**(series circuit)라고 한다. 직렬 회로의 모든 구성 요소는 동일한 전류를 전달하지만 회로의 전체 전압 강하를 분할한다(그림 10.3.12b). 전압 ↔ 고도 비유를 적용하자면, 일련의 구성 요소를 통해 흐르는 전류는 일련의 폭포를 흐르는 물의 흐름과 같다(그림 10.3.12c).

LED 손전등의 전력 소모 부품에서 사용할 수 있는 전반적인 전압 강하는 전지가 제공하는 전압 상승과 같다. 저항이 직렬로 연결되어 있으므로 저항과 LED는 전체 전압 강하를 분할해야 한다(금속 띠와 스위치에서의 작은 전압 강하는 무시). 또한 동일한 전류를 전달하기 때문에 저항의 옴식 동작은 LED를 포함한 전체 회로를 통과하는 전류를 제한한다. 사실상 저항 및 LED는 타협한다. 즉, 각 구성 요소는 다른 구성 요소와 동일한 전류를 전

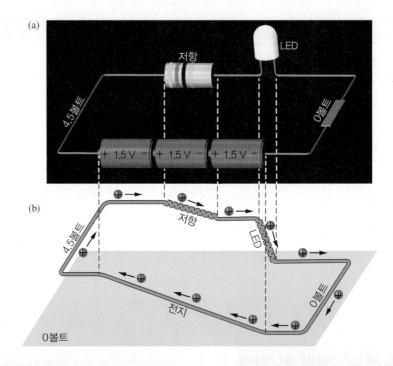

그림 10.3.12 (a) LED 손전등의 직렬 회로는 저항기와 LED를 순차적으로 흐른다. (b) 전지에서 전압이 상승하고 저항과 LED에서 전압이 떨어진다. 저항과 LED는 직렬로 연결되어 있기 때문에 그들은 동일한 전류를 전달하지만 전체 전압 강하를 분할한다. (c) 이 폭포들은 차례로 연속되어 있다. 폭포수는 같은 물의 흐름을 지니고 있지만, 전체적인 고도 감소를 분할한다.

도할 수 있도록 충분한 전체 전압 강하를 택한다. 타협한 후에 LED에 걸친 전압 강하는 임계 전압보다 약간 더 높고 전체 전압 강하의 나머지를 저항이 갖는다. 해당 전압 강하를 받을 때 LED에 전력을 올바르게 공급하기에 적절한 양의 전류가 흐르도록 저항을 선택한다.

　　LED 손전등에 LED가 두 개 이상 있는 경우 손전등은 각 LED에 전류를 공급해야 한다. 그러기 위해 일반적으로 전지의 전류를 여러 부분으로 나누고 각 부분을 LED 각각

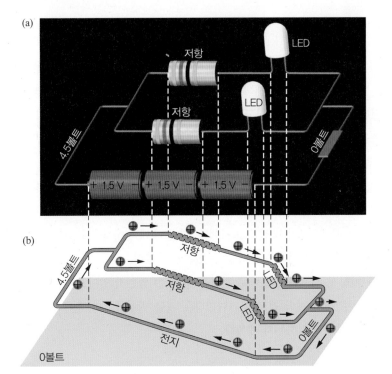

그림 10.3.13 (a) LED 두 개짜리 손전등의 병렬 회로에서 전류는 두 부분으로 나뉘어 각각 두 개의 LED를 통하여 병렬로 흐르고, 각 LED는 자체 저항과 쌍을 이룬다. (b) 두 개의 LED 및 저항 쌍이 병렬 상태이기 때문에 동일한 전압 강하를 겪지만 전체 전류를 분할한다. (c) 이 폭포들은 평행 하다. 폭포는 같은 높이에서 떨어지지만 물의 전체적인 흐름을 분할한다.

에 보내면 된다(그림 10.3.13a). 전류가 각 구성 요소를 통해 동시에 흐르는 부품으로 분할되는 이러한 배치를 **병렬 회로**(parallel circuit)라고 한다. 병렬 회로의 각 구성 요소는 전체 전류 중 일부만을 차지하지만 모든 구성 요소는 동일한 전압 강하를 겪는다(그림 10.3.13b). 전압 ↔ 고도 비유에서 병렬로 구성 요소를 통해 흐르는 전류는 나란히 평행으로 있는 폭포에서 흐르는 물의 흐름과 유사하다(그림 10.3.13c).

일반적인 다중 LED 손전등에서 각 LED는 실제로 전류를 조절하기 위해 저항과 쌍을 이룬다. 따라서 손전등에는 병렬 및 직렬 회로가 결합되어 있다. 각 LED와 저항은 직렬로 연결되므로 그들은 동일한 전류를 전달하지만 전체 전압 강하를 분할한다. 다중 LED 및 저항 쌍은 병렬로 연결되므로 회로 전체 전류의 개별 부분을 전달하지만 동일한 전압 강하를 겪는다.

🔵 개념 이해도 점검 #7: 전기 성애 제거기

자동차의 후방 유리창에는 전기 성애 제거기가 있다. 그 장치는 유리의 내부 표면에 붙어있는 얇은 금속 띠 12개로 구성되어 있다. 운전자 쪽의 모든 끝이 함께 결합되고 조수석 쪽의 모든 끝도 함께 결합된다. 성애 제거기를 켜면 전류는 전지의 양극 단자에서 성애 제거기의 운전자 쪽 끝으로, 조수석 쪽 끝에서 전지의 음극 단자로 흐른다. 개개의 성애 제거기 띠가 직렬 회로를 형성하는가, 병렬 회로를 형성하는가?

▶ **해답** 성애 제거기 띠들은 병렬 회로를 형성한다.

▶ **왜?** 전지의 양극 단자로부터의 전류는 12개의 성애 제거기 띠 각각에 해당하는 12개 부분으로 나누어진다. 띠를 통과한 후, 그 부분은 단일 전류로 재결합하여 전지의 음극 단자로 되돌아간다. 띠가 병렬로 연결되어 있기 때문에 각각 개별 전류가 흐르지만 동일한 전압 강하가 발생한다.

10장 에필로그

이 장에서는 전하와 전기가 중요한 역할을 하는 세 가지 현상을 다루었다. '정전기'에서 전하의 개념을 도입하고 하전 입자가 서로에게 작용하는 인력과 반발력을 논의했다. 이러한 전하의 힘에 저장된 정전기 위치에너지, 그리고 이 에너지와 다양한 위치의 전압 사이의 관계를 살펴보았다. 접촉을 통해 서로 다른 물체가 알짜 전하를 얻는 방법과 많은 양의 반대 전하를 분리하여 고전압을 생성하는 방법을 배웠다.

'건식 복사기'에서 전기장을 조사했고, 그러한 전기장이 어떻게 한 장소에서 다른 장소로 전하를 이동하는 데 사용될 수 있는지 보았다. 고전압의 날카로운 끝 또는 얇은 도선 주위의 강한 전기장에서 형성되는 코로나 방전을 조사했다. 한 물체에 전하를 두는 것이 어떻게 가까이에 있는 다른 물체에 반대 전하를 유도할 수 있는지 보았다.

'손전등'에서 전류가 어떻게 전지에서 전구로 전력을 옮길 수 있는지 알아보기 위해 회로를 조사했다. 전압과 전류가 이 전력 전달에 기여한다는 것을 발견했으며, 전구의 전기 저항이 소비하는 전력을 어떻게 결정하는지 배웠다.

설명: 접촉 없이 물을 움직이기

이 실험에서 이질적인 물질들 사이의 접촉을 이용하여 빗에 전하를 주었다. 전자는 머리카락에서 빗으로 이동하여, 머리카락은 양으로 대전되고 빗은 음으로 대전된다. 빗은 전기 절연체이기 때문에 그 음전하는 오랫동안 표면에 붙잡혀 있다.

물줄기 근처에 음전하를 띤 빗을 대면 빗이 물속에 있는 양전하를 끌어당기고 음전하를 밀어낸다. 물은 전기를 어느 정도 전도하기 때문에, 음전하가 다른 방향으로 이동하는 동안 양전하가 수도꼭지에서 물줄기를 따라 이동할 수 있다. 따라서 물은 음으로 대전된 빗이 존재하기 때문에 알짜 양의 전하를 얻는다. 이것은 유도에 의한 대전의 한 예이다. 서로 반대로 대전된 물과 빗이 서로 끌어당기므로 물은 빗 쪽으로 가속되고, 떨어지면서 측면으로 호를 그린다.

요약, 중요한 법칙, 수식

정전기의 물리: 건조기에서 옷이 뒤집어질 때, 서로 다른 물질들 사이의 접촉은 한 재료에서 다른 재료로 음전하인 전자를 전달한다. 이 접촉에 의한 대전 효과의 결과로 다양한 의복이 알짜 전하를 얻는데, 일부는 양전하이고, 다른 일부는 음전하이다. 이후에 옷이 분리되면, 그들을 끌어당겨 떼어내면서 한 일은 정전기 위치에너지가 되고 옷은 고전압을 발생시킨다. 카펫을 가로 질러 걸어가거나 도로를 따라 차를 운전할 때 고전압이 발생할 수 있다. 고전압은 누설과 스파크로 공기 중으로 전하를 밀어내는 경향이 있기 때문에 정전기는 불편할 수 있다. 전도 물질의 도움으로 그것을 제어할 수 있다. 전하가 고전압에서 저전압으로 자발적으로 이동하게 함으로써 많은 양의 분리 전하가 축적되는 것을 방지하여 고전압이 발생하지 않도록 할 수 있다.

건식 복사기의 물리: 건식 복사기의 광전도체는 빛으로 표면의 전하 분포를 제어할 수 있다. 이 광전도체가 코로나 방전 근처를 지나면서 전하가 사전에 균일하게 도포된다. 원본 문서의 광학 이미지가 이 대전된 광전도체에 투사된다. 빛이 광전도체에 닿으면 표면 전하가 탈출한다. 그 결과가 광전도체의 전하 이미지이다. 빛이 닿지 않은 광전도체 부분에서 반대로 대전된 작은 흑색 토너 입자가 전하 이미지 근처로 끌려온다. 이러한 토너 입자는 광전도체의 대전된 부분에 붙어서 문서의 가시적 이미지를 형성한다. 그런 다음 토너 입자가 용지에 전사되고 용지에 융합되어 완성된 복사본을 만든다.

손전등의 물리: 손전등은 전류가 전기 회로를 통해 흐를 때 빛을 낸다. 이 회로는 일련의 전지, 전구, 스위치, 여러 개의 금속 띠로 구성되며 모두 연속적인 고리로 연결된다. 전류는 전지를 통과할 때 전력을 얻으며 전구의 필라멘트를 통과할 때 이 전력을 방출하여 필라멘트를 흰색으로 뜨겁게 가열한다.

스위치는 회로의 전류 흐름을 제어하는 방법을 제공한다. 스위치가 꺼지면 회로가 차단되어 전류가 회로를 따라 완전히 흐르는 것을 방해한다. 전지에서 전구로 전력을 전달하는 안정된 전류가 없어서 전구가 어둡다. 스위치가 켜지면 전원이 전구에 도달하고 회로가 완성되어 전구가 켜진다.

---

1. **Coulomb의 법칙:** 두 물체 사이의 정전기력의 크기는 Coulomb 상수 곱하기 두 전하의 곱을 둘 사이의 거리의 제곱으로 나눈 것과 같다. 즉,

$$\text{힘} = \frac{\text{Coulomb 상수} \cdot \text{전하}_1 \cdot \text{전하}_2}{(\text{전하 사이의 거리})^2} \quad (10.1.1)$$

이다. 전하가 같다면 힘은 반발력이다. 전하가 반대이면 그 힘은 인력이다.

2. **전기장이 전하에 작용하는 힘:** 전하는 전하와 전기장의 곱과 동일한 힘을 겪는다. 즉, 다음 관계가 성립한다.

$$\text{힘} = \text{전하} \cdot \text{전기장} \quad (10.2.1)$$

3. **전압 강하로 인한 전기장:** 전압 강하가 생성하는 전기장은 전압 강하를 강하가 발생하는 거리로 나눈 것과 같다. 즉,

$$\text{전기장} = \text{전압 기울기} = \frac{\text{전압 강하}}{\text{거리}} \quad (10.2.2)$$

이다. 여기서, 장은 전압 감소가 가장 **빠른** 방향을 가리킨다.

4. **전력 소비:** 기기가 소비하는 전력은 그 기기에 걸린 전압 강하와 기기를 통해 흐르는 전류를 곱한 것이다. 즉, 다음 관계가 성립한다.

$$\text{소모된 전력} = \text{전압 강하} \cdot \text{전류} \quad (10.3.1)$$

5. **전력 생산:** 전지가 제공하는 전력은 그 전지에 걸린 전압 상승과 흐르는 전류를 곱한 값이다. 즉, 다음 관계가 성립한다.

$$\text{제공한 전력} = \text{전압 상승} \cdot \text{전류} \quad (10.3.2)$$

6. **Ohm의 법칙:** 옴식 물체를 통한 전압 강하는 물체를 통해 흐르는 전류와 전기 저항의 곱과 같다. 즉,

$$\text{전압 강하} = \text{전류} \cdot \text{전기 저항} \quad (10.3.4)$$

이다. 이 식은 비옴식 기기에는 적용되지 않는다.

연습문제

1. 두 물체가 서로 밀어낸다면 둘은 유사한 전하를 가진다. 그런데 둘 모두 양전하인지 아니면 음전하인지 어떻게 결정할 수 있는가?

2. 전기적으로 중성인 장난감을 두 조각으로 나누었다. 그런데 적어도 둘 중 하나가 전하를 띠고 있는 것을 발견했다. 두 조각은 서로 밀어내거나 끌어당기는가, 아니면 둘 다 아닌가?

3. 대전된 막대기를 반으로 나누면 각각은 원래 전하의 절반을 가질 것이다. 이 두 부분을 각각 다시 반으로 나누면 각 부분의 전하량은 원래 전하량의 1/4이 된다. 이 방식으로 전하를 나누는 것을 영원히 계속할 수 있는가? 그렇지 않다면 왜 안 되는가?

4. 탁구공에는 엄청난 수의 대전 입자가 들어 있다. 두 탁구공이 서로 정전기력을 발휘하지 않는 이유는 무엇인가?

5. 산업 환경에서 종종 대전된 페인트 또는 분말 입자를 중성 금속 물체에 분무하여 도포한다. 입자들이 전하를 띠면 입자가 물체 표면에 달라붙는 데 어떻게 도움이 되는가?

6. 연습문제 5에서 논의된 페인트 또는 분말 입자는 모두 동일한 전하를 띤다. 왜 이런 유형의 대전은 도포가 고도로 균일하다는 것을 보장하는가?

7. 전하 사이의 힘이 거리에 따라 감소하지 않으면 전하를 띤 풍선은 전기적으로 중성인 벽에 달라붙지 않는다. 왜 안 되는가?

8. 이온 발생 장치는 연기 입자를 전기적으로 대전하여 실내 공기에서 연기를 제거한다. 왜 연기 입자가 벽이나 가구에 붙을까?

9. 테이프 통에서 두 개의 접착테이프를 꺼내면 서로를 밀어낼 것이다. 왜 서로 반발하는지 설명하시오.

10. 종이 뒷면에서 스티커를 떼어 내면 둘은 서로를 끌어당긴다. 왜 서로 끌어당기는지 설명하시오.

11. 두 개의 풍선이 있는데, 하나는 양전하로 덮여 있고 다른 하나는 음전하로 덮여 있다. 전압을 비교하시오.

12. 여러분이 연습문제 11의 두 풍선을 멀리 떼어놓기 시작한다. 여러분이 풍선에 일을 하므로 여러분의 에너지가 감소한다. 여러분의 에너지는 어디로 가는가?

13. 연습문제 12에서 풍선을 분리할 때 전압이 바뀌는가? 그렇다면 그 전압들은 어떻게 변하는가?

14. 자동차 전지는 12 V로 표시되어 있다. 양전하가 전지의 음극 단자에 있을 때의 정전기 위치에너지와 양극 단자에 있을 때의 정전기 위치에너지를 비교하시오.

15. 기술자는 정전기에 민감한 전자 장치를 사용할 때 가능한 한 많은 작업환경을 전기적으로 전도성으로 만들려고 한다. 왜 이 전도도가 정전기의 위험을 줄이는가?

16. 정전기 방지 직물 처리로 직물을 약간 전도시킨다. 이 처치는 정전기를 줄이는 데 어떻게 도움이 되는가?

17. 정전기 발생기(예: Van de Graff 발전기)에 손을 올려두면 머리카락이 설 수 있다. 단, 전기 절연체 위에 서 있어야 한다. 절연체가 중요한 이유는 무엇인가?

18. 연습문제 17에서 최근에 모발 영양제를 사용했으면 실제로 머리카락을 세우는 데 도움이 된다. 왜 그런가?

19. 대전된 머리빗 주변의 전기장은 머리빗으로부터의 거리에 따라 줄어든다. Coulomb의 법칙을 사용하여 이 전기장의 크기 감소를 설명하시오.

20. 전기장은 알칼리 전지의 양극단자 주위에서 어느 쪽으로 향하는가?

21. 1.5 V AA 전지와 표준 9 V 전지의 두 단자 사이의 전기장은 어느 쪽이 더 강한가? 설명하시오.

22. 100개의 AA 전지가 있다. 가장 강한 전기장을 만들려면 어떻게 이들 전지를 서로 연결하여 하나로 만들어야 하는가?

23. 천둥 번개가 치는 동안 자동차 안에 있는 것이 위험해 보일 수도 있지만 실제로는 비교적 안전하다. 자동차는 본질적으로 금속 상자이므로 자동차 내부는 전기적으로 중성이다. 왜 자동차의 모든 전하가 외부 표면으로 이동하는가?

24. 민감한 전자기 실험은 때때로 금속 벽으로 된 방이나 금속 그물망의 방에서 수행된다. 그 안이 누설 전기장을 최소화하는 이유는 무엇인가?

25. 천둥 번개가 치는 동안 양전하를 띤 구름이 상공을 통과하면 전기장이 어느 방향으로 향하는가?

26. 연습문제 25의 구름은 풀밭에 있는 나무 꼭대기에 큰 음전하를 끌어들이고 있다. 왜 풀밭의 다른 곳보다 이 나무 꼭대기에서 전기장의 크기가 더 큰가?

27. 코로나 방전은 매우 강한 전기장이 있는 곳이면 어디에서나 발생할 수 있다. 왜 전하를 띤 금속 물체의 날카로운 끝 주위에서 전기장이 강한가?

28. 코로나 방전을 최소화하기 위해 고압선 철탑은 때로 연결기와 기타 날카로운 부분을 매끄럽게 휘어진 금속 고리나 금속박으로 덮는다. 어떻게 그 넓고 매끄러운 구조가 코로나 방전을 방지하는가?

29. 산꼭대기에 서 있다가 어두운 구름이 상공을 지나가고 머리카락이 위로 곤두서면 산에서 빨리 내려오는 것이 좋다. 어떻게 머리카락이 전하를 얻어서 곤두서게 되는가?

30. 전기 울타리의 전원은 지면에서 울타리의 도선으로 전하를 퍼올린다. 울타리의 도선은 지면으로부터 격리되어 있고, 지면은 전기를 전도할 수 있다. 동물이 도선 안으로 걸어 들어가면 충격을 받는다. 전류가 흐르는 회로를 설명하시오.

31. 새는 충격을 받지 않고 고압 전력선에 앉을 수 있다. 왜 전류가 새를 통해 흐르지 않는가?

32. 전원 코드의 두 가닥은 전류가 램프로 들어가고 나오는 것을 의미한다. 두 가닥 중 하나만 콘센트에 꽂으면 램프가 전혀 켜지지 않는다. 왜 보통 밝기의 절반으로 빛을 내지 않는가?

33. 자동차의 후방 성애 제거기는 유리창을 가로 지르는 얇은 금속 띠 패턴이다. 성애 제거기를 켜면 전류가 금속 띠를 통해 흐른다. 왜 도선이 금속 띠의 양쪽 끝에 붙어 있는가?

34. 헤드폰 플러그의 금속 접촉부 중 하나만 휴대용 오디오 플레이어의 헤드폰 잭에 접촉하면 헤드폰에서 나오는 소리의 크기는 어느 정도인가?

35. 전지의 음극 단자에 (양의) 전하를 약간 전송하면 그 중 일부는 전지의 양극 단자로 빠르게 이동한다. 전지의 화학 위치에너지 저장량이 변할 것인가? 그렇다면 증가할 것인가, 감소할 것인가?

36. 양전하를 조금 전지의 양극 단자로 옮기면 그 중 일부는 전지의 음극 단자로 빠르게 이동한다. 전지의 화학 위치에너지 저장량이 변할 것인가? 그렇다면 증가할 것인가, 감소할 것인가?

37. 휴대용 기기를 자동차 내부의 전원 소켓에 꽂으면 전류가 해당 소켓의 중앙 핀을 통해 기기로 흐르고, 소켓의 바깥쪽 고리를 통해 자동차로 돌아간다. 어느 소켓 접촉부가 고전압인가?

38. 전류가 자동차의 후방 성애 제거기(연습문제 33)를 통과할 때, 금속 띠의 양 끝 부분의 전압이 다르다. 띠의 어느 쪽 끝(전류가 띠에 들어가는 곳과 띠에서 나가는 곳)이 고전압인가? 그리고 무엇 때문에 전압 강하가 발생하는가?

39. 봉인된 상자에 두 개의 단자가 있다. 도선과 전지를 사용하여 상자의 왼쪽 단자에 전류를 보내니, 이 전류가 오른쪽 단자에서 나온다. 오른쪽 단자의 전압이 왼쪽 단자의 전압보다 6 V 높으면 상자는 전력을 소비하고 있는가, 공급하고 있는가? 상자 안에 들어 있을 가능성이 큰 것은 전지인가, 전구인가? 어떻게 알 수 있는가?

40. 측정기 없이 9 V 전지에 얼마나 많은 에너지가 남아 있는지 결정하는 방법으로 유서 깊지만 약간 불쾌한 방법은 단말기의 양쪽 단자에 혀를 접촉해 보는 것이다. 전지가 거의 다 된 것은 온화한 느낌을 주지만, 전지가 새 것이면 깜짝 놀랄 정도로 날카로운 느낌을 준다(이 방법을 직접 사용하지 마시오). 이 맛 테스트에 관련된 회로는 무엇인가? 에너지는 어떻게 전달되고 있는가?

41. 점 용접은 작은 한 지점에 두 장의 금속판을 서로 융합시키는 데 사용된다. 두 개의 구리 전극으로 금속판을 함께 한 점에 조인 다음에 그 지점을 통해 많은 전류를 흐르게 한다. 두 금속판이 녹아서 함께 용접점을 형성한다. 왜 이 기술은 구리와 같은 우수한 전도체가 아닌 스테인리스와 같은 상대적으로 열악한 전도체에서만 작동하는가?

42. 전구의 필라멘트로 전류를 전달하는 지지 도선의 저항보다 필라멘트의 저항을 훨씬 크게 하는 것이 왜 중요하는가?

문제

1. 뜨거운 건조기에서 양말 두 개를 꺼내다가 양말이 1 cm 떨어져 있을 때 0.001 N의 힘으로 서로를 밀어낸다는 것을 발견했다. 두 양말이 똑같은 전하를 가지고 있다면 각 양말에 얼마나 많은 전하가 있는가?

2. 문제 1의 양말을 5 cm만큼 분리했을 때 한쪽 양말이 다른 쪽에 가하는 힘은 얼마인가?

3. 1 g(0.001 kg)의 물질에서 모든 전자와 양성자를 분리한다면, 약 96,000 C의 양전하와 같은 양의 음전하를 얻을 수 있다. 이 전하들을 1 m 벌리면, 그들 사이의 인력은 얼마나 강한가?

4. 지구에 1 C의 양전하를, 384,500 km 떨어져 있는 달에 1 C의 음전하를 두면, 지구의 양전하가 받는 힘은 얼마인가?

5. 1 C의 양전하와 1 C의 음전하가 서로 1 N의 힘을 가하려면 두 전하를 얼마나 가까이 가져가야 하는가?

6. 우주 왕복선을 발사할 때 우주 왕복선에 작용하는 위쪽 방향의 알짜힘은 10,000,000 N이다. 왕복선 머리에서 60 m 아래의 발사대까지 이동시켜 상승을 방지할 수 있는 최소의 전하량은 얼마인가?

7. 위쪽을 향한 5 N/C의 전기장에서 0.01 C의 전하가 받는 힘은 얼마인가?

8. −0.0005 C의 전하를 띤 양말이 오른쪽을 향한 1000 N/C의 전기장 속에 있다. 양말이 받는 힘은 얼마인가?

9. 0.00005 C의 전하를 띠는 램 조각은 0.0010 N의 전방 힘을 겪는다. 전기장의 세기는 얼마인가?

10. −1.0 × 10⁻⁶ C의 전하를 띤 스티로폼 공은 어떤 전기장에서 0.01 N의 위쪽 방향 힘을 받는다. 그 전기장의 세기는 얼마인가?

11. 일반적인 9 V 전지의 단자는 5 mm 간격이다. 그 중앙에 0.0001 C의 전하를 두면 그 전하가 받는 힘은 얼마인가?

12. 1.5 V AA 전지의 단자는 5 cm 간격이다. 그 중앙에 0.0001 C 전하를 두면 그 전하가 받는 힘은 얼마인가?

13. 자동차의 천장에 12 W의 독서 등이 있다. 이 등은 12 V의 전압 강하로 작동한다. 등에 흐르는 전류는 얼마인가?

14. 차의 후방 성애 제거기는 5 A의 전류로 작동한다. 전압 강하가 10 V인 경우, 서리가 녹을 때 소비되는 전력은 얼마인가?

15. 휴대용 FM 라디오는 회로에 1.5 V 전지 두 개를 사용한다. 전지가 라디오를 통해 0.05 A의 전류를 보내면 라디오에 얼마나 많은 전력이 공급되는가?

16. 1.5 V D 전지로 작동하는 손전등 두 개가 있다. 첫 번째 손전등은 전지 두 개를 사용하고, 두 번째 손전등은 전지 다섯 개를 사용한다. 각 손전등에는 1.5 A의 전류가 회로에 흐른다. 각 손전등에서 전구로 옮겨지는 전력은 얼마인가?

17. 2 A 전류가 흐르는 손전등 두 개가 있다. 한 손전등은 회로에 단 하나의 1.5 V 전지가 있고, 두 번째 손전등에는 4.5 V를 제공하는 전지 통에 연결된 1.5 V 전지 세 개가 있다. 첫 번째 손전등의 전지가 공급하는 전력은 얼마인가? 두 번째 손전등에 있는 각 전지가 공급하는 전력은 얼마인가?

18. 문제 17에서 첫 번째 손전등의 전구가 소비하는 전력은 얼마인가? 두 번째 손전등의 전구가 전력을 얼마나 소모하는가?

19. 1.5 V 알칼리 D 전지는 약 40,000 J의 전기에너지를 공급할 수 있다. D 전지 두 개가 손전등 회로에 있는 동안 2 A의 전류가 흐르면 전지가 손전등에 전력을 얼마나 오래 공급할 수 있는가?

20. 무선 조종 자동차는 AA 전지 네 개를 사용하여 모터에 6 V를 공급한다. 자동차가 정격 속도로 전진하면 모터에 2 A의 전류가 흐른다. 그때 모터가 소비하는 전력은 얼마인가?

21. 자동차 축전지가 다 되었으므로 친구가 저렴한 점퍼 케이블로 자동차를 시동할 수 있도록 도와주려고 한다. 한 케이블은 친구의 자동차에서 내 자동차로 전류를 전달하며, 두 번째 케이블은 그 전류를 친구의 자동차로 되돌려준다. 내 자동차를 시동하려고 하면 80 A의 전류가 케이블을 통해 내 차에 흐르고 각 케이블에 4 V의 전압 강하가 나타난다. 각 점퍼 케이블의 전기 저항은 얼마인가?

22. 문제 21의 저렴한 케이블을 전기 저항이 절반인 케이블로 교체하고, 전류가 변하지 않는다면 새 케이블 각각에 나타나는 전압 강하는 얼마인가?

23. 특정 16게이지 연장 코드의 두 도선은 각각 전기 저항이 0.04 Ω이다. 이 연장 코드를 사용하여 토스터 오븐을 작동시키니 15 A의 전류가 흐른다. 이 연장 코드의 각 도선에 걸리는 전압 강하는 얼마인가?

24. 문제 23에서 연장 코드의 각 도선에서 낭비되는 전력은 얼마인가?

25. 고전압 송전선의 두 도선은 어떤 도시로 600 A를 보내고 되받는다. 이 두 도선 사이의 전압은 400,000 V이다. 송전선이 도시로 공급하는 전력은 얼마인가?

26. 각 가정에 전기를 공급할 때, 문제 25의 전력은 저전압 회로로 전달되어 가정을 통과하는 전류가 단지 120 V의 전압 강하를 겪는다. 도시의 가정을 통과하는 총 전류는 얼마인가?

27. 난방 필라멘트에 걸리는 전압 강하가 5 V일 때 100 Ω의 필라멘트를 통해 흐르는 전류량은 얼마인가?

28. 2500 Ω의 난방 필라멘트에 100 V의 전압 강하를 걸면 흐르는 전류는 얼마인가?

29. 10 A 전류가 긴 도선을 통해 흐르고 그 도선의 두 끝 사이에 1 V 전압 강하가 있다면, 도선의 전기 저항은 얼마인가?

30. 도선을 통해 멀리 있는 부저로 흐르는 2 A 전류는 2 V 전압 강하를 겪는다. 그 도선의 전기 저항은 얼마인가?

31. 1 Ω의 도선을 통해 5 A의 전류를 초인종에 보내면 도선 양끝 사이에 존재하는 전압 강하는 얼마인가?

32. 1000 Ω의 난방 필라멘트에 0.120 A의 전류가 흐르는 경우 필라멘트의 양 끝 사이에 존재하는 전압 강하는 얼마인가?

자성과 전기동역학
Magnetism and Electrodynamics

전기와 마찬가지로 자성은 일상적인 생활의 중요한 부분이다. 우리는 냉장고 위에 메모를 붙이기 위해, 그리고 어떤 방향이 북쪽인지 나타내기 위해서 자성을 이용한다. 하지만 전기를 포함하지 않은 자성의 이야기는 완전하지 않을 것이다. 우리가 알게 될 것처럼, 이들 두 주제들은 변화와 운동을 통해 서로 관련되어 있다. 예를 들어 움직이는 전하는 자성을 만들어 내고, 변하는 자성은 전기를 만들어 낸다.

이 장에서는 유용한 일들을 수행하기 위해서 전기와 자성 사이의 관련성을 이용하는 몇 가지 주제들뿐만 아니라 자성 그 자체를 탐구할 것이다. **동역학**(dynamics)이라는 용어가 변화와 운동을 포함하기 때문에, 전기와 자성의 관계는 **전기동역학**(electrodynamics)이란 물리학의 분야이다. 이 명칭에서 '자성'을 생략한 이유는 용어를 간략히 쓰기 위해서만은 아니다. 또 다른 이유는 대부분의 자성이 실제로는 전기에 의해서 만들어지기 때문이다. 다시 말하면, 대부분의 자성은 실제로 전자기학이다.

일상 속의 실험 │ 못과 전선으로 만든 전자석

전기와 자성 사이의 관련성을 탐구하기 위해서 간단한 전자석을 만들어 보자. 이를 위해 큰 강철 못 또는 나사, 피복이 덮인 1 m 정도의 전선, 1.5 V AA 건전지, 그리고 종이 클립과 같은 작은 강철 조각 등이 필요하다. 전선의 금속 도체는 적어도 지름이 0.65 mm는 되어야 이것을 통해서 너무 뜨거워지지 않게 전류를 흐르게 할 수 있다.

못이나 나사에 촘촘하게 전선을 감아서 코일을 만든다. 모두 같은 방향으로 적어도 50번 정도는 감아야 한다. 감은 횟수가 정확해야 하는 것은 아니며, 몇 겹으로 감을 수도 있다. 전선의 양 끝은 피복을 벗기고 건전지에 연결할 수 있도록 한다.

> ⊙ **주의!**
> 이 실험에서 만든 전자석은 사용하는 동안 뜨거워질 것이다. 만일 너무 뜨거워지면 전자석을 떨어뜨릴 수도 있으므로 가연성 물질 근처에서는 실험하지 않도록 한다.

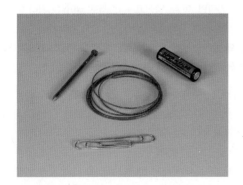
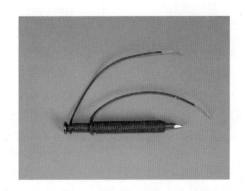

Courtesy Lou Bloomfield

이제 전자석을 시험해 보자. 피복을 벗긴 코일의 끝에 건전지를 연결한다. 건전지 양 끝 위에 전선을 손가락으로 잡고 있어도 되고 테이프를 사용할 수도 있다. 손가락 피부에 상처가 없다면 1.5 V 건전지는 전기 충격을 주지는 않지만, 전류가 흐르면서 전선이 뜨거워지는 것에는 대비해야만 한다. 잡고 있기에 너무 뜨거워지면 손을 놓아서 불이 나지 않도록 전선을 건전지에서 분리시킨다. AA보다 더 큰 건전지는 사용하지 말아야 한다. 그렇지 않으면 전선이 위험하게 뜨거워질 수도 있다.

전류가 전선에 흐르는 동안에 못은 강한 자석처럼 작용할 것이다. 즉 전자석이 된다. 이 전자석으로 강철 조각들을 집어 들어 보자. 조각들을 못과 접촉시키면, 이들이 못 표면에 달라붙는다. 당신의 전자석은 일시적으로 강철 조각을 자화시켜 끌어당길 것이다. 이 자화된 강철 조각을 다른 조각에 접촉시키면 무슨 일이 생기는가? 전자석의 코일에 흐르는 전류를 멈추면 무슨 일이 생기는가? 전류가 도선에 흐르는 동안에 왜 코일은 뜨거워지는가?

11장 학습 일정

이 장은 (1) 가정 자석과 (2) 전력 송전에 대해서 알아볼 것이다. 가정 자석에서, 우리는 자석을 냉장고에 묶는 힘을 살펴보고, 왜 나침반이 북쪽을 가리키는지 알아본다. 우리는 또한 전기 현관 벨이 어떻게 작동하는지 설명하기 위해서 전자석을 살펴본다. 전력 송전에서, 우리는 멀리 떨어진 발전소로부터 집까지 전력을 송전하기 위해서 어떻게 전기와 자성이 이용되는지, 그리고 건전지에 의해서 공급되는 일률과 전력이 어떻게 다른지 알아본다. 비록 우리가 일상에서 만나는 자기적이고 전자기적인 물체들이 여러 가지로 많이 있지만, 이 두 가지 주제들은 기본적인 전자기 현상의 대부분을 대표하는 것이다. 더 완벽한 예습을 위해서는 이 장의 마지막에 있는 '요약, 중요한 법칙, 수식' 부분을 미리 보자.

11.1 **가정 자석**

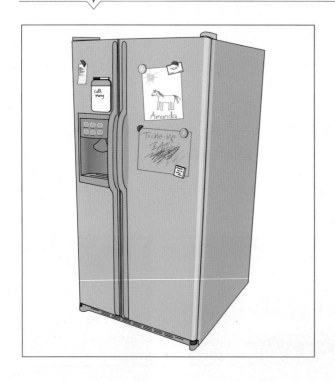

냉장고 자석이 없다면 어떻게 가정이 정돈된 상태가 될 것인가? 벨을 때리기 위해서 자석을 이용할 수 없다면 어떻게 현관 벨이 울릴 것인가? 나침반이 없다면 숲에서 어떻게 길을 찾을 것인가? 플라스틱 카드에 자성띠가 없다면 어떻게 현금을 찾거나 물품 값을 지불할 것인가?

우리는 주변에 자석을 가지고 있는 것을 당연하게 여긴다. 유용한 것과 더불어, 가정 자석은 또한 우리에게 자연에서 기본적인 힘들의 또 하나를 실험하도록 해준다. 비록 자기는 전기와 밀접하게 연관되어 있어서 이 둘이 궁극적으로는 하나의 통합된 전체라는 것을 우리가 알게 되겠지만, 자성에 대한 공부를 분리된 현상으로 취급하면서 시작하고 전기를 점진적으로 도입하는 것이 유용하다는 것을 알게 될 것이다.

생각해 보기: 어느 방향을 향하고 있는가에 따라서, 왜 두 개의 자석은 서로 끌어당기거나 밀어내는 것인가? 만약 어떤 자석이 두 개의 서로 다른 냉장고를 끌어당긴다면, 이 두 냉장고는 왜 서로 끌어당기거나 밀어내지 않는가? 두 개의 강한 자석이 어떻게 당신 손의 반대쪽에 서로 매달릴 수 있는가? 왜 당신의 손은 이 자기적인 인력에 연관되지 않는가? 자석들은 전기를 이용해서 어떻게 켜거나 끌 수 있는가?

실험해 보기: 두 개의 작은 하키 퍽을 닮은 단순한 원통 모양의 냉장고 자석을 찾아보자. 이 자석들을 쌓으려고 시도해 보자. 당신은 이들이 서로 끌어당기거나 밀어내는 것을 발견하게 될 것이다. 이 힘들이 자석의 방향에 어떻게 의존하는가? 떨어진 거리에는 어떻게 의존하는가? 서로 밀어내는 힘을 이용해서 하나의 자석을 다른 자석 위에 뜨도록 할 수 있는지 알아보자. 맨 위의 자석에서 손을 놓으면 어떤 일

이 생기는가?

냉장고 또는 다른 강철 조각 근처에서 단추 모양 자석을 붙잡고 발생하는 힘을 공부하자. 두 물체가 서로 밀어내도록 만드는 방법을 발견할 수 있는가? 강철로 만들어지지 않은 물건에 자석이 붙을 것인가? 스테인리스 강철의 경우에는 어떠한가?

이제는 표면 위에 인쇄할 수 있는 두 개의 동일한 형태의 구부리기 쉬운 종이 모양 냉장고 자석을 찾아서 이들의 상호작용과 연관된 실험을 해보자. 단순히 뒤집는 것이 인력으로부터 척력으로 힘을 변화하시키지 않는다는 것을 발견할 것이다. 이번에는 자석들을 서로 미끄러지게 해 보자. 미끄러지면서 그들은 번갈아 끌어당기고 밀어낼 것이다. 그

것이 어떻게 가능한가?

마지막으로, 철 분말이나 강철 조각을 구해 보자(강철은 주로 철인데, 이들은 자기적으로 매우 유사하다). 약간의 철 분말을 자석 위에 흩뿌린다. 자석 위에서 여러 점들이 연결하는 것처럼 보이는 가닥이 형성된 것에 주목한다. 분말의 연결은 무엇인가? 만일 분말을 신용카드 또는 자기 ID카드 위에 흩뿌린다면, 이것도 역시 연결을 만드는 것을 발견할 것이다. 하지만 이 연결들은 아주 작고 불규칙한 간격으로 떨어져 있다. 이들 불규칙하게 떨어져 있는 자기적 특징 안에 암호화된 정보가 있을 수 있는가?

단추 모양의 냉장고 자석

냉장고 자석은 온갖 형태와 크기로 만들어지고, 어떤 것들은 훨씬 자기적으로 복잡하다. 단순한 것으로 출발하는 것이 항상 최선이므로, 우리는 단추 모양 자석으로 시작할 것이다.

두 개의 자석을 함께 가져오면 이들은 서로 힘을 미치기 시작한다. 자석들이 어느 방향을 향하는가에 의존해서 이 힘들이 인력 또는 척력이 될 수 있다. 그러나 이들의 거리가 증가함에 따라 힘은 항상 약해진다는 것을 발견할 것이다. 이러한 자기적인 힘은 뜨거운 건조기에서 옷을 꺼내는 동안에 마주치는 전기적인 힘과 닮았지만, 최소한 두 가지 중요한 차이가 있다. 첫 번째로, 전기적으로 대전된 옷을 방향을 바꾸면 인력을 척력으로 또는 반대로 바꾸지 못한다. 두 번째로, 두 개의 단추 자석을 어떻게 배열하더라도 한쪽에서 다른 쪽으로 건너뛰는 자기 불꽃을 얻을 수 없다. 전기와 자기는 명백하게 유사하지만 서로 다르다. 줄거리는 무엇인가?

자성은 전기와 아주 비슷한 현상이다. 서로에게 정전기적 힘을 미치는 전기적 전하가 두 종류 있는 것처럼, 그렇게 서로에게 **정자기적 힘**(magnetostatic forces)을 미치는 **자극**(magnetic poles)이 두 종류가 있다. 극은 자기를 전기와 구별하기 위해서 쓰이는 용어로, 전하가 전기적인 반면에 **극**(pole)은 자기적이다.

두 종류의 극은 북극과 남극으로 불리고, 이 지리적인 이름을 간직하면 그들은 서로 정확히 반대이다. 두 극이 모두 하나의 물리량인 자극을 가지고 있다. 북극은 자극의 양(+)의 값을 가지며, 반면에 남극은 음(−)의 값을 가진다. 같은 극들은 서로 밀어내고, 반면에 반대 극들은 서로 끌어당긴다는 것은 전혀 놀라운 일이 아니다. 게다가, 두 극들 사이의 자기적 힘은 그들이 멀리 떨어질수록 더 약해지고 그들 사이 거리의 제곱에 반비례한다. 여기까지는 놀라운 전기와 자성 사이의 유사성이다.

이제 전기와 자성 사이의 결정적인 차이를 살펴보자. 순수한 양(+) 또는 음(−) 전하를 운반하는 원자보다 작은 입자들은 일반적으로 잘 알려진 반면에, 순수한 북 또는 남의 자극을 운반하는 입자들은 발견되지 않았다. **자기 홀극**(magnetic monopoles)이라 불리는 이러한 순수한 자기적 입자들은 심지어 우리의 우주에 존재하지 않을지도 모른다. 이러한 우주적인 생략은 자기 불꽃이 왜 없는지 설명해준다. 자기 홀극이 없으면, 자기 불꽃은 말할 것

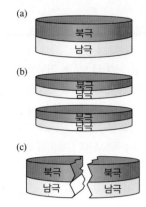

그림 11.1.1 (a) 전형적인 단추 자석은 한쪽 면 위에 북극을 가지며 다른 쪽 면 위에 남극을 가진다. 알짜 극은 0이다. (b) 극들 사이를 얇게 나누거나, (c) 극들을 통과해서 쪼개면 항상 자석들의 짝을 만드는데, 각각은 0의 알짜 극을 가진다.

■ 자기 홀극은 명백하게 존재하지 않기 때문에, 자석과 자기적 물질들은 다른 방법을 통해서 자극을 얻어야만 한다. 이 절의 뒤에서 알 수 있는 것처럼, 전기 전류는 자기적이고 전기 전류 고리는 자기 쌍극자처럼 행동한다. 순환하는 전류는 모든 자기적 물질들 내부 깊숙이 존재하며 자성의 원인이 된다. 이 전류들의 일부는 원자핵 둘레를 도는 전하를 가진 전자들과 관련이 되지만, 그러나 대부분은 전자들의 회전하는 본성과 관련이 있고 **스핀**(spin)이라고 부르는 근본적인 특성이 그 원인이다. 모든 전자는 아주 작은 자기 쌍극자이다.

도 없고 자기 전류로 한 장소에서 다른 곳으로 도약할 수 있는 전기 전하와 같은 자기적 동등함도 없게 된다.

비록 고립된 자기 홀극은 자연에서 얻을 수 없지만, 자극의 **짝**(pairs)은 있다. 이 짝은 똑같은 북극과 남극으로 구성되어 있고, **자기 쌍극자**(magnetic dipole)라고 부르는 배열에서 공간적으로 서로 분리되어 있다. 두 개의 반대 극들은 같은 크기를 가지기 때문에 합해서 0이 되며, 자기 쌍극자는 0의 **알짜 자극**(net magnetic pole)을 가지고 있다.

간단한 단추 자석은 북극과 남극을 둘 다 가지며, 보통은 단추의 반대쪽 면 위에 있다 (그림 11.1.1a). 순수하게 북극인 단추 또는 순수하게 남극인 단추는 없다. 놀랍게도, 이 단추 자석을 얇게 반으로 나누어도 북극과 남극이 분리되지 않는다(그림 11.1.1b). 대신에 새로운 극이 잘린 가장자리에 나타날 것이고, 결국에는 원래 자석의 각 부분이 0의 알짜 극을 가지게 된다. 단추 자석을 반으로 쪼개도(그림 11.1.1c) 역시 0의 알짜 극을 가지는 조각들을 만든다. 왜 단추 자석이 항상 0의 알짜 자극을 가지는지에 대한 논의는 ■에서 살펴보자.

우리는 이제 두 개의 이 자석들이 왜 어떤 때는 끌어당기고 어떤 때는 밀어내는지 설명할 수 있다. 두 개의 극을 갖는 자석에서 우리는 네 개의 상호작용, 즉 같은 극끼리는 밀어내는 두 개의 상호작용(북-북, 남-남)과 반대 극끼리는 끌어당기는 두 개의 상호작용(북-남, 남-북)을 고려해 볼 것이다. 비록 이 모든 힘들이 상쇄되는 것처럼 보이지만, 여러 극으로 분리한 거리에 따라서 그들 사이의 힘은 자석의 방향에 의존한다. 가장 가까운 극들이 가장 강한 힘을 받기 때문에, 이것이 우세하다. 만일 두 개의 같은 극을 서로 보도록 돌린다면, 이 두 개의 자석은 서로 밀어낼 것이다(그림 11.1.2a). 만일 두 개의 반대 극을 서로 보도록 돌린다면, 이 두 개의 자석은 서로 끌어당길 것이다(그림 11.1.2b). 만일 이들을 기울여서 각을 이루도록 하면, 반대 극은 모이고 같은 극은 떨어지도록 뒤트는 경향을 가지는 회전력을 경험하게 될 것이다.

자기 홀극은 없으므로, 자기를 더 잘 이해하기 위한 약간의 상상력이 필요하다. 단위로 시작하자. 비록 우리가 순수한 북극의 단위를 수집할 수는 없겠지만, 우리는 그러한 단위를 정의하고 그 거동을 이해할 수 있다. 자극의 SI 단위는 **암페어-미터**(ampere-meter)이다(축약해서 A · m). **자기적** 단위에 나타나는 **전기적** 단위는 우리가 곧 마주치게 될 전기와 자기 사이의 깊은 연결을 예시하고 있다.

Coulomb의 전기전하 법칙이 있는 것처럼 **Coulomb의 자극 법칙**(Coulomb's law for magnetic poles)이 있다. Coulomb의 자기 실험은 개별적인 극들보다는 자기 쌍극자를 가

그림 11.1.2 (a) 두 단추 자석을 같은 극을 마주보도록 돌리면 서로 밀어낸다. (b). 반대 극을 마주보도록 돌리면 끌어당긴다.

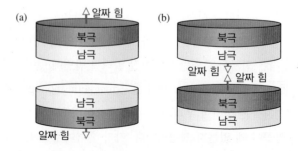

지고 실험해야만 했다는 사실에 의해 복잡해졌지만, 자극들 사이에 이 힘이 각 극의 양에 비례하고 그들 거리의 제곱에 반비례한다는 것을 보였다. 정확한 관계식을 언어 식으로 쓰면 다음과 같다.

$$\text{힘} = \frac{\text{자유 공간의 투자율} \cdot \text{극}_1 \cdot \text{극}_2}{4\pi \cdot (\text{두 극 사이의 거리})^2} \tag{11.1.1}$$

기호로 나타내면 아래 식으로 된다.

$$F = \frac{\mu_0 \cdot p_1 \cdot p_2}{4\pi r^2}$$

그리고 일상의 언어로 표현하면 아래와 같다.

> 서로 끌어당기거나 밀어내는 두 개의 강한 자극들을 강하게 제어할 수 있는
> 준비가 되어 있지 않다면 서로 가깝게 잡고 있지 마시오.

극$_1$에 작용하는 힘은 극$_2$ 쪽 또는 멀어지는 방향으로 향하고 있고, 극$_2$에 작용하는 힘은 극$_1$ 쪽 또는 멀어지는 방향으로 향하고 있다. **자유 공간의 투자율**(permeability of free space)은 $4\pi \times 10^{-7}$ N/A^{2}이다. Newton의 제3운동법칙과 같이, 극$_1$이 극$_2$에 작용하는 힘은 극$_2$가 극$_1$에 작용하는 힘과 크기는 같지만 반대 방향이다.

> ◉ Coulomb의 자기 법칙
>
> 두 개의 자극들 사이의 자기력의 크기는 자유 공간의 투자율과 두 극들의 곱을 그들 사이 거리의 제곱에 4π를 곱한 값으로 나눈 것이다. 만일 극들이 같다면 힘은 밀어내는 척력이고, 극들이 서로 반대라면 인력이다.

> ➡ **개념 이해도 점검 #1: 두 개의 절반은 하나의 전체를 만든다**
>
> 원판 모양의 영구자석을 하나 가지고 있다. 윗면은 북극이고 아랫면은 남극이다. 만일 이 자석을 두 개의 반원으로 깨뜨린다면, 이 두 개의 절반은 서로 밀어내게 될 것이다. 왜 그런가?
>
> 해답 이 두 절반의 윗면들은 여전히 북극이고, 아랫면들은 여전히 남극이다. 이 두 윗면들은 서로 밀어내고, 두 아랫면들도 마찬가지이다.
>
> 왜? 이 당황스런 현상은 깨진 영구자석이 다시 재조립되는 시도를 방해하기 때문에 나타난다. 이는 영구자석 안에 포함된 위치에너지로 설명된다. 자석은 아주 작은 많은 자석들이 모여서 구성되어 있으며, 이 작은 자석들은 모두 그들의 북극과 남극으로 정렬되어 있다. 극들이 서로 밀어내므로 이 작은 자석들은 함께 붙잡고 있기 어렵다. 기회가 주어진다면, 이 자석은 조각들로 서로 밀려나게 될 것이다. 매우 강한 영구자석은 깨질 때 많은 위치에너지를 방출하므로 그들은 금이 가면서 실제로 폭발한다.

냉장고: 철과 강철

두 개의 단추 자석은 서로 밀거나 당길 수 있지만, 만일 하나만 있다면 어떻게 되겠는가? 이 경우에 자기적 힘을 관찰하는 가장 쉬운 방법은 하나의 자석을 냉장고나 다른 철 또는

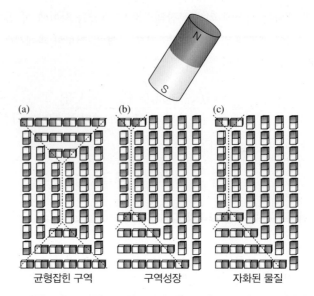

(a) 균형잡힌 구역   (b) 구역성장   (c) 자화된 물질

그림 11.1.3 (a) 철 또는 강철에 있는 수많은 미시적인 자석들은 보통은 어느 정도 무질서하게 배열되어 있다. (b) 그러나 강한 자극이 가까이 오면 그것을 끌어당기기 위해 이 작은 자석들이 방향을 바꾼다. 유연한 자기적 물질에서는 이 재배열이 일시적이다. (c) 하지만 단단한 자기적 물질에서는 외부적인 극이 떠나간 후에도 오랫동안 자화된 상태로 남아 있다.

강철 조각 근처에 놓는 것이다. 이 자석은 냉장고로 끌어당겨진다. 하지만 만일 이 단추 자석을 뒤집어 놓으면 이제는 냉장고에 반발할 것이라고 생각한다면 당신은 실망하게 될 것이다. 비록 냉장고는 분명히 자기적이지만, 그 자성은 어쨌든 단추 자석에 반응해서 이 둘은 항상 끌어당긴다.

냉장고의 이러한 반응이 신비한 것은 아니다. 냉장고의 강철은 수많은 미시적인 자석들로 구성되어 있고, 각각은 어울리는 북극과 남극을 가지고 있다(그림 11.1.3). 정상적으로 이들 개별적인 자기 쌍극자들은 무질서하게 방향을 가지기 때문에(그림 11.1.3a), 냉장고는 전체적인 자성을 나타내지는 않는다. 그렇지만 단추 자석의 한 극을 냉장고 근처로 가져오면 작은 자석들이 크기, 모양, 방향에서 점진적으로 변화한다(그림 11.1.3b). 전체적으로 단추 자석의 반대 극들은 단추 자석에 더 가깝게 방향을 바꾸고 같은 극들은 단추 자석에 더 멀도록 방향을 바꾼다. 강철에는 **자기 편극**(magnetic polarization)이 형성되고 결과적으로 단추 자석의 극을 끌어당긴다.

단추 자석의 극이 가까이 있기만 하면 이 편극이 강하게 남는다. 이 단추 자석을 제거하면 강철에 있는 작은 자석들의 대부분은 그들의 무질서한 방향을 회복하고 이 강철의 자기 편극은 줄어들거나 없어진다. 이번에는 단추 자석의 다른 극을 냉장고에 가깝게 가져갔을 때, 냉장고의 강철은 반대의 자기 편극을 발전시키고 다시 단추 자석의 극을 끌어당긴다. 따라서 어떤 극을 냉장고 근처에 가져간다 하더라도, 강철은 이 극을 끌어당기는 방향으로 편극이 될 것이다.

만약 당신이 플라스틱이나 알루미늄 표면에 이와 같은 실험을 시도했다면 단추 자석이 들러붙지 않는 것을 발견했을 것이다. 강철에는 어떤 특성이 있어서 이런 강한 자기 편극을 만들도록 허락하는 것인가? 그 답은 보통의 강철이 그 구성 성분인 철처럼 **강자성**

(ferromagnetic) 물질이라는 것 때문으로, 이것은 원자의 크기 수준에서 능동적으로 그리고 불가피하게 자기적이다.

강자성을 이해하기 위해서, 우리는 원자들과 그들을 구성하는 아원자 입자들인 전자, 양성자, 중성자들을 살펴보는 것으로 시작해야 한다. 복잡한 이유에 의해서 모든 아원자 입자들은 자기 쌍극자를 가지며, 특별히 전자들과 이들이 만드는 원자들은 보통 이 자성을 보여준다. 이 아원자 입자들이 반대 방향을 가지고 짝을 이루어서 그 결과 그들의 자기 쌍극자가 서로 상쇄되는 경향이 있음에도 불구하고, 대부분의 고립된 원자들은 의미있는 자기 쌍극자를 가진다.

비록 대부분의 원자들은 본질적으로 자기적이지만, 대부분의 물질들은 그렇지 않다. 이는 원자들이 모여서 물질이 될 때 또 다른 단계의 짝짓기와 상쇄가 발생하기 때문이다. 이 상쇄의 두 번째 단계는 보통 매우 효율적이어서 원자 크기에서의 자성을 완전하게 제거한다. 유리, 플라스틱, 피부, 구리, 알루미늄 같은 물질들은 원자 수준의 자성을 유지하지 못하므로 단추 자석은 이들에 들러붙지 않는다. 대부분의 스테인리스 강철조차도 비자기적이다.

그러나 이러한 전체적인 상쇄를 피하고 원자 수준에서 자성을 유지하는 물질이 약간 있다. 이들 중 가장 중요한 것이 자석이고, 일반적으로 강철과 철을 포함하는 자성 물질은 이 부류에 속한다. 만약 강자성 강철의 작은 영역을 조사한다면, 이것이 원래부터 자기적이고 자성을 없앨 수 없는 **자기 구역**(magnetic domains)이라고 부르는 많은 미시적인 영역으로 구성되어 있다는 것을 발견할 것이다(그림 11.1.3a). 하나의 구역 안에서는 모든 원자 수준 자기 쌍극자들이 정렬되어 있고, 그래서 함께 그 구역에 실질적인 알짜 자기 쌍극자를 주는 것이다.

보통의 강철은 항상 이러한 자기 구역들을 가지는 반면에, 자기적 상호작용은 근처에 있는 구역들에 영향을 주어서 그 결과 자기 쌍극자들이 서로 반대가 되어 상쇄되도록 한다. 미시적인 자석들이 서로 균형을 이루며 그 결과 강철은 비자기적으로 보이는 것이다.

하지만 강철 주위에 강한 자극을 가지고 오면, 자기적으로 어떤 방향을 향하고 있느냐에 따라서 개별적인 구역들이 커지기도 하고 줄어들기도 한다(그림 11.1.3b). 강철은 **자화되는**(magnetized) 것이다(그림 11.1.3c). 이 과정 동안에 원자들 자체는 움직이지 않으며, 순전히 원자 수준 자기 쌍극자의 방향만이 변하는 것이다. 단추 자석을 끌어당기는 구역들이 커지고 반면에 밀어내는 구역은 줄어들면서, 그 결과 단추 자석은 냉장고에 들러붙게 되는 것이다.

> ▶ **개념 이해도 점검 #2: 고리 연결**
>
> 만약 영구자석의 북극을 강철로 만든 종이 클립의 한쪽 끝에 접촉시키면, 이 클립의 다른 쪽 끝이 자화가 될 것이다. 이 다른 쪽은 어떤 극을 가지는가?
>
> ▶ 해답 북극을 가질 것이다.
>
> ▶ 왜? 이 종이 클립은 영구자석의 북극과 가장 가까운 곳이 남극을 가지도록 자기적으로 편극될 것이다. 이 종이 클립의 다른 쪽 끝은 북극을 가질 것이고 다른 종이 클립들을 편극되게 할 수 있을 것이다. 이렇게 편극된 클립들은 하나의 긴 사슬로 함께 매달릴 수 있기에 충분할 만큼 서로를 강하게 끌어당긴다.

그림 11.1.4 (a) 비록 이 종이 집게들이 처음에는 자화되지 않았지만, 강한 영구자석의 극은 이들을 자화시켜서 사슬로 만든다. (b) 자화시키는 자석이 제거된 후에, 집게들은 그들의 자기화 일부를 유지한다.

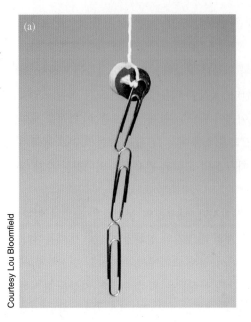
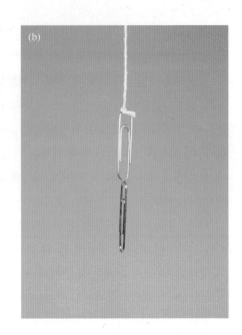

Courtesy Lou Bloomfield

플라스틱 얇은 판 자석과 신용카드

냉장고에 붙였던 단추 자석을 떼어내면 강철은 원래의 비자기적인 상태로 되돌아간다. 이것은 비자기화, 즉 **자성이 없어진**(demagnetized) 것이다. 사실은 자성이 **거의** 없어진 것이다. 이 비자기화 과정은 완벽하지 않은데, 왜냐하면 구역들의 일부가 붙어버렸기 때문이다. 비록 강철 내에서 자기적 힘은 명백한 비자성 상태로 완전하게 돌아가는 것을 선호하지만, 이 구역들이 커지거나 줄어드는 것을 화학적 힘이 어렵게 만들 수 있다. 인접한 구역들은 **구역 벽**(domain wall)에 의해서 분리되어 있는데, 이 벽은 한 자기적 구역과 방향이 다른 구역 사이의 경계면이다. 만약 구역들이 크기를 바꾸면 이들 구역 벽들도 움직여야만 한다. 그러나 강철 내에 있는 결함과 불순물이 구역 벽과 상호작용을 해서 이 벽이 움직이지 못하도록 만든다. 이런 일이 생기면, 이 강철은 자성을 완전히 없애는 데 실패하게 된다(그림 11.1.4). 강철로부터 남아있는 자성의 마지막 부분을 제거하기 위해서는 보통 열 또는 역학적인 충격을 주어서 구역 벽들이 움직이도록 도와주어야만 한다.

연한 자성 물질(soft magnetic material)은 모든 가까운 극들이 제거되었을 때 쉽게 자성을 잃어버리는 물질이다. 화학적으로 순수한 철은 결함 또는 불순물을 거의 가지고 있지 않은 연한 자성 물질이어서 자화시키기도 쉽고 자성을 없애기도 쉽다. **강한 자성 물질**(strong magnetic material)은 쉽게 자성을 잃어버리지 않는 물질이고, 근처의 강한 극들에 가장 최근까지 노출되어 어떤 구역 구조가 만들어지면 유지되는 경향이 있다(그림 11.1.3c). 단추 자석은 강한 자성 물질로 만들어진다.

강철처럼 단추 자석 안에 있는 물질은 강자성이거나 또는 강자성과 밀접하게 연관되어 있다. 하지만 강철과는 다르게, 단추 자석의 구역들은 쉽게 줄어들거나 커지지 않는다. 만드는 과정에서 단추 자석은 강한 자기적 영향에 노출되어서 자화되었기 때문에 그 구역들은 영구자석 극을 주도록 다시 정렬되었다. 이것은 이제 한쪽 면 위에서 북극을 가지고 다른 쪽 면 위에서는 남극을 가진다. 이 단추를 극단적으로 강한 자기적 영향에 노출시키거나 또는 열을 가하거나 아니면 때려 부수지 않는다면, 이것은 그 현재의 자기화를 거의 영구적으로 유지할 것이다. 이런 면에서, 이 단추는 하나의 **영구자석**(permanent magnet)이다.

모든 영구자석이 단추 자석처럼 간단한 것은 아니다. 어떻게 자화되었는지에 따라서 그들은 예상하지 못한 장소에 놓인 북극과 남극을 가질 수 있고, 심지어 한쌍의 극보다 더 많이 가질 수도 있다. 플라스틱 얇은 판 자석은 여러 개의 극을 가진 자석의 좋은 예로, 각각은 길이 방향을 따라서 교대로 극이 반복되는 형태를 가진다. 정확한 형태는 자석에 따라 다르지만, 대부분은 교대로 나타나는 평행한 띠를 형성하는 극들을 가진다. 당신은 이 띠들이 분극화되어 철가루들을 끌어당기도록 놓아두거나(그림 11.1.5), 또는 두 개의 동일한 얇은 판 자석을 서로 미끄러지도록 함으로써 이 띠들을 발견할 수 있다. 반대되는 극들이 서로 건너서 정렬되었을 때 이 얇은 판들은 끌어당기고 매우 강하게 서로 결합될 것이다. 같은 극들이 정렬하도록 당신이 자석들 중 하나를 움직였을 때 그들은 서로를 밀어낼 것이다.

자화를 '기억하는' 강한 자성 물질은 정보를 저장하는 일에 쓰일 수 있다. 일단 어떤 정보를 나타내도록 특정한 방법으로 자화가 되면, 다른 물질이 그것을 다르게 자화시킬 때까지 이 물질은 그 자화와 연관된 정보를 유지할 것이다. 강한 자성 물질에서 정보 유지는 신용카드에 있는 자기 띠, 자기 테이프, 컴퓨터 디스크, 그리고 자기 무작위 접근 메모리(MRAM)를 포함하는 대부분의 자기적 기록과 저장을 위한 기초를 만든다(그림 11.1.6).

Courtesy Lou Bloomfield

그림 11.1.5 철가루는 이 플라스틱 얇은 판 자석의 자극들 사이에 다리를 형성한다.

Courtesy Lou Bloomfield

그림 11.1.6 철가루는 이 신용카드의 자기 띠 위에 있는 자극들의 위치를 보여준다. 그 극들이 놓여있는 곳을 선택함으로써 정보가 저장된다.

> ▶) **개념 이해도 점검 #3: 극 바꾸기**
>
> 만약 고정되어 있는 작은 약한 자석의 북극 근처에 큰 강한 자석의 북극을 가져온다면, 이 작은 자석에는 어떤 일이 생기는가?
>
> **해답** 이것의 자극이 바뀔 것이다.
>
> **왜?** 비록 이 작은 자석이 움직일 수는 없지만, 이것의 자극은 움직일 수 있다. 두 개의 북극 사이의 밀침이 충분히 강해졌을 때 이 작은 자석의 극은 바뀔 것이고, 그러면 그것의 남극을 큰 자석의 북극으로 향하게 할 것이다. 작은 자석의 극은 영구적으로 뒤집히게 될 것이다.

나침반

만약 당신이 하이킹을 한다면 자석 나침반을 가지고 있을지 모른다. 단추 자석처럼, 이 나침반의 바늘은 하나의 자기 북극과 하나의 자기 남극을 가진 간단한 영구자석이다. 이 바늘은 방향 찾기를 도와주는데, 왜냐하면 지구 자체가 하나의 자기 쌍극자이며 그 쌍극자가 이 바늘의 방향에 영향을 주므로 바늘의 자기 북극은 북쪽으로 향하는 경향이 있다.

이미 우리는 지구의 지리적인 **북극** 근처에 무엇이 위치해야만 하는지 추측할 수 있는데, 바로 자기적인 **남극**이다. 자기 남극으로부터 끌어당김이 바로 이 나침반의 자기 북극을 북쪽으로 끌어당기는 것이다. 그러나 전체 이야기는 더 복잡하다. 우선 지구의 자극은 실제로는 그 표면에서 멀리 아래에 위치하고 있으며 지리적인 극과 완벽하게 정렬되어 있지는 않다. 일을 더 어렵게 만드는 것은, 먼 산들로부터 가까운 건물까지 모든 것에 있는 자기적으로 활성화된 물질들이 이 나침반 바늘에 그들 고유의 영향을 끼친다. 전체적으로 이 나침반 바늘은 가까이 그리고 멀리 있는 수많은 자극들의 영향에 반응하고 있는 것이다. 이 모든 분리된 영향들을 합치는 것이 얼마나 어려운지 가정한다면, 이 나침반 바늘이 어떤 국소적인 양, 정자기적인 힘이 극에 미치는 공간의 영향인 **자기장**(magnetic field)과 반응하는 것으로 보는 것은 더 쉽다. 이 새로운 관점에 의하면, 이 나침반 바늘은 국소적인 자기장에 반응하며, 이 자기장은 모든 주변의 자극들에 의해서 만들어진 것이다.

전기장을 가지고 했던 것처럼, 자기장은 여기에서 단순히 중개자로 행동하는 것으로 보이는데, 다양한 극들이 자기장을 만들고, 이 자기장이 나침반 바늘에 영향을 주는 것이다. 전기장이 전하보다 물체들에 의해서 생성될 수 있는 것처럼, 그렇게 자기장도 극보다 물체들에 의해서 만들어질 수 있다.

어떤 주어진 장소에서 자기장은 만일 순수한 단위 북극이 그 지점에 놓여 있다면 경험하게 될 정자기적인 힘을 측정한다. 보다 구체적으로, 이 정자기 힘은 그 극에 이 극의 위치에서 자기장을 곱한 것이다. 우리는 이 관계를 언어 방정식으로 다음과 같이 쓸 수 있다.

$$\text{자기력} = \text{극} \cdot \text{자기장} \qquad (11.1.2)$$

기호로 나타내면 아래 식과 같다.

$$\mathbf{F} = p\mathbf{B}$$

그리고 일상적인 언어로 표현하면 다음과 같다.

> 만약 당신이 어떤 강한 자석을 큰 자기장이 있는 곳에 놓으면,
> 강하게 밀릴 것으로 예상된다.

여기에서 정자기 힘의 방향은 자기장의 방향이다. 음(−)의 극(남극)은 자기장의 방향과 반대 방향의 힘을 경험한다. 자기장의 SI 단위는 **뉴턴/암페어·미터**(newton per ampere-meter; N/A · m)이고, 이것은 또한 **테슬라**(tesla; 줄여서 T)라고 부른다.

지구의 자기장은 비교적 약하고, 크기는 약 0.00005 T이며 방향은 대충 북쪽이다(**2** 참조). 지구의 자기장은 나침반 바늘의 북극을 북쪽으로 남극을 남쪽으로 밀어낸다(그림 11.1.7). 이 나침반 바늘이 그 장과 정확하게 정렬되어 있지 않으면, 이 바늘은 회전력을 경험하고 각가속도를 가진다. 이 바늘은 단지 수평으로만 회전하도록 허용되어 있고 회전하면서 약한 마찰력만 경험하기 때문에, 이 바늘은 곧 그 북극이 대충 북쪽으로 향하면서 정지한다. 만약 이 바늘이 수평은 물론 수직으로도 회전하도록 허용된다면, 이 바늘의 북극이 북반구에서는 아래쪽 방향으로 남반구에서는 위쪽 방향으로 내려가게 될 것이다. 일반적으로, 이 바늘은 국소적인 자기장의 방향을 따라 정렬함으로써 정자기 위치에너지를 최소로 만들고, 그래서 이렇게 방향을 잡았을 때 안정적인 평형 상태에 있는 것이다. 몇 차례 앞과 뒤로 왔다 갔다 한 후에, 나침반 바늘은 국소적인 자기장의 방향을 따라서 정렬하는데, 이것이 우리가 희망하는 북쪽으로 향하는 것이다.

지구의 자기장은 당신의 나침반 근처에서 균일하기 때문에, 나침반 바늘의 북극에 대한 북쪽으로의 밀침은 바늘의 남극에 대한 남쪽으로의 밀침과 정확하게 균형을 이루며, 바늘

은 0의 알짜 힘을 경험한다. 그러나 만약 나침반을 어떤 단추 자석 근처로 가져온다면, 국소적인 자기장은 균일하지 않게 될 것이고, 이 바늘은 알짜 힘을 받을 수 있다. 이 자기장은 단추 자석의 극들 중 하나의 근처에서는 더 강해지며, 나침반 바늘이 어느 방향으로 있는가에 따라 그 극으로부터 멀어지거나 가까이 가는 알짜 힘을 경험할 수 있다.

이 바늘이 균일하지 않은 장을 따라서 정렬되었을 때 북극은 국소적인 장과 같은 방향으로 향하고 있는데, 그것의 두 반대 극들에 작용하는 힘은 균형을 이루지 않을 것이고 이것은 증가하는 장의 방향으로 알짜 힘을 경험할 것이다. 만약 이것이 그 장과 반대로 정렬되어 있다면, 이것은 감소하는 장의 방향으로 알짜 힘을 경험할 것이다. 실제로 당신이 나침반을 단추 자석 근처로 가져올 때, 그 바늘은 처음에 국소적인 장을 따라 정렬하도록 회전할 것이고, 다음에는 단추 자석의 가장 가까운 극 쪽으로 증가하는 장 쪽으로 끌리는 것을 발견할 것이다. 당신이 두 개의 단추 자석을 함께 가져올 때도 같은 일이 발생한다. 각각은 다른 것의 자기장을 따라 정렬하도록 회전하며, 다음에는 둘이 서로에게 뛰어오를 수 있으므로 손가락을 조심해야 한다.

강철 조각도 당신이 어떤 단추 자석 근처에서 그것을 잡고 있을 때 비슷한 현상을 보여준다. 그것은 국소적인 자기장의 방향을 따라 자화되고, 다음에는 단추 자석의 가장 가까운 극 쪽으로 증가하는 장 쪽으로 끌릴 것이다. 이것이 단추 자석이 메모지를 냉장고에 붙잡고 있는 방법이다.

지구의 자기장

그림 11.1.7 어떤 나침반 바늘이 국소적인 자기장에 정렬되어 있다. 그 북극은 이 장의 방향으로 정자기 힘을 받으며, 그 남극은 이 장과 반대 방향의 힘을 받는다.

▶ 개념 이해도 점검 #4: 미친 나침반

나침반의 바늘을 고정하고 그것의 북극을 강력한 단추 자석의 북극 근처로 움직인다. 이 바늘은 강한 장 또는 약한 장 어느 쪽으로 정자기 힘을 받을 것인가?

해답 나침반 바늘은 약한 자기장 쪽으로(단추 자석으로부터 멀어지는) 정자기 힘을 받을 것이다.

왜? 나침반의 자극이 단추 자석의 자기장에 반대 방향으로 정렬되어서, 나침반은 더 약한 자기장 쪽으로 힘을 받을 것이다. 실제로 만약 당신이 계속해서 나침반 바늘을 단추 자석에 더 가깝게 민다면, 나침반 바늘은 갑자기 다시 자화될 수 있다. 바늘의 극들은 영구적으로 바뀔 것이고 그것은 계속해서 북쪽보다는 남쪽으로 향할 것이다. 하지만 걱정하지 않아도 되는데, 왜냐하면 당신은 단순하게 이 과정을 반복해서 이 나침반을 정상으로 회복할 수 있기 때문이다.

▶ 정량적 이해도 점검 #1: 렌치 주의

당신이 실수로 어떤 긴 렌치를 어떤 강한 자석 근처의 1 T 자기장에 놓았다. 이 장은 렌치를 자화시킨다. 따라서 렌치는 가까운 끝 근처에서는 1000 A·m의 북극을, 그리고 먼 끝에서는 같은 남극을 만든다. 이 렌치의 가까운 끝만 1 T 자기장에 있고 자기적 힘을 받는다. 이 장이 렌치와 그것의 북극에 작용하는 힘은 얼마인가?

해답 이 장의 방향으로 거의 1000 N의 힘이 작용한다.

왜? 식 (11.1.2)에 따르면 이 렌치의 북극에 작용하는 힘은 그것의 극 1000 A·m에 1 T 자기장을 곱한 것이다. 1 T = 1 N/A·m이므로, 이 곱하기는 1000 N이고 이 장의 방향으로 향한다. 강철 또는 철 물체들이 강한 자기장에 노출될 때 이렇게 큰 힘은 이상한 것이 아니며, 그래서 큰 자석 근처에서 일을 할 때는 조심해야만 한다!

철가루와 자기 다발 선

Courtesy Lou Bloomfield

그림 11.1.8 액체에 의해 지지되는 이 철가루는 자석 둘레의 자기 다발 선들을 보여준다.

만약 우리가 자기장을 볼 수 있다면 도움이 될 것이다. 놀랍게도 철가루를 자기장 속으로 흩뿌리면 볼 수 있는데, 재미있는 형태가 만들어진다. 작은 나침반 바늘처럼, 이 철 입자들이 국소적인 자기장을 따라 자화되고 다음에는 서로 붙어 북극에서 남극으로 자기장을 그리는 긴 끈 모양이 된다(그림 11.1.8).

이 끈들은 재미있는 방법으로 자기장을 그린다. 먼저 이 끈 위에 있는 각 점은 국소적인 자기장을 따라 향한다. 다음으로 이 끈들은 국소적인 자기장이 가장 강한 곳에서 가장 빽빽하게 압축된다. 다시 말한다면 이 끈들은 국소적인 자기장 방향을 따라 그려지고, 그 국소적인 장의 크기에 비례하는 밀도를 가진다. 이 끈들에 의해서 강조되는 선들은 매우 유용하며, 이를 **자기 다발 선**(magnetic flux lnes)이라 한다.

다발 선은 자기장을 탐구할 때 종종 유용하다. 만약 당신이 넓은 면적 안에서 자기장을 연구하고 있다면, 당신은 아마도 철가루 사용을 원하지 않는다. 대신에 당신은 나침반을 손에 들고 자기장의 방향인 나침반 바늘이 가리키는 방향으로 걸을 수 있다. 이 나침반이 인도하는 길을 따라가면 그 길이 자기 다발 선이 된다. 만약 여러 다른 출발점들로부터 이 여행을 반복한다면, 당신은 전체 자기 다발 선을 탐구하게 될 것이다. 자기장은 북극에서 멀어지면서 남극 쪽으로 향하는 경향이 있기 때문에, 이 여행은 전형적으로 당신을 북극에서 남극으로 데리고 갈 것이다. 사실 영구자석의 경우에, 모든 자기 다발 선은 북극에서 시작해서 남극에서 끝난다.

다발 선들에 관한 마지막 관찰은 매우 일반적인데, 그들은 자극을 제외하고 어느 곳에서도 결코 시작하거나 끝나지 않는다. 다발 선들은 북극에서부터 모든 방향으로 나오며 모든 방향으로부터 남극으로 수렴하는데, 다발 선들은 빈 공간에서는 결코 시작하거나 끝나지 않는다. 만약 당신이 나침반을 가지고 어떤 자기 다발 선을 따라간다면, 당신은 남극에 도착하거나 아니면 영원히 걸을 것이다.

끝이 없이 걸을 가능성은 약간 당황스러운데, 만약 당신이 따라가고 있는 다발 선이 극에서 끝나지 않는다면, 무엇이 자기장을 만들었는가? 이 답은 자기와 전기 사이의 깊은 관계를 보여준다. 어떤 자기장은 자극에 의해서 만들어지지 않고 전기에 의해서 생성된다. 이것이 어떻게 가능한지 알기 위해서, 또 다른 일상의 가정 자석인 평범한 현관의 벨을 살펴보자.

> ### ⏩ 개념 이해도 점검 #5: 다리 만들기
>
> 만약 철가루를 신용카드의 자기 띠 위에 흩뿌린다면, 작은 다리 모양이 만들어질 것이다. 자극들은 이들 다리들과 비교해서 어디에 있는가?
>
> 해답 극은 다리 끝에 있다.
>
> 왜? 철가루는 자기 다발 선들을 따라가는데, 이 선들은 북극에서 남극으로 뻗는다. 그러므로 각 다리의 한 쪽 끝은 북극이고 다른 쪽 끝은 남극이다.

전기 현관 벨과 전자석

고전적인 전기 현관 벨은 한 조각의 철을 두 개의 차임 '딩-동'에 넣기 위하여 하나의 자석과 하나의 용수철을 이용한다. 현관 벨 단추를 누르면 전기 회로를 닫는 것이고, 전류가 흘러 철을 **자기적으로** 밀어 첫 번째 차임인 '딩' 속으로 넣는다. 단추를 놓으면 회로는 열리고, 전류와 그 자성을 차단해서 이번에는 용수철이 철을 다시 두 번째 차임인 '동'으로 밀어 넣는다.

여기에서 큰 뉴스는 전류가 자기적인 힘을 만들 수 있다는 것이다. 사실, 전류가 자기적이라는 이 관계에 관해서는 선택이 없다. 더 구체적으로 말한다면, 움직이는 전하는 자기장을 생성한다.

◉ **전기와 자기 사이의 첫 번째 연결**
움직이는 전하는 자기장을 생성한다.

도선에 흐르는 전류가 가까이에 있는 나침반 바늘을 회전하도록 만든다는 것이 1820년 덴마크의 물리학자인 Hans Christian Oersted(1777~1851)에 의해 관찰되었다. Oersted의 이 실험에 고무되어, 프랑스의 물리학자인 André-Marie Ampère[3]는 전기와 자기 사이의 관계를 7년 동안 연구하였고, 이 둘을 단일 개념 체계로 궁극적으로 통합하는 혁명을 시작하였다.

어떤 길고 곧은 전류가 흐르는 도선 주위에 자기 다발 선들을 보기 위해서 철가루를 사용했을 때 놀라운 사실을 발견한다(그림 11.1.9). 이들 다발 선들은 중심이 같은 고리들처럼 도선 주위에 원을 만드는데, 도선으로부터 거리가 증가하면서 더 간격이 넓어진다. 이 도선이 **전자석**(electromagnet)이고, 이것은 전류가 흐를 때 자기적으로 되는 장치이다. 그러나 전자석은 진정한 자극들을 가지지 않기 때문에, 자기 다발 선들이 북극으로부터 남극까지 뻗칠 수 없다. 대신에 전자석의 각 다발 선은 하나의 닫힌 고리이다. 만약 당신이 이들 다발 선들 중 하나를 따라 나침반이 인도하는 길을 걷는다면, 당신은 온 길로 되돌아 갈 것이다.

전류가 흐르는 도선의 표면 근처에서 다발 선들이 가장 빽빽하게 쌓여있기 때문에, 이곳이 바로 자기장이 가장 강한 장소이다. 한 조각의 철이 증가하는 자기장 쪽으로 끌려간다는 것을 기억한다면, 우리는 도선에 전류가 흐를 때는 언제나 철을 도선으로 끌어당길 것이라는 것을 알게 된다.

하지만 전류가 흐르는 도선 주위의 자기장은 상당히 약해서, 실제적인 현관 벨은 도선을 감아서 코일을 만들어 그것의 장을 모아서 강하게 만든다. 비록 전류가 흐르는 코일 주위에서 자기장은 복잡하지만, 우리는 그것을 시각적으로 나타내기 위해서 철가루를 이용할 수 있다(그림 11.1.10). 놀랍게도, 이 코일의 바깥에서 다발 선들은 같은 크기의 단추 자석 바깥의 그들과 닮았다(그림 11.1.11). 이것은 마치 이 코일이 한쪽 끝에 북극을, 다른 쪽 끝에는 남극을 가지고 있는 것과 같다. 그러나 진짜 극들이 존재하는 것은 아니기 때문에, 다

[3] 프랑스의 물리학자인 André-Marie Ampère(1775~1836)는 프랑스 대혁명 전에 혼자서 공부를 했고, 그의 아버지는 혁명 중에 처형되었다. 그는 1796년에 과학 교사가 되었고, 1804년에 University of Paris에 정착하기 전에 몇 개의 도시에서 물리학 또는 수학 교수로 근무했다. 1820년에, 전류가 나침반 바늘을 편향시킨다는 것을 보여주는 Oersted의 실험을 알고 단지 일 주일 후에 Ampère는 이 주제에 관한 자세한 논문을 출판하였다. 분명히 그는 이 아이디어들에 관해서 오랫동안 생각해 오고 있었을 것이다.

Courtesy Lou Bloomfield

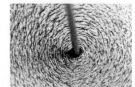

그림 11.1.9 철가루는 전류가 흐르는 도선 둘레에서 다발 선들이 그 도선을 둘러싸는 동심 고리들을 만든다는 것을 보여준다.

Courtesy Lou Bloomfield

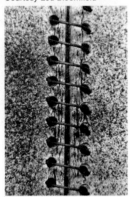

그림 11.1.10 철가루는 다발 선들이 전류가 흐르는 코일을 직선으로 관통하고 바깥에서는 되돌아오는 것을 보여주는데, 이것은 비슷하게 생긴 막대자석 둘레의 다발 선들과 매우 유사하다.

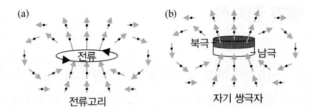

그림 11.1.11 (a) 전류가 흐르는 도선의 고리 주변의 자기장은 고리를 통과해서 위로 향하고 고리의 바깥에서는 아래로 향한다. 각 검은 점을 관통하는 자기장 화살표는 시험 북극이 그 점의 위치에서 받게 될 힘의 크기와 방향을 나타낸다. (b) 두 개의 극을 가진 단추 자석에 의해 생성되는 장은 고리의 그것과 거의 동일하다.

발 선들은 어디에서도 끝나지 않는다. 대신에 그들은 이 코일의 가운데를 관통해서 완전한 고리를 만든다.

전류가 코일을 통해서 흐를 때, 근처에 있는 철은 국소적인 자기장을 따라 자화되고, 그 다음에는 증가하는 장 쪽으로, 이 코일의 끝에 있는 다발 선들이 단단하게 밀집된 쪽으로 끌리는 것을 발견한다. 그러나 어디에서 멈추는가? 다발 선들이 코일 안쪽으로 계속되고 안쪽에서 한층 더 빽빽하게 밀집되고 있기 때문에, 철은 코일의 중심 쪽으로 안쪽으로 끌릴 것이다.

이것이 바로 현관 벨이 작동하는 원리이다. 당신이 현관 벨 단추를 누를 때, 전류가 도선의 코일을 통해서 흐르고 그 결과로 생기는 자기장이 철 막대를 그 코일의 중심으로 잡아당긴다. 이 막대가 중심에 도달할 시간에 그것의 일부가 첫 번째 차임을 때린다. 그 다음에 당신은 스위치를 열고 전류와 자기장을 멈추면 용수철이 철 막대를 다시 코일의 바깥으로 밀어내고 그것이 두 번째 차임을 때린다. 이들 두 차임이 익숙한 딩—동을 만든다.

전류가 코일을 통해서 흐르고 철 막대가 그 안쪽에 있는 동안, 이 두 물체는 하나의 강력한 전자석으로 행동한다. 이들 짝을 둘러싼 자기장은 코일의 적당한 자기장과 자화가 된 훨씬 더 강한 자기장의 합이다. 실제로 코일에 있는 전류가 철을 자화시키고 이 철이 그 다음에는 주변 자기장의 대부분을 만드는 것이다. 실제 전자석들은 용광로나 냉방기에서 스위치와 밸브를 제어하고 쓰레기장에서 차들을 들어 올리는 데 사용된다. 도선의 코일에서 전류에 의해 생성되는 자기장을 키우기 위해서는 보통 철 또는 이와 관련된 물질들을 이용한다(그림 11.1.12).

Courtesy Lou Bloomfield

그림 11.1.12 이 전기 스위치는 전자석에 의해서 제어되며 **계전기**(relay)라고 부른다.

🔁 개념 이해도 점검 #6: 현재 기술

자기공명영상(MRI) 진단에서, 환자는 강한 자기장 속으로 들어간다. 이 자기장은 영구자석이 전혀 없이, 심지어 철이 없이 만들어진다. 어떻게 이것이 가능한가?

해답 이 자기장은 도선의 코일에 흐르는 전류에 의해서 만들어진다.

왜? MRI는 강하고, 균일하며, 환자가 안에 들어갈 수 있을 만큼 충분히 넓은 자기장을 필요로 한다. 그렇게 엄청난 장을 만드는 가장 좋은 방법은 전류가 흐르는 코일을 이용하는 것이다. 실제로 이 자기장은 엄청나서 그것의 다발 선들은 이 자석으로부터 멀리 떨어진 곳까지 뻗치며 그 방을 가로질러 철 또는 강철 물체들을 끌어당길 수 있다. 당연히 MRI 자석 근처에서는 자기적인 물질들이 금지된다.

11.2 전력 송전

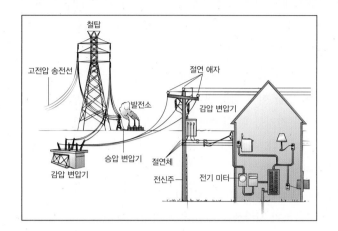

전기는 잘 정돈된 에너지의 특별히 유용하고 편리한 형태이다. 전기는 공익설비로 우리 가정과 사무실로 배달되므로, 청구서를 결제하는 것 외에는 그것에 대해서 거의 생각하지 않는다. 전기를 우리에게 가져오는 전선은 막히거나 또는 청소할 필요도 없으며, 발전소 사고, 끊어진 퓨즈, 또는 벗겨진 회로 차단기 등이 있을 때를 제외하고는 끊임없이 작동한다.

전기는 어떻게 우리의 가정까지 도달하는가? 이 절에서는 전기가 생산된 발전소로부터 멀리 전기를 보내는 것에 관련된 문제를 살펴볼 것이다. 이들 문제들을 이해하기 위해서는 전선이 전기에 어떤 영향을 주고, 변압기라고 불리는 장치에 의해서 전력이 어떻게 전달되며 달라지는지 조사할 것이다.

생각해 보기: 전력 송전 시스템은 왜 교류를 사용하는가? 고압선의 목적은 무엇인가? 전력 회사는 왜 집 가까운 전신주 위 또는 주택 지구의 지면에 큰 전기 장치를 두는가? 120 V와 220 V 전압의 장점과 단점은 각각 무엇인가?

실험해 보기: 전력 송전에 관한 실험은 다소 위험하지만, 주변의 전력이 어떻게 송전되는지 관찰은 할 수 있다. 만일 당신의 지역이 주요한 발전 네트워크에 연결되어 있다면, 전력 변환 시설들의 전체적인 체계를 발견할 수 있을 것이다. 전력은 발전소로부터 당신의 마을까지, 보통 높은 기둥이나 철탑 위에 높이 위치한 고압선으로 이동해야만 한다. 이들 전선들은 큰 전력 변환 설비가 있는 곳에서 끝나야 하는데, 여기에서 거대한 장치들이 도시에 산재해 있는 더 낮은 전압 송전선으로 전력을 전달한다. 어떤 장소에서는 이들 전선들이 높이 있지만, 다른 곳에서는 지하에 매설되어 있다. 그렇지만 이 전력은 아직 가정에서 사용할 준비가 되지 않았다. 이것은 각 가정에 도달하기 전에 최소한 한 번 이상의 변환을 더 거쳐야 한다.

모든 이들 변환 단계들은 변압기에 의해서 수행된다. 집 외부의 전신주나 지하에 있는 상자 또는 원기둥 모양의 변압기를 본 적이 있을 것이다. 도시들에서 변압기들은 보통 빌딩 내부의 잘 보이지 않는 곳에 위치한다. 비록 이들 변압기를 찾기 어렵더라도 분명히 어디엔가는 있다. 이 절에서는 변압기가 왜 필요한지 알아볼 것이다.

◉ 주의!

전기는 특히 높은 전압과 연관될 때 위험하다. 가장 위험한 경우는 전류가 당신의 심장 근처에서 몸을 통해서 흘러 심장의 정상적인 리듬을 붕괴시키는 경우이다. 매우 작은 전류만으로도 문제를 만들 수 있지만, 다행히 우리의 피부가 전기를 잘 통과시키지 않으므로 보통은 해로운 전류가 흐르지 못한다. 그렇지만 높은 전압들 근처에서는 조심해야 하는데, 왜냐하면 높은 전압은 위험한 전류를 피부를 통해 흐르도록 하여 위험에 처하게 할 수 있다. 보통 우리가 전기 충격을 받을 때 우리의 몸은 폐회로의 일부가 되어야 하지만, 눈에 보이는 회로가 없다고 해서 안전하다고 생각해선 안 된다. 우리가 전선을 만질 때 전기회로는 뜻하지 않은 방식으로 만들어지는 경우가 있다. 특별히 50 V 이상의 전압인 경우에는 근처에 있을 때 조심해야 한다. 특히 만약 젖어 있거나 피부가 손상되어 있다면 어떤 전압 근처에 있더라도 조심해야 한다. 보통 12 V의 전압 이하에서는 우리를 손상시키지 않으므로 일반적으로 안전하다고 여겨진다. 거의 모든 가정용 배터리들은 안전한 범위 안에서 전압을 제공하므로 전기 충격의 위험 없이 개별적으로 사용될 수 있다. 마찬가지로 전자 장치들을 위한 대부분의 전력 어댑터들도 12 V 이하의 전압을 제공하므로 거의 전기 충격을 일으키지 않는다.

직류 전력 송전

배터리가 손전등에 전력을 공급하는 데는 좋을 수 있지만 가정용 조명에는 실용적이지 않다. 지하에 배터리를 놓았던 초기 실험들은 배터리가 너무 빨리 에너지를 소모하여 수리와 화학약품 교체가 매우 자주 필요했기 때문에 실패하였다.

전기를 위한 보다 효율적인 원천은 석탄 또는 석유를 동력원으로 하는 발전기이다. 배터리처럼 발전기는 전류가 흐르도록 일을 하여 집을 밝히는 데 필요한 전력을 공급할 수 있다. 그러나 비록 발전기가 배터리보다 전기를 더 값싸게 생산하지만, 초기의 발전기들은 신선한 공기와 주의를 요구하는 큰 기계였다. 이 발전기들은 사람들이 관리하기 쉽고 굴뚝이 연기를 제거할 수 있는 곳에 세워져야만 했다.

이것은 미국의 발명가 Thomas Alva Edison(1847~1931)의 실용적인 백열전구 개발에 따라 1882년에 뉴욕시에 전력을 공급하기 시작했을 때 사용된 방식이었다(◢ 참조). Edison 전기회사의 발전기들은 기계적인 배터리처럼 작동해서 **직류**(direct current, 줄여서 DC)를 생산했는데, 이것은 항상 한 도선을 통해서 발전기를 떠나 다른 도선을 통해서 되돌아오는 방식이다. Edison은 발전기를 중심부에 놓고 구리 도선을 통해서 고객 가정으로 전류를 보냈다. 그러나 건물이 발전기에서 멀리 있을수록 구리 도선은 점점 더 두꺼워야 했다. 왜냐하면 도선이 전류의 흐름을 방해하고 도선을 더 두껍게 만들면 전류를 더 쉽게 수송할 수 있기 때문이다.

도선의 두께가 중요한 이유는 10장에서 공부했던 전구의 필라멘트처럼 전선들이 전기저항을 가지기 때문이다. Ohm의 법칙에 따르면(식 10.3.4), 도선을 통한 전압 강하는 전기저항과 저항을 통해서 흐르는 전류를 곱한 것이다. 발전소로부터 가정으로 전류를 보내는 도선의 경우, 우리의 주된 관심사는 얼마나 많은 전력을 그 도선이 열전력으로 소모하는가이다. 우리는 이 소모된 전력을 Ohm의 법칙과 장치에 의해서 소모되는 전력에 관한 식인 식 10.3.1에 결합해서 다음과 같이 결정할 수 있다.

$$
\begin{aligned}
소모된\ 전력 &= 전압\ 강하 \cdot 전류 \\
&= (전류 \cdot 전기저항) \cdot 전류 \\
&= 전류^2 \cdot 전기저항
\end{aligned} \tag{11.2.1}
$$

도선의 소모 전력은 그것을 통과하는 전류의 제곱에 비례한다. 이러한 관계식은 Edison이 그의 전력 송전 시스템을 확장하려고 시도했을 때 모든 것이 분명하게 되었다. 어떤 특정한 도선을 통하여 더 많은 전류를 보내려고 할수록, 더 많은 전력이 열로 손실된다. 도선에서 전류를 두 배로 하면 도선이 소모하는 전력은 네 배가 된다.

Edison은 도선의 전기 저항을 낮추어 이 손실과 싸우려고 시도했다. 그는 구리를 사용했는데, 왜냐하면 구리가 은 다음으로 좋은 도체이기 때문이다. 그는 움직이는 전하의 수를 증가시키기 위하여 두꺼운 도선을 사용했다. 그는 또한 도선들이 전력을 소모할 기회를 많이 가지지 않도록 도선을 짧게 유지했다. 이 길이 제한 때문에 Edison은 발전소를 그가 주문을 받는 도시들 안에 세울 수밖에 없었다. 심지어 뉴욕 시 안에도 발전소를 다수 세웠다.

◢ Lewis Howard Latimer(미국 과학자이며 발명가, 1848~1928) 미국 연방 대법원의 Dred Scott 판결에서 Latimer의 도망친 흑인 노예 아버지를 탈주자로 규정하여 사형선고를 내렸을 때 그의 나이는 단지 8살에 불과했다. 그는 어머니와 함께 남겨졌지만, 공부를 잘 해서 숙련된 도안공이자 기술자가 되었다. Edison의 경쟁자였던 Hiram Maxim을 위해 일하는 동안 Latimer는 백열전구를 위한 탄소 필라멘트를 제작하는 일에서 전문가가 되었다. Latimer가 나중에 Edison의 발명 팀인 'Edison Pioneers'에 합류했을 때, 그의 튼튼한 탄소 필라멘트는 Edison의 원래의 연약한 대나무 필라멘트를 빠르게 대체했으며 Edison의 전구가 상업적인 성공을 거두는 데에 결정적인 역할을 하였다.

(초기 발전소에 관한 흥미로운 이야기는 ⑤를 보자.)

Edison은 또한 도선들 사이의 전압 차는 증가시키는 반면에 전류는 감소시켜서 낭비를 최소화하려고 시도하였다. 수송된 전력은 전류와 전압 강하를 곱한 것과 같으므로(식 10.3.1), 각 가정으로 흘러가는 전류는 작은 반면에 전압 강하가 더 크면 전달되는 전력은 변하지 않고 그대로 이다.

가정으로부터 그리고 가정까지 전류가 흐르는 두 도선 사이의 전압 차는 보통 전력 전압이라고 한다. 이 용어를 사용하여, Edison은 그의 고객들에게 엄청난 양의 전압, 즉 높은 전압의 DC 전력을 선사해야 했다. 그렇지만 높은 전압 전력은 발화의 원인이 되고 불꽃과 전기 충격을 일으킬 수 있기 때문에 위험하다. 집 바깥에서는 안전하게 다루어질 수 있겠지만 그것을 집 안으로 가져오는 것은 또 다른 문제였다. Edison은 안전이 허락되는 가장 높은 전압을 사용했다.

비록 과학자들은 극도로 낮은 온도에서 전기 저항을 잃고 완전한 전기 도체가 되는 물질인 **초전도체**(superconductor)를 많이 발견했지만(그림 11.2.1), 이들 초전도체들을 전력 송전 시스템으로 쓰기에는 여전히 너무 비현실적이다. 그들의 사용은 큰 전자석이나 특별한 전자 장비 같은 특이한 응용에 한정된다.

> ⏩ **개념 이해도 점검 #1: 직류 전력의 문제점**
>
> 만약 Edison이 공급 도선의 길이를 두 배로 하고 도선을 통해서 흐르는 전류는 같게 유지한다면, 소모하는 전력에는 어떤 일이 생기겠는가?
>
> ▸ **해답** 전력은 대략 두 배가 될 것이다.
>
> ▸ **왜?** 어떤 도선의 길이를 두 배로 하는 것은 두 개의 똑같은 도선들을 이어서 놓는 것과 같다. 만약 각 도선이 전력의 1단위를 사용한다면, 두 개의 도선은 대략 전력의 2단위를 사용해야만 한다. 전기 저항은 도선의 길이에 비례하고 그 도선의 단면적에 반비례한다. 도선을 짧고 두껍게 하면 전기 저항을 줄일 수 있다.

교류

직류를 이용하여 전력을 송전하는 일에서 실제 문제는 한 DC 회로에서 다른 회로로 전력을 전달하는 쉬운 방법이 없다는 것이다. 발전기와 백열전구가 같은 회로여야만 하기 때문에 안전을 위해서 전체 회로는 낮은 전압과 많은 전류를 사용하는 것을 요구한다. 따라서 DC 전력 송전은 모든 전력을 서로 연결하는 배선의 전력을 낭비한다.

그렇지만 우리가 곧 알게 될 것처럼, 교류(AC)는 전력을 한 교류 회로로부터 다른 회로로 전달하는 것을 쉽게 만들어 교류 전력 송전 시스템의 다양한 부분들이 서로 다른 전압으로 작동할 수 있게 한다. 가장 중요한 것은, 전력을 먼 거리로 전달하는 전선이 높은 전압과 낮은 전류 회로의 부분이어서 거의 전력을 소모하지 않는다는 것이다.

교류(alternating current, 줄여서 AC)는 주기적으로 방향을 반대로 번갈아 교대하는 전류이다. 예를 들면, 당신이 어떤 토스터기의 플러그를 AC 전기 콘센트에 끼우고 스위치를 켰을 때, 이 토스터기의 전열선을 통해서 흐르는 전류는 방향을 매 초마다 여러 번 반대로

⑤ 러브 운하(Love Canal)는 가장 유명한 독성 쓰레기 처리장이다. 이 처리장은 1892년에 William T. Love에 의해 건설된 운하의 버려진 구역에 1920년대에 건설되었다. Love는 그의 운하가 나이아가라 강의 상부와 하부를 연결해서 떨어지는 물이 뉴욕의 나이아가라 폭포 주변 시민들을 위한 직류(DC) 전력을 생산하는 데 사용되기를 의도했다. 그러나 1896년에 교류(AC) 전력 송전 시스템의 출현으로 운하는 더 이상 쓸모가 없어졌고, 따라서 이 공사를 끝내지 못하였다.

Courtesy Lou Bloomfield

그림 11.2.1 원기둥 자석이 78 K에서 초전도체의 표면 위에 뜬다. 초전도체에서 자유롭게 흐르는 전류는 자기장을 형성하여 자석을 밀어낸다.

그림 11.2.2 이 전기 콘센트는 120 V, 15 A 서비스를 위한 미국 표준을 따른다. 넓은 구멍(왼쪽)은 중립, 좁은 구멍(오른쪽)은 고전압이며, 둥근 구멍(가운데)은 접지이다. 이 콘센트는 접지−누전 회로 차단(GFCI) 보호를 제공한다. 만약 고전압을 떠나는 어떤 전류가 중립으로 되돌아가는 것이나 반대로 가는 것에 실패하면, 이 콘센트는 다시 재시동될 때까지 즉시 차단된다. 검사 단추는 전류 누전 모의실험을 하는 것이고 만약 보호가 제대로 작동한다면 콘센트를 차단할 것이다.

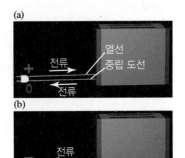

그림 11.2.3 어떤 토스터기를 미국 120 V AC 콘센트에 끼웠을 때, 고전압 도선의 전압은 시간에 따라 변한다. 중립 도선의 전압은 0 V에 남아 있다. 전류는 항상 토스터기를 통해서 높은 전압으로부터 낮은 전압으로 흐르므로 고전압 도선의 전압이 반대로 되는 각 시간에 이 전류는 반대로 된다.

바꾼다.

　전력 회사는 이것을 주기적으로 방향을 반대로 하는 전압 강하인, 교류 전압 강하에 맡겨서 이 교류가 이 토스터기를 통해서 흐르도록 추진한다. 회중전등에 대한 10.3절의 논의로부터 상기할 수 있는 것처럼, 필라멘트, 전열선, 또는 Ohm의 법칙을 만족하는 어떤 다른 장치에서 전류는 전압 경사도를 따라 높은 전압으로부터 낮은 전압으로 흐른다. 이것은 자전거를 타는 사람이 고도 경사도를 따라 높은 고도로부터 낮은 고도로 굴러 내려가는 것이나 물이 압력 경사도를 따라 높은 압력으로부터 낮은 압력으로 흘러 내려가는 것과 매우 유사하다. 회중전등의 배터리가 회중전등의 필라멘트를 일정한 전압 강하에 맡겨서 직류를 얻는 반면에, 전력 회사는 토스터기의 전열선을 교류 전압 강하에 맡겨서 교류를 얻는다.

　교류 전압은 어떤 AC 전기 콘센트에서나 존재한다. 미국에서는 보통의 AC 콘센트가 3개의 단자를 제공하는데, **고전압**(hot), **중립**(neutral), 그리고 **접지**(ground)이다(그림 11.2.2). 제대로 설치된 콘센트에서, 중립의 절대 전압은 0 V 근처이고, 반면에 고전압의 절대 전압은 0 V 위와 아래로 교대로 바뀐다. 접지는 나중에 논의할 선택적인 안전 단자인데, 이 또한 절대 0 V 근처에 남아 있다.

　토스터기의 전선 중 하나는 고전압에 다른 하나는 중립에 연결되어 있다(그림 11.2.3). 전류는 항상 토스터의 가열 요소를 통해서 높은 전압으로부터 낮은 전압으로 흐르므로, 고전압이 양(+)의 전압을 가질 때는 고전압에서 중립으로(그림 11.2.3a), 고전압이 음(−)의 전압을 가질 때는 중립에서 고전압으로(그림 11.2.3b) 전류가 흐른다.

　보통의 AC 전력에서 고전압은 시간에 따라 삼각함수인 사인 함수에 비례한다(그림 11.2.4). 이렇게 부드럽게 교대로 바뀌는 전압은 토스터기를 통해서 부드럽게 교대로 바뀌는 전류를 추진한다. 반대로 변하는 과정에서, 전열선에 있는 전류는 반대 방향에서 힘을 모으기 전에 점진적으로 서서히 멈추게 된다. 미국에서는 AC 전압이 매초 당 120번 반대로 바뀌고, 이것은 매초 당 60회 순환(뒤로 그리고 앞으로)을 한다(60 Hz). 유럽에서는 바뀌는 것이 매초 당 100번 발생하고, AC 전압은 매초 당 50회 순환한다(50 Hz).

　다행스럽게도, 이러한 역전이 많은 가정 설비들에는 거의 영향을 주지 않는다. 토스터기, 전기 히터, 백열전구 등은 그들의 전기 저항 때문에 전력을 소비하고 그들을 통해서 전류가 어느 방향으로 흐르는지는 문제 삼지 않는다. 실제로 이렇게 Ohm의 법칙을 따르는 간단한 장치들에서 전력 소비는 AC 전력에 대한 유효 전압을 정의하기 위해 이용된다. 어떤 콘센트의 액면 전압, 즉 기술적으로 **제곱 평균 제곱근**(root mean square; **RMS**) **전압**은 Ohm의 법칙을 따르는 장치에서 같은 평균 전력 소비를 일으키는 DC 전압과 동일하다. 그러므로 120 V AC 전력은 120 V DC 전력과 같은 전력을 토스터기에 운반한다.

그림 11.2.4 미국 120 V AC 콘센트의 고전압 도선의 전압은 시간에 따라 사인파로 변하고 매초 당 60회 진동한다. 최댓값은 170 V이지만, 유효 시간 평균 또는 제곱 평균 제곱근(RMS) 전압은 120 V이다. 중립 도선의 전압은 항상 0 V이다.

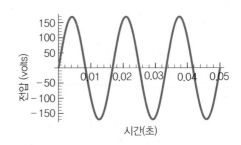

그렇지만 AC 전력의 역전이 아무 영향도 없는 것은 아니다. 먼저, 일부 전기와 대부분의 전자장치들은 전류 흐름의 방향에 민감해서 이 역전을 조심스럽게 다루어야만 한다. 다음으로, 보통의 AC 콘센트로부터 이용 가능한 전력은 각 전압 역전과 함께 증가하거나 감소하며 역전 그 자체에서는 순간적으로 0이다. 토스터기의 전열선은 이들 전력 요동들 때문에 실제로 천천히 온도가 변하며, 한 순간도 전력이 없는 것을 견딜 수 없는 장치들은 역전 동안에 멈추는 것을 피하기 위해서 에너지를 저장해야만 한다.

마지막으로, AC 전력의 사인파로 변하는 전압의 최대는 액면 값보다 위에 있는데, $\sqrt{2}$(약 1.414) 인자를 곱한 값을 넘는다. 예를 들면, 보통의 120 V AC 전력 콘센트에서 고전압 단자의 전압은 실제로는 +170 V와 −170 V 사이에서 진동한다. 이렇게 더 높은 최대 전압은 절연과 전기 안전을 위해서 중요하다.

> ### ▶ 개념 이해도 점검 #2: 타이밍이 중요하다
>
> 손가락을 전기 콘센트 안으로 찔러 넣는 것은 결코 좋은 생각이 아니지만, 전기 충격을 받지 않고 이것을 할 수 있는 순간은 있는가?
>
> **해답** 있다. 전압이 바뀌는 순간에 하면 된다.
>
> **왜?** 전기 콘센트의 접지와 중립 도선은 보통 전하가 없으므로 상대적으로 안전한 반면에, 고전압 도선은 보통 대전되어 있어 위험하다. 고전압 도선의 전압은 높은 양(+)의 전압과 높은 음(−)의 전압 사이에서 빠르게 진동한다. 오직 그것이 0 V를 통과해서 지나갈 때 당신은 전기 충격의 위험 없이 접촉할 수 있다. 그렇지만 그 안전한 순간은 매우 짧아서 실질적으로 전기 충격을 피할 수는 없다. 절대로 해서는 안 된다!

자기 유도

Edison은 교류가 위험하고 생소하다는 이유로 교류를 완강하게 반대했다. 실제로 변동이 심한 전압들과 전력이 없는 순간에 교류는 전혀 필요 없어 보인다.

교류의 일인자인 Nikola Tesla(1856~1943)는 세르비아계 미국인 발명가로, 발명가이자 사업가인 George Westinghouse(1846~1914)에게서 재정적 지원을 받았다. 교류에서 Tesla와 Westinghouse가 보았던 장점은 그 전력이 변환될 수 있다는 것이었고, 한 회로에서 다른 회로로 변압기라고 불리는 장치에 의해서 전자기적인 작용을 경유하여 전력이 이동될 수 있다는 것이었다.

변압기(transformer)는 한 AC 회로로부터 다른 회로로 전력을 전달하기 위해 전기와 자성 사이에서 두 가지 중요한 관련성을 이용한다. 첫 번째는 우리가 잘 아는 내용으로, 움직이는 전기 전하는 자기장을 만든다는 것이다. 이는 전기가 자성을 만들도록 허용한다. 두 번째는 새로운 것으로, 시간에 따라 변화하는 자기장이 전기장을 만든다는 것이다. 1831년에 Michael Faraday⑥에 의해서 발견된 이 관계는 자성이 전기를 만들도록 허용한다.

> ### ◉ 전기와 자성 사이의 두 번째 연결
> **시간에 따라 변하는 자기장은 전기장을 만든다.**

⑥ 영국의 화학자이자 물리학자인 Michael Faraday(1791~1867)는 단지 초등학교 교육만 받고 14세부터 책 제본공으로 도제 생활을 시작하였다. 그는 21세 때 유명한 화학자인 Humphry Davy의 실험실 조교가 되었다. Faraday는 자신의 전기화학에 관한 실험과 Oersted와 Ampère의 업적을 바탕으로 다음과 같은 가설을 내세웠다. 만약 전기가 자성을 일으킬 수 있다면, 이번에는 자성이 전기를 일으킬 수 있어야만 한다. 그리고 세밀한 실험을 통해서, 그는 이 자기 유도 현상을 발견했다. Faraday는 말년에 유명한 과학 강연자가 되었고, 특히 어린이들에게 다가가려 많은 노력을 기울였다.

영구자석을 앞뒤로 흔들거나 전자석을 켜거나 끄는 것은 자기장을 시간에 따라 변화시키는 것이고, 따라서 전기장을 생성하는 것이다. 만약 주위에 전기장에 반응하는 움직이는 전하들이 있다면, 이들은 가속될 것이다. 따라서 당신은 전류를 만들거나 변화시켰으며 또한 전하에 일을 했을 수도 있다. 이 과정은 시간에 따라 변하는 자기장은 전류를 시작하게 하거나 영향을 주는 것을 보이는 것으로, 이를 **자기 유도**(magnetic induction)라고 부른다.

변압기는 이 두 연결을 이어서 결합하는 것으로, 전기는 자성을 만들고 이 자성이 전기를 생성한다. 그렇지만 전력이 출발했던 곳으로 되돌아오기보다는, 변압기는 자기장을 통과하는 전류에서 자기장을 통해 두 번째 코일로 전류를 흐르게 한다.

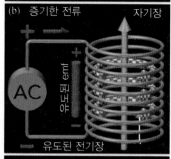

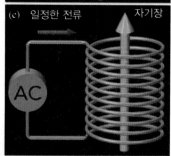

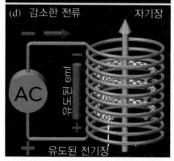

그림 11.2.5 (a) 전류가 흐르지 않는 인덕터는 자기장을 가지지 않는다. (b) 인덕터의 전류와 자기장이 증가하면서 유도된 전기장은 전류 증가에 대항하고, 유도된 emf는 전류로부터 에너지를 가져간다. (c) 일정한 전류는 일정한 자기장과 0의 유도된 emf를 가진다. (d) 인덕터의 전류와 자기장이 감소하면서 유도된 전기장은 전류 감소에 대항하고, 유도되는 emf는 전류에 에너지를 준다.

> ▶ **개념 이해도 점검 #3: 전기 축음기**
>
> 비닐 레코드 시대에 축음기는 축음기의 물결 모양 홈을 따라서 다이아몬드 바늘이 미끄러져 움직이면서 소리를 재생하였다. 그 바늘에 붙어있는 자석이 각 홈을 따라 위아래로 움직였고 가까이에 있는 도선의 코일에 전류를 만들었다. 이 자석 운동은 왜 코일에 영향을 주는가?
>
> ▷ **해답** 움직이는 자석은 전기장을 만드는데, 이것은 전선 코일을 통해서 움직일 수 있는 전하를 밀어낸다.
>
> ▷ **왜?** 작은 진동 자석은 자기 유도를 통해서 코일의 전류에 영향을 끼친다.

교류와 코일

변압기에서 일어나는 전력 전달을 이해하기 위해서 아주 간단한 경우를 가지고 시작해 보자. 당신이 도선의 코일 하나를 통해서 교류를 보낼 때 무슨 일이 생기는가?

전류는 자기적이기 때문에 코일은 전자석이 된다. 하지만 그것을 통과하는 전류가 방향을 주기적으로 바꾸기 때문에 자기장도 마찬가지로 바뀐다. 또한 시간에 따라 변하는 자기장은 전기장을 만들기 때문에, 코일의 번갈아 나타나는 자기장은 번갈아 나타나는 전기장을 만든다.

이렇게 유도되는 전기장은 놀랄만한 효과를 가지는데, 바로 그 번갈아 나타나는 전류를 밀어낸다. 비록 이 전기장이 전류에 어떻게 영향을 주는지 명확하지는 않지만, 결과는 간단하다(그림 11.2.5). 코일의 전류가 증가하면서 유도되는 전기장은 그 전류를 뒤로 밀어내고, 따라서 전류의 증가에 대항한다(그림 11.2.5b). 코일의 전류가 감소하면서 유도되는 전기장은 전류를 앞으로 밀어내고, 따라서 전류의 감소에 대항한다(그림 11.2.5d). 코일의 전류가 어떻게 변하든 유도되는 전기장은 항상 그 변화에 대항한다.

변화에 대한 이 대항은 자기 유도에서 보편적인데, 이것을 **Lenz의 법칙**(Lenz's law)이라고 한다. 변화하는 자기장이 도체에서 전류를 유도할 때, 그 전류로부터 생기는 자기장은 그것을 유도했던 변화에 대항한다. 다른 말로 하면, 자기 유도의 효과들은 그들을 만든 변화들에 대항한다. 현재의 경우에는, 스스로 유도된 자기 유도 또는 '자체 유도'가 코일이 전류에서 그 자신의 변화에 대항하도록 이끈다. 전선 코일의 전류 변화에 대한 자연적인 대항은 전기 장비와 전자공학에서 이것을 꽤 유용하도록 만드는데, 여기에서 이것은 **인덕터**(inductor)라고 한다(그림 11.2.6).

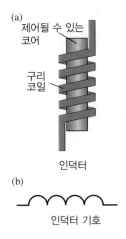

(a)
제어될 수 있는
코어

구리
코일

인덕터

(b)

인덕터 기호

그림 11.2.6 (a) 인덕터는 자기장 안에 에너지를 저장하는 전선의 코일이다. 그것의 인덕턴스를 증가시키기 위해서, 이 코일은 자화될 수 있는 철이나 페라이트의 코어를 포함할 수 있다. (b) 전자 회로도에서 인덕터는 코일 모양 기호로 표현된다.

◉ **Lenz의 법칙**

변화하는 자기장이 도체에서 전류를 유도할 때, 그 전류로부터 생기는 자기장은 그것을 유도했던 변화에.대항한다.

그렇지만 코일의 유도된 전기장은 단지 주위의 전류를 밀어내는 것보다 더 많은 일을 한다. 또한 그것은 전류에 양(+) 또는 음(−)의 일을 할 수 있으므로 한 전압에서 다른 전압으로 전류를 옮길 수 있다. 이 코일의 전체적인 전압 이동은 한쪽 끝으로부터 다른 쪽으로 **유도 emf**(induced emf)라고 알려져 있다(emf는 electromotive force의 약자로 기전력이라는 뜻이다). 전류는 어떤 전압에서 코일로 들어가고, 이 코일의 유도 emf 덕분에 다른 전압에서 코일을 나온다.

다른 것과 비교하면, 배터리는 **전기화학적 emf**를 가진다. 즉 전류는 어떤 전압에서 배터리로 들어가고, 이 배터리의 전기화학적 emf 덕분에 다른 전압에서 배터리를 나온다. 그러나 배터리의 전기화학적 emf는 고정되어 있는 반면에, 코일의 유도된 emf는 시간에 따라 변할 수 있다. 어떤 번갈아 나타나는 전압 차가 코일에 가해질 때, 그것의 유도된 emf 또한 번갈아 나타나고 가해진 전압 차와 정확하게 어울린다.

교류를 한 전압으로부터 다른 전압으로 우아하게 옮기는 코일의 능력은 재앙을 일으키지 않고 적절하게 고안된 코일을 AC 전기 콘센트에 끼우는 것을 가능하도록 한다. 이 콘센트의 전압 차가 번갈아 나타나면서 이 코일의 유도 emf는 그 전압 차를 완벽하게 뒤따른다. 자기 유도는 이 코일의 전류를 작게 유지한다. 만약 우리가 이 코일의 작은 전기 저항을 무시한다면 이 AC 전기 전력을 열전력으로 낭비하지는 않는다.

이 코일의 전압 차와 유도 emf가 번갈아 나타나면서, 이 코일의 전류는 더 높은 전압으로부터 더 낮은 전압으로 흐르려고 한다. 그렇지만 전류 변화에 대한 이 코일의 대항은 이 전류의 반응을 지연시켜서 교류 전류가 전류의 전압 차로부터 AC 주기의 1/4만큼 뒤처지게 된다. 예를 들면, 이 코일의 꼭대기에서 전압이 최대 양(+)의 값에 도달한 후에 AC 주기의 1/4이 지나면 전류가 코일의 꼭대기 쪽으로 최대 흐름에 도달한다. 비록 이 코일의 전압 차와 전류가 둘 다 시간에 따라 사인파 모양으로 변하지만, 전류는 전압 차에 대해서 90°의 위상 이동(위상 지연)을 가진다.

이 위상 이동 때문에 전류는 단지 이 시간의 절반 동안에만 코일을 통해서 더 높은 전압으로부터 더 낮은 전압으로 흐른다. 다른 절반 동안에는 전류가 더 낮은 전압으로부터 더 높은 전압으로 흐른다. 전류가 더 낮은 전압 쪽으로 흐를 때, 유도 emf는 전류로부터 정전기적 위치에너지를 제거한다. 전류가 더 높은 전압 쪽으로 흐를 때, 유도 emf는 전류에 정전기적 위치에너지를 되돌려준다. 에너지는 번갈아 전류를 떠나고 되돌아오지만, 에너지가 전류에 있지 않다면 어디에 있는 것일까?

이 잃어버린 에너지는 코일의 자기장에 있다. 자기장은 에너지를 포함하고 있다. 균일한 자기장에 있는 에너지의 양은 장 세기의 제곱에 부피를 곱하고 진공의 투자율로 나눈 값의 절반이다. 우리는 이 관계를 언어 식으로 아래와 같이 표현할 수 있다.

$$\text{에너지} = \frac{\text{자기장}^2 \cdot \text{부피}}{2 \cdot \text{자유 공간의 투자율}} \tag{11.2.2}$$

이것을 기호로 표시하면 다음과 같다.

$$U = \frac{B^2 \cdot V}{2 \cdot \mu_0}$$

그리고 일상적인 언어로 표현한다면 다음처럼 쓸 수 있다.

강한 영구자석들은 많은 자기적 에너지를 저장하고 있어서 만약 당신이 그것들을 깨뜨린다면 그들은 위험하게 될 수 있다. 그 조각들이 격렬하게 주변으로 튕겨나갈 것이고 당신은 다칠 수도 있다.

흔한 오개념: 무한 에너지의 원천으로서의 자석

오개념 자석은 전기적 또는 역학적 일률을 영원히 제공할 수 있는 무한한 에너지의 원천이다.

해결 비록 자석의 장은 에너지를 포함하지만, 에너지는 제한되고 자기장의 자화 동안 투자되었다. 그 에너지를 뽑아내기 위해서는 이 자화를 없애야 하므로 이 자석을 부수어야만 한다.

실제로 코일은 AC 전류의 에너지와 놀고 있으며, 그것을 자기장에 간단하게 저장하고 그것을 전류에게 되돌려주고 있다. 전류의 크기가 증가하는 동안에 코일은 에너지를 저장하며, 장은 강해지고 전류는 전압을 잃는다. 전류의 크기가 감소하는 동안에 코일은 에너지를 되돌려주며, 장은 약해지고 전류는 전압을 얻는다. 코일의 자체 유도된 emf가 이 에너지를 전류에게 되돌려주는 원인이므로, 이것은 흔히 **역진 emf**(back emf)라고 불린다.

▶ **개념 이해도 점검 #4: 천천히 떨어지기**

만약 당신이 어떤 강한 자석을 비자성이지만 잘 전도하는 표면 위로 떨어뜨린다면, 이 자석은 현저하게 천천히 떨어질 것이다. 무엇이 이 자석의 낙하를 지연시키는가?

해답 낙하하는 이 자석은 표면에 전류와 자성을 유도하고 있다. Lenz 법칙과 일치하게, 그 유도된 자성은 그것을 만든 변화에 대항하고, 자석의 낙하를 느리게 한다.

왜? 강한 자석은 좋은 도체에 강력한 자기적 대항을 유도해서 자석의 움직임이 어렵도록 한다. 이 효과는 초전도체에서 가장 분명한데, 다시 말한다면 초전도체는 전기를 완벽하게 전도하고 유도되는 전류를 영원히 지속할 수 있는 물질이다. 초전도체는 낙하하는 자석을 느리게 해서 멈출 수 있고 계속 멈추도록 잡고 있을 수 있다(그림 11.2.1).

> **▶ 정량적 이해도 점검 #1: 장 에너지**
>
> MRI 진단 장비는 약 0.1 m³의 공간을 4 T 자기장으로 채우고 있다. 그 장 안에 얼마나 많은 에너지가 포함되어 있는가?
>
> 해답 이 장은 약 640,000 J을 포함한다.
>
> 왜? 1 T는 1 N/A · m와 같기 때문에, 식 (11.2.2)는 우리에게 0.1 m³을 점유하고 있는 4 T 장의 에너지를 다음 식으로 준다.

$$\text{에너지} = \frac{(4 \text{ N/A} \cdot \text{m})^2 \cdot 0.1 \text{ m}^3}{2 \cdot (4\pi \times 10^{-7} \text{ N/A}^2)}$$
$$= 640,000 \text{ N} \cdot \text{m} = 640,000 \text{ J}$$

두 개의 코일을 함께: 변압기

하나의 코일은 오직 자체 인덕턴스를 가진다. 이것은 코일의 유도된 emf에 의해서 그 코일의 전류로부터 제거된 에너지를 같은 전류로 되돌려주어야만 하는데 결국에는 갈 곳이 어디에도 없기 때문에 발생한다. 그러나 두 개의 코일이 같은 전자기적 환경을 공유했을 때, 그들은 상호 인덕턴스를 경험하고 자기 유도를 통해서 에너지를 교환할 수 있다. 한 코일의 유도된 emf에 의해서 그 코일의 전류로부터 제거된 에너지는 다른 코일의 유도된 emf에 의해서 다른 코일의 전류에게 주어질 수 있다.

그 가능성이 변압기 기초 원리가 된다. 즉, 이것은 한 회로로부터 다른 회로로 전력을 전달하는 장치이다. 변압기의 가장 간단한 형태는 1차와 2차 두 개의 코일들로 구성되어 있는 것이다. 이들은 자기 유도를 향상시키고 코일들이 같은 전자기적 환경을 공유하도록 허락하는 자화될 수 있는 코어를 둘러싸고 있다. 교류 전류가 1차 코일을 통해서 흐를 때, 그것은 두 코일 모두에게 영향을 끼치는 유도된 전기장을 만들고 두 코일은 모두 유도된 emf를 개발한다. 1차 코일에 유도된 emf는 그것의 교류 전류로부터 에너지를 제거하는 반면에 2차 코일에 유도된 emf는 에너지를 그것의 교류 전류에게 준다.

이제 그림 11.2.7a에 보여준 변압기를 가지고 시작해서 어떻게 이 에너지 이동이 작동하는지 설명할 것이다. 발전기는 1차 코일에 120 V AC 전력을 공급하고, 반면에 그것의 2차 코일은 열린 회로이다.

발전기가 1차 코일이 교류 전압 차를 가지도록 하면, 이 1차 코일은 하나의 인덕터처럼 행동한다. 그것은 교류 전류를 수송하고 발전기에 의해서 부과된 전압 차와 정확하게 어울리는 유도된 emf를 개발한다. 비록 코일의 전류는 자연스럽게 더 높은 전압으로부터 더 낮은 전압으로 흐르려고 시도하지만, 코일의 자체 인덕턴스가 전류 변화에 대항해서 이 전류

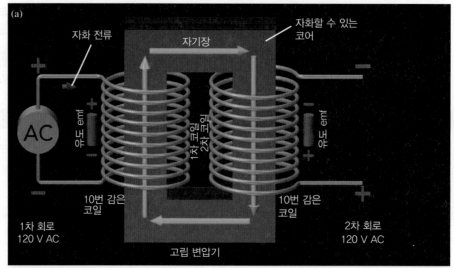

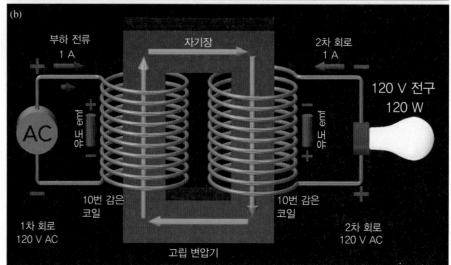

그림 11.2.7 (a) 자화시키는 전류가 이 고립 변압기의 1차 코일에서 흐르도록 120 V AC 전력이 작동했을 때, 두 개의 코일 모두가 120 V AC 유도 emf를 개발한다. (b) 전구 하나가 2차 회로를 완성했을 때, 결과로 되는 2차 전류는 여분의 부하 전류가 1차 회로에서 흐르도록 한다. 전체적으로 보면, 이 변압기는 그것의 1차 회로로부터 2차 회로로 전력을 이동한다.

의 반응을 지연시킨다. 그 결과로, 이 코일의 교류 전류는 코일의 위상에서 AC 주기의 1/4 또는 90° 지연되어 교류 전압 차를 뒤따른다.

이 90° 위상 지연 때문에, 이 교류 전류는 발전기로부터 1차 코일로 아무런 평균 전력을 전달하지 않는다. 그럼에도 불구하고 이것은 변압기에서 중요한 역할을 하는데, 이것은 교대로 변압기의 코어를 자화시키고 자화를 없앤다. 그러므로 두 개의 코일 모두에서 유도 emf를 생성한다. 이러한 이유로 이것은 **자화 전류**라고 알려져 있다.

변압기의 2차 코일은, 자화될 수 있는 코어의 오른쪽에 위가 아래로 되어 있는 것을 제외하면 1차 코일과 동일하다. 그러므로 2차 코일의 emf는 위가 아래로 되어 있는 것을 제외하면 1차 코일과 동일하다. 비록 2차 코일은 열린 회로이고 중요한 전류를 흐르게 할 수는 없지만, 유도 emf 때문에 그것을 가로지르는 전압 차를 가지므로 120 V AC 전력의 원천으로 행동할 수 있다.

그림 11.2.7b에서, 이 변압기의 2차 코일은 전구에 연결되어 있다. 전구의 필라멘트는 Ohm의 법칙을 따르기 때문에, 필라멘트를 흐르는 전류는 양단의 전압 차에 비례하고 이것은 심지어 그 전압 차가 교류이어도 마찬가지이다. 이 2차 전류가 필라멘트에 교류 전압 차를 주면, 이 필라멘트에는 이 전압 차와 동기화된 교류 전류가 흐른다. 이 전류는 필라멘트에서는 항상 더 낮은 전압 쪽으로 흐르고 에너지를 덜어내며, 2차 코일에서는 더 높은 전압 쪽으로 흐르고 에너지를 획득한다. 이 2차 코일에 의해서 120 V AC 전력을 공급한다면, 이 특별한 전구 필라멘트는 1 A의 AC 전류를 흐르게 한다.

이제 2차 코일을 통해서 흐르는 전류는 자체로 변압기에 영향을 미친다. 다행스럽게도 그 효과는 놀랍게 간단한데, 이것은 추가 전류가 1차 코일을 통해서 흐르도록 한다.

부하 전류라고 알려진 이 추가 전류는 자화 전류와 같은 전도 경로를 공유하며, 두 개의 차량 대열이 같은 두 개의 차로를 공유하는 것과 비슷하다. 그렇지만 자화 전류와는 다르게 부하 전류는 1차 코일을 가로지르는 전압 차와 동기화되어 있고 그것의 두 효과는 서로 다르다. 이것은 2차 전류의 자기장을 정확하게 상쇄시키는 자기장을 만들고 발전기로부터 1차 코일로 전력을 전달한다.

이제 자기적 상쇄를 가지고 설명해 보자. 어떤 전류가 원을 따라서 흐르고 있다면, 이 원의 안쪽에서 자기장은 전류에 비례한다. 전선 코일은 원에서 그것의 전류를 여러 차례 흐르도록 하며, 실제로 그 전류를 코일에서 감은 수와 곱한다. 따라서 코일 안쪽에서 자기장은 전류와 그 코일에서 감은 수를 곱한 값에 비례한다.

이 변압기의 1차와 2차 코일은 동일하기 때문에 그들은 같은 감은 수를 가진다. 만약 이들 두 코일에서 전류가 양에서는 같지만 방향에서 반대라면, 이들의 자기장은 상쇄될 것이다.

변압기는 이 자기적 상쇄를 달성하기 위해서 자연스럽게 부하 전류를 조절한다. 2차 코일이 그것을 통해서 더 높은 전압 쪽으로 흐르는 1 A 교류 전류를 가지기 때문에, 1차 코일은 그것을 통해서 더 낮은 전압 쪽으로 흐르는 1 A 교류 부하 전류를 획득한다. 그들의 자기장들은 정확하게 상쇄되며, 자화시키는 전류만이 변압기의 자기장과 유도 emf의 원인이 된다.

두 코일이 동일하기 때문에, 유도 emf는 둘 다 120 V AC이다. 1차 코일의 유도 emf가 그것의 1 A 전류에 하는 음(−)의 일은 그러므로 2차 코일의 유도 emf가 그것의 1 A 전류에 하는 양(+)의 일과 같은 양이다. 전체적으로 보면, 이 변압기는 1차 코일에 있는 전류로부터 2차 코일에 있는 전류로 120 W의 AC 전력을 이동하고 있다.

자기적 상쇄를 유지하기 위해서 부하 전류는 2차 전류에서 어떤 변화도 자동적으로 반영한다. 예를 들면, 만약 당신이 두 번째 전구를 2차 회로에 추가해서 2차 코일에서 전류를 2배로 한다면, 부하 전류 또한 2배가 될 것이다. 이 거울 효과 때문에 변압기는 항상 2차 회로에 의해서 소비되는 것과 같은 전력을 1차 회로로부터 소비한다.

> ◉ **개념 이해도 점검 #5: 오직 AC 전력만 사용**
>
> 만약 변압기의 1차 코일을 통해서 직류 전류를 보낸다면, 어떤 전력도 2차 회로로 이동되지 않을 것이다. 설명하시오.
>
> **해답** 직류 전류가 변압기의 1차 코일을 통해서 흐를 때, 그것은 철심 주위에 일정한 자기장을 만든다. 그 장은 변화하지 않기 때문에, 이것은 어떤 전기장도 만들지 않고 변압기의 2차 코일에 전류를 유도하지 않는다.
>
> **왜?** 1차 코일을 통해서 흐르는 전류는 코일에서 자기장이 변화되고 전류가 2차 코일에 유도되도록 변화해야만 한다. 한 회로로부터 다른 회로로 전력을 전달하는 것은 매우 유용해서 그들의 전원을 켰다 껐다 함으로써 교류를 모방하도록 하여서 변압기를 이용할 수 있도록 하는 DC 전원 장치들이 많이 있다.

전압 변화시키기

AC 전력의 전원이 변압기의 1차 코일에 연결될 때, 변압기의 1차와 2차 코일은 둘 다 유도 emf를 만든다. 만약 1차 코일이 2차 코일과 동일하다면(그림 11.2.7), 이들의 유도 emf는 같고 2차 코일은 1차 코일에 의해서 받은 것과 같은 전압에서 AC 전력의 전원이 된다. 예를 들면, 만약 변압기의 1차 코일을 120 V AC 콘센트에 끼우면 2차 코일은 120 V AC 전력을 2차 회로에 제공할 것이다.

같은 코일들을 가진 변압기는 **고립 변압기**(isolation transformer)라고 알려져 있고, 이 것은 전기 안전의 중요한 척도를 제공한다. 그것의 1차와 2차 코일은 전기적으로 고립되어 있기 때문에, 전하는 이들 회로들 사이에서 움직여 문제를 일으킬 수 없다. 예를 들면, 번개가 전선을 때렸을 때 1차 코일에 있는 전하가 폭발해도 2차 코일의 한 부분인 설비나 기계들로는 번개의 영향이 미치지 않는다. 놀라운 일도 아니지만, 병원은 보통 전기 충격으로부터 환자들을 보호하기 위해서 고립 변압기를 사용한다.

그렇지만 대부분의 변압기들은 같지 않은 코일들을 가지고 있으므로 이들 코일은 서로 다른 유도 emf를 가진다. 그들은 받은 것과는 다른 전압에서 AC 전력을 제공한다.

1차 코일의 유도 emf는 그것에 가해진 전압 차와 자연스럽게 어울리지만, 2차 코일의 유도 emf는 변할 수 있다. 그것은 2차의 감은 수에 따라 달라지는데, 이는 2차 코일의 전선이 자화될 수 있는 코어를 감은 수이다. 2차 전류가 코어 주위를 도는 고리들의 수가 많을수록, 변압기의 유도된 전기장이 더 많은 양(+) 또는 음(−)의 일을 그 전류에 하며, 2차 코일의 유도 emf가 더 커진다.

2차 코일의 유도 emf는 감은 수에 비례하기 때문에, 그것은 1차 코일에 가해진 전압과 2차와 1차의 감은 수의 율을 곱한 전압을 가진 AC 전력의 전원처럼 행동하는데, 식으로 표현하면 다음과 같다.

$$2\text{차 전압} = 1\text{차 전압} \cdot \frac{2\text{차 코일 감은 수}}{1\text{차 코일 감은 수}} \tag{11.2.3}$$

고립 변압기는 단순히 감은 수들이 같고 그들의 율이 1인 특별한 경우이다.

변압기가 1차 코일보다 더 적은 2차 코일의 감은 수를 가지고 있을 때(그림 11.2.8), 이

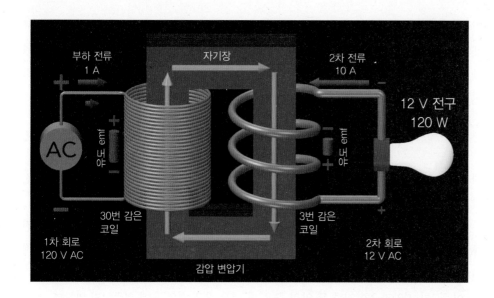

그림 11.2.8 감압 변압기는 1차 코일과 비교했을 때 2차 코일에서 감은 수가 1/10이기 때문에 2차 코일은 1차 코일에 제공된 AC 전압의 1/10을 제공한다. 이것은 낮은 전압 전구를 위해서 120 V AC 전력을 12 V AC 전력으로 변환한다. 2차 전류는 1차 부하 전류의 10배이다.

것은 1차 전압보다 더 작은 2차 전압을 제공하며 **감압 변압기**(step-down transformer)라고 불린다. 감압 변압기는 전자 장비들과 전력 어댑터들에서 흔한데, 가정용 AC 전압을 훨씬 더 작은 AC 전압으로 감압한다. 예를 들면, 만약 어떤 변압기의 2차와 1차의 감은 수의 율이 0.1이고 1차 코일에 120 V AC 전력을 공급했다면, 2차 코일은 마치 12 V AC 전원처럼 행동할 것이다.

또한 **승압 변압기**(step-up transformer)도 있는데, 이것은 1차 감은 수보다 더 많은 2차 감은 수를 가지고 있고(그림 11.2.9), 1차 전압보다 더 큰 2차 전압을 제공한다. 네온사인에 전력을 공급하는 변압기는 그것의 1차 코일과 비교했을 때 2차 코일에서 전형적으로 100배의 감은 수를 가진다. 그것의 1차 코일에 120 V AC 전력을 공급했을 때, 그것의 2차 코일은 이 네온 튜브를 조명하기 위해서 필요한 12,000 V AC 전력을 제공한다.

비록 변압기가 같지 않은 코일들을 가지고 있을 때에도, 1차 코일에서 부하 전류와 2차 코일에서 2차 전류에 의해 만들어진 자기장들은 여전히 상쇄되어야만 한다. 각 코일의 자

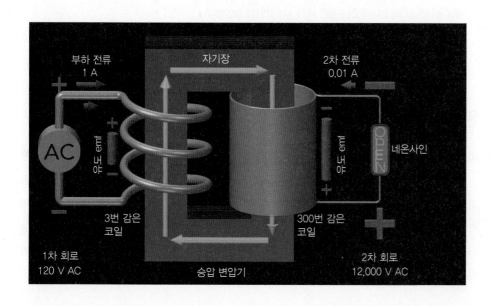

그림 11.2.9 승압 변압기는 1차 코일과 비교했을 때 2차 코일에서 감은 수가 100배이기 때문에 2차 코일은 1차 코일에 제공된 AC 전압의 100배를 제공한다. 이것은 네온사인을 위해서 120 V AC 전력을 12,000 V AC 전력으로 변환한다. 이때 2차 전류는 1차 부하 전류의 1/100이다.

기장은 전류와 감은 수의 곱에 비례하기 때문에, 더 적게 감은 코일은 더 큰 전류를 흐르게 함으로써 이 곱을 같게 유지해야만 한다. 그 결과 어떤 변압기의 2차 전류는 그것의 1차 부하 전류에 1차의 감은 수와 2차의 감은 수의 율을 곱한 것과 같으며, 식으로 표시하면 다음과 같다.

$$\text{2차 전류} = \text{1차 부하 전류} \cdot \frac{\text{1차 코일 감은 수}}{\text{2차 코일 감은 수}} \tag{11.2.4}$$

여기에서 이들 전류들은 반대 방향으로 흐른다. 1차 부하 전류는 1차 코일에서 더 낮은 전압 쪽으로 흐르는 반면에 2차 전류는 2차 코일에서 더 높은 전압 쪽으로 흐른다.

변압기의 2차 감은 수와 1차 감은 수의 율을 변화시키는 것은 2차 회로에서 전압과 전류 둘 다에 영향을 끼친다. 2차 전압은 이 율에 비례하는 반면, 2차 전류는 이 율에 반비례한다.

이들 2차 전압과 2차 전류 두 양의 곱은 더 이상 감은 수의 율에 의존하지 않는데, 이것이 2차 회로에 공급되는 전력이다. 이것은 또한 1차 전압과 1차 부하 전류의 곱과 같은데, 이것은 1차 회로로부터 받은 전력이다. 변압기는 1차 회로로부터 받은 전력과 같은 전력을 2차 회로에 제공하고 있다.

변압기의 세 가지 유형을 다시 정리해 보자. 고립 변압기(그림 11.2.7)는 전압 또는 잔류에서 어떤 변화도 없이 AC 전력을 이동하는데, 2차 회로는 1차 회로에서와 같은 전압과 전류를 가진다. 감압 변압기(그림 11.2.8)의 경우에는 2차 회로가 1차 회로에서보다 더 작은 전압과 더 큰 전류를 가진다. 승압 변압기(그림 11.2.9)의 경우에는 2차 회로가 1차 회로에서보다 더 큰 전압과 더 작은 전류를 가진다.

> **▶ 개념 이해도 점검 #6: 여행 걱정**
>
> 당신의 휴대용 램프는 120 V AC 전력에서 작동하지만, 당신은 지금 240 V AC 전력을 사용하는 국가를 방문하고 있다. 당신은 여행용 어댑터를 240 V AC 콘센트에 끼우고 이 변압기는 기대하는 120 V AC 전력을 램프에 제공한다. 이 변압기의 두 코일에서 감은 수를 비교하시오.
>
> 해답 이 변압기의 2차 코일은 감은 수가 1차 코일의 절반이다.
>
> 왜? 전압을 감압하기 위해서 변압기는 1차 코일보다 2차 코일에서 감은 수가 더 적어야 한다. 적은 감은 수는 2차 코일에서 더 적은 emf와 이 변압기를 위한 더 적은 출력 전압에 이른다.

완벽하지는 않은 실제 변압기

비록 우리는 인덕터와 변압기가 완벽하고 전선이 전기를 완전히 전도한다고 가정해왔지만, 그것은 사실이 아니다. 실제로는 이들 장치들에서 사용되었던 전선들은 전기 저항을 가지고 있고 그들이 운반하는 전류의 제곱에 비례하는 전력을 소모한다. 이 소모되는 전력을 최소화하기 위해서, 실제의 인덕터와 변압기는 그들의 저항을 최소로 하도록 설계된다. 가능한 범위에서 전도가 잘 되는 금속들로 만들어진 두꺼운 전선을 사용하고 이들 전선들도 가능하면 짧게 유지한다.

불운하게도, 전선으로만 만들어진 인덕터와 변압기는 큰 전류를 흘리거나 코일을 길게 여러 번 감지 않으면 강한 자기장과 큰 유도 emf를 생성할 수 없다. 이러한 전류 또는 코일의 문제들을 피하기 위해서, 많은 인덕터들과 실제로 모든 변압기들은 그들의 코일을 자화시킬 수 있는 코어 주위에 둘러싼다. 이들 코어들은 그들을 둘러싼 교류 전류에 자기적으로 반응해서 자기장을 향상시키고 유도되는 emf를 증가시킨다. 전형적으로 철 또는 철 합금인 자화시킬 수 있는 물질의 도움을 받아서, 코어가 있는 인덕터들과 변압기들은 심지어 짧고 적은 수를 감은 코일을 가지고도 잘 작동한다.

코어는 또 하나의 이득을 변압기에게 주는데, 이것은 변압기의 자속선들을 인도해서, 심지어 이들 코일들이 공간에서 어느 정도 분리되어 있어도, 그들 거의 모두가 두 코일을 모두 통해서 지나간다. 그들의 자속선들을 이러한 방법으로 공유하는 것은 코일들에게 공통적인 전자기적 환경을 주며 그들이 전력을 쉽게 교환하도록 허용한다.

두 개의 분리된 코일들이 그들의 자속선을 공유하도록 만드는 것은 쉽지 않다. 코일은 알짜 자극을 가지지 않기 때문에, 그것으로부터 나오는 각 자속선은 궁극적으로는 되돌아가야만 한다. 그렇지만 코어가 없다면, 코일을 떠나는 대부분의 자속선들이 거의 바로 되돌아가고 그들의 경로는 코일에 근접해있다. 이렇게 범위가 좁은 자속선들은 분리된 두 번째 코일을 통해서 지나갈 것 같지는 않다. 놀랍지도 않게, 코어가 없는 변압기는 그것의 두 코일이 서로 아주 가깝게 감겨 있어서 같은 자속선들을 공유하지 않을 수 없을 때만 잘 작동한다.

고리 모양의 자기적 코어 둘레에 두 코일을 모두 감는 것은 자속선들이 두 코일을 모두 통과하는 것을 쉽게 하는데, 왜냐하면 그 자속선들이 코어의 부드러운 자기적 물질 안쪽으로 이끌리고 마치 파이프 안에 있는 것처럼 따라가기 때문이다. 비록 코일을 떠나는 자속선들이 결국에는 여전히 그것으로 되돌아가야만 하지만, 대부분 자속선은 코어를 경유해서 완결하며, 이 경로는 다른 코일도 관통한다. 거의 모든 자속선들이 코어를 통로로 해서 두 코일을 관통하는데, 전력은 한 코일로부터 다른 코일로 쉽게 흐를 수 있다.

코어는 그래서 변압기에 커다란 유연성을 제공하는데, 코일들이 코어를 감싸고 있는 한에는 실질적으로 코일을 코어의 어디에 감아도 된다. 그렇지만 코어들도 자속선에게 완벽한 파이프는 아니라서 약간 새어나온다. 그러므로 가장 효율적인 변압기는 코일들이 서로 가까이에 또는 다른 하나의 바로 위에 감겨져 있다.

비록 자성 코어로 작고 효율적인 변압기를 실용화 했지만 몇 가지 문제도 있다. 첫째, 코어들은 1차 코일에서 자화시키는 전류와 보조를 맞추기 위해서 쉽게 자화되고 없앨 수 있어야만 한다. 만약 자화가 뒤쳐지면, 전력을 열로 소모할 것이다. 아쉽게도 완벽한 자기적 부드러움은 성취할 수 없고 모든 코어들은 자화 과정의 지연을 통해서 최소한 약간의 전력을 소모한다.

둘째, 이들 코어들은 코일에서 전류를 밀어내는 같은 전기장에 영향을 받고 있기 때문에, 코어가 전기를 전도해서는 안 된다. 만약 그들이 전기 전도를 한다면 **맴돌이 전류(eddy currents)**라고 알려진 불필요한 내부 전류를 만들 것이고 그것에 의해서 온도를 높여 전력을 소모한다. 대부분의 부드러운 자기적 물질들은 전기적 도체이기 때문에, 변압기 코어들은 종종 절연성 입자나 얇은 판으로 칸막이를 하여 전류가 그들을 통해서 거의 흐르지 않도록 한다. 코일에서 저항으로 인한 열과 자화와 맴돌이 전류 손실을 최소화하려는 최선의 노력에도 불구하고 모든 변압기들은 여전히 약간의 전력을 소모한다. 가장 좋은 변압기조차도 에너지 효율은 약 99% 정도이다.

▶ 개념 이해도 점검 #7: 변화의 바람

큰 전력 변압기들은 공기를 불어넣기 위해서 냉각 지느러미와 냉각 팬을 가지고 있다. 변압기는 왜 냉각이 필요한가?

> 해답 변압기의 자기적 코어는 전력의 일부를 열로 전환한다. 이 열 일률이 없어지지 않는다면 이 변압기는 과열될 것이다.

> 왜? 변압기들은 완벽하게 에너지 효율적이지는 않은데, 전력의 작은 부분을 열로 전환한다. 자기적 코어들은 그 비효율성에 기여하는데, 왜냐하면 제한된 자기적 부드러움과 전기 전도도가 그들을 가열하기 때문이다. 지느러미와 팬은 큰 변압기를 시원하게 유지하기 위해서 필수적이다.

교류 전력 송전

우리는 마침내 이제 전력 송전에 있어서 기본적인 갈등을 다룰 준비가 되었다. 발전소를 멀리 떨어진 도시와 연결하는 전력선에서 저항 열을 최소로 하기 위해서, 전력은 이들 선들을 통해서 매우 높은 전압에서 작은 전류로 전달해야 한다. 전기 충격과 화재 위험을 피하기 위해서는 물론이고, 실용성을 위해서도 전력은 알맞은 전압과 큰 전류로 가정으로 전달되어야만 한다.

직류로는 두 조건을 모두 동시에 충족하는 간단한 방법이 없지만, 교류 변압기로는 쉽게 할 수 있다. 전국 규모 송전에 적당한 매우 높은 전압 AC 전력을 만들기 위해서 승압 변

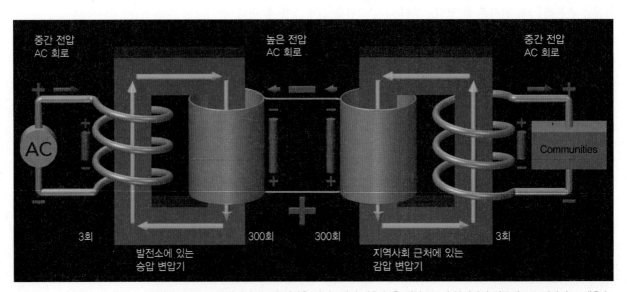

그림 11.2.10 AC 발전기로부터 전력은 발전소에서 매우 높은 전압으로 승압되어서 전국적으로 전달되고, 매우 높은 전압에서 작은 전류로 먼 거리를 전달되며, 주문을 받은 지역 사회 근처에서 중간 전압으로 감압된다. 이 전달 시스템에서 이용된 세 개의 회로는 서로 전기적인 절연이 되어 있다.

매우 높은 전압 회로

중간 전압
회로

변압기와 냉각 장비

그림 11.2.11 이 거대한 변압기는 변압기 위를 가로지르는 매우 높은 전압 회로들로부터 왼쪽에 이웃해 있는 중간 높은 전압 회로로 수백만 와트의 전력을 전달한다. 송풍기들은 이 변압기가 과열되는 것을 막는다.

압기를, 지역 송전에 적당한 낮은 전압 AC 전력을 만들기 위해서 감압 변압기를 이용할 수 있다(그림 11.2.10).

발전소에서 발전기는 약 5,000 V AC의 공급 전압에서 승압 변압기의 1차 회로를 통하는 거대한 교류 전류를 밀어낸다. 2차 회로를 통해서 흐르는 전류는 1차 회로에서 흐르는 전류의 단지 약 1/100이지만, 그러나 2차 코일에 의해서 공급되는 전압은 훨씬 더 높고, 전형적으로 약 500,000 V AC이다.

이 변압기의 2차 회로는 매우 길고, 전력이 사용되는 도시까지 뻗어 있다. 이 회로에서 전류는 적절하므로, 전선 가열에서 낭비되는 전력은 허용 한계 내에 있다.

일단 이것이 도시에 도달하면, 이 매우 높은 전압의 AC 전력은 감압 변압기의 1차 코일을 통과하여 지나간다(그림 11.2.11). 이 변압기의 2차 코일에 의해 제공되는 전압은 1차 코일에 공급되는 전압의 약 1/100밖에 되지 않지만, 2차 회로를 통해서 흐르는 전류는 1차 회로에서 전류의 약 100배이다.

이제 이 전압은 도시에서 사용되기에 적당하다. 가정으로 들어가기 전에, 이 전압은 다른 변압기에 의해서 여전히 더 감소된다. 이 최종 감압 변압기는 때때로 전신주 위에 석유 드럼 크기의 금속 깡통으로 매달려 있거나(그림 11.2.12), 지면 위에 금속 상자로 놓여 있다(그림 11.2.13). 전류는 그 지역 표준에 의존하고, 110 V와 240 V AC 사이에서 건물로 들어간다. 비록 240 V AC 전기는 가정 배선에서 전력을 덜 소모하지만 110 V AC 전력보다 더 위험하다. 미국은 120 V AC 표준을 채택하였고, 우리나라는 220 V AC 표준을 가지고 있다.

중간 높은 전압 회로

변압기

낮은 전압 회로

그림 11.2.12 이 전신주에 있는 세 개의 금속 깡통들이 변압기이다. 변압기들은 그들 위에 있는 중간 전압 이웃 회로로부터 아래 오른쪽에 있는 낮은 전압 가정용 회로로 전력을 전달한다.

Courtesy Lou Bloomfield

Courtesy Lou Bloomfield

그림 11.2.13 이 변압기는 중간 전압 지하에 있는 회로로부터 근처의 가정에서 사용되는 낮은 전압 지하 회로로 전력을 전달한다. 이것은 50 kV · A, 즉 50,000 W의 전력을 취급한다.

개념 이해도 점검 #8: 고전압 전선

만약 어떤 전력 설비가 전압을 500,000으로부터 1,000,000 V로 증가시킬 수 있었다면, 이것은 전선에서 열로 손실된 전력에 어떻게 영향을 끼치겠는가?

해답 열 손실을 25%로 줄일 것이다.

왜? 1,000,000 V에서 이 전선은 단지 절반의 전류를 가지고 500,000 V 전선과 같은 전력을 수송할 수 있을 것이다. 전선 자체에 의해서 소모되는 전력은 전류의 제곱에 비례하므로, 전류가 절반이 되면 전력 소모를 25%로 줄일 것이다.

교류 발전기와 전동기

우리가 보았던 것처럼 변압기는 전력을 전력으로 '변환'하는데, 1차 회로로부터 전력을 뽑아내서 2차 회로로 전달하는 것이다. 그렇지만 전력과 역학적인 일률은 물리적으로 등가이며, 역학적인 일률이 전력을 대신할 수 있다. 만약 변압기에서 전기 회로들 중 하나를 역학적인 계로 대체한다면 어떻게 되는가?

만약 변압기의 1차 회로를 역학적인 계로 대체한다면 발전기가 된다. 발전기는 기계로부터 역학적인 일률을 뽑아내서 회로에 전력을 전달하는 장치이다. 그림 11.2.14a는 간단한 발전기를 보여주는데, 그림 11.2.7에 있는 변압기와 놀랍게 비슷하다. 두 장치 모두 자화될 수 있는 코어를 감싼 코일을 가지고 있다. 그렇지만 변압기의 1차 코일을 대신해서 발전기는 회전하는 자석, 즉 회전자(rotor)를 가진다. 발전기의 자기 회전자가 회전하면서 코어에서 사인파 모양으로 교대로 바뀌는 자기장을 만든다. 이 교대로 바뀌는 자기장은 이어서 교대로 바뀌는 전기장과 코일에서 교대로 바뀌는 emf를 만든다. 그 emf가 회로를 통과하는

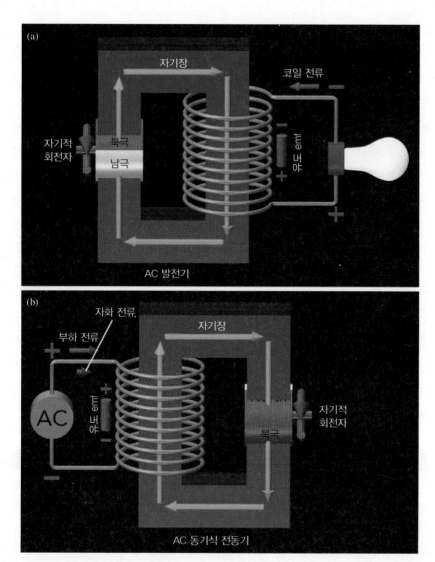

그림 11.2.14 (a) AC 발전기는 1차 코일에 있는 전류로부터가 아닌 회전하는 자기적 회전자의 운동으로부터 파워를 받는다는 것을 제외하면, 그림 11.2.7에 있는 변압기와 닮았다. (b) AC 동기식 전동기 또한 2차 코일에 있는 전류가 아닌 회전하는 자기적 회전자의 운동에 파워를 제공한다는 것을 제외하면, 변압기와 닮았다.

교류 전류를 추진하는데 이것이 전구에 전력을 전달한다.

발전기의 코일 전류가 흐르는 것은 회전자 운동의 결과이다. 이 회전자는 발전기의 교대로 바뀌는 자기장을 약간 앞서 돌고, 그래서 이 회전자의 자기장은 전류의 자기장을 상쇄한다. 회전자가 발전기의 교대로 바뀌는 자기장에 약간 앞서기 때문에, 그것은 뒷방향의 회전력을 받으며 역학적인 일률을 뽑아낸다. 이 회전자가 계속 회전하도록 하기 위해서는 기계가 발전기에 역학적인 일률을 계속해서 공급해야만 한다. 전체적으로 보면 발전기는 역학적인 일률을 전력으로 변환하는 것이다.

만약 변압기의 2차 회로를 역학적인 계로 대체한다면 전동기(motor)가 된다. 전동기는 회로로부터 전력을 뽑아내서 기계에 역학적인 일률을 전달하는 장치이다. 그림 11.2.14b는 간단한 전동기를 보여주는데, 이것은 그림 11.2.7에 있는 변압기를 닮았다. 변압기처럼, 전ス동기도 자화될 수 있는 코어를 감싼 (1차) 코일을 가지고 있다. 그렇지만 전동기는 변

압기의 2차 코일을 대신에 회전하는 자기 회전자를 가진다. 전동기의 회로와 코일을 통해서 교류 전류가 흐르면서, 코일에서 사인파 모양으로 교대로 바뀌는 자기장을 만든다. 그 교대로 바뀌는 자기장은 자기 회전자와 상호작용을 해서 역학적인 일률을 회전자에 전달한다.

회전자의 운동은 전동기의 코일에 있는 전류에 기인한다. 만약 회전자가 자유롭게 회전하며 코어의 교대로 바뀌는 자기장과 완벽하게 동기화되어 남아있다면, 이것은 코어의 자기장 또는 코일에서 전류에 아무런 영향을 주지 않는다. 그렇지만 만약 회전자가 역학적인 일을 한다면 그것은 회전을 유지하기 위해서 앞쪽 방향의 회전력이 필요한데, 전동기의 교대로 바뀌는 자기장에 비해 약간 뒤처져서 돌아서 그 회전력을 얻는다. 그러면 회전자의 자기장이 전동기의 코일을 통해서 부하 전류가 흐르도록 한다. 그 부하 전류가 전력을 전동기에 전달하며 그것의 자기장이 회전자의 자기장을 상쇄시킨다. 전체적으로 보면 전동기는 전력을 역학적인 일률로 변환하고 있는 것이다.

그림 11.2.14a와 11.2.14b는 서로 거의 거울상이라는 것에 주목하자. 왜냐하면 발전기와 전동기는 놀라울 정도로 비슷한 장치이기 때문이다. 사실상 어떤 하나의 장치가 종종 발전기 또는 전동기 중 하나로 행동할 수 있다. 만약 전력을 그것의 회로에 공급한다면 회전자가 회전하고 역학적인 일률을 제공할 것이다. 만약 역학적인 일률을 회전자에 공급한다면 전류가 회로를 통해서 흐르고 전력을 생산할 것이다.

> **▶ 개념 이해도 점검 #9: 자전거 전기**
>
> 당신이 실내자전거 페달을 밟을 때 전기 발전기의 회전자를 회전시킨다. 그 발전기는 가변 전기 저항을 가진 전열선에 전력을 공급한다. 페달을 밟는 것을 더 어렵게 만들기 위해서 전기 저항을 어떻게 바꾸어야 하는가?
>
> 해답 전열선의 저항을 줄여야 한다.
>
> 왜? 전열선의 저항을 낮춤으로써 이 자전거는 회로를 통해서 흐르는 전류를 증가시킨다. 그렇게 증가된 전류는 발전기로부터 전열선으로 더 많은 전력을 전달하며, 발전기는 자전거 타는 사람으로부터 더 많은 역학적 일을 뽑아낸다.

11장 에필로그

이 장에서 자성과 자성이 전기와 연관되는 방법들을 공부하였다. '가정 자석' 절에서는 자극들과 그 극들이 서로에게 작용하는 끌어당기거나 밀쳐내는 힘에 대해서 살펴보았다. 우리는 자기적 물질들을 탐구하였으며 어떤 자기적 성질들 때문에 이들이 여러 목적들로 쓰이는지 알았다. 우리는 또한 전자석을 만났고 자성이 전기와 무관한 독립적인 것이 아니라는 것을 알기 시작했다. '전력 송전' 절에서는 교류 전류가 변압기와 그것의 전자기적인 성질들을 통해서 하나의 회로로부터 다른 회로로 어떻게 전력을 전달할 수 있는지 알았다. 극도로 높은 전압과 작은 전류로 전력을 전달하는 것이 발전소와 도시 사이 송전선에서 소모되는 전력을 최소로 한다는 것을 배웠다.

설명: 못과 전선으로 만든 전자석

배터리의 한쪽 단자로부터 다른 단자에 전선을 연결할 때, 전류는 양(+)의 단자로부터 음(−)의 단자로 전선을 통해서 흐른다. (실제로는 음(−)으로 대전된 전자들이 배터리의 음(−)의 단자로부터 전선을 통과해서 양(+)의 단자로 움직이지만, 우리는 양(+)의 전하가 반대 방향으로 향하고 있다는 허구를 채택하였다.) 이 전류는 전선 둘레에 자기장을 만든다. 전선이 못 둘레에 감겨져서 코일을 만들고 있기 때문에, 이 자기장은 못을 관통해서 지나가고 그들의 대부분이 장과 나란하게 배열될 때까지 못의 자기적 영역들이 크기가 바뀌도록 만든다. 전선에 어떤 전류도 없다면, 강철 내에 있는 자기적 영역들은 서로 다른 임의의 방향으로 향하고 있으며, 이 못은 자성이 없는 것으로 보인다. 그렇지만 전류가 이 영역들을 정렬시키면서 그들은 함께 큰 자화를 만드는 것이다. 이 못은 자석이 되고 가까이에 있는 다른 물체들에게 강한 자기력을 미치는 것이다.

요약, 중요한 법칙, 수식

가정 자석의 물리: 흔한 냉장고 자석들은 제작자들에 의해서 영구적으로 자화된 강한 자기적 물질들로 구성되어 있다. 간단한 단추 자석들은 하나는 북쪽이고 하나는 남쪽인 자극 한 쌍을 가지고 있지만, 플라스틱 얇은 판 자석들은 보통 많은 남극과 북극이 있다. 이들 자석들은 냉장고 표면의 부드러운 자기적 물질들을 일시적으로 자화시키고 그 다음에 그 표면 위에 반대의 극을 끌어당기게 되어 그 표면에 달라붙는다.

    나침반은 또 하나의 영구자석이지만 지구의 자기장을 따라 정렬이 되도록 설계된 것이다. 실제로 자기장은 나침반을 이용해서 지도를 그릴 수 있다. 작은 자석들 주위의 자기장들은 철가루를 가지고 눈에 보이도록 만들 수 있다. 그렇지만 오직 영구자석들만이 자기장의 원천인 것은 아니며, 우리는 현관 벨에서 코일을 통해서 전류가 흐를 때 이것도 자석, 즉 전자석이 된다는 것을 보았다.

전력 송전의 물리: 발전소들과 도시들 사이에 송전선들에서 전력 손실을 최소로 하기 위해서, 전력 송전 시스템은 교류 전류와 변압기를 이용한다. 발전소 근처에서 상대적으로 낮은 전압과 높은 전류의 전력은 전국 규모 송전선들을 통해서 전달하기 위해 매우 높은 전압과 낮은 전류의 전력으로 변환된다. 이들 높은 전압 전선들에 의해서 소모되는 전력은 그들이 수송하는 전류의 제곱에 의존하기 때문에, 전력 손실은 이 기술에 의해서 크게 줄어든다. 이 전력이 어떤 도시에 도착했을 때 분배하기 위해 중간 전압과 높은 전류의 전력으로 변환된다. 마지막으로 이웃에서 감압 변압기들이 이 전력을 각 가정과 사무실에 분배하기 위해 낮은 전압과 매우 높은 전류의 전력으로 변환한다.

---

1. **자성에 대한 Coulomb의 법칙:** 두 개의 자극들 사이에서 정자기적 힘의 크기는 자유 공간의 투자율 곱하기 두 개의 자극들의 곱을 4π 곱하기 그들을 분리하는 거리의 제곱으로 나눈 것과 같고, 식으로 표시하면 다음과 같다.

$$\text{힘} = \frac{\text{자유 공간의 투자율} \cdot \text{극}_1 \cdot \text{극}_2}{4\pi \cdot (\text{극들 사이의 거리})^2} \quad (11.1.1)$$

만약 전하들이 같으면 이 힘들은 밀쳐내고, 전하들이 반대이면 끌어당긴다.

2. **자기장에 의해서 극에 미치는 힘:** 극은 그것의 극 곱하기 자기장과 같은 힘을 받으며, 식으로 표시하면 다음과 같다.

$$\text{자기력} = \text{극} \cdot \text{자기장} \quad (11.1.2)$$

여기에서 이 힘은 자기장의 방향으로 향한다.

3. Lenz의 법칙: 변화하는 자기장이 도체에서 전류를 유도할 때, 그 전류로부터 생기는 자기장은 그것을 유도했던 변화에 대항한다.

4. 전선 또는 다른 Ohm의 법칙을 따르는 장치에 의해 소비되는 전력:

$$\text{소모된 전력} = \text{전류}^2 \cdot \text{전기저항} \qquad (11.2.1)$$

5. 자기장 안에서 에너지: 자기장 안에서 에너지는 그 장의 제곱과 그것의 부피를 곱하고, 자유 공간의 투자율의 2배로 나눈 것이며, 식으로 표시하면 다음과 같다.

$$\text{에너지} = \frac{\text{자기장}^2 \cdot \text{부피}}{2 \cdot \text{자유 공간의 투자율}} \qquad (11.2.2)$$

6. 변압기 전압: 변압기의 2차 코일은 1차 코일에 가해진 AC 전압 곱하기 2차와 1차의 감은 수의 율과 같은 전압을 가진 AC 전력의 전원으로 행동하며, 식으로 표시하면 다음과 같다.

$$\text{2차 전압} = \text{1차 전압} \cdot \frac{\text{2차 코일 감은 수}}{\text{1차 코일 감은 수}} \qquad (11.2.3)$$

7. 변압기 전류: 변압기의 2차 코일에서 AC 전류는 그것의 1차 코일에서 AC 부하 전류 곱하기 1차와 2차의 감은 수의 율이며, 식으로 표시하면 다음과 같다.

$$\text{2차 전류} = \text{1차 부하 전류} \cdot \frac{\text{1차 코일 감은 수}}{\text{2차 코일 감은 수}} \qquad (11.2.4)$$

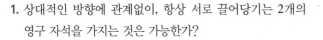

연습문제

1. 상대적인 방향에 관계없이, 항상 서로 끌어당기는 2개의 영구 자석을 가지는 것은 가능한가?

2. 단추 자석 2개 사이의 정자기 힘은 그들의 간격이 늘어나면서 급격하게 감소한다. 이 효과를 설명하기 위해서 자성에 대한 Coulomb의 법칙과 각 단추 자석의 쌍극자 특성을 이용하시오.

3. 만약 자기 나침반 2개를 서로 가까이 가져간다면, 그들은 곧 서로를 끌어당기기 시작할 것이다. 그들은 왜 서로 밀어내지 않는가?

4. 만약 단추 자석을 철 파이프 근처로 가져간다면, 그들은 곧 서로를 끌어당기기 시작할 것이다. 그들은 왜 서로 밀어내지 않는가?

5. 만약 잘못해서 영구 자석을 극도로 강한 자기장 속에 놓으면, 그것의 자화는 영구히 뒤바뀔 수 있다. 이 과정 동안에 영구 자석의 내부에서 자기 구역에 무슨 일이 발생하는가?

6. 영구 자석을 망치로 때리거나 또는 가열하는 것은 자석의 자화를 없앨 수 있다. 이 과정들 동안에 내부에서 자기 구역에 무슨 일이 발생하는가?

7. 만약 여러분이 단추 자석을 균일한 자기장 속에 놓는다면, 그 단추 자석에 작용하는 알짜 힘은 얼마인가?

8. 만약 여러분이 자기 나침반을 북쪽으로 향하는 자기장 속에 놓는다면, 만약 있다면 이 나침반에 작용하는 알짜 자기력은 어느 방향인가?

9. 단추 자석 위에서 더 많은 자기 다발 선들이 시작되는가 또는 끝나는가, 아니면 그 수들이 같은가?

10. 플라스틱 띠 자석 위에서 시작하고 끝나는 자기 다발 선들을 비교하고 설명하시오.

11. 플라스틱 띠 자석이 하나는 2극/cm를, 다른 하나는 4극/cm를 가진다. 어떤 띠의 표면으로부터 자기 다발 선들이 더 멀리 바깥으로 뻗치는가?

12. 연습문제 11에서 두 개의 플라스틱 띠 자석 중 어느 것이 더 먼 거리에서 냉장고 쪽으로 끌어당겨지는가?

13. 강한 단추 자석으로부터 자기 다발 선들이 방 안에서 바깥으로 뻗치지 않도록 어떻게 철을 이용할 수 있는가?

14. 옆방에 있는 과학 설비 안에 있는 강한 자석의 다발 선들을 여러분의 사무실로 관통하지 못하도록 하기 위해서는 알루미늄 또는 철을 가지고 사무실 벽에 정렬시켜야만 하는가?

15. 친구가 방에 다락방을 만들고 여분의 콘센트에 전력을 공급하기 위해서 얇은 스피커 선을 이용한다. 만약 콘센트로부터 작은 양의 전류만을 뽑는다면, 각 선에서 전압 강하도 작게 남아있을 것이다. 왜일까?

16. 연습문제 15에서 커다란 가정용 오락기를 콘센트에 연결하였을 때, 그것은 잘 작동하지 않는데 왜냐하면 여분의 콘센트에 의해서 제공되는 전압 상승은 단지 60 V이기 때문이다. 전력회사는 120 V의 전압 상승을 제공하는데, 그렇다면 잃어버린 전압은 어디에 있는가?

17. 어떤 전구가 자동차의 12 V DC 전력으로 작동할 때 40 W를 소모하도록 설계되었다. 만약 이 전구에 변압기로부터 12 V AC 전력을 공급한다면, 이것은 얼마나 많은 전력을 소모할 것인가?

18. 여러분의 토스터기는 120 V AC 전력으로 작동할 때 800 W를 소모한다. 만약 럭비 팀이 캠핑을 하고 있고 모두가 손전등 배터리들을 연결해서 이 토스터기에 변압기로부터 120 V DC 전력을 공급한다면, 이것은 얼마나 많은 전력을 소모할 것인가?

19. 신분증 또는 신용카드 위에 있는 자기 띠를 읽기 위해서, 여러분은 그것을 작은 전선의 코일을 빠르게 지나가도록 해야만 한다. 이 카드는 코일 계가 그것을 읽도록 왜 그렇게 움직여야만 하는가?

20. 마이크의 한 형태는 소리 파동에 반응해서 서로 상대적으로 움직이는 영구자석과 전선의 코일을 가진다. 이 코일에서 전류는 왜 이 운동과 연관되는가?

21. 만약 어떤 변압기의 1차 코일이 200회 감겨 있고 120 V AC 전력이 공급된다면, 2차 코일에 12 V AC 전력을 공급하기 위해서는 얼마나 많은 수를 감아야만 하는가?

22. 어떤 예술가의 조각에 전력을 공급하는 변압기가 120 V AC에 의해서 공급될 때 960 V AC를 제공한다. 만약 이 변압기의 1차 코일이 100회 감겨 있다면, 2차 코일에는 몇 회 감겨 있는가?

23. 변압기의 1차 코일이 철심에 240회 감겨 있고, 2차 코일에는 80회 감겨 있다. 만약 1차 전압이 120 V AC이면, 2차 전압은 얼마인가?

24. 어떤 스테레오 증폭기에서 변압기가 200회 감긴 1차 코일과 40회 감긴 2차 코일을 가지고 있다. 1차 코일에 120 V AC가 공급되었을 때, 2차 코일이 제공하는 전압은 얼마인가?

25. 만약 연습문제 23에서 3 A의 평균 전류가 변압기의 1차 코일을 통해서 흐른다면, 이 변압기의 2차 코일을 통해서 흐르는 평균 전류는 얼마인가?

26. 만약 연습문제 24에서 변압기의 2차 코일을 통해서 흐르는 평균 전류가 10 A라면, 1차 코일을 통해서 흐르는 평균 전류는 얼마인가?

27. 용수철로부터 매달린 자석이 금속 고리 안과 바깥으로 되튀고 있다. 비록 이것은 고리를 접촉하지 않지만, 이 자석의 되튐은 고리가 거기에 없었을 때보다 더 빠르게 줄어든다. 설명하시오.

28. 기본적인 잔디 깎는 기계에서 연료를 점화하는 고전압 불꽃은 정지한 전선의 코일을 지나서 자석이 갑자기 움직일 때 만들어진다. 이 불꽃의 에너지는 어디로부터 오는 것인가?

29. 배터리, 스위치, 그리고 전구를 포함하는 전기 회로에서 인덕터를 포함시킨다고 가정하자. 배터리의 양(+)극을 떠나는 전류는 배터리의 음(−)극으로 되돌아오기 전에 스위치, 인덕터, 그리고 전구를 통과해서 흘러야만 한다. 이 회로에서 전류는 스위치를 닫았을 때 천천히 증가하고, 전구가 밝아지기 위해서는 몇 초가 걸린다. 왜일까?

30. 연습문제 29에서 회로의 스위치를 열었을 때, 두 단자 사이에서 불꽃이 생긴다. 그 결과로 회로 그 자체는 약 1/2 초 동안 완전히 열리지 않으며, 그 시간 동안에 전구는 점진적으로 더 어둡게 된다. 이 전구의 거동은 스위치를 열었을 때 이 회로에서 전류가 갑자기 멈추는 것보다 천천히 감소한다는 것을 보여준다. 이 전류는 왜 천천히 감소하는가?

문제

1. 만약 0.10 A·m 자극이 위로 향하는 1.0 T 자기장 속에 놓여있다면 이 극이 받는 힘은 얼마인가?

2. 앞으로 향하는 0.20 T 자기장 속에 있는 −2.0 A·m 자극에 작용하는 힘은 얼마인가?

3. 만약 −1.0 A·m 자극이 아래쪽 방향으로 1.0 N 힘을 받는다면, 국소적인 자기장은 얼마인가?

4. 5.0 A·m 자극에 작용하는 자기력이 오른쪽 방향으로 0.010 N이다. 이 극이 있는 곳에서 자기장은 얼마인가?

5. 위로 향하는 0.10 T 자기장 속에서 자극은 위쪽 방향으로 0.10 N 힘을 받는다. 자극은 얼마인가?

6. 위로 향하는 0.10 T 자기장 속에서 자극은 아래쪽 방향으로 0.10 N 힘을 받는다. 자극은 얼마인가?

7. 지구의 자기장은 근사적으로 0.000050 T이다. 이 자기장의 1.0 m³ 안에서 있는 에너지는 얼마인가?

8. 어떤 대형 MRI 장치에 있는 자석은 1.0 m³의 부피를 점유하는 1.0 T 자기장을 가질 수 있다. 그 부피에 있는 자기장 에너지는 얼마인가?

9. 문제 8에서 1.0 J의 에너지를 포함하는 1.0 T 자기장이 점유하는 부피는 얼마인가?

10. 가정 자석 근처에서 0.050 T 자기장은 전형적인 값이다. 이 자기장이 점유하는 부피가 얼마이면 1.0 J의 에너지가 있는가?

11. 1.0 J의 에너지를 가진 1.0 m³의 부피에 필요한 자기장은 얼마인가?

12. 10 J의 에너지를 가진 1.0 m³의 부피에 필요한 자기장은 얼마인가?

전자기파 Electromagnetic Waves

전 기장과 자기장은 서로 밀접한 관계가 있어서 빈 공간에서도 서로를 생성할 수 있다. 사실 두 장은 끝없이 서로를 재창조하고 엄청난 속도로 공간을 가로질러 나아가는 전자기파를 형성할 수 있다. 이 전자기파는 우리 주위 도처에 있으며 통신 기술, 복사열 전달 및 우리가 살고 있는 우주를 볼 수 있는 능력에 대한 기초가 된다.

일상 속의 실험 │ 전자레인지 안의 디스크

전자레인지를 사용하여 전자기파로 실험할 수 있다. 12.2절에서 알게 되겠지만, 마이크로파는 라디오파와 가시광선 사이에 들어가는 일종의 전자기파이다. 전자기파는 전기장과 자기장으로 이루어져 있기 때문에 금속 물체를 통해 전류를 추진할 수 있다. 그러한 전류는 흥미로운 일들을 할 수 있다.

이 실험에서는 전자레인지에 금속을 넣는다. 이 활동에는 수반되는 위험이 항상 있기 때문에 위험을 완전히 감당할 수 없다면 이 실험을 건너뛰고 사진을 보는 것으로 대신하자. 어른의 감독이나 동의가 필요한 사람은 허락을 받거나 실험을 건너뛰기 바란다.

이 실험을 하기로 결정한 경우 전자레인지 내부 또는 근처에 가연성 물질이 없고 주변 통풍이 잘 되는지 확인하라. 디스크의 플라스틱이 가열되면 조금 불쾌한 냄새가 방출된다. 전자레인지를 4초 이상 가동하지 마라. 그렇지 않으면 냄새가 정말 불쾌해진다.

이 실험을 위한 금속은 CD 또는 DVD 안에 있는 극히

얇은 반사 필름이다. 금속 층의 전기 전도도 때문에 금속 층은 반사성이 있지만, 큰 전류를 전달하도록 설계되어 있지 않다. 전자레인지의 마이크로파 전기장에 노출되면 그 금속에는 큰 전류가 흐르게 되고, 가열되고, 찢어져서, 불꽃이 발산된다.

실험을 수행하려면 파괴되어도 괜찮은 CD 또는 DVD가 필요하다. 전자레인지 중앙 근처에 전자레인지용 세라믹 머그잔을 놓는다. CD 또는 DVD를 머그잔에 기대어 놓으면 전자레인지 도어를 통해 디스크의 반짝이는 면을 볼 수 있다. 전자레인지에 회전판이 있는 경우 실험을 위해 임시로 그 회전판을 제거할 수 있다. 전자레인지의 불빛을 잠시 검은 테이프로 차단할 수도 있다. 실험이 끝나면 회전판을 다시 달고 표시등에 붙인 테이프를 뗀다.

전자레인지 문을 닫고 CD 또는 DVD 표면이 뚜렷하게 보이는지 확인하라. 이제 전자레인지를 4초 이상 가동하지 않도록 조심해야 한다. 무슨 일이 발생할지 알고 있어야 한다. 2초 동안에 전자레인지가 마이크로파 전력을 높이

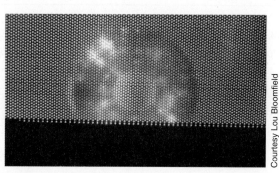

Courtesy Lou Bloomfield

421

고, 그 동안 디스크의 금속 층에서 스파크가 격렬하게 발생할 것이다.

준비가 끝나고 모든 것이 안전하게 준비되면 4초 동안 전자레인지를 가동한다. 그 금속 층에서 많은 불꽃이 보일 것이다. 그렇지 않은 경우에도 4초 후에는 전자레인지를 끈다. 그렇지 않으면 과열된 플라스틱 냄새로 심각한 문제가 발생한다. 디스크를 식히고 냄새를 빼내고, 디스크를 안전하게 처분한다.

왜 전자레인지가 디스크의 얇은 금속 층을 가열하는가? 금속 층이 가열될 때 플라스틱 디스크의 온도는 어떻게 되는가? 온도가 올라감에 따라 더 빨리 팽창하는 것은 금속인가, 플라스틱인가? 왜 금속 층이 찢어지는가? 일단 금속 층이 많은 날카로운 고립된 부분들로 파편화되면, 왜 그 부분들 사이에서 스파크가 발생하는가?

12장 학습 일정

이 장에서는 전자기파가 두 가지 가전 기기인 (1) **라디오**와 (2) **전자레인지**에서 어떻게 형성되고 감지되는지에 대해 설명한다. 라디오에 관한 절에서는 안테나에서 움직이는 전하가 전자기파를 방출하거나 반응하는 방법과 그런 파동이 라디오 송신기에서 수신기로 소리 정보를 전송할 수 있도록 제어하는 방법을 조사한다. 전자레인지에 관한 절에서는

전자레인지가 물 분자와 금속에 미치는 영향을 살펴보고, 또한 마그네트론 관에서 마이크로파가 어떻게 생성되는지 알아볼 것이다. 이 두 장치가 사용하는 전자기파를 볼 수는 없지만 이 파동은 우리 세계에서 중요한 역할을 담당한다. 좀 더 자세한 공부할 내용에 대해서는 이 장의 마지막 부분에 있는 '요약, 중요한 법칙, 수식'을 참조하라.

12.1 │ 라디오

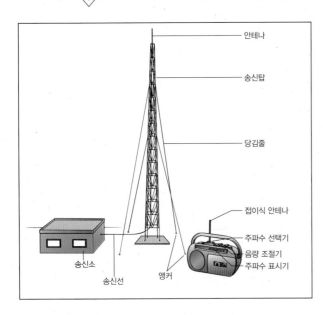

변동하는 전류는 소리 정보를 나타낼 수 있으며, 마이크에 대고 말하거나 이어폰을 통해 음악을 들을 때마다 하는 일이 그것이다. 그러나 전류는 도선을 필요로 하는데, 어떻게 움직이는 사람에게 소리 정보를 전달할 수 있는가? 도선과 무관하게 소리를 나타내는 방법이 필요한데, 그것이 바로 라디오이다.

이 절에서는 라디오 작동 원리에 대해 설명한다. 라디오파가 전달되는 방식과 수신되는 방식을 살펴볼 것이다. 또한 소리가 라디오파로 표현되어 소리가 공간을 통해 멀리 떨어진 수신기로 이동할 수 있는 일반적인 방법을 조사할 것이다.

생각해 보기: 한 금속 안테나에 있는 전하의 운동이 근처에 있는 두 번째 안테나의 전하에 어떻게 영향을 미칠 수 있는가? 두 번째 안테나가 첫 번째 안테나에서 멀리 떨어져 있으면 어떨까? 라디오 방송국이 50,000 W를 전송한다고 주장할 때 그 의미는 무엇인가? 라디오가 모든 가능한 채널 중에서 어떻게 하나를 선택하는가?

실험해 보기: 작은 AM 라디오를 들으면서 음량이 라디오의 방향이나 위치에 따라 달라지는지 확인하라. 라디오파가 라디오에 숨겨진 내부 안테나를 따라 전하를 앞뒤로 밀고 있다. 때때로 라디오가 조용해지는 방향을 찾을 수 있다. 그 이유는 라디오파가 그 방향에서는 안테나를 따라 전하를 움직일 수 없기 때문이다. 라디오를 금속 상자 안에 넣으면 소리가 안 날 것이다. 그 이유를 설명할 수 있겠는가?

무선전화기를 사용하여 유사한 실험을 시도할 수 있다. 무선전화기는 실제로는 라디오 송신기와 수신기이다. 본체와 무선전화기 사이의 연결이 끊어지는 둘 사이의 거리는 얼마인가? 안테나의 크기와 방향이 통신 범위에 영향을 미치는 것에 주목하라. 대형 금속 물체 뒤에 서 있으면 수신이 어떻게 되는가?

라디오파의 전 단계

라디오와 라디오파를 살펴보기 전에, 10장과 11장에서 시작한 전자기학에 대한 소개를 끝내자. 전기와 자기 사이의 근본적인 관계를 이미 대부분 배웠지만, 나머지 관계가 중요하게 될 것이다. 전하, 아원자 입자, 변하는 자기장이 전기장을 생성할 수 있으며, 아원자 입자와 움직이는 전하가 자기장을 생성할 수 있음을 상기하자(표 12.1.1). 고립된 자극이 있다면 자극은 자기장을 생성하고, 자극이 움직일 때 전기장을 생성할 것이다.

표 12.1.1 전기장과 자기장의 원천

전기장의 원천	자기장의 원천
전하와 아원자 입자	자극과 아원자 입자
움직이는 자극	움직이는 전하
변하는 자기장	변하는 전기장

1865년에 스코틀랜드의 물리학자인 James Clerk Maxwell(1831~1879)은 자기장의 원천을 추가로 발견했다. 바로 **변하는 전기장**이다. 그 효과는 미묘하여 과학자들은 19세기 거의 내내 간과했다. Maxwell이 완전한 전자기 이론을 공식화하려고 시도하면서 전기와 자기 사이의 추가적인 연결을 발견했다. 이 마지막 관계로 표 12.1.1에 나타낸 한 조가 완성되었다. 이러한 관계를 종합하여 Maxwell은 자연에서 가장 주목할 만한 현상 중 하나인 전자기파를 이해할 수 있었다!

> ◉ 전기와 자기 사이의 세 번째 연결
>
> **시간에 따라 변하는 전기장은 자기장을 생성한다.**

전기장은 자기장을 만들 수 있고 자기장에는 에너지가 있기 때문에 전기장에도 명백히 에너지가 있어야 한다. 균일한 전기장에서의 에너지의 양은 전기장 세기의 제곱에 전기장의 부피를 곱한 후 Coulomb 상수의 8π배로 나눈 것이다. 다음과 같이 언어 식으로 표현할 수 있다.

$$\text{에너지} = \frac{\text{전기장}^2 \cdot \text{부피}}{8\pi \cdot \text{Coulomb 상수}} \tag{12.1.1}$$

이것을 기호로 나타내면

$$U = \frac{E^2 \cdot V}{8\pi \cdot k}$$

가 되고, 일상 언어로 표현하면 다음과 같다.

대형 축전기를 충전할 때, 축전기는 그 극판 사이의 전기장에 많은 에너지를 저장한다.

이제 전 단계가 완성되었으며, 라디오가 어떻게 작동하는지 살펴볼 준비가 되었다.

⮕ **개념 이해도 점검 #1: 실제 축전기**

축전기의 극판에 전하를 분리해 놓으면 두 극판 사이에 강한 전기장이 발생한다. 극판을 도선으로 연결하면 축전기가 방전되어 전기장이 갑자기 사라진다. 전기장이 사라져 갈 때 극판 사이에 다른 어떤 장이 존재하는가?

해답 이제 극판 사이에 자기장이 존재한다.

왜? 변화하는 전기장이 자기장을 생성하기 때문에, 전기장이 사라지는 동안 극판 사이에 자기장이 존재한다.

⮕ **정량적 이해도 점검 #1: 벌판의 번개**

천둥 번개가 치는 동안, 대전된 구름은 지상 근처에서 약 10,000 V/m의 전기장을 발생시킨다. 1.0 m³의 전기장에 얼마나 많은 에너지가 들어 있는가?

해답 1.0 m³의 전기장에 약 0.00045 J이 들어 있다.

왜? 10,000 V/m는 10,000 J/C · m와 같기 때문에, 1.0 m³을 점유하는 10,000 V/m 전기장의 에너지는 식 12.1.1에 따라 다음과 같다.

$$에너지 = \frac{(10{,}000 \text{ J/C} \cdot \text{m})^2 \cdot 1.0 \text{ m}^3}{8\pi \cdot 8.988 \times 10^9 \text{ N} \cdot \text{m}^2/\text{C}^2}$$

$$= \frac{0.00045 \text{ J}^2}{\text{N} \cdot \text{m}} = 0.00045 \text{ J}$$

그것이 세제곱미터 당 많은 에너지는 아니지만, 단 하나의 벼락이 거의 10억 세제곱미터의 전기장 에너지를 방출할 수 있다. 그런 천둥소리가 나는 것이 놀랍지 않다!

안테나와 탱크 회로

라디오 송신기는 라디오파를 통해 수신기와 통신한다. 송신기 안테나에서 위아래로 움직이는 전하가 라디오파를 생성하며, 그 라디오파가 수신기 안테나에서 전하를 위아래로 밀 때 라디오파의 존재가 감지된다. 라디오파가 정확히 무엇이며, 안테나의 전하가 어떻게 그것을 생성하는가?

이미 전하가 전기장을 만들고 움직이는 전하가 자기장을 생성한다는 것을 보았다. 그러나 전하가 **가속할** 때 새로운 것이 발생한다. 전하가 가속하면 생성되는 변하는 전기장과 자기장은 끊임없이 서로를 재생성하면서 빈 공간을 통해 먼 거리를 여행할 수 있다. 이렇게 서로 엮인 전기장 및 자기장을 일반적으로 **전자기파**(electromagnetic wave)라고 한다. 라디오의 경우, 전자기파는 낮은 주파수와 긴 파장을 가지고 있으며, **라디오파**(radio wave)로 알려져 있다.

그러나 라디오파의 구조와 라디오파가 공간을 통해 먼 거리를 어떻게 이동하는지를 알아보기 전에 가까이 있는 두 개의 안테나가 서로에게 어떻게 영향을 미치는지부터 살펴보자. 그림 12.1.1과 같이 라디오 송신기와 수신기가 나란히 있을 때는 송신기 안테나의 전하가 수신기 안테나의 전하에 영향을 미치게 된다.

가까운 수신기와 통신하기 위해 송신기는 안테나 위아래로 전하를 보내고, 이 전하의 전기장이 공간을 통해 수신기 안테나로 퍼지게 된다. 전기장은 수신기 안테나의 전하를 위

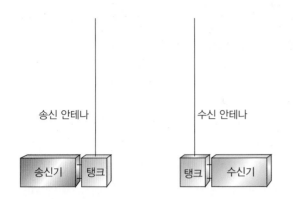

그림 12.1.1 전하가 빠르게 송신 안테나에 들어오고 나가면 수신 안테나의 전하도 비슷한 운동을 한다.

송신 안테나

수신 안테나

송신기 | 탱크

탱크 | 수신기

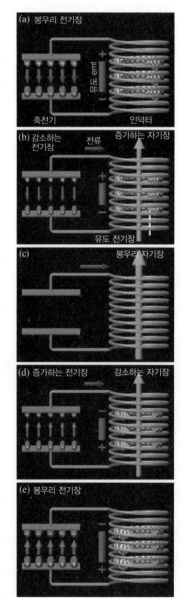

아래로 밀어내지만 전하의 움직임이 너무 작아서 수신기가 그것을 마구잡이 열운동이나 인근의 다른 전기장이 일으킨 운동과 구별하는 데 어려움이 있다. 따라서 송신기는 안테나의 전하를 특정한 진동수(주파수)[1]로 반복적으로 위아래로 보내는 현명한 전략을 택한다. 결국 수신기 안테나의 전하는 동일한 진동수로 운동을 반복하고 수신기는 그 운동을 관련이 없는 운동과 훨씬 쉽게 구별한다.

이같은 주기 운동을 응용하면 다른 이점도 있는데, 그것으로 인해 송신기와 수신기가 탱크 회로를 이용할 수 있다. **탱크 회로**(tank circuit)는 축전기와 인덕터로 구성된 공명 전자장치이다(그림 12.1.2). 수조에 있는 물이 특정한 진동수에서 철썩거릴 수 있는 것과 마찬가지로 전하는 탱크 회로를 통해 특정한 진동수에서 앞뒤로 "철썩거린다." 물의 주기적인 운동에 맞춰 물을 살짝 밀어주면 물이 더 강하게 철썩거리게 되는 것처럼 송신기 역시 매 주기마다 전하를 살짝 밀어줌으로써 전하가 탱크 회로를 통해 강하게 철썩거리게 만들 수 있다. 둘 다 공명에너지 전달의 예이다(9.2절 참조). 탱크 회로는 송신기가 전하를 안테나 위아래로 더 많이 움직일 수 있게 도와서 전송을 극적으로 강화한다.

수신 안테나에 부착된 두 번째 탱크 회로는 수신기가 이러한 전송을 검출하는 데 도움을 준다. 송신 안테나의 전기장에 의한 부드럽고 주기적인 추진 때문에 수신 안테나와 그에 부착된 탱크 회로를 통해 전하가 점점 더 많이 움직인다. 이 안테나만의 전하의 움직임을 검출하기는 어려울지라도, 탱크 회로의 훨씬 큰 전하의 움직임을 놓칠 수는 없다.

전하가 축전기와 인덕터 사이에서 어떻게 움직이는지 살펴봄으로써 탱크 회로가 어떻게 작동하는지 이해할 수 있다. 탱크 회로가 축전기의 극판에서 분리된 전하로 시작한다고 상상해 보자(그림 12.1.2a). 인덕터는 전기를 전도하기 때문에 전류가 양으로 대전된 극판에서 인덕터를 통해 음으로 대전된 극판으로 흐르기 시작한다. 인덕터를 통과하는 전류는 천천히 증가해야 하는데, 전류가 천천히 증가하면서 인덕터에 자기장을 생성한다(그림 12.1.2b).

곧 축전기의 분리된 전하는 사라지고 모든 탱크 회로의 에너지는 인덕터의 자기장에 저장된다(그림 12.1.2c). 그러나 인덕터가 전류의 변화에 대항하여 전류가 계속 흐르도록 유도하므로 전류는 계속 흐른다. 인덕터는 전류의 흐름을 유지하기 위해 자기장의 에너지를 사용하고 분리된 전하가 축전기에 다시 나타난다(그림 12.1.2d). 결국 인덕터의 자기장은 0

그림 12.1.2 탱크 회로는 축전기와 인덕터로 구성된 전자기 조화 진동자이다. 이 일련의 장면은 반주기의 진동을 시간 간격이 동일한 다섯 순간으로 보여준다. 에너지는 축전기의 전기장과 인덕터의 자기장 사이에서 주기적으로 왔다 갔다 한다.

---

1) 역자주: frequency. 고정된 한 점의 주기 운동에 대해서는 '진동수', 파동으로 전파할 때는 '주파수'로 흔히 쓰지만 혼용해서 쓰는 경우도 있다.

으로 줄어들고 모든 것이 거의 원래 상태로 되돌아간다. 모든 탱크 회로의 에너지가 축전기로 되돌아 왔지만, 축전기의 분리된 전하는 이제 위아래가 바뀌었다(그림 12.1.2e).

이 전체 과정이 이제 역순으로 반복된다. 전류는 인덕터를 통해 거꾸로 흘러서 인덕터를 반대로 자화시키며 탱크 회로는 이내 원래 상태로 돌아간다. 이러한 전 과정이 계속해서 반복된다. 즉, 전하가 축전기의 한쪽에서 다른 쪽으로 몰렸다가 되돌아오는 것이 계속 반복된다.

탱크 회로는 9장에서 살펴본 역학적 조화 진동자에 해당하는 전자적 조화 진동자이다. 모든 조화 진동자와 마찬가지로 주기(순환과정 당 시간)는 진동의 진폭에 의존하지 않는다. 따라서 전하가 탱크 회로에서 아무리 많이 철썩거리더라도 전하가 흘러가서 되돌아오는 데 걸리는 시간은 항상 동일하다.

탱크 회로의 주기는 축전기와 인덕터에만 의존한다. 축전기의 전기 용량이 클수록 주어진 양의 에너지로 유지할 수 있는 분리된 전하가 더 많고 전하가 전류로 회로를 통과하는 데 더 오래 걸린다. 인덕터의 **인덕턴스**(inductance), 즉 전류 변화에 대한 저항이 클수록, 전류가 시작되고 멈추는 시간이 길어진다. 큰 축전기와 큰 인덕터가 있는 탱크 회로는 1000분의 1초 또는 그 이상의 주기를 가질 수 있는 반면, 작은 축전기와 작은 인덕터를 갖는 탱크 회로는 10억분의 1초 또는 그 이하의 주기를 가질 수 있다.

인덕턴스는 인덕터 양단의 전압 강하를 인덕터에 흐르는 전류가 시간에 따라 변하는 율로 나눈 값이다. 이 정의에 따라 인덕턴스는 전압을 시간 당 전류로 나눈 단위가 된다. 인덕턴스의 SI 단위는 V·s/A로서 **헨리**(henry, 줄여서 H)라고도 한다. 대형 전자석의 인덕턴스는 수백 헨리이지만, 라디오에서는 $1\,\mu H(0.000001\ H)$의 인덕터가 더 일반적이다.

탱크 회로의 공명 특성 때문에 탱크 회로가 라디오에서 유용하다. 탱크 회로의 전류를 주기적으로 작게 밀어주면 그 회로에서 전하 진동이 커질 수 있기 때문이다. 라디오에서 송신기가 교류 코일을 통해 교류 전류를 보낼 때 이러한 주기적인 밀어주기가 시작된다. 이 코일의 전기장이 근처에 있는 전송 탱크 회로를 통해 앞뒤로 전류를 밀어내서 엄청난 양의 전하가 앞뒤로 철썩거리고 전송 안테나를 따라 위아래로 움직인다. 그때 그 전기장은 수신 안테나에서 전하를 주기적으로 밀어내서 전하의 상당 부분이 위아래로 이동하고 수신 탱크 회로에서 앞뒤로 움직인다. 수신기는 철썩거리는 이 전하를 쉽게 감지할 수 있다.

에너지는 공명에너지 전달을 통해 송신기로부터 송신 탱크 회로 및 안테나, 수신 안테나 및 탱크 회로, 그리고 최종적으로 수신기로 흐른다. 이러한 순차적인 전송은 모든 부분이 동일한 진동수에서 공명을 할 때만 효율적이다. 라디오 수신기를 특정 방송국으로 맞추는 것은 주로 축전기와 인덕터를 조정하여 탱크 회로가 올바른 공명 진동수를 갖도록 하는 것이다.

▶ **개념 이해도 점검 #2: 탱크 회로가 없다면**

라디오 송신기가 탱크 회로를 사용하지 않고 단순히 안테나에서 전하를 직접 움직이면 안 되는가?

해답 송신기가 안테나에서 직접 움직일 수 있는 전하의 양이 너무 작아서 강력한 라디오파를 만들 수 없다.

왜? 탱크 회로 덕분에 송신기가 전하를 훨씬 더 많이 움직일 수 있기 때문에 탱크 회로가 유용하다. 그것은 마치 소리굽쇠가 자체적으로 음파를 보내는 데 비효율적인 것처럼 라디오 안테나 자체만으로 라디오파를 방출하는 것은 비효율적이다. 소리굽쇠를 그 진동수에서 공명하는 물체에 연결하여 소리굽쇠의 소리를 훨씬 크게 만들 수 있다. 마찬가지로 라디오 안테나는 그 진동수에서 공명하는 탱크 회로에 연결되어 훨씬 더 강력한 라디오파를 방출할 수 있다.

라디오파

두 안테나가 서로 가깝게 있으면 송신 안테나의 전하가 수신 안테나의 전하에 직접 정전기력을 발휘한다. 그러나 안테나가 멀리 떨어지면 안테나 사이의 상호작용이 더욱 복잡해진다. 그러면 송신 안테나의 전하가 수신 안테나의 전하를 밀기 위해 라디오파를 방출해야 한다. 라디오파는 물결파처럼 한 곳에서 다른 곳으로 에너지를 운반하는 교란이다. 그러나 물에서 움직여야만 하는 물결파와는 달리 라디오파는 우주의 한쪽에서 다른 쪽으로 빈 공간을 통해 이동할 수 있다.

모든 전자기파와 마찬가지로 라디오파는 변화하는 전기장과 변화하는 자기장만으로 이루어져 있다. 이 장들은 끊임없이 서로를 재생성하면서 파동으로서 빛의 속력으로 빈 공간을 이동해 간다. 그 속력은 정확히 299,792,458 m/s이다.

라디오파는 안테나의 전하가 가속할 때 만들어진다. 정지한 전하 또는 일정한 전류가 일정한 전기장 또는 자기장을 생성하는 반면, 가속하는 전하는 시간에 따라 변하는 장들을 생성한다. 전하가 안테나 위아래로 움직이면 그 전기장은 교대로 위아래 방향을 가리키고 자기장은 교대로 좌우 방향을 향한다. 이 변화하는 장들은 끊임없이 서로를 재생성하면서 전자기파로서 공간을 항해한다. 경로의 각 지점에서 파동의 전기장 방향, 자기장 방향, 진행 방향은 서로 수직이다.

수직 전송 안테나가 방출하는 파동은 **수직 편광**(vertical polarization)되어 있다. 즉, 전기장이 교대로 위아래를 향한다(그림 12.1.3a). 파동의 '꼭대기'를 마루로 보면, 인접한 꼭대기 사이의 거리가 파장이 된다. 라디오파의 경우, 파장은 보통 1 m이거나 그 이상이다. 파동의 자기장은 전기장에 수직이며 교대로 좌우 방향을 가리킨다.

송신 안테나가 옆으로 기울어지면, 파동의 전기장이 교대로 좌우 방향을 가리키므로 파동은 **수평 편광**(horizontal polarization)되어 있을 것이다(그림 12.1.4b). 파동의 자기장은

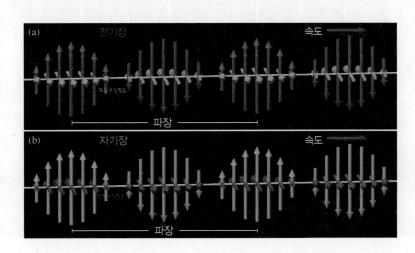

그림 12.1.3 전자기파는 빛의 속력으로 오른쪽을 향해 진행한다. 빨간색 화살표는 노란색 경로의 지점에서의 전기장을 나타낸다. 녹색 화살표는 동일한 지점에서의 자기장을 나타낸다. 각 지점에서 파동의 전기장, 자기장, 진행 방향은 서로 수직이다. (a) 수직 편광된 전자기파에서 전기장의 방향은 수직이고 자기장의 방향은 수평이다. (b) 수평 편광된 전자기파에서 전기장의 방향은 수평이고 자기장의 방향은 수직이다.

교대로 위아래를 향한다. 편광이 무엇이든, 전기장과 자기장은 진행파로서 함께 앞으로 나아가기 때문에 장들의 패턴은 빛의 속력으로 부드럽게 공간을 통과해 간다.

> ### 흔한 오개념: 전자기파와 진동
>
> **오개념** 전자기파의 장들이 물결 모양으로 나타나기 때문에(그림 12.1.3), 광파 자체가 진동을 한다. 즉, 광파가 오른쪽으로 향함에 따라 실제로 위아래로 또는 앞뒤로 구불거리며 나아간다!
>
> **해결** 전자기파의 장들을 나타내기 위해 그려진 화살표는 파동의 직선 경로상의 점과 연관되어 있다. 그림 12.1.3의 각 파동은 노란색 경로를 따라 오른쪽으로 향하고 화살표는 그 경로상의 점에서 장들의 값을 나타낸다.

한 곳에 서서 이 파동이 통과하는 것을 볼 수 있다면, 파동을 만든 전하와 같은 진동수로 전기장이 위아래로 움직이는 것을 볼 수 있다. 파동이 먼 수신 안테나를 통과할 때 이 진동수로 그 안테나의 전하를 위아래로 밀어낸다. 수신 탱크 회로가 이 진동수에서 공명하면 전하가 철썩거리는 양이 충분히 크므로 수신기에서 검출할 수 있다.

라디오 방송국은 공명 전송 안테나를 사용하여 전송을 최적화할 수 있다. 직선형 안테나는 또 다른 전자 조화 진동자이며, 그 주기는 안테나의 길이에만 의존한다. 그 길이가 전송하려는 라디오파의 파장의 절반이면 전하는 라디오파의 주파수(진동수)에서 자연 공명으로 안테나에서 위아래로 움직인다.

놀랍게도 안테나는 실제로 탱크 회로이다(그림 12.1.4). 안테나의 끝은 축전기의 극판 역할을 하고 그 중간은 인덕터 역할을 한다. 직선형 모양에도 불구하고 안테나는 그림 12.1.2에 나타낸 코일형 탱크 회로와 동일한 공명 특성을 보인다. 전송 탱크 회로와 안테나가 동일한 진동수에서 공명하고 있을 때, 한쪽에서 다른 쪽으로 공명에너지가 전달된다. 이러한 공명 효과는 강력한 라디오파를 생성하는 데 도움이 된다.

안테나의 길이가 반파장 길이이고 그 끝이 반대로 대전되기 때문에 이러한 안테나를 **반**

그림 12.1.4 직선형 안테나는 직선형 탱크 회로인데, 그 끝 부분은 축전기 극판 역할을 하고 중간은 인덕터 역할을 한다. 이 일련의 장면은 반주기의 진동을 시간 간격이 동일한 다섯 순간으로 보여준다. (a)~(e)와 그림 12.1.2(a)~(e)를 비교하라. 전하가 안테나 위아래로 진동하고 안테나의 에너지가 전기장과 자기장 사이에서 번갈아 왔다 갔다 한다.

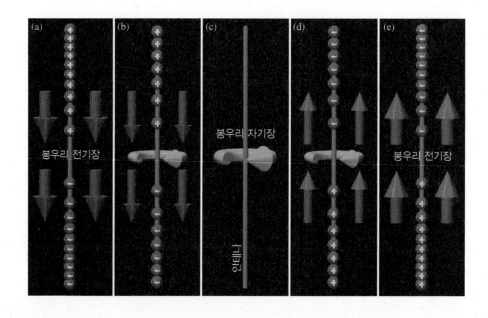

파장 쌍극 안테나라고 한다. 많은 라디오 방송국에서 이 안테나를 사용한다. 그러나 전도성 표면 위에 안테나의 상단 절반을 놓으면 쌍극 안테나의 하단 절반을 생략할 수 있다. 전도성 표면은 거울이며(그림 12.1.5) 상반부의 반사는 쌍극 안테나의 누락된 하반부처럼 작용한다. **1/4 파장 단극 안테나**로 알려진 이 짧은 안테나는 특히 안테나가 금속 표면이나 지면에서 위쪽으로 돌출될 때 더욱 편리하다.

송신 안테나가 보내는 라디오파는 그 길이 방향에 수직인 방향에서 가장 강하다. 안테나에서의 전하 움직임이 길이에 수직인 선에서 보았을 때 가장 분명하기 때문에 이는 예상된 결과이다. 따라서 수직 안테나는 대부분의 파동을 가로로 내보내고, 사람들은 그 방향에서 그 파를 받을 가능성이 높다. 안테나 끝에서는 파동이 나오지 않는다.

전기장과 자기장 모두 에너지를 포함하고 있기 때문에 전자기파가 공간을 통과할 때 송신기로부터 에너지를 운반한다. 라디오 방송국이 "50,000 W의 음악을 송신한다"는 광고는 방송국 안테나가 초 당 50,000 J의 에너지, 즉 50,000 W의 전력을 전자기파로 방출한다고 주장하는 것이다. 수신기의 안테나가 이 파를 검출하려면 이 전력을 충분히 흡수해야 한다. 그러나 발신 안테나에서 파가 멀어질수록 이 파는 더 멀리 퍼지고 약해진다. 나무나 산은 파의 일부를 흡수하거나 반사함으로써 수신율을 저하시킨다.

최상의 수신을 위해서는 라디오파가 강하고, 발신 안테나에서 수신 안테나로 이르는 길에 방해물이 없는 곳에 청취자가 위치해야 한다. 공명이 되려면 수신 안테나는 반파장 쌍극이거나 1/4 파장 단극이고 라디오파의 편광과 나란한 방향이어야 한다. 즉, 수직으로 편광된 라디오파인 경우에는 안테나가 수직으로, 수평으로 편광된 라디오파인 경우에는 수평으로 놓여야 한다. 수신 안테나를 파의 편광에 맞춤으로써 확실하게 파의 전기장이 안테나를 **가로질러서가** 아니라 안테나에 **나란하게** 전하를 밀어내게 한다.

수신 안테나의 방향에 관계없이 양호한 수신을 보장하기 위해 많은 라디오 방송국은 수직 및 수평 편광을 결합한 복잡한 **원편광**(circularly polarzied) 파동을 전송한다. 이 파동을 형성하려면 몇 개의 안테나가 필요하다. 수 미터 이하의 파장의 경우 이 안테나를 모두 단일 마스트에 저렴한 비용으로 부착할 수 있다. 그래서 단파장 라디오파를 사용하는 상용 FM 및 TV 방송이 일반적으로 원편광으로 전송된다. 그러나 장파장 라디오파를 사용하는 상업용 AM 방송은 수직 편광으로만 전송된다.

상용 FM 라디오파는 일반적으로 두 가지 편광을 모두 포함하기 때문에 FM 수신 안테나는 수직 또는 수평이 될 수 있다. 휴대용 FM 수신기에는 종종 신축성 수직 안테나를 사용하는 반면, 가정용 수신기에는 종종 수평 와이어 안테나를 사용한다. 이 모든 안테나는 대략 반파장 쌍극 안테나이거나 1/4 파장 단극 안테나이다.

상업용 AM 라디오를 위한 1/4 파장 단극 안테나는 길이가 약 100 m이어야 하므로 자동차의 안테나와 같은 직선형 AM 안테나는 최적보다 훨씬 짧다. 그래서 많은 AM 안테나가 수직 전기장이 아닌 전파의 수평 자기장에 반응하도록 설계되었다. 이러한 자성 안테나는 진동하는 자기장에 노출될 때 유도 전류를 겪는 수평 도선 코일이다.

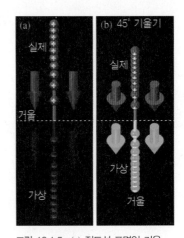

그림 12.1.5 (a) 전도성 표면인 거울 위의 1/4 파장 단극 안테나의 측면도. 거울은 안테나의 가상 이미지를 반영하므로 계는 반파장 쌍극 안테나처럼 작동한다. (b) 거울 위 45° 각도에서 바라본 동일한 단극 안테나와 거울 상.

> ⏩ 개념 이해도 점검 #3: 집만한 곳은 없다
>
> 무선전화기는 왜 본체 가까이에서 잘 작동되는가?
>
> 해답 무선전화기가 본체에서 너무 멀리 떨어져 있을 때, 전자기파가 너무 퍼져 통신이 잘 되지 않는다.
>
> 왜? 본체와 무선전화기에서 방출되는 전력은 작기 때문에 파동을 감지하기가 상대적으로 어렵다. 본체와 무선전화기가 가까이 있으면 서로의 파동을 감지할 수 있다. 그들 사이의 거리가 너무 커지면 파동이 너무 퍼져서 탐지가 되지 않고 본체와 무선전화기가 서로의 접촉을 잃게 된다.

소리 표현: AM 및 FM 라디오

라디오 송신기는 단순히 라디오파를 방출하는 것 이상을 수행한다. 송신기는 라디오파를 사용하여 소리를 표현한다. 소리 파동은 공기 밀도의 변화이고, 라디오파는 전기장과 자기장의 변화이므로 라디오파는 문자 그대로 음파를 "운반"할 수는 없다. 그러나 라디오파는 소리 정보를 전달할 수 있고 수신기에게 소리를 재생하는 방법을 지시할 수 있다.

소리 정보를 전달하기 위해 라디오 방송국은 라디오파를 변경하여 공기의 압축과 희박을 나타낸다. 그런 다음 수신기는 이러한 압축과 희박을 재현한다. 라디오파가 그러한 밀도 변동을 나타낼 수 있는 데는 두 가지 공통 기술이 있다. 하나는 진폭 변조로 불리는 것으로, 라디오파의 전체 세기를 변경하는 것과 관련된다. 다른 하나는 주파수 변조인데, 이는 라디오파의 주파수를 약간 변화시키는 것과 관련된다.

진폭 변조(amplitude modulation, AM) 기술에서는 송신파의 세기로 공기압력을 표현한다(그림 12.1.6). 공기의 압축을 표현하기 위해 송신기의 세기를 높여서 더 많은 전하가 송신 안테나에서 오르내린다. 희박을 나타내기 위해 세기를 낮춰서 더 적은 전하가 안테나에서 오르내린다. 전하가 안테나에서 위아래로 움직이는 진동수는 일정하게 유지되므로 라디오파의 진폭만 변한다. 수신기는 라디오파의 세기를 측정하고 그 결과를 사용하여 소리를 재생한다. 강력한 라디오파를 감지하면 스피커를 청취자 쪽으로 밀고 공기를 압축한다. 약한 라디오파를 감지하면 청취자에게서 스피커를 끌어당겨 공기를 희박하게 만든다.

주파수 변조(frequency modulation, FM) 기술에서는 공기 밀도를 전송된 파동의 주파수로 표현한다(그림 12.1.7). 공기의 압축을 나타내기 위해 송신기의 주파수를 약간 증가

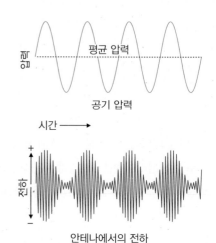

그림 12.1.6 진폭 변조를 사용하여 소리를 전송할 때 공기 압력은 라디오파의 세기로 표현된다. 압축은 강해지는 라디오파로, 희박은 약해지는 라디오파로 각각 표현된다.

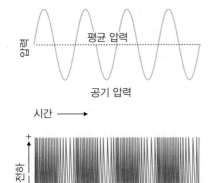

그림 12.1.7 음파가 주파수 변조에 의해 전송되었을 때, 공기 압력은 라디오 송신기의 주파수 변화로 표현된다. 압축은 주파수의 증가로, 희박은 주파수의 감소로 각각 표현된다.

시켜 전하가 정상보다 약간 **더** 자주 송신 안테나에서 위아래로 움직인다. 희박을 나타내기 위해 송신기의 주파수를 약간 감소시켜 전하가 정상보다 약간 **덜** 자주 위아래로 움직인다. 이러한 주파수의 변화는 극도로 작기 때문에 전하가 모든 공명 구성 요소에서 계속 강하게 철썩거리고 수신 상태에는 영향을 미치지 않는다. 수신기는 라디오파의 주파수를 측정하고 이 결과를 사용하여 소리를 재생한다. 증가된 주파수를 감지하면 공기를 압축하고 감소된 주파수를 감지하면 공기를 희박하게 한다.

소리를 표현하기 위한 AM과 FM 기술은 어떤 주파수의 라디오파와도 함께 사용될 수 있지만, 가장 보편적인 상업 대역은 550 kHz와 1600 kHz(550,000 Hz와 1,600,000 Hz) 사이의 AM 대역과 88 MHz와 108 MHz(88,000,000 Hz와 108,000,000 Hz) 사이의 FM 대역이다. 라디오 주파수 스펙트럼의 다른 대역은 TV, 단파, 아마추어 라디오, 전화, 데이터, 경찰, 항공기 대역을 포함한 기타 상업, 군사, 대중교통용이다. 이들 전송은 AM, FM, 다른 몇 가지 기술을 사용하여 라디오파에서 소리와 정보를 나타낸다.

> ▶ **개념 이해도 점검 #4: 또 하나의 음량 조절**
>
> 자동차에서 AM 라디오를 들으면서 터널로 들어가면 그 소리가 작아지는 이유를 설명하시오.
>
> **해답** 터널은 대부분의 라디오파를 차단한다. 작은 변조 파동만 라디오에 도달하기 때문에 라디오는 스피커로 작은 공기 밀도 변화만 생성한다.
>
> **왜?** AM 라디오는 큰 소리의 음악을 나타내는 원거리 전송과 작은 소리의 음악을 나타내는 근거리 전송을 구별하는 데 어려움이 있다. 두 경우 모두 수신기는 안테나에서 위아래로 움직이는 전류의 작은 변화만 감지한다. 그래서 송신 안테나에서 멀어지거나 터널에 들어갈 때는 AM 라디오의 음량을 높여야 한다.

대역폭과 케이블

순수한 단일 주파수 라디오파는 어떠한 정보도 전달하지 않는다. 소리, 비디오 또는 다른 형태의 정보를 나타내기 위해 라디오파는 시간에 따라 변해야 한다. 연기 신호를 생각해 보자. 일정한 연기의 흐름은 아무런 정보도 전달하지 않지만, 주의 깊게 시간 간격을 두고 연기를 내뿜으면 정보를 보낼 수 있다.

라디오파가 정보를 전달하기 위해 일단 시간에 따라 변화하면 더 이상 순수한 단일 주파수가 되지 않는다. 라디오파의 어느 부분이 변화하든 관계없이 파동에는 이제 다양한 주파수가 포함된다. 라디오파가 초 당 전달하는 정보가 많을수록 주파수 범위가 넓어진다.

라디오파가 소리를 표현할 때, 라디오파는 공인 주파수인 **반송 주파수**(carrier frequency)보다 다소 낮은 주파수에서 그 주파수보다 약간 높은 주파수에 이르는 범위의 라디오 주파수로 이루어져 있다. 소리의 가청 주파수 범위가 넓을수록 매초마다 더 많은 소리 정보를 보내야 하고 그 소리를 나타내는 데 필요한 라디오 주파수 범위가 넓어야 한다. 이러한 정보 흐름을 전송하는 데 필요한 주파수 범위가 전송 **대역폭**(bandwidth)이다.

국제 협약에 따라 AM 라디오 방송국은 반송 주파수보다 5 kHz 높고 낮은 10 kHz 대역폭을 사용할 수 있다. 해당 대역폭 내에 머무르려면 표현하려는 소리는 5 kHz 이상의 주파수를 포함할 수 없다. 이 제한된 주파수 범위는 음악에는 좋지 않지만 그 때문에 경쟁 방송국들이 단지 10 kHz 떨어져 있는 반송 주파수로 작동해야 하므로 106개의 여러 방송국이 550 kHz와 1600 kHz 사이에서 운영될 수 있다.

FM 라디오 방송국은 반송 주파수의 양쪽으로 100 kHz씩 200 kHz의 대역폭을 사용할 수 있다. 이런 호화스러운 할당으로 FM 라디오는 매우 넓은 범위의 가청 주파수를 스테레오로 표현할 수 있으므로, FM 라디오 방송국이 AM 방송국보다 라디오로 음악을 전송하는 데 훨씬 유리하다. 최근 몇 년 동안 FM 방송국은 "고음질" 음향의 프로그램을 상징하는 디지털 정보를 전달하기 위해 200 kHz 대역폭을 사용하기 시작했다(14장에서 디지털 오디오를 살펴볼 것이다).

고음질 라디오파가 안테나 사이에서 직선으로 움직이기 때문에 약 100 km 이상 떨어진 곳에서는 상업용 FM 방송국을 수신하기 어렵다. 송신 안테나가 높은 타워의 꼭대기에 있을 때조차도 지구의 곡률과 지표면 때문에 FM 수신 범위가 심각하게 제한된다.

상업용 AM 방송국에서 사용되는 것과 같은 저주파 라디오파는 지구의 외부 대기에서 하전된 입자에 의해 반사되므로 그렇지 않았으면 공간으로 사라질 라디오파의 일부분은 다시 지상으로 되돌아온다. 이렇게 되돌아온 전력으로 인해 송신기의 안테나에 직접 시선이 닿지 않는 경우에도 상당한 거리에서 AM 방송국을 수신할 수 있다. 해질 무렵 이러한 대기층은 AM 라디오파를 반사하는 데 매우 효과적이 되어서 수천 킬로미터 멀리 떨어진 곳에서 마치 지역 방송국인 것처럼 전송을 수신할 수 있다.

전자기파의 스펙트럼은 제한된 자원이며, 한 번만 사용될 수 있다면 대역폭이 빠르게 다 소진될 것이다. 다행히도 거리와 차폐를 이용하면 스펙트럼을 여러 번 재사용할 수 있다. 서로 멀리 떨어져 있는 휴대폰은 라디오파가 거리에 따라 약해져 본질적으로 겹치지 않기 때문에 동일한 반송 주파수와 대역폭을 공유할 수 있다. 그러나 가까이 있는 무선 전송조차도 케이블 내부에 전자기파를 가두어서 동일한 반송 주파수를 사용할 수 있다.

케이블 라디오, 케이블 TV, 데이터 네트워크는 빈 공간이 아닌 케이블을 통해 전자기파를 보내는 것을 제외하면 방송망과 유사하다. 일반적인 라디오 또는 TV 케이블은 금속 호일 또는 금속 망으로 만든 관 내부에 절연된 금속 도선으로 이루어져 있다. 두 개의 금속 부품이 동일한 중심선, 즉 축을 공유하기 때문에 이 관 내부 도선 배열을 동축 케이블(coaxial cable)이라고 한다. 대조적으로, 일반적인 컴퓨터 데이터 케이블은 몇 개의 쌍으로 꼬여 있는 다수의 절연된 금속 도선으로 구성된다.

전자기파는 그 파동을 생성하는 송신기로부터 동축 케이블 또는 두 줄로 꼬인 케이블의 꼬임과 회전을 따라서 케이블을 통과하여 그것을 사용하는 수신기까지 쉽게 전파된다. 도선이 이 파동의 이동을 돕고 있다는 점이 빈 공간의 파동보다 상황을 더 복잡하게 만든다. 그러나 그것은 여전히 전기장과 자기장에 관련되어 있으며 거의 빛의 속력으로 전파된다.

케이블 내부의 전자기파가 외부의 전자기파와 상호작용하지 않기 때문에 송신기와 수신기는 공유에 대한 걱정 없이 그들이 선택한 스펙트럼의 모든 부분을 사용할 수 있다. 일반적인 동축 케이블은 최대 1000 MHz의 주파수를 다룰 수 있으며 두 줄로 꼬인 일반적인 케이블은 350 MHz에 도달할 수 있으므로 어느 쪽이라도 매초 많은 양의 정보를 전송할 수 있다.

그러나 요즘 동축 케이블은 한 곳에서 다른 곳으로 빛을 유도하는 광섬유 케이블과 경쟁해야 한다. 14.2절에서 광섬유를 살펴볼 것이다. 라디오파와 마찬가지로 빛은 전자기파이며 정보를 나타내기 위해 진폭 또는 주파수 변조가 가능하다. 그러나 빛의 주파수는 매우 높다. 가시광의 주파수 범위는 4.5×10^{14} Hz에서 7.5×10^{14} Hz까지다. 가시 스펙트럼 전반에 200 kHz 간격의 FM 라디오 채널을 할당한다면 약 15억 개의 채널을 사용할 수 있다!

> ▶ **개념 이해도 점검 #5: 대역폭에 잘리다**
>
> AM 라디오 방송국에서 피아노를 연주하는 중에 피아노의 가장 높은 건반을 쳤을 때 나온 소리의 높이는 4186 Hz이다. 청취자가 라디오에서 그 음표를 들을 수 있는가?
>
> **해답** 그렇다. 최소한 원리적으로는 들을 수 있다.
>
> **왜?** AM 라디오 방송국의 대역폭은 반송 주파수에서 위와 아래로 5000 Hz까지 확장되므로 방송국은 공식적으로는 5000 Hz까지의 높은 음향을 나타낼 수 있다. 그러나 실제로는 방송국이 실수로 허가 범위를 넘지 않도록 해당 주파수보다 훨씬 낮은 주파수에서 음파를 걸러내기 시작한다.

12.2 전자레인지

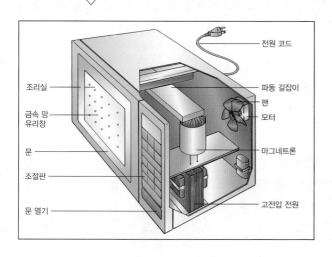

전원 코드
파동 길잡이
팬
모터
마그네트론
고전압 전원

조리실
금속 망 유리창
문
조절판
문 열기

전자기파는 한 곳에서 다른 곳으로 소리를 운반하는 것 외에도 전력을 전달할 수 있다. 그러한 전력 전달에 대한 흥미로운 예가 전자레인지이다. 이것은 상대적으로 고주파의 전자기파를 사용하여 음식물의 물 분자에 직접 전력을 전달하므로 음식이 내부로부터 요리된다. 이 절에서는 그러한 파동이 어떻게 만들어지고 왜 그 파동이 음식을 가열하는지 논의한다.

생각해 보기: 전자레인지로 요리하는 동안 음식의 위치를 바꾸어 주지 않으면 요리가 고르게 되지 않는 이유는 무엇인가? 냉동 식품을 데울 때 왜 어떤 부분은 언 상태로 있고 다른 부분은 뜨겁게 되는가? 전자레인지 안에 금속 용기를 넣지 말아야 하는 이유는 무엇인가? 어떤 음식은 전자레인지 속에서 데워도 데워지지 않는 이유는 무엇인가? 전자레인지용 팝콘은 어떤 원리로 튀겨지는가?

실험해 보기: 전자레인지는 주로 음식의 수분에 전력을 전달한다. 소금이나 설탕 또는 샐러드오일과 같이 수분이 전혀 없는 음식을 전자레인지용 접시 위에 놓아두면 이 효과를 알 수 있다. 위 재료들을 잠깐 전자레인지에 넣고 레인지를 가동해도 재료와 접시는 데워지지 않을 것이다. 이제 이 재료에 물을 아주 조금 뿌린 후 조리하면 어떻게 되는가?

이번에는 아주 차가운 각얼음을 조리해 보자. 그 각얼음은 표면이 단단하고 마른 상태가 되도록 냉동고에서 곧바로 꺼낸 것이어야 한다. 어떻게 되는가? 얼음은 물로 되어 있고 그 물이 전자레인지에서 전력을 흡수하는 것이라면, 얼음은 왜 전력을 흡수해서 녹지 않는가?

마이크로파와 음식물

7.3절에서 열복사를 공부할 때 전자기파의 **파장**을 배웠고, 라디오를 조사하면서 전자기파의 **주파수**에 대해서도 배웠다. 그렇지만 식 9.2.1에서 보았듯이 파동의 파장과 주파수(진동수)는 독립적이지 않다. 진공에서 기본적인 전자기파에는 파장과 주파수 두 가지가 모두 있고, 둘의 곱은 광속이 된다. 그 관계를 다음과 같이 언어 식으로 표현할 수 있다.

$$\text{광속} = \text{파장} \cdot \text{주파수} \tag{12.2.1}$$

이것을 기호로 나타내면

$$c = \lambda \cdot \nu$$

가 되고, 일상 언어로 표현하면 다음과 같다.

전자기파의 주파수가 높을수록 그 파장은 짧아진다.

그림 7.3.2와 같이 그림 12.2.1은 여러 형태의 전자기파에 대한 대략적인 파장뿐만 아니라 주파수도 나타내고 있다.

라디오 방송은 전자기파 스펙트럼의 저주파, 장파장 영역을 사용한다. 상업용 AM 라디오는 550 KHz에서 1600 KHz까지의 주파수(545~187 m의 파장)로 방송하고, 상업용 FM 라디오는 88 MHz에서 108 MHz까지의 주파수(3.4~2.8 m의 파장)로 방송한다. 파장이 1 m 또는 그 이상인 전자기파를 **라디오파**라고 부른다. 파장이 1 mm보다 크지만 1 m보다 작은 전자기파를 **마이크로파**(microwave)라고 한다. 전자레인지는 보통 0.122 m 전자기파로 음식을 조리하므로 마이크로파 오븐이라고도 한다.

전자레인지가 어떻게 음식을 가열하는지(**1** 참조) 이해하기 위해 물 분자를 살펴보는 것으로 시작해 보자. 물 분자는 전기적으로 편극되어 있다. 즉, 양 끝이 전기적으로 양과 음

1 미국인 Percy Lebaron Spencer (1894~1970)는 어린 시절 고아였고 초등학교를 마치지는 못했지만, 그는 과학자이자 마이크로파 공학자로서 뛰어난 경력을 쌓았다. 1945년에 마그네트론 시험실을 방문한 그는 작동 중인 마그네트론에 몸을 기댔을 때 그의 셔츠 주머니에 있는 캔디 바가 녹는 것을 발견하였다. 그는 어떤 일이 발생한 것인지 즉시 인식하고, 곧 실험실에서 팝콘을 터뜨리고, 달걀을 폭발할 때까지 조리했다. 그 이후로 요리가 완전히 달라졌다.

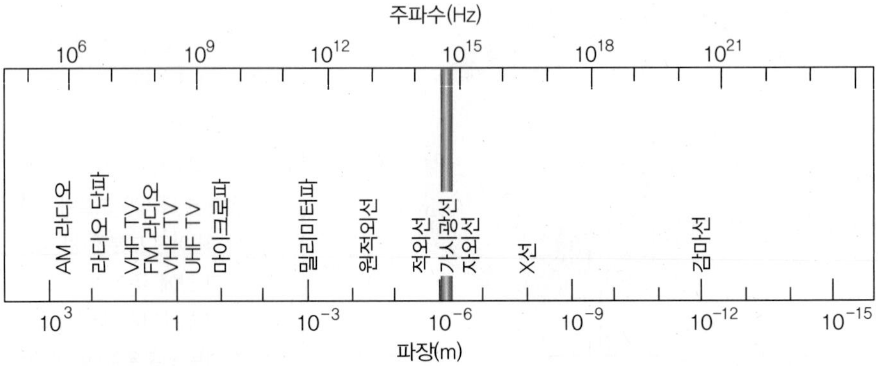

그림 12.2.1 전자기파의 스펙트럼. 마이크로파는 파장이 약 1 m에서 1 mm 사이이며, 이에 대응하는 주파수는 300 MHz에서 300 GHz까지이다.

으로 대전되어 있다. 물 분자의 양자역학적 구조와 산소 원자가 수소 원자의 전자를 끌어당기려는 경향 때문에 이 편극이 나타난다. 물 분자는 미키마우스의 귀처럼 산소 원자 한 개에 수소 원자 두 개가 구부러진 모양으로 붙은 모양을 하고 있다. 산소 원자가 수소 원자의 전자를 부분적으로 끌어당길 때 물 분자의 수소 원자 쪽은 양으로 대전되고, 산소 원자 쪽은 음으로 대전된다. 그래서 물은 극성 분자이다.

얼음의 경우에 이 극성 물 분자는 그 위치와 방향이 고정되어 규칙적으로 배열되어 있지만, 액체 물의 경우에는 분자들의 방향이 좀 더 제멋대로다(그림12.2.2). 그 배열을 제약하는 것은 조밀하게 결합된 분자의 망을 형성하기 위해 양극과 음극이 서로 결합되는 경향뿐이다. 한 물 분자에 있는 양으로 대전된 수소 원자와 다른 분자에 있는 음으로 대전된 산소 원자 사이의 이러한 결합을 **수소 결합**(hydrogen bond)이라고 한다.

물을 강한 전기장 안에 두면 물 분자는 전기장과 나란하게 되도록 회전하려고 한다. 이것은 나란하지 않은 분자는 여분의 정전기 위치에너지를 갖게 되고 그 위치에너지를 감소시키는 방향으로 재빨리 가속되기 때문이다. 이 경우 물 분자는 회전력을 받아 나란하게 되도록 회전하는 각가속도를 겪을 것이다. 물 분자가 이렇게 회전하면서 다른 분자들과 충돌하는데, 이때 정전기 위치에너지의 일부가 열에너지로 변환된다.

혼잡한 실내에서 갑자기 모든 사람에게 앞을 향하라고 요청할 때 유사한 효과가 발생할 수 있다. 사람들이 돌아서면서 다른 사람들과 스쳐 부딪치게 되면 미끄럼마찰로 에너지의 일부가 열에너지로 전환된다. 만일 사람들이 반복해서 앞뒤로 돌면, 사람들은 아주 더워질 것이다. 같은 논리가 물의 경우에도 해당된다. 전기장이 여러 번 방향을 바꾸면 물 분자는 앞뒤로 회전하면서 점점 뜨거워질 것이다.

마이크로파에서 수시로 변하는 전기장은 물을 가열하는 데 아주 적격이다. 전자레인지는 2.45 GHz(2,450,000,000 Hz) 마이크로파를 사용하여 음식물 안의 물 분자의 방향을 초당 수십억 번씩 앞뒤로 바꾼다. 물 분자는 회전하면서 서로 충돌해서 가열된다. 물 분자는 마이크로파를 흡수하여 그 에너지를 열에너지로 변환시킨다. 이러한 특정 마이크로파 주파수는 균일하게 음식을 조리할 수 있기 때문에 주방에서 선택되었다. 주파수가 더 높다면 마이크로파가 아주 강하게 음식물에 흡수되지만 큰 재료 깊숙이 침투하지 못한다. 주파수가 더 낮다면 마이크로파는 매우 쉽게 음식물을 통과하겠지만 효과적으로 조리하지 못한다.

이러한 회전 효과로 수분 또는 다른 극성 분자가 포함된 음식이나 물체만이 전자레인지에서 데워지는 것이다. 전자레인지용 세라믹 접시, 유리컵, 플라스틱 용기들은 수분이 없어 대체로 데워지지 않는다. 얼음조차 마이크로파 전력을 잘 흡수하지 못한다. 왜냐하면 얼음 속의 물 분자들은 그 결정 구조 때문에 방향을 쉽게 바꿀 수 없기 때문이다.

비록 얼음이 전자레인지에서 천천히 녹지만 이때 생기는 액체 물은 빠르게 가열된다. 이러한 특이한 가열 방식 때문에 언 음식을 전자레인지로 가열하면 쉽게 데울 수 있다. 음식물에서 녹은 부분이 먼저 대부분의 마이크로파 전력을 흡수하여 과열되지만, 나머지 부분은 언 채로 남아 있다. 음식을 씹을 때 이가 부러질지 입천장이 델지 전혀 알 수 없다. 이 문제를 처리하기 위해 많은 전자레인지에는 해빙 주기가 있다. 즉 마이크로파 가열을 주

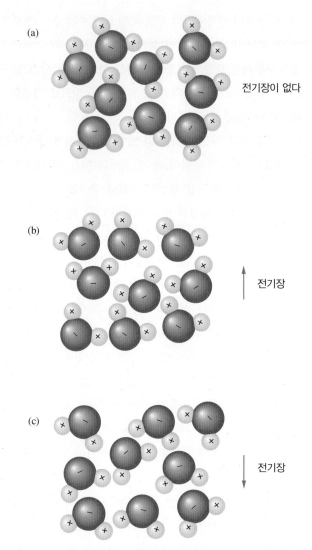

(a)

전기장이 없다

(b)

전기장

(c)

전기장

그림 12.2.2 (a) 액체인 물에서 물 분자의 방향은 전기장이 없을 때 마구잡이이다. (b), (c) 그러나 전기장은 물 분자의 양극이 전기장의 방향으로 향하게 하는 경향이 있다.

기적으로 중단하여 열이 음식물 전체에 퍼져서 얼음이 녹을 수 있도록 한다. 얼었던 부분이 일단 녹으면 음식물의 모든 부분들이 마이크로파를 흡수할 수 있다.

▶ 개념 이해도 점검 #1: 전자레인지로 만든 팝콘

옥수수 알갱이는 딱딱하고 건조한 껍질 내부에 둘러싸인 촉촉한 녹말을 포함하고 있다. 뜨거운 기름으로 옥수수를 조리하면 껍질이 탈 수 있지만, 전자레인지를 사용하면 그렇게 안 된다. 전자레인지를 사용하여 껍질이 너무 과열되지 않게 옥수수를 튀길 수 있는 방법은 무엇인가?

해답 전자레인지는 녹말의 물 분자에 열을 전달하여 껍질이 결코 내부의 물질보다 더 뜨거워지지 않게 한다.

왜? 기름으로 조리한 옥수수 알갱이는 뜨거운 기름과 냄비에 접촉하여 가열된다. 그러므로 외부 껍질이 쉽게 과열되어 탈 수 있다. 그러나 마이크로파는 열을 알갱이 내부의 물 분자로 전달한다. 껍질과 접촉하는 가장 뜨거운 것이 알갱이의 내부에 있는 녹말이기 때문에 껍질은 과열될 수 없다. 껍질 내부의 증기 압력이 충분히 높아지면 껍질이 깨지고 알갱이는 "터진다."

> **정량적 이해도 점검 #1: 식품 구입**
>
> 많은 식료품점 계산대에서 제품 코드를 스캔하기 위해 사용하는 빨간색 빛은 헬륨−네온 레이저에 의해 생성된다. 이 빛은 파장이 약 633 nm인 전자기파이다. 이 빛의 주파수는 얼마인가?
>
> **해답** 주파수는 약 4.74×10^{14} Hz이다.
>
> **왜?** 전자기파의 파장과 주파수의 곱은 빛의 속력과 같으므로 그 주파수는 빛의 속력을 파장으로 나눈 것과 같아서 다음과 같다.
>
> $$\frac{299{,}792{,}458 \text{ m/s}}{0.000000633 \text{ m}} = 4.74 \times 10^{14} \text{ Hz}$$

전자레인지 안의 금속

일반적인 상식과 달리 금속체와 전자레인지도 때로는 양립할 수 있다. 사실 전자레인지 조리실의 벽은 금속으로 되어 있지만 요리하는 동안 마이크로파에 노출되어도 아무런 문제를 일으키지 않는다. 대부분의 금속 표면처럼 벽은 송수신 안테나처럼 작동하여 마이크로파를 반사한다. 마이크로파의 전기장은 금속 표면의 유동 전하를 가속시켜서 원래의 마이크로파를 흡수하게 한다. 이러한 전하들이 가속되면서 새로운 마이크로파를 방출한다. 방출된 마이크로파는 원래와 동일한 주파수를 갖지만 새로운 방향으로 움직인다. 원래의 마이크로파가 표면에서 반사된 것이다.

전자레인지 조리실의 벽은 마이크로파를 반사하여 파가 내부에서만 이동하도록 유지한다. 전자레인지의 문을 덮고 있는 금속 망조차 마이크로파를 반사한다. 그것은 마이크로파 주기 동안에 전하가 망에 있는 각 구멍의 주위를 흐르기에 충분한 시간을 가져서 구멍의 존재를 보완하기 때문이다. 전자기파의 파장이 금속 망의 구멍보다 훨씬 더 크기만 하면 파는 망에서 완벽하게 반사된다. 사실, 전자레인지 내부에 마이크로파를 흡수할 것이 없다면 파는 계속 반사되다가 마그네트론(magnetron)이라고 불리는 진공관(그림 12.2.3)으로 되돌아가서 결국 진공관이 과열될 것이다.

때로는 금속의 유동 전하가 단순히 마이크로파를 반사하는 것 이상의 역할을 한다. 충분한 전하가 금속 줄이나 알루미늄 호일의 날카로운 지점에 몰리면 그 중 일부는 스파크로서 곧바로 공기 중으로 뛰어나간다. 특히 플라스틱이나 종이 백과 같이 인화성 물질에 금속 줄이 붙어있는 경우에 이 스파크로 불이 날 수 있다. 경험으로 보건데 전자레인지에 절대로 날카로운 금속 물체를 두지 말자.

일부 금속 물체는 전자레인지에서 뜨거워질 수 있다. 마이크로파가 금속의 전하들을 앞뒤로 밀면 금속은 교류를 겪게 된다. 금속의 전기 저항이 상당히 크면 이 교류는 전압 강하를 겪게 되고 그 금속을 빠르게 가열한다. 두꺼운 전자레인지 벽과 조리도구는 그 저항 값이 작아 잘 가열되지 않지만 가느다란 금속 줄은 빠르게 과열될 수 있다. 도자기 접시의 금속 장식이나 금테두리를 입힌 커피 잔은 특히 전자레인지 안에서 사고를 유발하는 원인이 된다. 전자레인지 안에 금속을 놓아둘 때 전기가 충분히 잘 통하도록 날카로

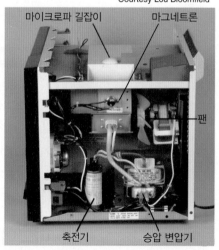

Courtesy Lou Bloomfield

마이크로파 길잡이   마그네트론

팬

축전기   승압 변압기

그림 12.2.3 전자레인지의 마그네트론 마이크로파 발생기는 그림 중앙에, 바로 냉각팬의 왼쪽에 위치해 있다. 마이크로파는 전자레인지 꼭대기의 직사각형 금속 도관을 통해 조리실로 이동한다. 맨 아래 오른쪽의 고압 변압기는 마그네트론으로 전력을 공급한다.

운 부분이 없고 두꺼워야 한다.

때때로 도체의 저항 가열은 실제로 유용하다. 전자레인지는 음식을 동시에 안팎으로 조리하기 때문에 음식의 표면이 결코 특별히 뜨거워지지 않을 뿐만 아니라 타거나 바삭거리지 않게 된다. 씹는 느낌과 외관을 향상시키기 위해, 일부 식품에는 전자레인지에서 매우 뜨거워지도록 적당히 충분한 전류를 흐르게 하는 특수 포장지가 딸려 있다. 이러한 포장지는 식품을 태우는 데 필요한 높은 표면 온도를 제공한다.

전자레인지의 또 다른 특이한 특성은 음식이 항상 고르게 조리되지는 않는다는 것이다. 이것은 마이크로파 전기장의 진폭이 전자레인지의 구석구석까지 모두 균일하지는 않기 때문이다. 마이크로파가 조리실 속에서 되튀길 때 같은 지점을 여러 다른 방향으로부터 동시에 통과하면 간섭 효과(9.3절 참조)가 나타난다. 어떤 지점에서 개별 전기장이 같은 방향을 가리켜서 보강 간섭을 겪게 되고 이곳의 음식은 빨리 데워진다. 그렇지만 다른 곳에서 이들 전기장이 반대 방향을 가리켜서 상쇄 간섭을 겪고, 그곳의 음식은 전혀 익혀지지 않는다.

전자레인지 안에서 어떠한 것도 움직이지 않으면 내부의 마이크로파 형태도 변하지 않는다. 그러면 전기장의 진폭이 매우 큰 영역이 있고 진폭이 아주 작은 영역도 있다. 전기장의 진폭이 클수록 음식이 빨리 조리된다.

그러한 전자레인지에서 음식을 고르게 가열하기 위해 음식을 요리할 때 음식을 이리저리 옮겨야 한다. 많은 전자레인지에는 음식을 자동으로 이동시키는 회전판이 있다. 이 문제에 대한 또 다른 해결책은 회전하는 금속 막대로 전자레인지 주위에서 마이크로파를 흔들어주는 것이다. 막대가 회전함에 따라 조리실 내부의 마이크로파 패턴이 변하고 음식물이 보다 고르게 조리된다. 또 다른 전자레인지는 주파수가 다른 두 개의 마이크로파를 사용하여 음식을 조리한다. 이 두 주파수는 독립적으로 요리하기 때문에 두 파동이 놓치는 부분이 있기는 쉽지 않다.

▶ 개념 이해도 점검 #2: 반반

전자레인지의 조리실에 두꺼운 금속 칸막이를 놓아서 조리실을 정확히 반으로 나누자. 전자레인지는 정확히 조리실의 오른쪽 반 칸으로 마이크로파를 보낸다. 만일 음식을 조리실의 왼쪽 반 칸에 놓아둔다면 조리가 되겠는가?

해답 아니다, 조리되지 않는다.

왜? 금속 칸막이는 마이크로파를 반사시켜 전자레인지의 왼쪽 반 칸에 들어가지 못하게 한다.

마그네트론의 마이크로파 생성

분명히 마이크로파가 전자레인지 내부를 돌아다닐 때 변화하는 전기장은 음식을 조리한다. 그러나 이 마이크로파는 어떻게 생성되는가? 라디오에 관한 이전 절로부터 추측해 보면, 진자레인지가 2.45 GHz의 교류 진류를 생성하고 이 전류가 전하를 탱크 회로에서 철썩거리게 만들고 안테나를 오르내리게 할 것이다. 이것은 마그네트론 관 내부에서 실제로 일어나는 일이다.

마그네트론은 모든 공기가 제거된 빈 상자인 특수 진공관이다. 주로 금속과 세라믹 부품으로 구성되는 마그네트론은 전자빔을 사용하여 많은 마이크로파 탱크 회로에서 전하가 철썩거리게 만든다. 이 탱크 회로의 공명 진동수는 전자레인지의 작동 진동수인 2.45 GHz이다. 작은 안테나 덕분에 마그네트론은 음식을 조리하는 마이크로파를 방출한다.

마이크로파 탱크 회로는 마그네트론의 진공관 주위에 고리로 배열된다. 이러한 탱크 회로 중 하나가 2.45 GHz에서 자연적으로 진동하기 위해서는 회로의 축전기의 전기 용량이 극히 작아야 하며 인덕터의 인덕턴스도 매우 작아야 한다. C자 모양의 금속 띠가 이러한 요구 사항을 충족할 수 있다(그림 12.2.4). 띠의 곡선 부분은 인덕터이고 그 말단은 축전기이다.

전하는 일반적인 탱크 회로와 마찬가지로 C자 모양의 띠에서 앞뒤로 움직인다(그림 12.1.2). **공명 공동**(resonant cavity)으로 알려진 이 띠는 또 다른 전자 조화 진동자이므로 그 주기는 철썩거리는 전하량에 의존하지 않는다.

전자레인지의 마그네트론은 일반적으로 공명 공동 8개를 포함하고 있는데, 그 크기와 모양이 조심스럽게 조정되어 있어서 자연 공명이 정확히 2.45 GHz에서 발생한다. 이 공동들은 고리 모양으로 배열되어 있고 각각의 공동의 말단은 인접한 공동의 말단과 공유되기 때문에 번갈아 진동하는 경향이 있다(그림 12.2.5). 진동 주기의 초기에 금속 말단의 절반은 양으로 대전되고 다른 절반은 음으로 대전된다(그림 12.2.5a). 전류는 고리를 통해 흐르기 시작하고 공명 공동에 자기장을 생성한다(그림 12.2.5b). 이러한 자기장은 전하 분리가 사라진 후에도 고리를 따라 전류를 이끈다. 곧 전하 분리가 다시 나타나지만 양의 말단과 음의 말단이 바뀐다(그림 12.2.5c).

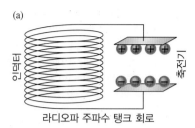
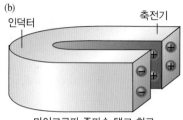

그림 12.2.4 (a) 라디오파 주파수에서 탱크 회로의 인덕터는 도선 코일이며 축전기는 한 쌍의 분리된 극판이다. (b) 마이크로파의 경우, 탱크 회로의 인덕터는 그저 C자 모양 띠의 곡선 부분이며 축전기는 그 띠의 말단이다.

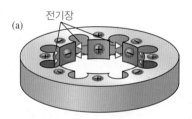
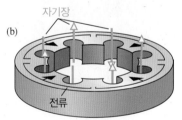
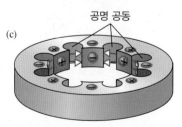

그림 12.2.5 전형적인 마그네트론에는 C자 모양의 공명 공동 8개가 하나의 고리로 배열되어 있다. (a) 공동의 말단에서 분리된 전하가 (b) 고리를 통해 전류로서 흐르고 (c) 역전된다. 전류가 흐르기 때문에 공동 8개에 자기장이 나타나는데 방향이 교대로 위아래로 바뀐다.

⊙ 개념 이해도 점검 #3: 약간 크게

제조업체가 모든 차원에서 정상보다 약간 큰 마그네트론을 만들었다면 그 마그네트론은 어떻게 작동하겠는가?

▶ **해답** 그것은 2.45 GHz 이하의 주파수에서 작동할 것이다.

▶ **왜?** 마그네트론이 방출하는 마이크로파의 주파수는 공동의 자연 공명에 의해서 결정된다. 그 공동이 커지면 곡선 부분의 인덕턴스와 말단의 전기 용량이 모두 증가한다. 이들의 공명 주파수는 감소할 것이며, 마그네트론은 낮아진 주파수의 마이크로파를 방출할 것이다.

마그네트론의 동력: Lorentz 힘

전류가 공동을 중심으로 앞뒤로 2.45 GHz로 진동함에 따라 전기장과 자기장이 번갈아 가며 마그네트론을 채운다. 그러나 이 장들의 에너지가 음식을 요리하기 위해 추출되거나 공동 자체의 불완전한 전도성에 손실되기 때문에 지속적으로 그것을 보충해야 한다. 강력한 전하 흐름 네 줄기가 그 대체 전력을 공동에 공급한다.

빈 공간으로 둘러싸인 마그네트론 관의 중심에 있는 전기적으로 가열된 음극은 전자를

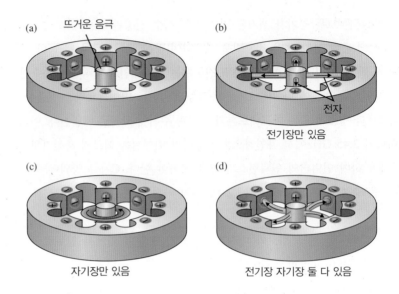

방출하려고 한다(그림 12.2.6a). 고전압 전원 장치는 음전하를 이 음극으로 퍼 올려서 강한 전기장이 양으로 대전된 공동 말단에서 음극을 향하도록 한다. 마그네트론에 다른 장들이 없다면, 음전하인 전자가 뜨거운 음극으로부터 나와서 양으로 대전된 말단을 향해 가속되면서 전자빔 네 줄기를 형성한다(그림 12.2.6b).

그러나 마그네트론에는 큰 영구 자석도 들어 있다. 그렇지 않다면 왜 그것이 **마그네트론**으로 불리겠는가? 이 자석은 음극 자체와 평행한 마그네트론 축을 따라 강하고 일정한 자기장을 생성한다(그림 12.2.6c). 이 자기장의 목적은 전자의 움직임을 바꾸는 것이다. 전자는 전하를 띠지만 자극이 없으므로 정지한 전하는 전기장에서 힘을 받지만 자기장에서는 그렇지 않다. 그러면 어떻게 마그네트론의 자기장이 전자의 운동에 영향을 미칠 수 있는가?

위 문단의 핵심어는 **정지**이다. 일단 전하가 자기장을 통해 **움직이면** Lorentz 힘을 겪는다. 발견자인 네덜란드 물리학자 Hendrik Antoon Lorentz(1853~1928)의 이름을 딴 Lorentz 힘은 자기장을 통해 움직이는 전하에 영향을 미친다. 이 힘은 전하의 속도와 자기장 둘 다에 직각이 되도록 전하를 밀어낸다(그림 12.2.7). Lorentz 힘의 세기는 전하, 속도, 자기장, 속도와 자기장 사이의 각도의 사인에 각각 비례한다. 마지막으로, 양전하에 작용하는 Lorentz 힘의 방향은 오른손 규칙을 따른다. 즉, 오른손의 집게손가락을 펴서 전하의 속도 방향을 가리키고 가운데손가락을 구부려 자기장 방향을 가리킬 때, 전하에 작용하는 힘은 편 엄지손가락 방향을 가리킨다. 음전하는 반대 방향으로 힘을 받는다. 이 관계를 다음과 같이 언어 식으로 표현할 수 있다.

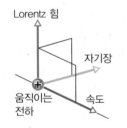

그림 12.2.7 자기장을 통해 움직이는 양전하는 속도와 자기장에 수직인 Lorentz 힘을 겪는다. 음전하 입자는 반대 방향으로 Lorentz 힘을 겪는다.

$$\text{Lorentz 힘} = \text{전하} \cdot \text{속도} \cdot \text{자기장} \cdot \text{각도의 사인} \qquad (12.2.2)$$

이것을 기호로 나타내면

$$F = qvB \cdot \sin(각도)$$

가 되고, 일상 언어로 표현하면 다음과 같다.

태양에서 나온 대전된 입자가 지구의 자기장과 마주치면 나선 경로로
휘어져서 북극광과 남극광을 생성한다.

위 식에서 각도는 속도와 자기장 사이의 각도이며, Lorentz 힘의 방향은 오른손 규칙을 따른다.

Lorentz 힘은 마그네트론에서 전자의 경로를 극적으로 변화시킨다. 마그네트론 내부에 다른 장들이 없다면 전자는 속도에 수직인 Lorentz 힘만을 겪게 될 것이며 반시계 방향으로 자기 선속 선 주위를 돌 것이다. 이 행동을 **사이클로트론 운동**(cyclotron motion)이라고 한다. 회전하는 전자들은 음극 근처에 남아있을 것이고 공동 가까이에는 결코 가지 않을 것이다.

그러나 실제 마그네트론에서는 그림 12.2.6b의 전기장과 그림 12.2.6c의 자기장이 동시에 존재한다. 이 두 장들은 운동하는 전자에 힘을 가하기 때문에 전자가 따르는 경로는 매우 복잡해진다(그림 12.2.6d). 바깥쪽을 향하고 원을 그리는 움직임은 회전하는 자전거 바퀴의 살과 같이 바깥쪽을 향하고 반시계 방향으로 회전하는 4개의 전자빔으로 합쳐진다. 전자빔은 각 공동에 도달하지만, 자기장이 없을 때처럼 양으로 대전된 말단이 아니라 음으로 대전된 말단에 도달한다. 전자빔은 실제로 공동의 전하 분리에 추가된다!

전자빔은 공동에서 진동하는 전하와 완벽하게 동기화되어 음극 주위를 지나간다. 말단에서 전하 분리가 역전되는 데 걸리는 시간과 동일한 시간 동안에 빔이 한 말단에서 다음 말단으로 지나간다. 결과적으로 빔은 항상 음으로 대전된 말단에 도달한다. 전자빔이 전하 분리에 추가됨으로써 공동의 진동에 전력을 공급하고, 공동이 계속 작동하여 음식에 전력을 전달할 수 있게 한다. 전자빔은 전기 장치에 항상 존재하는 작은 마구잡이 진동에 에너지를 추가하여 사실상 공동에서 진동을 일으킨다.

어떻게 마그네트론 내부에서 진동하는 전하가 전자레인지의 조리실 내부에 마이크로파를 생성하는가? 공동의 고리에서 마이크로파를 추출하는 방법은 여러 가지가 있다. 한 추출 방법은 한 바퀴 감은 도선 코일을 마그네트론 공동 중의 하나에 삽입하는 것이다. 그 공동의 자기장이 변함에 따라 코일에 2.45 GHz의 교류 전류가 유도된다. 이 코일의 한쪽 끝이 고리에 부착되지만 다른 쪽 끝은 고리의 절연된 밀폐 구멍을 통해 마그네트론 밖으로 나가서 1/4 파장 단극 안테나에 연결된다. 이 3 cm 안테나는 조리실에 부착된 금속 관 안으로 마이크로파를 방출한다. 이 마이크로파는 관을 지나며 반사되면서 조리실로 들어가고, 그곳에서 음식을 익힌다.

⏩ 개념 이해도 점검 #4: 말하는 Lorentz

일반적인 오디오 스피커에는 강한 자기장에 잠겨있는 도선 코일이 들어 있다. 음향기기가 코일을 통해 전류를 보내면 코일은 그 전류에 비례하는 힘을 겪는다. 어떤 힘이 코일을 밀고 있는가?

해답 미는 힘은 Lorentz 힘이다.

왜? 코일의 전류에서 움직이는 전하는 자기장을 통과하면서 Lorentz 힘을 겪는다. 이 힘은 움직일 수 있는 표면에 부착된 도선 코일로 전달된다. 그 표면은 전류가 변동하면서 앞뒤로 움직여서 소리를 발생시킨다. 스피커는 분명히 일상생활에서 볼 수 있는 Lorentz 힘의 우아하고 실용적인 응용이다.

> **➡ 정량적 이해도 점검 #2: 정확히 말하는 Lorentz**
>
> 오디오 스피커의 코일에 1 A의 전류가 흐를 때 1 N의 Lorentz 힘이 코일에 작용한다. 2 A의 전류가 흘러서 그 안의 모든 전하가 이전보다 두 배 빨라지면, 코일에 작용하는 힘은 얼마인가?
>
> **〉 해답** 2 N의 힘을 겪을 것이다.
>
> **〉 왜?** 식 12.2.2에 나타난 것처럼, Lorentz 힘은 전하의 속도에 비례한다. 코일의 전류를 두 배로 하면 이동 전하의 속도가 두 배가 되며, 전하는 Lorentz 힘을 두 배로 겪는다.

12장 에필로그

이 장에서는 전자기파를 기반으로 하는 두 가지 가전 기기를 조사했다. '라디오'에서 가속하는 전하가 전자기파를 생성할 수 있다는 것을 알았고, 다른 전하에 미치는 영향을 조사함으로써 이 파동을 검출할 수 있음을 보았다. 또한 전자기파의 진폭이나 주파수를 제어함으로써 공간을 통해 소리 정보를 전송하는 데 사용되는 기술을 살펴보았다.

'전자레인지'에서 전자기파가 극성 물 분자와 직접 상호작용하여 그 분자에 에너지를 전달할 수 있는 방법을 탐구했다. 마이크로파와 금속 물체 사이의 상호작용이 어떻게 반사, 스파크, 가열을 일으킬 수 있는지 확인했다. 또한 강력한 마이크로파 복사를 생성하기 위해 전자레인지에서 사용되는 기술을 조사했다.

설명: 전자레인지의 접시

전자레인지에서 변동하는 전기장은 접시의 금속 층을 통해 큰 전류를 앞뒤로 추진한다. 그 층은 매우 얇아서 전기 저항이 크며 전류가 흐를 때 가열된다. 플라스틱의 온도도 금속 층과의 밀착 때문에 상승한다. 플라스틱은 금속보다 부피 팽창 계수가 크기 때문에 팽창하는 플라스틱은 금속 층을 찢어서 날카로운 점과 좁은 다리가 있는 섬을 만든다.

일단 금속 층이 파편화되면, 마이크로파가 구동하는 전류는 날카로운 점에 상당한 전하를 넣을 수 있다. 그 전하는 스파크로서 섬 사이를 뛰어 넘을 수 있다. 좁은 전도 다리를 통과하는 전류는 그 다리를 매우 뜨겁게 가열하여 금속을 증발시켜서 전류를 운반하는 빛나는 플라스마 아크가 형성될 수 있다.

요약, 중요한 법칙, 수식

라디오의 물리: 라디오 송신기는 전하가 안테나에서 위아래로 가속할 때 라디오파를 생성한다. 최대한 많은 전하 이동이 가능하도록 송신기는 탱크 회로를 안테나에 연결하고 엄청난 양의 전하가 안테나에서 위아래로 흐를 때까지 천천히 그 탱크 회로에 에너지를 추가한다. 안테나는 길이가 1/4 파장 길이이면 전송 주파수에서 공명하며 위아래로 철썩거리는 전하의 양을 증가시킨다.

라디오 수신기는 라디오파가 전하를 수신 안테나 위아래로 가속시킬 때 그것을 감지한다. 수신 안테나와 수신기의 탱크 회로가 모두 송신 주파수에서 공명하는 경우 많은 양의 전하가 수신기의 탱크 회로에서 앞뒤로 철썩거리고 수신기가 전송을 감지한다.

이 라디오파는 AM 또는 FM 기술을 사용하여 소리를 나타낼 수 있다. AM 기술에서는 파동의 세기를 증가시키거나 감소시켜서 공기의 압축과 희박을 각각 나타낸다. FM 기술에서는 바로 그 전송 주파수를 증가시키거나 감소시켜서 공기의 압축과 희박을 나타낸다.

마이크로파 전자레인지의 물리: 전자레인지는 마이크로파를 사용하여 음식을 조리한다. 이 마이크로파는 조리실에서 이리저리 되튀면서 음식물의 물 분자에 에너지를 전달한다. 물 분자는 양극과 음극이 있는 극성 분자이므로 전기장과 나란히 정렬되는 경향이 있다. 마이크로파의 변동하는 전기장이 밀집된 물 분자를 앞뒤로 빠르게 비틀고, 그에 따른 충돌로 물이 가열되고 음식이 조리된다.

전자레인지의 마이크로파는 마그네트론, 공명 공동, 가열된 음극이 들어 있는 진공관에 의해 생성된다. 강한 전기장과 자기장을 결합함으로써, 마그네트론은 공동에서 진동하는 전하에 에너지를 공급하는 강력한 전자빔을 생성한다. 도선 고리와 짧은 안테나는 공명 공동에서 전력을 추출하고 마이크로파를 방출하여 음식을 조리한다.

---

1. 전기장의 에너지: 전기장의 에너지는 전기장의 제곱에 부피를 곱하고 Coulomb 상수의 8π배로 나눈 값과 같다. 즉, 다음 관계가 성립한다.

$$\text{에너지} = \frac{\text{전기장}^2 \cdot \text{부피}}{8\pi \cdot \text{Coulomb 상수}} \qquad (12.1.1)$$

2. 파장과 주파수의 관계: 전자기파의 주파수와 그 파장의 곱은 광속과 같다. 즉, 다음 관계가 성립한다.

$$\text{광속} = \text{파장} \cdot \text{주파수} \qquad (12.2.1)$$

3. Lorentz 힘: 전하가 자기장을 통해 움직일 때, 그 전하 곱하기 속도 곱하기 자기장 곱하기 속도와 자기장 사이의 각도의 사인과 같은 힘을 겪는다. 즉, 다음 관계가 성립한다.

$$\text{Lorentz 힘} = \text{전하} \cdot \text{속도} \cdot \text{자기장} \\ \cdot \text{각도의 사인} \qquad (12.2.2)$$

여기서 이 힘은 속도와 자기장에 대해 직각을 이루며 오른손 규칙을 따른다.

연습문제

1. 영구 자석을 탱크 회로에서 빠르게 빼내면 그 회로에서 어떤 일이 일어날 것인가?

2. 탱크 회로(연습문제 1)에서 자석을 당기는 속력이 전하 진동의 주기에 영향을 주는가?

3. 탱크 회로는 인덕터와 축전기로 구성된다. 축전기에서 분리된 전하가 0에 도달하는 순간에 인덕터의 자기장이 가장 강한 이유에 대해 간단히 설명하시오.

4. 대부분의 탱크 회로가 만들어지는 금속 도선에는 전기 저항이 있다. 왜 이런 저항은 전하가 탱크 회로에서 영원히 진동하는 것을 방해하는가? 그리고 시간이 지남에 따라 탱크 회로의 에너지는 어떻게 되는가?

5. 안테나가 있는 탱크 회로의 전하 진동에 에너지를 추가하려면 진동 주기의 어느 때에 양으로 대전된 막대를 안테나에 가까이 가져가야 하는가?

6. 안테나가 있는 동일한 두 탱크 회로가 나란히 있다. 한 탱크 회로에서 진동하는 전하가 다른 탱크 회로에서 진동하는 전하에 일을 계속할 수 있는 이유를 설명하시오.

7. 자동차의 점화 장치는 기관에서 연료를 점화시키기 위해 스파크를 일으킨다. 각 스파크 과정에서 전하는 점화 플러그 도선을 통해 갑작스럽게 가속되어 점화 플러그의 좁은 틈을 지난다. 가끔 이 과정에서 라디오 수신에 잡음이 발생한다. 왜 그런가?

8. 자동차의 라디오 소음을 줄이기 위해(연습문제 7 참조) 점화 장치는 전도도가 나쁜 전선을 사용한다. 이 도선은 전하가 빠르게 가속되는 것을 방해한다. 이렇게 해서 라디오 수신율이 향상되는 이유는 무엇인가?

9. 컴퓨터 내부의 전자 부품은 도선에 전하를 전달하거나 받는데, 컴퓨터의 내부 시계와 종종 동기화된다. 전자기파를 막기 위한 상자가 없으면 컴퓨터는 라디오 송신기의 역할을 한다. 왜 그런가?

10. 컴퓨터의 전력을 절약하기 위해 일반적으로 수천 개의 전선이 급격하게 굽어지는 것을 피한다. 왜 전류가 흐르는 전선이 급격하게 굽어지면 전력이 낭비되는가?

11. 태양은 태양풍이라고 불리는 강력한 전자와 양성자의 흐름을 방출한다. 이 입자들은 지구의 자기장에 종종 붙잡혀서 북극이나 남극을 향하는 나선형 경로를 따라 이동한다. 이 입자들이 북쪽으로 향해서 지구 대기권의 원자들과 충돌할 때, 그 원자들은 북극광이라 알려진 빛을 방출한다. 이 입자들은 또한 라디오 수신을 방해한다. 왜 그 입자들이 라디오파를 방출하는가?

12. 라디오파가 동축 케이블을 통과할 때 전하가 중심 도선과 둘러싼 관에서 앞뒤로 움직인다. 전기장과 자기장이 모두 동축 케이블에 있음을 보이시오.

13. 양으로 대전된 막대를 수직하게 위아래로 흔들면 막대가 방출하는 전자기파는 어떤 편광을 가지는가?

14. 탁자에 자기 나침반을 놓고 자침을 수평으로 회전시키면, 자침이 방출하는 전자기파는 어떤 편광을 가지는가?

15. 특정 AM 라디오 방송국이 50,000 W의 음악 출력을 전송한다고 주장하지만 실제로는 평균 전력이다. 방송국이 그것보다 더 많은 전력을 전송할 때도 있고, 더 적은 전력을 전송할 때도 있다. 설명하시오.

16. 수신기가 AM 라디오 방송국에서 너무 멀리 떨어져 있을 때 전송의 큰 부분만 들을 수 있다. FM 방송국에서 너무 멀면 한 번에 전체 소리가 완전히 사라진다. 이 차이에 대해 설명하시오.

17. AM 라디오 방송국이 950 kHz로 전송 중이라고 말할 때 그 진술은 정확하지 않다. 아마도 방송국이 948 kHz와 954 kHz에서 전송 중일 수도 있는지 그 이유를 설명하시오.

18. New York 시의 Empire State 빌딩 꼭대기에는 몇 개의 FM 안테나가 있어서 부분적으로 전체 높이를 높이고 있다. 이 안테나는 별로 크지 않다. 공중 높은 곳에 위치해 있는 짧은 안테나가 왜 FM 라디오를 전송하는 데 좋은 역할을 하는가?

19. 다공성의 초벌구이 도자기는 물과 습기를 흡수할 수 있다. 그것을 전자레인지에서 사용하기에 부적합한 이유는 무엇인가?

20. 전자레인지로 데워 먹는 대부분의 냉동식품은 왜 알루미늄이 아닌 플라스틱 상자로 포장되는가?

21. 전자레인지 문을 열 때 전원을 끄는 것이 왜 그렇게 중요한 것인가?

22. 전자레인지와 일반 오븐에서 감자를 요리하는 방법을 비교하시오.

23. 건물 근처에서 FM 라디오를 청취할 때, 라디오파의 반사 때문에 특정 지역에서 수신 상태가 특히 좋지 않을 수 있다. 이 효과를 전자레인지에서 고르지 않게 조리되는 문제와 비교하시오.

24. 서로 가까이 있는 건물 사이의 통신 연결을 설정하기 위해 마이크로파를 조정하는 데 접시 모양의 반사경을 사용한다. 종종 금속 그물로 그 반사경을 만든다. 왜 반사경을 단단한 금속판으로 만들지 않는가?

25. 전자레인지에 두었을 때 왜 중국산 식품 용기의 얇은 금속 손잡이가 위험한가?

26. 왜 전자레인지 안의 두껍고 끝이 매끄럽게 마감된 스테인리스 그릇은 위험한가?

27. 사이클로트론은 미국 물리학자 Ernest O. Lawrence가 1929년에 발명한 입자 가속기이다. 그것은 하전 입자가 강한 자기장에서 원형 경로를 따를 때 그 입자에 일을 하기 위해 전기장을 사용한다. Lawrence의 훌륭한 통찰력은 모든 입자들이 속력이나 에너지에 관계없이 원을 한 바퀴 완성하는 데 걸리는 시간이 동일하다는 것에 있다. 이 사실 때문에 사이클로트론은 모든 입자가 함께 회전을 할 때 동시에 그 입자들에 일을 할 수 있다. 더 빠르게 움직이는 전자와 느리게 움직이는 전자는 어떻게 회전하는 시간이 동일한가?

28. 자기장에서 극도로 빠르게 움직이는 하전 입자는 엑스선을 방사할 수 있는데, 그 현상을 싱크로트론 방사라고 부른다. 이 방사에서 자기장이 필수적인 이유는 무엇인가?

29. 일부 장식용 전구에는 작은 영구 자석 근처에서 앞뒤로 흔들리는 고리 모양의 필라멘트가 있다. 필라멘트 도선 자체는 자성이 아닌데 필라멘트에 교류 전류가 흐르면 왜 움직이는가?

30. 60 Hz의 교류 전류를 전달하는 유연한 전선이 자석의 남극과 북극 사이의 틈을 지난다면, 그 전선에는 어떤 일이 발생하는가?

문 제

1. 1.0 V/m(또는 1.0 N/C) 전기장의 1.0 m^3에 얼마나 많은 에너지가 포함되어 있는가?

2. 10,000 V/cm 전기장의 1.0 m^3에 얼마나 많은 에너지가 포함되어 있는가?

3. 1.0 J의 에너지가 포함되어 있는 1000 N/C 전기장의 부피는 얼마인가?

4. 0.0010 J의 에너지를 포함하고 있는 500 V/m 전기장의 부피는 얼마인가?

5. 1.0 m^3의 부피에 포함된 에너지가 1.0 J이 되는 데 필요한 전기장의 세기는 얼마인가?

6. 10 m^3에 포함된 에너지가 1.0 J인 전기장의 세기는 얼마인가?

7. 무선전화기가 방출하는 라디오파의 주파수는 900 MHz이다. 그 파동의 파장은 얼마인가?

8. 시민 밴드(CB) 무선은 27 MHz 근처의 주파수를 가진 라디오파를 사용한다. 이 파동의 파장은 얼마이고, 1/4 파장의 CB 안테나는 얼마나 길어야 하는가?

9. 주파수가 6.5×10^{14} Hz에 가까운 푸른빛의 전자기파의 파장은 얼마인가?

10. 아마추어 무선 운영자는 종종 자신의 라디오파를 파장으로 언급한다. 160 m, 15 m, 2 m 파장의 아마추어 무선 주파수는 근사적으로 얼마인가?

11. 휴대전화에 사용되는 라디오파는 파장이 약 0.36 m이다. 그 라디오파의 주파수는 얼마인가?

빛 Light

라디오파와 마이크로파가 통신과 에너지 전달에 유용하지만, 전자기 스펙트럼의 일부인 빛은 아주 중요하다. 빛은 매우 높은 주파수, 매우 짧은 파장의 전자기파로 구성된다. 빛의 주파수는 아주 높아서 일반 안테나로는 빛을 처리할 수 없다. 그 대신 원자, 분자, 물질 내의 개별 전하 입자들이 빛을 흡수하고 방출한다. 물질 속의 전하 입자와의 특별한 관계 때문에 빛은 물리학, 화학, 재료 과학에 중요하다. 더구나 빛은 우리가 우리 주변의 세계와 상호작용하는 주요 방법 중 하나이다.

일상 속의 실험 | ## 햇빛의 색상 분리

빛이 우리 눈에 보이는 것은 빛이 눈의 세포를 자극하기 때문이다. 이것은 화학 작용에 영향을 미치는 빛의 능력의 한 예이다. 그리고 눈은 빛의 여러 파장을 구별할 수 있기 때문에 색을 감지한다. 햇빛은 우리 눈이 백색으로 해석하는 다양한 파장의 혼합으로 되어 있기 때문에 일반적으로 무색으로 보인다. 그러나 상황에 따라서는 햇빛이 여러 색들로 분리되기도 한다.

컷 크리스털 유리나 그릇을 통과하는 햇빛을 보거나 CD 또는 DVD로 햇빛을 반사시켜 보면 햇빛의 색상이 분리되는 것을 관찰할 수 있다. 직사광선 아래서 물체를 잡고 눈으로 향하거나 근처의 하얀 종이 위에 투영되는 빛을 관찰하라. 어떤 빛은 여전히 흰색이지만, 색깔도 보일 것이다.

손으로 물체를 천천히 돌리고 색이 어떻게 변하는지 관찰하라. 한 색상에서 다음 색상으로 점진적으로 진행되는 것을 볼 것이다. 그 색상은 어떤 순서로 나타나는가? 이 순서는 무지개의 색깔과 어떤 관련이 있으며, 빛의 파장과는

Courtesy Lou Bloomfield

어떤 관계가 있는가? 빨강, 주황, 노랑, 초록, 파랑, 남색, 보라와 같은 고전적인 무지개 색상의 상대적 파장 간격에 대해 어느 정도 이해할 수 있는가?

13장 학습 일정

이 장에서는 세 가지 광원인 (1) **햇빛**, (2) **방전 램프**, (3) **LED와 레이저**를 살펴본다. 햇빛에 관한 절에서는 햇빛이 어떻게 눈으로 이동하는지, 그리고 대기, 빗방울, 비눗방울을 통과하면 어떻게 구성하는 색으로 분리되는지 알아본다. 방전 램프에 관한 절에서는 원자와 분자가 빛을 방출하고 흡수하는 방식을 알아보고, 다양한 원자와 분자를 사용하여 다양한 색의 빛을 만들 수 있는 방법을 탐구한다. LED와 레이저에 관한 절에서는 전자 소자가 어떻게 빛을 생성할 수 있는지, 그리고 고도로 정렬된 빛으로 된 강력한 광선을 생성하기 위해 원자, 분자, 고체가 어떻게 통과하는 빛을 복제하거나 증폭할 수 있는지 살펴본다. 이 세 가지 광원을 공부하는 과정에서 세 가지 유형의 빛인 열발광, 원자 공명 빛, 결맞는 빛에 대해서도 배우게 된다. 공부할 내용을 미리 좀 더 알고 싶으면 이 장의 마지막 부분에 있는 '요약, 중요한 법칙, 수식'을 참조하라.

13.1 | 햇빛

수천 년 동안 사람들은 수평선 너머 해가 뜨고 지는 것을 보고 시간의 흐름을 가늠했다. 태양은 먼저 매일 아침 동쪽에서 빨간 원반으로 떠오르고 파란 하늘에서는 흰색으로 이동하고 다시 서쪽에서 빨간 원반으로 진다. 우리가 보는 햇빛은 태양으로부터 눈까지 150,000,000 km를 이동하는 데 약 8분이 걸리고 지구에서 생명을 가능하게 하는 대부분의 에너지와 열기를 제공한다. 태양의 빛은 실제로는 그저 또 다른 전자기파이므로 이전 장의 주제 중 일부로 간주될 수도 있지만, 일상생활에서 아주 중요하므로 특별한 주의를 기울일 가치가 있다. 그러므로 어떻게 햇빛이 우리 세계와 상호작용하는지 살펴보는 것으로 시작할 것이다.

생각해 보기: 낮에는 하늘이 왜 파란색인가? 해가 뜨고 질 때 빨갛게 되는 이유는 무엇인가? 하늘에서 태양이 상대적으로 낮을 때만 무지개가 보이는 이유는 무엇인가? 햇빛이 프리즘이나 비눗방울을 통과할 때 색깔을 띠는 이유는 무엇인가?

실험해 보기: 실제로 햇빛은 많은 다양한 전자기파로 구성된다. 좋아하는 두 방송국의 라디오파와 같이 이 파동들은 주파수와 파장이 다르다. 다양한 빛의 파장을 구분하는 데는 아무런 기구가 필요 없고 그저 눈을 사용하면 된다. 밝고 화창한 날에 비눗방울을 보라. 비눗방울이 빛을 반사하기 때문에 비눗방울이 보인다. 사실, 비눗방울에 닿는 햇빛은 흰색이지만 투명한 비눗방울이 색깔을 띤다. 그것은 비눗방울이 태양 광선을 파장에 따라 분리하여 특정 파장만을 눈 쪽으로 보내기 때문이다.

햇빛과 전자기파

전자기파는 수천 킬로미터에서 원자핵의 크기보다 작은 것에 이르기까지 어떠한 파장도 가질 수 있다. 12장에서 배운 라디오파와 마이크로파의 파장은 1 mm보다 더 길다. 이 장에서는 더 짧은 복사를 살펴보자. 특히, 400 nm와 750 nm(1 nm, 즉 1나노미터는 10^{-9} m임) 사이의 파장을 가진 전자기파를 살펴볼 것이다. 이것들은 우리가 **가시광선**(visible light)으로 인지하는 전자기파이고 햇빛의 주요 구성 요소이다.

햇빛의 전자기파는 파장이 아주 짧아서 그 주파수는 10^{14}와 10^{15} Hz 사이에 있다(그림 13.1.1). 이 햇빛의 파동 중 하나가 통과함에 따라 파동의 전기장은 매초 거의

1,000,000,000,000,000번씩 앞뒤로 움직인다. 훨씬 더 긴 파장과 훨씬 더 낮은 주파수를 갖는 마이크로파를 생성하는 데도 이미 특수한 부품과 작은 안테나가 필요하므로 과연 무엇이 햇빛의 파동을 방출하거나 흡수할 수 있을까? 그것은 바로 원자, 분자, 물질의 개별 전하 입자이다. 이 작은 입자들은 매우 빠르게 움직일 수 있으며, 종종 10^{14} Hz, 10^{15} Hz 또는 그 이상의 주파수에서 진동한다. 이 전하 입자들이 앞뒤로 가속하면서 빛을 방출한다. 마찬가지로 통과하는 빛은 원자, 분자, 물질의 개별 전하 입자들을 앞뒤로 가속하고, 입자들은 빛을 흡수한다.

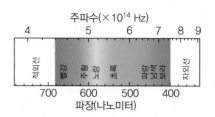

그림 13.1.1 햇빛의 가시 스펙트럼. 가시광선의 각 파장은 특정 주파수를 가지며 특정 색과 관련된다. 가시 스펙트럼의 끝 부분에는 보이지 않는 적외선과 자외선이 있다.

햇빛은 태양의 바깥 표면, 즉 광구라고 하는 영역에서 유래한다. 그곳에서 원자와 다른 작은 전하 계(대부분은 원자 이온과 전자)가 약 5800 K에서 격렬하게 운동한다. 전하 입자가 튀어다니면서 가속되기 때문에 전자기파를 방출한다.

태양의 표면은 전하 입자의 마구잡이 열운동을 통해 빛을 방출하기 때문에 방출되는 파장의 분포는 온도에 의해서만 결정된다. 7.3절에서 논의한 것처럼 태양은 흑체 스펙트럼을 내보낸다. 광구의 온도가 5800 K이기 때문에 진동 운동이 매우 빠르고 태양광의 대부분은 전자기 스펙트럼의 가시 영역에 해당한다(그림 13.1.2).

그러나 모든 햇빛을 볼 수 있는 것은 아니다. 가시광선의 장파장, 저주파 측이 **적외선**(infrared light)이다. 눈으로 적외선을 볼 수는 없지만 뜨거운 물체 앞에 서 있을 때 그것을 느낄 수 있다. 햇빛에서 적외선은 평균보다 천천히 앞뒤로 가속되는 전하로부터 생성된다.

가시광선의 단파장, 고주파 측은 **자외선**(ultraviolet light)이다. 자외선도 볼 수는 없지만 분자에 화학적 손상을 유발하기 때문에 그 존재를 인지할 수 있다. 자외선 때문에 피부가 타서 갈색이 된다. 햇빛에서 자외선은 평균보다 더 빠르게 앞뒤로 가속되는 전하로부터 생성된다.

▶ **개념 이해도 점검 #1: 밝게 빛나는 촛불**

왜 불타는 촛불이 붉은 빛이나 노란 빛을 방출하는가?

▷ **해답** 고온의 불꽃에 있는 전하 입자는 앞뒤로 가속되어 가시 스펙트럼의 저주파 끝을 포함하는 전자기파를 방출한다.

▷ **왜?** 고온의 물체 속의 가속 전하 입자는 빛을 방출한다. 물체가 더 뜨거울수록 전하 입자가 더 빠르게 운동하고 가속하여 방출하는 빛의 주파수가 높아진다. 양초는 태양처럼 백색광을 방출할 만큼 충분히 뜨겁지 않으므로 대부분 붉은 빛이나 노란 빛을 방출한다.

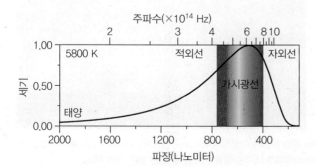

그림 13.1.2 햇빛은 온도가 5800 K인 태양의 광구에서 나온다. 이 빛은 세기의 대부분이 전자기 스펙트럼의 가시광 영역에 집중되어 있는 흑체 복사의 분포를 이룬다.

지구로 오는 햇빛의 여정

햇빛은 태양에서 지구를 향해 빛의 속력으로 움직이는데, 그 빛의 속력을 결정하는 것은 무엇일까? 4.2절에서 배웠듯이 광속은 실제로 진공에서 299,792,458 m/s의 값으로 정의된 자연의 근본적인 상수 중 하나이다. 전기장과 자기장 사이의 관계가 광속을 결정한다고 주장할 수 있지만, 그 의견은 단순히 책임을 떠넘기는 것이다. 만약 전기장과 자기장 사이의 관계를 설정하는 것이 무엇이냐고 묻는다면, 대답은 빛의 속력일 것이다.

햇빛이 진공에서 왜 그처럼 빠르게 움직이는지를 정당화하기보다는 진공이 아닌 영역에 들어갈 때 어떻게 될지 살펴보자. 어쨌든 햇빛은 결국 지구의 대기에 도달하고, 그렇게 되면 몇 가지 흥미로운 일들이 일어난다.

첫째, 햇빛의 전기장과 자기장이 대기의 전하 및 자극과 상호작용하기 시작하면서 햇빛의 속력이 느려진다. 빛은 마주치는 분자를 편극화한다. 즉, 빛의 전기장은 음전하와 양전하 사이를 벌리고, 자기장은 남극과 북극 사이를 벌린다. 이런 편광 효과는 빛의 통과를 지연시키므로 빛은 더 천천히 이동한다. 대부분의 투명한 물질은 빛의 자기장보다는 전기장에 훨씬 더 강하게 반응하기 때문에 전기 효과에만 집중할 것이다.

물질에서 빛이 감속하는 율을 물질의 **굴절률**(index of refraction)이라고 한다. 빛은 특별히 편극되기 쉬운 물질을 지날 때는 천천히 이동하는데, 일부 물질의 굴절률은 2 또는 심지어 3이다. 그러나 해수면 근처의 공기는 약간만 편극되기 때문에 공기의 굴절률은 겨우 1.0003이다. 공기에서 빛의 속력 감소가 너무 작아 그것을 직접 알아차릴 수는 없지만 속력 감소를 일으키는 편극된 공기 입자의 존재는 알아차릴 수 있다. 바로 편극된 공기 입자가 하늘을 파랗게 만든다(그림 13.1.3).

공기 중의 입자에는 개별 원자와 분자, 원자와 분자의 작은 집합, 물방울, 먼지가 있다. 햇빛의 파동이 이 입자들 중 하나를 통과함에 따라 입자는 극성을 갖게 된다. 햇빛의 전기장이 그 전하들을 떠밀어서 앞뒤로 가속시키고, 전하들은 그들 자신의 새로운 전자기파를 다시 방출한다.

그림 13.1.3 (a) 낮 동안 Monument Valley 위의 하늘이 파랗게 보이는 이유는 지구의 대기가 주로 파란 햇빛을 산란하기 때문이다. (b) 밤에는 산란된 햇빛이 사라지고 대기는 별을 관측할 수 있는 맑은 창이 된다.

이 새로운 파동은 원래 파동에서 에너지를 끌어낸다. 실제로 입자는 조그만 안테나처럼 작용하여 일시적으로 전자기파의 일부를 받아들여서 즉시 새로운 방향으로 재전송한다. 작은 입자가 지나가는 광파의 경로를 새 방향으로 돌리는 이 과정을 **Rayleigh 산란**(scattering)이라고 한다. 영국의 물리학자 Rayleigh 경(John William Strutt, 1842~1919)이 최초로 이것을 자세히 이해했다.

대부분의 햇빛은 우리 눈으로 직접 이동하지만 일부는 Rayleigh 산란을 겪고 더 복잡한 경로를 통해 우리에게 도달한다. 직사광선이 태양의 빛나는 원반으로부터 오는 것으로 보이지만, 산란된 빛은 전체 하늘을 상당히 균일한 파란 빛으로 물들인다(그림 13.1.4). 이 빛은 왜 파란색인가?

하늘의 파란색은 햇빛을 Rayleigh 산란시키는 작은 공기 입자들이 너무 작아서 그 빛에 대해 좋은 안테나가 될 수 없기 때문에 발생한다. 12.1절에서 쌍극자 안테나는 전자기파 파장의 절반 정도일 때가 가장 좋은 것을 알았다. 공기 입자는 장파장의 빨간색 빛에 대해 특히 나쁜 안테나가 된다. 따라서 빨간 태양 광선의 극히 일부만이 대기를 통과하면서 Rayleigh 산란을 겪는다. 그러나 공기 입자는 짧은 파장인 파란 빛에 대해서 덜 나쁜 안테나가 된다. 보라색, 남색, 파란색 햇빛 중 일부는 Rayleigh 산란을 하여 모든 방향에서 우리 눈에 도달한다. 이 Rayleigh 산란된 빛 때문에 하늘이 파랗게 보인다.

Rayleigh 산란은 하늘을 파랗게 만들 뿐만 아니라 해돋이와 일몰을 빨갛게 만든다. 해가 뜨거나 질 때, 햇빛은 지구의 대기를 통해 우리 눈에 닿기까지 먼 거리를 이동해야 한다. 경로가 너무 길어서 보라, 남색, 파란 빛의 대부분이 Rayleigh 산란으로 사라지고 결국 보게 되는 것은 남아있는 빨간 빛이다. 때로는 산란될 파란 빛이 전혀 없어서 하늘 전체가 붉게 보일 수도 있다. Rayleigh 산란을 도와주는 먼지나 재가 대기 중에 존재할 때 해돋이나 석양이 특히 화려하다. 대기 오염, 산불, 화산 분출 등은 비정상적으로 붉은 해돋이와 석양을 만든다.

반대로 구름과 안개는 비교적 큰 물방울로 구성되어 있기 때문에 흰색으로 보인다. 이 물방울들은 가시광선의 파장보다 크며 햇빛의 모든 파장을 똑같이 잘 산란시킨다. 이런 산란이 종종 너무 효과적이기 때문에 구름을 통해 태양의 원반을 볼 수는 없지만 그것 때문에 구름이 색상을 띠지는 않다. 구름은 단순히 흰색으로 보인다.

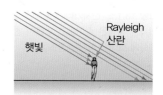

그림 13.1.4 햇빛이 대기를 통과할 때, 보라, 남색, 파란 빛의 일부는 공기 중의 입자로부터 Rayleigh 산란을 겪는다. 방향이 바뀐 이 빛 때문에 하늘이 파랗게 보인다. 나머지 빛은 태양으로부터 직접 우리 눈에 닿으며 특히 해돋이와 일몰시에 붉은 빛을 띠게 된다.

> **⇨ 개념 이해도 점검 #2: 파랗게 보이다**
>
> 어둡고 연기가 자욱한 실내의 공기를 백색광으로 비추면 공기는 파란 빛을 띤다. 파란 빛을 띠는 이유는 무엇인가?
>
> ▷ 해답 미시적 연기 입자에서 발생하는 Rayleigh 산란은 빨간 빛보다 파란 빛을 많이 산란시키므로 공기가 파란 빛을 띤다.
>
> ▷ 왜? 연기가 가득한 어두운 방의 공기에 밝은 섬광이나 다른 백색 광원을 비추면 공기 중의 작은 입자가 일부 빛을 Rayleigh 산란시킨다. 어두운 배경에서 공기를 볼 때 이 빛을 볼 수 있다. Rayleigh 산란은 파란 빛에 가장 강한 영향을 주기 때문에 공기가 파란 빛을 띠게 된다.

그림 13.1.5 전자기파가 물질에 들어가면 속력은 줄어들고 파동이 촘촘하게 모여서 파장은 감소한다.

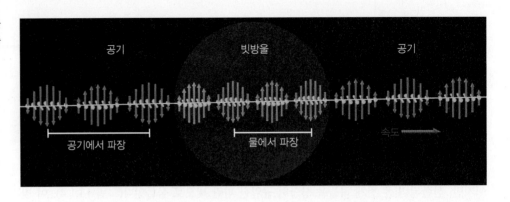

무지개

때로는 물방울이 햇빛의 색을 분리한다. 비가 와서 맑고 둥근 물방울이 떨어질 때 햇빛이 빗방울에 비치면 이 빗방울은 무지개를 만들 수 있다. 둥근 물방울이 어떻게 햇빛의 경로를 굽어지게 만들고 파장에 따라 분리할 수 있는지 이해하려면 굴절, 반사, 분산이라는 세 가지 중요한 광학 효과를 이해해야 한다. 9.3절의 수면파를 공부하는 동안 똑같은 파동 현상을 접했지만, 이제 그것들은 빛의 파동이라는 새로운 맥락으로 나타난다!

햇빛의 파동이 직접 빗방울을 통해 지나갈 때 어떤 일이 일어나는지 먼저 살펴보자. 물은 공기보다 편극화가 더 잘 되기 때문에 빛은 빗방울 내부에서 속도가 느려지고 순환 주기들이 촘촘하게 모인다(그림 13.1.5). 이런 수축 효과는 방울 내부에서 빛의 파장을 감소시킨다. 빛의 주파수는 순환 주기 중에 없어지는 것이 없기 때문에 변하지 않지만 빛은 더 천천히 움직인다.

가느다란 광파가 빗방울의 중앙을 향해 똑바로 진행한다면 파동은 직선 경로를 따라 가고, 본질적으로 영향을 받지 않은 채로 다른 면으로 나온다(그림 13.1.6a). 그러나 그 파동이 빗방울의 정상 근처로 진행하면, 물에 들어갈 때 굽어진다(그림 13.1.6b). 그 이유는 파동의 아래쪽 가장자리가 물에 먼저 도달하여 느려지고, 파동의 윗부분이 아랫부분을 추월하므로 파동이 아래로 굽어진다. 그 파동은 빗방울의 중심에 더 가깝게 진행한다.

그림 13.1.6b의 파동이 빗방울을 떠날 때, 파동의 윗부분이 먼저 나오고 속력이 빨라지지만 아랫부분은 뒤쳐진다. 그 파동은 더욱 아래쪽으로 굽어진다.

물질들 사이의 경계에서 햇빛이 굽어지는 것이 **굴절**(refraction)이다. 그것은 햇빛이 경계면을 비스듬히 통과하면서 속력이 변할 때마다 발생한다. 햇빛이 경계면에서 느려지면(그림 13.1.7a) 경계면과 수직인 선 쪽으로 굽어지고 새로운 물질 속을 더 똑바로 가는 방향으로 진행한다. 햇빛이 경계면에서 가속되면(그림 13.1.7b) 경계면과 직각을 이루는 선에서 먼 쪽으로 굽어지고 새로운 물질 속을 덜 똑바로 가는 방향으로 진행한다. 속력 변화가 커짐에 따라 굽어지는 정도도 증가한다.

그러나 경계면에 부딪히는 햇빛의 일부는 물질을 전혀 통과하지 않고 경계면에서 **반사**(reflection)된다. 9.3절에서 파동 반사를 구체적으로 경계면에서의 파동 속력의 변화 때문에 생기는 것으로 보았다. 그러나 더 일반적인 파동 반사는 경계면에서 발생하는 **임피던스**

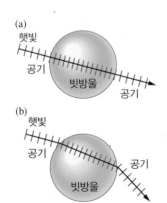

그림 13.1.6 빗방울에 들어가고 나오는 가느다란 광파의 측면도. 각 광파에 가로질러 그려진 선은 윗방향의 전기장이 최대가 되는 곳을 나타내며 빛이 물속에서 느려짐에 따라 선들이 촘촘하게 모이게 된다.

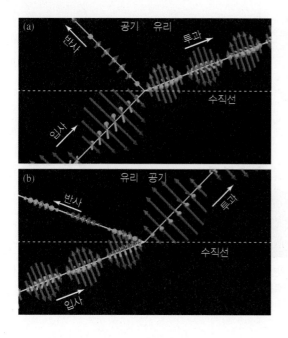

그림 13.1.7 광파가 유리 표면에 입사할 때, 그 일부는 반사하고 나머지는 굴절한다. 입사 파동과 반사 파동이 표면에 수직인 선과 이루는 각은 서로 반대쪽에 놓여있지만 크기는 동일하다. 투과 파동은 수직선에 가까워지거나 멀어지는 방향으로 굴절한다(굽어진다). (a) 공기에서 유리로 들어갈 때 속력이 느려지는 빛은 수직선을 향해 굴절한다. (b) 유리에서 공기로 들어갈 때 속력이 빨라지면 수직선으로부터 멀어진다.

어긋남(impedance mismatch) 때문에 일어나는데, 이는 파동이 환경을 통해 움직이는 방식의 급격한 변화를 나타낸다. 일반적으로 **임피던스**(impedance)는 전류나 파동의 흐름을 방해하는 정도를 나타낸다. 전류인 경우에 임피던스는 특정한 전류를 추진하는 데 필요한 전압을 측정한다. 전자기파인 경우에 임피던스는 특정한 자기장을 만드는 데 필요한 전기장의 크기를 결정한다. 임피던스 효과는 자연에 흔하고(**1** 참조) 역학적 파동과 전류에도 적용된다. 소리가 임피던스 어긋남을 마주치면 부분적으로 반사되어 메아리가 된다.

진공의 경우는 전기장이 자기장을 유도하는 데에 아무런 도움을 받을 수 없기 때문에 임피던스가 높다. 그러나 대부분 물질 속에서는 전기장이 도움을 받는다. 전기장은 물질을 편극화하고 편극화된 물질은 자기장을 만들도록 도와준다. 따라서 대부분의 물질의 임피던스는 진공보다 훨씬 작다. 공기가 거의 진공이기 때문에 공기와 물 사이의 경계면은 빛의 경우에 임피던스 어긋남이 생긴다.

임피던스 어긋남을 통과할 때 광파의 전기장과 자기장 사이의 균형이 깨지게 되고 이 깨진 균형을 보완하기 위해 들어오는 빛의 일부는 경계면에서 반사된다. 그래서 햇빛은 물방울로 들어가거나 물방울에서 나갈 때마다 그 중 일부가 반사되는 것이다. 반사된 햇빛의 양은 임피던스 어긋남의 정도에 따라 달라지지만 보통 물을 포함한 투명한 물질과 공기의 경계면에서는 약 4%이다(모래에서의 반사는 **2** 참조). 대조적으로 금속은 편극이 아주 쉽게 일어나기 때문에 금속의 임피던스는 거의 0에 가깝다. 따라서 금속은 거의 완벽하게 빛을 반사한다.

빛이 물을 통과하는 경우에서 중요한 사실이 하나 더 있다. 물 속에서 **빨간색**의 빛이 보라색의 빛보다 약 1% 정도 더 빠르게 진행한다는 것이다. 그 이유는 주파수가 더 높은 보라색 빛이 빨간색 빛보다 물 분자를 더 쉽게 편극시키는데, 이로 인해 보라색 빛의 속도가 느려지기 때문이다. 이렇듯 주파수에 따라 빛의 속력이 달라지는 현상을 **분산**(dispersion)이라고 한다. 분산은 굴절에도 영향을 미친다. 빛이 물방울 속에 들어가 속도가 느려질수

1 전자기파가 케이블과 전선을 통과할 때 임피던스 어긋남으로 인해 반사하므로 텔레비전 및 데이터 통신 시스템에서는 어긋남을 피해야 한다. 이러한 어긋남은 전기장과 자기장 사이의 관계가 변할 때마다 발생한다. 임피던스가 맞지 않은 케이블, 전선, 어댑터를 사용하거나 케이블 분할기에 열린 포트가 있으면 반사를 일으켜 수신을 방해할 수 있다.

2 모래는 모든 방향으로 햇빛의 방향을 바꾸기 때문에 흰색으로 보인다. 이 효과에 대한 한 가지 설명은 모래 입자가 작은 안테나 역할을 해서 빛의 전자기파에 반응하고 재방출한다는 것이다. 두 번째 설명은 모래 알갱이에는 공기와 모래의 경계가 수천 개 존재해서 햇빛이 그곳에서 반사된다는 것이다. 그러나 두 설명 모두 정확히 동일한 물리학에 대한 설명이다. 모래 입자의 전하 입자는 파동이 그들을 통과하면서 전기적으로 편극화된다. 이 파동은 흡수되지 않고 제멋대로의 방향으로 변경되어 모래가 하얀 모습으로 나타난다.

© Hollandse Hoogte/Redux Pictures

그림 13.1.8 물방울이 뒤로 반사한 햇빛이 우리 눈 쪽으로 향할 때 무지개가 형성된다. 서로 다른 파장의 빛은 약간 다른 경로를 따르기 때문에 약간 다른 방향에서 오는 여러 가지 색상을 보게 되어서 색깔의 띠를 이룬다.

록 경계면에서 더 많이 굽어진다. 보라색 빛은 빨간색 빛보다 더 느리기 때문에 보라색 빛이 더 많이 굽어진다. 그래서 햇빛이 빗방울을 통과할 때 여러 색으로 나뉘어져 각기 다른 경로로 진행한다.

빗방울이 색에 따라 빛을 분리시키면 바로 무지개가 만들어진다(그림 13.1.8). 무지개를 보려면 해를 등지고 하늘을 바라봐야 한다. 햇빛이 빗방울에 닿으면 물방울은 일부 빛의 방향을 거꾸로 바꾼다. 각 물방울은 단지 좁은 각도 범위에 있는 빛의 방향을 바꾸기 때문에 모든 물방울에서 오는 빛을 볼 수는 없고, 하늘의 좁은 원호에 위치한 빗방울로부터 오는 빛만 볼 수 있다. 원호의 바깥쪽 가장자리에 있는 빗방울은 빨간색 빛을 보내고, 원호의 안쪽 가장자리에서의 빗방울은 보라색 빛을 보내기 때문에 이 원호는 다채로운 색깔을 띤다. 그 사이에서 무지개의 모든 색깔을 볼 수 있다.

그림 13.1.9는 빗방울이 어떻게 서로 다른 색의 빛을 각기 다른 방향으로 진행하게 하는지 보여준다. 빛이 빗방울을 통과할 수 있는 경로는 많이 있지만, 무지개를 만드는 경로는 이것이다. 햇빛이 빗방울의 위쪽으로 들어가서 안쪽으로 굽어진다. 보라색 빛은 빨간색 빛보다 더 많이 굽어지므로 햇빛은 색에 따라 분리되기 시작한다. 일부 햇빛은 빗방울로부터 반사되지만 무지개와는 상관이 없다.

빛이 빗방울의 속에서 뒷면과 부딪칠 때 빛의 대부분은 빗방울을 빠져나가 사라진다. 그러나 일부는 표면에서 반사하여 빗방울 속에서 계속 진행한 후 대부분 다시 앞쪽 표면으로 빠져나온다. 빛이 공기로 재진입할 때 보라색은 빨간색보다 더 많이 꺾이기 때문에 서로 다른 색깔의 빛이 빗방울을 빠져나와서 각기 다른 방향으로 진행한다. 보라색은 빨간색보다 더 위쪽을 향하게 되므로 보라색 빛이 빗방울의 아래쪽에서 오는 것으로 보인다. 빨간색 빛은 더 아래쪽을 향하므로 빨간색 빛이 빗방울의 위쪽에서 오는 것으로 보인다. 그래서 무지개의 윗부분은 빨간색이고 아랫부분은 보라색이다.

그림 13.1.9 햇빛이 둥근 물방울을 통과할 때 그 색들이 분리된다. 보라색 빛은 공기와 물의 경계면에서 빨간색 빛보다 더욱 많이 굽어지므로 이 두 빛은 물방울에서 나와서 서로 다른 방향으로 진행한다. 윗쪽 물방울에서는 빨간색 빛이, 아래쪽 물방울에서는 보라색 빛이 우리 눈에 들어온다.

■ 개념 이해도 점검 #3: 다이아몬드의 광채

다이아몬드를 햇빛에서 보면 여러 가지 색으로 반짝거린다. 이 색들은 어디서 오는 것인가?

해답 다이아몬드는 분산을 보이므로 다이아몬드의 광택 면을 통해 햇빛의 서로 다른 주파수가 다소 다른 경로를 따른다. 햇빛의 서로 다른 색깔은 다이아몬드에서 나와서 약간 다른 방향으로 진행하므로 그것들을 개별적으로 볼 수 있다.

왜? 다이아몬드의 강한 분산 때문에 다이아몬드가 즐거움을 준다. 그것은 빨간 빛보다 보라 빛을 더 많이 굴절시키므로 햇빛이 다이아몬드를 통과할 때 서로 다른 색깔로 분리된다. 솜씨 있는 재단 면은 개별 색상을 분리하는 데 도움이 된다.

비눗방울

비눗방울도 햇빛을 여러 가지 색으로 분리할 수 있다(그림 13.1.10). 하지만 비눗방울은 간섭(interference)이라는 다른 파동 현상을 이용한다. 9.3절에서 바닷가의 파도 맥놀이를 공부할 때 역학적 파동의 간섭을 보았고, 12.2절에서 전자레인지의 조리의 불균일성을 고려했을 때 전자기파의 간섭을 보았다. 이제 또 다른 형태의 전자기파인 빛의 간섭을 볼 차례이다.

빛의 간섭 효과는 전자기파의 더하기, 즉 **중첩**(superposition)에서 비롯된다. 특정 위치에서 몇 개의 빛 파동이 겹칠 때, 그 전기장들은 함께 합쳐지며 자기장도 합쳐진다. 각각의 장들이 모두 같은 방향을 가리키면 파동은 **보강 간섭**(constructive interference)을 겪는다. 즉 파동이 서로 돕는 방식으로 합쳐지며 그 위치의 빛의 세기가 강화된다(그림 13.1.11a). 그러나 각각의 장들이 반대 방향을 가리키면 파동은 **상쇄 간섭**(destructive interference)을 겪는다. 즉, 파동이 서로 상쇄되는 방식으로 합쳐져서 그 위치에서의 빛의 세기가 감소한다(그림 13.1.11b).

햇빛이 비눗방울의 표면에서 반사될 때 바로 이런 간섭들이 나타난다. 햇빛이 비누가 포함된 물의 얇은 막에 닿으면 그 중 약 4%는 그 막의 윗면에서 반사되고, 또 다른 4%는 밑면에서 반사된다(그림 13.1.12). 이 반사된 빛은 둘 다 같은 방향으로 진행하므로 반사된 빛이 두 가지 다른 경로를 통해서 눈에 도달한다. 이 두 빛이 서로 같은 위상으로 만나게 되면, 즉 그 전기장들이 동기화되고 서로를 지원하면 보강 간섭에 의해 특별히 밝은 반사를 보게 된다. 두 파동의 위상이 반대인 경우에는 그 전기장이 서로를 상쇄하여 상쇄 간섭에

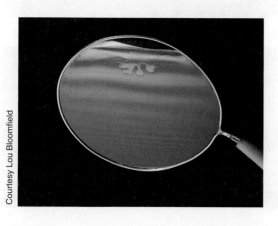

그림 13.1.10 비누 막의 앞면과 뒷면에서 반사된 빛은 그 자신과 간섭을 하므로 막이 여러 색을 띠게 된다. 색은 막의 두께에 의해 결정되고 막의 두께가 아래로 내려갈수록 증가하기 때문에 막에 수평 띠가 나타난다.

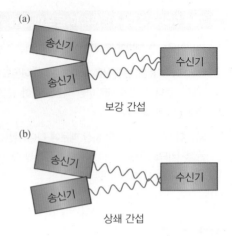

그림 13.1.11 (a) 분리된 두 경로에서 온 파동이 같은 위상으로 수신기에 도달하면 보강 간섭으로 특히 큰 효과가 수신기에 나타난다. (b) 파동이 어긋난 위상으로 도달하면 상쇄 간섭으로 특히 약해진 효과가 수신기에 나타난다.

의해 특별히 어두운 빛을 보게 된다.

보강 간섭이 될지 상쇄 간섭이 될지는 햇빛의 파장에 의존한다. 밑면에서 반사되는 빛은 비누 막 사이를 두 번 지나가야 하므로 윗면에서 반사되는 빛보다 상대적으로 지연이 된다. 그러한 지연이 충분히 길어서 파동이 주기의 정수배를 끝내면 반사된 두 파동은 서로 같은 위상이 되어 밝은 반사가 된다. 만약 지연이 주기의 절반을 더 끝내면 반사된 두 파동은 위상이 서로 어긋나서 어두운 반사가 된다.

햇빛은 여러 파장의 빛들이 모여 있기 때문에 반사 과정에서 파장에 따라 다르게 행동한다. 색을 띤 반사광은 주로 보강 간섭을 겪는 파장의 빛으로 이루어져 있다. 밑면에서 반사된 빛이 겪는 지연은 비누 막의 두께에 관계되기 때문에 색깔을 잘 살펴봄으로써 막의 두께를 결정할 수 있다.

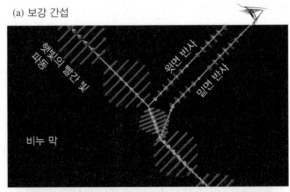

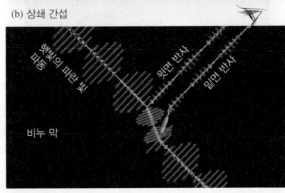

그림 13.1.12 햇빛은 비누 막의 윗면과 밑면에서 부분적으로 반사되지만, 밑면의 반사는 윗면의 반사에 비해 상대적으로 지연된다. 이 두 부분 반사의 위상 차이 때문에 둘 다 눈에 들어올 때 간섭 효과가 나타난다. 비누 막에서 (a) 반사된 빨간 빛 파동이 같은 위상으로 눈에 들어가서 보강 간섭을 겪으면 빨간 빛이 보인다. 그러나 (b) 반사된 파란 빛 파동이 위상이 어긋나서 눈에 들어오면 상쇄 간섭을 겪으므로 파란 빛이 보이지 않는다.

개념 이해도 점검 #4: 기름막의 색깔 띠

> 물 위에 떠있는 기름이나 휘발유의 얇은 층이 햇빛 아래에서 밝은 색깔을 띤다. 이 색깔은 어디에서 온 것인가?

> 해답 그것들은 떠있는 기름 층의 윗면과 밑면에서 반사된 빛 사이의 간섭 때문에 나타난다.

> 왜? 물 위에 있는 거의 모든 박막은 간섭 때문에 색깔을 띤다. 막에 닿는 각 파동의 일부는 윗면에서 반사되고 일부는 밑면에서 반사된다. 반사된 이 두 개의 파동은 파장에 따라 다른 방식으로 서로 간섭하여 막이 밝은 색깔을 띠게 된다. 서로 다른 색은 박막의 상이한 두께에 대응한다.

햇빛과 편광 선글라스

모든 선글라스는 햇빛의 일부를 흡수하지만 고급 선글라스는 수직으로 편광된 빛보다 수평으로 편광된 빛을 훨씬 더 잘 흡수한다. 이런 편광 선글라스는 수평면으로부터 반사된 빛의 대부분을 흡수해 눈부심을 극적으로 줄여준다.

빛이 투명한 표면에 수직으로 입사하면 편광에 관계없이 약 4% 정도가 반사된다. 그렇지만 수평면에 비스듬히 빛이 들어오면 편광은 빛의 반사에 커다란 영향을 준다. 전기장이 수평 방향으로 놓인 빛(수평으로 편광된 빛)이 수평면에서 강하게 반사된다(그림 13.1.13a).

파동의 전기장이 수평이면 전기장은 전하를 수평면에 따라 앞뒤로 움직일 수 있다. 전하들은 표면 방향으로 더 잘 움직이므로 표면이 잘 편극화되고 파동을 강하게 반사한다. 입사각이 작을수록 편극화가 더 쉽게 일어나고 반사도 더 잘 된다. 수평 방향으로 편광된 빛은 수평면에서 강하게 반사되고, 비스듬하게 들어올수록 반사가 더 잘 일어난다.

빛의 전기장이 수직일 때는 전기장이 수평면 위아래로 전하를 밀어야 한다. 전하는 표

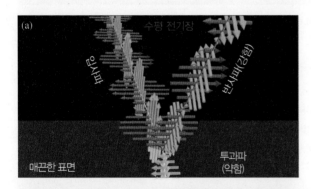

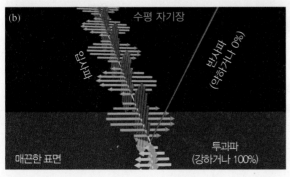

그림 13.1.13 빛이 매끈한 표면에 비스듬히 들어올 때 부분 반사의 강도는 편광에 의존한다. (a) 입사파의 전기장이 수평일 때 반사가 강하다. (b) 입사파의 자기장이 수평일 때 반사는 약하다. 이 파동은 Brewster 각도로 정확하게 들어오므로 반사가 없어서 파동이 매끈한 표면으로 모두 들어간다.

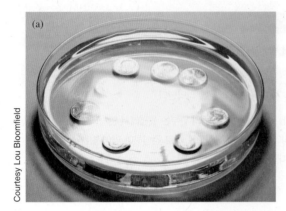 

Courtesy Lou Bloomfield

그림 13.1.14 (a) 수면은 비스듬하게 들어온 빛을 강하게 반사하기 때문에 접시 바닥에 있는 동전을 보기 힘들다. (b) 수평면으로부터 오는 눈부신 빛의 주요 구성 요소인 수평으로 편광된 빛을 차단하는 필터를 통해 보면 물 표면 아래에 놓인 동전을 볼 수 있다.

면을 떠날 수 없으므로 표면은 편극에 비효율적이고 빛을 약하게 반사한다. 입사하는 각이 작아질수록 편극과 반사가 더욱 약해지다가 결국 **Brewster 각**에서 빛을 전혀 반사하지 않게 된다. 따라서 수직으로 편광된 빛은 수평면에서 약하게 반사되고 Brewster 각에서 반사는 0으로 떨어진다. 하지만 각이 Brewster 각보다 더 작아지면 각이 더 작아질수록 반사가 더 강해진다.

직사광은 수직과 수평 방향으로 편광된 빛이 비슷하게 섞여 있는데, 수면, 포장도로, 자동차 덮개와 같은 수평면에서 비스듬히 반사된 빛은 대부분 수평 방향으로 편광된 빛이다. 수평으로 편광된 빛을 잘 흡수하는 선글라스를 착용하면 이 반사된 빛을 피할 수 있어 눈부심을 효과적으로 줄일 수 있다(그림 13.1.14).

> **개념 이해도 점검 #5: 반짝이는 물웅덩이 들여다보기**
>
> 물웅덩이를 들여다보면 대부분 반사된 하늘이 보인다. 하지만 편광 선글라스를 끼면 물 속을 선명하게 볼 수 있다. 왜 그런가?
>
> 해답 물에서 반사되는 대부분의 빛은 수평으로 편광된다. 선글라스는 수평으로 편광된 빛을 차단하므로 물 속에서 오는 빛을 주로 볼 수 있다.
>
> 왜? 수평면에서 반사되는 햇빛은 대부분 수평으로 편광된 빛이다. 수평으로 편광된 빛을 차단함으로써 편광 선글라스가 사실상 이렇게 반사된 빛을 없애므로 표면 아래에서 나온 빛을 주로 보게 된다. 선글라스를 옆으로 돌리면 엉뚱한 편광을 차단하여 반사된 빛을 주로 보게 된다. 시험해 보라.

13.2 방전 램프

현대의 조명은 에너지 효율을 중요시한다. 백열등은 따뜻하고 부드러운 느낌을 주지만 대부분의 에너지가 보이지 않는 적외선 형태로 낭비된다. 형광등과 방전을 이용한 가스등은 같은 전력으로 훨씬 많은 가시광선을 내기 때문에 사무실이나 공장, 대부분의 가로등에 주로 사용되고 있다. 이 절에서 전기 방전을 사용하는 여러 가지 유형의 등을 살펴보자. 그러한 등은 형광등, 수은등, 나트륨등, 할로겐등과 같이 그 종류가 다양하지

만 이들의 기본원리는 모두 같다. 전류가 기체를 통해 흐른다.

생각해 보기: 왜 백열등이 단계적으로 폐기되고 있는가? 형광등은 왜 색깔이 약간씩 다를까? 네온등은 왜 붉은가? 형광등을 자주 켜고 끄면 왜 안 되는가? 가로등은 처음 켜질 때 왜 어두운가? 고속도로 등은 왜 주황색인가?

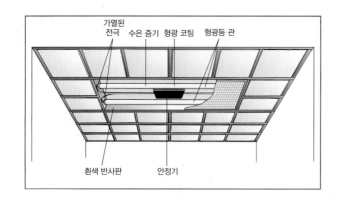

가열된 전극　수은 증기　형광 코팅　형광등 관

흰색 반사판　안정기

실험해 보기: 우리 주위에 있는 방전 램프를 살펴보자. 특히 백색 형광등을 조사해 보자. 그러한 등의 빛은 어디에서 오는가? 형광등에서는 빛은 관의 안쪽 표면에 발라진 백색 형광 물질에서 나온다. 네온사인이나 거리의 수은등의 경우는 어떨까? 몇 가지 형광등을 놓고 색깔을 비교해 보자.

형광등이나 네온등은 즉시 켜지지만 가로등이 완전히 켜지려면 시간이 많이 걸린다. 형광등이나 네온등은 뜨겁지 않지만 가로등에 쓰이는 수은등, 나트륨등이나 할로겐등과 같은 것은 뜨거워진다. 가로등이 데워짐에 따라 그 색깔이 변하는 것을 살펴보자. 가로등은 잠깐이라도 꺼지면 다시 시작하기 위해서는 약 5분 정도를 기다려야 한다. 그 이유는 무엇인가?

어떻게 빛과 색깔을 볼까

방전 램프에 대해 살펴보기에 앞서 우리의 눈이 어떻게 색깔을 인식하는지부터 알아보자. 눈이 실제로 빛의 파장을 재는 것처럼 생각할 수도 있지만, 그렇지 않다. 그 대신 눈의 망막에는 빛을 감지하는 세 종류의 **원뿔세포**(cone cell)가 있어 각각 특정한 범위의 파장을 인식한다. 그 세포들은 각각 600 nm, 550 nm, 450 nm 부근의 빛에 반응하고, 그러면 우리는 각각 빨간색, 초록색, 파란색으로 감지한다(그림 13.2.1). 이들 원뿔세포는 시각의 중심부에 주로 위치하고 있다. 망막에는 간상세포도 있는데, 이것들은 색을 감지하지는 못하지만 빛의 밝기에 예민하게 반응한다. 간상세포는 주변 시력에 풍부하고 어두운 데에서도 볼 수 있게 해주는 역할을 한다.

색을 감지하는 세포는 세 종류이지만 오직 세 가지 색만 보도록 제한하지는 않는다. 두 종류 이상의 원뿔세포가 동시에 자극될 때마다 우리는 다른 색을 감지한다. 각 원뿔세포가 감지하는 빛의 양을 보고하면 두뇌가 이 정보에 기반하여 특정한 색으로 해석한다.

특정한 파장의 빛은 세 종류의 원뿔세포를 모두 자극하지만 이들은 각기 다르게 반응한다. 예를 들어, 파장이 680 nm인 경우 빨간색 원뿔세포가 초록색이나 파란색 원뿔세포보다 훨씬 강하게 반응하므로 우리는 그 빛을 빨간색으로 본다.

다른 파장의 빛은 세 종류의 세포를 어느 정도 고르게 자극한다. 580 nm의 빛은 빨간색

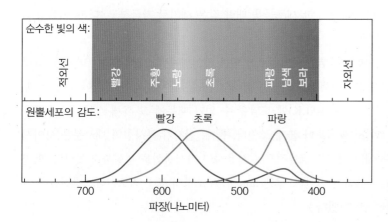

순수한 빛의 색:

적외선　빨강　주황　노랑　초록　파랑　보라　자외선

원뿔세포의 감도:　빨강　초록　파랑

700　600　500　400

파장(나노미터)

그림 13.2.1 우리 망막의 빨간색에 민감한 세포는 600 nm 부근의 빛을, 초록에 민감한 세포는 550 nm 부근의 빛을, 파란색에 민감한 세포는 450nm 부근의 빛을 각각 감지한다. 빨간색에 민감한 세포는 440nm 부근의 빛에 대해서도 반응하여 우리가 보라색을 본다.

(a) 더하기 삼원색(빛)

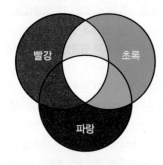

(b) 빼기 삼원색(물감)

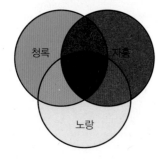

그림 13.2.2 (a) 빛의 삼원색 또는 더하기 삼원색인 빨강, 초록, 파랑을 결합하면 어떤 색상의 빛이라도 만들 수 있다. (b) 물감의 삼원색 또는 빼기 삼원색인 청록, 자홍, 노랑은 반사되거나 투과된 빛에서 각각 빨강, 초록, 파랑을 빼고, 어떤 색상의 물감도 이들을 결합하여 만들 수 있다.

과 초록색의 빛 사이에 있다. 초록색에 민감한 세포와 파란색에 민감한 세포가 이 빛에 거의 비슷하게 반응하므로 우리는 이 빛을 노란색으로 본다.

또 640 nm의 빛(빨간색)과 525 nm의 빛(초록색)이 같은 율로 섞여 있어도 노란색으로 본다. 640 nm의 빛은 빨간색에 민감한 원추 세포를 자극하고 525 nm의 빛은 초록색에 민감한 원추 세포를 자극한다. 비록 580 nm의 빛 자체는 없지만 전처럼 똑같은 노란색으로 본다.

실제로 빨간색, 초록색, 파란색의 세 가지 빛을 혼합하면 모든 색을 만들 수 있으므로 이들을 **빛의 삼원색**(primary colors of light) 또는 **더하기 삼원색**(primary additive colors)이라고 한다(그림 13.2.2a). 컬러 텔레비전과 컴퓨터 화면은 이 세 가지 색의 작은 형광 물질을 사용해 모든 색을 나타내고 있다.

기본 색상을 혼합하는 개념은 페인트, 잉크, 물감에도 적용되지만 기본 색상은 다르다. **물감의 삼원색**(primary colors of pigment) 또는 **빼기 삼원색**(primary subtractive colors)은 청록색, 자홍색, 노란색이다(그림 13.2.2b). 이 기본 안료 중 하나를 흰색 표면에 바르면 표면 반사에서 빛의 기본 색상 중 하나를 흡수한다. 즉 뺀다. 청록은 빨간색 빛의 반사를 빼고, 자홍은 초록색 빛의 반사를 빼고, 노란색은 파란색 빛의 반사를 뺀다. 컬러 프린터, 사진, 잡지, 책은 청록색, 자홍색, 노란색 안료의 작은 조각을 사용하여 천연색 이미지를 생성한다.

> ▶ **개념 이해도 점검 #1: 빛의 혼합**
>
> 70%의 빨간색과 30%의 초록색이 혼합되면 무슨 색으로 보일까?
>
> 해답 주황색으로 보인다.
>
> 왜? 빨간색, 초록색, 파란색에 민감한 원뿔세포는 순수한 600 nm 빛에 반응하는 것과 같은 동일한 반응을 혼합된 이 빛에도 보인다. 이러한 빛은 주황색으로 나타나므로 혼합된 빛을 볼 때 주황색을 보게 된다.

더 많은 빛, 더 적은 열: 가스 방전

시각 세포가 세 가지 색을 각각 비슷한 정도로 감지하게 되면 흰색으로 보이게 된다. 이것은 우리의 시각이 태양이라는 백열광 속에서 진화를 해왔기 때문이다. 햇빛은 우리 눈에 있는 빨간색, 초록색, 파란색에 민감한 세포들을 대략 같은 세기로 자극하고, 다른 '백색광'의 광원도 똑같이 그렇게 한다.

20세기의 백색광 조명은 대부분 백열전구에 의한 것이었지만, 21세기에는 더 이상 그렇지 않을 것이다. 백열전구는 백색광을 만드는 데 좋지만, 두 가지 심각한 결점이 있다. 첫째, 필라멘트가 태양 표면의 온도(5800 K)에 도달할 수 없기 때문에 그 흑체 스펙트럼에 포함된 파란 빛이 너무 적어서 햇빛보다 붉게 보인다. 둘째, 전자기 복사선의 대부분은 보이지 않는 적외선이기 때문에 에너지를 효율적으로 사용하여 가시광선을 생성하지 못한다. 백열전구는 와트 당 약 15루멘만 생산한다. **루멘**(lumen)은 조명의 표준 척도이다. (방전등은 와트 당 100루멘 이상을 낼 수 있다.)

다행히도 현대 과학은 빛을 생성하기 위해 열과 열복사를 사용하지 않는 대체 광원을 제공한다. 이러한 광원 중에는 가스 방전 램프가 있는데, 이것은 전류가 가스를 통과할 때 빛을 방출한다. 일부 방전 램프는 착색되어 있으며 다른 것은 백색광을 발생시키는 훌륭한 일을 한다. 또한 방전 램프의 대다수가 백열전구보다 가시광선을 생성하는 데 훨씬 더 에너지 효율이 높다.

가스 방전 및 방출되는 빛에 대해 이해하기 위해 가장 간단한 네온사인으로 시작해 보자. 네온의 풍부한 붉은 빛은 조명에 적합하지 않고 특별히 에너지 효율이 좋지는 않지만 간판으로서 훌륭하고 이해하기도 쉽다.

네온사인관은 외부 대기 밀도의 1% 미만인 순수한 네온 가스가 밀폐된 유리관이다. 관의 양쪽 끝에 금속 전극이 있어서 전류가 한 전극을 통해 가스로 들어가고 다른 전극을 통해 빠져나갈 수 있다. 물론 가스는 일반적으로 전기 절연체이며 네온도 예외는 아니다. 관의 네온을 도체로 바꾸기 위해 두 전극 사이에 큰 전압 차가 가해진다. 10.2절에서 보았듯이, 가스가 큰 전압에 노출되면 절연 파괴된다. 가스에서 자연적으로 발생하는 소수의 이온은 다단계 이온화 충돌을 일으켜서 가스를 전하 입자로 빠르게 채우고 가스에 전도성을 부여한다.

보통의 공기는 약 30,000 V/cm의 전압 기울기에서 절연 파괴되지만, 저밀도 네온은 훨씬 낮은 전압 기울기에서 절연 파괴된다. 이것은 저밀도 가스에서 전하 입자가 더 멀리 이동하여 더 많은 운동에너지를 축적하여 충돌할 수 있기 때문이다. 네온사인관의 전극 사이에 약 10,000 V가 가해지면 가스가 절연 파괴되어 익숙한 붉은 빛을 내기 시작한다.

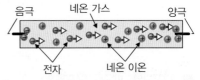

그러면 램프는 **방전**(discharge)을 시작한다. 즉, 전류가 네온 가스를 통해 흐른다. 이 전류는 대부분 음극에서 양극으로 흐르는 전자로 구성된다(그림 13.2.3). 이 전자들은 자주 네온 원자와 충돌하지만, 질량이 너무 작아서 보통 에너지를 많이 잃지 않고 그저 원자에서 되튀어 나온다. 코끼리에서 되튀어 나오는 탁구공처럼 전자는 대부분 되튀어 나와서 계속 이동한다.

그러나 전자가 너무 자주 네온 원자와 충돌하다 보면 다른 일이 일어날 수 있다. 네온 원자가 내부적으로 재배열되어 전자의 운동에너지의 일부를 흡수한다. 전자는 이전보다 적은 에너지로 되튀어 나가고, 네온 원자는 빛을 발한다. 그 빛은 아마도 붉은 색일 것이다. 그러나 그 빛이 왜 붉은 색인지 이해하려면, 양자물리학 및 네온 원자의 구조를 살펴봐야 한다.

그림 13.2.3 네온사인관은 저압의 네온 가스를 통해 전자를 보낸다. 이 전자들은 기체 내의 네온 원자와 충돌하면서 에너지를 원자에게 전달하여 주로 붉은 빛이 방출되도록 한다. 특히 강한 충돌로 생긴 양으로 대전된 네온 이온은 전자가 서로를 밀어서 관의 벽에 부딪히는 것을 방지한다.

▶ 개념 이해도 점검 #2: 더 하얀 조명 만들기

일부 사진용 조명은 백열전구 앞에 파란색 필터를 놓아 햇빛을 흉내낸다. 이 필터가 붉은 빛의 일부를 흡수하므로 조명이 더 희게 보인다. 이 필터는 사진용 조명의 에너지 효율을 높이는가, 낮추는가?

> 해답 조명의 에너지 효율을 낮춘다.

> 왜? 푸르스름한 필터가 파장의 스펙트럼을 바꿔서 사진용 조명에서 나오는 파란 빛의 양을 붉은 빛의 양보다 증가시키지만, 그렇게 되는 것은 붉은 빛의 일부를 흡수하기 때문이다. 필터는 뜨거워지고 가시광선으로 방출되는 전구의 전력은 적어진다.

입자, 파동, 그리고 양자물리학

20세기 초에 양자물리학이 대두되면서 과학자들은 흥분과 혼란을 겪었다. 그 시대 이전에는 물리적인 세계가 입자와 파동으로 깔끔하게 나뉘어져 있는 것처럼 보였다. 과학자들은 전자를 입자의 관점으로만 보았고, 빛을 파동의 관점으로만 보았다. 그러나 양자물리학의 가장 기본적인 사실 중 하나이며 현재의 주제와 가장 관련이 있는 것은 모든 것에는 입자와 파동의 특성이 둘 다 있다는 것이다. 간단히 말하자면, 모든 것은 입자로 시작하고 끝나지만 파동으로서 이동한다.

전자의 경우에 양자적인 놀라운 점은 전자가 파동처럼 이동한다는 것이다. 빛의 경우에 양자적인 놀라운 점은 빛이 입자로 방출되고 흡수된다는 것이다. 자연에서 모든 것이 입자와 파동 특성을 둘 다 가지고 있다는 이 사실을 **파동 입자 이중성**(wave-particle duality)이라고 일컫는데, 그 영향이 미치지 않는 물리적 영역은 거의 없다. 그러나 양자물리학이 현재 거의 모든 현대물리학 연구에서 기본적이고 필수적이지만 그 효과는 미묘하고 종종 비직관적이다. 양자 현상들은 미시적 세계에서 가장 분명하지만 우리에게는 간접적으로만 보인다. 그것들이 이상하게 보이는 것도 놀라운 일은 아니다.

앞으로 계속 양자물리학과 그 효과를 마주치게 될 것이다. 그것은 원자에서 방출되는 빛, 반도체의 전자 특성, 레이저의 작동, 핵에너지를 방출하는 방사성 붕괴에서 두드러지게 나타난다. 원자에 대한 탐구는 전자의 파동적 성질을 알려주고 9장에서 공부한 파동 현상이 어떻게 양자물리학에서 다시 나타나는지 보여준다. 방전 램프, LED, 레이저에서 빛의 입자 특성을 탐구하고 양자물리학이 1~3장에서 공부한 충돌 효과에 어떤 영향을 미치는지 볼 것이다. 방사능에 대한 탐구에서 양자물리학이 없다면 예상하지 못했을 입자와 파동 효과를 밝힐 것이다. 각 주제를 공부하면서 양자 세계를 조금씩 알아가게 될 것이다. 우리 일상 세계에서 양자 효과가 어떻게 나타나는지 살펴보자.

③ 1927년에 미국의 물리학자 Clinton Joseph Davisson(1881~1958)과 Lester H. Germer(1896~1972)는 전자가 니켈 금속 결정의 서로 다른 원자 층으로부터 반사되었을 때의 간섭 효과를 관찰함으로써 전자가 파동으로 이동한다는 것을 보여주었다. 다양한 전자 파동들이 같은 위상으로 검출기에 도착했으면 탐지기에 많은 전자가 발견되었다. 그 파동들이 어긋난 위상으로 도착했으면 탐지기에 전자가 거의 발견되지 않았다. 그들의 업적은 실험하는 유리 진공관에 공기가 들어간 우연한 사고 덕분에 이루어졌다. 누출 후에 니켈 표본에서 산소를 조심스럽게 제거하면서 결정 구조를 완벽하게 처리하여 간섭을 관찰할 수 있었다.

> ▶ **개념 이해도 점검 #3: 물결치는 원자**
>
> 원자가 파동 속성을 나타낼 수 있는가?
>
> 해답 확실하게 그렇다.
>
> 왜? 자연의 다른 것들과 마찬가지로 원자는 입자 속성과 파동 속성을 모두 가지고 있다. 원자가 파동처럼 이동하며, 9장에서 공부한 많은 파동 효과(굴절, 반사, 간섭 포함)를 보인다는 것이 최근에 확인되었다.

원자에서의 전자 정상파: 궤도

파동 입자 이중성에 따르면 전자는 입자와 파동 특성을 둘 다 가지고 있다. 우리 우주의 모든 물체와 마찬가지로 전자는 한 장소에서 다른 장소로 움직일 때 **파동**으로 이동하고, 특정 위치에서 전자를 찾을 때만 **입자**로 발견된다(**③** 참조). 전자들이 원자 속에 머물러 있고 그대로 홀로 남겨두면, 전자를 파동으로 가장 잘 이해할 수 있다.

비양자적 세계에서 전자는 입자로만 존재하며 원자에서조차 어떤 경로든 어떤 속력으로든 움직일 수 있다. 그러나 양자 세계에서 전자는 전혀 입자로서 이동하지 않고, 파동으로써 이동한다. 그러므로 전자는 파동을 지배하는 규칙들에 의해 제약을 받는다. 9장에서 그 중 일부를 만났다. 바이올린 현, 북의 울림판, 물웅덩이에 제한된 역학적 파동처럼 원자에 제한된 전자의 파동은 가능성이 제한된다.

9장에서 제한된 물체에 대한 가장 기본적인 역학적 파동은 정상파이다. 즉, 파동이 사실상 제자리에서 진동한다. 이 규칙은 제한된 물체의 양자 파동에도 적용된다. 원자는 제한된 물체이며, 원자 내의 전자는 그 원자에서의 정상파로 가장 잘 이해된다. 각 전자 파동은 원자 전역으로 확장되어 있으며, 파장과 주파수와 같은 파동 특성을 가지고 있다.

그러나 진동하는 현이나 북의 울림판과 달리 전자는 3차원 파동이고 진동은 내부적이다. 파동의 각 지점은 앞뒤로 진동하는 대신 양자 위상에서 보이지 않게 진동한다. 그 양자 위상이 좀 알기 어렵기 때문에 그 대신 전자의 정상파를 흐릿한 구름처럼 생각해 볼 수 있다. 구름의 각 점에서 정상파는 빨강, 노랑, 초록, 파랑, 빨강, 노랑 등등 일련의 색을 통해 끊임없이 순환한다(그림 13.2.4). 모든 점들은 동일한 양자 주파수에서 순환하지만 동시에 같은 색일 필요는 없다. 전자가 3차원 정상파에 있을 때, 파동이 내부적으로 진동하므로 전자 구름의 공간 구조는 일정하며 전자는 전혀 움직임을 보이지 않는다.

이러한 파동 특성은 원자의 전자 구조에 큰 영향을 미친다. 가장 중요한 것은 전자가

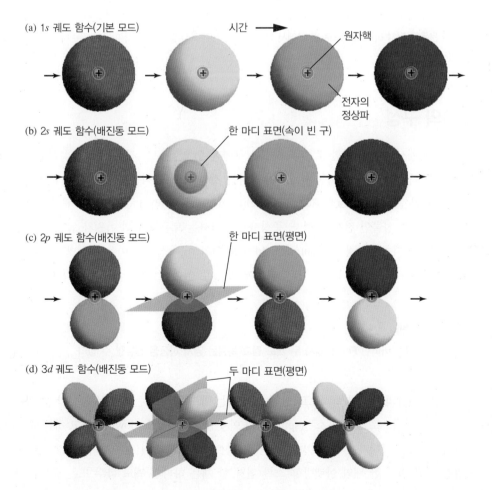

(a) 1s 궤도 함수(기본 모드)
시간
원자핵
전자의 정상파

(b) 2s 궤도 함수(배진동 모드)
한 마디 표면(속이 빈 구)

(c) 2p 궤도 함수(배진동 모드)
한 마디 표면(평면)

(d) 3d 궤도 함수(배진동 모드)
두 마디 표면(평면)

그림 13.2.4 원자에서 전자는 일반적으로 3차원 양자 정상파, 즉 궤도 함수에 존재한다. 시간이 지남에 따라 그 파동은 내부의 진동을 겪는다. 그 진동을 여기에는 빨간색, 노란색, 초록색, 파란색 등의 색상 순서로 묘사했다. (a) 1s 궤도 함수는 원자에 있는 전자의 기본 모드이다. 그것은 모든 원자의 전자 모드 중에서 가장 낮은 에너지와 가장 낮은 양자 주파수를 가지고 있다. (b) 2s 궤도 함수는 1s 궤도 함수보다 약간 더 많은 에너지와 더 빠른 양자 주파수를 갖는 배진동 모드이다. 이 궤도 함수에는 속이 빈 구로 된 마디 표면이 한 개 있다. (c) 가능한 세 개의 2p 궤도 함수 중의 하나이다. 이것들은 2s 궤도 함수의 에너지 및 주파수와 유사한 에너지와 양자 주파수를 갖는 배진동 모드들이다. 각각의 2p 궤도 함수에는 평면으로 된 마디 표면이 한 개씩 있다. (d) 가능한 3d 궤도 함수 중의 하나이다. 이것들은 더욱 큰 에너지와 더 빠른 양자 주파수를 갖는 배진동 모드들이다. 각각의 3d 궤도 함수에는 평면으로 된 마디 표면이 두 개씩 있다.

그 원자에서 할 수 있는 것을 제한한다는 것이다. 9.2절에서 보았듯이, 바이올린 현의 일차원 정상파는 기본 모드(그림 9.2.3)와 조화 모드(그림 9.2.5)로만 구성되며, 북의 울림판의 2차원 정상파는 기본 모드와 배음(그림 9.2.11)만으로 구성된다. 마찬가지로 원자에서 전자의 3차원 정상파는 기본 모드(그림 13.2.4a)와 배진동 모드(그림 13.2.4b~d)로만 구성된다. 전자에 사용될 수 있는 배진동 모드가 아주 많지만, 그 가능성은 여전히 제한되어 있다.

원자에 있는 전자의 정상파를 **궤도 함수**(orbital)라고 부른다. 궤도 함수는 전자가 비양자적 세계에 있다면 원자핵 주위를 도는 궤도에 대한 흔들림이다. 고체에서는 전자가 특정한 원자핵에 집중이 덜 되어 있기 때문에 고체에서 정상파를 대신 **준위**(level)라고 부른다. 즉, 각각의 정상파가 그와 관련된 에너지의 양 또는 정도를 갖는다는 뜻이다. 13.3절에서 LED를 조사할 때 각 고체의 제한된 준위 선택에 따라 고체가 전도체, 절연체, 반도체(현대 전자공학의 기초) 중의 하나로 결정된다는 것을 알게 될 것이다. 본 절에서는 원자의 제한된 궤도 함수 선택이 방출하거나 흡수할 수 있는 빛의 색을 결정하므로 대부분의 방전 램프의 특성을 결정한다는 것을 살펴볼 것이다.

> **◆〉개념 이해도 점검 #4: 아무 데도 못 간다**
>
> 〉전자가 원자 궤도 함수에 있을 때 얼마나 자주 원자의 한쪽에서 다른 쪽으로 이동하는가?
>
> 〉해답 원자 궤도 함수의 전자는 전혀 움직이지 않으므로 원자의 한쪽에서 다른 쪽으로 결코 이동하지 않는다.
>
> 〉왜? 원자 궤도 함수는 원자 전역에 퍼져 있는 전자의 정상파이다. 그 파동은 내부적으로 진동하고 있지만 공간 운동을 전혀 하지 않으므로 한 곳에서 다른 곳으로 이동하지 않는다. 전자 파동은 단순히 제자리에서 진동한다.

원자의 구성

4 오스트리아 물리학자 Wolfgang Pauli(1900~1958)는 Einstein에게도 깊은 인상을 준 상대성 이론에 대한 논문을 스물한 살에 써서 명성을 얻었다. 계속해서 그는 양자 이론의 근본적인 부분인 배타 원리를 발견했다. 그는 좋다는 확신이 들기 전까지는 새로운 아이디어를 모두 '쓰레기'로 간주하는 극단적으로 비판적인 태도로 유명했다. Pauli는 또한 심리학에도 꽤 많은 관심을 가져서 Carl Gustav Jung과 그 주제에 관해 많은 논문을 썼다.

양자물리학에서 주목할 만한 또 다른 사실은 구별할 수 없는 모든 전자는 고유의 궤도 함수 또는 준위, 즉 고유의 양자 파동을 가져야 한다는 것이다. 이 규칙은 그 발견자인 Wolfgang Pauli**4**의 이름을 따서 **Pauli 배타 원리**(exclusion principle)라고 불린다. 이 원리는 물질의 모든 기본 구성물인 전자, 양성자, 중성자를 포함하는 모든 종류의 아원자 입자인 **Fermi 입자**에 적용된다. 양자 장론(quantum field theory)의 어떤 심오한 이유로 구별할 수 없는 Fermi 입자 두 개는 결코 동일한 양자 파동에 있을 수 없다.

> **◉ Pauli 배타 원리**
> **구별할 수 없는 어떠한 Fermi 입자 두 개도 결코 똑같은 양자 파동을 점유할 수 없다.**

그러나 전자의 독특한 특성으로 인해 두 전자는 궤도 함수 또는 준위를 공유할 수 있다. 전자에는 일반적으로 윗방향 스핀(spin-up)과 아랫방향 스핀(spin-down)이라고 하는 두 가지 가능한 내부 상태가 있다. 윗방향 스핀 전자는 아랫방향 스핀 전자와 구별되기 때문에 윗방향 스핀 전자 한 개와 아랫방향 스핀 전자 한 개는 하나의 궤도 함수 또는 준위를 공유할 수 있다. 그러나 전자 두 개는 양자물리학과 Pauli 배타 원리가 허용하는 절대적인 최대이다.

파동이기는 하지만 궤도 함수의 전자는 운동에너지와 위치에너지의 합계인 특정한 총에너지를 가진다. 전자 파동의 모양과 구조에 의존하는 그 에너지는 또한 파동의 진동 주파수를 결정한다. 양자물리학에 따르면 전자의 총 에너지와 파동의 진동 주파수는 정확히 서로 비례한다. 저에너지 전자는 천천히 진동하고 고에너지 전자는 빠르게 진동한다. 원자 내의 양자 정상파인 각각의 궤도 함수는 특정 주파수와 에너지를 가지고 있다. 전자의 기본 모드(1s 궤도 함수, 그림 13.2.4a)는 가장 낮은 주파수와 에너지를 가지지만, 배진동 모드는 점진적으로 더 높은 주파수와 에너지를 갖는다(그림 13.2.4b~d).

이 궤도 함수는 3차원 정상파이지만 그림 9.2.9와 같은 북의 울림판의 2차원 정상파와 유사하다. 울림판의 진동 모드와 마찬가지로 궤도 함수는 마디의 패턴, 즉 전자 파동의 진폭이 영이 되는 표면에 의해 서로 구별된다. 전자의 기본 모드는 마디가 없고(그림 13.2.4a) 가장 낮은 양자 주파수를 갖는다. 그러나 배진동 모드 각각은 하나 이상의 마디를 가지고 있다(그림 13.2.4b~d). 일반적으로 궤도 함수의 마디가 많을수록 양자 주파수가 커진다.

물리학자들은 이러한 정상파를 주어진 순간에 있거나 없을 수도 있는 전자와 무관한 추상적인 존재로 보게 되었다. 이 궤도 함수는 경기장의 좌석과 유사하며, 각 좌석은 전자에 의해 점유되거나 점유되지 않을 수 있다. **전자**가 특정 정상파 또는 궤도 함수를 나타낸다고 말하는 대신, **궤도 함수**가 전자에 의해 점유된다고 종종 말한다.

충분히 낮은 온도에서 전자들은 에너지가 가장 적은 궤도 함수들을 차지하고 원자의 궤도 함수를 가장 낮은 에너지에서 시작하여 위로 채운다. Pauli 배타 원리에 따라 각 궤도 함수는 모든 원자의 전자가 배치될 때까지 윗방향 스핀과 아랫방향 스핀의 두 전자를 수용한다. 특정 원자의 화학적 성질과 원소의 주기율표에서의 위치(그림 13.2.5)는 전자가 얼마나 많은지, 그리고 그 전자가 어떻게 이용 가능한 궤도 함수를 채우는지에 따라 결정된다. 원자는 전기적으로 중성이므로 원자에서 음의 전하인 전자의 수는 핵에 있는 양의 전하인 양성자의 수, 즉 **원자 번호**(atomic number)와 동일하다.

궤도 함수들에는 패턴이 있다. 궤도 함수들은 같은 수의 마디를 공유하거나 서로 회전된 형태일 수 있다. 이러한 궤도 함수들의 패턴은 비슷한 에너지를 가지고 거의 동시에 전자로 채워지는 궤도 함수의 무리인 **껍질**(shell)을 발생시킨다. 궤도 함수의 패턴과 껍질은 전하를 띤 전자가 서로에게 영향을 미치고 상호간의 정상파를 비튼다는 점 때문에 복잡해지지만 단순히 원자의 전자들이 어느 궤도 함수를 점유하고 있는지에 따라 많은 원자의 성질이 결정된다.

원자 궤도 함수는 주로 마디 패턴과 관련된 정수와 문자로 식별된다(그림 13.2.4). 정수(1, 2, 3, …)는 궤도 함수의 마디 표면의 개수(0, 1, 2, …)보다 하나 더 크고, 문자($s, p, d, f, g, h, …$)는 원자의 중심을 통과하는 마디 표면의 개수(0, 1, 2, 3, 4, 5, …)를 나타낸다. s 궤도 함수는 한 번에 하나씩 나타나지만, p 궤도 함수는 세 개의 무리로 나타나고, d 궤도 함수는 다섯 개의 무리로 나타나고, f 궤도 함수는 일곱 개의 무리로 나타난다.

그림 13.2.5 원소의 주기율표는 전자 궤도 함수를 채우는 방식으로 조직되어 있다. 궤도 함수의 주요 껍질은 전자를 왼쪽에서 오른쪽으로 채운다. 중성인 원자에서 전자의 수는 원자 번호와 같다.

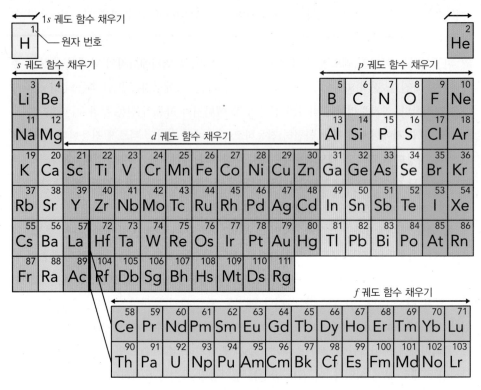

☐ 알칼리 금속: 반응성이 높고 바깥 껍질을 비우기 위해 홀로 있는 s 전자를 내놓는 경향이 있음
☐ 알칼리 토금속: 반응성이 보통이고 s 전자들을 내놓은 경향이 있음
☐ 전이 금속: 유사한 성질을 가진 일반적인 금속으로 d 전자의 수만 다름
☐ 전이후 금속: 특성이 다양한 또 다른 금속
☐ 준금속: 금속과 비금속의 중간
☐ 비금속: 반도체 및 절연체
☐ 할로겐: 반응성이 높고 p 전자 한 개를 빼앗아서 바깥껍질을 완성하는 경향이 있음
☐ 비활성 기체: 완성된 바깥껍질이 있는 비반응성 기체
☐ 란탄족: 반응성이 보통인 금속으로 4f 전자의 수만 다름
☐ 악티늄족: 반응성이 보통인 금속으로 5f 전자의 수만 다름

개념 이해도 점검 #5: 셋이 한 무리이다

전자가 윗방향 스핀, 아랫방향 스핀, 0 스핀의 세 가지 서로 다른 내부 상태를 갖는다고 가정해 보자. 그 변화는 전자가 원자 속에서 배열되는 방식에 어떤 영향을 미칠까?

해답 각 궤도 함수는 3개의 전자까지 수용할 수 있으므로 원자에서 점유된 궤도 함수가 더 적다.

왜? Pauli 배타 원리는 구별할 수 없는 전자 두 개가 동일한 양자 파동을 점유하는 것을 방지한다. 구별 가능한 세 개의 전자 상태에서 각 궤도 함수는 최대 세 개의 전자(윗방향 스핀 전자, 아랫방향 스핀 전자, 0 스핀 전자)를 수용할 수 있다. 저에너지 궤도 함수에 더 많은 전자들이 들어가면, 원자들은 점유된 궤도 함수가 더 적어지므로 아주 다른 행동을 보일 것이다.

네온의 붉은 빛

네온 원자는 전자 10개를 가지고 있으므로 이를 수용하기 위해 궤도 함수 5개가 필요하다. 처음 전자 두 개는 1s 궤도 함수로 이동하는데, 그것은 마디가 없는 기본 모드이다(그림 13.2.4a). 1s 궤도 함수를 채우면 첫 번째 주요 껍질이 완성된다. 다음 전자 두 개는 2s 궤도 함수로 들어가는데, 그것에는 속이 빈 구인 마디 표면이 하나 있다(그림 13.2.4b). 마지막으로 네온의 마지막 전자 6개는 $2p$ 궤도 함수로 들어가는데, 그것에는 각각 원자의 중심을 통과하는 평면으로 된 마디 표면이 하나씩 있다(그림 13.2.4c). $2s$와 $2p$ 궤도 함수를 채우는 것으로 두 번째 주요 껍질을 완성하기 때문에 네온 원자(그림 13.2.5의 Ne)는 화학적으로 비활성이다. 그래서 네온은 개별 원자의 기체로 존재한다!

점유된 궤도 함수의 배열을 **상태**(state)라고 부르는데, 방금 설명했던 상태는 네온의 **바닥 상태**(ground state)로, 가능한 가장 낮은 총 에너지를 지닌 상태이다. 네온 원자는 다른 상태도 가능하지만, 모두 에너지가 추가된다. 이 시점에서 방전이 등장한다. 전하 입자가 바닥 상태의 네온 원자와 충돌할 때, 충돌이 전자를 때려서 보통의 궤도 함수에서 비어있는 궤도 함수 중 하나로 보낼 가능성이 있다. 그러면 네온 원자가 **들뜬 상태**(excited state)에 있게 되고 추가 에너지를 가진다.

예를 들어, 충돌이 네온 원자의 전자 중 하나를 $2p$ 궤도 함수에서 $3p$ 궤도 함수로 옮겼다고 가정해 보자. 그 원자는 빠르게 일련의 상태 변화를 겪게 되고 결국 바닥 상태로 되돌아간다. 각 전이에서 원자는 더 낮은 에너지 상태로 떨어지고 빛의 입자 또는 **양자**(quanta)인 **광자**(photon)를 방출한다. 광자는 고에너지 상태에서 저에너지 상태로 전이하면서 방출되는 에너지를 가져간다. 그 전이 중 하나는 전자를 $3p$ 궤도 함수에서 $3s$ 궤도 함수로 이동시키고 네온사인의 붉은 빛인 광자를 생성한다!

전자가 특별한 정상파인 $3p$에 있는 한 전자는 전자기파를 방출할 수 없다. 그 정상파는 양자 진동을 가지고 있다. 그러나 진동은 전자에 대해 내부에 있고 전자 파동이나 전하 중 어느 것도 전반적인 운동을 하지 않는다. 전자기파를 방출하기 위해서는 전하가 가속되어야 하므로(12.1절 참조), 그러한 전반적인 운동 없이는 전자기파가 방출될 수 없다.

그러나 $3p$ 전자가 비어있는 $3s$ 궤도 함수로 전이되기 시작하면 양자 파동이 움직이기 시작한다. 그 파동은 더 이상 움직임이 없는 정상파가 아니라 두 개의 부분 파동으로 구성된다. 그것은 $3p$ 궤도 함수와 $3s$ 궤도 함수이다. 이 두 부분 파동은 에너지가 서로 다르며 양자 주파수도 서로 다르기 때문에 시간에 따른 간섭 효과가 발생한다. 보강 간섭과 상쇄 간섭의 패턴은 전체 전자 파동이 주기적으로 앞뒤로 움직이도록 변화시키고 원자가 전자기파를 방출하기 시작한다. 전이가 완료되고 전자가 완전히 $3s$ 궤도 함수에 있을 때까지 원자는 빨간 빛의 광자를 방출한다. 전자와 마찬가지로 빛은 **파동**처럼 움직이지만, 그것을 발견하려고 하면 **입자**처럼 행동한다. 원자에 의해 방출되거나 흡수되는 동안 빛은 입자의 성질을 나타낸다.

뜨거운 물체가 빛을 내는 과정을 **백열 발광**(incandescence)이라고 부른다. 그러나 여기서 네온 원자는 열 없이 빛을 방출하는데, 그 과정을 **냉광**(luminescence)이라고 한다. 냉광은 빛의 광자가 방출되거나 흡수되는 양자 상태 사이의 전이인 **복사 전이**(radiative transition)의 결과이다. 이 경우, 복사 전이는 들뜬 네온 원자의 $3p$ 전자가 비어있는 $3s$ 궤도 함수로 이동할 때 방출되는 에너지를 운반하는 광자를 방출한다. 두 상태 사이의 에너지의 차이는 광자 에너지를 결정하며, 광자 에너지는 광자의 빛 파동의 주파수와 색을 결정한다.

양자물리학에 따르면, 광자의 주파수는 에너지에 비례한다. 구체적으로, 광자의 에너지는 그 전자기파의 주파수와 Planck **상수**로 알려진 자연의 근본적인 상수를 곱한 것과 같다.

에너지와 주파수 사이의 관계를 다음과 같이 언어 식으로 표현할 수 있다.

$$\text{에너지} = \text{Planck 상수} \cdot \text{주파수} \tag{13.2.1}$$

이것을 기호로 나타내면

$$E = h \cdot \nu$$

가 되고, 일상 언어로 표현하면 다음과 같다.

> 고주파 빛의 각 입자는 많은 에너지를 가지고 있기 때문에
> 자외선과 엑스선은 피부와 조직을 손상시킬 수 있다.

뜨거운 물체의 빛 스펙트럼을 설명하기 위해 독일 물리학자 Max Planck(1858~1947)가 1900년 처음 사용한 **Planck 상수**는 6.626×10^{-34} J $\cdot$ s의 측정값을 가진다. 또한 방금 파동의 맥락에서 Planck 상수와 식 13.2.1을 접했지만, 사실 그것은 모든 양자 파동에 적용된다. 예를 들어, 전자의 양자 주파수는 식 13.2.1에 따라 자신의 에너지에 연관된다.

Planck 상수는 대단히 작아서 주파수가 10^{15} Hz인 자외선의 광자조차 에너지가 6.626×10^{-19} J 밖에 되지 않는다. 그래서 일반적인 광선에는 너무 많은 광자가 들어있으므로 빛이 입자로 도달한다는 것을 알 수 없다. 그러나 단일 자외선 광자의 에너지는 분자 수준에서 상당하다. 그것은 피부에 있는 분자를 손상시켜 피부를 태우고, 그에 따라 피부의 방어 기제가 유도되어 피부가 그을린다. X선은 더욱 높은 주파수를 가지며, 그 에너지 광자는 보다 심각한 분자 손상을 일으킬 수 있다.

네온 원자는 두 상태 사이의 에너지 차이에 해당하는 광자만 방출할 수 있다. 이 구속 조건은 네온의 빛 스펙트럼에 심각한 제한을 준다. 15장에서 논의할 핵 문제를 무시하면, 모든 네온 원자는 동일하며 동일한 특성의 빛을 방출한다. 그 스펙트럼의 가시 영역은 전자가 $3p$에서 $3s$ 궤도 함수로 이동할 때 방출되는 광자의 따뜻한 붉은 빛이 우세하다. 이것이 네온사인이 빨간색으로 빛나는 이유이다.

서로 다른 원소의 원자는 서로 다른 수의 전자와 다른 상태를 가지기 때문에, 각각은 들뜬 후에 고유한 빛 스펙트럼을 방출한다. 구리 원자는 청록색 스펙트럼을, 스트론튬 원자는 진한 빨간색을, 나트륨은 밝은 주황색을 방출한다. 화학자, 천문학자, 제조업자는 정보를 얻기 위해 복사 스펙트럼에 의존한다. 그것은 조명에 종사하는 과학자들과 공학자들도 마찬가지이다.

> **▶ 개념 이해도 점검 #6: 원자의 색깔**
>
> 많은 불꽃놀이에는 화려한 색의 빛이 등장한다. 화학 물질의 연소 중에 원자는 어떻게 특정한 색의 빛을 생성하는가?
>
> 해답 불이 원자에 에너지를 추가하고 원자를 들뜬 상태로 이동시키면 원자는 바닥 상태로 되돌아가기 위해 광자를 방출한다. 각 광자의 에너지, 주파수, 색상은 원자의 상태들 사이의 에너지 차이로 결정된다.
>
> 왜? 불꽃놀이에서 각 색상은 특정 유형의 원자에서 생성된다. 스트론튬과 리튬과 같은 일부 원자는 바닥 상태로 되돌아가면서 주로 붉은 빛을 방출한다. 바륨 원자는 초록색 빛을, 구리 원자는 청록색 빛을, 나트륨 원자는 주황색 빛을 방출한다.

> **⬤ 정량적 이해도 점검 #1: 라디오파의 광자**
>
> 1000 kHz AM 라디오 방송국에서 나오는 광자는 얼마나 많은 에너지를 가지고 있는가?
>
> **해답** 6.626×10^{-28} J이다.
>
> **왜?** Planck 상수가 6.626×10^{-34} J·s이고 라디오파의 주파수는 10^6 Hz, 즉 초 당 10^6주기이기 때문에 식 13.2.1로부터 광자 당 에너지는
>
> $$\text{에너지} = (6.626 \times 10^{-34}\,\text{J·s}) \cdot (10^6 \text{주기/s}) = 6.626 \times 10^{-28}\,\text{J}$$
>
> 이다. 이 에너지는 아주 작아서 라디오파의 입자적 특성을 관찰하는 것은 사실상 불가능하다.

형광등

네온을 조명으로 사용하고 싶은 사람이 있다면 아마도 그렇게 해도 될 것이다. 누가 말리겠는가? 대부분의 사람들은 햇빛을 어느 정도 더 잘 흉내 내는 방전 램프를 선호한다. 그렇지만 에너지 효율적인 인공 햇빛의 광원으로서 형광등을 이길 만한 것은 없다.

형광등의 핵심은 아르곤, 네온, 크립톤 가스가 대기 밀도 및 압력의 약 0.3%로 채워진 좁은 유리관이다. 또한 관에는 액체 수은 금속이 한 두 방울 정도가 들어 있고 일부는 증발해 수은 증기가 된다. 관 속 기체의 약 천분의 일을 차지하는 이 수은 증기가 빛을 내는 역할을 한다.

네온사인 등처럼 형광등은 기체의 방전을 이용하여 빛을 생성한다. 형광등은 방전을 시작하기 위해 때때로 고압을 사용하지만 대부분은 가정용 전압에서 작동하므로 다른 기술을 사용하여 가스가 전도되도록 해야 한다. 이러한 저전압 등에서는 일반적으로 전극에 열을 가하고 그 표면에 있는 전자가 열에너지 때문에 가스로 방출된다. 그러나 방전이 시작되는 방법에 관계없이 그 결과는 가스를 통해 흐르는 전류와 빛의 방출이다.

그러나 형광등에는 문제가 있다. 수은 원자가 방전 중에 대부분의 빛을 방출하지만, 그 빛은 거의 전적으로 자외선이다. 각 수은 원자가 바닥 상태로 되돌아가는 마지막 복사 전이($6p \rightarrow 6s$)는 많은 양의 에너지를 방출하여 254 nm의 파장을 갖는 광자를 생성한다. 이 빛은 관의 유리벽을 통과할 수 없으며, 설사 통과하더라도 그것을 볼 수는 없다. 그래서 형광등은 유리관 내부에 발라진 형광 물질 가루의 도움으로 그 빛을 가시광선으로 변환한다.

형광 물질은 **냉광** 고체로서 무엇인가가 에너지를 전달해주면 빛을 방출한다. 그 행동은 원자의 행동과 비슷하다. 에너지 전달은 형광 물질을 바닥 상태로부터 들뜬 상태로 이동시킨 다음, 형광 물질이 바닥 상태로 되돌아가는 일련의 전이를 거친다. 그 중 일부는 복사 전이이고 빛을 방출한다.

형광등에서는 자외선이 형광 물질을 들뜨게 한다. 이 들뜸 또는 에너지 전달은 실제로는 복사 전이이지만, 그 광자가 형광 물질에 흡수되고 형광 물질의 전자 중 하나는 저에너지 준위에서 고에너지 준위로 전이한다. 이러한 흡수 동안에 빛의 전기장이 전자의 파동을 주기적으로 앞뒤로 밀어서 그 전자가 새로운 준위로 이동한다. 이제 광자가 사라지고 형광 물질이 그 에너지를 받는다.

일단 형광 물질이 들뜬 상태에 있게 되면, 전자들은 바닥 상태로 되돌아가는 전이를 시

작한다. 이러한 전이의 대부분은 가시광선을 방출하는데, 그 빛이 우리가 형광등을 바라볼 때 보게 되는 빛이다. 그러나 일부 전이는 보이지 않는 적외선을 방출하거나 형광 물질 자체에 쓸데없는 진동을 유발한다. 이러한 에너지의 낭비에도 불구하고 형광 물질은 자외선을 가시광선으로 전환시키는 데 상대적으로 효과적이다. 그 과정을 **형광**(fluorescence)이라고 한다.

형광등의 형광 물질은 신중하게 선택되고 혼합되어 가시광선의 넓은 범위에 걸쳐 형광을 낸다. 이러한 혼합이 필요한 이유는 원자처럼 각 형광 물질이 그 준위 사이의 에너지 차로 결정되는 빛의 특성 스펙트럼을 가지고 있기 때문이다. 백색광의 무지개 스펙트럼을 생성하기 위해서는 몇 가지 다른 형광 물질이 필요하다. 일부 광고용 형광등은 밝은 색깔의 혼합되지 않은 형광 물질을 사용하지만, 조명용 형광등은 태양이나 백열등과 같은 흰색 열복사 광원을 모방한 형광 물질 혼합물을 사용한다.

소형 형광등은 일반적으로 와트당 60~100루멘을 생산하여 효율이 백열등의 발광 효율의 약 4~6배이기 때문에 백열전구를 소형 형광등으로 대체하여 에너지를 많이 절약할 수 있다. 실제로 백열전구는 에너지 효율이 좋지 않아 단계적으로 폐기되고 있다. 소형 형광등의 수용을 주저하는 사람을 위해 과학자와 공학자는 형광등 빛의 품질을 계속 향상시켜 왔다.

초기 형광등은 '일광(daylight)'이라고 알려진 형광 물질 혼합물을 사용하여 너무 많은 파란 빛을 방출하고 모든 것이 차갑고 병원에 있는 것 같은 느낌이 들었다. 그래서 초기 형광등은 집안에서 거의 사용되지 못했다. '시원한 흰색'과 '따뜻한 흰색' 형광 물질 혼합물 개발로 첫 번째 개선이 이루어졌다. 시원한 흰색은 햇빛과 닮았으며 따뜻한 흰색은 백열전구에서 나오는 빛과 닮았다. 그러나 이렇게 개선된 형광등조차도 뜨거운 태양이나 백열전구의 고온 필라멘트의 흑체 복사인 진정한 백색광 스펙트럼을 방출하지 못했다. 이 형광등으로 비출 때 물체가 약간 색이 바랜 것처럼 보이기 때문에 사람들은 백열전구 대신에 형광등을 사용하기를 주저했다. 진정한 색채를 포착하고자 하는 사진 작가와 촬영 기사는 그 시대의 형광 조명 때문에 특히 어려움을 겪었다.

그러나 최근 세대의 형광등은 거의 완벽한 흑체 스펙트럼을 생성하는 형광 물질 혼합물을 사용한다. 이들 혼합물의 대부분은 심지어 색온도(7.3절 참조)에 따라 판매되고 있다. 예를 들어, 5100 K 소형 형광등은 5100 K로 가열된 흑체에서 방출되는 열복사와 거의 구별할 수 없는 빛을 방출한다. 5100 K 색온도는 대략 하루 동안 평균화된 햇빛의 색온도이다. (햇빛의 색온도는 대기의 영향을 받으며 정오에 가장 높고 새벽과 황혼에는 가장 낮다.) 햇빛의 색을 좋아한다면 5100 K 소형 형광등을 사용하라.

백열 조명의 따뜻한 외관을 선호하는 사람들은 2700 K 색온도의 소형 형광등을 선택해야 한다. 이 형광등은 2700 K 텅스텐 필라멘트의 흑체 스펙트럼을 거의 완벽하게 모방한다. 2700 K 흑체 스펙트럼은 빨강 및 주황색이 풍부하기 때문에 편안하고 따뜻한 특성이 있다. 5100 K의 햇빛과 2700 K의 백열등 사이에서 마음을 결정할 수 없다면, 중간에 있는 많은 색온도를 선택할 수 있다. 사진 작가들과 촬영 기사들조차도 현재 형광등을 사용하고 있어서 비효율적인 강렬한 백열등으로 땀을 흘리던 배우와 뉴스 앵커들을 기쁘게 한다.

개념 이해도 점검 #1: 미안, 코팅을 잊어버렸네

형광등 내부에 형광 물질 코팅이 없으면 등을 켰을 때 무엇이 보이겠는가?

> 해답 수은 방전에 의해 생성된 대부분의 빛은 보이지 않는 자외선이므로 형광등에서 희미한 빛(푸르스름한 흰색)을 볼 수 있다.

> 왜? 형광 물질 코팅이 없으면 형광등이 가시광선을 거의 생성하지 않는다. 형광 물질 코팅은 방전에서 나오는 자외선을 가시광선으로 변환하는 데 필요하다. 자외선을 볼 수 있더라도 형광등에서 나오는 것은 거의 보이지 않을 것이다. 관은 350 nm보다 짧은 파장의 거의 모든 자외선을 흡수하는 유리 재질로 되어 있다. 일반 형광등에서도 형광 물질에 의해 가시광선으로 변환되지 않은 자외선은 유리관에 흡수된다.

몇 가지 실용적인 문제

형광등의 관에는 전자가 앞으로 나아갈 수 있도록 내부에 상당한 전기장이 필요하다. 이 전기장은 관에 걸친 전압 강하에 비례하기 때문에 관이 더 길수록 더 높은 전압이 필요하다. 전원 선의 전압(110~240 V)은 길이가 최대 3 m인 튜브에 적합하지만, 미술품이나 광고에 사용되는 더 긴 형광등의 관에는 훨씬 높은 전압이 필요하다.

전자가 서로 밀어내어 벽에 부딪히지 않도록 형광등의 관은 양전하인 수은 이온도 확실히 포함해야 한다. 방전은 특별히 강력한 충돌을 하는 동안에 자연스럽게 이 이온을 생성한다. 그 결과로 만들어진 양전하 이온과 음전하 전자의 기체형 혼합물을 **플라스마**(plasma)라고 한다. 플라스마는 구성 전하 입자가 상당한 거리에 걸쳐서 서로에게 힘을 가하기 때문에 기체와 구별된다. 앞에서 논의한 네온사인을 포함하여 작동 중인 모든 방전 램프는 플라스마를 포함한다.

일반적인 형광등은 플라스마를 형성하기 위해 전극을 뜨겁게 가열해야 하므로 관의 양 끝에 있는 필라멘트를 통해 전류를 흐르게 한다(그림 13.2.6). 일단 방전이 작용하면, 전자에 의한 충격은 필라멘트를 충분히 뜨겁게 유지하여 플라스마를 지속시키므로 가열 전류를 차단할 수 있다. 그러나 일부 형광 물질은 희미해질 수 있으며, 이 경우 전자 가열만으로는 플라스마가 지속되지 않는다. 조도 조절이 가능한 형광등은 필라멘트/전극을 통해 가열 전류를 계속 통과시켜야 한다.

각 필라멘트/전극은 전자를 가스로 방출하는 데 도움이 되는 물질로 코팅되어 있다. 불행히도 그 코팅은 얇을 뿐만 아니라 때려내기에 의해 쉽게 손상된다. **때려내기**(sputtering)는 플라스마의 양의 수은 이온이 코팅과 충돌하여 원자를 조금씩 깎아내는 과정을 말한다. 코팅이 충분히 제거되면 형광등은 방전 상태를 유지할 수 없으므로 관을 교체해야 한다. 시동시 때려내기가 특히 심하기 때문에 대부분의 형광등은 10,000~40,000회 시동 후에 수명이 다한다. 각 형광등을 작동시키는 데 에너지가 필요하기 때문에 겨우 몇 분 정도의 짧은 시간 동안 형광등을 끄는 것은 사실상 장기적으로 에너지를 절약하지 못한다. 몇 분 안에 방으로 돌아올 때는 형광등을 켠 채로 두고, 그렇지 않을 때는 끄자.

형광등은 내부 온도가 약 40 ℃에 도달할 때 가장 효율적으로 작동하며 가장 밝다. 그 온도 이하에서는 수은의 증기압이 너무 낮아 형광등에 조금 있는 수은의 대부분이 기체가

그림 13.2.6 형광등의 전극은 사실상 필라멘트이고 전극을 지나가는 전류에 의해 가열된다.

아니라 액체이다. 그래서 대부분의 형광등은 처음 켜면 어느 정도 어둡다가 실내 온도에서 약 40 °C까지 따뜻해지면서 밝아진다. 수은 증기가 최적 밀도에 도달하는 데는 시간이 걸린다. 이 예열 기간이 일부 사람들에게는 유쾌하지 않지만, 이는 에너지 효율이 아주 높은 조명을 사용하는 데 치르는 조그만 대가이다.

형광등이 수은보다 독성이 적은 물질을 기반으로 할 수 있다면 아주 좋을 것이다. 그러나 수은은 형광등에 더할 나위 없이 적합하다. 실온 근처의 증기압은 전기 방전에 거의 이상적이며 전기 에너지를 높은 효율로 자외선으로 변환하며 형광등이 작동되면서 손상되거나 소모되지 않는다. 형광등에서 수은을 제거하는 것보다 훨씬 더 중요한 것은 고장난 형광등을 재활용하는 것이다. 수은을 추출하고 재사용하는 것은 어렵지 않으므로 일상적으로 재활용해야 한다.

> **▶ 개념 이해도 점검 #8: 형광등의 끝 부분**
>
> 왜 어떤 형광등의 끝 부분이 시작하는 동안 빨갛게 빛나는가?
>
> 해답 많은 형광등이 시작하려면 전극이 뜨거워지도록 열을 가해야 한다. 뜨거워진 필라멘트/전극에서 나오는 빛을 종종 볼 수 있다.
>
> 왜? 대부분의 형광등에서 필라멘트를 가열하여 고온이 되어야 방전이 시작된다. 그러면 열에너지가 필라멘트에서 전자를 방출하여 전자들이 가스를 통해 전류를 전달할 수 있다.

수은등, 금속 할로겐등, 나트륨등

저압 수은 방전은 대부분 자외선을 방출하지만 고압 수은 방전은 자외선보다 가시광선을 더 방출한다. 자외선이 밀도가 높은 수은 원자에 갇히고 가시광선만이 방전으로부터 빠져나갈 수 있기 때문에 이런 변화가 발생한다.

복사 덮치기(radiation trapping)로 알려진 이 효과가 발생하는 이유는 수은 원자가 254 nm 광자를 잘 흡수하고 방출하기 때문이다. 수은 원자가 254 nm 광자를 방출하게 하는 동일한 복사 전이($6p \rightarrow 6s$)가 또한 역으로 진행되어서 그 광자를 흡수할 수 있다($6s \rightarrow 6p$). 고밀도의 수은 가스에서 한 수은 원자가 254 nm의 광자를 방출할 때마다 다른 수은 원자가 그 광자를 덥석 잡아챈다. 따라서 방전이 수은 원자에 에너지를 계속 쏟아 부는 동안 수은 원자들은 254 nm 광자로는 그 에너지를 제거할 수 없다. 대신, 수은 원자는 다른 들뜬 상태 사이의 복사 전이를 통해 대부분의 에너지를 방출한다. 이 빛이 다른 수은 원자에 의해 잡힐 가능성이 훨씬 적기 때문에 수은등에서 푸르스름한 가시광선으로 나온다.

고압 수은등을 처음 켜면 대부분의 수은이 액체이고 압력이 낮다. 수은등은 형광 물질이 없는 작은 형광등처럼 시작하므로 가시광선이 거의 보이지 않는다. 그러나 수은등은 작동 중에 가열되어 액체 수은이 증발하여 고밀도 가스를 형성하도록 설계되어 있다. 가스 압력이 상승하면 관의 색이 바뀐다. 254 nm 광자가 갇히게 되고 다른 많은 복사 전이에 의해 방출된 광자가 우세해지기 시작한다. 수은등은 밝고 푸르스름한 흰색 빛을 방출한다.

약간 덜 푸르스름한 등을 만들기 위해 일부 고압 수은등에는 다른 금속 원자가 추가로 포함되어 있다. 이 원자는 금속 요오드 화합물 형태로 수은등에 투입되므로 종종 금속 할로겐등이라고 한다. 나트륨, 탈륨, 인듐, 스칸듐 요오드화물은 모두 자체 방출 스펙트럼으로 나가는 빛에 기여하고 스펙트럼의 빨간색 영역을 강화시키는 데 도움이 된다. 금속 할로겐등은 순수한 수은등보다 따뜻한 색을 낸다. 고압 수은등과 금속 할로겐등은 와트 당 약 50~60루멘을 생성하여 거의 형광등만큼 에너지 효율이 뛰어나다.

순수한 나트륨등은 나트륨 원자를 사용한다는 점을 제외하고는 수은 램프와 비슷하다. 나트륨은 실온에서 고체이므로, 저압이나 고압 나트륨등을 미리 가열해야 등이 제대로 작동할 수 있다. 저압 나트륨등은 590 nm의 빛이 나트륨 원자의 가장 강한 복사 전이에서 직접 발생하기 때문에 에너지 효율이 매우 높다. 그것은 나트륨의 가장 낮은 들뜬 상태에서 바닥 상태($3p \rightarrow 3s$)로 가는 전이이다. 저압 나트륨등은 와트 당 거의 200루멘을 생산하기 때문에 고속도로에서 종종 사용되었다.

그러나 이 단색 조명은 불쾌하며 전혀 색 지각을 허용하지 않는다. 그것은 고속도로에서나 조금 사용될 수 있겠지만, 주택가에서는 그러한 조명을 원하지 않을 것이다. 그래서 사람들은 가정용 고압 나트륨등을 구입한다(그림 13.2.7). 고압 나트륨등은 와트 당 약 150루멘으로, 에너지 효율성은 약간 떨어지지만 색이 크게 향상된다.

이것은 놀랍게도 590 nm 방출 자체가 고압에 훼손되어 황록색에서 주황색까지 다양한 파장 범위로 퍼져 나온다. 이러한 확산이 발생한 이유는 590 nm의 빛을 방출하려고 하는 고밀도의 나트륨 원자가 많은 충돌을 겪기 때문이다. 이러한 충돌이 원자의 궤도 함수를 비틀어서 광자가 다소 이동된 에너지로 출현한다. 전반적으로 고압 나트륨등은 바닥 상태의 나트륨 원자가 590 nm의 빛을 포획하기 때문에 590 nm의 빛을 거의 방출하지 않는다. 나트륨 원자는 ($3p \rightarrow 3s$) 전이를 역으로 하여 광자를 흡수한다($3s \rightarrow 3p$). 이러한 덧치기는 아주 효과적이어서 나트륨등의 스펙트럼에는 정확히 590 nm에 실제로 구멍이 있다.

고압 방전 램프는 저압 방전 램프에서 발견할 수 없는 문제점을 안고 있다. 뜨거운 상

보호용
유리 외관

전극

나트륨과
비활성 기체가
들어 있는
유리관

그림 13.2.7 (a) 고압 나트륨등의 작동 부품은 작은 반투명 관이다. (b) 등이 따뜻해지면서 관 안의 나트륨 금속이 증발하여 밝은 노란색 방전을 형성한다. 관에 있는 나트륨 원자의 고밀도 증가는 590 nm 빛을 덧치기하여 등이 저압 나트륨등보다 더 풍부한 파장의 스펙트럼을 방출하고 단색광은 덜 방출한다.

태에서 시작하기가 쉽지 않다. 저압 가스보다 고압 가스에서 방전을 시작하기가 훨씬 어렵기 때문에 둘 모두 저압에서 시작하여 고압으로 변한다. 고압의 수은등, 나트륨등, 금속 할로겐등에서 방전이 중단되어 플라스마를 상실하면 다시 시작하기 전에 등을 냉각시켜야 한다.

> **▶ 개념 이해도 점검 #9: 서서히 켜진다**
>
> 황혼에 수은 가로등이 켜진다. 그것은 처음에 희미하게 빛나고 점차적으로 밝아진다. 이 예열 기간 중에 어떤 일이 일어나고 있는가?
>
> 해답 작은 고압 방전관이 가열되어 수은을 더 많이 증발시킨다.
>
> 왜? 가로등이 처음 켜지면 그 내부에 있는 수은 원자의 압력이 낮아서 가시광선을 거의 방출하지 않는다. 방전이 관을 가열함에 따라 수은 원자가 더 많이 증발하여 결국 관 내부의 모든 수은이 기체가 된다.

13.3 │ LED와 레이저

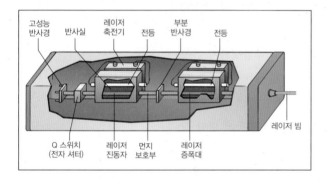

오늘날의 전자 장치에는 아주 많은 LED(발광 다이오드)가 있어서 밤에는 작은 조명으로 집안이 반짝거린다. 손전등의 전구가 빠르게 LED로 교체되고 있으며 LED 조명이 증가하고 있다. LED는 방전 램프에서 빛을 생성하는 양자 전이와 현대 전자공학의 고체 물리학이 결합된 것이다. 이 절에서는 전자가 고체에서 어떻게 행동하는지, 그리고 고체가 빛을 방출하도록 어떻게 조정될 수 있는지 살펴보겠다.

또한 레이저를 살펴볼 것이다. 1950년대 후반에 발명된 레이저는 금속 절단과 인간 동맥 청소에서부터 토지 조사, CD 및 DVD 재생에 이르기까지 수많은 용도로 사용되었다. 그러나 레이저의 중요성은 이런 응용에만 있는 것이 아니라 양자물리학과 광학 이론을 결합하여 완전히 새로운 형태의 빛을 만들어낸다는 데 있다. 레이저의 빛은 백열등이나

형광등에서 나오는 빛과는 근본적으로 다르고 독특한 특성을 지니고 있어 다양하게 응용될 수 있다. 여기서는 이 새로운 빛의 성질과 이 빛을 발생시키는 원리에 대해 알아보도록 한다.

생각해 보기: 레이저는 왜 일반적으로 밝은 색을 띠며 가느다란 광선 모양으로 나타날까? 영화에서 보면 '레이저'는 밝은 광선을 방출하고 사람은 재빨리 몸을 돌려 이 광선을 피하는데, 이것은 실제로 가능한 일인가?

실험해 보기: 레이저가 일상생활에 많이 쓰이지만, CD 및 DVD 재생기나 레이저 프린터에서 사용되는 레이저를 꺼내 보기는 어렵다. 레이저 포인터가 없으면 상점에서 사용하는 바코드 스캐너를 살펴보도록 하자. 이 검색 장치는 기체나 고체 상태의 레이저를 사용해 밝고 붉은 빛의 아주 가느다란 광선을 방출한다. 그리고 그 장치에는 읽고자 하는 물체 위에 가느다란 줄무늬 형태로 광선을 내보내는 회전 반사경이나 홀로그램 디스크가 들어 있다. 창 내부에 있는 광센서가 상표를 가로지르며 움직이는 광선을 주시한다. 스캐너의 창에서 나오는 레이저 빛을 바라보거나 벽에 비친 레이저 포인터의 광점을 살펴보면 이 빛이 순수한 붉은 색이고 점 모양의 이상한 무늬가 있는 것을 알 수 있다. 점무늬들은 빛의 간섭 효과 때문에 나타나는데, 이것은 레이저 빛과 같은 균일한 빛이 갖는 두드러진 특징이다. 이 빛은 태양을 바라볼 때처럼 대단히 밝기 때문에 오랫동안 쳐다보면 우리 눈에 해롭다.

> **◉ 경고**
>
> 레이저 광선은 위험하다. 레이저 광선은 매우 밝고 초점이 아주 작게 맞춰질 수 있기 때문에 눈에 심각한 위험이 된다. 눈에 들어오는 레이저 광선은 망막의 작은 지점에 초점이 맞춰져 순식간에 영구적인 상해를 유발할 수 있다. 레이저가 3등급까지는 비교적 눈에 무해하지만, 그 안정성은 본능적인 눈 깜박임 반사 작용에 의존한다. 어떤 레이저도 쳐다보지 말아야 한다. 4등급 레이저는 눈의 안전을 보장하지 않으므로 레이저 빛이 눈에 들어가면 절대 안 된다.

고체의 전자

LED는 **고체소자**이다. 즉, 빛을 내는 고체이다. 네온사인의 빛과 마찬가지로 LED에서 나오는 빛은 전자가 고에너지 양자 상태에서 저에너지 양자 상태로 전이할 때 생성된다. 네온사인의 경우에 그 양자 상태는 원자의 전자 정상파인 **궤도 함수**와 관련된다. 그러나 LED의 경우에는 이러한 양자 상태는 고체의 전자 정상파인 **준위**와 관련된다. LED가 어떻게 빛을 내는지 이해하려면 먼저 준위를 이해해야 한다.

고체는 제한된 물체이고 제한된 물체의 전자에 대한 기본 양자 파동은 항상 정상파이다. 원자에서 전자 정상파는 궤도 함수라고 불린다. 왜냐하면 양의 전하 핵이 궤도와 비슷한 방식으로 그 주위에 음전하 파동을 두르고 있기 때문이다. 고체의 전자 정상파는 특정 원자핵에 집중이 덜 되어 있으므로 대신 준위라고 불린다. 물론 핵은 존재하지만 모든 핵들이 각 전자를 동시에 끌어 당겨서 정상파의 성질을 변화시킨다.

궤도 함수를 사용했을 때와 마찬가지로 준위는 주어진 순간에 있거나 없을 수도 있는 전자와 무관한 추상적인 존재라고 볼 수 있다. 그러면 고체의 준위는 극장의 좌석과 유사하며, 각각의 좌석은 현재 점유되어 있거나 그렇지 않을 수도 있다. **전자**가 특정 정상파 또는 준위를 경험한다고 말하는 대신, **준위**가 전자에 의해 점유되어 있다고 말한다. 이러한 반전된 관점에서 준위는 더 중요한 역할을 한다.

궤도 함수의 전자처럼 준위의 전자는 운동에너지와 위치에너지의 합계인 총 에너지를 가진다. 전자 파동의 형태와 구조에 의존하는 그 에너지는 또한 파동의 양자 주파수를 결정한다(식 13.2.1 참조).

고체는 엄청난 수의 전자를 포함하고 있으며, 전자를 수용할 수 있는 준위가 항상 많다. 그러나 전자들은 어떤 준위를 점유하는가?

충분히 낮은 온도에서 전자는 에너지가 가장 적은 준위를 점유한다. 열역학적인 이유 때문에 전자는 가장 낮은 에너지의 준위에 정착하는데, 준위 당 전자 두 개까지 가능하다(Pauli 배타 원리를 상기해라). 모든 전자가 수용되었다면 어떤 특정한 에너지까지의 준위를 채우게 된다. 채워진 최고 준위와 채워지지 않은 최저 준위 사이의 중간이 **Fermi 준위**인데, 이것은 전자로 된 **Fermi 바다**(sea)의 꼭대기를 규정하는 가상의 준위이다. 전자가 그 가상의 준위에서 가질 수 있는 에너지를 **Fermi 에너지**라고 부른다.

이렇게 준위를 채워가는 과정에 대한 통찰을 공연장 비유로부터 다시 얻을 수 있다. 그것은 인기 있는 공연에서 일어나는 것과 유사하다. 좌석은 오케스트라 높이에서부터 위로 채워진다. 모든 사람은 가장 낮은 (그리고 가장 가까운) 좌석에 앉기를 원한다. 공연이 시작될 때, 사람들은 어떤 특정한 높이의 좌석까지의 모든 좌석을 채운다. 마지막으로 채워진 좌석과 다음 채워지지 않은 좌석 사이의 중간에 가상의 Fermi 좌석이 있다.

준위를 상자로 표현하고 에너지에 따라 상자를 수직으로 배열하면(그림 13.3.1) Fermi 준위 아래의 준위(상자)에는 각각 두 개의 전자가 들어 있고, Fermi 준위 위의 준위는 비어 있다. 열에너지 때문에 Fermi 준위 근처의 전자가 이동하기 때문에 약간 이 그림이 복잡해지지만, 상온 또는 그 이하에서는 그러한 세부 사항을 무시할 수 있다.

그림 13.3.1 고체에서 준위(전자 양자 정상파)의 개념적 표현. 각 준위는 최대 위쪽 방향 스핀 전자(파란색) 한 개와 아래쪽 방향 스핀 전자(빨간색) 한 개를 넣을 수 있는 상자이다. 가로 축은 위치이고 세로 축은 준위에 있는 전자의 에너지이다. 준위는 원자 궤도 함수로부터 형성되기 때문에 유사한 궤도 함수로 만들어진 준위는 유사한 에너지를 가져서 무리를 이루어 띠가 된다. 고체의 이 부분이 전기적으로 중성인 경우에 핵에 있는 양전하 140개는 이 준위에 있는 전자에 의해 상쇄되어야 하므로 전자 140개가 이곳에 들어간다.

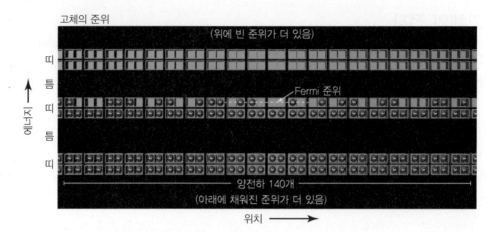

준위는 정상파이기 때문에 공간에서 뚜렷이 정의된 위치가 없다. 그러나 그림 13.3.1과 같이 각각의 준위가 전자를 고체의 특정 위치 근처에 배치한다고 상상해도 무리는 없다. 이 그림은 다소 지나치게 단순화되었지만 물질에서 전하 이동에 관한 많은 물리 현상을 설명하기에 충분하다.

물론 전자는 고체에서 유일한 전하 입자는 아니다. 원자에는 또한 양의 전하를 띤 핵이 있다. 그러나 그 핵은 본질적으로 움직이지 않으며 전기의 흐름에 거의 참여하지 않는다.

▶ 개념 이해도 점검 #1: 더 높은 준위로 올리기

중성인 금속 공에 여분의 전자를 하나 추가한다면, 그 전자는 어느 준위로 들어가는가?

해답 전자는 비어 있는 최저 에너지 준위로 들어간다. 그 준위는 Fermi 준위 바로 위에 있다.

왜? 각 전자가 이용 가능한 최저 에너지 준위로 들어가기 때문에 이 새로운 전자는 Fermi 준위 바로 위의 준위를 채울 것이다. 실제로 중성의 금속 공에 전자가 홀수 개 있으면 Fermi 준위에는 전자가 하나만 들어 있다. 이 경우 새로운 전자는 Fermi 준위의 빈 곳을 채울 것이다.

금속, 절연체, 반도체

고체의 준위는 **띠**(band)라고 하는 무리로 발생한다. 각 띠는 특정 유형의 구조를 가진 정상파에 해당한다. 띠의 준위는 비슷한 파동을 수반하기 때문에 관련된 에너지도 비슷하다. 준위의 이러한 띠들 사이에는 때로는 준위가 없는 에너지 범위인 **띠틈**(band gap)이 있다. 고체는 띠틈 안에 놓여있는 에너지를 가진 전자를 포함하지 않으며 포함할 수도 없다.

금속, 절연체, 반도체를 구별 짓는 것은 띠와 띠틈이다. Fermi 준위가 띠틈에 위치해 있으면 고체 내의 전자가 외부 힘에 반응하는 것을 방해할 수 있다. 그 일이 어떻게 일어나는지 보기 위해 금속과 절연체를 차례로 살펴보겠다.

금속(metal)에서 Fermi 준위는 띠의 중앙에 놓여있다(그림 13.3.2). 띠의 빈 준위는 채워진 준위 바로 위에 있기 때문에 전자를 채워진 준위에서 빈 준위로 옮기는 데 필요한 에너지는 거의 없다. 이 특성 때문에 금속이 전기를 전도할 수 있다. 금속에 전압 차를 가할 때 오른쪽보다 왼쪽에 높은 전압을 걸어주면 그로 인한 전기장은 오른쪽을 향한다. 이 장은

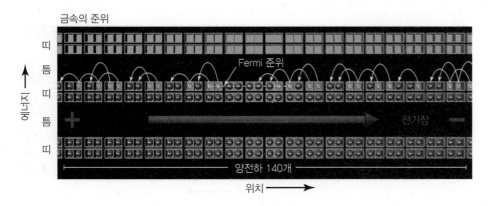

그림 13.3.2 금속에서는 전자가 준위의 띠를 채우는 도중에 전기적 중성에 도달하고 Fermi 준위는 부분적으로 채워진 그 띠에 놓여 있다. Fermi 준위 부근의 전자는 근처의 빈 준위로 쉽게 이동할 수 있다. 전압 기울기가 금속에 전기장을 생성하면 부분적으로 채워진 띠의 전자가 전기장의 반대쪽으로 이동하고 금속이 전류를 전도한다.

금속의 음전하인 전자를 왼쪽으로 밀어내므로 전자는 왼쪽으로 이동한다. 전자들은 채워진 준위에서 빈 준위로 이동하고(그림 13.3.2), 그 빈 준위에 도달하는 데 필요한 에너지를 정전기가 한 일로부터 얻는다. 전반적으로 전자는 오른쪽에서 금속으로 들어가고 왼쪽으로 빠져나가므로 금속이 전기를 전도한다!

극장 비유에서 금속은 1층 좌석의 약 절반만 채워진 극장이다. 극장에 있는 사람들이 왼쪽으로 움직이도록 요청을 받으면, 채워진 자리의 상단에 있는 사람들은 쉽게 이동할 수 있으므로 각각 왼쪽의 빈 자리를 찾아 이동한다. 그러면 새로운 사람들이 오른쪽에서 극장에 입장할 수 있고 기존 사람들은 왼쪽에서 극장을 떠날 수 있다. 이 금속 극장은 사람들을 전도하고 있다.

금속에서의 상황과는 달리 **절연체**(insulator)에서는 Fermi 준위가 한 띠의 꼭대기와 다른 띠의 밑바닥 사이에 있는 띠틈의 중앙에 놓여있다(그림 13.3.3). 접근할 수 있는 빈 준위가 없기 때문에 채워진 준위에서 빈 준위로 전자를 이동시키는 데 많은 에너지가 필요하다. 절연체에 전압 차를 걸어주었을 때 왼쪽에 더 높은 전압이 발생하면 그로 인한 전기장은 오른쪽을 향하고 절연체의 전자를 왼쪽으로 밀어낸다. 그러나 그 전자들은 근처에 빈 준위가 없으므로 움직일 수가 없다. 위에 놓인 띠에 있는 비어 있는 준위 중 하나로 이동하려면, 아래 놓인 띠의 전자는 정전기력에서 얻을 수 있는 것보다 더 많은 에너지를 필요로 한다. 알짜 전하가 절연체를 통과해 흐르지 않기 때문에 절연체는 전기를 전도하지 않는다!

극장 비유에서 절연체는 모든 1층 좌석이 가득 차고 발코니 좌석이 비어 있는 극장이다.

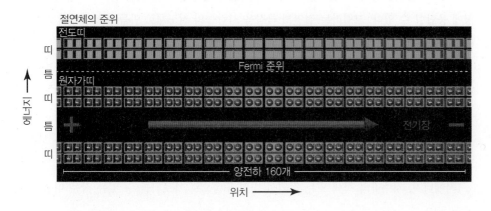

그림 13.3.3 절연체에서는 전자가 준위를 채우는 것을 마치자마자 전기적 중성에 도달하고 Fermi 준위는 채워진 전도띠와 빈 원자가띠 사이에 놓여있다. 그 원자가띠는 전도띠보다 에너지가 꽤 높다. 전도띠의 전자는 원자가띠의 빈 준위로 옮겨 갈 만큼 충분한 에너지를 가지고 있지 않다. 전압 기울기가 절연체에 전기장을 생성할 때 가득 찬 원자가띠의 전자는 이동할 수 없으며 절연체는 전류를 전도하지 않는다.

그림 13.3.4 빛이 절연체에 닿으면 빛의 광자는 절연체의 원자가띠에서 전도띠로 전자를 이동시키는 데 필요한 충분한 에너지를 전달할 수 있다. 그러면 전자는 전기장에 반응하여 물질을 통과해 나가기 위해 부분적으로 채워진 두 띠를 사용한다. 빛에 노출된 절연체는 전기 도체, 즉 광전도체가 된다.

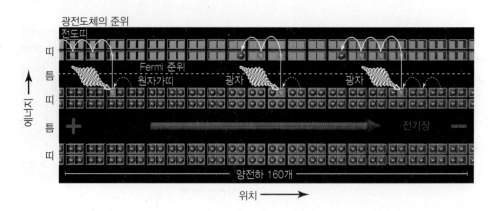

이 극장의 사람들은 왼쪽으로 이동하도록 요청을 받더라도 그렇게 할 수 없다. 왼쪽의 모든 1층 좌석이 채워지고, 사람들은 발코니에 도달하지 못하기 때문에 발코니의 빈 좌석을 이용할 수 없다. 이 절연체 극장은 사람들을 전도할 수 없다.

금속에서는 Fermi 준위를 포함하는 준위의 띠는 부분적으로만 채워지고, 전자는 채워진 준위에서 빈 준위로 쉽게 이동할 수 있다. 절연체에서는 **원자가띠**(valence band)라고 하는 Fermi 준위 아래의 띠는 완전히 채워져 있고, **전도띠**(conduction band)라고 하는 Fermi 준위 위의 띠는 비어 있다. 그래서 절연체에서는 그러한 이동이 극도로 어렵다.

그러나 절연체에서도 전자가 필요한 에너지를 제공받는다면 원자가띠에 있는 **원자가준위**(valence level)에서 전도띠에 있는 **전도준위**(conduction level)로 이동할 수 있다. 그러한 에너지원 중 하나는 빛이다. 절연체가 올바른 유형의 빛에 노출되면 그 빛은 전자를 원자가띠에서 전도띠로 이동시킬 수 있다(그림 13.3.4).

보통은 비어 있는 전도띠에 전자가 나타나고 보통은 완전히 채워진 원자가띠에 빈 준위가 나타나면 전자는 전기장에 반응할 수 있다. 전자는 채워진 준위에서 근처의 빈 준위로 이동할 수 있으므로 물질을 통해 움직일 수 있다. 그런 다음 전자는 한쪽에서 물질로 들어가고 다른 쪽에서 떠나기 때문에 물질은 전기를 전도한다. 빛 때문에 이 절연체가 도체로 바뀌기 때문에 그 물질을 **광전도체**(photoconductor)라고 부른다.

다시 비유로 돌아가자. 절연체 극장에서 빛의 역할은 1층 주위를 걸어다니는 장난스런 고릴라가 손님을 발코니에 던지는 것과 유사하다. 1층 좌석이 갑자기 비게 되고 망연한 극장 손님이 발코니 좌석 중 일부를 차지하게 되면서 군중들은 이제 왼쪽으로 이동하라는 요청에 응답할 수 있다. 고릴라는 절연체 극장을 사람들의 전도체로 만들었으므로 이것을 "고릴라전도체"라고 부를 수 있다.

모든 빛이 절연체에서 광전도를 발생시키는 것은 아니다. 13.2절에서 보았듯이 빛은 광자라고 하는 입자로 방출되고 흡수된다. 각 광자의 에너지는 그 주파수에 비례한다. 빛의 주파수가 높을수록 광자마다 더 많은 에너지를 가지고 있다. 전형적인 절연체의 큰 띠틈을 가로질러 전자를 이동시키기 위해서는 고에너지, 고주파 빛이 필요하다. 절연체는 보라색 또는 자외선에 노출되어야 한다.

저에너지, 저주파의 적색 또는 적외선 빛의 도움으로 가로지를 수 있는 작은 띠틈을 가진 물질도 자연에 존재한다. 이 물질들의 특성은 도체와 절연체 특성의 중간에 해당하기 때문에 이 물질을 반도체라고 한다. 반도체는 작은 띠틈을 가지고 있어서 빛, 열, 또는 다른 종류의 에너지가 원자가준위와 전도준위 사이에서 전자를 이동시키는 것이 상대적으로 용이하다. 비유를 하자면, 반도체 극장은 낮은 발코니가 있는 절연체 극장이기 때문에 아기 고릴라조차도 사람들을 그곳에 던져 넣을 수 있다.

반세기 이상 동안 과학자와 공학자는 반도체를 연구하여 놀라운 전자 기구들을 만들어 왔다. 실리콘, 게르마늄, 비화갈륨과 같은 반도체성 물질의 모양과 화학적 조성을 조심스럽게 조절함으로써 그들은 모든 면에서 위대한 악기에 비견될 만큼 훌륭한 전자 파동의 악기들을 창조했다. 이 모든 전자 기구 중에서 가장 간단한 것이 반도체 다이오드이다.

> **▶ 개념 이해도 점검 #2: 쇼핑**
>
> 식료품점 계산대에서 컨베이어 벨트는 식품을 계산원 쪽으로 옮기지만 식품이 끝에 도달하고 광선이 차단되면 멈춘다. 이러한 차단을 감지하기 위해 광전도체를 어떻게 활용할 수 있는가?
>
> 해답 광선이 광전도체에 비춰지면 전류를 전달하고 컨베이어 벨트의 모터를 작동시킨다. 식품이 광선을 차단하면 광전도체가 전기 절연체가 되어 벨트가 움직임을 멈춘다.
>
> 왜? 광전도체는 일반적으로 광센서에 사용된다. 빛 덕분에 광전도체는 전류를 전달할 수 있으며, 이 전류는 기계 작동, 도난 경보기 작동, 조명 켜기 또는 끄기에 사용될 수 있다. 현재의 경우 컨베이어 벨트의 모터를 작동시킨다.

다이오드

다이오드(diode)는 전류를 위한 단방향 장치이다. 다이오드는 전류가 한 방향으로 흐르게 하고 다른 방향으로는 흐르지 못하게 한다. 다이오드는 그 동안 여러 종류가 있었지만 사실상 모든 최신 전자 장치의 다이오드는 반도체로 제작된다.

기본적인 반도체 다이오드는 서로 다른 반도체 두 개가 결합되어 만들어진다. 이 두 반도체는 완벽하게 채워진 원자가준위와 완전히 비어 있는 전도준위가 없도록 수정된 것이다. 대신, 불순물이 **첨가된**(doped) 반도체는 몇 개의 빈 원자가준위가 생성되는 **p형 반도체**(p-type semiconductor)가 되거나(그림 13.3.5a), 전도준위에 몇 개의 전자가 배치되는 **n형 반도체**(n-type semiconductor)가 된다(그림 13.3.5b). 이러한 빈 원자가준위 또는 전도준위의 전자 덕분에 p형과 n형 반도체가 전기를 전도할 수 있다.

그러나 p형 반도체와 n형 반도체가 접촉하면 놀라운 일이 발생한다. 둘이 만나는 지점에서 **p-n 접합**이 형성된다(그림 13.3.5c). 총 위치에너지를 줄이기 위해 n형 반도체에 있는 고에너지 전도준위의 전자가 p-n 접합을 가로질러 이동하여 p형 반도체에 있는 빈 저에너지 원자가준위를 채운다. 이것은 정전기의 한 예이다(10.1절 참조). 즉, 서로 다른 두 물질이 서로 접촉하면 전자를 갈망하는 물질(p형 반도체)은 접촉된 물질(n형 반도체)로부터 전자를 빼앗는다.

전자 이동이 진행됨에 따라 n형 반도체는 이제 양전하보다 전자가 적기 때문에 양의 알

그림 13.3.5 (a) p형 반도체는 핵에 양의 전하가 약간 부족하므로 원자가띠가 전자로 완전히 채워지기 전에 전기적으로 중성이 된다. (b) n형 반도체는 핵에 양이온 전하가 약간 초과되므로 전도띠에 전자가 부분적으로 채워져야 전기적으로 중성이 된다. (c) p형 반도체와 n형 반도체가 접촉하면, 전도준위의 전자가 n형 반도체에서 p형 반도체로 이동하여 p-n 접합부에 얇고 전기적으로 편극된 결핍 영역이 생성된다.

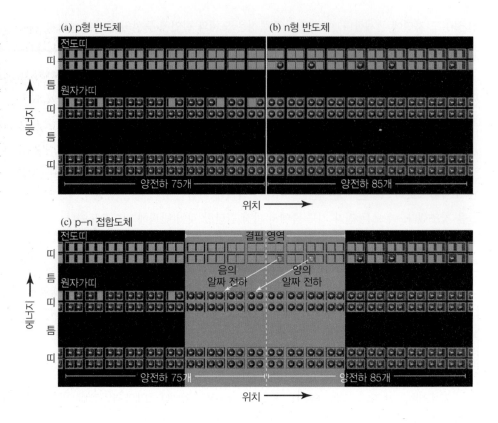

짜 전하를 얻는다. p형 반도체는 이제 양전하보다 전자가 많기 때문에 음의 알짜 전하를 얻는다. 이렇게 분리된 전하에서 발생한 정전기력은 접합부를 가로질러 전자가 더 이동하는 것을 억제하고 점진적으로 그 이동을 정지시킨다. 그러면 모든 것이 평형을 이룬다.

p-n 접합부 근처에는 **결핍 영역**(depletion region)이 있다. 이 영역은 전자 이동 때문에 모든 전도준위가 비고 모든 원자가준위가 채워진다. 전도준위 전자 또는 빈 원자가준위가 남아 있지 않게 되면 결핍 영역은 전기를 전도할 수 없게 되며, 전하는 p-n 접합을 가로질러 이동할 수 없다. 결핍 영역은 절연체가 되고, 두 부분의 반도체는 다이오드가 된다.

극장 비유에서 p-n 접합은 두 부분으로 나뉜 극장과 유사하다. 왼쪽의 "p형" 반쪽에는 발코니가 비어 있고 1층조차도 자리가 일부 비어 있다. 오른쪽의 "n형" 반쪽에는 1층이 다 차고 발코니에도 몇 사람이 있다. 이 두 반쪽이 연결되기 때문에 오른쪽 발코니의 사람들은 왼쪽 1층에 있는 빈 좌석을 확인하고 중앙 쪽의 몇 사람이 더 나은 좌석으로 옮기기 위해 오른쪽 발코니에서 왼쪽 1층으로 기어 내려간다. 이제 극장 중앙 가까이에는 1층이 채워지고 발코니가 비어 있어 아무도 왼쪽이나 오른쪽으로 이동할 수 없는 결핍 영역이 형성된다. 극장의 중심 부분은 사람들을 전도할 수 없다!

이제 각 반도체 반쪽에 도선을 연결하고 전지를 사용하여 두 반쪽 사이에 전압 차를 걸 때 어떤 일이 발생하는지 살펴보겠다. 그림 13.3.6a에서 p형 쪽(왼쪽)의 전압이 n형 쪽(오른쪽)의 전압보다 높으므로, 그로 인한 전기장은 오른쪽을 향하고 전자를 왼쪽을 밀어낸다. 전자는 n형 쪽의 전도준위에서 p-n 접합으로 이동하고, p형 쪽의 원자가준위에서는 p-n 접합에서 멀어진다. 동시에 일부 전자는 도선에서 n형 쪽으로 들어가고 또 일부 전자는 p형

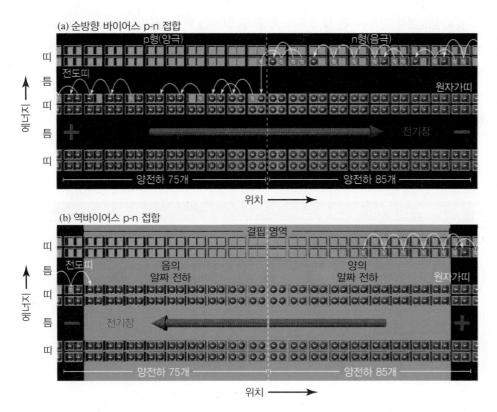

쪽에서 도선으로 빠져 나간다. 결핍 영역은 더 얇아지고 전압 차가 충분히 클 때는 모두 사라진다. 그런 일이 발생하면 전자는 p-n 접합과 전체 소자를 가로지르기 시작하여 전류를 전도한다.

극장 비유에서 오른쪽에 있는 사람들을 n형 발코니에 추가하고 p형 1층에서는 왼쪽에 있는 사람들을 쫓아낸다. n형 발코니의 새로운 사람들은 빈 좌석 주위에서 움직일 수 있고 극장 중앙으로 이동할 수 있다. 마찬가지로, p형 1층의 빈 좌석 때문에 사람들이 이동할 수 있으므로 극장 중앙 근처의 빈 자리를 사용할 수 있게 된다. 그 시점에서 n형 발코니에 있는 사람들은 p형 발코니로 넘어 가서 1층으로 뛰어내릴 수 있다. 극장을 통해 왼쪽으로 이동하는 사람들의 알짜 흐름이 있으므로 극장은 사람들을 오른쪽에서 왼쪽으로 전도하고 있다.

전지를 거꾸로 하면 무슨 일이 발생하는가? 그림 13.3.6b에서, n형 쪽(오른쪽)의 전압은 p형 쪽(왼쪽)의 전압보다 높기 때문에 그로 인한 전기장은 왼쪽을 향하고 전자를 오른쪽으로 밀어낸다. 이 경우에 전자가 p형 쪽의 빈 원자가준위를 채우고 n형 쪽의 전도준위를 떠나서 결핍 영역이 두꺼워진다. 넓어지는 결핍 영역은 전하가 이동하는 것을 방지하고 p-n 접합을 통해 전류가 흐르지 못한다. 이 소자는 절연체가 된다.

극장 비유에서 n형 발코니에서 오른쪽에 있는 사람들을 이동시켜 왼쪽에 있는 p형 1층으로 옮긴다. 곧 n형 발코니는 거의 비어 있고 p형 1층은 사실상 꽉 찬다. 전체 극장은 이제 결핍 영역이며 절연체 극장처럼 작동한다. 아무도 움직일 수 없으며 극장은 사람들을 전도할 수 없다.

p-n 접합에서 전류는 한 방향으로 흐를 수 있지만 다른 방향으로는 흐르지 못하므로 p-n 접합은 다이오드이다. 역사적인 이유로 다이오드의 p형 쪽을 **양극**(anode)이라 하고, n형 쪽을 **음극**(cathode)이라고 한다. 양전하의 흐름인 전류는 오직 양극에서 음극으로만 다이오드를 통과할 수 있다. 전류는 고전압에서 저전압으로 자연스럽게 흐르기 때문에 **순방향 바이어스**(forward biased)일 때만, 즉 양극이 음극보다 높은 전압을 갖는 경우에만 다이오드에서 전류가 흐른다. **역바이어스**(reverse biased)일 때, 즉 양극이 음극보다 전압이 낮으면 다이오드에서 전류가 흐르지 못한다.

> ### ▶ 개념 이해도 점검 #3: 일방통행 도로
>
> 전력 회사와 책상의 전등을 연결하는 AC 회로에 p-n 접합(다이오드)을 포함시키면 어떻게 될까?
>
> 해답 전류는 회로를 통해 절반만 흐르므로 전등이 어두워진다.
>
> 왜? AC 회로에 다이오드를 포함하면 전류가 어떤 한 방향으로는 흐르지 못한다. 다이오드의 음극이 음의 전하로 대전되고 양극이 양의 전하로 대전되는 각 전력선 주기의 절반 동안만 전류가 회로를 통해 흐른다. 전등은 정상 전력의 약 절반만 받게 되므로 전등의 필라멘트는 정상 작동 온도에 도달하지 못한다. 전등이 희미하게 빛나지만 전구의 수명은 매우 길어진다. 전등이나 가전 제품에 약한 빛을 만들기 위해 종종 다이오드를 이러한 방식으로 사용한다.

발광 다이오드

다이오드가 순방향으로 바이어스 된 경우에도, 양극의 전압이 음극의 전압보다 현저히 높을 때까지 결핍 영역은 사라지지 않는다. AC 어댑터 및 컴퓨터 전원 공급 장치에 보통 사용되는 일반적인 실리콘 다이오드의 경우 전류를 전도하기 전에 0.6 V의 전압 강하가 필요하다. 그러면 다이오드를 통과하는 전류가 전압 강하를 겪기 때문에 다이오드는 전력을 소비한다. 어댑터 및 전원 공급 장치에 사용되는 다이오드는 전류 흐름의 방향을 제어하는 스위치 역할만 하기 때문에 이러한 다이오드에서 소비되는 전력은 단순히 열 출력으로 변환된다. 그러나 일부 특수 다이오드는 소비하는 전력의 대부분을 광 출력으로 변환하도록 설계되어 있어서 빛을 방출한다!

다이오드가 순방향으로 바이어스 되고 전류가 양극에서 음극으로 흐를 때, n형 음극의 전도준위 전자는 p-n 접합을 가로질러 p형 양극에서 전도준위 전자가 된다. 실제로 양극은 들뜬 상태가 되어 전도준위 전자와 빈 원자가준위를 가진다(그림 13.3.6a).

다음에 발생하는 일은 다이오드의 특성에 따라 달라진다. 보통의 실리콘 다이오드에서는 전도준위 전자가 의미 있는 빛을 생성하지 않으면서 빈 원자가준위로 이동한다. 실리콘의 띠 구조는 발광을 방해하는 특성을 가지고 있기 때문에 이러한 전자 전이의 대부분은 빛을 생성하는 대신 내부 진동을 일으켜서 다이오드를 가열한다.

좀 더 이색적인 반도체로 만든 특수 다이오드에서 n형 음극에서 p형 양극으로 주입된 전도준위 전자는 빈 원자가준위로 복사 전이를 하면서 빛을 방출한다(그림 13.3.7). 그것은 주로 갈륨, 인듐, 알루미늄, 비소, 인, 질소의 조합으로 구성되어 있으며, 발광 다이오드(light-emitting diode, 줄여서 LED)로 알려져 있다. 이제 LED는 적외선, 빨간색, 주황색,

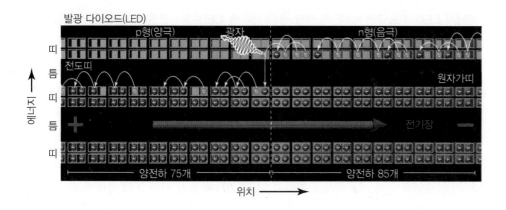

발광 다이오드(LED)
p형(양극) 광자 n형(음극)
띠
틈
전도띠
원자가띠
띠
틈
전기장
띠
양전하 75개 양전하 85개
위치 ⟶
에너지 ⟶

그림 13.3.7 전류가 발광 다이오드의 p-n 접합을 통해 흐를 때, n형 음극의 전도준위 전자는 p형 양극의 전도준위에 주입된다. 양극에서 전도준위 전자는 빈 원자가준위로 이동하여 에너지를 방출할 수 있다. 약절반의 시간에 복사 전이가 그 에너지를 빛의 광자로 전환시킨다.

노란색, 초록색, 파란색, 보라색, 자외선을 포함하여 무지개의 거의 모든 색상의 빛을 낼 수 있다(그림 13.3.8). 백색 LED가 일반적이기는 하지만 그것은 실제로는 백색을 발산하는 형광체가 내장된 보라색 또는 자외선 LED이다.

LED의 색은 p형 양극의 전자가 전도준위에서 원자가준위로 이동할 때 방출되는 에너지와 직접적으로 관련이 있다. 그 에너지를 측정할 수 있는 가장 편리한 단위는 전하의 1 기본 단위가 1 V의 전압 감소를 경험할 때 방출되는 에너지(1.6021×10^{-19} J)를 나타내는 **전자볼트**(electron volt, eV로 약칭)이다. 전형적인 빨간색 LED에서 전자는 전도준위에서 원자가준위로 이동하면서 1.9 eV를 방출하고 1.9 eV의 에너지를 갖는 광자를 생성할 수 있다. 에너지와 주파수는 식 13.2.1인 관계에 있고 주파수와 파장은 식 9.2.1인 관계에 있기 때문에 1.9 eV 광자는 4.6×10^{14} Hz의 주파수와 650 nm의 파장을 갖는다.

이런 1.9 eV 광자를 작동시키고 생산하려면, 빨간색 LED는 최소한 1.9 V의 전압 강하로 순방향 바이어스 되어야 한다. 전류 전송 다이오드는 그 전압 강하를 사용하여 양극의 전도띠에 전자를 주입하는데, 여기에서 전자의 에너지는 원자가띠보다 1.9 eV 높다. 그 전자들의 대다수가 이후 여분의 에너지를 1.9 eV의 광자로 방출한다.

LED가 방출하는 빛의 파장이 짧을수록 각 전자는 전도준위에서 원자가준위로 이동하면서 방출해야 하는 에너지가 많아야 하고 반도체의 띠틈은 더 커야 한다. 400 nm 빛을 방출하는 보라색 LED가 3.1 eV 광자를 생성하기 위해서는 약 3.1 eV의 띠틈이 필요하다. 이 LED에는 또한 3.1 V를 초과하는 순방향 바이어스 전압이 필요하다. 스펙트럼의 보라색 끝

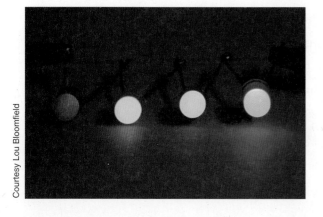

그림 13.3.8 이런 LED들이 직렬로 연결되어 있어 동일한 전류가 각 LED에 순차적으로 흐른다. 그러나 서로 다른 띠틈 때문에 서로 다른 색의 빛을 방출한다.

근처에서 LED가 요구하는 더 큰 전압 강하 때문에 LED에는 고전압 전원 또는 더 많은 배터리가 필요한 것이다.

불행하게도 LED의 p-n 접합부를 가로질러 전송된 전자 중에서 기껏해야 절반만이 실내 조명에 기여한다. 상당히 많은 전자들이 광자를 방출하지만, 대부분의 광자는 LED를 떠나기 전에 반도체에 의해 재흡수 된다. 이 빛을 방출하는 동일한 복사 전이(전도준위 → 원자가준위)도 그것을 흡수할 수 있다(원자가준위 → 전도준위). 이러한 어려움에도 불구하고 현대 LED는 형광등과 비견되는 에너지 효율로 가시 광선을 생성할 수 있다. LED 효율은 작동 수명과 함께 계속해서 증가하고 있고 LED가 점차 기본 조명 형태가 되고 있다.

> **⬆️ 개념 이해도 점검 #4: 밝아진다?**
>
> 백열전구를 통해 흐르는 전류를 증가시키면 백열전구가 밝아지고 색상이 스펙트럼의 파란색 쪽으로 바뀐다. LED를 통해 흐르는 전류를 증가시키면 밝기와 색상은 어떻게 되는가?
>
> 해답 다이오드는 밝아지지만 색상은 거의 변하지 않는다.
>
> 왜? 다이오드는 매초마다 p-n 접합을 지나가는 전자가 많을수록 밝아진다. 그러나 다이오드가 방출하는 빛의 색은 주로 그 띠틈이 결정하므로 다이오드의 전류를 증가시켜도 변하지 않는다.

레이저와 레이저 광

레이저를 이해하려면 우선 레이저 빛은 보통 빛과 다르다는 것을 알아야 한다. 뜨거운 물체나 전기 방전의 개별 원자를 통해 나오는 보통 빛의 경우 빛의 입자인 광자는 근처에서 나오는 다른 빛의 입자들과 상관없이 마구잡이로 방출된다. 빛의 이러한 독립적이고 예측할 수 없는 특성 때문에 이런 빛을 **자발적인 빛**(spontaneous light)이라고 하고, 그 빛의 발생을 **자발 방출**(spontaneous emission of radiation)이라고 한다.

그러나 Einstein과 1920년대 및 1930년대의 과학자들은 이론적인 연구를 통해 들뜬 원자나 이와 비슷한 계가 그 안을 지나가는 광자를 복제하여 새로운 유형의 **유도된 빛** (stimulated light)을 방출할 수 있다고 예언하였다. 이러한 **유도 방출**(stimulated emission of radiation)은 들뜬 원자가 자발적으로 같은 광자를 내놓을 수 있는 경우에만 가능하고, 복제되어 나오는 광자는 원래의 광자와 아주 똑같기 때문에 구별할 수 없고, 서로 합해져 단일한 전자기파를 형성한다.

이와 같은 유도가 어떻게 발생하는지 파악하기 위해 들뜬 상태의 고립된 원자를 생각해 보자. 들뜬 원자는 결국 바닥 상태로 돌아가지만, 그러기 위해서 원자는 하나 이상의 광자를 방출하여야만 한다. 원자는 유도 방출을 시작할 때까지 들뜬 상태에 있다가 전이가 일어나는 동안 전자가 앞뒤로 가속되면서 광자를 방출한다.

비슷한 광자가 들뜬 상태의 원자를 통과할 때 광자의 전기장이 전자를 공명시켜 복사 전이 과정을 일으킬 수 있다. 전기장은 원자의 전자들을 밀고 당겨서 앞뒤로 가속시킨다. 이 효과는 작기는 하지만 빛의 방출을 일으키기에는 충분하고 방출되는 광자는 들어온 광자와 똑같다.

이 유도 방출 과정이 처음 발견되자 사람들은 곧 이를 이용해 빛을 증폭할 수 있다는 것을 알게 되었다. 들뜬 원자가 충분히 많이 모여 있으면 이 속을 지나가는 단 하나의 광자가 몇 번이고 정확하게 복제될 수 있어 곧 수천, 수만, 심지어 수조 개의 동일한 광자들로 늘어날 수 있다.

그러나 이런 생각은 빛 증폭을 성취하는 방법에 대한 기술적인 문제들이 구체적으로 해결된 1950년대 후반이 되어서야 현실화되었고, 1960년에 처음으로 레이저가 만들어졌다. 이 장치는 한 광자가 유도 과정을 통해 무제한 복제되어 동일한 광자들로 만들어진 강한 광선을 방출한다.

들뜬 원자나 이와 유사한 계가 자발 방출을 통하여 빛을 낼 때는 광자들은 각기 독립된 전자기파로 사방으로 퍼져 나간다(그림 13.3.9a). 이처럼 독립적인 전자기파들이 모여 만들어진 빛을 **결어긋난 빛**(incoherent light)이라고 한다.

그러나 들뜬 원자나 이와 유사한 계가 유도 방출에 의하여 빛을 낼 때는 모든 빛 입자들은 **절대적으로** 동일해서 단일한 전자기파를 형성한다(그림 13.3.9b). Fermi 입자인 전자와 달리 Bose 입자인 동일한 많은 광자들은 똑같은 양자 파동을 가질 수 있다. 왜냐하면 Bose 입자는 Pauli 배타 원리를 따르지 않기 때문이다. 동일한 많은 광자와 단일한 전자기파로 구성되어 있는 빛을 **결맞는 빛**(coherent light)이라고 한다. 결맞는 빛은 단일파라는 성질 때문에 간섭 효과가 두드러지게 나타난다. 레이저에서 나오는 결맞는 빛에서 이 효과를 쉽게 찾아 볼 수 있다.

(a)

들뜬 원자에서 나온
결어긋난 복사

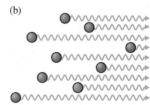

(b)

들뜬 원자에서 나온
결맞는 복사

그림 13.3.9 (a) 결어긋난 빛의 광자는 독립적으로 생성되고 파장과 진행 방향이 약간 다르다. (b) 결맞는 빛의 광자는 유도 방출로 생성되고 모든 면에서 동일하다.

⏩ **개념 이해도 점검 #5: 광자를 뿌리는 빛**

손전등에서 나오는 빛의 전기장을 측정한다면 전기장이 마구잡이로 변동하는 것을 발견하게 될 것이다. 왜 빛의 전기장이 무질서한가?

해답 손전등은 결어긋난 빛을 내므로 많은 독립적인 빛의 파동의 개별 전기장이 전체 전기장에 기여한다. 그래서 전체 전기장을 측정할 때 매우 무질서함을 발견하게 된다.

왜? 결어긋난 광자는 독립적이기 때문에 광자들의 개별 전기장은 함께 변동하지 않는다. 어떠한 장소와 시간에서든, 개별 전기장은 복잡하고 마구잡이 방식으로 합쳐질 것이다. 시간이 지남에 따라 이 전체 전기장은 마구잡이로 변동한다. 대조적으로, 모든 광자가 동일한 결맞는 빛은 모든 광자가 똑같이 기여하기 때문에 전기장이 훨씬 더 규칙적이 된다.

빛증폭기와 공진

결맞는 빛을 생성하기 위해서는 증폭이 필요하다. 단 하나의 빛 입자로 시작하여 여러 번 복제해야 한다. 이 빛의 복제를 위한 기본 장치가 **레이저 증폭기**(laser amplifier)이다(그림 13.3.10). 약한 빛이 들뜬 원자 또는 이와 유사한 계로 이루어진 **레이저 매질**(laser medium)에 들어가서 빛이 증폭되어 더 밝아진다. 새로운 빛은 원래의 빛과 정확히 똑같은 특성을 가지고 있지만 더 많은 광자를 포함하고 있다.

그러나 우리는 레이저를 생각하면서 어딘가에서 광자를 복제하는 장치를 거의 상상하지 못한다. 대개 자체적으로 빛을 만드는 것으로 생각한다. 광자를 복제하려면 레이저는 첫

레이저 매질

어두운 빛　　　　밝은 빛

그림 13.3.10 레이저 증폭기는 들뜬 원자나 이와 유사한 계를 이용하여 레이저 매질을 빠져나가는 광입자의 수를 증가시킨다. 입사광은 유도 방출로 복제된다.

레이저 매질

거울　　　　　　반투명 거울

그림 13.3.11 레이저 공진기는 거울에 둘러싸인 레이저 증폭기이다. 진동은 레이저 매질이 한 광자를 올바른 방향으로 자발적으로 방출할 때 일어난다. 이 광자는 두 거울 사이에서 앞뒤로 반사되면서 여러 번 복제된다. 그리고 일부 빛이 반투명한 거울을 통해 빠져나온다.

5 광자는 정확한 파장과 주파수를 가져야 하며 한 방향으로만 이동해야 하는 것처럼 보일 수도 있지만 그렇지 않다. 광자는 전자기파로서 이동하고 한 방향 이상으로 퍼진다. 또한 각 광자에는 시작과 끝이 있기 때문에 광자의 파동에는 여러 파장 또는 여러 주파수가 포함된다. 따라서 레이저가 상상할 수 있는 가장 완벽한 전자기파를 생산할 수 있는 반면, 그 파동은 여전히 바깥쪽으로 약간 퍼져 있고 여전히 파장과 주파수가 일정한 범위에 걸쳐 있다.

빛 입자를 생성한 다음에 다른 입자를 생성해야 한다. **레이저 공진기**(laser oscillator)는 레이저 매질 자체를 사용하여 첫 광자를 제공하는 장치이다. 그 다음에 그 광자를 여러 번 복제한다(그림 13.3.11). 이 매질 양쪽에 잘 설계된 거울 한 쌍을 놓으면 유도 과정이 자기 주도적이고 지속적일 수 있다. 이때 거울의 굴곡과 반사율은 정확해야 한다. 또 한 거울은 빛의 일부를 투과시켜야 하는 반면에 다른 거울은 거의 완전히 반사해야 한다.

레이저 매질이 이 두 거울 사이에 있을 때 들뜬 원자 중 하나에서 자발적으로 방출된 광자가 거울에서 반사되어 레이저 매질로 되돌아 올 수 있다. 반사된 광자가 레이저 매질을 통과하면서 증폭된다. 광자가 같은 종류의 들뜬 원자로부터 방출되기 때문에 증폭하기에 정확한 파장을 가지고 있다(광자의 특성은 **5**를 참조).

원래의 광자가 레이저 매질을 빠져나갈 때는 이미 여러 번 복제된 뒤다. 이제 동일한 광자 집단은 두 번째 거울에서 반사되어 다시 레이저 매질로 되돌아온다. 이 광자들이 두 거울 사이를 반복하면서 그 수가 천문학적으로 커진다.

결국은 동일한 광자가 아주 많아져서 레이저 매질은 빛을 더 증폭시키지 못한다. 레이저 매질에는 딱 그 정도의 저장된 에너지와 들뜬 원자들이 있다. 레이저 매질이 계속해서 추가 에너지를 받으면 빛을 다소 계속 증폭시킬 수 있다. 그렇지 못하면 빛증폭은 결국 중단된다.

빛이 이 레이저 진동자 밖으로 나올 수 있도록 거울 중 하나는 일반적으로 **반투명이다.** 즉, 이 거울의 표면에 도달한 일부 광자는 반사되지 않고 거울을 통과해 진행한다. (감시에 사용되는 단방향 유리는 실제로 반투명 거울이다.) 이렇게 투과해 나간 광선이 바로 **레이저빔**(laser beam)이다. 레이저빔은 증폭 과정이 지속되는 한 계속해서 거울에서 나온다.

이 레이저빔은 복제된 광자로 이루어져 있기 때문에 결맞는 빛이다. 많은 레이저들이 기술적인 문제로 초기에 여러 개의 다른 광자들을 동시에 복제하기 때문에 레이저빔의 결맞음이 조금 떨어진다. 그러나 적절히 미세조정을 하면 레이저빔에서 보통 하나의 초기 광자가 우세해진다.

렌즈를 사용하여 손전등 빛을 집중시켜도 빛의 독립적인 광자들은 정확히 렌즈의 초점으로 모이지 않는다. 그것은 광자들이 손전등에서 나갈 때 약간씩 다른 방향을 향하기 때문이고 또한 넓은 범위의 파장으로 인해 렌즈에서 분산 문제가 발생하기 때문이다. 그러나 레이저 빔의 모든 광자들은 사실상 동일하므로 모두 동일한 길을 따라 이동하고 파장이 같아서 아주 작은 점에 모이게 할 수 있다. 레이저빔이 레이저 프린트에 사용되는 것도 이 때문이다. 레이저빔은 인쇄된 이미지를 만들기 위해 복사 과정(10.2절 참조)에서 사용되는 광전도체 드럼 위에 매우 작은 점을 비출 수 있다.

흔한 오개념: 레이저빔

오개념 레이저빔은 공간을 통해 화살 속력으로 이동하는 빛나는 좁은 원통이다.

해결 레이저빔은 빛이며, 빛의 속력으로 공간을 통과해 이동한다. 측면에서 볼 때 레이저 광선은 먼지, 안개, 공기 분자와 같이 경로에 있는 것 때문에 산란된다. 진공에서는 레이저빔이 눈을 직접 비추는 경우를 제외하고는 보이지 않는다.

특정 레이저 공진기에서 레이저빔을 가져와서 유사한 레이저 증폭기를 통해 보내면 레이저빔은 어떻게 되는가?

해답 더 밝아진다.

왜? 레이저 공진기는 일반적으로 레이저 매질에 저장된 에너지의 양에 따라 가능한 한 강렬한 광선을 방출한다. 이 빔은 별도의 레이저 증폭기를 통해 더 증폭될 수 있다. 대부분의 고성능 레이저는 레이저 공진기와 하나 이상의 레이저 증폭기를 사용하여 더욱 밝은 빔을 생성한다.

레이저 매질의 작동 원리

레이저에서는 빛을 증폭할 수 있는 들뜬 상태를 얻는 것이 아주 중요한 문제이다. 이상적인 레이저 작동을 위해서는 매질이 네 가지의 상태, 즉 바닥 상태, 들뜬 상태, 상부 레이저 상태, 하부 레이저 상태를 가져야 하는데, 그 이유는 다음과 같다.

이상적인 레이저 증폭기로 작용하는 원자를 생각해 보자(그림 13.3.12). 원자는 처음에 바닥 상태에 있다가 광자의 충돌이나 흡수를 통해 들뜬 상태로 이동함으로써 빛을 증폭하는 데 필요한 에너지를 공급받는다. 들뜬 원자는 광자를 방출하거나 충돌의 결과로 중간 단계인 상부 레이저 상태로 이동한다. 이 예비 단계는 원자가 곧바로 바닥 상태로 돌아가서 증폭 과정을 회피하는 것을 막아주기 때문에 중요하다. 일단 상부 레이저 상태로 전환되면 원자는 그 상태에 충분히 오랫동안 머물며 빛을 증폭할 준비를 한다.

그 원자는 지나가는 광자를 복제할 준비가 되어 있다. 그러나 아무 광자라도 괜찮은 것은 아니다. 원자가 방출할 수 있는 광자와 일치해야 한다. 예를 들어 들뜬 $3p$ 전자를 가진 네온 원자(13.2절)는 빨간색 광자를 복제할 수 있지만 파란색 광자는 복제할 수 없다. 레이저 증폭기의 이러한 색상 선택성 때문에 대부분의 레이저빔이 순수한 단일 색상을 갖게 된다.

이때 적당한 광자가 원자를 지나가면서 복제 광자를 방출시키면 원자는 하부 레이저 상태로 복사 전이한다. 그러나 원자가 하부 레이저 상태에 머물게 되면 원자는 다시 레이저 빛의 광자를 흡수해서 상부 레이저 상태로 되돌아갈 수 있다. 이런 재흡수를 피하기 위해서 원자는 재빨리 광자를 방출하거나 또 다른 충돌을 통해 바닥 상태로 옮겨간다. 그러면 원자는 다시 모든 순환을 반복하게 된다.

대부분의 레이저가 이와 같은 네 가지 상태의 순환이나 이와 유사한 순환을 사용하고 있다. 이 순환 덕분에 레이저는 상부와 하부 레이저 상태 사이에 **밀도 반전**(population inversion)을 일으켜서 빛을 **흡수할** 준비가 된 하부 레이저 상태의 원자보다 레이저 빛을 **방출할** 준비가 된 상부 레이저 상태의 원자가 더 많은 상태가 된다. 레이저 증폭에서 밀도 반전을 만드는 것은 아주 중요하다. 왜냐하면 밀도 반전 없이는 레이저 매질이 증폭보다는 흡수를 더 많이 하므로 빛의 세기를 증가시킬 수 없다.

각 레이저에서 밀도 반전을 만들려면 레이저 매질의 원자 또는 이와 유사한 계를 바닥 상태에서 들뜬 상태로 이동시키는 데 필요한 에너지를 공급받아야 한다. 이처럼 빛을 증폭

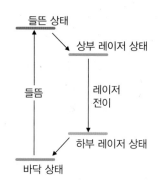

그림 13.3.12 이상적인 레이저 계는 레이저 작동 중에 네 가지 상태를 거친다.

약한 빛 / 플래시 램프 / 밝은 빛 / 고체나 액체 매질

그림 13.3.13 광 펌핑 레이저에서 플래시 램프, 아크 램프 또는 다른 레이저로부터의 강렬한 빛은 레이저 매질에 에너지를 전달한다. 매질 내부의 원자 또는 이와 유사한 계는 이 에너지를 저장하여 빛을 증폭시키는 데 사용한다.

시키는 데 필요한 에너지를 레이저 매질에 전달하는 것을 **펌핑**(pumping)이라 하는데, 그 방식은 레이저의 종류에 따라 다르다.

가장 일반적인 펌핑 메커니즘은 전자나 광을 이용한다. 전자 펌핑에서 전하 입자의 흐름이 운동에너지 또는 정전기 에너지를 사용하여 매질의 원자 또는 이와 유사한 계를 바닥 상태에서 들뜬 상태로 만든다. 광 펌핑에서는 강렬한 빛이 레이저 매질을 비추어 유사한 들뜸을 일으킨다.

광 펌핑의 가장 중요한 예는 이온이 첨가된 고체 상태 레이저이다. 이 레이저는 투명한 물질에 다른 이온을 섞어서 만든다. 보통 사파이어나 이트륨 알루미늄 가넷(YAG), 또는 유리에 각각 티타늄(Ti), 네오디뮴(Nd), 어븀(Er) 등을 섞는 방식을 사용하고 있다. 이를 타이 사파이어(Ti:sapphire), 엔디야그(Nd:YAG), 어븀글래스(Er:glass) 레이저라고 부르는데, 이런 레이저들은 현재 첨단 기술, 연구, 광통신 분야에서 중요한 역할을 하고 있다. 이 레이저 매질에 강한 빛을 쪼이게 되면 이온이 들뜬 상태가 되어 레이저 공진기나 레이저 증폭기로서의 역할을 하게 된다(그림 13.3.13 및 13.3.14).

레이저 다이오드는 LED와 매우 유사하지만 빛을 증폭시키기 위해 복사 전이를 사용한다. 광 방출이 광 흡수를 초과하는 경우에만 증폭이 발생할 수 있기 때문에 레이저 다이오드는 상부 레이저 상태와 하부 레이저 상태 사이에 밀도 반전을 일으켜야 한다.

레이저 다이오드는 과도하게 첨가된(doped) 반도체로 만들어진 매우 좁은 p-n 접합에 전류를 집중시킴으로써 그러한 반전을 달성한다. 강력한 전류는 양극의 전도띠에 엄청난 밀도의 전자를 주입하고, 전자들은 상부 레이저 전도 상태인 가장 낮은 에너지 전도준위에 빠르게 정착한다. 과도한 첨가로 하부 레이저 상태인 양극의 가장 높은 에너지 원자가준위 대부분이 비게 된다. 상부의 레이저 상태에 많은 전자들이 있고 하부의 레이저 상태에는 거의 없어서 밀도 반전이 나타난 다이오드는 빛을 증폭시킬 수 있다.

대부분의 레이저 다이오드는 레이저 공진기 역할을 하며(그림 13.3.15) 강렬한 결맞는

냉각수   플래시 램프   금 거울

네오디뮴:YAG 막대

Courtesy Lou Bloomfield

그림 13.3.14 이 플래시 램프 펌핑 레이저 증폭기에는 자주색 네오디뮴:YAG 막대가 들어있다. 막대는 열린 금박의 앰프 상자의 아래쪽 절반에 있으며 유리관으로 보호되어 있다. 상자의 상단 절반에 있는 긴 플래시 램프의 빛은 네오디뮴 이온을 들뜨게 하여 막대를 통해 수평 방향으로 통과하는 적외선을 증폭시킨다.

그림 13.3.15 이 작은 반도체 칩은 전류가 흐를 때 결맞는 빛의 강렬한 빔을 방출하는 다이오드 레이저이다.

© GIPhotoStock Z/Alamy

빔을 형성할 때까지 자신의 자발적 방출 빛을 증폭시킨다. 양극 자체의 끝은 대개 반사를 충분히 하여 거울처럼 작용하므로 완전한 레이저 공진기를 형성한다. 그러나 레이저 빛을 한 방향으로 집중시키고 빔 특성을 제어하기 위해 많은 레이저 다이오드는 복잡한 구조와 코팅을 갖는다.

개념 이해도 점검 #7: 007, 잠깐 기다려!

영화 속의 비밀 요원은 작은 휴대용 레이저를 사용하여 두꺼운 금속판을 녹여서 구멍을 뚫는다. 출력의 관점에서 왜 그러한 레이저는 본질적으로 불가능한가?

해답 이러한 레이저빔의 빛은 엄청난 양의 출력을 전달한다. 뭔가 그 출력을 레이저 매질로 옮겨야 하는데, 이것은 손에 들어가는 작은 장치에서는 불가능한 일이다.

왜? 레이저빔의 출력은 레이저 매질에서 발생한다. 레이저 매질은 에너지를 다른 곳에서 가져와야 한다. 전지는 수천 와트의 전력을 전달할 수 없으므로 손안에 들어가는 강력한 레이저가 개발되지는 못했을 것이다. 설사 적합한 전원 사용이 가능하더라도 이러한 레이저는 과열되는 경향이 있다. 출력을 빛으로 변환하는 것은 완벽하게 효율적이지 못하며, 대부분의 에너지는 레이저의 구성 요소의 열로 바뀐다. 레이저에서 이 낭비되는 에너지를 제거하기 위해서는 냉각이 필요하다.

13장 에필로그

이 장에서 빛의 생성과 이동을 탐구했다. '햇빛'에 관한 절에서 빛이 대기를 통과하는 동안 어떻게 산란되고, 그리고 한 물질에서 다른 물질로 이동할 때 어떻게 굴절되고 반사되는지를 살펴보았다. 또한 빛 파동이 특정 지점에 대한 경로를 두 개 이상 따라가는 경우 발생하는 간섭 효과를 조사하고 편광 선글라스가 눈부심을 줄이는 방법을 배웠다.

'방전 램프'에서 가스의 방전을 조사했다. 전하 입자와의 충돌로 들뜬 원자는 복사 전이를 통해 빛을 방출할 수 있음을 알았다. 형광등의 내부 표면에 있는 형광 물질이 어떻게 흰 햇빛을 그럴듯하게 모방할 수 있는지 알아보기 위해 빛의 기본 색상을 연구했다.

'LED와 레이저'에서 전자가 서로 다른 종류의 두 반도체 사이의 접합부를 통과한 후 빛을 방출할 수 있는 방법을 살펴보았다. 일반적인 결어긋난 빛과 레이저에서 방출되는 비정상적인 결맞는 빛의 차이를 살펴보았다. 레이저가 광자를 복제하기 위해 유도 방출을 사용하여 적은 양의 초기 광자가 엄청난 수로 증폭될 수 있음을 알게 되었다.

설명: 햇빛의 색상 분리

빛이 크리스털 유리나 그릇의 절단면을 통과할 때 굽어진다. 분산 때문에 굽어지는 각도는 관련된 빛의 파장에 따라 약간 달라지므로 햇빛의 서로 다른 색이 크리스털을 통해 약간 다른 경로를 따르게 된다. 빛이 크리스털에서 나올 때, 빛의 다양한 파장들은 다소 다른 방향으로 향하므로 색깔이 감지된다. 색의 순서는 긴 파장에서 짧은 파장으로 또는 그 반대로 진행된다. 빨간색, 주황색, 노란색, 초록색, 파란색, 남색, 보라색, 또는 그 반대인 무지개의 색상이 보인다.

요약, 중요한 법칙, 수식

햇빛의 물리: 햇빛은 5,800 K인 태양 표면에서 대전된 입자들이 앞뒤로 빠르게 움직이면서 방출되는 전자기파이다. 이 빛은 광속으로 우주공간을 지나 지구 대기권으로 들어선다. 이때 속도가 약간 느려지면서 Rayleigh 산란으로 일부가 흩어지는데 파장이 짧을수록 산란이 더 잘 일어나기 때문에 하늘은 파랗게 보인다.

햇빛이 여러 물체를 통과할 때 속력이 줄어들고 색깔이 분리된다. 햇빛이 빗방울 속을 지날 때 파장에 따라 다른 경로를 지나므로 무지개가 만들어진다. 햇빛이 비눗방울과 같은 얇은 막에서 반사될 때도 파동이 나뉘고 파장에 따라 다른 경로로 움직인 후 만나면 서로 간섭하게 된다. 그러면 어떤 파동은 강하고 밝게 나타나고 또 어떤 파동은 약하고 어둡게 나타난다. 간섭은 빛의 파장에 따라 다르게 나타나기 때문에 얇은 막은 밝은 색깔을 띠게 된다.

방전 램프의 물리: 방전 램프는 기체에 전류를 통과시켜서 빛을 생성한다. 그러한 기체에 강한 전압 기울기를 걸거나 가열된 전극에서 나온 전자를 주입해서 기체를 전하로 채우면 기체가 전기를 전도하는 플라스마로 바뀐다. 일단 플라스마가 형성되면 전류가 플라스마를 통과할 수 있고 그 과정에서의 충돌로 기체 입자가 빛을 방출한다.

형광등은 저압의 수은 증기가 방전하면서 관 안에 생성된 자외선이 관 안쪽에 코팅된 형광 물질에 부딪힐 때 형광 물질이 가시광선을 방출하는 장치이다. 이 자외선은 형광 물질을 들뜨게 하여 형광 물질이 가시광선을 방출하게 한다. 대조적으로, 수은등, 금속 할로겐등, 나트륨등은 방전을 사용하여 가시광선을 직접 생성하고 형광 물질을 사용하지 않는다. 고압에서 작동함으로써 이들 방전 램프는 비교적 넓은 광스펙트럼을 생성하고 에너지 효율적인 조명을 제공한다.

LED와 레이저의 물리: LED에서는 다이오드의 음극에서 나온 전도준위 전자가 p-n 접합을 지나 양극으로 들어가서 비어 있는 원자가준위로 복사 전이를 겪으면 빛이 방출된다. LED가 생성하는 빛의 색은 주로 양극의 띠틈에 의해 결정된다.

레이저는 유도 방출 과정을 통해 빛을 증폭하는데 이 과정에서 레이저 매질에 있는 원자 또는 이와 유사한 계에 에너지가 전달된다. 들뜬 상태의 계가 자발적으로 빛을 내기도 하지만 지나가는 광자를 복제하여 방출하도록 유도될 수도 있다. 딱 맞는 파장의 광자가 들뜬 상태의 계를 지나갈 때 그 계는 저장된 에너지를 포기하고 처음 광자와 똑같은 복제를 방출하기도 한다. 레이저 공진기는 레이저 매질 양쪽에 거울을 두어 빛이 그 사이를 왕복하며 처음 광자가 계속 복제되게 하여 결맞는 빛을 만들어 낸다. 두 거울 중 한쪽은 반투명이므로 빛의 일부가 레이저빔으로 빠져 나온다.

1. Pauli 배타 원리: 구별할 수 없는 두 Fermi 입자는 결코 같은 양자 파동을 점유하지 않는다.

2. 에너지와 주파수의 관계: 빛의 광자 에너지는 Planck 상수

와 빛 파동의 주파수의 곱과 같다. 즉, 다음 관계가 성립한다.

$$\text{에너지} = \text{Planck 상수} \cdot \text{주파수} \qquad (13.2.1)$$

연습문제

1. 빨간색 빛을 수신하거나 송신하려면 안테나가 얼마나 길어야 하는가?

2. 보라색 빛을 수신하거나 송신하려면 안테나가 얼마나 길어야 하는가?

3. 우주 왕복선에 탑승한 우주 비행사가 지구를 내려다 보면 대기가 파랗게 보인다. 왜 그런가?

4. 우주 비행사가 달 표면을 걸었을 때, 태양이 머리 위에 있었음에도 불구하고 별을 볼 수 있었다. 지구에서는 그럴 수 없는 이유는 무엇인가?

5. 물이 가득 찬 유리컵에 손전등을 수평으로 비추면 유리가 광선의 방향을 바꾼다. 어떻게 그렇게 되는가?

6. 레이저 쇼에는 매우 강렬한 광선이 사용된다. 이 빔 중 하나가 가만히 있으면 빔이 공기를 통과하는 경로를 볼 수 있다. 빔이 우리 눈에 직접 향하지 않는데도 그 빔을 볼 수 있는 이유는 무엇인가?

7. 레이저 쇼(연습문제 6 참조)에서 빔을 더욱 잘 보이게 하기 위해 종종 안개나 연기를 이용한다. 그런 입자가 왜 빔을 특히 눈에 잘 띄게 만드는가?

8. 잔잔한 물에 반사되는 자신의 모습을 볼 수 있는 이유는 무엇인가?

9. 굴절, 반사, 분산의 개념을 사용하여 햇빛이 다이아몬드의 절단면을 통과할 때 다이아몬드가 다양한 색깔을 내는 이유를 설명하시오.

10. 다이아몬드의 굴절률은 2.42이다. 다이아몬드를 물 속에 넣으면 표면에서 반사되어 보인다. 그러나 굴절률이 2.42인 액체에 넣으면 다이아몬드가 보이지 않는다. 왜 보이지 않는가? 보석상이나 보석 연구가는 이 효과를 어떻게 이용할 수 있는가?

11. 사탕은 투명한 반면에 가루 설탕은 흰색인 이유는 무엇인가?

12. 종이는 목재와 목화의 주요 화학 물질인 셀룰로오스로 된 투명 섬유로 만들어진다. 왜 종이가 하얗게 보이며, 젖을 때는 상대적으로 투명해지는가?

13. 비오는 날에는 웅덩이 표면에 있는 기름 막을 자주 볼 수 있다. 왜 이 막은 밝은 색깔을 띠는가?

14. 두 장의 유리가 서로 겹쳐지면 색깔 고리가 보일 수 있다. 유리 표면이 서로 가까이 있으면 어떻게 이런 색깔 고리가 생기는가?

15. 편광 선글라스를 쓰고 있는 사람이 다른 사람도 편광 선글라스를 쓰고 있는지 알고 싶다면, 고개를 옆으로 기울인 후 그 사람의 선글라스가 검게 보이는지 살펴보면 된다. 왜 그런가?

16. 물 속을 비스듬히 볼 때보다 위에서 곧바로 들여다 볼 때 왜 더 쉽게 볼 수 있는가?

17. 480 nm 부근의 빛은 청록색이다. 빛의 기본 색상을 어떻게 혼합하면 청록색으로 인지하게 되는가?

18. 빨간색과 초록색 빛의 두 가지 혼합물이 각각 노란색과 주황색으로 보인다. 두 혼합물의 차이점은 무엇인가?

19. 빨간색 페인트는 어떤 색의 빛을 흡수하는가?

20. 노란색 페인트는 어떤 색의 빛을 흡수하는가?

21. 빨간색 페인트에 파란색 빛을 비추면 그 페인트는 어떤 색으로 나타나는가?

22. 고급 화장 거울의 경우에 사용자가 있을 환경의 조명과 일치하도록 형광등이나 백열등 중 하나를 선택할 수 있다. 두 조명이 어떤 차이점을 주는가?

23. 나트륨 원자가 바닥 상태에 있는 동안에는 빛을 방출할 수 없다. 왜 그런가?

24. 나트륨 원자가 가장 낮은 에너지의 들뜬 상태에 있을 때는 빛을 방출할 수 있다. 왜 그런가?

25. 어떤 광자의 에너지가 아르곤 원자의 어떠한 두 상태 사이

의 에너지 차이와도 일치하지 않는다. 아르곤 원자 가스를 이 광자에 노출시킬 때, 광자에 발생하는 현상을 설명하시오.

26. 가스 혼합물에서의 방전은 단일 가스에서의 방전보다 완전한 백색 스펙트럼의 빛을 방사할 가능성이 더 크다. 왜 그런가?

27. 네온사인의 저압 네온 증기가 저압 수은 증기로 교체되면 가시광선이 거의 방출되지 않는다. 왜 그런가?

28. 백열전구의 전력을 높이면 필라멘트가 더 밝아지고 빛이 더 희게 된다. 네온사인은 왜 전력을 높여도 색깔이 변하지 않는가?

29. 잠재적인 오염 물질인 수은은 많은 일회용 제품에는 더 이상 사용되지 않지만 형광등에는 여전히 사용된다. 왜 제조업체들이 형광등에서 수은을 제거할 수 없는가?

30. 백색 직물이 오래 되면 파란 빛을 흡수하기 시작한다. 이렇게 되면 직물이 왜 노랗게 보이는가?

31. 노랗게 변하는 것을(연습문제 30 참조) 숨기기 위해 종종 직물을 '표백제'로 코팅한다. 표백제는 자외선을 흡수하고 파란 빛을 방출한다. 이렇게 코팅된 천은 햇빛에서 파란 햇빛을 일부 흡수함에도 불구하고 흰색으로 보인다. 설명하시오.

32. 카메라 플래시는 고압 크세논과 크립톤 가스의 방전을 사용하여 짧고 강렬한 백색광을 생성한다. 왜 플래시에 이렇게 복잡한 원자를 사용하는 것이 중요한가?

33. CD 플레이어는 레이저빔을 사용하여 직경 $1\,\mu m(10^{-6}\,m)$ 미만의 지점으로 빛을 집중시켜 디스크를 읽는다. 왜 플레이어는 값 비싼 레이저 대신 값싼 백열전구를 사용할 수 없는가?

34. 왜 CD 플레이어(연습문제 33 참조)는 다이오드 레이저 대신 발광 다이오드(LED)를 사용할 수 없는가?

35. 라디오 방송국에서 나오는 전자기파가 왜 결맞은 것인지, 즉 저주파 대역의 결맞은 빛에 해당하는지 설명하시오.

36. 가장 정확한 원자 시계 중 하나는 수소 메이저이다. 이 장치는 들뜬 수소 분자를 사용하여 1.420 GHz의 마이크로파 광자를 복제한다. 메이저에서 분자는 단지 두 상태, 즉 상부 메이저 상태와 하부 메이저 상태(실제로는 바닥 상태)를 갖는다. 메이저 작동을 유지하기 위해 전자기 장치가 항상 들뜬 상태의 수소 분자를 메이저에 추가하고 펌프는 메이저에서 지속적으로 바닥 상태의 수소 분자를 제거

한다. 들뜬 상태의 분자를 메이저에 계속 공급해야 하는 이유는 무엇인가?

37. 수소 메이저(연습문제 36 참조)가 제대로 작동하기 위해서는 왜 가능한 한 빨리 메이저에서 바닥 상태 분자를 뽑아내야 하는가?

38. 일부 레이저 매질은 자발 방출을 통해 에너지가 빠르게 사라지지만, 다른 것들은 오랫동안 에너지를 저장할 수 있다. 왜 극도로 강렬한 빛을 생성하는 레이저에 긴 저장 시간이 필수적인가?

39. 첫 번째 레이저 중 하나는 합성 루비를 레이저 매질로 사용했다. 그러나 루비 레이저는 세 가지 상태의 레이저이고, 그 중 낮은 레이저 상태는 바닥 상태이다. 루비 레이저의 이런 배열은 왜 비효율적인가?

40. 다이오드 레이저의 p형 양극에서 가장 높은 에너지 원자 준위가 비어 있지 않으면 상대적으로 비효율적이며 아마 레이저 광을 전혀 방출하지 않을 것이다. 왜 그런가?

41. LED를 통과하는 전류의 증가가 왜 빛의 색깔에 영향을 미치지 않는가?

42. LED를 통과하는 전류의 증가가 왜 빛의 밝기에 영향을 미치는가?

43. 원자에 전자 7개가 있고 그 전자들의 에너지가 가능한 한 적다면, 전자들이 그 원자에서 얼마나 많은 서로 다른 궤도 함수를 점유하고 있는가?

44. 전자에 서로 구별될 수 있는 4개의 다른 내부 상태가 있다면, 얼마나 많은 전자가 Pauli 배타 원리를 위반하지 않으면서 동일한 궤도 함수를 점유할 수 있는가?

45. 전자가 Fermi 입자가 아니라면, 어떠한 수의 전자도 특정 궤도 함수를 점유할 수 있다. 이 전자들은 어떻게 원자 안에 있는 궤도 함수 사이에 배열될 것인가?

46. 전자가 Fermi 입자가 아니고 Pauli 배타 원리를 따르지 않는다면, 금속과 절연체 사이에 여전히 차이가 있겠는가? 설명하시오.

47. 열에너지는 고온 반도체의 일부 전자를 원자가준위에서 전도준위로 이동시킬 수 있다. 이러한 변화가 반도체의 전기 전도 능력에 미치는 효과는 무엇인가?

48. 연습문제 47의 답을 참고하여 반도체 소자가 과열되었을 때 자주 파괴되는 이유를 설명하시오.

49. p-n 접합부의 p형 반쪽은 전기적으로 중성인가, 아니면 양 또는 음으로 대전되어 있는가?

50. p-n 접합의 중간 지점에서 전기장은 어느 방향을 향하고 있는가?

문제

1. 나트륨등에서 나오는 노란색 빛의 주파수는 5.08×10^{14} Hz 이다. 그 빛의 각 광자는 얼마나 많은 에너지를 가지고 있는가?

2. 저압 나트륨등이 노란색 빛 50 W를 방출하면(문제 1 참조), 매초마다 몇 개의 광자가 방출되는가?

3. 주파수가 1.2×10^{19} Hz인 엑스선의 각 광자는 얼마나 많은 에너지를 가지고 있는가?

4. 어떤 광자는 3.8×10^{-19} J의 에너지를 가지고 있다. 이 빛의 주파수, 파장은 얼마이고 색깔은 무엇인가?

5. AM 라디오 방송국이 880 kHz 라디오파를 50,000 W로 송출하는 경우에 매초마다 얼마나 많은 광자가 방출되는가?

6. FM 라디오 방송국이 88.5 MHz 라디오파를 100,000 W로 송출하는 경우에 매초마다 얼마나 많은 광자가 방출되는가?

광학과 전자공학 Optics and Electrontic

우리 주변에 있는 많은 장치들은 빛, 전하, 또는 둘 모두를 조작하여 유용한 일들을 수행한다. 광학 기술은 빛을 이용하고, 카메라가 앞에 있는 물체들의 상을 기록하고, 우리의 눈이 그 물체들을 직접 관찰하고, 맨눈으로는 우리가 놓쳤던 상세한 모습들을 볼 수 있도록 안경과 확대경이 도와준다. 전자공학의 기술은 전하를 이용하고, 오디오 플레이어의 메모리가 소리 정보를 저장하고, 그것의 컴퓨터가 그 정보를 검색하며, 단추를 누르면 증폭기와 헤드폰이 소리가 재생된다.

렌즈와 프리즘과 같은 광학 기구들은 수백 년 동안 있어 왔고, 저항체, 축전기, 그리고 인덕터와 같은 전자공학 장치들도 또한 긴 역사를 가지고 있다. 그렇지만 현대 기술의 발전은 두 분야 모두에서 발달을 가속시켰다. 레이저의 발명은 광학 산업의 성장을 촉진했고, 트랜지스터의 발명은 전자공학의 세계에 혁명을 일으켰다. 광학과 전자공학 두 분야에서 빠른 진보가 둘을 서로 더 가깝게 가져왔고 결합된 분야인 광전자공학을 탄생시켰다. 심지어 언젠가는 컴퓨터도 현재 전자공학적인 장치인 것처럼 미래에는 광학적인 장치가 될 것이라는 희망도 있다.

일상 속의 실험 │ 확대경 카메라

빛을 조작하는 여러 가정용 장치들이 있는데, 가장 친숙한 것 중 하나가 확대경이다. 확대경은 광선이 그것을 통과할 때 광선들을 서로 가깝게 되도록 구부린다. 이 장에서는 이런 종류의 간단한 수렴렌즈가 어떻게 물체를 확대시킬 수 있는지, 또 빛에 민감한 표면 위에 그것의 상을 투영할 수 있는지 알게 될 것이다. 우선 렌즈로 창문의 상을 벽 위에

투영해 볼 것이다.

밝은 창문이 있는 방으로 확대경을 가지고 가서 조명을 끈다. 창문 반대편 벽 근처에서 확대경을 들고 창문 형태 무늬가 벽에 나타나는 것을 당신이 볼 때까지 확대경을 벽 쪽으로 또는 벽으로부터 멀어지도록 움직인다. 일단 창문 무늬가 보이게 되면, 선명한 상을 얻기 위해서 이 확대경의 방

향과 벽으로부터 거리를 조심스럽게 조정한다. 또 창문 바깥에 있는 물체들의 상을 선명하게 만들기 위해서 확대경을 움직인다. 어떤 방법으로 확대경을 움직여야만 하고, 왜 모든 상들이 동시에 선명하게 될 수는 없는 것인가?

하얀 종이 위에 밝게 조명된 다른 물체의 상을 비출 수도 있다. 렌즈의 어떤 특성들이 그 상들의 크기를 결정하는가? 상의 방향은 무엇이 결정하는가? 렌즈의 일부분을 막으면 상이 어떻게 되는지 관찰해 보자. 당신으로부터 서로 다른 거리에 있는 물체들의 상이 형성되도록 시도해 보자. 그들이 모두 동시에 상을 만드는가, 아니면 각 상이 선명한 초점을 가져오도록 만들기 위해서는 렌즈를 조정해야만 하는가?

14장 학습 일정

빛을 모아서 작은 점 또는 멀리 있는 물체의 상을 형성하는 과정은 광학에서 흔한 주제이다. 정보를 전하로 표현하고 다음에 그 정보를 저장, 조작, 사용하는 것은 전자공학에서 전형적인 것이다. 이 단원에서는 이런 종류의 빛과 전하의 조작에 기반한 몇 가지 시스템에 대해 알아볼 것이다. 즉 (1) **카메라**, (2) **광 기록과 통신**, (3) **오디오 플레이어** 등이다. (1)에서는 렌즈가 어떻게 빛을 휘게 하여서 상을 형성하고 그 상들이 어떻게 사용되어 사진을 만드는지 살펴본다. (2)에서는 몇 가지 진기한 광학

적 효과를 조사하는 동시에 광학에서 레이저의 역할을 탐구한다. (3)에서는 기본적인 전자공학 부품들의 간단한 배열이 어떻게 함께 가져와서 컴퓨터와 오디오 증폭기를 만드는지 살펴보고, 그들 두 장치들이 어떻게 하나의 단위로 함께 결합되어서 당신이 해변을 거닐면서 수천 개의 노래들을 들을 수 있도록 하는지 살펴본다. 추가적인 정보를 미리 얻기 위해서는 이 장의 마지막에 있는 '요약, 중요한 법칙, 수식'을 참조하라.

14.1 | 카메라

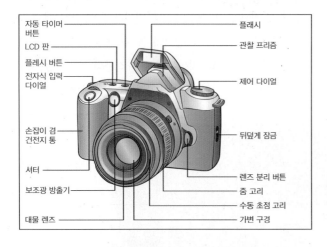

자동 타이머 버튼	플래시
LCD 판	관찰 프리즘
플래시 버튼	
전자식 입력 다이얼	제어 다이얼
손잡이 겸 건전지 통	뒤덮게 잠금
셔터	렌즈 분리 버튼
보조광 방출기	줌 고리
	수동 초점 고리
대물 렌즈	가변 구경

카메라가 발명되어 2세기가 지나는 동안, 카메라는 매우 널리 사용되고 있다. 사진술은 몇몇 헌신적인 열정을 가진 사람들이 취미로 시작했던 것이 일상 활동으로 진화되었다. 그렇지만 모든 기술적인 향상에도 불구하고, 사진은 1800년대에 채용했던 원리들의 많은 것들이 지금에도 사용되고 있다. 카메라는 빛에 민감한 표면 위에 상을 투영하기 위해서 여전히 렌즈를 사용하며, 사진사는 올바른 노출, 적절한 초점, 그리고 빠른 운동의 흐려짐을 피하는 것을 아직도 걱정해야만 한다. 이 절에서는 카메라가 작동하도록 만드는 원리들 중 몇 가지를 공부할 것이다.

생각해 보기: 왜 비싼 카메라 렌즈들은 그렇게 복잡하고 여러 개의 분리된 유리 부품들을 가지고 있는가? 왜 긴 렌즈는 물체를 당신에게 더

가깝게 놓을 수 있게 하는가? 카메라의 렌즈 구경은 어떤 역할을 하는가? 근시와 원시인 사람들은 왜 서로 다른 안경을 착용하는 것인가?

실험해 보기: 카메라의 기본적인 역할은 당신 앞에 있는 장면의 상을 센서 위에 투영하는 것인데, 이것은 단지 간단한 확대경을 요구할 뿐이다. 비점수차가 없는 원시 안경이나 돋보기 안경을 포함하여 사실 중간 부분에서 바깥쪽으로 굽어진 간단한 렌즈는 어떤 것이라도 사용할 수 있다. 밝은 전등의 맞은편 쪽에 어둡게 만든 방에 서 보자. 흰 종이를 한 장 들고 그것이 전등을 향하도록 해서 종이 앞에서 렌즈를 앞뒤로 움직여보자. 렌즈도 전등을 향하도록 하여라.

렌즈가 종이 위에 전등의 깨끗한 상을 투영하는 거리를 찾아야만 한다. 전등이 위아래가 바뀌어 거꾸로 나타나고 만약 렌즈를 종이쪽으로 또는 그 반대쪽으로 움직이면 상이 흐려진다는 것을 발견할 것이다. 또한 전등의 상이 선명하게 나타났을 때 그 전등의 앞 또는 뒤에 있는 물체의 상이 희미해지며, 그 반대도 성립함을 발견할 것이다. 더 멀리 있거나 더 가까이에 있는 물체에 초점을 맞추려면 렌즈를 어떤 방법으로 움직여야 하는가?

판지 한 장에 구멍을 내고 이것을 사용해서 렌즈의 중심 부분 이외의 모든 부분을 덮는다. 이 전등의 상은 이제 대체로 어두워지겠지만, 그것은 렌즈로부터 종이까지 거리의 더 넓은 영역에 걸쳐서 더 뚜렷하게 될 것이다. 만약 이 구멍이 충분히 좁으면, 실질적으로 모든 것들이 동시에 초점을 맞는다. 분명히 렌즈의 지름과 여러 물체에 동시에 초점을 맞추는 능력은 밀접하게 연관되어 있다. 왜 그런가?

렌즈와 실상

앞에 있는 경치 사진을 찍을 때, 카메라의 렌즈는 빛에 민감한 표면 위에 실상이 맺히도록 빛의 경로를 휘게 한다. **실상**(real image)은 공간이나 표면 위에 투영되는 빛의 한 형태이고, 그것은 원래 장면에 대한 빛의 형태를 정확하게 재생한다. 투영되는 실상은 찍고 있는 장면과 똑같아 보이기 때문에 그 상을 이루는 빛을 기록하는 것은 장면 자체의 모습을 기록하는 것과 같다.

빛에 민감한 표면은 한때는 항상 사진 필름이었지만, 이제는 디지털 카메라가 전자적인 상 센서를 가지고 거의 완전하게 필름을 대체해가고 있다. 다행스럽게도, 이 두 감광 표면들은 본질적으로 서로 교체할 수 있기에 이들은 모두 **상 센서**(image sensors)라고 부를 수 있는데, 하나는 전자적이고 다른 하나는 광화학적이다.

실상은 특별한 조작 없이 발생하지는 않는다. 촛불로부터 나온 빛이 직접 상 센서 위에 떨어질 때는 단지 분산된 조명만을 만든다(그림 14.1.1a). 마찬가지로 촛불이 어떻게 보이는지 종이를 바라보아서는 알 수가 없는데, 왜냐하면 촛불을 떠난 빛이 모든 방향으로 이동하며 이 빛이 종이의 밑에 부딪치는 것과 마찬가지로 종이의 위에도 부딪치기 때문이다(그림 14.1.1b).

그것이 바로 카메라가 **렌즈**(lens)를 필요로 하는 이유인데, 이것은 상을 형성하기 위해 굴절을 이용하는 투명한 물체이다. 렌즈를 통하여 지나가는 빛은 두 번 구부러지는데, 한 번은 유리나 플라스틱으로 입사할 때이고, 두 번째는 다시 떠날 때이다. 카메라 렌즈에서 이렇게 빛이 구부러지는 과정은 촛불의 한 점으로부터 빛의 많은 부분을 함께 센서 위의 한 점으로 다시 가져온다. 그림 14.1.2에서 볼 수 있는 것처럼, 그것이 만드는 실상은 거꾸로 서 있다. 이처럼 물체의 도립 실상은 렌즈가 실상을 만들 때 언제나 생긴다.

카메라 렌즈의 굽은 형태는 이 렌즈가 실상을 형성하도록 한다. 렌즈의 상부를 통하여 지나가는 빛은 아래쪽으로 구부러지며, 반면에 하부를 지나가는 빛은 위쪽으로 구부러진다. 카메라 렌즈는 광선을 서로에게 가까와지도록 구부리기 때문에, 이것은 **수렴렌즈**(converging lens)이다. 촛불 위에 있는 한 점을 떠나는 광선의 일부를 따라감으로써 그림 14.1.1b에서 이 렌즈가 어떻게 상을 형성하는지 볼 수 있다.

촛불로부터 나온 상부의 광선은 렌즈의 상부 쪽으로 수평으로 진행한다. 광선이 렌즈로

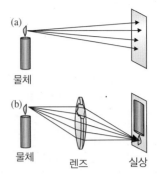

그림 14.1.1 (a) 렌즈가 없으면 촛불에서 나온 빛은 균일하게 상 센서를 비춘다. (b) 촛불과 센서 사이에 렌즈를 놓으면 촛불 위에 있는 각 지점으로부터의 빛을 센서의 표면 위로 가져와서, 거꾸로 선 촛불의 실상을 만든다. 렌즈와 센서 사이의 거리가 정확하게 선택되어야만 하는데 만일 그렇지 않으면 상이 흐려질 것이다.

그림 14.1.2 (a) 촛불 빛이 종이 위에 직접적으로 떨어질 때, 이것은 어떠한 상도 만들지 않는다. (b) 촛불과 종이 사이에 놓은 렌즈는 종이 위에 불꽃의 도립 실상을 형성한다.

Courtesy Lou Bloomfield

들어갈 때는 속력이 느려지기 때문에 이 광선은 아래쪽으로 구부러진다. 이 광선이 렌즈를 떠날 때 다시 아래쪽으로 구부러지고 상 센서의 아래 부분을 향하여 진행한다.

촛불로부터 나온 하부의 광선은 렌즈의 하부 쪽으로 진행하여 렌즈로 들어갈 때 위쪽으로 구부러진다. 그 광선이 렌즈를 떠날 때 다시 위쪽으로 구부러지고 상 센서의 아래 부분을 향하여 수평으로 진행한다.

이러한 두 광선은 상 센서의 같은 점에 도달한다. 이처럼 두 광선은 촛불에서 오는 많은 다른 광선들과 합류하여 밝은 점이 센서 위에 형성된다. 전체적으로 촛불의 각 부분은 상 센서 위에 특별한 점을 비추므로, 렌즈는 센서 위에 촛불의 완전한 상을 만든다.

그렇지만 렌즈와 센서가 정확한 거리만큼 떨어져 있을 때만(그림14.1.3) 렌즈는 빛을 함께 모아 선명한 상을 만든다. 만약 센서가 렌즈에 너무 가까우면, 그때는 빛이 함께 모일 여지가 없다. 만약 센서가 렌즈로부터 너무 멀면, 빛이 센서에 도달하기 전에 빛이 다시 떨어지기 시작한다. 어느 경우에나 센서 위의 상은 희미해진다. 촛불의 실상은 렌즈로부터 어떤 특정한 거리에서만 **초점이 맞는다**.

만약 촛불이 카메라 렌즈 쪽으로 또는 멀어지는 쪽으로 움직이면, 렌즈와 상 센서 사이의 거리도 또한 변해야만 한다(그림 14.1.4). 촛불이 멀어질 때는 렌즈를 통과하는 모든 광선은 서로 거의 평행하게 진행하여 도달하고 렌즈에 의해 안쪽으로 구부러진 광선들은 함께 빠르게 수렴한다. 그 광선들이 비교적 렌즈 근처에 초점을 맞추고, 거기에 센서가 있어야 하는 것이다(그림 14.1.4a). 센서 위에 나타나는 촛불의 상은 촛불의 실제 크기보다 훨씬 더 작은데, 왜냐하면 그 광선들이 렌즈를 떠난 후에 위 또는 아래로 움직일 수 있는 거리가 짧기 때문이다.

촛불이 가까이에 있으면 렌즈를 통해서 지나가는 광선들이 빠르게 발산하고 렌즈에 의해 안쪽으로 구부러진 것은 이 광선들을 수렴하기에 충분하지 않다. 결과적으로 광선은 렌즈로부터 상대적으로 멀리에서 초점에 맺히게 된다(그림 14.1.4b). 센서 위에 나타나는 촛불의 상은 꽤 큰데, 왜냐하면 그 광선들이 렌즈를 떠난 후에 위 또는 아래로 움직일 수 있는 상당한 거리를 가지고 있기 때문이다.

멀거나 가까운 물체는 카메라 렌즈로부터 서로 다른 거리에서 실상을 형성하기 때문에, 그들은 둘 다 같은 상 센서 위에 초점을 갖지 못한다. 당신이 산 앞에 있는 사람을 사진 찍는다면 사람이나 산 중 하나만 선명한 초점을 이루는 것이다. 그렇지만 만약 선명도에 관하여 약간의 타협을 한다면, 렌즈는 때때로 사람과 산 둘 다 어느 정도 상을 맺을 수 있다.

그림 14.1.3 실상은 상 센서가 렌즈로부터 정확한 거리에 있을 때만 초점이 맞는다. 만약 센서가 렌즈로부터 너무 가깝거나 또는 너무 멀면 상은 흐려진다.

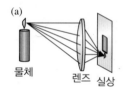

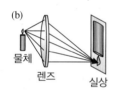

그림 14.1.4 (a) 먼 촛불로부터 오는 빛은 거의 같은 방향으로 진행하고, 렌즈는 쉽게 초점을 잡는다. 실상은 렌즈 가까이에 형성된다. (b) 가까이의 촛불에서 오는 빛은 발산하고, 렌즈가 이 빛들을 다시 구부리는 것은 더 어렵다. 촛불이 렌즈에 너무 가까우면 실상은 전혀 생기지 않는다.

▶ 개념 이해도 점검 #1: 빛 보기

흰 종이 위 적당한 거리에서 확대경을 들고 있으면, 종이 위에서 머리 위에 있는 전등의 상을 보게 될 것이다. 설명하시오.

해답 이것은 전등의 실상인데, 수렴 확대경에 의해서 만들어진 것이다.

왜? 확대경은 수렴렌즈이고 실상을 형성할 수 있다. 그것은 전등으로부터 바깥으로 퍼지는 빛을 종이 위에 실상으로 맺는다.

초점 맞추기와 렌즈의 지름

일회용 카메라는 렌즈를 가진 상자에 불과하다. 그 렌즈는 카메라의 상 센서 위로 렌즈 앞 장면의 실상을 투영한다. 실상의 빛은 상 센서를 노출시키고, 그것은 상을 영구적으로 기록한다. 카메라는 또한 노출을 시작하고 멈추는 셔터, 여분의 빛을 제공하는 플래시, 그리고 다음 사진을 준비하는 기계장치를 가지고 있는 반면에, 일회용 카메라에는 렌즈 이외에 다른 것이 거의 없다.

그렇지만 일회용 카메라 디자인에는 한계가 있다. 가장 심각한 한계 중 하나는 초점을 맞출 수 없다는 것인데, 이 카메라는 렌즈와 상 센서 사이의 거리가 고정되어 있기 때문이다. 그럼에도 불구하고, 심지어 물체들이 카메라로부터 다양한 거리에 있을 때에도 이것은 센서 위에 비교적 선명한 실상을 만든다. 이 간단한 카메라가 잘 작동하는 이유는 좁은(작은 지름의) 렌즈를 사용하기 때문이다. 얇은 렌즈는 넓은 렌즈보다 빛을 덜 모으지만, 렌즈와 상 센서 사이의 거리를 조절하는 **초점 맞추기**(focusing)를 필요로 하지 않는다.

넓은(큰 지름의) 렌즈는 많은 서로 다른 방향으로부터 광선들을 가져오기 때문에 초점을 잘 맞추어야 한다(그림 14.1.5a). 만약 상 센서가 렌즈로부터 조금만 너무 가깝거나 또는 너무 멀면, 기록된 상은 흐려질 것이다. 반면에 좁은 렌즈는 심지어 초점을 잘 맞추지 않아도 상당히 선명한 상을 만든다. 물체의 한 점에서 나온 광선들이 좁은 렌즈를 통과하려면 이들은 처음부터 서로 충분히 가까워야만 된다. 초기의 이러한 가까움은 수렴된 광선들이 센서가 렌즈로부터 정확하게 옳은 거리에 있지 않을 때라도 상 센서의 단지 작은 부분을 비춘다는 것을 의미한다(그림 14.1.5b). 어쨌든 상 센서가 매 순간 상세히 기록할 수는 없기 때문에, 그 위에 형성하는 상은 절대적으로 완전한 초점에 있어야만 하는 것은 아니다. 결과적으로, 좁은 렌즈를 가진 카메라는 초점 맞추기 없이도 상당히 좋은 사진을 얻을 수가 있는 것이다.

불행하게도 이 간단한 카메라들은 매우 적은 양의 빛을 모으기 때문에 극도로 빛에 민감한 상 센서가 필요하다. 이들 고속 센서는 저속 센서가 할 수 있는 것처럼 선명한 사진을 기록할 수 없다. 게다가, 간단한 카메라에 의해서 만들어진 그림은 섬세한 세부사항이 부족하다. 비록 모든 것이 거의 초점에 맞추어져 있지만, 만약 상을 자세히 보거나 또는 확대해 보면 대부분이 약간 흐리다.

정교한 카메라일수록 더 넓은 렌즈를 사용하고 더 많은 빛을 모으고 상 센서에 훨씬 더 빨리 노출시킨다. 이들은 또한 자동적으로 렌즈와 센서 사이의 거리를 조절한다. 이런 카메라는 사진을 찍는 물체를 인식해서 카메라 렌즈의 위치를 정하고 센서 위에 선명한 상이 투영되도록 한다. 카메라가 초점을 맞출 때 렌즈가 센서로부터 정확한 거리를 찾기 위해서 앞뒤로 움직이는 것을 볼 수 있다.

심지어 큰 렌즈를 가진 카메라도 초점 조절에서 작은 렌즈의 장점을 이용할 수 있다. 그것의 렌즈는 **구경**(aperture), 즉 유효 지름을 감소시키는 내부 조리개를 갖고 있다. **조리개**(diaphragm)는 중심에 구멍이 있는 금속 조각들의 고리이다. 이 조각들은 안팎으로 움직일 수 있어 조리개 구멍의 지름을 변화시키고, 따라서 렌즈의 구경을 변화시킨다(그림 14.1.6).

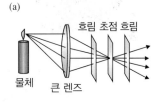

(a)

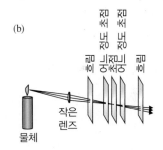

(b)

그림 14.1.5 (a) 큰 렌즈는 많은 빛을 모으지만, 초점을 맞추는 데 어려움이 있다. 실제 초점을 제외한 곳에서는 상이 흐려진다. (b) 작은 렌즈는 적은 빛을 모으지만 그것의 상은 초점 근처 어디에서나 상대적으로 선명하다.

그림 14.1.6 렌즈의 구경은 내부 조리개를 닫음으로써 감소시킬 수 있고, 상은 희미해지지만 초점 깊이는 증가한다.

렌즈 구경이 좁을 때는 정교한 카메라도 간단한 카메라와 유사한데, 거의 모든 물체가 본질적으로 동시에 초점이 맞는다. 이때 카메라는 큰 **초점 깊이**(depth of focus)를 가진다. 실제로 정교한 카메라는 가장 중요한 대상물을 완벽한 초점에 맞출 수 있고, 그래서 간단한 카메라로 찍은 사진보다 더 좋은 사진을 얻는다. 그렇지만 렌즈의 구경을 줄이면 상 센서에 도달하는 빛의 양도 감소한다. 카메라 앞에 있는 경치가 매우 밝아야만 하거나 또는 노출이 상대적으로 길어야만 한다. 대가 없이는 어떤 것도 얻지 못한다.

비록 큰 렌즈의 구경을 넓게 하면 빛을 모으는 능력을 최대로 사용하는 것이지만, 그러면 초점 맞추기가 중요해진다. 렌즈에서 센서의 거리가 조금이라도 맞지 않으면 흐릿한 사진을 만들므로, 초점 깊이는 매우 작다. 이렇게 빛을 모으는 것과 초점 깊이 사이의 균형을 맞추는 일은 사진가에게는 늘 해야 하는 일이다. 그렇지만 사진의 배경이나 전경을 일부러 희미하게 만들기 위해서 가끔 넓은 렌즈에서 작은 초점 깊이를 이용하기도 한다. 카메라의 초상화 세팅은 희미한 배경에 대조되게 사람의 선명한 상을 얻기 위해서 이 전략을 채택한다.

다른 경우에 사진가는 전체 장면이 선명한 초점에 이르도록 가져오기 위해서 작은 구경에서 긴 노출 시간을 선택하기도 한다. 카메라의 풍경화 세팅은 이 방법을 취하므로 사진에서 모든 것이 전체 세부사항을 보여준다. 큰 초점 깊이를 유지하면서 빠른 운동을 찍으려면 대상물을 밝게 하고 노출을 단축시켜야 하는데, 이를 위해 플래시를 사용한다. 불운하게도 카메라 플래시는 멀리 있는 경치를 밝게 하기 어렵고, 플래시는 창문과 눈으로부터 유쾌하지 않은 반사를 만들 수 있다. 카메라의 스포츠 세팅은 비록 넓은 구경과 작은 초점 깊이를 요구할 수 있지만, 빠른 움직임에 의한 흐릿함을 피하기 위해서 짧은 노출을 강조한다.

▶ 개념 이해도 점검 #2: 초상화 사진

당신 친구의 사진을 찍는 동안에 큰 카메라 렌즈의 조리개를 활짝 열면 배경이 흐리게 되는 것을 알 수 있다. 설명하시오.

해답 더 멀리 있는 배경으로부터 오는 빛은 친구로부터 오는 빛보다 렌즈에 더 가깝게 초점을 맺는다. 이 카메라는 당신 친구에게 초점을 맞추고 있기 때문에 배경은 초점에서 벗어난 것으로 보인다.

왜? 카메라 렌즈의 구경이 넓게 열렸을 때 초점 맞추기는 중요하다. 친구의 앞 또는 뒤에 있는 물체들은 상 센서 위에 초점에서 벗어나고 흐릿하게 나타난다.

초점 거리와 f-수

렌즈는 두 가지 양, 즉 초점 거리와 f-수에 의해서 특징지어진다. 렌즈의 **초점 거리**(focal length)는 렌즈와 렌즈가 **매우 먼 거리에 있는 물체**의 상을 형성하는 실상 사이의 거리이다. 예를 들면, 만약 달의 실상이 어떤 특정 렌즈의 100 mm 뒤에 있다면, 그 렌즈는 100 mm의 초점 거리를 가진다. 카메라 렌즈의 초점 거리는 여러 휴대전화와 소형 카메라에 쓰이는 10 mm 미만에서부터 자연 사진학에서 사용되는 카메라의 약 2 m의 범위에 걸쳐 있다.

경치로부터 나온 빛이 짧은 초점 거리를 가진 렌즈를 통과할 때, 이것은 그 렌즈 근처에

표 14.1.1 몇몇 카메라에 대한 사용하는 상 센서의 넓이와 표준 렌즈

표준 렌즈	센서 넓이	표준 렌즈
디지털 카메라	8 mm	12 mm
35 mm 카메라	36 mm	50 mm
2¼인치 미디엄-포멧 카메라	2¼인치	80 mm
5인치 초상 카메라	5인치	180 mm

초점을 맞추게 되고 상 센서 위에 상대적으로 작은 상을 만든다. 긴 초점 거리의 렌즈는 그것을 통과하는 빛이 초점에 이를 때까지 퍼지도록 하기 때문에 센서에 더 큰 실상을 만든다.

어떤 특정한 카메라의 '표준' 렌즈는 우리의 중심 시야에 있는 모든 사물을 상 센서 위에 맞추도록 하는 초점 거리를 가진다(표 14.1.1). 당신의 눈에서 약 30 cm 거리에서 완성된 사진을 들고 보면 사진 속의 물체는 사진이 찍혔을 때의 크기와 거의 같은 크기로 나타난다. 어떤 카메라의 표준 렌즈의 초점 거리는 그 상 센서의 수평 너비의 약 1.5배이다.

광각(넓은 각도) 렌즈는 표준 렌즈보다 더 짧은 초점 거리를 가진다(그림 14.1.7a). 그것이 상 센서에 투영하는 상은 더 작지만 더 밝고, 전체 시야에 있는 대부분의 사물들이 사진에 나타난다. 망원 렌즈는 표준 렌즈보다 더 긴 초점 거리를 가진다(그림 14.1.7b). 그것이 센서 위로 투영하는 상은 더 크지만 더 희미하고 경치의 중심 부분에 있는 물체들만 사진에 나타난다.

아주 멀리 있는 물체의 상은 초점에 상을 맺지만 일반적으로는 카메라 렌즈의 초점 거리가 물체 거리를 상 거리와 연관시킨다. **물체 거리**(object distance)는 렌즈와 물체(피사체) 사이의 거리이다. **상 거리**(image distance)는 렌즈와 렌즈가 만드는 실상 사이의 거리이다(그림 14.1.8). 이 관계식은 **렌즈 방정식**(lens equation)으로 불리며, 언어 식으로 다음과 같이 쓸 수 있다.

$$\frac{1}{\text{초점 거리}} = \frac{1}{\text{물체 거리}} + \frac{1}{\text{상 거리}} \qquad (14.1.1)$$

기호로 나타내면 아래 식이 된다.

$$\frac{1}{f} = \frac{1}{o} + \frac{1}{i}$$

일상의 언어로 표현하면 다음과 같다.

물체가 더 멀어질수록, 상은 렌즈에 더 가깝게 만들어진다.

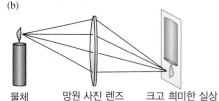

그림 14.1.7 (a) 넓은 각도 렌즈는 짧은 초점 거리를 가지며 렌즈 근처에 작고 밝은 실상을 만든다. (b) 망원 사진 렌즈는 긴 초점 거리를 가지며 렌즈로부터 멀리에 크고 희미한 실상을 만든다.

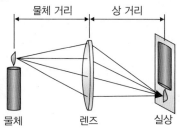

그림 14.1.8 물체 거리, 상 거리, 렌즈의 초점 거리 사이의 관계는 렌즈 방정식으로 주어진다.

◉ **렌즈 방정식**
렌즈의 초점 거리의 역수는 물체 거리의 역수와 상 거리의 역수를 더한 값과 같다.

렌즈 방정식에 의하면, 멀리 있는 물체에 대한 상 거리는 렌즈의 초점 거리와 같다. 이 결과는 앞에서 논한 초점 거리 설명과 일치한다. 그렇지만 물체가 가까이 있을 때, 상 거리는 초점 거리보다 더 커지게 된다. 이것은 왜 더 가까운 물체를 찍을 때 카메라 렌즈를 상 센서로부터 멀어지는 쪽으로 움직여야하는지를 설명한다. 물체 거리가 초점 거리보다 더 작아질 때 상 거리는 음(−)으로 되고, 전혀 실상을 만들 수 없다. 이것은 렌즈에 아주 가까이 있는 사물을 찍을 수 없는 이유이다.

렌즈의 **f-수**(f-number)는 그것이 상 센서 위에 만드는 실상의 밝기를 특징짓는데, f-수가 작을수록 더 밝은 상을 나타낸다. f-수는 렌즈의 초점 거리를 렌즈의 지름으로 나누어서 계산되며, 이를 식으로 표현하면 다음과 같다.

$$\text{f-수} = \frac{\text{초점 거리}}{\text{지름}}$$

긴 초점 거리 렌즈는 자연적으로 상 센서 위에 더 크고 더 어두운 상을 만들기 때문에, f-수는 빛을 모으는 렌즈의 용량과 그것의 초점 거리를 둘 다 고려한다. 렌즈의 지름이 증가하면 렌즈의 빛을 모으는 용량이 증가하고 렌즈의 f-수는 감소한다. 렌즈의 초점 거리가 증가하면 실상의 밝기는 감소하고 f-수는 증가한다. 둘을 한꺼번에 하면, 즉 렌즈 지름과 초점 거리를 같이 증가시키면 밝기와 f-수는 변하지 않는다.

대부분의 정교한 카메라는 렌즈의 f-수가 일반적으로 4보다 작은 큰 지름의 렌즈를 사용하고 있다. 초점 거리보다 지름이 더 큰 렌즈를 제조하는 것은 어렵기 때문에 가장 작은 실제 f-수는 약 1이다. 또한 f-수를 작게 유지하기 위해서 초점 거리가 긴 렌즈는 큰 구경이 필요하기 때문에 어떤 망원 렌즈는 거대하다.

렌즈 내부에 있는 조리개는 렌즈의 구경을 줄일 수 있도록 허락하므로 렌즈의 f-수를 증가시킨다. 렌즈의 f-수를 2배 증가시키는 것은 렌즈의 유효 지름을 2배로 줄이고 렌즈가 빛을 모으는 면적을 4배 감소시키는 것에 해당한다. 그러므로 렌즈의 f-수를 2배로 할 때 노출 시간을 4배로 하여 벌충해야만 한다. 비록 구경을 닫는 것이 렌즈의 초점 깊이를 증가시키지만, 그것은 더 긴 노출을 요구한다.

▶ 개념 이해도 점검 #3: 밝고 선명한 사진

햇빛이 비치는 맑은 날에 자동카메라는 큰 초점 깊이를 가지고 사진을 촬영하며, 반면에 구름 낀 흐린 날에는 훨씬 더 작은 초점 깊이를 가진다. 무엇이 이 차이를 가져오는가?

해답 맑은 날에는 카메라가 노출을 위한 충분한 빛을 모으기 위해서 단지 작은 구경을 필요로 한다. 흐린 날에는 빛을 모으기 위해서 이용할 수 있는 가장 큰 구경을 사용하므로 작은 초점 깊이를 가진다.

왜? 빛 모으기와 초점 깊이는 연관되어 있다. 만약 노출을 위해 충분한 빛을 모으기 위해 카메라 렌즈의 구경을 열어야 한다면 초점 맞추기가 중요해질 것이며, 사진은 작은 초점 깊이를 가질 것이다.

▶ 정량적 이해도 점검 #1: 사과의 상

만약 사과로부터 수렴 렌즈까지의 거리가 이 렌즈 초점 거리의 2배라면, 이 사과의 상은 어디에 형성될 것인가?

> **해답** 상은 렌즈의 뒤쪽 렌즈 초점 거리의 2배인 곳에서 형성될 것이다.

> **왜?** 물체 거리가 초점 거리의 2배이기 때문에 상 거리를 발견하기 위해서 식 (14.1.1)을 이용할 수 있다.

$$\frac{1}{\text{상 거리}} = \frac{1}{\text{초점 거리}} - \frac{1}{\text{물체 거리}}$$
$$= \frac{1}{\text{초점 거리}} - \frac{1}{2 \cdot \text{초점 거리}}$$
$$= \frac{1}{2 \cdot \text{초점 거리}}$$

상 거리는 렌즈 초점 거리의 2배이다.

카메라 렌즈의 품질 향상

고품질의 카메라 렌즈는 단일 유리나 플라스틱으로만 되어 있는 것이 아니며, 여러 개의 부품으로 구성되어 함께 하나의 렌즈로 작용하는 것이다. 이와 같은 복잡성은 실상의 질을 향상시킨다. 우선 빛이 단일 렌즈를 통과하여 분산될 때 서로 다른 색의 빛을 다르게 꺾이도록 만들고 렌즈 뒤의 서로 다른 거리에서 초점을 맞추게 한다. **색수차**(chromatic aberration)라고 알려진 이 문제는 서로 다른 분산 양을 가진 유리 또는 플라스틱의 다른 형태로 만들어진 여러 개의 렌즈 요소들을 조합해서 해결될 수 있다. 이들 요소들은 전체 렌즈가 거의 분산을 일으키지 않도록 서로를 보정하는 **색지움 렌즈**(achromat)를 이루어 색에 의한 초점 문제를 거의 없앤다.

색의 보정과 또한 다른 기술적인 상의 문제를 해결한 후에도 정교한 카메라는 10개 이상의 개별 요소들을 포함하기도 한다. 렌즈 방정식을 사용하기 위해 이 복합 렌즈는 물체와 상 거리를 계산할 때 쓰는 유효 중심 위치를 가지고 있다. 그렇지만 이렇게 많은 분리된 요소들을 가지고 있으면 반사 문제가 생기는데, 빛이 공기로부터 유리로 또는 그 반대로 지나갈 때마다 약간의 빛은 반사된다. 이렇게 반사광으로 사진이 뿌옇게 되는 것을 피하기 위해서, 개별 요소들은 투명한 물질의 얇은 층으로 **무반사 코팅**(antireflection coating)이 되어 있다. 가장 좋은 코팅은 간섭 효과를 이용하여 반사된 광파를 상쇄시키며, 단지 보라색 반사만을 약간 허용한다.

많은 현대적인 카메라는 줌 렌즈를 갖추고 있다. 줌 렌즈는 렌즈가 상 센서 위로 투영하는 실상의 크기를 변화시킬 수 있는 복합 렌즈이다. 렌즈 조각들을 상대적으로 조심스럽게 움직임으로써 줌 렌즈는 그것의 유효 초점 거리를 조절할 수 있다.

줌 렌즈의 흔한 형태는 3개의 분리된 렌즈의 그룹을 포함하며 연속적인 3개의 상을 만든다(그림 14.1.9). 첫 번째 렌즈 그룹은 물체의 첫 번째 상을 만든다. 두 번째 렌즈 그룹은 그 첫 번째 상을 물체로 하여 두 번째 상을 만든다. 세 번째 렌즈 그룹은 상 센서 위에 세 번째인 실상을 투영한다. 렌즈의 초점 거리를 변화시키는 것은 렌즈 그룹들 사이의 거리를 바꾸어서 두 번째 렌즈 그룹의 물체와 상 거리를 변화시키므로 첫 번째와 두 번째 상의 상대적인 크기를 변화시키는 것이다.

줌 렌즈가 짧은 초점 거리에서 긴 초점 거리로 변화하면서, 센서 위에 투영하는 상은 더

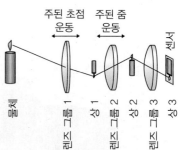

그림 14.1.9 줌 렌즈의 흔한 형태는 3개의 렌즈 그룹을 사용해서 변하는 크기의 실상을 상 센서 위에 투영한다. 줌은 대부분 두 번째 렌즈 그룹을 움직여서 물체와 상 거리를 변화시킨다. 첫 번째 렌즈 그룹은 초점 맞추기를 주로 하고 세 번째 렌즈 그룹은 센서 위에 실상을 투영한다.

커진다. 이런 식으로 피사체가 사진을 완전하게 채우도록 할 수 있다. 같은 f-수를 유지하고 여전히 계속해서 센서 위에 실상이 맞도록 하면서 초점 거리를 변화시킬 수 있는 렌즈는 정말로 대단한 것이다.

> **⊙ 개념 이해도 점검 #4: 썩 좋지 않은 사진**
>
> 만약 머리 위에 있는 형광 빛 설비의 실상을 만들기 위해서 큰 확대경을 이용한다면, 빛 설비의 가장자리가 흐릿하고 그 안에 무지개 색을 가지고 있는 것을 발견할 것이다. 왜 이 상의 질이 좋지 않은 것인가?
>
> **해답** 이 확대경은 오직 하나의 유리 요소를 가지고 있어서 색 수차(그리고 많은 다른 상 결함)를 겪는 것이다.
>
> **왜?** 단일 수렴 렌즈는 편평한 표면 위에 높은 질의 상을 만들 수 없는데, 왜냐하면 이것은 색 수차, 구면 수차, 코마, 비점 수차 등을 가지기 때문이다. 만약 이 렌즈가 작다면 이들 결점들은 보통 보이지 않는다. 그렇지만 큰 확대경에서는 그들이 모두 쉽게 보이게 되며 전체 빛 설비의 선명한 상을 만들 수 없다.

파인더와 허상

SLR(single lens reflex) 카메라는 최적화된 렌즈를 선택하여 바꿀 수 있게 만든 카메라다. SLR 카메라의 파인더를 통해 자세히 들여다본다면(그림 14.1.10), 노출되는 동안 상 센서 위에 투영될 것과 같은 실상을 바라보고 있다. 빛은 카메라의 주 렌즈를 통과하여 거울에서 반사되고, 카메라의 윗부분 안쪽에 있는 반투명 스크린 위에 투영된다. 당신은 단순히 이 스크린을 관측하기만 하면 접안경에 있는 확대 렌즈를 통해 맺는 실상을 볼 수 있다. 노출되는 동안 거울이 살짝 비켜나며 실상이 상 센서 위에 간단하게 투영된다.

스크린과 실상은 당신의 눈으로부터 단지 3~4 cm 정도 떨어져 있기 때문에, 당신은 접안경 렌즈의 도움이 없이는 초점을 맞출 수 없다. 접안경 렌즈는 빛을 수렴시키지만, 이 경우에는 실상을 만들 수 없다. 대신에 그것은 **허상**(virtual image)을 형성하는데, 이것은 음(−)의 상 거리를 가지는 지점에 위치한 상이고, 다시 말한다면 렌즈의 반대쪽에 있는 것이다.

사진에 찍히는 장면을 나타내는 스크린은 접안경 렌즈에 매우 가까우므로 물체 거리가 렌즈의 초점 거리보다 더 작다. 렌즈 방정식에 따르면 상 거리는 음(−)이어야 하고 실제로 그렇다. 상은 접안경 렌즈의 스크린 쪽에 위치하고 있다(그림 14.1.11). 당신은 빛에 손가

그림 14.1.10 SLR 카메라의 중심에 있는 거울은 빛을 렌즈(이 사진에서는 제거되었음)로부터 그 위에 있는 초점 스크린에 맺게 해준다. 노출되는 동안에 거울이 위쪽으로 돌려져서 렌즈로부터의 빛을 카메라 뒤쪽에 있는 상 센서로 보낸다.

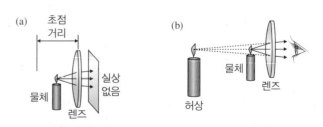

그림 14.1.11 (a) 수렴 렌즈의 매우 가까이에 있는 물체로부터 나오는 빛은 렌즈를 통과한 후에 발산하고 실상을 만들지 못한다. (b) 당신의 눈은 멀리 떨어져 있는 큰 실상을 보게 된다.

락을 넣어서 이 상을 피부 위에 투영할 수 없는데, 왜냐하면 이 상이 실상이 아닌 허상이기 때문이다.

그렇지만 접안경 렌즈를 통해서는 이 상을 볼 수 있다. 그것은 스크린보다 멀리 떨어져 있어서 눈이 편안하게 초점을 맞출 수 있다. 또한 이때 접안경 렌즈는 확대경으로 행동하므로 이 상은 확대된다(그림 14.1.12). 이 렌즈는 물체를 확대하는데, 그 이유는 렌즈를 통해 스크린을 볼 때 스크린 상은 시야의 더 넓은 부분을 포함하기 때문이다. 접안경 렌즈의 초점 거리가 감소할수록 이 확대는 증가한다. 이것은 초점 거리가 짧을수록 접안경 렌즈는 스크린에 가까워야 하며, 여기에서 더 작은 영역으로부터 오는 광선을 꺾어서 시야를 채울 수 있게 하기 때문이다. 전형적인 카메라에서 접안경 렌즈는 스크린이 시야의 적당한 부분을 채울 수 있도록 선택되고, 좋은 사진을 얻을 수 있을 때까지 허상을 자세히 관측하면서 렌즈와 카메라 세팅을 조절하도록 허락한다. 이렇게 되면 이제 사진을 찍으면 된다.

고정된 렌즈를 가진 카메라는 종종 2개의 분리된 파인더 시스템을 가진다. 전형적인 디지털 카메라는 전자 파인더를 가지는데, 이것은 상 센서 위에 투영되고 있는 실상을 보여준다. 많은 디지털 카메라와 대부분의 필름 카메라는 또한 광학 파인더를 가진다. 비록 광학 파인더는 모양과 정교함에서 다양하지만, 최고의 제품은 실상과 허상을 결합한다. **실상 광학 파인더**(real-image optical viewfinder)에서 렌즈, 거울, 그리고/또는 프리즘의 시스템은 피사체의 정립 실상을 만들고, 그 실상을 접안경 확대경을 통해서 관찰한다. 이 실상을 투영하는 렌즈는 카메라의 주된 렌즈를 따라 줌을 하여 당신이 파인더를 통해서 보는 것이 카메라의 상 센서가 기록하게 될 것과 비슷하게 되도록 한다.

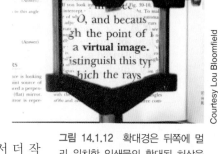

그림 14.1.12 확대경은 뒤쪽에 멀리 위치한 인쇄물의 확대된 허상을 나타낸다. 당신은 상을 만지거나 또는 손가락을 그 빛 속에 넣을 수는 없으나 눈으로 명백히 볼 수 있다.

Courtesy Lou Bloomfield

▶ 개념 이해도 점검 #5: 실상과 허상

확대경을 앞에 있는 물체를 향해 천천히 움직일 때, 당신은 거꾸로 된 상이 점점 커지고 눈에 더 가까워지는 것을 보게 된다. 이 상은 결국에는 희미해지며, 그 후에는 새로운 똑바로 선 확대된 상이 물체 쪽에 나타난다. 무슨 일이 일어난 것인가?

해답 이 렌즈는 처음에 당신의 눈 근처에 실상을 만든다. 렌즈가 물체로 접근하면서 이 실상은 당신을 지나서 움직인다. 마지막으로, 렌즈가 충분히 가까이 가면 물체의 확대된 허상을 만드는 것이다.

왜? 확대경은 물체 거리와 렌즈의 초점 거리에 따라 실상 또는 허상을 만든다. 만약 렌즈와 물체가 초점 거리보다 더 떨어져 있다면, 상은 실상이고 당신은 그것을 당신의 눈 가까이에서 본다. 이 거꾸로 된 상은 만질 수 있고 종이 위에 그것을 투영할 수 있다. 만약 렌즈와 물체가 초점 거리보다 덜 떨어져 있다면, 똑바로 된 상은 허상이고 당신은 그것을 렌즈의 먼 쪽 위에서 본다.

상 센서

일단 렌즈가 실상을 상 센서 위에 투영하고 나면 빛의 분포를 기록하는 것은 상 센서의 일이다. 충분히 재미있는 것은 필름과 전자 상 센서 둘 모두는 반도체를 이용하고, 둘 다 빛의 광자가 원자가 준위로부터 전도 준위로 전자를 이동시킬 때 빛을 감지한다. 그렇지만 두 상 센서가 전자 전이에 어떻게 작용하는지는 매우 다르다.

사진 필름은 빛을 광화학적으로 감지한다. 필름에 묻혀있는 것은 은염의 작은 결정들이다. 주로 은과 할로겐 원자들로 구성되어 있는데, 이들 반도체 결정들은 빛에 극도로 민감하다. 은 할로겐 화합물 결정이 가시광선의 광자 하나를 흡수했을 때, 그것은 원자가 준위로부터 전도 준위로 전자를 이동시키는 복사 전이를 일으키고, 결국에는 은 할로겐 화합물 분자로부터 은 원자 하나를 자유롭게 할 수 있다. 가까이에 있는 은 원자들 몇 개가 빛에 의해서 자유롭게 된 후에, 그들은 작은 은 금속 입자를 형성할 수 있다. 이 필름이 현상될 때 이 은 입자는 전체 은 할로겐 화합물 결정을 금속 은으로 변형시킨다. 이 은의 미시적으로 거친 구조는 그것을 반짝이기보다는 검게 보이도록 만든다.

흑백 사진에서는 은 입자들 자체가 현상된 필름 위에 음(−)의 상을 만든다. 이 필름에 빛이 부딪히는 곳은 어디에서나 은 입자의 응집된 검은 무늬를 얻는다. 빛이 없는 곳은 어디에서나 일단 노출되지 않은 은염이 씻겨 없어지면 필름이 깨끗해진다. 비록 현상된 필름 자체의 위에 있는 상은 밝은 것이 어둡고 어두운 것이 밝은 음화인데, 사진 인화 과정에서 밝음과 어두움을 두 번째로 역전시켜서 인화지 위의 상은 양화가 된다.

컬러 사진에서는 은 할로겐 화합물 결정들이 색 필터와 감광제를 통과하는 빛에 노출되고, 그래서 필름은 삼원색 빛에 대한 노출을 분리해서 기록한다(13.2절 참조). 현상하는 동안에 은 자체는 씻겨 없어지지만, 음(−)의 컬러 상은 필름에 남는다. 예를 들어 파란색 빛이 필름을 때린 곳은 어디에서나 노란색이 되므로 파란색 빛을 흡수한다. 다시 사진 인화 과정은 빛을 두 번째로 역전시켜서 양화를 만든다.

전자 상 센서는 **광다이오드**(photodiode)에 기반을 두고 있는데, 이것은 빛을 감지하도록 최적화된 다이오드이다. 광다이오드는 빛에 민감한 광전도체의 거동(그림 13.3.4 참조)과 전류를 제어하는 다이오드의 거동(그림 13.3.6 참조)을 결합한 것이다. 수많은 광다이오드들을 배열하여 실상으로 빛의 무늬를 기록하고, 광다이오드 각각에 축적된 전하를 측정함으로써 빛 분포를 읽는다. 컬러 정보를 얻기 위해 상 센서의 광다이오드들은 빨강, 녹색, 파랑 필터들의 패턴으로 덮여 있어서 각 광다이오드는 오직 한 색의 빛을 측정하게 된다.

▶ 개념 이해도 점검 #6: 뿌연 사진

공항 검색 장치들은 보통 X선을 사용해서 숨겨진 물품들을 찾아낸다. 이들 고에너지 광자들은 필름을 손상시킬 수 있다. 어떻게?

해답 X선은 은염 결정에서 복사 전이를 일으킬 수 있다.

왜? X선은 정상적으로 불투명한 물체를 관통해서 필름에 도달할 수 있다. 만약 필름에 있는 은염 결정이 X선을 흡수하면, 그것은 마치 가시광선에 노출된 것처럼 반응할 것이다. 비록 대부분의 현대적인 검색장치들은 효과가 아주 적은 약한 X선을 사용하지만 고속 촬영용 필름을 반복해서 검색하면 서서히 필름을 파괴할 것이다.

눈과 안경

모든 카메라가 현대적인 기술을 포함하고 있는 것은 아니다. 사람들은 두 눈을 갖고 태어난다. 우리가 논의했던 카메라들처럼 각각의 눈은 주로 하나의 수렴 렌즈와 하나의 상 센서로 구성되어 있다(그림 14.1.13). 이 경우에 렌즈는 안구의 앞 표면인 **각막**(cornea)과 각막 바로 밑에 있는 내부 렌즈의 결합이다. 눈의 상 센서는 망막인데, 안구의 뒤쪽에 있는 빛에 민감한 세포들과 신경들이 빽빽하게 분포되어 있다.

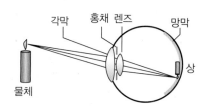

그림 14.1.13 눈은 카메라인데, 각막과 수정체를 가지고 망막 위에 실상을 만든다. 눈은 수정체의 곡률을 변화시켜서 초점을 맺는다. 홍채는 눈의 f-수를 변화시킨다.

당신이 앞에 있는 물체를 바라볼 때, 당신 눈의 각막과 수정체는 그 물체의 실상을 망막 위로 투영하고 망막은 그 결과인 빛의 분포를 뇌에 보고한다. 보통은 이 상이 거꾸로 서고 왼쪽과 오른쪽이 뒤바뀌어 있지만, 당신의 뇌는 그 효과를 보정한다.

안구는 렌즈와 상 센서 사이의 거리를 변경시킬 수 없기 때문에 눈은 렌즈의 초점 거리를 조절함으로써 실상의 초점을 맺는다. 더 가까운 물체를 볼 때는 눈에 있는 수정체가 더 많이 휘어지고 초점 거리는 감소한다. 더 가까운 물체로부터 나온 광선들은 더 날카롭게 수렴하여 망막에 실상을 만든다. 더 먼 물체를 볼 때는 수정체가 덜 휘어지고 초점 거리는 증가한다.

정교한 카메라처럼 눈은 그 렌즈 시스템 내에 조리개, 즉 홍채를 가진다. 당신이 밝은 장면을 볼 때는 홍채가 수축되면서 망막을 때리는 빛의 양을 줄인다. 이때 부수적인 효과로 초점 깊이가 증가하고 모든 것이 더 선명하게 보인다. 조명이 잘 된 환경에서 대상이 더 잘 보이는 이유이다.

그렇지만 모든 눈들이 완전한 것은 아니고, 많은 사람들은 망막 위에 선명한 실상을 형성하도록 도와줄 필요가 있다. 비록 현대의 레이저 외과적인 기술들이 각막의 모양을 바꾸어서 상의 선명도를 향상시킬 수 있지만, 시력 교정을 위한 고전적인 접근은 안경 또는 콘택트렌즈를 끼는 것이다. 눈의 렌즈 시스템은 이미 두 가지 요소인 각막과 수정체로 구성되어 있고, 그래서 세 번째 요소인 안경을 추가하는 것이 대단한 일은 아니다.

원시를 가진 사람은 가까이에 있는 물체를 볼 수 없는데, 왜냐하면 렌즈 시스템이 너무 긴 초점 거리를 가지기 때문이다(그림 14.1.14a). 원시는 멀리 있는 물체들의 실상은 망막 위에 투영할 수 있지만 가까이에 있는 물체들은 눈의 앞으로부터 너무 멀리에 상을 맺고 실상을 형성하기 전에 망막을 때린다.

원시를 보정하기 위해서는 수렴 렌즈 안경을 쓴다(그림 14.1.14b). 이 렌즈는 광선이 눈으로 들어가기 전에 광선을 미리 조금 꺾어 주어 보완한다. 따라서 가까이에 있는 물체들을 선명하게 볼 수 있다.

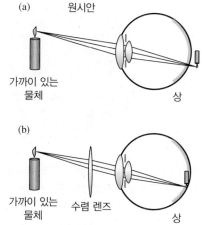

그림 14.1.14 (a) 원시안은 가까운 물체에 초점을 맞출 때 빛을 너무 약하게 꺾는다. 실상은 망막을 지나서 형성된다. (b) 수렴 렌즈는 이 실상을 앞쪽으로 옮겨서 망막 위에 초점을 맺도록 한다.

반대로 근시를 가진 사람은 멀리에 있는 물체의 상을 맺을 수 없는데, 왜냐하면 렌즈의 시스템이 너무 짧은 초점 거리를 가지기 때문이다(그림 14.1.15a). 멀리에 있는 물체의 상은 렌즈에 너무 가깝게 초점을 맺고, 이 빛은 망막에 도착하기 전에 이미 퍼져 나가기 시작한다.

근시를 보정하기 위해서는 발산 렌즈 안경을 쓴다(그림 14.1.15b). **발산 렌즈**(diverging lens)는 광선을 구부려서 멀어지게 만들므로 음(−)의 초점 거리를 가진다. 전형적으로 발산

그림 14.1.15 (a) 근시안은 먼 물체에 초점을 맞출 때 빛을 너무 많이 꺾는다. 실상은 망막 앞에서 형성된다. (b) 발산 렌즈는 이 실상을 뒤쪽으로 옮겨서 망막 위에 초점을 맺도록 한다.

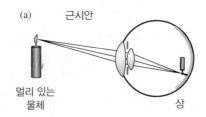

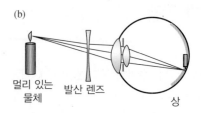

렌즈는 가장자리보다 가운데가 더 얇아서 광선들이 더 빠르게 발산하도록 멀리 있는 물체로부터 나오는 거의 평행한 광선들을 휘게 한다. 이렇게 함으로써 광선들이 더 가까운 물체로부터 나오는 것처럼 보이고 눈은 적절하게 망막 위에 상을 맺을 수 있다.

> ▶ **개념 이해도 점검 #7: 상 유지하기**
>
> 원시 안경은 멀리 있는 물체의 실상을 흰색 벽 위에 투영할 수 있다. 그렇지만 근시 안경은 실상을 만들지 않는다. 왜 그런가?
>
> > **해답** 근시 안경은 발산 렌즈를 사용하는데, 이것은 광선들이 서로 멀어지도록 구부리지 광선들을 모아서 실상으로 초점을 맺지 않는다.
>
> > **왜?** 멀리 있는 물체의 실상을 만들기 위해서는 수렴 렌즈를 이용하여 광선을 모을 필요가 있다. 발산 렌즈는 광선들을 서로 퍼지게 하며 실상을 만들 수 없다.

14.2 ▎광 기록과 통신

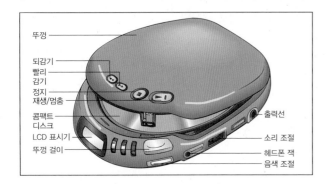

봉화처럼 빛을 이용해서 정보를 전달하는 것은 오래된 일이다. 여러 해에 걸쳐 광원, 광학 물질, 전자공학 등에서 진보가 이루어짐에 따라 광학적인 정보 시스템에 대한 가능성은 급진적으로 증가하였다. 광학과 정보는 서로 협력하여 현재의 정보 혁명에 중요한 역할을 하고 있다. 1980년대 초에 CD 플레이어의 도입은 음악 산업을 실질적으로 번창시켰고, 또 광섬유는 전 세계를 매우 가깝게 서로 연결시키고 있다. 이 단원에서는 광학적 장치가 빛을 사용하여 어떻게 정보를 처리하는지 살

펴볼 것이다.

생각해 보기: CD 또는 DVD의 정보는 어디에 저장되는가? CD 또는 DVD 플레이어를 재생하는 데 어떻게 지문, 먼지를 비롯한 표면 오염이 문제가 되지 않는가? CD 또는 DVD를 기록하고 재생하는 일에 왜 레이저가 연관되는가? 왜 CD와 DVD는 소음이 없는가? 어떻게 유리 섬유는 빛을 굽어진 경로에서도 잘 전달하는가? 어떻게 빛은 약해지지 않고 유리 섬유를 통해 수 킬로미터나 진행할 수 있는가?

실험해 보기: 미리 녹음을 해둔 CD, DVD, 블루레이 디스크의 가장자리를 손으로 잡고 라벨 표시가 없는 표면을 바라본다. 투명한 플라스틱 면 아래에 무지개 색으로 반사되는 매끄럽고 빛나는 층이 있다. 이 층에 있는 작은 구멍들이 이런 색깔을 나타내는 원인이다. 이들 구멍들은 디스크의 중심 둘레에 나선 트랙을 형성하며, 이 정도의 인접한 트랙은 매우 가깝게 위치하고 있어서 그들로부터 반사되는 빛이 비눗물 표면처럼 간섭하게 된다. 이 반사 층은 아주 얇아서 밝은 빛을 투과시켜 보면 투명하게 보인다. 당신은 라벨이 없는 표면 위에서 먼지 입자의 반사를 볼 수 있는가? 플라스틱 표면 아래로 얼마나 깊이에 반사 층이 있는가?

소리와 빛 표현하기: 아날로그와 디지털

DVD나 블루레이 디스크가 깜박이는 빛 자체를 저장하지 않는 것처럼 CD도 소리를 직접 저장하지는 않는다. 대신에 이들은 필요할 때 재생하기 위해서 이용할 수 있는 소리와 빛의 **표현**을 저장한다. 각 디스크에 들어 있는 것은 콘서트나 영화 한 편을 재생할 수 있기에 충분한 정보이다. 처음 그 정보를 모았던 마이크나 카메라, 마지막에 소리나 빛을 재구성하는 헤드폰, 그리고 가정 영화관 사이에는 많은 매혹적인 과정들이 있는데, 일부는 광학적이고 일부는 전자공학적이다. 이 단원에서는 광학적 과정들에 집중하고, 다음 단원인 14.3절에서는 전자공학적 과정들을 살펴볼 것이다.

앞서의 12.1절에서 우리는 라디오파가 소리를 표현하기 위해서 이용될 수 있다는 것을 보았다. 소리 파동은 공기 밀도의 요동이고, AM 기술은 공기의 밀도 변화를 라디오파의 진폭 변화로 표현한다. 비슷하지만 FM 기술은 공기의 밀도 변화를 라디오파의 진동수의 작은 변화로 표현한다. 두 기술은 모두 소리의 **아날로그 표현**(analog representations)인데, 이것은 연속적으로 변하는 한 물리량(라디오파의 진폭 또는 진동수)이 다른 연속적으로 변하는 물리량(공기의 밀도)을 표현한다는 것을 의미한다. 여느 아날로그 표현처럼 라디오 송신기는 연속적으로 변하는 두 물리량들 사이에서 **유추**(analogy)를 끌어내는데, 진폭 또는 진동수가 공기 밀도에 대한 **아날로그**(analog)로 이용되고 있는 것이다. 라디오 수신기는 반대의 유추를 끌어내므로 소리 자체를 재생하는 것이다.[1]

비록 CD 플레이어의 일부는 소리에 대한 아날로그 표현을 이용하지만, 광 기록과 재생 부분은 다른 표현을 이용한다. 바로 디지털이다. **디지털 표현**(digital representations)에서는 연속적으로 변하는 한 물리량이 먼저 일련의 수로 표현되고 다음에는 이들 수의 각각이 물리량의 세트로 표현되는데, 한 자리 숫자들의 조합이고 이들 각각은 단지 제한된 수의 불연속인 값들만 가질 수 있다. 이들 불연속인 값들은 기호들이라고 알려져 있고, 기호들은 당신이 그들을 구별할 수 있으면 어떤 것에 대한 것도 가능하다. 곧 알게 되겠지만, 숫자들 0, 1, 2, 3, 4, 5, 6, 7, 8, 9가 그런 기호들이고, 숫자들의 조합인 392는 **392**(삼백구십이)라는 수의 디지털 표현이다.

당신이 밴드를 녹음하고 있으며 그 소리의 디지털 표현을 원한다고 가정하자. 첫 번째 단계는 소리의 밀도 요동을 일련의 숫자들로 나타내는 것이다. 마이크와 다른 장비들의 도움을 받아 당신은 매 초마다 여러 번 공기 밀도를 측정하고 일련의 숫자들을 얻는다. 이들 숫자들 중 하나가 **124**라고 가정하면, 이것은 그 측정 동안에 공기 밀도가 정상 밀도 위 124 단위였다는 것을 의미한다.

두 번째 단계는 각 숫자를 한 자리 숫자들의 조합으로 표현하는 것이다. 우리는 한 자리 숫자 각각이 10개의 가능한 기호들 중 하나를 가지도록 한다. 이들 기호 선택은 어떤 것이라도 될 수 있지만, 우리는 보다 친숙한 숫자 세트 0, 1, 2, 3, 4, 5, 6, 7, 8, 9를 사용하자. 기호 5는 실제의 숫자가 아니고, 단지 2개의 선분과 원호로 구성되는 모양의 기호임에 주목한다.

---

1) 역자주: 유추(analogy)와 아날로그(analog) 두 단어의 어원이 같음에 유의한다.

한 자리 숫자와 10개 기호들의 조합을 가지고, 우리는 숫자 **0**부터 **9**까지 표현할 수 있다. 두 자리 숫자와 이들 같은 10개 기호들을 가지고, 우리는 숫자 **0**부터 **99**까지 표현할 수 있다. 세 자리 숫자를 가지고, 우리는 숫자 **0**부터 **999**까지 표현할 수 있다. 우리는 숫자 **124**를 표현하기 위해서 애쓰고 있기 때문에, 명백하게 최소한 3개의 자리수가 필요하다. 우리가 이들 세 자리에 기호 1, 2, 4를 124처럼 놓을 때, 우리는 숫자 124를 표현하고 있는 것이다.

우리가 124를 수 **124**(일백이십사)를 나타내는 것으로 따르는 약속은 **십진법**(decimal)이라고 알려져 있다. 십진법에서는 숫자들을 **1, 10, 100, 1000** 등 10의 계승으로 쪼개고, 10개 기호들의 조합이 우리가 표현하고 있는 숫자에서 10의 몇 승을 나타내는지를 표현한다. **124**(일백이십사)의 십진법 표현은 124인데, 이 수가 1개의 100(10^2), 2개의 10(10^1), 그리고 4개의 1(10^0)을 포함한다는 것을 의미한다. 이들 조각들이 함께 더해졌을 때, 그들은 합해서 **124**(일백이십사)가 된다.

만약 10개의 기호 대신에 우리의 모음이 단지 2개의 기호인 0, 1만 가진다면 어떻게 되는가? 우리는 여전히 큰 수를 표현할 수 있지만, 전보다 더 많은 자리수가 필요할 것이다. 우리는 숫자들을 **1, 2, 4, 8, 16** 등으로 쪼개야만 할 것이다. 십진법에서처럼 10의 계승을 사용하는 대신에 2의 계승을 사용할 것이다. 이렇게 2의 계승을 사용하여 수를 표현하는 시스템을 **이진법**(binary)이라고 한다.

이진법에서 **124**를 1111100으로 쓰는데, 이것은 1개의 **64**(2^6), 1개의 **32**(2^5), 1개의 **16**(2^4), 1개의 **8**(2^3), 1개의 **4**(2^2), 0개의 **2**(2^1), 그리고 0개의 **1**(2^0)을 포함한다는 것을 의미한다. 이들 조각들이 함께 더해졌을 때, 그들은 합해서 다시 **124**(일백이십사)가 된다. 심지어 꽤 작은 수를 표현하기 위한 이렇게 명백히 복잡한 방법이 실제로는 상당히 유용하다. 숫자는 오직 두 개의 가능한 값들을 가지는 조각들로 쪼개지는데, 표현되는 수에서 **32**가 있거나 없거나 둘 중 하나이다.

이진수 표현은 오직 2개의 서로 다른 기호를 요구하며, 이들 기호들은 구별할 수 있는 어떤 물체라도 가능하다. 우리는 1과 0을 사용했지만, 머리와 꼬리, 흡연과 금연, 점과 파선, 맑음과 흐림, 충전과 방전 등을 사용할 수도 있을 것이다. 예를 들면 광학 디스크 내부에서 밝은 점들과 어두운 점들로 뒤덮인 표면이 있는데, 이들 점들이 바로 숫자의 이진법 표현이다. 마찬가지로 컴퓨터에서 충전 또는 방전된 축전기들이 있는데, 이들 축전기들이 바로 숫자의 이진법 표현이다.

밴드의 소리를 녹음하기 위해서 디지털 표현을 이용하고 이진법을 이용하는 좋은 이유가 있다. 아날로그 표현은 본질적으로 잡음을 가지는데 왜냐하면 표현을 하고 있는 물리량에서 모든 갑작스러운 변화가 표현이 되는 물리량에서 변화로 해석되기 때문이다. 이것은 소리의 밀도 요동을 표현하기 위해서 홈에서 높이 변동을 이용하는 축음기 기록이 왜 그 소리를 완벽하게 재생할 수 없는지 보여준다. 레코드 위에 있는 홈에 먼지가 있어서 자체의 높이 변동이 있으면 언제든지 축음기는 정확하지 않은 소리를 재생한다.

반면에 디지털 표현은 소음이 없다. 기호들이 여전히 서로 구별될 수 있기만 하면 먼지와 다른 결함들은 디지털 표현에 아무런 영향이 없다. 예를 들면 심지어 당신의 책, 랩

톱, 또는 태블릿에서 과자 부스러기를 쓸어내지 않더라도, 당신이 얼간이가 아니라면 여전히 5049 또는 101001을 완벽한 정밀도로 읽을 수 있다. 심지어 기호들 중 일부가 심하게 모호해져서 읽을 수 없을 때에도, 여분의 디지털 표현 기호를 써서 그 읽기 오류를 교정할 수 있다.

광학과 전자공학 장치들 모두에서 이진법이 이렇게 유용한 이유는 10개의 기호를 가지고 일하는 것보다는 2개의 기호를 가지고 일하는 것이 훨씬 더 쉽기 때문이다. 이들 장치들에서 이용되는 기호들은 종이 또는 컴퓨터 스크린 위에 있는 형태들이 아니고, 그들은 표면의 밝기나 축전기의 충전 등과 같은 양이다. 광학 디스크 내부에서 어두운 점(0)과 밝은 점(1)을 구별하는 것은 쉽지만, 어두운(0), 어둡지는 않은(1), 약간 밝은(2), ⋯, 매우 밝은(8), 그리고 극도로 밝은(9) 점들을 구별하는 것은 훨씬 더 어렵다. 비록 2개의 기호보다 더 많은 기호들을 사용하는 현대적인 기술들이 있기는 하지만 이진법을 훨씬 더 흔히 쓴다.

▶ 개념 이해도 점검 #1: 새로운 수학

이진수 10000001은 어떤 수를 표현하는가?

해답 129이다.

왜? 이진수 10000001은 오직 1개의 128(2^7)과 1개의 1(2^0)을 포함한다. 모든 다른 2의 계승은 존재하지 않는다. 128 + 1 = 129이기 때문에, 이것이 바로 이 이진수 값에 의해서 표현되는 수이다.

디지털 기록

보통의 CD 형식에서, 밀도 측정은 좌, 우의 독립된 두 오디오 채널에 대해서 매 초 44,100회 이루어지고 각 측정에 대해서 16비트를 이용해서 이진법 형식으로 디스크 위에 기록한다(그림 14.2.1). 공기 밀도는 위는 물론 아래로 갈 수 있으므로, 이들 비트들은 −32,768부터 32,767까지 양(+)과 음(−)의 정수들을 표현하는데, 이 수들이 공기 밀도가 평균 밀도보다 위 또는 아래로 얼마인지 표현한다. 16비트의 정밀도를 가지는 밀도 측정은 거의 완벽한 충실도로 매우 큰 소리와 매우 작은 소리 모두를 재생하기에 충분하다.

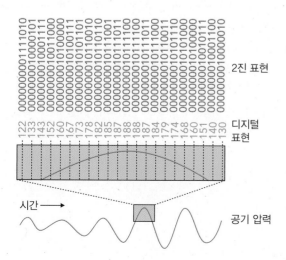

그림 14.2.1 소리는 일련의 수로 표현될 수 있다. 각 수는 어떤 특정한 순간에 공기 밀도와 대응한다.

CD처럼 DVD도 정보를 디지털로 기록한다. 그러나 DVD는 더 새로운 기술이므로 더 정교하다. 오디오 DVD는 몇 개의 측정율, 측정 당 비트, 그리고 채널의 수 등을 선택할 수 있다. 전형적인 DVD는 5개의 오디오 채널들을 갖는데, 왼쪽 앞, 가운데 앞, 오른쪽 앞, 왼쪽 뒤, 그리고 오른쪽 뒤이다. 앞쪽의 세 채널은 측정 당 24비트로 초 당 96,000회 밀도 측정을 수행하며, 뒤쪽 두 채널은 측정 당 20비트로 초 당 48,000회 측정을 수행한다. 모든 이들 표본, 비트, 그리고 채널들은 CD에서 저장되는 것보다 훨씬 더 많은 정보와 연관되고, DVD는 그것을 저장하기 전에 정보를 압축한다. mp3와 같이 더 현대적인 일부 형식은 압축 기술을 채용하지만 보통 CD의 정보는 압축되지 않는다.

어느 경우에도 공기 밀도 측정은 디스크의 표면 위에 차례대로 단순하게 기록되는 것이 아니다. 대신에 이 수들은 저장되기 전에 광범위하게 재조정된다. 이 재조정은 디스크가 비록 완전하게 읽혀질 수 없더라도 플레이어가 소리를 정확하게 재생할 수 있도록 한다. 곧 보게 될 것처럼 이들 디스크를 읽는 것은 놀라운 기술적 성취이며 다양한 고장에 민감하다. 소리와 영상이 완전하게 중단 없이 재생될 수 있도록 확실히 하기 위해 수들은 암호화된 방식으로 기록된다. 그들은 만약 어떤 수의 한 복사본이 읽을 수 없더라도 그 디스크의 나선 트랙의 같은 호를 따라서 여전히 읽을 수 있는 정보가 충분해서 그 빠진 숫자를 완전하게 재생할 수 있도록 여분을 가지도록 한다. 이러한 정보의 이중 복제는 CD와 DVD의 연주 시간을 단축시키지만 신뢰도를 위해서는 이것이 필수적이다.

이 암호 체계는 CD 또는 DVD를 가장 심각한 재생 문제를 제외하고는 모든 것에 거의 완전히 영향을 받지 않도록 한다. 원리적으로 디스크의 중심으로부터 바깥쪽으로 2 mm 넓이 정도를 손상시키거나 가려도 이 플레이어는 여전히 소리와 영상을 완벽하게 재생할 수 있을 것이다. 그렇지만 나선 궤도의 호를 따라 생긴 손상은 데이터에 훨씬 더 위험하다. 만약 플레이어가 원호 하나의 긴 범위를 읽을 수 없다면, 그 정보를 회복하는 것은 불가능할 것이다. 이것이 바로 CD 또는 DVD를 닦을 때는 항상 그 중심에서 바깥쪽으로 닦아야만 하는 이유이다.

⊙ 개념 이해도 점검 #2: 휴대폰의 무선 통신

휴대전화는 당신의 목소리를 디지털 형태로 전송한다. 일반적으로 이 디지털 전송이 어떻게 작동하는가?

▷ 해답 휴대전화의 마이크는 당신의 목소리를 요동하는 전류로 변환한다. 이 전류는 주기적으로 측정되며 일련의 숫자들로 표현된다. 이들 숫자들은 이제는 라디오파에 의해서 표현되고 공간을 통해서 전송된다. 이 숫자들이 결국에는 수신 휴대전화까지 가게 되고, 여기에서 라디오파는 다시 숫자들로 변환되며, 이 숫자들은 다시 요동하는 전류로 변환된다. 마지막으로 이 전류가 증폭되어 스피커를 통해 보내져서 소리를 만든다.

▷ 왜? 많은 현대적인 통신 장치들은 소리의 디지털 표현을 이용한다. 라디오파 통신에서 디지털 표현은 특별히 유용한데, 왜냐하면 그들은 아날로그 라디오 전송을 괴롭히는 잡음에 영향을 받지 않고 또한 라디오 대역을 더 효율적으로 이용할 수 있게 하기 때문이다.

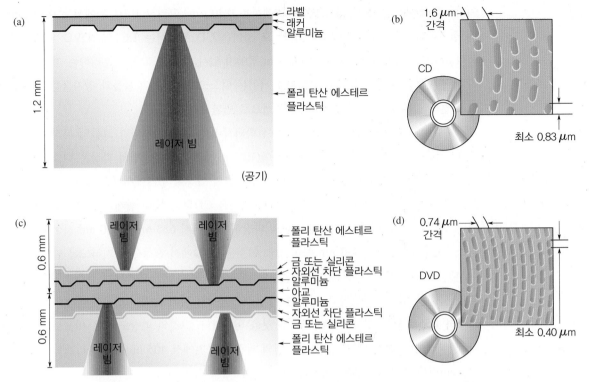

그림 14.2.2 (a, b) CD는 깨끗한 플라스틱 디스크의 한쪽 면 위에 얇은 알루미늄 층을 포함한다. 이 알루미늄 층은 780 nm 레이저 빔에 의해서 감지되는 작은 홈들을 가지고 있다. (c, d) DVD는 2개의 깨끗한 플라스틱 디스크 사이에 샌드위치된 알루미늄, 금, 또는 실리콘 층들을 4개까지 포함한다. 금 또는 실리콘 층은 부분을 반사한다. 이들 층들에 있는 홈들은 650 nm 레이저 빔에 의해서 감지된다. 이 빔은 부분 반사 층 또는 그 층을 통과해서 그것을 지나서 있는 알루미늄 층 위에 초점을 맞춘다.

CD, DVD, 블루레이의 구조

표준 CD, DVD, 블루레이는 지름이 120 mm이며 두께는 1.2 mm이다. CD의 한 면은 깨끗하고 매끄럽지만 다른 면은 얇은 알루미늄 필름, 보호 래커, 그리고 인쇄 라벨 등의 층들이 샌드위치를 이룬다(그림 14.2.2a). 대조적으로 DVD는 두께가 0.6 mm인 2개의 깨끗한 플라스틱 디스크로 얇게 씌워져 있는데, 그들 사이는 알루미늄, 금, 또는 실리콘 등의 하나, 둘, 또는 네 개의 반사 층들이 쌓여 있다(그림 14.2.2c). DVD에서 층들이 많을수록 그것이 더 많은 정보를 가질 수 있다. 블루레이 디스크(BRD)도 또한 1에서 4개의 반사 층들을 가지지만, BRD의 표면에 가까워서 생채기를 방지하기 위해 강한 보호 코팅이 추가된다.

반사 층은 기록면이다. 이 층들은 매우 얇아서 그들은 실제로 적은 양의 빛을 투과시킨다. 금 또는 실리콘 DVD 층에서 반투명성은 필수적인데, 왜냐하면 정보를 읽는 광학 시스템이 반투명 층을 통과하여 알루미늄 층에 빛을 보내도록 해야 하기 때문이다. 알루미늄 층들도 또한 약간의 빛을 투과시킨다. 비록 알루미늄의 전자들이 빛의 전기장에 반응해서 가속되고 그 빛을 완전하게 반사하지만, 이들 두께가 50 nm에서 100 nm인 층에는 그 작업을 수행하기에 충분한 전자들이 없어서 약간의 빛은 통과한다.

반사 층들은 완벽하게 매끄러운 것은 아니다. 대신에 각각은 그것의 표면에 형성된 좁은 나선형 트랙을 가진다(그림 14.2.2b, d). 이 트랙은 일련의 미시적인 홈(pit)들인데, 길

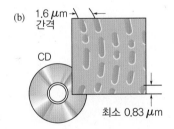

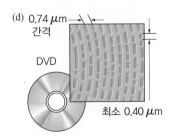

그림 14.2.2 (되풀이) (b) CD의 알루미늄 층은 780 nm 레이저 빔에 의해서 감지되는 작은 홈들을 가지고 있다. (d) DVD의 반사 층과 일부분 반사 층들은 650 nm 레이저 빔에 의해서 감지되는 홈들을 가지고 있다. 더 짧은 파장의 레이저를 이용하면 이 DVD 플레이어가 그것의 빛을 더 작은 지점에 초점을 맞추고 이 DVD의 더 좁은 더 촘촘하게 위치한 반사 특징들을 관찰하도록 허용한다.

이가 CD 위에서는 0.83 μm, DVD 위에서는 0.40 μm, 그리고 BRU 위에서는 0.15 μm 에 불과하다. 나선형 트랙에서 인접한 호 사이는 CD 위에서는 1.6 μm, DVD 위에서는 0.74 μm, 그리고 BRU 위에서는 0.32 μm 떨어져 있다. 홈들과 그들을 분리하는 편평한 '평지'의 길이들은 숫자들을 표현한다. 플레이어는 디스크가 돌 때 이 홈들과 평지들을 감지하고 그들의 길이들을 수, 소리, 그리고 영상으로 변환시킨다.

홈 길이와 호 사이의 간격은 임의로 선택되지 않는다. 전자기파가 그들의 파장보다 훨씬 더 작은 구조를 감지할 수 없기 때문에(12.2절 참조), 레이저 빔의 파장은 디스크 위에서 최소 크기를 제한한다. CD 플레이어에서는 빔의 파장이 공기에서 780 nm이고 폴리 탄산 에스테르 플라스틱에서는 503 nm인데, 이것은 CD의 홈들을 쉽게 감지하도록 충분히 짧다. DVD 플레이어에서는 레이저 빔의 파장이 공기에서 635 nm와 650 nm 사이이고 플라스틱에서 410 nm와 420 nm 사이인데, 이것은 DVD에서 홈들을 감지하도록 알맞게 짧다. 디스크 내부에서는 파장이 줄어드는데, 왜냐하면 폴리 탄산 에스테르 플라스틱이 1.55의 굴절률을 가지기 때문이고, 이것은 이 플라스틱에서 빛의 속력이 진공에서 빛의 속력으로부터 1.55로 나눈 값으로 감소한다는 것을 의미한다. 그것의 파장도 같은 비율로 줄어든다. 블루레이 플레이어에서는 레이저 빔의 파장이 공기에서 405 nm이고 플라스틱에서 약 260 nm인데, 이것은 더 작은 홈들을 관찰할 수 있을 정도이다.

플레이어는 디스크로부터 얼마나 많은 양의 빛이 반사되는지 결정함으로써 홈을 감지한다. 초점이 맞추어진 레이저 빔이 홈을 지나면서 그 반사가 약해지는데, 이것은 부분적으로는 곡선 모양의 홈이 빛을 모든 방향으로 산란시키기 때문이며, 부분적으로는 간섭 효과 때문이다. 홈으로부터 반사되는 빛은 그 주변의 편평한 영역으로부터 반사되는 빛보다 더 먼 거리를 진행했으므로, 이 두 파에서 전기장과 자기장은 서로 상대적으로 어긋난다. 홈 깊이는 두 반사된 파동이 근사적으로 반대의 위상을 갖도록 선택되고 그들은 소멸 간섭을 한다. 전체적으로 플레이어의 빛 센서는 레이저 빔이 홈 위에 위치할 때 상대적으로 빛을 적게 감지한다.

CD, DVD, 또는 블루레이 플레이어는 빛을 만들기 위해서 레이저 다이오드를 이용한다. CD 플레이어에 대한 780 nm 표준이 1980년에 채택되었는데, 이때 780 nm 적외선 레이저 다이오드는 신뢰가 있었지만 여전히 꽤 비쌌다. 그렇지만 1990년대 중반까지 기술이 발달되었고 DVD 플레이어에 대한 635에서 650 nm 표준은 비싸지 않은 적색 레이저 다이오드의 개발의 영향을 받았다. 새로운 표준이 기술을 뒤따르면서 신뢰성 있는 청색 레이저 다이오드의 개발과 함께 새로운 광 기록 시스템이 나타났다. 2006년에 처음으로 등장한 블루레이 플레이어는 405 nm 레이저에 기반을 두고 있다. 블루레이 플레이어는 청색 레이저 빔이 CD 또는 DVD 플레이어보다 훨씬 더 작게 초점을 맺을 수 있기 때문에 블루레이 디스크는 앞선 형식들 중 어느 것보다도 훨씬 더 많은 정보를 저장한다.

개념 이해도 점검 #3: 특별한 청색 빛

블루레이 플레이어는 공기 또는 진공에서 파장이 405 nm인 청색 레이저를 이용한다. CD 플레이어는 파장이 780 nm인 적외선 레이저를 이용한다. CD에서 홈 깊이와 비교하면 블루레이 디스크의 반사 층에서 홈 깊이는 어떠해야만 하는가?

해답 블루레이 디스크에서 홈들은 CD에서 그것들 깊이의 약 절반이 되어야만 한다.

왜? 반사 층에서 홈들은 깊이가 파장의 약 1/4가 되어야만 홈의 바닥으로부터 반사된 빛이 인접한 편평한 영역으로부터 반사된 빛과 소멸 간섭을 한다. 레이저 빛의 파장을 절반으로 하면 소멸 간섭을 얻기 위해서 홈들의 깊이는 절반이 되어야 한다.

CD, DVD, 블루레이 플레이어의 광학 시스템

CD, DVD, 블루레이 플레이어의 광학 시스템은 그들이 회전하는 디스크 위에서 움직일 때 작은 홈들의 길이를 측정한다. 이러한 읽기 과정은 대단한 정확도를 요구한다. 플레이어가 레이저 빛의 초점을 반사 층 위에 정확하게 맞추어야만 할 뿐 아니라, 그것이 움직이며 지나갈 때 나선 궤도를 따라가야 하는 것이다. 디스크 자체는 완벽하게 평면도 아니고 둥근 것도 아니어서 플레이어는 재생하는 동안 읽기 장치를 끊임없이 조절해야만 한다. 광학적 시스템은 레이저 빔이 반사 층 위에 초점을 맞추도록 유지해야만 하고(자동 초점 맞추기) 그것은 지나가면서 트랙을 따라가야만 한다(자동 추적). 이들 두 가지 자동화 과정은 되먹임을 이용하는 좋은 예이다.

전형적인 CD, DVD, 블루레이 플레이어의 기본적인 구조를 그림 14.2.3에 나타내었다. 레이저 다이오드로부터 나온 빛은 디스크의 반사 층까지 이르는 도중에 몇 개의 광학 요소들을 통과한다. 빛은 반사 층 위에 정확한 초점을 맞추고, 여기에서 오직 하나의 트랙을 비춘다. 일부 빛은 그 층으로부터 반사되어 광학 요소들을 통과해서 되돌아온다. 마지막으로 반사된 빛은 편광 빔 분할기라고 불리는 특수한 거울에서 90° 꺾여서 광 검출기의 배열 위에 초점을 맺는다. 플레이어는 검출기를 통해서 흐르는 전류를 측정하고 디스크로부터 정보를 얻기 위해서, 그리고 초점 맞추기와 트랙 추적 시스템을 제어하기 위해서 이 측정 결과를 이용한다.

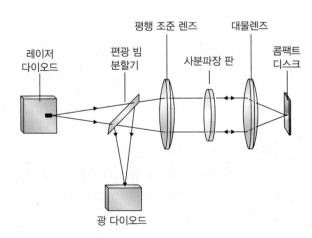

레이저 다이오드
편광 빔 분할기
평행 조준 렌즈
사분파장 판
대물렌즈
콤팩트 디스크
광 다이오드

그림 14.2.3 CD, DVD, 블루레이 플레이어의 광학 시스템에서 레이저 다이오드로부터 나온 빛은 디스크 안에 있는 반사 층 위에 초점을 맺기 전에 편광 빔 분할기, 평행 조준 렌즈, 사분파장 판, 그리고 대물렌즈를 통과한다. 반사된 빛은 편광 빔 분할기에서 90° 꺾여서 광 다이오드 배열 위에 초점을 맺는다.

한 번에 하나씩 이러한 광학 시스템 요소를 조사해 보자. 레이저 다이오드를 떠난 후에 빛은 **편광 빔 분할기**(polarization beam splitter)를 통과한다. 이 장치는 빛의 편광에 따라 빛을 둘로 분리한다. 우리가 13.1절에서 보았던 것처럼, 서로 다른 편광의 빛은 같은 각도로 투명한 표면에 부딪힐 때 서로 다르게 반사한다. 이 경우에는 레이저로부터 나온 편광 빛이 45° 표면을 통과하지만, 다른 편광의 빛은 반사한다. 빔 분할기는 두 편광이 거의 완벽하게 분리되도록 특별하게 코팅되어 있다.

레이저 다이오드로부터 나온 빛은 빔 분할기를 통과하면서 급속하게 발산한다. 그것은 레이저 다이오드가 깨졌거나 잘못 설계된 것이 아니고, 작은 구멍으로부터 나오는 빛 파동은 호수 위의 물결처럼 자연스럽게 바깥쪽으로 퍼지기 때문이다. 이렇게 파동이 퍼지는 현상을 **회절**(diffraction)이라 하고, 빛 파동이 구멍을 통과하면서 잘릴 때 언제든지 발생한다. 구멍이 작을수록 퍼짐은 더욱 심각하다. 레이저 다이오드의 방출 표면이 본질적으로 매우 작은 구멍이기 때문에 레이저 빔은 다이오드로부터 빠져나가면서 급속하게 퍼진다. 플레이어는 이 퍼짐을 멈추기 위해서 빔 분할기 다음에 수렴 렌즈를 이용한다. 그 점에서 빔은 이미 충분히 넓어져서 회절은 거의 더 이상 퍼지지 못한다. 빔은 **평행하게 조준되어**(collimated) 렌즈를 떠나는데, 이것은 이 빔이 렌즈를 통과한 후에 거의 일정한 지름을 유지한다는 뜻이다.

레이저 빛은 그 다음에는 **사분파장 판**(quarter-wave plate)을 통과한다. 이 놀라운 장치는 수평 편광된 빛을 수직 편광된 빛으로 변환시키는 일의 절반을 수행한다(또 그 반대의 일도 한다). 수평으로 그리고 수직으로 편광이 된 빛들은 **평면 편광**(plane polarized)되었다고 하는데, 왜냐하면 그들의 전기장이 공간을 통과해서 움직일 때 항상 한 평면 위에서 진동하기 때문이다. 사분파장 판은 평면 편광이 된 빛을 원형 편광이 된 빛으로 변환한다. 우리는 전에 FM 방송국으로부터 라디오파 전송에서 원형 편광을 만났었다. **원형 편광된**(circularly polarized) 빛에서 전기장은 실제로 빛이 진행하는 방향에 대해서 회전한다.

이제 빛은 대물렌즈를 통과해서 디스크의 반사 층 위에 초점을 맺는다. 반사 층으로 오는 중에 빛은 디스크의 플라스틱 표면으로 들어간다. 들어가는 점에서 이 빔은 여전히 지름이 0.5 mm보다 더 큰데, 이것은 왜 디스크의 표면 위에 있는 먼지 또는 지문이 큰 문제를 일으키지 않는지를 설명한다. 오염이 레이저 빛의 일부분을 막을 수도 있지만 그것의 대부분은 반사 층으로 전진한다.

이 빛은 반사 층에 도달하는 바로 그때에 초점이 잘 맞게 된다. 비록 모든 빛이 그 표면 위에서 한 점에 함께 수렴해야만 하는 것으로 보이지만, 그것이 실제로는 지름이 대략 파장 크기인 점을 형성한다. 이 점의 크기는 빛의 파동성에 의해 제한된다. 아무리 빛의 초점을 정확하게 맞추려고 노력해도, 당신은 이 빛의 파장보다 훨씬 더 작은 점을 만들 수는 없다. 대신에 이 빔은 좁은 허리를 형성하고 나서 다시 퍼진다(그림 14.2.4). 이 **빔 허리**(beam waist)는 지름이 파장의 대략 파장 크기이고 길이는 수 파장 정도인데, 이것은 수렴 렌즈의 f-수에 의존한다. 빔 허리의 길이가 $2~\mu\mathrm{m}$ 보다 짧기 때문에 플레이어의 자동 초점 시스템은 대물렌즈를 반사 층으로부터 정확한 거리에 유지해야 한다.

레이저빔

빔 허리

볼록렌즈

그림 14.2.4 수렴 렌즈가 레이저 빔을 집속할 때, 그 빛은 공간의 한 점에서 만나지 않는다. 대신에 지름이 대략 그 빛의 파장과 같은 좁은 빔 허리를 만든다.

빛의 빔이 집속될 수 있는 근본적인 한계는 회절의 또 다른 예인데, 집속 렌즈는 빛 파동을 자르고, 따라서 불가피하게 퍼짐이 일어난다. 그렇지만 이 이상적인 집광 한계에 도달하는 것도 광학 요소들의 세심한 설계와 제작을 요구한다. 비록 대부분의 다른 광학 시스템은 그들의 이상적인 한계에 도달하지 못하지만, CD, DVD, 블루레이 플레이어의 광학 시스템은 회절 그 자체의 제한 조건 안에서 가능한 극한에 도달한다. 그것의 광학은 본질적으로 정확하고 **회절 한계**(diffraction limit)에 있다고 말한다.

이 층으로부터 반사하는 빛의 양은 레이저가 홈을 얼마나 잘 맞추어 비추는가에 의존한다. 이 반사된 빛은 광학 경로를 역으로 따라간다. 이 빛은 대물렌즈에 의해서 평행으로 조준되고 다시 사분파장 판을 통과한다. 이 판은 이제 그것이 예전에 시작했던 일을 마무리한다. 이 빛은 평면 편광이 되어 있지만 이것이 레이저를 떠날 때 가졌던 편광에 수직한 편광을 가진다. 수평으로 편광이 된 빛은 이제 수직으로 편광이 되며, 그 반대도 성립한다.

반사된 빛은 이제 평행 조준 렌즈를 통과하는데, 이것은 이 빛을 수렴하도록 만들고, 그 다음에는 편광 빔 분할기를 때린다. 빛의 편광이 변하였기 때문에 빔 분할기는 빔이 직접적으로 통과하는 것을 더 이상 허용하지 않는다. 대신에 그것은 이 반사된 빔을 90° 돌려서 감지기 배열 쪽을 향하도록 한다. 이러한 영리한 방향 전환 체계는 두 가지 이유로 중요하다. 첫째로, 그것은 레이저 빛의 대부분이 레이저 다이오드로부터 검출기로 진행하도록 허용함으로써 레이저 빛 에너지를 충분히 활용한다. 둘째로, 반사된 빛이 레이저 다이오드로 되돌아오지 못하도록 하는데, 되돌아온 빛이 레이저 다이오드 안에서 증폭되어 오작동의 원인이 될 수 있다.

이 빛은 정렬된 광 다이오드 위에 초점을 맞추게 된다. 이 배열은 플레이어가 반사된 빛 세기를 통해서 홈을 감지하고, 또한 대물렌즈가 이들 홈들과 비교해서 적절하게 위치하고 있는지 여부를 결정하도록 허용한다. 일반성을 위해 그림 14.2.3에는 자동 초점 맞추기와 자동 트랙 추적과 연관된 광학 요소들을 생략하였다. 그렇지만 이들 요소들 때문에 검출기 배열을 때리는 빛의 분포는 필요 시 대물렌즈가 어떤 방향으로 움직여야만 하는지 알려준다. 대물렌즈는 영구자석 근처에 매달려 있는 코일에 부착되어 있다. 이 코일을 통해서 흐르는 전류를 변화시킴으로써 플레이어는 Lorentz 힘을 이용해서 대물렌즈를 빠르게 움직이고 회전하는 디스크 위에서 올바른 위치를 유지되도록 한다.

⟳ 개념 이해도 점검 #4: 레이저 디스크라고 불리는 이유

왜 CD, DVD, BRD 플레이어는 백열전구와 같은 더 보편적인 광원보다는 레이저 다이오드를 사용해야만 하는가?

해답 CD, DVD, BRD 플레이어에서 빛은 결맞아야만 한다. 그래야만 그것은 반사 층 위의 회절 한계인 한 점에 초점을 맞을 수 있고, 홈을 만났을 때 소멸 간섭을 일으킬 수 있다.

왜? 백열전구로부터 나오는 빛은 회절 한계인 한 점에 초점을 맞출 수 없다. 전구를 떠나는 각 광자는 서로 독립적이고 공간에서 약간 다른 점에 초점을 맞출 것이다. 전구의 결맞지 않는 빛은 또한 레이저 빛의 강한 간섭 효과를 일으키지도 않는다.

광섬유

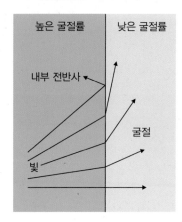

그림 14.2.5 한 물질을 통해서 진행하는 빛이 더 낮은 굴절률을 가진 다른 물질로 들어갈 때, 이것은 두 물질 사이의 경계 쪽으로 구부러진다. 만약 접근하는 각이 너무 얕으면, 그 빛은 더욱 많이 구부러져서 그것은 경계로부터 단순하게 반사된다. 이러한 효과는 내부 전반사라고 불린다.

미리 녹음을 해 놓은 디스크의 광학적 재생은 음악과 영화에 대해서는 좋지만, 갱신된 정보를 원할 때는 사용하지 못한다. 인터넷과 월드 와이드 웹(World Wide Web)은 광속도로 작동하는 통신 접속을 요구한다. 여기에서도 광학과 빛은 중요한 역할을 한다. 거대한 양의 정보를 보내는 가장 빠른 방법은 광섬유를 사용하는 것이다.

광섬유는 빛을 한 장소에서 다른 장소로 전달하는 유리관이다. 한쪽 끝에서 광섬유로 들어가는 거의 모든 광자가 잠시 후에 다른 쪽 끝으로부터 나온다. 가장 간단한 형태로, 광섬유는 두 개의 서로 다른 유리로 만들어지는데, 하나의 유리로 된 코어가 다른 유리의 피복으로 둘러싸여 있다. 두 유리는 모두 믿을 수 없을 정도로 투명해서 빛은 거의 손실없이 수 킬로미터를 통과해서 진행할 수 있다. 비교하기 위해서, 일반적인 창문 유리를 여러 장 겹쳐서 보면 당신은 이 유리가 얼마나 어둡게 보이는지 볼 수 있을 것이다. 이것은 너무 많은 빛을 흡수해서 광섬유로는 적당하지 않다. 광섬유는 알려진 가장 순수한 유리로 만들어진다.

만약 두 유리가 모두 거의 완벽하게 투명하다면 무엇이 이 빛을 광섬유의 옆면으로 새지 못하도록 하는 것인가? 답은 **내부 전반사**(total internal reflection)로 알려진 현상이다. 빛이 안쪽의 유리 코어(core)로부터 바깥쪽의 유리 클래딩(cladding)으로 움직이려고 노력할 때, 이것은 완전하게 반사되므로 탈출할 수 없다.

내부 전반사(total internal reflection)는 굴절의 극단적인 경우이다. 빛이 서로 다른 굴절률을 가진 두 물질 사이에 있는 경계를 만날 때, 굴절은 그 빛을 구부러지도록 한다(그림 14.2.5). 만약 빛이 들어가는 물질이 나오는 물질보다 더 작은 굴절률을 가지면 이 빛은 경계에 수직인 선으로부터 멀리 구부러진다. 이 구부러지는 양은 두 굴절률과 빛이 경계에 접근하는 각에 의존한다. 이 접근하는 각이 충분히 가파르면 빛은 두 번째 물질로 들어가는 일에 성공할 것이다. 그렇지만 만약 접근하는 각이 충분히 얕으면 그 빛은 두 번째 물질에 전혀 들어가지 않을 것이다. 대신에 이것은 경계에서 완전하게 반사할 것이다. 사실 내부 전반사는 일상적인 금속 거울의 반사보다 훨씬 더 효율적이다.

광섬유의 코어 내부에 빛을 유지하기 위해서, 코어 유리는 클래딩 유리보다 더 큰 굴절률을 가져야만 한다. 높은 굴절률의 코어에 있는 빛이 낮은 굴절률의 클래딩과의 경계를 만나면, 그것은 내부 전반사를 겪어 코어로 되돌아간다(그림 14.2.6a). 광섬유가 너무 급하게 굽어지지 않으면 이 빛은 코어 내부에서 이리 저리 튀면서 탈출할 수 없다. 결과적으로, 한쪽 끝을 통해서 코어로 들어간 빛은 광섬유를 따라 다른 쪽 끝에 도달하게 된다.

지름이 큰(전형적으로 50 μm 이상) 광섬유는 문제를 가지고 있다. 그것을 통해서 약간씩 다른 각도로 되튀는 광선들은 광섬유를 통과하는 동안 다른 거리를 진행한다. 광섬유의 중심을 따라서 거의 직선으로 가는 빛은 거의 되튀지 않고 여러 번 되튀는 빛보다 전파 시간이 적게 걸린다. 이 넓은 광섬유는 빛이 그것을 통해서 진행할 수 있는 많은 되튀는 경로, 즉 '모드'를 가지기 때문에, 광섬유를 통해서 진행하는 빛의 짧은 펄스는 시간에 따라 늘어나게 된다(그림 14.2.6a). 이런 펄스 퍼짐은 다중 모드 광섬유를 통해서 보낼 수 있는 단위

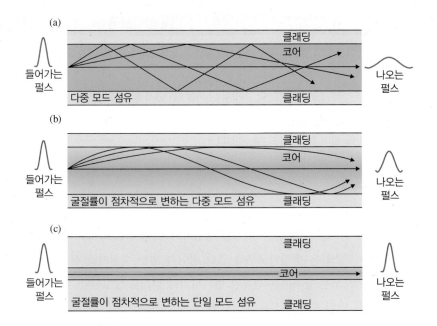

시간 당 정보량을 심각하게 제한한다.

펄스 퍼짐 문제를 줄이기 위해서 더 좋은 실적을 보이는 광섬유의 코어는 점차적으로 변하는 굴절률을 가진다. 코어 유리는 특별하게 처리되어서 중심으로부터 클래딩 방향으로 멀어지면서 굴절률이 완만하게 감소한다. 빛이 코어와 클래딩 사이에서 경계에 도달했을 때 갑자기 되튀는 대신에, 이 점진적 굴절률 환경에서 빛은 부드럽게 코어 쪽으로 돌아온다(그림 14.2.6b). 점차적으로 변하는 굴절률을 갖는 다중 모드 광섬유에서 모드 사이의 경로 차는 그렇게 다르지 않고, 빛의 짧은 펄스가 적절한 길이의 광섬유에서는 많이 퍼지지 않는다.

그렇지만 매우 긴 광섬유에서는 작은 경로 차도 누적되므로, 짧은 펄스가 다중 모드 광섬유에서는 흐려지게 된다. 그러므로 가장 좋은 광학적 통로는 단일 모드 광섬유이다. 이들 광섬유들은 빛이 단일 모드로 진행해서 효과적으로 광섬유의 중심을 따라 진행하도록 하는 매우 가는 광섬유인데, 점차적으로 변하는 굴절률을 가진다(그림 14.2.6c). 코어는 전형적으로 지름이 단지 9 μm이다. 이 좁은 코어를 들어가는 빛의 펄스는 진행하는 동안 시간에 따라 거의 퍼지지 않는다.

단일 모드 광섬유에서 일어나는 빛의 미세한 퍼짐은 다른 경로를 택하는 빛에 의해서 생기는 것이 아니고, 유리에서 보통의 분산에 의해서 생긴다. 정보를 전달하기 위해 빛 파동은 시간에 따라 변화해야 하므로 진동수와 파장의 영역을 가져야만 한다. 보통은 더 짧은 파장은 더 긴 파장보다 더 천천히 진행하고 펄스는 시간에 따라 퍼진다. 이러한 분산 효과를 최소화하기 위하여 가장 빠른 속력의 광섬유는 분산을 최소화하는 파장에서 작동한다. 그들은 또한 유리에서 흡수를 통한 빛의 손실을 최소화하는 파장에서 작동한다. 이들 두 파장은 분산 이동 광섬유 안에서 1550 nm에서 일치하며, 이 적외선 파장이 장거리 광통신에서 흔히 사용된다.

광통신

전형적인 광통신 송신기는 빛의 짧은 펄스를 생성하기 위해서 1550 nm 레이저 다이오드를 사용한다. 이들 펄스들은 송신기로부터 멀리 떨어져 있는 수신기로 정보를 보낸다. 송신기는 레이저 다이오드를 통과하는 전류를 변화시켜서 펄스를 생성한다. 레이저 다이오드로부터 나오는 빛은 단일 모드 광섬유의 노출된 코어에 초점을 맞추고, 빛은 그 코어를 따라 이 광섬유의 다른 쪽에 이른다. 나온 빛은 렌즈로 모아 수신기의 광 다이오드 위로 초점을 맞춘다. 빛의 각 펄스는 전류의 펄스가 광 다이오드를 통해 흐르도록 하고, 수신기가 정보 처리를 한다.

레이저 다이오드와 단일 모드 광섬유는 50 km 또는 100 km의 거리까지 1초에 10억 비트의 데이터를 중대한 오류 없이 보낼 수 있다. 더 먼 거리에서는 유리에서 점진적인 빛의 손실로 확실하게 정보를 받는 것이 어렵게 된다. 이 문제에 대한 가장 쉬운 해결책은 빛이 너무 약해지기 전에 데이터를 받는 것이고, 그 다음에 다른 레이저 다이오드를 가지고 그것을 재송신하는 것이다.

수신기와 재송신기로 광학적 전송을 방해하는 대신에 어떤 장거리 통신 시스템은 에르븀이 도핑된 광섬유 증폭기(erbium-doped fiber amplifier, EDFA)를 사용한다. EDFA는 광섬유의 유리 코어에 약 0.01%의 에르븀 이온들을 첨가한 광섬유이다. EDFA가 980 nm 또는 1489 nm 빛에 노출되었을 때 1550 nm 빛에 대한 레이저 증폭기가 된다. 긴 광섬유로부터 나온 빛의 약해진 펄스가 광섬유 증폭기를 통과하면서 펄스가 다시 강해진다. 이렇게 증폭된 펄스는 다시 증폭되기 전에 보통의 광섬유를 통해서 계속 진행한다. 해저 광케이블은 보통 50 km 정도의 거리마다 광섬유 내부에 광섬유 증폭기가 접속되어 있다. 이들 증폭기들은 빛이 대양 한쪽에서 다른 쪽으로 연속적인 경로를 통해서 수천 킬로미터의 거리를 통과하여 진행하도록 허용한다.

단일 광섬유로부터 많은 정보를 얻기 위하여, 많은 통신 시스템은 1550 nm 근처의 약간 다른 파장 영역에서 작동하는 다수의 레이저 다이오드를 사용한다. 이들 다이오드로부터 나오는 빛은 서로 합쳐져서 광섬유에 들어간다. 빛이 광섬유의 다른 쪽 끝에서 나오면 다른 파장 영역은 서로 분할되고 개별적인 수신기 위로 향한다. 서로 다른 파장 영역은 서로 다른 채널과 같아서 이러한 파장 분할 다중화(wavelength-division multiplexing)는 하나의 광섬유가 단일 레이저로부터 나오는 빛을 가지고 보낼 수 있는 것보다 훨씬 더 많은 정보를 보내도록 허용한다. 충분히 놀랍게도 EDFA는 이들 다른 채널들을 모두 한 번에 증폭할 수 있는데, 왜냐하면 에르븀 이온들이 넓은 파장 영역을 한꺼번에 복제할 수 있기 때문이다.

14.3 오디오 플레이어

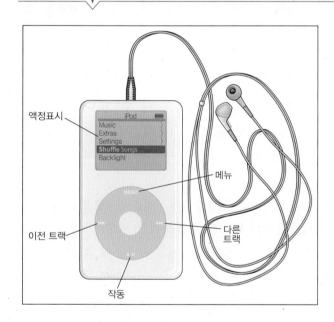

오디오 플레이어는 휴대용 음악 시스템에 혁명을 일으켰다. 어디에서나 사람들은 이 작고 놀라운 전자기기나 스마트폰에 이어폰을 꽂고 운동을 하고 좋아하는 음악을 듣고 있다. 부분적으로는 컴퓨터이고 부분적으로는 스테레오 시스템인 오디오 플레이어는 현대 전자 기술의 가장 첨단 형태들의 특별한 합성이다. 오디오 플레이어는 전자 부품들의 넓은 범위를 포함하기 때문에 현대 전자공학의 많은 것을 소개하기에 훌륭한 소재이다.

오디오 플레이어가 어떻게 작동하는 이해하기 위해서는 소리가 어떻게 전자공학으로 표현될 수 있고, 또 어떻게 이들 전자적인 표현들이 저장되고, 검색되고, 궁극적으로 소리 그 자체를 재생하기 위해서 이용될 수 있는지 살펴볼 필요가 있다. 그 탐구는 우리들을 컴퓨터의 디지털 세계로부터 앰프와 헤드폰의 아날로그 세계까지 인도할 것이다.

또한 이것으로 현대 전자공학의 부품인 트랜지스터를 설명할 것이다. 초창기의 오디오 전자 장치들은 진공관으로 만들어졌는데, 이들은 전력을 많이 소비하고 수명도 짧은 상대적으로 부피가 큰 것이었다. 트랜지스터는 오디오 전자공학을 훨씬 더 실제적으로 만들었다. 그것들은 또한 컴퓨터를 작고 값싸게 만들었기에 모든 오디오 플레이어가 자신의 컴퓨터를 가질 수 있었다.

생각해 보기: 노래를 저장한다는 것은 무엇을 의미하는가? 음악을 표현하기 위해서 컴퓨터는 어떻게 숫자를 사용할 수 있는가? 왜 오디오 플레이어는 작동하기 위해서 전력을 필요로 하는가? 왜 오디오 플레이어는 작동하면서 뜨거워지는가? 소리의 크기가 배터리 수명에 영향을 주는가? 오디오 앰프의 파워 등급은 무엇을 의미하는가? 전력과 소리 크기는 어떻게 연관되는가? 오디오 플레이어의 고음부와 저음부는 어떻게 소리에 영향을 주는가?

실험해 보기: 오디오 플레이어 또는 스마트폰을 찾는다. 그것을 켜고, 이것이 '깨어나는' 일에 짧은 시간이 걸린다는 것에 주목한다. 당신은 컴퓨터의 가동 과정을 관찰하고 있는 것이다. 그러나 만일 이 컴퓨터의 모든 정보가 이미 안에 있다면, 시작하면서 왜 그렇게 많은 일을 하는 것이 필요하겠는가? 우리가 곧 알게 되는 것처럼, 이 장치의 컴퓨터는 메모리의 다른 양식을 사용하며, 그것의 일부는 오디오 플레이어가 꺼질 때 깨끗하게 닦인다. 이 이야기를 마음에 담고, 가동 과정 동안에 무슨 일이 발생하는지 상상하도록 노력한다.

어떤 음악을 틀고 소리 제어를 실험한다. 소리 조절은 얼마나 많은 전력이 헤드폰에 도달하는지 결정하는 것이다. 제대로 연결되지 않은 섬광은 희미한 빛을 만든다는 것을 기억하자. 만약 당신이 플레이어와 이어폰 사이에 연결을 제대로 하지 않는다면, 소리 크기에 어떤 일이 생기는가? 잃어버린 전력은 어디로 갔는가?

이제는 저음부와 고음부를 가지고 실험을 한다. 만약 이 플레이어가 다른 오디오 효과를 가진다면, 그것들을 시험한다. 당신은 원래 연주되었던 소리를 여전히 듣고 있는가? 플레이어의 높낮이 설정이 소리 재생에 영향을 미치는가? 원래 소리의 가장 완벽한 모방이 항상 당신이 듣고 싶었던 것인가?

트랜지스터

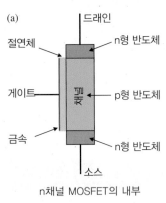

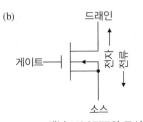

그림 14.3.1 (a) n채널 MOSFET에서 채널은 소스와 드레인 사이에서 보통은 전류가 흐르지 못하는 결핍 영역이다. 그러나 게이트 위에 있는 양(+) 전하가 전자들을 끌어당겨 채널 속으로 보내면, 채널이 n형 반도체가 되며 전류가 흐르도록 허용한다. (b) 개요 그림에서 n채널 MOSFET을 나타내는 기호.

오디오 플레이어의 이야기는 **트랜지스터**(transistors)의 이야기로 시작한다. 세 명의 미국 물리학자 William Shockley(1910~1989), John Bardeen(1908~1991), Walter Brattain(1902~1987)에 의해 1948년에 발명된 트랜지스터는 거의 모든 현대의 전자공학 장비에서 필수적인 소자이다. 우리가 13.3절에서 공부했던 다이오드처럼 트랜지스터도 도핑된 반도체로부터 만들어지는데, 이들은 실리콘 같은 반도체에 화학적 불순물들이 첨가된 것이다. 하지만 오직 하나의 회로에서 작동하는 다이오드와는 달리, 트랜지스터는 한 회로의 전류가 다른 회로의 전류를 제어하도록 허용한다.

많은 유형의 트랜지스터가 있지만, 가장 간단하고 가장 중요한 유형은 **장 영향 트랜지스터**(field-effect transistor)이다. 실제로는 여기에서조차도 여러 변용이 있기에 우리는 오디오 플레이어, 휴대 전화, 비디오 장비, 컴퓨터 등에서 가장 널리 사용되는 것에 집중할 것인데, 바로 **n채널 금속-산화물-반도체 장 영향 트랜지스터**(n-channel metal-oxide-semiconductor field-effect transistor; 또는 n채널 MOSFET)이다. 이렇게 복잡한 이름에도 불구하고 n채널 MOSFET은 상대적으로 간단한 소자인데, 세 개의 반도체 층들과 가까이의 금속 또는 금속 같은 표면으로 구성되어 있다(그림 14.3.1). 이 세 개의 층들은 드레인(drain), **채널**(channel), 그리고 **소스**(source)라고 불리고, 금속 표면은 **게이트**(gate)라고 한다.

드레인과 소스는 (많은 전도-준위 전자들을 가진) 강하게 도핑을 한 n형 반도체로 구성되어 있고, 그들 사이에 있는 채널은 (몇 개의 원자가준위들을 가진) 약하게 도핑된 p형 반도체로 구성되어 있다(그림 14.3.2a). 이들 세 개의 층들이 서로 붙었을 때 그들은 두 개의 이어지는 p-n 접합을 형성하며, 드레인과 소스로부터 전도-준위 전자들이 채널 안으로 이동해서 몇 개의 원자가준위들을 채운다(그림 14.3.2b). 완성된 트랜지스터는 그래서 드레인으로부터 소스까지 가는 길에 펼쳐있는 넓은(빈 원자가준위와 점유된 전도준위가 없는 영역인) 결핍 영역을 가지고 남겨진다. 채널을 통해서 전하를 전달하는 것이 아무 것도 없기에, 이 트랜지스터는 드레인과 소스 사이에 전류를 흐르게 할 수 없다. 이 MOSFET은 사실상 꺼져 있는 것이다.

그러나 만약 더 많은 전자들이 어떤 방법으로든 채널 속으로 들어간다면, 이들 전자들은 채널의 전도준위들 속으로 가야만 할 것이고, 그러면 채널은 이제는 n형 반도체처럼 행동할 것이다. n형 채널이 n형 드레인과 n형 소스 사이에서 샌드위치처럼 놓이면, p-n 접합은 없어지고 결핍 영역도 없어질 것이다. 이 세 층들은 실질적으로 한 덩어리의 n형 반도체가 될 것이며, 이제는 트랜지스터가 드레인과 소스 사이에서 전류를 흐르게 할 수 있을 것이다. 이 MOSFET은 켜진 상태가 된다.

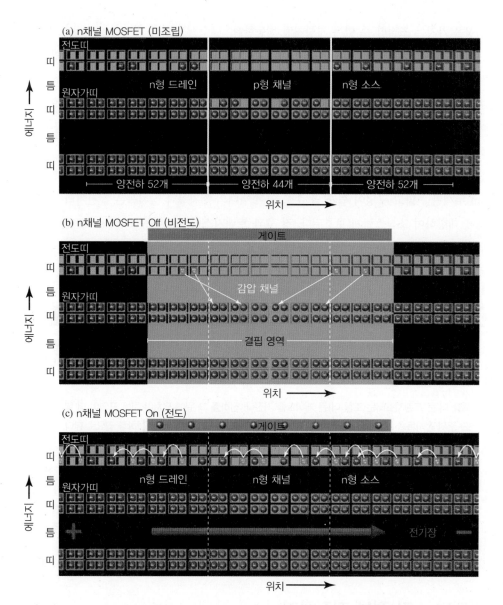

그림 14.3.2 (a) n채널 MOSFET은 세 개의 반도체로 구성되는데, n형 드레인, p형 채널, 그리고 n형 소스이다. (b) 이들이 서로 닿았을 때, n형 소스와 드레인으로부터 전도−준위 전자들이 p형 채널의 빈 원자가준위를 채우고, 넓은 절연 결핍 영역을 형성한다. 이 결핍된 채널은 전도성이 아니고 MOSFET은 꺼진 상태이다. (c) 그러나 양 (+) 전하가 가까이의 게이트 위에 놓였을 때, 그것은 여분의 전자들을 채널의 전도준위들 속으로 끌어당기고 음 (−)으로 대전된 채널은 이제는 n형 반도체처럼 행동한다. 전체 구조가 전도성이 되고 이 MOSFET은 켜진 상태 가 된다.

여분의 전자들을 채널 속으로 끌어당기는 것은 금속 같은 게이트의 임무이다. 엄청나게 얇은 절연체 층에 의해서 채널로부터 분리되어 있어서 게이트는 전류를 흐르게 하는 채널 의 능력을 제어한다. 작은 양(+) 전하가 도선을 통해서 게이트 위에 놓일 때, 그것은 여분의 전자들을 소스, 드레인, 그리고 도선들로부터 채널의 전도준위들 속으로 끌어당기고, 이 트 랜지스터는 전류가 흐르기 시작한다(그림 14.3.2c). 더 많은 양(+) 전하가 게이트 위에 있 게 되면 더 많은 여분의 전자들이 채널 속으로 끌어당겨지고 더 많은 전류가 트랜지스터를 통해서 흐른다. 실제로 트랜지스터는 게이트 위에 있는 양(+) 전하가 증가하면서 감소하는 저항을 가지는 조절할 수 있는 저항처럼 행동한다.

　　이제 n채널 MOSFET의 이름을 이해할 수 있다. n채널(n-channel)은 게이트가 양(+)으로 대전되고 트랜지스터가 전류를 흐르게 할 수 있을 때 채널의 n형 거동에서 기인하는 것이다. 비록 이 채널은 화학적으로 p형이지만(그림 14.3.2a), 여분의 전자들이 그 안으로 끌어당겨지고 음(−)의 알짜 전하를 얻을 때 전기적으로 n형이 된다(그림 14.3.2c). **금속−산화물−반도체**(metal-oxide-semiconductor)는 금속 또는 금속 같은 게이트가 얇은 절연체 산화물의 층에 의해서 반도체 채널로부터 분리되어 있다는 것을 표시한다. 이 절연체는 1.2 nm 두께만큼 얇고 구멍이 쉽게 날 수도 있어 현대의 전자공학 장치들은 정전기의 손상 효과에 대항하여 조심스럽게 보호된다. **장 효과 트랜지스터**(field-effect transistor)는 게이트 위에 있는 전하로부터 전기장이 전자들을 채널 속으로 끌어당기고 트랜지스터를 관통해서 흐르는 전류를 제어한다는 것을 나타낸다.

> **▶ 개념 이해도 점검 #1: 전력과 제어**
>
> n채널 MOSFET의 채널을 넓게 하는 것은 소스와 드레인 사이에서 더 많은 전류를 다룰 수 있도록 허락한다. 그렇지만 확장된 트랜지스터는 그 전류를 제어하기 위해서 게이트 위에 더 많은 양(+) 전하를 필요로 한다. 설명하시오.
>
> **해답** 더 큰 트랜지스터는 또한 더 큰 게이트를 가진다. 전하를 그 위에 펼쳐야 하는 표면이 더 넓어지면, 전도−준위 전자들을 채널 속으로 끌어당기기 위해서는 게이트가 더 많은 양(+) 전하를 필요로 한다.
>
> **왜?** MOSFET의 크기는 매우 작은 것($0.01~\mu m^2$보다 작은)으로부터 상대적으로 큰 것(몇 mm^2 정도)까지 있다. 가장 작은 것들은 컴퓨터 칩에서 사용되는데, 여기에서 단지 1 cm^2 하나의 실리콘 웨이퍼 위에 수백만 개의 MOSFET가 만들어진다. 이들 MOSFET 하나의 게이트 위에 있는 작은 전하가 전류가 흐르도록 허락할 것이다. 가장 큰 MOSFET은 앰프 또는 전원 장치와 같은 전력 제어 장치들에서 사용된다. 이 트랜지스터는 큰 게이트를 가지며, 그들 중 하나가 전류를 흐르도록 허락하기 위해서는 훨씬 많은 전하가 필요하다.

디지털 소리 정보 저장하기

오디오 플레이어는 반은 컴퓨터이고 반은 스테레오 시스템이다. 이것은 컴퓨터처럼 디지털 형태로 소리 정보를 저장하고 조작한다. 그러나 그 다음에는 스테레오 시스템처럼 아날로그 형태로 헤드폰으로 보내기 위해 그 정보를 증폭한다. 이 플레이어의 전자공학을 조사할 때 이 과정을 고려할 것이다. 즉, 디지털 메모리와 자료 처리 시스템으로 시작해서 오디오 증폭기로 끝마칠 것이다.

　　오디오 플레이어의 디지털 부분에서는 공기 압력 측정과 다른 숫자들은 이진법 형식으로 표현될 것이다. 이들 숫자들이 얼마나 크고 정확한지는 이들을 나타내기 위해서 얼마나 많은 이진법 숫자가 필요한가에 의해서 결정된다. 각 이진법 숫자는 **비트**(bit)라고 불리며 더 많은 비트를 사용하는 것은 당신이 더 크고 더 정확한 숫자를 나타내도록 허락한다. 일반적으로 정보가 상세할수록 그것을 표현하기 위해서 더 많은 비트가 필요하다.

　　0(이것은 이진법으로 00000000)부터 255(이것은 11111111)까지 어떤 숫자를 나타내

기 위해서는 8개의 비트가 사용된다. 많은 일상의 물체들은 256보다 적은 개수가 있으므로, 이들 물체들은 8비트의 그룹에 의해서 판정될 수 있다. 예를 들면, 65가 글자 A를 나타내는 것으로, 보통의 문서에서 사용되는 기호들은 0과 255 사이에 있는 숫자들로 지정될 수 있다. 8비트 01000001은 65를 나타내기 때문에, 이것이 A이다. 8비트의 그룹은 흔하고 유용하기에 **바이트**(bytes)라고 불린다.

비록 공기 압력 측정에 1바이트를 사용해서 소리 정보를 저장하는 것이 가능하기는 하지만, 1바이트는 보통 소리 질 재생을 위해서는 충분한 정밀도를 제공하지 않는다. 더 흔한 것으로, 디지털 오디오는 압력 측정에 2바이트를 사용해서 저장된다. 이 압력 측정은, 보통은 스테레오 또는 서라운드 음향을 제공하기 위해서 동시에 몇 개의 마이크에서 1초에 수만 번 수행된다. 심지어 중복되거나 중요하지 않은 정보를 제거하기 위해 정교한 데이터 압축 기술이 사용될 때는 앨범 하나를 나타내기 위해서 매우 많은 비트가 여전히 필요하다. 그러므로 하나의 오디오 플레이어는 많은 메모리가 필요하다.

오디오 플레이어가 다른 컴퓨터처럼 하나의 비트를 저장하는 몇 가지 방법이 있다. 주요한 작업 메모리에서(보통 무작위 접근 메모리 또는 RAM이라고 부르는), 각 비트는 작은 축전기인데 이것은 1 또는 0을 나타내기 위해서 분리된 전기 전하의 있음 또는 없음을 이용한다. 플레이어는 분리된 전하를 만들거나 제거함으로써 하나의 비트를 저장하며, 그 전하를 검사해서 그 비트를 다시 부른다.

각 축전기는 자신의 n채널 MOSFET의 바로 끝에 만들어진다. 이 MOSFET이 축전기로 또는 축전기로부터 전하의 흐름을 제어한다. 하나의 비트를 저장하거나 다시 부르기 위해서 오디오 플레이어는 이 MOSFET이 전기적으로 전도성이 되도록 양(+) 전하를 MOSFET의 게이트 위에 놓는다. 메모리 시스템은 그 다음에는 그 비트의 축전기로 또는 축전기로부터 전하를 이동시킬 수 있다.

이 비트를 저장하는 것은 상대적으로 쉽다. 플레이어는 단순히 적절한 전하를 MOSFET을 통해서 축전기로 보낸다. 이 비트를 다시 부르는 것은 더 어려운데, 왜냐하면 이 축전기 위에 있는 전하가 극도로 작기 때문이다. 메모리 시스템에 있는 민감한 증폭기가 축전기로부터 MOSFET을 통해서 흐르는 어떤 전하도 감지해서 그들이 발견한 것을 오디오 플레이어에게 보고한다. 이 읽기 과정은 축전기로부터 전하를 제거하기 때문에, 메모리 시스템은 즉시 그 비트를 다시 저장해야만 한다.

불행하게도, 이들 작은 축전기들은 분리된 전하를 영원히 붙잡을 수 없는데, 왜냐하면 전하가 주변으로 새어 나오기 때문이다. 비트들을 저장하기 위해서 대전된 축전기들을 사용하는 메모리는 동적 메모리라고 부르는데 1이 우발적으로 0으로 가거나 반대로 되지 않도록 보장하기 위해서 매 초마다 수백 번 재생(읽고 다시 저장)되어야만 한다.

동적 메모리는 또한 휘발성인데, 오디오 플레이어 전원이 꺼지면 그 내용물이 없어진다. 배터리를 보존하기 위해서 이 플레이어는 음악 정보를 비휘발성 메모리에 간직하는데, 이것은 정보를 유지하기 위해서 전력이 필요하지 않은 메모리이다. 비휘발성 메모리에 대한 새로운 가능성들이 거의 매년 나타나지만, 현재 세 가지 주도하는 형식은 플래시, 자기 디스크, 그리고 광학 디스크 메모리이다.

플래시 메모리는 MOSFET과 관련된 전하의 있음과 없음으로 각 비트가 저장된다는 점에서 동적 메모리를 닮았다. 하지만 플래시 메모리에서는 그 전하가 MOSFET의 플로팅 게이트 위에 있는데, 이 게이트는 채널과 보통의 게이트 사이에 있는 절연체 층에 위치한 두 번째 붙어있지 않은 게이트이다. 이 플로팅 게이트는 절연체에 의해서 둘러싸여 있기 때문에, 이것은 그 전하를 오랫동안 보관할 수 있다. 전하가 존재하는 한 MOSFET의 전도도를 결정할 것이고 그 비트는 1 또는 0이다.

플래시 메모리로부터 비트를 읽는 것은 쉽지만, 그들을 저장하는 것은 어렵다. 전하를 플로팅 게이트 위에 여러 해 동안 가두는 고립은 그 전하를 변화시키는 것을 어렵게 만든다. 플로팅 게이트로부터 전하를 더하거나 제거하기 위해서 이 메모리 시스템은 MOSFET의 소스, 드레인, 그리고 보통 게이트에 상대적으로 큰 전압을 가하고, 그 결과인 강한 전기장은 전자들이 채널을 플로팅 게이트로부터 분리하는 절연체를 가로지르도록 허용한다.

플로팅 게이트에 전자를 더하기 위해서, 채널 전자들을 높은 속력까지 가속하도록 전기장이 조정되며 이 전자들은 절연 층을 통과해서 플로팅 게이트에 단순히 숨는 것이다. 플로팅 게이트로부터 전자들을 제거하기 위해서는, 플로팅 게이트의 전자 정지 파동이 절연체 안에서 일그러뜨리도록 전기장이 조절된다. 이 일그러진 파동이 절연체 속으로 충분히 깊이 도달할 때, 전자들은 **양자 터널링**(quantum tunneling)이라고 알려진 과정을 경유하여 이 파동을 통해서 채널 속으로 새어나가게 된다(우리는 15장에서 양자 터널링을 탐구하기 위해서 되돌아 올 것이다).

플래시 메모리는 읽기에는 빠르지만 쓰기에는 상대적으로 더 느리다. 게다가 전자를 숨기는 과정은 절연 층에 지속적인 손상을 초래하며 플래시 메모리에 쓸 수 있는 횟수를 제한하게 된다. 오디오 플레이어는 동적 메모리와 플래시 메모리를 섞어서 사용하는데, 계산 작업은 동적 메모리에서 하지만 오랜 정보는 플래시 메모리에 저장한다.

그렇지만 방대한 양의 정보를 저장하기 위하여 플래시 메모리보다 더 비용 효율이 높게 유지되는 또 하나의 메모리 개념이 있는데, 바로 자기 디스크 메모리이다. 비록 오디오 플레이어에서 플래시 메모리가 자기 디스크를 주로 대체했지만, 컴퓨터들은 아직도 자기 디스크에 광범위하게 의존하고 있다.

신용카드 위에 있는 자기 띠(그림 11.1.6)가 자기적 극들의 위치에서 정보를 저장할 수 있는 것처럼, 자기 디스크의 표면은 자기적 극들의 방향에서 정보를 저장할 수 있다. 실제의 하드 디스크는 하이테크 하드 자성 물질이 코딩된 부드러운 알루미늄 원판이다. 자기적 극들을 쓰기 위해 미시적인 전자석을 이용하고 그들을 읽기 위해 정교한 반도체 자기 센서를 사용하기 때문에, 현대의 하드 디스크는 표면의 mm^2 속으로 10억 비트 이상(in^{2}에 80기가바이트 이상) 압축 기억할 수 있다. 이들 미시적인 비트들을 1초에 100회 회전하는 원판 위에 단순하게 놓는 것도 전기역학적으로 어려운 일인데, 이 디스크들은 휴대용 컴퓨터를 움직이고 있는 동안에 그 일을 일상적으로 한다.

> **개념 이해도 점검 #2: 자신에게 편지를 보내는 것처럼**
>
> 매 몇 1/1000초마다 컴퓨터의 메모리 시스템은 동적 메모리에서 모든 비트를 읽고 다음에는 다시 쓰기 위해서 잠시 멈춘다. 무엇이 일어나는 것인가?
>
> **해답** 컴퓨터는 동적 메모리에서 각 축전기 위에 저장된 전하가 비트의 내용을 적절하게 나타내는지 확인하고 있는 것이다.
>
> **왜?** 동적 메모리에서 전하는 축전기로부터 빨리 새어 나오기 때문에 각 비트의 내용은 매 초 당 여러 번 재생되어야만 한다. 이 재생 과정이 각 비트를 읽고 그것을 메모리 속으로 다시 저장하는 동안 컴퓨터를 약간 느리게 만든다.

오디오 플레이어의 컴퓨터

우리들은 소리 정보가 어떻게 표현되고 비트로 저장될 수 있는지 알았으므로, 이제는 오디오 플레이어의 컴퓨터가 이들 비트들을 가지고 어떻게 작업하는지 살펴보자. 디지털 과정은 비트들의 그룹을 입력으로 받아들이고 그들의 출력을 새로운 그룹으로 생성하는 전자공학 장치들에 의해서 이루어진다. 그들의 출력 비트들은 논리의 규칙들에 의해서 그들의 입력 비트들과 연관되어 있기 때문에 전자공학 장치들은 논리 요소들이라고 불린다.

가장 간단한 논리 요소는 뒤바꾸기인데, 이것은 오직 하나의 입력 비트와 하나의 출력 비트를 가진다. 이것의 출력은 입력의 반대이다(그림 14.3.3). 만약 어떤 뒤바꾸기의 입력 비트가 1이라면, 그것의 출력 비트는 0이고, 반대도 또한 같다. 뒤바꾸기는 어떤 행동을 뒤집기 위해 이용되는데, 불을 끄는 것보다 켜는 것 또는 노래를 멈추는 것보다 시작하는 것 등이다. 뒤바꾸기는 또한 더 복잡한 논리 요소들의 부분으로 이용된다.

그러나 뒤바꾸기는 단지 추상적인 논리 요소가 아니며, 그들은 진짜 전자공학 장치이다. 그들은 전기적 입력에 작용해서 전기적 출력을 만든다. 오디오 플레이어의 컴퓨터 안에서 뒤바꾸기와 다른 논리 요소들은 전하를 가진 입력과 출력 비트를 나타낸다. 양(+) 전하는 1을 나타내고, 음(−) 전하는 0을 나타낸다. 그러므로 양(+) 전하가 뒤바꾸기의 입력에 도착했을 때, 뒤바꾸기는 그 출력으로부터 음(−) 전하를 내보낸다.

뒤바꾸기와 다른 논리 요소들은 보통 n채널과 p채널 MOSFET 둘 다로부터 만들어진다. 우리는 이미 n채널 MOSFET은 그들의 게이트가 양(+)으로 대전되었을 때만 전류를 흐르게 한다는 것을 보았다. p채널 MOSFET은 정확히 반대의 일을 하는데, 그들의 게이트가 음(−)으로 대전되었을 때만 전류가 흐른다. p채널 MOSFET의 드레인과 소스는 p형 반도체로 만들어지고, 채널은 n형 반도체로 만들어진다. n채널과 p채널 MOSFET은 서로 정확한 보완이기 때문에, 그들로부터 만들어지는 논리 요소들은 보완적인 MOSFET 또는 CMOS 요소들이라고 불린다. 오디오 플레이어의 컴퓨터는 거의 전적으로 CMOS 요소들로부터 만들어진다.

CMOS 뒤바꾸기는 하나의 n채널 MOSFET과 하나의 p채널 MOSFET으로 구성된다(그림 14.3.4). n채널 MOSFET은 컴퓨터 전원 장치의 음(−)인 단자에 연결되어 있고 뒤바꾸기의 출력으로 음(−) 전하가 흐르는 것을 제어한다. p채널 MOSFET은 전원 장치의 양

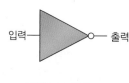

입력 —▷o— 출력

입력	출력
1	0
0	1

그림 14.3.3 여기에서 기호로 보여준 뒤바꾸기는 하나의 출력 비트를 생성하는데 그것은 하나의 입력 비트의 반대이다.

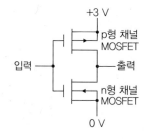

그림 14.3.4 음(−) 전하가 CMOS 뒤바꾸기의 입력에 도착할 때, p채널 MOSFET(위)은 양(+) 전하가 출력으로 흐르도록 허용한다. 양(+) 전하가 입력에 도착할 때, n채널 MOSFET(아래)은 음(−) 전하를 출력으로 보낸다.

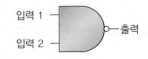

입력 1	입력 2	출력
1	1	0
1	0	1
0	1	1
0	0	1

그림 14.3.5 여기에서 기호로 보여준 Not-AND 또는 NAND 게이트의 출력 비트는 입력 비트가 둘 다 1이 아니면 1이다.

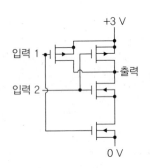

그림 14.3.6 CMOS NAND 게이트는 두 개의 입력 비트를 가진다. 음(−) 전하가 두 개의 입력 중 하나를 통과해서 도착할 때, n채널 MOSFET의 사슬(아래)은 전류를 통하는 것을 멈추고 두 개의 p채널 MOSFET(위) 중 하나가 양(+) 전하를 출력에 도착하도록 허용한다. 만약 2개의 입력이 모두 양(+)으로 대전되면 이 경우에만 음(−) 전하가 출력에 도착할 것이다.

(+)인 단자에 연결되어 있고 출력으로 양(+) 전하의 흐름을 제어한다. 음(−) 전하가 뒤바꾸기의 입력에 도착해서 MOSFET의 게이트로 움직일 때, 오직 p채널 MOSFET만 전류를 통하고 출력은 양(+)으로 대전된다. 양(+) 전하가 입력에 도착할 때는, 오직 n채널 MOSFET만 전류를 통하고 출력은 음(−)으로 대전된다.

그렇지만 컴퓨터는 뒤바꾸기보다 더 복잡한 논리 요소들을 필요로 한다. 그런 요소들 중 하나가 Not-AND 또는 NAND 게이트이다. 이 논리 요소는 두 개의 입력 비트와 한 개의 출력 비트를 가지며, 입력 비트가 둘 다 1이 아니면 그 출력 비트는 1이다(그림 14.3.5). 이것은 Not-AND 게이트라고 불리는데, 왜냐하면 이것은 AND 게이트의 반대이기 때문이다. AND 게이트는 입력 비트가 둘 다 1이 아니면 출력 0을 생성한다. 간단한 메모리가 없는 논리 요소들은 보통 게이트라고 불린다.

CMOS NAND 게이트는 두 개의 n채널 MOSFET과 두 개의 p채널 MOSFET을 이용한다(그림 14.3.6). 두 개의 n채널 MOSFET은 직렬로 배열되어 있어서 하나를 통과하는 전류는 다른 하나도 또한 지나가야만 한다. 만약 둘 중 어느 하나가 게이트 위에 음(−) 전하를 가지면, 이 직렬을 통해서 전류가 흐를 수 없다. 직렬로 연결된 소자들은 모두 같은 전류가 흐르지만, 그들은 서로 다른 전압 강하를 경험한다.

두 개의 p채널 MOSFET은 병렬로 배열되어 있어서 전류는 둘 중의 하나를 통과하여 출력으로 흐를 수 있다. 만약 둘 중 어느 하나의 트랜지스터가 게이트 위에 음(−) 전하를 가지면, 전류는 이 쌍의 하나로부터 다른 쪽으로 흐를 수 있다. 병렬로 배열된 소자들은 한 도선으로부터 받은 전류를 공유하고 그것을 함께 두 번째 도선으로 전달한다. 비록 병렬 소자들은 전류를 그들 사이에 불균등하게 공유할 수 있지만, 그들은 모두 같은 전압 강하를 경험한다.

만약 음(−) 전하가 CMOS NAND 게이트의 어느 한 입력에 도착한다면, n-채널 MOSFET의 직렬은 전류가 흐르지 않을 것이고 p채널 MOSFET의 하나는 양(+) 전하를 출력에 배달할 것이다. 그러나 만약 양(+) 전하가 두 입력 모두에 도착한다면, 두 p채널 MOSFET 모두 전류가 흐르지 않을 것이고 n채널 MOSFET의 직렬은 음(−) 전하를 출력에 배달할 것이다. 그러므로 CMOS NAND 게이트는 올바른 논리 거동을 가진다.

이들 두 논리 요소들인 뒤바꾸기와 NAND 게이트는 상상할 수 있는 어떤 논리 요소를 만들기 위해서 결합될 수 있다. 예를 들면, 그들은 더하기를 만들기 위해서 이용될 수 있으며, 이 장치는 입력 비트의 두 그룹에 의해서 표현되는 숫자들을 더해서 그 합을 나타내는 출력의 그룹 하나를 생성한다. 이들 더하기들은 곱하기를 만들기 위해서 이용될 수 있고, 이 곱하기들은 여전히 더 복잡한 장치들로 만들어질 수 있다. 이와 같은 방식으로, 가장 간단한 논리 요소들이 하나의 온전한 컴퓨터를 만들기 위해서 이용될 수 있다.

실제로 컴퓨터는 NAND 게이트와 뒤바꾸기로부터 배타적으로 만들어지지 않는다. 속력을 향상시키고 크기를 줄이기 위해서 몇 개의 다른 기본적인 논리 요소들을 또한 이용한다. CMOS NAND 게이트와 뒤바꾸기처럼, 이 요소들도 n채널과 p채널 MOSFET으로부터 직접적으로 만들어진다.

완전한 컴퓨터를 만들기 위해서는 모든 이들 논리 요소들이 복잡한 형태 안에서 함께

그림 14.3.7 이 현미경 사진은 집적 회로 마이크로프로세서를 보여주는데, 근사적으로 칩 하나 위에 컴퓨터 하나이다. 알루미늄 띠들이 수백만 개의 MOSFET과 다른 소자들을 연결하는데, 이들은 얇은 실리콘 웨이퍼의 표면 위에서 사진 기술에 의해서 만들어진 것이다.

연결된다(그림 14.3.7). 오디오 플레이어에서 컴퓨터는 음악 정보를 검색하고 체계화하며 그것을 재생하기 위해 준비하는데, 이 재생은 디지털이 아니다. 컴퓨터의 마지막 작용은 디지털 음악 정보, 공기 압력 측정을 **디지털−아날로그 변환기**(digital-to-analog converter) 또는 DAC에 전달하는 것이다. 이 전자공학 장치는 두 개의 정보 표현인 디지털과 아날로그 사이의 인터페이스이다. 음악 정보는 공기 압력에 비례하는 전압으로 DAC를 떠난다. 이 전압이 오디오 플레이어의 주된 아날로그 소자인 오디오 증폭기를 위한 입력이다. 실제로 이 플레이어는 두 개의 완전한 아날로그 오디오 시스템을 가지고 있어서 이것은 스테레오 음향을 만들 수 있다. 그러나 이들 시스템은 똑같기 때문에, 우리는 이들 중 하나에만 집중할 것이다.

▶ 개념 이해도 점검 #3: 모으기

AND 게이트를 만들기 위해서 뒤바꾸기와 NAND 게이트를 어떻게 이용할 수 있을 것인가? AND 게이트는 두 개의 입력과 한 개의 출력을 가지는 논리 요소이고, 입력이 둘 다 1일 경우에만 출력이 1이다.

해답 뒤바꾸기를 NAND 게이트에 연결해서 NAND 게이트의 출력이 뒤바꾸기의 입력이 되도록 할 수 있다. NAND 게이트의 입력 신호가 둘 다 1일 때, 이것은 0의 출력을 만든다. 이 0이 뒤바꾸기에 도착할 것이고, 이것은 반대로 되어 1의 출력을 낳을 것이다.

왜? 논리 요소들을 함께 연결해서 하나 뒤에 다른 것을 두는 것은 더 복잡한 논리 요소들을 만들기 위한 표준 방법이다. 이 경우에 함께 연결된 두 요소들은 세 번째 요소를 생성한다.

오디오 플레이어의 오디오 증폭기

오디오 플레이어의 DAC에 의해서 주어지는 변동하는 전압은 오디오의 정보를 나타내기 때문에 보통 **오디오 신호**(audio signal)라고 불린다. 많은 정보의 아날로그 또는 디지털 표현들은 **신호**(signal)라고 불리는데, 이들은 비디오 신호, 데이터 신호, 심지어는 회전 신호를 포함한다. 그러나 비록 플레이어의 오디오 신호가 원래 소리를 재생하기 위해서 필요한 모든 정보를 포함하기는 하지만, 편리한 아날로그 형식으로 헤드폰이 그 소리를 적당한 크기로 만드는 데 필요한 정도의 파워는 가지고 있지 않다. 먼저 무엇인가 이 오디오 신호를 크게 만들어야 하는데, 이것은 **증폭되는** 것이 필요하다.

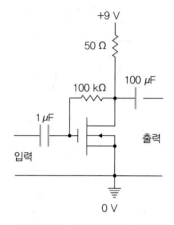

그림 14.3.8 간단한 오디오 증폭기는 하나의 n채널 MOSFET, 두 개의 저항체, 두 개의 축전기를 가지고 만들어질 수 있다. 9 V 배터리가 이 장치에 파워를 제공한다.

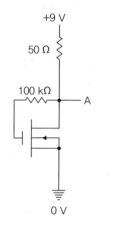

그림 14.3.9 A에서 전압은 MOSFET의 저항에 의존한다. 아래쪽에 있는 선이 있는 삼각형은 접지(보통은 지구 그 자체)에 연결된 것을 의미한다.

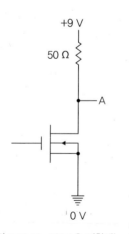

그림 14.3.10 100 kΩ 저항체는 A에서 전압이 약 5 V로 떨어질 때까지 게이트에 양(+) 전하를 전달한다.

신호들의 다양한 특성들을 크게 만드는 장치를 **증폭기**(amplifiers)라 한다. 오디오 증폭기는 우리가 듣거나 느끼는 진동수 범위(20에서 20,000 Hz)에서 신호를 올리기 위해 고안된 증폭기이다. 이것은 (입력 회로와 출력 회로) 두 개의 분리된 회로를 가지며, 출력 회로를 통해서 흐르는 훨씬 더 큰 전류를 제어하기 위해서 입력 회로를 통해서 흐르는 작은 전류를 이용한다. 이런 방법으로 증폭기는 입력 회로로부터 받는 것보다 출력 회로에 더 큰 파워를 제공한다. 에너지는 보존되기 때문에 증폭기는 증폭을 제공하기 위한 분리된 파워 원천이 필요한데, 이 경우에는 9 V 배터리이다.

그림 14.3.8은 간단한 오디오 증폭기에 대한 도식적인 그림을 보여주는데, 우리가 방금 배웠던 소자들로 만들어진 것이다. 이 증폭기는 단지 5개의 소자를 가지는데, 하나의 n채널 MOSFET, 두 개의 저항체, 두 개의 축전기이다. 이것은 9 V 배터리(또는 동등한 파워 어댑터)로부터 파워를 끌어오고 입력 회로에 있는 작은 교류를 출력 회로에 있는 큰 교류로 증폭한다.

이 증폭기가 어떻게 작동하는지 이해하기 위해서, 먼저 MOSFET과 50 Ω 저항체 외에는 모두를 제거하자(그림 14.3.9). 이들 두 소자들은 직렬로 연결되어 있어서, 하나를 통해서 흐르는 전류는 또한 다른 것을 통과해야만 한다. MOSFET에 전류가 흐르지 않을 때, 50 Ω 저항체를 통해서 흐르는 전류는 없고 전압 강하도 경험하지 않는다. 그러므로 A에서 전압은 9 V이다. 그렇지만 만약 트랜지스터가 전류를 통하면 50 Ω 저항체를 지나서 전압 강하가 나타날 것이고 A에서 전압은 감소할 것이다.

트랜지스터는 게이트 위에 양(+) 전하가 놓였을 때만 전류가 흐른다. 이것은 100 kΩ 저항체를 가지고 게이트를 A에 연결해서 될 수 있다(그림 14.3.10). A는 9 V에 있기 때문에, 이것은 양(+)으로 대전되어 있고 더 낮은 전압 쪽으로 전하를 밀어낸다. 전류는 저항체를 통해서 A로부터 게이트로 천천히 흐른다. 그렇지만 양(+) 전하가 게이트 위에 쌓이면서 트랜지스터에 전류가 흐르기 시작하고 A에서 전압이 떨어진다. A에서 전압이 게이트 위에서 전압에 도달하면, 전류는 저항체를 통해서 흐르는 것을 멈춘다.

이 증폭기는 이제 안정된 평형 상태에 있는데, A는 근사적으로 5 V의 전압을 가지고 트랜지스터의 게이트는 그 위에 적당한 양의 전하를 가지고 있다. 100 kΩ 저항체는 트랜지스터에게 **되먹임**(feedback)을 제공한다. 다시 말하면, 이것은 트랜지스터에게 A에서 현재 상황에 관한 정보를 제공하며 트랜지스터는 그 상황을 고치거나 개선하기 위해서 이 정보를 이용할 수 있다. 비록 이 되먹임은 저항체의 큰 전기 저항에 의해서 느려지지만, 이것은 A에서 전압을 평형 값으로 되돌리기 위해서 끊임없이 작용한다. 만약 트랜지스터가 너무 적은 전류를 흐르게 하면, 전하가 게이트로 흘러가고 전류가 더 흐르도록 만든다. 만약 트랜지스터가 너무 많은 전류를 흐르게 하면, 전하가 게이트로 흐르지 않게 되고 전류가 덜 흐르도록 만든다.

증폭기는 이제 트랜지스터의 게이트 위에 있는 전하에서 작은 변화에 절묘하게 민감하다. 만약 아주 작은 양(+) 전하를 게이트에 첨가하면 A에서 전압이 낮아진다. 만약 아주 작은 양(+) 전하를 게이트로부터 제거하면 A에서 전압이 높아진다. 비록 되먹임 저항체에서 전류가 변하지 않도록 노력하지만, 짧은 시간 척도 변화를 반대하기에는 너무 느리게 행동한다. 이 증폭기의 입력 신호는 게이트로부터 양(+) 전하를 성공적으로 더하거나 빼며, 이 증폭기의 출력 신호는 A로부터 나온다.

증폭기는 두 개의 입력 도선을 가진다. 아날로그 오디오 신호의 전류는 한 도선을 통해서 증폭기로 흘러 들어가고 다른 하나를 통해서 되돌아온다. 그렇지만 오디오 신호는 게이트에 직접적으로 연결되지 않는다. 대신에 그것은 축전기를 통해서 게이트에 연결된다(그림 14.3.11). 전하와 에너지를 저장하는 것에 더해서, 축전기는 서로 다른 전압을 가지는 두 도선 사이에서 전류를 전달할 수 있다. 그러한 전압 유연성은 배터리로 파워를 제공하는 오디오 증폭기에서 중요한데, 이 증폭기는 양(+) 전하를 가지고 배타적으로 증폭을 해야만 한다. 입력과 출력 축전기의 도움을 받아 우리의 오디오 증폭기는 약 +5 V의 작동 전압을 가질 수 있고, 반면에 이것은 또한 0 V의 입력과 출력 전압을 가진다.

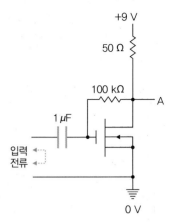

그림 14.3.11 두 개의 입력 도선을 통해서 앞뒤로 흐르는 전류가 트랜지스터의 게이트 위에 있는 전하에 영향을 주기 때문에 이것은 또한 A에서 전압에 영향을 준다.

축전기가 어떻게 전류 안으로 들어가는지 알기 위해서, 입력 전류가 증폭기의 입력 축전기 속으로 오른쪽 방향으로 흐르는 것을 살펴보자. 전류의 양(+) 전하가 축전기의 왼쪽 판 위에 쌓이면서, 이것은 음(−) 전하를 축전기의 오른쪽 판으로 그리고 게이트로부터 멀어지도록 끌어당긴다. 축전기는 전기적으로 중성으로 남아있지만, 게이트는 양(+) 전하가 더 많도록 대전된다. 전체적으로 보면, 비록 어떤 전하도 절연체 층을 통해서 실제로 지나간 것은 아니지만, 축전기는 게이트에 입력 전류를 전달했고 축전기의 두 판들은 서로 다른 전압으로 남는다.

입력 축전기의 도움으로 증폭기의 변동하는 입력 전류는 트랜지스터의 게이트 위에 변동하는 전하를 만들며, 그 결과로 A에서 전압도 변동한다. 입력 도선에서 작은 변동하는 전류조차도 A에서 큰 변동하는 전압을 생성한다.

이 변동하는 전압이 헤드폰을 통해서 변동하는 전류를 보내는 일에 책임이 있다. 비록 헤드폰은 진짜로 Ohm의 법칙을 따르는 장치가 아니지만, 그들은 변동하는 전류를 운반함으로써 변동하는 전압에 반응한다. 헤드폰의 두 도선을 가로질러 변동하는 전압 강하를 가함으로써 증폭기는 이 전압 강하가 변동하는 전류를 운반하고 대응되는 압력 변동과 소리를 만들어내도록 할 수 있다.

그렇지만 A에서 전압은 평균이 약 5 V인 반면에, 헤드폰은 0 V의 평균 전압 강하를 기대한다. 변동하는 전압과 전류를 A로부터 헤드폰으로 전달하기 위해서, 반면에 그들의 큰 전압 차이는 없애면서 증폭기는 그들을 출력 축전기를 거쳐서 연결한다(그림 14.3.12). 앞에서처럼, 출력 축전기의 왼쪽 판 위에서 전류와 전압의 변동은 그것의 오른쪽 판 위에서 전류와 전압의 변동에 의해서 반영된다. 비록 증폭기는 높은 평균 전압에서 작동하지만, 헤드폰을 위한 출력 신호는 0 V의 평균 전압을 가진다.

증폭기의 입력 회로에서 작은 변동하는 전류는 그것의 출력 회로에서 큰 변동하는 전류를 만든다. 그것의 간단함을 고려한다면, 이 증폭기는 놀랍게도 잘 작동하는 것이다. 만약 마이크를 입력 도선에 연결하고 헤드폰을 출력 도선에 연결한다면, 헤드폰은 마이크에서의 소리를 재생하는 일을 놀랍게 잘 수행할 것이다.

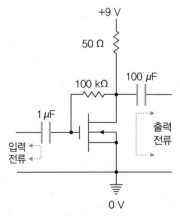

그림 14.3.12 증폭기는 두 개의 출력 도선을 통해서 전류가 앞뒤로 흐르도록 한다. 출력 도선에 있는 교류는 단지 더 크다는 것일 뿐 입력 도선에 있는 교류의 좋은 복제이다.

그렇지만 간단한 증폭기는 완벽하지 않다. 그것은 소리를 어느 정도 왜곡하며, 소리의 모든 진동수 또는 진폭을 똑같이 다루지 않는다. 또한 50 Ω 저항체를 가열하는 전력의 많은 양을 낭비한다. 오디오 플레이어에 있는 증폭기는 이들 문제들을 조심스럽게 교정한다. 그들의 출력 신호가 단지 더 크다는 것일 뿐 본질적으로 그들의 입력 신호의 완벽한 복제가 되도록 하기 위해서 대부분은 되먹임을 이용한다. 그들은 자신의 단점을 알아채고 그것들을 교정한다.

입력 신호의 완벽한 복제가 항상 바라는 바는 아니다. 때로는 당신이 소리의 일부분을 더 크게 만들기를 원한다. 오디오 플레이어에서 고음부와 저음부 조절은 당신이 소리의 각각 고주파와 저주파 부분을 위한 크기를 선택적으로 변화시키도록 허용한다.

증폭기는 헤드폰(또는 스피커)에 공급할 수 있는 최대 파워에 따라서 전형적으로 등급이 매겨지며, 평균 파워는 결코 그 값에 도달하지 못한다. 그렇지만 증폭기는 특별히 크지 않은 중간에 그 최대 파워에 도달할 수 있다. 왜냐하면 소리 파동이 보통 서로 간섭하기 때문이고, 그래서 그들의 마루와 골이 마이크 위치에서 일치했을 때 보강 간섭은 일시적으로 큰 압력 변동을 만들 수 있다(소리 간섭을 복습하기 위해서는 9.3절 참조).

파동의 겹침을 적절하게 재생하기 위해서 오디오 플레이어는 비록 잠시 동안이지만 평균 파워를 여러 차례 제공할 수 있어야만 한다. 만약 증폭기가 파워를 많이 전달할 수 없다면, 그것이 헤드폰 또는 스피커로 보내는 오디오 신호는 왜곡될 것이고 그 소리는 불쾌한 것으로 될 것이다. 이것이 바로 오디오 애호가들이 조용한 음악을 연주할 때에도 보통 강력한 증폭기를 이용하는 이유이다. 대부분의 현대적인 증폭기들은 영리하게 고안되어서 그들의 출력을 만드는 데 실제로 필요한 전력보다 오직 약간 더 소비한다. 그들은 조용한 중에는 파워를 거의 소모하지 않고, 소리가 큰 순간 동안에는 그래도 큰 파워를 제공할 수 있다.

헤드폰 자체에 대해서는, 증폭기의 전류 변동과 보조를 맞추어 표면을 앞뒤로 움직이기 위해서 그들은 일반적으로 전자기적 효과를 이용한다. 대부분의 경우에, 증폭기의 전류는 강한 자기장 속에 잠겨 있고 움직일 수 있는 표면에 붙어있는 도선의 코일을 통해서 보내진다. 이 전류는 자기장에 의한 Lorentz 힘을 경험하며, 그 힘이 전류가 변동함에 따라서 전류, 코일, 표면을 앞뒤로 움직이도록 한다. 움직이는 표면은 공기를 교대로 압축하고 이완시키고, 그럼으로써 원래 소리를 재생하는 것이다. 이 회로의 전력은 귀를 위한 소리 파워가 된다.

▶ 개념 이해도 점검 #4: 소리 제어

마이크를 MOSFET에 기초를 둔 증폭기의 입력에 연결할 때, 마이크는 입력 도선을 통해서 앞뒤로 움직이는 전류를 보낸다. 그 결과로 전하는 증폭기에서 어떤 결정적인 제어 요소 위로 움직이는가?

해답 결정적인 제어 요소는 MOSFET의 게이트이다.

왜? 아마도 입력 전류는 이 증폭기의 첫 번째 증폭 단계에서 MOSFET의 게이트로부터 전하를 첨가하거나 또는 제거한다.

14장 에필로그

이 장에서 우리는 몇 가지 흔한 물체들을 보았고 그들이 이용하는 광학에서 여러 방법들을 공부했다. '카메라' 절에서는 수렴 렌즈가 물체의 실상을 어떻게 만들 수 있고 그 실상이 필름 또는 상 센서 칩의 조각 위에 장면을 기록하기 위해서 어떻게 사용될 수 있는지 보았다. 실상의 크기와 밝기를 결정하는 일에서 초점 거리와 f-수의 역할에 대해서 배웠고, 렌즈를 설계할 때 고려되어야만 하는 복잡성의 일부를 탐구하였다.

'광 기록과 통신' 절에서는 소리와 다른 정보가 디지털 형태로 표현될 수 있고, 광학 디스크 위에 구조적인 특징으로 저장되는 방법들을 공부했다. 레이저 빛이 다양한 광학 장치들에 의해서 어떻게 영향을 받는지 보았고 그것이 작은 점에 초점을 맞추었을 때 무슨 일이 발생하는지 보았다. 내부 전반사에 대해서 배웠고, 이 효과가 빛을 매우 깨끗한 유리의 광섬유를 통해서 수백 또는 수천 킬로미터 보내는 것이 어떻게 가능하도록 만드는지 배웠다.

'오디오 플레이어' 절에서는 소리와 다른 정보를 디지털과 아날로그 형태로 표현하기 위해서 이용되는 전자공학적인 기술들을 살펴보았다. 또한 가장 중요한 현대적인 전자공학 부품인 트랜지스터, 한 회로에서 전류가 다른 회로에서 전류를 제어하도록 허용하는 반도체 장치를 탐구하였다. 어떻게 오디오 플레이어가 트랜지스터와 다른 전자공학 부품들을 디지털 컴퓨터와 아날로그 증폭기에서 사용하는지 보았다.

설명: 확대경 카메라

확대경은 창문의 실상을 벽 위에 만든다. 창문 위에 있는 한 점으로부터 나와서 렌즈를 통과하는 모든 빛은 벽 위에 있는 한 점으로 함께 수렴한다. 창문 위에 있는 각 점은 벽 위에 있는 한 점을 비추기 때문에, 벽 위에 있는 빛의 무늬를 볼 수 있는데 이것은 창문 그 자체처럼 보인다. 그렇지만 벽 위에 있는 실상은 위아래가 바뀌어 있고 그것의 옆면이 반대로 되어 있다.

창문은 창문 바깥에 있는 물체들 중 어떤 것보다도 렌즈에 더 가깝기 때문에, 창문 자체의 실상은 렌즈로부터 가장 멀리에 형성된다. 창문이 벽 위에서 선명하게 나타나도록 확대경을 들고 있을 때, 창문 바깥에 있는 물체들은 흐릿하다. 이들 더 멀리에 있는 물체들을 선명한 초점으로 가지고 오기 위해서, 렌즈를 벽 쪽으로 움직여야만 한다. 확대경과 벽 사이의 거리가 렌즈의 초점 거리와 같을 때 산 또는 달과 같이 매우 멀리에 있는 물체들은 벽 위에 선명한 상을 만들 것이다.

요약, 중요한 법칙, 수식

카메라의 물리: 카메라 렌즈는 카메라 앞에 있는 장면의 실상을 카메라 내부에 있는 상 센서에 투영한다. 이 실상은 렌즈가 한 부분으로부터 그것에 도달하는 모든 빛을 센서의 한 부분 위로 구부릴 때 형성된다. 이러한 형상화 과정이 잘 작동하기 위해서는, 빛이 센서에 도착하면서 함께 수렴하도록 (초점을 맞추어)

렌즈와 상 센서 사이의 거리가 조절되어야만 한다. 만약 센서가 렌즈에 너무 가깝거나 렌즈로부터 너무 멀다면 상은 흐릿하다. 초점의 깊이는 렌즈의 유효 지름인 구경에 의존한다. 렌즈의 구경이 작아질수록 임계 초점은 더 작아지지만 렌즈가 모으는 빛은 더 적어진다. 초점 거리가 긴 렌즈는 빛을 그 뒤에 멀리 초점으로 가져와서 상대적으로 크지만 어두운 실상을 상 센서 위에 형성한다. 이 상을 밝게 만들기 위해서, 초점 거리가 긴 렌즈는 많은 빛을 모으도록 큰 구경을 가져야만 한다. 렌즈의 초점 거리와 구경의 율인 f-수는 렌즈 상의 밝기를 나타낸다.

광 기록과 통신의 물리: CD, DVD, 블루레이는 디스크 내부의 얇은 반사 층 위에 있는 홈들의 무늬를 디지털 형태로 나타낸 소리 또는 영상 정보를 표현한다. 플레이어는 이 무늬를 읽기 위해서 레이저 빛의 빔을 이용한다. 디스크가 회전할 때 홈들은 집속된 레이저 빔을 통과하며 반사된 빛의 양은 위아래로 요동한다. 플레이어는 반사된 빛을 추적하고 그것을 이용해서 음악을 재생하고 광학 시스템을 적절하게 정렬하도록 유지한다. 이 연속적인 재배열은 디스크가 돌면서 플레이어가 홈의 나선 트랙을 따라가는 것을, 그리고 레이저 빔이 반사 층 위에 정확하게 초점을 맞추도록 유지하는 것을 허용한다. 레이저 다이오드, 광 다이오드, 다양한 렌즈와 다른 광학적 요소들을 포함하는 광학 시스템은 잘 설계되고 실행되어서 반사 층 위에 생성되는 점이 단지 빛의 파동성에 기인하는 회절 효과에 의해서만 가능할 수 있도록 작게 제한된다.

레이저 빛은 또한 광섬유를 통해서 먼 거리까지 정보를 수송할 수 있다. 극도로 투명한 유리의 코어와 두 번째 유리로 이를 둘러싸서 만들어지는데, 이 광섬유는 내부 전반사를 이용해서 빛을 가둔다. 빛이 얕은 각도로 코어를 떠날 때, 이것은 클래딩과 경계로부터 완전하게 반사되며 먼 거리를 가는 동안 광섬유를 통해서 전달된다.

오디오 플레이어의 물리: 오디오 플레이어는 컴퓨터와 오디오 증폭기를 하나의 단위로 결합한다. 플레이어의 컴퓨터는 소리 정보를 디지털 형태로 저장하고 검색하는데, 각 공기 압력 측정을 이진법 비트의 모음에 의해서 표현한다. 이들 비트들은 0 또는 1의 값들만 취할 수 있다. 오랫동안 저장하기 위해서, 플레이어는 그것의 디지털 소리 정보를 플래시 메모리 그리고/또는 자기 디스크 메모리에 저장한다. 노래를 연주하거나 또는 그것의 노래 모음을 가지고 작업하면서 일시적인 저장을 위해서는 동적 메모리를 이용한다.

주로 MOSFET으로부터 만들어진 논리 요소들을 이용해서 플레이어의 컴퓨터가 그 정보를 디지털로 처리한 후에, 그것은 디지털 정보를 디지털−아날로그 변환기로 보내고 그러면 그 정보는 아날로그 형태를 가진다. 이 아날로그 신호는 소리를 전류로 표현하는데, 이 전류는 대기압으로부터 벗어난 공기 압력에서 소리의 변동에 비례한다.

이 아날로그 소리 신호는 플레이어의 오디오 증폭기의 입력 회로로 들어가는데, 이 회로는 MOSFET을 이용한다. 이 증폭기는 배터리로부터 얻은 전력을 이용해서 출력 신호를 생성하는데, 이 신호는 같은 소리를 나타내지만 증가된 전압과 전류를 가진다. 이 증폭된 출력 신호는 헤드폰에서 큰 소리를 만들 수 있을 정도의 충분한 전력을 가진다.

---

1. 렌즈 방정식: 어떤 렌즈의 초점 거리의 역수는 물체 거리의 역수와 상 거리의 역수를 더한 것과 같다.

$$\frac{1}{\text{초점 거리}} = \frac{1}{\text{물체 거리}} + \frac{1}{\text{상 거리}} \quad (14.1.1)$$

연습문제

1. 햇빛이 밝은 날에 여러분은 햇빛을 나무 위로 집중시켜서 나무를 태우기 위해 돋보기를 이용할 수 있다. 초점을 이룬 햇빛은 나무가 탈 때까지 나무를 가열하는 작은 원형인 빛의 점을 형성한다. 빛의 점은 왜 원형인가?

2. 굽은 물유리를 통해서 지나가는 빛은 테이블 옆에 있는 벽 위에 촛불의 상을 형성한다. 촛불을 유리가 있는 쪽으로 또는 유리로부터 멀어지도록 움직이는 것은 왜 이 효과를 망치는가?

3. 간단한 독서용 안경은 수렴 렌즈인데, 이들은 약 0.25디옵터(거의 편평한 유리)로부터 3.00디옵터(대단히 굽은)에 걸치는 다양한 세기를 갖는다. 1.0디옵터 또는 2.0디옵터 중 어느 렌즈가 더 짧은 초점 거리를 가지는가?

4. 영화에서 배우의 안경은 간단한 일그러지지 않은 태양의 반사를 카메라에 보낸다. 이 단순한 반사는 왜 그 안경이 소품이며 이 배우는 안경이 필요하지 않다는 것을 알려주는가?

5. 광섬유 통신 시스템의 일부분은 반도체 레이저로부터 광섬유의 끝 위로 빛의 초점을 맞추기 위해 렌즈를 사용한다. 작은 광원과 섬유는 렌즈의 반대쪽에 있고, 각각 렌즈로부터 1.0 cm 떨어져 있다. 이 렌즈는 왜 0.5 cm의 초점 거리를 가져야 하는가?

6. 먼 거리의 물체로부터 오는 빛은 한 그룹의 평행한 광선으로 망원경의 대물렌즈로 접근한다. 세 개의 분리된 장소에 초점이 맞추어지는 것을 보이기 위해서 수렴 렌즈를 통과하는 세 개의 별로부터 오는 광선의 그림을 그리시오.

7. 스포츠 사진작가는 흔히 큰 구경과 긴 초점 거리의 렌즈들을 이용한다. 이들 렌즈들은 사진에 어떤 제한을 주는가?

8. 여러분이 친구의 초상화 사진을 찍으면서 앞과 뒤에 있는 물체들은 흐릿하게 나타나기를 원한다면, 카메라의 구경과 셔터 속력을 어떻게 조절해야 하는가?

9. 새로운 35 mm 카메라는 두 개의 렌즈를 갖고 있는데, 50 mm 초점 거리의 '보통' 렌즈와 200 mm 초점 거리의 '망원' 렌즈이다. 50 mm 렌즈에 대한 최소 f-수는 1.8이다. 비록 200 mm 렌즈는 그 안에 훨씬 더 큰 유리 요소들을 가지고 있지만, 그것의 가장 낮은 f-수는 4이다. 이 망원 렌즈의 f-수는 왜 그렇게 훨씬 더 큰 것인가?

10. 만약 여러분이 울타리의 작은 구멍에 카메라를 올려놓는다면, 여러분은 반대편 위에 있는 장면의 사진을 찍을 수 있을 것이다. 그렇지만 노출 시간은 대단히 길어야만 할 것이고, 초점의 깊이는 놀랍게 클 것이다. 설명하시오.

11. 곁눈질을 하는 것은 왜 초점의 깊이를 증가시키는가?

12. 여러분 눈의 렌즈가 망막 위에 선명한 상을 만드는 것은 왜 여러분의 앞에 있는 장면이 밝고 눈의 홍채가 매우 작을 때 가장 쉬운 것인가?

13. 안경이 필요한 사람은 눈의 홍채가 넓게 열려 있을 때 희미하게 비치는 상황에서 안경이 없으면 선명하게 보는 것이 매우 어렵다는 것을 발견한다. 왜일까?

14. 사진을 찍는 망원경은 단순히 큰 카메라이다. 그렇게 작은 f-수를 가지고, 그들은 작은 초점의 깊이를 갖는다. 그것은 왜 천문학 작업에서는 문제가 되지 않는가?

15. 비슷하게 보이는 두 개의 돋보기가 서로 다른 배율을 가진다. 하나는 2×(2배), 다른 하나는 4×(4배)로 표시되어 있다. 어떤 렌즈가 더 긴 초점 거리를 갖는가?

16. 여러분이 먼 거리에 있는 물체의 허상을 보기 위하여 연습문제 15에서 어떤 돋보기를 바라보는 물체에 더 가깝게 유지해야 하는가?

17. DVD 플레이어에서 디스크의 반사층 위에 초점을 맺는 레이저 빔을 유지하기 위해서 대물렌즈는 빠르게 움직여야 한다. 이 렌즈는 왜 매우 작은 질량을 가져야 하는가?

18. 만약 여러분이 휴대용 CD 또는 DVD 플레이어를 매우 빠르게 앞뒤로 흔들면, 그들은 왜 제대로 작동하지 못하는가?

19. 공기로부터 어떤 각도로 경계면으로 플라스틱에 들어가는 광선에 무슨 일이 발생하는가?

20. 레이저 빔의 초점은 CD 또는 DVD의 플라스틱 내부로 들어가면 왜 멀어지는가? (그림을 그리시오.)

21. 레이저 빔은 작은 바늘구멍을 통해서 지나간 후에 왜 빠르게 퍼지는가?

22. 과학자들은 Apollo 우주 비행사에 의해서 달 위에 남겨진 반사경으로부터 레이저 빛을 되튀게 함으로써 달까지 거리를 측정한다. 이 빛은 망원경을 통해서 거꾸로 보내지는

데, 그래서 그것은 엄청난 열린 구멍으로부터 달까지 여행을 시작한다. 이 과정은 레이저 빔이 달에 도착할 때 빔의 크기를 줄인다. 설명하시오.

23. 레이저 빔이 CD의 알루미늄 층 위로 초점을 맞추는 렌즈를 통과할 때, 플레이어의 레이저 빔은 지름이 1 mm보다 크다. 렌즈를 떠날 때 큰 크기의 빔이 왜 더 작은 점에 초점을 맞추도록 허용하는가?

24. 청색 레이저로부터 나오는 빛은 왜 적외선 레이저로부터 나오는 빛보다 더 좁은 빔 허리를 만드는가?

25. 물로 채워진 유리잔의 표면이 물을 통해서 관찰할 때 때때로 거울처럼 보인다. 설명하시오.

26. 물로 채워진 네모난 유리 항아리를 들여다볼 때, 그 옆면이 거울처럼 나타난다. 옆면이 왜 그렇게 반짝이는 것으로 보이는가?

27. DVD의 반사층을 때리는 레이저 빛의 일부는 홈 주변의 편평한 부분을 때리고 광 다이오드를 향하여 반사된다. 이 반사된 파는 광 다이오드에 의해서 감지되는 빛의 양을 어떻게 실제적으로 감소시키는가?

28. DVD의 표면은 왜 흰색 빛 안에서 그렇게 다채롭게 보이는가?

29. 우리는 숫자 6, 3, 그리고 1을 결합해서 수 631을 나타내는 631을 만든다. 631에서 6은 무엇을 의미하는가?

30. 우리는 3개의 이진법 기호 1, 0, 그리고 1을 결합해서 수 5를 나타내는 101을 만든다. 101에서 왼쪽 끝에 있는 1은 무엇을 의미하는가?

31. 두 개의 이진법 바이트들인 11011011과 01010101은 어떤 수들을 나타내는가?

32. 수 165는 이진법으로 어떻게 표현되는가?

33. 수의 이진법 표현에서 왜 2는 없는가?(다시 말하면, 1101121은 왜 유효한 이진법 표현이 아닌가?)

34. 편의상 이진법 대신에 16진법이 가끔 이용된다. 16진법을 나타내기 위해서 이용되는 전통적인 기호들은 0-9와 A-F이다. 16진법으로 10은 수 16을 나타낸다. 하나의 16진법 한 자리 숫자는 4개의 이진법 한 자리 숫자들을 완벽하게 대체할 수 있다는 것을 보이시오.

35. MOSFET의 게이트는 환상적으로 얇은 절연층에 의해서 채널로부터 분리된다. 이 층은 정전기에 의해서 쉽게 구멍

이 뚫리는데, 하지만 제작자들은 계속해서 얇은 층을 이용한다. 이 절연층을 두껍게 만드는 것은 게이트 위에 있는 전하에 반응하는 MOSFET의 능력을 왜 망치는가?

36. n채널 MOSFET에서 소스와 드레인은 p형 반도체의 얇은 띠에 의해서 연결되어 있다. 이 장치는 왜 p채널보다는 n채널을 가지는 것으로 명칭을 붙이는가?

37. MOSFET은 게이트 위에 있는 전하를 변화시킬 때 완벽한 절연체에서 완벽한 도체로 즉시 바뀌지는 않는다. 게이트 위에 중간 정도의 전하를 가지면, MOSFET은 적당한 전기 저항을 가진 저항체로서 행동한다. 이 유연성은 MOSFET이 회로에서 흐르는 전류의 양을 제어하도록 허용한다. MOSFET이 전류를 제어하면서 왜 따뜻해지는지 설명하시오.

38. 동적 메모리에 있는 축전기들 위로 전하를 움직이기 위해 이용되는 작은 MOSFET은 너무 작아서 결코 매우 좋은 도체는 아니다. 메모리 축전기들로부터 전하를 저장하거나 또는 회복하는 데 걸리는 시간을 그들의 알맞은 전기 저항이 왜 길게 하는가?

39. 컴퓨터가 동적 메모리로부터 비트들을 저장하거나 또는 검색할 수 있는 속력을 연습문제 38에서 기술했던 효과가 왜 제한하는가?

40. 만약 여러분이 한 인버터의 출력을 두 번째 인버터의 입력과 연결한다면, 두 번째 인버터의 출력은 첫 번째 인버터의 입력과 어떻게 연관되는가?

41. 여러분이 마이크를 직접 큰 증폭되지 않은 스피커에 연결했다고 가정하자. 마이크에 대고 말을 했을 때 스피커는 왜 여러분의 목소리를 크게 재생하지 않는가?

42. 오디오 증폭기는 왜 배터리 또는 전력 공급 장치 없이는 작동할 수 없는가?

43. 여러분은 오래된 축음기 레코드 듣는 것을 좋아하지만 새로운 스테레오 증폭기는 축음기를 위한 입력을 가지고 있지 않다. 여러분은 축음기를 스테레오의 CD 플레이어 입력에 연결했지만 볼륨이 극도로 낮은 것을 발견한다. 왜일까?

44. 연습문제 43에 있는 볼륨 문제를 해결하기 위해, 여러분은 작은 예비 증폭기를 구입해서 그것을 축음기와 스테레오의 CD 플레이어 입력 사이에 연결한다. 볼륨 문제는 없어진다. 이 문제를 해결하기 위해서 예비 증폭기는 무엇을 하고 있는가?

문 제

1. 렌즈의 초점 거리가 35 mm인 카메라가 있다. 먼 산의 사진을 찍을 때, 산의 실상은 렌즈로부터 얼마나 멀리 떨어져 있는가?

2. 만약 렌즈로부터 2 m 떨어진 꽃의 사진을 찍기 위해서 초점 거리가 35 mm인 렌즈를 이용한다면, 이 렌즈는 얼마나 멀리에 꽃의 실상을 만드는가?

3. 200 m 망원 사진 렌즈를 가지고 두 개의 작은 동상을 찍기 위해서 노력하고 있다. 한 동상은 렌즈로부터 4 m의 거리에, 다른 동상은 5 m의 거리에 있다. 어떤 동상의 실상이 렌즈에 더 가깝게 만들어지는가? 얼마나 더 가까운가?

4. 식탁용 소금 그릇을 돋보기로부터 30 cm 거리에 놓았을 때, 반대쪽으로 렌즈로부터 30 cm 거리에 실상이 생긴다. 종이 위에서 이 상을 희미하게 볼 수 있다. 이 돋보기의 초점 거리는 얼마인가?

5. 책상용 전등으로부터 나온 빛이 초점 거리 50.0 mm인 렌즈를 통과할 때, 렌즈로부터 50.5 mm 떨어진 종이 위에 선명한 실상을 만든다. 이 책상용 전등은 렌즈로부터 얼마나 떨어져 있는가?

15 현대 물리학 Modern Physics

최근에 과학자들은 원자가 어떻게 구성되어 있는지 알아보기 위해 더 깊게 원자를 연구하였고, 우주가 어떻게 작동하는지 알기 위해 더 멀리 공간을 들여다보았으며, 복잡한 물체가 어떻게 간단한 법칙으로 이해될 수 있는지 알기 위해 더 자세히 물체와 운동을 살펴보았다. 이들 과학자들이 연구에 이용한 매우 중요한 도구들 중에는 양자 이론과 상대성 이론이 있었다. 이 단원에서는 현대 물리학이 우리의 생활에 영향을 주는 몇 가지 현상을 살펴볼 것이다.

일상 속의 실험 │ 방사선에 손상된 종이

현대 물리학의 한 갈래는 고에너지 방사선의 제어와 이용에 연관되어 있다. 대부분 고에너지 방사선의 형태에 대한 접근은 제한되어 있지만, 누구나 이용할 수 있는 하나의 에너지원이 있는데 그것은 바로 태양이다. 태양의 자외선은 화학 결합에 손상을 주고 분자를 재배열할 수 있을 정도로 강력하기 때문에 X선과 그 이상의 방사선에 의해 발생되는 효과를 희미하게 감지할 수 있다.

태양에 의한 손상을 직접 알아보기 위해서 색깔이 있는 종이를 며칠 동안 햇빛에 직접 노출시킨다. 동전과 같은 불투명한 물체로 종이를 덮고 그것을 실외에 내놓는다. 유리로 종이를 덮지 않아야 되는데, 왜냐하면 유리는 자외선을 흡수해서 손상 과정을 느리게 만들기 때문이다. 하루 또는 이틀 후에 종이의 노출된 부분이 엷어진 것을 발견하게 되는데, 이는 태양의 자외선 방사선이 종이에서 염료 분자의 일부를 파괴한 것이다. 만약 아무 것도 변하지 않았다면, 이 염료는 얼마 동안 자외선을 견딜 수 있을 정도로 분명하게 강한 것이다.

이제 다른 색깔의 종이를 가지고 다시 실험을 시도해 보자. 어떤 종이가 더 빨리 빛이 바래는가? 그들은 반감기를 가지는 것으로 보이는가? 이것을 어떻게 설명할 수 있는가?

이와 같은 광학적 표백은 가게의 진열장 안에 전시된 물건들이나 실외에 놓인 가구에서도 나타난다. 이것이 한때는 사람들이 섬유를 표백시키는 유일한 방법이었다. 태양의 자외선 빛은 또한 당신이 태양 아래 앉아 있을 때 당신의 피부도 손상시키는데, 피부를 태우는 것은 열적인 손상이 아니고 방사선에 의한 손상이다.

Courtesy Lou Bloomfield

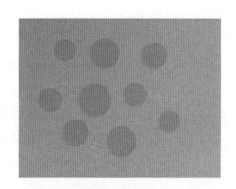

15장 학습 일정

다행스럽게도 자외선 빛은 인체 안으로 깊게 침투하지는 않는다. 원자핵 무기 단원에서는 더 많이 침투하는 방사선의 형태를 살펴볼 것이다. 우리는 또한 원자핵의 구조를 탐구하고 어떻게 이들을 분리하거나 결합해서 방대한 양의 에너지를 방출할 수 있는지 알아볼 것이다. 원자로 단원에서는 원자핵 에너지를 뽑아내고 그것을 전기 에너지로 변환하기 위해서 이용되는 접근 방법들을 공부한다. 또한 원자핵 에너지와 연관된 안전과 건강 문제들을 살펴볼 것이다. 의학 영상과 방사선 단원에서는 고에너지 방사선을 조사하고, 이것이 해를 입히기보다는 도움을 주기 위해서 어떻게 이용되는지 알아본다. X선과 감마선을 발생시키는 방법과 이들이 환자의 몸 안에서 원자 및 분자와 어떻게 상호작용을 하는지 공부할 것이다. 또한 방사선 치료를 위한 고에너지 입자들을 만드는 입자 가속기들을 살펴볼 것이다. 마지막으로 CT 영상과 MRI에 대한 기본을 논의하는데, 이들은 환자의 몸과 접촉하지 않고서도 환자 내부의 상세한 지도를 준비하는 것을 가능하도록 만든다. 예습을 더 잘하려면 이 장의 마지막에 있는 '요약, 중요한 법칙, 수식'을 참조하라.

15.1 ▌ 원자핵 무기

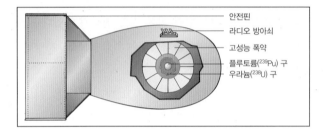

	안전핀
	라디오 방아쇠
	고성능 폭약
	플루토늄(^{239}Pu) 구
	우라늄(^{238}U) 구

원자폭탄은 20세기의 발명품 중 가장 놀랍고도 수치스러운 것이다. 그것은 자연을 이해하기 위한 인간의 지식이 여러 분야에서 발전함에 따라 피할 수 없이 따라온 결과라고 할 수 있다. 1930년대 후반까지 과학자들은 원자핵 에너지에 대한 대부분 원리들을 발견하였고, 이들 원리들이 어떻게 응용될 수 있는지 잘 알게 되었다. 2차 세계대전의 발발은 독일이 원자핵 에너지를 군사 목적으로 선택할 것이라는 염려를 촉발시켰다. 두려움, 호기심, 그리고 유혹에 의해 핵무기의 개발이 추진되면서 그 당시의 과학자, 기술자, 정치인들은 원자핵 무기를 만들었다. 이 세계는 이후로 이 무서운 무기의 그림자 아래에서 살고 왔다.

생각해 보기: 원자핵 에너지는 원자 내의 어디에 저장되는가? 이 원자핵 에너지는 어디서 나오는가? 원자핵 무기는 원자핵 에너지를 어떻게 방출하는가? 원자핵 무기는 왜 그렇게 만들기 어려운가? 왜 우라늄과 플루토늄을 원자핵 무기와 연관시키는가? 폭탄을 만들기 위해서는 얼마나 많은 우라늄 또는 플루토늄이 필요한가?

실험해 보기: 우라늄과 플루토늄은 일반인이 쉽게 구매할 수 있는 것이 아니기 때문에 아무나 폭탄을 만들 수는 없다. 그렇지만 도미노 놀이를 이용해서 연쇄 반응이 작동하는 방법에 대한 느낌은 얻을 수 있다. 만약 당신이 편평한 탁자 위에 도미노들을 세워 놓으면, 그들 각각은 쓰러지면서 방출할 수 있는 여분의 중력 위치에너지를 가질 것이다. 만약 도미노들을 탁자 위에 넓게 펴서 세워 놓고 탁자를 살짝 흔들면 그것들은 각각 하나씩 쓰러질 것이다.

그렇지만 도미노들을 서로 가깝게 모아 놓는다면 하나가 쓰러지면서 다른 도미노를 넘어뜨릴 수 있어서 그들은 더 이상 서로 독립적이지 않을 것이다. 탁자를 가볍게 흔들어서 첫 번째 도미노가 쓰러질 때까지 아무 일도 일어나지 않겠지만, 첫 도미노가 쓰러지면 많은 또는 심지어 모든 도미노들이 빨리 연속적으로 쓰러질 것이다. 당신은 연쇄 반응을 하나 만들어낸 것인데, 여기에서 어떤 한 사건이 이어지는 사건들의 점점 증가하는 수를 유발한 것이다. 도미노의 어떤 특성과 배열이 이런 연쇄 반응이 일어나는 여부를 결정하는가? 쓰러지는 도미노 하나가 엄청난 양의 저장된 에너지를 방출시키는 시나리오를 상상할 수 있는가? 이와 비슷한 연쇄반응인 원자핵의 붕괴가 핵무기 제조의 기본 원리인 것이다.

배경

19세기 말에 고전 물리학은 절정을 이루었다. 여기서의 **고전 물리학**은 Galileo, Newton, Kepler 등에 의해서 밝혀진 운동과 중력의 규칙들과 Ampère, Coulomb, Faraday, Maxwell 등을 포함하는 사람들에 의해서 발전된 전기와 자성의 규칙들을 의미한다. 그 당시에는 물리학의 대부분이 잘 이해되었다고 느꼈다. 물리학자들은 우주에 있는 물체들의 거동을 지배하는 모든 법칙들을 알았다고 여겼고, 남은 것은 이 법칙들을 훨씬 더 복잡한 문제에 적용하는 것뿐이었다. 물리학자들은 그들이 모르는 것이 무엇인지를 몰랐던 시대였다.

그렇지만 몇 가지 성가신 문제들이 남아있었는데, 고전 물리학의 규칙들로는 설명이 될 수 없는 특정한 어려움이었다. 이는 흑체에서 방출되는 빛의 스펙트럼, 빛에 의해서 금속으로부터 전자들이 튀어나오는 광전 효과, 빛이 진행하는 매질이라고 믿었던 에테르의 명백한 존재 부정 등의 문제였다. 20세기 초, 이 사소한 어려움들 때문에 고전 물리학의 전체가 무너졌으며 크게 새로운 우주의 해석이 나타났다. 주요한 발전들이 1901년으로부터 1926년까지 25년 동안 발생하였고, 그 이후의 시간은 주로 이들 새로운 법칙들을 훨씬 더 복잡한 예제들에 적용하는 일에 소모하였다.

원자폭탄 제조에 필수적인 두 가지 중요한 발전은 양자 물리학과 상대론의 발견이었다. 보통 이들은 **양자 이론**(quantum theory)과 **상대성 이론**(theory of relativity)이라고 불린다. 그러나 **이론**(theory)이라는 단어는 어느 정도 불확실한 근거를 암시하는 반면에, 이두 이론은 검증되기를 기다리는 가설의 의미를 가진 이론은 아니다. 사실 이 이론들은 개발된 이후 여러 차례 확증을 받았고 엄청난 예측 능력을 보여주었다. 오히려 이들은 세심하게 만들어진 의미의 이론들로, 우리가 사는 물리적 우주의 거동을 모형화하는 규칙들을 성문화하였다. 이 두 이론으로부터 핵력과 원자핵 에너지의 발견은 피할 수 없는 결과였다. 마지막으로 도구와 권력에 대한 사람들의 욕망 때문에 원자핵 무기를 불가피하게 만들어졌다.

> **⟩ 개념 이해도 점검 #1: 이론이 의미하는 것**
>
> 만약 어떤 것이 **이론**이라고 불린다면, 그것은 어떻게 사실로 될 수 있는가?
>
> **해답** 그것은 전적으로 이론과 실제 세계에 비교되는 범위에 달려 있다.
>
> **왜?** 아주 많은 이론들이 우리 주위의 세계를 설명하기 위하여 공식화되어 왔다. 이들 이론들의 각각은 우주의 특정한 거동을 다양한 규칙 또는 체계에 의해 묘사하기 위한 시도이다. 그렇지만 어떤 이론이 그 이론으로 설명하기 위한 계와 세심하게 비교됨으로써 시험될 때까지는 그 이론이 참인지 아닌지를 말할 수 없다. 어떤 이론은 결국에는 참으로 증명이 되고, 어떤 이론은 실패로 끝나며, 많은 이론들은 불확실한 상태로 남는다. 비록 더 완전한 이론의 부분 밖에 되지 않을 가능성은 항상 있지만, 상대론과 양자 물리학의 이론은 그 이후로 오랫동안 사실로 증명되었다.

원자핵과 방사능 붕괴

비록 **원자** 폭탄이라는 말이 반세기 이상 사용되고 있지만, 정확한 이름은 **원자핵**(nuclear) 폭탄일 것이다. 원자핵 무기로부터 방출되는 에너지에 책임이 있는 항목들은 원자들이 아니며 더 작은 단위인 그들의 **원자핵**(nucleus)에서 나온다. 하지만 원자핵에 대해서 논의하기 전에, 우선 원자들을 살펴보기로 하자.

원자가 얼마나 작은지에 대해 생각해 보기 위해서, 한 변이 1 mm인 소금 알갱이를 콜로라도 주의 크기가 될 때까지 확대한다고 상상하자. 그러면 그 알갱이는 대략 포도 알갱이의 크기를 가진 공 모양의 입자들이 정렬되어 있는 것으로 보일 것이다(그림 15.1.1). 이들 공 모양 입자들은 단일 원자가 될 것이고, 알갱이의 각 변을 따라서 대략 720만 개의 원자들이 있을 것이다.

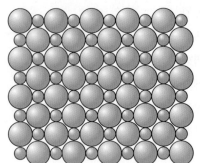

소금 결정(염화나트륨)

염소 음이온
지름: 1.813 10^{-10} 미터

나트륨 양이온
지름: 0.973 10^{-10} 미터

그림 15.1.1 소금 결정은 양(+)으로 대전된 나트륨 이온들과 음(−)으로 대전된 염소 이온들의 규칙적인 배열이다. 이들 이온들은 반대도 대전된 전하들 사이에 인력에 의해 서로 결합되어 있다. 이 이온들은 매우 작아서 소금 결정 한 변의 너비 1 mm 에 약 720만 개가 있다.

나트륨 핵
(양성자 11개, 중성자 12개)

중성자
지름: 1×10^{-15}미터

양성자
지름: 1×10^{-15}미터

그림 15.1.2 나트륨 이온의 중심에는 이온 질량의 약 99.975%를 포함하는 작은 원자핵이 있다. 그것은 11개의 양(+)으로 대전된 양성자들과 12개의 대전되지 않은 중성자들로 구성되어 있다. 양성자들은 어떤 거리에서도 서로 밀어내지만, 양성자들과 중성자들은 서로 접촉하였을 때 매우 강한 핵력에 의해서 함께 묶인다.

대부분의 고체들과 마찬가지로 소금은 결정이고, 그것의 원자들은 가장 바깥에 있는 성분인 전자들에 의해 서로 묶여 있다. 전자들은 원자들과 분자들의 화학을 지배한다. 나트륨은 전자들 때문에 반응을 잘하는 금속이고, 염소도 전자들 때문에 반응을 잘하는 기체이다. 이 두 화학 물질이 섞였을 때, 이들은 격렬하게 반응해서 소금을 만들고 이 과정에서 상당한 양의 빛과 열을 방출한다. 이것이 진짜 '원자폭탄' 이다.

분명히 여기에는 무엇인가 빠진 것이 있다. 만약 어떤 미친 사람이 화학 회사로부터 1 또는 2킬로그램의 나트륨과 염소를 사서 도시 전체를 파괴할 수 있다면, 아마 모든 도시는 남아있지 않을 것이다. 다행스럽게도 화학 반응에 의해서 방출되는 에너지는 적당히 제한된다. 1킬로그램의 화학 원자 폭발물은 그렇게 많은 손상을 줄 수 없다. 그렇지만 원자핵 폭탄은 원자 내부에 깊이 저장된 완전히 다른 에너지를 끌어내는 것이다.

모든 원자핵 무기는 보통 Einstein의 유명한 방정식인 $E = mc^2$에 근거하여 설명되는데, 이 식은 과도하게 단순화되어 있다. 그럼에도 불구하고 이 방정식은 매우 중요하다. 4.2절에서 언급했던 것처럼, 20세기 초에 Einstein의 발견들 중 하나는 물체와 에너지가 어떤 관점에서는 동일하다는 것이다. 어떤 상황에서는 질량이 에너지로 될 수 있거나 에너지가 질량으로 될 수 있다. 이 등가성은 상대론의 일부이고 여러 가지 재미있는 결과를 가져다준다. 즉 물체가 에너지를 주변에 이전함으로써 자신의 질량을 감소시킬 수 있다는 것을 의미한다. 그러므로 만약 어떤 내부 변환을 수행하기 전과 후의 물체의 질량 손실을 측정한다면, 이 변환에 의해 물체로부터 얼마나 많은 에너지가 방출되었는지 알 수 있다.

이 등가성 때문에 정상적인 물체 내부에 숨어있는 에너지를 알아내기 위해서 질량과 질량에서의 변화를 이용할 수 있다. 이 기술은 원자핵 물리학에서 중요하지만 화학에도 응용된다. 나트륨과 염소가 반응하여 소금을 만들 때, 이들의 합쳐진 질량은 아주 작은 양이 줄어든다. 줄어든 양은 약간의 화학적 위치에너지인 빛과 열로 되어서 이 화합물로부터 빠져나간 것이다. 이때 이 화학적 위치에너지는 나트륨과 염소 화합물의 질량을 약 백억 분의 1 만큼 감소시킨다. 비록 과학자들이 이 기술들에 종사하고 있어서 곧 화학결합 형성에 기인한 질량 변화를 측정할 수 있는 것을 가능하게 만들겠지만, 질량에서 이렇게 작은 변화는 너무 작아서 현재의 측정 장치를 가지고 감지할 수 없다.

그렇지만 전자들은 원자의 가장 가벼운 성분이므로 에너지로 방출되는 질량은 상대적으로 미미하다. 원자 질량의 대부분은 **원자핵**에 있다. 원자핵은 환상적으로 작은데 그 지름이 단지 10^{-15} m보다 약간 큰 정도이다. 만약 거대한 소금 결정의 포도 알갱이 크기를 가진 나트륨 이온을 들여다본다면, 당신은 그것의 중심에서 아주 작은 입자를 보게 될 것이다. 이것이 겨우 볼 수 있을 정도의 크기를 가진 이온의 핵이며, 그 지름은 겨우 1 μm 정도이다. 이온의 나머지 99.9999999999999%는 그들의 궤도에 있는 10개의 전자들에 의해서 점유되어 있다.

나트륨 원자핵은 11개의 양성자들과 12개의 중성자들을 포함한다(그림 15.1.2). 이들 원자핵 입자들인 **핵자**(nucleons)는 전자 질량의 약 2000배인데, 그래서 나트륨 이온 질량의 99.975%가 이 원자핵에 있다. 따라서 전자는 화학과 우리가 알고 있는 물체에서 중요한 반면에, 이온의 질량에는 거의 기여하지 않는다. 이온은 대부분이 텅 빈 공간이며, 솜털 같은 전자들로 엷게 채워져 있고, 중심에는 작은 원자핵 덩어리를 가지고 있다.

이 원자핵을 이루는 핵자들은 두 가지 경합하는 힘을 받는다. 이 힘 중 첫 번째는 같은 부호의 전하 사이에 작용하는 친숙한 정전기적 척력이다. 원자핵에 있는 각 양성자는 하나의 양(+) 전하를 가지기 때문에 그들은 계속해서 서로를 원자핵 밖으로 밀어내려고 시도하고 있다. 그렇지만 이 힘 중 두 번째는 인력으로 원자핵을 함께 붙잡고 있다. 이 새로운 힘은 **핵력**(nuclear force)으로 불리며, 짧은 거리에서 정전기적 척력을 압도한다. 그렇지만 핵력은 핵자들이 닿았을 때만 서로를 끌어당긴다. 그들이 분리되면 곧 서로 힘을 미치지 않고 혼자가 된다.

같은 전하 사이에 서로 밀어내는 정전기력과 핵자들 사이에서 끌어당기는 핵력 사이의 경쟁은 어떤 장난감에서 일어나는 일과 유사하다(그림 15.1.3과 그림 15.1.4). 도약 장난감은 용수철에 붙어있는 흡입 컵을 가지고 있는데, 용수철은 그것의 받침으로부터 용수철의 윗부분을 분리하려 하고 반면에 흡입 컵은 두 부분을 함께 유지하려고 한다. 두 부분이 잘 분리되었을 때, 오직 용수철만이 힘을 가하고 있다. 그러나 두 부분이 붙어 있을 때는, 흡입 컵이 작용하기 시작해서 두 부분을 함께 붙잡는다.

이 장난감을 흥미롭게 만드는 것은 흡입 컵이 공기가 샌다는 것이다. 결국에는 흡입 컵이 놓아 주고 용수철이 장난감을 공기 중으로 던져 올리도록 허용한다. 만약 흡입 컵이 공기가 새지 않는다고 가정하자. 일단 함께 눌려지면, 이 조각들은 결코 분리되지 않을 것이며, 용수철은 저장된 에너지를 무한히 보유할 것이다. 흡입 컵이 떨어지도록 하려면, 당신은 받침으로부터 잡아당겨야만 한다. 그래야만 용수철이 그것의 저장된 에너지를 방출한다.

사실상 에너지 장벽은 공기가 새지 않는 장난감이 도약하는 것을 막을 것이다. 흡입 컵을 받침으로부터 잡아당겨서 당신이 장난감에 약간의 일을 할 때까지, 장난감은 저장된 에너지를 방출할 수 없을 것이다. 에너지를 방출하기 위해서 에너지가 필요한 계의 또 다른 예는 샴페인 병인데, 여기에서는 병 주둥이 바깥으로 코르크를 밀어야만 한다. 이 에너지의 초기 투자 후에 병 내부에 있는 기체가 병을 가로질러 코르크를 발사하면서 많은 에너지가 방출된다.

원자핵도 비슷한 상황에 있다. 원자핵이 포함하는 엄청난 양의 정전기적 위치에너지에도 불구하고, 끌어당기는 핵력은 원자핵이 분리되는 것을 막는다. 핵력은 에너지 장벽을 형성해서 핵자들이 분리되는 것을 방지한다. 핵자들이 핵력으로부터 자유롭게 흩어지도록 도와주기 위해 무엇인가가 원자핵에게 에너지를 더해주지 않는다면, 원자핵은 영원히 함께 남아있을 것이다. 최소한 이것이 고전 물리학의 예측이다.

그렇지만 양자 물리학은 원자핵의 거동에 대해 중요한 정보를 준다. 양자 물리학의 많은 특이한 효과들 중 하나는 어떤 물체가 정확하게 어느 곳에 있는지 또는 최소한 얼마나 있었는지 결코 알 수 없다는 것이다. 이런 희미함은 Heisenberg **불확정성 원리** (Heisenberg uncertainty principle)의 표현이며, 이것은 물리량 중에서 위치와 운동량, 또는 에너지와 시간 같은 어떤 쌍은 완전히 독립적이지 않고 어떤 정확도를 넘어서 동시에 결정할 수 없다는 것을 말한다. 이 원리는 우주 만물이 부분적으로는 파동성, 부분적으로

그림 15.1.3 도약 장난감은 용수철이 압축되면서 에너지를 저장하고 흡입 컵이 용수철의 받침을 잡고 있는 동안에는 그 에너지를 보유한다. 흡입 컵이 놓아 주면, 이 장난감은 공중으로 도약한다.

흡입 컵이 떨어져 있는 도약 장난감

흡입 컵이 붙어 있는 도약 장난감

그림 15.1.4 용수철과 흡입 컵은 결합해서 오래 기다린 후에 갑자기 도약하는 장난감을 만든다. 용수철은 받침으로부터 윗부분을 분리하려고 시도하는데, 반면에 흡입 컵은 두 부분을 함께 붙들려고 시도한다. 공기가 새는 흡입 컵이 결국에는 용수철을 팽창하도록 허용할 때 용수철에 저장된 에너지는 방출된다.

는 입자성을 가진다는 사실의 결과이다(13.2절 참조). 파동은 대개 어느 한 점보다는 공간의 어떤 영역을 점유하는 넓은 것이기 때문에 우주에서 물체들은 정상적으로 정확한 위치를 갖지 않는다.

물체의 질량이 작을수록, 그것은 더 희미해지고 위치가 더 불확실하다. 비록 원자핵 안에 있는 희미한 핵자들이 극도로 오랜 시간 서로 정상적으로 밀착되어 있을 것이지만, 그들이 핵력의 범위를 넘어서는 거리를 순간적으로 떨어지는 것을 발견하는 작은 기회는 항상 있다. 그러면 핵자들은 갑자기 서로 자유롭게 되고, **방사능 붕괴**(radioactive decay)라고 불리는 과정에서 정전기적 반발력이 그들을 밀어내서 떨어지게 할 것이다. 먼저 에너지 장벽을 넘어서기 위해 필요한 에너지를 얻지 않고서도 핵자들이 핵력으로부터 벗어나는 것을 허용하는 양자 과정을 **터널링**(tunneling)이라고 하는데 핵자들이 효율적으로 장벽을 뚫고 나가기 때문이다. 우리는 14.3절에서 처음으로 양자 터널링을 만났는데, 그때는 전자들이 절연 장벽을 터널링으로 통과해서 플래시 메모리를 지웠다.

자연적인 방사능 붕괴는 완전히 무작위 과정이다. 비록 많은 수의 동일한 방사능 원자핵들 중 절반이 어떤 시간이 지나면 붕괴할 것이지만, 원래의 원자핵들 중 어느 것이 살아남을 것인지 미리 예측할 수는 절대적으로 없다. 이러한 무작위성 때문에 방사능 붕괴는 단순히 **반감기**(half-life)에 의해서 기술된다. 반감기는 원자핵들의 절반이 붕괴되는 데 요구되는 시간이다. 첫 번째 반감기 후에는, 원래의 원자핵들 중 절반이 붕괴되지 않고 남을 것이다. 만약 당신이 두 번째 반감기를 기다린다면, 원래의 원자핵들 중 1/4(남은 절반의 절반)만이 남을 것이다. 세 번째 반감기 후에는 오직 1/8(남은 1/4의 절반)만이 남을 것이다. 그리고 계속 이렇게 될 것이다.

이렇게 더해지는 각 반감기를 가지고 개수가 절반으로 되는 것은 **지수 함수적인 붕괴**(exponential decay)의 형태이다. 일반적으로 주어진 시간 후에 남는 원자핵들의 비율은 그 시간을 반감기로 나눈 값을 1/2의 지수로 올린 것이다. 언어 식은 다음과 같다.

$$ \text{남은 비율} = \left(\frac{1}{2}\right)^{\text{경과된 시간/반감기}} \tag{15.1.1}$$

기호로 표시하면 아래 식이 된다.

$$ \frac{N}{N_0} = \left(\frac{1}{2}\right)^{t/T_{1/2}} $$

일상 언어로 나타내면 다음과 같다.

방사능은 사라지지만 시간이 걸린다.

비록 대부분의 방사능 원자핵들은 짧은 반감기를 가지고 있고 환경에 오래 머무르지 않지만, 반감기가 수십억 년인 것도 있다. 지구의 생성 이후로 살아남았고, 자연에 풍부하게 남아있으며, 원자핵 무기 재료가 되는 것이 바로 긴 반감기를 가진 방사능 원자핵들, 특히 우라늄과 토륨 원자핵들이다.

▶ 개념 이해도 점검 #2: 누가 에너지를 숨겼는가?

어떤 큰 원자핵이 조각들로 쪼개질 때 많은 에너지를 방출한다. 어떤 형태로 그 에너지가 본래의 원자핵 안에 저장되었던 것인가?

> **해답** 양성자들 사이에 척력에서 정전기적 위치에너지로 저장되었다.

> **왜?** 비록 일상적으로 원자핵 에너지라고 불리지만, 방사능 원자핵들에 저장된 에너지의 대부분은 실제로 정전기적 위치에너지이다. 양(+)으로 대전된 입자들로부터 큰 원자핵을 조합하는 것은 정전기적 힘들에 대항해서 엄청난 양의 일을 요구하고, 이것이 바로 그 원자핵이 붕괴할 때 방출되는 저장된 일이다.

▶ 정량적 이해도 점검 #1: 실제의 헌 옷

지구의 대기 중에서 발견되는 탄소 중 적은 비율은 탄소−14인데, 우주선에 의해서 합성되는 희귀한 방사능 형태이며 5730년의 반감기를 가진다. 식물과 동물이 살아있는 동안에 보통의 탄소와 함께 탄소−14를 조직들 속으로 받아들인다. 일단 그들이 죽으면 탄소−14 원자핵들이 붕괴하면서 조직들 안에 있는 탄소−14의 비율이 감소하기 시작한다. 만약 당신이 박물관 큐레이터이고 어떤 사람이 1001년 되었다고 추정되는 의복을 기부한다면, 그것의 탄소 함유량을 조사했을 때 그 의복에서 당신이 발견할 것으로 기대하는 원래 탄소−14의 비율은 얼마가 되어야만 하는가?

> **해답** 남아있는 원래 탄소−14의 비율은 약 0.886이 되어야만 한다.

> **왜?** 식 15.1.1에 따르면, 1001년 후에 남아있는 탄소−14 원자핵들의 비율은 다음 식처럼 되어야만 한다.

$$\text{남은 비율} = \left(\frac{1}{2}\right)^{1001년/5730년}$$

$$= \left(\frac{1}{2}\right)^{0.1747} = 0.886$$

만약 이 의복을 검사했을 때 탄소−14의 비율로 이 값을 발견했다면, 비록 이 섬유 자체가 언제 옷으로 만들어졌는지 정확하게 말할 수는 없겠지만, 이 의복에 있는 섬유가 근사적으로 1001년 전에 죽었던 식물들 또는 동물들로부터 온 것이라는 것을 알 수 있다. 만약 더 큰 비율을 발견했다면, 이것은 그 의복이 1001년보다 덜 되었다는 것을 증명한다.

분열과 융합

원자핵 안에 더 많은 양성자가 있을수록 서로 더 많이 반발하고 방사능 붕괴를 일으킬 가능성도 커진다. 이 원자핵에 추가적인 중성자들을 더하면 그것의 양(+) 전하를 더하지 않고도 이 원자핵의 크기를 증가시켜서 이 양성자−양성자 반발력을 줄인다. 그렇지만 너무 많은 중성자들을 더하면 15.3절에서 논하게 될 이유로 이 원자핵을 불안정하게 만든다. 그러므로 안정된 원자핵을 만드는 것은 미묘한 균형 잡기이다.

단지 몇 개의 양성자들을 가지는 원자핵에서는, 끌어당기는 핵력이 반발하는 정전기력보다 우세하고 핵자들은 단단히 붙어있게 된다. 이들 원자핵들은 약한 용수철과 큰 흡입 컵을 가진 도약 장난감과 닮았는데, 일단 함께 합쳐지게 되면 이 조각들은 결코 떨어지지 않는다. 실제로 이 핵자들의 평균 결합 에너지(그들을 서로 분리하기 위해 요구되는 에너지를 핵자들의 수로 나눈 값)는 만약 이들 원자핵들이 더 많은 양성자들과 중성자들을 가진다면 증가할 것이다.

많은 양성자들을 가진 원자핵에서는, 정전기적 반발력이 매우 강해서 핵력은 이 핵자들을 오랫동안 붙잡을 수 없다. 이들 원자핵들은 빠르게 붕괴한다. 그들은 강한 용수철과 작은 흡입 컵을 가진 도약 장난감과 닮았다. 이 핵자들의 평균 결합 에너지는 만약 이들 원자핵들이 더 적은 양성자들과 중성자들을 가진다면 증가할 것이다.

대략 26개의 양성자를 가진 원자핵에서는 우리가 방금 고려했던 두 극단 사이에서 끌어당기는 핵력과 반발하는 정전기력이 절묘하게 균형을 이룬다. 이들 원자핵들은 극도로 안정적이어서 핵자들을 추가하거나 빼내어도 핵자들의 평균 결합 에너지를 증가시킬 수 없다. 더 작은 원자핵들은 이 중간 크기에 도달하기 위해 커지면서 위치에너지를 방출할 수 있고, 반면에 더 큰 원자핵들은 같은 목표 쪽으로 줄어들면서 위치에너지를 방출할 수 있다.

작은 원자핵이 커지기 위해서는 무엇인가 더 많은 핵자들을 그것 방향으로 밀어야만 한다. 정전기적 반발이 처음에는 이 성장에 대항하겠지만, 일단 모든 것이 닿기만 하면 핵력이 이 입자들을 함께 묶고 많은 양의 위치에너지를 방출할 것이다. 이러한 결합 과정을 **원자핵 융합**(nuclear fusion)이라 한다.

큰 원자핵이 줄어들기 위해서는, 무엇인가 핵력의 도달을 넘어서 그것의 조각들을 분리시켜야만 한다. 그러면 정전기적 반발이 이 조각들을 밀쳐내면서 많은 양의 위치에너지를 방출할 것이다. 이러한 분열 과정을 **원자핵 분열**(nuclear fission)이라고 한다.

작은 원자핵이 융합을 일으킬 때 또는 큰 핵이 분열을 일으킬 때 방출되는 에너지들은 화학적 에너지와 비교하면 엄청나다. 큰 원자핵인 우라늄은 그것이 쪼개질 때 그 질량의 약 0.1%를 에너지로 변환한다. 작은 원자핵인 수소는 그것이 다른 수소 원자핵들과 융합할 때 그 질량의 약 0.3%를 에너지로 변환한다. 같은 질량의 물질에서 반응이 진행될 때, 원자핵 반응은 화학 반응보다 약 천만 배 더 많은 에너지를 방출한다. 다행스럽게도 핵 반응은 화학 반응보다 시작하는 것이 훨씬 더 어렵다.

이러한 과학적 배경을 가지고, 20세기초 발견들의 순서를 따라가 보자. 자연적인 방사능 붕괴는 1896년에 프랑스의 물리학자인 Antoine-Henri Becquerel (1852~1906)에 의해서 우연하게 발견되었다. 당시 X선 발견의 자극을 받아 그는 빛에 노출되면 X선을 방출하는 물질을 찾기 시작하였다. 놀랍게도 그는 우라늄이 심지어 불투명한 덮개를 통과하면서 빛에 노출되지 않은 감광판을 흐리게 한다는 것을 발견했다. 그의 발견은 폴란드 태생 프랑스 물리학자인 Marie Curie(1867~1934)와 프랑스 화학자인 Pierre Curie(1859~1906)에 의해 곧 확인되고 더 깊이 연구되었다. 이 부부 팀은 몇 가지 새로운 방사능 원소들을 발견했는데, 폴로늄(Marie의 고국 이름을 따라 지은 이름)과 라듐을 포함한다.

1911년에 영국의 물리학자인 Ernest Rutherford(1871~1937)는 원자들이 원자핵들을 가진다는 것을 발견하였다. 그는 이어서 에너지를 가진 헬륨 핵으로 때렸을 때 원자핵들이 때로는 부서진다는 것을 발견하였다. 1932년에 영국의 물리학자인 James Chadwick (1891~1974)은 전하를 가지지 않으며 그래서 어떤 정전기적 반발도 없이 원자핵에 접근할 수 있는 원자핵의 조각인 중성자를 발견하였다. 곧 이어 중성자는 많은 원자의 핵에 달라붙는다는 것이 발견되었다.

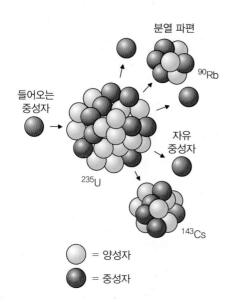

분열 파편

^{90}Rb

들어오는
중성자

자유
중성자

^{235}U

^{143}Cs

◯ = 양성자

● = 중성자

그림 15.1.5 중성자가 우라늄 원자핵을 때릴 때, 이 원자핵은 조각들로 쪼개질 좋은 기회가 있다. 이 과정은 유도 분열이라고 불린다. 유도 분열의 조각들 중에는 다른 중성자들도 있다.

원자 폭탄을 가능하게 만들었던 결정적인 발견은 중성자 유도에 의한 원자핵들의 분열이었다. 1934년에 이탈리아의 물리학자인 Enrico Fermi(1901~1954)와 그의 동료들은 원자핵에 관한 특별한 수수께끼, 즉 **베타 붕괴**(beta decay)라고 불리는 방사능 붕괴 과정을 해결하려고 시도하고 있었다. 그들은 얻을 수 있는 모든 원자의 원자핵에 중성자들을 추가하고 있었다. 중성자들을 큰 원자핵을 가진 우라늄에 추가했을 때, 그들은 매우 짧은 시간 동안 살아남는 방사능 계의 생성을 관찰하였다. 그들은 아주 무거운 원자핵들을 만들었다고 생각했고 심지어 이들 새로운 원소들에 임시적인 이름까지 부여하였다.

그렇지만 4년 후에 오스트리아의 물리학자인 Lise Meitner(1878~1968)와 Otto Frisch (1904~1979) 그리고 독일의 화학자인 Otto Hahn(1879~1968)과 Fritz Strassmann (1902~1980)은 함께 Fermi의 그룹이 실제로 했던 것은 우라늄을 더 가벼운 원자핵들로 쪼갠 것이었음을 보였다(그림 15.1.5; **1** 참조). 이렇게 **유도된 핵분열**(induced fission)에 의해 생겨난 많은 조각들 중 중성자들이 많았는데, 이들은 다른 우라늄 원자핵들을 깰 수 있었다.

▶ **개념 이해도 점검 #3: 까다로운 원자핵 문제**

만약 중간 크기의 원자핵 두 개를 가져와서 그들을 결합시켜 하나의 우라늄 원자핵으로 만든다면, 이 과정은 에너지를 방출할 것인가 또는 소모할 것인가?

해답 에너지를 소모할 것이다.

왜? 두 개의 작은 원자핵을 합체해서 하나의 우라늄 원자핵을 형성하기 위해서, 당신은 이 둘을 상당한 힘으로 함께 밀어야만 할 것인데, 왜냐하면 그들은 많은 양성자들이 있기 때문이다. 당신은 핵력이 이들 원자핵들을 묶기에 충분하도록 그들을 가깝게 가져오기 위한 상당한 일을 해주어야만 한다. 이 새로운 원자핵에 투자했던 에너지는 그것이 분열할 때 방출되는 에너지와 같다.

1 오스트리아 출생의 물리학자인 Lise Meitner는 1907년에 Berlin으로 옮겼고 곧 화학자인 Otto Hahn과 30년 공동 연구를 시작하였다. 1934년에 그녀는 Hahn이 원자핵 과정을 연구하는 데 동참할 수 있는 확신을 주었고, 그들은 큰 진전을 이루었다. 불행하게도 Meitner는 유태인이었기 때문에 나치의 학술 연구 제한에 표적이 되어 1938년에 스웨덴으로 망명하였다. Meitner는 편지를 이용해서 그들의 공동 연구를 이끄는 일을 계속했다. 그녀가 떠난 후 단지 몇 달 만에 Hahn과 그의 조수인 Fritz Strassmann은 무거운 원소들에 중성자를 때리면 크기보다는 오히려 더 작은 원자핵들이 생성되었다는 것을 발견하였다. Meitner와 그녀의 조카인 Otto Frisch는 곧 이들 측정들에 기반을 둔 원자핵 분열의 모형을 개발하였다. 그렇지만 Hahn은 이 논문에 Meitner의 이름 없이 그 결과들을 발표하였는데, 표면적으로는 나치의 간섭을 피하기 위함이었다. 이 누락의 결과로 1944년 노벨 화학상은 Hahn 혼자에게 주어졌다. 더 나아가 Hahn은 Meitner가 그들 공동 노력의 책임자이기보다는 단지 그의 조수였다고 주장하였다. 이 일이 엄청나게 불공평한 것임이 인정되어 1994년에 109번 원소의 이름은 마이트너리움(meitnerium)이라 명명되었다.

연쇄 반응과 핵분열 폭탄

물리학자들은 **연쇄 반응**(chain reaction)이 가능하다는 것을 빠르게 알아차렸다. 이 반응에서 우라늄 원자핵 1개의 분열은 인접한 우라늄 원자핵들 두 개의 분열을 유도하고, 이것은 다시 다른 원자핵 네 개의 분열을 유도하며, 계속해서 이렇게 진행된다(그림 15.1.6). 그 결과 우라늄 한 조각에 있는 원자핵들의 대부분이 붕괴되면서 엄청난 양의 에너지를 방출한다.

이제 원자 폭탄과 수소 폭탄에 남아있는 일은 기술적인 세부사항의 문제였다. 원자 폭탄 또는 **핵분열 폭탄**(fission bomb)이 가능하기 위해서는 오직 다음의 4가지 조건이 만족되어야만 했다.

1. 폭발을 유발하는 중성자들의 원천이 폭탄 안에 존재해야만 한다.
2. 폭탄을 구성하는 원자핵들은 **분열 가능한**(fissionable) 것이어야만 한다. 다시 말하면 그들은 하나의 중성자에 의해 부딪히면 분열해야만 한다.
3. 각 유도된 분열은 그것이 소모했던 것보다 더 많은 중성자들을 생산해야만 한다.
4. 폭탄은 각 분열이 평균 한 번 이상의 이어지는 분열을 유도하도록 방출된 중성자들을 효율적으로 사용해야만 한다.

첫 번째 조건을 충족시키는 것은 쉽다. 많은 방사능 원소들이 중성자들을 방출한다. 두 번째와 세 번째 조건을 충족시키는 것은 약간 어려웠다. 우라늄이 이 조건에 적합한 이유가 여기에 있다. 그것은 분열 가능하다고 알려졌고, 소모하는 것보다 더 많은 중성자들을 방출한다고 알려졌기 때문이다.

그렇지만 모든 우라늄 원자핵들이 같은 것은 아니다. 비록 우라늄 원자핵이 92개의 양성자들을 가지고, 92개의 전자들과 함께 중성 원자를 만들고 우라늄의 모든 화학적 특성들

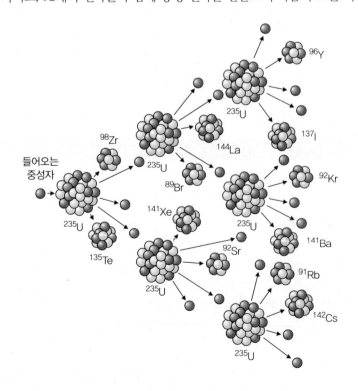

그림 15.1.6 연쇄 반응은 분열하는 원자핵 하나의 조각들이 한 개 이상의 원자핵에서 분열을 유도할 때 발생한다. 그러한 연쇄 반응은 우라늄의 가벼운 동위원소인 ^{235}U에서 특별히 쉬운데, 여기에서 분열하는 각 우라늄은 평균 2.5개의 중성자들을 방출한다.

을 가지지만(그림 13.2.5에 있는 U), 그 원자핵 안에 있는 중성자들의 수는 약간 융통성이 있다. 그들이 포함하는 중성자들의 수에서만 차이가 있는 원자핵들을 **동위원소**(isotopes)라고 한다. 천연 우라늄에는 ^{235}U와 ^{238}U의 두 가지 동위원소가 있는데, 여기에서 각 숫자는 얼마나 많은 핵자들이 각 원자핵 안에 있는지를 나타낸다. ^{235}U 원자핵은 전체 235개의 핵자들을 위해 양성자들 92개와 중성자들 143개를 포함한다. 대조적으로 ^{238}U 원자핵은 238개의 핵자들을 포함하고 있는데 양성자들 92개와 중성자들 146개이다.

오직 ^{235}U만 폭탄에 적합한 것으로 밝혀졌다. 이것은 핵력이 함께 묶어 유지하기에는 너무 많은 양성자들을 가지고 있으며, 심지어 143개 중성자들의 희석 효과도 가지기 때문에 겨우 안정적이다. 양성자가 풍부한 많은 원자핵들과 같이 ^{235}U는 결국에는 **알파 붕괴**(alpha decay)를 하는데, 그것은 헬륨 원자핵(^{4}He)을 방출하여 양성자 2개와 중성자 2개를 잃으며, 7억 1천만 년의 방사능 반감기를 가진다. 그렇지만 중성자 하나에 부딪히면 ^{235}U는 즉시 조각들로 부서지고, 이 유도된 분열은 약 2.5개의 중성자를 방출한다.

^{238}U은 ^{235}U 동위원소보다 약간 더 안정적인데, 이것의 반감기는 45억 1천만 년이다. ^{238}U은 분열하지 않고 대부분의 중성자들을 흡수한다. 대신에 이것은 결국 자연에서 발견되지 않는 원소인 플루토늄으로 전환되는 일련의 복잡한 원자핵 변화를 거친다. 즉 94개의 양성자들과 145개의 중성자들을 가진 ^{239}Pu가 된다. 나중에 알게 되겠지만 플루토늄 그 자체는 원자핵 무기 제조에 유용하다.

그러므로 ^{238}U은 연쇄 반응을 촉진하기보다는 느리게 한다. 오직 ^{235}U만 연쇄 반응을 지원할 수 있으므로, 천연 우라늄은 폭탄에서 사용될 수 있기 전에 분리되어야만 한다. 그렇지만 ^{235}U는 매우 드물다. 지구의 우라늄 원자핵들은 죽어가는 별의 폭발에서 오래 전에 생성되었다. 그 별인 **초신성**(supernova)은 더 작은 원자들의 원자핵들을 아주 뜨겁게 가열해서 그들이 함께 충돌해서 달라붙도록 했다. 우라늄 원자핵들이 형성되었고, 그 초신성의 에너지가 그들 내부에 갇혔다. 40~50억 년 전에 지구가 형성되는 동안에 그들도 지구 안에 섞였고 그 이후로 붕괴하고 있다. 남아있는 우라늄 동위원소들은 오직 ^{235}U와 ^{238}U뿐이다. ^{235}U가 덜 안정적이기 때문에 자연에 존재하는 우라늄 원자핵들 중 그것의 존재 비율은 겨우 0.72%로 줄어들었다. 남아있는 우라늄의 나머지 99% 이상은 ^{238}U이다.

^{238}U로부터 ^{235}U를 분리하는 것은 극도로 어렵다. 이들 두 원자핵들을 포함하는 원자들은 화학이 아닌 오직 질량만 차이가 있으므로, 질량들을 비교하는 방법들에 의해서만 분리될 수 있다. 이 질량 차이가 상대적으로 작기 때문에, 천연 우라늄으로부터 ^{235}U를 뽑아내기 위해서는 대단히 정교한 측정이 필요하다. 2차 세계대전과 냉전 시대 동안에 미국 정부는 우라늄 동위원소들을 분리하기 위한 거대한 장치들을 개발하였다. 그러한 장치에 대한 필요가 원자핵 무기들의 확산을 막는데 주요한 장벽으로 작용한다.

연쇄 반응을 지속하기 위한 마지막 조건은 폭탄이 중성자들을 효율적으로 사용해서 각 분열이 평균 한 번 이상의 분열을 유도한다는 것이다. 이것은 폭탄의 내용물이 중성자들을 낭비적으로 흡수할 수 없다는 것과 분열을 일으키지 않으면서 그들 중 너무 많은 중성자들이 빠져나가지 않도록 해야 한다는 것을 의미한다. 상대적으로 순수한 ^{235}U 덩어리는 중성자를 낭비적으로 흡수하지는 않겠지만, 너무 많은 중성자들이 그것의 표면을 통해서 **빠져**

나가도록 허용할 수도 있다. 연쇄 반응이 일어나기 위해서는 이 덩어리가 충분히 커서 각 중성자가 이 덩어리를 떠나기 전에 다른 원자핵을 때리는 좋은 기회를 가져야만 한다. 이 덩어리는 또한 최소의 표면적을 가져야만 하는데, 결과적으로 공 모양이어야만 한다.

그 공은 얼마나 커야 하는가? 원자들은 대부분 빈 공간이므로, 중성자는 원자핵을 때리지 않고 이 덩어리를 통해서 몇 cm 진행할 수 있다. 그러므로 골프공 크기의 우라늄 공은 너무 많은 중성자들이 탈출하도록 허용할 것이다. 연쇄 반응을 시작하기 위해 요구되는 ^{235}U의 **임계 질량**(critical mass)은 약 52 kg으로, 이것은 지름이 약 17 cm인 공이다. 이 지점에서 각 분열은 평균 하나의 이어지는 분열을 유도할 것이다. **폭발적 연쇄 반응**(explosive chain reaction)을 위해서는 여기에서 평균 하나보다 더 많은 이어지는 분열을 유도하는 추가적인 ^{235}U가 필요한데, 이것이 **초임계 질량**(supercritical mass)이다. 약 60 kg이면 될 것이다.

1945년까지 Manhattan Project의 과학자들과 기술자들은 이들 4가지 조건들을 충족시키는 방법들을 발견했고 폭발적 연쇄 반응을 시작할 수 있도록 준비하였다. 그들은 초임계 질량을 구성할 충분한 ^{235}U를 모았다. 조심스럽게 장착된 ^{235}U의 조각들을 폭탄 속에 장착하여 폭탄이 터지는 순간에 그들이 함께 합쳐지도록 하였다. 임계 질량이 도달되었을 때 몇 개의 초기 중성자들이 연쇄 반응을 시작하도록 되어 있었다. 우라늄이 초임계로 되었을 때, 파국적인 분열이 순식간에 엄청난 불덩이로 바뀌게 된다.

그렇지만 조립이 어려웠다. 초임계 질량은 연쇄 반응이 너무 오래 진행되기 전에 완전하게 조립되어야만 했는데, 그렇지 않으면 원자핵이 분열할 시간을 충분히 갖기 전에 폭발할 것이다. 순수한 ^{235}U에서, 한 분열이 다음의 분열을 유도하는 데 걸리는 시간은 10 ns(1억 분의 1초)이다. 초임계 질량에서는 분열의 각 세대가 그 이전 세대보다 훨씬 크고, 그래서 우라늄 원자핵들 상당수를 부수는 데 단지 몇 십 세대만 걸린다. 전체의 폭발적 연쇄 반응은 1백만 분의 1초 안에 끝나는데, 방출되는 에너지의 대부분은 마지막 몇 세대에 있다 (약 30 ns).

폭탄이 폭발하기 전에 조립이 완결되어야 한다는 것을 확신시켜주듯이 조립은 특별히 빠르게 이루어졌다. 일본 히로시마에서 1945년 8월 6일 오전 8시 15분에 폭발했던 'Little Boy'라고 불렸던 ^{235}U 폭탄이 그것이었다(그림 15.1). 이 폭탄은 약 20만 명의 사망자를 냈는데, ^{235}U 공 안에 있는 구멍을 통해서 ^{235}U 원기둥 대포가 발사되었을 때 초임계 질량이 조립되었다(그림 15.1.8). 원통이 구멍의 중심에 있게 되면 우라늄의 60 kg 공이 탄화텅스

그림 15.1.7 Little Boy (a)는 우라늄의 원통을 불완전한 우라늄의 공 안으로 발사하기 위해 대포를 이용했다. Fat Man (b)은 플루토늄의 공을 압착시켜서 엄청난 밀도로 만들기 위해 고성능 폭약을 사용하였다. Little Boy는 히로시마를 파괴하였고, Fat Man은 나가사키를 파괴하였다.

텐과 강철 용기 안에서 완성되었다. 이 용기는 우라늄을 가두었고, 폭발이 시작되면서 용기 자체의 관성으로 그것을 함께 붙잡고 있었다. 폭발적 연쇄 반응이 즉시 시작되었고, 우라늄이 자신을 날려버리는 시간까지 ^{235}U 원자핵들의 1.3%가 분열되었다. 이 폭발에서 방출된 에너지는 TNT 약 15,000톤의 폭발과 같았다.

그러나 Little Boy는 실제로 두 번째 원자핵 폭발이었다. 핵폭탄에 대한 개념이 절대 확실했지만 ^{235}U가 귀했기 때문에 Little Boy는 실험도 되지 않고 투하되었다. 그렇지만 Manhattan Project는 또한 훨씬 더 복잡한 개념과 연관되는 플루토늄을 기반으로 하는 폭탄도 개발하였다. 이 폭탄은 동작할 것인지 훨씬 덜 확실하였기 때문에 사용되기 전에 일단 실험되었다.

'The Gadget'이라 불렸던 첫 번째 원자 폭탄은 ^{235}U를 사용하지 않았다. 대신에 이것은 원자핵 원자로에서 ^{238}U로부터 합성된 플루토늄을 사용하였다. 원자핵 원자로는 우라늄에서 제어된 연쇄 반응을 수행하였고, 이 연쇄 반응으로부터 나온 중성자들은 ^{238}U을 ^{239}PU로 변환시킬 수 있다.

^{235}U와 같이 ^{239}Pu도 폭탄을 위한 조건을 충족시킨다. ^{239}Pu 원자핵은 상대적으로 불안정하고, 단지 24,400년의 반감기를 가진다. 그것은 중성자에 의해 부딪혔을 때 쉽게 분열하고 평균 3개의 중성자를 방출한다. 그러므로 ^{239}Pu도 연쇄 반응에 이용될 수 있다. ^{239}Pu는 임계 질량이 약 10 kg으로 지름이 약 10 cm인 공이다.

그렇지만 ^{239}Pu에는 문제가 있다. 이것은 방사능이 너무 강하고 분열할 때 너무 많은 중성자들을 방출하기 때문에 연쇄 반응이 거의 순간적으로 발전한다. 우라늄보다 플루토늄의 초임계 질량을 조립하는 일에 걸리는 시간이 훨씬 짧다. 플루토늄이 과열되고 원통이 공으로 완전히 들어가기 전에 스스로 폭발하기 때문에 대포 조립 방법은 작동할 수 없다.

그러므로 훨씬 더 정교한 조립 방법이 'The Gadget'에 채택되었다. 1945년 6월 16일 오전 5시 29분에 뉴멕시코주 앨라모고도에서 세심하게 고안된 2000 kg 이상의 고성능 폭약이 플루토늄의 공(그림 15.1.9)을 The Gadget 내부(그림 15.1.10)에 압착하여 내파(implode) 시켰다. 그 자체로 6.1 kg의 공은 임계 질량이 되기에는 충분히 크지 않았고, 그것은 **아임계 질량**(subcritical mass)이었다. 그렇지만 플루토늄은 ^{238}U의 **반사재**(tamper)로 둘러싸여 있었는데, 이것의 무거운 원자핵들은 많은 중성자들을 플루토늄 속으로 볼링공에

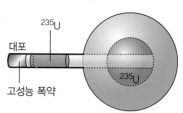

철과 탄화 텅스텐
으로 된 용기

그림 15.1.8 Little Boy 뒤의 개념은 간단했다. ^{235}U 공은 어느 쪽도 혼자서는 임계 질량이 되지 않도록 두 부분으로 나누어졌다. 한 부분은 속이 비어 있는 공이며, 다른 부분은 그 공을 완전하게 할 원통이다. 폭탄이 폭발했을 때, 대포는 원통을 비어 있는 공 안으로 발사했고, 이것이 초임계 질량을 만들고 폭발적 연쇄 반응이 시작되도록 한다.

그림 15.1.10 The Gadget와 Fat Man에서 이용된 개념은 상대적으로 정교했다. 세심하게 고려된 형태를 갖춘 고성능 폭약이 중성자들을 반사하는 ^{238}U의 껍질 안쪽에서 야구공 크기의 ^{239}Pu 공을 압착시킨다. 플루토늄은 높은 밀도로 압축되어 빠르게 초임계 질량에 도달하였고, 폭발적 연쇄 반응을 시작한다.

그림 15.1.9 'The Gadget'라는 별명을 가진 첫 번째 원자폭탄은 1945년 6월 16일에 뉴멕시코 앨라모고도 근처에 있는 외딴 사막 지역에 있는 탑 위에서 폭발되었다. 극비 사항인 Manhattan Project의 종사자들이 폭발 전에 탑 위로 플루토늄 폭탄의 부품들을 들어 올리는 것이 여기에 보인다.

의해서 되튀는 구슬처럼 다시 반사시켰다. 내파 과정은 플루토늄을 정상적인 밀도를 크게 넘어서도록 압축시켰다. 플루토늄 원자핵들이 함께 더욱 단단하게 쌓이면서 중성자들에 의해서 부딪히고 분열할 가능성이 더 많아졌다.

이어진 연쇄 반응은 플루토늄 원자핵들의 17%가 분열하도록 했고 약 22,000톤의 TNT 폭발과 동일한 에너지를 방출하였다. Trinity 시험 장소에 있던 탑과 장비들은 증발해 버렸고, 모든 방향으로 수백 미터 안에 있던 사막 모래는 유리로 변했다. 이것과 거의 동일한 폭탄이 'Fat Man'이라는 이름으로 1945년 8월 9일 오전 11시 2분에 일본 나가사키에 떨어졌는데(그림 15.1.7b), 이때 약 140,000명이 목숨을 잃었다.

분열 폭탄이 제조된 이후 몇 년 동안은 분열 가능한 물질을 어떻게 하면 가장 잘 모을까 하는 개발이 집중되었다. 과열되고 폭발하기 전에 더 길게 초임계 질량이 모아질수록 분열할 원자핵의 비율이 커질 것이고 폭발은 더 크게 일어날 것이다. The Gadget와 Fat Man의 압착 기술은 표본이 되었고, 폭탄은 더욱 소형화했으며 원자핵 연료를 더 효율적으로 사용하게 되었다. 내파 과정은 초임계 질량에 도달하기 위해 필요한 플루토늄의 양을 줄였고, 그래서 아주 작은 핵분열 폭탄이 가능해졌다. 가장 작은 원자 폭탄인 'Davy Crockett'은 무게가 겨우 220 N 정도이다.

> **▶ 개념 이해도 점검 #4: 용의 꼬리 간지럽히기**
>
> 만약 30 kg인 ^{235}U의 반구 2개를 함께 천천히 움직여서 하나의 구를 만들면 어떤 일이 생길 것인가?
>
> **해답** 그들이 실제로 접촉하기 전에 연쇄 반응이 발생할 것이다.
>
> **왜?** 반구들이 충분히 가까워져서 각 분열이 평균적으로 하나의 이어지는 분열을 유도하기 시작하자마자 연쇄 반응이 일어날 것이다. 당신은 임계 질량을 조립한 것이다. 반구들은 계속 뜨거워지기 시작할 것이고 결국에는 녹거나 폭발한다. 원자핵들의 대부분이 분열하기 전에 그들이 날아가 버릴 것이기 때문에, 폭발은 비교적 작을 것이다. 그러나 당신은 심각한 방사선 손상을 겪을 수 있다. 바로 그러한 사고가 Manhattan Project 동안에 Louis Slotin의 목숨을 앗아갔다.

핵융합과 수소 폭탄

분열 가능한 물질은 임계 질량을 넘자마자 폭발을 시작하기 때문에 이 임계 질량은 분열 폭탄의 크기와 잠재적인 폭발 능력을 제한한다. 이러한 한계를 벗어날 방법을 찾아서, 폭탄 과학자들은 작은 원자핵으로 눈을 돌려 이들을 서로 합침으로써 에너지를 추출하는 방법을 알아냈다.

핵분열 폭탄은 예전에 오직 별들에서나 관찰되었던 온도를 처음으로 지상에서 실현한 것이었다. 별들은 그들의 에너지 대부분을 수소 원자핵들을 융합하여 헬륨 원자핵들을 만드는 과정에서 얻는데, 이것은 큰 에너지를 방출하는 과정이다. 수소 원자핵들은 양성자들이고 엄청난 힘들로 서로 반발하기 때문에, 수소는 여기 지구 위에서는 정상적으로 핵융합을 경험하지 않는다. 융합을 일으키기 위해서는, 핵력이 그들을 함께 붙잡을 수 있도록 무엇인가가 양성자들을 충분히 가깝게 가져와야만 한다. 이 핵들을 함께 가져오기 위해서 우리가 알고 있는 유일한 실제적인 방법은 그들을 아주 뜨겁게 가열하여 그들이 서로 압착하도록 하는 것이다. 이것이 바로 **핵융합 폭탄**(fusion bomb)이며, **열핵 폭탄**(thermonuclear bomb) 또는 **수소 폭탄**(hydrogen bomb)이라고 불린다.

핵융합 폭탄에서 폭발하는 분열 폭탄은 수소를 약 섭씨 1억 도까지 가열한다(그림 15.1.11). 그 온도에서 수소 원자핵들은 서로 충돌하기 시작한다. 원자핵 융합 과정을 쉽게 만들기 위해서 수소의 무거운 동위원소들이 이용되는데, **중수소**(deuterium)와 **삼중수소**(tritium)이다. 정상적인 수소 원자핵(^{1}H)은 오직 양성자 1개를 포함하는 반면에, 중수소(^{2}H) 원자핵은 양성자 1개와 중성자 1개를 포함한다. 삼중수소(^{3}H) 원자핵은 양성자 1개와 중성자 2개를 포함한다. 중수소 원자핵 하나가 삼중수소 원자핵 하나와 충돌했을 때, 그들은 붙어서 헬륨 원자핵(^{4}He)과 자유로운 중성자 1개를 만든다. 이 과정은 원래 질량의 약 0.3%를 에너지로 변환하기 때문에, 헬륨 원자핵과 자유로운 중성자는 엄청난 속력으로 서로로부터 멀어져 날아간다.

수소는 심지어 많은 양에서도 자발적으로는 폭발하지 않기 때문에 수소 폭탄은 극도로 클 수도 있다. 그것을 폭발시키기 위해서 핵분열 폭탄이 이용될 수 있지만, 그 이후에는 제한이 없다. 냉전 시대 초기 동안 거대한 핵융합 폭탄이 제조되고 시험되었다. 이 폭탄들은 보통 분열 시작부와 수소 종동부로 구성되어 있고, 이들은 모두 ^{238}U의 반사재로 둘러싸여 있다. 이 반사재는 융합이 시작될 때 수소를 내부에 가둔다. 일단 융합이 진행되면 중수소와 삼중수소를 헬륨과 중성자들로 변환하고, 중성자들은 이 반사재 안에 있는 ^{238}U 원자핵들과 충돌한다. 이들 융합 중성자들은 에너지가 크기 때문에 그들은 심지어 ^{238}U 원자핵들에서도 분열을 유도할 수 있고 여전히 더 많은 에너지를 방출할 수 있다. 전체적으로 이 구조는 때로는 분열-융합-분열 폭탄이라고 불린다.

이 폭탄의 변형이 이른바 중성자 또는 **고방사선 폭탄**(enhanced radiation bomb)이다. 이 폭탄은 ^{238}U 반사재를 가지고 있지 않고, 그래서 융합 과정으로부터 발생한 에너지가 큰 중성자들이 폭발 범위 밖으로 나와 주변에 있는 모든 것을 비춘다. 이 폭탄은 인간에게는 치명적이나 폭발이 상대적으로 약하기 때문에 시설에 특별히 파괴적인 것은 아니다.

삼중수소는 원자핵 원자로에서 생성되는 방사능 동위원소이다. 이것은 중성자들을 너무 많이 가지고 있어서 안정된 원자핵이 될 수 없으며 천천히 헬륨의 가벼운 동위원소(^{3}He)로 붕괴한다. 삼중수소는 12.3년의 반감기를 가지기 때문에, 삼중수소를 포함하는 융합 폭탄들은 삼중수소를 보충하기 위해서 주기적인 유지를 요구한다.

많은 융합 폭탄들은 중수소와 삼중수소 기체 대신에 고체 중수소화 리튬을 이용한다. 중수소화 리튬은 리튬(^{6}Li)과 중수소(^{2}H)를 포함하는 염이다. 분열 시작부로부터 나온 중성자가 ^{6}Li 원자핵과 충돌할 때, 이들은 헬륨 원자핵(^{4}He)과 삼중수소 원자핵(^{3}H)의 두 조각으로 나뉜다. 이 폭탄에서 중수소화리튬은 중수소, 삼중수소, 그리고 헬륨의 혼합물로 빠르게 변환되고, 그 다음에는 핵융합이 일어난다.

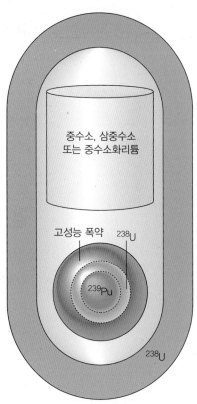

중수소, 삼중수소
또는 중수소화리튬

고성능 폭약 ^{238}U

^{239}Pu

^{238}U

그림 15.1.11 핵융합 폭탄은 중수소(^{2}H)와 삼중수소(^{3}H) 원자핵들을 함께 융합하여 헬륨(^{4}He)과 중성자를 만들어냄으로써 에너지를 방출한다. 이 핵융합은 핵분열 폭탄을 가지고 섭씨 1억 °C 이상 수소를 가열함으로써 시작된다. 그러면 이 핵융합 과정에서 방출된 고에너지 중성자들이 ^{238}U 껍질에서 분열을 유도하고, 여전히 더 많은 에너지를 방출한다. 리튬(^{6}Li)은 중성자들에 노출되었을 때 삼중수소를 만든다.

핵융합이 시작되게 하려면 왜 수소가 극도로 높은 온도로 가열되어야만 하는가?

해답 수소 원자핵에서 양성자들은 짧은 거리에서 서로 아주 강력하게 밀어낸다. 그들이 서로 접촉하기 위해서는 열에너지를 많이 갖고서 매우 재빠르게 움직여야만 한다.

왜? 기체에서 열에너지는 운동에너지의 형태를 갖는다. 기체가 더 뜨거워질수록 입자들은 더 빨리 움직인다. 섭씨 1억 도에서 수소 원자핵들은 매우 빠르게 움직여서 이들 사이의 정전기적 척력을 극복하고 서로 접촉할 수 있다. 이들이 접촉할 때 핵력이 서로 잡아당겨서 핵융합이 일어난다.

열, 방사선, 낙진

일단 원자핵 무기가 폭발하고 분열 가능한 물질이 분열되고 융합 가능한 물질이 융합된 이후에는 어떻게 되는가? 첫째로, 엄청난 수의 아원자 입자들이 폭발로부터 아주 엄청난 속력으로 튀어나오는데, 많은 것들은 빛의 속도에 가깝다. 이들 입자들은 근처의 원자, 분자들과 충돌해서 그들을 엄청나게 높은 온도까지 가열시키고 폭탄 주변에 불덩어리를 생성한다. 그들은 또한 주변 지역에 광범위한 방사선 피해를 준다.

둘째로, 폭발로부터 섬광이 나오는데, 부분적으로는 분열과 융합 과정 자체에 의한 것이고 부분적으로는 뒤따르는 초고온의 불덩어리에 의한 것이다. 이 빛은 가시광선뿐 아니라 적외선으로부터 자외선, X선, 감마선에 이르기까지 전자기파 스펙트럼의 모든 부분에 걸쳐 있다. 이들은 주변에 있는 물체의 내부와 외부를 태운다.

셋째로, 폭발은 불덩어리 주변의 공기에서 거대한 압력의 소용돌이를 만든다. 충격파가 불덩어리로부터 바깥으로 음속으로 퍼져 나와 상당히 먼 거리를 가는 경로에서 모든 것들에 충격을 준다. 넷째로, 희박하게 되고 초고온으로 가열된 공기가 부력에 의해 위로 올라가 버섯 모양의 구름을 형성한다.

그렇지만 원자핵 폭발의 가장 심각한 후유증은 **낙진**(fallout)이다. 이것은 방사능 핵들의 형성과 방출로 생긴다. 분열은 우라늄과 플루토늄 원자핵들을 더 작은 원자핵들로 변환한다. 새로운 원자핵 각각은 분열된 핵으로부터 나온 수십 개의 양성자들과 중성자들을 가지고 있다. 이들 새로운 원자핵들은 전자들을 끌어당기고 요오드 또는 코발트와 같은 정상적인 원자들로 보이게 된다. 그러나 우라늄 같은 큰 원자핵들은 그들의 양성자들을 희석시키고 그들의 정전기적 반발력을 감소시키기 위해서 여분의 중성자들을 필요로 하는 반면에, 요오드와 코발트와 같은 중간의 그리고 작은 원자핵들은 그렇게 많은 중성자들을 필요로 하지 않는다. 이 새로운 원자핵들은 너무 많은 중성자들을 가지고 있고 방사능을 가진다. 그들은 1/1000초로부터 수천 년에 이르는 반감기를 가진다.

그들이 붕괴할 때까지 이들 원자핵들을 포함하는 원자들은 정상적인 원자들과 거의 구별이 불가능하다. 그들은 흔한 원자들의 방사성 동위원소들이며, 우리의 몸은 순진하게 그들을 인체 조직에 받아들인다. 인체 조직에 있으면서 우리 몸이 요구하는 화학 반응에 관여하게 된다. 그렇지만 결국에는 이 방사능 원자들은 붕괴되고 원자핵 에너지를 방출한다. 우리의 근처 또는 내부에서 발생하는 각 방사능 붕괴는 화학 결합에서 존재하는 에너지보다 약 백만 배 더 많은 에너지를 방출하기 때문에, 이들 붕괴는 우리의 세포들 안에 화학적 변화를 일으킨다. 그들은 세포들을 죽이거나 세포의 유전적 정보에 손상을 줄 수 있고, 암을 유발할 가능성도 있다.

핵무기에서는 한 원소의 원자들을 다른 원자들로 변환하기 위한 원자핵의 재배열이 제어할 수 없는 방식으로 일어나며, 불안정한 동위 원소들의 치명적인 혼합이 발생한다. 그 동위 원소들이 환경에서 사라지는 데는 수년이 걸리고, 이들이 사라지기까지 그저 기다리는 수밖에 없다. 심지어는 폭발할 확률이 낮은, 소위 dirty bombs라고 불리는 핵무기도 방사성 잔해로 주변 환경을 오염시킬 수 있다. 원자로는 핵연료 집합체와 노심 구조물 내에서 방사성 동위 원소와 유사한 혼합물을 생성하는데, 이것이 바로 사용 후 핵연료를 폐기하는 것이 문제가 되는 이유이다.

반면에, 많은 종류의 방사성 동위 원소들은 의학과 생화학 분야에서 가치 있고 생명을 구하는 용도로 쓰여 왔다. 또한 통제된 상황에서는 원소를 체계적으로 변환하여 무작위 조합 대신 바람직한 동위 원소를 생성할 수 있다. 그러한 변환은 어렵고 비용이 많이 들며, 화학적 과정보다는 원자력을 필요로 한다. 비록 납을 금으로 바꾸는 연금술사의 꿈이 결국 이루어지더라도, 부자가 되는 길이 될 수 없다.

흔한 오개념: 복사와 방사능

오개념 음식과 같은 물질이 마이크로파, 라디오파, 적외선, 또는 자외선 복사에 노출되었을 때, 이것은 방사능을 가질 수 있다.

해결 어떤 물질을 방사능을 가지도록 만들기 위해서는, 그들이 더 이상 안정적이 되지 않도록 무엇인가가 원자핵들을 변화시켜야만 한다. 그러한 변화는 저에너지 광자가 제공할 수 있는 것보다 훨씬 더 많은 에너지를 요구한다. 원자핵에 영향을 끼칠 수 있는 충분한 에너지의 광자를 가지는 전자기 복사는 대개 감마선이고, 가끔은 X선인 경우도 있다.

▶ 개념 이해도 점검 #6: 먹기에는 좋지 않다

보통의 요오드(^{127}I)는 영원히 안정적이다. 그러나 분열의 산물인 ^{131}I은 방사능 물질이고 약 8일의 반감기를 가진다. 이 ^{131}I을 먹으면 그 결과는 어떻게 되는가?

해답 ^{131}I은 몸 안으로 합쳐져서 특별히 그것의 대부분이 붕괴되어 없어지기 전 처음 몇 주 동안 몸을 방사선에 노출시킨다.

왜? ^{127}I과 ^{131}I은 화학적으로 동일하기 때문에 당신의 몸은 구분할 수 없다. 몸은 신체 기능에 요오드를 이용하기 때문에, 당신이 섭취한 어떤 ^{131}I도 당신 몸의 요오드 공급의 일부가 될 것이다. 다음 8일이 지나면, 이 요오드의 대략 절반이 붕괴될 것이고 당신을 방사선에 노출시킬 것이다. 남아있는 ^{131}I도 또한 방사능이며, 그리고 이 양의 절반은 다음 8일이 지나면 붕괴할 것이다. 그러므로 16일 후에는 처음 양의 4분의 1만이 남을 것이다. 24일 후에는 단지 8분의 1만이 남을 것이다. 그리고 계속해서 이와 같이 진행된다.

15.2 원자로

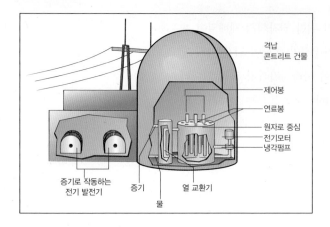

격납
콘크리트 건물

제어봉

연료봉

원자로 중심
전기모터
냉각펌프

증기로 작동하는
전기 발전기

증기

물

열 교환기

또한 이용하기 위해서 노력이 계속되고 있다. 원자핵 안전에 관한 경쟁적 관심, 원자핵 무기 확산, 그리고 기후 변화 등이 틀림없이 이 기술의 미래에 영향을 끼칠 것이다.

생각해 보기: 원자로는 일단 임계 질량에 도달하는데도 왜 폭발하지 않는가? 원자로에서 나온 에너지가 어떻게 전기로 바뀌는가? 무엇이 스리마일 섬, 체르노빌, 그리고 후쿠시마에서 유명한 사고를 일으켰는가? 수소 핵융합이 어떻게 용기 안에서 시작될 수 있는가? 핵융합을 위해 필요한 온도에서 어떻게 수소가 서로 붙들고 있게 되는가?

실험해 보기: 원자로는 임계 질량 매우 가까이에서 작동한다. 임계 질량 아래에서는 각 자발적인 분열이 이어지는 분열의 수를 제한한다. 임계 질량을 넘어서면 이어지는 분열의 수가 제한이 없다. 비슷한 효과가 모래 더미에서 기울기가 가파르게 되면서 발생한다. 만약 당신이 모래를 더미 위로 천천히 쏟아 붓는다면 모양이 변할 것이고 가파르기가 증가할 것이다. 처음에는 알갱이들이 떨어진 곳에 머무를 것이지만, 일단 이 더미가 상당히 가파르게 되면 모래는 더미의 옆면으로 굴러 내리기 시작할 것이다. 만약 이 더미가 너무 가파르게 되면, 한 알갱이의 모래가 사태를 일으킬 수 있다. 이와 같은 거동이 임계 질량 근처에 있는 원자로에서 생길 수 있는데, 하나의 자발적인 분열이 수많은 이어지는 분열을 유발할 수 있다.

무기 만들기가 1930년대 말에 원자핵 과학자들과 공학자들에게 열린 유일한 가능성은 아니었다. 원자핵 분열 연쇄 반응과 열핵 융합은 명백하게 현상적인 파괴적 에너지를 풀어버리는 방법들이었던 반면에, 그들은 또한 유용한 에너지의 사실상 무한한 원천을 제공할 수 있었다. 원자핵 무기에서 일어났던 것과 같은 원자핵 반응을 제어함으로써, 사람들은 그 이후로 건설적인 이용을 위한 원자핵 에너지를 뽑아낼 수 있었다. 그들의 개념 이후로 50년 동안 원자핵 분열 원자로는 상당히 성숙한 기술로 발전되어 왔고 우리의 주된 에너지 원천의 하나가 되었다. 원자핵 융합 전력은 달성하기 어려운 목표로 남았지만, 원자핵 에너지의 이 형태

핵분열 원자로

우라늄의 임계 질량을 모으면 항상 원자핵 폭발을 일으키는 것은 아니다. 사실은 큰 폭발을 일으키는 것이 약간 더 어렵다. 원자 폭탄의 설계자들은 정확한 임계 질량이 아닌 초임계 질량을 모아야만 했으며, 1/백만 초보다 적은 시간 안에 그것을 해야만 했다. 그렇게 빨리 모으는 것은 쉽게 또는 우연히 발생하는 어떤 것이 아니다. 천천히 임계 질량에 도달하는 것이 훨씬 더 쉬운데, 이 경우에 우라늄은 단순하게 매우 뜨거워질 것이다. 그것은 과열로 인해서 결국에는 폭발할 수 있지만, 눈에 보이는 모든 것을 증발시키지는 않을 것이다.

　이렇게 임계 질량을 천천히 모으는 것이 핵분열 원자로를 위한 기초이다. 그들의 주된 생성물은 열로, 이것은 보통 전기를 생산하기 위해서 이용된다. 핵분열 원자로는 핵분열 폭탄보다 만들고 작동하기에 훨씬 더 간단한데, 왜냐하면 그렇게 정제된 핵분열 물질을 요구하지 않기 때문이다. 사실은 약간의 영리한 기술을 동원하면, 원자로는 심지어 천연 우라늄을 가지고도 작동하도록 만들어질 수 있다.

　분열 연쇄 반응이 항상 폭발로 이어지지는 않는다는 것을 보여주는 것으로 시작하자. 중요한 것은 분열 비율이 단지 얼마나 빨리 증가하는가이다. 원자폭탄에서는 이것이 매우 빨리 증가한다. 폭발에서는 분열 가능한 물질이 임계 질량보다 훨씬 많고, 그래서 평균 분

열이 단지 하나가 아닌 아마도 2개의 이어지는 분열을 유도한다. 한 분열과 그것이 유도하는 두 번째 사이에 단지 대략 10 ns이므로, 분열 비율은 매 10 ns마다 2배로 될 수 있다. 1/백만 초보다 짧은 시간 안에 물질 안에 있는 원자핵들의 대부분이 분열되고, 이 물질이 쪼개져서 날아가기 전에 에너지를 방출한다.

그렇지만 임계 질량에서는 일들이 그렇게 극적이지 않은데, 이 경우에는 평균 분열이 단지 하나의 이어지는 분열을 유도한다. 분열의 각 세대는 단순히 자신을 재생하는 것이기 때문에, 분열 비율은 본질적으로 일정하게 남는다. 오직 자발적인 분열만이 그 비율을 증가시킨다. 분열 가능한 물질은 지속적으로 열에너지를 방출하며, 이 에너지가 전기 발전기에 일률을 공급하기 위해서 이용될 수 있다.

원자핵 원자로는 분열 가능한 물질의 노심을 포함한다. 이 노심이 모아지는 방법 때문에 이것은 임계 질량에 매우 가깝다. 제어봉이라고 불리는 몇 개의 중성자를 흡수하는 막대들이 원자로의 노심 속으로 삽입되는데, 이들은 임계 질량 위 또는 아래인지를 결정한다. 제어봉을 노심의 바깥으로 끌어내는 것은 각 중성자가 분열을 유도할 기회를 증가시키고 노심을 초임계 쪽으로 이동시킨다. 제어봉을 노심의 안쪽으로 내리는 것은 각 중성자가 분열을 유도할 수 있기 전에 흡수될 기회를 증가시키고 노심을 임계점 아래쪽으로 이동시킨다.

원자로는 분열 비율을 원하는 수준으로 유지하기 위해서 되먹임을 이용한다. 만약 분열 비율이 너무 낮아지면, 분열 비율을 증가시키기 위해서 제어 시스템이 제어봉을 노심 바깥으로 천천히 끌어낸다. 만약 분열 비율이 너무 높아지면, 분열 비율을 감소시키기 위해서 제어 시스템이 제어봉을 노심 안으로 내린다. 이것은 자동차를 운전하는 것과 같다. 만약 차가 너무 빨리 가고 있다면, 당신은 가속 페달에서 발을 뗀다. 반대로 너무 느리게 가고 있다면, 당신은 가속 페달을 밟아 밀어 내린다.

자동차 운전 비유는 원자로에 대한 또 다른 중요한 점을 설명한다. 자동차와 원자로 둘 다 제어 조정에 상대적으로 천천히 반응한다. 당신이 가속 페달에서 발을 떼고 들어 올렸을 때 즉시 정지하고 발을 내려 밀었을 때 초음속 속력으로 도약하는 자동차를 운전하는 것은 어려울 것이다. 마찬가지로, 제어봉을 내려서 안으로 보냈을 때 즉시 정지하고 제어봉을 끌어냈을 때 즉시 폭발하는 원자로를 작동하는 것은 불가능할 것이다.

그러나 원자로는 자동차처럼 제어봉의 움직임에 빠르게 반응하지 않는다. 어떤 분열을 뒤따르는 중성자의 마지막 방출이 느리기 때문이다. 하나의 ^{235}U 원자핵이 분열할 때, 즉시 평균 2.47개의 중성자를 방출하고 이들은 1/1000초 이내에 다른 분열을 유도한다. 그렇지만 분열 조각들의 어떤 것들은 불안정한 원자핵인데 이들은 붕괴하며 원래의 분열 한참 후에 중성자들을 방출한다. 평균적으로, 각 ^{235}U 분열은 궁극적으로 0.0064개의 지연된 중성자들을 생성하는데, 이들은 그 다음에 다른 분열을 유도하기 위해 계속 진행한다. 지연된 중성자들이 나타나기 위해서는 몇 초 또는 몇 분이 걸리며 원자로의 대응을 느리게 한다. 원자로의 분열 비율은 빠르게 증가할 수 없는데, 왜냐하면 지연된 중성자들이 만들어지는 데 오랜 시간이 걸리기 때문이다. 분열 비율은 빠르게 감소할 수도 없는데, 왜냐하면 지연된 중성자들이 없어지는 데 오랜 시간이 걸리기 때문이다.

만약 ^{235}U 원자핵의 분열이 오직 안정된 분열 조각들만 생성했다면, 원자핵 원자로가 작동하기에 더 쉬울 것인가 또는 더 어려울 것인가?

해답 작동하기에 훨씬 더 어려울 것이다.

왜? 지연된 중성자들이 없다면, 분열의 한 세대는 대략 1/1000초가 지나면 분열의 다음 세대를 유도하는 것을 끝마칠 것이고, 임계 상태에서 변화에 대한 원자로 노심의 대응이 극단적으로 빠르게 될 것이다. 원자로 노심이 초임계로 되었을 때 분열 비율은 엄청나게 커질 것이고, 임계 아래로 되었을 때 분열 비율은 갑자기 내려갈 것이다. 분열 비율을 일정하게 유지하려는 노력은 거친 롤러코스터 타기가 될 것이며, 이 원자로는 제어하기에 불가능하거나 또는 비현실적인 것이 될 것이다. 다행스럽게도 지연된 중성자들이 임계 상태에서 변화에 대한 원자로의 대응을 느리게 만들고, 이 때문에 원자로는 비교적 쉽게 제어될 수 있다.

현대적인 원자로의 작동을 더 쉽게 하기 위해서, 이들은 안정되고 스스로 조절되도록 설계된다. 이 자기 조절은 노심이 과열되면 자동적으로 임계 이하가 되도록 보장한다. 나중에 알게 되겠지만, 이 자기 조절이 체르노빌 4번 원자로의 설계에서는 없었으며 그것이 재앙으로 이어졌다.

열 핵분열 원자로

원자핵 원자로의 기본적인 개념은 간단한데, 분열 가능한 물질의 임계 질량을 모으고 일정한 분열 비율을 유지하기 위해서 임계를 맞추는 것이다. 그러나 분열 가능한 물질은 무엇이 되어야만 하는가? 분열 폭탄에서는 이것이 상대적으로 순수한 ^{235}U 또는 ^{239}Pu이어야만 한다. 그렇지만 분열 원자로에서는 이것이 ^{235}U와 ^{238}U의 혼합이 될 수 있다. 이것은 심지어 천연 우라늄이 될 수도 있다. 그 기술은 **열 중성자들**(thermal neutrons)을 이용하는 것인데, 이들은 오직 국소적인 온도와 연관된 운동에너지만 가진다.

분열 폭탄에서 ^{238}U은 심각한 문제인데, 이것이 분열하는 ^{235}U에 의해서 방출되는 빠르게 움직이는 중성자들을 포획하기 때문이다. 천연 우라늄 혼자서는 연쇄 반응을 지속할 수 없는데, 그것의 많은 ^{238}U이 빠르게 움직이는 중성자들의 대부분을 소수의 ^{235}U의 분열을 더 유도하기 전에 먹어버리기 때문이다. 우라늄은 대단히 **농축된** 상태가 되어야만 하며, ^{235}U의 자연적인 함유량보다 훨씬 많이 포함되도록 ^{238}U의 대부분이 제거되어야만 한다.

천천히 움직이는 중성자들은 그들이 천연 우라늄을 관통해 지나가면서 다른 경험을 한다. 복잡한 이유로 인해서 ^{235}U 원자핵들은 천천히 움직이는 중성자들을 찾고 그들을 놀라운 효율로 붙잡는다. ^{235}U 원자핵들은 천천히 움직이는 중성자들을 잘 붙잡기 때문에 더 풍부한 ^{238}U을 쉽게 이긴다. 심지어 천연 우라늄에서도, 천천히 움직이는 중성자는 ^{238}U보다는 ^{235}U에 의해서 더 잘 붙잡힐 것으로 보인다. 그 결과로 만약 모든 중성자들이 천천히 움직인다면, 천연 우라늄에서 원자핵 분열 연쇄 반응을 지속하는 것이 가능하다.

^{235}U 원자핵들은 분열할 때 빠르게 움직이는 중성자들을 방출하기 때문에 천연 또는 약간 농축된 우라늄 혼자로는 연쇄 반응을 유지하기 위해서 천천히 움직이는 중성자 효과를 이용할 수 없다. 그렇지만 대부분의 원자핵 원자로는 천연이든 아니든 우라늄 외에 다른

것을 포함한다. 우라늄과 함께 그들은 ^{235}U 원자핵들이 중성자들을 붙잡을 수 있도록 중성자들을 느리게 만드는 **감속제**(moderator)라고 불리는 물질을 이용한다. 분열하는 ^{235}U 원자핵으로부터 나온 빠르게 움직이는 중성자가 감속제 속으로 들어가면 대략 1/1000초 동안 여러 곳을 부딪치며 돌아다니다가 천천히 움직이는 중성자로 나오는데, 이것은 오직 열에너지만 남아있게 된다. 그 다음에는 다른 ^{235}U 원자핵에서 분열을 유도한다. 일단 감속제가 존재하면, 심지어 천연 우라늄도 연쇄 반응을 지속할 수 있다. 천천히 움직이는 또는 열적인 중성자들을 가지는 연쇄 반응들을 수행하는 원자로들은 **열 핵분열 원자로**(thermal fission reactors)라고 불린다.

좋은 감속제가 되기 위해서는 물질이 중성자들을 흡수하지 않고 이들로부터 에너지와 운동량을 제거해야만 한다. 그 감속제 속으로 들어가는 빠르게 움직이는 분열 중성자는 오직 열에너지만 가지고 떠나야 한다. 최선의 감속제는 중성자들을 잘 흡수하지 않고 그들과 충돌하는 동안에 쪼개지지 않는 작은 원자핵들이다. 수소(^{1}H), 중수소(^{2}H), 헬륨(^{4}He), 탄소(^{12}C) 등이 모두 좋은 감속제들이다. 빠르게 움직이는 중성자가 이들 원자들 중 하나의 원자핵을 때리면, 이 충돌은 두 범퍼카의 충돌과 비슷하다(2.3절). 빠르게 움직이는 중성자는 그것의 에너지와 운동량의 일부를 원자핵에 넘겨주기 때문에, 중성자는 느려지는 반면에 원자핵은 가속된다. 이 충돌은 중성자와 원자핵이 비슷한 질량을 가질 때 가장 효율적이므로 작은 원자핵들이 큰 것들보다 더 좋은 감속제들이다.

물, 중수(수소의 무거운 동위 원소인 중수소, 즉 ^{2}H를 포함하는 물), 흑연(탄소) 등이 원자핵 원자로를 위한 가장 좋은 감속제들이다. 그들은 중성자들의 많은 수를 흡수하지 않고 중성자들을 감속시켜서 열 속력으로 만든다. 이들 감속제들 중에서 중수가 최고인데, 왜냐하면 이것은 중성자들을 전혀 흡수하지 않고 빠르게 감속시킨다. 그렇지만 수소 원자들의 단지 0.015%만이 중수소이고 보통의 수소로부터 중수소를 분리하는 것이 어렵기 때문에 중수는 비싸다.

흑연은 값이 싸고 사용이 쉽기 때문에 흑연 감속제들은 많은 초기 원자로에서 사용되었다(**2** 참조). 그렇지만 흑연은 중수보다 덜 효율적인 감속제이기 때문에 흑연 원자로들은 대형이어야만 했다. 게다가 흑연은 불에 탈 수 있으며 세계의 네 차례의 대형 원자로 사고들 중 두 건에서 부분적으로 책임이 있다. 보통의 또는 "가벼운" 물(경수)은 값이 싸고, 안전하며, 효율적인 감속제이지만, 이것은 많은 중성자들을 흡수하기에 천연 우라늄에 사용될 수 없다. 경수로에서 사용하기 위해서는, 우라늄이 대략 2~3% ^{235}U으로 약간 농축되어야만 한다.

전형적인 열 분열 원자로의 노심은 감속제의 층들에 의해서 분리된 작은 UO_2 연료 덩어리들로 구성되어 있다(그림 15.2.1). 분열하는 ^{235}U 원자핵에 의해서 방출된 중성자는 보통 그것의 연료 덩어리로부터 탈출해서 감속제 속에서 감속이 되고, 그 후에는 다른 연료 덩어리 안에 있는 ^{235}U 원자핵에서 분열을 유도한다. 이들 중성자들의 일부를 흡수함으로써 제어봉들은 전체 노심이 임계 아래, 임계, 또는 초임계 중 어느 상태인지 결정한다. 분열의 대부분이 ^{235}U 원자핵들에서 발생하기 때문에 ^{238}U 원자핵들은 이 원자로에서 기본적으로 방관자들이다.

2 첫 번째 원자핵 원자로는 CP-1(Chicago Pile-1)으로 대학에 있는 스쿼시 코트에 건설되었던 열 핵분열 원자로이다. 이 더미에서 사용된 흑연 벽돌들의 각각은 천연 우라늄의 2개의 큰 덩어리들을 포함하고 있었다. 1942년 12월 2일까지 이 더미는 완성되었고, 일단 제어봉들이 제거되었을 때 임계 질량에 도달할 것이었다. 이 프로젝트 책임자인 Enrico Fermi가 마지막 제어봉을 천천히 제거하라고 지시했을 때, 이 더미는 임계 상태로 접근했고 중성자 방출이 나타나기 시작했다. 이때가 정오였기 때문에 Fermi는 유명한 점심 식사 휴식을 제안했다. 모두가 되돌아왔을 때, 그들은 그들이 떠났던 곳에서 다시 작업을 재개했다. 오후 3시 25분에 이 더미는 임계 질량에 도달했고 중성자 방출이 기하급수적으로 증가했다. 이 원자로는 Fermi가 제어봉을 다시 내리라고 명령하기 전에 28분 동안 작동했다.

그림 15.2.1 열 분열 원자로의 노심은 분열 중성자들을 느리게 해서 열에너지로 만드는 감속제로 군데 군데 박아 넣은 우라늄 덩어리들로 구성되어 있다. 중성자를 흡수하는 제어봉들이 분열 비율을 제어하기 위해서 노심 속으로 삽입되어 있다. 물과 같은 냉각 유체가 열을 뽑아내기 위해서 노심을 관통해서 흐른다.

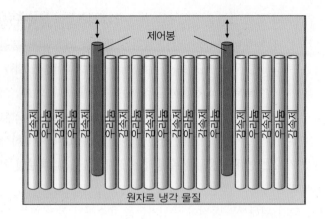

그림 15.2.2 끓는 물 원자로에서, 냉각 물은 원자로 노심 내부에서 끓는다. 이것은 증기 터빈과 전기 발전기를 운전하는 고압의 증기를 만든다. 소모된 증기는 냉각하는 탑에서 응결되고 그 다음에는 원자로 안으로 다시 주입된다.

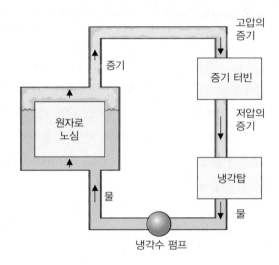

실제적인 열 분열 원자로에서, 원자핵 분열에 의해서 방출된 열을 무엇인가가 뽑아내야만 한다. 많은 원자로들에서 냉각수가 빠른 속력으로 노심을 관통해서 지나간다. 열이 이 물 속으로 흐르며 물의 온도를 증가시킨다. 끓는 물 원자로에서, 물은 원자로 노심에서 직접적으로 끓고, 고압의 증기를 만드는데 이것이 발전기의 터빈을 운전한다(그림 15.2.2). 압력이 가해진 물 원자로에서 물은 엄청난 압력 아래에 있으므로 이 물은 끓을 수 없다(그림 15.2.3). 대신에 이것은 원자로 바깥에서 열 교환기로 주입된다. 이 열 교환기는 또 하나의

그림 15.2.3 압력이 가해진 물 원자로에서 큰 압력 아래에 있는 액체 물은 원자로 노심으로부터 열을 뽑아낸다. 열 교환기는 이 냉각 물이 전기를 생산하기 위해서 사용되는 물에 열을 전달하도록 허락한다. 발전하는 고리에 있는 물은 끓어서 고압의 증기를 만드는데, 이것이 그 다음에는 전기 발전기에 연결된 증기 터빈에 파워를 공급한다. 이 증기는 다시 액체 물로 응결되고 더 많은 열을 얻기 위해서 열 교환기로 되돌아간다.

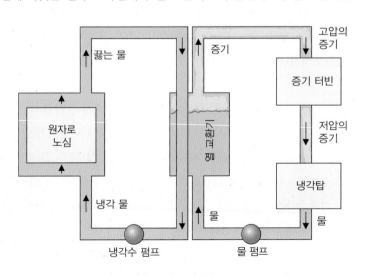

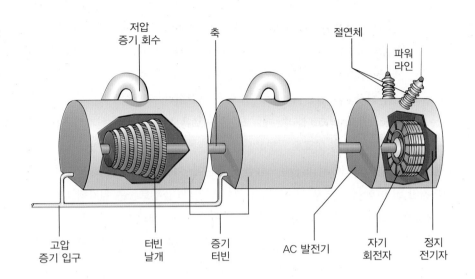

저압 증기 회수 · 축 · 절연체 · 파워 라인

고압 증기 입구 · 터빈 날개 · 증기 터빈 · AC 발전기 · 자기 회전자 · 정지 전기자

그림 15.2.4 끓는 물 원자로 노심 또는 압력이 가해진 물 원자로의 교환기로부터 고압의 증기가 일련의 터빈들 속으로 들어간다. 거기에서 이 증기는 터빈의 날개에 작용하며, 이 과정에서 압력과 온도를 잃는다. 이것은 저압의 증기로 터빈으로부터 빠져나오고 재사용을 위한 액체 물로 응축시키기 위해 냉각탑으로 간다. 터빈들에 의해서 제공되는 회전 역학적 일률은 교류 전력을 생산하는 발전기를 돌린다.

파이프 안에 있는 물로 열을 전달하는데, 이 물은 끓어서 발전기를 운전하는 고압의 증기를 만든다(그림 15.2.4).

적절하게 설계되었을 때 물로 냉각하는 열 핵분열 원자로는 원천적으로 안정하다. 냉각하는 물은 실제적으로 감속제의 일부이다. 만약 원자로가 과열되고 물이 빠져나오면, 분열 중성자들을 감속시키는 충분한 감속제가 더 이상 주변에 없을 것이다. 빠르게 움직이는 중성자들은 ^{238}U 원자핵들에 의해 흡수될 것이며 연쇄 반응은 느려지거나 멈출 것이다.

▶ 개념 이해도 점검 #2: 원자핵 양초

수소와 탄소 원자들로 만들어진 밀랍은 좋은 감속제가 될 것인가?

해답 예.

왜? 파라핀 밀랍은 탄소와 수소 원자들로 구성되어 있는데, 이들은 둘 다 좋은 감속제들이다. 빠른 분열 중성자들은 탄소 또는 수소 원자핵들이 어떤 분자의 내부에 있는지 상관하지 않는다. 그들은 단지 이들 원자핵들과 충돌하여 에너지와 운동량을 잃는다. 밀랍을 원자로 감속제로 사용하는 데 있어서 문제점은 이것이 강한 복사에 의해 화학적으로 분해된다는 것이다. 그렇지만 밀랍은 실험실 환경에서 적은 수의 중성자들을 안전하게 감속시킨다.

고속 핵분열 원자로

열 원자로는 단순한 연료를 요구하며 건설하기에도 상대적으로 간단하다. 그렇지만 그들은 오직 ^{235}U 원자핵들을 소비하며 ^{238}U 원자핵들은 거의 영향을 받지 않고 남는다. ^{235}U가 부족하게 되는 날을 예상해서, 몇몇 나라들은 감속제를 포함하지 않은 다른 형태의 원자로를 건설해 왔다. 이러한 원자로들은 빠르게 움직이는 중성자들을 가지고 연쇄 반응을 수행하며 그래서 고속 핵분열 원자로라고 불린다.

고속 핵분열 원자로는 제어된 분열 폭탄처럼 작동하며 대단히 농축된 우라늄 연료를 요구한다. 열 핵분열 원자로가 천연 우라늄 또는 약 2~3% ^{235}U로 농축된 우라늄을 가지고 작동할 수 있는 반면에, 고속 핵분열 원자로는 25~50% ^{235}U 연료를 필요로 한다. 그렇게 되면, 주변에 ^{235}U 원자핵들이 연쇄 반응을 유지할 수 있을 만큼 충분하게 된다.

고속 핵분열 원자로를 작동하는 일에 부수적인 효과가 있다. 고속 핵분열 중성자들 중 많은 수가 ^{238}U 원자핵들에 의해서 붙잡히고, 이들은 그 다음에는 ^{239}Pu 원자핵들로 변환된다. 그러므로 이 원자로는 열은 물론 플루토늄을 생산한다. 그러한 이유로 고속 핵분열 원자로는 보통 증식 원자로라고 불리는데, 그들은 새로운 분열 가능한 원자핵들을 생성한다. 원자로에서 사용되는 주된 연료로 ^{239}Pu가 결국에는 ^{235}U를 대체할 수 있다.

열 핵분열 원자로도 약간의 플루토늄을 만드는데, 이것은 보통 적절하게 핵분열하도록 허락되지만 고속 핵분열 원자로는 그것을 많이 만든다. 플루토늄은 원자핵 무기들을 만들기 위해서 이용될 수 있기 때문에, 고속 핵분열 원자로는 논쟁의 여지가 있다. 만약 고속 핵분열 원자로는 그렇지 않다면 사용할 수 없는 ^{238}U을 핵분열 가능한 물질로 변환하기 때문에, 열 핵분열 원자로보다 훨씬 효율적으로 천연 우라늄을 이용한다.

감속제가 없는 설계의 한 가지 흥미로운 복잡함은 고속 핵분열 원자로가 물로 냉각될 수 없다는 점이다. 만약 그들이 물로 냉각된다면 이 물이 감속제로서 행동할 것이며 중성자들을 감속시킬 것이다. 대신에 이것들은 보통 액체 나트륨 금속으로 냉각된다. ^{23}Na의 나트륨 원자핵들은 빠르게 움직이는 중성자들과 거의 상호작용을 하지 않고, 그래서 그들은 이들을 감속시키지 않는다.

▶ 개념 이해도 점검 #3: 우라늄 발전소에서 혼합

만약 어떤 사람이 천연 우라늄을 가지고 고속 핵분열 원자로에서 연료로 사용하기 위해 시도했다면 어떤 일이 발생하는가?

> **해답** 연쇄 반응을 지속하지 않을 것이다.

> **왜?** 빠른 중성자들은 ^{235}U에서 핵분열을 유도하는 일에 좋지 않다. 만약 원자로가 이 중성자들을 감속시키지 않는다면, 그들의 대부분은 ^{235}U 원자핵들 옆을 지나가고 천연 우라늄에 더 많은 ^{238}U에 의해 붙잡힐 것이다.

핵분열 원자로 안전과 사고

핵분열 원자로와 연관된 가장 큰 관심사 중 하나는 방사능 쓰레기의 제어이다. 원자로 노심 또는 그것이 방출하는 중성자들과 접촉이 되었던 모든 것은 어느 정도 방사능이 있게 된다. 연료 덩어리 자체는 많은 친숙한 원소들의 방사능 동위원소를 포함하는 모든 종류의 분열 조각들로 빠르게 오염된다. 이들 방사능 동위원소들은 물에 분해되거나 기체이므로 조심스럽게 취급되어야만 한다.

방사능의 누출에 대항하는 첫 번째 방어선은 원자로 둘레의 크고 튼튼한 용기이다. 방사능 물질의 대부분은 원자로 노심 자체 또는 냉각 액체 속에 남아있기 때문에 격납 용기 안에 갇힌다. 재처리를 위해서 원자핵 연료가 제거될 때면 언제나 방사능 물질들이 누출되지 않도록 주의가 요구된다.

다른 큰 관심사는 원자로 자체의 안전한 작동이다. 여느 장비와 마찬가지로 원자로는 몇 가지 고장을 겪기 마련인데, 안전한 원자로는 그런 고장에 파국적으로 반응하지 않아야만 된다. 이것을 위해서, 원자로들은 비상 냉각 시스템, 압력 저감 밸브, 그리고 원자로를 멈추는 여러 방법들을 가지고 있다. 예를 들면, 나트륨붕산염의 용액을 노심에 주입하면 노심을 냉각시키고 어떤 연쇄 반응도 정지시킨다. 나트륨붕산염에 있는 붕소 원자핵들은 중성자들을 극도로 잘 흡수하며 제어봉들 대부분의 주요 성분이 된다. 그렇지만 원자로를 안전하게 유지하는 가장 좋은 방법은 과열되었을 때 연쇄 반응을 자연스럽게 멈출 수 있도록 설계하는 것이다.

원자핵 시대의 여명기 이래로 다섯 번의 대형 원자로 사고가 있었다. 첫 번째는 1957년 10월 7일에 영국에서 초기 플루토늄 생산 원자로 2개 중 하나인 Windscale Pile 1에서 정비 작업 도중에 시작되었다. 이 원자로는 물보다는 공기에 의해서 냉각되었고 흑연 감속제를 가지고 있었다. 이 원자로의 강한 복사는 흑연의 결정 구조를 변화시켜 점진적으로 많은 양의 화학적 위치에너지를 축적하였다. 그 위치에너지는 흑연이 다시 결정화가 되도록 약 250℃까지 가열함으로써 주기적으로 방출되어야만 하였다. 그렇지만 그 사고가 났을 때는 감속제와 연료 막대에서 예상대로 뜨거운 지점들이 생겼고, 이 막대들 안에 있는 금속 우라늄이 발화했으며, 불타는 원자로 노심이 방사능 쓰레기를 주변 지역에 퍼뜨렸다.

두 번째 심각한 사고는 1979년 3월 28일에 미국의 Three Mile 섬에서 발생했다. 전력을 생산하는 회로에서 물을 순환시키는 펌프가 갑자기 멈추었을 때 이 압력이 가해진 열 핵분열 원자로는 적절하게 정지되었다. 비록 이 물 순환은 원자로에 직접 연결되지는 않았지만, 노심으로부터 열을 제거하는 것이 중요했다. 비록 원자로는 즉시 정지되었고 중성자를 흡수하는 제어봉들이 재빠르게 연쇄 반응을 정지시켰지만, 끝 무렵의 핵분열에 의해서 생성된 방사능 원자핵들은 여전히 붕괴하면서 에너지를 방출하고 있었다. 노심은 열을 계속 방출했고, 결국에는 냉각 회로에 있는 물을 끓게 했다. 이 물이 압력 저감 밸브를 통해서 회로로부터 누출되었고, 원자로 노심의 꼭대기가 드러나게 되었다. 그것을 냉각시킬 아무 것도 없었고, 노심이 너무 뜨거워져서 영구적인 손상을 입었다. 냉각 회로로부터 나온 물의 일부는 밀폐되지 않은 방 속으로 들어간 것으로 발견되었고, 그것이 포함하고 있던 방사능 기체들이 대기 속으로 방출되었다.

세 번째이고 가장 심각한 사고는 1986년 4월 26일에 체르노빌 4번 원자로에서 발생했다. 이 수냉식, 흑연 감속제 사용 열 핵분열 원자로는 압력을 가한 물 원자로와 끓는 물 원자로의 절충식이었다. 냉각수는 높은 압력에 있는 원자로를 통해서 흘렀지만 이것이 증기를 만드는 터빈에 들어갈 준비가 되었을 때까지는 끓지 않았다.

이 사고는 비상 노심 냉각 시스템의 시험 도중에 시작되었다. 시험을 시작하기 위해서 운영자들은 원자로의 분열 비율을 줄이려고 시도했다. 그렇지만 노심이 중성자를 흡수한 분열 조각들을 다량 축적했고, 이것이 줄어든 분열 비율로 연쇄 반응을 지속하지 못하도록 만들어 연쇄 반응이 실질적으로 중단되었다. 연쇄 반응이 다시 진행되도록 하기 위해서 운영자들은 제어봉들을 많이 끌어내야만 했다. 이 제어봉들은 모터로 운전되었고, 다시 제자리에 되돌려 놓기 위해서는 약 20초가 걸렸다.

운영자들은 이제 냉각수를 차단하고 시험을 시작했다. 냉각수가 없으면 자동적으로 제어봉들이 삽입되어 원자로가 즉시 정지해야 했지만, 운영자들은 자동 제어를 꺼버렸다. 잠시 후 원자로를 다시 시작해야만 하는 번거로움을 피하기 위해서였다. 냉각시키는 것이 아무 것도 없는 상태로 원자로 노심은 빠르게 과열되었고, 내부에 있는 물이 끓기 시작했다. 물은 흑연과 함께 감속제 역할을 하고 있었다. 그렇지만 이 원자로는 과도하게 감속되었는데, 이것은 필요한 것보다 더 많은 감속제를 가지고 있었다는 것을 의미한다. 이 물을 제거하는 것이 실제로 연쇄 반응을 도왔는데, 왜냐하면 이 물이 중성자들의 일부를 흡수하고 있었기 때문이다. 분열 비율이 증가하기 시작했다.

운영자들은 그들이 곤경에 처한 것을 알았고 원자로를 수동으로 멈추려고 시도했다. 그렇지만 제어봉들이 너무 천천히 노심 속으로 움직여서 변화가 별로 없었다. 노심으로부터 물이 사라졌을 때, 노심은 '즉각적인 임계' 상태가 되었다. 연쇄 반응이 이제 더 이상 붕괴하는 분열 조각들로부터 나오는 중성자들을 기다리지 않았는데, 왜냐하면 ^{235}U 분열로부터 나오는 즉각적인 중성자들이 스스로 연쇄 반응을 지속하기에 충분했기 때문이다. 이 원자로의 분열 비율이 급증하여 매초마다 몇 배로 커졌다. 연료가 하얗게 달아올랐고 용기를 녹였다. 다양한 화학적 폭발이 격납 용기를 파괴했고, 흑연 감속제에 불이 붙었다.

이 불은 소방관들과 비행사들이 잔해를 콘크리트로 감싸기 전 10일 동안 계속되었다. 이들 영웅적인 사람들 중 많은 이들은 치명적인 방사능 노출로 고통을 겪었다. 불타는 노심은 모든 기체 상태의 방사능 동위원소들과 많은 다른 것들을 대기 속으로 방출했고, 10만 명이 넘는 사람들이 강제이주했으며 방사능 낙진에 노출되었던 수백만 명의 사람들 중 수천 또는 아마도 수만 명이 암으로 사망했을 것이다. 이 사고 장소는 아직 방사능이 남아있고 여러 세기 동안 조심스럽게 돌볼 필요가 있을 것이다.

비록 진짜 원자로 사고는 아니었지만, 1999년 9월 30일에 일본 토카이무라에서 있었던 재앙은 임계 질량과 이로 인한 연쇄 반응과 연관되었다. 오전 10시 35분쯤 Conversion Test Facility of JCO Co., Ltd. Tokai Works의 직원들이 우라늄 질산염의 용액을 침전 탱크 속으로 쏟아 붓고 있었다. 실험적인 고속 핵분열 원자로에 쓰일 예정이었기에, 이 우라늄은 약 18.8% ^{235}U으로 농축되어 있었다. 비록 장비와 설비들이 임계 질량의 조립을 막도록 설계되었지만, 근로자들은 보호를 우회하여 많은 작은 재료 묶음을 하나의 큰 것으로 결합함으로써 시간을 절약하기로 결정했다.

그들이 주입 구멍을 통해서 스테인리스 스틸 탱크 속으로 우라늄 질산염 용액을 6 또는 7묶음 쏟아 부은 후에 이 용액이 갑자기 임계 질량에 도달했다. 탱크 안에는 농축된 우라늄 약 16.6 kg이 있었고, 갑작스러운 폭발이 일어나 복사가 방출되었다. 물 온도가 급상승했고, 이 결과 용액이 폭발하여 이 혼합물을 임계 질량 아래로 떨어뜨렸다. 그렇지만 용액으로부터 탱크 주변의 수냉식 재킷으로 열이 흐르면서, 이 용액은 다시 임계 질량으로 접근했다. 일시적인 연쇄 반응이 탱크 안에서 약 20시간 동안 계속되었는데, 냉각 재킷 속의 중성자를 반사하는 물이 고갈되고 결국에는 임계 질량 이하로 내려가서야 멈추었다.

일본 도쿄의 북쪽에 있는 후쿠시마 원전 사고는 다섯 번째 원자로 사고인데 진도 9.0 크기의 토호쿠 지진과 이로 인한 지진 해일로 인해 발생하였다. 후쿠시마 원자핵 설비는 6개의 분리된 끓는 물 원자로들을 가지고 있었지만, 오직 1, 2, 3호 원자로만 그 시간에 작동하고 있었고 지진 후에 자동적으로 정지되었다. 그렇지만 연쇄 반응을 멈춘 후에도 원자로 노심들은 많이 축적된 방사능 원자핵들의 붕괴를 통해서 열을 계속 만들어내고 있었으며, 과열이 되는 것을 피하기 위해서 물로 냉각시킬 필요가 있었다. 비상 발전기가 그러한 냉각을 유지하기 위해서 전력을 공급하기 시작하였다.

지진 후에 1시간도 지나지 않아 지진 해일이 토호쿠 해안을 강타해서 원자핵 설비를 침수시켰고, 발전기와 스위칭 장비를 물에 잠기게 했으며, 이 전체 지역이 일본 전력 송전선망으로부터 분리되었다. 원자로 냉각이 곧 멈추었고, 비상 근로자들의 영웅적인 노력에도 불구하고 여러 날 동안 복구되지 않았다. 그 후에는 원자로들이 회복 불능의 손상을 입었고, 세계의 두 번째로 최악인 이 원전 사고는 진행 중에 있다.

적절한 냉각이 없었기에 1, 2, 3호 원자로의 노심들은 점차적으로 과열되다 녹아버렸다. 폭발, 압력 환기, 냉각수를 바다로 배출하는 것 등으로 주변으로 방사능 원자핵들이 엄청나게 방출되었다. 저장소에 있었던 이미 소비된 폐연료조차도 전체 사고에 기여했는데, 왜냐하면 이것도 냉각이 사라졌을 때 과열과 손상을 겪었기 때문이다. 후쿠시마 발전소는 결코 다시 열지 못할 것이고 앞으로도 오랫 동안 방사능 재앙 지역으로 남을 것이다.

> ▶ **개념 이해도 점검 #4: 신선하지 않은 숨**
>
> ▶ ^{235}U의 흔한 분열 조각들 중 하나는 ^{131}I인데, 이것은 요오드의 방사능 동위원소이다. 요오드는 쉽게 기체로 된다. 당신은 왜 사용된 우라늄 폐연료로 채워진 방에 앉아 있어서는 안 되는가?
>
> ▶ **해답** ^{131}I이 방 공기 속에 방출될 것이고, 당신은 그것을 흡입할 것이다. 그것은 인체 요오드 공급에 섞이게 될 것이다.
>
> ▶ **왜?** ^{235}U의 분열 생성물들은 거의 모든 원소의 방사능 동위원소들을 포함한다. 이들 동위원소들의 일부는 기체 상태이고 폐에 의해서 흡수될 수 있다. 다른 것들은 물에서 이동될 수 있다. 사용된 폐연료로부터 분열 조각들을 안전하게 담기 위해서는, 이들 조각들이 조심스럽게 분리되고 저장되어야만 한다. 방사능 동위원소들은 한 원소로부터 다른 원소로 계속해서 변할 수 있기 때문에, 그러한 저장은 특별히 기술을 필요로 한다.

원자핵 융합 원자로

원자핵 분열 원자로는 상대적으로 드문 연료를 사용하는데, 바로 우라늄이다. 비록 지구의 우라늄 매장량은 엄청나지만, 그 대부분은 지각에 널리 분포되어 있다. 쉽게 순수한 우라늄 또는 우라늄 화합물로 바뀌는 높은 등급의 우라늄 광석들의 광상들은 단지 몇 곳에만 있다. 핵분열 원자로들은 또한 안전하게 처리되어야만 하는 모든 종류의 방사능을 내는 분열 조각들을 생성한다. 사용된 원자로 폐연료들을 안전하게 보관하는 종합 계획은 아직도 없다. 이들은 거의 영원히 사람들 그리고 동물들과 어떤 접촉도 없도록 멀리해야만 한다. 그런 위험한 물질들을 수만 년 동안 어떻게 보관하는지 진짜로 아는 사람은 아무도 없다.

원자핵 분열에 대한 대안이 원자핵 융합이다. 수소 원자핵들을 함께 결합함으로써 더 무거운 원자핵이 만들어질 수 있다. 이 과정에서 방출되는 에너지의 양은 엄청나다. 그렇지만 핵융합은 핵분열보다 시작하기에 훨씬 더 어렵다는 것을 생각해야 하는데, 왜냐하면 이것은 최소한 2개의 원자핵들을 극도로 가깝게 가져오는 것이 요구되기 때문이다. 이들 원자핵들은 둘 다 양(+)으로 대전되어 있고, 그들은 서로 격렬하게 밀어낸다. 이들이 서로 붙기에 충분할 만큼 가깝게 접근시키기 위해서는 섭씨 1억°C 이상의 온도로 원자핵들을 가열해야만 한다.

태양은 4개의 수소 원자핵(^{1}H)들을 결합해서 1개의 헬륨 원자핵(^{4}He)을 만드는데, 이것은 매우 복잡하고 어려운 원자핵 융합 반응이다. 지구 위에서 핵융합이 일어나기 위해서는 수소의 무거운 동위원소인 중수소와 삼중수소 사이에서 되어야만 한다. 이들이 바로 열원자핵 무기들에서 사용되는 동위원소들이다. 만약 중수소와 삼중수소의 혼합물이 함께 섞여서 대략 섭씨 1억°C까지 가열된다면, 원자핵들은 융합되어 에너지를 방출하기 시작할 것이다. 중수소와 삼중수소는 헬륨과 중성자로 된다.

핵분열 반응과는 대조적으로 핵융합에서는 생성되는 방사능 조각들이 없다. 삼중수소 자체가 방사능을 가지지만, 이것은 쉽게 연료로 재처리될 수 있으며 원자로 시스템 안에서 유지될 수 있다. 위험한 중성자들은 금속 리튬의 차폐막에 붙잡힐 수 있는데, 이들은 그 다음에 헬륨과 삼중수소로 쪼개진다. 이것은 반응에 의해서 삼중수소를 만드는 편리한 방법인데, 왜냐하면 삼중수소는 자연적으로 발생하는 것이 아니고 원자핵 반응을 이용해서 만들어져야만 하기 때문이다. 그러므로 융합은 방사능 쓰레기를 상대적으로 거의 만들지 않는다. 만약 핵융합에 의해서 방출된 중성자들이 방사능이 없는 원자핵들에 붙잡힌다면, 융합 원자로의 방사능 오염 또한 없을 것이다. 실행보다 말하는 것이 더 쉽기는 하지만 핵분열 원자로에서보다 낫다.

불운하게도 중수소와 삼중수소를 가열하고 융합이 발생하도록 충분히 오랫동안 함께 붙잡아두는 것은 쉽지 않다. 시도되고 있는 두 가지 주된 기술들이 있는데, 관성 억류 핵융합과 자기 억류 핵융합이다.

관성 억류 핵융합은 중수소와 삼중수소를 포함하는 작은 공을 가열하고 압축하기 위해서 레이저 빛의 강렬한 펄스를 이용한다(그림 15.2.5). 이 빛의 펄스들은 단지 몇 조분의 일 초 지속되지만, 그렇게 짧은 순간에 공의 표면을 증발시키고 끓는점 이상으로 가열한다. 표면은 바깥으로 폭발하고, 공의 안쪽 부분을 밀어낸다. 그 결과로 공의 중심부는 안쪽 방향으로 엄청난 힘을 받아 내파한다(implode). 중심부가 압축되기 때문에 그 온도는 융합을 시작하기 위해서 요구되는 온도로 올라간다. 사실상 이것은 레이저 펄스가 촉발열을 제공하는 작은 열원자핵 폭탄이 된다.

지금까지는 관성 억류 핵융합 실험에서 중수소와 삼중수소 원자핵들 일부가 융합됨이 관찰되었다. 이 기술이 관성 억류 핵융합이라고 불리는 이유는 연료의 공을 붙잡거나 가두는 것이 아무 것도 없기 때문이다. 이 공이 자유 낙하를 하고 있는 중에 레이저 빔이 공을 때리고 핵융합이 발생하는 동안 관성에 의해 제자리에 있다. 유감스럽게도 관성 억류 핵융

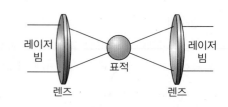

그림 15.2.5 관성 억류 핵융합 실험에서 몇 개의 레이저 빔들이 중수소와 삼중수소를 포함하는 작은 공 위에 집광된다. 이 엄청나게 강렬한 레이저 빔들이 공을 압축하고 가열해서 핵융합이 발생한다.

합을 수행하기 위해서 필요한 레이저와 관련 기술들은 매우 복잡하고 다루기 힘들어서 이 것은 에너지의 원천으로서 결코 실용적이지 않을지도 모른다. 그럼에도 불구하고 이 실험들은 높은 온도와 압력에서 핵융합 물질들의 거동에 관한 중요한 정보를 제공한다.

핵융합을 제어하기 위해서 개발되고 있는 다른 기술은 자기 억류이다. 수소 원자들을 충분히 뜨겁게 가열했을 때, 그들은 매우 빠르게 움직이며 서로 강하게 부딪치기 때문에 전자들이 떨어져 나간다. 원자의 기체가 아닌 양(+)으로 대전된 원자핵들과 음(−)으로 대전된 전자들을 가진 중성의 기체로 되는데 이것이 바로 플라스마이다. 플라스마는 자기장에 의해서 영향을 받기 때문에 보통의 가체와는 다르다.

Lorentz 힘(12.2절 참조) 때문에 자기장 안에서 움직이고 있는 대전된 입자들은 자기장 선 주위로 원운동을 하는 경향이 있다(그림 15.2.6). 예를 들면, 이 사이클로트론 운동은 전자레인지의 마그네트론에서 발생한다. 만약 어떤 대전된 입자를 둘러싼 자기장이 올바른 방법으로 조심스럽게 만들어진다면, 이 대전된 입자는 자기장에 의해 포획될 수 있다. 그것이 어느 방향을 향한다 하더라도 이 대전된 입자는 자기장 선들 주위로 나선형으로 움직일 것이며 탈출할 수 없을 것이다.

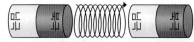

그림 15.2.6 어떤 대전된 입자가 두 개의 자기적 극들 사이에 있는 자기장에서 움직일 때, 이것은 Lorentz 힘을 경험하고 사이클로트론 운동을 겪는다. 이것은 그들을 연결하는 자기장 선을 주위로 나선형 궤적을 그리며 여행한다. 이 입자는 공간의 특별한 영역에 억류된다.

자기 억류는 전자기파로 중수소와 삼중수소의 플라스마를 매우 높은 온도까지 가열하는 것을 가능하도록 만든다. 이 가열은 상대적으로 천천히 이루어지기 때문에 열이 이 플라스마를 떠나지 않도록 하는 것이 중요하다. 자기 억류는 이 플라스마가 용기의 벽에 닿는 것을 막는데, 벽에 닿으면 빠르게 냉각될 수 있기 때문이다.

가장 유망한 자기 억류 계획 중 하나는 토카막(tokamak)이다. 토카막의 자기장은 주로 원을 그리며 자기 도넛을 만드는데, 바로 토로이드(도넛 모양의 물체에 대한 기하학적 이름)이다(그림 15.2.7). 자기장은 방을 감싸는 코일을 통해서 전류를 흐르게 해서 도넛 모양의 방 안쪽에 만들어진다. 이 방 안쪽에 있는 플라스마 원자핵들은 자기장 선들 주위로 나선형으로 여행하며 벽을 접촉하지 않는다. 그들은 방의 안쪽에 억류되며 도넛 주위로 끝이 없이 질주한다. 그러면 원자핵들은 충돌하고 융합하기 위해서 필요한 극도로 높은 온도까지 가열될 수 있다.

자기 억류 핵융합 원자로에서는 핵융합을 상당히 관찰하였다. 그들은 간단하게 과학적인 손익 평형을 성취할 수 있는데, 이 점에서 핵융합은 플라스마를 뜨겁게 유지하기에 충분한 만큼 에너지를 방출하고 있다. 그렇지만 전체 기계가 작동하기 위해서 필요한 것보다 더 많은 에너지를 생산하는 실제 손익 분기점을 넘어서기 위해서는 훨씬 더 많은 발전이 필요하다.

자기장
대전된 입자들의 나선 궤도

토카막 핵 융합 원자로

그림 15.2.7 토카막 자기 억류 핵융합 원자로는 도넛 모양의 방과 그 안에 있는 비슷하게 형성된 자기장으로 구성되어 있다. 토카막의 방 안쪽에서 움직이는 플라스마 입자들은 나선형으로 여행하며 방 안쪽에 있는 장 선들 주위로 원을 그린다. 플라스마는 토카막의 벽을 접촉하지 않기 때문에 핵융합이 일어날 수 있는 온도에 도달하기에 충분할 정도로 열을 보유한다.

> **개념 이해도 점검 #5: 가정집 지하실에서 융합 시도하기**
>
> 왜 유리 튜브 속에서 중수소와 삼중수소를 통해 전기 방전을 함으로써 융합을 시작할 수 없는가?
>
> **해답** 기체들이 열을 유리 튜브에서 잃을 것이고 융합을 시작하기 위해서 필요한 온도에 결코 도달하지 못할 것이다.
>
> **왜?** 매우 뜨거운 기체들은 열을 쉽게 잃는다. 기체가 뜨거울수록 더 빨리 열이 바깥으로 흐른다. 이 기체가 유리 튜브의 벽들에 접촉하지 못하도록 하는 무엇인가가 없다면, 이것은 융합을 위해 필요한 섭씨 1억 도에 결코 가까이 가지 못할 것이다.

15.3 의학 영상과 방사선

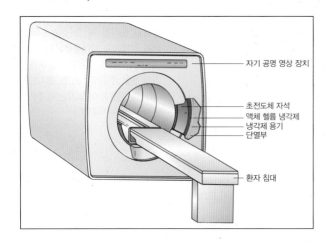

자기 공명 영상 장치
초전도체 자석
액체 헬륨 냉각제
냉각제 용기
단열부
환자 침대

최근 건강을 고려한 가장 중요한 진보들 중 일부는 의학과 물리학의 경계에서 발생하였다. 과학자들이 원자와 분자 구조를 확실히 이해하고 다양한 방사선을 제어하는 것을 배워 질병과 부상을 진단하고 치료하는 데 매우 가치가 있는 도구들을 발명하였다. 그 발전은 새로운 물리학의 응용을 통해 우리 주변에서 흔히 볼 수 있는 임상 의료 기기들을 탄생시켰다. 이 장에서는 의학 물리의 가장 중요한 예들 중에서 두 가지를 조사할 것인데, 병변을 검출하기 위해서 이용되는 영상 기술과 이를 치료하기 위해서 이용되는 방사선이다.

생각해 보기: X선 영상에서 조직은 검게 나타나는 반면에 뼈는 밝게 나타나도록 만드는 것은 뼈와 조직에서 무엇이 다르기 때문인가? CT 촬영 또는 MRI 영상은 어떻게 사람을 접촉하지 않고도 살아 있는 사람의 횡단면을 볼 수 있는가? 만약 X선이 전자기 복사의 형태라면, 왜 불투명한 물질은 그들을 흡수하지 않는가? 왜 CT 촬영은 주로 뼈를 보여 주고, 반면에 MRI 영상은 주로 조직을 보여 주는가? 방사선 치료에서 사용되는 아원자 입자들은 종종 엄청난 에너지를 갖고 있다. 이들 에너지는 어디서 오는 것인가?

실험해 보기: 의학 영상의 성공 중 하나는 실제로 몸에 들어가지 않고도 사람 내부에 있는 물체들의 위치를 찾을 수 있는 능력이다. 이것은 여러 다른 각도에서 인체를 들여다보기 위해 종종 X선을 사용해서 이루어졌다. 각각의 위치로부터 영상 장치는 어떤 물체들이 서로 왼쪽 또는 오른쪽에 있는지 결정하지만, 그것은 물체들이 얼마나 멀리 떨어져 있는지 알려줄 수 없다. 그럼에도 불구하고 많은 다른 관찰들로부터 나온 정보들과 함께 보완하면 이 영상 장치는 각 물체의 정확한 위치를 정할 수 있다.

당신은 작은 탁자의 표면 위로 많은 동전들을 흩뜨려서 그들이 어디에서 멈추는지 보지 않고 실험할 수 있다. 눈을 감고 당신의 머리를 탁자 위로 가져간다. 그 다음 한쪽 눈만을 뜨고, 짧게 동전들을 바라본다. 만약 조명이 밝고 균일하다면, 그리고 머리를 움직이지 않는다면 동전들이 눈으로부터 얼마나 떨어져 있는지 말하기가 힘들 것이다. 비록 동전이 어디에 있는지 약간은 알 수 있겠지만, 탁자의 표면 위에서 그것의 정확한 위치는 알 수 없을 것이다. 이제 머리를 탁자 주위의 새로운 위치로 움직이고 짧게 바라본다. 다시 동전들이 얼마나 떨어져 있는지 말할 수 없겠지만, 그들의 상대적인 위치들에 관해서 더 많이 알게 될 것이다. 동전들이 정확하게 어디에 있는지 알기 위해서는, 얼마나 많이 머리를 옮기며 보아야만 하는가? 불투명한 동전이 많이 존재하면 문제를 얼마나 복잡하게 만드는가? 두 눈을 동시에 뜨면 동전의 위치를 정하는 것이 더 쉬운 이유는 무엇인가?

X선

1895년에 발견된 이후로 X선은 의학 치료에서 중요한 역할을 해왔다. X선의 유용성은 그것이 발견되었던 바로 그날 저녁부터 명백했다. 독일의 물리학자인 Wilhelm Conrad Roentgen(1845~1923)이 진공관에서 전기 방전을 실험하고 있었던 것은 11월 8일이었다.

그는 튜브 전체를 검은 판지로 덮고서 어두워진 방 안에서 일하고 있었다. 튜브로부터 약간 떨어진 거리에서 인광 스크린이 빛나기 시작했다. 어떤 종류의 방사선이 튜브로부터 방출되어 판지와 공기 중을 통과해서 스크린에 형광이 일어나도록 만든 것이다. Roentgen은 방사선의 경로에 다양한 물체들을 놓았지만 그 흐름을 막지 못했다. 마침내 그는 스크린 앞에 그의 손을 놓았고 자기 뼈의 그림자 영상을 보았다. 그는 X선과 동시에 그것의 가장 유명한 응용을 발견했다.

X선의 첫 번째 임상 이용은 1896년 1월 13일이었는데, 그때 두 명의 영국인 의사가 어떤 여자의 손에 박힌 바늘을 찾기 위해서 X선을 이용하였다. 곧 X선 장치는 진단을 위한 놀라운 새 기술로서 병원에서 흔한 것이 되었다. 그렇지만 이 영상 능력은 부작용도 있었다. 비록 노출 그 자체는 통증이 없지만, X선에 과다 노출되면 심한 화상과 부상을 일으켰다. 분명히 X선은 단순히 가열하는 것보다 훨씬 더 미묘한 작용을 조직에 하고 있었다.

X선(X-ray)은 라디오파, 마이크로파, 빛과 같은 전자기 복사의 한 형태이다. 전자기 복사의 서로 다른 형태들은 진동수와 파장에 의해서 서로 구별되는데, 라디오파는 낮은 진동수와 긴 파장을 가지는 반면에 X선은 매우 높은 진동수와 짧은 파장을 가진다. 전자기 복사는 또한 광자 에너지에 의해서도 구별된다. 라디오파 광자는 낮은 진동수 때문에 적은 에너지를 운반한다. 파란색 또는 자외선의 중간 진동수 광자들은 어떤 분자에서 결합을 재배열할 수 있는 충분한 에너지를 운반한다. 그러나 높은 진동수의 X선 광자는 많은 에너지를 운반하고 있어서 이것은 여러 결합들을 깨뜨리고 분자들을 쪼갤 수 있다.

전자레인지에서 마이크로파 광자는 음식을 가열하고 요리하도록 함께 일을 한다. 각 마이크로파 광자는 단독으로 작용하지 않기 때문에 광자 한 개의 에너지 양은 중요하지 않다. 그렇지만 방사선 치료에서 X선 광자는 독립적이다. 각 광자는 그것을 흡수하는 어떤 분자도 손상시킬 수 있는 충분한 에너지를 운반한다. 이것이 X선이 적은 열을 수반하고 노출된 한참 후에 화상이 나타나는 이유이다. 이는 X선에 의해 일어난 분자 손상이 세포들을 죽이는 데 시간이 걸리기 때문이다.

> ### 개념 이해도 점검 #1: 방사선의 형태
>
> 전자레인지의 마그네트론 튜브를 통해서 진행하는 전자빔 또는 토스터의 뜨거운 전열선으로부터 나오는 적외선 중 어느 것이 X선과 더 가까운가?
>
> **해답** 뜨거운 전열선으로부터 나오는 적외선 빛이 X선과 더 가깝다.
>
> **왜?** 적외선 빛과 X선은 둘 모두 전자기 복사의 형태들이다. 이들을 구분하는 것은 진동수, 파장, 광자 에너지가 모두이다. 마그네트론 튜브에서 나오는 전자빔도 역시 복사의 한 형태이지만, 그것은 전자기파가 아닌 물질의 입자성과 연관되어 있다.

X선 만들기

의학 X선원은 빨리 움직이는 전자들을 무거운 원자들에 충돌시킴으로써 얻는다. 이들 충돌들은 두 가지 서로 다른 물리적 과정들을 경유하여 X선을 생성하는데, 제동 복사와 X선

그림 15.3.1 빨리 움직이는 전자가 무거운 원자핵 주위로 호를 그리며 돌아갈 때 그것은 갑자기 가속된다. 이 갑작스러운 가속은 제동 복사 X선 광자를 만드는데, 이것은 전자의 에너지 중 일부를 운반한다.

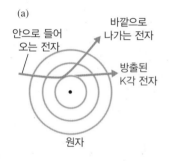

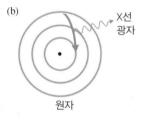

그림 15.3.2 (a) 빨리 움직이는 전자가 무거운 원자의 안쪽 궤도에 있는 전자와 충돌할 때 그 전자를 원자의 바깥으로 완전히 털어낼 수 있다. (b) 이 원자의 바깥쪽 궤도 중 하나로부터 전자 하나가 특성 X선을 만드는 복사 전이를 하면서 비어있는 궤도로 곧 떨어진다.

형광이다.

제동 복사(bremsstrahlung)는 대전된 입자가 가속될 때마다 일어난다. 이 과정은 사실 새로운 것이 아닌데, 우리는 대전된 입자가 안테나에서 가속될 때 라디오파가 방출되는 것을 알고 있기 때문이다. 그렇지만 라디오 안테나에서 전자들은 천천히 가속되고 낮은 에너지의 광자들을 방출한다. 제동 복사는 보통 대전된 입자가 극도로 빨리 가속되고 매우 높은 에너지의 광자들을 방출하는 경우를 가리킨다. X선 튜브 제동 복사에서 빨리 움직이는 전자는 무거운 원자핵 주위로 호를 그리게 되고 너무 갑자기 가속되어서 X선 광자를 방출한다(그림 15.3.1). 이 광자는 전자의 운동에너지 중 상당한 부분을 빼앗아 간다. 전자가 원자핵에 더 가까울수록 그것은 더 많이 가속되고 그것이 X선 광자에 주는 에너지는 더 많아진다. 그렇지만 전자가 원자핵에 거의 부딪칠 정도로 가까이 가는 것보다는 먼 거리를 움직이다가 원자핵을 놓치는 경우가 많기 때문에 제동 복사는 큰 에너지보다 더 낮은 에너지의 X선 광자를 만들기가 쉽다.

X선 형광(X-ray fluorescence)에서 빨리 움직이는 전자는 무거운 원자에서 코어 전자와 충돌하고 그 전자를 원자의 바깥으로 완전히 털어낸다(그림 15.3.2). 이 충돌은 원자를 양(+) 이온으로 만드는데, 그것의 원자핵에 가까운 궤도가 하나 비어있는 것이다. 그러면 그 이온에 있는 전자 하나가 복사 전이를 경험하는데, 바깥의 궤도로부터 이 비어있는 안쪽 궤도로 이동하면서 이 과정에서 큰 에너지를 방출한다. 이 에너지는 X선 광자로 원자로부터 방출된다. 이 광자는 이온의 궤도 구조에 의하여 결정되는 에너지를 가지기 때문에, 이것은 **특성 X선**(characteristic X-ray)이라고 불린다.

X선 광자에 의해서 전달되는 에너지를 검토하기 위해서 13.3절에서 만났던 에너지 단위인 전자볼트(eV)를 사용할 것이다. 가시광선의 광자들은 1.6 eV(빨강 빛)와 3.0 eV(보라 빛) 사이의 에너지를 운반한다. 햇빛에서 자외선 광자들은 7 eV까지의 에너지를 가지기 때문에, 그들은 화학 결합을 깨뜨리고 피부를 태울 수도 있다. X선 광자들은 자외선 광자들보다도 훨씬 더 많은 에너지를 가진다.

전형적인 의학 X선 튜브에서, 전자들은 뜨거운 음극에서 방출되고 양(+)으로 대전된 금속 양극 쪽으로 진공을 통과하여 가속된다(그림 15.3.3). 양극은 텅스텐 또는 몰리브덴

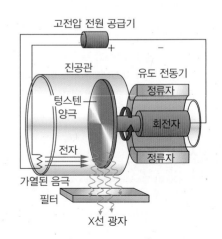

그림 15.3.3 의학 X선 장치에서 뜨거운 필라멘트로부터 나온 전자들은 양(+)으로 대전된 금속 원판을 향하여 가속된다. 그들은 원판의 원자들과 충돌할 때 X선을 방출한다. 모터는 원판을 돌려서 금속판이 녹는 것을 막아준다. 필터는 쓸모가 없는 낮은 에너지의 X선을 흡수한다.

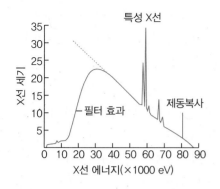

그림 15.3.4 87,000 eV의 에너지를 가진 전자들이 텅스텐 금속과 충돌할 때, 그들은 제동 복사와 X선 형광을 경유해서 X선을 방출한다. 비록 제동 복사 X선은 넓은 영역의 에너지를 가지지만, 흡수 필터가 낮은 에너지 광자들을 차단한다. X선 형광은 특정한 에너지를 가지는 특성 X선을 생성한다.

원판으로, 녹지 않도록 빠르게 회전한다. 전자들의 에너지는 그들이 양극에 부딪칠 때 튜브를 가로지르는 전위차에 의하여 결정된다. 의학 X선 장치에서 그 전위차는 전형적으로 약 87,000 V이고, 그래서 각 전자는 약 87,000 eV의 에너지를 가진다. 전자는 그것의 에너지 중 상당 부분을 자신이 만든 X선 광자에게 주기 때문에, 튜브를 떠나는 광자들은 87,000 eV까지 에너지를 가질 수 있다. X선이 조직을 손상시킬 수 있는 것은 놀랄 일이 아니다.

전자들이 무거운 원자들로 이루어진 표적과 충돌할 때, 그들은 제동 복사와 특성 X선 둘 다 방출한다(그림 15.3.4). 특성 X선은 특정한 에너지들을 가지므로 전체적인 X선 스펙트럼에서 뾰족한 봉우리로 나타난다. 제동 복사 X선은 여러 다른 에너지를 가지지만 낮은 에너지에서 가장 강하다. 낮은 에너지 X선 광자들은 피부에 상처를 주고 영상 또는 방사선 치료에는 유용하지 않기 때문에 의학 X선 장치는 그들을 걸러내기 위해서 알루미늄처럼 흡수하는 물질들을 사용한다.

➡ 개념 이해도 점검 #2: 싱크로트론 방사의 기원

고에너지 물리학에서 이용되는 대형 입자 가속기들은 종종 고리 형태로 제작되어 전기적으로 대전된 동일 입자를 계속 이용할 수 있다. 이들 입자들이 고리를 따라서 원형으로 움직일 때, 그들은 X선을 방출한다. 설명하시오.

해답 입자가 원을 따라 움직이는 것은 가속되는 것이기 때문에 전자기파를 방출한다. 이 경우에 전자기파는 X선이다.

왜? 빠르게 가속되는 대전된 입자는 X선을 방출할 것인데, 입자가 무거운 원자의 원자핵 둘레를 돌든 입자 가속기의 고리 둘레를 돌든 가속되는 것은 같다. 가속기에서는 이들 X선이 싱크로트론 복사라고 불린다. 싱크로트론 복사는 연구와 산업에서 유용하고 종종 가속기의 고리에 특수한 자석을 추가해서 의도적으로 강화시키기도 한다.

영상을 위한 X선 이용

X선은 의학에서 두 가지 중요한 쓰임을 가지는데, 즉 영상과 방사선 치료이다. X선 영상에서는 X선이 환자의 몸을 통하여 필름 또는 X선 검출기로 보내진다. X선의 일부는 가까스로 조직을 통과하지만, 대부분은 뼈에 의하여 차단된다. 환자의 뼈는 그들 뒤에 있는 필름 위에 그림자 영상을 형성한다. X선 방사선 치료에서도 X선은 다시 환자의 몸을 통해서 보

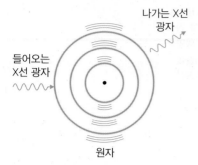

그림 15.3.5 X선 광자가 원자로부터 탄성 산란될 때 전체 원자는 안테나처럼 행동한다. 지나가는 광자는 이 원자에 있는 모든 전하들을 가볍게 흔들고, 이들 전하들은 광자를 흡수하여 새로운 방향으로 그것을 다시 방출한다.

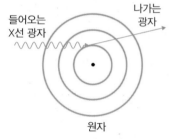

그림 15.3.6 광전 효과에서 흡수된 광자는 전자 하나를 원자로부터 방출한다. 광자의 에너지 중 일부는 전자를 원자로부터 제거하는 데 이용되고 나머지는 전자의 운동에너지로 된다.

내지지만, 이제는 병에 걸린 조직을 죽이는 상호 작용이 중요한 것이다.

X선 광자들은 네 가지 주요한 과정들을 통해서 조직이나 뼈와 상호 작용을 하는데, 그것들은 **탄성 산란, 광전 효과, 콤프턴 산란,** 그리고 **전자—양전자 쌍 생성**이다. **탄성 산란**(eleastic scattering)은 파란 하늘의 원인으로 이미 우리에게 친숙한데, 원자가 지나가는 전자기파에 대하여 안테나처럼 작용해서 전자기파를 흡수하였다가 에너지 변화 없이 다시 방출하는 것이다(그림 15.3.5). 이 과정은 원자에 거의 아무런 영향을 미치지 않기 때문에 방사선 치료에 중요하지 않다. 그렇지만 X선 영상에서는 환자를 통과하는 X선의 일부가 불규칙하게 튀어 이상한 각도로 필름에 도달해서 모호한 배경을 만들기도 한다. 이들 되튀는 X선 광자들을 제거하기 위해서 필터를 사용하여 X선원의 방향으로부터 직접 필름에 도달하지 않는 X선을 막는다.

광전 효과(photoelectric effect)는 X선 영상을 가능하도록 만드는 것이다. 이 효과에서는 지나가는 광자가 원자에서 복사 전이를 유도하는데, 원자의 전자들 중 하나가 광자를 흡수해서 원자의 바깥으로 완전히 던져진다(그림 15.3.6). 만약 원자가 X선 광자를 이용하여 전자를 한 궤도로부터 다른 궤도로 전이시킨다면, 그 광자는 틀림없이 정확한 에너지를 가져야만 할 것이다. 그렇지만 자유 전자는 어떤 양의 에너지도 가질 수 있기 때문에 원자는 자신의 전자들 중 하나를 내보내기에 충분한 에너지를 가지는 어떤 X선 광자든지 흡수할 수 있다. 광자의 에너지 중 일부는 전자를 원자로부터 제거하기 위해서 이용되고, 나머지는 방출되는 전자에 운동에너지로 주어진다.

이러한 **광전자 방출**(photoemission)의 가능성은 방출되는 전자의 에너지가 증가할수록 감소한다. 이런 감소 가능성은 한 작은 원자가 X선 광자를 흡수하는 것을 어렵게 만든다. 모든 전자들이 비교적 약하게 결합되어 있어서 X선 광자는 방출되는 전자에게 큰 운동에너지를 줄 것이다. 고에너지 전자를 방출하기보다는 작은 원자는 보통 지나가는 X선 광자를 그냥 무시한다.

대조적으로 큰 원자에서는 전자들 중 일부가 매우 단단하게 결합되어 있고 그들을 제거하기 위해서 X선 광자의 에너지 대부분을 요구한다. 이들 전자들은 상대적으로 적은 운동에너지를 가지고 떠날 것이다. 광전자 방출 과정은 낮은 에너지를 가진 전자들이 생성될 때 가장 잘 발생하기 때문에 큰 원자는 지나가는 X선을 흡수하기가 쉽다. 그러므로 조직에서 발견되는 작은 원자들(탄소, 수소, 산소, 질소)은 거의 의학 X선을 흡수하지 않는 반면에 뼈에서 발견되는 큰 원자들(칼슘과 인)은 자주 X선을 흡수한다. 이것이 뼈가 X선 필름 위로 선명한 그림자를 투영하는 이유이다. 다른 연한 조직의 그림자들 또한 볼 수 있지만 훨씬 덜 분명하다.

비록 환자 내부의 그림자 영상은 부러진 뼈를 진단하도록 도와줄 수 있지만 더 미묘한 문제들은 단일 X선 영상으로는 볼 수 없을 수 있다. 환자 내부를 더 잘 보기위해 방사선 기사는 여러 다른 각도로 찍은 그림자들을 볼 필요가 있다. 더욱 더 잘 보려면 **컴퓨터 단층촬영 주사장치**[computed tomography(CT) scanner]를 이용한다. 이 컴퓨터로 작동되는 장치는 수백 개의 서로 다른 각도로부터 자동적으로 X선 그림자 영상을 형성하고 위치를 정하며 환자 몸의 상세한 3차원 X선 지도를 생성한다.

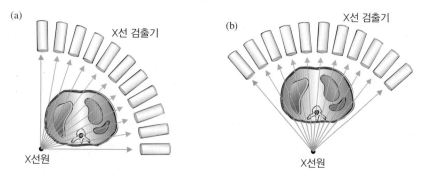

그림 15.3.7 CT 주사 영상은 많은 서로 다른 각도와 위치로부터 얻은 X선 그림자 영상들을 분석하여 만든 것이다. X선원과 전자적인 X선 검출기의 배열은 환자가 고리를 통해서 천천히 지나갈 때 이 환자 둘레를 회전하는 고리를 형성한다.

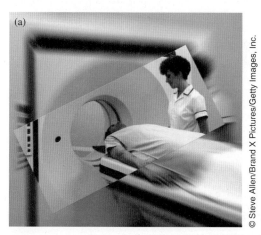
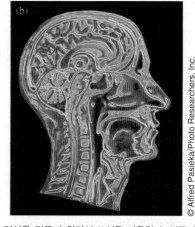

그림 15.3.8 (a) 왼쪽에 있는 CT 주사 장치는 환자 몸을 층별로 영상을 만들기 위하여 X선을 이용한다. 컴퓨터의 도움으로 환자 내부의 무거운 원소들의 3차원 지도를 생성한다. (b) 환자의 머리를 보여주는 지도의 한 부분.

CT는 한 번에 환자 몸의 한 '얇은 조각'에 작용한다. 그것은 이 좁고 얇은 조각을 통해서 가능한 모든 각도로부터 X선을 보내고, 그림 15.3.7에서 보여준 두 가지 경우를 포함해서 얇은 조각 안에서 뼈와 조직이 어디에 있는지 결정한다(그림 15.3.8). 그 다음에 이 장치는 환자의 몸을 이동해서 다음의 얇은 조각 위에서 일을 한다.

▶ 개념 이해도 점검 #3: 알루미늄 X선

알루미늄 원자들은 칼슘 원자들보다 훨씬 더 작다. 비록 알루미늄 금속은 가시광선을 차단하지만, 그것은 고에너지 X선에 대해서는 비교적 투명하다. 설명하시오.

해답 알루미늄 원자에 있는 전자들은 약하게 결합되어 있어서 그들은 광전 효과를 통해서 고에너지 X선 광자들을 잘 흡수하지 못한다.

왜? 생체 조직에 있는 작은 원자들처럼, 알루미늄 원자들은 고에너지 X선을 흡수하기 위해서 광전 효과를 거의 이용하지 않는다. 이 때문에 얇은 알루미늄 필름을 X선원에 대한 창과 필터로 사용할 수 있다.

치료를 위한 X선 이용

방사선 치료도 또한 X선을 이용하지만 의학 영상을 위해 이용되는 것과는 다르다. 비록 조직이 뼈보다 더 적은 영상 광자들을 흡수하지만, 대부분의 영상 광자들은 두꺼운 조직을 통과하기 전에 흡수된다. 예를 들면 영상 광자가 다리 뼈 옆을 지나칠 때조차도 오직 10%만이 환자의 다리를 통과한다. 이 비율은 영상을 만들기에는 충분하지만, 방사선 치료에는 적합하지 않다. 왜냐하면 대부분의 영상 X선은 깊이 위치한 종양에 도달하기 훨씬 전에 이미 흡수될 것이기 때문이다. 이러한 X선에 대한 강한 노출은 종양을 파괴하는 대신에 환자의 피부 근처에 있는 조직을 파괴할 것이다.

피부 아래 깊이 있는 악성 조직을 공격하기 위해서 방사선 치료는 극도로 높은 에너지의 광자를 이용한다. 광자 에너지가 1,000,000 eV 근처일 때 광전 효과는 조직과 뼈에서 약해지고, 광자들은 종양에 도달할 가능성이 훨씬 더 많아진다. 광자들은 여전히 조직과 종양에 치명적인 에너지를 주지만 그들은 새로운 효과인 콤프턴 산란을 통해서 에너지를 준다.

콤프턴 산란(compton scattering)은 X선 광자 하나가 전자 하나와 충돌해서 두 입자들이 서로 튕겨나갈 때 발생한다(그림 15.3.9). X선 광자는 전자를 쳐서 원자 밖으로 나가도록 한다. 이 과정은 광전 효과와 다른데, 왜냐하면 콤프턴 산란은 원자를 전체로 연관시키는 것이 아니고 광자가 흡수되기보다 오히려 산란되기(되튀기) 때문이다. 이 효과를 설명하는 물리학은 비록 상대성 이론에 의해 복잡하지만, 두 당구공이 충돌하는 것과 유사하다. 이것이 발생한다는 사실은 광자가 에너지와 운동량을 둘 다 가지고 있고 빛 입자와 물질 입자가 충돌할 때 이 양들이 보존된다는 것을 증명하는 것이다.

콤프턴 산란은 방사선 치료에 중요하다. 환자가 1,000,000 eV의 광자들에 노출될 때 광자들의 대부분은 바로 통과하지만, 적은 부분은 콤프턴 산란을 통해서 그들의 에너지 중 일부를 뒤에 남긴다. 이 에너지는 세포들을 죽이고 종양을 파괴하기 위해서 이용될 수 있다. 환자의 몸을 통해서 많은 다른 각도로부터 종양에 접근함으로써, 이 치료는 종양 주위의 건강한 조직을 손상시키는 것을 최소화하면서 종양 자체에는 방사선의 치명적인 방사선량을 주게 된다.

콤프턴 산란은 고에너지 광자들이 물질과 만날 때 발생하는 유일한 효과는 아니다. 1,022,000 eV보다 약간 더 높은 에너지를 가진 X선은 그들이 원자를 통과할 때 주목할 만한 일을 할 수 있는데, 그들은 **전자-양전자 쌍 생성**(electron-positron pair production)을 일으킬 수 있다. **양전자**(positron)는 전자에 대한 **반물질**(antimatter)이다. 우주는 여러 가지로 대칭적이고, 거의 완벽한 대칭성들 중 하나가 반물질의 존재이다. 자연에 존재하는 거의 모든 입자는 질량은 같지만 반대의 특성을 가진 반입자를 가진다. 양전자 또는 반전자는 전자와 질량이 같지만 양(+)으로 대전되어 있다. 반양성자와 반중성자도 또한 존재한다.

반물질은 지구 위에서는 자연적으로 발생하지 않지만, 고에너지 충돌에서 생성될 수 있다. 에너지가 큰 광자가 원자의 전기장과 충돌할 때, 이 광자는 전자와 양전자로 될 수 있다. 앞 절에서 우리는 물질이 에너지로 변하는 것을 배웠는데, 쌍 생성은 에너지가 물질이

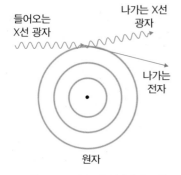

그림 15.3.9 콤프턴 산란에서 X선 광자 하나는 전자 하나와 충돌하고 둘은 서로 튕겨 나간다. 전자는 원자의 밖으로 빠져 나간다.

되는 예이다. 전자 또는 양전자를 생성하기 위해서는 약 511,000 eV의 에너지가 필요하고, 그래서 광자는 각각을 생성하기 위하여 적어도 1,022,000 eV의 에너지를 가져야만 한다. 여분의 에너지는 두 입자에서 운동에너지가 된다.

양전자는 환자 안에서 오랫동안 살아남지 못한다. 이것은 곧 전자와 충돌해서 서로를 소멸시키는데, 전자와 양전자는 사라지고 그들의 질량은 에너지로 된다. 그들은 적어도 1,022,000 eV의 전체 에너지를 가진 광자가 된다. 그래서 에너지는 물질이 되고 그 다음 다시 에너지로 돌아간다. 이러한 특이한 과정은 고에너지 방사선 치료에 이용되고 약 10,000,000 eV 이상의 광자 에너지는 매우 중요하다. 이 에너지가 종양을 파괴한다.

▶ 개념 이해도 점검 #4: 더 효과적인 것

광자 하나가 양성자–반양성자 쌍을 하나 생성하기 위해서는 얼마나 많은 에너지가 필요한가?

해답 약 2,000,000,000 eV가 필요할 것이다.

왜? 양성자의 질량은 전자 질량의 약 2000배이므로 양성자–반양성자 쌍을 만드는 것은 전자–양전자 쌍 생성을 만들기 위해 요구되는 에너지 1,000,000 eV의 약 2000배가 필요하다.

감마선

매우 높은 에너지의 광자를 생산하는 것은 X선 영상에서 이용되는 광자들을 생산하는 것처럼 쉽지 않다. 원리적으로는 전원 공급기가 X선 튜브를 통해서 엄청난 전위차를 만들 수 있고 매우 높은 에너지의 전자들이 금속 원자들에 부딪쳐서 매우 높은 에너지의 광자를 만들 수 있다. 그렇지만 수백만 볼트 전원 공급기는 복잡하고 위험하므로 대신에 다른 장치가 이용된다.

매우 높은 에너지 광자들을 얻는 가장 쉬운 방법 중 하나는 방사능 동위원소들의 붕괴를 이용하는 것이다. 방사선 치료에서 가장 흔하게 이용되는 동위원소는 코발트 60(^{60}Co)이다. ^{60}Co의 원자핵은 많은 중성자를 가지고 있고 중성자가 풍부한 여타 원자핵들처럼 **베타 붕괴**(beta decay)를 겪는데, 중성자들 중 하나가 양성자, 전자, 그리고 **중성미자**(더 정확하게는 **반중성미자**)로 쪼개진다. 베타 붕괴로 시작해서 ^{60}Co은 두 개의 고에너지 광자를 생산하는 일련의 변환 과정을 거치는데, 하나는 1,170,000 eV의 에너지를 가지고 다른 하나는 1,330,000 eV를 가진다. 이들 광자들은 조직을 잘 통과하고 종양을 죽이는 일에 상당히 효과적이다.

비록 ^{60}Co이 두 개의 고에너지 광자를 생산하는 과정은 복잡하지만, 베타 붕괴 자체가 양성자, 전자, 중성자가 불변하는 것은 아니라는 것과, 우주에는 다른 아원자 입자들이 있다는 것을 보여준다. 그들 혼자 있거나 너무 많은 중성자들을 가진 원자핵들 안에 있는 중성자들은 방사능을 가지며 베타 붕괴한다. ^{60}Co 원자핵에서 베타 붕괴 과정이 발생할 때 음(−)으로 대전된 전자와 중성인 중성미자는 그 원자핵으로부터 재빨리 탈출하지만 새롭게 만들어진 양성자는 남는다. 이 원자핵은 그러므로 니켈 60(^{60}Ni)으로 된다.

중성미자(neutrino)는 전하가 없고 질량도 거의 없는 아원자 입자이다. 중성미자들은 보통의 원자들에서는 발견되지 않는다. 비록 원자핵 물리학과 입자 물리학에서 중요하지만, 중성미자들은 직접 관찰하기 어렵다. 왜냐하면 그들은 광속에 가깝게 진행하고 어떤 것과도 거의 충돌하지 않기 때문이다. 전하가 없어서 전자기력에 참여하지 않고, 전기적으로 중성인 중성자와는 달리 핵력을 경험하지도 않는다. 그들은 오직 중력과 **약력**(weak force)을 받는데, 이것은 우주에 존재한다고 알려진 네 가지 **기본적인 힘**(fundamental forces) 중 마지막 힘이다(다른 세 가지 기본적인 힘들은 중력, 전자기력, **강력**(strong force)인데, 이것은 15.1절에서 논의했던 핵력의 더 완전한 설명이다). 약력은 약하고 매우 가까이 함께 있는 입자들 사이에서만 발생하기 때문에 거의 드러나지 않는다. 약력이 중요한 역할을 하는 몇 가지 경우 중 하나가 바로 베타 붕괴이다.

다른 입자를 밀어내거나 끌어당기는 방법이 거의 없으므로, 중성미자는 지구 전체를 완전히 관통해서 쉽게 통과할 수 있다. 중성미자는 가끔 검출되는데, 오직 거대한 검출기들의 도움을 받을 때만 가능하다. 이것이 물리학자들이 붕괴 전과 후에 에너지와 운동량을 측정함으로써 붕괴하는 중성자로부터 중성미자들이 방출되는 것을 처음으로 보였던 이유이다. 붕괴에 의해서 생성된 양성자와 전자는 붕괴 전에 중성자가 가졌던 것과 같은 총 에너지와 운동량을 갖지 않는다. 무엇인가가 잃어버린 에너지와 운동량을 가져가야만 하는데, 그 무엇이 바로 중성미자이다.

일단 ^{60}Co이 ^{60}Ni으로 변하면 붕괴가 끝난 것은 아니다. 형성된 ^{60}Ni 원자핵은 여전히 그 안에 여분의 에너지를 가진다. 원자핵들은 원자들이 그런 것처럼 복잡한 양자 물리계이며, 또한 들뜬 상태들을 가진다. ^{60}Ni 원자핵은 들뜬 상태에 있고, 그것이 바닥상태에 도달하기 전에 두 개의 복사전이를 거쳐야만 한다. 이들 복사 전이는 매우 높은 에너지 광자인 **감마선**(gamma rays)을 만드는데, ^{60}Ni 원자핵의 감마선 하나는 1,170,000 eV의 에너지를 가지고 다른 하나는 1,330,000 eV를 가진다. 이러한 감마선들이 ^{60}Co 방사선 치료를 가능하게 만드는 것이다.

개념 이해도 점검 #5: 가짜 약 판매원의 방문

만약 어떤 사람이 중성미자 한 병을 당신에게 팔려고 제안했다면, 그것을 사는 것은 어리석은 일이 될 것이다. 중성미자 한 병은 무엇이 잘못되었는가?

해답 병은 중성미자들과 거의 상호작용을 하지 않기 때문에 병은 중성미자들을 가둘 수 없다.

왜? 중성미자들은 오직 중력과 약력만 경험하기 때문에 병은 그들을 오랫동안 잡아둘 수 없다. 실제로 심지어 알아채지는 못하지만 우리는 항상 태양으로부터 오는 중성미자들 속에 몸을 담그고 있다. 중성미자는 먼지처럼 흔하고 당신은 어쨌든 이것들을 가지고 아무 것도 할 수 없다.

입자 가속기

전자기 복사가 환자를 치료하기 위해서 이용되는 복사의 유일한 형태는 아니다. 전자들과 양성자들 같이 에너지가 큰 입자들 또한 이용된다. 작은 당구공들처럼 빠르게 움직이는 입자들은 종양 내부에 있는 원자들과 충돌하고 그들을 쳐서 떨어지게 한다. 일반적으로, 이러한 원자와 분자 손상은 세포들을 죽이고 종양을 파괴하는 경향이 있다.

그렇지만 매우 에너지가 큰 아원자 입자들을 얻는 것은 쉽지 않다. 고전압 전원 공급기는 전자 또는 양성자를 약 500,000 eV까지 가속시킬 수 있지만 그것은 충분하지 않다. 대전된 입자는 조직 속으로 들어갈 때 강한 전기력을 받아 경로에서 쉽게 벗어난다. 아원자 입자가 모든 방향에서 종양을 향해 직선으로 정확히 이동하도록 하기 위해서, 이 입자는 아주 큰 에너지를 가져야만 한다. 각 대전된 입자에게 방사선 치료를 위해서 필요한 수백만 또는 수십억 eV의 에너지를 갖도록 하려면 입자 가속기가 필요하다.

입자 가속기는 공명 공동을 이용하는데, 우리가 12.2절에서 만났던 마이크로파 주파수 탱크 회로이다. 이들 금속 챔버 각각은 동시에 축전기와 인덕터로 행동하고 그래서 전하를 출렁이게 하는 자연 공명을 가진다. 입자 가속기의 공명 공동 속에서 이 출렁이는 전하는 시간에 따라 변하는 거대한 전기장을 만든다. 이 전기장은 대전 입자들이 엄청난 에너지에 도달할 때까지 이들을 민다.

입자 가속기의 중요한 형태 중 하나는 **선형 가속기**(linear accelerator)이다. 이 장치에서 일련의 공명 공동 속에서 전기장은 대전 입자들을 직선으로 앞쪽으로 민다(그림 15.3.10). 이들 공동 각각은 그것의 벽 위에서 규칙적으로 앞과 뒤로 출렁이는 전하를 가진다. 대전 입자들의 작은 다발이 구멍을 통해서 첫 번째 공동으로 들어갈 때, 그것은 그 공동 내부에 있는 강한 전기장에 의해서 갑자기 앞쪽으로 밀려나간다(그림15.3.10a). 이 다발은 앞쪽으로 가속되고 도착했을 때보다 더 많은 운동에너지를 가지고 첫 번째 공명 공동을 떠나는데, 그 공동 안에 있는 전기장이 이 다발에게 일을 한 것이다.

만약 공동들 안에서 장들이 일정하다면 두 번째 공동 안에서 전기장은 이 다발을 느려지게 할 것이다. 그림 15.3.10a에서 두 번째 공동 안에서 전기장이 반대 방향을 가리키고 있는 것을 볼 수 있다. 이 다발이 두 번째 공동에 도달할 때 그것의 벽에서 전하의 출렁임은 반대가 되고, 그래서 전기장도 역시 반대가 된다(그림 15.3.10b). 이 다발은 다시 앞쪽으

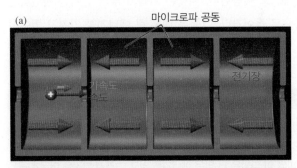

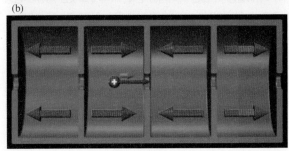

그림 15.3.10 선형 가속기에서 움직이는 대전 입자들은 시간에 따라 변하는 전기장에 의해서 앞으로 밀려간다. (a) 양(+) 전하는 일련의 마이크로파 공동들 중 첫 번째를 통과해서 오른쪽으로 움직이는 반면에, 거기에서 전기장은 그것을 오른쪽으로 밀어준다. (b) 그렇지만 이 전하가 두 번째 공동으로 들어갈 때에, 전기장은 방향을 바꾸고 거기에서 전기장은 다시 그것을 오른쪽으로 밀어준다.

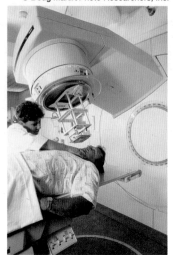

그림 15.3.11 이 방사선 치료 장치는 아주 높은 에너지의 아원자 입자들을 만들기 위해서 선형 가속기를 이용한다. 이들 입자들은 환자의 내부로 깊이 침투해서 암 종양을 파괴한다. 선형 가속기 자체는 이 그림 뒤에 있는 방에서 보는 시야로부터 가려져 있다. 그것의 빔은 환자의 특정 부위를 향하여 회전할 수 있는 팔에 있는 자석에 의해 조종된다. 이 팔은 치료 동안 주기적으로 움직여서 그것의 빔이 많은 다른 방향으로부터 종양을 교차하도록 하고 근처에 있는 건강한 조직에 덜 손상을 일으키도록 한다. 그러한 여러 방향 전략은 X선과 감마선 치료에서 또한 광범위하게 이용된다.

로 밀려나가고, 그것은 여전히 더 많은 운동에너지를 가지고 두 번째 공동으로부터 나온다.

이렇게 연속된 각 공진 공동은 이 다발에 에너지를 더하고, 그래서 길게 연속된 공동들은 그 다발의 대전 입자들의 각각에게 수백만 또는 심지어 수십억 eV를 줄 수 있다. 이 에너지는 이 가속기의 공명 공동에서 전하가 출렁이도록 만드는 마이크로파 발생기로부터 나온다. 그러면 선형 가속기는 첫 번째 공동 안으로 대전 입자들을 주입하기만 하면 되고, CRT 텔레비전 화면 튜브의 내부를 닮은 장비를 사용하여 대전 입자들은 엄청난 에너지를 갖고서 마지막 공동의 밖으로 날아 나올 것이다(그림 15.3.11).

그렇지만 이 가속 기술은 몇 가지 복잡함을 가진다. 가장 중요한 것은, 이 다발을 앞쪽으로 가속시키는 것을 유지하기 위해서 정확한 순간에 각 공동이 전기장을 바꾸어야만 한다. 작동의 간단함을 위해서 모든 공동들은 같은 공명 진동수를 가지고 전기장을 동시에 바꾼다. 이 다발은 각 공동 안에서 같은 양의 시간을 보내고, 한 공동으로부터 다음으로 가면서 점점 더 빨라지므로 각 공동은 이전의 것보다 더 길어야만 한다.

이 다발이 빛의 속력으로 접근하면서 무엇인가 이상한 일이 일어난다. 이 다발의 에너지는 공동들을 지나가면서 계속해서 증가하지만 속력은 증가하는 것을 멈춘다. 이 효과는 특수 상대론의 결과이고, 광속에 버금가는 속력에서 운동을 지배하는 규칙이다. 우리가 4.2절에서 보았던 것처럼, 식 2.2.1에서 주어진 운동에너지와 속력 사이의 단순한 관계식은 거의 광속으로 움직이는 물체에는 유효하지 않고, 대신에 식 4.2.4를 이용해야만 한다. 상대론의 또 다른 결과로서, 이 다발은 광속에 접근할 수는 있지만 실제로 그것에 도달할 수는 없다. 비록 각 대전 입자의 운동에너지는 엄청나게 커질 수 있지만, 그 속력은 광속 이하로 제한된다.

선형 가속기의 처음 몇 공동들을 통과한 후에 다발의 속력이 현저하게 증가하는 것을 멈추기 때문에 남아있는 공동들의 길이는 일정하게 될 수 있다. 단지 처음의 몇 공동들만이 그들 내부에서 증가하는 다발의 속력에 맞도록 특별하게 고안되어야만 한다. 이 대전 입자들은 가속기로부터 나와서 거의 광속으로 이동한다. 이들은 가속기 밖의 공기를 차단하는 얇은 금속 창을 통과해서 환자의 몸으로 들어간다. 그들은 매우 큰 에너지를 가지고 있어서 조직 속으로 깊이 침투할 수 있다.

> ### 개념 이해도 점검 #6: 입자 재순환
>
> 많은 연구용 가속기는 전자들의 각 다발을 연속된 같은 공진 공동들을 통해서 여러 차례 보낸다. 이 다발이 마지막 공동을 떠난 후에, 자석들이 그것을 원을 따라가도록 조정해서 다시 공동들을 통과해서 되돌아가도록 보낸다. 다발이 공동들을 통과할 때마다 이 다발은 더 많은 에너지를 얻고, 그래서 그것은 어떻게 공동들에서 반전되는 전기장과 동조되도록 머무를 수 있는가?
>
> **해답** 이 다발은 거의 빛의 속력으로 움직이며, 그래서 그것의 에너지가 증가하면서 그것의 속력은 거의 변하지 않는다.
>
> **왜?** 만약 이 다발이 공동들을 통과하는 각 단계마다 속력이 빨라진다면, 그것은 그들 내부에서 반전하는 전기장과 동조되도록 머물지 않는다. 그렇지만 이 다발의 속력은 그렇게 일단 빛의 속력에 가까워져 거의 일정하기 때문에 그것은 어떤 문제가 없이 계속해서 공동들을 통과해서 진행할 수 있다.

자기 공명 영상

비록 X선은 뼈의 영상을 만드는 훌륭한 역할을 하지만 조직의 영상을 만드는 일에는 적합하지 않다. 조직을 연구하기 위한 더 좋은 기술은 **자기 공명 영상**(magnetic resonance imaging, MRI)이다. 이 기술은 수소 원자들의 위치를 이들의 자기적인 원자핵과 상호작용을 함으로써 알아낸다. 수소 원자들은 물과 유기 분자들에서 흔하기 때문에 수소 원자들을 발견하는 것은 생물 조직을 연구하는 좋은 방법이다.

보통 수소 원자의 원자핵 ^{1}H은 양성자이다. 전자들처럼 양성자들도 두 개의 가능한 양자 상태를 가지는데, 보통 스핀-위(spin-up)와 스핀-아래(spin-down)로 불린다. 그것을 **스핀**으로 부르는 것은 적절한데, 왜냐하면 스핀-위와 스핀-아래 양성자는 크기가 같고 방향이 반대인 각운동량을 가지기 때문이다. 전기 전하와 회전이 모두 존재할 때 자성 또한 있다는 것은 놀랄 일이 아닌데, 전류는 결국 자기적이기 때문이다. 확실하게 양성자는 자기 쌍극자를 가지는데, 서로로부터 떨어진 같은 양의 북극과 남극을 가진다. 스핀-위 양성자는 마치 꼭대기 위에 북극을 가지는 것처럼 행동하는 반면에, 스핀-아래 양성자는 마치 꼭대기 위에 남극을 가지는 것처럼 행동한다.

양성자 하나를 어떤 자기장 안에 놓으면 양성자는 자기 쌍극자를 그 자기장과 정렬하려는 경향이 있다. 그렇게 하는 것이 자기적 위치에너지를 최소로 만든다. 그러나 비록 절대 0도에서는 양성자들이 자기장의 방향으로 완전히 정렬하지만 실온 근처에서는 덜 정렬된다. 열에너지가 양성자들을 흔들어서 위로 향하는 강한 자기장 안에서도 스핀-위 양성자들이 스핀-아래 양성자들보다 약간 많을 뿐이다.

위로 향하는 자기장 안에서 각 양성자는 두 개의 가능한 양자 상태를 가지는데, 자기장과 나란한(스핀-위) 방향 또는 반대(스핀-아래) 방향이다. 나란한 것은 양성자의 자기적 위치에너지를 줄이므로 이것이 바닥상태이며, 두 개의 가능한 상태 중 더 낮은 에너지이다. 반대 방향인 상태는 들뜬 상태이다.

두 가지 가능한 상태(바닥과 들뜬 상태)를 가지고, 자기장 안에 있는 양성자는 13.2절에서 원자들을 보았을 때 우리가 탐구했던 많은 거동들을 보여줄 수 있다. 가장 중요한 것은 이 양성자가 상태들 사이에서 복사 전이를 할 수 있다는 것이다. 바닥상태 양성자는 들뜬 상태로 복사 전이를 하면서 광자를 **흡수**(absorb)할 수 있고, 들뜬 상태 양성자는 바닥상태로 전이를 하면서 광자를 **방출**(emit)할 수 있다.

13.2절에서 주어진 원자가 오직 특정한 광자들만 흡수 또는 방출할 수 있는 것을 보았는데, 이 광자들은 한 양자 상태로부터 다른 상태로 원자를 이동하는 에너지의 양에 정확하게 맞는 에너지를 운반한다. 예를 들면 네온 원자들은 빨간색 광자의 에너지만큼 떨어진 상태들을 가지기 때문에 네온사인은 빨간색이다. 마찬가지로 자기장 안에 있는 양성자도 오직 특정한 광자들만 흡수 또는 방출할 수 있는데, 이 광자들은 한 양자 상태로부터 다른 상태로 양성자를 이동하는 에너지의 양에 정확하게 맞는 에너지를 운반한다.

그렇지만 항상 빨간색 광자들과 상호 작용을 하는 네온 원자와는 달리, 자기장 안에 있는 양성자는 자기장의 세기에 따라 "색"이 변하는 광자들과 상호 작용을 한다. 이것은 양성

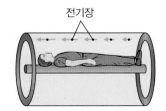

전기장

그림 15.3.12 MRI 장치는 환자를 강한 자기장 속에 놓는다. 이 자기장은 위치에 따라 변하고, 환자 몸 안에서 다른 곳에 위치한 양성자들은 서로 다른 자기장을 경험하고 다른 라디오파 광자들을 흡수한다.

자의 두 상태를 분리하는 에너지가 외부 자기장에 비례하기 때문이다. 그 결과로 이 양성자의 두 상태 사이에 복사 전이를 일으키기 위해 필요한 광자 에너지는 자기장에 비례한다. 만약 자기장이 변하면 광자 에너지도 따라서 변한다.

환자가 MRI 장치의 강한 자기장으로 들어갈 때(그림 15.3.12와 15.3.13), 환자 몸 안에 있는 양성자들은 그 자기장에 반응하고 정렬된 양성자들이 약간 많아지게 된다. 오직 이들 초과된 정렬 양성자들이 MRI 장치에 중요한데, 왜냐하면 정렬된 것과 반대인 것이 같은 나머지 양성자들에 의한 효과는 완전히 상쇄되기 때문이다. 이들 초과된 정렬 양성자들은 바닥상태에 있으며, 그들이 바로 MRI 장치에서 이용하는 것이다.

MRI 장치는 이들 바닥상태 광자들과 라디오파 광자들을 이용해서 상호 작용을 하는데, 이 광자들은 그들의 바닥과 들뜬 상태 사이의 에너지 차와 같은 에너지를 가진다. 이 양성자들은 라디오파 광자들을 흡수하고 이어서 방출할 수 있으며, 또한 매혹적이고 유용한 양자 간섭 효과들을 다양하게 보여줄 수 있다.

만약 환자의 몸 안에 있는 양성자들이 모두 정확히 같은 자기장을 경험하고 있다면, 그들은 모두 같은 라디오파 광자들과 상호 작용을 하겠지만, 이 양성자들이 모두 같은 자기장을 경험하는 것은 아니다. MRI 장치는 자기장에 약간의 공간적인 변화를 도입한다. 다른 양성자에 대해서 자기장이 다르기 때문에, 그들 중 오직 일부만이 특정한 에너지의 라디오파 광자들과 상호 작용을 할 수 있다. 이 선택적인 상호 작용이 바로 MRI 영상기가 환자 내부에 있는 양성자들의 위치를 정하는 방법이다.

가장 간단한 형태로 나타내면 MRI 장치는 공간적으로 불균일한 자기장을 환자의 몸에 적용한다. 그 다음에 환자를 통해서 다양한 라디오파를 보내고 양성자들과 상호 작용을 하는 라디오파 광자들을 찾는다. 오직 맞은 자기장을 경험하고 있는 양성자들만이 특정한 라디오파 광자와 상호 작용을 할 수 있으므로, MRI 장치는 어디에서 각 양성자가 어떤 광자와 상호 작용을 하는지 결정할 수 있다. 자기장에서 공간 변화를 바꾸고 라디오파 광자들의 에너지를 조절함으로써, MRI 장치는 환자의 몸 안에 있는 양성자들의 위치를 점차적으로 정하고 수소 원자들의 상세한 3차원 지도를 만든다. 컴퓨터는 이 지도를 처리하고 임의의 각 또는 위치에서 자른 환자의 단면 영상들을 표시할 수 있다.

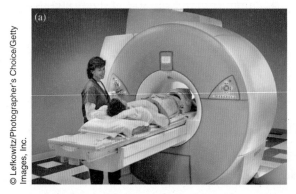

(a)

© Lefkowitz/Photographer's Choice/Getty Images, Inc.

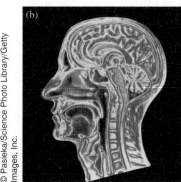

(b)

© Pasieka/Science Photo Library/Getty Images, Inc.

그림 15.3.13 (a) 환자가 MRI 장치의 강한 자기장 속으로 들어가고 있다. 전자기파와 자기장 안에 놓인 양성자 사이의 상호 작용을 이용해서 MRI는 환자의 몸 안에 있는 수소 원자들의 3차원 지도를 만든다. (b) 이러한 지도의 한 부분으로 환자의 머리를 보여준다.

개념 이해도 점검 #7: 거대 자석

가장 현대적인 MRI 장치들 중 일부는 극단적으로 강한 자기장을 사용한다. 이 장치의 자기장이 점점 강해질수록 환자의 몸 안에서 양성자들과 상호 작용을 위해서 이용되는 라디오파에는 무슨 일이 일어나야만 하는가?

해답 라디오파 광자는 더 많은 에너지를 운반해야만 한다(라디오파는 더 높은 진동수를 가져야 한다).

왜? 자기장이 더 강해질수록 양성자의 두 상태를 분리하는 에너지는 더 커진다. MRI 장치는 이들 두 상태 사이에 복사 전이를 일으키기 위해서 진동수가 더 높은 더 큰 에너지의 라디오파를 이용해야만 한다. 극도로 강한 자기장을 이용하는 것은 영상에서 잡음을 줄이고 분해능을 향상시키는 등 많은 장점이 있다. 그렇지만 이들 개선된 MRI 장치의 자기장은 너무 강해서 방 밖에 있는 신용카드를 지우거나 당신 주머니에서 강철 물체들을 빼낼 수 있다.

15장 에필로그

이 단원에서는 현대 물리학의 응용들 중 일부를 탐구하였다. '원자핵 무기'에서는 우라늄과 플루토늄의 큰 원자핵들 안에 저장된 정전기적 위치에너지를 방출하기 위해서 원자핵 연쇄 반응이 어떻게 이용되는지 보기 위해서 원자핵 분열을 살펴보았다. 또한 원자핵 융합을 공부했고 수소의 작은 원자핵들이 함께 결합될 때, 그들은 핵력과 연관된 위치에너지를 방출한다는 것을 발견하였다. 또한 방사능 동위원소들과 낙진에 대해서 배웠다.

'원자로'에서는 덜 파괴적인 목적을 위해서 원자핵 에너지를 이용하기 위해 이용되는 기술들을 공부하였다. 만약 핵분열 중성자들이 감속제 안에서 느리게 된다면 천연 또는 약간 농축된 우라늄이 연쇄 반응을 지지할 수 있음을 보았다. 원자로와 안전 문제들을 조사했고 가장 중요한 원전 사고들을 살펴보았다.

'의학 영상과 방사선'에서는 X선이 어떻게 만들어지고 왜 X선이 뼈보다는 조직을 더 쉽게 통과할 수 있는지 배웠다. X선이 영상을 만들기 위해서 어떻게 이용될 수 있는지 보았고 방사선 치료를 위한 감마선의 이용을 탐구하였다. 입자 가속기들을 살펴보았고 마지막으로 자기 공명 영상을 살펴보았다.

설명: 방사선에 손상된 종이

종이색이 바래지는 이유는 햇빛에 있는 자외선 빛 광자들이 염료 분자들을 함께 묶고 있는 궤도로부터 전자들을 이동시키기에 충분한 에너지를 가지기 때문이다. 그러면 이들 염료 분자들은 떨어져 나가고 종이는 탈색된다. 어떤 경우에는 빛의 광자들이 전자들을 염료 분자들로부터 완전히 제거한다. 이 과정은 광전 효과와 같아서 X선 영상에서 조직과 뼈를 구별하는 것을 가능하도록 만든다.

원자핵 무기의 물리: 핵분열 폭탄은 우라늄 또는 플루토늄의 분열 가능한 동위원소들에서 연쇄 반응을 통해서 원자핵 에너지를 방출한다. 연쇄 반응에서, 각 분열은 평균적으로 최소 하나의 이어지는 분열을 유도한다. 초임계 질량을 모으는 것이 재빨리 이루어져야만 원자핵들 대부분이 분열하기 전에 폭탄이 스스로 폭발하지 않게 된다.

핵융합 폭탄은 수소의 무거운 동위원소들인 중수소와 삼중수소에서 융합을 시작하기 위해 핵분열 폭탄으로부터 열을 이용한다. 삼중수소는 짧은 반감기를 가지기 때문에 자주 대체되어야만 한다. 어떤 핵융합 폭탄에서는 삼중수소가 폭발 중에 리튬과 충돌하는 중성자에 의해 생성된다.

원자로의 물리: 열 핵분열 원자로는 천연 또는 약간 농축된 우라늄에서 제어된 연쇄 반응을 지속할 수 있다. 그것의 핵분열 중성자들을 감속제 속에서 열 속도로 느리게 함으로써, 원자로는 그들 중성자들이 희귀한 ^{235}U 원자핵들과 배타적으로 상호 작용을 하고 더 흔한 ^{238}U 원자핵들은 거의 영향을 받지 않고 남아있도록 만들 수 있다. 연쇄 반응에서 ^{235}U 원자핵 분열과 열 방출은 발전기에서 전력을 만들기 위해서 이용된다. 지연된 핵분열 중성자들의 존재는 중성자를 흡수하는 제어봉을 이용해서 연쇄 반응을 제어하는 것을 쉽게 만든다.

^{238}U 원자핵들을 이용하기 위해서 고속 핵분열 또는 증식 반응에서는 훨씬 고농축이 된 우라늄을 쓰고 감속제가 없다. 비록 연쇄 반응은 주로 ^{235}U 원자핵들 사이에서 처음에 진행되지만, 고속 핵분열 중성자들이 점진적으로 ^{238}U 원자핵들을 ^{239}Pu 원자핵들로 변환한다. ^{235}U 원자핵들처럼, ^{239}Pu 원자핵들도 분열 가능하고 연쇄 반응에 참여할 수 있어서 고속 핵분열 반응이 모든 원래의 우라늄 원자핵들로부터 결국에는 에너지를 뽑아낼 수 있다. ^{239}Pu는 또한 우라늄으로부터 화학적으로 분리할 수 있고 원자핵 무기를 만들기 위해서 이용될 수 있다. 고속 핵분열 원자로는 그러므로 원자핵 확산의 위험을 제기한다.

비록 지구 위에서 수소 원자핵들의 융합으로부터 에너지를 얻는 목표는 어려운 것으로 남아있지만, 점진적인 발달이 이루어지고 있다. 주된 도전은 그들을 충돌하고 융합하도록 만들기 위해 필요한 엄청난 온도로 수소 원자핵들을 가열하고 담아두는 것이다.

의학 영상과 방사선의 물리: X선은 뼈보다는 조직을 더 쉽게 통과하기 때문에 X선은 환자 뼈의 그림자 영상을 형성한다. 이들 X선은 큰 에너지를 가진 전자들이 금속 원자핵 근처에서 가속될 때, 그리고 금속 원자들의 다른 전자들을 때려서 밖으로 내보낼 때 생성된다.

방사선 치료는 매우 높은 에너지를 가진 X선과 감마선을 가지고 이루어지는데, 왜냐하면 이들이 조직을 더 쉽게 통과하기 때문이다. 이들 전자기파들은 종양 세포들의 원자들과 분자들에 에너지를 주어 파괴한다. 감마선은 보통 방사능 원자핵들로부터 얻어진다. 어떤 방사선 치료는 입자 가속기에 의해서 엄청난 에너지가 주어진 큰 에너지의 입자들이 쓰인다.

자기 공명 영상은 환자 몸 안에서 수소 원자들의 위치를 정하기 위해서 수소 원자핵(양성자)들의 자기적 성질을 이용한다. 환자는 강한 자기장 속에 놓여지고, 양성자들은 이 자기장과 정렬하려는 경향이 있다. 그러면 영상 장치는 이들 양성자들의 정렬을 바꾸기 위해서 라디오파를 이용한다. 위치에 따라 자기장을 약간 변화시킴으로써, 이 장치는 환자의 몸 안에서 양성자들의 위치를 정할 수 있다. 컴퓨터는 이 결과들을 기록하고 분석해서 환자의 몸 속 수소 원자들의 횡단면 영상을 나타낼 수 있도록 한다.

1. 방사능 원자핵들과 입자들의 지수함수적인 붕괴: 남아있는 동일한 방사능 계의 원래 수 비율은 $\frac{1}{2}$에 [경과된 시간/반감기] 승수를 취한 것이다.

$$남은 \ 비율 = \left(\frac{1}{2}\right)^{경과된 \ 시간/반감기} \qquad (15.1.1)$$

연습문제

1. 자연적으로 존재하는 구리는 두 가지 동위원소를 가지는데, ^{63}Cu과 ^{65}Cu이다. 이 두 가지 동위원소의 원자들 사이에는 무엇이 다른가?

2. 구리의 두 가지 동위원소인 ^{63}Cu과 ^{65}Cu를 분리하는 것은 왜 대단히 어려운가?

3. 만약 어떤 원자핵 반응이 ^{57}Fe(철의 안정된 동위원소)의 원자핵에 여분의 중성자 하나를 추가한다면, 그것은 ^{58}Fe(철의 또 다른 안정된 동위원소)을 생성한다. 원자핵에서 이 변화는 이 원자핵으로 구성되는 원자에서 전자들의 수와 배열에 영향을 줄 것인가? 그렇다면 그 이유는 무엇이고 아니라면 그 이유는 무엇인가?

4. 만약 어떤 원자핵 반응이 ^{58}Fe(철의 안정된 동위원소)의 원자핵에 여분의 양성자 하나를 추가한다면, 그것은 ^{59}Co(코발트의 안정된 동위원소)를 생성한다. 원자핵에서 이 변화는 이 원자핵으로 구성되는 원자에서 전자들의 수와 배열에 영향을 줄 것인가? 그렇다면 그 이유는 무엇이고 아니라면 그 이유는 무엇인가?

5. 원자핵 물리학 실험실에서 어떤 실험을 하는 동안에 중간 크기 원자핵 두 개가 함께 들러붙었을 때, 그 결과는 보통 안정되기에는 중성자의 수가 너무 적은 하나의 큰 원자핵이다. 이 원자핵은 곧 쪼개진다. 왜 더 많은 중성자들이 이것을 안정되도록 만들 수 있는가?

6. 연습문제 5에서 큰 원자핵은 알파 붕괴를 겪을 것 같다. 알파 붕괴 동안에 원자핵으로부터 무엇이 빠져나오며, 그리고 이 붕괴는 왜 원자핵의 총 위치에너지를 줄이는가?

7. 원자핵 물리학 실험실에서 어떤 실험을 하는 동안에 큰 원자핵 하나가 반으로 쪼개질 때, 그 결과는 보통 안정되기에는 너무 많은 중성자들을 가지는 두 개의 중간 크기 원자핵들이다. 이들 원자핵들은 결국에는 쪼개진다. 이들 더 작은 원자핵들은 왜 그들이 원래의 원자핵으로부터 받았던 수의 중성자들을 필요로 하지 않는가?

8. 연습문제 7에서 중간 크기 원자핵들의 하나는 베타 붕괴를 겪을 것 같다. 베타 붕괴 동안에 원자핵으로부터 무엇이 빠져나오며, 그리고 그 결과로서 이 원자핵에 무슨 일이 생기는가?

9. 빛은 플루토늄 속으로 1 mm도 침입할 수 없는데, 중성자는 왜 플루토늄 속으로 수 cm나 이동할 수 있는가?

10. 매우 작은 원자폭탄을 만드는 것은 왜 어렵거나 또는 불가능한 것인가?

11. 방사능이 강한 물질들을 덜 위험하도록 만들기 위한 방법의 하나로 여러 해 동안 저장 장소에 두는 전략을 설명하시오. 이것은 화학 독극물에는 효과가 없는데, 왜 방사능 물질에는 효과가 있는가?

12. 일단 원자핵 폭발로부터 낙진이 방사능 동위원소들을 땅에 널리 퍼뜨리면, 이 흙으로부터 그들 방사능 동위원소들을 분리하는 것은 왜 사실상 불가능한가?

13. 기체 화염 속에서 화학 독극물들을 태우는 것은 종종 이들 독극물들을 해롭지 않게 만들어 준다. 이 전략은 왜 방사능 물질들을 덜 위험하게 만들지 못하는가?

14. 햇빛 가리개는 가시광선이 통과하도록 허용하는 반면에 자외선을 흡수한다. 이 코팅이 된 물질은 왜 피부 세포에 화학적 그리고 유전적 손상의 위험을 줄이는가?

15. 비록 과열될 위험이 없을 때에도, 음식과 약품을 직사광선으로부터 피하는 것은 왜 중요한가?

16. 많은 약품들은 왜 자외선을 차단하는 갈색 용기 안에 포장되는가?

17. 박물관들은 대단히 귀중한 골동품 필사본들을 어두운 노란 빛 아래에서 전시한다. 왜 흰색 빛을 사용하지 않는가?

18. 낙진에서 가장 성가신 방사능 동위원소들은 반감기가 며칠과 수천 년 사이인 것들이다. 훨씬 더 짧거나 또는 훨씬 더 긴 반감기를 가지는 것들은 왜 덜 문제인가?

19. 원자핵 폐기물에서 가장 성가신 방사능 동위원소들은 반감기가 몇 년과 수십만 년 사이인 것들이다. 설명하시오.

20. X선 기사는 X선 튜브의 양(+)극과 음(−)극 사이에서 전위차를 변화시킴으로써 장치에서 발생되는 X선 광자의 에너지를 조정할 수 있다. 설명하시오.

21. 원자마다 82개의 전자를 가지는 납은 X선의 좋은 흡수체이다. 왜일까?

22. 전하는 우리의 우주에서 엄격하게 보존되고, 이것은 고립된 계의 알짜 전하가 변할 수 없다는 것을 의미한다. 환자의 몸 안에서 전자−양전자 쌍의 생성은 왜 환자의 알짜 전하에서 변화를 일으키지 않는가?

23. 양성자 또는 반양성자 중에서 어느 것이 더 무거운가?

24. 자기 공명 영상(MRI)은 '이온화 복사'와 연관이 없다는 점에서 컴퓨터 단층 촬영 영상과는 다르다. MRI에 어떤 전자기 복사가 사용되며, 그리고 이 복사의 광자들이 왜 원자들로부터 전자들을 제거하고 이들 원자들을 이온들로 변환시킬 수 없는가?

25. 자기 공명 영상은 뼈를 탐지하는 데 유용하지 않다. 왜 그런가?

26. 철 또는 강철 같은 자성 금속들은 자기 공명 영상 장치 근처에서 허용되지 않는다. 한편으로, 이 규칙은 안전 예방책인데 왜냐하면 이들 자성 금속들은 장치 쪽으로 끌려가기 때문이다. 그렇지만 이들 자성 금속들로부터 나오는 자기장 역시 영상 과정을 망친다. 영상 장치의 내부에 추가되는 자기장을 가지는 것이 왜 환자의 몸 내부에서 특정한 양성자들의 위치를 알아내는 능력을 망치는 것인가?

27. MRI에서 이용되는 자기장의 세기는 왜 양성자들을 탐지하기 위해서 이용되는 라디오파의 진동수에 영향을 주는가?

28. MRI에서 이용되는 자기장이 더 강할수록, 그들의 스핀들을 이 자기장에 정렬시키는 양성자들의 비율이 더 커진다. 이렇게 증가된 정렬이 왜 MRI가 양성자들을 조사하는 것을 더 쉽도록 만드는가?

29. 열 분열 원자로에서 우라늄 연료는 매우 자주 대체되어야만 한다. 그 연료가 제거될 때, 이것은 아직도 대부분 우라늄이다. 왜 우라늄이 완전히 소모될 때까지 그 우라늄이 재사용될 수 없는가?

30. 어떤 위성들은 전력을 공급하기 위해 작은 원자핵 원자로들을 싣고 발사되었다. 이들 작은 원자로들은 왜 천연 또는 약하게 농축된 우라늄보다는 강하게 농축된 우라늄 또는 플루토늄을 이용해야만 하는가?

31. 원자핵 원자로가 작동하면서, 그것의 연료봉들은 중성자를 흡수하는 분열 조각들을 점진적으로 축적한다. 이들 조각들이 축적되면서, 연쇄 반응을 지속하기 위해서 원자로 운영자는 무엇을 해야만 하는가?

32. 제어봉들은 보통 원자로의 꼭대기에 설치되는데, 여기에서 그들의 무게는 그들을 노심 속으로 끌어당기는 경향이 있다. 이 배열은 왜 제어봉들을 원자로의 바닥에 두는 것보다 훨씬 더 안전한가?

33. 산소 원자핵들이 자주 중성자들을 흡수한다고 가정하자. 이 거동은 감속제로서 물의 성능에 어떻게 영향을 주는가?

34. 중수와는 다르게 보통의 물은 종종 중성자들을 흡수한다. 보통의 물을 감속제로 이용하는 열 분열 원자로는 왜 중수를 이용하는 원자로보다 더 농축된 우라늄을 필요로 하는가?

35. 분열 폭탄은 수소폭탄의 일부로서 수소에서 융합을 시작하기 위해 이용될 수 있지만, 그러나 발전소는 전기를 생산하기 위한 방법의 하나로 수소에서 융합을 시작하기 위해 분열 원자로를 이용할 수 없다. 왜 그런가?

36. 분열 연쇄 반응은 실온에서 발생할 수 있는데, 수소는 왜 그것의 원자핵들이 융합되기 위해서 천문학적인 온도로 가열되어야만 하는가?

문 제

1. 갈륨 67(^{67}Ga)은 3.26일의 반감기를 가진 방사능 동위원소이다. 이것은 염증과 종양의 위치를 정하기 위한 원자핵 의학에서 이용된다. 환자의 조직에서 ^{67}Ga의 축적은 그것이 붕괴할 때 방출하는 감마선을 찾음으로써 탐지될 수 있다. 방사선과 의사는 보통 그것을 환자에게 복용시키고 약 48시간 후에 ^{67}Ga을 찾기 시작한다. 48시간 후에는 원래

^{67}Ga 원자핵들의 어느 정도 비율이 남아있는가?

2. ^{67}Ga을 환자에게 복용시키고 2주 후에는(문제 1) ^{67}Ga 원자핵들의 어느 정도 비율이 남아있는가?

3. 테크네튬 99m(^{99m}Tc)은 6.03시간의 반감기를 가진 방사능 동위원소이다. 이것은 생물학적 경로를 추적하기 위한 원자핵 의학에서 이용된다. ^{99m}Tc 원자핵은 실제로는 ^{99}Tc 원자핵의 들뜬 상태이며, 그리고 복사 전이 ^{99m}Tc → ^{99}Tc 과정은 감마선을 방출한다. 이 감마선은 원자핵이 붕괴될 때 어디에 있었는지 보여준다. 만약 방사선과 의사가 그것을 복용시킨 4.00시간 후에 ^{99m}Tc을 찾기 시작했다면, ^{99m}Tc 원자핵들의 어느 정도 비율이 남아있는가?

4. ^{99m}Tc 원자핵은 감마선을 방출한 후에(문제 3) ^{99}Tc 원자핵이 된다. ^{99}Tc 또한 방사능이고, 213,000년의 반감기를 가지며, ^{99}Ru로 붕괴한다. ^{99m}Tc을 환자에게 복용시키고 2주 후에는 그것의 어느 정도 비율이 ^{99m}Tc인가? 그것의 어느 정도 비율이 ^{99}Tc 인가? 그것의 어느 정도 비율이 ^{99}Ru 인가?

5. 비록 대부분의 천연 포타슘 원자핵들은 안정된 ^{39}K(93.3%) 또는 ^{41}K(6.7%)이지만, 약 0.0117%는 방사능 ^{40}K 원자핵들이며, 이들은 12억 6천만 년의 반감기를 가진다. 여러분의 몸 안에 있는 모든 포타슘 원자핵들의 어느 정도 비율이 다음 1.00년 기간에 방사능 붕괴를 겪을 것인가?

6. 만약 여러분이 ^{40}K 방사능을 걱정하고(문제 5) 그래서 ^{40}K 의 99%가 환경에서 붕괴되어 없어져버리는 것을 기다리고 싶다면, 얼마나 오래 기다려야만 하는가?

찾아보기

생활 속의 물리 6판
HOW THINGS WORK: THE PHYSICS OF EVERYDAY LIFE, SIXTH EDITION

2018년 02월 10일 6판 1쇄 펴냄
지은이 LOUIS A. BLOOMFIELD
옮긴이 김영태 · 심경무 · 이지우 · 장영록 · 차명식
펴낸이 류제동 · 류원식 | 펴낸곳 (주)교문사(청문각)

편집부장 김경수 | 책임진행 권순현 | 본문편집 신성기획 | 표지디자인 유선영
제작 김선형 | 홍보 김은주 | 영업 함승형 · 박현수 · 이훈섭

주소 (10881) 경기도 파주시 문발로 116(문발동 536-2) | 전화 1644-0965(대표)
팩스 070-8650-0965 | 등록 1968. 10. 28. 제406-2006-000035호
홈페이지 www.cheongmoon.com | E-mail cmg@cmgpg.co.kr
ISBN 978-89-363-1725-6 (93420) | 값 35,500원

* 잘못된 책은 바꿔 드립니다.   * 역자와의 협의 하에 인지를 생략합니다.

청문각은 ㈜교문사의 출판 브랜드입니다.
* 불법복사는 지적재산을 훔치는 범죄행위입니다.
저작권법 제125조의 2(권리의 침해죄)에 따라 위반자는 5년 이하의 징역 또는
5천만 원 이하의 벌금에 처하거나 이를 병과할 수 있습니다.